新曲綫
New Curves | 用心雕刻每一本......

http://site.douban.com/110283/
http://weibo.com/nccpub

用心字里行间　雕刻名著经典

20th EDITION

Psychology and Life

Richard J. Gerrig

Stony Brook University

Translators

Wang Lei   et al.

All are Professors of School of Psychological and Cognitive Sciences
Peking University

心理学与生活

第 20 版

[美] 理查德·格里格 著

王 垒 等译

人民邮电出版社

北 京

本书的翻译工作由北京大学心理与认知科学学院19位教授通力合作完成，各部分的译者依序为：

图书在版编目（CIP）数据

心理学与生活：第 20 版：中文单色版 /（美）理查德·格里格著；
王垒等译 . —北京：人民邮电出版社，2024.1（2025.4 重印）
ISBN 978-7-115-63201-2

Ⅰ .①心…　Ⅱ .①理…②王…　Ⅲ .①心理学—通俗读物
Ⅳ .① B84-49

中国国家版本馆 CIP 数据核字（2023）第 227406 号

心理学与生活（第 20 版，中文单色版）

◆ 著　　　[美]理查德·格里格
　 译　　　王　垒等
　 策　划　刘　力　陆　瑜
　 特约编审　谢呈秋
　 责任编辑　刘冰云　李仙杰　朱公明　王伟平　赵延芹　刘丽丽
　 装帧设计　陶建胜

◆ 人民邮电出版社出版发行　北京市丰台区成寿寺路 11 号
　 邮编　100164　电子邮件　315@ptpress.com.cn
　 网址　http://www.ptpress.com.cn
　 电话（编辑部）010-84931398　（市场部）010-84937152
　 三河市少明印务有限公司印刷
　 新华书店经销

◆ 开本：889×1194　1/16
　 印张：40.25
　 字数：1250 千字　2024 年 2 月第 1 版　2025 年 4 月第 3 次印刷
　 著作权合同登记号　图字：01-2018-6947

定价：168.00 元

本书如有印装质量问题，请与本社联系　电话：（010）84937152

图 1.1　分析水平

假如你要约一位朋友在这幅画前和你见面。你会如何描述这幅画？假如你的朋友想要精确复制这幅画，你会如何描述它？（见正文第 4 页）

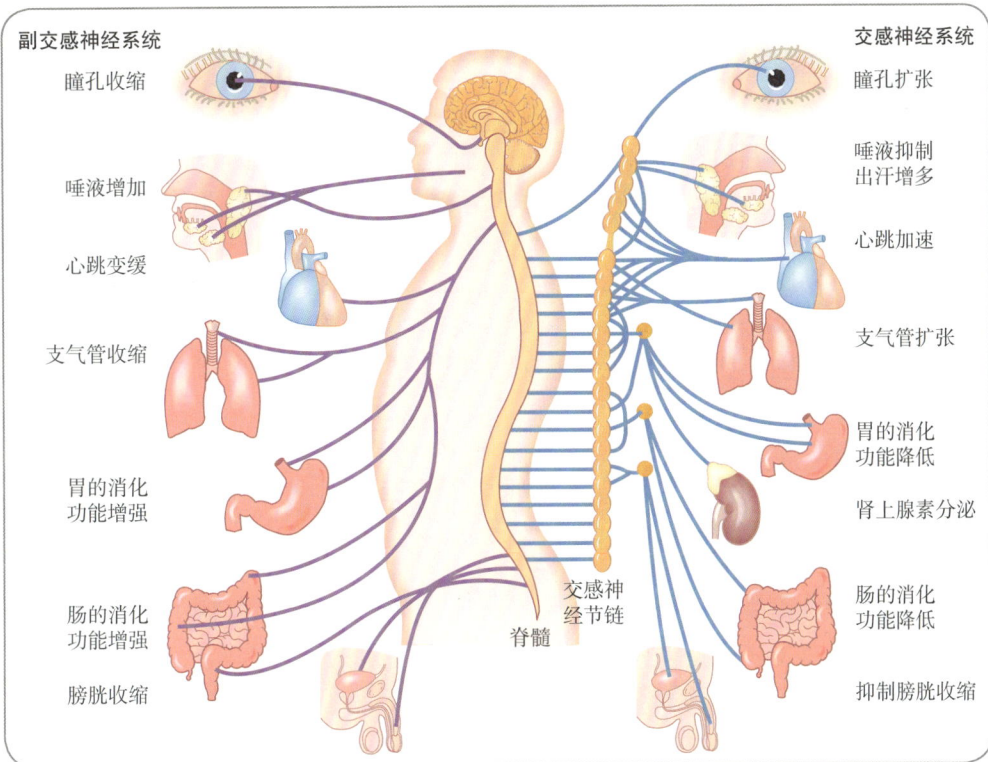

副交感神经系统

瞳孔收缩

唾液增加

心跳变缓

支气管收缩

胃的消化功能增强

肠的消化功能增强

膀胱收缩

交感神经系统

瞳孔扩张

唾液抑制出汗增多

心跳加速

支气管扩张

胃的消化功能降低

肾上腺素分泌

肠的消化功能降低

抑制膀胱收缩

交感神经节链

脊髓

图 3.13　自主神经系统

副交感神经系统调节日常的内部过程和行为，在图左边显示。交感神经系统调节应激情境下的内部过程和行为，在图右边显示。请注意交感神经系统的神经纤维从脊髓发出或传入脊髓的途中，会连接到神经节，即特化的神经链簇。（见正文第 74 页）

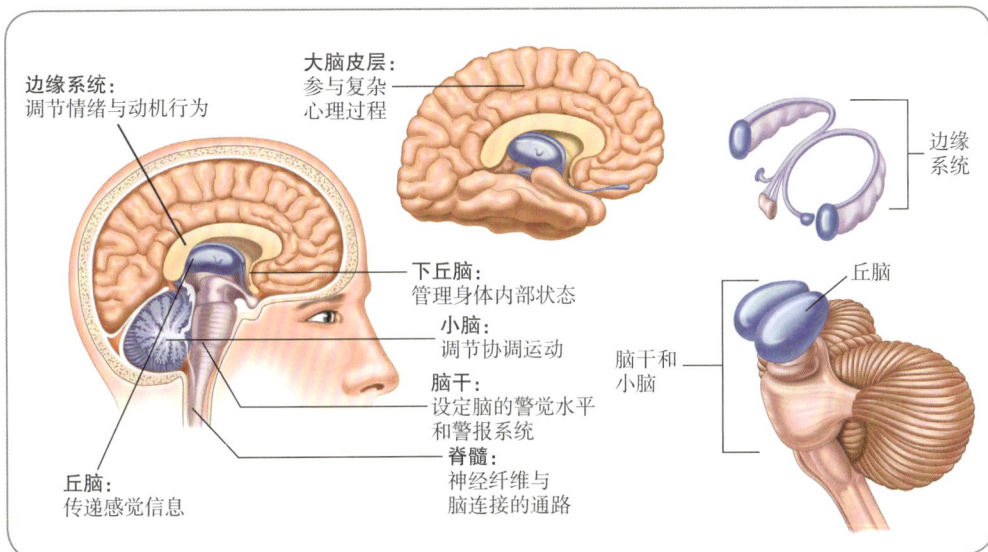

边缘系统：调节情绪与动机行为

大脑皮层：参与复杂心理过程

边缘系统

下丘脑：管理身体内部状态

小脑：调节协调运动

脑干：设定脑的警觉水平和警报系统

脊髓：神经纤维与脑连接的通路

丘脑：传递感觉信息

丘脑

脑干和小脑

图 3.14　脑结构

脑包括以下主要组成部分：脑干、小脑、边缘系统和大脑皮层。这些组成部分以错综复杂的方式联结在一起。（见正文第 75 页）

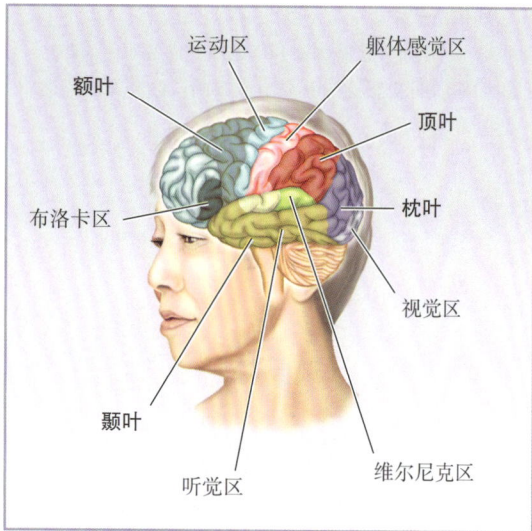

图 3.17　大脑皮层

大脑皮层的每个半球均含四个脑叶，每个脑叶的特定部位与不同的感觉和运动功能相关。（见正文第 76 页）

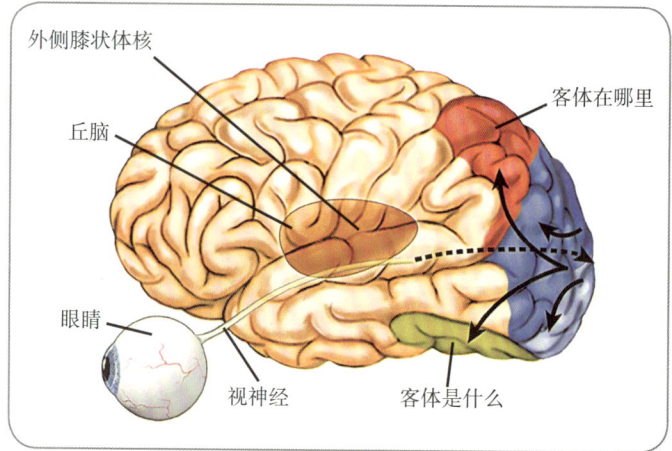

图 4.10　到达皮层的视觉通路

眼睛收集的视觉信息通过外侧膝状体核——丘脑内的一个结构——到达大脑皮层。视觉信号到达大脑皮层的不同区域，有的区域加工视觉世界"是什么"的信息，有的加工"在哪里"的信息。（见正文第 96 页）

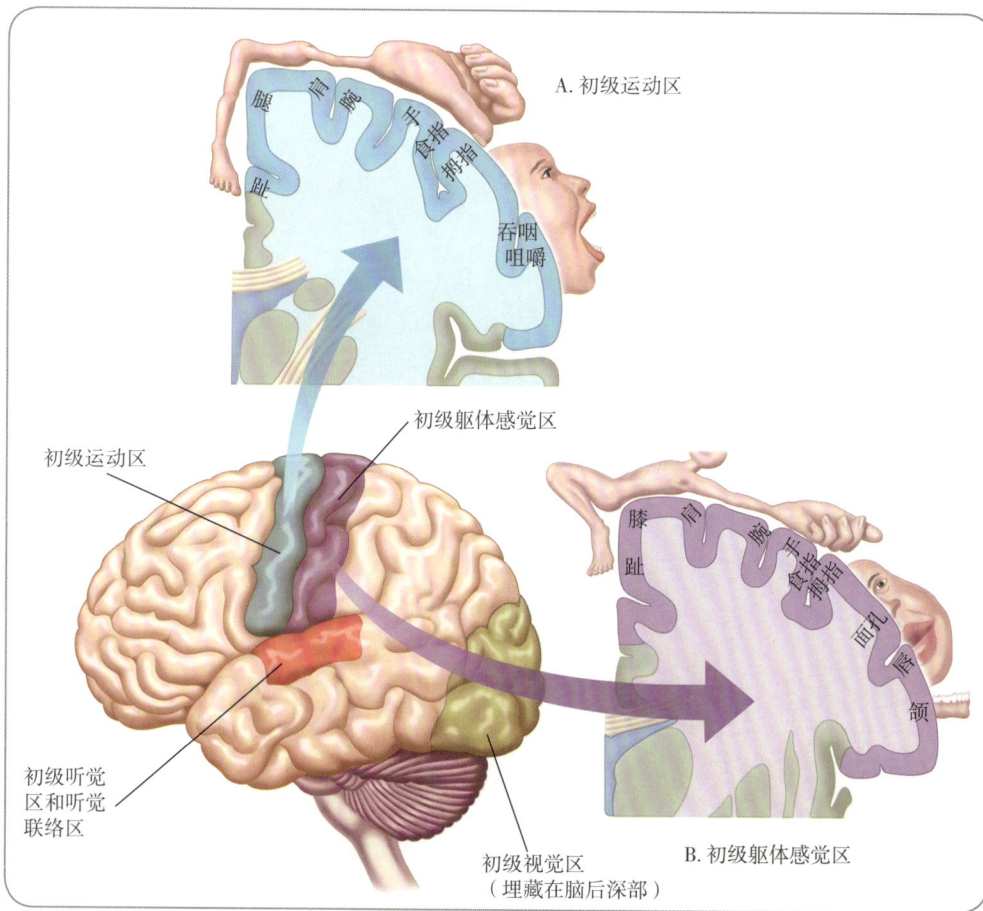

图 3.18　运动和躯体感觉皮层

身体的不同部位对于环境刺激和脑控制的敏感性各不相同。身体特定部位的敏感性与专门负责该部位的大脑皮层的大小有关联。如图所示，图中的身体部位画得越大，表示专门负责该部位的大脑皮层越大，同时对环境刺激也越敏感，脑对其运动的控制程度也越高。（见正文第 77 页）

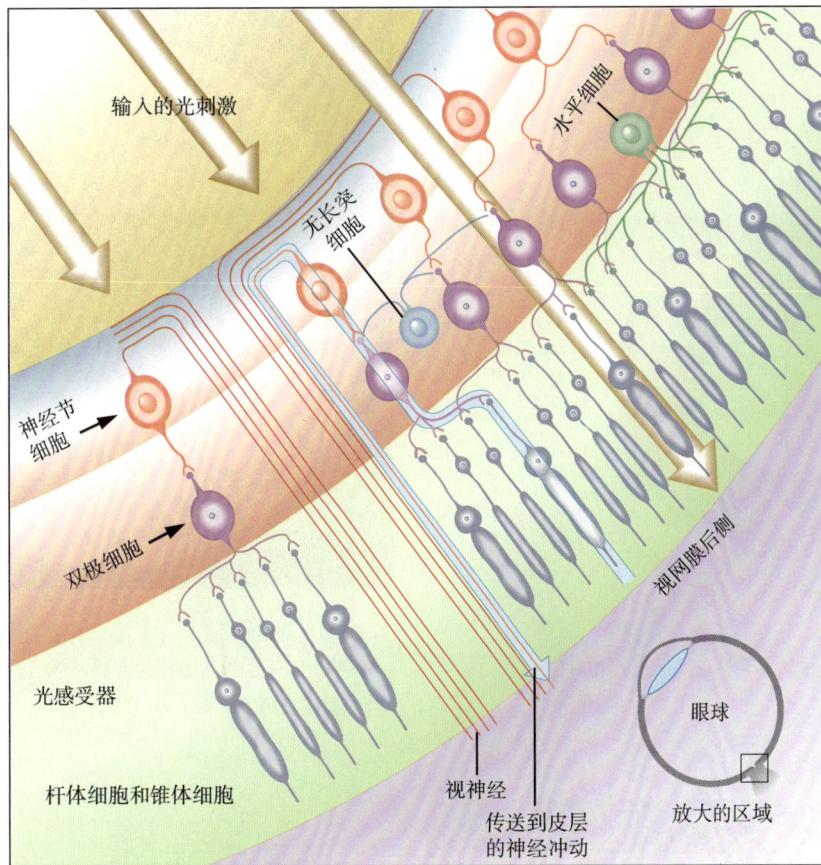

图 4.7 视网膜神经通路

这是一幅高度简化的非写实示意图，图中显示了连接视网膜上三层神经细胞的通路。光线经过所有这些细胞层到达位于眼球后部远离光源的感受器。请注意，双极细胞从不止一个感受器细胞收集冲动信号，并把结果发送给神经节细胞。来自神经节细胞的神经冲动（蓝色箭头）离开眼睛，通过视神经到达下一个中继点。（见正文第 95 页）

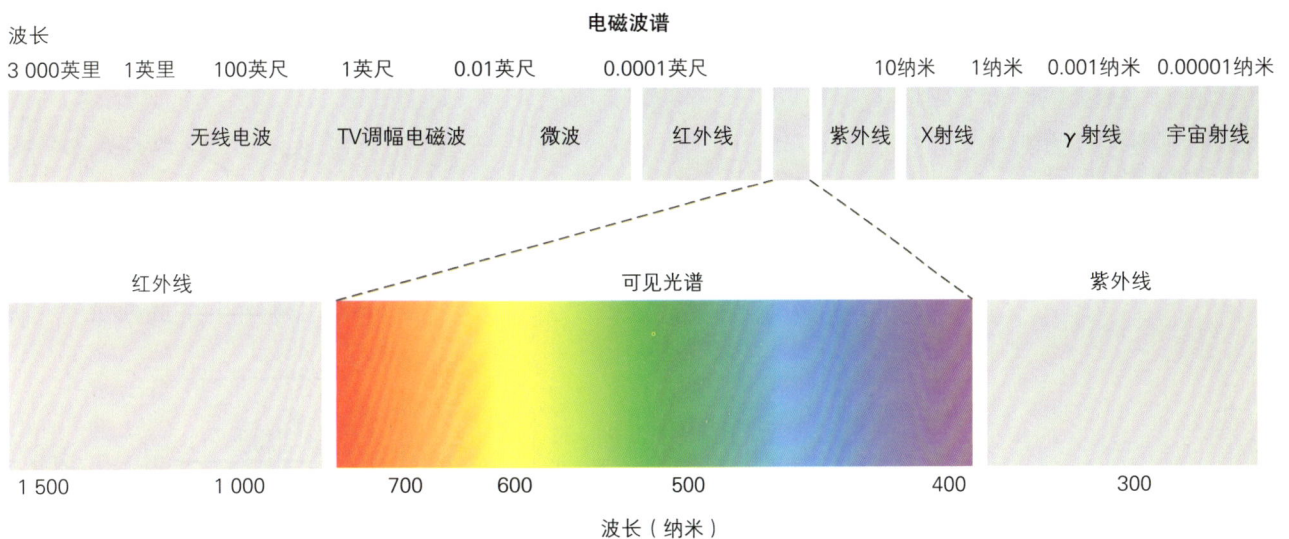

图 4.13 电磁波谱

视觉系统只能感觉到电磁波谱中一个很小的波长范围。你能感受到的波长范围在图中被放大，即从紫色到红色的区域。（见正文第 99 页）

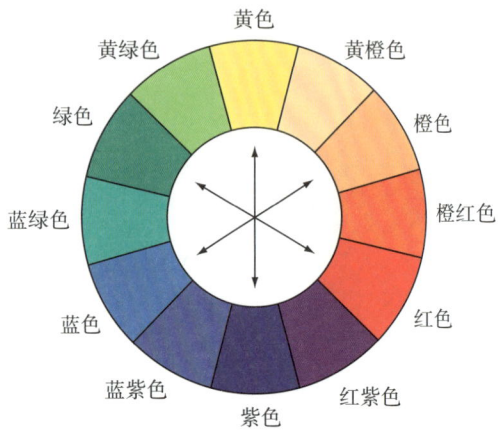

图 4.14　色环

基于相似性对颜色进行排列。互补色处于直接相对的位置。互补的色光混合产生白光。（见正文第 99 页）

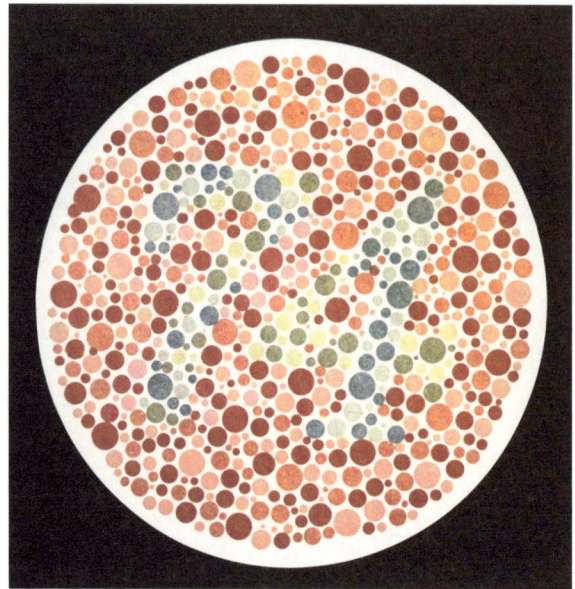

图 4.16　色盲测试

一个不能区分红色和绿色的人将不能辨认隐含在图片中的数字。（见正文第 100 页）

图 4.15　颜色的视觉后像

注视绿、黑、黄三色旗中间的圆点至少 30 秒。然后盯着一张白纸或者一面白墙的中央。让你的朋友也尝试一下这种视觉后效错觉。（见正文第 100 页）

图 4.21　嗅觉感受器

鼻腔中的嗅觉感受器细胞受到环境中的化学物质刺激，它们将信息传递给大脑中的嗅球。（见正文第 107 页）

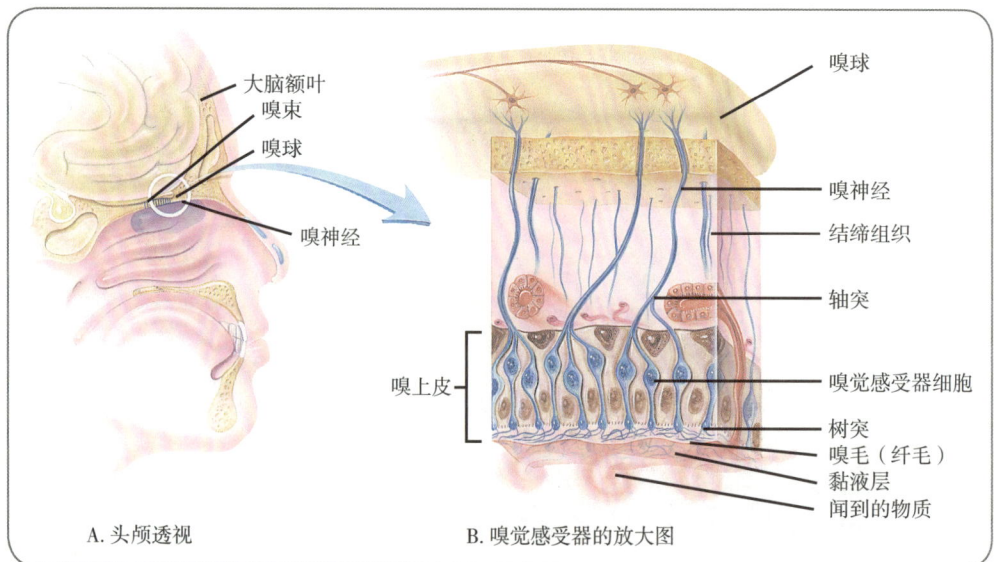

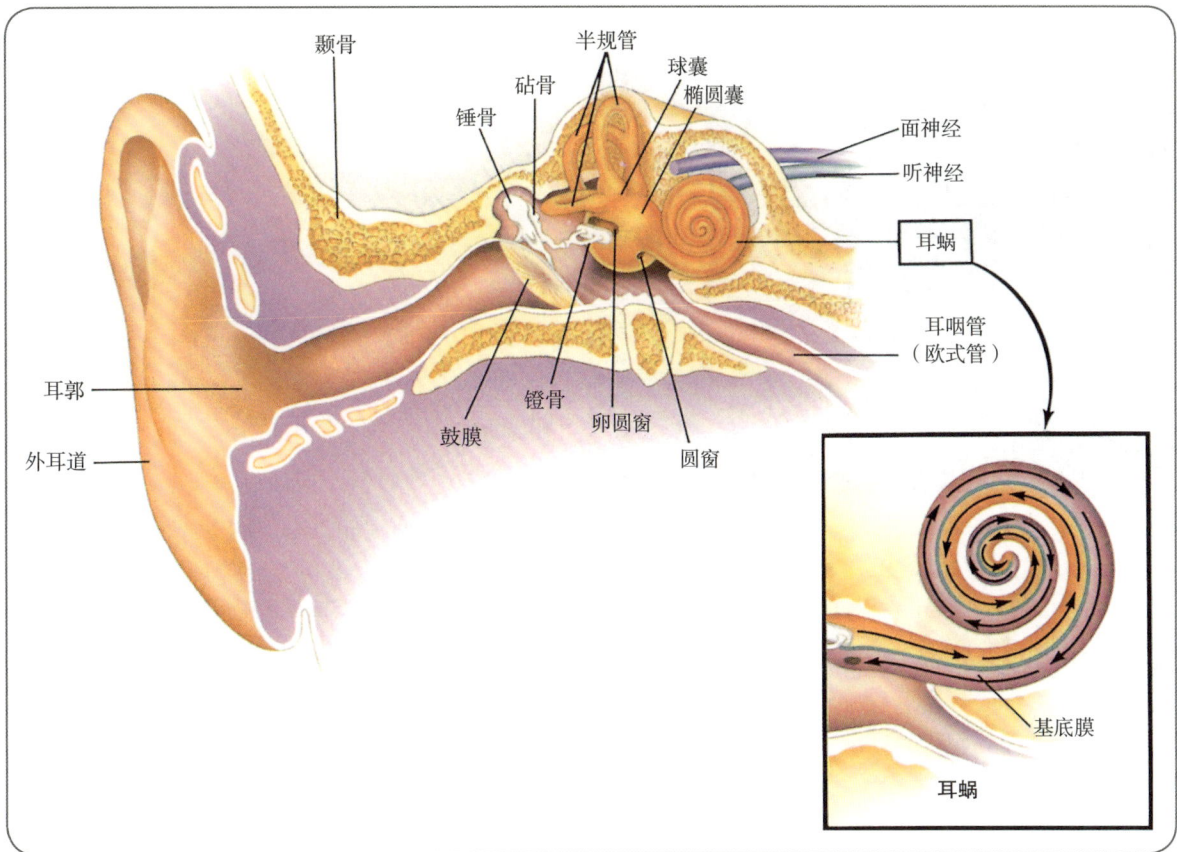

颞骨　半规管　球囊　椭圆囊　面神经　听神经　砧骨　锤骨　耳蜗　耳咽管（欧式管）　耳郭　外耳道　鼓膜　镫骨　卵圆窗　圆窗　基底膜　耳蜗

图 4.19　人耳的构造

声波通过耳郭，经外耳道传入，引起鼓膜振动。这个振动激活中耳内的小骨——锤骨、砧骨和镫骨。它们的机械振动经过卵圆窗到达耳蜗，并使其管道里的液体振动。当液体流动时，耳蜗中盘旋的基底膜内层上微小的毛细胞弯曲，刺激附着在其上的神经末梢。机械能量就此被转换为神经能量，并且通过听神经传送到大脑。（见正文第 104 页）

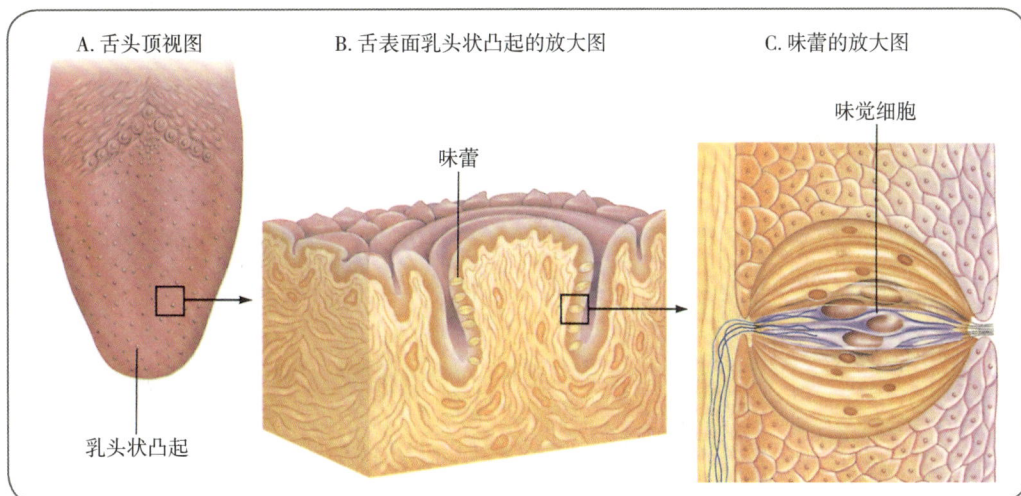

A.舌头顶视图　　　B.舌表面乳头状凸起的放大图　　　C.味蕾的放大图

味觉细胞　味蕾　乳头状凸起

图 4.22　味觉感受器

图中 A 部分表示舌头上方乳头状凸起的分布。图中 B 部分表示放大的单个乳头，由此可以看见单个味蕾。图中 C 部分表示放大的味蕾。（见正文第 108 页）

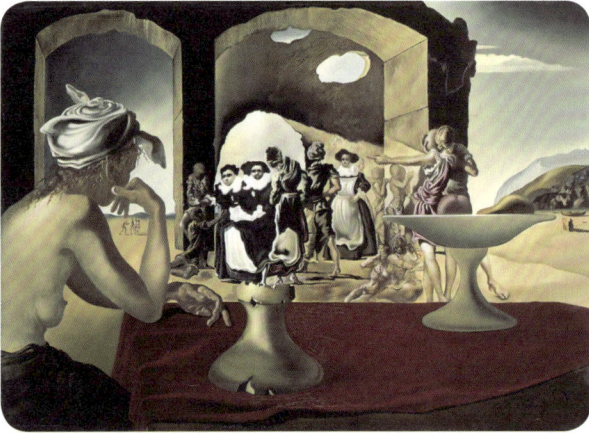

图 4.39　艺术中的歧义

上图是萨尔瓦多·达利的作品《奴隶市场和消失的伏尔泰半身像》。你能发现伏尔泰吗？达利是在作品中使用歧义的众多现代艺术家中的一个。（见正文第 126 页）

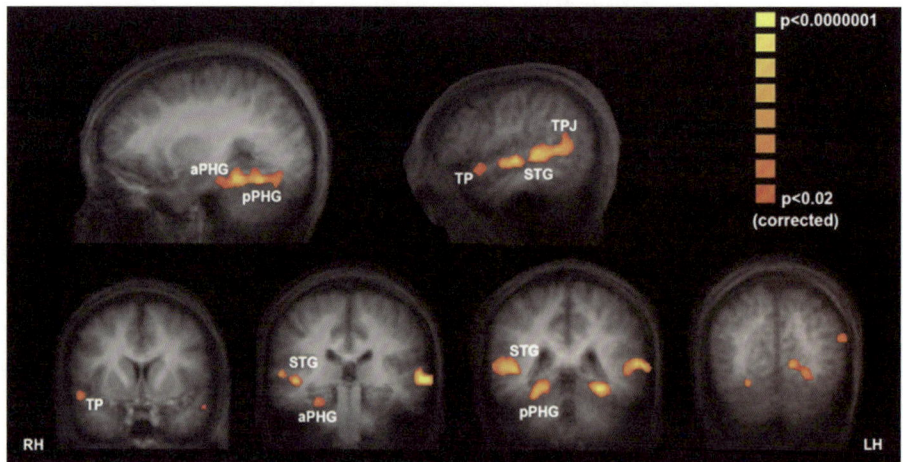

右　　　　左

编码

提取

图 7.18　编码和提取时的脑活动

此图显示了编码和提取时最活跃的脑区。PET 扫描显示，在编码情景信息时，左前额皮层高度激活，提取时右前额皮层高度激活。（见正文第 225 页）

图 5.1　搜索两种颜色的组合

（A）找到有黄色和蓝色的物品。（B）找到有蓝色窗户的黄色房子。（A）当颜色的组合发生在一个物品的两个部分之间时，搜索的效率是很低的。（B）然而，当颜色的组合发生在整体物品及其某一部分之间时，搜索就容易得多了。（见正文第 137 页）

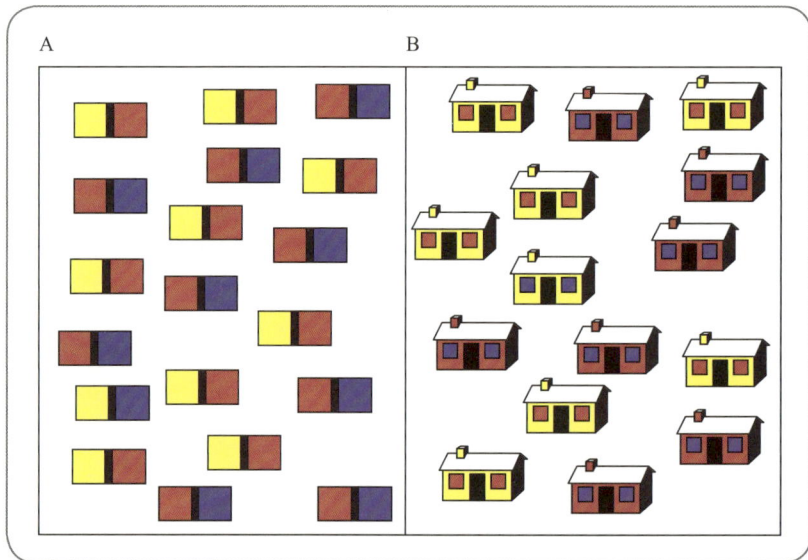

图 7.19　预测成功记忆的脑区

当这组脑区在编码阶段特别活跃时，人们更可能回想起自己所观看的情景喜剧的细节。这些区域是右侧颞极（TP）、颞上回（STG）、前海马旁回（aPHG）、后海马旁回（pPHG）以及颞顶联合（TPJ）。图中 RH 和 LH 分别指右脑和左脑。（见正文第 225 页）

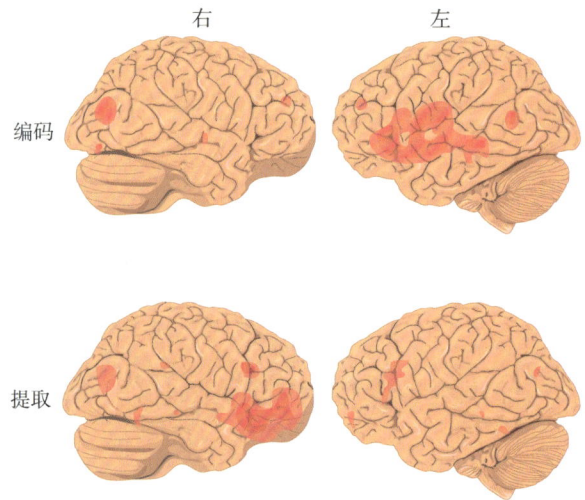

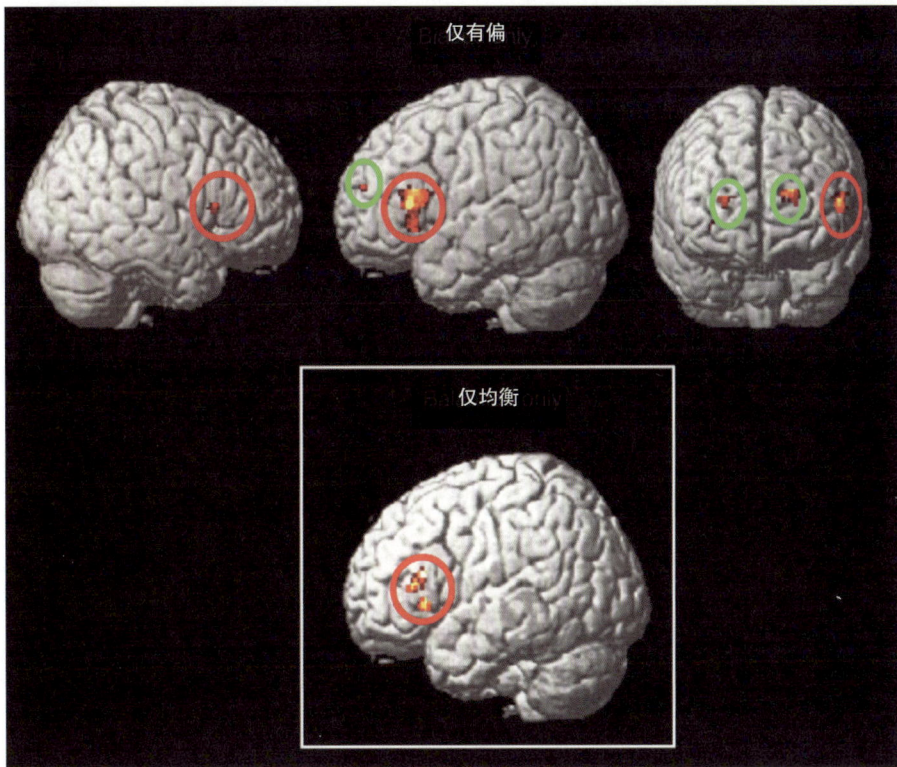

仅有偏

仅均衡

图 8.7　消解歧义的脑基础
参与者在阅读均衡歧义句、有偏歧义句或匹配的控制句时接受 fMRI 扫描。红色圆圈内的脑区在两种歧义句下都更活跃（相对于控制句）。绿色圆圈内的脑区只在有偏歧义句下更活跃。（见正文第 240 页）

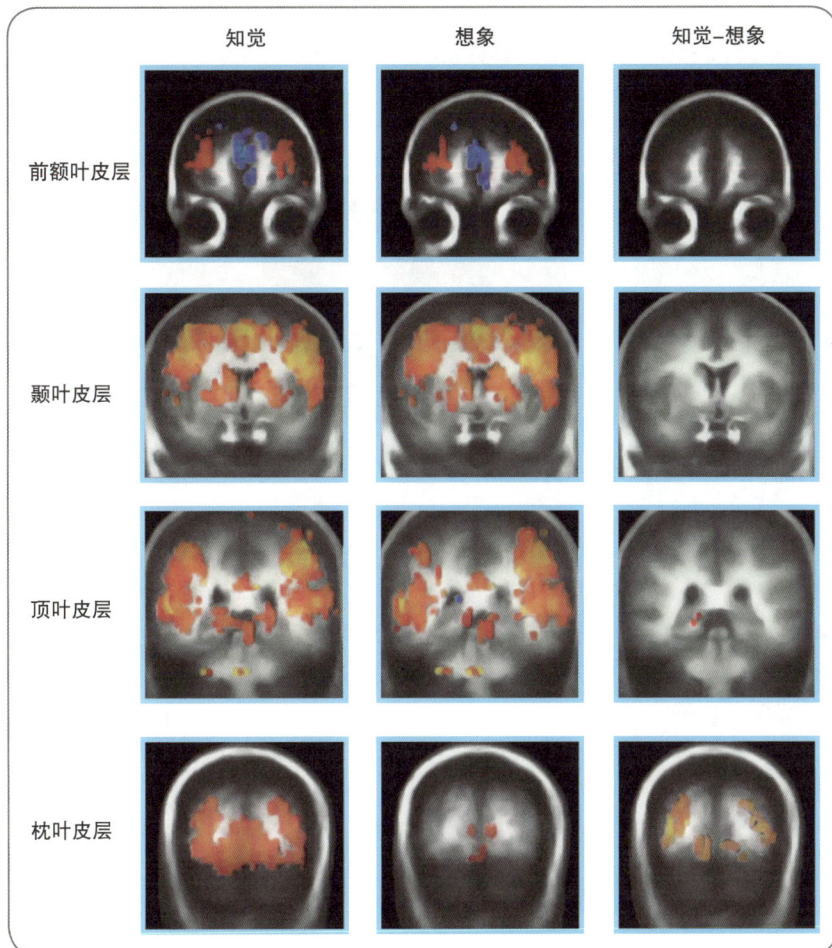

知觉	想象	知觉－想象

前额叶皮层

颞叶皮层

顶叶皮层

枕叶皮层

图 8.10　视觉表象的脑基础
该图呈现的是参与者执行知觉任务或想象任务时的 fMRI 扫描结果。左边和中间的纵列分别代表完成知觉和想象任务时的脑活动：红色、橙色或黄色表示相对基线水平（没有执行任务时）更活跃的脑区，蓝色则表示更不活跃的脑区。右边的纵列表示受知觉任务而不受想象任务影响的脑区。扫描结果表明知觉和想象共用了很多脑区。（见正文第 248 页）

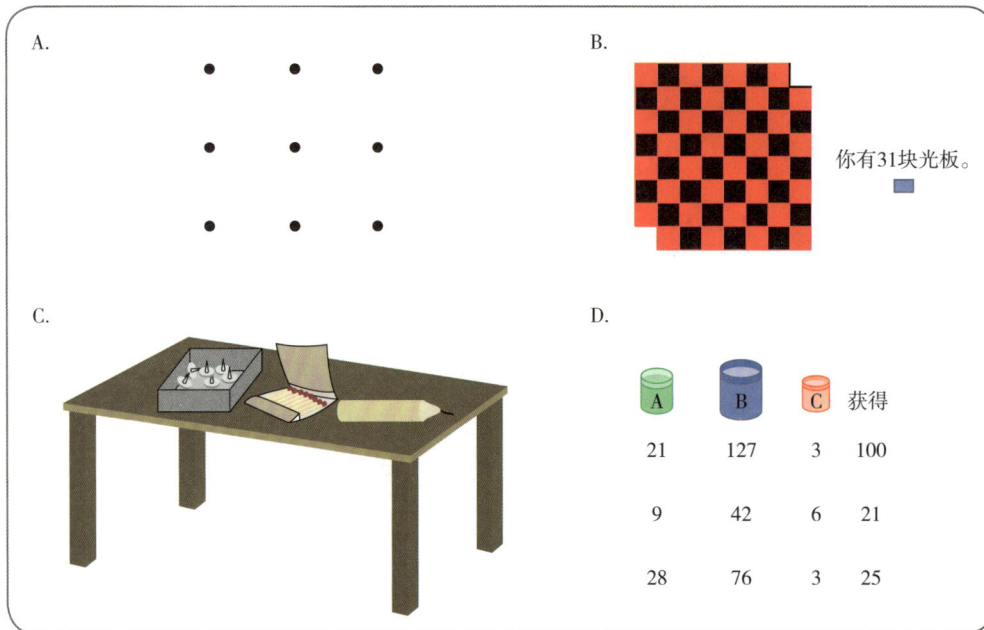

图 8.12 尝试解决这些经典问题

你能解决每一个问题吗？（答案在**图 8.13** 中，不过，请在解决所有问题之后再看答案）。

（A）不抬笔，不走重复线路，一笔画 4 条直线，把图中所有的 9 个点连起来。

（B）棋盘的两个角被切掉了，你有 31 块光板。每块覆盖两个棋盘格，试着用这些光板覆盖棋盘中的每一个格子。

（C）使用图中所示的物品（一支蜡烛、一盒大头钉和一盒火柴），试着把蜡烛固定到高于桌子的墙上且蜡不能滴到桌子上。

（D）给你 3 个"水罐"，每个水罐装不同量的水。例如，在第一个问题中，A、B 和 C 的容积分别是 21、127 和 3 夸脱。在每个问题中，您需要在三个水罐之间倒水，以获得所需的水量。试着解决这三个问题。（见正文第 250 页）

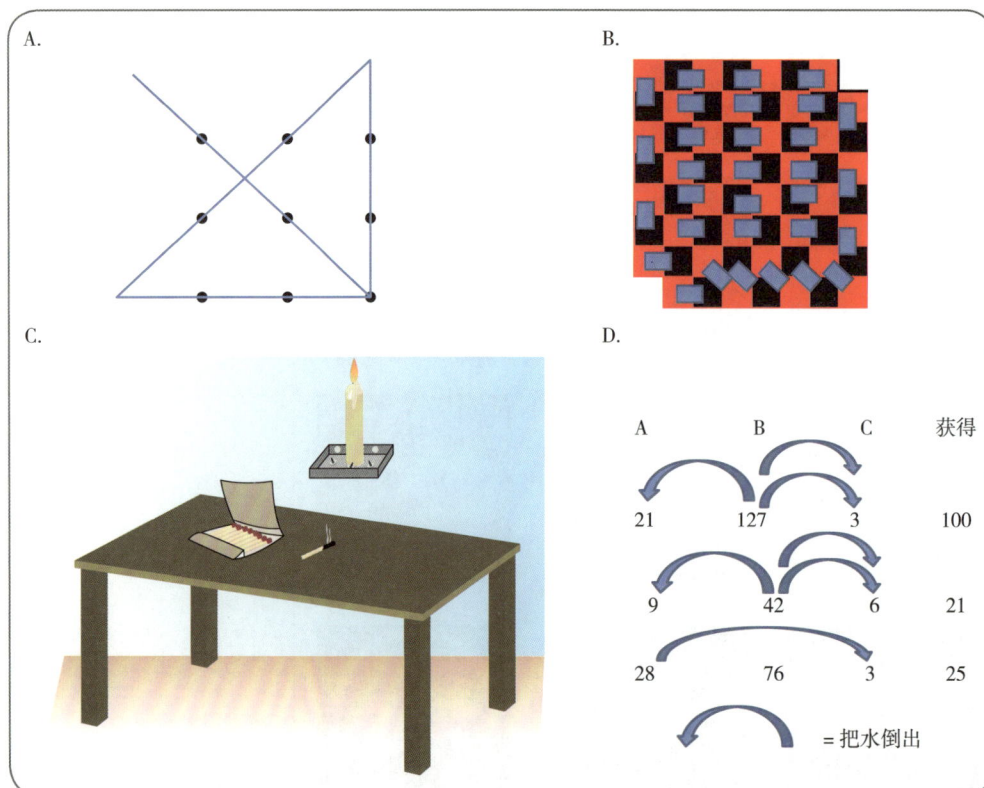

图 8.13 上述经典问题的答案

你做得怎么样？下文讲到问题解决和推理过程时我们将再次回到这些问题。（见正文第 251 页）

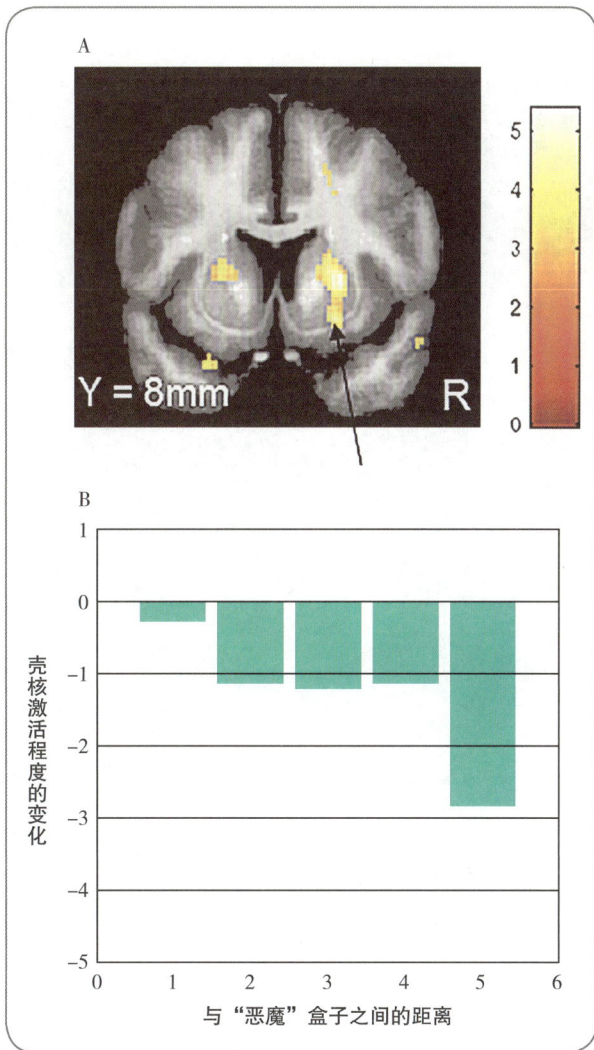

图 8.18 脑对错失机会的反应

参与者完成一项会错失相对较少或较多机会的任务。当错失的机会最多时，壳核的活动变化最大。（见正文第 266 页）

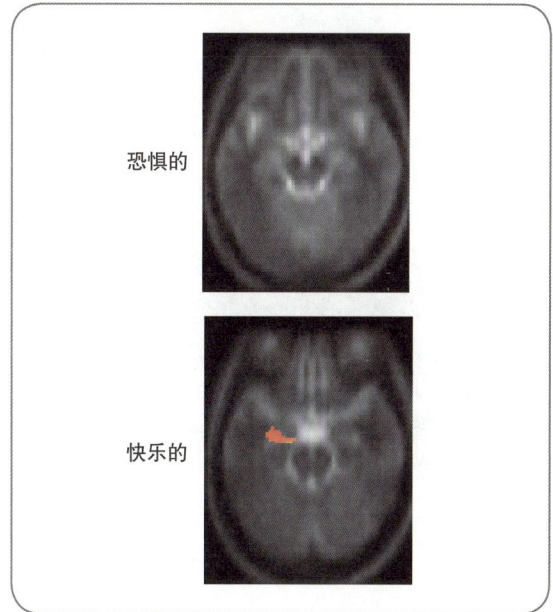

图 13.3 外倾性对左侧杏仁核功能的影响

参与者观看恐惧的和快乐的面孔。图中红色部分是外倾性与杏仁核活动呈正相关的脑区。对于恐惧的面孔，没有出现这种相关。然而对于快乐的面孔，外倾性最高的个体的左侧杏仁核的活动水平也最高。（见正文第 411 页）

图 10.3 视崖

一旦婴儿获得了在周围环境中爬行的经验，他们就会表现出对视崖深的一端的恐惧。（见正文第 300 页）

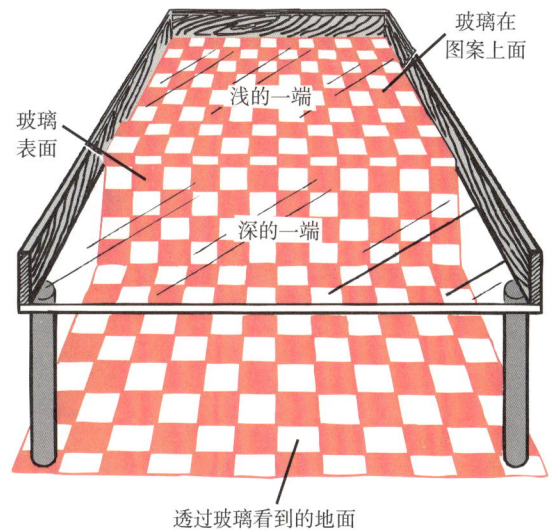

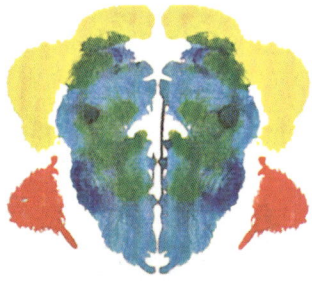

图 13.10　与罗夏测验相似的墨迹图
你看到了什么？你对该墨迹的解释是否揭示了你的人格特征？（见正文第 438 页）

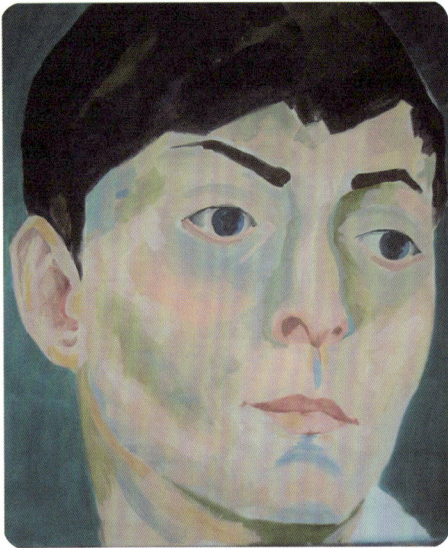

大多数人偶尔感到的不高兴与抑郁症的症状有何不同？（见正文第 459 页）

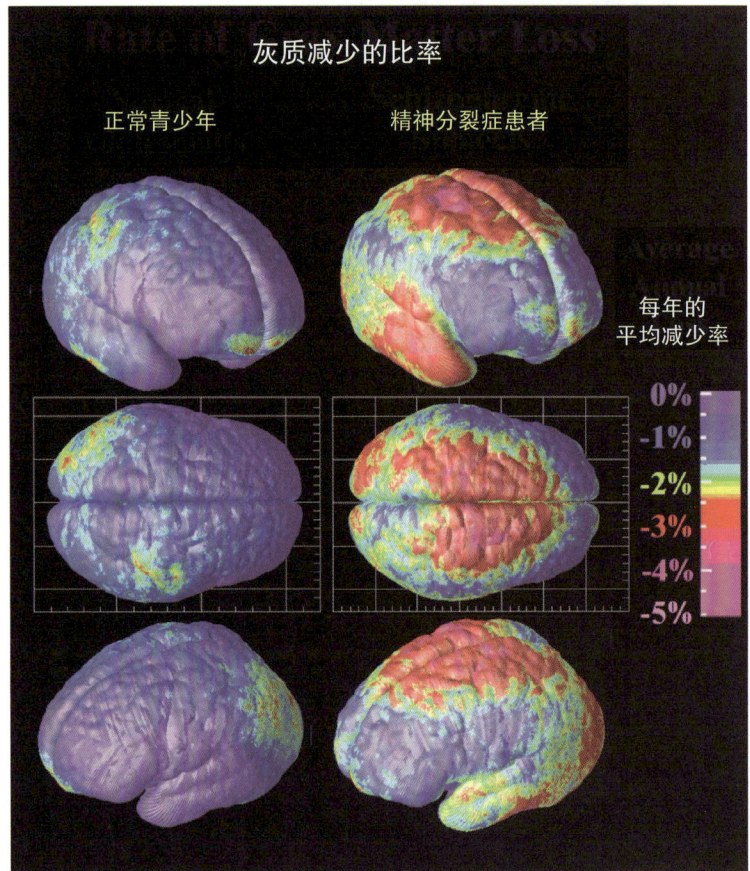

图 14.6　精神分裂症青少年大脑灰质的减少
研究者对 12 个患有精神分裂症的青少年和 12 个年龄匹配的健康青少年进行了磁共振扫描。在 5 年的时间里，精神分裂症青少年几个脑区内的灰质大量减少。（见正文第 472 页）

斯坦福监狱实验创造了一个新的"社会现实"，在这一现实中，良好行为的规范被情境的力量彻底击败了。为什么这些学生狱警和囚犯如此强烈地接受了他们的角色？（见正文第 523 页）

内容提要

　　《心理学与生活》是心理学导论类教材的典范之作，半个多世纪以来，在全世界心理学界一直享有盛誉。1937 年，美国斯坦福大学的弗洛伊德·鲁赫（Floyd L. Ruch）博士撰写了本书的第 1 版，大获成功，并独自修订至第 7 版。从第 8 版起，被誉为"当代心理学的声音和面孔"的美国社会心理学家菲利普·津巴多（Philip G. Zimbardo）开始加入本书的作者团队，并自第 9 版起成为第一作者。进入 21 世纪，认知心理学硕果累累，日益成为心理学的主流方向。为了使这部经典之作永立时代的潮头，自第 14 版始，津巴多教授盛情邀请耶鲁大学的认知心理学大家理查德·格里格（Richard J. Gerrig）加入，作为本书的第二作者。自第 16 版始，格里格任第一作者，主持本书的修订工作，并在最新的第 20 版成为唯一作者。

　　我国心理学界许多教师多年来一直将本书作为教材或主要教学参考书，北京大学自 1990 年起就一直采用本书作为普通心理学课程的教材。怀着对我国心理学基础教育和普及的使命感，北京大学心理与认知科学学院（原心理学系）19 位教授通力合作，每人根据自己的研究专长和兴趣，各选取一部分进行了精心翻译。正如时任北大心理学系主任的王垒教授所言："这部教材的翻译是北大心理学系教授们集体智慧和团队凝聚力的结晶。"《心理学与生活》中译本（第 16 版和第 19 版）在国内出版 20 年来，累计发行突破 150 万册，赢得了广大心理学师生和普通读者的喜爱和认可。

　　第 20 版既反映了心理学的最新研究进展，也延续了本书一贯的传统——将最重要的心理学见解应用于生活中。相比于第 19 版，第 20 版有了大幅的修订，新增了近 120 个贯穿全书的"研究特写"专栏，新增或修订了"生活中的心理学"与"生活中的批判性思维"两个专栏的主题或内容，更新了数万字正文内容和数百篇参考文献，以反映心理学领域日新月异的发展成果。同时，译者团队和编辑团队以更高更严苛的标准，对译文进行了精心翻译和编校。

　　正如作者所言："心理学是一门与人类幸福密切相关的科学。"本书贴近生活、深入实践的独特风格，使其一直是一般大众了解心理学、更好地理解人性和全面提升自身素质的推荐读物。

　　作者形象地将学习《心理学与生活》的过程比喻成一次"智慧的旅行"，选择它，相信你一定不虚此行。祝你好运！

To Phil Zimbardo, for entrusting me with *Psychology and Life.*

致敬菲利普·津巴多，是他将《心理学与生活》托付于我。

——理查德·格里格

缅怀菲利普·津巴多

Philip G. Zimbardo
1933—2024

　　尊敬的菲利普·津巴多先生于 2024 年 10 月 14 日在家人的陪伴下，在旧金山的家中安详辞世，享年 91 岁。

　　津巴多先生生前长期任教于美国斯坦福大学心理学系，因主持斯坦福监狱实验而闻名于世。他曾担任美国心理学协会（APA, 2002）主席、科学协会主席委员会（CSSP, 2005）主席。作为一位备受尊敬的心理学家和导师，他激励了成百上千万的学子喜欢和热爱上了心理学。他以巨大的热忱和积极的行动，奋力"将心理学播撒出去"（Giving Psychology Away），全球的学子因此亲切地称他为"菲尔大叔"。他也因主持广受欢迎的 PBS 电视系列片 *Discovering Psychology* 和撰写 *Psychology and Life* 等心理学教科书，被誉为"当代心理学的声音和面孔"。

　　2016 年，受北京新曲线公司和北京大学心理与认知科学学院、清华大学心理学系的联合邀请，津巴多教授首次造访中国大陆，并在北京大学百周年纪念讲堂发表了极为精彩的大型公益演讲。2000 余名学子目睹了大师睿智而又幽默的风采。公益演讲之后，新曲线公司相关人员陪同津巴多先生游览了北京故宫、长城、上海新天地、南浔古镇等中国名胜古迹，了却了老人多年的夙愿。

　　1968 年，津巴多受弗洛伊德·鲁赫之邀，参与修订《心理学与生活》第 8 版。在继承鲁赫为这本书赋予的"生活"之魂的基础上，津巴多更以其优美的文笔和紧扣学科发展前沿的修订，使得《心理学与生活》从此大放异彩。鉴于津巴多对本书的卓越贡献,自第9版起,原作者鲁赫主动让贤,推举津巴多为《心理学与生活》第一作者。

进入21世纪以来,认知学派日盛,业已成为心理学的主流方向。在此背景下,修订《心理学与生活》第14版时,津巴多诚邀专长于认知心理学的耶鲁大学理查德·格里格教授加入作者团队。更由于格里格的卓越修订,从第16版起,津巴多主动让贤,格里格成为本书第一作者。从此,这本经典教科书与时俱进,始终站在心理学研究的前沿。

因年事已高,更因对格里格的信任,自第20版起,津巴多退出了本书的修订工作。翻开第20版,首先映入眼帘的是扉页上那句深情的致辞——"致敬菲利普·津巴多,是他将《心理学与生活》托付于我"。瞬间,格里格对津巴多深深的敬意扑面而来。

鲁赫—津巴多—格里格,所谓《易》更三圣,《心》历三杰",经典,自有其相似而又不凡的路径。

虽然《心理学与生活》第20版封面上没有了津巴多的名字,但是,不可否认,"津巴多"——这个光辉的名字,已经和《心理学与生活》紧紧地联系在了一起,《心理学与生活》也是他最为世人所知的代表作。他主持和参与《心理学与生活》12个版本的撰写和修订,也是在半个多世纪中,为这部经典付出最多心血的人。

大师已逝,思想长存!请允许我们代表珍藏这部经典著作的160万中国读者,表达我们对您深切的缅怀和无尽的思念!

Richard J. Gerrig

理查德·格里格于 1984 年获斯坦福大学心理学博士学位，现任美国纽约州立大学石溪分校认知心理学教授。在此之前，他任教于耶鲁大学，并在那里获得了 Lex Hixon 社会科学杰出教师奖。格里格发表了大量有关语言使用的认知心理学研究成果，其中一个研究方向探讨了有效沟通的心理过程，另外一个研究项目考察了读者陶醉于故事世界时体验到的认知和情绪变化。他的著作《体验叙事世界》（*Experiencing Narrative Worlds*）已由耶鲁大学出版社出版。格里格是美国心理学协会（APA）和心理科学协会（APS）会员。格里格是亚历山德拉引以为傲的父亲，21 岁的亚历山德拉为《心理学与生活》的许多方面提出了实质性且有价值的建议。在蒂莫西·彼得森的指导和支持下，格里格在纽约长岛的生活品质大为提升。

简要目录

目 录

8 认知过程 228

9 智力与智力测量 269

中译本序言

《心理学与生活》第 20 版中译本即将问世，与广大读者见面了。

就在为这个最新译本写序的前几天，有人问我，如何分散注意力，减少紧张。方法是背诵，比如《滕王阁序》，但如果已经会背了，要改为手写。为什么会背了就要改为写呢？

心理学告诉我们，要分散注意力，就要从事另一项活动，而所从事的活动本身必须能占据足够的注意资源。然而，要占据足够的注意资源，所选的活动不能太熟练，因为那样的话，它几乎可以自动化地进行，无须分配过多的注意力。如果能把《滕王阁序》背得非常熟练，甚至都不用走心，那就不会占用太多的注意力资源，也就起不到分心的作用。

所以，按照心理学的原理，这时可改用手指，以练习书法的方式，在桌面或膝盖上抄写《滕王阁序》。这就不容易了，因为你必须用眼睛紧紧地盯着手，看如何走笔，看清每一笔每一画，看清字的间架结构是否精准。这就需要付诸极大的注意力资源，因为你其实看不到写的任何东西，只是根据走笔的轨迹来判断每一个字写得好不好，这是非常耗神的，也就成功地起到了分心的作用。

这就是一个在现实生活中有效运用心理学解决实际问题的例子。我举这个例子是想告诉每一位读者，心理学就在我们身边，在我们日常生活中的点点滴滴之中，它是一门非常有用的科学。而学好这门科学，需要一本好的教科书。

说起来，《心理学与生活》这本教科书从最初 2003 年翻译出版第 16 版，到现在第 20 版问世，整整过了 20 年！这前前后后，中国心理学经历了非常不容易的发展，特别是这 20 年和之前的 20 年相比，《心理学与生活》的出版好似个分水岭，令人感慨，我不妨就借用《滕王阁序》来解读一下。

从 20 世纪 70 年代末恢复高考到 21 世纪初的 20 多年里，我国心理学的经历可以说是"命运多舛"，令人有那种"关山难越，谁悲失路之人""萍水相逢，尽是他乡之客"的感觉。那时候，学心理学的人很是少见，书店里的心理学书籍更是不多，社会公众对心理学的了解少之又少，甚至带有偏见，以为心理学就是算命的，以致一些心理学人都不好意思向周围的人披露自己是学心理学的。那时，心理学资料相当匮乏，好的心理学教科书一部难求。在那个年代，选择和坚持心理学确实不容易。它是个冷门，而且还遭受歧视。

然而在那个年代，很多心理学人都在不断地坚持，无论是老一辈学者，还是刚入门的新人，正所谓"老当益壮，宁移白首之心""穷且益坚，不坠青云之志"。在那个氛围下能够坚持下来，真的是因为热爱。

21 世纪初以来，也就是近 20 年，随着中国社会、经济的发展，改革开放的不断深入，特别是中国加入 WTO 以及成功申办奥运，心理学开始走向一个新时代，"雄州雾列，俊彩星驰""物华天宝""人杰地灵"！心理学越来越重要，人们越来越需要心理学，越来越多的人向心理学求索、奔赴，其势犹似"舍簪笏于百龄，奉晨昏于万里"。《心理学与生活》就是在这个大时代的背景下诞生了它的第一个中文版，它是根据英文第 16 版翻译的。随后就有了第 19 版以及现在的第 20 版。可以说，《心理学与生活》这本教科书的一次又一次翻译出版，是中国心理学不断走向繁荣的见证。

心理学是一门可以帮助每一个人的科学。它每帮助一个人，助力人们更高效、更快乐、更健康、更精彩，其意义就越发凸显和宏大。而每一个人学习、运用心理学帮助自己，也就是帮助了心理学。

而今，心理学在中国已经成为显学，人们越来越多地了解了这门学科，渴望学习心理学，希望得到心理学的帮助。在今天，如果你认识的某个人是搞心理学的，你会觉得庆幸，你知道你能从对方那里得到帮助、支持。心理学已从 40 多年前的"调味品"，成为今天社会生活的必需品。现如今，如果你不懂点心理学，都不好意思，都没底气和别人谈人生。

这一切是中国社会发展的必然，是中国心理学发展的必然，是中国心理学学术与生活实践不断结合的必然，正所谓：学术与民生齐举，知识共实践一堂。

《心理学与生活》来到第 20 版，原作者之一津巴多教授年事已高，不再参与写作了。但这部教材的精彩依然如故，它保留了原书的所有特色，同时又充实、平衡了最新的心理学进展和材料，反映了心理学的最新成果。

全书 16 章，涵盖了心理学的四方上下、古往今来，既有心理学基本原理、研究方法、生物基础，又有感知、意识、注意、学习、记忆、言语、智力、情绪、动机、人格，以及毕生发展、社会心理、心理异常与治疗等具体板块。全书论道精巧，得科学之美感，内容厚实，享生活之亲近，可以说是给读者的一份大礼。

由于中美文化的差异，心理学研究和实践的兴趣及应用领域也有所不同，在不影响全书科学性、系统性的前提下，我们在中译本中对极少部分做了适当的调整和修改，以更好地反映中国社会的心理学学习和应用的特色与需要。

在此要特别感谢我的同事们！我们的翻译团队在过去 20 年中始终精诚合作，相互支持。他们都有着繁重的教学、科研任务和社会服务工作，他们在繁忙之中抽时间来从事翻译工作，实属不易。我在每一版的翻译工作中与每一位同事沟通时，都得到了他们的鼎力相助。我对他们的热情和帮助表示由衷的敬意和感谢！

特别感谢新曲线出版咨询公司的刘力先生、陆瑜女士、谢呈秋女士、陶建胜先生、刘冰云编辑以及其他各位参与相关编辑和设计工作的同人们，他们的辛苦付出，执着、敬业，令人赞赏。还要感谢出版社和版权方的同人们，没有他们的大力支持，这本教科书也不可能顺利付梓。

祝中国的心理学发展得越来越好，也希望这本教科书为此付出绵薄之力。相信各位读者会喜欢这本书。希望这本书为各位读者的人生提供重要的帮助和支持，成为生活中的好伴侣、好帮手！

译者团队
2023 年 8 月

致中国读者

1984 年秋天，我第一次以助理教授的身份教授心理学导论。我面临的主要挑战是如何将每个重要的主题整合到一两个章节中。我记得我在图书馆花了很多时间，为每节课搜集材料，努力确保我既能充分地向学生们介绍经典的内容，又能恰当地展示学科的最新发现。我希望我的学生每上完一节课，都急切地渴望把所学到的知识应用到自己的生活中去。当学生们来到我的办公室，向我解释这门课如何让他们对自己的日常生活有了更深刻的理解，或许还能更好地掌控生活时，我非常高兴。

在开始教学生涯的大约十年后，我接受了与著名学者菲利普·津巴多（Philip Zimbardo）共同撰写《心理学与生活》的机会。作为他的新合著者，津巴多教授要求我根据自己在课堂上的经验来编写这部教科书。重要的是，津巴多教授和我在心理学教学方面有着相同的基本价值观。我们希望我们的学生能够接触到心理学研究。我们希望我们的学生在期末考试后还能长久地记住我们所教授的知识。我现在成了《心理学与生活》一书的唯一作者。然而，这本书仍然完全是在津巴多教授和我共有的价值观的启发和激励之下完成的。

《心理学与生活》的某些部分在过去 30 年里几乎没有变化。例如，我很高兴教给我的学生关于巴甫洛夫和他的狗的知识，就像我在大学一年级时学习这些材料一样。《心理学与生活》的其他部分则有了更大的变化。这些变化反映了世界各地研究者的非凡创新和深刻见解。例如，当我开始教学时，我从来没有想过我会向我的学生展示大脑如何工作的影像。总的来说，我希望《心理学与生活》吸纳了我从这一领域 40 年亲身经验中获得的智慧。

最近，我在石溪大学见到了一位曾在中国使用《心理学与生活》作教科书的学生。她带了她的那本让我签名！我们就她上过的心理学导论课聊得不亦乐乎。我敢肯定，她的教授如果听到这名学生对这门课所表达的所有赞扬，一定会兴奋不已。这名学生还透露，在《心理学与生活》的帮助下，这门课激励了她将心理学研究作为自己的职业。听到这个消息我高兴极了。在我数十年的教师和写作生涯中，能与这些优秀的学生分享心理学是我莫大的荣幸。

理查德·格里格

石溪大学

前　言

　　教授心理学导论是每一位从事教学的心理学工作者面临的巨大挑战之一。事实上，由于这门课的主题涉及的范围极广，所以它可能是整个学术界最难教的课程。这门课既要涵盖对神经细胞活动的微观分析，也要包括对文化体系的宏观分析；不仅要展现健康心理学的活力，还需涉及精神疾病导致的人生悲剧。我们在写这本书时也面临着与教学同样的挑战，就是要赋予所有这些信息以形式和实质，而且还要将它们论述得生动有趣。

　　学生们常常带着一些错误的心理学观念来到我们的课堂上，这些错误观念来自"通俗心理学"（pop psychology）对我们社会的灌输。学生们还对他们能从心理学课程中获得的收益抱有很高的期望——他们希望能学到很多对个人有价值且有助于改善日常生活的知识。事实上，这对任何一位教师来说都是一项艰巨的任务。但我相信，你面前的这本《心理学与生活》能助你一臂之力。

　　我的目标一直是希望读者在通过本书学习心理学众多领域中那些激动人心和与众不同的内容时，能够真正享受阅读的乐趣。每个章节，每个句子，我都力图使之通俗易懂，引人入胜。同时，对于那些既重视研究又兼顾应用的教师，我还着力使本书能在他们的教学大纲中充分发挥作用。

　　《心理学与生活》的这个第20版虽然只有一位作者，但它保留了理查德·格里格（Richard Gerrig）与菲利普·津巴多（Philip Zimbardo）合作之初的构想。我们之所以能够建立稳固的合作关系，是因为我们都致力于将心理学作为一门与人类幸福密切相关的科学来传授。我和菲利普·津巴多都将自己的教学经验融入了本书，努力处理好科学的严谨性和心理学在现代生活中的实用性之间的平衡。这个第20版仍然延续了《心理学与生活》的传统——将最重要的心理学见解应用于你们的生活中。

教科书的主题：心理学是一门科学

　　《心理学与生活》就是要用坚实的科学研究来与心理学中那些错误的观念展开针锋相对的斗争。以我当教师的经验，教授心理学导论最可能出现的情况之一是，学生们会提出诸多对他们而言十分急迫的问题：

- 我母亲在服用百优解（Prozac），我们会学习这方面的内容吗？
- 你会教我们如何把功课学得更好吗？
- 我必须送儿子上日托才能返回学校学习，这样做对孩子是否妥当？

- 如果有朋友和我谈论自杀，我该怎么做？

令人欣慰的是，这些问题如今都已经有了严格的观察或实验研究。《心理学与生活》致力于科学分析读者们最关心的问题。因此，本书的宗旨是：心理学是一门科学，同时关注这门科学在生活中的应用。

生活中的批判性思维

《心理学与生活》的一个重要目标就是教授心理学论证的科学基础。当学生们提出问题时，他们往往已经从大众媒体那里获得的信息中得出了部分答案。这类信息有的是准确的，但学生们常常不知道如何去理解它们。他们怎样才能学会解释和评价从媒体中听来的信息呢？怎样才能明智地甄别那些浩如烟海的研究和调查呢？怎样才能判断这些信息来源是否可靠？为了抵制媒体对所谓的可靠研究的灌输，本书将向读者提供科学的工具，通过这些工具，他们能批判性地思考周围的信息，并得出符合研究目的和方法的结论。

"生活中的批判性思维"这个专栏力图使读者直面批判性结论的实验基础。其意图不是说每个专栏都对某个研究领域提供了确凿无疑的答案，而是邀请读者进行批判性思考，进一步提出更深入的问题。

每一章的"生活中的批判性思维"主题如下：

"安慰食物"真的能给人以安慰吗（第 1 章）
为什么数字技能如此重要（第 2 章）
文化如何"化入大脑"（第 3 章）
开车时使用手机会分心吗（第 4 章）
我们能从"极度饥饿感"中学到什么（第 5 章）
什么时候"暂停"可以改变孩子的行为（第 6 章）
记忆研究如何帮助你准备考试（第 7 章）
人为什么说谎，如何说谎（第 8 章）
为什么聪明的人更长寿（第 9 章）
日托如何影响儿童的发展（第 10 章）
动机如何影响学业成就（第 11 章）
健康心理学能帮助你更多地锻炼吗（第 12 章）
人格在网络世界里是如何传达的（第 13 章）
如何将一种障碍纳入 DSM（第 14 章）
基于互联网的治疗有效吗（第 15 章）
如何才能让人们成为志愿者（第 16 章）

生活中的心理学

我在上面罗列的都是现实中学生们提出的真实问题，都可以从本书中找到答案。这些都是多年来从学生那里收集来的具有代表性的问题。本书还采用"生活中的心理学"专栏的形式来展示和回答学生想知道的那些心理学知识，这个专栏也一直广受欢迎。我希望，通过阅读和学习专栏中的每个例子，读者能发现究竟为何心理学知识与他们日常生活中所做的决定直接相关。

每一章的"生活中的心理学"主题如下：

心理学家以哪些方式参与司法体系（第 1 章）

愿望思维会影响你如何评估信息吗（第 2 章）

你的大脑如何确定信任与否（第 3 章）

痛苦的分手真的会让人感到疼痛吗（第 4 章）

你是晨鸟型还是夜猫子型（第 5 章）

经典条件作用怎样影响癌症治疗（第 6 章）

你如何从"测试效应"中获益（第 7 章）

如何才能变得更富创造性（第 8 章）

高智力个体的脑有何不同之处（第 9 章）

成为双语者会对儿童有何影响（第 10 章）

他人在场对你的进食行为有何影响（第 11 章）

你能否准确地预测未来的情绪（第 12 章）

你相信人格可以改变吗（第 13 章）

我们如何查明先天与后天的相互作用（第 14 章）

被压抑的记忆是否会影响生活（第 15 章）

在哪些方面你像变色龙（第 16 章）

研究特写

"研究特写"专栏介绍的那些重要研究，突出展示了心理学研究是如何开展以及为何开展的。这些研究被整合进了正文中，使得读者能够在上下文中充分理解它们的影响。这些研究的主题包括成年大鼠视皮层的可塑性，冥想对脑结构的影响，文化对判断典型类别成员的影响，情绪唤起对记忆的影响，学术情境中的自我妨碍，儿童焦虑障碍的家庭治疗，认知失调的跨文化差异，以及内隐偏见的后果，等等。全书共有近 120 个研究特写，其中许多都是新增的或为本版修订的。

教学专栏

半个多世纪以来，《心理学与生活》以具有挑战性，同时又为广大学生易于理解的方式介绍心理科学而久负盛名，第 20 版也不例外。为了提升学生们的学习体验，本书加入了一些教学专栏：

- *停下来检查一下*。这个专栏出现在每一主要章节的末尾，为学生提供了一些激发思考的问题，在继续阅读下一章节之前检验他们对内容的掌握情况。这些问题的答案见本书附录。
- *要点重述*。各章的结束部分是该章的总结，即要点重述，总结了该章的内容，是根据主要章节的标题来组织的。
- *关键术语*。关键术语在正文中以黑体字出现，而且注明了英文原文，每一章的结尾列出了本章所有的关键术语。
- *练习题*。本书附录中有各章的练习题，由 15 道基于正文和专栏内容的单选题组成。另外还包含了论述题，供学生更广泛地思考各章内容。单选题的答案可以在附录中找到。

第 20 版的更新内容

各章变化

第 1 章

- 新增专栏"生活中的批判性思维：'安慰食物'真的能给人以安慰吗"
- 更新对结构主义和机能主义的讨论
- 更新有关心理学家的学位及工作场所分布情况的数据

第 2 章

- 新增专栏"生活中的心理学：愿望思维会影响你如何评估信息吗"
- 更新专栏"生活中的批判性思维：为什么数字技能如此重要"
- 更新研究过程的示例："语言风格匹配预测关系的开始和稳定性"（Ireland et al., 2011）
- 新增的"研究特写"：
  - "看不到的锻炼收益"（Ruby et al., 2011）
  - "媒体使用与儿童的睡眠：内容、时间和环境的影响"（Garrison et al., 2011）
  - "物以类聚，人以群分：外表相似性预测座位选择"（Mackinnon et al., 2011）

第 3 章

- 新增专栏"生活中的批判性思维：文化如何'化入大脑'"
- 新增关于基因与环境的交互作用的章节
- 新增对镜像神经元的讨论
- 扩展对 H.M. 的讨论
- 新增的"研究特写"：
  - "对荷兰双生子样本咖啡饮用情况的遗传学分析"（Vink et al., 2009）
  - "在预测儿童的能力方面，儿童的基因型与母亲的回应性照护存在交互作用：素质 - 应激还是差别易感性？"（Kochanska et al., 2011）
  - "老年大鼠的注意力和记忆：终生处于丰富环境的影响"（Harati et al., 2011）

第 4 章

- 新增专栏"生活中的心理学：痛苦的分手真的会让人感到疼痛吗"
- 新增的"研究特写"："纹外皮层身体区（EBA）和梭状回身体区对自我和他人不同的神经反应"（Vocks et al., 2010）
- 新增对丘脑和外侧膝状体核的讨论及图片

第 5 章

- 修订有关未被注意的信息的章节
- 更新主观性失眠
- 更新梦的特征
- 新增的"研究特写"：
  - "睡眠选择性地增强个体预期会与未来有关的记忆"（Wilhelm et al., 2011）
  - "催眠对疼痛性颞下颌关节紊乱症患者的疼痛和眨眼反射的影响"（Abrahamsen et al., 2011）
  - "正念减压训练对脑内连接的影响"（Kilpatrick et al., 2011）

第 6 章

- 新增专栏"生活中的批判性思维：什么时候'暂停'可以改变孩子的行为"
- 更新专栏"生活中的心理学：经典条件作用怎样影响癌症治疗"中的研究
- 将生物制约性整合进有关经典条件作用和操作性条件作用的章节
- 新增的"研究特写"：
  - "温度和味道在条件性厌恶中的交互作用"（Smith et al., 2010）
  - "测试鸽子在变化探测任务上的记忆"（Wright et al., 2010）

第 7 章

- 新增专栏"生活中的心理学：你如何从'测试效应'中获益"
- 新增关于工作记忆容量的研究（Kleider et al., 2010; Sörqvist et al., 2010）
- 采用新研究修订有关加工和内隐记忆的章节（Eich & Metcalfe, 2009）
- 新增有关学习判断的内容
- 新增的"研究特写"：
  - "在教室里写下对测试的担忧能提高考试成绩"（Ramirez & Beilock, 2011）
  - "概念的长期内隐记忆：10 年的证据"（Thomson et al., 2010）
  - "防止共同目击者污染：努力减少讨论目击者记忆所带来的负面影响"（Paterson et al., 2011）
  - "面孔特别但又不太过特别：遗忘症患者受损的面孔再认是基于熟悉性"（Aly et al., 2010）

第 8 章

- 更新专栏"生活中的批判性思维：人为什么说谎，如何说谎"中的研究
- 新增对毗拉哈人的语言和思维的讨论
- 新增有关信念偏差效应的研究（Dube et al., 2010）
- 将有关创造性的章节移至本章
- 新增有关锚定启发式的研究（Adaval & Wyer, 2011）
- 新增的"研究特写"：
  - "口语交流中减少信息：说者图自己方便，还是受听者影响？"（Galati & Brennan, 2010）
  - "谁是'真凶'？目击者记忆的跨语言差异"（Fausey & Boroditsky, 2011）
  - "以愉快收场：给辛苦的学习一个更好的结尾"（Finn, 2010）
  - "腹侧纹状体的信号变化代表错失的机会，并能预测未来的选择"（Büchel et al., 2011）

第 9 章

- 新增专栏"生活中的批判性思维：为什么聪明的人更长寿"
- 新增专栏"生活中的心理学：高智力个体的脑有何不同之处"
- 更新关于智力缺陷的内容
- 新增对斯滕伯格和加德纳智力理论的批评
- 新增有关遗传与环境交互作用的研究（Tucker-Drob et al., 2011）
- 新增有关对儿童早期干预项目评估的研究（Lee, 2011; Zhai et al., 2011）
- 新增的"研究特写"：
  - "企业家的实践智力：实践智力的前身及其与新的业务增长之间的关系"

（Baum et al., 2011）

　　○ "体育领域的特质性情绪智力：通过心率变化起到对抗应激的保护作用"
（Laborde et al., 2011）

第 10 章

- 新增专栏"生活中的心理学：成为双语者会对儿童有何影响"
- 更新专栏"生活中的批判性思维：日托如何影响儿童的发展"中的研究
- 新增对发展心理学研究的伦理问题的讨论
- 新增对关键期与敏感期的讨论
- 新增对头尾原则和近远原则的讨论
- 新增有关婴儿认知的研究（Jowkar-Baniani & Schmuckler, 2011; Newman et al.,
  2010）
- 新增关于心理理论的章节
- 新增关于婴儿气质的长期影响的研究（Degnan et al., 2011）
- 新增对马西亚的同一性状态的讨论
- 修订对产前激素和性差异的讨论
- 新增有关道德推理的两性差异的研究（Mercadillo et al., 2011; You et al., 2011）
- 新增的"研究特写"：
  - "成年期电脑使用情况与认知能力的关联：运用认知能力，这样你就不会失
    去它"（Tun & Lachman, 2010）
  - "盐皮质激素受体基因的多态性调节教养方式与依恋安全性之间的关联：差
    别易感性的证据"（Luijk et al., 2011）
  - "乘客和喜欢冒险的朋友对青少年新手司机的风险驾驶行为和撞车（或险些
    撞车）的影响"（Simons-Morton et al., 2011）
  - "在工作中培养下一代：领导者的繁殖力在领导者年龄、领导者—成员交换、
    领导成功之间的关系中起着调节作用"（Zacher et al., 2011）
  - "两性在幽默加工的神经活动上的差异：预示着不同的加工模式"（Kohn et
    al., 2011）

第 11 章

- 更新专栏"生活中的批判性思维：动机如何影响学业成就"中的研究
- 修订关于激素与进食调节的讨论
- 更新对肥胖的讨论，包括可能使某些个体更易肥胖的基因与环境的交互作用
  （Gautron & Elmquist, 2011）
- 修订对形体不满的种族差异的讨论
- 新增关于关系中权力与出轨的研究（Lammers et al., 2011）
- 新增有关美国性规范的研究
- 新增有关成就需要的结果的研究
- 新增的"研究特写"：
  - "得到一块更大的比萨对限制性饮食者和非限制性饮食者的饮食行为和情绪
    的影响"（Polivy et al., 2010）
  - "精子竞争风险对雄性择偶模仿的影响"（Bierbach et al., 2011）
  - "择偶兴趣提升女性在判断男性性取向上的准确性"（Rule et al., 2011）

第 12 章

- 扩展有关文化与面部表情的章节
- 修订有关文化与情绪表达的章节
- 修订有关心境和情绪的影响的章节
- 新增考察"9·11"恐怖袭击事件长期影响的研究（DiGrande et al., 2011）
- 修订有关社会经济因素对身心健康影响的讨论
- 修订对心理神经免疫学的讨论
- 新增有关 A 型行为干预的研究（Wright et al., 2011）
- 新增的"研究特写"：
  - "聚焦于武器对人们关于女性和男性行凶者记忆的影响"（Pickel, 2009）
  - "适用于青少年的简短日常挫折量表的编制与初步验证"（Wright et al., 2010）
  - "教师干预能预防儿童灾后应激：一项对照研究"（Wolmer et al., 2011）
  - "应对癌症的夫妇的伴侣支持与痛苦随时间的变化：个人控制感的作用"（Dagan et al., 2011）
  - "青少年的益处发现、对糖尿病压力的情感反应与糖尿病管理"（Tran et al., 2011）
  - "患者和医生关于控制健康的信念：信念一致与用药方案之间的关系"（Christensen et al., 2010）

第 13 章

- 新增专栏"生活中的心理学：你相信人格可以改变吗"
- 新增对卡尔·罗杰斯的自我观点的讨论
- 新增对恐惧管理理论的讨论
- 新增的"研究特写"：
  - "人格累积连续性的来源：一项多评分者的纵向双生子研究"（Kandler et al., 2010）
  - "了解亲密朋友有何好处：亲近关系中'如果－那么'人格知识的价值"（Friesen & Kammrath, 2011）
  - "自我效能感对家庭中第一代大二学生学业成功的影响"（Vuong et al., 2010）
  - "不同文化对死亡提醒的反应差异"（Ma-Kellams & Blascovich, 2011）

第 14 章

- 更新专栏"生活中的心理学：我们如何查明先天与后天的相互作用"中的研究
- 新增有关创伤后应激障碍患病率的研究（DiGrande et al., 2011; Fan et al., 2011）
- 新增有关认知偏差与焦虑障碍的研究（Taylor et al., 2010）
- 修订对心境障碍的行为取向的讨论
- 新增有关青少年性取向与自杀的研究（Marshal et al., 2011）
- 修订有关精神疾病污名化的章节
- 新增的"研究特写"：
  - "焦虑敏感性在飞行恐惧症中的调节作用"（Vanden Bogaerde & De Raedt, 2011）
  - "转换障碍中的动作抑制"（Cojan et al., 2010）
  - "边缘性人格障碍中的排斥－愤怒关联"（Berenson et al., 2011）
  - "在具有全国代表性的样本中，污名化的多个方面与个人接触精神病院患者之间的关系"（Boyd et al., 2010）

第 15 章

- 新增专栏"生活中的批判性思维：基于互联网的治疗有效吗"
- 修订对心理治疗中的多元化问题的讨论
- 修订对精神疾病与无家可归的讨论
- 新增心理动力学治疗、认知行为治疗、来访者中心疗法的治疗摘录
- 更新有关药物治疗和电休克疗法的内容
- 新增有关心理治疗中共同因素的章节，包含对治疗联盟的讨论
- 新增对社区心理学的讨论
- 新增的"研究特写"：
  ○ "用增强现实技术治疗蟑螂恐惧症"（Botella et al., 2010）
  ○ "奖励权变管理治疗期间的奖金金额与治疗后的戒断结果相关"（Petry & Roll, 2011）
  ○ "父母在针对焦虑青少年的家庭认知行为疗法中的作用"（Podell & Kendall, 2011）

第 16 章

- 新增有关文化与自我服务偏差的研究（Imada & Ellsworth, 2011）
- 修订对日常生活中的从众现象的讨论
- 新增对拼图教学法的讨论
- 新增对面孔吸引力的进化分析的讨论
- 新增有关文化与爱的研究（Riela et al., 2010）
- 重新评估基蒂·吉诺维斯凶杀案的真相，扩展对当代旁观者介入研究的讨论
- 新增的"研究特写"：
  ○ "他们看到了三周勒兹跳：美国和俄罗斯报纸对 2002 年冬奥会花样滑冰丑闻的报道中的偏差和感知"（Stepanova et al., 2009）
  ○ "自我确证在母亲对青少年学业成就的自我实现影响中的中介作用"（Scherr et al., 2011）
  ○ "为什么人们会被网络钓鱼？在信息加工整合模型下检验钓鱼易感性的个体差异"（Vishwanath et al., 2011）
  ○ "'希望我没有打扰到您''口不择言'范式的另一个操作化"（Meineri & Guéguen, 2011）
  ○ "我们肯定不是敌人：跨种族接触与权威主义者偏见的减少"（Dhont & Van Hiel, 2009）
  ○ "美即是好，因为美是被渴望的：身体吸引力的刻板印象是人际目标的投射"（Lemay et al., 2010）
  ○ "这就是你玩暴力电子游戏时的脑：在玩暴力游戏后，对暴力的神经脱敏可以预测更强烈的攻击"（Engelhardt et al., 2011）

个人致谢

尽管甲壳虫乐队可能在朋友们很少的帮助下就获得了成功，但这一版《心理学与生活》的修订和出版却是在许多同事和朋友的大力协助下才得以完成的。我要特别

感谢 Brenda Anderson, Ruth Beyth-Marom, Susan Brennan, Turhan Canli, Joanne Davila, Anna Floyd, Tony Freitas, Paul Kaplan, Daniel Klein, Anne Moyer, Timothy Peterson, Suzanne Riela, John Robinson, 以及 Aimée Surprenant。

我还要感谢本版和前几版的诸多审稿人，他们仔细阅读了初稿并且给出了有价值的反馈。

Nancy Adams, Marshalltown Community College

Debra Ainbinder, Lynn University

Robert M. Arkin, Ohio State University

Trey Asbury, Campbell University

Gordon Atlas, Alfred University

Lori L. Badura, State University of New York at Buffalo

David Barkmeier, Northeastern University

Tanner Bateman, Virginia Tech

Darryl K. Beale, Cerritos College

N. Jay Bean, Vassar College

Susan Hart Bell, Georgetown College

Danny Benbassat, George Washington University

Stephen La Berge, Stanford University

Karl Blendell, Siena College

Michael Bloch, University of San Francisco

Richard Bowen, Loyola University

Mike Boyes, University of Calgary

Wayne Briner, University of Nebraska at Kearney

D. Cody Brooks, Denison University

Thomas Brothen, University of Minnesota

Christina Brown, Saint Louis University

Sarah A. Burnett, Rice University

Brad J. Bushman, Iowa State University

Jennifer L. Butler, Case Western Reserve University

James Calhoun, University of Georgia

Timothy Cannon, University of Scranton

Marc Carter, Hofstra University

John Caruso, University of Massachusetts-Dartmouth

Dennis Cogan, Texas Tech University

Sheree Dukes Conrad, University of Massachusetts-Boston

Randolph R. Cornelius, Vassar College

Leslie D. Cramblet, Northern Arizona University

Catherine E. Creeley, University of Missouri

Lawrence Dachowski, Tulane University

Mark Dombeck, Idaho State University

Wendy Domjan, University of Texas at Austin

Dale Doty, Monroe Community College

Victor Duarte, North Idaho College

Linda Dunlap, Marist College

Tami Egglesten, McKendree College

Kenneth Elliott, University of Maine at Augusta

Matthew Erdelyi, Brooklyn College, CUNY

Michael Faber, University of New Hampshire

Valeri Farmer-Dougan, Illinois State University

Trudi Feinstein, Boston University

Mark B. Fineman, Southern Connecticut State University

Diane Finley, Prince George Community College

Kathleen A. Flannery, Saint Anselm College

Lisa Fournier, Washington State University

Traci Fraley, College of Charleston

Rita Frank, Virginia Wesleyan College

Nancy Franklin, Stony Brook University

Ronald Friedman, University at Albany

Eugene H. Galluscio, Clemson University

Preston E. Garraghty, Indiana University

Adam Goodie, University of Georgia

Ruthanna Gordon, Illinois Institute of Technology

Peter Gram, Pensacola Junior College

Jeremy Gray, Yale University

W. Lawrence Gulick, University of Delaware

Pryor Hale, Piedmont Virginia Community College

Rebecca Hellams, Southeast Community College

Jacqueline L. Hess, University of Indianapolis

Dong Hodge, Dyersburg State Community College

Lindsey Hogan, University of North Texas

Rebecca Hoss, College of Saint Mary

Mark Hoyert, Indiana University Northwest

Herman Huber, College of St. Elizabeth

Richard A. Hudiburg, University of North Alabama

James D. Jackson, Lehigh University

Stanley J. Jackson, Westfield State College

Tim Jay, Massachusetts College of Liberal Arts

Matthew Johnson, University of Vermont

Seth Kalichman, Georgia State University

Colin Key, University of Tennessee at Martin

Mark Kline, Indiana University

Jennifer Trich Kremer, Pennsylvania State University

Andrea L. Lassiter, Minnesota State University

Mark Laumakis, San Diego State University

Charles F. Levinthal, Hofstra University

Suzanne B. Lovett, Bowdoin College

Carrie Lukens, Quinnipiac University

Tracy Luster, Mount San Jacinto College

M. Kimberley Maclin, University of Northern Iowa

Gregory G. Manley, University of Texas at San Antonio

Leonard S. Mark, Miami University

Michael R. Markham, Florida International University

Karen Marsh, University of Minnesota, Duluth

Kathleen Martynowicz, Colorado Northwestern Community College

Laura May, University of South Carolina-Aiken

Dawn McBride, Illinois State University

Michael McCall, Ithaca College

Mary McCaslin, University of Arizona

David McDonald, University of Missouri

Mark McKellop, Juniata College

Lori Metcalf, Gatson College

Greg L. Miller, Stanford University School of Medicine

Karl Minke, University of Hawaii-Honolulu

Charles D. Miron, Catonsville Community College

J. L. Motrin, University of Guelph

Anne Moyer, Stony Brook University

Eric S. Murphy, University of Alaska

Kevin O' Neil, Florida Gulf Coast University

Barbara Oswald, Miami University

William Pavot, Southwest State University

Amy R. Pearce, Arkansas State University

Kelly Elizabeth Pelzel, University of Utah

Linda Perrotti, University of Texas at Arlington

Brady J. Phelps, South Dakota State University

Gregory R. Pierce, Hamilton College

William J. Pizzi, Northeastern Illinois University

Mark Plonsky, University of Wisconsin-Stevens Point

Cheryl A. Rickabaugh, University of Redlands

Bret Roark, Oklahoma Baptist University

Rich Robbins, Washburn University

Daniel N. Robinson, Georgetown University

Michael Root, Ohio University

Nicole Ruffin, Hampton University

Nina Rytwinski, Case Western Reserve University

Bernadette Sanchez, DePaul University

Patrick Saxe, State University of New York at New Paltz

Mary Schild, Columbus State University

Katherine Serafine, George Washington University

Elizabeth Sherwin, University of Arkansas-Little Rock

Stu Silverberg, Westmoreland County Community College

Norman R. Simonsen, University of Massachusetts-Amherst

Peggy Skinner, South Plains College

R. H. Starr, Jr., University of Maryland–Baltimore

Weylin Sternglanz, Nova Southeastern University

Priscilla Stillwell, Black River Technical College

Charles Strong, Northwest Mississippi Community College

Dawn Strongin, California State University, Stanislaus

Walter Swap, Tufts University

Jeffrey Wagman, Illinois State University

David Ward, Arkansas Tech University

Douglas Wardell, University of Alberta

Linda Weldon, Essex Community College

Alan J. Whitlock, University of Idaho

Paul Whitney, Washington State University

Allen Wolach, Illinois Institute of Technology

John Wright, Washington State University

John W. Wright, Washington State University

Jim Zacks, Michigan State University

　　撰写一本范围如此之广的著作无疑是一项艰巨的任务，只有依靠所有这些朋友和同事以及培生教育集团的编辑人员的专业帮助才有可能完成。我衷心感谢他们在本项目的每个阶段作出的宝贵贡献，不仅向他们这个集体表示感谢，还要向其中的个人单独致谢。我要感谢以下培生教育集团的工作人员：Amber Chow，策划编辑；Judy Casillo，执行编辑；Diane Szulecki，助理编辑；Brigeth Rivera，市场经理；Jeanette Koskinas，执行市场经理；以及 Annemarie Franklin，印制经理。

生活中的心理学

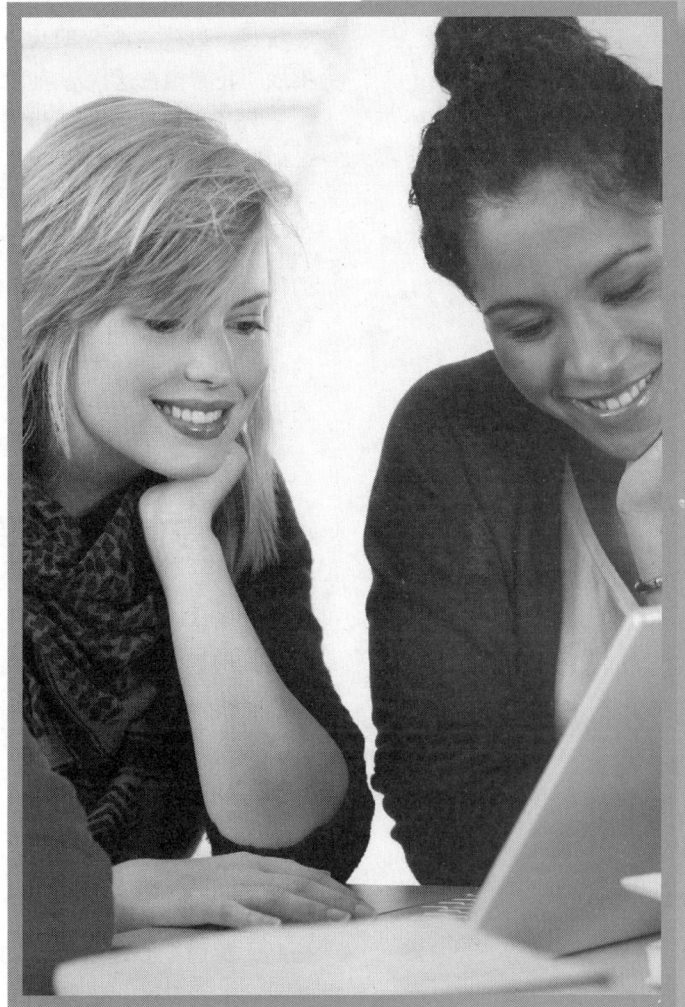

为什么要学习心理学？这个问题的答案非常简单：心理学研究可直接应用于日常生活中的重要问题，例如身心健康、建立和维持亲密关系的能力以及学习和个人成长的能力。《心理学与生活》的首要目标之一就是强调心理学专业知识与我们每个人都息息相关，并且具有重要的社会意义。

每个学期开始授课的时候，我都面对着一群脑海中带着一些非常具体的问题进入心理学导论课堂的学生。有时那些问题来自他们的亲身经验（"如果我认为我的妈妈有精神病，我该怎么办？""这门课会教给我如何提高成绩吗？"）；有时问题则来自媒体所传达的心理学信息（"如果人们边开车边打电话，我应该担心吗？""如果别人在说谎，我能分辨出来吗？"）。心理学导论这门课的挑战是：将科学研究的成果应用于学生所关心的问题。

心理学研究源源不断地提供着关于支配心理和行为过程基本机制的新知识。随着新观点取代或改变旧观点，心理学家不断受到许多引人入胜的人性之谜的吸引和挑战。我希望在这次心理学之旅的终点，你也会收获满满，不虚此行。

为了真正理解心理学与生活的关系，在本次智慧之旅的起点，我们首先需要科学地提出问题。我们将探寻人类行为如何发生、发生什么、何时发生以及为何发生；还要探寻你在自己、他人和动物身上所观察到的行为的原因和结果。我们将考察为什么你会按照你现在的方式思考、感觉和行动。是什么使你与众不同？又为什么你的行为常常和其他人如此相似？你是被遗传塑造的，还是更多地被个人经历所塑造？攻击和利他、爱和恨、精神疾病和创造性，又是如何能在人类这种复杂的生物身上同时存在？在这个开篇的章节，我们要仔细考量所有这些类型的问题，思索它们如何以及为何与作为一门学科的心理学的目标相关联。

心理学为何独具特色

要领略心理学的独特性和统一性，你必须了解心理学家们界定这一领域的方式，以及如何确定研究与应用的目标。我希望你在读完本书后能像心理学家一样思考。本节将使你对其意义有一个清晰的概念。

定　义

许多心理学家都在寻找下面这个根本问题的答案：什么是人性？心理学通过考察发生在个体内部的过程、探究从自然或社会环境中产生的力量来回答这个问题。据此，我们把**心理学**（psychology）定义为关于个体的行为及心理过程的科学研究。让我们来看看这个定义中的关键部分：科学、行为、个体和心理。

为了确保心理学的科学性，要求心理学的每一个结论都必须建立在根据科学方法的原则收集证据的基础之上。**科学方法**（scientific method）由一套用来分析和解决问题的有序步骤组成。这种方法用客观收集到的信息作为得出结论的事实基础。我们在第 2 章介绍心理学家如何开展他们的研究时，将会更加全面地阐述科学方法的特点。

行为（behavior）是有机体适应环境的方式。行为就是行动。心理学的研究主题主要是人类和其他动物的可观察行为。微笑、哭泣、奔跑、攻击、交谈以及触摸，这些都是你所能观察到的行为的明显例子。心理学家在特定的行为背景和更广泛的社会或文化环境中探索个体做什么以及如何做。

心理学分析的对象往往是个体——一个新生婴儿，一名正在适应学校宿舍生活的大学生，或者一位因丈夫的阿尔茨海默病逐渐恶化而面临压力的女士。但是，研究对象也可能是一只学习用符号进行交流的黑猩猩，一只走迷宫的白鼠，或者一只对危险信号做出反应的海兔。个体既可能在其自然栖息地也可能在实验室的控制条件下接受研究。

许多心理学研究者还认识到，不理解心理过程即人类的心理活动，就无法理解人类行为。许多人类活动——思考、计划、推理、创造以及做梦——是在个体内部发生的。很多心理学家认为，心理过程是心理学探索最重要的方面。稍后你将看到，心理学研究者们设计了许多巧妙的方法来研究心理事件和过程，从而使得这些隐秘的经验得以公开。

大多数心理学研究关注的是个体——通常是人类个体，但有时是其他物种的个体。在你的生活中，有没有什么事情让你想要开展一项研究？

这些关注点的结合决定了心理学是一个独特的领域。在社会科学中，心理学家主要关注个体在各种情境中的行为，社会学家研究群体或组织的社会行为，人类学家则关注不同文化中行为的广泛背景。即便如此，心理学家也广泛汲取其他学科的见解。心理学家与生物科学研究者，特别是研究行为的大脑过程和生物化学基础的研究者，有着许多共同的研究兴趣。作为认知科学的一部分，心理学中关于人类思维运作机制的问题，必然与计算机科学、哲学、语言学以及神经科学的研究和理论有关。作为一门与健康相关的科学，心理学与医学、教育学、法律和环境科学都有联系，心理学致力于提升每个个体的质量和集体福祉。

对心理学家来说，现代心理学这种非同寻常的广度和深度恰是其乐趣的源泉，但对那些第一次探索这个领域的学生来说，心理学的这一特点无疑又成为了一种挑战。心理学研究的范围远比你最初预想的要多得多，因此，你也将从这本心理学导论中得到很多有价值的东西。学习心理学的最佳方式是学会持有与心理学家相同的目标。那么，就让我们开始讨论这些目标。

心理学的目标

心理学家从事基础研究的目的是描述、解释、预测和控制行为。这些目标构成了心理学领域的基础。实现每一个目标都涉及哪些内容？

描述发生的事情 心理学的第一个任务是对行为进行准确的观察。心理学家通常把这种观察结果称为数据。**行为数据**（behavioral data）是关于有机体的行为以及行

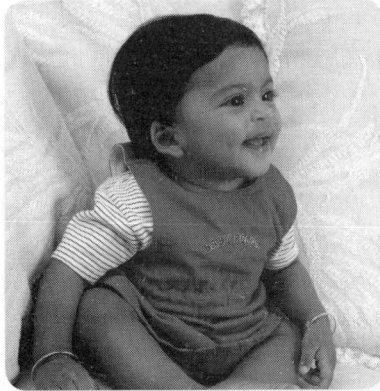

图 1.1 分析水平

假如你要约一位朋友在这幅画前和你见面。你会如何描述这幅画？假如你的朋友想要精确复制这幅画，你会如何描述它？（见彩插）

为发生条件的观察报告。当研究者进行数据收集时，他们必须选择一个适宜的分析水平，并且设计出能保证客观性的行为测量方法。

为了研究个体的行为，研究者可能使用不同的分析水平——从最宽泛的整体水平到最细微的具体水平。比如，假设你试图描述你在博物馆里看到的一幅油画（见**图 1.1**）。在整体水平上，你可能用标题"浴者"和作者"乔治·修拉"来描述它。在具体水平上，你可能会这样描述这幅画的特征：一些人在河岸边晒太阳，其他人正在戏水，等等。而在非常具体的水平上，你可能会描述修拉为创作这幅画使用的技巧——画中细微的小点。各个水平上的描述都回答了关于这幅画的不同问题。

心理学描述的不同水平也针对不同的问题。在心理学分析最宽泛的水平上，研究者探索复杂社会环境和文化环境中作为整体的人的行为。在这个水平上，研究者可能研究暴力的跨文化差异、偏见的根源、精神疾病的影响。在下一个水平上，心理学家关注更为狭窄和精细的行为单元，比如对交通灯的反应速度、阅读过程中的眼动以及儿童在学习语言过程中的语法错误。心理学家还可能研究更小的行为单元。他们可能通过确定大脑中存储不同类型记忆的部位、学习过程中发生的生物化学变化以及负责视觉或听觉的感觉通路来探索行为的生物基础。每个水平的分析提供的信息对心理学家希望最终描绘出人性的全貌来说都是不可或缺的。

不论观察的焦点宽窄如何，心理学家都努力客观地描述行为。按照事实的本来面目而不是研究者的期待或希望去收集它们，这一点极为重要。因为每一个观察者都可能把自己的主观观点——偏差、偏见和期望——带进观察中，所以防止这些个人因素混淆和扭曲数据非常重要。你将在下一章看到，心理学研究者已经发展出很多技术和方法来保证研究的客观性。

解释发生的事情　描述必须忠实于可感知的信息，而解释却刻意超越可观察到的现象。在心理学的许多领域，核心目标是找到行为和心智过程的规律模式。心理学家希望发现行为是如何运作的。当实际发生的情形出乎意料时，你为什么会发笑？什么情况会导致一个人试图自杀或实施强奸？

心理学的解释通常认为，大多数行为受到多种因素的影响。一些因素在个体内部起作用，比如基因构成、动机、智力水平或自尊。这些内在决定因素告诉我们有机体的一些特殊性。其他因素则在外部起作用。例如，一个孩子试图取悦老师以赢得奖励，或者一名陷入交通堵塞的司机变得沮丧且心生敌意。这些行为在很大程度上受到个人之外事件的影响。当心理学家们寻求行为的解释时，他们几乎总是同时考虑这两类因素。例如，假设心理学家想解释为什么一些人开始吸烟。研究者可能会考察以下这些可能性：某些个体特别倾向于冒险（内部解释），或者一些个体承受了大量来自同辈的压力（外部解释），抑或爱冒险的性格和情境性的同辈压力都必不可少（综合的解释）。

心理学家的目标通常是用一个潜在的原因来解释多种行为。请看这样一个情境：你的老师说，要想得到一个好分数，每个学生都必须经常参加班级讨论。你的室友虽然总是对课程做了很好的准备，却从不举手回答问题或自愿发言。老师批评他缺乏学习动机，并且认为他不够聪明。这个同学也会参加晚会但从不和陌生人说话，在自己的观点遇到不太了解情况的人的质疑时也不公开辩解，而且在餐桌上几乎从不聊天。你对此的分析是什么？什么样的潜在原因可能引起这一系列的行为？会不会是害羞？像许多极为害羞的人一样，你的室友不能按照社会期望的方式去行动（Zimbardo & Radl, 1999）。我们可以用害羞这一概念解释你室友所有的这些行为模式。

为了建立这样的因果解释，研究者必须经常参与一个创造性的过程来检查不同种类的数据收集。神探福尔摩斯从一些零碎的证据中就能推断出准确的结论。类似地，每个研究者都必须运用有依据的、合理的想象，把已知和未知的事物创造性地整合起来。一位受过良好训练的心理学家，可以通过使用自己对人类经验的洞察和先前研究者对同一个现象已经发现的事实来解释观察结果。许多心理学研究都试图对不同的行为模式做出准确的解释。

预测将要发生的事情　心理学中的预测是关于一个特定行为将要发生或一种特定关系将被发现的可能性陈述。对某些行为方式背后原因的准确解释，常常能让研究者对未来的行为做出准确的预测。因此，如果我们相信你的室友是害羞的，我们可以有信心地预测，当他被要求在一个人数众多的课堂上发言时会感到不自在。当对某些行为或关系提出不同的解释时，通常会根据它们能做出多么准确而全面的预测来对这些解释进行判断。如果你的室友很乐于在课堂上发言，我们就不得不重新考虑我们的判断了。

正如观察必须非常客观，科学预测的措辞也必须足够精确，以便能对其进行检验，若证据不支持就予以拒绝。例如，假设研究者预测，一个陌生者的出现会导致特定年龄以上的人类婴儿和幼猴表现出焦虑。我们可能想通过考察"陌生者"这一维度来使预测更加精确。如果这个陌生者也是一个婴儿而不是成人，或者这个陌生者是同一物种而非不同物种，那么人类婴儿或幼猴表现出来的焦虑会更少吗？为了改进未来的预测，研究者会创造环境条件发生系统性变化，然后观察这些变化对婴儿反应的影响。

控制发生的事情　对许多心理学家来说，控制是核心的、最强有力的目标。控制意味着使行为发生或不发生——启动行为，维持行为，停止行为，以及影响行为的形式、强度或发生率。如果我们根据一个对行为的因果解释能够创造出行为得以被控制的条件，那么这个因果解释就是令人信服的。

控制行为的能力很重要，因为它为心理学家提供了帮助人们提升生活质量的途径。贯穿《心理学与生活》全书，你可以看到心理学家为了帮助人们控制他们生活中的问题而设计出的各种各样的干预措施。例如，

如果我们走左边，我敢打赌那个家伙一定会非常高兴。

一个心理学预测。

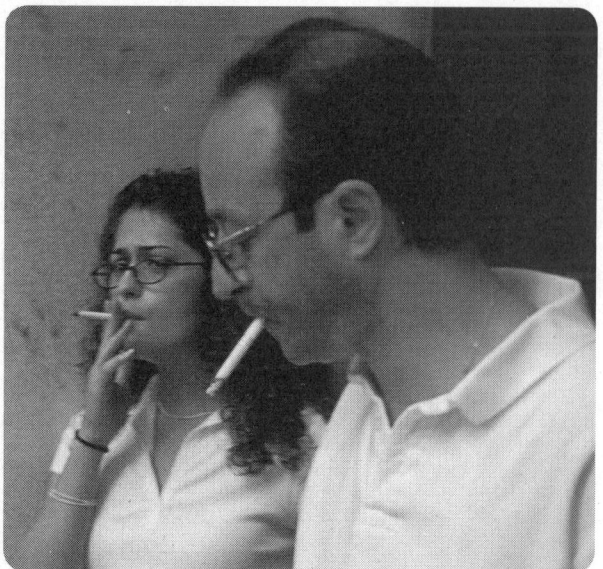

什么原因导致人们吸烟？心理学家能否创造一些条件使人们更少做出这种行为？

第 15 章讨论了精神疾病的治疗方法。你将看到人们如何运用心理力量，消除不健康的行为（如吸烟），建立健康的行为（如有规律地运动）（见第 12 章）。你将学到什么类型的教养行为能帮助父母与其孩子保持牢固的联结（见第 10 章）；你将了解到是什么力量使得陌生人在危急关头不愿伸出援手，以及又当如何来克服这些力量（见第 16 章）。这些只是心理学家运用他们的知识来控制和改善人们生活的广泛场景中的一小部分例子。在这方面，心理学家是一个相当乐观的群体，他们中的许多人都相信，任何不合意的行为模式几乎都能通过适当的干预而得到矫正。《心理学与生活》也秉持同样的乐观精神。

STOP 停下来检查一下

❶ 心理学定义的四个成分是什么？

❷ 心理学家开展研究的四个目标是什么？

❸ 为什么解释行为与预测行为总是紧密相联？

现代心理学的发展

今天，定义心理学和阐述心理学研究的目标是相对容易的。但是在你刚开始学习心理学之际，了解促成现代心理学诞生的各种影响因素非常重要。这一历史回顾的核心是一个简单的原则：思想观念很重要。有关"什么是心理与行为科学的适当研究主题和方法"的激烈争论，业已成为心理学大部分历史的典型特征。

我们的历史回顾将在两个分析水平上展开。在第一部分，我们将介绍奠定现代心理学的一些关键基础工作的历史时期。这个关注层面将使你详细了解思想观念之争。在第二部分，我们将以更宽泛的方式描述当代出现的七种心理学观点。在聚焦这两个层面时，你可以畅想这些理论演化过程中的智慧与激情。

心理学的历史根基

1908 年，最早的实验心理学家之一赫尔曼·艾宾浩斯（Hermann Ebbinghaus, 1850—1909）写道："心理学有着漫长的过去，却只有短暂的历史"（Ebbinghaus, 1908/1973）。长久以来，学者们就人类的本性提出了一系列重大问题——人们如何感知现实、意识的本质以及精神错乱的根源是什么。但是，他们并不掌握回答这些问题的方法。考虑一下公元前 4 世纪和 5 世纪由古希腊哲学家柏拉图（公元前 427—前 347）和亚里士多德（公元前 384—前 322）提出的基本问题：心智如何运作？自由意志的本质是什么？公民个体与其社会或国家的关系是什么？尽管心理学的形式早已存在于古印度的瑜伽传统中，西方心理学还是将它的起源上溯至这些哲学家的著作中。柏拉图和亚里士多德阐述了相反的观点，这些观点对当代的思想仍持续产生影响。考虑一下人们是如何了解这个世界的。在经验主义者看来，人们的心智生来是白板；心智通过世界上的经验来获取信息。约翰·洛克（John Locke, 1632—1704）在 17 世纪详细阐明了这个观点；其根源可以追溯到亚里士多德。在先天论者看来，人们生来便具有心理结构，这种结构对人们经验世界的方式产生了限制。伊曼努尔·康

生活中的批判性思维

"安慰食物"真的能给人以安慰吗

《心理学与生活》的一个重要目标是提高你的批判性思维能力：本书可助你"就你应该相信什么以及应该如何行事做出明智的决定"（Appleby, 2006, p. 61）。为了朝这个目标迈进，我们来考虑一个真实生活中的场景。你经历了艰难的一天，所以决定放纵一下自己，去吃点儿安慰食物（comfort food）。现在后退一步。你有何证据判断"安慰食物能让你感觉好一点"。让我们看看研究者是如何解答这个问题的。

如果安慰食物真的能给人以安慰，那么人们应该在经历痛苦情绪时吃更多的安慰食物。为了检验这一假设，研究者让女大学生观看一部"血腥暴力"的电影片段（Evers et al., 2010）。研究者希望该电影片段能唤起参与者的负性情绪——事实确实如此。不过，一组参与者被告知在观看时要抑制自己的情绪反应，"以使任何观察她们的人都无法确定她们在观看什么电影"（p. 797）。另一组参与者则没有被要求隐藏自己的感受。在看完电影后，学生们以为自己开始了另一项与之无关的味觉研究。她们既可以吃安慰食物（如巧克力），也可以吃非安慰食物（如无盐饼干）。结果，抑制情绪组的女生吃的安慰食物是另一组的两倍；而两组女生吃的非安慰食物的量差不多。这一模式表明，当人们经历痛苦情绪时，他们确实更喜欢安慰食物。

但为什么安慰食物有助于缓解负性情绪呢？另有研究者认为，在我们的生活中，我们大多是在家人或爱人的陪伴下吃安慰食物的（Troisi & Gabriel, 2011）。出于这个原因，我们在记忆中建立了联系，所以安慰食物会让我们想起那些关系带给我们的情感温暖。为了检验这一假设，研究者召集了两组学生：一组学生此前报告说鸡汤是一种安慰食物；另一组学生则不认为鸡汤是安慰食物。实验开始时，一些学生喝鸡汤，另一些学生不喝。然后，学生们完成一项任务，在这项任务中，研究者呈现给他们一些单词片段（如 li_），可以将它们补全为关系词（如 like）。研究者证明，当鸡汤被认为是一种安慰食物时，食用鸡汤的学生生成的关系词最多。对这组学生来说，喝鸡汤的经历使他们很容易在记忆中联想起关系。

这些研究表明，与食用安慰食物有关的记忆有助于人们应对负性情绪。现在，请运用你的批判性思维技巧。在你尽情享用安慰食物之前，你还想知道什么？

- 在第一项研究中，为什么研究者只选取了一种性别的样本？
- 根据研究者的理论，为什么鸡汤没有成为每个人的安慰食物？

德（Immanuel Kant, 1724—1804）在 18 世纪充分发展了这个观点；其根源可以追溯到柏拉图。（在后面的章节中，我们会以"天性与教养"的形式重温这个理论争辩。）法国哲学家**勒内·笛卡儿**（René Descartes, 1596—1650）也为迈向当代心理学贡献了重要的一步。他提出了一个在当时非常新奇和激进的观点：人体是一种"动物机器"，可以被科学地理解，即通过实证观察来发现其自然规律。到了 19 世纪末，当研究者们将其他学科——比如生理学和物理学——的实验室技术应用于研究这些来自哲学的基本问题时，心理学才真正开始作为一门学科而出现。

现代心理学发展过程中的一个关键人物是**威廉·冯特**（Wilhelm Wundt, 1832—1920），他于 1879 年在德国莱比锡建立了第一个专门研究实验心理学的正式的实验室。冯特曾经接受过作为生理学家的训练，但在他的研究生涯中，他的兴趣从躯体问题转向了心理问题：他希望理解感觉和知觉的基本过程以及简单心理过程的速度。当冯特建立心理学实验室时，他已经完成了一系列的研究，并且出版了《生理心理学原理》（*Principles of Physiological Psychology*）数个版本中的第 1 版（King et al.,

1879 年，威廉·冯特建立了第一个专门用于实验心理学研究的实验室。假设你决定建立自己的心理学实验室，你想研究生活中的哪个领域？

2009）。冯特的实验室在莱比锡建立后，他开始培养第一批专门致力于这个新兴的心理学领域的研究生。他们中的许多人后来在世界各地纷纷创建了自己的心理学实验室。

随着心理学成为一门独立学科，心理学实验室也开始在北美的大学中先后出现，第一个于 1883 年出现在约翰斯·霍普金斯大学。这些早期的实验室往往受到冯特的影响。例如，在跟随冯特学习之后，**爱德华·铁钦纳**（Edward Titchener, 1867—1927）成为了美国第一批心理学家中的一员，并于 1892 年在康奈尔大学建立了一个心理学实验室。但是，几乎同时，一位学习过医学且对文学和宗教有着强烈兴趣、年轻的哈佛大学哲学教授，创立并形成了一套独特的美国视角，他就是**威廉·詹姆士**（William James, 1842—1910，也译作威廉·詹姆斯）。他是伟大的小说家亨利·詹姆斯的哥哥，撰写了一部两卷本的《心理学原理》（*The Principles of Psychology*, 1890/1950），这部著作被许多专家认为是有史以来最重要的心理学教科书。不久，斯坦利·霍尔（G. Stanley Hall）于 1892 年创立了美国心理学协会（American Psychological Association, APA）。*到了 1900 年，北美已经有了 40 余个心理学实验室（Benjamin, 2007）。

几乎在心理学出现的同时，关于这个新兴学科的适当研究主题和方法的争论就产生了。这场争论中浮现出的一些问题，迄今仍是心理学中的突出问题。下面我们将介绍结构主义与机能主义之间的尖锐对峙。

结构主义：心理的元素　当心理学成为一门围绕实验而组织起来的实验室科学时，它对知识作出独特贡献的潜力就变得非常明显了。在冯特的实验室里，实验参与者在不同的实验室控制条件下对他们觉察到的刺激做出简单反应（说"是"或"否"、按键）。因为数据是通过系统、客观的程序收集的，所以独立的观察者可以重复这些实验的结果。对科学方法（见第 2 章）的强调、对精确测量的关注以及对数据的统计分析，体现了冯特心理学的传统特色。

当铁钦纳把冯特的心理学带回美国时，他提倡用这种科学方法来研究意识。他的目标是，通过界定个体心理生活的构成元素来揭示人类心理的基础结构。事实上，铁钦纳把他的研究项目与化学家的工作进行类比，他写道："心理学家要像化学家制订元素周期表一样精确地排布心理元素"（Titchener, 1910, p. 49）。铁钦纳的理论取向后来被称作**结构主义**（structuralism），即研究心理和行为的基本结构成分。

为了发现基本元素，铁钦纳采用了**内省法**（introspection），即个体对自己关于特定感官体验的思维和感受进行系统的检查。考虑一下味觉领域：基于内省法，铁钦纳认为所有的味觉体验都来自咸、甜、酸、苦等 4 种基本感觉的组合。在第 4 章你

---

* APA：成立于 1892 年，现有会员 15 万余人，包括心理学研究者、心理学教师，以及在实践领域从事心理咨询和心理治疗等实务工作的从业人员。中文过去多译为"美国心理学会"，但由于 Association 在语义上和国内习惯上多译为"协会"，且事实上，APA 中大多数会员是从事心理咨询和心理治疗的实践工作者，因此感到译为"学会"不甚确切，基于此，我们建议将 APA 译为"美国心理学协会"。——译者注

将了解到，铁钦纳的这一分析只缺少了一个基本元素。然而，内省法在人类经验的其他领域却表现得不太好：铁钦纳及其追随者共找出了 44 000 余种不同的感官体验元素（Benjamin, 2007）！结构主义招来了许多批评，因为我们不可能证实每个个体内省的产物是人类心理的普遍方面。

与结构主义并驾齐驱的一个重要理论取向是由德国心理学家**马克斯·惠特海默**（Max Wertheimer, 1880—1943，也译作魏太墨）开创的，关注心理如何将诸多经验理解为格式塔（有组织的整体），而不是简单部分之和。例如，你对一幅画的体验要大于对其每一次涂抹颜料的体验之和。我们将在第 4 章看到，**格式塔心理学**（Gestalt psychology）至今仍然对知觉的研究有影响。

结构主义的另一个主要对手是机能主义。

机能主义：有目的的心理　威廉·詹姆士同意铁钦纳关于意识是心理学的研究中心的观点。但是，他没有将注意力集中在心理过程的元素上，而是关注其目的。他希望了解意识是如何帮助人们有效适应环境的。詹姆士的理论取向被称作**机能主义**（functionalism）。

对于机能主义者而言，研究要回答的关键问题是："行为的机能或目的是什么？"例如，一位结构主义者可能会观察某种反射，试图找出其基本成分。相比之下，像**约翰·杜威**（John Dewey, 1859—1952）这样的机能主义理论家则关注反射的机能，他将其描述为"一个连续有序的行为序列，所有这些行为本身及其发生顺序都具有适应性，以达到某种客观的目的，如物种的繁衍、生命的保存或向某地的迁徙"（Dewey, 1896, p. 366）。他对心理过程的实际应用的关注，促进了教育领域的重要改革。杜威的理论推动了他的实验学校乃至美国普遍的进步教育："机械学习被抛弃了，取而代之的是在做中学，以期激发学生的求知欲，加深其理解"（Kendler, 1987, p. 124）。

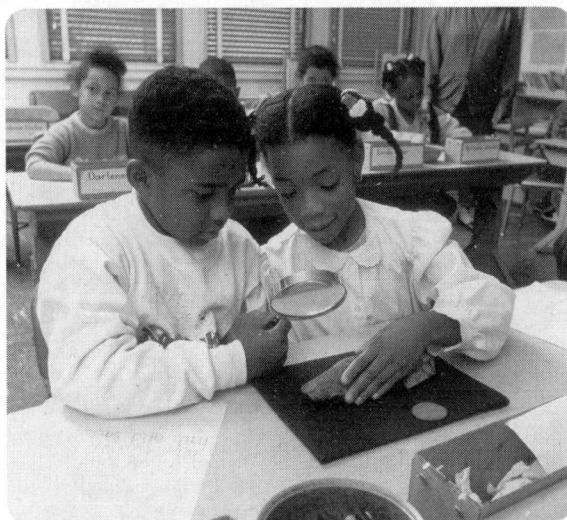

在机能主义者杜威的努力下，美国的课堂实践发生了变化。作为一名学生，哪些课堂经历激发过你的"求知欲"？

尽管詹姆士赞成仔细的观察，但他却不重视冯特严格的实验室方法。在詹姆士的心理学中，情绪、自我、意志、价值观甚至宗教和神秘体验均有一席之地。他的"热血"心理学承认每个个体都有独特性，不能被简化为公式或测验结果得出的数字。对于詹姆士来说，解释才是心理学的目标，而不是实验控制。

这些理论取向的延续　尽管存在上述差异，结构主义和机能主义的践行者们的见解依然为当代心理学的繁荣发展创造了一种智识背景。当代心理学家既探索行为的结构也研究行为的机能，比如言语产生的过程。假设你想邀请一个朋友去看超级碗比赛（美国国家橄榄球联盟的年度冠军赛——译者注）。为此，你说的话必须完成正确的功能——超级碗、和我、今晚，而且也要有正确的结构：下面这种说法是不行的，"愿意看超级碗我去和今晚你吗？"为了理解言语如何产生，研究者们研究了说话者使意义（功能）与语言的语法结构相匹配的方式（Bock, 1990）。（我们将在第 8 章描述言语产生的部分过程。）在回顾经典研究和当代研究时，本书会既强调结构又强调机能。心理学家仍然使用各种各样的方法来研究适用于所有人类的普遍力量以及每个个体的独特方面。

作为先驱研究者的女性

　　心理学早期的研究和实践是由男性主导的，对此你可能不会感到惊讶。然而，即使那时女性研究者在数量上还很少，她们也为这个领域作出了重大的贡献（Benjamin, 2007）。让我们来看看心理学不同研究领域的四位女性先驱者。

　　玛丽·惠顿·卡尔金斯（Mary Whiton Calkins, 1863—1930）在哈佛大学师从于威廉·詹姆士。然而，因为是女性，她只被允许作为"旁听"研究生就读。虽然她完成了博士学位的所有要求，而且成绩优异，但哈佛大学的行政部门拒绝将博士学位授予女性。尽管受到这样的歧视，卡尔金斯依然建立了美国最早的心理学实验室之一，并且创造了研究记忆的重要技术。1905 年，她成为美国心理学协会的第一位女性主席。

　　1894 年，**玛格丽特·弗洛伊·沃什布恩**（Margaret Floy Washburn, 1871—1939）毕业于康奈尔大学，成为第一位获得心理学博士学位的女性。她后来写了一部很有影响力的早期教科书——《动物心理》（*The Animal Mind*, 1908）。这本书总结了各种动物物种中关于知觉、学习和记忆的研究。1921 年，沃什布恩成为美国心理学协会的第二位女性领导者。

　　海伦·汤普森·伍利（Helen Thompson Wooley, 1874—1947）最早完成了考察性别差异的一系列研究（Marecek et al., 2003; Milar, 2000）。1900 年，作为她在芝加哥大学的博士研究，伍利比较了 25 名男性和 25 名女性在一系列测验中的表现，包括智力和情绪测验。她从这项研究中得出结论，性别差异不是源于先天能力，而是源于男性和女性毕生社会经验的差异。她还提出了著名的批评："公然的个人偏见、为支持偏见而牺牲的逻辑、毫无根据的断言，甚至是感情用事的胡言乱语（Woolley, 1910, p. 340）。"这些都是当时性别差异研究的特征，而大部分研究是由男性完成的。

1894 年，沃什布恩成为第一位获得心理学博士学位的女性，她后来写了一部很有影响力的教科书——《动物心理》。作为一名女性先驱研究者，她可能遭遇过哪些挑战？

　　丽塔·斯塔特·霍林沃斯（Leta Stetter Hollingworth, 1886—1939）受到伍利的启发，利用研究数据挑战关于性别差异的某些主张（Maracek et al., 2003）。霍林沃斯尤其抨击了女性的创造力和智力水平生来劣于男性的主张。她还对智力极端的儿童开展了一些最早的研究，既包括智力迟滞的儿童，也包括天才儿童。她创建了一套课程以帮助培养天才儿童的天赋，并得以在纽约的学校体系中实施。

　　自这些女性先驱者的时代以来，心理学领域的多样性已经大大增加了。实际上，近年来获得心理学博士学位的女性比男性还多（National Science Foundation, 2010）。我将在《心理学与生活》中突出各类研究者的工作。随着心理学持续为科学和人类的事业作出贡献，越来越多的人，包括女性和男性以及社会各个方面的成员，不断被吸引到这一领域而使之更加枝繁叶茂。

心理学的不同视角和观点

　　假如你的朋友接受了去看超级碗的邀请。观看比赛时你们各自会采用什么视角？假如你们中的一个人在中学玩过橄榄球，而另一个人没玩过。或者假如你们中的一个从一开始就支持其中一支参赛队，而另一个之前并不关注。你可以看到这些不同视角会如何影响你们对比赛过程的评价方式。

与此相似，心理学家的视角也决定了他们研究行为和心理过程的方式。视角影响了心理学家寻找什么、在哪里寻找以及使用什么研究方法。在这一部分，我们将介绍七种不同的视角和观点，分别是心理动力学观点、行为主义观点、人本主义观点、认知观点、生物学观点、进化观点和社会文化观点。阅读这一部分时，注意每种视角和观点是如何定义行为的原因和结果的。

有一点需要注意：尽管每种视角和观点都代表了对心理学核心问题的不同看法，你也应该了解为什么大多数心理学家会从多种视角中借用和综合各种概念。每种视角和观点都促进了我们对人类经验整体的理解。

心理动力学观点　根据**心理动力学观点**（psychodynamic perspective），行为是由强大的内部力量驱使或激发的。这种观点认为，人类的行为源于遗传的本能、生物驱力，以及为解决个人需要与社会要求之间的冲突而做的努力。剥夺状态、生理唤起和冲突都为行为提供了力量。根据这个模型，当有机体的需要得到了满足而驱力降低时，有机体就停止反应。行为的主要目的是降低紧张度。

心理动力学的动机原则是由维也纳医生**西格蒙德·弗洛伊德**（Sigmund Freud, 1856—1939）在 19 世纪末和 20 世纪初最充分地发展起来的。虽然弗洛伊德的思想源于他对精神病人的临床工作，但是他相信，他观察到的这些原则既适用于异常行为，也适用于正常行为。弗洛伊德的心理动力学理论认为，个体是受内部和外部力量组成的复杂网络推动的。弗洛伊德的模型是第一个认识到，人的本性并不总是理性的，行为有可能是由意识觉知之外的动机驱动的。

弗洛伊德之后的许多心理学家将心理动力学模型引向了新的方向。弗洛伊德本人强调儿童早期是人格形成的阶段。新弗洛伊德主义的理论学家则扩展了心理动力学理论，将个体整个一生中的社会影响和互动都囊括了进来。心理动力学的思想对心理学的许多领域都产生了重要影响。当你阅读有关儿童发展、做梦、遗忘、无意识动机、人格和精神分析治疗等章节时，你将看到他在多个方面的贡献。

行为主义观点　那些持有**行为主义观点**（behaviorist perspective）的研究者试图理解特定的环境刺激如何控制特定类型的行为。首先，行为主义者分析先前的环境条件——那些先于行为存在并使有机体可能做出或抑制某个反应的条件。其次，他们观察行为反应，这是研究的主要对象——需要被理解、预测和控制的行动。最后，他们考察反应之后出现的可观察的结果。例如，一个行为主义者可能感兴趣的是：不同金额的超速罚单（超速的结果）如何改变司机谨慎驾驶或放任驾驶（行为反应）的可能性。

约翰·华生（John Watson, 1878—1958）是行为主义观点的先驱，他认为心理学的研究应该寻找控制不同物种的可观察行为的规律。**B. F. 斯金纳**（B. F. Skinner, 1904—1990）通过将行为主义的分析范围扩展到行为的结果，从而扩大了行为主义的影响。两位研究者都坚持对所研究的现象进行精确定义，坚持严格的证据标准，也都相信他们在动物身上所研究的基本过程代表了普遍原则，也同样适用于人类。

此照片为 1913 年弗洛伊德与他的女儿安娜在意大利阿尔卑斯山旅行时所摄。弗洛伊德认为，行为通常是由意识觉知之外的动机驱动的。这一观点对你做出生活决策的方式有何启示？

约翰·华生是行为主义观点的重要先驱者。为什么他觉得有必要同时研究人类和动物的行为？

卡尔·罗杰斯提供了人本主义观点的基本思想。为什么罗杰斯强调积极关注？

行为主义（behaviorism）对后来的心理学研究有着重要的影响。它对严格的实验和严谨定义的变量的强调，影响了心理学的大多数领域。尽管行为主义者开展的许多基础实验是在动物身上进行的，但行为主义的原则已经被广泛应用于人类问题。行为主义原则产生了一套更为人性化的儿童教育方法（通过正强化而非惩罚）、矫正行为障碍的新疗法以及创建理想化社会的指导方针。

人本主义观点 人本主义心理学出现于 20 世纪 50 年代，是心理动力学和行为主义模型之外的另一种理论。在**人本主义观点**（humanistic perspective）看来，人们既不是如弗洛伊德主义者假设的那样由强大的本能力量所驱使，也不是如行为主义者所认为的那样由环境所操纵。相反，人是具有能动性的生物，本性善良而且具有选择能力。人本主义心理学家研究行为，但并非把行为简化为一些成分、元素以及实验室实验中的变量，而是在人们的生命历程中寻找行为模式。

根据人本主义观点，人类的主要任务是争取积极的发展。例如，**卡尔·罗杰斯**（Carl Rogers, 1902—1987）强调个体拥有朝向心理成长和健康的自然倾向，周围人的积极关注会促进这一过程。**亚伯拉罕·马斯洛**（Abraham Maslow, 1908—1970）创造了"自我实现"这个术语，用来指代每个个体追求最充分地开发自身潜能的驱力。此外，罗杰斯、马斯洛及其同事确立了全人研究的视角，将一种整体取向（holistic approach）运用于人类心理学。他们认为，只有将有关个体心理、身体、行为的知识与对社会和文化影响的认识整合起来，才能达成真正的理解。

人本主义取向扩展了心理学的领域，把从文学、历史和艺术的研究中得到的宝贵经验都包括进来。心理学因而成为了一个更加全面的学科。人本主义者提出，他们的观点就像是酵母，帮助心理学超越了对负面力量以及人与动物相似之处的关注。我们将在第 15 章看到，人本主义观点对心理治疗新方法的发展有重大影响。

认知观点 心理学的认知革命是作为对行为主义局限的另一个挑战而出现的。**认知观点**（cognitive perspective）的核心是人的思维以及所有的认识过程——注意、思考、记忆和理解。从认知视角来看，人们行动是因为他们思考，而人们思考是因为他们是人类，精细的大脑构造使人类能够思考。

根据认知模型，行为只是部分地像行为主义所认为的那样，由先前的环境事件和过去的行为结果所决定。一些最重要的行为是从全新的思维方式中产生的，而并非从过去使用过的可预测的方式中产生。想一想儿童是如何学习母语的。斯金纳在他的《言语行为》（*Verbal Behavior*, 1957）一书中提出，儿童是通过日常的学习过程来获得语言的。**诺姆·乔姆斯基**（Noam

Chomsky, 1928—) 有力地反驳了斯金纳的主张，促进了认知观点的创立。乔姆斯基坚称，即使儿童也能够生成超出他们过去经验之外的言语。瑞士研究者**让·皮亚杰**（Jean Piaget, 1896—1980）在他自己对儿童的研究中，使用了一系列心理任务来证明认知发展过程中的质变。为了解释儿童不断增长的复杂性，皮亚杰谈到了儿童的内在认知状态。

认知心理学家在多个水平上研究高级的心理过程，如知觉、记忆、语言使用、思维、问题解决和决策。认知心理学家将思维同时视为外显行为的原因和结果。你在伤害别人后感到抱歉是思维作为结果的例子。但是在感到抱歉之后，你的道歉行为则是思维作为行为原因的例子。在认知视角下，个体不是对客观的物质世界做出反应，而是对个体思维和想象的内在世界的主观现实做出反应。由于认知观点对心理过程的关注，许多研究者认为认知观点在当今心理学中业已占据主导地位。

生物学观点 生物学观点（biological perspective）指引心理学家在基因、大脑、神经系统以及内分泌系统的机能中寻找行为的原因。一个有机体的机能可以用生理结构和生物化学过程来解释。经验和行为在很大程度上被理解为在神经细胞内部及之间发生的电活动以及化学活动的结果。

采取生物学视角的研究者们一般假设，心理现象和社会现象最终能够用生物化学过程加以理解：即使最复杂的现象，也能够通过分析或简化为更小、更具体的单位来理解。比如说，他们可能会用你脑细胞中精确的生理过程来解释你如何阅读这句话中的词语。这种观点认为，行为取决于生理结构和遗传过程。经验可以通过改变基本的生物结构和过程来改变行为。研究者可能会问："在你学习阅读的时候，你的脑中发生了什么变化？"生物心理学研究者的任务就是在最精确的分析水平上理解行为。

许多持生物学观点的研究者为**行为神经科学**（behavioral neuroscience）这一交叉领域作出了贡献。神经科学研究大脑机能，行为神经科学则试图理解诸如感觉、学习、情绪等行为背后的大脑过程。第 3 章中将讲到的脑成像技术的发展使**认知神经科学**（cognitive neuroscience）取得了重大突破。认知神经科学是一门跨学科的研究领域，关注高级认知功能的脑机制，比如记忆和语言。后面你将看到，脑成像技术使得持生物学观点的研究者能考察更为广泛的人类经验。

进化观点 进化观点（evolutionary perspective）试图把当代心理学与生命科学的一个核心思想——达尔文关于自然选择的进化论——联系起来。自然选择的思想非常简单：能更好地适应环境的有机体，往往比那些适应性较差的有机体更能成功地繁衍后代（并传递其基因）。经过很多世代，物种朝着更具适应性的方向变化。心理学中的进化观点认为心理能力和身体能力一样，经过了几百万年的进化以达成特定的适应性目标。

进化心理学研究者们关注人脑发生进化的环境条件。更新世时期（持续大约 200 万年，结束于约 1 万年前）的人类以小群体为单位居住，以狩猎和采集为生，人类 99% 的进化史发生在这一时期。进化心理学利用进化生物学丰富的理论框架来确定人类所面对的核心适应问题：躲避捕食者和寄生虫，采集和交换食物，寻找并留住配偶，以及抚育健康的子女。在确定了早期人类所面临的适应性问题之后，进化心理学家对人类为解决这些问题而可能进化出的心理机制（或者说心理适应器）做出推论。

进化心理学与其他心理学观点最根本的不同在于，它把极为漫长的进化过程作为主要的解释原则。比如，进化心理学家试图把男性和女性所承担的不同性别角色理解为进化的产物，而非当代社会压力的产物。由于进化心理学家无法开展改变进化过程的实验，所以他们必须特别具有创造性以提供证据支持他们的理论。

社会文化观点　持**社会文化观点**（sociocultural perspective）的心理学家们研究行为的原因和结果的跨文化差异。社会文化观点是针对以下批评而做出的重要回应：心理学研究往往以西方的人性观念为基础，并且它的研究对象多为美国中产阶级白人（Arnett, 2008; Gergen et al., 1996）。为了适当考虑文化的影响，应当比较同一国家内的不同人群。例如，研究者可能对美国国内不同种族女性的进食障碍患病率进行比较（见第 11 章）。文化因素也可以在不同国家之间进行评估，比如比较美国和日本的媒体报道（见第 16 章）。跨文化心理学家想要确定研究者提出的理论是适用于所有人，还是只适用于一个较小的特定人群。

跨文化观点几乎适用于心理学研究的每一个主题：人们对世界的感知受文化影响吗？人们所说的语言影响他们体验世界的方式吗？文化如何影响儿童向成人发展的方式？文化态度如何塑造晚年经验？文化如何影响我们的自我感觉？文化影响个体参与特定行为的可能性吗？文化影响个体表达情绪的方式吗？文化影响人们在一些心理障碍上的患病率吗？

通过提出这些类型的问题，社会文化观点常常产生一些直接挑战其他心理学观点的结论。例如，研究者们声称，弗洛伊德心理动力学理论的很多方面都不能应用到与弗洛伊德时代的维也纳极为不同的其他文化中。早在 1927 年，人类学家马林诺夫斯基（Malinowski, 1927）就提出了这个担忧，他通过描述新几内亚特罗布里恩岛民的家庭实际情况——权威在母亲而非父亲一方——有力地批评了弗洛伊德的父权中心理论。因此，社会文化观点认为心理动力学观点中的某些普遍性主张是不正确的。对人类经验的概括忽视了文化的多样性和丰富性，社会文化观点对此提出了持续而重要的挑战。

各种观点的比较：以攻击为例　以上七种观点中的每一种都基于一套不同的假设，并且导致了寻找有关行为问题的答案的不同方式。表 1.1 概括了这些观点。作为一个例子，让我们简要比较一下使用不同模型的心理学家们如何处理"为什么人们会表现出攻击性"的问题。所有这些取向都曾被用来理解攻击和暴力的本质。下面是各种观点的研究者可能提出的主张以及他们可能进行的实验的例子：

马林诺夫斯基记录了妇女在特罗布里恩群岛文化中的重要作用。为什么跨文化研究对于探索普遍的心理学原理至关重要？

- 心理动力学观点。把攻击作为对挫折的反应来分析，挫折是由获得快乐感的障碍引起的，比如不公正的权威。将攻击视为成人最初在童年时期对其父母的敌意的转移。

- 行为主义观点。找到过去对攻击反应的强化，比如对一个打了同学或兄弟姐妹的孩子给予了更多的关注。认为人们从父母的体罚中学会了体罚自己的孩子。

- 人本主义观点。寻找那些促成自我限制和攻击视角的个人价值观及社会条件，而不是寻找那些促进成长和分享经验的个人价值观及社会条件。

表 1.1 当代 7 种心理学观点的比较

观点	研究的焦点	基本研究主题
心理动力学	无意识驱力 冲突	作为无意识动机外显表达的行为
行为主义	特定的外显反应	行为及其刺激的原因和结果
人本主义	人类经验和潜能	生活模式 价值观 目标
认知	心理过程 语言	通过行为指标推断心理过程
生物学	脑与神经系统过程	行为和心理过程的生物化学基础
进化	进化而来的心理适应器	从进化而来的适应性功能的角度来阐述心理机制
社会文化	态度和行为的跨文化模式	人类经验的普遍性方面和文化特异性方面

- 认知观点。探索人们在目睹暴力行为时所经历的敌对思维和幻想，同时注意人们的攻击想象及伤害他人的意图。研究电影和录像中的暴力（包括色情暴力）对人们对待枪支控制、强奸和战争的态度的影响。
- 生物学观点。通过刺激不同的脑区并记录由此引发的破坏性行为来研究特定大脑系统在攻击中的作用。另外还应分析杀人惯犯的大脑异常之处；考察女性的攻击性与月经周期之间的关系。
- 进化观点。考虑是什么条件使攻击成为早期人类的适应性行为，确定在这些条件下能够选择性地做出攻击行为的心理机制。
- 社会文化观点。考虑不同文化中的成员如何表现和解释攻击。确定文化力量如何影响不同类型的攻击行为发生的可能性。

你可以从攻击的例子中看出这些不同的心理学观点如何共同形成了对心理学特定研究领域的全面理解。当代心理学的大部分研究都是多种视角的。贯穿《心理学与生活》全书，你将看到新理论如何从不同观点的结合中产生。此外，科技的进步也使得研究者更容易将不同的视角和观点结合起来。比如，你在第 3 章中将了解到脑成像技术让研究者能够从生物学视角来研究语言加工（第 8 章）、人格差异（第 13 章）等各类主题。而且互联网的发展使得全球研究者的合作更容易，从而研究者可以从社会文化视角来研究广泛的主题，包括道德推理（第 10 章）和身体意象（第 11 章）。心理学视角和观点的多样性有助于研究者创造性地思考人类经验的核心主题。

STOP 停下来检查一下

❶ 结构主义和机能主义的核心关注点是什么？

❷ 海伦·汤普森·伍利得出了关于性别差异的什么结论？

❸ 心理动力学观点和行为主义观点如何理解人们行为背后的力量？

❹ 认知神经科学的目标是什么？

❺ 进化观点和社会文化观点如何互补？

心理学家们做些什么

现在，你对心理学的了解已经足以让你对心理学探索的全部领域提出问题。如果你准备了一个这样的问题清单，那么你可能会触及那些自称为心理学家的人的专业知识领域。在**表 1.2** 中，我提供了我自己的问题清单，并指出了什么类型的心理学家可以回答这些问题。

你从表中会发现心理学有很多分支领域。一些领域的名称可以告诉你心理学家专业工作的主要内容。比如，认知心理学家关注基本的认知过程，如记忆和语言；社会心理学家关注塑造人们态度和行为的社会力量。一些名称则指出心理学家应用专业知识的领域。比如,工业与组织心理学家致力于提升工作场所中人们的调适能力；

表 1.2   心理学研究的多样性

问题	谁来回答这个问题	研究和实践的焦点
人们如何更好地应对日常问题？	临床心理学家 咨询心理学家 社区心理学家 精神科医生	研究心理障碍及日常问题的根源，以评估治疗方案；为心理障碍及其他个人调适问题提供诊断和治疗。
我如何应对中风的后遗症？	康复心理学家	为病人或残疾人提供评估和咨询；为患者、照护者、雇主和社区成员提供应对策略和教育。
记忆是怎样存储在大脑中的？	生物心理学家 精神药理学家	研究行为、情感和心理过程的生物化学基础。
如何教一条狗听从命令？	实验心理学家 行为分析师	采用实验室实验，通常以动物为实验对象，研究学习、感觉、知觉、情绪和动机的基本过程。
为什么我不能总是回忆起我确信自己知道的信息？	认知心理学家 认知科学家	研究记忆、知觉、推理、问题解决、决策和语言使用等心理过程。
是什么让人们彼此不同？	人格心理学家 行为遗传学家	开发测验和创建理论以理解人格和行为上的差异；研究遗传和环境对这些差异的影响。
"同辈压力"是如何起作用的？	社会心理学家	研究人们在社会群体中如何发挥作用，以及人们选择、解释及记忆社会信息的过程。
婴儿对世界了解多少？	发展心理学家	研究个体一生在生理、认知和社会功能上发生的变化；研究遗传和环境对这些变化的影响。
为什么我的工作让我这么沮丧？	工业与组织心理学家 人因心理学家	研究在一般工作场所或特定任务上影响绩效和士气的因素；将这些见解运用于职场。
老师应该如何对待调皮学生？	教育心理学家 学校心理学家	研究如何改进学习过程的各个方面；协助设计学校课程、教学训练项目和儿童照护项目。
为什么我在每次考试之前都生病？	健康心理学家	研究不同的生活方式如何影响身体健康；设计和评估预防方案以帮助人们改变不健康的行为和应对压力。
被告在犯罪时精神失常吗？	司法心理学家	在执法领域将心理学知识运用于人类问题。
为什么我在重要的篮球比赛中总是发挥失常？	运动心理学家	评估运动员的表现；运用动机、认知和行为的原理来帮助他们达到最佳表现水平。
我如何理解人们给我的数据？	定量心理学家 心理测量师	开发和评估新的统计方法；构建和验证测量工具。
心理学家能够多准确地预测人们的行为？	数学心理学家	开发数学公式以准确地预测行为和检验比较不同的心理学理论。

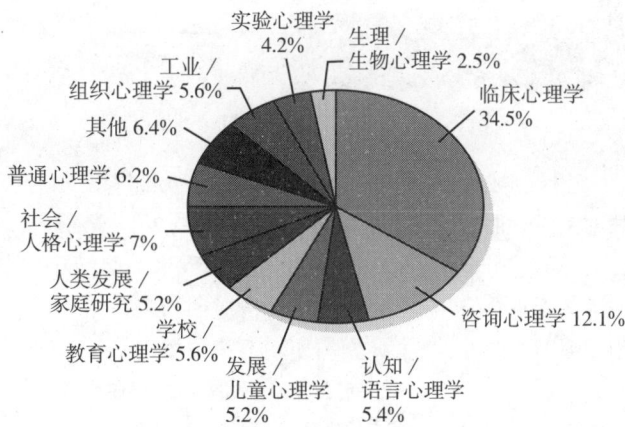

图 1.2　心理学各分支领域的学位分布

2009 年，大约 3 500 人获得了心理学分支领域的博士学位（National Science Foundation, 2010）。虽然其中最大比例的学位授予了那些希望从事临床心理学工作的人，但其他基础和应用研究领域的学生也获得了高级训练。

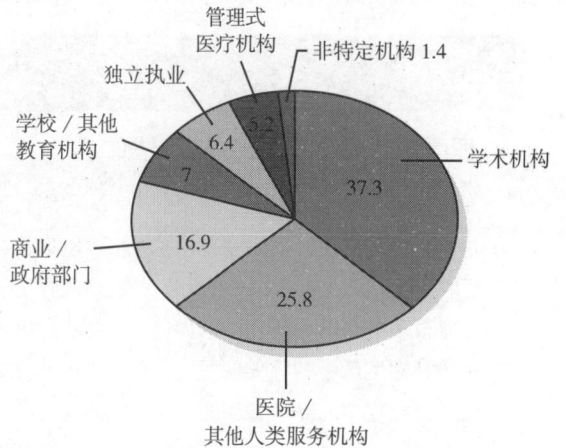

图 1.3　心理学家的工作场所

图中显示了在不同场所工作的心理学家所占的百分比，数据来源于对获得心理学博士学位的美国心理学协会（APA）成员的调查。

学校心理学家关注教育环境下学生的调适能力。

每一类心理学家都力图在研究（寻求新见解）和应用（将新见解应用到外部世界）之间达到平衡。研究和应用这两种活动之间有着必然的联系。比如，我们通常认为临床心理学家主要是应用心理学知识来改善人们的生活，但是你在第 14 章和第 15 章中会看到，临床心理学家同样有重要的研究职责。当前的研究将继续促进我们对不同心理障碍之间的区别以及最佳治疗方法的理解。**图 1.2** 显示了心理学的众多分支领域中攻读博士学位的人数。

再来回顾一下表 1.2，这里列出的问题清单说明了为什么心理学有这么多分支。其中涉及了你关心的问题吗？如果你有时间，列一个你自己的问题清单，逐个划去每一个《心理学与生活》一书中给出答案的问题。

发展心理学家可能会使用木偶或其他玩具来研究儿童的行为、思维或情感。为什么儿童向木偶表达自己的想法要比向成年人表达想法更容易？

你想知道世界上究竟有多少从业的心理学家吗？调查表明超过了 50 万人。**图 1.3** 显示了心理学家工作场所的分布情况。尽管心理学家在人口中所占的比例在西方工业化国家中是最高的，但人们对心理学的兴趣在许多国家都在持续增长。国际心理科学联合会（IUPS）的成员组织来自 71 个国家（Ritchie, 2010）。美国心理学协会（APA）是一个包括世界各地心理学家的组织，拥有 15 万余名会员。另一个国际性组织，心理科学协会（Association for Psychological Science, APS）*约有 23 000 名会员，它更关注心理学的科学方面，对临床或治疗方面的关注要少一些。

---

* APS：成立于 1988 年，现有会员两万多人。主要包括杰出的心理学家、学者、临床学家、研究者、教师和行政管理人员。其原名为 American Psychological Society，中文原多译为"美国心理协会"。现根据其改名后的英文，我们建议中文译为"心理科学协会"。——译者注

生活中的心理学

心理学家以哪些方式参与司法体系

《心理学与生活》的一个重要启示是：实证研究使心理学家获得了广泛的专业知识。随着本书的展开，你将有很多机会看到研究结果如何应用于日常生活中的重要问题。你还将看到心理学的专业知识如何在公共论坛中发挥作用。作为第一个例子，我们来看看司法心理学家是如何参与重要的司法判决的。

司法体系依赖于司法心理学家为民事诉讼和刑事诉讼提供评估（Packer, 2008）。例如，在民事方面，司法心理学家在离婚听证会上提供的证据会影响儿童监护权的判决。他们还可以为工作者在某一雇佣场所可能遭受的心理创伤作证。在刑事方面，司法心理学家评估当事人对其所犯罪行的理解能力以及出庭受审的能力。司法心理学家还评估个体是否会危及自身或他人的安全。让我们仔细考察最后一项职能。

假设某人因暴力犯罪而被投入监狱，在服刑一段时间后，他来到假释听证会。听证会上的一个重要考虑因素是这个犯人的未来会怎样，他再次做出暴力犯罪行为的可能性有多大？

近年来，心理学家为这个问题提供了越来越多基于研究的答案（Fabian, 2006）。这类研究通常首先对导致更多或更少暴力的生活因素进行理论分析。研究者对静态和动态因素做出重要区分（Douglas & Skeem, 2005）。静态因素是那些在时间上相对稳定的因素（如性别和初次定罪的年龄）；动态变量是那些可能随时间发生变化的因素（如情绪控制和物质滥用）。动态因素的加入表明风险会随时间发生变化。仅凭过去经历并不能有效地预测一个人未来的行为表现。测量一个人的生活轨迹也很重要。

研究者必须提供证据来证明风险评估工具能够成功地预测未来的暴力行为（Singh et al., 2011; Yang et al., 2010）。为了做到这一点，研究者通常在一段时间内追踪多组个体。例如，王和戈登（Wong & Gordon, 2006）评估了关押在加拿大艾伯塔省、萨斯喀彻温省和曼尼托巴省的918名成年男性罪犯。每一名参与者都通过暴力风险量表（VRS）进行评估，该量表可以测量6个静态变量和20个动态变量。为了评估VRS的效度，研究者在数年内追踪参与者，了解他们在被释放到社区后多久被判犯下新的罪行。无论是短期（1年后）还是长期（4.4年后），VRS评分越高的男性越有可能再次被判暴力犯罪。

这类研究结果十分重要，因为它们有助于司法心理学家为司法断案提供更加准确的指导。

STOP 停下来检查一下

❶ 研究和应用之间存在怎样的关系？
❷ 心理学家主要在哪两类场所中工作？

如何使用本书

你即将开启一段智慧之旅，带你穿越现代心理学的许多领域。在出发之前，我想与你分享一些重要的信息，它们会帮助你完成这次探险。"旅行"是贯穿全书的一个比喻：你的老师是旅行的向导，这本教科书是旅行手册，而我作为本书的作者就是你们的私人导游。这次旅行的目的是让你们发现人类对整个宇宙中最不可思议的现象——大脑、人类心理、所有生物的行为——的认识。心理学致力于理解那些会引发思维、情感和行动的看似神秘的过程。

　　本指南提供了一般性的策略和具体的建议，以帮助你使用本书来取得你所希望的好成绩，并从你的心理学导论课上得到最大收获。

学习策略

1. 留出足够多的时间来完成阅读任务并复习课堂笔记。本书包含了很多新的技术性信息、很多需要掌握的原理以及需要记忆的新术语。要掌握这些内容，你至少需要花 3 个小时来阅读每一章。

2. 记录你学习这门课的时间。将你每次阅读学习的小时数（以半小时为时间间隔）绘成图表。将你投入的时间画成累积图。把每次新的学习时间累加到左坐标轴的过去学习总时间上，把每次学习时段标在基线轴上。这张图可以直观地反馈你的学习进度，还会显示什么时候你该读书却没有读。

3. 积极参与。只有积极地深入探究学习材料，才能达到最佳的学习状态。这意味着阅读要认真，听讲要专心，用自己的话重新组织你读到和听到的内容，做好笔记。在教科书上，把重点部分划出来，在页边写上自己的注释，总结你认为课堂测验中会出现的要点。

4. 间隔性地学习。心理学研究告诉我们，定期学习要比考试前突击更有效。如果你的学习进度落后了，你就很难在最后一刻于慌乱中还能掌握心理学导论课包含的所有内容。

5. 以学习为中心。找一个干扰最少的地方来学习。让这个地方只用于学习、读书、写作业而不做其他事情。这样这个地方便会与学习活动关联起来，你会发现只要你坐到那个学习的地方，就很容易开始学习。

　　你还要站在老师的角度，预测他可能提出的问题类型，确保自己能够回答这些问题。弄清这门课的测验形式——论述题、填空题、选择题或判断正误。测验形式会影响你在多大程度上关注整体观点或细节。论述题和填空题需要回忆类型的记忆，而选择题和判断正误需要再认类型的记忆。

学习技巧

　　这部分将给你提供关于学习技巧的具体建议，你可以使用这些技巧来学习这门课程以及其他课程。这些技巧是基于第 7 章将讨论的人类记忆的基本原则。它的简称是 PQ4R，来自有效学习六个阶段的首字母：预习（Preview）、提问（Question）、阅读（Read）、思考（Reflect）、重述（Recite）、复习（Review）（Thomas & Robinson, 1972）。

1. 预习：快速浏览整章，大致了解这一章讨论的内容。了解其结构和主题。阅读每一部分的标题并浏览其中的图片和图表。实际上，你应该首先看看每章的"要点重述"部分。这部分列出了该章各个一级标题下的要点，使你能够清楚地了解该章所包含的内容。

2. 提问：在阅读每一部分前都要提问。你应该使用标题和关键术语来帮助你，比如你可以将标题"心理学的目标"变成问题："心理学的目标是什么？"你也可以将关键术语"生物学观点"变成问题:"生物学观点主要关注什么?"这些问题有助于在阅读过程中引导你的注意力。

3. 阅读:仔细阅读课文的内容,这样你就能回答自己提出的问题。

4. 思考:在阅读课文阶段,努力将这些材料与你对该主题已有的知识联系起来。想想其他的例子来丰富课文。试着将各小节的内容联系在一起。

5. 重述:在阅读和思考每一节后,试着尽可能详细地回忆其内容。比如,通过大声朗读课文来回答你之前提出的问题。在接下来的复习中,写下你认为很难记住的内容。

6. 复习:在读完整章后,复习关键点。如果你不能回忆出重点,或者不能回答自己提出的问题,再重复前面的过程(阅读、思考、重述)。

现在花一点儿时间使用 PQ4R 方法复习本章前面的某一节,看看应该如何完成每个阶段。掌握这一方法需要一些时间,在学期开始时要多下点儿工夫。

你现在已经准备好充分利用这本《心理学与生活》了。我们希望你学习《心理学与生活》将是一次有价值的旅行,而且充满值得回忆的时刻和惊喜!

STOP 停下来检查一下

❶ 在课程中积极参与意味着什么?
❷ PQ4R 中提问阶段和阅读阶段的关系是什么?
❸ PQ4R 中重述阶段的目的是什么?

要点重述

心理学为何独具特色

- 心理学是对个体的行为和心智过程的科学研究。
- 心理学的目标是描述、解释、预测以及帮助控制行为。

现代心理学的发展

- 结构主义产生于冯特和铁钦纳的工作。它强调由基本感觉构成的心理和行为的结构。
- 机能主义是由詹姆士和杜威发展起来的,强调行为的目的。
- 这些理论共同开创了当代心理学的主要议题。
- 女性在心理学早期历史上作出了重要的研究贡献。
- 心理学的七种观点在对人性的看法、行为的决定因素、研究的焦点和基本研究方法等方面都有所不同。
- 心理动力学观点认为行为是由本能力量、内在冲突以及意识和无意识的动机驱动的。
- 行为主义观点认为行为是由外部的刺激条件决定的。
- 人本主义观点强调个体做出理性选择的内在能力。

- 认知观点强调影响行为反应的心理过程。
- 生物学观点研究行为与大脑机制之间的关系。
- 进化观点认为行为是为了适应在环境中生存而进化出来的。
- 社会文化观点考察行为及其在文化背景下的解释。

心理学家们做些什么

- 心理学家们在很多不同的场所中工作,并且吸收一系列专业领域中的知识。
- 几乎所有能从现实生活经验中产生的问题都是由心理学专业人士来探讨的。

如何使用本书

- 制定具体的策略,确定你需要多少学习时间以及如何最有效地分配时间。
- 积极参与课堂和阅读本书。PQ4R 提供了六个阶段来提高学习效率:预习、提问、阅读、思考、重述、复习。

关键术语

心理学	格式塔心理学	认知观点
科学方法	机能主义	生物学观点
行为	心理动力学观点	行为神经科学
行为数据	行为主义观点	认知神经科学
结构主义	行为主义	进化观点
内省法	人本主义观点	社会文化观点

2

心理学的研究方法

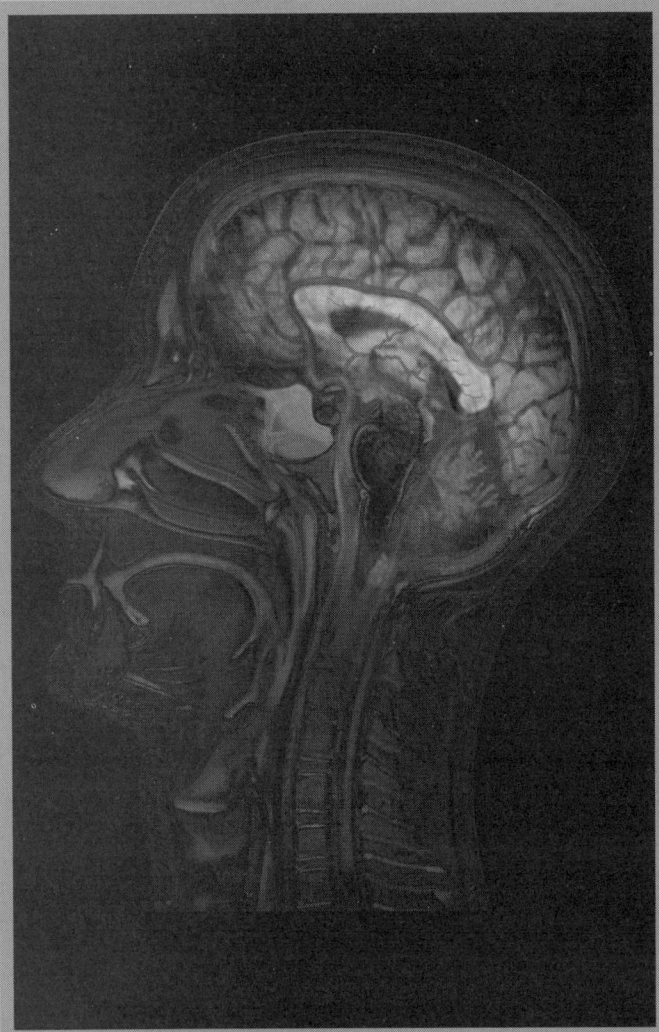

你可能还记得，在第 1 章中我要求你列出一个你希望在读完《心理学与生活》之后能够得到解答的"问题清单"。以前使用过本书的学生提出了很多有趣的问题。下面是其中的几个例子：

- 我开车时能打电话吗？
- 有关记忆的研究是否对我的学习有帮助，从而考出个好成绩？
- 我怎样才能变得更有创造力？
- 把孩子送去日托可以吗？

在这一章中，我们将描述心理学家们是如何得出那些对学生而言很重要的问题的答案的。我们将聚焦在心理学将科学方法应用到其研究领域的特殊方式上。读完本章后，你应该可以理解心理学家如何设计他们的研究：他们究竟是如何从所研究的那些复杂且往往是混乱的现象中（人们如何思考、感受以及行动？）得出可靠结论的。即使你一生从不做科学研究，掌握这一章的内容仍然是大有神益的。我们的目的是，通过教会你如何提出正确的问题，如何评估有关心理现象的原因、结果和相关性的答案，来帮助你提高批判性思维技能。大众传媒经常以"研究表明……"这样的开头向我们传达信息，而通过不断磨炼理性的怀疑态度，我们将帮助你成为一个更为老练的信息消费者，合理地看待日常生活中见到的各种研究结论。

研究过程

心理学的研究过程可以划分为几个步骤，它们通常是依次发生的（见**图 2.1**）。步骤 1，观察、信念、信息以及一般知识会促使一个人萌生出一个新想法，或者对某种现象有了一个不同的新思路。这是典型的心理学研究过程的肇始。研究者的问题从何而来？其中一些来源于对环境中的事件、人物和动物的直接观察；另一些则来源于这些领域的传统内容，即那些早期学者遗留下来的"尚未解答的重大问题"。研究者通常以独特的方式来组合已有的思想，以提出创新的观点。思想者真正有创造力的标志是：能够发现可以推进科学和社会朝更好方向发展的新真理。

在心理学家积累有关现象的信息时，他们创造出各种理论，这些理论变成了阐释研究问题的一个重要背景。**理论**（theory）是一套用于解释一种现象或一系列现象的有组织的概念集合。大多数心理学理论都有一个共同的核心，即**决定论**（determinism）的假设。这一假设认为，一切事件，包括生理的、心理的和行为的，都是特定原因的结果，或者说是由其所决定的。这些原因被限定在个体环境因素或个人内部因素之中。研究者还假设，行为和心理过程具有规律性的关系模式，这些模式可以通过研究被发现和揭示出来。一般来说，心理学理论通常是对潜藏在这些有规律模式背后原因的主张和阐述。

当一个理论在心理学领域被提出来的时候，人们通常希望它既能解释已有的事实，也能够产生新的假设。产生新的假设是研究过程的步骤 2。**假设**（hypothesis）是对原因和结果关系的试探性的、可以检验的阐述。假设通常被表述为"如果……那么……"形式的预测，它会明确说明特定条件引发的特定结果。例如，我们可能预测，如果儿童在电视中看了大量暴力的场面，那么他们将对同伴表现出更多的攻击行为。这时就需要用研究来验证"如果"和"那么"之间的联系。步骤 3，研究者们将基于科学方法去检验他们的假设。科学方法是一套以能够限制误差源并得出可

步骤1 初始的观察或问题	相似性在人际关系中起着很大的作用，会话也是如此。会话可能为情侣们提供了一个衡量相似性的背景。
步骤2 产生新的假设	语言使用风格更为相似的情侣，相应地也会表现出更高的关系稳定性。
步骤3 设计研究	研究者获取情侣们在即时通讯软件上10天的聊天记录，评估它们的多种语言学特征，最终生成一个语言风格匹配度指标。3个月后，研究者询问情侣们，看看他们是否还在约会。
步骤4 分析数据并得出结论	数据表明，语言风格匹配度越高的情侣越有可能仍在约会。
步骤5 报告研究发现	文章发表在享有盛誉的《心理科学》期刊上。
步骤6 考虑开放的问题	文章的讨论部分指出，因果关系的方向仍不明确：可能是更高的语言风格匹配度导致了更好的关系，也可能是更好的关系导致了更高的语言风格匹配度。
步骤7 对开放的问题开展研究	这些研究者或其他研究者可以开展新的研究以回答那些开放的问题。

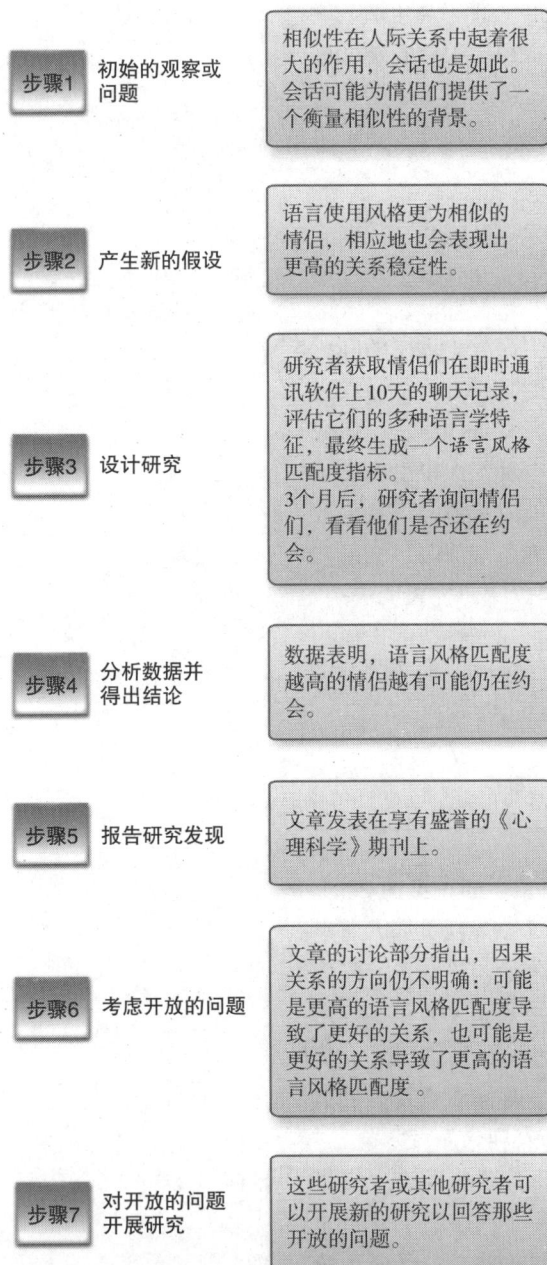

图 2.1　实施和报告研究过程中的步骤

为了说明科学研究过程的步骤，考虑一下上述研究，该研究考察了情侣的语言风格与其关系稳定性之间的关系（Ireland et al., 2011）。

靠结论的方式收集和解释证据的一般程序。心理学在多大程度上可以被视为一门科学，要看它在多大程度上遵从科学方法所建立的规则。这一章的许多内容都是在描述科学方法。一旦研究者收集好了数据，他们便进入研究过程的步骤 4，即分析数据并得出结论。

如果研究者相信那些结论将会对这个领域产生影响，他们就会进入步骤 5，即向学术期刊提交论文以求发表。为了使发表成为可能，研究者必须以其他研究者能够理解和评价的形式保存完整的观察记录和数据分析。研究程序是禁止保密的，因为所有的数据和方法最终都必须接受公开检验（public verifiability）。也就是说，其他研究者必须有机会去检查、批评、重复或者反驳那些数据和方法。

大多数心理学研究发表在学术期刊上，这些期刊由诸如美国心理学协会（APA）或心理科学协会（APS）等组织出版。研究原稿投到这些期刊后大多都要经历同行评审（peer review）的过程。每份稿件通常要寄给二到五位本领域的专家，这些专家会对稿件的理论基础、方法以及结果进行详细的分析。只有专家们足够满意的稿件才能在期刊上发表，这是一个严格的过程。例如，2010 年美国心理学协会（APA，2011）出版的期刊平均拒稿率达 71%。同行评审过程并不完美，毫无疑问，一些有价值的研究会被忽视，还有一些有问题的研究会蒙混过关。但是，总的来说，这一过程还是确保了你在绝大部分学术期刊上读到的研究都达到了较高的标准。

在步骤 5，心理学家还经常尝试向更广泛的公众传播他们的结果。在美国心理学协会的主席演讲中，乔治·米勒（Miller, 1969, p. 1071）得出了一个著名的结论：专业心理学家的责任"更多的是把心理学传播给真正需要它的人（包括所有人），而不只是承担专家的角色，把心理学应用于我们自身"。针对广泛的读者和听众，心理学家经常著述和演讲。主要的专业组织，如美国心理学协会和心理科学协会，也会发布新闻稿，创建公共论坛，研究者借此将心理学传播出去。

研究过程的步骤 6 是，科学界对此研究做出反思，识别出它所遗留的没有解决的问题。大部分研究论文会在"讨论"部分开始这一过程，研究者会在该部分阐述自己研究的意义和局限。他们可能会明确地描述他们认为未来值得开展的研究类型。如果数据未能完全支持假设，研究者必须重新思考他们的理论的相关方面。因而在理论和研究之间存在着持续的相互作用。到步骤 7，起初的研究者或他们的同行可能会对开放的问题开展研究，并再次开启这一研究周期。

恰当使用科学方法是这一研究过程的核心。科学方法的目标是使得研究者所下的结论具有最大的客观性。当结论不受研究者的情绪或个人偏差的影响时，它们便是客观的。下面两部分都以"对客观性的挑战"开始，然后描述由科学方法所提出的"补救措施"。

观察者偏差和操作性定义

当不同的人观察同样的事物时，他们并不总是"看到"同样的东西。在这一部分，我们将描述观察者偏差问题以及研究者所采取的补救措施。

参与者、现场观众和电视观众都会受观察者偏差的影响。你如何才能确定真正发生了什么？

对客观性的挑战　观察者偏差（observer bias）是由观察者个人的动机和预期导致的错误。有时候，人们看见和听见的只是他们所预期的，而不是事实的本来面目。让我们来考察一个有关观察者偏差的极端例子。20 世纪初，一位杰出的心理学家雨果·芒斯特伯格（Hugo Munsterberg）给包括很多记者在内的一大群听众做过一次关于和平的演讲。事后，他对记者们根据自身见闻而写的新闻报道做了如下总结：

> 这些记者坐在听众席前排。一个人写道，听众对我的演讲感到非常惊讶，以至于会场上鸦雀无声；另一个人则写道，我经常被大声的鼓掌打断，在我演讲的最后，鼓掌持续了几分钟的时间。一个人写道，在我的对手讲话的时候，我总是微笑着；另一个人则注意到，我的脸色严肃，没有一丝笑容。一个人写道，我的脸由于激动变得紫红；另一个人则发现我的脸变得惨白（1908, pp. 35–36）。

回过头看看报纸上记者们的报道与其政治观点的关联是非常有趣的——然后我们可能会理解为什么记者"见到了"他们所报道的内容。

你可以在日常生活中寻找观察者偏差的例子。例如，假设你正处在亲密关系中。你带入这段关系中的动机和预期会怎样影响你看待对方行为的方式？让我们看看一项对 125 对已婚夫妇所做的研究。

研究特写

夫妻双方进行两段 10 分钟的对话，同时被录像（Knobloch et al., 2007, p. 173）。在一段对话中，他们讨论其关系中的积极面；而在另一段对话中，他们讨论最近一次意外的事件，这次事件改变了他们对于未来关系的信心（或好或坏）。在每一段对话后，夫妻双方给出自己对于交流质量的评分，评分的维度包括他们认为他们的配偶热情还是冷淡，他们的配偶在多大程度上企图主导对话。研究者还请中立的评分者（与这些夫妇没有关系的人）来观看和评价这些对话。与这些中立评分所提供的基线相比，夫妻双方的评分表现出一致的观察者偏差。夫妇各自报告的对未来关系的确信程度决定了偏差的方向。例如，研究者注意到，"对婚姻有信心的参与者会对普通人眼中看似平常的对话产生强烈的积极反应"。

这项研究说明了预期是如何引起不同的观察者得到不同结论的。观察者偏差起着过滤器的作用，一些事情被视为是相关和重要的而获得注意，另外一些则被视为无关和不重要的而被忽略。

让我们把这些经验应用到心理学实验的情境中。研究者经常从事观察工作。考虑到每一位研究者都带着不同的先前经验来进行观察，而且那些经验通常包含对特定理论的认同，你就可以理解为什么观察者偏差会引发问题了。研究者必须努力确保自己用不带任何偏差的"裸眼"观察行为。研究者采用什么办法才能确保先前预期对观察的影响最小？

补救措施 为了使观察者偏差降到最小，研究者依赖于标准化和操作性定义。**标准化**（standardization）意味着在数据收集的所有阶段均使用统一的、一致的程序。测验或实验情境的所有特征应该充分标准化，以便使所有参与者都经历完全相同的实验情境。标准化意味着以同样的方式来提出问题，以事先建立的规则来量化反应。将结果打印或记录下来，可以确保它们在不同的时间、地点以及不同的参与者和研究者之间的可比性。

观察本身也必须标准化：科学家必须解决这样的问题，即如何将他们的理论转化为含义前后一致的概念。对概念含义进行标准化的策略我们称之为操作化。**操作性定义**（operational definition）是以测量该概念或决定它是否存在的特定操作或程序来界定一个概念，从而在实验内使其含义标准化。实验中的所有变量都必须给予操作性定义。**变量**（variable）是任何在数量或性质上可以有不同取值的因素。回忆一下图 2.1 中的实验。研究者评估了"语言风格匹配度"这一变量，该变量可以取 0~1 之间的任何值。

在实验情境中，研究者最经常想证明的是两种变量之间的因果关系。例如，假如你希望检验我们先前考虑过的假设：在电视中看到大量暴力场面的儿童将对他们的同伴表现出更多的攻击行为。为检验这一假设，你可以设计一个实验来操纵每名参与者所看到的暴力场面的数量。你操纵的因素就是**自变量**（independent variable），它是因果关系中的原因。然后，你可以评估每种暴力场面水平下的参与者表现出了多少攻击行为。攻击行为是因果关系中的结果，它是**因变量**（dependent variable），是实验者所测量的东西。如果研究者对原因和结果的看法是正确的，那么因变量的值就取决于自变量的值。

让我们花一点时间将这些新概念应用到真实的实验情境中。我们所考虑的研究项目开始于一个宏大的哲学问题：人是有自由意志的，还是说人的行为是由其无法掌控的遗传和环境力量所决定？这项研究并没有尝试去解答这个问题。相反，研究者认为不同个体回答这个问题的方式，即他们对自由意志和决定论的信念，影响着他们的行为（Vohs & Schooler, 2008）。研究者推断，持决定论世界观的人对不良行为的个人责任感更弱，因为他们认为这是他们控制不了的。为了检验这个假设，研究者给予学生一个作弊的机会！

图 2.2 呈现了这个实验的重要方面。研究者招募了大约 120 名本科生来作为参与者。该研究的自变量是参与者对自由意志和决定论的信念。为了操纵这一自变量，研究者向学生提供了 15 段陈述，要求他们思考每段陈述 1 分钟。你可能会猜到，这些陈述在自由意志条件和决定论条件下是不同的。我们在图 2.2 中给出了例子。

为了检验他们的假设，研究者需要提供给学生作弊的机会。在实验过程中，学生尝试回答来自美国研究生入学考试（GRE）练习测验的 15 道题目。他们每答对一题可以获得 1 美元。参与者在实验者不在场的情况下给自己的答案计分。这就为学生提供了作弊的机会：实验

在电视中看到暴力镜头是否会引发暴力行为？你如何确定？

者无法知道参与者是否付给了自己比应付金额更多的钱。实验的因变量是参与者付给自己的金额。

图 2.2 显示了实验的结果。为了确定普通学生在 15 道 GRE 题目中的真实得分，研究者还设置了另外一个条件，他们自己给参与者计分来看看学生能挣多少钱。标注为"实验者计分基线"的直条显示了这一信息。你可以从图 2.2 的其他两个直条看出，自变量对因变量有研究者所预期的影响。与被诱发自由意志立场的学生相比，那些被诱发决定论立场的学生给自己多支付了 4 美元。因为存在实验者计分基线——它显示自由意志的学生与实验者计分的学生的水平相当——所以我们可以推断出决定论的学生在作弊。花点时间想一想操作化实验变量的其他方法，通过其他方式来检验相同的假设。例如，为了证明实验结果可以推广到其他生活情境中，你可能想以其他方式测量作弊。这种考虑就让我们过渡到对实验法的探索。

实验法：备选解释和控制的必要

你从日常经验中知道，人们能够对同一个结果提出很多原因。当试图对因果关系进行正确的阐述时，心理学家面临同样的问题。为了找到明确的原因，研究者会运用**实验法**（experimental methods）：他们操纵一个自变量来观察其对因变量的影响。这种方法旨在就一个变量对另一个变量的影响做出强有力的因果论断。在这一部分，我们将阐述备选解释问题，以及研究者为解决这一问题所采取的一些措施。

对客观性的挑战 当心理学家检验一个假设时，他们经常在头脑中对"为什么自变量的变化会以一种特定的方式影响因变量"有一个解释。例如，你可以预测并用实验证明，观看电视中的暴力镜头会导致高攻击性。但是，你怎么知道恰好是观看电视中的暴力镜头诱发了攻击呢？为了使这一假设得到最强有力的支持，心理学家必须对可能存在的备选解释非常敏感。其他可以导致同样结果的解释越多，初始假设的可信度就越低。当并非实验者有意引入实验情境中的一些因素确实影响了参与者的行为，并混淆了数据的解释时，我们称这些因素为**混淆变量**（confounding variable）。当一些观察到的行为结果的真正原因被混淆时，实验者对数据的解释就会冒风险。例如，假设暴力的电视场景比大多数非暴力的场景更吵闹并包含更多的动作时，场景中的暴力内容就和声音、动作等内容相混淆了。研究者不能确定究竟是哪一个因素独自导致了攻击行为。

尽管每一种不同的实验方法都可能带来一些独特的备选解释，我们仍然可以确定两种几乎存在于所有实验中的混淆变量，即期望效应和安慰剂效应。当研究者或观察者以微妙的方式向参与者传达他（她）所预期发现的行为并因此引发期望的反应时，无意的**期望效应**（expectancy effects）便发生了。在这种情况下，真正诱发所观察到反应的是实验者的预期，而不是自变量。

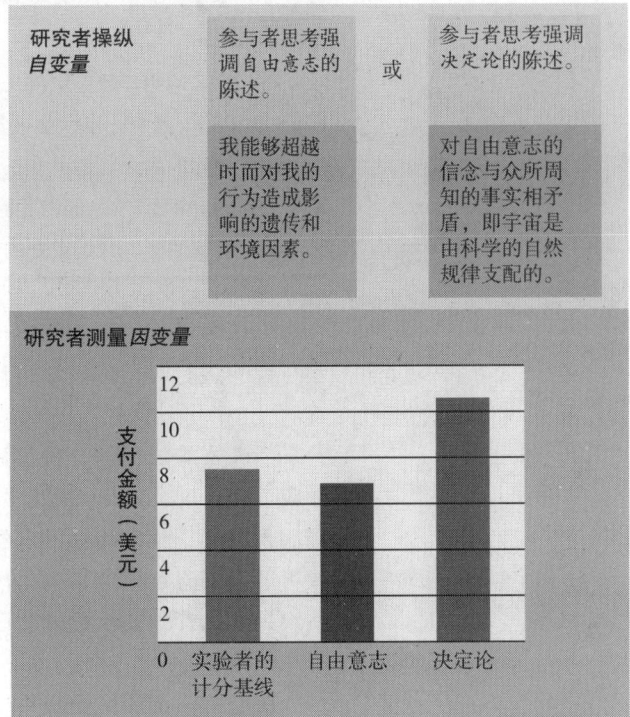

图 2.2 一个实验的元素

为了检验他们的假设，研究者创建了自变量和因变量的操作性定义。

资料来源：Kathlee D. Vohs and Jonathan W. Schooler, The value of believing in free will: Encouraging a belief in determinism increases cheating, *Psychological Science*, January 1, 2008, pages 49–54. © 2008 by the Association for Psychological Science.

在一个实验中，研究者将几组即将进行走迷宫训练的大鼠分配给 12 名学生（Rosenthal & Fode, 1963）。其中一半学生被告知他们分到的大鼠都是一些擅长走迷宫的品种，而其他的学生则被告知他们的大鼠是不擅长迷宫测验的品种。正如你可能猜想到的那样，这些大鼠实际上都是一样的。然而，学生们的实验结果符合他们对其大鼠的预期——相比于标记为笨拙的大鼠，那些标记为聪明的大鼠是更好的学习者。

你认为学生们是如何将他们的预期传达给大鼠的？当实验在人类实验者和人类参与者间进行时，你该知道你为何更担心期望效应了吧？期望效应歪曲了发现的内容。

当没有施加任何一种实验操纵，但实验参与者却改变了他们的行为时，**安慰剂效应**（placebo effect）就发生了。这一概念源自医学领域，用以解释这样一种现象：当病人服用了化学惰性的药物或接受了无针对性的治疗后，他（她）的健康状况却改善了。安慰剂效应指的是因个体相信治疗有效而导致的健康或幸福感的改善。一些没有什么疗效的治疗方法已被证明能为患者带来良好甚至极好的疗效（Colloca & Miller, 2011）。

在心理学的研究情境中，当一种行为反应受某个人的预期——该做什么或该如何感受——的影响，而不是受用以产生该反应的特定干预或程序的影响时，安慰剂效应就产生了。回忆一下将观看电视与随后的攻击行为相关联的实验。假定我们发现根本没有看过任何电视的参与者也表现出很高水平的攻击性，我们就可以推测，这些参与者是由于置身于允许他们表现攻击的情境中，他们觉得他们应该表现出攻击行为，因而才这么做的。实验者必须始终考虑到这样一种情况，即参与者会仅仅因为意识到自己被观察或测试而改变行为。例如，参与者可能会对被选中参加研究这件事感到很特别，因此展现的行为跟平常就会有所不同。这种效应会损害实验的结果。

补救措施：控制程序 由于人和动物的行为很复杂，往往有多种原因，因此好的研究设计应该能够预期到可能出现的混淆变量，并且采取策略来消除它们。类似于运动中的防守策略，好的研究设计应该能预期对手将做什么，并制订计划予以应对。研究者的这种策略被称为**控制程序**（control procedures），它是一些试图使所有变量和条件（除了那些与被验证的假设相关的）保持恒定的方法。在一个实验中，指导语、室内温度、任务、研究者的着装、时间安排、记录反应的方式，以及其他一些情境中的细节必须对所有参与者都一致，以确保他们的经历是相同的。参与者所经历的唯一不同应该是那些由自变量引入的差异。让我们来看一些针对特定混淆变量——期望效应和安慰剂效应——的补救措施。

例如，假想你在攻击实验中加入了一个观看喜剧节目的处理组。你想要谨慎地避免根据自己的预期以不同的方式对待喜剧组和暴力组的参与者。因此，在你的实验中，我们需要研究助手的参与，由他们来接待参与者，并在不知道参与者是看了暴力节目还是喜剧的情况下，评估他们的攻击性，即我们会让研究助手不知道参与者被分配到了哪种条件。在最理想的情况下，可以通过保证实验助手和参与者都不知道哪些参与者接受了何种处理来消除偏差。这一技术被称为**双盲控制**（double-blind control）。在我们将来的攻击实验中，我们可能无法不让参与者知道他们看的是喜剧还是暴力节目。然而，我们可以小心翼翼地确保他们不能猜到我们接下来的分析会集中在他们随后的攻击性上。

为了解释安慰剂效应，研究者通常引入一个不进行任何处理的实验条件，我们称为**安慰剂控制**（placebo control）。安慰剂控制属于控制的一般范畴，实验者通过控制来确保他们正在进行恰当的比较。假设你看到一个午夜电视广告，宣称一种药剂可以解决你所有的记忆问题。如果你买了这种药剂并坚持每周服用，你预期会发生什么？一项研究表明，那些在 6 个星期里每天早晨都服用这种药物的大学生，的确表现出在认知任务上成绩的提高（Elsabagh et al., 2005）。在一个任务中，参与者被要求在电脑屏幕上观看 20 张图片，对其进行命名，随后回忆其名字。服用药物的参与者在 6 个星期之后的成绩提高了 14 个百分点。然而，那些服用安慰剂（一种没有活性成分的药丸）的参与者成绩同样也提高了 14 个百分点。安慰剂控制表明，任务表现的提高是首次测验的练习结果。控制条件下的数据为我们评估实验效应提供了一个重要的基线。

补救措施：研究设计　为了实施控制条件，研究者还要决定哪种实验设计最适合他们的目标。一些实验设计，我们称之为**被试间设计**（between-subjects designs），参与者被随机分配到实验条件（接受一个或多个实验处理）和控制条件（不接受实验处理）。**随机分配**（random assignment）是研究者用来消除与研究参与者的个体差异有关的混淆变量的主要步骤之一。攻击实验就需要采用这一步骤。将参与者随机分配到实验条件和控制条件下，会使两组参与者于实验开始时在一些重要方面大体相似，因为每名参与者被分配到实验条件或控制条件的概率相同。因此，我们就不必担心存在这样的问题：分配到**实验组**（experimental group）的每个人都喜欢看暴力电视，而分配到**控制组**（control group）的每个人都讨厌看暴力电视。随机分配可以使每一组中都混入不同类型的人，如果不同条件之间存在结果差异，我们能够更加确信这些差异是由处理或干预引起的，而不是由原先就有的差异引起的。

研究者还试图使挑选参与者的方式接近随机化。假如你想检验这样一个假设：6 岁的儿童比 4 岁的儿童更爱说谎。在实验结束后，你希望自己的结论能够适用于 4 岁和 6 岁儿童的**总体**（population）。然而，你只能从全世界所有的 4 岁和 6 岁儿童中选取一个非常小的子集，即**样本**（sample），把他们带到你的实验室中。一般来说，心理学实验使用 20~100 名参与者。你应该如何挑选你的儿童参与者呢？研究者会尝试构建一个**代表性样本**（representative sample），这个样本在诸如性别、种族等方面的分布都与总体的特征非常吻合。例如，如果你的儿童说谎研究中只有男孩，那么我们就不认为这是 4 岁和 6 岁儿童总体的代表性样本。为了获得代表性样本，研究者通常使用**随机取样**（random sampling）程序，这意味着总体的每一个成员参与实验的可能性都是相等的。（在本章后面的统计学附录中，我们描述了研究者用来确定实验结果能否推广到特定样本之外的程序。请结合本章阅读统计学附录。）

另一种实验设计称为**被试内设计**（within-subject design），利用每一名参与者作为他自己的"控制组"。例如，每名参与者都经历不止一种自变量水平。或者，将参与者接受实验处理之前的行为和接受处理之后的行为进行比较。考虑这样一个实验，它考察的是人们判断未来锻炼情况的准确性。

研究特写

假设你正在考虑去健身房。如果你认为自己会享受锻炼，那你去的概率就更大。但是你对自己未来享受程度的预测有多准确呢？一组研究者检验了这样一个假设：人们会习惯性地低估自己未来对锻炼的享受程度（Ruby et al., 2011）。为了检验他们的假设，研究者选取了定期参加健身班的人来参与他们的研究。在健身课开始前，他们让参与者在1分（一点儿也不享受）到10分（非常享受）的10点量表上预测他们认为自己会享受这节课的程度。这些人给出的平均评分是7.6分。下课后，他们给自己的实际享受程度打分。结果，他们一致给出了较高的评分，在10点量表上的平均评分为8.2分。

因为这项研究采用了被试内设计，所以研究者可以得出一个强有力的结论：参与者低估了锻炼给他们带来未来的享受。你可能想知道这是为什么。研究者认为，这是因为考虑锻炼的人过于关注锻炼的开始阶段，而这往往是感受最差的部分。在后来的一个被试间设计的实验中，把参与者随机分成两组，一组想象自己一开始就做他们喜欢的锻炼内容，最后才做他们不太喜欢的锻炼内容；另一组则相反。那些设想一开始就做喜欢内容的人给出的平均得分（在10点量表上为8.0分），显著地高于那些设想最后才做喜欢内容的人（7.0分）。当你下次考虑锻炼的时候，你知道该如何利用这个结果了吧？

迄今我们所描述的研究方法都包含操纵一个自变量以观察它是否会对因变量产生影响。虽然这种实验方法常常允许研究者对变量间的因果关系做出最有力的判断，但一些条件会使这种方法不太可取。首先，在一个实验中，行为经常是在人为环境中被研究的，其中情境因素被严格控制，环境本身就可能歪曲行为的自然发生方式。批评者指出，为了达到只处理一个或几个变量和反应的简单性，自然行为模式大量的丰富性和复杂性都在控制实验中被舍弃。其次，研究中的参与者通常知道他们在参加实验，正在接受测量和检验。受此意识影响，他们可能表现为试图取悦研究者、尝试"揣测"研究的目的，或者改变他们的行为，使之与不知道被监控时的行为显著不同。最后，有一些重要的研究问题受到伦理的约束而不可能实施。例如，我们不能通过设置一个儿童被虐待的实验组以及一个儿童不被虐待的控制组，以发现虐待儿童的倾向是否会世代相传。在下一部分，我们将讨论经常用来解决这些担忧的一类研究方法。

为什么人们会低估自己未来对锻炼的享受程度？

相关法

智力和寿命存在联系吗？乐观的人是否比悲观的人更加健康？童年受到虐待与后来的精神疾病有无关系？这些问题中涉及的一些变量是心理学家不易操纵或操纵起来不合乎伦理原则的。为了回答这些问题，研究者采用**相关法**（correlational methods）来开展研究。当想要确定两个变量、特质或者属性之间的关联程度时，心理学家会使用相关法进行研究。

为了确定两个变量之间的确切相关程度，心理学家会计算一个名为**相关系数**（correlation coefficient, r）的统计值。这个数值可以在+1.0到−1.0之间变化，+1.0表示完全正相关，−1.0表示完全负相关，而0.0则表示完全没有相关。一个正的相关系数意味着当一组分数增加时，另一组分数也增加。而负相关正好相反，第二组分数和第一组分数朝相反的方向变化（见**图2.3**）。一个接近于零的相关意味着两个测量

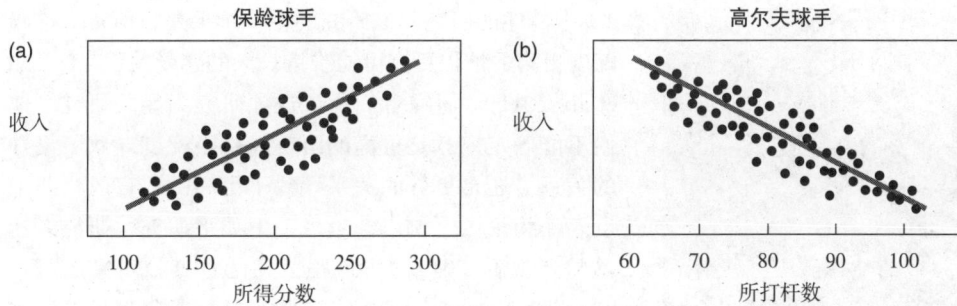

图 2.3 正相关和负相关

这些假想的数据表现了正相关和负相关的不同。每一个点代表一名保龄球手或高尔夫球手。（a）一般来说，职业保龄球手所得的分数越多，他们挣的钱就越多。因此，在这两个变量之间存在正相关。（b）高尔夫的相关是负的，因为高尔夫球手所击的杆数越少，他们挣的钱就越多。

分数之间只存在很弱的联系，或完全不存在联系。当相关系数越来越大，直至接近于最大值 ±1.0 的时候，根据一个变量的信息来预测另一个变量将越来越精确。

在全书中，你将看到许多带来重要发现的相关研究。为了增强你的兴趣，让我们来看下面的例子。

研究特写

一组研究者希望确定儿童的媒体使用习惯（看电视、玩电子游戏和电脑）是否影响他们出现睡眠问题的可能性（Garrison et al., 2011）。为了回答这个问题，研究者让 3 岁到 5 岁孩子的父母写一周的"媒体日记"（记录孩子们的媒体使用情况）。家长们还完成了一份《儿童睡眠习惯问卷》，该问卷评估的是孩子们入睡所需的时间以及"反复夜醒、噩梦、起床困难和白天疲劳"的频率（p. 30）。数据分析表明，夜晚每多使用一小时的媒体就会导致更多的睡眠问题。此外，白天观看暴力内容（而不是其他类型的内容）也预示着更多的睡眠问题。

你能看出来为什么相关设计很适合用来解答这一问题吗？你不能对儿童进行随机分配，使一组看很多电视，另一组完全不看电视。你只能静候一旁，看看家庭的实际习惯会涌现出什么样的模式。上述结果是否对你将来为人父母后的决定有所启示？

在解释相关数据时，我们在做出因果论断之前，必须一贯保持谨慎。我们还是以探讨睡眠话题为例。研究表明，那些存在睡眠障碍风险的学生也更可能有较低的平均绩点（GPA）（Gaultney, 2010）。基于这一结果，你可能想进一步提出，可以通过强制增加睡眠时间的方法来提高学生的 GPA。但是，这种干预措施是错误的。高相关只是表明这两组数据以一种系统的方式相关联，相关并不意味着一个事件导致另一个事件的发生。也就是说，相关并不意味着因果关系。相关可能反映几种因果可能性中的任何一种。许多因果可能性涉及第三变量，这个变量在背后造成了它们的相关。例如，可能当人们参加的课程很容易时，人们既能睡得更好也能取得高分。在这种情况下，学生课程的难度就是造成睡眠时间与 GPA 正相关的第三变量。也有可能学习更高效的人能更快入睡，或者对学习任务感到焦虑的人难以入睡。你可以从这三个可能性中看到，相关在大多数情况下需要研究者谨慎寻找更深层的解释。

我们再来考虑一些难以从相关关系中做出因果论断的例子。回忆一下我们在图

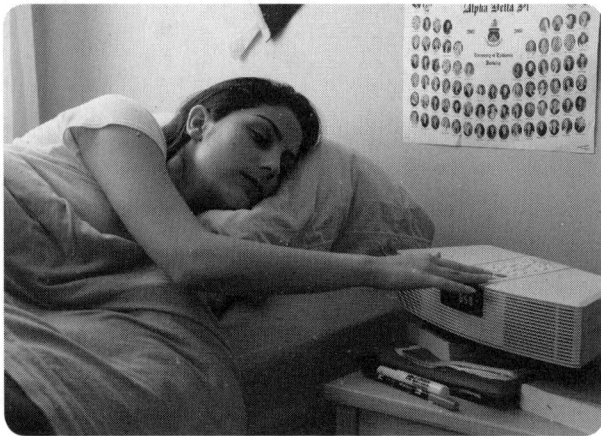

你通过什么程序来确定学生的睡眠习惯与大学学业成功之间的相关？你会如何评估相关背后潜在的因果关系？

2.1 中概述的研究。该研究的主要结果是，语言风格匹配度更高的情侣更有可能维持长久的恋爱关系（Ireland et al., 2011）。研究者们承认这项研究为相关研究：他们不能确定究竟是更高的语言风格匹配度导致了更好的关系，还是更好的关系导致了更高的语言风格匹配度。作为第二个例子，考虑一下如下研究：研究者让参与者观看《财富》500 强公司的首席执行官的照片（Rule & Ambady, 2008）。参与者被要求仅仅根据这些照片来评价这些人领导公司的水平。整体而言，首席执行官获得的领导力评分越高——再次提醒，评分只基于他们的照片——所领导的公司赢利越多。为什么会出现这种正相关？研究者谨慎地承认，可能存在不止一种因果路径："当然，我们不能得出任何因果的推断，是更成功的公司选择了特定长相的人成为它们的首席执行官，还是拥有特定长相的个体在他们作为首席执行官的工作中更加成功"（p. 110）。从上述每一个例子中，你都可以看到为什么相关并不意味着因果关系。你还可以看到相关研究是如何让人们关注世界上有趣的模式的。

我们已经向你呈现了几个相关研究结果的例子。在下一部分，我们将详细介绍心理学家测量重要的经验过程和经验维度的方法。

STOP 停下来检查一下

❶ 理论和假设之间的关系是什么？

❷ 研究者可以采取怎样的措施来克服观察者偏差？

❸ 研究者为什么要使用双盲控制？

❹ 被试内设计的意思是什么？

❺ 为什么相关并不意味着因果？

批判性思考：考虑一下参与者预测他们未来对锻炼的享受程度的那项研究。为什么研究者会采用经常锻炼的人作为参与者呢？

心理测量

心理过程是如此多样和复杂，对于想要测量它们的研究者来说，这无疑是一项严峻的挑战。尽管一些行为和过程很容易看见，但还有许多是无法看见的，如焦虑、梦等。因此，心理学研究者的一项任务就是使这些无法看见的心理过程和行为能够被看到，使内部事件和过程外化，使个人经验公开化。你已经了解到，对研究者来说，为研究的现象提供操作性定义有多么重要。这些操作性定义通常会提供某种程序，为变量的不同水平、大小、强度或数量赋值，即量化（quantifying）。心理学家可以采用许多测量方法，每种方法都有其独特的优势和弊端。

下面我们回顾一下心理测量，首先讨论评估测量精确性的两种方法（信度和效度）的差异。然后，我们来看看几种收集数据的测量技术。无论心理学家使用哪种方法

生活中的心理学

愿望思维会影响你如何评估信息吗

在讨论对客观性的挑战时，观察者偏差引起了学者们的担忧：科学家需要采取谨慎的措施，以确保他们看到的不只是他们想看到的。然而，对观察者偏差的担忧在现实生活中同样紧迫。想想你从神奇的互联网上获得的所有信息。当你做重要决策时，你如何评估这些信息？研究者已经证明，人们在评估信息时常常带有愿望思维（wishful thinking）。我们来回顾一下得出这个结论的一项研究。

在开始这项研究时，研究者根据参与者对孩子日托的态度将他们分成了两组（Bastardi et al., 2011）。所有参与者都表示，他们计划将来要孩子。他们还表示，他们认为家庭照护优于日托。被研究者称为无冲突组的参与者说，他们计划对他们（未来）的孩子进行家庭照护。第二组（研究者称之为冲突组）参与者说，他们计划把孩子放在日托中心（尽管他们认为家庭照护更好）。

接下来，研究者向这些参与者描述了两项关于这两类儿童照护的相对效果的研究。这两项研究的结论不同：一项研究支持日托，另一项支持家庭照护。它们的方法也不同：在一项研究中，孩子们被随机分配到这两类照护环境下；在另一项研究中，研究者对儿童进行了配对，使每种环境中的孩子都非常相似。

研究者要求参与者给出他们对每项研究的有效性和说服力的看法。例如，参与者在"随机分配更有效"到"统计匹配更有效"的评分范围内判断他们认为哪项研究会得出更高质量的结论。我们如何看出愿望思维的影响呢？回想一下，冲突组的参与者预测他们未来会把自己的孩子放在日托中心。因此，当一项研究表明日托优于家庭照护时，他们对它的评价要积极得多。当然，请注意，对研究的描述并没有不同——唯一不同的是参与者希望研究得出的结论。

研究者还要求参与者评价日托与家庭照护孰优孰劣。回想一下，两组参与者最初都认为家庭照护更好。然而，在学习了提供对立信息的两项研究后，冲突组的参与者戏剧性地改变了他们的态度，转而认为日托更好。

你可以想象自己处于冲突组参与者的处境。他们渴望找到支持他们在未来将做出的艰难决定的依据。这项研究显示了这种渴望——愿望思维——是如何影响他们对现有信息的评估。当你在生活中对如何评估信息做出判断时，想想你可以做些什么来避免愿望思维。

收集数据，他们都必须使用恰当的统计方法检验假设。本章后的"统计学附录"描述了心理学家如何分析数据。

获得信度和效度

心理测量的目标是得到可靠而又有效的发现。**信度**（reliability）是指心理测验或实验研究得到的行为数据的一致性或可靠性。一个可靠的结果是那种在相似测验条件下会重复出现的结果。一种可靠的测量手段在重复使用时（且被测量的事物未发生改变）将产生相似的分数。考虑一下那个操纵参与者自由意志信念的实验。该实验使用了 122 名参与者。实验者声称结果"可信"，这意味着他们能够使用任意一组人数相当的新参与者重复这一实验，并得到相同的数据模式。

效度（validity）是指研究或测验得到的信息准确地测量了研究者想要测量的心理变量或品质。例如，一个有效的幸福感测量方法应该能够预测你在特定情况下有多幸福。一个有效的实验意味着研究者能把研究结果外推到更大的范围，通常是从实验室推广到真实世界。假设一位教授在考试前指导学生们思考自由意志，那么这位教授很可能认为，自由意志信念会降低学生作弊冲动的观点是有效的。然而，测验和实验也可能是可靠但无效的。例如，我们把鞋子的大小作为幸福感的指标。这是可靠的（我们总能得到相同的答案），但这一指标是无效的（从中我们无法得知你每天的幸福水平）。

当你读到不同类型的测量方法时，尽量根据信度和效度评估它们。

自我报告法

研究者经常会对获得那些无法直接观察到的经验的数据感兴趣。有时这些经验是内部的心理状态，如信念、态度、感受等；有时这些经验是外部行为，但一般不适合心理学家现场观察，如性行为或犯罪活动。在这些情况下，研究要依赖自我报告。**自我报告法**（self-report measures，也译作自陈法）是通过言语回答（手写或口述）研究者提出的问题。研究者设计可信的方法量化这些自我报告，使他们能对不同个体的反应进行有意义的比较。

自我报告包括人们在问卷和访谈中做出的反应。问卷（questionnaire）或调查（survey）包括一系列书面的问题，既有事实问题（"你是一名登记的投票者吗？"），也有过去或当前行为的问题（"你每天吸多少支烟？"），还有态度和情感问题（"你对当前的工作满意吗？"）。开放式问题指能自由措辞回答的问题。还有一些问题有固定选项，如是、否、不确定。

访谈（interview）是指研究者为了获得详细信息而与个体进行的对话。不像问卷那样完全标准化，访谈是互动式的。访谈者可以根据回答的内容变化问题。好的访谈者除了对信息内容敏感，对社交互动的过程也应是敏感的。受过训练的访谈者可以与受访者建立一种融洽的社会关系，这种关系会鼓励受访者信任访谈者，并与访谈者分享个人信息。

尽管研究者依赖各种各样的自我报告法，但自我报告法也有其局限性。很明显，许多形式的自我报告不适用于语前儿童、文盲、说其他语言的人、一些心理障碍者以及动物。即使自我报告可以使用，它们也可能是不可信或无效的。参与者可能错误理解问题或不能清楚地记得他们当时的经历。此外，自我报告可能受社会赞许性的影响。为了产生良好的（或者有时是不好的）印象，人们可能给出虚假的或误导性的答案。他们可能对报告出自己的真实经历或情感感到尴尬。

行为测量和观察

作为一个群体，心理学家对各种行为感兴趣。他们可能研究老鼠走迷宫、儿童绘画、学生记忆一首诗或工人重复完成一项任务。**行为测量**（behavioral measures）是研究外显行为和可观察、可记录的反应的方法。

观察是一种研究人们行为的主要方法。研究者以有计划、精确和系统的方式进行观察。观察或者集中于行为的过程，或者集中于行为的结果。例如，在学习实验中，研究者可以观察参与者复述一列单词的次数（过程），然后观察参与者在最终测验中记住多少单词（结果）。对于直接观察，研究的行为必须是清晰可见的、外显的、容易记录的。例如，在情绪的实验室实验中，研究者可以观察参与者在看到情绪唤起刺激时的面部表情。

技术的进步经常扩大了研究者直接观察的范围。例如，当代心理学家常依赖计算机，因为计算机能精确记录参与者完成各种任务的反应时间，如阅读句子或解决问题。尽管在计算机时代之前也有一些精确的测量方法，但在收集和分析精确的信息方面，计算机具有非凡的灵活性。在第 3 章，我们将描述最新的技术，这些技术能使研究者进行一种非同寻常的行为测量：工作中的大脑图像。

在**自然观察**（naturalistic observation）中，研究者观察一些自然发生的行为，而不试图改变或干涉它。在某些情况下，他们会在实验室中进行自然观察。例如，研究者可以在单向玻璃背后观察儿童如何利用自己的言语能力来说服朋友帮其完成任务（McGrath & Zook, 2011）。更多的情况是，研究者在自然情境中观察行为。

研究者通过单向玻璃观察儿童，并且不会影响或干扰其行为。你是否有过因为知道自己被观察而改变行为的经历？

研究特写

考虑如下场景：你进入一间拥挤的教室，需要选一个座位。什么因素会影响你的选择？一组研究者认为是"物以类聚"：具体而言，他们假设学生们会选择坐在与他们身体特征相似的人附近（Mackinnon et al., 2011）。为了检验这一假设，研究者给 14 间大学教室拍摄了数码照片，这 14 间教室里共有 2 228 名学生。研究发现，学生们更可能坐在相同性别和种族的学生旁边，你对此可能不会感到惊讶。然而，研究者的分析还显示，人们还可能基于是否戴眼镜以及头发长度和颜色的相似性而坐在一起。

你看出来为什么自然观察是一种很好的检验这一假设的方法了吗？不过，学生们不太可能会扫一眼教室的情况，然后想："我要坐在他旁边，因为我俩都有长长的金发。"这项研究会使你反思：身体特征相似性会在你意识不到的情况下影响你的行为方式。

在一项研究的初期，自然观察是特别有用的。它有助于研究者发现某一现象的程度范围，或者初步想到哪些变量及关系可能是重要的。自然观察得到的数据常常能为研究者提供线索，帮助他们提出特定的假设或研究计划。

如果研究者想要利用行为测量去检验假设，他们有时会转向档案数据。想象一下你在实验室或者网上可以找到的所有类型的信息：生卒记录、天气报告、电影票房、立法者的投票模式等等。在检验某一特定的假设时，任何类型的信息都可能变得有价值。考虑一项考察男性和女性在英雄主义水平上是否存在差异的研究（Becker & Eagly, 2004）。为了回答这一问题，研究者不可能创造一个实验室情境，他们不能在一栋大楼上纵火，然后观察跑去救火的人当中男性居多还是女性居多。相反，他们定义了现实世界中的一些公认的英勇行为，接着查阅档案记录，评估男性和女性的相对贡献。例如，研究者考察了"世界医生组织"——一个向世界各地派遣医护人员的组织——的参与情况。这一组织中的人员"在卫生条件不佳和存在地区暴力的环境中提供健康和医疗服务，承担着不可忽视的风险"（Becker & Eagly, 2004, p. 173）。档

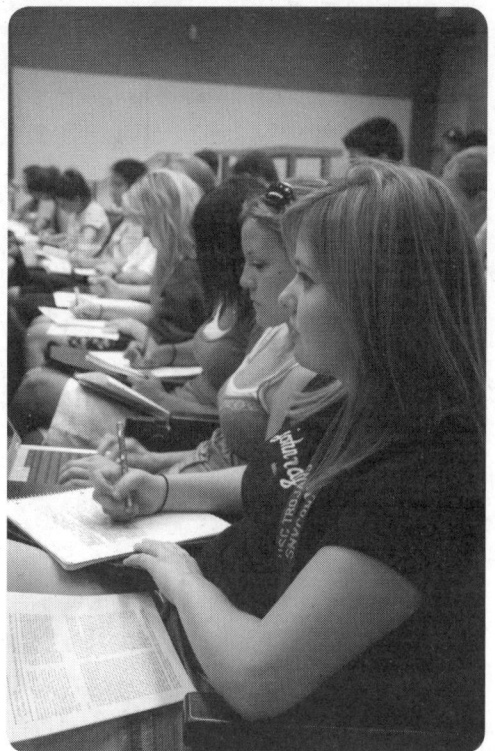

当你进入一间大学教室，你是否注意到人们基于他们身体特征的相似性而坐在一起？

表 2.1 名字包含什么? 方法与测量

研究目的	依赖的测量	
	自我报告	**观察**
相关法 评估人们名字的常见性与其幸福体验之间的相关度	每名参与者对自身幸福水平的评估	
评估儿童名字的常见性与其被同伴接纳之间的相关度		儿童在操场上的社会互动量
实验法 确定人们对同一照片的评价是否因其被赋予的名字而不同	参与者对婴儿照片的评价,照片的名字是随机的	
确定人们的实际社会互动是否会因基于名字的期望而发生改变		人们在与称自己是Mark或Marcus的陌生人交谈时所产生的正性面部表情的数量

案数据反映了什么情况? "世界医生组织"的参与者中有一半以上(65.8%)是女性。从中你就可以看到档案数据对于回答一些特定问题的必要性。

在结束心理测量这一主题之前,你应该知道:许多研究项目会将自我报告法和行为观察法结合起来使用。例如,研究者可能专门寻找人们报告的行为("我将……")与其实际行为表现的关系。另外,一些研究项目并不使用大量的参与者,而是采用**个案研究**(case study)的方法,集中在个体或小群体上进行各种测量。有时对特殊个体进行透彻分析有助于理解人类经验的普遍特性。例如,在第 3 章你将学到,对单个脑损伤患者的仔细观察为"语言功能定位于特定脑区"这一重要理论提供了依据。

现在,你已经学习了研究者使用的几种程序和测量方法。在进入下一节之前,我们来看一下相同的问题是如何在不同的研究设计中得到解答的。考虑一下莎士比亚的问题:"名字包含着什么?"在《罗密欧与朱丽叶》中,朱丽叶说道:"如果我们把玫瑰换成其他名字,它闻起来也是芳香的。"但真的是这样吗?你觉得你的名字会对别人对待你的方式产生影响吗?普通的、熟悉的名字更好,还是少见的、特别的名字更好?或者你的名字根本就不重要?**表 2.1** 呈现了研究者在回答这些问题时可能使用的测量手段与研究方法的组合示例。当你阅读表 2.1 时,问问自己参加每一种类型的研究的意愿。下一节将讨论规范心理学研究的伦理标准。

STOP 停下来检查一下

❶ 为什么有的测量方法可信但却无效？

❷ 为什么对于访谈者而言，建立一种融洽关系至关重要？

❸ 假设一位研究者花时间观察儿童在运动场上的行为，这是哪种测量方法？

人类和动物研究中的伦理问题

尊重人类和动物的基本权利是所有研究者的基本义务（Bersoff, 2008）。所有研究的开展都要考虑一个关键问题：应该如何权衡研究项目的潜在收益与那些经受了风险、痛苦、压力或欺骗性程序的参与者所付出的代价？例如，第 16 章描述了关于服从权威的经典实验。在这些实验中，研究者欺骗参与者，使其相信自己对完全陌生的人实施了危险的电击。来自这些实验的证据表明，参与者经历了严重的情绪痛苦。尽管这些研究对于理解人性可能相当重要，但我们很难断言知识的增加抵消了参与者付出的情感代价。

1953 年，美国心理学协会出版了有关研究者伦理标准的指导方针。目前的研究实践遵从的是这些指导方针 2002 年的修订版（包括 2010 年做出的一系列修正）。为了保证这些和其他伦理原则得到遵守，特别委员会监督每一项研究计划，强制实行美国卫生和人类服务部颁布的严格的指导方针。每所大学、医院和研究机构都有评审委员会来批准和否决关于人类和动物的研究计划。让我们回顾一下评审委员会所考虑的一些因素。

知情同意

在几乎所有以人类为被试的实验室研究的开始，参与者都要经历**知情同意**（informed consent）的过程。他们被告知将要经历的程序以及参与研究的潜在风险和利益。提供这些信息后，要求他们签署同意书，表明他们同意继续。还要向参与者确保他们的隐私会得到保护：他们所有的行为记录都会严格保密；任何公开这些内容的举动都必须得到他们的同意。此外，提前告知参与者他们可以在任何时间停止实验，没有任何处罚，并且留给他们相关管理部门官方人员的姓名和电话，以供他们有任何不适或疑虑时联系。

风险/收益的评估

大多数心理学实验不会给参与者带来风险，特别是那些只要求参与者完成常规任务的实验。然而，有些实验研究人类本性中更加私人的一面，如情绪反应、自我形象、从众性、压力或攻击性等，这些实验可能令人苦恼或造成心理烦扰。因此，无论研究者何时进行这类研究，务必把风险降至最低程度，必须把这些风险告知参与者，并且必须采取适当的防范措施来应对参与者可能的强烈反应。如果研究涉及某种风险，每个机构的评审委员会都应谨慎权衡，考虑该研究是否在使研究的参与者、科学、社会等方面的获益上有其必要性。

故意欺骗

对于某些类型的研究来说，事先告诉参与者研究的全部信息会影响结果。例如，如果你正在研究电视中的暴力对攻击性的影响，你将不想让参与者事先知道研究的目的。但是你的假设足以合理化这种欺骗吗？

美国心理学协会2002年版的伦理原则对于欺骗的使用给出了明确的指导。它提出了如下规定：（1）要使研究中的欺骗获得批准，研究必须具有充分的科学价值和教育价值；（2）如果研究有很高的可能性导致参与者身体疼痛或严重的情绪痛苦，那么研究者一定不能欺骗参与者；（3）研究者必须证明除了欺骗之外没有任何同等有效的替代研究程序；（4）研究者必须在研究结束后对参与者解释实验中的欺骗；（5）参与者在欺骗得到解释后，必须有机会收回自己的数据。对于涉及欺骗的实验，评审委员会也可能施加限制，坚持监督最初提出的程序，或者不批准实验。

事后解释

参与心理学研究应该始终是研究者与参与者之间的一种信息互换。研究者通过参与者的反应获得关于某种行为现象的新发现，而参与者应该被告知研究的目的、假设、预期结果以及期望的研究收益。实验结束后，研究者必须仔细向每位参与者进行**事后解释**（debriefing），尽可能多地提供有关该研究的信息，确保参与者离开时没有疑惑、心烦或尴尬。如果在实验中的某一阶段必须误导参与者，实验者事后要认真向参与者解释欺骗的理由。最后，如果参与者觉得他们被不公平对待或他们的权利被侵犯，他们有权收回他们的数据。

动物研究中的问题

在心理学和医学研究中应不应该使用动物？这个问题经常引起两极化的反应。其中一方的研究者指出，在许可用动物进行研究的几个行为科学领域都取得了非常重要的突破（Carroll & Overmier, 2001; Mogil et al., 2010）。动物研究的益处包括发现和测试治疗焦虑和精神疾病的药物，以及获得关于药物成瘾的重要知识。动物研究还有利于动物本身。例如，通过动物研究，兽医能够提供更好的治疗方法。

对于动物权利保护者来说，"不能只因人类的利益而减少对动物福利受损的伦理关怀"（Olsson et al., 2007, p. 1680）。伦理学家促使研究者贯彻3R原则：研究者应该设计能减少（reduce）动物使用数量或完全替换（replace）动物使用的假设检验方法；他们应该不断改善（refine）研究程序，以使疼痛和不适降至最小（Ryder, 2006）。每位动物研究者都必须依据严格的审查标准来评估自己的工作。

美国心理学协会为在研究中使用动物的研究者提供了严格的伦理指导方针（APA, 2002）。该协会希望动物研究者都接受过专门的培训，以确保动物的舒适与健康。研究者必须人道地对待动物，并且采取合理

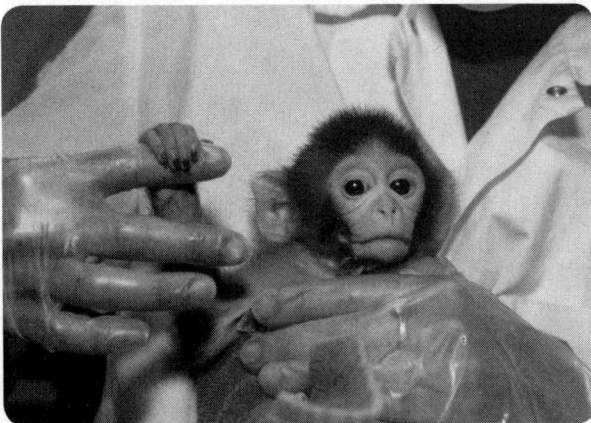

使用动物作为被试时，要求研究者提供人道的环境。你认为科学上的收益是否能证明在研究中使用非人类动物是合理的？

的措施来最小化它们的不适和疼痛。心理学家"只有在没有替代的研究程序，并且研究目标具有足够的科学、教育或应用价值的前提下，方可使用那些令动物遭受疼痛、压力或剥夺的研究程序"（p. 1070）。如果你是一名研究者，关于动物研究的代价与收益，你会如何做决定？

STOP 停下来检查一下

❶ 知情同意的目的是什么？

❷ 事后解释的目的是什么？

❸ 动物研究的 3R 原则是什么？

成为有批判精神的研究消费者

本章的最后一节，我们将集中讨论几种批判性思维技能，这些技能有助于你成为明智的心理学知识的消费者。在一个不断变化的社会中，任何一个负责任的人，都有必要磨砺这些思考工具。在这个充满复杂心理现象的社会中，心理学主张是每个思考者、感受者和行动者日常生活中无处不在的一部分。不幸的是，许多心理学信息并不来自合格从业者的书籍、文章和报告，而是来自报纸和杂志上的文章、电视和广播中的节目、通俗心理学和自助读物。一个具有批判精神的思考者要超越已有的信息，发掘隐藏在光鲜表面下的真正内涵，以理解事物的本质为目标，而不被形式和表象所迷惑。

学习心理学将有助于你根据科学证据做出明智的决策。总是试着把来自心理学研究中的见解应用到你周围非正式的心理学问题之中：对自己和他人的行为提出问题，根据合理的心理学理论寻求答案，并且依据可利用的证据检验这些答案。

下面是一些普遍的规则，当你在知识的超级市场中穿行时，牢记它们会使你成为一名更为精明的消费者：

- 避免把相关推论为因果。
- 要求关键术语和概念有操作性定义，这样人们才能对其含义有一致的理解。
- 在寻找证实性证据之前，首先要考虑如何反驳一个理论、假设或信念，因为只要你想证明它们合理，证据总能很容易找到。
- 不要轻信显而易见的解释，要不断寻找其他可能的解释，尤其在已有的解释会给提出者带来利益之时。
- 要认识到个人偏差会怎样歪曲对现实的感知。
- 要对复杂问题的简单答案以及复杂效应和问题的单一原因和解决方案保持怀疑。
- 对所有宣称有效的治疗、干预或产品保持质疑，找出其效果的对照基础：与什么相比？
- 心智开放，同时保持怀疑态度：必须意识到，大多

对专家的采访报道可能包含脱离背景的带有误导性的原声摘要，或对研究结论过于简单的概述。你怎样才能成为明智的媒体报道的消费者呢？

生活中的批判性思维

为什么数字技能如此重要

请想象，你已经成为一名临床心理学家，并被要求做出一个重要的判断（Slovic et al., 2000）：

詹姆斯·琼斯先生接受了精神健康机构的出院评估，过去几周他一直在这里接受治疗。一位著名的心理学家得出的结论是：每 100 名与琼斯先生相似的病人中，预计有 10% 的人会在出院后的头几个月内对他人实施暴力行为。

你必须判断琼斯先生在出院后做出暴力行为的风险是高、中还是低。你会做出什么判断？现在考虑一个与上述场景略微不同的版本：

每 100 名与琼斯先生相似的病人中，预计有 10 人会在出院后的头几个月内对他人实施暴力行为。

再一次，你会做出什么风险判断？请仔细看，这个场景的两个版本描述了完全相同的数学情境：100 中的 10% 等同于 100 中的 10。尽管如此，人们还是给出了相当不同的判断。在一项研究中，得到"100 中的 10%"版本的参与者中有 30.3% 的人将琼斯先生评为"低风险"；而得到"100 中的 10"版本的参与者中只有 19.4% 的人将琼斯先生评为"低风险"（Slovic et al., 2000）。研究者认为，这种差异来源于"频次形式引发的恐怖画面"（p. 290）。具体而言，你相对难以形成 10% 的心理画面；而你却可以很容易地想象：环视 100 人的房间，发现其中有 10 人可能是危险分子。这里的第一个重要启示是，统计数字的呈现形式会对人们对信息的反应产生重大影响。

但是这里还有第二个重要启示：数字技能较好的人也较少会受到统计呈现形式的影响。在一项研究中，研究者通过让学生回答一系列问题来测量学生的算术能力（与读写能力相对的一个术语），这些问题涉及一些概率知识（Peters et al., 2006）。根据学生的得分，研究者将他们分成高算术能力组和低算术能力组。当这两组学生对琼斯先生的场景做出反应时，低算术能力组的学生对这两个版本的场景给出了极为不同的风险评分。然而，高算术能力组的学生则给出了几乎一样的评分。算术能力也在现实世界中产生影响（Galesic & Garcia-Retamero, 2011）。例如，人们在对医疗护理做出关键决策时，必须经常对一些因素的数据如医院绩效和费用进行评估。算术能力较强的人表现出对这种复杂数据较好的理解力，而且做出了更高质量的决策（Reyna et al., 2009）。

好消息是，大学会给你提供充足的机会来提高算术能力。你的课程作业会为你做出更好的基于数据的决策奠定基础，即便是在你离开大学之后。

- 在琼斯先生的场景中，与"10 中的 2"相比，人们在读到"100 中的 20"时会感知到更多的风险。为什么会这样？
- 为了影响公众意见，你会如何选择统计数字的呈现形式？

数结论是初步的而非确定的；寻找新证据以减少你的不确定感，同时对变化和修正保持开放态度。

- 挑战那些在做结论时使用个人观点取代证据且不接受建设性批评的权威。

我们希望你以开放的心态和怀疑的精神来阅读《心理学与生活》这本书。我们不希望你把学习心理学只看成获得一堆知识的过程，相反，我们希望你在观察、发现以及将观点付诸检验的过程中，能和我们一起分享其中的乐趣。

要点重述

研究过程

- 在研究的开始阶段，观察、信念、信息以及一般知识导致研究者用一种新的方式思考某一现象。研究者构建理论，并提出待检验的假设。
- 研究者使用科学方法来检验他们的观点，科学方法是以一套能够限制误差源的方式收集和解释证据的程序。
- 研究者通过标准化程序和使用操作性定义，来防止观察者偏差。
- 实验法可以确定待检验的假设所确定的变量间是否存在因果关系。
- 研究者使用适当的控制程序来排除其他可能的解释。
- 相关法可以确定两个变量是否相关以及有多大程度的相关。相关关系并不意味着因果关系。

心理测量

- 研究者努力设计可信且有效的测量方法。
- 心理测量包括自我报告法和行为测量法。

人类和动物研究中的伦理问题

- 尊重人类参与者和动物被试的基本权利是所有研究者的义务。各种保障措施已经制定出来，确保参与者和被试受到合乎伦理的、人道的对待。

成为有批判精神的研究消费者

- 成为有批判精神的研究消费者包括了解如何进行批判性思维以及如何评估关于研究结论的主张。

关键术语

理论	安慰剂效应	被试内设计
决定论	控制程序	相关法
假设	双盲控制	相关系数
观察者偏差	安慰剂控制	信度
标准化	被试间设计	效度
操作性定义	随机分配	自我报告法
变量	实验组	行为测量
自变量	控制组	自然观察
因变量	总体	个案研究
实验法	样本	知情同意
混淆变量	代表性样本	事后解释
期望效应	随机取样	

统计学附录

理解统计学：分析数据并得出结论

在 第 2 章中，我们提到心理学家运用统计学来弄懂他们所收集数据的意义，同时也运用统计学为他们得出的结论提供量化的基础。因此，了解统计学的一些知识有助于认识心理学知识的获得过程。为了说明这一点，我们将追踪一项研究，从它如何从现实世界获得灵感一直到如何使用统计学证据来得出结论。

这项研究是为了回应经常刊登在报纸头版上的一类故事，即害羞的人突然变成了杀人犯。故事例子如下：

> 亲戚、同事和熟人形容弗雷德·考恩是一个"友善的、安静的人"，一个"喜欢孩子的绅士"，一个"真正和蔼可亲的人"。考恩小学时的校长报告考恩从前在礼貌、合作和信仰方面得了 A。根据他的同事的介绍，考恩"从来不与任何人交谈，他是你能随意摆布的人"。然而，就是这个考恩，震惊了每个认识他的人。情人节那天，他携带半自动步枪来到工厂，开枪打死四名同事和一名警员，最后自己也饮弹自杀。

这个故事有个常见的情节：一个害羞的、安静的人突然变成暴力分子，令每个认识他的人都为之震惊。弗雷德·考恩与其他突然从绅士变成冷血暴徒的人有什么共同之处呢？这些人的个性品质与我们有什么区别？

一组研究者怀疑害羞以及其他的个性特征与暴力行为可能存在一定的联系（Lee et al., 1977）。因此，这些研究者开始着手收集可能揭示这种联系的数据。研究者推论，那些看起来并不暴力却突然犯谋杀罪的人，很可能是非常害羞、不具有攻击性的人，平时他们能严格地控制自己的情感和冲动。在大部分生活中，他们都忍气吞声。无论他们多么气愤，都很少表达出自己的愤怒。从外表看，他们表现得无所谓，但是他们的内心可能正在为了控制强烈的愤怒而斗争。由于害羞，他们可能不让其他人靠近，所以没有人知道他们的真正感受。然后，某一刻突然就爆发了。最轻微的刺激，比如很小的侮辱、轻微的拒绝、一点点社会压力，就能点燃导火索，使他们释放出长久以来积聚的那些受压抑的暴力。由于他们没学会通过讨论和言语谈判来解决人际间的矛盾，所以这些突然的谋杀者们只有把他们的愤怒付诸行动。

研究者基于这些推理做出假设：与有前科杀人犯相比，害羞更可能是突发性杀人犯的特征，后者先前没有暴力或反社会行为的历史，而前者先前有暴力犯罪行为的记录。另外，突发性杀人犯应该比有前科杀人犯更能控制自己的冲动。最后，在标准性别角色问卷测量中，与有前科杀人犯相比，突发性杀人犯的被动性和依赖性将使他们表现出更多的女性化和双性化特征。

为了检验这些关于突发性杀人犯的观点，研究者获准对加州监狱的一组杀人犯实施心理问卷测验。19 名囚犯（都是男性）同意参加这项研究。犯谋杀罪之前，一些人已犯过这样或那样的罪行，而样本中的另外一些人先前没有犯罪记录。研究者从这两类参与者身上收集了三类数据：害怯分数、性别角色认同分数和冲动控制分数。

使用《斯坦福害羞调查》（*Stanford Shyness Survey*）收集害怯分数。问卷中最重要的项目是询问参与者是否害羞；答案为是或否。第二个问卷是《贝姆性别角色问卷》（Bem Sex-Role Inventory, BSRI），给参与者呈现一系列形容词，如好斗的、多愁善感的，要求他们评估每个形容词与自己相符的程度（Bem, 1974, 1981）。一些形容词典型地与"女性化"有关，这些形容词的总分为个体的女性化分数。其他形容词评估"男性化"，这些形容词的总分为个体的男性化分数。女性化分数减去男性化分数作为最终的性别角色分数，这个分数反映了个体女性化与男性化之间的差值。第三个问卷是《明尼苏达多项人格测验》（*Minnesota Multiphasic Personality Inventory*, MMPI），这个问卷用于测量人格的不同方面（见第 13 章）。该研究仅使用其中的"自我过度控制"（ego-overcontrol）量表，这个量表测量的是个体控制冲动的程度。个体在该量表的得分越高，越表现出过度的自我控制。

研究者预测，与先前有犯罪记录的杀人犯相比，突发性杀人犯：（1）更经常在害怯调查中描述自己是害羞的；（2）在性别角色量表中女性化得分高于男性化得分；（3）自我过度控制的分数更高。那么，他们发现了什么呢？

在你得出结论之前，你要理解一些分析数据的基本程序。在这里我们将使用研究者收集的真实数据作为原始材料，教你一些不同类型的统计分析和一些可能得到的结论。

分析数据

对于大多数心理学研究者来说，分析数据是令人兴奋的一步——统计分析使研究者得以发现他们的预测是否正确。在这一节，我们将一步步地分析来自突发性杀人犯研究的数据。

原始数据——实际分数或其他测量数据——来自突发性杀人犯研究的 19 名囚犯，见**表 S.1**。从表中可看出，突发性杀人犯组有 10 人，有前科杀人犯组有 9 人。乍看这些数据，研究者能感受到你所体会到的困惑。这些分数意味着什么？在这三种人格测验中，两组杀人犯有差异吗？仅考察这种无组织的一串数据是很难得出结论的。

心理学家依据两类统计方法从收集的数据中得出有意义的结论：描述统计和推论统计。**描述统计**（descriptive statistics）以一种客观的、统一的方式使用数学程序来描述数值型数据的不同方面。如果你曾计算过你的平均绩点（GPA），那么你就使用过描述统计。**推论统计**（inferential statistics）利用概率论做出可靠的决策：哪些结

表 S.1　突发性杀人犯研究中的原始数据

		BSRI	MMPI
囚犯	羞怯	女性化减男性化	自我过度控制
组1：突发性杀人犯			
1	是	+5	17
2	否	−1	17
3	是	+4	13
4	是	+61	17
5	是	+19	13
6	是	+41	19
7	否	−29	14
8	是	+23	14
9	是	−13	11
10	是	+5	14
组2：有前科杀人犯			
11	否	−12	15
12	否	−14	11
13	是	−33	14
14	否	−8	10
15	否	−7	16
16	否	+3	11
17	否	−17	6
18	否	+6	9
19	否	−10	12

表 S.2　性别角色分数差值的等级排列

最高分	+61	−1	
	+41	−7	
	+23	−8	
	+19	−10	
	+6	−12	
	+5	−13	
	+5	−14	
	+4	−17	
	+3	−29	
		−33	最低分

注：+分表示更女性化；−分表示更男性化。

果可能仅仅是由随机变异产生的。

描述统计

　　描述统计是数据模式的概要描述。它用于描述来自一个实验参与者或更经常是不同的几组参与者的数据。它也用于描述变量间的关系。因而，研究者不必努力记住每个参与者的所有得分，而是要得到每组参与者最典型的分数指标。研究者也要衡量这些分数相对于典型分数的离散程度——分数是发散的还是聚集在一起的。让我们看一看研究者如何得出这些指标。

频次分布　你会如何总结表 S.1 的数据？为了清楚描述各种分数的分布情况，我们得出**频次分布**（frequency distribution）——总结每类分数出现的频次。羞怯分数很容易总结。在 19 个分数中，有 9 个"是"10 个"否"；在组 1 中几乎所有的反应都为"是"，在组 2 中几乎所有的反应都为"否"。然而，自我过度控制分数和性别角色分数并不容易区分成是和否两类。为了了解数值型数据的频次分布如何能使我们做出有意义的组间比较，我们将关注性别角色分数。

　　看表 S.1 中的性别角色数据。最高分是 +61（最女性化），最低分是 −33（最男性化）。在 19 个分数中，9 个是正的，10 个是负的。这意味着杀人犯中有 9 人描述自己是相对女性化的，10 人描述自己是相对男性化的。但这些分数在两组参与者中是如何分布的呢？对一组数值型数据进行频次分布统计的第一步是把分数从高到低进行等级排序。对性别角色分数的等级排序见**表 S.2**。第二步是把这些排列后的分数进行分类，组成一些数目较少的类别称为组距。本研究分了 10 类，每一类包括 10 个可能的分数。第三步是建构频次分布表，由高到低列出组距并记录频次——落入每组的个数。通过频次分布我们能看出性别角色分数大部分在 −20 到 +9 间（见**表 S.3**）。大部分狱犯的得分都偏离 0 不多，即他们的得分既不十分正也不十分负。

　　现在已把数据排列成几类。下一步研究者将使用图表来显示频次分布。

图表　当用图表来显示数据分布时，常常更容易理解。最简单的一类图是条形图。这种图使我们能够看到数据中存在的模式。我们可以用条形图来展示把自己描述为害羞的突发性杀人犯比有前科杀人犯多出多

表 S.3 性别角色分数差值的频次分布

类别	频次
+60 ~ +69	1
+50 ~ +59	0
+40 ~ +49	1
+30 ~ +39	0
+20 ~ +29	1
+10 ~ +19	1
0 ~ +9	5
–10 ~ –1	4
–20 ~ –11	4
–30 ~ –21	1
–40 ~ –31	1

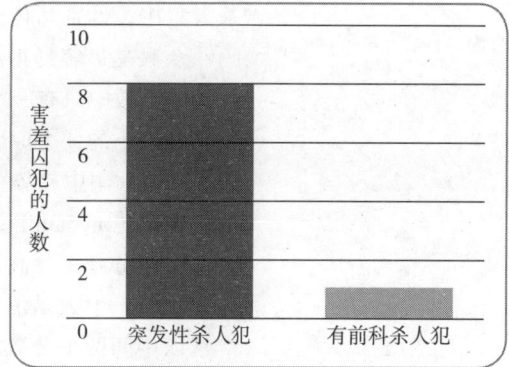

图 S.1 两组谋杀犯的羞怯人数（条形图）

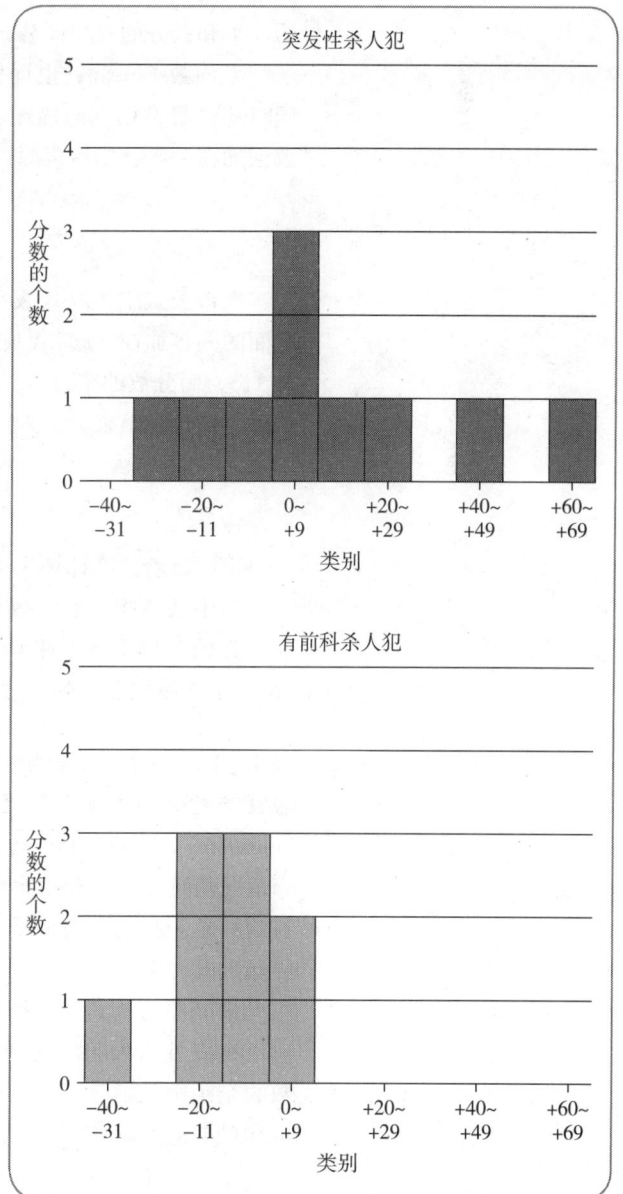

图 S.2 性别角色分数（直方图）

少（见**图 S.1**）。

对于更复杂的数据，如性别角色分数，我们可以使用直方图。这种图类似于条形图，只是类别换成了组距——数字类别，而不是条形图中使用的名称类别。直方图以视觉方式提供了各组距中分数的数量。从直方图中的性别角色分数可以很容易地看出，这两组杀人犯的分数分布是有差别的（见**图 S.2**）。

从图 S.1 和图 S.2 可以看出，数据的基本分布情况符合研究者的两个假设。与有前科杀人犯相比，突发性杀人犯更可能会把自己描述成害羞的，也更可能会用女性化特质来描述自己。

集中量数 到现在为止，我们对这些数据的分布情况已经有了一个大致的印象。图表增进了我们对研究结果的理解，但我们希望能了解更多——例如，最能代表这一组数据的数值。当我们比较两组或更多组数据时，这样的数值是非常有用的；比较两组数据的典型数值要比比较它们的整体分布容易得多。可作为一组参与者最典型分数指标的单个代表性分数称为**集中量数**（measure of central tendency）。它位于分布的中央，其他分数则分布在其周围。心理学家主要使用以下三种不同的集中量数：众数、中数和平均数。

众数（mode）是一个比其他数值出现次数都要多的数值。对于羞怯的测量值来说，突发性杀人犯的众数反应为"是"——10 个人中有 8 个报告说自己是害羞的。而在有前科杀人犯当中，众数反应为"否"。在突发性杀人犯中，性别角色分数的众数为 +5。你能够找出他们的自我过度控制分数的众数吗？众数是最容易得出的集中趋势指标，但常常又是用处最小的。如果你注意到过度控制分数中只有一个分数高于众数 17 但却有 6 个分数低于 17，你就可能体会出众数用处很小的一个原因了。尽管 17 是频次最高的一个分数，但却不符合我们对"代表性"或"集中趋势"的理解。

中数（median）更明显是一个中间分数；它将一组数据中高分的一半与低分的另一半区分开来。高出中数分数的数量与低于中数分数的数量相等。当分数的个数为奇数时，中数是位于数据分布中间的那个分数；当分数的个数为偶数时，研究者常常以中间两个分数的均值作为中数。例如，如果将有前科杀人犯的性别角色分数按照高低顺序排列在一张纸上，那么你可以看出中数是 –10，分别有 4 个分数高于和低于这一数值。在突发性杀人犯中，中数是 +5——第 5 个和第 6 个分数的均值，这两个分数恰巧都是 +5。中数不受极端数值的影响。例如，即使突发性杀人犯中最高的性别角色分数是 +129 而不是 +61，中数仍然是 +5。这个分数仍然会把数据中高分的一半和低分的一半区分开来。中数始终处在数据分布的中间位置。

平均数（mean，也译作均值）是大多数人听到平均这个词时常常会想到的。它同时还是最常用到的描述一组数据的统计量。要计算平均数的话，我们需要把所有数据加在一起，然后再除以这些数据的个数。这一操作可以用下面这个公式来表示：

$$M = \frac{(\Sigma X)}{N}$$

在该公式中，M 代表平均数，X 是单个的分数，Σ（希腊字母 sigma）表示把它后面的内容加在一起，N 则是所有分数的个数。由于所有性别角色分数的总和（ΣX）是 115，而分数的个数（N）是 10，所以突发性杀人犯的性别角色分数的平均数（M）可以这样计算出来：

$$M = \frac{(115)}{10} = 11.5$$

可以试着自己计算一下这些犯人的过度控制分数的平均值。结果将会得到 14.4。

与中数不同，平均数会受到数据分布中所有分数的具体值的影响。改变某个极端的数值的确会改变平均值。例如，如果 4 号罪犯的性别角色得分是 +101 而不是 +61，那么整组罪犯的分数平均值就会从 11.5 增加到 15.5。

差异量数 除了了解哪个分数最能代表整个数据分布外，了解这个集中量数的代表性究竟如何也很有用处。其他分数大部分距离它很近还是非常分散？**差异量数**（measures of variability, 也译作离散量数）是那些描述围绕在集中量数周围的分数分布情况的统计量。看一下图 S.2，我们可以看到相较于突发性杀人犯的性别角色分数，有前科杀人犯的分数似乎要更紧凑一些。你可以从两组分数的这种不同之处体会差异量数的含义。

最简单的差异量数是**全距**（range），即频次分布中最高值与最低值之间的差值。对于突发性杀人犯的性别角色分数来说，全距是 90：(+61) – (–29)。过度控制分数的全距则是 10：(+19) – (+9)。在计算全距时，我们只需要知道两个数值：最高值和最低值。

全距易于计算，但心理学家常常更喜欢那些更敏感的差异量数，它们能将所有数据都考虑进来而不是只考虑极端数值。一个普遍使用的差异量数是**标准差**（standard deviation, SD），它代表着所有分数与其平均数之间的平均差值。要计算标准差，我们需要知道数据的均值和各个分数。一般的步骤是先用各个分数减去均值，然后再确定出这些离均差的平均值。公式如下：

$$SD = \sqrt{\frac{\Sigma(X-M)^2}{N}}$$

你应该能够根据计算平均数的那个公式认出这里的大多数符号。（X－M）这个表达式的意思是"分数减去均值"，通常称为离均差。先用各个分数减去均值，然后将得到的结果进行平方（以消除负值）。把这些数值相加（Σ），然后再除以观测值的数目（N），就得到了离均差平方的均值（即方差——译者注）。$\sqrt{}$ 这个符号要求我们对符号内的数值取平方根以抵消前面的平方操作。**表 S.4** 中计算出了突发性杀人犯过度控制分数的标准差。回忆一下，这些分数的均值是 14.4。那么，它就是那个计算离均差的过程中各个分数需要减去的数值。

标准差可以告诉我们一组分数的离散程度。标准差越大，则数据分布越分散。突发性杀人犯中性别角色分数的标准差是 24.6，有前科杀人犯的标准差却只有 10.7。这两个标准差证实了你之前对图 S.2 的观察。它们表明，有前科杀人犯组的数据离散程度要低一些。与突发性杀人犯相比，他们的分数距离均值更紧密。当标准差很小时，平均数是整个数据分布的一个很好的代表指标。而当标准差很大时，平均数对整组数据的代表性将减小。

你能看出为什么差异量数很重要吗？举个例子有助于说明这一点。假定你是一名小学教师。现在是一学年的开始，你将教 30 名二年级学生阅读。了解到班上的孩子平均能够阅读一年级水平的课本，这将有助于你计划自己的课程。不过，如果你还了解这 30 个孩子阅读能力的相似或差异程度的话，你可以计划得更好。他们是否处于同一个水平（低离散性）？如果是的话，那么你就可以安排一门很标准的二年级课程。但如果有些孩子能够阅读更深的材料，而有些孩子却几乎看不懂（高离散性），那你该怎么办？此时，平均水平已经不再能代表整个班级的情况了，你必须安排多种课程以满足这些孩子的不同需要。

表 S.4　计算突发性杀人犯自我过度控制分数的标准差

分数 （X）	离均差 （分数减去平均数） （X－M）	离均差的平方 （分数减去平均数）² （X－M）²
17	2.6	6.76
17	2.6	6.76
13	−1.4	1.96
17	2.6	6.76
13	−1.4	1.96
19	4.6	21.16
14	−0.4	0.16
9	−5.4	29.16
11	−3.4	11.56
14	−0.4	0.16

标准差 $SD = \sqrt{\dfrac{\Sigma(X-M)^2}{N}}$

$\Sigma(X-M)^2 = 86.40$

$\sqrt{\dfrac{86.40}{10}} = \sqrt{8.64} = 2.94$

$SD = 2.94$

相关　解释心理学研究数据的另一个有用的工具是**相关系数**（correlation coefficient, r），它是关于两个变量（如身高与体重或者性别角色分数与自我过度控制分数）之间相关程度和性质的度量。相关系数可以告诉我们某种测量分数与另一种测量分数之间的关联程度。如果在某个变量上获得高分的人倾向于在另一个变量上也获得高分，那么相关系数将为正值（大于 0）。如果在一个变量上获得高分的多数人在另一个变量上却倾向于得到低分，相关系数将为负值（小于 0）。如果两个分数间不存在一致的关系，则相关系数将接近于 0（也参见第 2 章）。

相关系数的取值范围从 +1（完全正相关）到 0 再到 −1（完全负相关）。相关系数在两个方向上离 0 越远，两个变量之间或正或负的联系就越紧密。相关系数越高（即离零越远），则根据一个变量的信息，可以更好地预测另一个变量。

在突发性杀人犯的研究中，性别角色分数与过度控制分数之间的相关系数（以 r 表示）为 +0.35。因此，这两者之间为正相关。总的来说，那些认为自己更女性化的人也倾向于高过度控制。不过，与可能出现的最高值 +1.00 相比，这一相关系数只有中等水平，因此我们知道，这两者之间的关系有很多例外情况。

推论统计

我们已经使用了很多描述统计量来刻画突发性杀人犯研究所得数据的特征，现在我们对这些结果的模式有了一定的了解。不过，仍然有一些基本问题没有得到回答。回忆一下，研究者曾假设突发性杀人犯会比有前科杀人犯更害羞、更过度控制以及更女性化。在用描述统计比较了这两组罪犯的平均反应和离散程度后，看起来两组之间确实存在着一些差异。但我们怎么知道这种差异是否足以产生意义呢？如果我们用其他一些突发性杀人犯和有前科杀人犯来重复这项研究的话，能够预期会得到同样模式的结果吗？抑或，已经得到的那些结果只是随机性的产物？如果我们能够对突发性杀人犯和有前科杀人犯的总体进行测量，所得到的平均值和标准差会和我们利用小样本研究得到的结果相同吗？

推论统计就是用来回答上述这类问题的。它能够告诉我们可以根据样本做出什么样的推论，以及根据我们的数据可以合理地得出什么结论。推论统计利用概率论来确定一组数据完全因随机变异而出现的可能性。

正 态 曲 线　要想理解推论统计是如何进行的，我们首先必须来看一下一种称之为正态曲线的数据分布的特别之处。当从大量个体身上收集关于某个变量（如身高、智商或过度控制等）的数据时，所获得的数据常常符合一条大致类似于**图 S.3**所示的

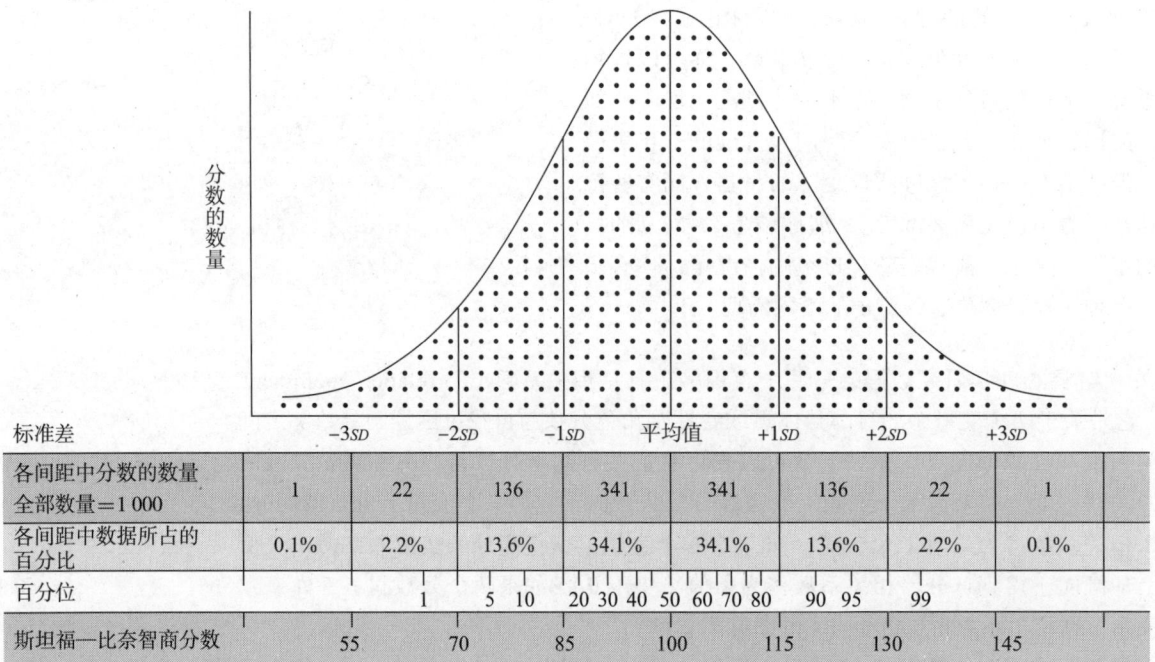

标准差	−3SD	−2SD	−1SD	平均值	+1SD	+2SD	+3SD
各间距中分数的数量 全部数量＝1 000	1	22	136	341	341	136	22	1
各间距中数据所占的 百分比	0.1%	2.2%	13.6%	34.1%	34.1%	13.6%	2.2%	0.1%
百分位		1	5 10	20 30 40 50 60 70 80	90 95	99	
斯坦福—比奈智商分数	55	70	85	100	115	130	145

图 S.3　正态曲线

曲线。注意，这条曲线是左右对称的，即左半部分是右半部分的镜像，且呈钟形——中间高（多数数据处于这一位置），离均值越远高度越低。这类曲线称为**正态曲线**（normal curve），或者叫作正态分布。（偏态分布是指数据集中在某一端而不是集中在中间位置。）

在正态曲线中，中数、众数以及平均数都是同一个数。我们可以预测有多大百分比的分数将落在曲线的不同区间里。图 S.3 给出了斯坦福—比奈智力测验所得到的智商（IQ）分数。这些分数的均值是 100，标准差为 15。如果以坐标底线上与平均值的距离来表示标准差的话，我们可以发现，在平均值 100 上下 1 个标准差（IQ 分数 85 和 115 之间）的范围内集中了 68% 多一点的分数。约有 27% 的分数位于平均值之下第一和第二个标准差（IQ 分数 70 和 85 之间）以及平均值之上第一和第二个标准差（IQ 分数 115 和 130 之间）之间。另有不到 5% 的分数落入高于和低于平均值的第二和第三个标准差之间。很少有分数落在第三个标准差以外——只有约 0.25%。正态分布可以告诉我们不同的结果（比如某人的 IQ 分数为 115 或 170）有多么常见或罕见。

正态曲线还可以通过收集一系列彼此之间的差异完全由随机所致的测量结果来获得。假设你把同一枚硬币连续抛 10 次并记录下正反面朝上的次数。如果像这样每组 10 抛连续抛 100 组的话，有可能会得到几个一组全部为正面朝上或正面朝下的情况，更多的情况是介于这两个极端数值之间，其中最多的组是正面和反面各一半的情况。如果把这 100 组抛硬币的情况绘成图的话，将会得到一条非常吻合正态分布的曲线，均值是 5 次正面朝上，5 次反面朝上。

统计显著性　　但是，假设你在每组 10 抛连续抛了 100 组硬币之后，你所得均值并非 5 次正面朝上，5 次反面朝上。你将数据绘制成图，发现均值是 8 次正面朝上，2 次反面朝上。你几乎肯定会怀疑这枚硬币有问题。你会想问这个问题：假设这的确是一枚质地均匀的硬币，那我们得到上述极端数据的概率有多大？这正是推论统计要回答的核心问题类型。如果仅仅出于随机而得到 80% 正面朝上的概率足够低，那你就可以得出结论：你所抛的硬币有问题。

当研究者看到实验结果时，他们会问所获得的差异仅仅是由随机所致的可能性有多大。由于随机所致的差异服从正态分布，研究者可以用正态曲线来回答这个问题。根据已经达成的共识，当差异由随机所致的概率不足 5%（以 $p<0.05$ 来表示）时，心理学家将接受这个差异为"真"。**显著差异**（significant difference）是指符合这一标准的差异。不过，在某些情况下，研究者甚至会使用更严格的概率标准，如 $p<0.01$（100 个中不足 1 个）和 $p<0.001$（1 000 个中不足 1 个）。当出现了在统计上的显著差异时，研究者便可以对所考察的行为做出一个结论。

有很多不同类型的检验方法可以用来估计数据的统计显著性。选择何种检验方法取决于研究设计、数据类型以及样本大小。我们在这里只介绍最常见的检验之一，即 t 检验（t-test）。当研究者希望知道两组数据的均值差异是否达到统计上的显著性时，就可以使用这种检验。

我们回到两组罪犯的性别角色分数。突发性杀人犯的分数均值为 11.5，标准差为 24.6；有前科杀人犯的均值为 –10.2，标准差为 10.7。t 检验结合均值和标准差的信息来确定突发性杀人犯的分数与有前科杀人犯的分数是否存在显著差异。它使用一种数学程序来确定你可能已经根据图 S.2 得出的一个结论：两组罪犯性别角色分数的分布差异已经达到了为"真"的程度。如果我们进行恰当的计算——评估两个均值之间的差异相对于其离散性的大小——我们会发现，如果不存在真正差异的话，获得如此大 t 值的概率很小，不足 5%（$p<0.05$）。因此，这种差异在统计上是显著的，我们可以更加肯定地认为这两组罪犯之间存在着一个真正的差异。与有前科杀人犯相比，突发性杀人犯确实把自己评价为更女性化一些。

另一方面，两组罪犯过度控制分数之间的差异并没有达到统计显著性（$p<0.10$），因此我们在做它们之间存在差异这一断言时必须更加谨慎。确实有一个趋势朝向研究者所预测的差异方向——差异水平相当于随机情况下每 100 次仅能出现 10 次。但是，这一差异并不在标准的 5% 的范围内。（在用另外一种统计检验对羞怯分数的频次进行分析时，羞怯的差异达到了显著水平。）

因此，通过使用推论统计，我们能够回答在开始进行研究时提出的一些基本问题，进而更接近于理解那些性情温和、害羞的人，突然变成杀人犯的个体心理特征。但是，任何结论都只是关于所研究的事件之间可能存在的关系的论断；它永远不会是确定性的。科学中的真理都是暂时的，总是可以被后来更好的研究数据所修正，通过更好的假设而得到发展。

你可以花一点时间来考虑其他你想要知道的内容，以便把这些数据应用于更丰富的情境。例如，你可能想要知道这两类杀人犯在性别角色分数等维度上与从未杀过人的个体有何不同。如果我们收集了新数据，我们就能够使用描述统计和推论统计来回答诸如此类的问题，如所有的杀人犯在这些维度上是否都不同于那些从未杀过人的人。你有什么预期？

成为一个明智的统计数据消费者

既然我们已经学习了什么是统计、如何使用统计以及统计量的意义，接下来我们就来简要地讨论一下它们如何可能被错误地使用。很多人会受制于统计数据的权威感，接受那些未经证实的所谓"事实"。其他人则会选择相信或不相信统计数据，而根本不知道该如何质疑那些用来支持某种产品、某个政治家或某个提案的数据。在第 2 章末尾，我们给出了如何成为一位明智的研究消费者的建议。根据本章对统计学的简要介绍，我们可以将这些建议推广到人们做出具体统计结论的情境中。

利用统计分析给人留下误导性印象的方式有很多。研究工作的各个阶段中所做的决策——从如何选择参与者到如何设计研究、选择何种统计方法以及如何使用它们等各方面——都可能深刻地影响从研究数据中得出的结论。

参与者群体的选择会对结果造成很大的影响，而这种影响在报告结果时却很容易被忽略。例如，在调查人们关于堕胎权的观点时，在南部一个保守主义小社区里做这项研究会得到和在纽约市的大学里做这项研究很不同的结果。同样，反堕胎团体在调查成员的意见时所得出的结论很可能会和支持堕胎团体在做同一调查时所得到的结论不同。

即使随机选择参与者且在方法学上没有偏差，如果不能满足统计学的基本假设，统计分析也会得出一些误导结果。例如，假定有 20 个人参加智力测验；其中有 19 个人的得分在 90~110 之间，另有 1 人的得分是 220。这组分数的平均值将会因为这个偏离多数的极高分数而被大大地抬高。对于这类数据，中数能更准确地反映这组人的平均智力，而平均数却会使得该结果看上去好像这组人中的每个人都具有高智商。这种偏差在小样本中尤为严重。然而，如果这组人的数量是 2 000 而不是 20 的话，一个极端数值几乎不会造成什么影响，此时的平均数将是对该组人智力的一个合理概括。

　　避免受这种欺骗的一个好方法是检查样本的大小。大样本比小样本出现误导性结果的可能性要小。另一个方法是，除了看均值以外，还检查中数或众数。当这三者近似而不是差别很大时，可以更有把握地对结果进行解释。我们应该始终仔细地检查所使用的方法和报告的研究结果。要注意实验者是否报告样本大小、差异量数以及显著性水平。

　　统计学是心理学研究的支柱。它被用来理解观察结果，确定这些发现是否正确。运用我们介绍的这些方法，心理学家能够整理出数据的频次分布，并计算出这些分数的集中趋势和离散性。他们还可以使用相关系数来确定两组分数间相互关联的强度和方向。最后，心理学研究者能够确定观测值的代表性以及它们是否与总体有显著差异。统计也有可能会被错误地使用，误导那些不了解统计的人。通过正确且合乎伦理地应用统计，研究者得以扩展心理学的知识。

关键术语

描述统计	中数	相关系数（ r ）
推论统计	平均数	正态曲线
频次分布	差异量数	显著差异
集中量数	全距	
众数	标准差	

3

行为的生物学和进化基础

什么使你成为一个独特的个体？《心理学与生活》为此提供了很多答案，本章我们将关注个体性的生物层面。为了帮助你理解什么使你与众不同，我们将描述在塑造你的生命、形成那个能左右你经验的大脑的过程中，遗传起着怎样的作用。当然，只有在你与其他人存在诸多共同点这一大背景下，这些差异方可得以理解。因而，你可以认为本章是讨论生物潜能的：哪些行为的可能性界定了人类物种？这些可能性如何出现在人类的每个个体之中？

在某种程度上，本章内容为你的生物潜能的一个非凡之处提供了佐证：你的大脑足够复杂，可以对其自身功能进行系统的检查。为什么这是非同寻常的呢？有时人类大脑被比作一台惊人的计算机：虽然它只有 1.36 千克重，但含有的细胞数却多于整个银河系的星星——超过 1 000 亿个细胞，而且以惊人的效率存储和交换信息。然而，即使是世界上性能最好的计算机，它也无法反思引导其自身运行的规则。所以，你远超任何计算机，因为你的意识允许你使用巨大的计算能力，试图确定人类大脑自身的运行规则。本章所描述的所有研究，均源自人类对自身理解的特殊需求。

本章的目标旨在帮助你理解，生物机理是如何在共同的潜力背景下造就出独特个体的。为此，我们首先描述进化和遗传如何决定你的生物特性及行为。然后我们介绍实验研究和临床研究，它们提供了脑、神经系统和内分泌系统如何运作的具体知识。最后，我们描述神经系统中细胞之间信息传递的基本机制，正是这种机制产生了人类的复杂行为。

遗传与行为

第 1 章我们曾提到，心理学研究的主要目标之一是发现各种人类行为产生的原因。天性与教养，或者说遗传与环境，是心理学对因果关系解释的一个重要维度。以第 1 章中提到的攻击行为的根源问题为例。你可以想象一个人的攻击行为可能是其某些生物学特性造成的，他可能从父母的某一方遗传了易于出现暴力行为的倾向。另一方面，你也可以想象人们生来就具有相同的攻击倾向，他们攻击行为的个体差异是其成长的社会环境造成的。对这一问题的正确回答，将深刻影响社会如何对待那些具有强烈攻击性的个体。是致力于改变某种社会环境，还是设法改变这些人的特质，这就需要你能分辨出遗传与环境因素各自在其中所起的作用。

由于我们可以直接观察环境特征，这使得我们通常更容易理解环境如何影响人们的行为。例如，你可以亲眼见到某位家长用暴力方式对待孩子，进而想知道如此对待儿童会对其以后的攻击倾向有何影响；你也能观察到一些儿童成长在拥挤和贫困的环境中，想知道这些环境特征是否会导致攻击行为。相反，塑造行为的生物学因素永远无法用肉眼直接观察。为了使你更容易理解与行为相关的生物学，我们首先回顾进化论的一些基本要素，即塑造一个物种潜在行为模式的原则。然后再讨论这些行为的变异如何一代代传递下去。

心理学家经常想要理解天性和教养各自对个体生命进程的影响。为什么相比遗传的影响，观察环境的影响要容易得多？

进化与自然选择

1831 年，**查尔斯·达尔文**（Charles Darwin, 1809—1882）刚刚从神学院毕业获得学位，就从英格兰登上一条海洋研究船"贝格尔号"，进行了为期五年的航行，考察南美洲海岸。在这段航程中，他收集了途经的几乎一切事物：海洋动物、鸟、昆虫、植物、化石、贝壳和岩石。他所做的大量记录成为他后来许多著作的基础，涉及的主题从地质学到情绪再到动物学。他最著名的一部著作《物种起源》（*The Origin of Species*）于 1859 年出版。在这部著作中，他提出了最重要的科学理论之一：生命的进化理论。

自然选择　通过思考他在航海过程中遇到的动物种类，达尔文建立了他的进化理论。"贝格尔号"访问过很多地方，其中之一是加拉帕戈斯群岛，它位于南美洲西海岸，是一系列火山群岛。这些岛屿是多种野生动物的天堂，包括 13 种地雀，现在称之为"达尔文地雀"。达尔文想知道为什么会有这么多不同种类的地雀栖息在这些岛上。他推测这些地雀不可能从大陆迁徙而来，因为那里没有这些种类。因而他认为物种的这一多样性反映了他所谓的**自然选择**（natural selection）过程的作用。

达尔文的理论认为，每种地雀都是由一群共同祖先演化而来的。最初，一小群地雀来到其中一个岛上，随后繁殖起来，数量剧增。过了一段时间，一些地雀迁徙到附近的小岛上，随后发生了自然选择过程。在各小岛之间，食物资源和生活条件——栖息地——差异很大，一些岛上长满了浆果和种子，另一些岛上覆盖着仙人掌，还有些岛上昆虫极多。最初，不同岛上栖息的地雀群体是相似的，但每座岛上地雀群体的内部也存在着个体差异。然而，由于岛上食物资源有限，如果雀喙的形状适合岛上的食物资源，则地雀更容易生存和繁衍。

什么发现最终引导达尔文提出了进化论？

例如，对于迁徙到长满浆果和种子的岛上的地雀，如果具有厚实的喙，就更容易生存和繁衍。在这些岛上，那些喙较纤细、尖锐的地雀因无法啄开种子而饿死。每座岛上的环境决定了初始的地雀群，哪些能够生存繁衍下去，哪些更可能死亡，无法留下后代。久而久之，各个岛上生存下来的地雀就非常不同了，从而使不同种类的达尔文地雀得以从初始祖先中进化出来。

总之，自然选择理论认为，能很好地适应生存环境（无论环境是什么样子）的生物机体会比那些适应较差的个体产生更多后代。久而久之，那些具有适应特征的有机体的数量就会比不具有这些特征的有机体多。从进化的角度来讲，个体的成功与否取决于其后代的数量。现代研究已经证明，自然选择甚至在短期内就可以产生巨大效应。**皮特·格兰特**和**罗斯玛丽·格兰特**（Grant & Grant, 2006, 2008）对于几种达尔文地雀的一系列研究，记录了加拉帕戈斯群岛中一个小岛上的雨水、食物资源和地雀种群的大小。1976 年，这个岛上的一种地雀超过 1 000 只，次年由于致命的干旱，食物资源严重匮乏，最小的种子首先被吃光，只剩下大而坚硬的种子，当年岛上这种地雀的数量减少 80% 以上，喙较小的小型地雀的死亡率高于喙较厚实的大型地雀。结果正如达尔文会预测的那样，几年之后，岛上的大型地雀数量增多。为什么会这样？因为只有那些体型较大、喙较厚实的个体才能适应干旱引起的环境变化。有趣的是，1983 年的雨水充沛，种子（特别是小的种子）丰富起来。结果体型较小的地雀数量增长超过了体型较大的地雀，可能是因为小喙更适于啄小的种子。格兰特夫妇的研究表明，自然选择的效应其至在短期内也十分显著。研究者不断在不同物种中记录到环境对自然选择的影响，例如果蝇、蚊子、比目鱼和侏儒负鼠（Hoffman & Willi，2008 ）。

　　尽管达尔文为进化论奠定了基础，当今的研究者仍然在继续研究超越达尔文思想的进化机制（Shaw & Mullen，2011 ）。例如，达尔文没能充分解决一个重要的问题，即来自共同祖先的种群如何发生演化以使得一个物种变成两个。在格兰特夫妇关于达尔文地雀的研究中可以看到，随着当地环境的变化，物种可以很快发生变化。关于新物种是如何产生的，一种解释是，当来自原始物种的两个群体在地理上分离开来，并因此各自应对不同的环境事件发生演化，新物种便出现了。但是，当今关于进化的研究发现，在没有这种地理隔离的情况下，仍然出现了一些新的物种（Fitzpatrick et al.，2008 ）。研究者正在为该情况下新物种如何产生寻求各种各样的解释。例如，某些达尔文地雀的亚群体更有可能跟与自己外表相似的地雀交配，这种交配模式可能会导致新物种的出现（Hendry et al.，2009 ）。

基因型和表型　让我们重新聚焦于影响一个现存物种变化的驱力。地雀种群兴衰的事例可以说明为什么达尔文用"适者生存"（survival of the fittest）来描述进化过程。设想每种环境都为每个生物物种设定了一些困难。该物种的某些个体具有能够最好地适应环境的生理和心理属性，就最有可能生存下来。如果这类能够促进生存的属性可以一代一代地传递下去，同时环境压力持续存在，那么生物物种就会进化。

　　为了更详细地说明自然选择过程，我们必须介绍一些进化论的术语。让我们集中在一只地雀上。在受孕时，这只地雀从其双亲那里遗传下来一种**基因型**（genotype），或者说基因结构。在特定环境的背景下，基因型决定了这只地雀的发育和行为。这只地雀的外表和行为模式被称为它的**表型**（phenotype）。对于我们的地雀，其基因型可能与环境发生了交互作用，产生了小喙和具有啄食小种子能力的表型。

　　如果各类种子都很丰富，这种表型对地雀的生存没什么特殊意义。但是，假设环境提供的种子不足以供应整个地雀种群。在这种情况下，地雀个体就会对资源进行竞争。当物种在竞争性环境中生存时，表型有助于决定哪些个体适应得更好，以确保生存。如果只有小种子为食，与喙较大的地雀相比，喙较小的地雀就更具有选择优势。相反，如果只有大种子为食，则小喙地雀就处于劣势。

　　只有生存下来的地雀才能繁殖，只有能繁殖的地雀，其基因型才能传递下去。因而，如果环境持续只提供小种子，经过几代的进化，就会造成几乎所有的地雀都是小喙，结果它们也几乎只能吃小种子。这样，环境力量就塑造了一个物种的行为模式。**图 3.1** 显示了自然选择过程的简化模型。接下来，让我们把这些概念应用于人类进化的分析。

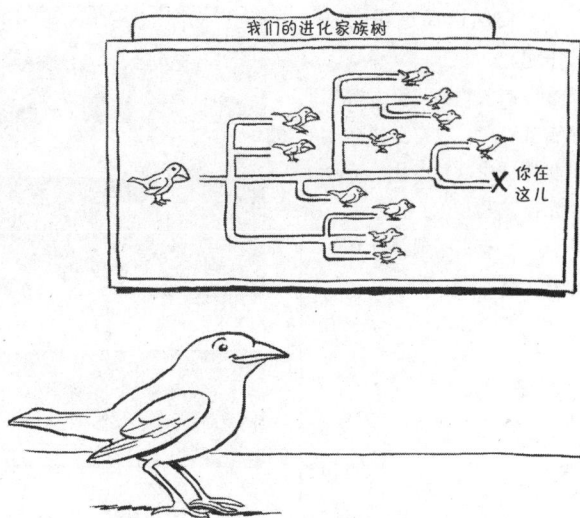

图 3.1　自然选择过程的简化模型

环境变化引起物种成员之间为资源而竞争。只有那些具备有助于应对这种变化的特质的个体,才能生存和繁衍。下一代将会有更多成员具有这些基于遗传的特质。

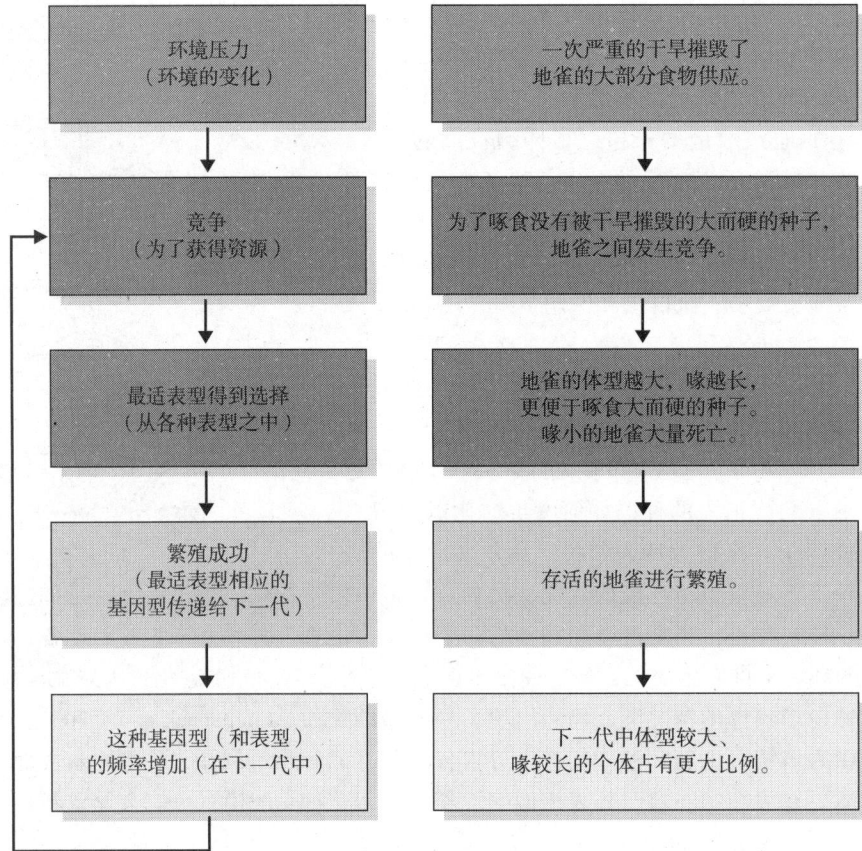

人类的进化　回顾人类进化的环境,我们就可以理解为什么一些生理和行为特性是整个人类物种的生物学禀赋。在人类进化过程中,自然选择偏好两大适应性进化——两足化和大脑化。这两者共同为人类文明的发展提供了前提。两足化(bipedalism)是指直立行走的能力,700 万年到 500 万年以前,我们的进化祖先出现了两足化(Thorpe et al., 2007)。正因为我们祖先进化出了直立行走的能力,他们才能探索新环境和开发新资源。大脑化(encephalization)是指脑容量的增大。400 万年前出现的早期人类祖先(如南方古猿)的脑容量与黑猩猩差不多(见**图 3.2**)。从 190 万年前(直立人)到 20 万年前(智人),脑容量增至三倍(Gibbons, 2007)。随着脑容量的增大,我们的祖先变得更加聪明,并发展出了复杂的思考、推理、记忆和计划能力(Sherwood et al., 2008)。然而,脑容量继续增大并不能保证人类变得更聪明,重要的是在脑内发育和扩展出什么类型的组织(Ramachandran, 2011)。编码智力和运动表型的基因型逐渐挤走人类基因库中其他适应性较差的基因型,结果只有聪明的两足行走者才能得到繁殖机会。

在两足化和大脑化之后,最重要的人类进化里程碑可能就是语言的出现(Sherwood et al., 2008)。想想语言为早期人类提供了多么大的适应性优势。在制造工具、发现好的狩猎或捕鱼地点以及逃避危险时使用简单的指示语,不但节省时间和精力,甚至还可以挽救生命。人类能从他人分享的经验中获益,而不必每一个生活经验都不得不亲自试错才能获得。交谈甚至是幽默,都会增强自然群居成员间的社会联系。更重要的是,语言使人类积累的智慧得以代代相传。

语言是文化进化的基础,而文化进化则是文化面对环境变化,通过学习作出适应性反应的趋势（Ramachandran, 2011）。文化进化引起了工具制造的重大发展、农业生产方式的改善以及工业和技术的发展与进步。文化进化还使人类能很快调整并适应环境条件的变化。例如，人类对使用个人计算机的适应就发生在过去几十年。即便如此，没有编码学习和抽象思维能力的基因型，文化进化也是不可能发生的。正是人类基因型所蕴含的这种潜能，让文化包括艺术、文学、音乐、科学知识和慈善活动等成为可能。

人类基因型的变异

你已经看到，人类进化的条件有利于人类共有的重要生物潜能——例如两足化和语言思维能力——的进化。但是在共有的潜能中仍有相当大的变异。你的父母把他们的父母、祖父母以及祖辈遗传给他们的一部分遗传物质赋予了你，这为你的发育和发展设定了独特的生物学蓝图和时间表。**遗传**（heredity）是指从祖先那里对生理和心理特质的继承，而研究遗传机制的学科称为**遗传学**（genetics）（Carlson, 2004）。

最早关于父母及其后代关系的系统研究是由**格雷戈尔·孟德尔**（Gregor Mendel, 1822—1884）于 1866 年发表的。孟德尔在研究中使用的是毫不起眼的豌豆。他发现，不同种子所结出豌豆的形态特征，如豌豆是圆的还是皱的，可以从种子来源植株的形态来预测。基于他的观察，孟德尔认为，来自雄株和雌株的成对"因素"共同决定了后代的特性（Lander & Weinberg, 2000）。尽管孟德尔的研究最初未能受到其他科学家的重视，但是现代技术使得研究人员能够以可视化的方式研究孟德尔所提到的"因素"，这就是我们现在所说的基因。

本节的大部分内容将关注**人类行为遗传学**（human behavior genetics）。这一研究领域结合遗传学和心理学来探究遗传与行为的因果联系（Kim, 2009）。人类行为遗传学的研究通常关注的是个体差异的来源：你个人基因遗传中的哪些因素有助于解释你的思考和行为方式？另有两个学科领域从更广的视角关注自然选择的力量如何影响人类和其他物种的行为模式，它们是对人类行为遗传学的重要补充，这就是社会生物学和进化心理学。**社会生物学**（sociobiology）领域的研究者为人类和其他动物的社会行为和社会系统提供进化解释。**进化心理学**（evolutionary psychology）领域的研究者将这些进化的解释扩展到人类经验的其他方面，例如思维是如何运作的。本章主要讨论个体差异。然而，随着本书的展开，我们将考虑从进化的视角揭示人类共有经验的例子，包括伴侣的选择（第 11 章）、情绪的表达（第 12 章），等等。

让我们从遗传学的一些基本原理开始吧。

图 3.2　人类进化过程中脑容量的增加

人类进化早期，从南方古猿（上）到直立人（中）脑容量翻倍。在进化过程中，脑容量始终在增加，现代人类——智人（下）的脑容量是南方古猿的三倍。

基础遗传学　在你每个细胞的细胞核中都有被称为 **DNA**（deoxyribonucleic acid，脱氧核糖核酸）（见**图 3.3**）的遗传物质。DNA 组成很小的单元，称为**基因**（gene）。

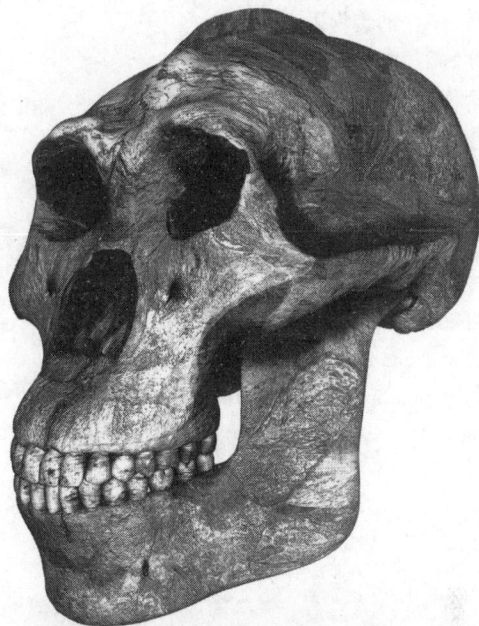

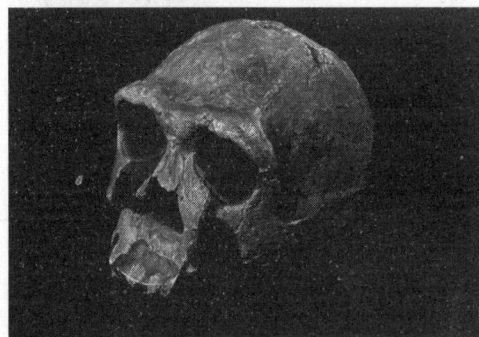

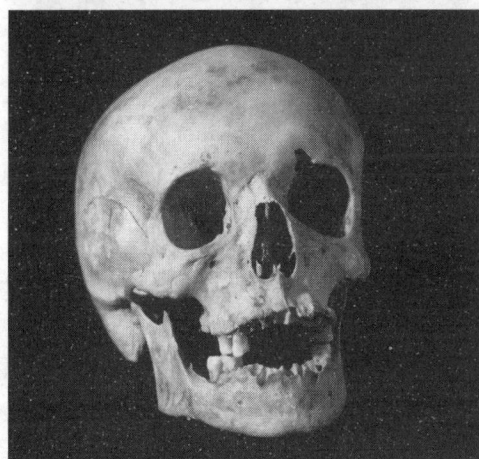

图 3.3　遗传物质

你的身体中每个细胞的细胞核都包含染色体的拷贝，传递你的遗传信息。每条染色体都包含一条以双螺旋排列的 DNA 长链。基因是 DNA 的片段，包含蛋白质合成的指令，蛋白质指导你的个体发育。

资料来源：Lefton, Lester A.; Brannon, Linda, *Psychology*, 8th Edition, © 2003. Printed and electronically reproduced by permission of Pearson Education Inc., Upper Saddle River, New Jersey.

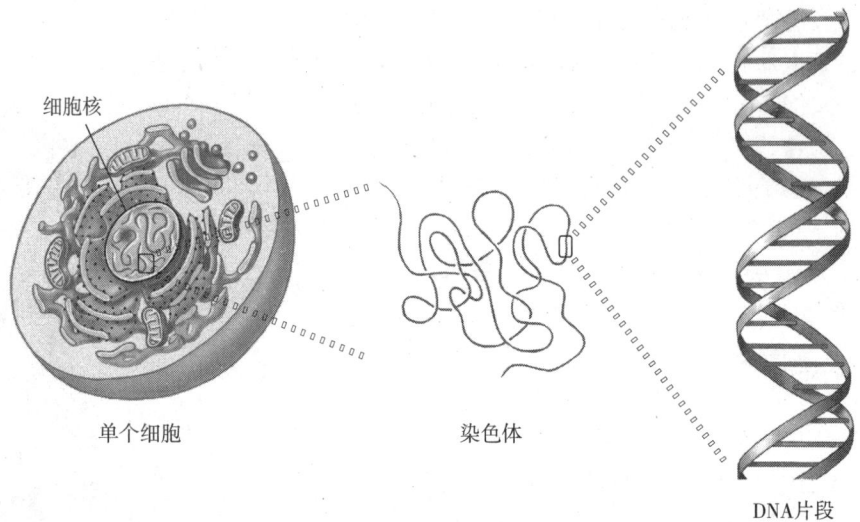

细胞核

单个细胞　　　　染色体

DNA片段

基因包含蛋白质合成的指令。这些蛋白质调节身体的生理过程和表型性状的表达：体型、体力、智力以及许许多多的行为模式。

基因存在于被称为染色体的杆状结构上。在受孕的那一刻，你从父母那里继承了 46 条染色体，23 条来自父亲，23 条来自母亲。每条染色体都含有数千个基因。一个精子与一个卵子结合，只是实现了数十亿种可能的基因组合中的一种。**性染色体**（sex chromosome）含有编码男性或女性生理特征发育的基因。你从母亲那里继承了 X 染色体，从父亲那里继承的或是 X 染色体或是 Y 染色体。XX 的染色体组合，编码女性特征的发育；XY 的染色体组合，编码男性特征的发育。

你所继承的基因对——分别来自你的母亲和父亲——是大多数生理和心理特征的遗传起点。在很多情况下，一个基因都有不同的变体。你的表型由你继承的变体来决定。考虑一下人们在接触毒藤时会发生什么：基因的一个变体使得他们对毒藤的过敏效应免疫；同一基因的另一变体则使人们皮肤过敏。然而，让人们免疫的基因是该基因的显性变体，而让人们敏感的基因是隐性变体。当人们继承了基因的不同变体时，显性基因胜出。如果你的皮肤对毒藤的反应强烈，你很可能遗传了两个隐性基因。一系列的其他生理性状（如眼睛的颜色、头发的颜色、嘴唇的宽度）都是由显性基因和隐性基因来决定的。

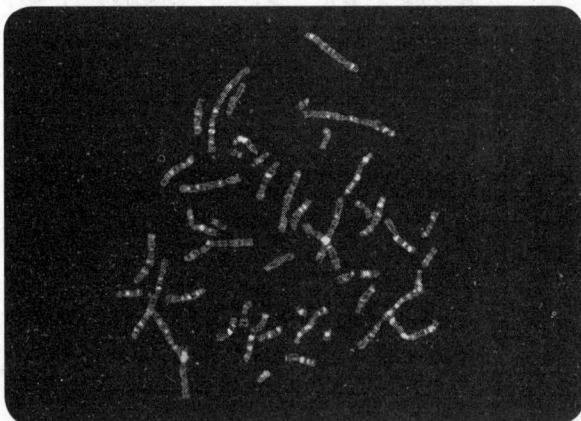

人类的染色体——在受孕的那一刻，你从母亲那里继承了 23 条染色体，从父亲那里继承了另外 23 条。

随着我们开始考虑人类经验中更加复杂方面的遗传基础，需要注意的重要一点是，一些特征是由不止一对基因来决定的。这些特征被称为**多基因性状**（polygenic trait），因为不止一个基因影响该性状。例如，第 15 章我们将讨论心理障碍的遗传基础。研究表明，对于每一种障碍，一个以上的基因影响哪些个体具有风险（Keller & Miller, 2006）。

从 1990 年开始，美国政府资助了一个全球性的研究工程，也就是人类基因组计划（Human Genome Project, HGP）。一个有机体的**基因组**（genome）是指染色体上基因以及相关 DNA 的全部序列。2003 年，人类基因组计划已经完成了获取人类基因组完整序列的目标。基于这些已得的信息，研究者现在的关注点在于对所有 20 500 个人类基因进行识别（Clamp et al., 2007）。最终的目标是为所有基因的定位和功能提供完整的说明。

遗传力　为了达到理解基因功能的目标，人类行为遗传学的研究常常关注于估计特定人类性状或行为的**遗传力**（heritability）。遗传力在 0~1 的范围内进行衡量。如果估计值接近 0，那就说明该特质主要是环境影响的结果；如果结果接近 1，那就说明该特质主要是遗传影响的结果。

为了分离环境和基因的作用，研究者经常使用收养研究和双生子研究。在收养研究中，研究人员尽可能多地收集收养儿童亲生父母的信息。随着儿童的成长，研究者评估这些儿童与其亲生父母以及养父母之间的相似性。前者反映了遗传的作用，后者反映了环境的作用。

在双生子研究中，研究者比较同卵双生子和异卵双生子在特定特质或行为上的相似性。同卵双生子是由同一个受精卵发育而来的。在过去，研究者认为同卵双生子共享 100% 的遗传物质。然而近年来的证据表明，出生前和出生后的因素往往使"同卵"双生子的基因并不完全相同（Silva et al., 2011）。即便如此，同卵双生子共享的遗传物质要高于异卵双生子，后者大约共享 50%。（异卵双生子在遗传上的相似性不比其他类型的兄弟姐妹高。）研究人员通过确定在特定特质上同卵双生子和异卵双生子之间相似性的差异来核算该特质的遗传力估计值。看看下面这个双生子研究，该研究评估了遗传对人们咖啡消费量的影响。

研究特写

这项研究关注了来自荷兰的 2 252 对同卵双生子和 2 243 对异卵双生子（Vink et al., 2009）。让这些双生子完成一项调查，要求他们估计自己每天喝多少杯含咖啡因的咖啡和多少杯茶。研究者发现，同卵双生子的生活习惯更相似：在每种比较中，同卵双生子之间的相关系数都显著高于异卵双生子。研究者的统计分析得出咖啡消费量的遗传力估计值为 0.39，属于"中等"。此外，相比茶而言，双生子更偏好咖啡的遗传力估计值为 0.62，属于"较大"。

你和家人是不是每天早上都喝一大杯咖啡，而一想到茶就受不了？上述数据支持这样一种观点，即这种行为部分可由基因解释。实际上，研究者已经开始采取进一步行动，试图找出影响咖啡消费的具体基因。两项独立的研究指向了共同的结论——影响人们咖啡因代谢能力的基因发生了重要的变异（Cornelis et al., 2011; Sulem et al., 2011）。一组研究者猜测，某些基因变体或许让人们可以消费更多的咖啡，因为他们的身体能更高效地清除咖啡因（Sulem et al., 2011）。这个关于咖啡消费遗传力的例子说明了当代研究的演变。科学家们试图从陈述事实（例如，"咖啡消费是可遗传的"），转变为理解这一事实为什么正确（例如，"特定基因上的差异会影响个体清除体内咖啡因的能力"）。

研究者在行为与基因之间建立联系的能力带来了一些伦理问题，伴随人类基因组计划的成功，这些问题接踵而至（Wilkinson, 2010）。例如，各种各样的技术已经能够让准父母们选择生男孩还是生女孩。但是，他们应该或者能去做这种选择吗？如果选择的是儿童的智力水平、运动能力或者犯罪倾向呢？随着人类基因组计划以及相关研究不断取得新进展，此类伦理问题会在关于公共政策的争论中变得越来越突出。

我们已经了解到，研究者通常能估计出人类经验重要方面的遗传力。现在让我们看看为什么环境也很重要。

基因与环境的交互作用 本章一开始我们就对比了作为人们生活中因果力量的先天与后天因素。然而，研究者越来越多地发现，遗传和环境对机体行为都起着非常关键的作用。让我们考察这样一项研究，儿童成长的环境对其所继承基因的表达有着重大的影响。

研究特写

这项研究追踪了一批儿童，从他们 15 个月大一直追踪到 67 个月大（Kochanska et al., 2011）。在遗传方面，研究评估了影响神经递质 5– 羟色胺的基因的差异。这一基因具有长型（l）和短型（s）变体。该研究对遗传到两个长型变体（ll）和至少遗传到一个短型变体（sl 和 ss）的两组儿童进行了比较。在环境方面，研究评估了母亲对待孩子方式的差异。研究者分别在这些孩子年龄为 15、25、38 和 52 个月大时，观察他们在各种自然情境（如日常琐事和游戏）中与母亲互动的方式。其主要测量指标是，母亲在每种情境中对其子女需求的回应性高低。然后，在这些儿童 67 个月大时，研究者评估了他们在学校的学习能力（采用综合性测量指标，如阅读和数学能力的综合）。**图 3.4** 展示了基因与环境的共同影响。对那些至少携带一个短型变体的儿童来说，母亲的回应性产生了巨大的影响：母亲的回应性越高，他们的学习能力越强。然而，对于携带两个长型变体的儿童而言，母亲的回应性对他们的学习能力几乎没有影响。

假如你想预测一个儿童的学习能力，那么在你看图 3.4 时，请确保你明白为什么只有遗传信息或只有环境信息都是不够的。

通过这个例子，我们可以明白为什么研究人员试图弄清楚特定环境如何以及为何能够影响基因的表达，而特定基因又如何以及为何能够影响环境的重要性。我们将在后面的章节多次再回到基因与环境交互作用这一重要概念上。比如，在第 9 章中，你将看到在智力方面，基因与环境是如何交互作用的；在第 10 章中，你将看到教养方式与基因对儿童表现的交互影响。当你遇到这些例子时，你可能越来越发现，问题的答案很少要么是先天要么是后天这样简单。相反，你将发现行为往往是先天与后天的共同产物。

图 3.4 基因与环境交互作用，影响儿童的学习能力
在这项研究中，一组儿童遗传了两个长型变体（ll），另一组至少遗传了一个短型变体（ss 和 sl）。他们的母亲对他们的需要有不同的回应性。儿童的学习能力是遗传与环境共同作用的结果。例如，具有 ll 基因型且母亲的回应性很低的儿童与那些具有 ss 或 sl 基因型但母亲的回应性高的儿童拥有差不多相同的学习能力。

资料来源：Grazyna Kochanska, Sanghag Kim, Robin A. Barry and Robert A. Philibert, Children's genotypes interact with maternal responsive care in predicting children's competence, *Development and Psychopathology*, May 23, 2011, pp. 605–616.

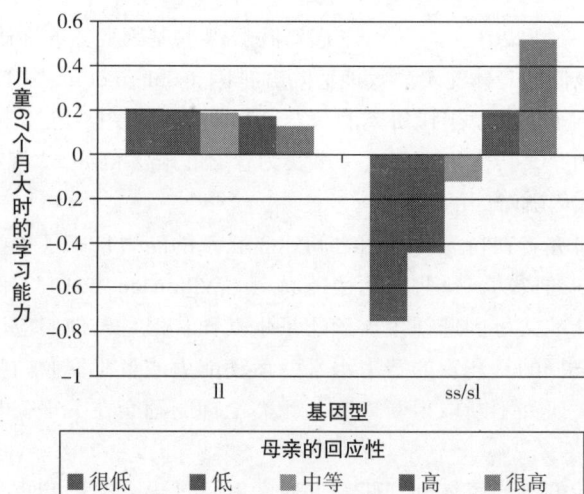

纵轴：儿童 67 个月大时的学习能力
横轴：基因型（ll，ss/sl）
母亲的回应性：■ 很低 ■ 低 ■ 中等 ■ 高 ■ 很高

STOP 停下来检查一下

❶ 格兰特夫妇关于地雀的研究是如何说明基因变异在进化过程中的作用的?

❷ 基因型和表型的区别是什么?

❸ 人类进化中最关键的两个进化上的进步是什么?

❹ 遗传力的意思是什么?

批判性思考：想一想评估母亲回应性的那项研究。研究者为什么要在多个时间点对行为进行取样?

神经系统的活动

现在我们来看人类基因型的一个非凡产物：使得所有思考和行为成为可能的生物系统。

探求这种自然法则的研究者被称为神经科学家。今天，**神经科学**（neuroscience）是发展最快的研究领域之一。重要的发现以令人震惊的频率接踵而至。在这一节，我们的目的是探索你的感觉信息是如何通过神经冲动在你的身体和脑中传递的。我们从讨论神经元的特性开始，它是神经系统的基本单元。

神经元

神经元（neuron）是这样一种细胞，它专门接收和加工信息，或传递信息到体内其他细胞。神经元的形状、大小、化学成分和功能各异，但是所有的神经元都有着相似的基本结构，如**图 3.5** 所示。在你的脑内大约有一千亿到一万亿个神经元。

神经元一般从一端接收信息，再从另一端发出信息。接收传入信号的部分是一组被称为**树突**（dendrite）的分支纤维，由细胞体向外扩展。树突的基本工作是接收从感受器或其他神经元发出的刺激。神经元的细胞体，或称**胞体**（soma），含有细胞核和维持其生命的细胞质。胞体整合从树突接收的刺激（或者在一些情况下胞体直接从另一个神经元接收刺激），然后通过一条被称为**轴突**（axon）的向外延展的纤维将整合后的信息传递出去。信息沿轴突传导，其长度在脊髓内可达几英尺，而在脑内仅不到一毫米。轴突的末端是数个膨大的球状结构，称为**终扣**（terminal button），神经元通过终扣能刺激附近的腺体、肌肉或其他神经元。神经元一般只沿一个方向传递信息：从树突经由胞体到达轴突，再沿轴突传到终扣（见**图 3.6**）。

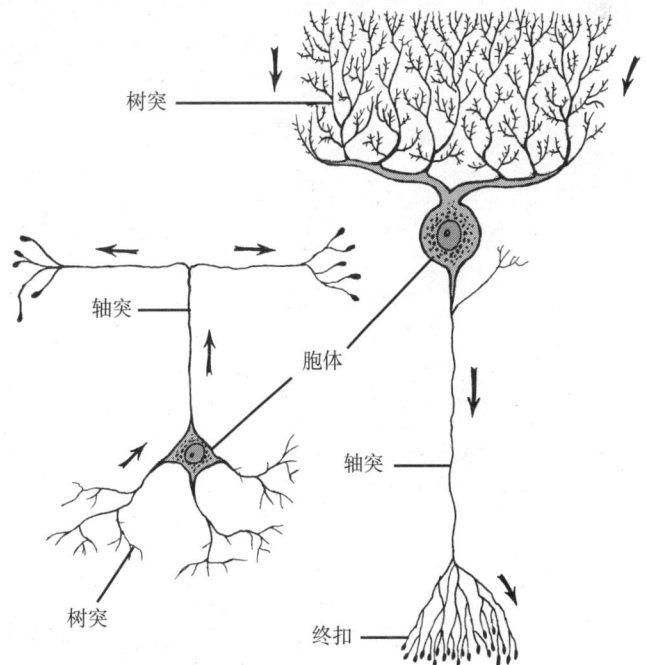

图 3.5 两类神经元

请注意神经元的形状和树突分枝的差异。箭头表示信息流动的方向。两个细胞都是中间神经元。

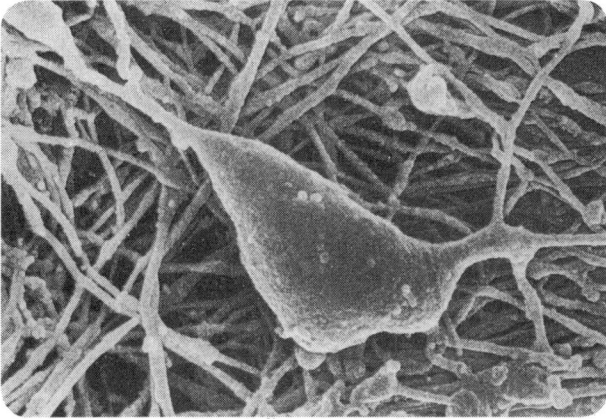

一个影响人类小肠收缩的神经元。树突、胞体和轴突在神经传递中各有什么作用？

神经元可以分为三个主要类别。**感觉神经元**（sensory neuron）携带来自感受器细胞的信息向内传至中枢神经系统。感受器细胞是高度特化的细胞，对光线、声音或身体姿势等非常敏感。**运动神经元**（motor neuron）携带来自中枢神经系统的信息向外传至肌肉和腺体。脑内的大部分神经元是**中间神经元**（interneuron），它们将来自感觉神经元的信息，再传递到其他中间神经元或运动神经元。对于身体中的每个运动神经元，都有多达 5 000 个中间神经元，形成巨大的中介网络，构成脑的计算系统。

让我们以疼痛引起的收缩反射为例，说明这三类神经元是如何一起工作的（见**图 3.7**）。当皮肤表面附近的痛觉感受器受到尖锐物体的刺激，它们就通过感觉神经元把信息传向脊髓的中间神经元。中间神经元做出反应并刺激运动神经元，而后者又转而刺激身体适当部位的肌肉，把身体从引起疼痛的物体那里移开。在这一系列神经元活动已经发生并且身体已经离开刺激物体之后，大脑才接收到关于这一情境的信息。在这种生存依赖于快速行动的情形下，你对疼痛的知觉经常发生在你已经对危险做出实际反应之后。当然，这类偶发事件的信息随后会储存在大脑的记忆系统中，以便下次这类危险物体在伤害你之前，你就完全可避免此类潜在危险。

20 世纪 90 年代中期，**贾科莫·里佐拉蒂**及其同事意外发现了一类新的神经元（Rizolatti & Sinigaglia, 2010）。当时他们正在研究猕猴脑中运动神经元的功能。研究表明，当猴子执行运动动作时，一些神经元会激活。然而他们惊讶地发现，当猴子只是观察研究者执行同样的动作时，也有一些神经元会激活。他们将这种神经元命名为**镜像神经元**（mirror neuron），因为它们会在个体观察另一个体执行动作时激活。尽管证据是间接的（因为研究者不能像对猴子那样对人类进行同样类型的研

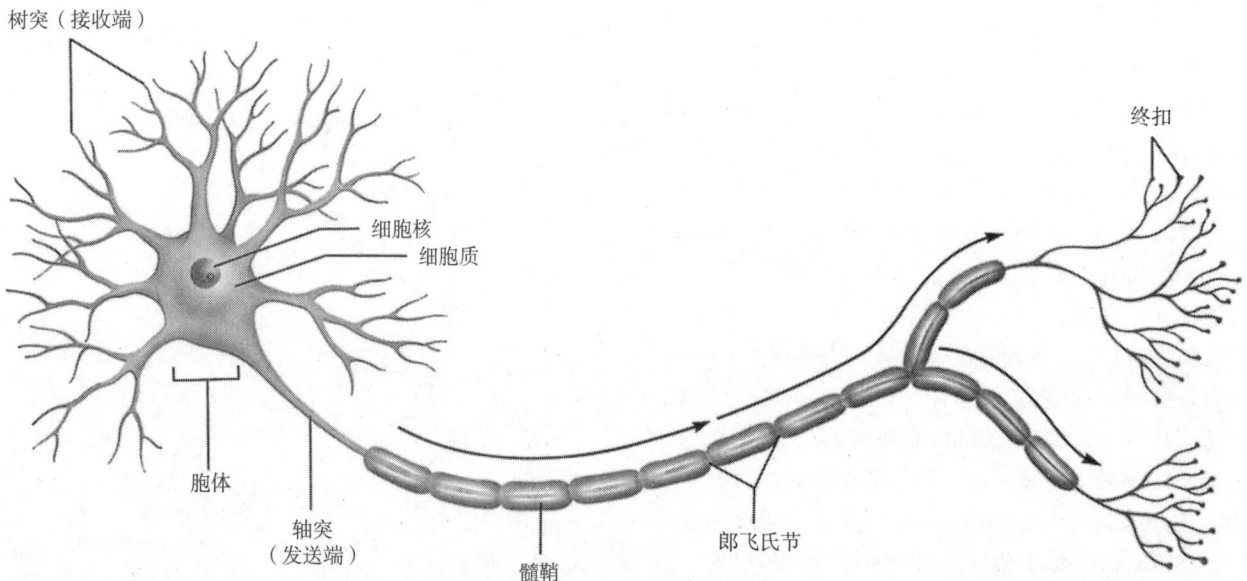

图 3.6　神经元的主要结构
神经元通过树突接收神经冲动，然后通过轴突把神经冲动传到终扣，在那里释放神经递质去刺激其他神经元。

感觉皮层

传向脑的痛觉信息

运动神经元

肌肉

皮肤感受器

中间神经元

脊髓

感觉神经元

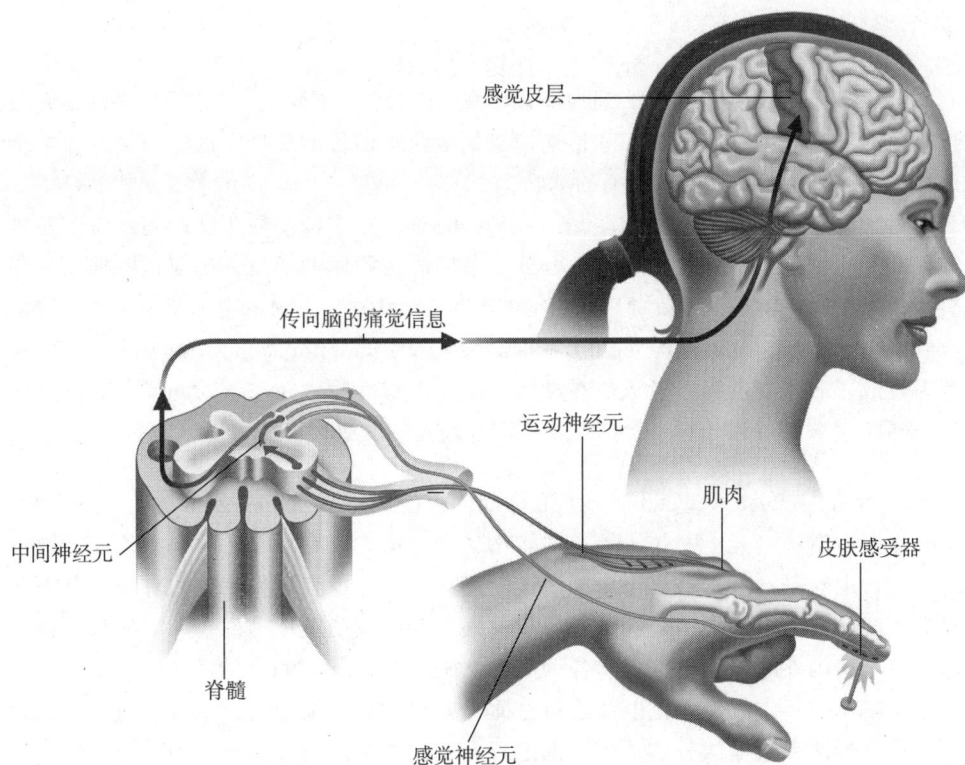

图 3.7　疼痛收缩反射
这里展示的疼痛收缩反射仅涉及三个神经元：一个感觉神经元、一个运动神经元和一个中间神经元。

究），但有大量证据表明，人类的脑中也有镜像神经元在运作。镜像神经元让我们能够理解他人行为的意图。想象一下，当你看到朋友乔希的手伸向一个球时，"你自己的'抓球神经元'开始发放，通过在脑内模拟乔希，你立即想到他打算去拿球"（Ramachandran, 2011, p. 128）。因此，镜像神经元让你可以利用自己的经验来理解他人的行为（Sinigaglia & Rizolatti, 2011）。这些神经元可能赋予了人类通过模仿来学习的巨大能力，从而使高效的文化进化成为可能。镜像神经元对人类的成就具有广泛影响的这一主张导致了相关的研究暴增。

散布于大脑庞大的神经元网络之间的还有数量约达神经元 5~10 倍之多的**胶质细胞**（glia）。glia 一词来源于希腊语中的 glue（黏胶），它提示了你这类细胞的一个主要功能：固定神经元的位置。在脊椎动物中，胶质细胞还有几项其他的重要功能（Kettenmann & Verkhratsky, 2008）。第一项功能在发育过程起作用，胶质细胞帮助新生的神经元找到其在脑内的适当位置。第二项功能是清理脑内环境，当神经元受损或死亡，附近的胶质细胞就会增殖，以清除受损或死亡的神经元留下的废物；胶质细胞还能吸收过量的神经递质和神经元间隙的其他物质。第三项功能是绝缘作用，胶质细胞在某类轴突的周围形成一层绝缘的外鞘，称为**髓鞘**（myelin sheath）。这种脂肪性绝缘大大增加了神经信号的传导速度。胶质细胞的第四项功能是防止血液内的有害物质接近脆弱的脑细胞。一种被称为星形胶质细胞的特化胶质细胞构成了血脑屏障，形成了围绕脑血管的连续性脂肪物质包膜。非脂溶性物质无法通过血脑屏障，因为许多有毒物质和其他有害物质都是非脂溶性的，所以它们无法透过血脑屏障而进入脑内。此外，神经科学家们相信，胶质细胞可能在神经传导中起着积极的作用。它们可能影响神经冲动传导所需的离子浓度（Henneberger & Rusakov, 2010）。而且，一些胶质细胞可能会产生与神经元相同类型的电化学信号（Káradóttir et al., 2008）。下一节我们会讨论这些信号。

动作电位

　　至此，我们仅仅笼统地谈到神经元"发出信息"，或彼此"刺激"。现在我们将正式地描述神经系统用以加工和传递信息的电化学信号的类型。这些信号是你的全部知识、感觉、欲望和创造能力的基础。

　　对于每个神经元的基本问题是：在某一时刻，它应该发放（即产生反应）还是不发放？笼统地说，神经元通过整合到达其树突或胞体的信息，确定这些输入主要表达为"发放"还是"不发放"，进而决定要不要发放。正规地说，每个神经元将接收到**兴奋性输入**（excitatory input）和**抑制性输入**（inhibitory input）的平衡，前者表达为发放，后者表达为不发放。在神经元内，兴奋性输入在一定时间或空间范围内的正确模式，将导致动作电位的产生，即神经元的发放。

动作电位的生物化学基础　为了解释**动作电位**（action potential）是如何工作的，我们需要理解神经元汇总传入信息的生物化学环境。所有神经传导都必须通过称为离子的带电粒子穿过神经元细胞膜的流动而产生。细胞膜是将细胞内外环境分隔开来的薄膜。我们可以把神经纤维想象成一根漂浮在咸汤里且内部装满了盐水的通心粉。通心粉内外的液体中都含有各种离子，比如钠离子（Na⁺）、氯离子（Cl⁻）和钾离子（K⁺）等，它们带有正电荷或负电荷（见**图 3.8**）。细胞膜，或者说通心粉的表皮，在维持两种液体成分的适当平衡上具有关键作用。当细胞不活动或处于静息状态时，轴突内钾离子的浓度更高，而轴突外钠离子浓度更高。细胞膜并不是完美的屏障，它存在少量的"渗漏"，使钠离子可以渗入，同时钾离子渗出。为了调整这种情形，细胞膜还有转运机制，可以将钾离子泵入和将钠离子泵出。这些离子泵的成功转运使细胞内液相对细胞外液具有 70 毫伏的负电压。这就意味着相对细胞外液

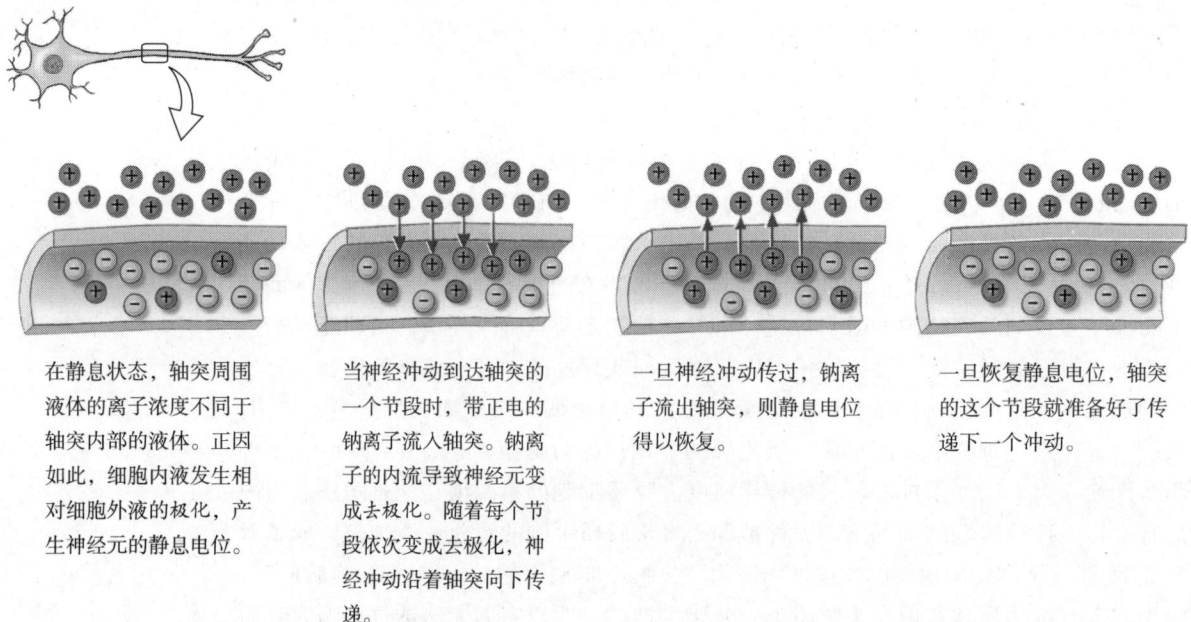

在静息状态，轴突周围液体的离子浓度不同于轴突内部的液体。正因如此，细胞内液发生相对细胞外液的极化，产生神经元的静息电位。

当神经冲动到达轴突的一个节段时，带正电的钠离子流入轴突。钠离子的内流导致神经元变成去极化。随着每个节段依次变成去极化，神经冲动沿着轴突向下传递。

一旦神经冲动传过，钠离子流出轴突，则静息电位得以恢复。

一旦恢复静息电位，轴突的这个节段就准备好了传递下一个冲动。

图 3.8　动作电位的生物化学基础
动作电位依赖于轴突内外离子电荷的不平衡。

资料来源：Lefton, Lester A.; Brannon, Linda, *Psychology*, 8th Edition, © 2003. Printed and electronically reproduced by permission of Pearson Education Inc., Upper Saddle River, New Jersey.

而言，细胞内液发生了极化。这一轻微的极化电位称为**静息电位**（resting potential），它提供了神经细胞产生动作电位的电化学环境。

神经元对兴奋性和抑制性输入的模式发生反应时，静息电位转化为动作电位。每种输入都影响细胞内外离子平衡发生变化的可能性。它们引起**离子通道**（ion channel）的功能变化。离子通道是细胞膜上可兴奋的部分，它能选择性地允许特定离子流入和流出。抑制性输入引起离子通道努力保持细胞内呈现负电位，这将阻止细胞发放。兴奋性输入引起离子通道允许钠离子流入细胞，这将导致细胞发放。由于钠离子带正电荷，它们的流入改变了细胞膜内外正负电荷的平衡。当兴奋性输入相对抑制性输入达到足够的强度，使细胞发生从 –70 毫伏到 –55 毫伏的去极化时，动作电位就开始了，这说明已有足够的钠离子进入细胞内，产生了这一变化。

一旦动作电位开始，钠离子便涌入神经元，结果神经元内部相对外部变为正电位，说明神经元完全去极化了。多米诺骨牌效应促使动作电位沿轴突传导下去。去极化的前缘部分导致轴突邻近的离子通道打开，从而允许钠离子涌入。以这种依次去极化的方式，信号沿轴突向下传递（见图 3.8）。

发放之后，神经元怎样返回到最初的极化静息状态呢？当神经元内变为正电位时，允许钠离子流入的通道关闭，而允许钾离子流出的离子通道打开。钾离子的流出恢复了神经元内的负电位。因而，甚至当信号还在向轴突的远端传导时，产生动作电位的细胞部位已返回静息平衡，以使它们准备好对下次刺激的反应。

动作电位的性质　动作电位传导的生化方式使其具备了几个重要特性。动作电位遵从**全或无定律**（all-or-none law）：阈值以上，动作电位的大小不受刺激强度增加的影响。一旦兴奋性输入的总和达到阈值，统一大小的动作电位便会产生；如果未达到阈值水平，动作电位就不会产生。这一全或无定律带来一种后果，即动作电位的大小沿轴突传播时并不减弱。从这个意义上说，动作电位被认为是自传播的，即一旦开始就不需要外界刺激保持其移动。这类似于爆竹上点燃的引线。

不同神经元沿轴突传导动作电位的速度不同，最快的速度可达到每秒 200 米，而最慢的速度只有每秒 10 厘米。传导速度快的神经元，其轴突覆盖着一层紧密的髓鞘，如前所述，它是由胶质细胞组成的。神经元的这种轴突看起来像一长串短管。短管之间的小裂缝称为郎飞氏节（Nodes of Ranvier）（见图 3.6）。在轴突覆盖髓鞘的神经元上，动作电位从一个节点向下一个节点跳跃式传导。这样既节省时间，又节省在轴突上各个位置的离子通道开闭所需的能量。髓鞘的损伤会破坏动作电位传导的微妙节奏，并引起严重问题。多发性硬化症（MS）是一种由于髓鞘退化而引起的严重障碍。主要症状是复视、震颤，最终造成瘫痪。多发性硬化症中，来自身体免疫系统的特化细胞侵害了有髓鞘神经元，使轴突裸露出来，破坏了正常的突触传递（Wu & Alvarez, 2011）。

当动作电位传过一个轴突节段后，神经元的这部分就进入**不应期**（refractory period）（见**图 3.9**）。在绝对不应期，无论进一步的刺激有多强烈，都不能引起另一个动作电位的产生；在相对不应期，神经元只对比平常发放所需强度更为强烈的刺激做出反应。当

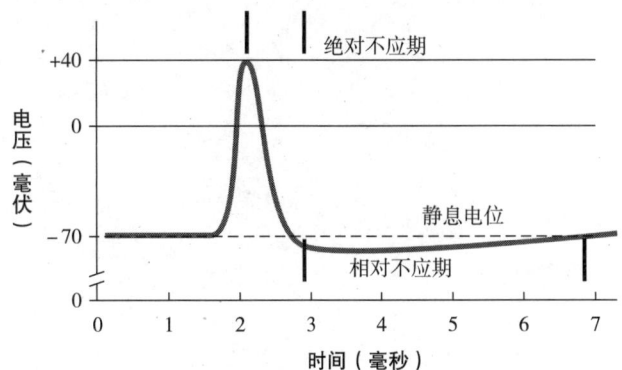

图 3.9　动作电位期间神经元电压变化时程表

钠离子进入神经元引起它的电位从其极化或静息状态的负电位向去极化的正电位变化。一旦神经元去极化，它就进入一个短暂的不应期。此时受到刺激也不会产生另一个动作电位。只有膜内外离子平衡恢复之后，才能产生另一个动作电位。

你刚冲完马桶，水箱正在充水时，你是否试过再次冲水？水箱内的水必须达到一定量之后，才能再次给马桶冲水。同样，为了使神经元能够产生下一个动作电位，它必须自行"复位"，并等待刺激超过其阈值。不应期在某种程度上保证了动作电位只沿轴突向下传播：它不能反向传播，因为早先刚兴奋的轴突部位处于不应状态。

突触传递

当动作电位沿轴突完成其跳跃式的旅程而到达终扣时，它必须把信息传递给下一个神经元，但是两个神经元间没有直接的接触，它们以**突触**（synapse）的方式联系起来。突触包括突触前膜（发出信息神经元的终扣）、突触后膜（接收信息神经元的树突或胞体的表面）以及两者之间微小的间隙。当动作电位到达终扣，就启动了称为**突触传递**（synaptic transmission）的一系列事件，信息得以从一个神经元跨越突触间隙传递到下一个神经元（见**图** 3.10）。当动作电位到达终扣，导致突触囊泡逐渐前移并固定在终扣的内膜上，突触传递就开始了。每个囊泡内部都有**神经递质**（neurotransmitter），这种化学物质能刺激其他神经元。动作电位也引起离子通道开启，允许钙离子进入终扣。钙离子的流入引起突触囊泡的破裂，释放出它们所含的神经递质。一旦突触囊泡破裂，神经递质很快跨过突触间隙扩散到突触后膜。为了完成突触传递，神经递质必须与镶嵌在突触后膜上的受体分子结合。

神经递质与镶嵌在突触后膜上的受体分子结合必须具备两个条件。第一，不能有其他神经递质或化学分子附着到受体分子上；第二，神经递质的形状必须与受体分子相匹配，就像钥匙与钥匙孔一样精确匹配。只要有一个条件不符合，神经递质就不能附着到受体分子上，意味着它将不能刺激突触后膜。如果神经递质附着到受体分子上，它就可能给下一个神经元提供"发放"或"不发放"的信息。一旦神经递质完成了它的工作，它就从受体分子上脱离，回到突触间隙中。在那里，它要么在酶的作用下分解，要么被突触前终扣重新吸收，以便快速再利用。

一种神经递质产生兴奋作用还是抑制作用，取决于受体分子。也就是说，同一种神经递质在一种突触中可以产生兴奋作用，而在另一种突触中却产生抑制作用。每个神经元将它在突触处所得到的信息，与 1 000～10 000 个其他神经元进行整合，以决定它是否应该启动另一个动作电位。正是数以千计的兴奋和抑制性输入的整合，才使得全或无的动作电位成为所有人类经验的基础。

你可能会问，为什么我们带你这么深入地了解神经系统。这毕竟是一门心理学课程，而心理学应该是研究行为、思维和情感的。事实上，突触是全部心理活动得以发生的生物媒介。如果你改变正常的突触活动，你就将改变人们行为、思考和感受的方式。对于突触功能的理解，已经促进了一些领域知识的重大进

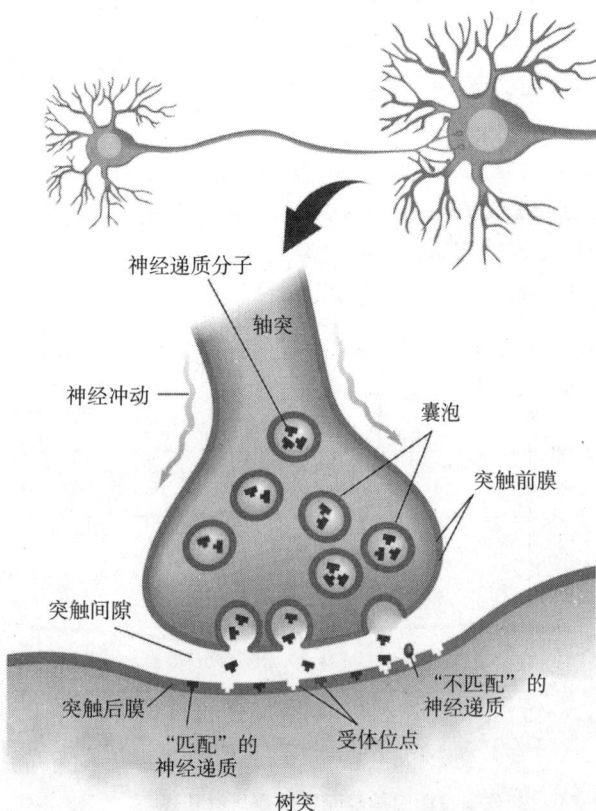

神经递质分子

轴突

神经冲动

囊泡

突触前膜

突触间隙

突触后膜

"匹配"的神经递质

受体位点

"不匹配"的神经递质

树突

图 3.10 突触传递

突触前神经元中的动作电位引起神经递质释放到突触间隙中。一旦神经递质跨过突触间隙，它们就刺激镶嵌在突触后膜上的受体分子。同一个细胞内可能存在多种神经递质。

展，包括学习与记忆、情感、心理障碍、药物成瘾以及心理健康的化学基础。贯穿《心理学与生活》全书，你都将会用到从本章获得的知识。

神经递质及其功能

很多化学物质已经被确认或推测为在脑中发挥作用的神经递质。那些已经被深入研究过的神经递质都符合一套技术标准。它们是在突触前的终扣中产生的，当动作电位到达终扣时，就被释放出来。突触间隙出现神经递质时，会导致突触后膜发生生物反应。如果阻止神经递质的释放，就不会有随后的反应发生。为了让你认识不同的神经递质对于行为调节的作用，我们下面讨论一些业已发现对脑的日常功能具有重要作用的神经递质。这一简短讨论也可以让你理解神经传递障碍产生的诸多途径。

乙酰胆碱　乙酰胆碱（acetylcholine）存在于中枢与外周神经系统。阿尔茨海默病是一种退行性疾病，在老年群体中越来越常见，这种疾病的特征之一是记忆丧失，被认为是由于分泌乙酰胆碱的神经元退化造成的（Craig et al., 2011）。在神经和肌肉之间的接合点，乙酰胆碱也是一种兴奋性递质，它引起肌肉收缩。一些毒素会影响乙酰胆碱的突触作用。例如，肉毒杆菌毒素经常发现于保存不当的食物中，它通过阻止呼吸系统中的乙酰胆碱释放而产生毒害作用。这种肉毒杆菌中毒可导致人们因为窒息而死亡。箭毒是亚马孙河一带印第安人涂在吹箭箭尖上的剧毒物质，它通过占据重要的乙酰胆碱受体，阻碍正常的神经递质活动，从而引起肺部肌肉麻痹。

γ－氨基丁酸　GABA（gamma-aminobutyric acid）是 γ－氨基丁酸的缩写，它是脑内最普遍的抑制性神经递质。可能多达三分之一的脑部突触使用 γ－氨基丁酸作为信使。对 γ－氨基丁酸敏感的神经元特别集中于丘脑、下丘脑和枕叶皮层等脑结构中。γ－氨基丁酸似乎通过抑制神经活动，在某些形式的精神障碍中起着关键作用。当脑中这种神经递质的水平降低，人们就可能会体验到焦虑或抑郁（Croarkin et al., 2011; Kalueff & Nutt, 2007）。焦虑障碍通常使用可以提高 γ－氨基丁酸活性的苯二氮䓬类药物加以治疗，如安定或佳乐定。苯二氮䓬类药物并不直接附着于 γ－氨基丁酸受体，而是能使 γ-氨基丁酸更有效地与突触后受体分子结合。

谷氨酸　谷氨酸（glutamate）是脑中最普遍的兴奋性神经递质。因为谷氨酸有助于在脑中传递信息，所以它在情绪反应、学习和记忆过程中起着关键的作用（Morgado-Bernal, 2011）。当谷氨酸受体不能正常工作时，学习的进程会变慢。此外，脑中谷氨酸水平的紊乱与多种心理障碍有关，包括精神分裂症（Bustillo et al., 2011）。谷氨酸也在药物、酒精和尼古丁成瘾中起作用。研究者开始探索通过改变大脑对谷氨酸的利用来治疗这些成瘾（Markou, 2007; Myers et al., 2011）。

多巴胺、去甲肾上腺素和 5－羟色胺　儿茶酚胺（catecholamines）是一类化学物质，包括两种重要的神经递质：多巴胺（dopamine）和去甲肾上腺素（norepinephrine）。这两种神经递质在心理障碍中均有重要作用，如焦虑障碍、心境障碍和精神分裂症（Goddard et al., 2010; Keshavan et al., 2011）。增加脑内去甲肾上腺素水平的药物，可以提升心境和减轻抑郁。相反，精神分裂症病人脑内的多巴胺水平高于正常水平。正如你可能预期的，治疗这种疾病的方法之一，就是给病人服用降低脑内多巴胺水

在美国，大约 150 万人遭受帕金森病带来的痛苦，其中包括迈克尔·福克斯。关于神经递质多巴胺的研究加深了对这一疾病的理解。神经科学的基础研究如何带来治疗手段的改善？

平的药物。我们将在第 15 章详细讨论这些药物疗法。

所有产生 5– 羟色胺（serotonin）的神经元都位于脑干，这一结构与唤醒以及很多自主过程有关。致幻药 LSD，即麦角酸二乙胺，似乎通过抑制 5– 羟色胺神经元而产生效应（Fantegrossi et al., 2008）。这些 5– 羟色胺神经元在正常情况下会抑制其他神经元，但是 LSD 会引起这种抑制作用缺失，造成生动而奇特的感觉体验，其中一些体验可持续数小时。许多抗抑郁药物，如百优解，通过防止 5– 羟色胺从突触间隙移出而增强其作用。

内啡肽 内啡肽（endorphins）是一类常被归为神经调质的化学物质。**神经调质**（neuromodulator）是能够改变或调节突触后神经元活动的物质。内啡肽是内源性吗啡的简称，在情绪行为（焦虑、恐惧、紧张和愉悦）和疼痛的控制中具有重要作用，鸦片和吗啡等药物也是与脑内相同的受体位点结合。内啡肽由于其控制愉悦和痛苦的特性而一度被称为"进入天堂的钥匙"。研究者们检验了内啡肽在针灸和安慰剂的镇痛效应中至少具有部分作用的可能性（Han, 2011; Pollo et al., 2011）。这类检测依赖于纳洛酮，已知这种药物的唯一作用是阻断吗啡和内啡肽与受体的结合。任何一种通过刺激内啡肽释放以减轻疼痛的方法，在使用纳洛酮后都变得无效。注射纳洛酮后，针灸和安慰剂事实上都失去作用。这说明在一般情况下是内啡肽在帮助它们发生作用。

STOP 停下来检查一下

❶ 信息在神经元几个主要部分之间的传导模式是怎样的？

❷ "全或无定律"是什么意思？

❸ 神经递质是如何通过一个神经元而到达另一个神经元的？

❹ 脑中最普遍的抑制性神经递质是什么化学物质？

生物学与行为

至此，你已经对神经细胞信息传递的基本机制有了一定的了解，现在我们将神经元整合成更大的系统，这个系统支配着你的身体和心理。我们首先简要介绍那些被研究者们用于促进新发现的技术。其次，我们对神经系统的结构进行一般性描述，随之对脑本身进行详细观察。我们将讨论内分泌系统的活动，它是第二个生物控制系统，与脑和神经系统协同工作。最后，我们来看看日常生活经验如何持续地重塑我们的大脑。

生活中的心理学

你的大脑如何确定信任与否

假设你的一个朋友向你做出承诺，然后说："相信我！"你应该信任他吗？近年来，研究者开始尝试了解：当你必须做出关于信任的决定时，你的大脑如何反应。大部分这类研究都集中于一种被称为催产素（oxytocin）的激素上。那些对促使非人类动物形成社会联结的生物机制感兴趣的研究者率先开始关注催产素。当代研究表明，催产素在人格和社会过程中起着广泛的作用（IsHak et al., 2011）。让我们看看催产素对信任的影响。

为了证明催产素的巨大影响，一组研究者招募参与者来玩一个针对信任的游戏（Baumgartner et al., 2008）。这个游戏需要两个玩家分配"货币单元"池。每一轮，"投资人"必须决定从 12 个货币单元中投入多少。实验者给资金的"受托人"提供投资回报。受托人可以决定是否与投资人平均分配回报。实际上，在游戏中途，投资者都获得了相同的反馈：实验者告诉他们，他们只有约一半的时间获得了公平的分配。受托人不可信任！

游戏的后一半会发生什么取决于投资人的催产素水平。在游戏开始前，一半的投资者通过喷鼻剂吸入一定剂量的这种激素（一旦激素被吸入，它就能进入大脑）。其他的参与者接受的则是安慰剂。对于游戏的前半部分，投资人吸入催产素或安慰剂几乎没有差异。下图表示了每一轮参与者投资的平均货币单元数量。你可以看到，在反馈之前，催产素组参与者投资的数量与安慰剂组参与者几乎相同。你可能预期："受托人不可信任"的反馈会产生巨大影响，将促使参与者减少投资，应该与安慰剂组的情况相符。安慰剂组的投资在游戏后半部分的确有所下滑。然而实际情况是，催产素组并未减少他们的投资。事实上，他们的投资变化趋势是相反的。显然，实验前催产素的吸入阻止了这些参与者对反馈信息（其他玩家背叛了他们的信任）做出反应。

这个项目还有另外一个要素：当投资人做出决定时，对他们的大脑进行 fMRI 扫描。大脑数据使得研究者可以确定大脑的哪些区域受到了吸入催产素的影响。扫描显示，催产素组参与者参与恐惧反应的脑区，如杏仁核，活动较弱。研究者提出，催产素抑制了恐惧反应，因而提高了参与者"在有背叛风险的情境中保持信任"的能力（Baumgartner et al., 2008, p. 645）。

在了解了这项研究后，你可能想知道自己脑中的化学组成让你倾向于信任还是不信任朋友。研究者正开始考虑这样的问题：催产素功能的个体差异如何对社会行为产生重要影响（Bartz et al., 2006）。

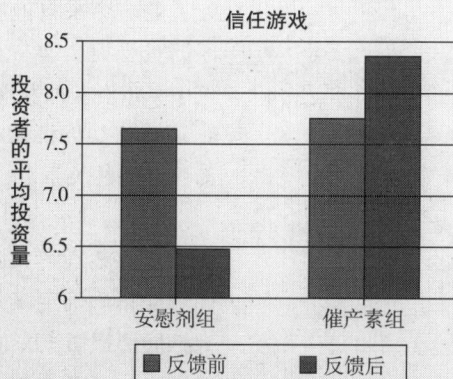

信任游戏

资料来源：Bartz, J. A., & Hollander, E. (2006). The neuroscience of affiliation: Forging links between basic and clinical research on neuropeptides and social behavior, *Hormones and Behavior, 50,* pp. 518–528.

对脑的窃听

神经科学家们一直试图在一系列不同层次上理解大脑的工作机制——从肉眼可见的解剖结构，到只有用高倍显微镜才能观察到的单个神经细胞的特性。研究者们所使用的技术与他们的分析水平相匹配。我们在这里所讨论的技术通常被用于研究特定脑区所负责的功能和行为。

对脑的干预　神经科学中的一些研究方法直接对大脑的结构进行干预，这些方法在

图片中盖奇拿着那根导致他受伤的铁杆，为什么医生们如此着迷于盖奇的人格变化？

现实中找到了其历史根基。1848 年 9 月，铁路监工盖奇（Phineas Gage）在一次意外爆炸中，被一根 1 米多长的铁杆刺穿了颅骨。盖奇的身体损伤并不严重，左眼失明，左脸部分面瘫，而姿势、运动和言语无恙。但是在心理上，他却变了个人，他的医生对此有很清楚的阐释：

> 他的理性和野性之间的平衡似乎已遭破坏，他变得反复无常、无礼，有时候沉迷于说些粗鄙的脏话，这些都不是他过去的习惯。他对同伴不再有一丝尊重，当他人的劝阻或建议与他的需求冲突时，他表现得很不耐烦……他受伤之前虽未受过良好的学校教育，但他头脑冷静，在熟人看来是个机灵、聪明的生意人，在执行自己的计划时精力充沛，坚持不懈。就这些方面来说他已完全变了。他的朋友和熟人都说他"不再是以前的盖奇了"（Harlow, 1868, pp. 339–340）。

这个案例发生的时候，科学家们刚刚开始形成脑功能与复杂行为之间关系的假设。盖奇在大脑被戏剧性地刺穿之后的行为变化，促使他的医生假设，大脑是人格和理性行为的基础。与盖奇从受伤中康复大约相同的时期，**保罗·布洛卡**（Paul Broca）正在研究大脑在语言中的作用。他在这一领域的第一项研究是对一个死者进行尸体解剖，死者的名字来自他生前唯一能说出的一个词"Tan"。布洛卡发现 Tan 大脑的左侧额区严重受损。这一发现引导布洛卡进一步研究其他语言障碍患者的大脑。在每个病例中，布洛卡都发现了同一脑区的相似损伤，现在这一脑区被称为**布洛卡区**（Broca's area）。正如你将在本书中读到的，现代研究者们仍试图发掘行为变化模式与脑损伤部位之间的关系。

当然，研究意外损伤的脑存在一个问题，即研究者无法控制脑损伤的部位和程度。为了更好地理解大脑及其与行为、认知功能的关系，科学家需要使用一些方法，使他们能精确确定丧失功能的脑组织。研究者们开发了一些技术来造成高度集中化的大脑局部**损伤**（lesion）。例如，他们可以通过手术切除特定脑区，切断那些区域的神经联系，或者通过应用高热、冷冻或电流等手段损毁这些脑区。你能想到，这类永久损伤的实验只能在非人类动物中进行（正如本书第 2 章所讨论的，这类动物研究的伦理学问题现在也受到严格审查）。随着研究者们反复比较和整合动物脑损伤研究结果，以及越来越多有关脑损伤对人类行为影响的临床发现，我们对脑的认识已经发生了根本的变化。

近年来，科学家开发出了一种被称为**重复经颅磁刺激**（repetitive transcranial magnetic stimulation, rTMS）的程序，这种程序使用磁刺激脉冲来对人类参与者造成暂时的可逆"损伤"，而不需要对实际组织造成损害就可以干预特定脑区的活动。这种新技术使得研究者可以探讨一系列在非人类实验中无法解答的问题（Sandrini et al., 2011）。下面这个例子应用了 rTMS 技术来研究大脑如何对名词和动词做出反应。

研究特写

如果你曾研究过语言，你很可能知道名词和动词有着非常不同的功能。一组研究者使用 rTMS 技术来检验这样一个假设，当你生成言语中的这两个部分时，在脑中是不同的脑区在工作（Cappelletti et al., 2008）。在实验中，参与者完成电脑上呈现的简单的单词填空。例如，参与者读到"今天我走路"，然后填空："昨天我……"。相似地，他们读到"一个孩子"，然后填空："许多……"。在一般情况下，参与者应该很快回答出"走路"和"孩子"。然而，假设研究者能够使用 rTMS 技术"损伤"那个帮助你做出反应的脑区，那么，我们预期参与者的反应会变慢。实际上，研究者找出了一个脑区（在布洛卡区的附近），当该脑区受到 rTMS 的刺激时，对动词的反应变慢，但名词不变。这些数据支持了这一假设，即名词和动词的大脑加工过程是有区别的。

你可以看到为什么这个实验是不可能在人类之外的被试身上完成的：人类是唯一习惯生成名词和动词的物种。

在某些情况下，神经科学家通过直接刺激脑区来了解某些脑区的功能。例如，20 世纪 50 年代中期，**沃尔特·赫斯**（Walter Hess, 1881—1973）首先使用电刺激探查脑的深部结构。例如，赫斯把电极放入自由运动的猫的脑内。通过按钮，他能向电极尖端发出微弱的电流刺激。他对将近 500 只猫的 4 500 个大脑部位进行了刺激，并仔细记录了每一个刺激引起的行为后果。他发现，由于电极部位不同，迅速开闭开关可引起睡眠、性唤起、焦虑或恐惧。例如，电刺激特定的脑区导致一只本来很温顺的猫愤怒地竖起毛，猛扑身旁的物体。

大脑活动的记录和成像　其他一些神经科学家利用电极记录环境刺激引起的大脑的电活动来绘制脑功能地图。脑的电输出可在不同精度水平上进行监测。在精度最高的水平上，研究者把高灵敏度的微电极植入脑内，记录单个脑细胞的电活动。这类记录能说明单一脑细胞对环境刺激做出反应时的活动变化。

对于人类参与者，研究者们经常在其头皮上放置一些电极，记录大范围整合性的电活动模式。这些电极提供**脑电图**（electroencephalogram, EEG）数据，或者说是放大了的脑活动信号。EEG 可用于研究心理活动和大脑反应之间的关系。例如，在一个实验中，研究者使用 EEG 来证明人们在观看带有情绪色彩的图片时，大脑的不同反应（Hajcak & Olvet, 2008）。参与者观看电脑屏幕上一系列令人愉悦（如微笑的面孔）、中性（如家居用品）和让人不快（如暴力画面）的图片，同时记录他们的大脑活动。EEG 揭示了大脑对中性图片和情绪性图片的不同活动模式：参与者似乎对令人愉悦的图片和让人不快的图片倾注了更多的注意，即使图片在电脑屏幕上消失之后，这种注意仍持续存在。

对脑研究来说，最激动人心的技术革新是一些扫描仪器，这些仪器原本用于帮助神经外科医生探测脑部异常，如中风或其他疾病引起的损伤。这些设备可以生成活动大脑的影像，而不必借助可能会损伤脑组织的侵入性程序。

为了获得脑的三维图像，研究者可以使用**计算机断层扫描术**（computerized axial tomography, CT 或 CAT）。当人们进行 CT 扫描时，他们的头部置于形如面包圈的圆环中，其中包含 X 射线源和 X 射线探测器。在扫描过程中，聚焦的 X 射线束从不同角度穿过头部。计算

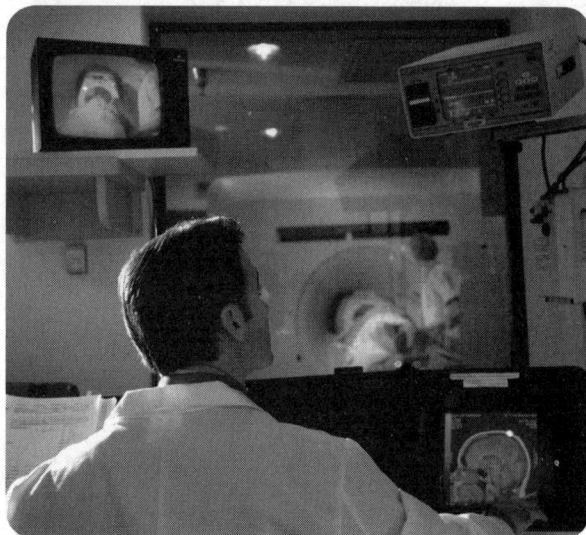

新的脑成像技术如何扩展了研究者可探索问题的范围？

机将不同的 X 射线图像整合成脑的连贯图片。研究者经常使用 CT 扫描来确定脑损伤或脑异常的位置和程度。

在应用**正电子发射断层扫描术**（positron emission tomography, PET）的研究中，先给参与者服用不同种类的放射性物质（但是很安全），这些物质最终进入大脑，被活动的脑细胞所吸收。头骨外的记录仪器能检测出参与不同认知和行为活动的细胞发出的放射能。然后这些信息被输入计算机，构造出大脑的动态图像，显示出参与不同心理活动的脑结构。

磁共振成像（magnetic resonance imaging, MRI）利用磁场和射频波在脑内产生能量脉冲。因为随着脉冲调谐到不同频段，一些原子与磁场偶联平行排列。当磁场脉冲被关闭的瞬间，这些原子发生振动（共振）并返回到自己的初始态，特殊的射频接收器检测到这一共振并把信息导入计算机，计算机生成大脑区域不同原子位置的图像。通过观察这些图像，研究者就可以建立起大脑结构和心理过程之间的联系。

MRI 最大的用途是提供解剖结构细节的清晰图像；PET 扫描则更好地提供关于功能的信息。一种被称为**功能性磁共振成像**（functional MRI, fMRI）的新技术，通过检测流向脑细胞的血流的磁场变化，将上述两项技术的优势结合起来；fMRI 能提供更为精确的关于结构与功能的信息。研究者们开始利用 fMRI 去发现负责众多重要认知功能的各个脑区的分布情况，如注意、知觉、语言加工和记忆（Spiers & Maguire, 2007）。

如上所述，科学的进步已为神经科学家提供了揭示脑最重要的奥秘所必需的技术。本章的剩下部分将描述其中的一些奥秘。

神经系统

神经系统由数以亿计的高度特化的神经细胞（即神经元）组成，正是神经元构成了脑和遍及全身的神经纤维。神经系统分为两个主要部分：**中枢神经系统**（central nervous system, CNS）和**外周神经系统**（peripheral nervous system, PNS）。中枢神经系统由脑和脊髓中的所有神经元组成，外周神经系统由所有构成神经纤维的神经元组成，这些神经纤维把中枢神经系统与身体联系起来。**图 3.11** 和**图 3.12** 显示了 CNS 和 PNS 的关系。

中枢神经系统的工作是整合和协调所有的身体功能，加工全部传入的神经信息，向身体不同部位发出指令。中枢神经系统发出和接收神经信息是通过脊髓而实现的。脊髓是将脑与外周神经系统联系起来的神经元干线，它位于脊柱的椎管内。脊神经从脊柱的每对椎骨之间的脊髓发出，最终与遍及全身的各种感受器、肌肉和腺体联

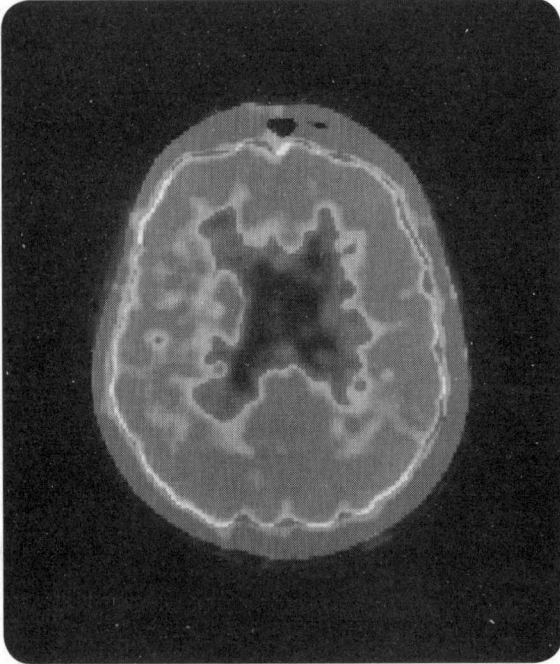

心理学家能通过 PET 扫描获取什么信息？

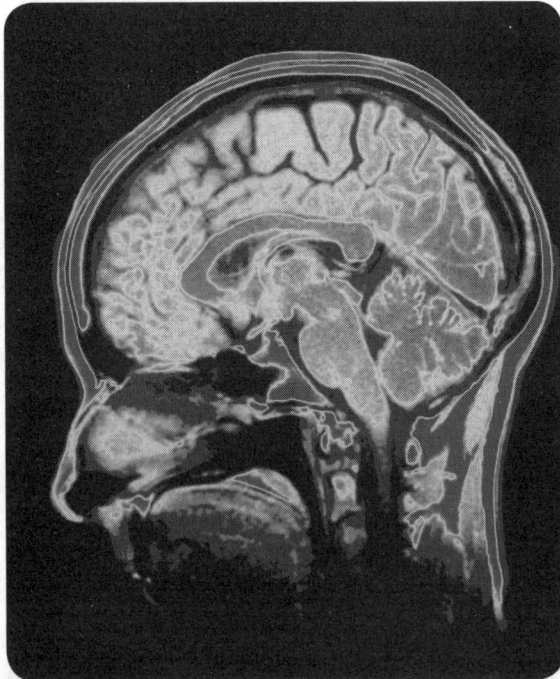

磁共振成像（MRI）产生对正常大脑的这一颜色增强剖面。借此确定特定功能背后的大脑区域，其目的何在？

系起来。脊髓协调身体两侧的活动，并负责不需脑参与的简单且动作快速的反射。例如，脊髓与脑之间的联结被切断的有机体，在受到疼痛刺激时仍能收缩其肢体。虽然完整的脑在正常条件下会注意到这种动作，但有机体能在没有上方指令的情况下完成该动作。脊髓的神经受损会导致腿部或躯干的瘫痪，在截瘫病人中可见这种症状。瘫痪的范围取决于脊髓受损部位的高度，损伤的部位越高，造成的瘫痪范围越大。

　　尽管中枢神经系统处于发号施令的位置，但它并不与外界直接接触。外周神经系统的作用正是把来自感受器（如眼睛、耳朵中所发现的）的信息提供给中枢神经系统，并传递脑对身体器官和肌肉的指令。外周神经系统实际上由两套神经纤维组成（见图 3.12）。**躯体神经系统**（somatic nervous system）调节身体骨骼肌的动作。例如，想象你在写一封电子邮件。手指在键盘上的运动由躯体神经系统控制。当你决定要"说"些什么时，你的大脑向手指发出敲击某些键的指令。同时，手指向大脑反馈关于其位置和运动的信息。如果你敲错了键，躯体神经系统就会通知大脑，然后大脑发出必要的修正指令，在几分之一秒内，你就能删除错误并敲击正确的键。

　　外周神经系统的另一部分是**自主神经系统**（automatic nervous system, ANS），它维持机体的基本生命过程。这个系统每天 24 小时都在工作，它所调节的是你通常不需有意识控制的那些功能，如呼吸、消化和觉醒。甚至当你睡觉时，自主神经系统仍然必须工作，它也在麻醉和长期昏迷状态时维持生命过程。

　　自主神经系统处理两类攸关生存的问题：一类是机体受到威胁，另一类是维持常规身体状态。为了执行这些功能，自主神经系统进一步分成交感神经系统和副交感神经系统（见图 3.12）。这两部分以相互对立的方式去完成它们的任务。**交感神经系**

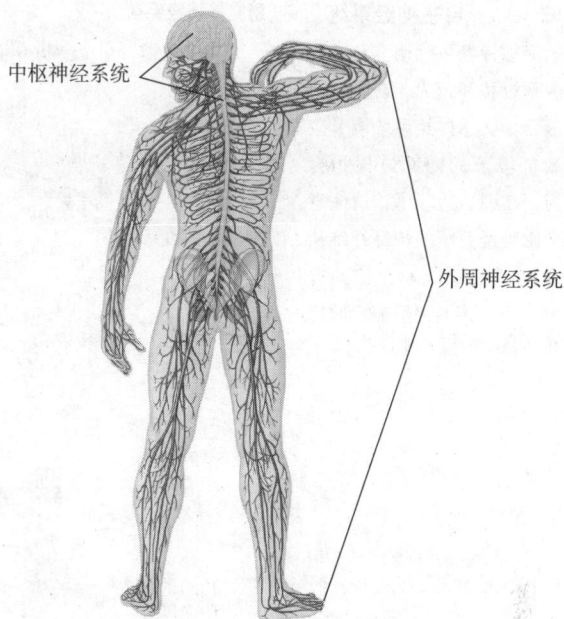

图 3.11　中枢神经系统和外周神经系统的划分

感觉和运动神经纤维组成外周神经系统，并通过脊髓与脑相连接。

Reprinted by permission of Richard McAnulty.

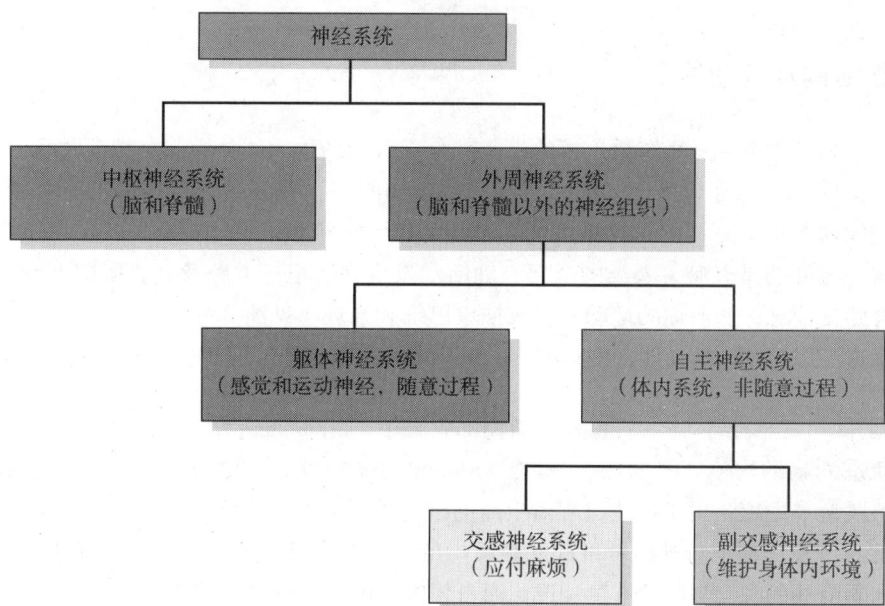

图 3.12　**人类神经系统的层级结构**

中枢神经系统由脑和脊髓组成。外周神经系统按其功能分为：控制随意动作的躯体神经系统和调节内部过程的自主神经系统。自主神经系统又分为两个系统：交感神经系统支配紧急情况下的行为，副交感神经系统调节常规环境下的行为和内部过程。

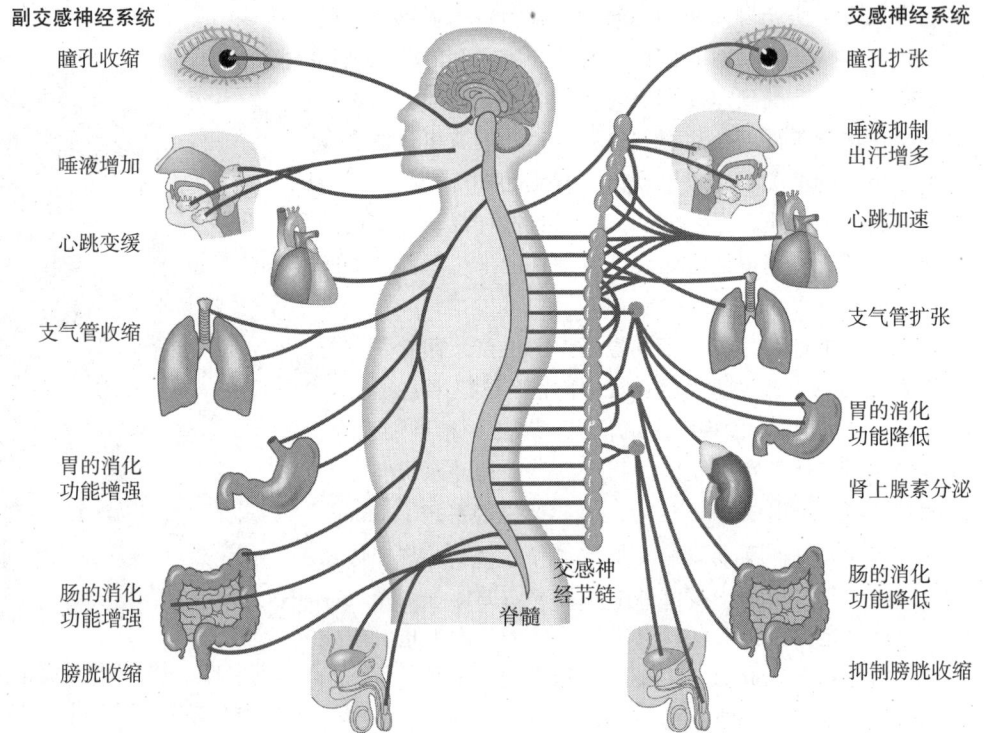

图 3.13 自主神经系统

副交感神经系统调节日常的内部过程和行为，在图左边显示。交感神经系统调节应激情境下的内部过程和行为，在图右边显示。请注意交感神经系统的神经纤维从脊髓发出或传入脊髓的途中，会连接到神经节，即特化的神经链簇。（见彩插）

副交感神经系统　　　　　　　　　　　　　交感神经系统

瞳孔收缩　　　　　　　　　　　　　　　　瞳孔扩张

唾液增加　　　　　　　　　　　　　　　　唾液抑制　出汗增多

心跳变缓　　　　　　　　　　　　　　　　心跳加速

支气管收缩　　　　　　　　　　　　　　　支气管扩张

胃的消化功能增强　　　　　　　　　　　　胃的消化功能降低

　　　　　　　　　　　　　　　　　　　　肾上腺素分泌

肠的消化功能增强　　　　　　　　　　　　肠的消化功能降低

膀胱收缩　　　　　　　　　　　　　　　　抑制膀胱收缩

交感神经节链

脊髓

统（sympathetic division）支配应对紧急情况的反应；**副交感神经系统**（parasympathetic division）监测身体内部功能的常规运行。可以把交感神经系统看成"麻烦终结者"。在应激或紧急情境下，它会唤起某些脑结构，让机体为战斗或逃避危险做好准备，这一行为模式被称为"战斗或逃跑反应"。此时，消化停止，血液从内脏向肌肉流动，氧气传递增加，心率加快。当危险过后，副交感神经系统接过控制权，个体开始平静下来。消化活动恢复，心跳变缓，呼吸放松。副交感神经系统执行机体在非紧急情况下的常规维护，如排除体内废物，保护视觉系统（通过眼泪和瞳孔收缩），长期维持身体的能量。交感和副交感神经系统的分工如**图 3.13**所示。

脑结构及其功能

脑是中枢神经系统最重要的组成部分。人脑结构大体分为三个相互联系的层次，最深层的结构称为脑干，主要与自主过程如心率、呼吸、吞咽和消化等功能有关。包围这个中央结构的是边缘系统，它与动机、情绪和记忆过程有关。包在这两层脑结构之外的是大脑，人类的全部心理活动发生在这里。大脑及其表层即大脑皮层整合感觉信息，协调你的运动，促成抽象思维和推理（见**图 3.14**）。让我们更详细地考察这三层脑结构的功能，先从脑干、丘脑和小脑谈起。

脑干、丘脑和小脑　所有脊椎动物都有**脑干**（brain stem），含有综合调节机体内部状态的脑结构（见**图 3.15**）。**延髓**（medulla）位于脊髓的最上端，是呼吸、血压和心跳调节中枢。由于这些过程对生命的维持是必需的，所以延髓的损伤将是致命的。从身体发出的上行神经纤维和从脑发出的下行神经纤维都在延髓发生交叉，这就意味着身体的左侧与脑的右侧相连，而身体的右侧与脑的左侧相连。

边缘系统：
调节情绪与动机行为

大脑皮层：
参与复杂
心理过程

边缘系统

下丘脑：
管理身体内部状态

小脑：
调节协调运动

脑干：
设定脑的警觉水平
和警报系统

脊髓：
神经纤维与
脑连接的通路

丘脑：
传递感觉信息

丘脑

脑干和
小脑

图 3.14　脑结构

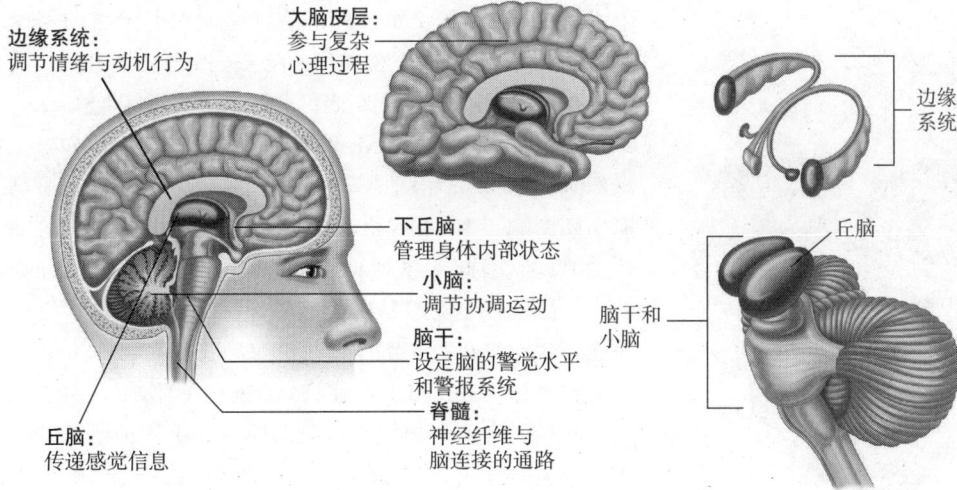

脑包括以下主要组成部分：脑干、小脑、边缘系统和大脑皮层。这些组成部分以错综复杂的方式联结在一起。（见彩插）

　　紧贴延髓之上的是**脑桥**（pons），它提供传入纤维到其他脑干结构和小脑之中。**网状结构**（reticular formation）是一类致密的神经细胞网络，它是脑的"哨兵"。它唤醒大脑皮层去注意新刺激，甚至在睡眠中也保持脑的警觉反应。这个区域的大面积损伤往往会导致昏迷。

　　网状结构有伸向**丘脑**（thalamus）的长纤维束，传入的感觉信息通过丘脑到达大脑皮层的适当区域，并在那里进一步加工。例如，丘脑把眼睛获得的信息传递到大脑皮层视觉区。神经科学家很早就知道，与脑干相连的**小脑**（cerebellum）位于头骨基底部，协调身体的运动，控制姿势并维持平衡。小脑损伤会阻断原本平稳流畅的运动，造成不协调和不平稳。然而，最近的研究表明小脑有更多样的功能。例如，在学习和执行身体运动序列上，小脑有重要作用（Bellebaum & Daum, 2011; Timmann et al., 2010）。越来越多的证据表明，小脑也参与了一些高级的认知功能，如语言加工和痛觉体验（Moulton et al., 2010; Murdoch, 2010）。

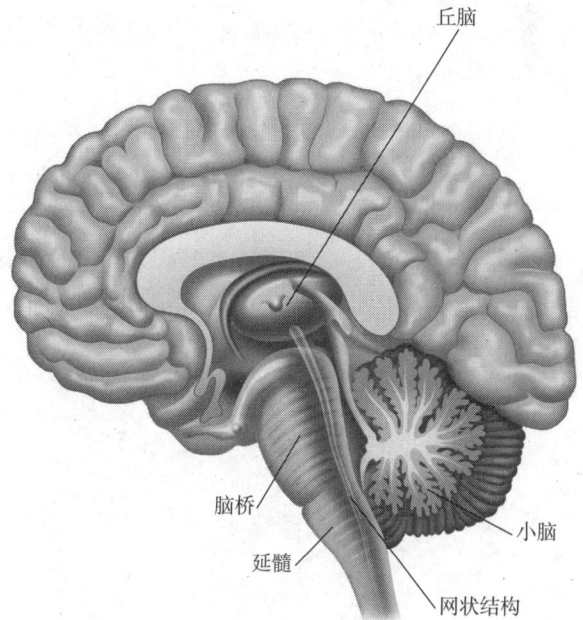

丘脑

脑桥

延髓

小脑

网状结构

图 3.15　脑干、丘脑和小脑

这些结构主要与基本生命过程有关，包括呼吸、脉搏、唤醒、运动、平衡和感觉信息的简单加工。

边缘系统　**边缘系统**（limbic system）与动机行为、情绪状态和记忆过程相关。它也参与体温、血压和血糖水平的调节，并执行其他体内环境的调节活动。边缘系统由三个结构组成：海马、杏仁核和下丘脑（见**图 3.16**）。

　　海马（hippocampus）是边缘系统中最大的脑结构，在记忆获得中发挥重要作用（Wang & Morris, 2010）。相当多的临床证据支持这种观点，例如有关病人 H.M. 的著名研究。H.M. 可能是心理学中最著名的被试，他在 27 岁时进行了一次脑外科手术，试图缓解其癫痫发作的频率和严重程度。手术将一部分海马切除，结果 H.M. 的记忆表现彻底改变了。H.M. 是一个亲切友善的人，担任了 50 年的研究被试。他于 2008 年去世，为我们留下了脑功能相关重要信息的珍贵遗产。

　　我们来考察一下 H.M. 的一些经历。他在手术多年后，仍一直相信自己生活在做

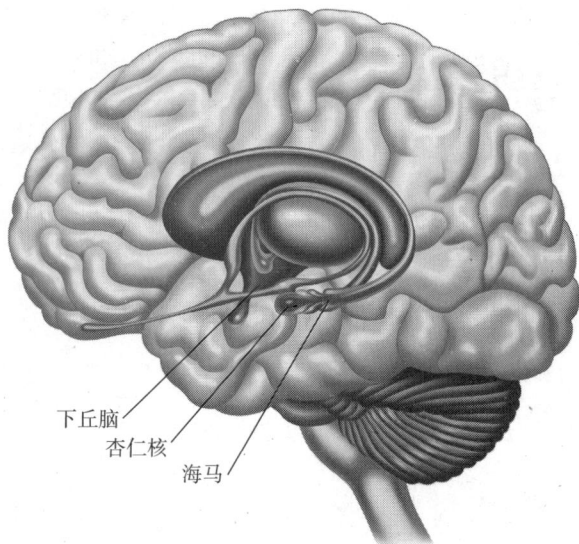

图 3.16 边缘系统
边缘系统结构仅出现在哺乳动物的脑内,它与动机行为、情绪状态和记忆过程有关。

手术时的 1953 年。如果某个信息是他在手术之前经常接触的,那么他能回忆起这一信息。然而在手术后,他只有在"大量重复"的情况下才能获得新信息(MacKay et al., 2007, p. 388)。H.M. 仍能掌握新的技能(比如根据镜像画出正图),但他不记得曾参加过训练课程。海马损伤还影响了 H.M. 产生和理解语言的能力(MacKay et al., 2011)。因此,在对 H.M. 进行的研究中,大量证据表明,海马除了获取特定类型的记忆之外还有更广泛的功能。我们将在第 7 章详细讨论海马获取记忆的功能。

杏仁核(amygdala)在情绪控制中起作用。由于这种控制功能,杏仁核损伤可能对原本过于精神活跃的个体产生镇静效应(我们将在第 15 章讨论精神外科手术)。但是,杏仁核某些区域的损伤也会损害个体对特定面部表情的识别,比如那些传达悲伤和恐惧等负性情绪的面部表情(Adolphs & Tranel, 2004)。杏仁核也在带情绪内容的记忆的形成和提取中发挥重要作用(Murty et al., 2011)。因此,杏仁核受损的人通常很难在涉及情绪的情境中做出正确的决定,比如对赢钱或输钱做出反应(Gupta et al., 2011)。

下丘脑(hypothalamus)是脑内最小的结构之一,但在日常生活的许多重要功能中具有重要作用。实际上它由几个神经核团组成,即调节与动机行为(包括进食、饮水、体温调节和性唤起)有关的生理过程的小神经元束。下丘脑维持着身体内部平衡或者说**内稳态**(homeostasis)。当身体能量储存降低,下丘脑激发机体寻找食物和进食;当体温降低,下丘脑引起血管收缩并产生微小的非自主运动,这就是通常所说的"寒颤"。下丘脑也调节内分泌系统的活动。

大脑 人类的**大脑**(cerebrum)超过脑的任何其他部分,占总重量的三分之二。它的作用是调节脑的高级认知功能和情绪功能。大脑的外表面由数以亿计的细胞组成,形成约 2.5 毫米厚的薄层,称为**大脑皮层**(cerebral cortex)。大脑分成左右大致对称的两半,称为**大脑半球**(cerebral hemisphere),本章后面我们将进一步讨论大脑的两个半球。两个半球由大量神经纤维连接起来,这些纤维总称为**胼胝体**(corpus callosum),这个通路负责在半球之间来回传递信息。

神经科学家已经绘制出大脑半球分区图,界定了四个区域或者说脑叶(见**图 3.17**)。**额叶**(frontal lobe)参与运动控制和认知活动,如计划、决策、设定目标,位于外侧裂之上和中央沟之前。因意外事故而损伤额叶会对人的行为和人格产生毁灭性影响。正是这一脑区受损引起了盖奇巨大的变化(Macmillan, 2008)。额叶还包括布洛卡区,也就是保罗·布洛卡在关于语言障碍病人的研究中所发现的脑区。

顶叶(parietal lobe)负责触觉、痛觉和温度觉,位于中央沟之后。**枕叶**(occipital lobe)是视觉信息到达的部位,

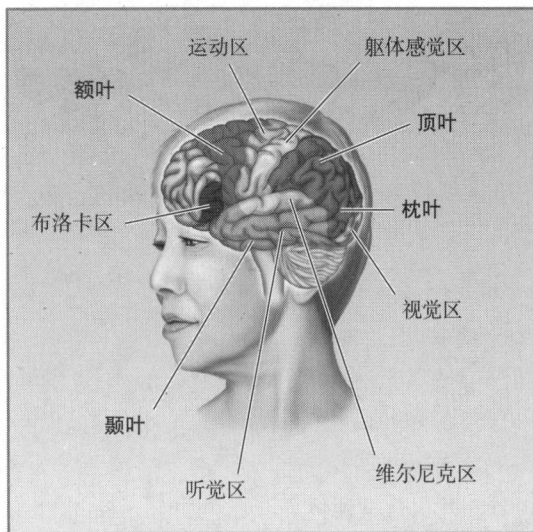

图 3.17 大脑皮层
大脑皮层的每个半球均含四个脑叶,每个脑叶的特定部位与不同的感觉和运动功能相关。(见彩插)
资料来源:Lilienfeld, Scott O.; Lynn, Steven J.; Namy, Laura L.; Woolf, Nancy J, *Psychology: From Inquiry to Understanding*, 1st Edition, © 2009. Printed and electronically reproduced by permission of Pearson Education Inc., Upper Saddle River, New Jersey.

位于头的后部。**颞叶**（temporal lobe）负责听觉过程，位于外侧裂下部，即每个大脑半球的侧面。颞叶中包括一个被称为**维尔尼克区**（Wernicke's area）的脑区。1874 年，**卡尔·维尔尼克**（Carl Wernicke, 1848—1905）发现这个脑区受到损伤的病人，其生成的言语虽流畅但无意义，言语的理解能力受到了损害。

如果说每个脑叶单独控制某一特殊功能，这是一种误导。事实上，各个脑结构合作完成它们的功能，作为一个统一单元像交响乐队那样工作。不管你是在洗碗或是在解决一个微积分问题，还是与朋友谈话，你的脑作为一个统一整体在工作，各个脑叶相互影响，相互合作。但是，神经科学家能够在大脑四个脑叶中确定出完成某一特殊功能，如视觉、听觉、语言和记忆，所必需的区域。当这些区域受损时，它们的功能就遭到破坏或完全丧失。

身体的随意肌有 600 余块，其活动受到正好位于中央沟之前的额叶**运动皮层**（motor cortex）的控制。回忆一下，脑一侧发出的命令传向身体对侧的肌肉。同样，身体下部如脚趾的肌肉受运动皮层顶部神经元的控制。身体上部如咽喉的肌肉受运动皮层下部神经元的控制。如**图 3.18** 所示，与身体下部相比，身体上部从皮层得到精细得多的运动指令。事实上，运动皮层的两个最大区域负责支配手指（特别是大拇指）以及言语相关的肌肉活动。它们的脑区更大这一事实，反映了操作物体、使用工具、进食和谈话等这些人类活动的重要性。

躯体感觉皮层（somatosensory cortex）位于左、右顶叶，恰好处于中央沟的后方。这一皮层区域加工温度、触觉、躯体位置和疼痛的信息。与运动皮层相似，感觉皮层的上部与身体下部相关，皮层下部则与身体上部相关。感觉皮层的大部分区域用

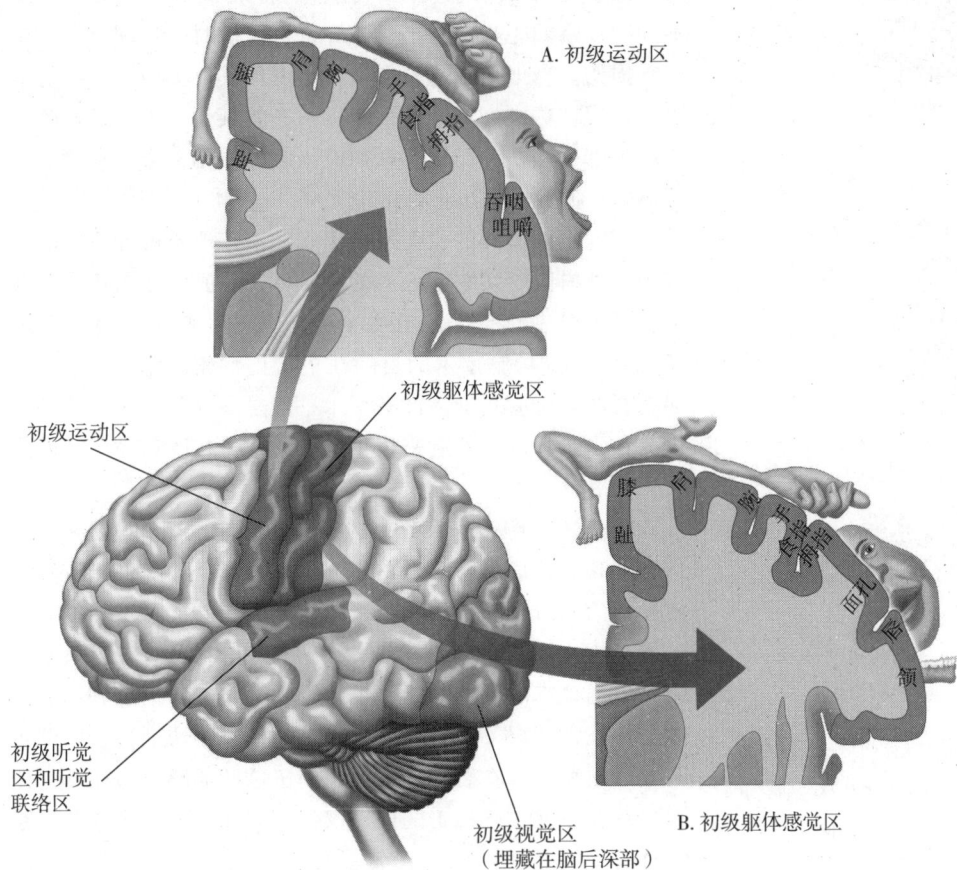

图 3.18　运动和躯体感觉皮层

身体的不同部位对于环境刺激和脑控制的敏感性各不相同。身体特定部位的敏感性与专门负责该部位的大脑皮层的大小有关联。如图所示，图中的身体部位画得越大，表示专门负责该部位的大脑皮层越大，同时对环境刺激也越敏感，脑对其运动的控制程度也越高。（见彩插）

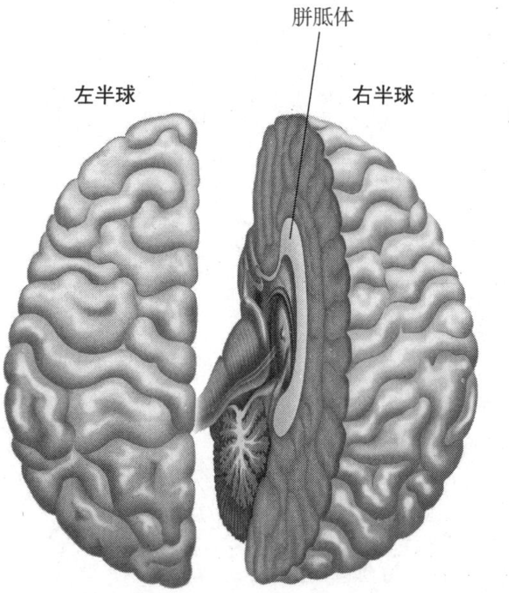

左半球　　　　　　右半球

胼胝体

图 3.19　胼胝体
胼胝体是两半球间传递信息的巨大的神经纤维网络，切断胼胝体会破坏这种信息交流。

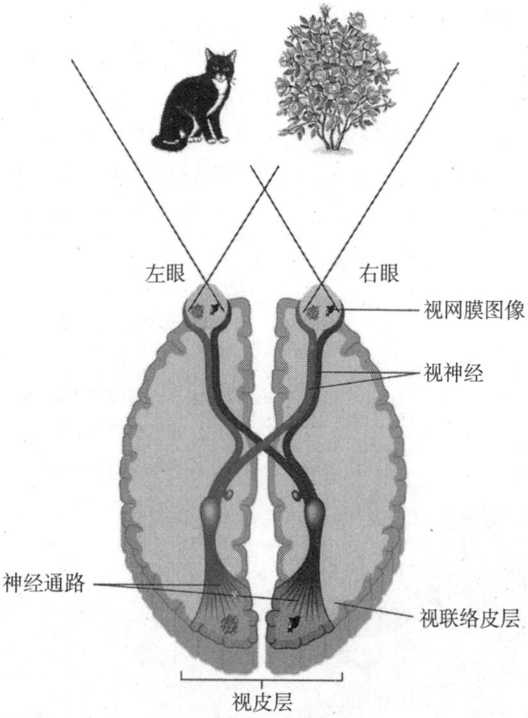

左眼　　　右眼

视网膜图像

视神经

神经通路

视联络皮层

视皮层

图 3.20　视觉信息的神经通路
从每只眼睛内侧发出的视觉信息的神经通路，在胼胝体处从脑的一侧交叉到另一侧。从两眼外侧携带信息的通路并不交叉到对侧。切断胼胝体，则右视野呈现的信息不能进入右半球，左视野的信息也不能进入左半球。

于加工来自唇、舌、拇指和食指的感觉信息，身体的这些部位提供最重要的感觉传入（见图 3.18）。与运动皮层一样，右半球的感觉皮层接收身体左侧的感觉信息，左半球的感觉皮层接收身体右侧的感觉信息。

听觉信息由**听皮层**（auditory cortex）加工，听皮层位于两侧颞叶。每侧半球的听皮层都从两只耳朵接收听觉信息。视觉传入由位于大脑后部枕叶的**视皮层**（visual cortex）进行加工。视皮层中最大的区域接收眼后部视网膜中心区的传入信息，这里传递的视觉信息最为详细。

并非所有大脑皮层都加工感觉信息或向肌肉发送动作命令。事实上，大部分皮层的功能与解释和整合信息有关。诸如计划、决策等过程被认为发生在**联络皮层**（association cortex）。联络皮层分布在几个皮层区，图 3.18 标示了其中的一个区。联络皮层使你将不同感觉通道的信息结合起来，用于计划对外界刺激做出适当反应。

现在我们已经考察了你的神经系统中很多重要的结构。回想一下，我们在讨论大脑时指出了每种大脑结构在两个大脑半球中都存在。现在我们来讨论两个半球的差异。

半球功能偏侧化

最初是什么信息使得研究者们怀疑大脑两半球的功能不同呢？请回想当布洛卡对 Tan 进行尸检时，发现其左侧半球有损伤。当他追踪这一发现时，发现具有类似语言功能障碍——现在称之为布洛卡失语症——的其他病人，其大脑左半球也都有损伤。而右半球相应脑区的损伤不会导致这种语言障碍。据此能得出什么结论呢？

研究半球差异的机会最初出现在治疗严重癫痫病人的过程中。外科医生切断了病人的胼胝体，胼胝体是由约两亿条神经纤维组成的神经束，在大脑两半球之间来回传递信息（见图 3.19）。这项脑手术的目的在于防止癫痫发作时剧烈的电活动在两半球间扩散。此类手术一般是成功的，术后病人的行为在多数情况下看起来很正常。通常将接受这类手术的病人称为裂脑病人。

为了测试癫痫病人分离的半球的功能，**斯佩里**（Sperry，1968）和**加扎尼加**（Gazzaniga, 1970）设计了一种实验情境，使视觉信息分别呈现给每个半球。斯佩里和加扎尼加的方法依赖于视觉系统的解剖学结构（见**图 3.20**）。对于每只眼来说，右侧视野的信息到达左半球，左侧视野的信息到达右半球。在正常情况下，到达两侧半球的信息很快通过胼胝体由两半球共享。但在裂脑病人中，由于这些通路已被切断，使得出现在左或右侧视野的信息仅仅停留在右或左半球（见**图 3.21**）。

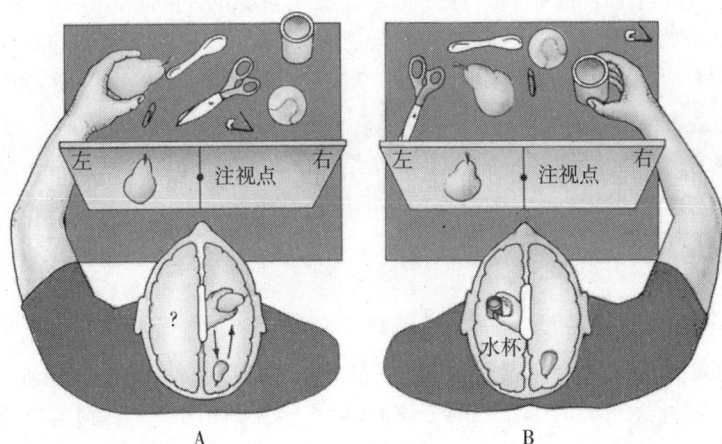

图 3.21　测试裂脑病人
当一个裂脑病人用左手去寻找与快速闪现在左视野的图片相匹配的物体时，他可以成功做到，因为他的视觉信息和触觉信息都进入右半球，如图 A 所示。但是，病人不能说出这个物体的名字，因为言语主要是左半球的功能。现在考虑要求同一个病人用右手完成相同的任务，如图 B 所示。在这种情况下，他不能利用触觉成功地找出物体，因为视觉信息和触觉信息是在不同的半球加工的。然而，在这个测试中，病人能够说出手中物体的名字。
资料来源：Zimbardo, Philip G.; Johnson, Robert L.; McCann, Vivian, *Psychology: Core Concepts*, 6th Edition, © 2009. Printed and electronically reproduced by permission of Pearson Education Inc., Upper Saddle River, New Jersey.

　　由于大多数人的言语由左半球控制，所以左半球可以把看到的信息"回话"给研究者，而右半球则不能。研究者与病人右半球的交流则通过手的动作来完成，包括识别、匹配或组装物体，这些任务都不需要使用词语。请考虑下面一个关于裂脑人利用他的左半脑来解释由右半脑支配的左手活动的例子。

研究特写

　　将一幅雪景图呈现给裂脑病人的右半球，同时将一幅鸡爪图呈现给其左半球（Gazzaniga, 1985）。病人从一系列物体中找出与两张图有关的项目。结果病人用他的右手指着鸡头，用左手指着铁锹。病人报告清理鸡舍需要铁锹（而不是铲雪）。由于病人胼胝体已切断，左脑并不知道右脑看到了什么，左脑就需要解释为什么当左半球看到的只是鸡爪图时，却用左手指着铁锹。于是，左脑的认知系统提供了一种理论，从而使身体不同部位的行为具有了某种意义。

　　通过运用裂脑研究以及其他一些不同的研究方法，现在我们已经知道，大多数人与语言相关的机能偏侧化到左半球。当一侧大脑半球在完成某一功能起到主要作用时，我们就认为这一功能发生了偏侧化。言语——产生连贯口语的能力——可能是所有功能中偏侧化程度最高的。神经科学家已经发现，只有约 5% 的右利手者和 15% 的左利手者，其言语由右半球控制；另有 15% 的左利手者在两个半球都有言语加工（Rasmussen & Milner, 1977）。因而，对于大多数人，言语是左半球的功能，因此大多数人的左半球损伤后会引起言语障碍。有趣的是，使用美国手势语言的人，利用一套复杂的手的摆位和运动来表达意思，这些人的左脑损伤也导致类似的障碍（MacSweeney et al., 2008）。因此，偏侧化的不是言语功能，而是产生表达序列的能力，不论编码表达含义的是声音还是手势。

　　然而，你不应该据此得出左半球优于右半球的结论。虽然左半球在言语方面起主导作用，但在其他任务中，右脑则起主导作用。例如，大多数人在判断空间关系和面部表情时，右半球的活动更强（Badzakova-Trajkov et al., 2010）。尽管如此，左右半球的

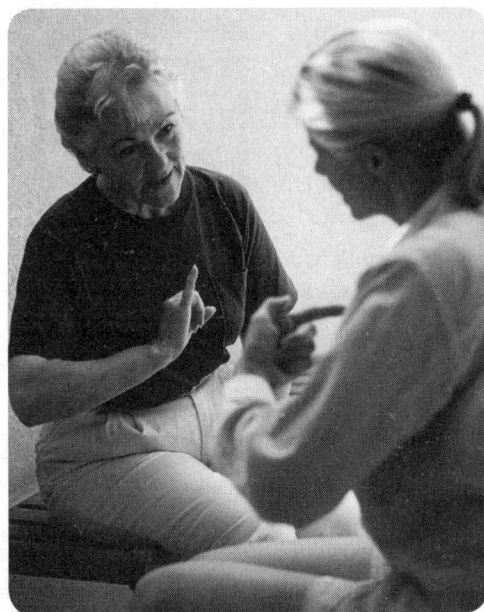

对使用手语的个体的研究，如何影响研究者对于脑功能偏侧化的信念？

结合才能为你提供完整的经验。例如，具有更高语言使用禀赋的左半球，在大多数形式的问题解决中起着关键作用，你对此可能不会感到惊讶。但是，当问题的解决需要灵感爆发时，右半球的功能就变得明显起来，那些右半球相对活跃的人更有可能爆发出灵感（Kounios et al., 2008）。

至此，我们已经考察了神经系统中的许多重要结构。现在让我们来看看内分泌系统，它是与神经系统紧密协作、共同调节身体功能的躯体系统。

内分泌系统

人类基因型特化发育出第二个高度复杂的调节系统，即**内分泌系统**（endocrine system），其作用是辅助神经系统的工作。内分泌系统是一种腺体网络，它制造和分泌被称为**激素**（hormone）的化学信使到血流中（见**图3.22**）。在日常功能中激素是不可或缺的，而在生命的某些阶段或某些情境下它们尤为重要。激素影响身体的生长。它们启动、维持和终止第一性征和第二性征的发育；影响唤醒和觉知的水平；作为心境变化的基础；调节代谢，即身体利用其能量储存的速率。内分泌系统通过帮助机体对抗感染和疾病，从而促进机体的生存。通过调节性唤起、生殖细胞的增殖和哺乳期母亲乳汁的产生等途径，内分泌系统促进物种的生存和延续。因此，没有有效的内分泌系统，你就无法生存。

内分泌腺对血流中化学物质的水平做出反应，或者为其他激素或脑发出的神经冲动所激发。然后激素被分泌到血液中，流向具有特异受体的远端目标细胞；激素对身体化学调节程序的作用，只在遗传上早已确定的反应部位上发生。在影响不同的特定目标器官或组织时，激素调节着大量的生化过程。内分泌作为多重作用的通信系统，能控制缓慢连续的过程，如血糖水平和钙水平的维持、碳水化合物的代谢和身体的一般生长。但是，当处于危机时会发生什么呢？内分泌系统也释放肾上腺素到血流中：肾上腺素会激发你的身体，使你能很快对挑战做出反应。

我们曾经提到过，下丘脑是内分泌系统与中枢神经系统间的中转站。下丘脑内特化的细胞从其他脑细胞中接收信息，然后指令下丘脑释放多种激素到脑垂体，再

图 3.22 男性和女性的内分泌腺

脑垂体见最右侧，它是主腺体，调节左侧各种腺体的活动。脑垂体由下丘脑控制。下丘脑是边缘系统的一个重要脑结构。

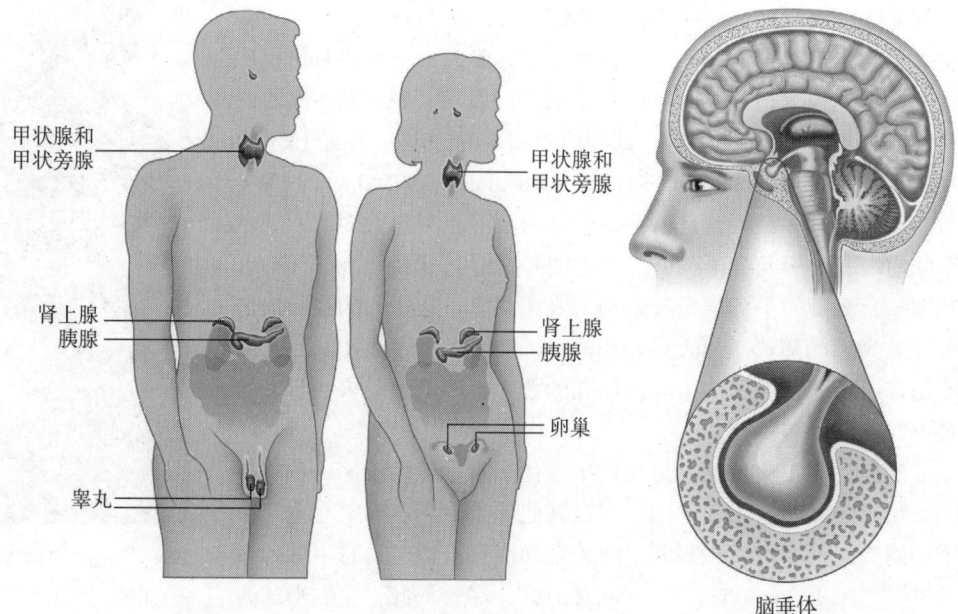

甲状腺和甲状旁腺

甲状腺和甲状旁腺

肾上腺
胰腺

肾上腺
胰腺

卵巢

睾丸

脑垂体

由脑垂体促进或抑制其他激素的释放。身体有几个不同部位可以产生激素，它们像工厂一样制造各种各样的激素，每种激素调节不同的体内生理过程，如**表3.1**所示。让我们考察最重要的一些生理过程。

脑垂体（pituitary gland）通常被称为"主腺体"，因为它产生约 10 种影响其他内分泌腺分泌的激素，以及一种影响生长的激素。缺乏这种生长激素会导致侏儒症，而过量会导致巨人症。男性脑垂体分泌的促性腺激素，刺激睾丸分泌**睾酮**（testosterone），睾酮刺激精子的产生。脑垂体也能促进男性第二性征的发育，如脸上长胡须、变声以及生理成熟等。睾酮甚至还能提高攻击性和性欲。女性的一种脑垂体激素刺激**雌激素**（estrogen）的产生，雌激素是激素连锁反应的基础，这个连锁反应促使女性的卵巢释放卵子，使其具有生育力。一些避孕药正是通过阻断脑垂体控制该激素流这一机制，从而阻止卵子的释放。

可塑性和神经发生：变化的大脑

现在你已经对神经系统如何运作有了一个基本的认识：成千上万的神经元无时无刻不在进行着信息传递，以完成一系列身心活动。然而，最有趣的是，所有这些神经传导的一个结果是：大脑自身也无时无刻不在发生着变化。你想用一分钟来改变一下你的大脑吗？那就翻到前面几页回顾一下动作电位的概念。如果你很好地掌握了这个概念，或者你获得了其他一些新的知识，那么你就已经对你的大脑进行了新的塑造。研究者把脑的这种特性改变称为**可塑性**（plasticity）。神经科学领域的大量研究关注的是可塑性的生理基础。例如，研究者考察学习如何源于新突触的形成或现有突触传递的改变（Miyashita et al., 2008）。

因为脑的可塑性依赖于生活经历，所以大脑受各种各样的环境和活动所影响也就不足为奇了。由**马克·罗森茨韦格**（Mark Rosenzweig）开创的一系列研究表明，分别在贫乏和丰富环境下生活的大鼠，其脑发育有所不同（综述见 Rosenzweig, 1996, 1999）。早期研究在年幼动物身上证实了该观点：生活在丰富环境中的大鼠，大脑皮层的平均重量和厚度均大于在贫乏环境中生活的同窝大鼠。现在的研究者发现，对于成年动物的脑，环境的丰富性仍持续发挥着作用。

表 3.1　主要内分泌腺及其产生的激素的功能

腺体	产生激素以调节
下丘脑	垂体激素释放
垂体前叶	睾丸和卵巢
	乳汁生成
	代谢
	应激反应
垂体后叶	体内水分保持
	乳汁分泌
	子宫收缩
甲状腺	代谢
	生长和发育
甲状旁腺	钙离子水平
肠腺	消化
胰腺	葡萄糖代谢
肾上腺	战斗或逃跑反应
	代谢
	女性性欲
卵巢	女性性征发育
	卵子产生
睾丸	男性性征发育
	精子产生
	男性性欲

研究特写

一个月大的"Long-Evans"雌性大鼠被放置在标准的实验室笼子或一个丰富的环境中（里面装满了各种各样的物品，包括隧道、玩具和链条）（Harati et al., 2011）。在它们 24 个月（对于大鼠而言已经算老年）时，对它们进行空间记忆和注意力的测试。在丰富环境中长大的大鼠在这两种任务上都表现得比在标准环境中长大的大鼠要好。研究人员还分析了它们的脑，结果发现，丰富环境中成长的大鼠，其与任务相关的脑区有着更多的神经元。这个结果表明，丰富环境中的经验有助于保存大鼠的神经元或减少它们的损失。

利用脑成像技术，可以测量出与个体生活经验相关的非常具体的脑差异。请想象一下，一位小提琴演奏家需要用极为精细的触觉控制左手的手指。回顾一下图3.18，你可以看到负责手指的感觉皮层区域有多么大。大脑扫描发现，相比非演奏者，小提琴演奏家左手手指的皮层代表区明显增大（Elbert et al., 1995）。而右手手指，由于在小提琴演奏中不需要太多感觉作用，其大脑皮层代表区就没有明显增大。对于12岁以前就学习小提琴的演奏家，其左手手指的大脑皮层代表区增大得最多。专栏"生活中的批判性思维"解释了文化经验如何改变你的脑。

关于可塑性研究的另一个重要方面涉及人或动物的大脑或脊髓因中风、退行性疾病或事故而受到损伤的情况。大量临床证据表明有些时候大脑可以自愈。例如，中风会导致语言障碍，但随着时间的推移，其语言功能经常能够得到恢复。在有些例子中，大脑受损区域具有足够的残留功能使得康复成为可能；在另一些案例中，其他脑区取代了受损的部位而发挥作用（Turkeltaub et al., 2011）。研究者也开始开发一些技术来帮助大脑恢复。近年来，研究者开始关注干细胞，在适当的条件下，这种非特化的细胞可以分化成新的神经元而发挥作用（Li et al., 2008）。研究者希望干细胞能够最终提供一种方式，通过新的神经生长来替换神经系统中损伤的组织。因为最具分化可能性的干细胞通常来自胚胎和流产的胎儿，所以干细胞研究也成了伦理争论的一个热点。但是，研究人员相信干细胞研究可以为瘫痪病人或其他严重神经系统损伤者的救治带来福音。基于这个原因，科学界正在社会规范可以接受的范围内，积极探索各种可能的研究途径。

近年来关于脑修复的研究有了长足的进步，因为新的重要数据表明，成年哺乳动物包括人类的脑中仍存在**神经发生**（neurogenesis），即自然产生的干细胞发育成新的脑细胞（Leuner & Gould, 2010）。在近100年里，神经科学家认为成年哺乳动物的神经元数量已经完全确定了，到了成年期只可能出现神经元死亡而不可能再生。但是新的数据挑战了这种观点。例如，请回忆一下我们前面所说的海马在形成某类记忆中的重要作用。现在研究者已经发现了成年动物海马中的神经发生，研究人员正在探究新生的神经元如何在生命全程中为新记忆的获取提供资源（Kempermann, 2008）。

在本章，我们简短探讨了一个1.36千克重的神奇物质，这就是你的脑。意识到大脑在控制行为和你的心理活动是一回事，而理解大脑是如何完成这些功能的却是另外一回事。神经科学家们正致力于一项令人着迷的探索，即理解脑、行为和环境如何相互作用。你现在已经获得了一些基础知识，它将使你能够理解随之展开的新知识。

STOP　停下来检查一下

❶ fMRI 优于其他脑成像技术之处是什么？

❷ 自主神经系统分为哪两个主要部分？

❸ 杏仁核的主要功能是什么？

❹ 在什么活动中，大多数人的大脑右半球更活跃？

❺ 为什么脑垂体通常被称为主腺体？

❻ 什么是神经发生？

生活中的批判性思维

文化如何"化入大脑"

随着对本书的学习不断深入，你将有多次机会体会文化对人们行为的影响。这些文化差异当然来自每个个体大脑的活动。事实上，有研究者指出，在发展的过程中文化会"化入大脑"（Kitayama & Uskul，2011）。下面我们来探讨一下这个观点。

当个体在一个传递着一套特定价值观的环境中成长时，文化"化入大脑"的过程就开始了。这些价值观会影响人们如何应对各种各样的情境。例如，大量的跨文化研究表明，来自西方文化（如美国）的人通常把自己视为独立的行动者，而来自东方文化（如中国、日本和印度）的人通常把自己定义为一个更大群体的一分子（我们将在第 13 章更详细地探讨这个差异）。这一自我定义的差异对行为有多方面的影响。

例如，假设给你一个带有学校标识的普通咖啡杯。放弃它对你来说会有多痛苦？研究表明，答案取决于你成长于哪种文化（Maddux et al.，2010）。对于来自西方文化的人来说，财产在某种意义上成为了自我的一部分。因此，放弃财产就仿佛放弃了一部分的自我。但是，来自东方文化的人与他们的财产则没有这种关系。因此，当他们考虑放弃某一财产时，应该不会感到那么痛苦。

为了测量咖啡杯对每个人的价值，研究人员给一些实验参与者一个杯子作为礼物，并询问他们，别人给多少钱他们才愿意卖掉自己的杯子。对于其他参与者，研究者只是展示了一下杯子，然后问他们愿意付多少钱买这个杯子。来自西方文化的卖家要价比买家愿意出的价格大概高 3.24 美元，而来自东方文化的卖家只高约 1.60 美元。这种差异表明，西方参与者更看重他们的财产。

想想你生命中所有获得或放弃财产的时刻。在每种情况下，文化价值观都促使你以特定的方式思考这些财产。长此以往，你的大脑会不断重复神经活动模式来执行你的反应。当你读到关于大脑可塑性的内容时，丰富的小提琴经验会改变演奏者的大脑可能不会让你惊讶（Elbert et al.，1995）。小提琴手的大脑在执行经过高度练习的活动时变得更有效率。小提琴演奏化入了大脑。同样，当人们重复某种文化所期望的行为反应时，大脑在产生这些反应时会变得更有效率。如此，文化就化入了大脑。

- 脑成像技术如何能帮助你证明文化已化入了大脑？
- 如果一个人成长在一个多元文化的家庭中，可能会发生什么？

要点重述

遗传与行为

- 自然选择导致物种的起源并随时间发生变化。
- 在人类进化中，两足化和大脑化是导致后来的进步包括语言和文化出现的原因。
- 遗传的基本单元是基因，基因与环境之间存在交互作用，共同影响表型特征。

神经系统的活动

- 神经元是神经系统的基本单元，接收、加工和传递信息到其他细胞、腺体和肌肉。
- 神经元将信息从树突通过细胞体（胞体）传递到轴突，再沿轴突传到终扣。
- 感觉神经元从特化的感受器细胞接收信息并将之发送到中枢神经系统。运动神经元把信息从中枢神经系统传到肌肉和腺体。中间神经元将信息从感觉神经元传送到其他中间神经元或运动神经元。镜像神经元在个体观察另一个体做动作时会做出反应。
- 一旦一个神经元的输入总和超过特定阈值，就会沿轴突发送动作电位到终扣。
- 当离子通道的开启允许离子跨细胞膜进行交换时，就会创造出全或无的动作电位。
- 神经递质被释放到神经元之间的突触间隙。一旦神经递质扩散跨过间隙，它们就会附着在突触后膜的受体分子上。

- 这些神经递质是兴奋还是抑制细胞膜，取决于受体分子的性质。

生物学与行为

- 神经科学家们利用多种方法研究脑与行为间的关系：研究脑损伤病人，损伤特定脑区，电刺激脑，记录脑活动，利用计算机控制的设备进行脑成像。
- 脑和脊髓构成中枢神经系统（CNS）。
- 外周神经系统（PNS）由连接中枢神经系统（CNS）和全身的全部神经元组成，包括躯体神经系统和自主神经系统。前者调节身体的骨骼肌，后者调节生命支持过程。
- 脑包括三个相互协调的层次：脑干、边缘系统和大脑。
- 脑干负责呼吸、消化和心率的调节。
- 边缘系统与长时记忆、攻击、饮食和性行为调节有关。
- 大脑控制更高级的心理功能。
- 某些功能会偏侧化到一侧大脑半球，例如，大多数个体的言语功能位于左半球。
- 虽然大脑两半球以协调一致的方式工作，但它们在不同任务中所起作用的相对大小不同。
- 内分泌系统产生和分泌激素到血流中。
- 激素协助调节生长、第一性征和第二性征的发育，以及协助调节代谢、消化和唤醒水平。
- 新的细胞生长和生活经验能够在出生之后重塑大脑。

关键术语

自然选择	基因组	胶质细胞
基因型	遗传力	髓鞘
表型	神经科学	兴奋性输入
遗传	神经元	抑制性输入
遗传学	树突	动作电位
人类行为遗传学	胞体	静息电位
社会生物学	轴突	离子通道
进化心理学	终扣	全或无定律
DNA（脱氧核糖核酸）	感觉神经元	不应期
基因	运动神经元	突触
性染色体	中间神经元	突触传递
多基因性状	镜像神经元	神经递质

神经调质	延髓	枕叶
布洛卡区	脑桥	颞叶
损伤	网状结构	维尔尼克区
重复经颅磁刺激（rTMS）	丘脑	运动皮层
脑电图（EEG）	小脑	躯体感觉皮层
计算机断层扫描术（CT 或 CAT）	边缘系统	听皮层
正电子发射断层扫描术（PET）	海马	视皮层
磁共振成像（MRI）	杏仁核	联络皮层
功能性磁共振成像（fMRI）	下丘脑	内分泌系统
中枢神经系统（CNS）	内稳态	激素
外周神经系统（PNS）	大脑	脑垂体
躯体神经系统	大脑皮层	睾酮
自主神经系统（ANS）	大脑半球	雌激素
交感神经系统	胼胝体	可塑性
副交感神经系统	额叶	神经发生
脑干	顶叶	

4

感觉与知觉

你 是否曾经想过，你那深锁在黑暗、寂静的颅腔中的大脑如何体验梵高画作上绚烂的色彩，如何体验摇滚乐的旋律和节奏，如何体验暑天西瓜的凉爽滋味，如何体验小孩温柔的亲吻，以及如何体验春天野花的芬芳？本章的任务就是解释你的身体和大脑如何感受始终围绕着你的那些刺激，诸如光、声音等等。你将会看到，进化如何赋予你能力去发现经验的许多不同维度。

在这一章中，你将学习自己如何基于知觉过程进而形成对这个世界的经验。从广义上讲，**知觉**（perception）这一术语是指理解环境中客体和事件的所有过程——感觉它们、理解它们、识别和标记它们，以及准备对它们做出反应。知觉对象是当事人所知觉到的东西，是知觉过程的现象学的或经验的结果。你的知觉过程同时具有生存和感官享受双重功能。这些过程通过发出危险警报、激发你快速采取行动以避开危险，以及引导你获得愉悦的体验，从而帮助你更好的生存。这些过程同时也可以满足你的感官享受。感官享受具有满足感官的属性，包括享受各种吸引你的美景、悦耳的声音、温柔的接触、甜蜜的滋味和芬芳的香气。

为了更好地理解知觉过程，可把它分成三个阶段：感觉、知觉组织和辨认（或识别）客体。**感觉**（sensation）是感受器——我们眼睛和耳朵等部位中的结构——受到刺激后产生神经冲动以反映身体内外经验的过程。比如，感觉提供了视野内基本的事实。眼睛中的神经细胞向大脑中的细胞传递信息。

在**知觉组织**（perceptual organization）阶段，你的大脑整合来自感官的证据以及对世界的已有知识，形成对外部刺激的内部表征。以视觉为例，组织过程提供了对客体可能的大小、形状、运动、距离和朝向的估计。这些心理活动通常在没有意识觉知的情况下迅速而有效地完成。

辨认与识别（identification and recognition）过程赋予知觉物以意义。就视觉而言，知觉的前两个阶段回答"这个客体看起来是什么样子？"这一问题，而在这一阶段，变成了辨认问题——"这个客体是什么？"以及识别问题——"这个客体是干什么用的？"你将圆形的物体识别为棒球、硬币、钟表、橘子或月亮；你将人辨别为男性或女性、朋友或敌人、亲戚或摇滚明星。

在日常生活中，知觉似乎轻而易举。你基本觉察不到自己需要这些不同的加工阶段来理解周围世界的意义。本章应该会使你相信，实际上你做了许多复杂的加工和大量的心理活动，才得以获得这个"容易的错觉"。

你在享用西瓜时使用了什么感觉？

关于世界的感觉知识

你对外部世界的经验一定是相对准确而无误的，否则你将无法生存。你需食物维持生命，需房屋保护自己，需与他人交往以满足社会需要，还需能意识到危险以躲避伤害。为了满足这些需要，你必须获得关于世界的可靠信息。在这一节，我们概述你的感觉过程是如何达成这些目标的。

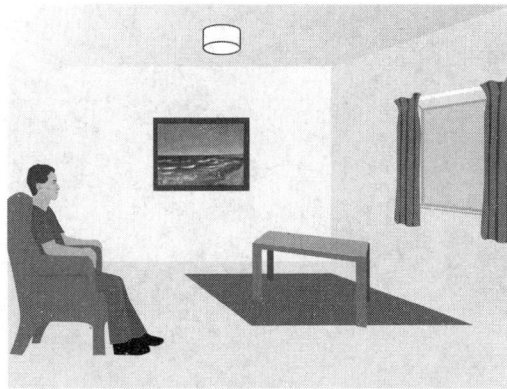

A.

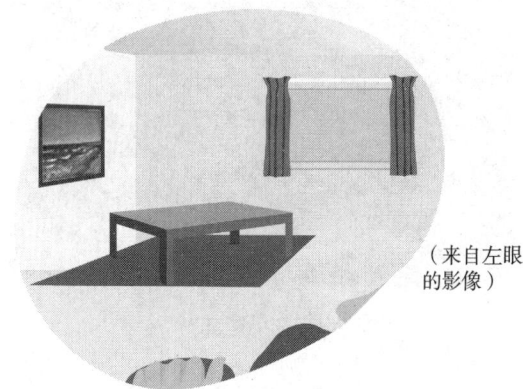

（来自左眼的影像）

B.

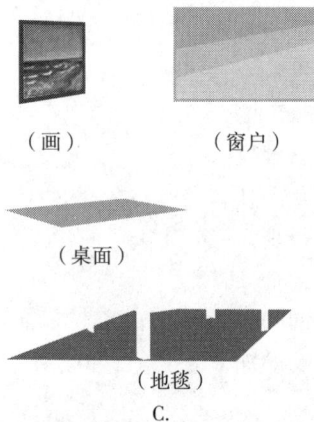

（画）　　　（窗户）

（桌面）

（地毯）

C.

图 4.1　解释视网膜像
设想你坐在一张舒适的椅子上，环顾房间的四周（A）。房间里的物体所反射出的光线在你的视网膜上形成影像。让我们来考察到达你左眼的信息（B）。当你脱离背景看这些信息时（C），你就可以明白你的视觉系统所面临的任务：你的视知觉必须通过使用近距刺激（物体所产生的视网膜像）的信息，来解释或识别远距刺激（环境中的实际物体）。

近距和远距刺激

假设你就是**图 4.1A** 中的人，正坐在一张舒适的椅子上审视整个房间。房间内物体上反射的光进入你的眼睛，形成视网膜上的影像。**图 4.1B** 显示了出现在你左眼的影像（右边突出的部分是你的鼻子，下面是你的手和膝盖）。视网膜上的影像与产生该影像的环境相比如何？

一个非常重要的差别是，视网膜上的影像是二维的，而环境是三维的。这一差别会产生很多影响。例如，比较图 4.1A 中物体的形状与其视网膜影像的形状（**图 4.1C**）。真实世界中的桌面、地毯、窗户和图画都是长方形的，但实际上只有窗户在视网膜上形成了长方形的影像。画的影像是梯形，桌面的影像是不规则四边形，地毯的影像实际是三个分割的区域并有 20 多条边！下面是我们所面临的第一个知觉难题：你如何把这些物体知觉成简单标准的长方形？

然而实际情形更加复杂。你也可以注意到，你知觉到的房间内物体的许多部分实际上在视网膜上并没有出现。例如，你知觉到的两面墙之间的垂直边界从屋顶一直延伸到地板，但这个边界在视网膜上的影像只到桌面为止。同样，地毯在视网膜上的影像有一部分被桌子所遮挡。但这并不影响你把地毯正确地知觉成单一的完整的长方形。实际上，如果考虑到环境中的物体与其在视网膜上的影像的全部差别，你会对自己能把周围环境知觉得如此完善而感到惊讶。

环境中的物理客体与它们在视网膜上的光学成像的差别如此之大且重要，以至于心理学家把它们仔细地区分为知觉上两种不同的刺激。环境中的物理客体被称为**远距刺激**（distal stimulus）（远离观察者），而它们在视网膜上的光学成像称为**近距刺激**（proximal stimulus）（靠近观察者）。

现在可以更简洁地重述我们讨论的要点：你希望知觉的是远距刺激（环境中"真实"的客体），然而你必须从近距刺激即视网膜上的成像中获得信息。知觉的主要计算任务可以看成根据近距刺激中的信息来确定远距刺激，在诸多知觉领域中都是如此。听觉、触觉、味觉等知觉都涉及运用近距刺激中的信息来获得远距刺激特征的过程。

为了展示远距和近距刺激如何对应知觉过程的三个阶段，让我们看一下图 4.1 场景中的一个物体：挂在墙上的那幅画。在感觉阶段，这幅图画对应于视网膜上的二维梯形。顶边和底边向右汇聚，左边和右边长度不等，这是近距刺激。在知觉组织阶段，你把这个梯形看成三维空间中和你成一定角度的长方形。你把顶边和底边知觉为平行的，但是右侧离你更远一些；你知觉到长度相等的左边和右边。你的知觉过程对远距刺激的物理特征产生了一个很强的假设；现在需要的是辨认。在识别阶段，你把这个长方形物体辨认为一幅图画。

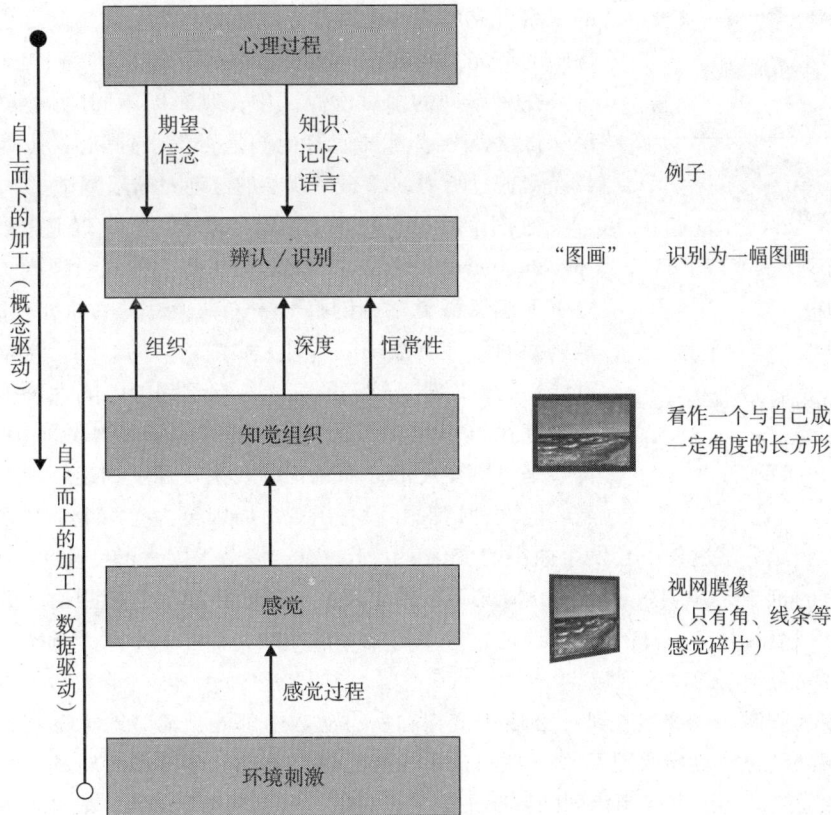

图 4.2 感觉、知觉组织和辨认与识别阶段
本图概述了输入信息从感觉、知觉组织到辨认与识别的转换过程。当知觉表征来自感觉输入中的信息时，就发生了自下而上的加工。当知觉表征受个体的先前知识、动机、期望及其他高级心理活动的影响时，就发生了自上而下的加工。

图 4.2 是表示这些事件顺序的流程图。信息从一个阶段传送到下一个阶段的过程用方块之间的箭头表示。在本章结束时，你将了解该图所表示的相互作用过程。

　　知觉的任务是根据近距刺激辨认远距刺激。然而，早期的感觉研究者发现人们对世界的体验还带有心理成分。我们将会看到，这些研究者考察了环境中的事件与人们对这些事件的体验之间的关系。

心理物理学

　　工厂的火灾报警器要多响才能让工人在喧嚣的机器声中听到它？飞机控制板上的警示灯要多亮才能看起来比其他的灯亮两倍？一杯咖啡中加多少糖才能感觉到甜？为了回答这些问题，我们必须能够测量感觉体验的强度。这是**心理物理学**（psychophysics）的中心任务，即研究物理刺激与其引发的行为或心理体验之间的关系。

　　德国物理学家**古斯塔夫·费希纳**（Gustav Fechner, 1801—1887）是心理物理学史上最重要的人物。费希纳提出了心理物理学这一概念，并给出了一套测量物理刺激强度（以物理单位测量）与感觉体验强度（以心理单位测量）之间关系的方法（Fechner, 1860/1966）。费希纳的测量方法对所有刺激（如光、声音、味道、气味和触碰）都是一样的：研究者确定阈限并建立感觉强度与刺激强度之间关系的心理物理量表。

绝对阈限和感觉适应　感官能够觉察到的最小、最弱的刺激能量是多少？例如，刚好能听到的声音到底多轻柔？这两个问题涉及刺激的**绝对阈限**（absolute threshold），即产生感觉体验所需的最小物理刺激量。研究者测量绝对阈限的方法是：要求警觉

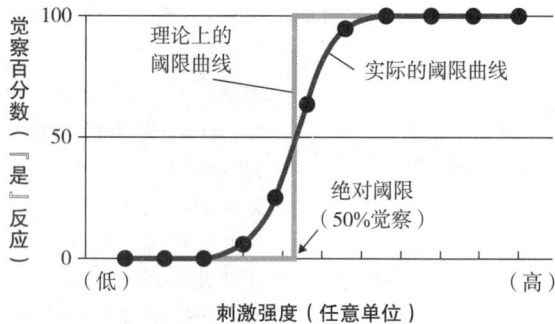

图 4.3　绝对阈限的计算

由于我们不能在一个特定的点上突然觉察到刺激，绝对阈限就被定义为在多试次测试中有一半次数能够被觉察的刺激的强度。

的观察者完成一些觉察任务，比如在黑暗的房间尽力看到昏暗的灯光，或者在一间安静的房间里努力听到轻柔的声音。在一系列的多试次测试中，刺激以不同的强度呈现，每一试次观察者都要回答他们是否觉察到刺激。（如果你曾经测查过听力，那么你就参加过绝对阈限测试。）

绝对阈限研究的结果可总结为**心理测量函数**（psychometric function）：表示为在每一种刺激强度（横坐标）下刺激被觉察到的百分数（纵坐标）的曲线。**图 4.3** 是典型的心理测量函数。对于非常昏暗的灯光，觉察到的可能性为 0；对于较亮的灯光，觉察到的可能性为 100%。如果存在单一的、真正的绝对阈限，那么从 0 到 100% 的觉察是急剧变化的，而且正好发生在强度到达阈限的那一点。但这种情况并没有出现，原因至少有两个：观察者在每次的刺激觉察过程中会发生微小的变化（由于注意、疲劳等因素的变化），而且观察者有时甚至会在刺激不存在的情况下也做出反应（我们将在信号检测论部分讨论这种虚报）。因此，心理测量曲线通常是平滑的 S 形曲线，存在一个从无觉察、部分觉察到完全觉察的过渡区域。

因为刺激不能突然在某一强度下变得在所有次数中都能被清楚地觉察到，所以绝对阈限的操作性定义是：在一半测试中能够觉察到感觉信号存在的刺激水平。不同感觉通道的阈限可以用相同的程序来测量，只需改变刺激类型即可。**表 4.1** 显示了几种常见自然刺激的绝对阈限水平。

尽管能够确定觉察的绝对阈限，但同样重要的是要认识到，与稳定状态相比，感觉系统对感觉环境中的变化更为敏感。这些系统的进化使得它们偏好新的环境输入，这是通过一个被称为适应的过程实现的。**感觉适应**（sensory adaptation）是指感觉系统对持续的刺激输入反应逐渐减弱的现象。例如，你可能已经注意到，在户外待一段时间后，太阳光看起来就不那么刺眼了。人们在嗅觉领域通常有最幸运的适应经历：你走进一个房间，闻到一股恶臭。然而，一段时间后，随着你的嗅觉系统的适应，你就意识不到这种气味了。环境中总是充满了大量不同的感觉刺激。适应机制使你能够快速地对新信息源的挑战产生注意和做出反应。

反应偏差和信号检测论　在上述讨论中，我们假设所有的观察者都是相同的。然而，阈限测量还受反应偏差的影响。**反应偏差**（response bias）是指由于一些与刺激的感觉特性无关的因素，观察者偏好以特定方式进行反应的系统倾向。例如，假设你参加一项实验，任务是检测一个微弱的灯光。在实验的第一阶段，当你正确判断"是，有灯光"时，研究者给你 5 美元。在实验的第二阶段，当你正确判断"不，没有灯光"时，研究者给你 5 美元。在每个阶段，每次错误判断都将处罚 2 美元。从第一阶段到第二阶段，你能看出这个奖励结构是如何导致反应偏差转变的吗？在刺激呈现的确定性相同的情况下，你是否会更经常在第一阶段说"是"？

信号检测论（signal detection theory, SDT）是解决反应偏差问题的一种系统方法（Green & Swets,

表 4.1　常见事件的大致阈限

感觉通道	觉察阈限
视觉	无雾的黑夜中 48 公里处一根燃烧的蜡烛
听觉	安静条件下 6 米外手表的滴答声
味觉	一茶匙糖溶于 7.6 升水中
嗅觉	一滴香水扩散到三居室的整个空间里
触觉	一只蜜蜂的翅膀从 1 厘米高处落到你的面颊

1966）。信号检测论强调对刺激事件出现与否做出判断的过程，而不是只密切关注感觉过程。经典心理物理学用单一的绝对阈限概念来理解感觉觉察过程，而信号检测论则从中区分了两个独立的过程：（1）最初的感觉过程，反映观察者对刺激强度的感受性；（2）随后独立的决策过程，反映观察者的反应偏差。

　　信号检测论提供了同时评估感觉过程和决策过程的方法。**图 4.4** 表示其基本设计。在全部试次中，微弱刺激和无刺激各出现一半。在每一个试次中，观察者如果认为信号出现就回答"是"，如果认为没有信号就回答"否"。正如图中所示，每种反应都可被归为以下四种形式中的一种：

	反应	
	是	否
刺激信号　有	击中	漏报
刺激信号　无	虚报	正确否定

图 4.4　信号检测论
这个矩阵显示了在某一次测试中询问参与者目标刺激是否出现时可能得到的结果。

- 当信号呈现时观察者回答"是"，这一反应称为击中（hit）；
- 当信号呈现时观察者回答"否"，这一反应称为漏报（miss）；
- 当信号未呈现而观察者回答"是"，这一反应称为虚报（false alarm）；
- 当信号未呈现且观察者回答"否"，这一反应称为正确否定（correct rejection）。

　　我们如何才能看到感知者决策过程的影响？如果卡萝尔是一个经常回答"是"的人，当刺激呈现时她几乎不可避免地会说"是"，那么她将有很多的击中次数。但她同时也将产生很多的虚报次数，因为她也经常会在刺激没有呈现时说"是"。如果鲍勃是一个经常回答"否"的人，那么他将有较少的击中次数和较少的虚报次数。

　　通过分析击中和虚报的百分数，研究者可以使用数学方法分别计算出观察者的感受性和反应偏差。这个过程使得我们能够发现两名观察者是否有相同的感受性，尽管他们的反应标准有很大差异。通过提供一种区分感觉过程和反应偏差的方法，信号检测论使得实验者可以确定和区分感觉刺激和个体的标准水平在做出最终反应上各自所起的作用。

如果你谢绝一次晚餐邀请，你是将避免度过一个无聊的夜晚（正确否定），还是失去一次找到一生所爱的机会（漏报）？

差别阈限　假设你受雇于一家饮料公司，他们想要生产一种可乐产品，口味比现有的可乐稍稍甜一点儿，但是为了省钱，公司想尽可能少地在可乐中加糖。公司要求你测量的是**差别阈限**（difference threshold），即人们能够识别出两个不同刺激的最小物理差异。为了测量差别阈限，你使用一对刺激，并且要求观察者判断两个刺激是否相同。

　　在饮料问题上，你可以每次给观察者两种可乐，一种是标准可乐，另一种稍稍甜一点儿。观察者对每一对可乐都将回答"相同"或"不同"。经过多次这样的试次后，你将绘出心理测量函数图，纵坐标为"不同"反应的百分数，横坐标为实际差异。差别阈限的操作性定义是：有一半次数觉察出差异的刺激差值。差别阈限值也被称为**最小可觉差**（just noticeable difference, JND）。JND 是测量两种感觉心理差别程度的数量单位。

　　1834 年，**恩斯特·韦伯**（Ernst Weber, 1795—1878）开辟了对 JND 的研究。他发现了被称作**韦伯定律**（Weber's law）的重要关系：刺激之间的 JND 与标准刺激强度的比值是恒定的。因此，标准刺激越大或越强，达到最小可觉差所需的刺激增量就越大。例如，假设你想举起一个重 25 磅（1 磅≈0.45 千克）的手提箱。有关"举重"

的心理物理学研究表明，你要在箱子里放入 0.5 磅重的衣服，才会发觉手提箱重了一些，即觉察到差别。然而，如果手提箱已经有 50 磅重了，你就需要再加 1 磅才能感受到不同。要注意，两种情况下的比值是一样的（0.5/25=1/50=0.02）。对不同的感觉维度来说，韦伯常数（刺激之间的 JND 与标准刺激强度的比值——译者注）有不同的值。比起光线强度，你能够更加精确地区分两种声音频率；而比起气味或味道之间的差异，你又可以用更小的 JND 觉察光线强度之间的差异。为了生产感觉稍甜一点儿的可乐，你的饮料公司需要在原有的基础上加入相当多的糖！

从物理事件到心理事件

我们对心理物理学的回顾可能使你意识到了感觉的核心问题：物理能量如何引发独特的心理体验？例如，不同波长的光波是如何使你感受到彩虹的？在我们分析具体的感觉之前，我们先来看看从物理事件（光波和声波、复杂的化学物质等）到心理事件（视觉、听觉、味觉和嗅觉）的信息流的概貌。

我们把从一种物理能量形式（如光）到另一种形式（如神经冲动）的转换称为**换能**（transduction）。因为所有的感觉信息都会转换成相同类型的神经冲动，所以大脑通过让不同皮层区域负责不同的感觉领域，从而来区分不同的感觉体验。对于每一种感觉，研究者都试图发现物理能量如何转换成神经系统的电化学活动，进而产生不同性质的感觉（比如，感觉到红色而不是绿色），以及不同数量的感觉（比如，洪亮的声音而不是轻柔的声音）。

感觉系统具有共同的基本信息传递过程。任何感觉系统的触发都意味着对环境事件或者说刺激的觉察。人们通过特化的**感受器**（sensory receptors）觉察环境刺激。感受器把物理形式的感觉信号转换为能够被神经系统加工的细胞信号。这些细胞信号向更高水平的神经细胞提供信息，神经细胞整合不同感受器单元的信息。在这个阶段，神经细胞提取关于刺激的基本性质的信息，例如刺激的大小、强度、形状和距离。在感觉系统的更深处，信息被整合为更复杂的编码，传递到大脑特定的感觉皮层和联合皮层。现在我们转向特定的感觉领域。

STOP 停下来检查一下

❶ 什么是近距刺激？

❷ 心理物理学研究的主题是什么？

❸ 绝对阈限的操作性定义是什么？

❹ 在信号检测论中，哪两个过程会影响观察者的判断？

❺ 差别阈限是什么？

❻ 何谓换能？

视觉系统

视觉是人类和其他大多数动物最为复杂而高度发展的重要感觉。视觉能力好的动物具有极大的进化优势。良好的视觉能力有助于动物发现远处的猎物和天敌。人类的视觉使得他们能够觉察到物理环境特性的变化，并相应地调整自身行为。视觉是被研究最多的一种感觉。

人　眼

眼睛就像一部照相机（见**图 4.5**），为大脑拍摄世界的动态图像。照相机通过收集和汇聚光线的透镜观察世界。眼睛也同样具有收集和汇聚光线的能力。光线穿过角膜（眼睛前部透明的凸起），通过充满房水（透明液体）的前房，再穿过瞳孔（不透明的虹膜上的开口）。为使照相机对焦，你会移动透镜使其接近或远离被拍摄客体。为了在眼中聚焦光线，豆形的晶状体会改变形状，变薄以聚焦远处客体或变厚以聚焦近处客体。为了控制进入照相机的光线量，你会改变透镜的开口（即光圈）。人眼则利用虹膜内肌肉的舒张和收缩改变瞳孔的大小（瞳孔是光线进入眼睛的小孔）。传统照相机的后部是感光胶片，记录穿过透镜的光线的变化。同样，在人眼中，光线穿过玻璃体，最后投射到视网膜（眼球后壁上的一层薄膜）上。

如你所见，照相机的特征和人眼的特征非常相似。接下来，我们将更加详细地讨论视觉过程的各部分。

瞳孔和晶状体

瞳孔（pupil）是虹膜上的开口，光线通过它进入眼睛。虹膜使瞳孔放大或缩小以控制进入眼球的光线量。通过瞳孔的光线经**晶状体**（lens）聚焦到视网膜；晶状体在这个过程中使图像左右翻转且上下颠倒。由于晶状体对近处和远处客体具有可变的聚焦能力，所以它非常重要。睫状肌可以改变晶状体的厚度，进而改变其光学特性，我们把这一过程称为**调节**（accommodation）。

具有正常调节能力的个体的聚焦范围是鼻前约 7.6 厘米到他能看到的最远的地方。然而，许多人患有调节障碍。例如，患有近视眼的人调节范围变近，不能很好地聚焦远处物体；而患有远视眼的人调节范围变远，不能很好地聚焦近处的物体（见**图 4.6**）。老化也会导致调节能力出现问题。晶状体最初是清晰、透明和凸起的。然而随着年龄的增长，晶状体变得混浊、不甚透明和扁平，而且渐渐失去弹性。其中一些变化导致晶状体不能形成足够的厚度以聚焦近处客体。当个体年龄超过 45 岁之后，近点，即能够清晰聚焦的最近点，渐渐变远。

视网膜

我们用眼来看，但却用脑来见。人眼汇集和聚焦光线，再向大脑传递神经信号。因此，眼睛的关键功能是把关于世界的信息从光波转换为神经信号。这个过程是在眼球后壁的**视网膜**（retina）上完成的。在显微镜下，你能够看到视网膜分为几层，分别由高度组织化的不同类型的神经细胞组成。

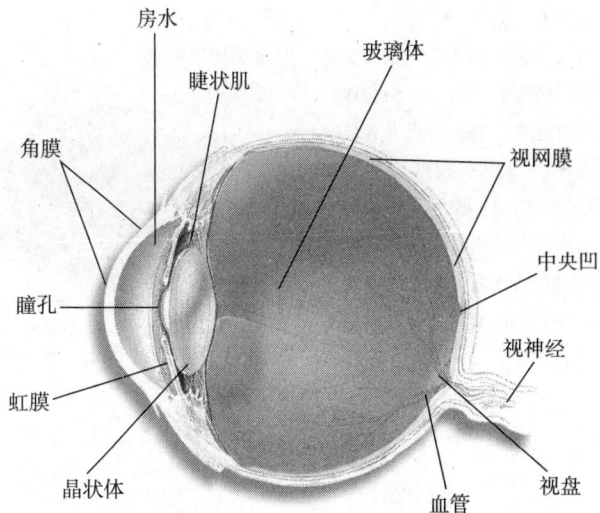

图 4.5　人眼的结构

角膜、瞳孔和晶状体使光汇聚在视网膜上。视神经把来自视网膜的神经信号送至大脑。

图 4.6   近视与远视

当来自远处客体的光线聚焦在视网膜前方时，人们会体验到近视。当来自近处客体的光线聚焦在视网膜后方时，人们会体验到远视。照片显示了如果远视眼和近视眼的人的视力没有经过眼镜或隐形眼镜的矫正，世界看起来会怎样。

近视

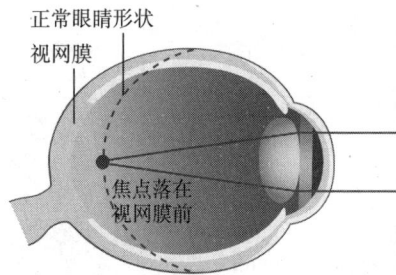

远视

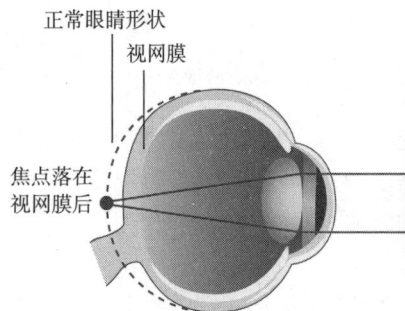

　　从光能到神经反应的基本转换是由视网膜上对光敏感的锥体细胞和杆体细胞完成的。这些**光感受器**（photoreceptor）在连接外部世界（耀眼的光线）和内部世界（神经加工）的视觉系统中具有独特的地位。由于有时候你在几乎完全黑暗的环境中活动，而有时候又在明亮的光线下活动，因此大自然提供了两种加工光线的途径——锥体细胞和杆体细胞（见**图 4.7**）。1.2 亿个较细的**杆体细胞**（rod）在近乎黑暗时拥有最佳功能。700 万个较粗的**锥体细胞**（cone）则专门应对明亮而充满色彩的白天。

　　每当晚上关灯睡觉时，你便能够体验到锥体细胞和杆体细胞功能的差异。你可能多次注意到，最初在昏暗的光线下好像什么也看不到，但过一会儿，你的视觉感受性就又恢复了。你经历了一个**暗适应**（dark adaptation）过程——光线条件从光亮转为黑暗后眼睛感受性逐渐提高的过程。暗适应的产生是由于在黑暗中停留一段时间后，杆体细胞比锥体细胞变得更敏感，杆体细胞能够对环境中微弱的光做出反应。

　　中央凹（fovea）是视网膜中心附近一个很小的区域，这个部位只有密布的锥体细胞，没有杆体细胞。中央凹是视觉最敏锐的区域——颜色和空间细节都能在这里被最准确地探测到。视网膜上的其他细胞负责整合不同区域锥体细胞和杆体细胞的信息。**双极细胞**（bipolar cell）是一种神经细胞，它整合来自多个感受器的神经冲动，并将结果传递到神经节细胞。随后，每一个**神经节细胞**（ganglion cell）整合来自一个或多个双极细胞的冲动，形成单一的发放频率。中央凹的锥体细胞将神经冲动传导到该区域的神经节细胞，而在视网膜的边缘，杆体细胞和锥体细胞将神经冲动汇聚到相同的双极细胞和神经节细胞。神经节细胞的轴突组成视神经，视神经把眼睛外面的视觉信息传递到大脑。

　　水平细胞（horizontal cell）和**无长突细胞**（amacrine cell）整合视网膜上的信息。但是它们并不把信息传到大脑，水平细胞把感受器相互连接起来，无长突细胞则负责双极细胞之间和神经节细胞之间的连接。

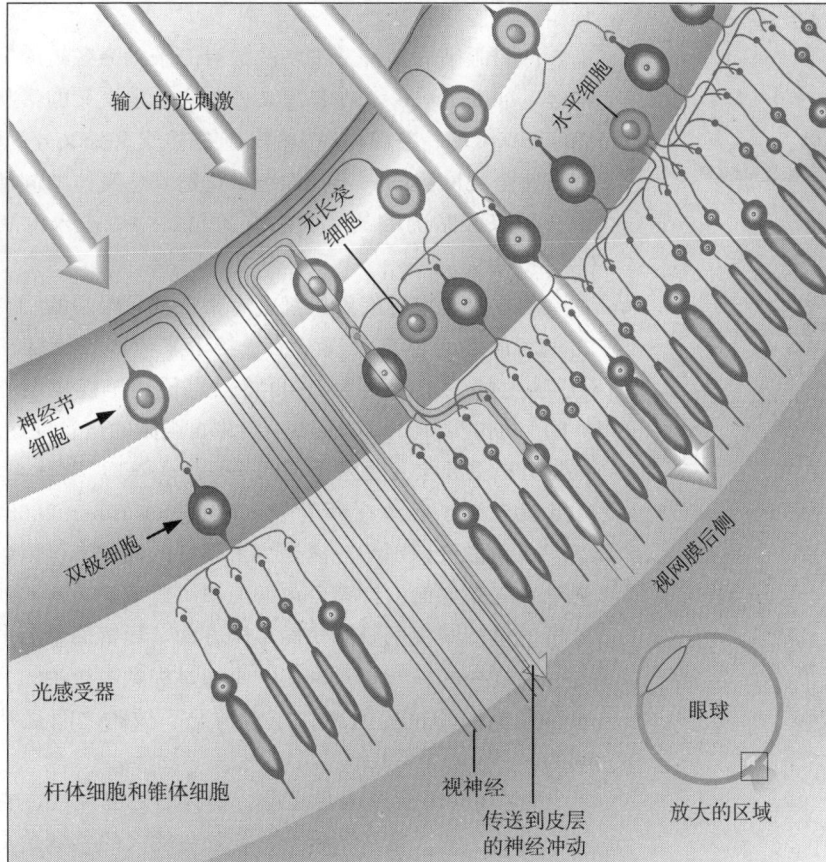

图 4.7　视网膜神经通路
这是一幅高度简化的非写实示意图，图中显示了连接视网膜上三层神经细胞的通路。光线经过所有这些细胞层到达位于眼球后部远离光源的感受器。请注意，双极细胞从不止一个感受器细胞收集冲动信号，并把结果发送给神经节细胞。来自神经节细胞的神经冲动（蓝色箭头）离开眼睛，通过视神经到达下一个中继点。（见彩插）

在视网膜解剖结构上有一个有趣奇特的地方，在那里视神经离开了每只眼睛，这就是视盘或**盲点**（blind spot），此处没有感受细胞。但是，只有在非常特殊的条件下你才能感觉到那里看不见东西，原因有两点：首先，两只眼睛的盲点都处于一个独特的位置，使得一只眼睛的感受器可以登记另一只眼睛看不到的信息；其次，大脑会用盲点周围区域恰当的感觉信息来填充这一区域。

在特殊的注视条件下，你可以通过观看**图 4.8** 发现自己的盲点。双手拿着这本书，伸直手臂，闭上右眼，用左眼注视那个银行图形，慢慢地把书移向自己。当那个美元标志落在你的盲点上时，它就消失了，但是你没有感觉到在你的视野中出现一个洞。相反，你的视觉系统利用周围的白背景填充了这个区域，所以你"看到了"白色（它本来是不存在的），却看不到你的钱，你应该在失去它之前把它存进银行才对！

第二个显示盲点的方法是，利用相同的程序注视图 4.8 中的十字。随着你把书逐渐移向自己，你是否看到线段之间的间隙消失而变成了一条连续的线段？

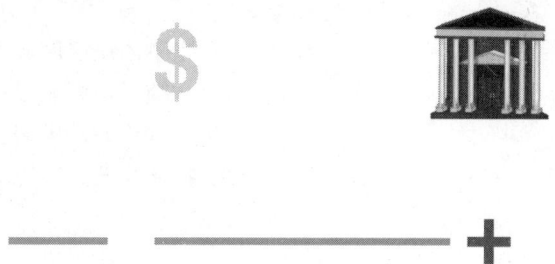

图 4.8　发现你的盲点

大脑的加工

大多数视觉信息的最后目的地是大脑枕叶上被称为初级视皮层的区域。然而，大多数信息在离开视网膜到达视皮层之前，还要经过其他的脑区。让我们来追踪视

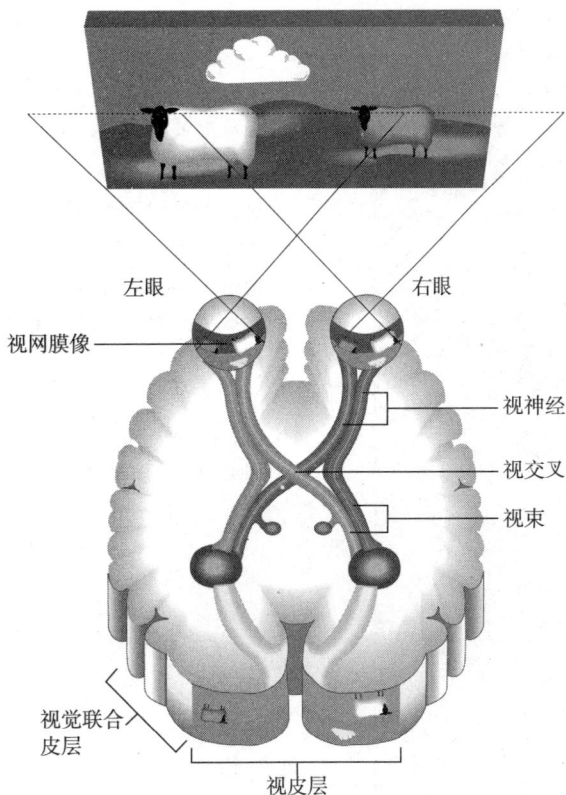

图 4.9　人类视觉系统的通路

本图显示了视野中的光投射到两眼视网膜的过程，以及来自视网膜的神经信息向大脑两半球视觉中枢传递的路线。

觉信息的传导路径。

两只眼睛内神经节细胞的数百万条轴突各组成一条**视神经**（optic nerve），在视交叉处汇合，视交叉的形状像希腊字母 χ。每一条视神经中的轴突在视交叉处又分为两束。来自每个视网膜的一半神经纤维仍然到达身体的同侧，而来自每只眼睛内侧的轴突将交叉越过中线进入大脑后侧（见**图 4.9**）。

现在这两束神经纤维都含有来自两只眼睛的轴突，将之重新命名为视束。视觉信息接下来流经外侧膝状体核（丘脑内的一个结构），它再将信息传递至视皮层（见**图 4.10**）。研究支持以下理论：一旦来自眼睛的信息到达皮层，视觉分析主要会分为两个通路——模式识别（客体是什么）和位置识别（客体在哪里）（Konen & Kastner, 2008）。模式识别和位置识别的分离是一个很好的例子，可以告诉你视觉系统是如何由许多分离的亚系统组成的，这些亚系统分析的是相同视网膜图像的不同方面。尽管你最后的知觉是一个统一的视觉场景，但它是通过视觉系统中的一系列通路完成的，这些通路在正常情况下彼此之间是精巧协调的。

（在我们讲后续内容之前，请再看看图 4.10，它显示了丘脑的位置。第 3 章指出，丘脑将输入的感觉信息传递到大脑皮层的恰当区域。事实上，其他感觉——比如听觉、味觉和触觉——信息的传递也经过丘脑内的结构。现在你对丘脑有了更多的认识，我们继续视觉话题。）

当不同皮层区域之间的精巧协调被打破时，研究者获得了关于视觉加工的重要信息。脑损伤可能影响模式通路或位置通路，抑或影响两个通路之间的交流，从而产生一些不同的障碍，统称为**失认症**（agnosias）。患有失认症的人通常难以识别或辨认物体和人。例如，一名叫作 K.E. 的病人因为脑中风而患上了同时失认症这一特殊障碍（Coslett & Lie, 2008）。患有这种障碍的人无法同时体验一种以上的视觉特征。例如，要求 K.E. 观察用不同颜色墨水写出的颜色词语（如用蓝色墨水印出"红色"这个词）。当研究者让 K.E. 说出颜色词语时，他在 48 试次中有 47 次正确。然而，当研究者要求他说出墨水的颜色时，却总是出错。实际上，他"明确表示他没有看到颜色"（p. 41）。注意，K.E. 的颜色视觉是完全正常的。当他被要求辨认色标的颜色时，他辨认的正确率为 100%。显然，K.E. 无法做到的是在同一空间位置同时体验同一知觉物体的两种属性（如一个词的意义及其书写颜色）。

来自视野中的感觉信息最终到达脑的视皮层。**大卫·胡贝尔**（David Hubel）和**托斯登·威塞尔**（Torsten Wiesel）两位感觉生理学家因其对视觉皮层细胞感受野的开创性研究而荣获 1981 年的诺贝尔

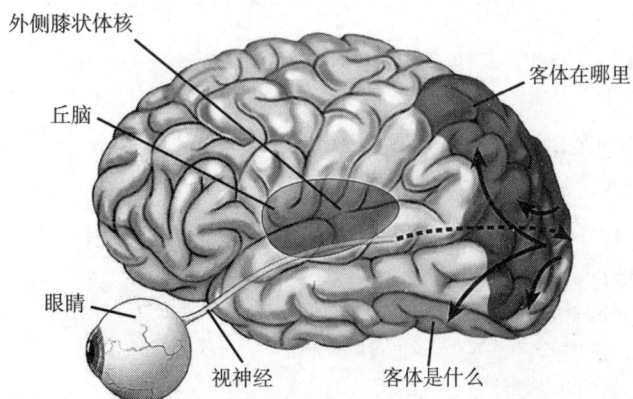

图 4.10　到达皮层的视觉通路

眼睛收集的视觉信息通过外侧膝状体核——丘脑内的一个结构——到达大脑皮层。视觉信号到达大脑皮层的不同区域，有的区域加工视觉世界"是什么"的信息，有的加工"在哪里"的信息。（见彩插）

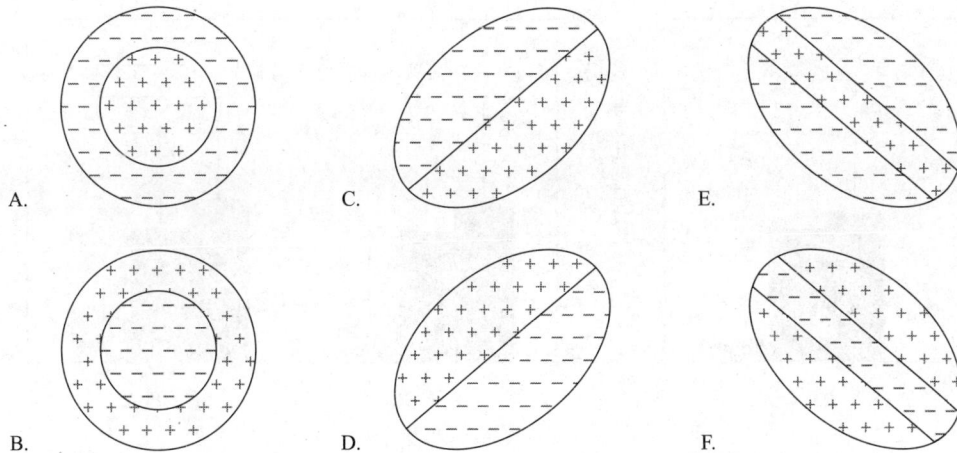

图 4.11　神经节细胞和皮层细胞的感受野

视觉通路上细胞的感受野就是其输入刺激所对应的视野区域。视网膜上神经节细胞的感受野是圆形的（A、B）；视觉皮层上最简单的细胞的感受野则沿一定朝向被拉伸了（C、D、E、F）。在这两个例子中，对感受野起反应的细胞都对标有"+"号区域的光产生兴奋，而被标有"−"号区域的光所抑制。此外，最令细胞兴奋的刺激是标"+"号的区域（光导致细胞兴奋的区域）是亮的，而标"−"号的区域（光导致细胞抑制的区域）是暗的。

奖。一个细胞的**感受野**（receptive field）是其输入刺激所对应的视野区域。正如**图 4.11** 所示，胡贝尔和威塞尔发现，对于不同形式的刺激，视觉系统不同水平的细胞有着不同的反应强度。例如，一种被称为"简单细胞"的皮层细胞对特定朝向的光棒有着最强的反应（见图 4.11）；每个"复杂细胞"也具有"偏好"的朝向，但是它们还要求小棒必须运动；"超复杂细胞"要求运动的小棒具有特定的长度或者刺激是运动的角或顶点。这些细胞为大脑更高级的视觉中心提供各种类型的信息，最终使大脑辨认出视觉世界中的客体。

我们在第 3 章描述过的成像技术的进步，已经使研究者有能力发现那些专门对更复杂的环境图像做出反应的皮层区域。这些研究已经确定了"优先对面孔、动物、工具、地点、文字和身体部位的图像起反应"的皮层区域（Mahon & Caramazza, 2011, p. 97）。我们来看一项考察大脑对身体图像反应的研究。

研究特写

当你观看人体图像时，你大脑的两个区域会特别活跃。这两个脑区被称为纹外皮层身体区（EBA）和梭状回身体区（FBA）。研究者想知道，当人们观看自己的身体和他人的身体时，这两个区域的反应是否不同（Vocks et al., 2010）。为了回答这个问题，研究者招募了 31 名 18~50 岁的女性。实验的刺激物是每名参与者身穿比基尼的脖子以下的照片（所以只有身体是可见的，脸不可见）。如**图 4.12** 所示，当参与者观看自己身体的照片时，她们大脑右半球的 EBA 和 FBA 表现出更大程度的激活。研究者认为，这种更大程度的激活可能部分源于这些女性对自己的身体照片有着不同的情绪反应。

考虑到不同的脑区会专门对特定的环境经验做出反应，你可能想知道这些脑区在出生时就有着特殊的功能，抑或这些功能是生活经验的产物？研究者已经开始着

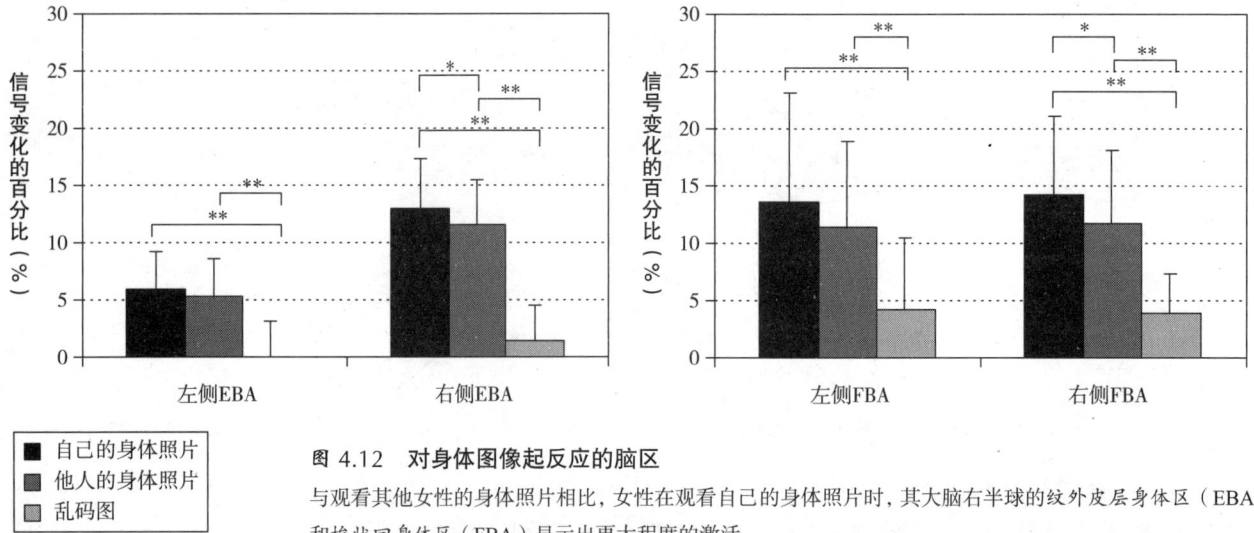

图 4.12　对身体图像起反应的脑区

与观看其他女性的身体照片相比,女性在观看自己的身体照片时,其大脑右半球的纹外皮层身体区(EBA)和梭状回身体区(FBA)显示出更大程度的激活。

资料来源:Vocks, S., Busch, M., Gronemeyer, D., Schulte, D., Herpertz, S., & Suchan, B. (2010). Different neuronal responses to the self and others in the extrastriate body area (EBA) and the fusiform body area. *Cognitive, Affective, and Behavioral Neuroscience, 10*, 422-429.

手一些项目,以弄清导致这些大脑反应的因素中,先天与后天各自所占的比重(Cantlon et al., 2011)。

　　我们已经了解了视觉信息是怎样从眼睛传递到大脑不同区域的基本知识。研究者们还希望解决以下问题:灵长目动物的视皮层大约有 30 个解剖上的亚区域,关于这些亚区域之间沟通模式的理论目前仍众说纷纭(Orban et al., 2004)。从现在开始,我们将介绍视觉领域中的具体方面。人类视觉系统最非凡的特点之一是,我们通过对相同的感觉信息的不同加工获得了形状、颜色、位置和深度等体验。那么,让我们能够看到视觉世界不同特性的转换是如何发生的呢?

颜色视觉

　　自然客体似乎具有被涂上了颜色这种不可思议的特性。你通常的印象是客体具有鲜艳的颜色,如红色的情人节礼物、绿色的杉树、蓝色的知更鸟蛋等等,但你对颜色的生动经验,依赖的其实是这些客体反射到感受器上的光线。当你的大脑对光源中编码的信息进行加工时,便产生了颜色知觉。

波长和色调　你所看见的光只是电磁波谱中一个很小的范围(见**图 4.13**)。你的视觉系统无法觉察波谱中其他类型的波,比如 X 射线、微波和无线电波。用于区分不同种类电磁能量(包括光)的物理特性是波长,也就是两个相邻波峰之间的距离。可见光的波长用纳米(10 亿分之一米)来度量,其波长范围为 400 纳米到 700 纳米。特定物理波长的光线引发特定的颜色体验,例如,紫蓝色处于光谱的较低端,橙红色处于光谱的较高端。因此,光在物理上是用波长而不是颜色来描述的;颜色只是你的感觉系统对波长的解释。

　　所有的颜色体验都可以用三个基本维度来描述:色调、饱和度和明度。**色调**(hue)是描述光的颜色的维度,比如红、蓝、绿等。色调主要由光的波长决定。如**图 4.14**

电磁波谱

| 波长 | | | | | | | | | | | |
| 3 000英里 | 1英里 | 100英尺 | 1英尺 | 0.01英尺 | 0.0001英尺 | | 10纳米 | 1纳米 | 0.001纳米 | 0.00001纳米 |

| 无线电波 | TV调幅电磁波 | 微波 | 红外线 | 紫外线 | X射线 | γ射线 | 宇宙射线 |

| 红外线 | 可见光谱 | 紫外线 |

| 1 500 | 1 000 | 700 | 600 | 500 | 400 | 300 |

波长（纳米）

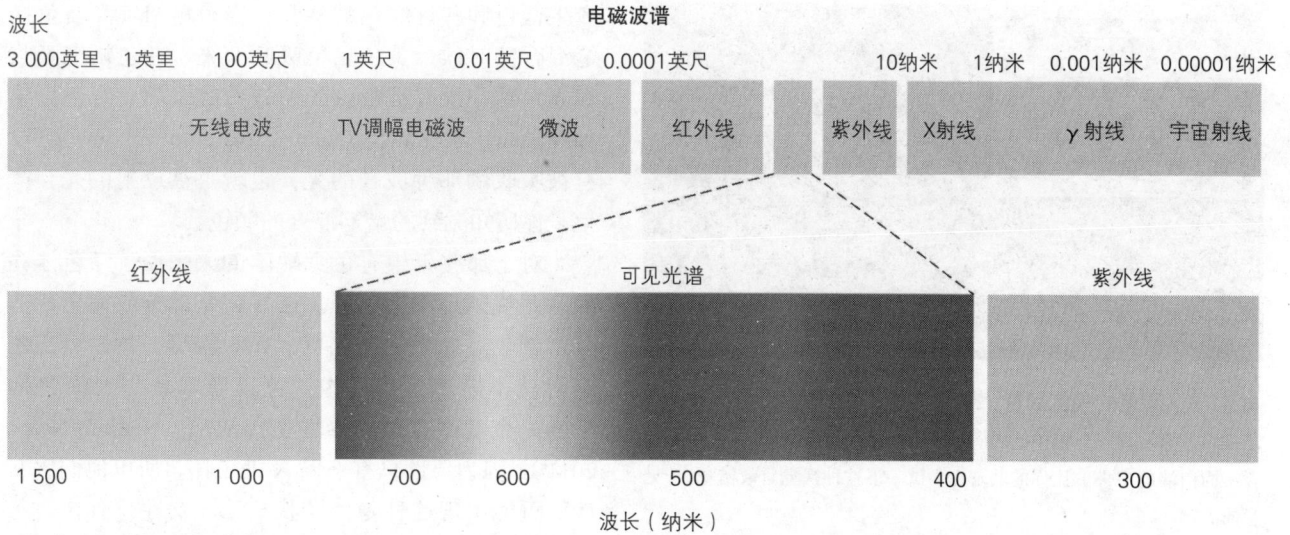

图.4.13 电磁波谱

视觉系统只能感觉到电磁波谱中一个很小的波长范围。你能感受到的波长范围在图中被放大，即从紫色到红色的区域。（见彩插）

资料来源：Wade, Carole; Tavris, Carol, *Psychology*, 10th Edition, © 2011. Reprinted and electronically reproduced by permission of Pearson Education, Inc., Upper Saddle River, New Jersey.

所示，色调可以排列成色环。人们所感知的最为相似的色调处于相邻的位置。**饱和度**（saturation）是描述颜色感觉纯度的维度。纯色有最大的饱和度，柔和、混合及浅淡的颜色其饱和度居中，灰色的饱和度为零。**明度**（brightness）是描述颜色强度的维度。白色的明度最大，黑色的明度最小。用这三个维度对颜色进行分析时，发现一个惊人的结果：人的视觉能够区分出约 700 万种不同的颜色！但是，大多数人只能叫出其中一小部分颜色的名称。

让我们来解释一些日常的颜色体验。在你接受科学教育的过程中，你可能重复过牛顿爵士的发现，即太阳光是由全部波长的光组成的：通过用三棱镜将太阳光分解成完整的彩虹来重复牛顿的试验。三棱镜实验表明，各种波长的光适当混合将产生白光。这种不同波长的光的混合称为**加色混合**（additive color mixture）。再看一看图 4.14。色环上直接相对的两种波长的光称为**互补色**（complementary color），混合后会产生白光的感觉。你想证明一下互补色的存在吗？看看**图 4.15**。绿、黄、黑三色旗将会让你体验到颜色负后像（这种视觉后像之所以称为"负"的，是因为视觉后像的颜色与原来的颜色相反）。在后面讲到颜色视觉理论时，我们会解释负后像产生的原因。当我们注视任何一种颜色足够长时间后，就会使部分光感受器疲劳，这时再看白色表面，我们就会看到原来颜色的互补色。

在与颜色的日常接触中，你可能已经注意到了视觉后像。但是，你大部分时候所体验的颜色并不是来自互补光。相反，你可能曾经将不同颜色的蜡笔或者颜料混合在一起来调配颜色。当你看蜡笔痕迹或者其他涂色的表面时，你所看见的颜色是没有被表面吸收的光波。尽管黄色的蜡笔看起来主要为黄色，但是它会让某些波长的光逃逸，从而产生绿色的感觉。同样地，蓝色的蜡笔让某些波长的光逃逸，于是

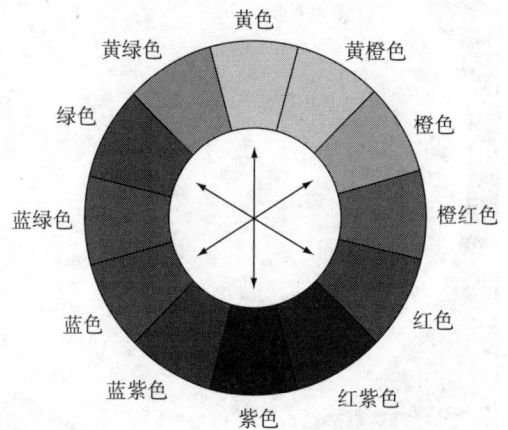

图 4.14 色环

基于相似性对颜色进行排列。互补色处于直接相对的位置。互补的色光混合产生白光。（见彩插）

资料来源：*Color workbook*, 3rd Edition by Becky Koenig. Prentice-Hall, 2003–2009. Reprinted by permission of the author.

图 4.15 颜色的视觉后像
注视绿、黑、黄三色旗中间的圆点至少 30 秒。然后盯着一张白纸或者一面白墙的中央。让你的朋友也尝试一下这种视觉后效错觉。（见彩插）

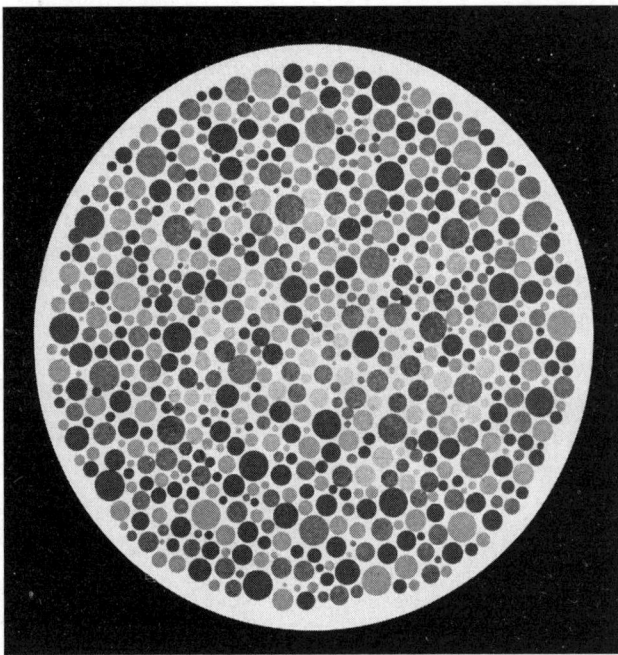

图 4.16 色盲测试
一个不能区分红色和绿色的人将不能辨认隐含在图片中的数字。（见彩插）

产生蓝色和些许绿色的感觉。当黄色蜡笔和蓝色蜡笔混合的时候，黄色蜡笔吸收蓝光，蓝色蜡笔吸收黄光，唯一没有被吸收的波长看起来就是绿色！这种现象叫作减色混合（subtractive color mixture）。没有被吸收的那种波长的光，也就是被反射的光，产生了你所知觉到的蜡笔混合的颜色。

对于那些天生有色觉缺陷的人来说，颜色体验的一些规则是不适用的。色盲就是部分或完全不能分辨颜色。如果你是色盲，在观察绿、黄、黑三色旗时就不能产生负后像。色盲通常是与 X 染色体上的一个基因有关的伴性遗传缺陷（Neitz & Neitz, 2011）。因为男性只有一条 X 染色体，所以他们比女性更可能出现这种隐性性状缺陷。女性只有在两条 X 染色体上都有这种基因缺陷时，才会表现出色盲。在对白种人色盲的调查中发现，男性的患病率约为 8%，而女性的患病率不足 0.5%（Coren et al., 1999）。

大部分的色盲者难以区分红色和绿色，特别是在低饱和度的情况下。只有很少的色盲者是将黄色和蓝色混淆。根本看不到任何颜色的色盲者最少，他们只能区分明度的变化。**图 4.16** 是研究者用来检测色盲的一张图片。那些红—绿系统有一定缺陷的个体是看不到图片中的数字的。让我们来看看科学家如何解释关于颜色视觉的一些现象，比如互补色和色盲。

颜色视觉的理论 颜色视觉的第一个科学理论是由**托马斯·扬爵士**（Sir Thomas Young, 1773—1829）于 1800 年左右提出来的。他认为正常人的眼睛具有三种类型的颜色感受器，产生心理上的基本感觉：红、绿、蓝。同时他还认为，所有其他的颜色都是由这三种基本感觉相加或者相减混合得到的。扬的理论后来得到**赫尔曼·冯·赫尔姆霍兹**（Hermann von Helmholtz, 1821—1894）的修正和扩展，最终被称作扬－赫尔姆霍兹**三原色理论**（trichromatic theory）。

三原色理论为人们的颜色感觉和色盲提供了一种合理的解释（根据这个理论，色盲者只有一种或两种感受器）。但是，这个理论不能很好地解释其他的一些事实和观察结果。为什么适应一种颜色后会产生另一种颜色（互补色）的视觉后像？为什么色盲者总是不能区分成对的颜色：红和绿，或者蓝和黄？

对这些问题的回答正是第二个颜色视觉理论的基础，这个理论由**埃瓦尔德·赫林**（Ewald Hering, 1834—1918）在 19 世纪晚期提出。根据他的**拮抗加工理论**（opponent-process theory），所有的颜色体验产生于三个基本系统，每个系统均包含两种拮抗的成分：红对绿，蓝对黄，或者黑（没有颜色）对白（所有颜色）。赫林推测，颜色之所以会产生互补色的视觉后像，是因为系统中的某个成分疲劳了（由于过度刺激），因此增加了它的拮抗成分的相对作用。根据赫林的理论，色盲的颜色类型成对出现，是因为颜色系统实际上是由成对的对立颜色构成的，而不是由单一的基本颜色构成的。

多年以来，科学家们对这两个理论的价值颇有争议。最终，科学家们认识到这两个理论实际上并不矛盾，它们只是描绘了两个不同的加工阶段，这些阶段与视觉系统中连续的生理结构相对应（Hurvich & Jameson, 1974）。例如，现在我们了解到，确实存在着三种锥体细胞。虽然每一种锥体细胞均对一定范围的波长起反应，但每一种只对特定波长的光最敏感。这三种锥体细胞的反应证实了扬和赫尔姆霍兹的预测：颜色视觉依赖于三种颜色感受器。色盲者缺少一种或者多种锥体感受器。

我们现在还知道，视网膜的神经节细胞以符合赫林拮抗加工理论的方式综合三种锥体细胞的输出（De Valois & Jacobs, 1968）。根据现代版本的拮抗加工理论，每对颜色的两个成分是通过神经抑制的方式实现其对立作用（拮抗）的（Conway et al., 2010; Shapley & Hawken, 2011）。一些神经节细胞接受来自红光的兴奋性输入和来自绿光的抑制性输入。系统内另一些细胞的兴奋和抑制模式是相反的。这两种神经节细胞构成了红—绿拮抗加工系统的生理基础。其他的神经节细胞组成了蓝—黄拮抗系统。黑—白拮抗系统则影响我们知觉颜色的饱和度和明度。

现在我们从视觉的世界转向声音的世界。

STOP 停下来检查一下

❶ 在视觉系统中，调节指的是什么？

❷ 中央凹内杆体细胞和锥体细胞的百分比是多少？

❸ 什么样的刺激模式会引起复杂细胞的反应？

❹ 哪种颜色视觉理论可以解释你在注视一个黄色斑点之后会出现蓝色的后像？

批判性思考：回忆一下比较女性在观看自己和其他女性身体照片时大脑反应的那项研究。为何研究者会采用她们身穿比基尼的照片？

听　觉

在我们对世界的经验中，听觉和视觉起着相互补充的作用。你经常在看见刺激之前就听见刺激，特别是当刺激来自你身后或者来自墙壁等遮挡物的另一侧时。尽管一旦客体进入视野之后，视觉在辨认客体上就优于听觉，但通常是因为你已经用耳朵将眼睛引向正确的方向之后才看见客体。为了开始对听觉的讨论，我们将首先描述到达耳朵的各种物理能量。

声音的物理特性

鼓掌，吹口哨，或者用铅笔敲打桌面。为什么这些动作会产生声音呢？因为它们使客体产生了振动。随着振动的客体推动介质中的分子前后运动，振动的能量传递到周围的介质中——通常是空气。振动导致的压力的微小变化以大约每秒 340 米的速度以叠加正弦波的形式从振动客体扩散出去（见**图 4.17**）。真空（例如外太空）

空气：压缩　膨胀

振幅

一个周期

时间

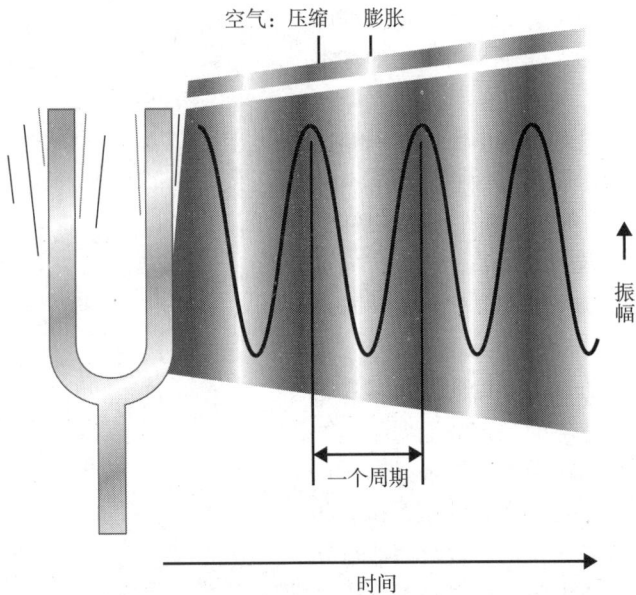

图 4.17　理想的正弦波

正弦波的两个基本特性是：（1）频率——固定单位时间内的周期数目；
（2）振幅——周期的垂直距离。

中不能产生声音，因为在真空中没有供振动客体推动的空气分子。

正弦波有两个基本的物理特性，即频率和振幅，它们决定你听到的是什么样的声音。频率是指在给定时间内声波完成的周期数。如图 4.17 所示，一个周期是指两个相邻波峰之间从左到右的距离。声音频率通常用赫兹（Hz）表示，测量每秒的周期数。振幅是衡量声波强度的物理特性，即波峰到波谷的高度。振幅用声音的压力或能量单位来表示。

声音的心理维度

频率和振幅这两个物理特性形成了声音的三个心理维度：音高、响度和音色。让我们看看这些现象是怎么产生的。

音高　音高（pitch）是指声音的高低，它是由声音的频率决定的；高频产生较高的音高，低频产生较低的音高。人们所能感受的纯音范围可低至 20 赫兹，高至 20 000 赫兹（低于 20 赫兹的频率可以通过触摸振动而非声音体验到）。通过下面一点，你就可以了解这个范围是多么宽广：钢琴上的 88 个键只覆盖从约 30 赫兹到 4 000 赫兹的频率范围。

正如我们之前在心理物理学部分所讨论的，频率（物理现实）与音高（心理效果）之间并不是线性关系。在频率很低的时候，频率只要增加一点点，就能引起音高的显著增高。在频率较高时，你需要将频率提高很多才能够感觉到音高的差异。例如，钢琴上两个最低的音仅有 1.6 赫兹的差别，而最高的两个音之间的差别竟高达 235 赫兹。这是心理物理学上最小可觉差的另一个实例。

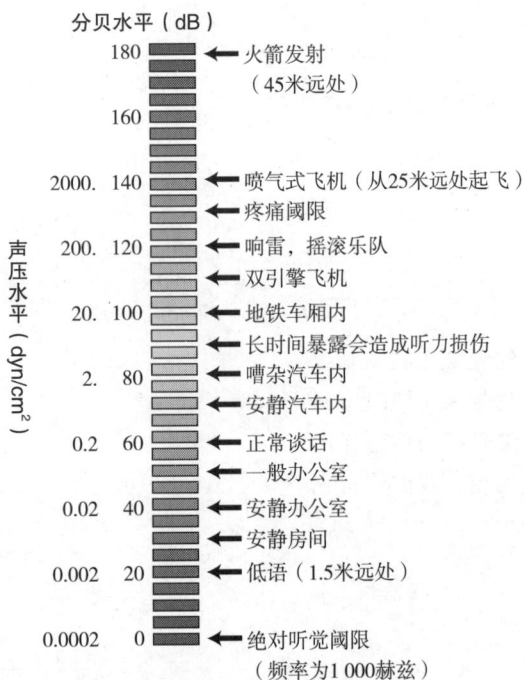

分贝水平（dB）

声压水平（dyn/cm²）	分贝水平（dB）	
	180	← 火箭发射（45米远处）
	160	
2000.	140	← 喷气式飞机（从25米远处起飞）
		← 疼痛阈限
200.	120	← 响雷，摇滚乐队
		← 双引擎飞机
20.	100	← 地铁车厢内
		← 长时间暴露会造成听力损伤
2.	80	← 嘈杂汽车内
		← 安静汽车内
0.2	60	← 正常谈话
		← 一般办公室
0.02	40	← 安静办公室
		← 安静房间
0.002	20	← 低语（1.5米远处）
0.0002	0	← 绝对听觉阈限（频率为1 000赫兹）

图 4.18　各种常见声音的分贝水平

该图显示了你听到的声音的分贝数范围——从绝对听觉阈限到火箭发射时的巨大噪声。分贝通过声压来计算，声压则是表示声波振幅水平的指标，通常与感受到的响度一致。

响度　声音的**响度**（loudness）或者物理强度是由振幅决定的；振幅大的声波会给人响亮的感觉，而振幅小的声波是一种轻柔的感觉。人们的听觉系统可以感受范围宽广的物理强度。在一个极端，人们能够在 6 米外听见手表的滴答声，这是听觉系统的绝对阈限。如果更加敏感的话，你可以听见血液在耳朵内流动的声音。在另一个极端，90 米外喷气式飞机起飞的声音是如此巨大，甚至引起人耳的疼痛感。以声压的物理单位计算，喷气式飞机产生的声波所具有的能量是手表滴答声音能量的 10 亿多倍。

由于听觉的范围是如此宽广，声音的物理强度通常通过比率而不是绝对大小来表示；声压——产生响度体验的振幅大小的指标——通过称为分贝（dB）的单位来测量。**图 4.18** 显示了某些有代表性的自然声音的分贝值，同时也显示了相应的声压作为对比。你可以看到两个相差 20 分贝的声音的声压比为 10:1。请注意：超过 90 分贝的声音会造成听力损伤，这取决于你暴露于这些声音的时间。

音色 声音的**音色**（timbre）反映了其复合声波的成分。例如，音色能使我们区分出钢琴和长笛的声音。少量的物理刺激，例如音叉，产生包含单一正弦波的纯音。纯音只有一个频率和振幅。现实世界中的大部分声音都不是纯音，而是复合声波，由多个频率和振幅叠加构成。

被称为噪声的声音没有清晰简单的频率结构。噪声包含相互之间没有系统关系的多种频率。例如，你在广播电台之间听到的静电噪声包含所有可听见频率的能量；因为没有基频（基波频率），所以你感觉不到音高。

声音的什么物理特性让你得以从合奏乐中分辨出某一乐器的音色？

听觉的生理基础

既然你已经大致了解了由声音所引发的心理体验的物理基础，那么接下来让我们来看看这些体验是怎样产生于听觉系统的生理活动的。首先，我们要看一下耳朵的工作原理。然后考察音高在听觉系统中的编码以及声音定位理论。

听觉系统 你已经了解了感觉过程是将外部能量转换为脑内的能量形式。如**图 4.19**所示，要想听到声音必须发生四个基本的能量转换：（1）空气中的声波必须在耳蜗中转换为流体波，（2）然后流体波必须导致基底膜产生机械振动，（3）这些振动必须转换成电脉冲，（4）电脉冲必须传入听皮层。让我们来仔细考察这些转换的细节。

在第一个转换中，振动的空气分子进入耳朵（见图 4.19）。一些声音直接进入外耳道，另外一些被耳郭反射后进入。声波沿着通道在外耳中传播直到到达通道的末端。在这里声波遇到一层薄膜，称为耳膜或者鼓膜。声波压力的变化使鼓膜振动，鼓膜将这一振动从外耳传递到中耳，即包含人体最小三块骨头（锤骨、砧骨和镫骨）的耳室。这些小骨组成机械链，将振动从鼓膜传递并集中到主要的听觉器官，即位于内耳的耳蜗。

在发生于耳蜗的第二个转换中，空气波变成"海浪波"。**耳蜗**（cochlea）是充满液体的螺旋管，其中**基底膜**（basilar membrane）位于中央并贯穿始终。当镫骨使位于耳蜗底部的卵圆窗发生振动时，耳蜗中的液体使得基底膜以波浪的方式运动（因此称之为"海浪波"）。研究者推测，耳蜗独特的螺旋结构使得人们对低频的声音更敏感（Manoussaki et al., 2008）。

在第三个转换中，基底膜的波浪形运动使得与其相连的微小毛细胞发生弯曲。这些毛细胞是听觉系统的感受细胞，当毛细胞弯曲时，它们刺激神经末梢，将基底膜的机械振动转换为神经活动。

最后，在第四个转换中，神经冲动通过名为**听神经**（auditory nerve）的纤维束离开耳蜗。这些神经纤维在脑干的耳蜗核会合。就像视觉系统的神经交叉一样，来自一只耳朵的刺激传递到两侧的大脑。听觉信号在到达位于大脑半球的颞叶听皮层之前要经过一系列的神经核团。对这些信号的高级加工开始于听皮层。（你马上将会了解图 4.19 所标注的人耳的其余部分在其他感觉中的作用。）

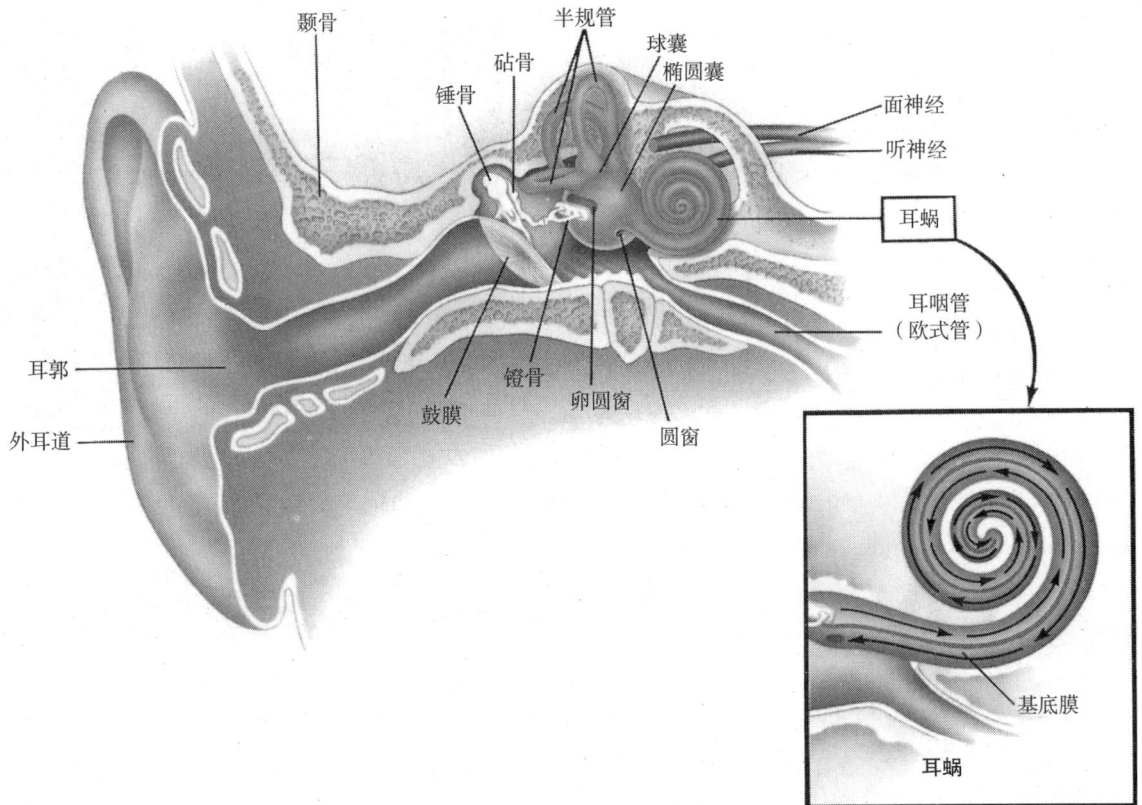

图 4.19　人耳的构造
声波通过耳郭，经外耳道传入，引起鼓膜振动。这个振动激活中耳内的小骨——锤骨、砧骨和镫骨。它们的机械振动经过卵圆窗到达耳蜗，并使其管道里的液体振动。当液体流动时，耳蜗中盘旋的基底膜内层上微小的毛细胞弯曲，刺激附着在其上的神经末梢。机械能量就此被转换为神经能量，并且通过听神经传送到大脑。（见彩插）

这四个转换发生在功能完好的听觉系统中。然而，数以百万计的人承受着各种形式的听觉障碍。听觉障碍一般分为两大类型，每一类型都是由一种或多种听觉系统成分的缺陷引起的。一种不太严重的类型称为传导性耳聋，是空气振动传导到耳蜗出现了问题。其中常见的问题是中耳的听小骨没有恰当地发挥作用，这种缺陷可以通过植入人造砧骨或镫骨的显微手术来矫正。比较严重的听觉障碍是神经性耳聋，原因是在耳中产生神经冲动或将神经冲动传至听皮层的神经机制方面存在缺陷。听皮层的损伤同样会导致神经性耳聋。

音高知觉理论　为了解释听觉系统是怎样将声波转换为音高感觉的，研究者们提出了两个截然不同的理论：地点说和频率说。

第一个理论是**地点说**（place theory），最初由赫尔姆霍兹于 19 世纪提出，后来由**格奥尔格·冯·贝克西**（Georg von Békésy, 1899—1972）加以修正、阐释和检验。贝克西也因该成就荣获 1961 年诺贝尔奖。地点说是建立在这一事实上的，即当声波经由内耳传导时基底膜会运动。不同的频率沿基底膜在特定的位置上产生最大的运动。对高频率的音调来说，基底膜上最大的波动发生在耳蜗的基部，即卵圆窗和圆窗所在的位置。对低频率的音调来说，基底膜上最大的波动发生在相反的一端。所以地点说认为，音高知觉取决于基底膜上产生最大刺激的特定位置。

第二个理论是**频率说**（frequency theory），它以基底膜振动的频率来解释音高。

该理论预测，一个 100 赫兹的声波将使基底膜每秒振动 100 次。频率说还预测基底膜的振动将引起神经元以同样的频率放电，神经放电的频率就是音高的神经编码。这个理论的一个问题是，单个神经元不可能有足够的放电频率来表征音高很高的声音，因为没有一个神经元的放电频率能超过每秒 1 000 次。这使得单个神经元不可能区分出 1 000 赫兹以上的声音，而你的听觉系统实际上可以很好地区分它们。这个局限可以通过**齐射原理**（volley principle）得到解决，这一原理能够解释在听到高频声音时可能发生了什么。齐射原理认为，一些神经元可以通过联合活动（或称齐射）的形式，以与 2 000 赫兹、3 000 赫兹等乃至更高刺激的音调相匹配的频率放电（Wever, 1949）。

如同颜色视觉中的三原色理论和拮抗加工理论一样，地点说和频率说分别成功地解释了音高体验的不同方面。频率说可以很好地解释低于 5 000 赫兹的声音编码。而在更高的频率，即使通过齐射，神经元也不可能如此快速而精确地放电以充分地编码一个信号。地点说可以很好地解释 1 000 赫兹以上的音高知觉，而 1 000 赫兹以下的声音会引起整个基底膜广泛振动，以至于不能为神经感受器提供足以区分不同音高的信息。在 1 000 赫兹和 5 000 赫兹之间，两种机制都适用。因此，一个复杂的感觉任务被分成了两个系统，这两个系统联合起来可以提供比单个系统更精确的感觉。我们在下面将看到，你还有两个神经系统来帮助你定位环境中的声音。

长时间处于巨大的噪声中会导致听力损失。那么怎样才能避免这种听力损失呢？

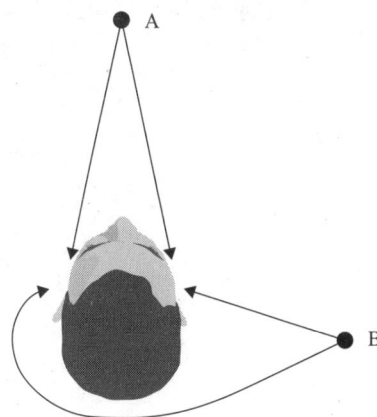

声音定位　假设你在校园里散步，听到有人喊你的名字。大部分情况下，你可以很容易地确定对方的空间位置。这个例子显示，你的听觉系统可以十分有效地完成**声音定位**（sound localization）的任务，即你能够确定听觉事件的空间来源。你是通过两种机制来实现的：评估到达每只耳朵的声音的相对时间和相对强度（Recanzone & Sutter, 2008）。

第一种机制涉及比较声音到达每只耳朵的相对时间的神经元。例如，当一个声音在你的右侧响起的时候，它到达你右耳的时间比到达左耳的时间要早（见**图 4.20** 中的 B 点）。听觉系统中的神经元会在两耳之间产生特定时间延迟时特异性放电。大脑运用这种到达时间的差异来对空间中的声音源做出精确的判断。

第二种机制基于以下原理：对于声音首先到达的耳朵而言，声音的强度会稍微高一些，这是因为你的头部本身形成了一个声影（sound shadow）而使信号变弱。这种强度差取决于声音的波长以头部为参照的相对大小。长波、低频的声音几乎没有表现出强度差异，而短波、高频的声音则表现出可测量的强度差异。你的大脑中存在特化细胞来检测到达两耳的信号强度差异。

但是，当一个声音既没有产生时间差异也没有产生强度差异的时候又会怎样呢？在图 4.20 中，一个产生于 A 点的声音就是如此。当你闭上眼睛时，你不能辨别它的具体位置。所以你必须转动头部以改变耳朵的位置，从而去打破这种对称，为声音定位提供必要的信息。

图 4.20　时间差与声音定位
大脑利用声音到达两耳的时间差来对空间中的声音进行定位。

为什么蝙蝠进化出了利用回声定位法在环境中导航的能力？

有趣的是，鼠海豚和蝙蝠利用它们的听觉系统而非视觉系统在黑暗的海洋或洞穴中定位物体。它们使用回声定位法——它们发出音调很高的声音，然后从物体反射的声音中获取关于物体的距离、位置、大小、质地和运动的信息。事实上，有一种蝙蝠可以通过回声定位法区分相距只有 0.3 毫米的两个物体（Simmons et al., 1998）。

STOP 停下来检查一下

❶ 声音的哪种物理特性使人们产生了音高的知觉？

❷ 毛细胞在听觉系统中起着怎样的作用？

❸ 哪种理论认为音高知觉取决于基底膜上最大刺激发生的位置？

❹ 如果一个声音自你的右侧发出，你预期会有怎样的时间差异？

其他感觉

本章主要描述视觉和听觉，因为科学家对之研究得最为透彻。然而，在外界环境中生存和享受的能力依赖于你全部的感觉库。我们将通过简要分析其他一些感觉来结束对感觉的讨论。

嗅　觉

你很容易想象出一些让你宁愿没有嗅觉的情形：你家的狗是否曾经打架输给了臭鼬？但是，为了避免闻到臭鼬的气味，你同样也要放弃新鲜的玫瑰、热黄油爆米花还有巧克力热饮等等那些沁人心扉的香气。所有这些物质都会以气味分子的形式向空气中释放气味。当这些分子与嗅纤毛（见**图 4.21**）膜上的受体蛋白相互作用时，**嗅觉**（olfaction）过程便开始了。一种物质只需 8 个分子就可以诱发一个神经冲动，不过至少需刺激 40 个神经末梢才能让人闻到那个物质的气味。一旦被诱发，这些神经冲动就会将嗅觉信息传递到位于感受器上方和大脑额叶下方的**嗅球**（olfactory bulb）。嗅觉过程开始于气味刺激促使化学物质流入嗅神经元的离子通道，回顾一下第 3 章我们可以知道，这一事件触发了一个动作电位。

嗅神经和嗅球的解剖学位置使它们很容易受到损伤。例如，当人们头部遭到打击时，向嗅球传递冲动的神经细胞的轴突可能会受损。一个由 49 名轻度脑外伤病人组成的样本接受了嗅觉能力测试（Fortin et al., 2010）。在其中的一项嗅觉测试中，28人表现出了嗅觉减退，11 人表现出了嗅觉丧失。然而，嗅觉还是有希望恢复的：嗅

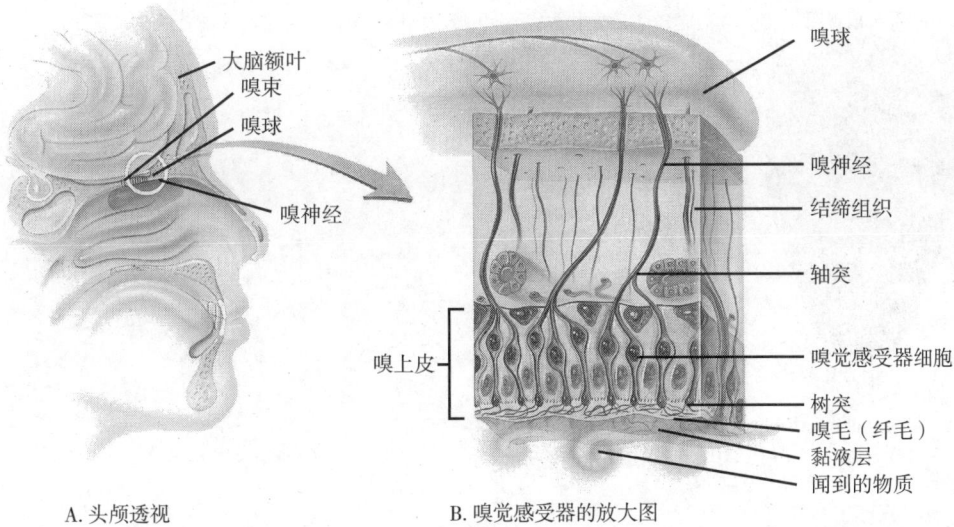

大脑额叶
嗅束
嗅球
嗅神经

嗅上皮

A. 头颅透视

嗅球
嗅神经
结缔组织
轴突
嗅觉感受器细胞
树突
嗅毛（纤毛）
黏液层
闻到的物质

B. 嗅觉感受器的放大图

图 4.21 嗅觉感受器
鼻腔中的嗅觉感受器细胞受到环境中的化学物质刺激，它们将信息传递给大脑中的嗅球。（见彩插）

觉系统能在嗅觉感受器和嗅球中产生新的细胞。正因如此，随着时间的推移，一些病人在脑部受伤之后能够重新获得一部分或全部的嗅觉能力（London et al., 2008）。

嗅觉的重要性在不同物种之间有很大的区别，人们推测，它是为了发现和定位食物而进化出来的一个系统（Moncrieff, 1951）。人类似乎主要将嗅觉与味觉相结合来寻找和品尝食物。不过，对于许多物种而言，嗅觉还被用来探测潜在的危险源。狗、大鼠、昆虫以及很多其他生物的嗅觉都远比人类敏锐，嗅觉对于它们的生存来说更为重要。它们的大脑相对更多地分配给了嗅觉。对于这些物种来说，嗅觉非常有用，因为这些有机体不必与其他有机体直接接触就能闻到它们的气味。

此外，气味也是一种有效的交流媒介。许多物种的成员通过分泌和探测一种被称为**信息素**（pheromones）的化学信号来相互联络。这些化学物质在特定物种内部被用来传递性接纳、危险、领地分界和食物源等信息（Thomas, 2011; Wolf, 2011）。例如，各个种类的雌性昆虫通过释放性信息素来提示它们是可以交配的（Herbst et al., 2011; Yang et al., 2011）。我们在第 11 章讨论人类和动物的性行为时将再次回到信息素这一主题。

味 觉

尽管一些美食家和品酒师具有辨别微小和复杂味道的超常能力，但很多时候他们依靠的其实是嗅觉而非味觉。当你吃饭的时候，嗅觉和**味觉**（gustation）会密切协作，共同起作用。事实上，当你感冒时，食物似乎寡淡无味，因为你的鼻道堵塞了，你闻不到食物的味道。你可以自己验证这一原理：捏住你的鼻子，然后试着去辨别质地相似但味道不同的食物，例如苹果片和生土豆片。因为嗅觉对食物的味道有如此广泛的影响，所以一些患有嗅觉障碍的人也常常会失去食欲。

舌头的表面布满了乳头状的凸起，使它看起来凹凸不平。许多这种乳头中含有多个味觉感受器细胞簇，称为味蕾（见**图 4.22**）。味觉感受器的单细胞记录结果表明，单个感受器细胞对

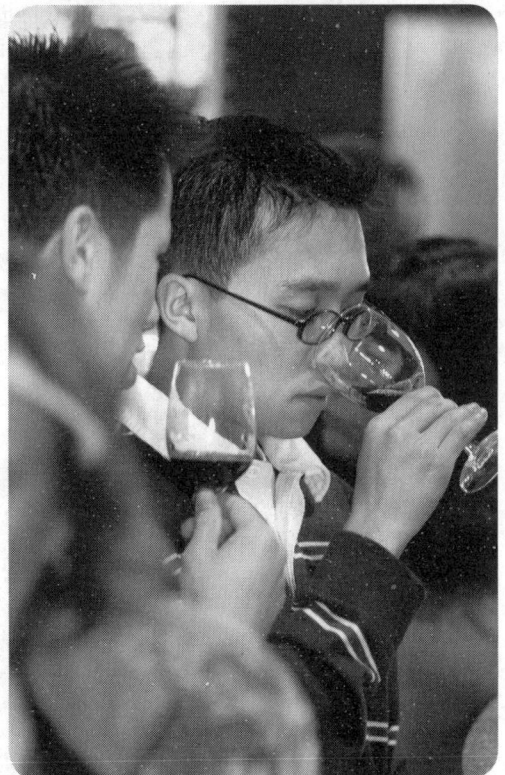

为什么感冒的时候去品酒是不明智的？

图 4.22 味觉感受器

图中 A 部分表示舌头上方乳头状凸起的分布。图中 B 部分表示放大的单个乳头，由此可以看见单个味蕾。图中 C 部分表示放大的味蕾。（见彩插）

A. 舌头顶视图　　B. 舌表面乳头状凸起的放大图　　C. 味蕾的放大图

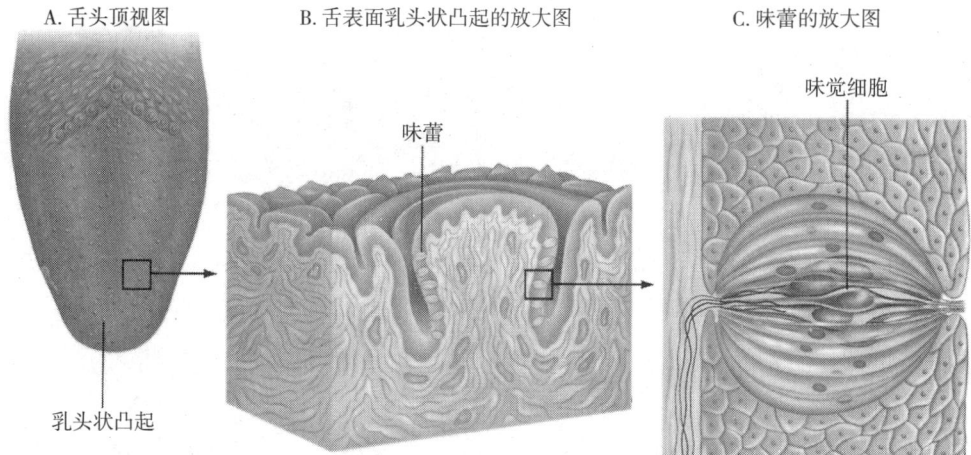

味觉细胞

味蕾

乳头状凸起

四种基本味道——甜、酸、苦、咸——中的某一种反应最为强烈（Frank & Nowlis, 1989）。近些年来，研究者发现了对第五种基本味道——鲜味（umami）起作用的感受器（McCabe & Rolls, 2007）。鲜味也就是味精即谷氨酸钠（MSG）的味道，这种化学物质经常被添加在亚洲的食物中，在富含蛋白质的食物诸如肉、海鲜及陈年奶酪中天然存在。尽管这五种味道的感受器细胞也对其他味道产生微小的反应，但是"最佳的"反应仍然是直接对应于特定味道的。每一种基本味道似乎都有一个独立的换能系统（Carleton et al., 2010）。

你放进嘴里的许多东西，例如酒精、香烟烟雾和酸味食物，都可能会损伤味觉感受器。幸运的是，你的味觉感受器大约每隔 10 天就会更新一次，甚至比嗅觉感受器的更新还要频繁（Breslin & Spector, 2008）。事实上，在你的所有感觉系统中，味觉系统最能抵抗损伤。很少有人会遭受完全而永久的味觉丧失。

从跟家人和朋友共同用餐的经历中，你可能意识到人们有着非常不同的口味偏好。例如，有些人喜欢辛辣的食物，而有些人一想到辣椒就不寒而栗。有些偏好可以用人们年幼时体验到的味道差异来解释。事实上，母亲所吃的食物会改变羊水的味道，因此一些食物偏好可能在子宫内就形成了（Beauchamp & Mennella, 2011）。然而，人们拥有的味蕾数量也存在显著差异。图 4.23 显示了两种舌头：味蕾数量远超平均数的个体被称为超级品尝者（Bartoshuk, 1993）。正如你在图中看到的，超级品尝者极端的感觉体验与普通人形成了鲜明的对比。不同人舌头上味蕾密度的差异似乎是由遗传导致的（Bartoshuk & Beauchamp, 1994）。女性比男性更有可能是超级品尝者。超级品尝者通常对苦味（大多数有毒物质都有的味道）化学物质更为敏感。

图 4.23 超级品尝者（A）和非品尝者（B）的舌头

一些口味偏好可以通过人们所拥有味蕾数量的显著差异来解释。

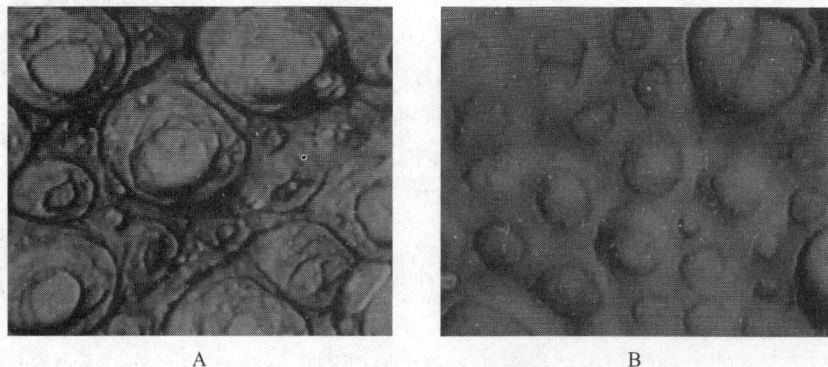

A　　　　　　　　　　B

你可以想象，如果女性在进化过程中通常负责抚育和喂养后代，那么味觉敏感度更高的女性的孩子将更有可能存活下来。

触觉和肤觉

皮肤是一个功能非常多的器官。除了能保护你免受外界损伤、保存体液和帮助调节体温之外，它还包含了能产生压力、温暖和寒冷感觉的神经末梢。这些感觉被称为**肤觉**（cutaneous senses）。

考虑一下你是如何意识到一个刺激对你的皮肤产生压力的。因为通过皮肤可以接收许多感觉信息，所以在身体的表层分布着众多类型的感受器细胞（McGlone & Reilly, 2010）。每一种感受器都对略有差异的皮肤接触模式产生特异性反应（Lumpkin & Caterina, 2007）。例如下面的两个例子：当有东西摩擦皮肤时，迈斯纳小体反应最为强烈；而当一个小物体对皮肤施加持续的压力时，梅克尔触盘则最为活跃。

皮肤对压力的敏感性在身体不同部位的差异非常大。例如，你用指尖感知刺激位置的精确度是后背皮肤的 10 倍。身体不同部位皮肤感受性的差异，不仅与这些部位的皮肤中神经末梢分布的密度有关，而且与负责这些部位的感觉皮层区域的大小也有关。在第 3 章中你已经了解到，你最敏感的部位恰是你最需要它的地方——你的面部、舌头和双手。正是来自这些身体部位的精确感觉反馈，我们才得以有效地进食、说话和抓握。

想象有人拿着冰块摩擦你的胳膊。你现在大体知道了你是如何感觉到冰块的压力的，但是你又是如何感觉到它冰冷的温度的呢？当你了解到你对热与冷拥有不同的感受器时，你可能会觉得很惊讶。你的身体中并没有一种类似于温度计的感受器，而是你的大脑整合了来自冷传感纤维和暖传感纤维的分离信号，以此监控环境中的温度变化。

肤觉有一个方面在人类关系中起着重要作用，那就是触觉。通过触摸，你可以向他人传达你渴望给予或接受安慰、支持、爱和激情（Gallace & Spence, 2010）。然而，你被触摸的部位或触摸他人的部位不同，影响也不同；那些引起性冲动感觉的皮肤区域称为性感区（或性欲发生区）。不同个体的性感区的唤起潜力是不同的，这取决于习得的联结以及这些区域感受器的密度。

前庭觉和动觉

接下来要介绍的两种感觉对你来说可能比较陌生，因为它们没有像眼睛、耳朵和鼻子这样能够直接看到的感觉器官。**前庭觉**（vestibular sense）告诉你，你的身体——特别是头部——是如何根据重力确定朝向的。这一信息的感受器是位于内耳中充满液体的导管和囊中的小纤毛。当快速转动头部时，液体流动并压迫纤毛，从而导致纤毛弯曲。球囊和椭圆囊（见图 4.19）告诉你关于在直线上加速或减速的信息。三个被称为半规管的导管是相互垂直的，因此能够告诉你关于在任何方向上运动的信息。当你转头、点头和倾斜的时候，这些结构会告诉你头

为什么坐在过山车前排相对于坐在后排较不容易恶心？

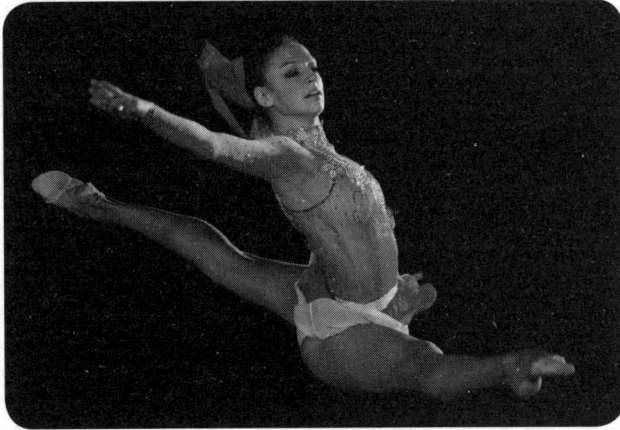

动觉在技巧型运动员的表现中起什么作用?

部是怎样移动的。

由于偶然事故或疾病而丧失前庭觉的人,一开始会分不清身体朝向,容易摔倒和头晕。但大多数人最终会通过更多地依赖视觉信息使之得到补偿。当来自视觉系统和前庭系统的信息相互冲突时,就会发生晕动现象。人们之所以在行驶的汽车中看书会感到恶心,就是因为视觉提供的是静止的信号,而前庭觉提供的信号却是移动的。司机很少会发生晕动,这是因为他们既看到移动,也感觉到移动。

不论你是直立地站着、画画或者做爱,你的大脑都需要关于当前身体各部位的相对位置和相对运动的准确信息。**动觉**(kinesthetic sense)为我们持续提供运动过程中关于身体状态的感觉反馈。没有它,你就不能协调大多数的自主运动。

你拥有两个动觉信息的来源:位于关节中的感受器以及位于肌肉和肌腱中的感受器。位于关节中的感受器对伴随不同肢体位置的压力和伴随关节运动的压力变化起反应。肌肉和肌腱中的感受器对伴随肌肉收缩和舒张时的张力变化起反应。

大脑通常会将动觉信息和触觉信息相整合。例如,如果不知道手指确切的相对位置,你的大脑就不能完全理解来自每根手指的信息。想象一下你闭着眼睛捡起一个物体。触觉可能使你猜测这是一块石头,而动觉能告诉你它有多大。

痛　觉

痛觉(pain)是身体对有害刺激的反应,所谓"有害刺激"就是那些强度足够导致组织损伤或具有这种威胁性的刺激。你对自己拥有发达的痛觉而感到高兴吗?你的回答可能是"是,也不是"。回答"是"是因为痛觉对生存至关重要。先天性无痛症患者不会感到疼痛,但他们的身体总是伤痕累累,而且他们的四肢因受伤而变形,如果他们的大脑能够向他们发出危险警告,许多伤害是可以避免的(Cox et al., 2006)。他们的经历表明,痛觉是重要的防御信号——提醒你注意避免潜在的伤害。回答"不是"是因为,总有一些时候你希望能切断疼痛的感觉。在一项对4 090名成年人的调查中,26%的人报告称他们忍受着慢性疼痛的折磨,即"疼痛始终存在或频繁发作"(Toblin et al., 2011, p. 1250)。

科学家们已经开始鉴别对疼痛刺激起反应的特定感受器。他们发现一些感受器只对温度起反应,一些只对化学物质起反应,另一些只对机械刺激起反应,还有一些对痛觉刺激的组合起反应。这个痛觉纤维的网络是一个精密的网状结构,覆盖你的全身。外周神经纤维通过两条通路将痛觉信号传递到中枢神经系统:一种是外部包裹髓磷脂的、快速传导的神经纤维,另一种是外部没有包裹髓磷脂的、缓慢传导的、小的神经纤维。从脊髓中发出的神经冲动被传送到丘脑,最后到达大脑皮层,在那里确定痛觉产生的位置和强度,评估伤害的严重性,并形成行动计划。

在你的大脑中,内啡肽会影响你的痛觉体验。回忆一下第3章,吗啡类的镇痛药与大脑中相同的受体位点结合,而"内啡肽"这一术语来自内源性(自身产生的)吗啡。大脑释放内啡肽可以控制你的痛觉体验。研究者认为,内啡肽至少在某种程度上是针灸和安慰剂产生镇痛效应的原因(Han, 2011; Pollo et al., 2011)。

在决定你感受到的疼痛程度上，你的情绪反应、背景因素以及你对情境的解释与实际的物理刺激一样重要（Gatchel et al., 2007; Hollins, 2010）。心理背景是如何影响疼痛知觉的？**罗纳德·梅尔扎克**（Melzack, 1973, 1980）提出了一种关于疼痛调节方式的理论，即**门控理论**（gate-control theory）。该理论认为，脊髓中的细胞像神经闸门一样，切断和阻止一些痛觉信号进入大脑，而允许其他信号进入。大脑和皮肤中的感受器向脊髓发送开门或闭门的信息。例如，假设你在跑着接电话时小腿不小心撞到了桌子。在你轻揉撞击部位时，你对脊髓发出了抑制信息——关闭闸门。当然，从大脑发来的信息也可以关闭闸门。如果这个电话里有急事，那么你的大脑就可能关闭闸门，以使你避免因疼痛而分心。梅尔扎克（Melzack, 2005）还提出了一个关于疼痛的更新版的神经矩阵理论（neuromatrix theory），它包含了以下事实，即人们常常经历一些没有物理起因的疼痛：在这种情况下，疼痛完全源于大脑。

参加宗教仪式的人走在热炭床上的时候，能够阻断疼痛的感觉。关于生理疼痛和心理疼痛之间的关系，这幅图告诉了你什么？

我们刚刚了解到，知觉疼痛的方式可能更多地反映了你的心理状态而非疼痛刺激的强度：你知觉到的可以与你实际感觉到的不同，甚至完全独立于你的感觉。这些关于疼痛的讨论有助于你理解本章的剩余部分，这部分将讨论使你能够组织和描述你对世界的经验的知觉过程。

STOP 停下来检查一下

❶ 参与嗅觉的一个重要大脑结构是什么？

❷ 你的味蕾会对哪些基本味道起反应？

❸ 你的皮肤如何感觉温度？

❹ 前庭觉的作用是什么？

❺ 门控理论的目标是什么？

知觉的组织过程

想象一下，如果你不能把数百万个视网膜感受器输出的可用信息综合和组织起来，这个世界看上去将会多么混乱不堪。你将看到毫无关联的色块在眼前晃动和旋转，如同万花筒一般。把感觉信息组织起来使你产生连贯知觉的过程，统称为知觉组织过程。

我们对知觉组织的探讨将从描述注意过程开始。注意过程使你的注意力集中在万花筒般体验的一个刺激子集上。接着我们将考虑首先由格式塔学派的理论家们描述的组织过程，他们认为你所知觉到的事物取决于组织规律，或者说你用以知觉形状和形式的简单规则。

痛苦的分手真的会让人感到疼痛吗

在人生的某个时刻，几乎每个人都会经历一次浪漫关系的分手。如果你也不例外，你可能会告诉朋友，分手是"痛苦的"，他人的拒绝让你"受伤"了。我们在本章中看到，大脑对生理疼痛有着独特的反应。但一个有趣的问题是：大脑对强烈的社会痛苦的反应与强烈的生理疼痛相同吗？

为了回答这个问题，一个研究团队招募了 40 名参与者，他们都在研究前的 6 个月内经历了一次浪漫关系的意外分手（Kross et al., 2011）。研究者区分了对疼痛的情绪反应和实际的生理体验。生理疼痛会引起情绪痛苦，社会拒绝也是如此。早前的研究证实，人们的大脑对生理疼痛和社会痛苦有着相似的情绪反应模式（MacDonald & Leary, 2005）。然而，研究者希望证明，强烈的社会痛苦也会导致与实际的疼痛体验相同的大脑反应。为

了证明这一点，研究者让参与者在接受 fMRI 扫描时既体验生理疼痛，也体验社会痛苦。

对于生理疼痛，参与者经历了对其左前臂施加高温刺激的试次。每名参与者要接触的高温水平都是单独测定的，以接近他们所能忍受的高温极限。在其他试次中，参与者接触的是温暖的刺激，他们都认为这一刺激并不令人痛苦。热试次和温试次之间的对比使研究者能够看到参与者在经历生理疼痛时，哪些脑区特别活跃。

这项研究也为社会痛苦提供了类似的对比。参与者带着两张照片来到实验室：一张是他们的前任伴侣，另一张是与他们前任伴侣相同性别的朋友。在一些试次中，参与者一边看他们前任伴侣的头像，一边回想他们在分手时感受到的拒绝。在其他试次中，参与者一边看朋友的头像，一边思考他们最近共

同的愉快经历。研究者再次考察了大脑对痛苦和非痛苦刺激的反应差异。

在每一个试次中，参与者使用 5 点量表来评定他们的情绪痛苦程度。数字越小，情绪痛苦越大。研究者希望生理疼痛和社会痛苦的强度水平相当。参与者的评分表明这一目标已经实现了：生理疼痛所引发情绪痛苦的平均报告强度为 1.88；社会痛苦的平均报告强度为 1.72。

那么 fMRI 扫描显示了什么？正如你所料，生理疼痛激活了那些当身体受到有害的刺激时会做出反应的大脑感觉区域。此外，正如研究者预测的那样，当参与者回想他们的分手经历时，同样的大脑区域也被激活！由此得出的结论是，如果你曾经声称分手"让人感到疼痛"，可以肯定你是在说实话。

注意过程

现在，花一些时间来寻找环境中你目前还没有直接意识到的 10 件东西。你是否注意到了墙上的一个点？是否注意到了钟的滴答声？如果你开始仔细地检查你的周围，你会发现有许多东西可以成为你关注的焦点。**注意**（attention）过程使得你能够将你的意识觉知指向所有你能获得的信息中的一个子集。一般而言，你越是密切注意环境中的某个客体或事件，就越能知觉或了解关于它的信息。

什么力量决定了哪些客体成为你的注意焦点？这个问题的答案有两个方面，我们可以称其为目标指向注意和刺激驱动注意（Chun et al., 2011）。**目标指向注意**（goal-directed attention）反映的是你对自己想要注意的客体做出的选择，与你自己的目标有关系。例如，如果你眼前是一个装满糕点的盒子，你可能只将自己的注意力指向那些表面有巧克力的甜点。你可能已经对这样的观点习以为常，即你能有意识地选择客体进行仔细观察。**刺激驱动注意**（stimulus-driven attention）发生在刺激——环

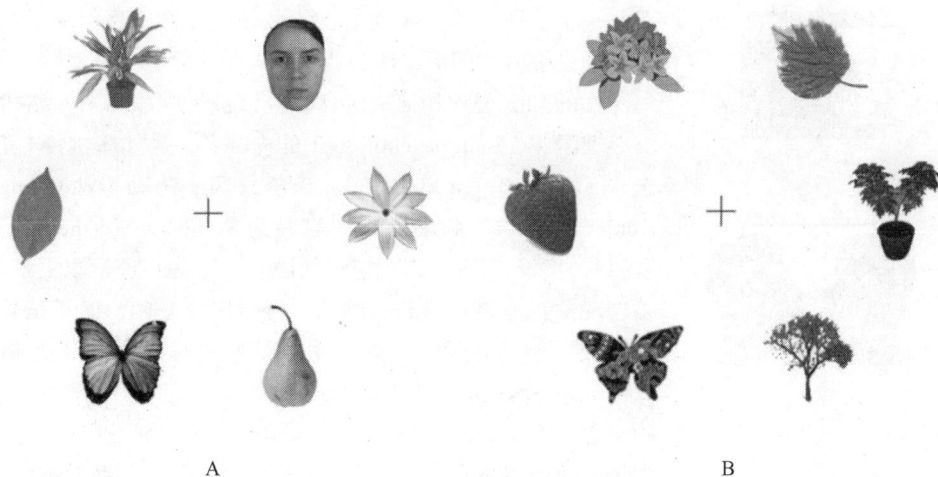

图 4.24　选择注意的过程

参与者观看由六个物体组成的阵列。他们试图尽可能快速地回答每个阵列是否包含蝴蝶。物体都是以灰度图来呈现的，这样可以避免参与者使用颜色来帮助他们发现蝴蝶。当阵列包含人类面孔（A 部分）时，参与者的反应比没有面孔出现（B 部分）时要慢。

境中的客体——的特征自动抓住你的注意之时，它独立于知觉者当时的目标。你肯定有过刺激驱动注意的经历，例如，当你驱车外出，在等红灯期间走神时，交通灯突然由红变绿常常会吸引你的注意力，即使你没有特别关注它。

你或许想知道这两个过程之间的关系是什么。研究表明，至少在某些情况下，刺激驱动注意会胜过目标指向注意。

研究特写

研究者首先假设，人类面孔"由于其生物学和社会重要性"而很容易吸引注意（Langton et al., 2008, p. 331）。为了检验这个假设，研究者让参与者观看不同类型的图片阵列，见**图 4.24**中 A 和 B 部分。参与者的任务是尽可能地快速回答蝴蝶是否出现在阵列中。对图中的两个部分来说，回答都是"是"。（当然也有其他阵列的回答是"否"！）注意 A 部分的阵列还包括人类面孔。研究者预测参与者的注意会被这样的面孔所吸引，因此与没有面孔出现的情况（如图中 B 部分）相比，参与者要花更多的时间才能找到蝴蝶。这个预测被证实了：面孔的出现导致参与者更难找到蝴蝶。为了排除面孔只是在视觉上更加有趣的可能性，研究者把所有的刺激图片颠倒重复了这个实验。在这样的情况下，面孔看起来不再像面孔，因而它们不再干扰参与者寻找蝴蝶的能力。

你可以把这种现象看作刺激驱动注意，因为它与知觉者的目标指向相悖。如果参与者能忽略面孔，他们的任务就会完成得更好。因为参与者几乎总是希望在实验任务上表现得尽可能好，所以我们可以得出结论，尽管他们目标指向的需求让他们尽可能有效地注意蝴蝶，但面孔仍然会吸引他们的注意。

让我们假设你已经集中注意于环境中的某个刺激上。现在到了你的知觉组织过程发挥作用的时候了。

知觉组织原则

考虑**图 4.25** 左侧的图像。如果你像大多数人一样，你会看到作为图形的花瓶浮现于黑底之上。图形被视为位于前方的客体状区域，黑底被视为用来突出图形的背景。如你在**图 4.25** 右侧所见，图形与背景的关系也有可能改变——你可能会看到两张脸

图 4.25　图形与背景

对知觉过程而言，知觉组织的第一步是将场景的一部分解读为突出于背景的图形。

而非一个花瓶。你的知觉过程的最初任务之一是：决定在一个场景中孰为图形，孰为背景。

你的知觉过程如何决定什么应该被组织成图形？**格式塔心理学**（Gestalt psychology）的先驱者，譬如**库尔特·考夫卡**（Kurt Koffka）（1935）、**沃尔夫冈·苛勒**（Wolfgang Köhler）（1974）和**马克斯·惠特海默**（Max Wertheimer）（1923），深入研究了知觉组织的原则。这些心理学家主张，心理现象只有被视为有组织的、有结构的整体，而不是被分解成原始的知觉元素时，才可以被理解。"gestalt"（格式塔）这一术语大致就是"形式""整体""结构"或"本质"的意思。在格式塔心理学家的实验中，他们研究了知觉阵列是如何形成格式塔的，证明了整体与部分之和迥然不同。通过改变一个单一因素并观察它如何影响人们知觉阵列结构的方式，他们总结出了一套规律：

1. 接近律（the law of proximity）。人们将最接近的元素组织在一起。这就是为什么你会将下图看成五列而不是四行。

2. 相似律（the law of similarity）。人们会将最相似的元素组织在一起。这就是为什么你会在一圈"X"中看到由"O"组成的正方形，而不是"X"和"O"混在一起的纵列。

$$
\begin{matrix}
X & X & X & X & X \\
X & O & O & O & X \\
X & O & O & O & X \\
X & O & O & O & X \\
X & X & X & X & X
\end{matrix}
$$

3. 连续律（the law of good continuation）。即便线条被截断，人们也会将其知觉为连续的。这就是为什么你会将下图解释为一支箭穿透了心脏，而不是一个由三个独立部分构成的设计。

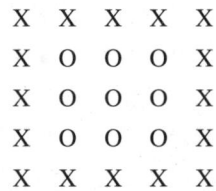

4. 闭合律（the law of closure）。人们倾向于填补小的空隙而将客体知觉为一个整体。这就是为什么你会将下图知觉为一个完整的圆环。

5. 共同命运律（the law of common fate）。人们倾向于将似乎在向同一方向运动的客体组织起来。这就是为什么你会将下图知觉为交错的横行在各自移动。

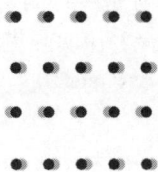

空间和时间上的整合

我们目前所提到的所有格式塔规律应该可以使你确信，许多知觉过程都是以"恰当的方式"将世界的碎片整合在一起。然而，你通常不能在一次扫视或者注视时就能感知整个场景（回忆我们对注意的讨论）。你在给定时间内所感知到的通常只是整个视野中有限的一部分，而由此向各个方向延伸的许多部分是看不见的。为了获得周围环境的完整信息，你必须整合在不同时刻（即时间上的整合）注视不同的空间位置（即空间上的整合）所获得的信息。

可能令你惊讶的是，你的视觉系统无须太费力就能创建一个关于环境的实时整合图形。研究表明，你每一次注视环境的视觉记忆并没有保留精确的细节。

研究特写

考虑**图 4.26** 中的两张照片。它们显示了相同的场景，但一个是特写，一个是广角。假设我们向你呈现其中一张照片，在短暂的延迟之后，问你哪张呈现过。你可能认为你会在这个记忆测试中做得很好。然而，研究者证明，参与者在不到 1/20 秒的延迟后就会产生系统误差（Dickinson & Intraub, 2008）。在一系列的研究中，参与者观看快速连续呈现的三张照片，要么是特写，要么是广角。然后在短暂的延迟后，参与者看到其中一张照片的特写版本或广角版本。参与者必须在五点量表上回答这是否是他们之前看过的，量表范围从 −2（"近了很多"）到 0（"相同"），再到 +2（"远了很多"）。参与者在他们的判断中产生了非常一致的误差：他们将相同的照片评估为"太近了"。研究者把这种误差称为"边界扩展"，因为参与者经常相信，原始照片包含了超出原始照片边界之外的信息。

A　广角　　　　B　特写

图 4.26　边界扩展

当人们观看照片时，他们很可能会使用记忆过程来扩展场景的边界。正因如此，他们经常回忆起看过一张广角照片，而实际上他们看到的是特写。

为什么边界扩展会发生，并且发生得这么快？想一想看向窗外的情形。你不会认为世界中止于窗户的边界。相反，你会使用关于世界的知识扩展你所看到的景象。在许多方面，观看照片与向窗外看是一样的。因为你填充了照片边界周围的场景，所以很可能的是，你回忆照片包含着比实际更多的信息。边界扩展的这一解释可以告诉你为什么这个"误差"是有意义的：从一次扫视的样本中填充更大的场景，这对你并无坏处。

研究者已经发现了许多这样的例子：人们经常很难注意到从一个场景到下一个场景的变化（Simons & Ambinder, 2005）。其中一些常常被称为"变化视盲"的例子非常具有戏剧性。例如，在一项研究中，参与者竟然没有注意到，正在与他们交谈的人已经换人了（Simons & Levin, 1998）！这项研究看起来甚至有点儿像魔术——当一扇门在交谈者的中间穿过时，两名实验者交换了位置。实际上，舞台魔术师长久以来就在使用这种变化视盲搞出很多戏法来。（例如，一些著名错觉的感知基础，见 Macknik et al., 2008。）为什么人们会对他们的视觉世界中如此之大的改变视而不见呢？回忆我们之前对注意的讨论。要注意到变化，你需要同时注意到世界的原始特征和变化后的特征，这一点很重要。即便如此，你还常常需要消耗心理资源来探测变化。

运动知觉

有一种类型的知觉，它要求你对外部世界的不同扫视进行比较，这就是运动知觉（motion perception）。假设你看到一个朋友在教室另一端。如果他静止站立着，而你朝他走过去，他在你视网膜上成像的大小会随着你逐渐靠近而变大，成像扩大的速率让你感觉到自己接近他的速度有多快（Gibson, 1979）。

当你经历 **Φ 现象**（phi phenomenon）时，你就可领会到，你的知觉过程是如何将这些扫视结合起来的。当视野中不同位置的两个静止光点以大约每秒 4 到 5 次的频率交替出现时，就会发生这种现象——看起来好像是单个光点在两个位置之间来回移动，即使交替的速率相对较慢。这种效应也经常出现在户外广告牌以及频闪灯显示器中。

运动知觉还有助于将视觉世界中的元素拼凑在一起。想象你看到一只兔子在深草丛中穿行跳跃。你可能在任何时候都看不到整只兔子。然而，你的大脑发现了不同部分之间的共同运动，从而得出结论，它们都属于一个连贯的客体（Schwarzkopf et al., 2011）。

是什么使你知道图中的"主角"在移动？移动的方向如何？

深度知觉

到目前为止，我们考虑的只是平面上的二维图形。然而，我们每天所感知的都是三维空间中的客体。能够感知空间的三个维度，这对于你接近想要的东西，比如感兴趣的人和美味的食物，躲避危险，比如疾驶的汽车和下落的钢琴，都是绝对重要的。这种知觉需要关于深度（你与客体的距离）和方向的精确信息。你的耳朵可以帮你确定方向，但对你确定深度却没

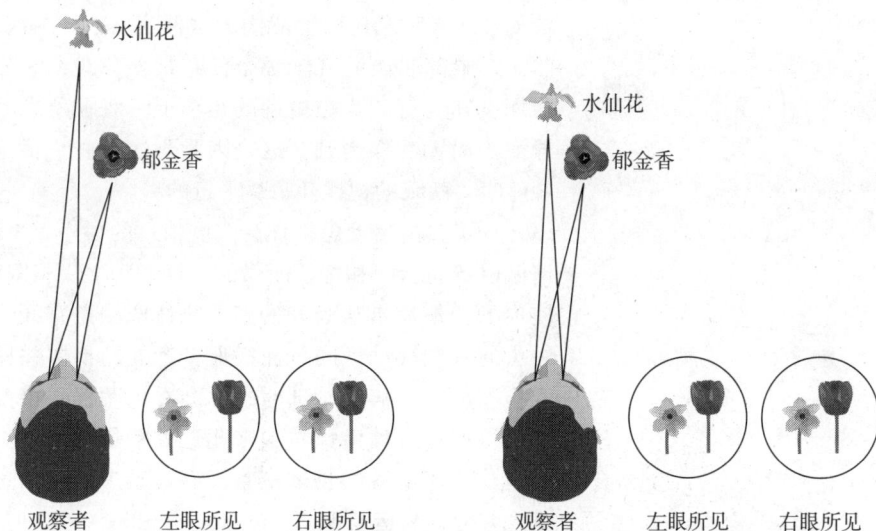

图 4.27　视网膜像差
视网膜像差随着两个客体之间深度距离的增加而增大。

有太大帮助。你对深度的解释依赖于多种关于距离的信息来源［通常称为深度线索（depth cues）］，包括双眼线索、运动线索和图像线索。

双眼线索和运动线索　你有没有想过为什么人会有两只眼睛而不是一只？另一只眼睛并不只是备用的。你的双眼提供了关于深度的明确信息。这种需要对到达双眼的视觉信息进行比较的深度线索，称为**双眼深度线索**（binocular depth cue）。双眼深度信息的两个来源是视网膜像差和视轴辐合。

因为双眼的水平距离有 5~7 厘米，所以它们接收到的外部世界的图像会稍有不同。为了让你确信这一点，试着做下面的实验。首先，闭上你的左眼，用右眼校准两根食指，使其与远处某个小物体成一直线，保持一根手指为手臂的距离，另一根手指在脸前方 30 厘米左右的距离。现在保持手指不动，闭上右眼睁开左眼，同时继续注视远处的物体。你的两根手指的位置发生了什么变化？你的左眼并没有看到它们与远处的物体成一直线，而是得到了一个稍有不同的图像。

一个客体对应于双眼的图像在水平方向上的位移称为**视网膜像差**（retinal disparity）。这种差异的大小取决于客体与你的相对距离，因此它提供了深度线索（见**图 4.27**）。例如，当你交替睁闭双眼时，相对于远处手指，近处手指的位置变化更大。

当你睁开双眼观察外部世界时，你看到的大多数客体刺激双眼视网膜的不同位置。如果两个视网膜上对应的图像差异足够小的话，视觉系统就能够把它们融合为对单个客体在一定深度上的知觉。（不过，如果差异太大的话，当你整合双眼信息时，你实际上看到的是双重影像。）停下来思考一下，我们视觉系统的工作是多么惊人：它利用两个不同的视网膜成像，比较它们的相应部分在水平方向上的位移，然后产生一个具有深度的单一物体的整体知觉。事实上，视觉系统把两个图像之间水平方向上的位移解释为三维世界的深度了。

关于深度的双眼信息还来自**视轴辐合**（convergence）。当两只眼睛注视一个客体时，它们就会在某种程度上向内侧转动（见**图 4.28**）。当客体离你非常近时，例如在你面前几厘米，眼睛必须向内或向彼此转动很多，以使该客体的影像落在两个中央凹上。你可以观察你朋友的眼睛，先让他注视一个远处的物体，然后再注视一个近处的距离大约 30 厘米的物体，从你朋友的眼睛变化中你就可以真实地看到这种视

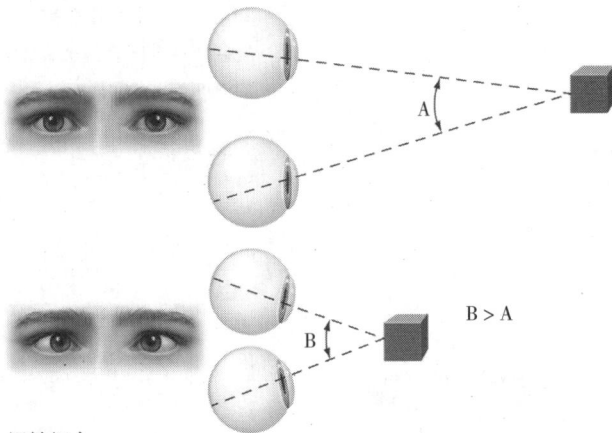

视轴辐合

图 4.28　深度的视轴辐合线索

与远处客体相比，当客体离你较近时，你的双眼辐合程度更大。你的大脑利用来自眼睛肌肉的这种信息，使用视轴辐合作为深度线索。

资料来源：Ciccarelli, Saundra K; White, J. Noland, *Psychology*, 3rd Edition, © 2012. Reprinted and electronically reproduced by permission of Pearson Education, Inc., Upper Saddle River, New Jersey.

图 4.29　深度的插入线索

是什么视觉线索告诉你这个女人在铁窗的后面？

轴辐合。大脑利用眼部肌肉的这种信息来判断深度。然而，眼部肌肉的视轴辐合信息最多只对约 3 米内的深度知觉有效。在更远的距离上，双眼角度的差异太小而无法探测到，这是因为当注视一个很远的客体时，两眼的视线几乎是平行的。

为了弄清运动怎样作为深度信息的另一个来源，请做以下演示。和之前所做的一样，闭上一只眼睛，使你的两根食指与远处的某个物体成一条直线。然后头向一侧移动，同时注视那个远处的物体并保持手指不动。当移动头部时，你会看到两根手指都在移动，但是近处手指看起来比远处手指移动得更远和更快，而注视的物体根本没有运动。深度信息的这一来源称为**运动视差**（motion parallax）。运动视差提供了关于深度的信息，这是因为当你运动时，环境中物体的相对距离决定了它们在视网膜影像上相对运动的大小和方向。下一次乘车旅行时，不妨看看窗外景物以体验运动视差的运作，远处的物体看起来比近处的物体更像是静止的。

单眼线索　如果只有一只眼睛有视力，你就不能感知深度了吗？事实上，当只有一只眼睛可看时，可从一只眼睛中获得关于深度的进一步的信息。这些来源被称为**单眼深度线索**（monocular depth cue），因为当线索只来自一只眼睛时才会要求这样的信息。画家在两维的纸或画布上能够创作出看似三维的图像，其实就是熟练使用了单眼深度线索。

当一个不透明的物体挡住了另一个物体的一部分时，就造成了插入或者遮挡（见**图 4.29**）。插入提供的深度信息表明被遮挡的客体比遮挡物更远。遮挡物的表面还会阻挡光线，制造阴影，这些可以用作深度信息的额外来源。

图像深度信息的另外三个来源都与光线从三维世界投射到二维表面（如视网膜）的方式有关：相对大小、线条透视和质地梯度。相对大小（relative size）涉及光线投射的一个基本规律：相同大小的客体在不同距离投射到视网膜上的像大小不同。最近的客体投射的像最大，而最远的客体投射的像最小。这个规律被称为大小 / 距离关系。从**图 4.30**可以看出，如果你看到一列相同的物体，你就会把更小的解释为距离更远。

线条透视（linear perspective）是一种同样依靠大小 / 距离关系的深度线索。当平行线（定义为两条直线之间保持相同的距离）向远处延伸时，在你的视网膜成像中，它们在地水平线上汇聚为一个点（见**图 4.31**）。你的视觉系统对汇聚线条的解释会引起庞佐错觉（Ponzo illusion）。如图所示，上面的线之所以看起来更长，是因为你根据线条透视把汇聚的两条边解释为向远处延伸的平行线。在这种背景下，你认为上面的线条好像更远一些，因此看起来更长，即远处客体应该比近处客体更长，才能形成长度相同的视网膜像。

质地梯度（texture gradients）之所以能提供深度线索，是因为随着表面向深处延伸，质地的密度会变大。**图 4.32** 中的麦田就是一个质地作为深度线索的例子。你可以认为这是大小／距离关系的另一种结果。在这里，组成质地的单元随着距离的增加变得越来越小，而你的视觉系统把这种逐渐缩小的谷物解释为三维空间中更远的距离。

现在我们应该很清楚有许多来源可以提供深度线索。然而在正常的观察条件下，从这些来源得到的信息会组成单一而连贯的关于环境的三维解释。你知觉到的是深度，而不是存在于近距刺激中的各种不同的深度线索。换句话说，你的视觉系统会自动利用运动视差、插入或遮挡以及相对大小等线索，不需要你的意识觉知，就能进行复杂的计算，使你得到三维环境的深度知觉。

图 4.30　**相对大小作为深度线索**
越近的物体在视网膜上投射出的像越大。结果就是，当你看到一列相同物体时，你认为更小的物体距离更远。

知觉恒常性

为了帮助你发现视知觉的另一个重要特性，我想让你用书做个游戏。把书放在桌子上，然后移动头靠近它，直到只有几厘米的距离，再把头移回到正常的阅读距离。

图 4.31　**庞佐错觉**
汇聚的线条增加了一个深度维度，因此距离线索导致上边的线条看起来比下边的线条更长，即使它们事实上具有相同的长度。

图 4.32　**质地梯度作为深度线索的例子**
麦田是质地梯度作为深度线索的一个自然例子。注意麦子倾斜的方式。

尽管书在近处比在远处刺激的视网膜区域要大得多，但你不还是感觉书的大小保持不变吗？现在把书直立放置，试着顺时针倾斜你的头部。当你这样做的时候，书的视网膜成像在逆时针旋转，但你不还是感到书本仍在直立着吗？

一般来说，尽管你的感受器接收的刺激在改变，但你所看到的世界是不变的、恒常的、稳定的。心理学家把这种现象称为**知觉恒常性**（perceptual constancy）。粗略地说，它意味着你知觉的是远距刺激的特性（通常是恒定的）而非近距刺激的特性，每次你移动眼睛和头部时近距刺激的特性都会发生变化。对于生存来说，重要的是，尽管刺激眼睛的光线模式的性质存在巨大的变化，但你仍能感知到外部世界客体的恒常性和稳定性。知觉的一个关键任务就是：在视网膜成像发生变化的情况下，致力于发现环境的恒定性。下面就让我们来看看它在大小、形状和方向等方面是如何工作的。

大小和形状恒常性　什么决定你对客体大小的知觉？你感知客体的实际大小部分基于其视网膜成像的大小。然而，你用书进行的演示表明，视网膜成像的大小同时依赖于书的实际大小，还有它与眼睛之间的距离。你已经知道，距离信息可以从多种深度线索中获得。你的视觉系统把这种信息与成像大小的视网膜信息相结合，由此产生客体大小的知觉，它通常与远距刺激的实际大小相符。**大小恒常性**（size constancy）是指在视网膜成像大小变化的情况下，你仍能感知客体真实大小的能力。

如果感知客体的大小要考虑距离线索的话，那么当你被距离愚弄的时候，你也会对大小感到困惑。**图 4.33** 显示了发生在艾姆斯房间中的一种错觉。房间左边角落里的成年人与小孩相比显得特别矮，但当他在右边时则显得特别高。产生这种错觉的原因是你将这个房间知觉为了长方形，认为两边角落与你的距离相等。因此在这两种情况下，你感觉小孩的实际大小与你视网膜上的图像大小是一致的。事实上，小孩与你的距离并不相等，这是因为艾姆斯房间制造出了一种巧妙的错觉。正如你在照片旁边的手绘图上看到的，尽管它看起来是一个长方形的房间，但实际是由非矩形的表面构建的，这些表面在深度和高度上都不是常规角度。右边的人的视网膜

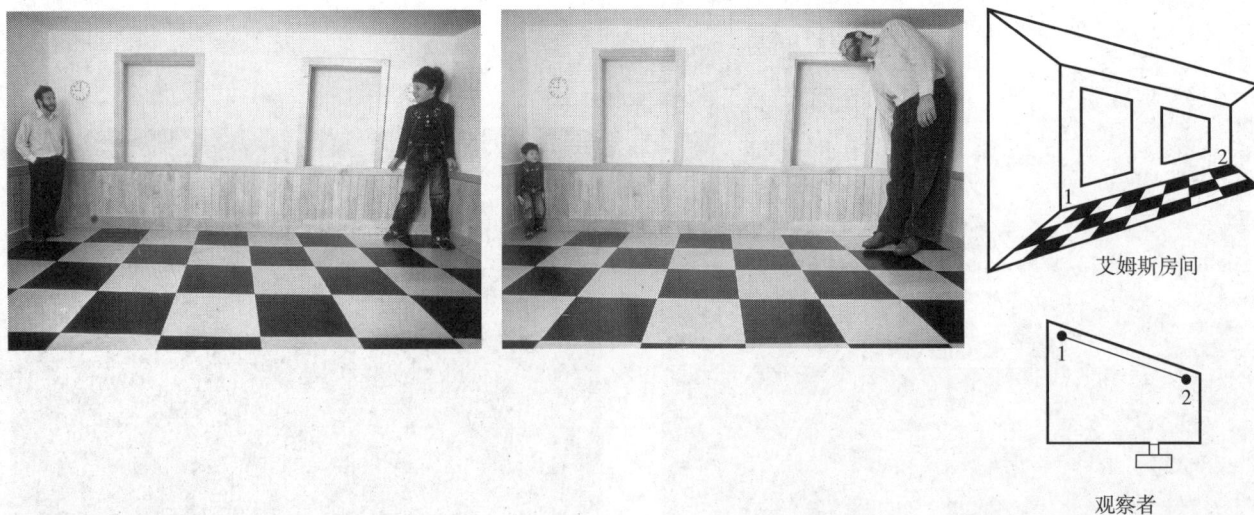

图 4.33　艾姆斯房间
艾姆斯房间被设计成用一只眼睛通过窥视孔——拍摄这些照片的最佳位置——进行观察。艾姆斯房间是由在深度和高度上成非常规角度的非矩形表面构建的。然而，如果只从窥视孔进行观察，你的视觉系统就会认为这是一个普通的房间，并对居住者的相对高度做出不同寻常的猜测。

图 4.34　形状恒常性
随着硬币的旋转，它的影像先是变成椭圆形，然后变得越来越扁，直到变成一个细长的长方形，接着又变成椭圆形，然后又是一个圆形。但是，在任何一个朝向它都被知觉为一枚圆形的硬币。

成像要大一些，因为他与观察者的距离只有左边人的一半。（顺便说一下，要想产生这种错觉你必须通过一个窥视孔，如图 4.33 照片的最佳拍摄点，即用一只眼睛去看。如果你在观看这个房间时可以四处走动，那么你的视觉系统将会获得关于这个房间的不寻常结构的信息。）

知觉系统推断物体大小的另一种方式是利用你对相似形状物体典型大小的先验知识。例如，一旦你认出了房屋、树或狗的形状，即便你不知道它们与你的距离，你也会知道它们各自有多大。当过去经验无法给你熟悉客体在极远距离下的形状信息时，大小恒常性可能就失效了。当你从摩天大厦的楼顶向下看行人时，你会认为他们看起来很像蚂蚁，这时你就经历了这种困惑。

形状恒常性（shape constancy）与大小恒常性有着密切联系。即便客体处于倾斜的位置，使得视网膜成像的形状本质上不同于客体本身的形状，可你仍然能够正确地感知客体的真实形状。例如，倾斜的矩形在你的视网膜上投射成梯形的像；倾斜的圆形投射成椭圆的像（见**图 4.34**）。然而，你通常会准确地将形状感知为空间中倾斜的矩形和圆形。当具备很好的深度信息时，你的视觉系统只要考虑你与客体不同部位的距离就能确定一个客体的真实形状。

亮度恒常性　当你观看**图 4.35** 中的砖墙时，并没有把某些砖块看成亮红色，某些看成暗红色，而是将这些砖块知觉为亮度一样的红色，只是有些砖块被阴影挡住了而已（Kingdom, 2011）。这就是亮度恒常性的一个例子。**亮度恒常性**（lightness constancy）是指人们在不同的照明条件下，将物体的白度、灰度或黑度知觉为恒定的倾向。

和前面介绍的其他恒常性一样，在日常生活中，你经常体验到亮度恒常性。例如，你穿着一件白色 T 恤从灯光昏暗的房间里走到阳光明媚的室外。在灿烂的阳光下，T 恤反射的光线要比在昏暗的房间中强得多，但是你会觉得两种环境中 T 恤的亮度是一样的。实际上，之所以存在亮度恒常性，是因为即使物体反射光线的绝对量发生了改变，但反射光线的百分比却是基本恒定的。白色的 T 恤反射 80%~90% 的光线，而黑色的牛仔裤只反射约 5% 的光线。所以在同样的环境下衬衫看起来总是比牛仔裤要亮。

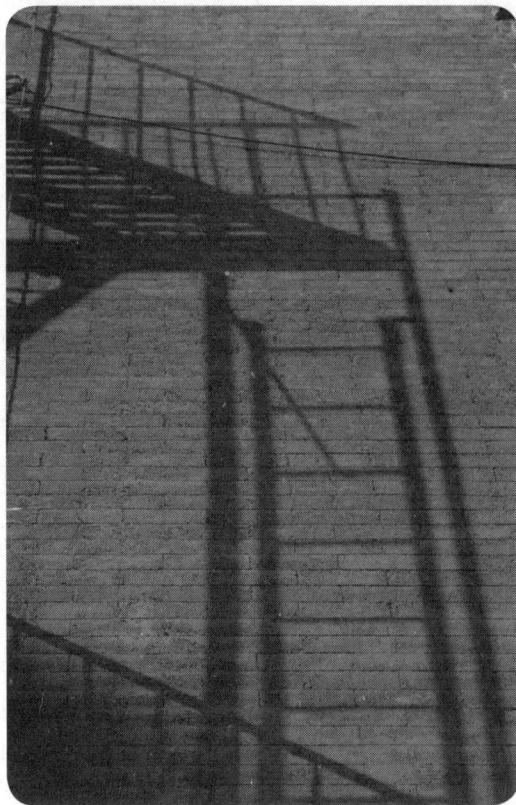

图 4.35　亮度恒常性
亮度恒常性有助于解释为什么你把墙上所有的砖块都知觉为由相同的材料制成。

错　觉

知觉系统通过我们刚刚回顾的一些过程，能让你对世

图 4.36　戏弄大脑的四种错觉

这些错觉中的每一个都代表一种知觉被证明是错误的情境。研究者们经常利用错觉来检验他们的理论。这些理论解释了为什么在一般情形下相当准确的知觉系统，在特定情形下却会产生错觉。

哪一条竖线更长？

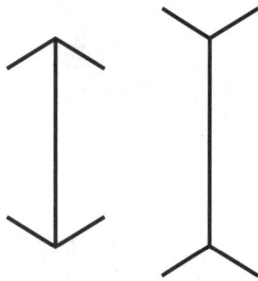

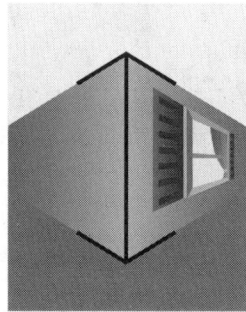

缪勒－莱尔错觉

斜线错位了吗？

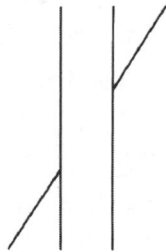

普根多尔夫错觉

这些竖线平行吗？

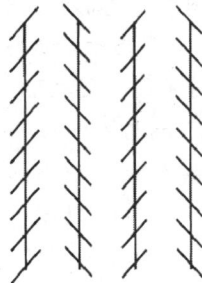

佐尔拉错觉

哪端更大：帽沿还是帽顶？

帽顶错觉

界产生准确的知觉。即便如此，知觉系统误导你的情况仍然存在：当你使用一种被证明是错误的方式体验某种刺激模式时，你就在体验**错觉**（illusion）。错觉一词与 *ludicrous* 有相同的词根，二者都源于拉丁语 *illudere* 一词，意思是"嘲弄"。因为人们的感觉系统具有相同的生理基础，并且对世界的经验很相似，所以大多数人在相同的知觉情境中会有同样的错觉。（你将在第 5 章中了解到，这使得错觉不同于幻觉。幻觉是个体由于异常的生理或心理状态而体验到的非共有的知觉扭曲。）看一下**图 4.36** 中经典的视错觉。虽然我们在这里只能展示视错觉，但错觉其实也存在于其他感觉通道，如听觉（Deutsch et al., 2011; Zheng et al., 2011）、味觉（Todrank & Bartoshuk, 1991）以及触觉（Tsakiris et al., 2010）。

　　研究者经常创造新的错觉或者重构旧的错觉，以探索知觉过程的重要特征。考虑图 4.36 中的第一个例子，缪勒－莱尔错觉，该错觉是由弗朗茨·缪勒－莱尔在 1889 年关于视错觉的著作中首次描绘的。理查德·格雷戈里（Gregory, 1966）提出，人们将标准箭头体验为建筑物向他们突出的外角，将开放箭头体验为远离他们的内角。因为大小与距离之间的关系，人们会将看起来像内角的箭头体验为距离更远。基于这一解释，缪勒－莱尔错觉提供了深度知觉的一般过程导致错误知觉的一个例子。然而，这个问题还远未解决。现在的研究者不断提供时而支持该解释、时而与之相矛盾的证据（Howe & Purves, 2005; Weidner & Fink, 2007）！幸运的是，关于图 4.36 中经典错觉的研究目前还在进行当中，并不断为研究者带来关于知觉过程的新见解。

　　错觉也是你日常生活的基本组成部分。想想你每天对于地球的体验。你每天都会看到"日出"和"日落"，尽管你知道太阳肯定永远都在太阳系的中心。由此你可

生活中的批判性思维

开车时使用手机会分心吗

在你所生活的地方，开车时以某种方式使用手机可能已经违法了。你也许对此类限制的必要性有着强烈的不同看法。研究数据为有关这一问题的公众政策争论提供了信息。大量研究聚焦在司机同时集中注意于打手机和驾驶环境的能力上（Strayer et al., 2011）。

考虑这样一个研究，参与者在高度仿真的驾驶模拟实验中驾车穿过郊区环境（Strayer et al., 2003）。这个模拟驾驶任务需要参与者施展一整套的日常驾驶技能（包括加速、保持车速和刹车）。每名参与者都有两种不同的驾驶体验。在一半的时间，参与者只执行根据方向指示开车这一项任务。在其他的时间，参与者还参与另一项任务：他们在驾驶时就各种日常话题打手机。在所有的时间内，参与者驾驶的路上都有一些广告牌。在实验的最后，测试他们对这些广告牌的记忆，这些测试是他们没有预料到的。只需驾驶时参与者识别出了 15 块广告牌中的 6.9 块；而当除了开车还需打电话与人交谈时参与者只识别出了 3.9 块。

让我们试着确定注意在这个结果中所起的作用。对于为什么参与者在交谈时记忆会变差，存在两个合理的解释：他们可能根本没有看到广告牌，或者他们看到了广告牌但是没有注意它们。为了理解后一个解释，抬头看看你周围的空间。当你盯着某一方向看时，你能看到很多物体，但是要想获得详细信息，你必须把注意直接集中在一个客体上。

在驾驶实验中，研究者测量了参与者的眼动，以精确地测定他们在看哪里。实际上，参与者在开车时交谈和不交谈，他们看每一块广告牌的可能性是相同的，甚至他们看的时间都是一样的。损害参与者记忆的似乎是他们看了广告牌但实际上没有对其集中注意。研究者进行了相似的实验，实验中参与者在路上驾驶真正的汽车（Harbluk et al., 2007）。研究得出了相同的有力结论：电话交谈会将司机的注意从驾驶环境中转移开来。此外，这项研究还证明了注意转移对行为的影响：注意最分散的司机也不得不执行最"紧急的刹车"。

这些研究能说服你应该禁止人们在驾驶时使用手机吗？你还想看到其他什么数据？

- 为什么研究者选择了这样的实验设计，即每一名参与者既执行单一任务，也执行双重任务？
- 伦理因素如何限制了研究者对此问题能够开展的研究类型？

以理解为什么对于哥伦布和其他航海家而言，否定地球是平的错觉并乘船驶向它貌似存在的边界，需要多么非凡的勇气。类似地，当一轮满月在头顶时，尽管你知道月亮没有在追你，但它看起来还是会一直跟着你。这是由于月亮与你眼睛的距离太过遥远而造成的错觉。当月球的光线到达地球时，它们基本上是平行的，并且不论你走到哪里，都与你的运动方向垂直。

人们能够通过控制错觉来获得期望的效果。建筑师和室内设计师们利用知觉的原理来创造空间中的客体，使其看起来比其自身更大或更小。在小公寓的墙壁涂上浅颜色，在房间中央（而非靠墙）稀疏地摆放一些矮小的沙发、椅子和桌子，都会使空间看起来更宽敞。为美国宇航局的航天项目工作的心理学家们研究了环境对知觉的影响，从而设计出让人感觉愉悦的太空舱。电影的布景和灯光指导以及戏剧制作人经常会刻意地在电影中和舞台上营造出错觉效果。

尽管存在这些错觉，但你对周围环境应对得还算不错。这也是为什么研究者要特别研究错觉，以解释知觉究竟是如何工作得这样好。对错觉的研究补充了有关知觉组织过程其他方向的研究。

在这一节中，我们介绍了许多知觉组织的过程。在本章的最后一节，我们将介绍辨认与识别过程，它为环境中的客体和事件赋予了意义。

STOP 停下来检查一下

❶ 刺激驱动注意是什么意思？

❷ 闭合律指的是什么？

❸ 什么样的视觉信息使你认识到一个人正朝你走来？

❹ 视轴辐合如何提供深度线索？

❺ 形状恒常性指的是什么？

批判性思考：在关于边界扩展的实验中，如果提醒参与者注意这个误差，你认为结果会改变吗？

辨认与识别过程

你可以认为前面讲到的所有知觉过程都在提供关于远距刺激的物理特性的知识——客体在三维世界中的位置、形状、大小、质地、颜色。然而，你还是不知道这些客体是什么，或者是否曾经见过它们。你感觉像是来到了一个外星球，所有的东西对你来说都是陌生的；你不知道吃什么，穿什么，远离什么，以及和谁约会。正是由于你能够将大多数客体识别和辨认为以前见过的东西，并且从经验中获知它们是某种有意义类别的成员，所以不会觉得所在的环境是陌生的。辨认与识别为知觉对象赋予了意义。

自下而上与自上而下的加工

在识别一个客体时，你要把看到的东西与存储的知识进行匹配。从周围的环境获取感觉信息，然后将这些信息发送给大脑以提取并分析相关的信息，这就是自下而上的加工。**自下而上的加工**（bottom-up processing）以经验事实为基础，它处理零散的信息，并将外界刺激的具体物理特征转换为抽象表征（回顾一下图 4.2）。这种类型的加工也被称为**数据驱动的加工**（data-driven processing，也译作材料驱动的加工），因为你的识别开始于来自外界的感觉信息——数据或材料。

然而，在许多情况下，你可以利用已经掌握的环境信息来帮助你进行知觉识别。例如，当你参观动物园时，你可能会比在其他地方更容易认出某些动物。相比在自家后院，你在动物园更有可能认为自己看到的是老虎。你的期望影响了你的知觉，这种现象就是自上而下的加工。

在对世界进行知觉时，**自上而下的加工**（top-down processing）涉及过去经验、知识、动机和文化背景。高级的心理机能通过自上而下的加工影响你对事物的理解。由于记忆中存储的概念会影响对感觉数据的解释，自上而下的加工也被称为**概念驱动**（conceptually driven）或**假设驱动**（hypothesis-driven）的加工。

我们转向言语知觉领域来看一个关于自下而上和自上而下加工的具体例子。你

A

The soldier's thoughts of the dangerous

{ bat〔噪声〕tle　　　（噪声加入信号：被试同时听到"tle"和噪声）

或

{ bat〔噪声〕　　　　（噪声替代信号：被试只听到噪声）

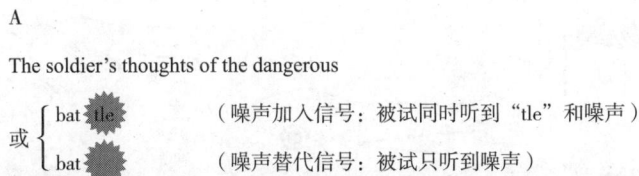

made him very nervous.

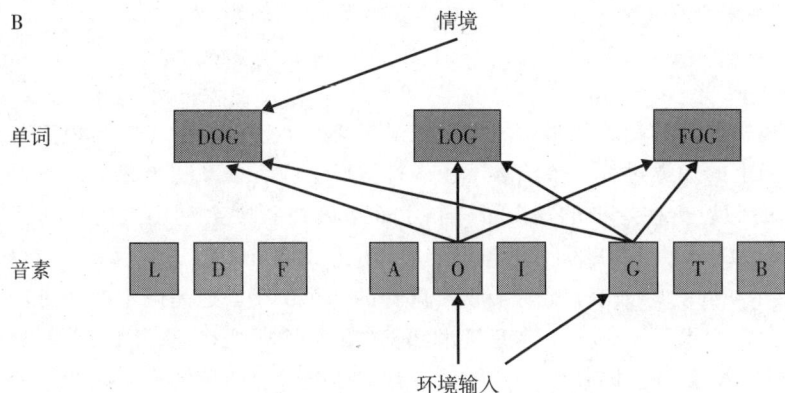

B

情境

单词　　DOG　　　LOG　　　FOG

音素　　L　D　F　　A　O　I　　G　T　B

环境输入

图 4.37　**音素重建**

（A）听者被要求说出噪声加在了音节之上还是替代了它。音素重建经常使他们难以区分。即使某个语音被噪声所替代，听者似乎还是"听到"了丢失的信息。（B）在这个例子中，当你的朋友说"dog"这个词时，噪声遮盖了 /d/。如果只根据耳朵从周围环境获得的信息，你的知觉系统会得出如下几个假设："dog""log""fog"等。然后，语境所提供的自上而下的信息——"I have to go home and walk my ..."——支持了你的朋友说的是"dog"的假设。

资料来源：Reprinted with permission from Irwin Rock, *The Logic of Perception*, Cambridge, MA: The MIT Press. Copyright © 1983.

肯定有过在一个很吵闹的聚会中与别人交谈的经历。在那样的嘈杂环境中，你发出的物理信号很有可能无法全部准确无误地到达对方的耳朵里：咳嗽声、巨大的音乐声或笑声肯定会遮盖掉你说的某些话。尽管如此，人们却很少意识到他们听到的声音信号有间断，这种现象叫作音素重建（phonemic restoration）（Warren, 1970）。我们将在第 10 章讲到，音素是语言中最小的意义单位；当人们利用自上而下的加工将丢失的音素补充完整时，音素重建便发生了。听者往往很难分辨他们听到的是部分原始语音被噪声替代的词，还是夹杂着噪声的完整的词（如**图 4.37** 的 A 部分）（Samuel, 2011）。

图 4.37 的 B 部分显示了自下而上和自上而下的加工是如何相互作用来完成音素重建的。假设在一个吵闹的聚会上，你朋友说的话被噪声盖住了一部分，所以到达你耳朵里的声音是"I have to go home to walk my（噪声）og"。虽然噪声盖住了 /d/，但是你还是会认为实际听到的是完整的"dog"这个词。为什么呢？如图 4.37 所示，两类信息与言语知觉相关联，一种是单词，另一种是组成单词的语音。当 /o/ 和 /g/ 这两个语音到达言语知觉系统时，它们以自下而上的方式提供了单词水平的信息（图中仅给出了部分以 /og/ 结尾的单词）。这提供了你的朋友所说单词的几种可能。然后自上而下的加工开始发挥作用，根据整句话的语境，你推断出"dog"是最可能的单词。当整个过程——自下而上地辨认出一组候选词和自上而下地选择出可能正确的候选词——发生得足够迅速时，你就不会意识到 /d/ 的丢失，而是觉得听到了完整的单词（Samuel, 1997）。下次在吵闹的环境中，你会高兴地发现，你的知觉加工过程竟如此高效地对丢失的声音进行了填补！

情境和期望的影响

知觉的主要目标是获得对世界的准确认识。生存依赖于对环境中客体和事件

图 4.38　知觉歧义
每个例子都有两种解释，但是你不能同时体验到它们。你是否注意到自己的知觉在两种可能性间来回翻转？

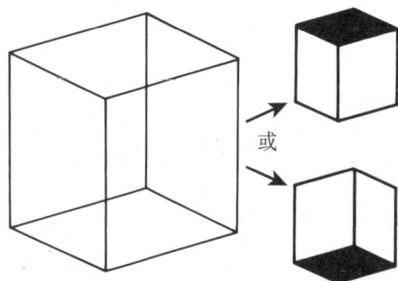

内克尔立方体：向上还是向下？

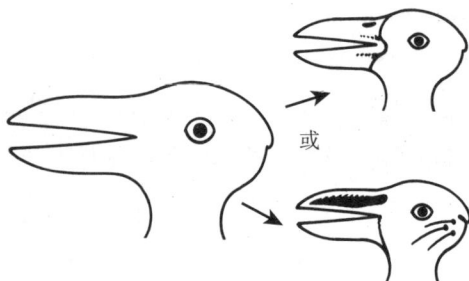

鸭子还是兔子？

的准确知觉：树丛中移动的是老虎吗？然而，在很多情况下，对于世界中的刺激究竟是何物，自下而上的知觉过程会带给你不止一种假设，或者在某些情况下，根本就没有特别恰当的假设。在这样的情况下，自上而下的过程则会利用情境和期望（contexts and expectations）来帮助你弄清世界上形形色色的事物。

图 4.38 提供了相同的感觉信息允许有两种解释的两个例子。这是两个两可图形（ambiguous figures）。**歧义**（ambiguity）是理解知觉中的一个重要概念，因为它表明单一的图像可以有多种解释。盯住每一个图形，直到你能看出两种解释。注意，一旦你看出两种解释，你的知觉就会在两种解释之间来回翻转。

许多杰出的艺术家都在其作品中把知觉歧义作为一种核心的创作手段。图 4.39 是萨尔瓦多·达利的作品《奴隶市场和消失的伏尔泰半身像》。这件作品揭示了复杂的歧义，画作的一部分必须经过彻底的重新组织和解释才能被知觉成法国哲学家伏尔泰"隐藏"的半身像。低矮拱门下的白色天空是伏尔泰的前额和头发，两位女士服装上白色的部分是他的两颊、鼻子和下巴。（如果你觉得看到他有困难，可以伸直胳膊持书或摘下眼镜。）然而，一旦你看出画中伏尔泰的半身像，你就总能看出这个法国人藏在哪里。

当环境提供了有歧义的信息时，你会利用情境信息和先前的期望来帮助你得出特定的解释。你的识别可能会因你所知道的、你在哪里以及你在周围所看到的其他事物而有所不同。看看下面的单词：

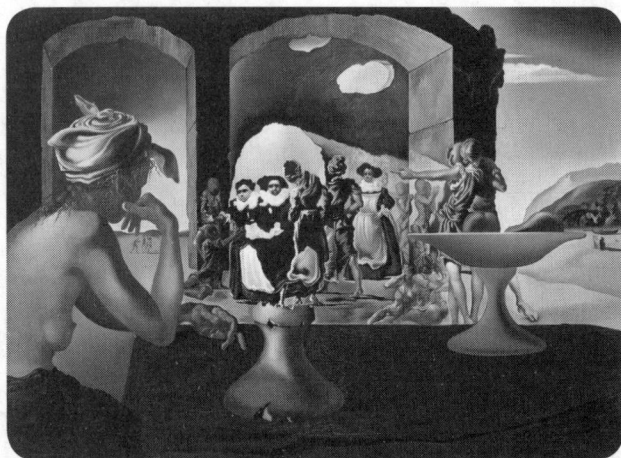

图 4.39　艺术中的歧义
上图是萨尔瓦多·达利的作品《奴隶市场和消失的伏尔泰半身像》。你能发现伏尔泰吗？达利是在作品中使用歧义的众多现代艺术家中的一个。（见彩插）

THE CAT

是不是 THE CAT？再看看各个单词中间的字母。它们的物理特性完全是一样的，但是在第一个单词中，你将它识别为 H，而在第二个单词中则将它识别为 A。为什么？很明显，你的英语知识影响了你的知觉。在 T_E 构成的情境中，那个字母更可能是 H 而不是 A，而 C_T 所构成的情境则相反（Selfridge, 1955）。

在一些情况下，你需要更加努力地利用情境信息。看一下图 4.40，你认为它是什么？假如我告诉你，这是我邻居后院的图景，表现的是他的斑点狗在一棵树的四周嗅来嗅去。现在你可以看到一只狗了吧？（这只狗的鼻子大约在图片的正中央。）为了感知到斑点狗，你需要自上而下地使用来自记忆的信息。如果你过去未曾见过犬嗅，缺乏这方面的经验，你很可能永远无法对这个场景产生明确的感知。

情境和期望在你的日常生活中扮演着重要的角色。你是否曾经有过这种经历：发现你认识的人出现在你认为他们不会出现的地方，比如另一个城市或另一个社交团体里？在这种情况下，你需要更长的时间去识别他们，有时你甚至不敢确定他们就是你认识的人。这并非因为他们的样子变了，而是他们出现的情境是你期望之外的。识别客体时，它所处的空间和时间情境或背景是一种重要的信息来源，因为你会从这些情境中产生一些期望——哪些东西你可能会见到，哪些你不太可能见到。

研究者经常通过研究定势来证明情境和期望对知觉（和反应）的影响。**定势**（set）是一种暂时的准备状态，使你以某种特定的方式对一个刺激产生知觉或反应。定势分为运动定势、心理定势、知觉定势三种。**运动定势**（motor set）是指个体做出预设的快速反应的准备状态。一个短跑运动员被训练得具有很好的运动定势，使其在听到发令枪声后尽可能快地起跑。**心理定势**（mental set）是指个体根据习得的规则、说明、期望或习惯倾向来应对某种情境（比如问题解决任务或游戏）的准备状态。当原来的规则在新的情境中不适用时，心理定势实际上会妨碍你解决问题，这一点在第 9 章中也会讲到。**知觉定势**（perceptual set）是指在既定情境中知觉到特定刺激的准备状态。例如，初为人母者会有一种听到自己孩子哭声的知觉定势。

定势常常会引导你改变对歧义刺激的解释。比如下面两行单词：

FOX; OWL; SNAKE; TURKEY; SWAN; D?VE

BOB; RAY; TONY; BILL; HENRY; D?VE

当你读以上两行单词时，你认为两个 D?VE 分别是什么？如果你认为第一个是 DOVE，第二个是 DAVE，那么这是因为这两行单词让你产生了一种定势，引导你以特定方式在记忆中寻找单词。

情境对知觉的影响显然需要你以某种形式组织记忆，以便与特定情境相联系的信息在特定时间能够被提取出来。换句话说，要产生适当或不适当的期望，你必须能够利用储存在记忆中的知识。有时候，你通过记忆"看到"的东西和用眼睛看到的一样多。我们将在第 7 章讨论记忆的一些特性，它们使得情境影响知觉成为可能。

最后的复习

为了巩固你在本章学到的所有知识，请回头看看图 4.2——你现在已经具备了理解整个流程图所必需的知识。图 4.2 也可以向你证明知觉研究的一个重要启示，即对某个刺激事件的知觉反应是人的整体反应。除了你的感受器受到刺激所提供的信息外，你的最终知觉还依赖于你是谁，你和谁在一起，以及你的期望、需求和价值观。一个知觉者经常要扮演两个不同的角色，那就是赌徒和内部设计者。作为一个赌徒，知觉者打赌当前的输入信息能够用以往的知识和个人经验来理解。作为一个内部设

图 4.40　两可图形

你在图中看到了什么？

资料来源：Reprinted by permission of Sylvia Rock.

计者，知觉者不断地重新安排各种刺激，使得它们更加协调和连贯。为了获得清晰而一致的知觉，你必须抛弃不协调和混乱的知觉。

如果知觉加工完全是自下而上的过程，那么你会被此时此地平常而具体的相同事实所束缚。你可以记住你的经验，但是对未来没有什么用处，你在不同情境下看到的世界也不会有什么不同。然而，如果知觉加工只有自上而下的过程，那么你会迷失在你所希望和期望的幻想世界中。两种加工过程的适当平衡才能完成基本的知觉目标：以一种最能满足你作为生物存在和社会存在的需要的方式去体验外部世界，调整并适应你的自然和社会环境。

STOP 停下来检查一下

❶ 音素重建为什么是一个自上而下加工的例子？

❷ 什么造成刺激有歧义？

❸ 何谓定势？

要点重述

关于世界的感觉知识

- 知觉的任务是从近距（感觉）刺激所包含的信息中推断远距（外界）刺激是什么。
- 心理物理学探究人们对物理刺激的心理反应。研究者测量的是绝对阈限和刺激之间的最小可觉差。
- 信号检测论使研究者可以将感受性从反应偏差中分离出来。
- 心理物理学的研究者描述了物理强度与心理体验之间的关系。
- 感觉将刺激的物理能量通过换能转换成神经编码。

视觉系统

- 视网膜上的光感受器即杆体细胞和锥体细胞将光能转换成神经冲动。
- 视网膜上的神经节细胞整合来自感受器和双极细胞的输入信息，它们的轴突形成在视交叉处汇合的视神经。
- 视觉信息传递到大脑的数个不同区域，它们分别处理视觉环境的不同方面，例如事物看起来是怎样的或它们在哪里。
- 光的波长形成了颜色刺激。
- 不同颜色感觉在色调、饱和度和明度上有所差异。
- 颜色视觉理论将三原色理论（三种颜色受体）和拮抗加工理论（颜色系统由拮抗成分组成）结合起来。

听觉

- 听觉是由不同频率、振幅和复合度的声波引起的。
- 在耳蜗中，声波被转换成流动波而使基底膜发生振动。基底膜上的毛细胞刺激神经末梢，产生传向听皮层的神经冲动。
- 地点说能够很好地解释高频率声波的编码，频率说能够很好地解释低频率声波的编码。
- 人们通过两种神经机制分别计算到达两耳的声音的相对强度和相对时间来确定声音传来的方向。

其他感觉

- 嗅觉和味觉对物质的化学特性起反应，当人们寻找和品尝食物时它们通常同时起作用。
- 嗅觉是由鼻道深处对气味敏感的细胞完成的。
- 舌乳头中的味蕾是味觉感受器。
- 肤觉使人们产生了压力和温度的感觉。
- 前庭觉为人们提供了身体运动方向和速度的信息。
- 动觉为人们提供了关于身体不同部位所处位置的信息，它有助于协调运动。
- 痛觉是身体对可能有害的刺激的反应。
- 对疼痛的生理反应包括疼痛刺激部位的感觉反应以及在大脑和脊髓之间传送的神经冲动。

知觉的组织过程

- 知觉过程把感觉信息组织为连贯的图像，并让你产生对客体和图形的知觉。
- 你的个人目标和客体特性都可以决定你注意的焦点落在何处。
- 格式塔心理学家提出了知觉组织的原则，包括接近律、相似律、连续律、闭合律以及共同命运律。
- 知觉过程整合不同空间和时间的信息以解释环境。
- 双眼线索、运动线索和图像线索都能产生对深度的知觉。
- 你倾向于将客体知觉为拥有稳定的大小、形状和亮度。
- 关于感知错觉的知识能够让我们认识到一般知觉过程的局限性。

辨认与识别过程

- 在知觉加工的最后阶段——辨认与识别客体——人们通过综合自上而下的加工和自下而上的加工来为知觉对象赋予意义。
- 当相同的感觉信息可以被组织为不同的知觉对象时，会产生歧义现象。
- 情境、期望以及知觉定势都可能将对不完整或歧义刺激的识别引向某一方向，而不是另一个同等可能的方向。

关键术语

知觉	双极细胞	味觉
感觉	神经节细胞	肤觉
知觉组织	水平细胞	前庭觉
辨认与识别	无长突细胞	动觉
远距刺激	盲点	痛觉
近距刺激	视神经	门控理论
心理物理学	感受野	注意
绝对阈限	色调	目标指向注意
心理测量函数	饱和度	刺激驱动注意
感觉适应	明度	格式塔心理学
反应偏差	互补色	Φ 现象
信号检测论	三原色理论	双眼深度线索
差别阈限	拮抗加工理论	视网膜像差
最小可觉差（JND）	音高	视轴辐合
韦伯定律	响度	运动视差
换能	音色	单眼深度线索
感受器	耳蜗	知觉恒常性
瞳孔	基底膜	大小恒常性
晶状体	听神经	形状恒常性
调节	地点说	亮度恒常性
视网膜	频率说	错觉
光感受器	齐射原理	自下而上的加工
杆体细胞	声音定位	自上而下的加工
锥体细胞	嗅觉	歧义
暗适应	嗅球	定势
中央凹	信息素	

5

心理、意识和其他状态

当你开始阅读本章时，请花点时间想想过去你特别中意的一件事，然后再想想你希望明天有什么事情发生。这些关于过去的记忆和对未来的设想来自哪里，到达了何处？虽然在你的大脑中显然已经储存了大量的信息，但这些想法不太可能在你坐下来读心理学教科书的那一刻，恰好就在你"心里"。因此，你也许很自然地认为这些想法到达了你的意识，它们来自当时并不在你意识中的脑海的某个位置。但这些特定的想法是怎么进入心理层面的？你实际考虑过不同的记忆或关于未来的其他选项了吗？也就是说，你意识到你做了一个选择吗？还是这些想法不知怎么（通过一些无意识的操作）就出现在了你的意识之中？

这些问题构成了第 5 章的主题。我们将从讨论日常意识的内容和功能开始。你将看到，意识既有助于生存，也让你认识到你是谁以及你在世界中的合适位置。之后，我们将转向从觉醒到睡眠的昼夜周期中的意识变化。我们还将考察西方文化和非西方文化中人们对梦的看法。最后，我们讨论人们有意改变意识状态的许多例子，比如冥想，比如摄入改变意识的药物，等等。对于所有这些主题，我们都会探讨研究者为了科学地研究心理的各个方面所使用的方法。你将学到研究者如何努力将内部的过程外化，将个人的体验变得公开，并准确地测量主观体验。

意识的内容

首先，我们必须承认，**意识**（consciousness）这个术语具有模糊性。我们可以用这个术语来表示一般的心理状态，或者用它指代它的一些具体的内容：有时你说你是"有意识的"，这是相对于"无意识"（例如，处于麻醉或睡眠状态下）而言的；有时你又会说你意识（觉知）到了某些信息或行为。事实上，这些说法里有某种一致性，即为了意识到任何特定的信息，你必须是有意识的。本章中，当我们讲到意识的内容时，指的就是你觉知到的信息。

觉知与意识

正如你在第 1 章所见，最早的一些心理学研究中就已经涉及了意识的内容。随着心理学在 19 世纪逐渐从哲学中分离出来，它成为了一门研究心智的科学（the science of the mind）。冯特和铁钦纳使用内省法来探索意识心理的内容，詹姆士观察了他自己的意识流。事实上，在其 1892 年出版的经典教科书《心理学》的第一页，詹姆士就认可了对心理学的这样一个定义："对意识状态的描述和解释"。

清醒时的意识包括特定时刻的知觉、思维、情感、意象和欲望，即你正集中注意力的所有的心理活动（the mental activity）。你既意识到你正在做的事情，也意识到你正在做这个事实。有时，你会意识到你意识到他人正在观察、评价和回应你正在做的事情。自我感就是来自于从这个"局内人"的特权位置观察你自己的那种经验。总之，这些不同的心理活动构成了意识的内容——在特定时刻你有意识地觉知到的所有经验（Legrand, 2007）。

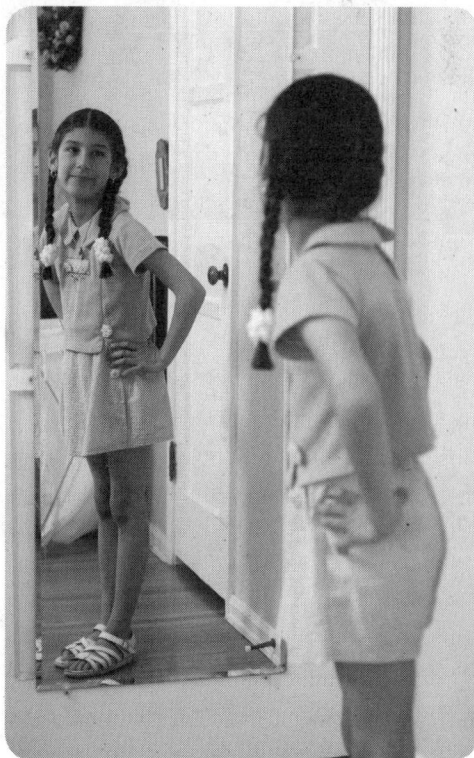

为什么自我觉知被认为是意识中的一个非常重要的方面？

然而是什么决定了你现在意识到的内容呢？例如，你意识到你刚才在呼吸吗？也许没有；呼吸的控制是非意识过程的一部分。你在想你上一个假期中的经历，或者《哈姆雷特》的作者吗？也许还是没有；对这种思维的控制是前意识记忆的一部分。你觉察到背景噪声了吗，比如钟表的滴答声、交通噪声或荧光灯的嗡嗡声？如果你将全部注意放在了理解本章材料的含义上，你就很难觉知到所有这些噪声；这些刺激是未被注意的信息的一部分。最后，还有一些信息可能是无意识的——不易进入意识觉知——比如使你理解这个句子的一套语法规则。下面，我们分别考察这些觉知的各种类型。

非意识过程　一些躯体活动在**非意识**（nonconscious）的范围内，很少进入意识。一个非意识过程运作的例子是血压的调节。你的神经系统监控着生理信息，一直侦测生理的变化并做出反应，但你并不知晓。某些时候，一些通常是非意识的活动可以有意识地进行：例如，你可以选择有意识地控制你的呼吸模式。尽管如此，你的神经系统在没有意识资源的参与下就能管理许多重要的功能。

前意识记忆　只有在某事物引起你的注意之后方才到达意识的记忆叫作**前意识记忆**（preconscious memory）。记忆的储藏室里充满了大量的信息，比如你关于语言、运动或地理的一般知识，以及你个人经历过的事件的集合。前意识记忆在你心理的背景上默默地起作用，直到一个需要它们进入意识的情境出现（比如当要求你想一件过去你特别中意的事情时）。我们会在第 7 章对记忆进行详细讨论。

未被注意的信息　在任何时候，你都被大量的刺激所包围。就像我们在第 4 章中所描述的，你只能将你的注意集中在一小部分刺激上。你所注意的事件及其唤起的记忆将在很大程度上决定你意识的内容。实际上，即便是非常不寻常的事件，当它们在注意之外时也照样不为人觉知。在一个经典的实验中，研究的参与者观看两队学生传球的视频。参与者被要求数其中一个队传球的次数。与此同时，随着视频的播放，一个穿成大猩猩样子的人从中走过！很多参与者完全没有觉知到这个巨大的侵入者。研究者对这一实验进行了一些改动，在多种版本的实验中，合计约 50% 的参与者从未注意到那只大猩猩（Simons & Chabris, 1999）。这一现象被称为**无意视盲**（inattentional blindness），因为人们在把注意集中他处时未能知觉到那个东西。鉴于以上关于大猩猩的结果，真正的篮球运动员会遭遇无意视盲的现象

在任何给定的时间，关于你的工作、你的父母，或你那只饥饿的宠物的记忆也许一直在你的意识水平之下，直到某件事情发生，将你的注意集中到这些主题中的某个上。为什么认为这些记忆是前意识的，而不是无意识的？

可能就不令你意外了。例如，他们可能因为注意力被附近对方防守队员吸引而根本没有看到队友那边出现了空位机会（Furley et al., 2010）。

无意识　当你无法用你意识到的力量来解释你的某些行为时，你通常会认识到无意识信息的存在。弗洛伊德最先提出了有关无意识力量的理论。正如我们将在第 13 章看到的，他主张某些生活经历对个体的心理幸福感如此具有威胁，以至于关于这些经历的记忆被永久地排除在意识之外。弗洛伊德相信，当这些不可接受的想法或动机受到压抑，即被排除在意识之外，而与这些想法联系在一起的强烈情感仍然存在并影响着行为。（我们在第 13 章讨论每个人独特人格的起源时，会再次论述弗洛伊德的思想。）

比起弗洛伊德提到的必须被压抑的那些想法，现在许多心理学家使用无意识这个词所指代的信息和过程要无害得多（McGovern & Baars, 2007）。例如，许多一般语言加工类型依赖于无意识加工过程。考虑这样一个句子（Vu et al., 2000）：

She investigated the bark.

你怎么解释这个句子？你想到的是某个女人正在照看一条狗还是在考察一棵树？因为 bark 一词有多个含义，这个句子的上下文几乎没有提供任何帮助，你只能猜测作者想说什么。现在在一个稍大的语境下考虑同样的句子：

The botanist looked for a fungus. She investigated the bark.

你发现这个句子在这个语境下是不是更容易理解了？如果是这样，这是因为你的无意识语言加工利用了语境，在 bark 的两个意思之间迅速地做出了一个选择。

这个例子说明了在意识水平之下运作的过程经常影响你的行为，在这个例子中，它使你很容易对这个句子有一个明确的理解。于是，我们已经从讨论意识的内容，不知不觉地转到了对意识功能的讨论。然而，在详细地讨论这个主题之前，我们简要论述研究意识内容的两条途径。

研究意识的内容

为了研究意识，研究者必须设计一些方法，以使得深层的个人经验能够得到外显测量。一种方法是要求实验参与者在进行各种复杂任务时大声说出思维过程。他们尽可能详细地报告在完成任务时所经历的思维序列（Fox et al., 2011）。参与者的这种报告被称为出声思维报告（think-aloud protocol），用于记录参与者在完成任务时所使用的心理策略和知识表征。例如，研究者通过收集出声思维报告来理解专家和新手用以判断产品设计的不同策略（Locher et al., 2008）。

在经验抽样法（experience-sampling method）中，参与者提供关于他们在日常生活正常进程中的想法和感受的信息（Hektner et al., 2007）。在经验抽样研究中，参与者通常佩戴一些装置，当它发出信号时，他们就报告意识中的内容。例如，在一种方法中，参与者携带手持电子设备，在一个星期或更长的时间里，这个设备每天会在参与者的清醒时间随机发出声响。只要设备发出声响，就要求参与者回答这样一些问题，如"我很关注当下的感受"（Thompson et al., 2011, p. 1491）。通过这种方法，研究者可以对参与者在日常生活中的思维、觉知和注意的焦点进行跟踪记录。下面这个例子中，研究者使用掌上电脑来获取经验样本。

研究者希望确定人们就他们的现状与其他可能性进行比较的频率（Summerville & Roese, 2008）。在两个星期内，掌上电脑每天向 34 名参与者随机发出 7 次信号，让他们报告此刻正在想什么。如果他们的思想集中在比较上，参与者就把这些想法归到**表 5.1** 所示的类别中。研究者发现 12% 的想法都与比较有关，正如他们指出的，"考虑到心理体验的丰富多样，这个比例之大是惊人的"（p. 668）。各种比较在表 5.1 的四个类别中基本上是平均分布的。此外，当参与者的想法转向改变过去（反事实比较）或思忖未来（当前与未来比较）时，他们最常想到的是，境况可能怎样或者能不能更好一些。

表 5.1　人们想法中比较的类型

类型	例子
社会性的	"我篮球比汤姆打得好。"
反事实	"如果我能早点动身，可能就准时到这里了。"
当前与过去	"我在高中时睡得更多。"
当前与未来	"我的妹妹要开始交新朋友了。"

资料来源：Summerville & N. J. Roese, Dare to compare: Fact-based versus simulation-based comparison in daily life, *Journal of Experimental Social Psychology, 44*, pp. 664–671, Copyright 2008.

你曾留意这些类型的比较进入你意识的频率吗？经验抽样法使得研究者能够对人们如何思考他们的生活以及思考的内容提供细致入微的报告。

如果你快速环顾一下你现在所在的房间，你会发现在这个环境中有很多客体之前并不是你意识内容的一部分。你也可以快速回顾一下你的记忆，你会发现除了你目前有意识关注的信息以外，你还存储着很多其他记忆。像出声思维报告和经验抽样这样的技术，使得研究者可以研究在特定时间和特定任务下，所有可能的信息中哪一部分进入了个体的意识之中。

STOP 停下来检查一下

❶ 前意识记忆是什么意思？
❷ 在弗洛伊德看来信息是如何变成无意识的？
❸ 研究者是如何获取出声思维报告的？

批判性思考：回忆关于比较的研究。为什么在随机的时间获取经验样本很重要？

意识的功能

当我们探讨意识的功能问题时，就是在试图理解为什么我们需要意识，也就是说，意识给我们人类的经验增加了什么？在这一节，我们会描述意识对于人类生存和社会功能的重要性。

意识的作用

人类意识是在其演化环境中与最敌对的力量（其他人类个体）的竞争中锻造出来的。人类心智的演化可能是我们的祖先极度善于社交的结果，而这种社交能力最初也许只是一种对抗捕食者的集体防御，一种更为有效开发资源的手段。然而，紧密的群体生活又产生了新的要求，即与其他人类个体既合作又竞争的能力。自然选择偏好那些能够思考、计划和想象不同的现实以促进与亲缘同类的联结并战胜对手的个体。那些发展出语言和工具的个体获得了"最适心智生存"大奖，而这些心智特征也被我们幸运地继承了下来（Ramachandran, 2011）。

由于意识来自演化，所以你应该不会因为它能提供一系列有助于物种生存的功能而感到惊讶（Bering & Bjorklund, 2007）。同时，意识在个人现实和文化共享现实的建构中也起到了重要的作用。

帮助生存 从生物学的视角来看，因为意识帮助个体理解环境信息，并利用这些信息规划最适宜而有效的行动，所以它才可能进化。很多时候，你会面临感觉信息负荷过大的情况。威廉·詹姆士将海量信息轰击感受器描述为"嘈杂、混乱的嗡嗡声"从四面八方向你袭来。意识可以通过三种方式厘清这种极大的混乱，帮助你适应环境。

首先，意识限制你察觉和注意的范围，从而减少刺激的输入。在第 4 章关于"注意"的讨论中，你或许认识了意识的这种限制功能。意识帮助你滤除与你当前目标无关的大量信息。假设你决定出去散步，享受春天的大好时光，你会注意到树在发芽、鸟在鸣唱，还有孩子们在嬉戏。如果这时突然出现了一只咆哮的狗，你会利用意识把注意限定在这只狗上并评估危险。这种限制功能也适用于你提取自己内部存储的信息。在本章开头，当要求你回忆最中意的一件往事时，你使用意识来把自己的注意集中在过去的一件事情上。

意识的第二个功能是**选择性储存**。即便在你有意识地注意的信息中，也不是所有的信息都与你要做的事情有关。在你遇到那只咆哮的狗后，你可能会停下来考虑，"我要记住下次不再从这儿走"。意识允许你选择性地储存（记住）你想要分析、解释和指导未来实践的信息。通过选择一些事件和经验而忽视另外一些，意识允许你将事件和经验按照个人的需要分成相关的和无关的。当我们在第 7 章讨论记忆过程时，你会发现并不是所有进入记忆的信息都需要有意识的加工。不过，有意识的记忆与其他类型的记忆相比具有不同的特性，并且涉及的脑区也不同。

意识的第三个功能是让你停下来，基于过去的知识思考可替代的方案和想象各种可能的结果。这种规划功能使你能够压抑那些与道德、伦理和现实考量相冲突的强烈欲望。有了意识的这种功能，你在下次散步时就会规划路线以避开那只咆哮的狗。由于意识给予你广阔的时间观念去规划可能的行动，所以你可以利用过去的知识和对未来的预期来影响你当前的决策。基于所有这些原因，意识赋予你极大的潜能，对你生活中多变的需求做出灵活恰当的反应。

对现实的个人建构和文化建构 不会有两个人以绝对相同的方式解释同一种情境（Higgins & Pittman, 2008）。你对现实的个人建构，是你基于你的一般知识、有关过去经历的记忆、当前的需要、价值观、信念和未来目标，对当前情境做出的独特解释。因为每个人对现实的个人建构已经在对独特输入的选择中形成，所以他会更加注意刺激环境中的某些特征。当你对现实的个人建构保持相对稳定时，你的自我感就具有了较长一段时间上的连续性。

当人们在不同的文化中成长，生活在同一文化的不同环境下或面临不同的生存任务时，对现实的个人建构的个体差异会更大。反之亦然——因为同一文化中的人们拥有许多相同的经历，所以他们经常具有相似的现实建构。对现实的文化建构是由一组特定人群的多数成员所共有的思考世界的方式。一旦社会中的一个成员发展出了一种与文化建构相适应的对现实的个人建构，它会被文化所肯定，同时也肯定文化建构。在第 13 章中，我们会更全面地讨论个体自我和文化自我之间的关系。

研究意识的功能

在大多数时候，人们的行为既受到意识过程的影响，也受到无意识过程的影响。意识的许多功能都包含与无意识内容的内隐比较。也就是说，意识过程经常影响无意识过程或受到无意识过程的影响。为了弄清意识的功能，研究者往往要开展各种研究来说明意识过程和无意识过程的不同结果（McGovern & Baars, 2007）。

例如，研究者认为人们可能利用无意识过程或意识过程来影响生活中的许多决定（Kruglanski & Gigerenzer, 2011）。根据他们所使用的过程系统，人们的反应可能大不相同。考虑道德推理领域（我们将在第 10 章回到这一主题）。你对经典的"哭泣婴儿"困境会如何反应？在这一困境中，"你必须决定要不要闷死自己的婴儿以避免敌军士兵发现和杀死自己、婴儿和其他人"（Greene et al., 2008, p. 1147）。当人们面对这一困境时，他们心底的反应——无意识过程的结果——是他们无论如何不会闷死自己的孩子。然而，当人们有意识地对这个问题深思熟虑后，他们通常决定他们必须做出牺牲以拯救更多的人。

为了证明这一转变反映了对意识过程的使用，研究者让参与者在两个不同的情境中考虑这类困境（Greene et al., 2008）。在一种条件下，参与者在电脑屏幕上阅读这个困境，然后尽快地对某种可能的反应（如"为了救你自己和其他人，对你来说闷死自己的孩子是恰当的吗？"）做出"是"和"否"的判断。在第二种条件下，参与者也阅读困境并做出反应。然而，他们同时还必须监视一串在电脑屏幕上滚动的数字，每当看到数字 5 时按下按钮。第二个任务的目的是使参与者的意识过程超过负荷。同时进行的任务应该让他们很难使用意识过程来对道德困境做出推理。实际上，当参与者受到额外的负荷时，他们花了长得多的时间对道德困境做出代表意识推理的"是"的回答。因此，研究意识功能的一种方式就是证明当意识过程不能正常运作时，人们的反应会如何变化。

另一种研究意识的方式是考察在你每天从事的各种任务中，哪些是需要意识干预的。比如，现在你放下书，在你的房间中找一个红色的物品。假设在你的房间里确实有一个红色的物品。大多数时候，你会觉得你的视线被那个物品吸引而不需要任何意识努力。研究已经证实，人们可以在不需要意识注意或者很少意识注意的情况下搜索物品的某些基本特征，如颜色、形状和大小（Wolfe, 2003）。再假设你现在来寻找一个既有红色又有蓝色的物品。如果你试着去寻找，你就会发现这次需要较多的意识努力。在大多数情况下，搜索同时具有两个特征的物品则需要使用意识注意。

我们再提供另外一个关于使用意识注意的例子。我们来看看**图 5.1**。在 A 部分，试试寻找有黄色和蓝色的物品。在 B 部分，试试寻找有蓝色窗户的黄色房子。是不是第二个任务要容易得多呢？当两种颜色被组织成整体和部分的关系时，搜索就会较少受到图片中其他物品的影响（Wolfe et al., 1994）。你能感觉到，当要求寻找有黄色和蓝色的物品时，你需要使用更多的意识注意吗？通过这样的研究结果，研究者对意识发挥作用的环境整合出了一个完整的认识。

我们已经看到怎样界定和研究意识的内容和功能。现在我们转向意识的常规变式，然后是意识的超常变式。

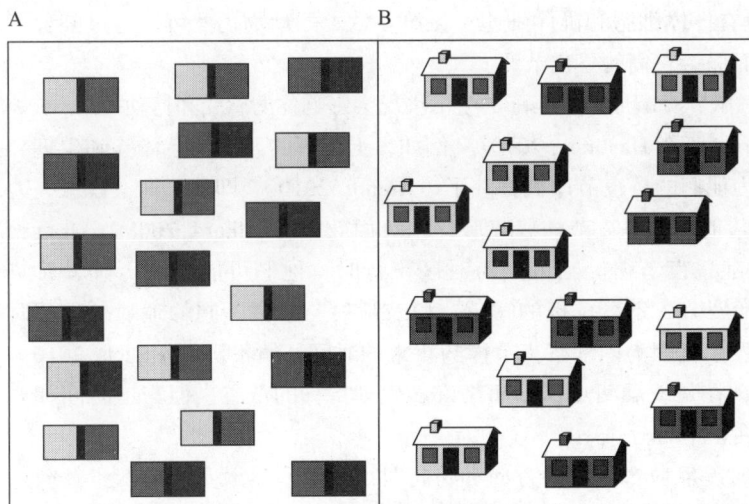

图 5.1　搜索两种颜色的组合

（A）找到有黄色和蓝色的物品。（B）找到有蓝色窗户的黄色房子。（A）当颜色的组合发生在一个物品的两个部分之间时，搜索的效率是很低的。（B）然而，当颜色的组合发生在整体物品及其某一部分之间时，搜索就容易得多了。（见彩插）

资料来源：Jeremy M. Wolfs, Parallel processing of part-whole information in visual search tasks, *Perception & Psychophysics*, 55 (1995), 537–550.

STOP　停下来检查一下

❶ 意识的选择性存储功能是什么？

❷ 什么是对现实的文化建构？

❸ 意识在视觉搜索中起着什么作用？

睡眠与梦

　　在你的生活中，你的意识几乎每天都会发生相当大的变化：当你决定结束一天的时候，你会进入睡眠——当你睡觉的时候，你肯定会做梦。你生命三分之一的时间是在睡眠中度过的，睡眠的时候你的肌肉处于"良性麻痹"状态，你的大脑充满了各种活动。本节我们首先来看看睡眠与觉醒的一般生理节律，然后直接关注睡眠的生理学。最后，我们考察伴随睡眠的主要心理活动——做梦，探讨梦在人类心理学中所起的作用。

昼夜节律

　　所有生物都受到昼夜这种自然节律的影响。你的身体受到被称为**昼夜节律**（circadian rhythm）的时间周期的调节：你的唤醒水平、新陈代谢、心率、体温和激素活动依照你内部时钟的节奏而涨落。这些活动通常在白天达到顶峰，而在夜里睡眠时降到低谷。在下面的"生活中的心理学"专栏中，我们将讨论昼夜节律的个体差异。

　　研究表明，你身体使用的时钟并不完全与墙上的时钟一致：没有外部的时间线索矫正的话，人类的内部"定时器"设定的周期是 24.18 小时（Czeisler et al., 1999）。每天接触阳光有助于你按 24 小时的周期进行微调。阳光的信息是通过你的眼睛收集的，但调节昼夜节律的感受器并不是能让你看到这个世界的感受器（Guido et al.,

2010）。比如说，没有杆体细胞和锥体细胞（见第 4 章）的动物仍然可以通过某种方式来感受光线，从而保持它们的昼夜节律。

导致生物钟与睡眠和觉醒周期不匹配的生活境况会影响你的感受和行动（Blatter & Cajochen, 2007; Kyriacou & Hastings, 2010）。例如，上夜班的人经常会体验到生理和认知上的困难，因为他们的昼夜节律被扰乱了（Arendt, 2010）。即使长期上夜班，大多数人还是不能调整他们的昼夜节律以克服这些负面效应（Folkard, 2008）。进行长途航空旅行也会扰乱昼夜节律。当人们跨时区飞行时，他们可能会经历时差反应（jet lag），症状包括疲劳、不可抗拒的嗜睡，以及随后与平常不同的睡眠—觉醒时间表。时差反应的发生是因为内部昼夜节律与正常的时间环境不协调（Sack, 2010）。例如，你的身体说现在是凌晨两点，因而是许多生理指标的低谷，但当地时间却要求你的举动仿佛是在正午时分。

什么变量影响时差反应？旅行的方向和跨越时区的数目是最重要的变量。向东飞行比向西飞行会造成更强烈的时差反应。这是因为与缩短相比，你的生物钟更易于延长，而向东旅行需要缩短生物钟（你更容易维持清醒，而不是提前入睡）。

如果你曾遭受过时差反应的痛苦，你可能得到过服用褪黑激素的建议。褪黑激素作用于大脑，有助于调节你的觉醒和睡眠周期。为了确定摄入外来的褪黑激素是否有助于克服时差反应，研究者对跨几个时区（如从伦敦到旧金山）飞行的人进行了研究。总体而言，人们在长距离飞行后服用褪黑激素体验到的睡眠困扰更少（Arendt & Skene, 2005）。来自数个研究的总体建议是：旅行者应该在新时区的睡觉时间服用褪黑激素，并且在飞行当天和接下来的四五天持续服用（Pandi-Perumal et al., 2007）。但请注意，几乎没有证据表明褪黑激素有助于缓解中途短暂停留造成的时差反应。研究还发现，褪黑激素有可能帮助夜班工作者调整他们的睡眠和觉醒周期（Pandi-Perumal et al., 2007）。

昼夜节律还受到暴露于光的强烈影响。正因如此，研究者探索了通过让人们暴露于光照之下来帮助他们调整昼夜节律的可能性（Sack, 2010）。这些干预措施通常被证明对夜班工作者是有效的（Fahey & Zee, 2006）。例如，夜班工作者经常遭遇在工作时无法集中注意的困难。在一项研究中，参与者体验几小时的亮光来帮助他们向夜班转换（Santhi et al., 2008）。光照治疗有助于减少夜班对参与者注意表现的负面效应。

睡眠周期

约三分之一的昼夜节律被用于称为睡眠的行为静止期。我们对睡眠了解最多的是脑部的电活动。研究睡眠的方法学突破始于 1937 年，应用脑电图（EEG）技术来记录睡眠者的脑波活动。EEG 提供了在人们清醒或睡眠时，对正在进行的脑活动变化的客观测量。研究者通过分析 EEG 发现，在睡眠开始时脑波的形式发生改变，而在整个睡眠阶段表现出更加系统并可预测的变化（Loomis et al., 1937）。睡眠研究中另一个意义重大的发现是：在睡眠期间以周期性间隔出现的**快速眼动睡眠**（rapid eye movements, REM）（Aserinsky & Kleitman, 1953）。睡眠者不表现出 REM 的时段称为**非快速眼动睡眠**（non-REM, NREM）。接下来我们来看看快速眼动睡眠和非快速眼动睡眠对夜间主要活动之一做梦的意义。

让我们追踪你整个夜晚的脑波。当你准备上床时，EEG 显示你的脑波以每秒约 14 个周期（cps）的频率波动。一旦你舒适地躺在床上，开始放松，脑波减缓到大约

8~12cps。当你睡着了，就进入了睡眠周期，其中每个阶段都表现出不同的 EEG 模式。在睡眠阶段 1，EEG 显示脑波大约为 3~7cps。在阶段 2，EEG 的特点是出现睡眠纺锤波，即 12~16cps 的猝发电活动。接下来的睡眠阶段 3 和 4，你进入深度睡眠，即很深的放松睡眠阶段。你的脑波减缓到 1~2cps，呼吸和心率也降低下来。最后阶段，脑的电活动增加；你的 EEG 看起来很像在阶段 1 和 2 时所记录到的波形。这个阶段，你会经历快速眼动睡眠，并开始做梦（见**图 5.2**）。（由于 REM 睡眠的 EEG 模式类似于个体清醒时的模式，快速眼动睡眠最初被称为异相睡眠。）

在前 4 个睡眠阶段，即非快速眼动睡眠，完成一个周期约需要 90 分钟。快速眼动睡眠持续大约 10 分钟。在整夜睡眠中，你会经历 4~6 次这种 100 分钟的周期（见**图 5.3**），每个周期里，你深睡（阶段 3 和 4）的时间都会减少，而快速眼动睡眠的时间会增加。在最后一个周期里，你也许会花 1 小时在快速眼动睡眠上。非快速眼动睡眠占整个睡眠时间的 75%~80%，而快速眼动睡眠则占睡眠时间的 20%~25%。

每个人的睡眠时间不完全相同。尽管人类具有先天遗传的睡眠需求，但每个个体实际所获得的睡眠量受到意识行为的极大影响。人们以几种方式主动控制睡眠长度，如熬夜或使用闹钟。睡眠持续时间也受到昼夜节律的控制，即个体何时入睡会影响睡眠持续的时间。只有你在整个星期（包括周末）都使你的就寝和起床时间标准化，才会获得足够量的非快速眼动和快速眼动睡眠。这样，你睡觉的时间才可能与你昼夜节律中的困倦阶段很好地吻合。

更有意思的是，在人的一生中睡眠模式会发生巨大的变化（见**图 5.4**）。你刚来到这个世界上的时候，每天睡大约 16 小时，其中近半是快速眼动睡眠。到 50 岁的时候，你可能只睡 6 小时，只有约 15% 的时间花在快速眼动睡眠上。年轻人通常每天睡 7~8 小时，其中约 20% 的时间是快速眼动睡眠。

尽管睡眠模式随着年龄增长而改变，但这并不意味着当你老了之后睡眠就不那么重要了。一项研究追踪健康状况良好的老人，从 60 多岁直到 80 多岁，以考察睡眠与寿命之间的关系（Dew et al., 2003）。研究人员发现，睡眠效率更高的人更有可能活得更长。睡眠效率是通过睡眠的时间除以躺在床上的时间来计算的。这个结果直接引发我们思考下一个问题：人们为什么需要睡眠？

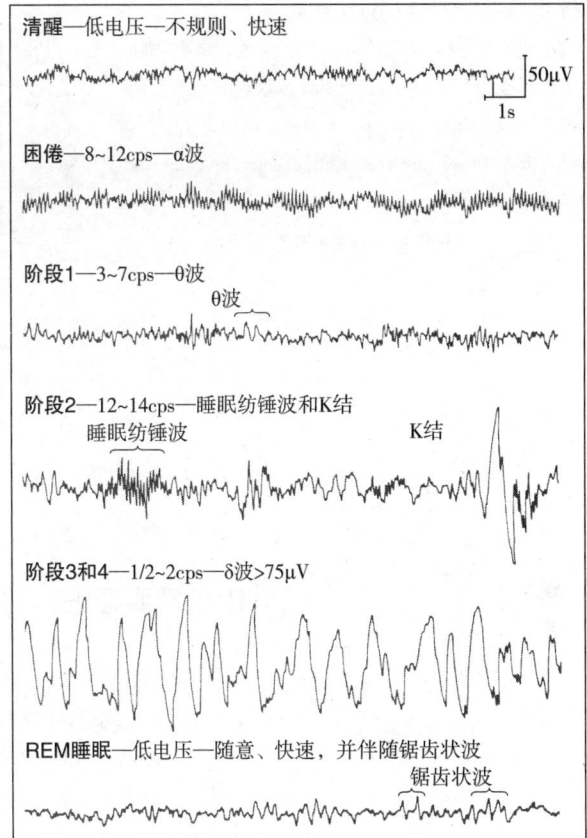

图 5.2　正常夜晚睡眠中各阶段的 EEG 模式
每个睡眠阶段由脑活动的独特模式所界定。

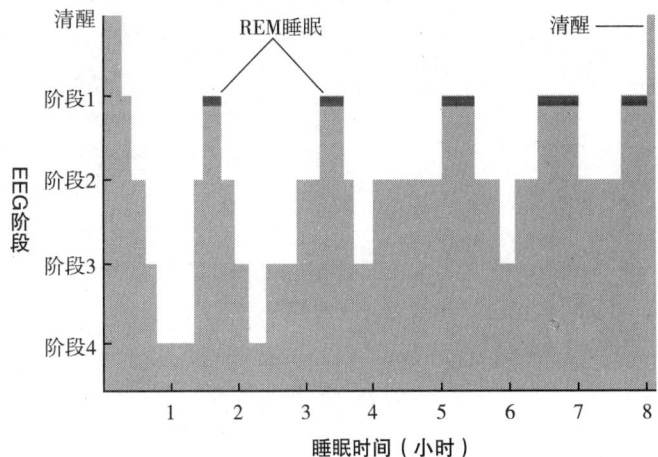

图 5.3　睡眠的各个阶段
一夜中睡眠阶段的典型模式是，在较早的周期中深度睡眠占更多的时间，而在后面的周期中快速眼动睡眠占更多的时间。

资料来源：Carlson, Neil R., *Physiology of Behavior*, 11th Ed., © 2013. Reprinted and Electronically reproduced by permission of Pearson Education, Inc., Upper Saddle River, New Jersey.

图 5.4　人类一生的睡眠模式

图中显示了每天 REM 睡眠量和 NREM 睡眠量随年龄的变化。注意：REM 睡眠量随年龄的增长而快速减少，而 NERM 睡眠量的减少则相对平缓。

资料来源：Roffwarg et al., Ontogenetic Development of the human sleep-dream cycle, *Science*, 152, 604–619. Reprinted with permission from AAAS.

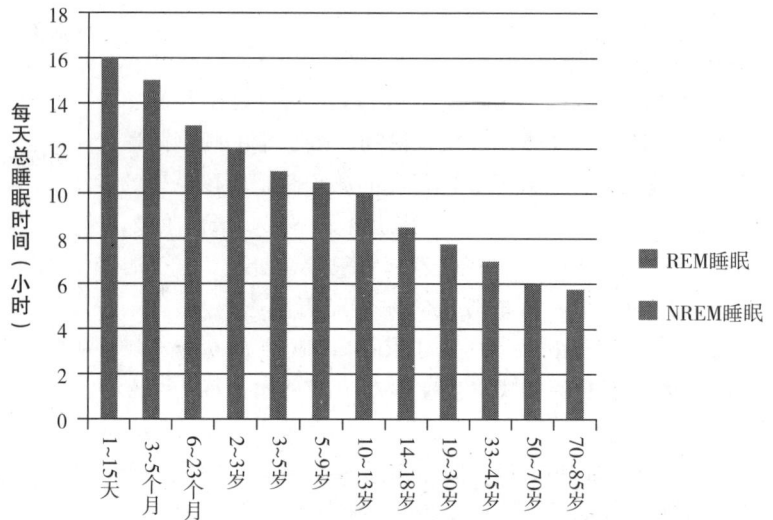

为什么需要睡眠

　　人和其他动物都依次经历各个睡眠阶段，表明睡眠具有进化的基础和生物学的需要。如果人们能每夜睡足"黄金标准"7~8 小时，那么其各项功能都会运行良好（Foster & Wulff, 2005; Hublin et al., 2007）。如果你有一段时间睡眠太少，你通常需要额外的睡眠来弥补。人们也会出现特定类型睡眠的反弹。例如，如果剥夺你一晚的快速眼动睡眠，那么第二天你的快速眼动睡眠时间就会比平时长。这些模式表明，人们的睡眠时间和类型都很关键。让我们在这一背景下来考虑睡眠的功能。

　　睡眠最普遍的功能可能是保存（Siegel, 2009）。睡眠得以演化的原因，可能是因为它可以使动物在无须觅食、寻求配偶或工作时保存能量。但是，睡眠也把动物置于可能受到捕食者攻击的风险之中。研究者认为，睡眠过程中脑活动的周期变化（见图 5.2）之所以得以进化，是因为它能够使被捕食的风险最小化。脑活动的某些模式能够让动物在睡眠的时候依然保持对环境相对较高的觉察（Lesku et al., 2008）。

　　睡眠还可能对学习和记忆有重要作用（Diekelmann & Born, 2010）。具体而言，研究人员认为，睡眠有助于巩固新记忆：巩固是一种生理过程，新的、脆弱的记忆借此在大脑中获得更永久的编码。（在学习记忆过程的第 7 章中，你将再次看到这个概念。）让我们考虑一个睡眠在记忆巩固中起作用的例子。

研究特写

　　在一个实验中，参与者的主要任务是学习一系列词对（Wilhelm et al., 2011）。例如，参与者可能需要学习在看到"男孩"线索时，回答"女孩"。在花了大约 1 小时学习词对后，一些参与者被告知他们要在 9 小时后再做一次词汇测试。所以对于这一组参与者来说，记忆测试是意料之中的。然而，对于其他的参与者，记忆测试（在发生时）是出乎意料的。记忆测试在 9 小时后进行的原因是，一些参与者接下来会去睡觉，其他的参与者则在这 9 小时里保持清醒。（实验的学习阶段有时在早上开始，有时在晚上开始。）记忆测试显示出一个清晰的模式：若参与者既预期到记忆测试，又在学完词对后马上睡觉，则他们的表现最好；在没有测试提醒的情况下，参与者的表现较差，并且睡了一觉的参与者和保持清醒状态的参与者的表现大致相同；在没有睡眠的情况下，参与者的表现也较差，而且无论测试是意料之中还是出乎意料，成绩都大致相同。

这个实验的结果应该为你准备未来的考试提供了一个行动方案。你参加的所有考试几乎都是"预料之中的"。因此，你应该认真考虑在睡前进行一段学习，睡眠应该会有助于巩固你所学的知识。注意，快速眼动睡眠和非快速眼动睡眠都在巩固过程中发挥着作用，只不过它们影响使记忆永久化的生理过程的不同部分（Diekelmann & Born, 2010）。

在了解睡眠所有的重要功能之后，你可能不会对此感到惊讶：睡眠太少会造成一些严重的后果。睡眠剥夺对认知表现会产生广泛的负面效应，包括注意和工作记忆方面的困难（Banks & Dinges, 2007）。睡眠剥夺也会损害人们的执行运动技能的能力。例如，睡眠剥夺后的司机比睡眠良好的司机更容易发生交通事故。这个事实也引发一些评论者建议，应该像测量过量饮酒的呼吸式酒精检测仪那样，工程师也发明一种可以测量过度困倦的仪器（Yegneswaran & Shapiro, 2007）。

睡眠障碍

如果你的睡眠一直很好，这是一件值得庆幸的事。不幸的是，许多人受到睡眠障碍的困扰，这给他们的个人生活和事业带来了严重影响。睡眠障碍的成因涉及生物、环境和心理因素。在你阅读的时候请记住，睡眠障碍的严重程度是不同的。

失眠症　当人们对他们的睡眠时间或质量不满意时，他们就患上了**失眠症**（insomnia）。这种使人长期不能得到充足睡眠的障碍具有以下特征：不能很快入睡、经常醒来或早醒。在由 3 643 名美国成人组成的一个样本中，52.5% 的参与者报告一个月内至少有一次失眠；7% 的人报告几乎每晚都会失眠（Hamilton et al., 2007）。这项研究还证实失眠对人们的幸福感有持续的负面影响。

失眠症是由多种心理、环境和生物因素导致的复杂障碍（Bastien, 2011）。相关理论通常聚焦于人们无法从清醒的生活中解脱出来。经历失眠的人，可能很难在试图入睡时将侵入性的想法和感受从意识中驱逐出去。然而，当在睡眠实验室研究失

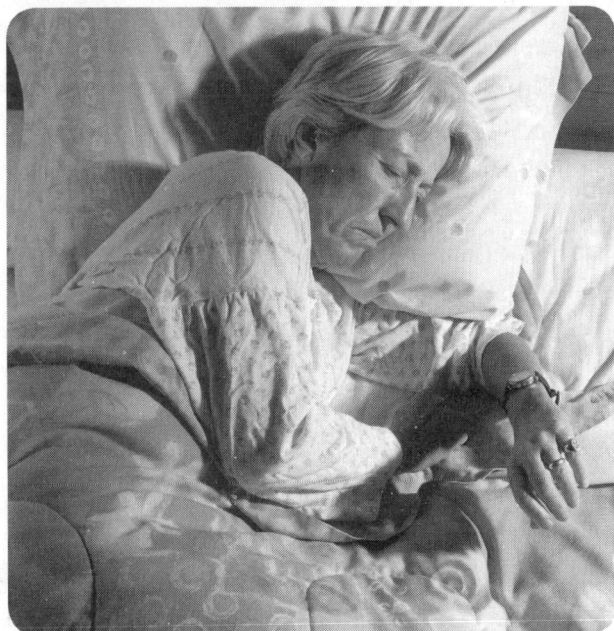

实际的睡眠模式与人们对失眠的知觉之间的关系是什么？

眠病人时，他们实际睡眠的客观时间和质量彼此很不一样，从紊乱的睡眠到正常的睡眠。研究表明，一些抱怨缺乏睡眠的失眠患者实际上表现出了完全正常的睡眠生理模式，研究者将之称为主观性失眠。比如，在一项研究中，20 名被诊断患有主观性失眠的患者和 20 名控制组（无睡眠障碍）个体，在睡眠实验室度过一个晚上（Parrino et al., 2009）。两组的实际睡眠情况非常相似：患者的睡眠时间为 447 分钟，控制组为 464 分钟。然而，两组人对自己睡眠时间的主观估计却有很大的不同：患者组估计的睡眠时间为 285 分钟，控制组为 461 分钟。研究人员认为，主观性失眠患者睡眠中不寻常的脑活动模式可能有助于解释现实与其感知之间的差异。

发作性睡病　发作性睡病（narcolepsy）是一种以白天突然感到不可抗拒的睡意为特征的睡眠障碍。它通常伴有猝倒症，即由于情绪激动（如大笑、愤怒、恐惧、惊奇或饥饿）引起的肌肉无力或失去肌肉控制而使人突然跌倒。当他们入睡时，发作性睡眠病患者几乎立即进入快速眼动睡眠。快速进入 REM 睡眠会使他们体验到并有意识地觉知梦的生动景象，或有时是可怕的幻觉。发作性睡病的患病率约为 1/2 000。发作性睡病常在家族中流行，科学家们发现了与这种障碍相关的基因（Raizen & Wu, 2011）。由于患者试图避免突然睡去的困窘，因而发作性睡病常给他们带来负性的社会和心理影响（Jara et al., 2011）。

睡眠窒息症　睡眠窒息症（sleep apnea，也译作"睡眠呼吸暂停"）是一种上呼吸道睡眠障碍，患者在睡眠时突然停止呼吸。疾病发作的时候，血氧水平下降，应急激素分泌，导致睡眠者醒来并恢复呼吸。尽管多数人一夜中会有几次这样的呼吸暂停，但睡眠窒息症患者每夜会经历几百次这样的周期。有时窒息发作会使睡眠者感到害怕，但由于这种情况通常非常短暂，睡眠者往往不会把逐渐增多的困倦归因于它们（Pagel, 2008）。在成年人中，睡眠窒息症影响大概 2% 的女性和 4% 的男性（Kapur, 2010）。

　　睡眠期间的呼吸暂停在早产儿中也经常发生，有时他们需要物理刺激才会再次开始呼吸。由于他们的呼吸系统还未发育完善，只要问题存在，他们就必须在重症监护室接受监控。

梦游症　患有梦游症（somnambulism）的人会在保持睡眠状态的同时，离开床而四处走动。相对于成年人，梦游在儿童中更为常见（Mason & Pack, 2007）。例如，研究发现，约 7% 的儿童患有梦游症（Nevéus et al., 2001），而在成年人中梦游症患者只有约 2%（Bjorvatn et al., 2010）。梦游与非快速眼动睡眠有关。在睡眠实验室的监测中，成年梦游者在整个夜间睡眠前三分之一的阶段 3 和阶段 4 期间（见图 5.2）会表现出忽然觉醒，包含一些动作和言语（Guilleminault et al., 2001）。与一般人的观念相反，叫醒梦游者并不会造成特别的危险，他们只是会对忽然醒来感到困惑。但是梦游本身还是比较危险的，因为个体是在没有意识觉知的情况下四处行走。

梦魇和夜惊　当一个梦让你感到无助或失去控制而受到惊吓时，你正在经历梦魇（nightmare）。大多数人报告每年会经历 6 次到 10 次梦魇（Robert & Zadra, 2008）。然而，从童年到老年之间的这段时间里，女性经历的梦魇比男性要多一些（Schredl & Reinhard, 2011）。女性更容易回忆起她们的梦，这可以部分解释这种差异。梦魇发生的高峰期是在 3 岁到 6 岁，大多数儿童都至少偶尔发生（Mason & Park, 2007）。此外，经历过创伤事件，如强奸或战争的人，可能经历重复的梦魇，迫使他们再次体验创伤的某些方面（Davis et al., 2007）。经历过旧金山大地震的大学生与未经历过地震的匹配组学生相比，梦魇发生的可能性是后者的两倍。
而且，正如你可能想到的，许多梦魇与地震的灾难性
后果有关（Wood et al., 1992）。

　　夜惊（sleep terror）是指睡眠者突然醒来并进入极
度唤醒状态，常常以惊恐的尖叫为标志（DSM-Ⅳ-TR,
2000）。夜惊一般发生在夜晚睡眠前 1/3 的非快速眼
动睡眠期。大多数经历夜惊的人都对这些事件毫无记
忆。夜惊在儿童期最为常见，高峰是在 5 岁到 7 岁间
（Mason & Pack, 2007）。在 4 岁到 12 岁间，大约 3%
的儿童会经历夜惊。只有不到 1% 的成年人发生夜惊。
研究者业已发现，一些独特的脑活动模式可以识别哪
些儿童存在特别高的夜惊风险（Bruni et al., 2008）。

梦魇和夜惊的区别是什么？

梦：心理的剧场

　　在你一生每个寻常的夜晚，你都会进入复杂的梦的世界。这个曾经只属于预言
家、通灵者和精神分析师的地盘，如今已经逐渐成为科学研究人员的一个极其重要
的研究领域。许多梦的研究是在睡眠实验室展开的，在那里实验者可以监控睡眠者
的 REM 和 NREM 睡眠。尽管在将个体从快速眼动睡眠阶段中唤醒时，他们更有可
能报告在做梦——大约占唤醒次数的 82%，但做梦也发生在非快速眼动睡眠阶段——
大约占唤醒次数的 54%（Foulkes, 1962）。非快速眼动睡眠状态时所做的梦不太可能
包含涉及情绪的故事内容。它更类似于日间的思维，较少伴随感觉表象。

　　由于梦在人们心理生活中的地位如此突出，所以几乎每种文化中都会有同样的
问题：梦有意义吗？答案几乎总是肯定的。也就是说，大多数文化抱持这样的信念，
即梦具有重要的个人和文化意义。现在我们回顾文化赋予梦意义的一些方式。

　　弗洛伊德对梦的分析　　当代西方文化中，关于梦的最著名的理论创始于弗洛伊德。
弗洛伊德把梦称为"暂时性的精神病"和"夜夜发狂"的模式。他也把梦视作"通
向无意识的捷径"。他的经典著作《梦的解析》（1900/1965）让梦的分析成为精神分
析学派的基石。弗洛伊德提出，所有的梦都是对愿望的满足：在他看来，人们的梦
允许他们表达强烈的无意识愿望，这些愿望以伪装的象征性形式出现，因为这些愿
望包含诸如对异性父母的性欲望这样的禁忌。因此，在梦里有两股动力在运作：愿
望和抵抗愿望的审查。审查将梦的隐藏意义即**潜性梦境**（latent content），通过歪曲
过程转化成**显性梦境**（manifest content）呈现给做梦者，弗洛伊德称这种过程为**梦的
工作**（dream work）。显性梦境是可接受的版本；潜性梦境代表社会或个人不能接受，
但是真实而"未经剪辑"的版本。

　　按照弗洛伊德的理论，梦的解析需要从显性梦境回溯到潜性梦境。对采用梦的
分析来理解和治疗患者问题的精神分析师而言，梦揭示了病人的无意识愿望，附加
在那些愿望上的恐惧，以及病人用来处理愿望和恐惧之间精神冲突的典型防御。弗
洛伊德相信，梦中的符号和隐喻既具有特异性（对特定个体是特殊的），也具有普遍
性含义（许多都有性的性质）。弗洛伊德的释梦理论将梦的符号与人类心理学的外显
理论联系起来。弗洛伊德对梦的心理重要性的强调，为梦的内容的当代研究指出了
一条道路。

释梦的非西方途径 西方社会中的许多人也许从来没有认真地思考过他们的梦，直到他们成为心理学专业的学生或进入心理治疗。与此形成鲜明对照的是，在许多非西方的文化中，梦的分享与解读是文化架构中的一部分（Lohmann, 2010; Wax, 2004）。考虑一下厄瓜多尔阿丘雅印第安人的日常活动（Schlitz, 1997, p. 2）：

> 像每一个早晨一样，（村里的）男人们围坐成一个小圈……他们一起分享前一晚的梦。这种分享梦的日常仪式在阿丘雅人的生活中是非常重要的。他们的信念是，每个个体的梦不是他们自己的，而是整个团体的。个体经验服务于集体的行动。

在这些早晨的聚会中，每个做梦者讲出他的梦而其他人提供解释，希望对梦的意义达成某种共识。这种认为个体的梦"属于团体"的信念与弗洛伊德的观点——梦是通向个体无意识的"捷径"——形成了鲜明的对比。

在许多文化中，特定群体中的个体被认为拥有特殊的力量，能帮助人们对梦进行解释。想一想生活在墨西哥、危地马拉、伯利兹和洪都拉斯各个地方的玛雅印第安人的习俗。在玛雅文化中，萨满教的巫师是梦的解释者。事实上，在玛雅人的一些亚群中，当一个人梦到自己被负责宣告萨满任命的神探访时，他就会被选为担任萨满教巫师这种角色。有关宗教仪式的正式程序也通过梦启的方式提供给这些新选出的萨满教巫师。尽管萨满教的巫师和其他宗教人士具有与释梦相关的专门知识，但普通个体也叙述和讨论梦。做梦者通常在夜里叫醒他们的床伴讲述梦境；在一些社会中，母亲每天早晨让她们的孩子讲述他们的梦。如今，玛雅人在他们的家乡已经成为内战的牺牲品；许多人被杀死或被迫逃离。按照人类学家**芭芭拉·特德洛克**的说法，一个重要的反应是，他们"更加强调那些能使得他们与其祖先和其生活的神圣土地保持联系的梦与幻象"（Tedlock, 1992, p. 471）。

许多非西方群体关于梦的文化习俗也反映了完全不同的时间观。弗洛伊德的理论对梦的解释是回顾过去，指向儿童期的经历和被压抑的愿望。在许多其他的文化中，梦被认为呈现了未来的景象（Basso, 1987; Louw, 2010）。例如，在埃塞俄比亚和苏丹接壤的英杰萨那山，节日的时间是由梦的景象来决定的（Jedrej, 1995）。宗教圣地的看护人梦到他们父亲和其他祖先的探访，指示他们"宣告节日的到来"。还有其他一些群体在文化上被赋予了梦的象征和意义之间的关系系统。看一看巴西中部的印第安人的这些解释（Basso, 1987, p. 104）：

> 当我们梦见被火烧，预示着随后我们会被某种野生动物叮咬，比如蜘蛛或蚂蚁。
>
> 当一个男孩在偏僻的地方隐居，他梦到爬上一棵高大的树，或另外一个人看到一条长长的路，他们就会活得很长久。如果我们梦到跨越森林中一条宽阔的河流，也会活得很长久。

注意，这里的每一个解释都指向未来。梦的未来导向解释是丰富的文化传统中的一个重要成分。

梦的内容的当代理论 西方和非西方对梦进行解释的基础都是梦所提供的信息对个人或社群有着真实的价值。当研究者开始考察梦的生物学基础时，他们挑战了这种观点。例如，激活—整合模型认为，从脑干发出的神经信号，刺激前脑和皮层联络区，从而产生了随机记忆以及与做梦者过去经历的联系（Hobson, 1988; Hobson &

McCarley, 1977）。根据这种观点，这些随机爆发的电"信号"没有逻辑上的联系，没有内在的含义和一致的模式。

然而，当代有关梦的研究又反驳了梦的内容源于随机信号的观点（Nir & Tononi, 2010）。事实上，神经学证据表明，梦产生的基本过程与清醒期间做白日梦和走神时运作的过程是一样的（Domhoff, 2011）。脑成像研究发现，在快速眼动睡眠期间海马表现活跃（Nielsen & Stenstrom, 2005），这是一个对获得某类记忆至关重要的脑结构（见第 7 章）。而另一个对情绪记忆有重要作用的脑结构——杏仁核——也在快速眼动睡眠阶段相当活跃。这些关于梦的生理学方面的深入理解支持这样一种观点，即睡眠的功能之一是"把个体在过去几天中的新近经历与其目标、愿望以及问题"统合起来（Paller & Voss, 2004, p. 667）。根据这种观点，梦境反映了大脑试图围绕在快速眼动睡眠阶段最突显的近期生活片段编织一段叙事。

研究证实了梦境内容与梦者清醒时所关心的事情之间有着极大的连续性（Domhoff, 2005）。然而，梦很少与清醒生活中的事件完全相同。相反，梦的内容往往来自更碎片化的记忆。例如，人们在清醒时投入某些活动的时间越多（如体育活动或阅读），报告包含这些活动的梦的比例也越高（Schredl & Erlacher, 2008）。梦中经常会出现前一天的记忆元素。梦也会表现出滞后效应：它们更有可能包含梦前 5 天到 7 天而非 2 天到 4 天的记忆元素（Blagrove et al., 2011）。这种梦的滞后可能是快速眼动睡眠巩固新记忆的另一个后果。

你可以考虑试着记录梦的日志，即在每天早晨醒后立刻把梦记下来，看看你自己的梦怎样与你日常所关注的事情有关，以及梦的内容怎样随着时间的推移而保持稳定或发生变化。我们需要提醒你，有些人相对于其他人更难想起自己的梦（Wolcott & Strapp, 2002）。比如，当你在快速眼动睡眠期间或者在此之后不久被唤醒，你会更容易想起梦的内容。如果你想回忆起自己的梦，你可以考虑调整闹钟的时间。另一方面，对做梦的态度更加积极的人似乎更容易想起自己的梦。从这个意义上来讲，你记录梦的日志反映了你对梦的兴趣，而这种兴趣可能有助于你更容易回忆起自己的梦。

在我们结束梦的话题之前，让我们考虑最后一个问题：你在做梦的时候有可能意识到自己在做梦吗？答案是肯定的！事实上，**清醒梦**（lucid dreaming）的研究者已经证明，有意识地觉知到自己在做梦是一种技能，可以通过定期练习来提升（LaBerge, 2007）。已有多种方法被用来诱导清醒梦。例如，在一些清醒梦的研究中，睡眠者戴着特制的护目镜。当护目镜侦测到 REM 睡眠时，就会闪烁红灯。参与者先前已经了解到，红灯是让他们有意识地觉知自己正在做梦的线索（LaBerge & Levitan, 1995）。一旦觉知到做梦（但仍未醒），睡眠者就会进入清醒梦的状态，在这种状态下，他们可以控制自己的梦，按照他们自己的目标引导梦，并使梦的结果符合他们当前的需要。即使没有经过特殊训练，人们有时也会意识到自己在做梦。研究者已经开始研究使清醒梦成为可能的大脑过程（Neider et al., 2011; Voss et al., 2009）。

我们可以将梦视为日常意识的边界。现在我们要转向个体有意寻求超越日常体验的情况。

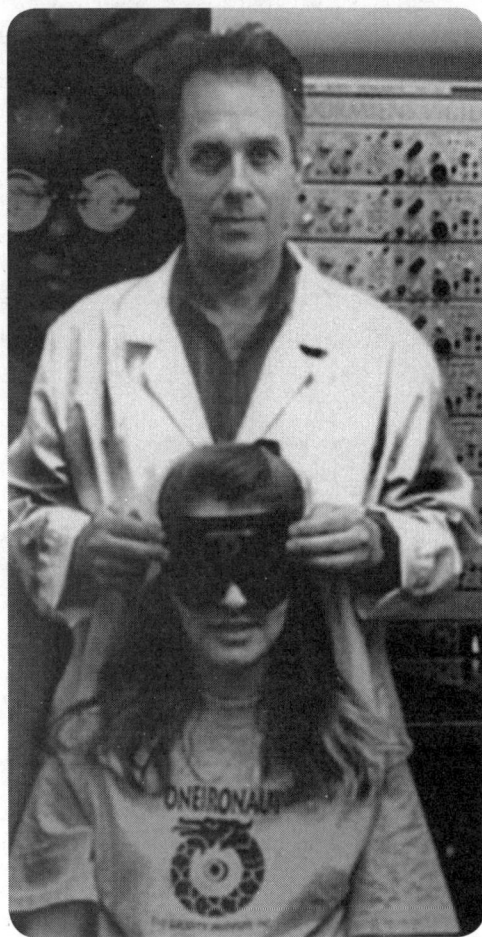

研究者斯蒂芬·拉伯奇在调整一种特制护目镜，它能提示睡眠中的参与者 REM 睡眠正在出现。他训练个体进入一种清醒梦的状态，觉知梦活动的过程和内容。如果你能够体验清醒梦，你会怎样塑造你的梦境？

生活中的心理学

你是晨鸟型还是夜猫子型

我们在介绍昼夜节律的概念时，提到了一天中身体的重要生理功能如唤醒水平、新陈代谢、心率和体温会经历变化。然而，具体的变化模式在不同的人身上有很大的差异。实际上，研究者提出根据所偏好的睡眠—觉醒模式，人们可以分成不同的时型（chronotypes）。

考虑这样一项研究，一组研究者让数千名欧洲成年人回答在他们不需要起床工作的日子里，他们遵循的是什么睡眠模式。最常见的回答是午夜后不久上床睡觉，早上 8:20左右起床（Roenneberg et al., 2007）。与这样的标准相比，你的偏好是怎样的？如果你早睡早起，你可以算作晨鸟型。如果你习惯午夜后上床睡觉，你算作夜猫子型。你离标准越远，晨鸟型或夜猫子型的程度就越高。随着成人的年龄增大，人们的偏好往往转向晨鸟型：祖父母一般偏向于比其十几岁的孙子更早得多地起床。然而，在这种总体转变的背景下，个体差异似乎保持稳定。即使到了老年，青少年时期相对更夜猫子型的人仍然倾向于比同龄人更晚起床。

研究者提供了大量的证据，表明昼夜节律有助于决定人们在一天的哪些时段表现最佳（Blatter & Cajochen, 2007; Kyriacou & Hastings, 2010）。由于昼夜节律的影响，时型不同的人最佳表现的时段通常也不同。考虑一项包含 40 名青少年参与者的研究，他们的年龄从 11岁到 14 岁，每个人都是鲜明的晨鸟型或夜猫子型（Goldstein et al., 2007）。青少年在一天的最佳时段或非最佳时段完成来自标准智力测验（WISC，见第 9 章）的一部分项目。例如，一半的晨鸟型学生在早晨完成测验，另一半则在下午。在他们偏好的时段接受测验的参与者，其智力测验得分平均高出 6 分。（如果你翻到**图 9.2**，你将看到这是一个多么大的差异。）

研究者还从青少年的父母和亲属那里获得关于他们日常行为的信息。晨鸟型的学生在这些测量方式中表现出更强的社交能力，即与夜猫子型的青少年相比，更少报告存在注意力问题和攻击行为。这类结果支持了这样一种观点，即夜猫子型学生会遭受一种叫作"社交时差"的困扰（Wittmann et al., 2006, 2010）。因为他们是被闹钟叫醒的，所以他们的行为表现总是发生在与个人节律不同步的时段。缺乏同步性对成绩和行为都有负性的影响。

那么，你是明确的晨鸟型还是夜猫子型？如果你有着很强的时型，想想该如何安排工作和娱乐以获得最佳表现。

STOP 停下来检查一下

❶ 为什么你会体验到时差反应？

❷ 在整个晚上，非快速眼动睡眠和快速眼动睡眠之间的比例是如何变化的？

❸ 睡眠的两大功能可能是什么？

❹ 患有睡眠窒息症的人有什么症状？

❺ 弗洛伊德的潜性梦境指的是什么？

批判性思考：回想一下那项关于睡眠影响词对学习的研究。有些参与者在早上开始实验而有些人在晚上开始实验，为什么这一点很重要？

意识的其他状态

在任何一种文化中，都有一些人不满足于他们清醒意识的常规变化。他们已经找到了一些方法，可以把他们带入熟悉的意识形式之外，体验意识的其他状态。接下来我们介绍催眠和冥想。

催　眠

如同流行文化中所描绘的那样，催眠师对知情或不知情者都可以施加巨大的操纵力。这种观点正确吗？催眠是什么？它有什么重要特征？它具有哪些有效的心理学用途？催眠（hypnosis）这个词是从希腊神话中睡眠之神许普诺斯的名字借用而来的，但事实上催眠和睡眠并不是一回事，除了在一些情况下，人们在催眠中会表现出深度放松、类似睡眠的状态。（如果人们真的睡着了，他们就不能对催眠有所反应。）对催眠的一个广义界定是，它是一种不同的觉知状态，其特征是一些人对暗示有特殊的反应能力，并在知觉、记忆、动机和自我控制感方面发生变化。在催眠状态下，参与者对催眠师暗示的反应性增强，他们经常感到他们的行为是在没有意图或不需任何意识努力的情况下进行的。

研究者对催眠所涉及的心理学机制看法不一（Lynn & Kirsch, 2006）。一些早期的理论家们提出，被催眠的个体进入了一种恍惚（trance）状态，与清醒的意识很不相同。另一些人主张催眠不过是一种高动机状态。还有一些人相信它是一种社会角色扮演，是试图取悦催眠师的安慰剂反应（见第 2 章）。事实上，研究已经在很大程度上排除了以下说法，即催眠涉及特殊的类似恍惚状态的意识改变。然而，尽管未被催眠的个体也会产生某些与催眠个体相同的行为模式，但催眠似乎有一些附加效果，不只是动机或安慰剂作用。在本节中，我们先讨论催眠诱导和可催眠性，之后再来描述催眠的一些效果。

催眠诱导和可催眠性　催眠开始于催眠诱导（hypnotic induction），它是一组预备活动，目的是尽可能减少外界干扰，并鼓励参与者只专注于暗示的刺激，而且相信自己即将进入一种特殊的意识状态。诱导活动包括暗示参与者想象特定的经历或对事件和反应进行视觉化表征。重复多次这一练习，诱导程序就变得像一种习得的信号，使参与者可以很快地进入催眠状态。典型的诱导程序使用让人深度放松的暗示，但有些人可以通过一种活跃的警觉性诱导而进入催眠状态，如想象他们正在慢跑或骑自行车（Banyai & Hilgard, 1976）。

可催眠性（hypnotizability）表示个体为体验催眠反应，对标准化暗示的反应程度。催眠的易感性有很大的个体差异，从根本没有反应到完全反应。图 5.5 显示了在第一次接受催眠诱导测试时，不同的可催眠性水平的大学生所占的百分比。在这个量表上计分为"高"或"极高"是什么意思呢？进行测试的时候，催眠者做一系列催眠暗示，口述每个个体可能会有的一些体验。当催眠者暗示他们伸出的胳膊变成了铁棍时，可催眠性高的

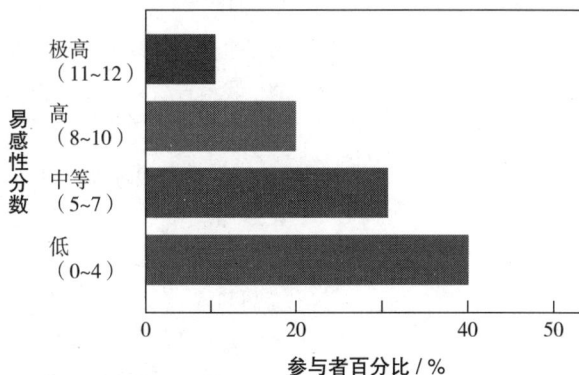

图 5.5　首次诱导的催眠水平

图中显示了 533 名个体首次接受催眠的结果。可催眠性由包含 12 个项目的《斯坦福催眠易感性量表》测量。

个体可能发现他们自己不能使手臂弯曲了。在适当的暗示下，他们可能掸去并不存在的苍蝇。作为第三个例子，可催眠性高的个体在催眠者暗示他们已经无法点头时，他们就可能真的不能点头了。而那些在可催眠性量表上计分为"低"的学生很少体验到这些反应。

可催眠性是一种相对稳定的特质。50 位男女参与者在大学期间和 25 年之后接受可催眠性的测试，结果表明两次可催眠性的分数有相当高的相关（相关系数为 0.71）（Piccione et al., 1989）。与成人相比，儿童往往更易受暗示；催眠反应性的高峰是在青少年期到来之前，随后下降。研究者并未找到太多与可催眠性相关的人格特质（Kihlstrom, 2007）。可催眠性高的人并不更加可能是轻信和顺从者。事实上，与可催眠性正相关最高的一种人格特质是专注（absorption），这种特质是指个体"倾向于高度投入想象或者感觉体验"（Council & Green, 2004, p.364）。比如，如果你在看电影的时候经常感到完全忘却了现实世界，那么你可能具有较高的可催眠性。

有证据表明，可催眠性具有遗传决定因素。早期研究发现，可催眠性得分在同卵双生子中的相似度高于异卵双生子（Morgan et al., 1970）。最近的研究已经开始关注决定这种个体差异的特定基因。例如，研究者识别出一种称为 COMT 的基因会影响脑中神经递质多巴胺的使用。这一基因的多样性与个体可催眠性的差异相关（Szekely et al., 2010）。

催眠的效果　在描述测量可催眠性的方法时，我们已经提到过一些催眠的标准效果：催眠状态下，个体对有关运动能力（如他们的手臂变得不可弯曲）和知觉体验（如他们产生有只苍蝇的幻觉）的暗示做出反应。然而，我们怎么能肯定这些行为是由催眠的某些特性引起的，而不只是源于参与者想取悦催眠师的强烈愿望呢？为了说明这一重要的问题，研究者通常会做实验，对催眠和放松训练的效果进行比较。

研究特写

为了评估催眠的效果，研究者招募了一群患有颞下颌关节紊乱综合征的女性，这种疾病会导致"颌骨和周围组织的急性和慢性疼痛，以及颌骨活动受限"（Abrahamsen et al., 2011, p. 345）。大约有一半的人被随机分配到催眠组。这些女性接受了 4 次时长 1 小时的催眠治疗，在此过程中，她们参与了一系列的活动，包括暗示催眠后"要忘记疼痛，让你的思绪被美好的回忆和喜欢的活动占据"（p. 348）。其余女性被分配到控制组。这组女性也接受了 4 次时长 1 小时的治疗，只不过这些治疗主要聚焦于放松技巧。然而，控制组的女性被告知她们接受的治疗也是一种催眠干预。所有的参与者都提供了治疗前 7 天和后 7 天（每天 3 次）疼痛情况的自我报告。催眠组的报告是：治疗后疼痛持续保持减轻；而控制组没有变化。

这项实验证明了催眠减少疼痛（催眠镇痛）的可能性。心中的预期和害怕会放大疼痛刺激；你可以通过催眠减轻这种心理上的效果（Dillworth & Jensen, 2010）。通过各种催眠暗示可实现疼痛控制：将疼痛的身体部位想象为非器质性的（是由木头或塑料制成的），或是与身体的其他部分分离，以便使一个人的思想从身体中暂时离开，以及以各种方式扭曲时间。人们甚至在他们把所有思想和想象排除出意识之外后，仍可以通过催眠控制疼痛。

一些证据表明，可催眠性高的个体，通过催眠获得的疼痛减少的效果也会更好（De Pascalis et al., 2008）。研究者试图弄清楚这种差异的大脑基础。例如，一项脑成像研究发现，可催眠性高的个体，其胼胝体前部的区域更大（见第 3 章）（Horton et al.,

2004）。胼胝体的这个部分在注意和抑制不想要的刺激时发挥着作用，这说明可催眠性高的个体可能拥有更多使得他们可以通过催眠来抑制疼痛的脑组织。EEG 研究同样发现在催眠导致的疼痛减弱中，可催眠性高和可催眠性低的个体的大脑反应是不同的（Ray et al., 2002）。

对催眠最后要说明的是：催眠的力量不在于催眠师的某种特殊能力或技能，而在于被催眠个体的相对可催眠性。被催眠并不意味着放弃自己的个人控制；相反，被催眠的体验使得个体有机会了解实施控制的一些新方法，如催眠者（作为教练）训练参与者（表演者）所展现出来的那些控制。当你观看一个人在催眠状态下完成古怪行为的舞台表演时，你应该记住这一点：舞台上的催眠师只是让一些有强烈表现欲的人当众做一些大多数人永远也不会被人指挥着做的事情，以此取悦观众而已。而研究者和治疗师则将催眠作为一种技术，可以让你探索和塑造你的意识感。

冥　想

许多宗教和东方的传统心理学都致力于引导你的意识摆脱当前的世俗纷扰。它们寻求获得对心理和精神自我的一种内在关注。

冥想（meditation）是一种改变意识的形式，它通过达到深度的宁静状态而增强自我认识和幸福感。在专注（concentrative）冥想期间，人们可能把注意力集中在自己的呼吸和调节呼吸上，采取某些身体姿势（如瑜伽姿势），使外部刺激减至最小，产生特定的心理表象，或什么都不想。而在正念（mindfulness）冥想中，个体要学会让思绪和记忆在心中自由穿行，而不对其做出反应。

研究往往关注冥想如何帮助必须生活在压力环境中的人们缓解焦虑（Oman et al., 2006）。例如，正念冥想是正念减压的基础（Kabat-Zinn, 1990）。在一项研究中，患有心脏病的妇女进行持续 8 周的正念冥想训练，在训练结束后，这些妇女所报告的焦虑感均比训练前低（Tacón et al., 2003）。而控制组的妇女没有体验到这种改善。因为焦虑感对心脏病的病程发展有影响，所以这个结果为心理有助于治愈身体提供了证据。（在第 12 章的健康心理学中，我们还会讨论这个主题。）

脑成像技术已开始揭示冥想影响脑活动模式的方式（Ives-Deliperi et al., 2011）。事实上，近期的证据表明，随着时间的推移，冥想练习可能对大脑本身有积极的作用。

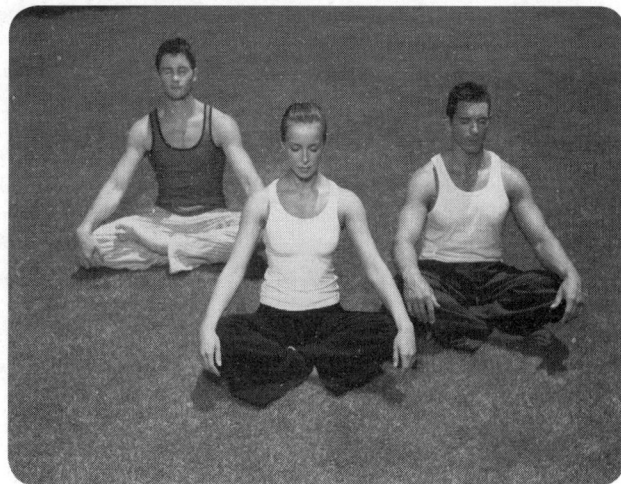

冥想怎样创造了一种改变了的意识状态？

研究特写

研究者推测，与冥想相关的活动——把注意力集中在内部和外部的感觉——会改变与此有关的脑区之间的连接强度（Kilpatrick et al., 2011）。为检验这个假设，研究者邀请 17 名女性接受为期 8 周的正念减压训练。研究者用一种被称作功能连接磁共振成像（fcMRI）的脑扫描技术来检查她们的脑区之间的连接，这种技术评估的是脑活动的网络情况。将正念减压组的女性大脑与 15 名未接受该训练的女性（但在实验完成后她们也接受了训练）进行比较。结果发现，接受正念减压训练的女性的脑连接增强。研究者推测，短期的正念减压训练使得"感觉加工增强，注意力资源分配更好，注意焦点也更稳定"（p. 297）。

还有一些研究表明，冥想训练可能会减缓通常伴随衰老而来的神经元的减少。例如，一项研究比较了有 3 年及以上的禅宗冥想经验的 13 名个体与在年龄、性别和教育水平上相匹配的 13 名控制组参与者（Pagnoni & Cekic, 2007）。研究发现，控制组参与者中存在一种负相关，即年龄越大的参与者脑体积越小。而在经常冥想的参与者中则没有这种随年龄增大脑体积变小的趋势。

冥想的修行者认为，在有规律地进行练习时，一些冥想形式能够增强你的意识，并且让你以新的方式看待熟悉的事物，从而帮助你获得开悟。上述近期研究则表明，冥想可能还有益于你的大脑。

在这一节中，我们总结了一些人们在清醒时改变意识状态的方式。下面我们通过介绍最常见的改变意识的手段来结束本章，这种最常见的方法就是：药物。

STOP 停下来检查一下

❶ 关于可催眠性遗传基础的研究说明了什么？

❷ 冥想的两种形式是什么？

批判性思考：考虑一下发现催眠组和控制组在疼痛减轻方面存在差异的那项研究。让控制组的女性相信她们接受的训练也是一种催眠干预，为什么这样做很重要？

改变心理的药物

从古代开始，人们就已经通过服用药物来改变他们对现实的知觉。考古学证据表明，在美国西南部和墨西哥，人类不间断地使用侧花槐（红豆槐）的种子已有超过 1 万年的历史。古代的阿兹特克人将侧花槐豆发酵制成啤酒。从古代开始，作为宗教仪式的一部分，北美和南美人也会摄入一种"神圣蘑菇"，这种含有裸头草碱的蘑菇被当地人称为"神之肉"。少量食用这些蘑菇就会让人产生生动逼真的幻觉。

在西方文化中，药物与神圣的公共宗教仪式的联系少于与消遣娱乐的联系。世界各地的人们服用各种药物来放松，应对压力，逃避令人不快的现实，在社交场合让人感到舒适，或者体验意识的一种非寻常状态。100 多年前，威廉·詹姆士，美国心理学的奠基者，前面我们已经多次提及他，在其实验中报告了一种改变精神的药物。在吸入一氧化二氮（笑气）之后，詹姆士解释道："核心体验是巨大的兴奋感，强烈的形而上之光。深埋在使人眼花缭乱的证据深处的真理此时变得显而易见。心智洞穿了所有存在的逻辑关系，其中的微妙和即时性是正常意识不可能提供的"（James, 1882, p. 186）。于是，詹姆士对意识研究的兴趣延伸到了对自我诱发的非寻常状态的研究上。

正如我们将在第 15 章看到的，对人们心理状态有影响的药物往往对治疗心理障碍也有关键作用。事实上，如**表 5.2** 所示，很多类型的药物都有重要的医疗用途。然而，很多人使用这些药物并非为了身体或心理健康。2009 年的美国公民调查中，近 68 700 名 12 岁及以上的受访者中，有 8.7% 的人报告在过去一个月使用过一种或多种违禁药物〔Substance Abuse and Mental Health Services Administration (SAMHSA), 2010〕。这个比率在接近 20 岁的人群中要高得多——16.7% 的 16~17 岁青少年和 22.2% 的 18~20 岁青少年报告在过去一个月使用过某种违禁药物。此外，样本中 51.9% 的个体在调查前的一个月内喝过酒，27.7% 的人吸过烟。这些数字表明，理解药物使用的生理和心理后果是多么重要。

依赖和成瘾

精神活性药物（psychoactive drug）是指能通过暂时改变意识觉知来影响个体的心理过程和行为的各种化学物质。一旦进入脑部，这些化学物质就与突触受体结合，阻断或刺激某些反应。由此，它们会极大地改变脑的通信系统，进而影响知觉、记忆、心境和行为。然而，持续使用某种药物会产生**耐受性**（tolerance），即若再获得同样的效果则需要更大的剂量。我们将在第 6 章描述耐受性的某些心理学根源。我们会描述为什么持续地使用药物会使大脑条件反射地发生反应，以对抗药物的作用。因为身体的对抗，人们需要越来越高的药物剂量来获得相同的效果。

与耐受性紧密联系的是**生理依赖**（physiological dependence），即身体逐渐适应与依赖某种物质的过程，部分是因为药物频繁出现导致神经递质耗竭。耐受性和依赖的悲剧后果是**成瘾**（addiction）。成瘾者的身体需要药物，而且在药物不出现时会遭受痛苦的戒断症状（颤抖、出汗、恶心，在酒精戒断个案中甚至会出现死亡）。

当个体发现使用药物如此令人向往或欣快以至出现渴求，那么不管成瘾与否，这种情况都被称为**心理依赖**（psychological dependence）。任何药物都可能引发心理依赖。药物依赖的结果是个体的生活方式变得完全以药物的使用为中心，致使其生活能力受到限制或损害。此外，维持日常用药习惯（并且还不断增加）的花费，常使成瘾者走上抢劫、攻击、卖淫或贩毒之路。

各种精神活性药物

表 5.2 列出了常见的精神活性药物（在第 15 章，我们将讨论用于缓解心理疾病的其他种类的精神活性药物）。我们会简要地描述每类药物怎样产生生理和心理的影响。我们也会提到药物使用的个人和社会后果。

致幻剂　最具戏剧性的意识变化是由**致幻剂**（hallucinogen）或迷幻剂引起的；它

表 5.2　精神活性药物的医疗用途

药物	医疗用途
致幻剂	
LSD（麦角酰二乙基酸胺）	无
PCP（苯环己哌啶）	兽用麻醉
大麻	化疗引起的恶心
鸦片类（麻醉剂）	
吗啡	止痛
海洛因	无
镇静剂	
巴比妥酸盐（如速可眠）	镇静、安眠药、麻醉、抗惊厥
苯（并）二氮卓（如安定）	抗焦虑、镇静、安眠药、抗惊厥
氟硝安定	安眠药
GHB（γ-羟基丁酸）	治疗发作性睡病
酒精	防腐、杀菌
兴奋剂	
安非他命	多动症、发作性睡病、体重控制
甲基安非他命	无
MDMA（摇头丸）	可能有助于心理治疗
可卡因	局部麻醉剂
尼古丁	戒烟用的尼古丁口香糖
咖啡因	体重控制、急性呼吸衰竭的兴奋剂、止痛

们既改变对外部环境的知觉，也改变内在觉知。顾名思义，这些药物常常引发**幻觉**（hallucination），即一种在没有客观刺激的情况下出现的生动知觉。幻觉会导致个体丧失自我与非自我之间的边界。麦角酰二乙基酸胺（LSD）和苯环己哌啶（PCP）是两种常见的实验室合成的致幻剂。致幻剂一般通过影响化学神经递质 5-羟色胺的使用在脑中起作用（Fantegrossi et al., 2008）。例如，LSD 与 5-羟色胺受体非常紧密地结合，使得神经元产生持续的激活。

大麻是一种具有精神活性效果的植物。它的活性成分是四氢大麻酚（THC），在大麻凝结的树脂及其干叶子和花中都有发现。吸入 THC 所产生的体验取决于剂量，小剂量引发温和的欣快，大剂量导致长时间的幻觉反应。经常使用者报告欣快感、幸福感、空间和时间的扭曲，偶尔还有"灵魂出窍"的体验。然而，由于情境不同，效果也可能是负性的——恐惧、焦虑和混乱。

研究者多年前就已经知道，大麻中的化学活性成分大麻素与脑中特定的受体结合，这些大麻素的受体在与重要记忆过程有关的脑区海马中特别常见（Goonawardena, 2011）。研究者随后发现了脑内与相同受体结合的内源性物质。第一种被发现的内源性大麻素是花生四烯酸乙醇胺（anandamide，来自梵文"ananda"，意为极乐；Di Marzo & Cristino, 2008）。这个发现使人们了解到，大麻素是通过结合对脑内自然产生的物质敏感的大脑位点，来达到改变心理的效果。这些内源性大麻素在脑中发挥神经调质的作用，比如，它们可以控制海马中神经递质 GABA 的释放（Lee et al., 2010）。在"生活中的批判性思维"专栏中，我们会讨论这些物质在调节食欲和进食行为中的重要作用。

鸦片类药物　鸦片类药物，如海洛因和吗啡，可以抑制身体对刺激的感觉和反应。诸如奥施康定（Oxycontin）之类的止痛药也属于鸦片类药物，具有相同的效果。在过去几年里，滥用奥施康定和其他处方类鸦片类药物的人数急剧上升（Rawson et al., 2007）。第 3 章中，我们曾指出大脑中存在内啡肽（内源性吗啡的简称），它会对心境、疼痛和快乐产生强烈的影响。这种内源性鸦片类药物在大脑应对生理、心理压力的过程中发挥着重要作用（Ribeiro et al., 2005）。鸦片和吗啡等药物在脑中会与跟内啡肽相同的受体位点结合（Trescot et al., 2008）。因此，鸦片类药物和大麻之所以产生效果，是因为它们的活性成分具有和大脑中自然产生的物质相似的化学特性。

海洛因静脉注射的最初效果是快乐体验的冲击，欣快感替代了所有担忧和对身体需要的觉知。当内源性鸦片系统的神经受体受到药物的人为刺激时，大脑就会失去微妙的平衡。大脑会产生反向作用，于是快感冲击消退，取而代之的是强烈的负性情绪状态（Radke et al., 2011）。这些负性情绪会驱动人们再次寻求最初的那种快感冲击。这种从积极到消极的循环是海洛因经常导致成瘾的原因之一。想要戒断鸦片类药物的人会经历严重的生理症状（比如呕吐、疼痛和失眠），还有对药物的强烈渴望。

镇静剂　镇静剂（depressant）包括巴比妥酸盐、苯二氮䓬和酒精。这些物质往往通过抑制或减少中枢神经系统神经冲动的传导，来抑制（减缓）个体的心理和生理活动。镇静剂产生这种效果部分是通过促进以 GABA 为神经递质的突触的神经通信实现的（Licata & Rowlett, 2008）。GABA 常常抑制神经传导，这可以解释镇静剂的抑制作用。过去，医生经常开巴比妥酸盐处方，如戊巴比妥和司可巴比妥，用作镇静或治疗失眠。然而，由于巴比妥酸盐可能成瘾和使用过量，现在人们更可能收到苯二氮䓬处方，如安定或佳乐定。在第 15 章，我们将看到这些药物也经常用于减缓焦虑。

生活中的批判性思维

我们能从"极度饥饿感"中学到什么

即使你从未吸食过大麻，你对大麻臭名昭著的一个效应也大概不会陌生：大麻让人们强烈地渴求食物，这种渴求通常被称为"极度饥饿感"（munchies）。对大麻引发饥饿感的观察至少可以追溯到公元300年，当时印度的经文中推荐用大麻刺激食欲（Cota et al., 2003）。花点时间想一想你会如何把"极度饥饿感"变为一个研究项目。你会提出什么样的问题？

你想解决的第一个问题可能是"为什么大麻会影响人们的食欲？"本书中，我们已经告诉你这个故事的重要部分：研究者突破性地发现脑中存在内源性大麻素。有了这个发现，研究者证实了以下假设，即内源性大麻素在调控食物摄取中起着持续性的作用（Vemuri et al., 2008）。这项研究还解释了人们在这种极度饥饿感中会渴求什么类型的食物。除了调控食欲，内源性大麻素还在脑的奖赏系统中发挥作用（Cota et al., 2006）。出于这个原因，内源性大麻素具有促使人们寻求美味或甜味食物的特殊作用。因此，垃圾食品可以最好地满足这种极度饥饿感并非偶然。

现在你知道了内源性大麻素可以增加食欲。你下一步思考的问题可能是：研究者能够设计出利用相同的系统来抑制食欲的药物吗？在过去的几年里，这方面的研究已经取得了很大的成功（Vemuri et al., 2008）。初现曙光的一种药物是利莫那班（rimonabant）。利莫那班阻断脑内的大麻素受体执行正常的功能。在一项测试利莫那班治疗效果的双盲研究中，给予1 036名超重者和肥胖者低剂量或高剂量的这种药物，或者是安慰剂（即一种惰性物质）（Després et al., 2005）。在长达一年的研究过程中，安慰剂组的参与者体重减轻约2千克；低剂量组参与者减轻约4千克；高剂量组参与者减轻了约9千克！相似地，高剂量组参与者腰围减少了约9厘米，而低剂量组和安慰剂组分别减少约5厘米和3厘米。基于这一结果，研究者开始探索与利莫那班有着相同效果，但副作用（如抑郁、焦虑、恶心或头晕）更小的药物（Christopoulou & Kiortsis, 2011）。

从这个例子中你可以看到，研究如何从一个现实观察发展成为富有成效的研究项目。实际上，这一研究过程中还显示出更大的未来前景：由于内源性大麻素对脑的奖赏回路有着重要的影响，研究者相信作用于内源性大麻素系统的药物可以成功地治疗疼痛和成瘾（Clapper et al., 2010; Fattore et al., 2007）。

- 为什么测试利莫那班的研究中双盲控制很重要？
- 调节食欲和调节奖赏的大脑系统之间可能存在什么联系？

两种镇静剂，氟硝安定（Rohypnol，更为人所知的名字是迷奸药）和GHB（γ-羟基丁酸）因被称为"约会强奸药"而臭名昭著（Maxwell, 2005）。这两种药物都可以制成无色的液体加到酒或其他饮料中而不被察觉，致使受害者不知不觉被下了迷药，从而很容易遭到强暴。此外，氟硝安定会引起遗忘，因此，受害者可能会忘记其在药物作用下所经历的事件。大规模研究表明，女性在不知情的情况下摄入这类药物然后被强奸的威胁是真实存在的。然而，相比氟硝安定和GHB，强奸犯更常使用的是其他药物，比如大麻素和兴奋剂（我们将很快讨论）（Du Mont et al., 2010）。此外，女性主动摄入的另一种镇静剂——酒精，也常让她们陷入危险境地（Lawyer

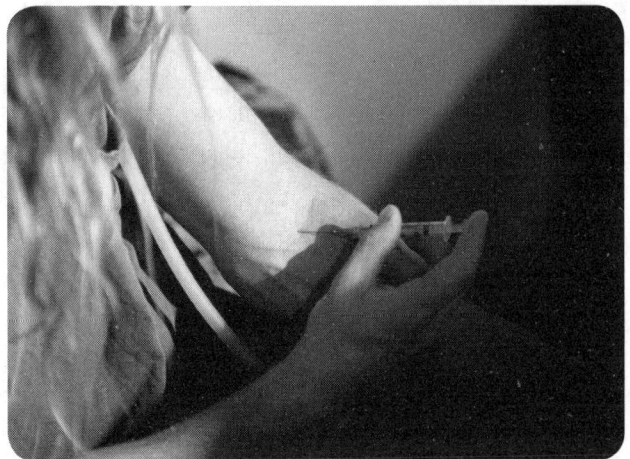

为什么使用海洛因会导致成瘾？

为什么酒精是大学生改变他们意识状态最常用的物质?

et al., 2010)。

酒精显然是最先被早期人类广泛使用的精神活性物质之一。在酒精的作用下，一些人变得愚蠢、喧闹、友好、多话；另一些人变得口出恶言、暴力；还有一些人变得沉闷、沮丧。酒精似乎促进多巴胺释放，而多巴胺会增强愉悦感。另外与其他的镇静剂一样，它似乎影响了 GABA 的活动（Lobo & Harris, 2008）。在低剂量下，酒精可以使人放松并轻微地提高成年个体的反应速度。然而，由于人体只能缓慢地分解酒精，因此在短时间里摄取大量酒精会使中枢神经系统负荷过度。当血液中酒精浓度从 0.05% 增加到 0.1%，个体的认知、知觉和运动过程开始快速恶化。当血液中的酒精浓度达到 0.15%，就会对思维、记忆和判断造成严重的负面影响，连带还会出现情绪不稳定以及运动协调能力的丧失。

在美国，过度摄入酒精是一个严重的社会问题。当喝酒的频率和数量干扰了工作表现、损害了社会和家庭关系以及引起严重的健康问题时，就可以诊断为酗酒（alcoholism）。长时间大量饮酒还会导致生理依赖、耐受性和成瘾。对某些个体而言，酗酒与无法戒酒有关。而对其他人来说，酗酒表现为一旦喝上几口就无法停止。在 2009 年的一项调查中，13.7% 的 18~25 岁的个体报告有大量饮酒行为，即 1 个月内至少有 5 天在喝酒，每次至少喝 5 杯（SAMHSA, 2010）。在 18~22 岁这个年龄段，上大学的人大量饮酒的比例是 16%，未上大学的人是 11.7%。

血液中酒精含量为 0.1% 的人发生驾驶事故和死亡事故的概率，比酒精含量只有其一半的人高出 6 倍。与酒精相关的交通事故是 15~25 岁个体的主要死因。考虑到这些令人不安的数据，研究者试图理解酒精对驾驶表现产生负面影响的几种方式。一部分答案在于酒精影响了饮酒者抑制不良冲动的能力。

研究特写

假设你正开车去赴一个重要的约会，不能迟到。你在驾驶时可能产生冲动，想要放纵自己做一些不良的驾驶行为，比如超速或鲁莽地换道。然而，你的知识，比如你可能得到罚单或发生事故等等，会消除这些负性的冲动。一组研究者检验了一个假设，即当人们在良好冲动和不良冲动之间发生冲突的情况下驾驶时，在酒精影响下的驾驶行为尤其恶劣（Fillmore et al., 2008）。研究中的参与者在摄入酒精或安慰剂后进行模拟驾驶任务。（你能理解为什么研究者不能在真实的路面上进行这个实验。）参与者的驾驶行为在摄入酒精后变得相当恶劣，比如遇到红灯不停车和突然转向。当研究者强化参与者的反应冲突感时，酒精的作用甚至更大。如果参与者很快到达目的地，研究者会给予参与者现金奖励，但是，如果他们车开得不好就会输钱。当参与者处于这样的冲突状态时，他们的表现是最差的：他们的不良冲动明显占了上风。

无疑，你对这样的论断不会陌生：人们在喝醉后会做出清醒时永远不会做出的事情。就驾驶而言，缺乏冲动控制会带来致命的后果。

兴奋剂 诸如安非他命、甲基安非他命（冰毒）和可卡因等**兴奋剂**（stimulant）会让使用者保持唤起和引起欣快状态。兴奋剂通过增加脑中的去甲肾上腺素、5－羟色胺和多巴胺等神经递质的水平而起作用。例如，兴奋剂作用于大脑，阻止那些将多巴胺从突触中移除的分子的正常活动（Martin-Fardon et al., 2005）。常常伴随兴奋剂使用而来的严重成瘾，可能是由神经递质系统的长期改变引起的（Collins et al., 2011）。

近年来，研究焦点集中在冰毒的滥用上。从 1993 年到 2003 年的 10 年间，美国进入戒毒机构治疗冰毒成瘾的人数增加了 400%（Homer et al., 2008）。民意调查数据显示，2006 年至 2009 年期间，美国使用冰毒的人口比例在 0.1% 到 0.3% 之间变动（SAMHSA, 2010）。与其他兴奋剂一样，冰毒影响大脑利用多巴胺。摄入冰毒的人会体验到欣快感、焦虑减少以及强烈的性欲望。然而，使用冰毒会很快产生负面效应：在持续使用几天或几周后，人们开始体验到可怕的幻觉，形成他人要加害自己的信念。这些信念被称为偏执妄想。冰毒是高度成瘾的。长期使用会对大脑造成多种类型的损害，包括多巴胺系统中神经末梢的丢失（Rose & Grant, 2008）。参与决策和计划的大脑皮层受损，这也许是冰毒使用者变得极具攻击性且常遭受社会孤立的一个合理解释（Homer et al., 2008）。

MDMA，更普遍地被称为摇头丸，是一种兴奋剂，但也会导致类似致幻剂的时间和知觉扭曲。这种药物的兴奋性让使用者感到无穷无尽的能量；致幻性使声音、颜色和情绪更加强烈。摇头丸之所以具有这些效果，是因为它改变了如多巴胺、去甲肾上腺素和 5－羟色胺等神经递质的功能。由于摇头丸对这些神经递质系统具有如此广泛的影响，大量研究关注此药物对大脑的长期影响（Jager et al., 2008）。研究者对摇头丸作为聚会药物的情形尤其感兴趣。他们试图设计研究来精确地反映人们使用这一药物的常态。例如，研究者认识到，摇头丸使用者经常在摄入酒精的同时摄入药物。这产生了一个问题，即酒精和摇头丸是如何共同影响大脑的。研究显示，摇头丸和酒精的结合对大鼠脑产生的负面效应是单独使用摇头丸时所没有出现的（Cassel et al., 2005）。

使用者寻求兴奋剂的三种主要效果：增强自信、精力旺盛且高度警觉、心境趋向欣快。正如上面提到的冰毒那样，这种兴奋剂的重度使用者经常体验到幻觉和偏

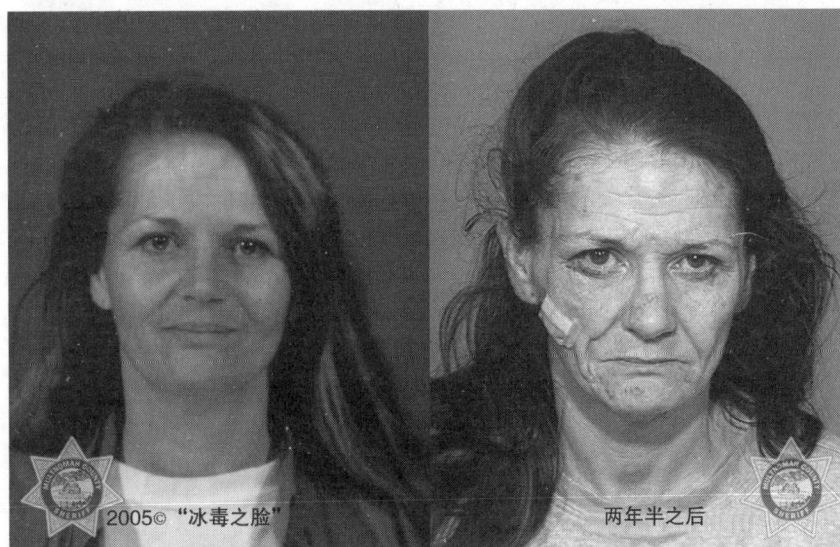

2005© "冰毒之脸"　　两年半之后

冰毒的成瘾作用如此之强，以至于使用者愿意忍受长期使用造成的身体衰退。左边的照片显示了一名 42 岁的女性在冰毒成瘾之前的模样。右边的照片拍摄于两年半之后。为什么人们对冰毒和其他兴奋剂如此容易上瘾？

执妄想。而可卡因的使用者有一个特殊的风险，它会使个体在欣快和抑郁的两极不停地摇摆。这导致使用者不加控制地增加这种药物使用的频率和剂量。快克（crack）是可卡因的一种结晶形式，更增加了这种危险。它能迅速引发欣快感并很快衰退，使用者对这种药物的渴望会非常强烈。

　　你可能经常忽视的两种兴奋剂是咖啡因和尼古丁。就像你已经从经验中了解到的那样，两杯浓咖啡或茶中的咖啡因足以对心脏、血液和循环功能产生强烈的影响，使你难以入睡。尼古丁是烟草中发现的一种化学物质，它是一种足够强的兴奋剂。美国萨满教的巫师使用高浓度尼古丁，以寻求达到神秘或恍惚的状态。然而，与现代的一些使用者不同，萨满教的巫师知道尼古丁能让人上瘾，因此他们仔细地选择受其影响的时机。像其他成瘾药物一样，尼古丁也类似于大脑释放的自然化学物质。事实上，研究已经发现，尼古丁和可卡因成瘾所激活的是同一脑区（Vezina et al., 2007）。尼古丁会影响那些每次达成奖赏目标后都让你感觉良好的大脑环路（De Biasi & Dani, 2011）。通常这些大脑环路有助于生存。不幸的是，尼古丁刺激那些相同的大脑受体产生反应，就好像吸烟对你是有益的，其实不然。众所周知，尼古丁对健康的负面影响很大。

　　我们在本章的开始请你回忆过去和规划未来。这些日常的行为使得我们思考一些有关意识的有趣问题：你的思维是从哪儿来的？它们如何出现？什么时候到达？现在你已经学习了一些可以解答这些问题的理论以及检验它们的方法。你已经看到了意识最终让你拥有了作为人类的全部体验。

　　我们也讨论了一些日常不太使用的意识。为什么人们不满足他们平时的心理状态，而寻求如此多样的方式改变他们的意识？通常，你主要关注的是满足自己所面对的任务和情境的即时要求。然而，你也意识到现实对你的意识的束缚。你认识到它限制了你体验的广度和深度，而且不允许你实现你的潜能。也许，你有时渴望超越常规现实的约束。你可能会寻求不确定的自由，而不是满足于常规的安全状态。

STOP　停下来检查一下

❶ 药物耐受性的定义是什么？

❷ 像海洛因这样的药物在大脑中是如何起作用的？

❸ 尼古丁属于哪一类药物？

要点重述

意识的内容
- 意识是对心理内容的一种觉知。
- 清醒意识的内容不同于非意识过程、前意识记忆、未注意的信息、无意识和意识觉知状态。
- 出声思维报告和经验抽样这样的研究技术被用于研究意识的内容。

意识的功能
- 意识有助于你的生存并使你建构个人的和文化共享的现实。
- 研究者已经研究了意识过程和无意识过程之间的关系。

睡眠与梦
- 昼夜节律反映了生物钟的运转。
- 在夜间睡眠期间脑活动模式会发生变化。快速眼动睡眠以快速眼动为标志。
- 睡眠量和快速眼动与非快速眼动睡眠的相对比例随着年龄而变化。
- 快速眼动睡眠和非快速眼动睡眠具有不同的功能,包括保存和记忆巩固。

- 睡眠障碍如失眠症、发作性睡病和睡眠窒息症都对人们在清醒期间的机能有负面影响。
- 弗洛伊德提出梦的内容是一个睡眠审查者泄露的无意识材料。
- 在其他文化中,梦经常会得到解释,这种解释通常由具有特殊文化角色的人来做出。
- 一些梦的理论集中在梦的来源的生物学解释上。
- 清醒梦是一个人觉知到自己正在做梦。

意识的其他状态
- 催眠是一种不同的意识状态,其特征是被催眠者具有根据暗示改变知觉、动机、记忆和自我控制的能力。
- 冥想通过将注意从外部转向集中于内部体验的仪式化练习,从而来改变意识的运作。

改变心理的药物
- 精神活性药物通过改变神经系统活动来暂时性地改变意识,进而影响心理过程。
- 改变意识的精神活性药物有致幻剂、鸦片类药物、镇静剂和兴奋剂。

关键术语

意识	睡眠窒息症	冥想
非意识	梦游症	精神活性药物
前意识记忆	梦魇	耐受性
无意视盲	夜惊	生理依赖
无意识	潜性梦境	成瘾
昼夜节律	显性梦境	心理依赖
快速眼动睡眠	梦的工作	致幻剂
非快速眼动睡眠	清醒梦	幻觉
失眠症	催眠	镇静剂
发作性睡病	可催眠性	兴奋剂

6

学习与行为分析

设想你正在电影院看一部恐怖电影。当男主人公走向一扇紧闭的房门时，片中音乐变得越来越阴森恐怖。你突然想大喝一声"别进去！"同时，你发现自己心跳加快了。这是为什么？如果你认真思考这个问题，可能会得出答案："我已经学会电影音乐和电影事件之间的联系，这就是让我紧张的原因！"但之前你曾经想过这样的联系吗？可能没有。不知为什么，只要你看的电影足够多，无须特别的思考你就习得了这种联系。第 6 章的重要主题就是你在日常经验中不用特别努力就可以学习到的各类联系。

心理学家长期以来一直对学习（即有机体从外界经验中学习的方式）感兴趣。稍后我们将给学习下个更精确的定义。然后，我们将考察学习的两种具体类型：经典条件作用和操作性条件作用。你将看到，每种条件作用都代表有机体获取和使用与其生活环境有关的信息的一种不同方式。对于每种学习类型，我们将不仅描述在实验室中控制其运转的基本机制，也会介绍它在真实生活情境中的应用。

本章还将考察不同物种间学习方式的异同。你将看到，在许多不同的物种中条件作用的基本过程都是相同的。但是你也会发现，学习的某些方面受物种特定的遗传禀赋的限制。此外，你将看到认知（更高级的心理加工）如何影响人类和其他物种的学习过程。

关于学习的研究

在探讨学习之前，我们先给学习下个定义。然后我们考虑学习的两种基本形式。在本节最后我们会简述关于这一主题的心理学研究的历史。

什么是学习

学习（learning）是基于经验而使行为或行为潜能发生相对一致变化的过程。让我们更仔细地看看这一定义的三个关键部分。

基于经验的过程 学习只有通过经验才能发生。经验包括吸收信息（以及评估和转换信息）和做出影响环境的反应。学习包括受记忆中的经验教训影响的反应。习得的行为既不包括因为有机体年龄增长而出现的身体成熟或大脑发育所带来的变化，也不包括因疾病或脑损伤而引起的变化。某些持久的行为改变需要有机体足够成熟之后的经验才能发生。例如，思考一下婴儿何时准备好了爬、站、走、跑以及进行如厕训练。在儿童足够成熟之前，任何训练或者练习都无法使其产生这些行为。心理学家特别感兴趣的问题是，行为的哪些方面能够通过经验而改变，以及这些改变是如何发生的。

行为或行为潜能的变化 很显然，当你能够展示你的成绩，如开车或发短信时，学习便已经发生了。你无法直接观察学习本身（你通常不能看见你脑内的变化），但学习从你行为表现的进步中显而易见。不过，通常你的行为表现并不能显示出你学到的全部内容。有时候你形成了大体的态度，比如对现代艺术的欣赏或对东方哲学的领悟，这些并不一定在你可测量的行动中表现出来。在这些情形中，你获得的是一种改变行为的潜能，因为你学到的态度和价值观能影响你读什么样的书或怎

芭蕾舞者一致的舞姿如何符合学习的定义？

样打发你的闲暇时光。这就是**学习—行为表现差异**（learning-performance distinction）的一个例子，即你学到的和你在外显行为中表现出来的内容之间的差异。

相对一致的变化 要称得上发生了学习，行为或行为潜能的变化必须能在不同场合表现出相对一致性。比如，一旦你学会了游泳，你将可能一直会游泳。值得注意的是，一致的变化并非总是永久性变化。例如，如果你每天都练飞镖，你会成为一个水平相当稳定的飞镖手。然而，如果你放弃了这项运动，你的技能水平可能就会滑向初始水平。但如果你曾一度是一个冠军级的飞镖手，你再次学起来就很容易。一些先前经验中的东西"保存"了下来。从这种意义上说，变化又可能是永久的。

习惯化和敏感化 为了帮助你掌握学习的定义，我们将描述学习的两种基本形式：习惯化和敏感化。假设你在查看一张愉悦场景的照片，比如滑水或冲浪。你第一次看到这张照片时，可能会产生相当强烈的情绪反应。然而，当你在短时间内连续看了很多次之后，你的情绪反应就会随时间逐渐变弱（Leventhal et al., 2007）。这就是**习惯化**（habituation）的一个例子：当刺激重复呈现时，你的行为反应会变弱。习惯化可以帮助你把注意焦点放在环境中的新异事件上——你不必把行为消耗在对那些陈旧刺激的重复反应上。

注意一下习惯化为何符合学习的定义。这里的行为改变（你的情绪反应变弱）是基于经验的（你重复看了这个画面），并且行为改变是一致的（你不会回到最初的情绪反应水平）。然而，情绪反应的变化不太可能是永久的。如果你在足够长的时间之后再看这张照片，你可能会发现它又能唤起强烈的情绪反应。

当**敏感化**（sensitization）发生时，你对重复出现的刺激的反应会变得更强烈，而不是更弱。例如，假设你在短时间内连续体验了几次同样的疼痛刺激。尽管刺激的强度保持不变，你也会报告最后一次刺激的疼痛感要比第一次强（Woolf, 2011）。敏感化同样符合学习的定义，因为世界中的经验（重复体验疼痛刺激）导致行为反应的一致变化（报告疼痛更强）。你可能想知道什么决定人们对不同刺激的反应是习惯化还是敏感化。一般来说，敏感化在刺激很强烈或令人不适时更可能发生。

行为主义与行为分析

现代心理学关于学习的许多观点都可以在**约翰·华生**（John Watson, 1878—1958）的作品中找到根源。华生创立了我们称之为行为主义的心理学流派。华生在1919年出版的《一个行为主义者眼中的心理学》一书中阐述了行为主义，自此之后美国心理学被行为主义观点统治了近50年。华生认为，内省（人们对感觉、表象和情感的言语报告）并不能作为一种研究行为的方法，因为它太主观了。科学家如何能够验证这种私人经验的准确性？然而，一旦我们放弃内省法，心理学的研究内容又该是什么呢？华生认为是可观察的行为。用华生的话来说，"意识状态，如所谓的精神现象，是无法被客观证实的，由于这一原因，它永远不能成为可供科学研究的资料"（Watson, 1919, p. 1）。华生还将心理学的首要目标定义为"预测和控制行为"

（Watson, 1913, p. 158）。

　　斯金纳（B. F. Skinner, 1904—1990）继承了华生的事业并扩展了他的理论。在读过华生 1924 年的《行为主义》一书后，斯金纳开始在哈佛大学攻读心理学研究生，期间他开展的研究为他后来的观点奠定了基础。随着时间的推移，斯金纳形成了一种被称为激进行为主义的立场。斯金纳认同华生对内部状态和心理事件的不满。但是，斯金纳主要关注的不是它们作为科学数据的合理性，而是它们作为行为之原因的合理性（Skinner, 1990）。按照斯金纳的观点，心理事件（如思维和想象）并不能引起行为。相反，它们都是环境刺激所引起的行为的例子。

　　假设我们在 24 小时里不让一只鸽子进食，然后把它放进一个让它可以通过啄食小圆盘来获得食物的设备里，我们发现鸽子很快就学会这么做了。斯金纳认为，鸽子的行为可以完全用环境事件（食物剥夺和以食物作为强化物）来解释。不能被直接观察和测量的主观饥饿感，并不是产生行为的原因，而是食物剥夺的结果。要解释鸽子所做的事情，你不必理解任何有关其内部心理状态的描述——你只需理解让鸽子在行为与奖赏之间形成联结的学习原则就可以了。这就是斯金纳式行为主义的精髓。

斯金纳扩展了华生的观点并将其应用于广泛的行为领域。为什么斯金纳的心理学侧重于环境事件，而不是内部状态?

　　斯金纳创立的这一行为主义流派是**行为分析**（behavior analysis）的原始哲学基础，这一心理学领域强调寻找学习和行为的环境决定因子（Cooper et al., 2007）。一般而言，行为分析家试图去发现，在具有可比性的情境下，适用于包括人类在内的所有动物的普遍学习规律。这就是为什么开展非人类动物研究对该领域的进展一直非常重要。复杂形式的学习与简单学习过程没有质的区别，而是代表着简单学习过程的组合和精细化。在接下来的部分，我们将描述经典条件作用和操作性条件作用——产生复杂行为的两种简单学习形式。

STOP 停下来检查一下

❶ 学习—行为表现差异是什么意思?

❷ 习惯化的定义是什么?

❸ 为什么华生强调对可观察行为的研究?

❹ 行为分析的一个主要目标是什么?

经典条件作用：学习可预期的信号

　　再次设想你正在看那部恐怖电影。当声音预示着男主人公要遇上麻烦时，为何你心跳加速？当一个环境事件（如可怕的音乐）与另一个环境事件（如可怕的视觉场景）相关联时，你的身体通过某种方式学会了产生生理反应（心跳加速）。这种类型的学习被称为**经典条件作用**（classical conditioning）——由一个刺激或事件预示另一个刺激或事件即将到来的基本学习形式。有机体学会在两个刺激（一个先前不能诱发反应的刺激和一个天生能诱发反应的刺激）之间形成一种新的联结。正如你将看到的，将环境中的成对事件迅速联系在一起的先天能力具有深刻的行为意义。

巴甫洛夫的意外发现

首个严格的经典条件作用研究源于心理学中可能最著名的一次意外事件。俄国生理学家**伊万·巴甫洛夫**（Ivan Pavlov, 1849—1936）并未打算研究经典条件作用或任何其他心理现象。他在进行消化研究时偶然发现了经典条件作用，而他的消化研究于 1904 年获得了诺贝尔奖。

巴甫洛夫开发了一项技术来研究狗的消化过程：他在狗的腺体和消化器官中植入管子，将其中的分泌液导入体外的容器里，这样就可以对分泌液进行测量和分析了。为了让狗产生分泌液，巴甫洛夫的助手要把肉末放到狗的嘴里。这种程序重复几次以后，巴甫洛夫观察到狗表现出一个他未曾料到的行为——它们在肉末放进嘴里之前就开始分泌唾液了！它们仅仅在看见食物，后来在看到拿着食物的助手，甚至仅仅听见助手走过来的脚步声时，就开始分泌唾液了。事实上，任何先于食物出现的刺激往往都能诱发唾液分泌。非常偶然地，巴甫洛夫观察到学习可能是两种刺激相互关联的结果。

幸运的是，巴甫洛夫具有科学研究的技能和好奇心，他开始对这一奇怪现象进行严格的探索。当时的著名生理学家查尔斯·谢林顿爵士曾劝告他应该放弃对这种"心理的"分泌进行愚蠢的研究，但巴甫洛夫对此置之不理。相反，他放弃了自己对消化功能的研究，并因此永远地改变了心理学的进程（Pavlov, 1928）。巴甫洛夫后来一直在努力寻找影响经典条件作用的各种变量。由于主要的条件作用现象是巴甫洛夫发现的，也由于他在追踪影响条件作用之变量方面的卓越贡献，经典条件作用也被人们称为巴甫洛夫条件作用。

巴甫洛夫相当丰富的研究经验，使他能够遵循一个简单而精妙的策略去发现能使他的狗条件性地分泌唾液所必需的条件。如**图 6.1** 所示，实验时先给狗带上一个束缚它的挽具。以固定的时间间隔呈现一种刺激，如一个声音，然后再给狗一点食物。重要的是，在此之前，对狗而言声音与食物和分泌唾液没有任何关系。你可能会想到，狗对声音最初的反应仅仅是一个定向反应——竖起耳朵，转动脑袋，对声音进行定位。然而，随着声音反复在食物出现之前响起，定向反应停止了，唾液分泌反应开始出现。巴甫洛夫在先前的研究中观察到的现象并非偶然：在受控条件下，这种现象能够被重复。巴

生理学家伊万·巴甫洛夫（与他的研究团队）在做消化功能的研究时，观察到了经典条件作用。巴甫洛夫对这种学习类型的研究有哪些主要的贡献？

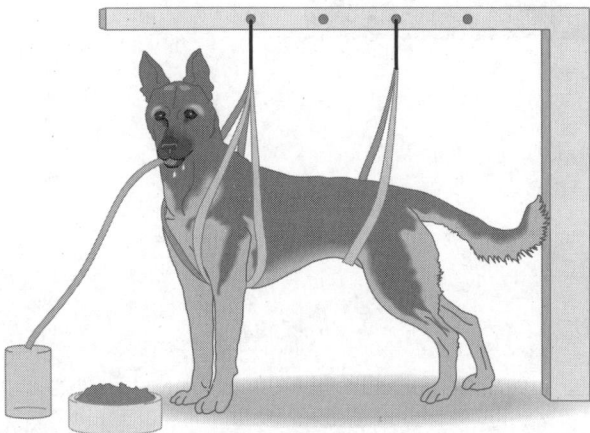

图 6.1 巴甫洛夫最初的研究程序
巴甫洛夫在最初的实验里使用了各种刺激（如纯音、铃声、灯光以及节拍器）作为中性刺激。实验者先呈现其中一种中性刺激，然后呈现食物。狗的唾液用一个导管来收集。

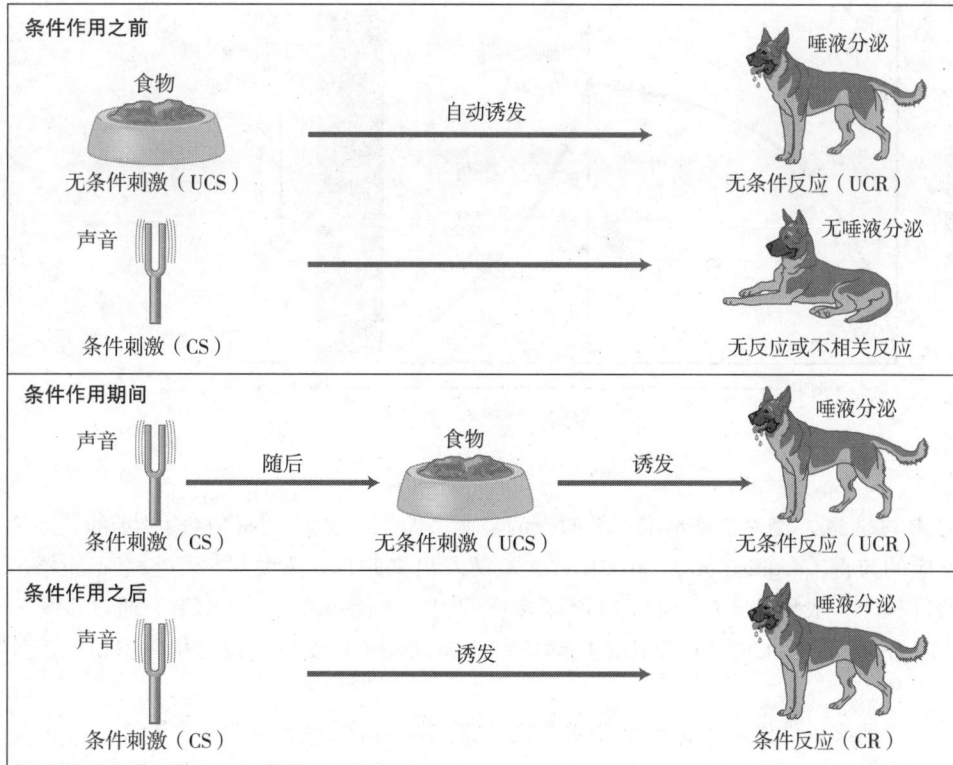

图 6.2 经典条件作用的基本特征

在条件作用之前，无条件刺激会自然地引发无条件反应，声音之类的中性刺激不会引发这种反应。在条件作用期间，中性刺激与无条件刺激相伴出现。中性刺激通过与无条件刺激联结变成了条件刺激，进而引发与无条件反应类似的条件反应。

甫洛夫采用多种其他的中性刺激（相对于分泌唾液来说），如灯光和滴答作响的节拍器，证明了这种效应的普遍性。

巴甫洛夫经典条件作用程序的主要特征如**图 6.2** 所示。经典条件作用的核心是反射性反应，如分泌唾液、收缩瞳孔、膝跳反应或眨眼睛。**反射**（reflex）是一种由对有机体有生物学意义的特定刺激所自然诱发的反应。任何能自然地诱发反射行为的刺激（如巴甫洛夫实验中所用的食物）都称为**无条件刺激**（unconditioned stimulus, UCS），因为学习并非刺激控制行为的必要条件。由无条件刺激诱发的行为称为**无条件反应**（unconditioned response, UCR）。

在巴甫洛夫的实验中，灯光和声音等刺激一开始并没有触发唾液分泌的反射反应。然而随着时间推移，每个中性刺激反复与无条件刺激配对出现。这些中性刺激就成为**条件刺激**（conditioned stimulus, CS），它诱发行为的力量是以其与 UCS 的联系为条件的。经过若干次配对之后，CS 将引发**条件反应**（conditioned response, CR）。条件反应作为学习的结果是由条件刺激所诱发的任何反应，我们将在本节后面提供几个例子。让我们复习一下。有机体生就具有 UCS—UCR 联结，而经典条件作用下的学习创造了 CS—CR 联结。条件刺激获得了最初只有无条件刺激才具备的、影响行为的某些力量。现在让我们更仔细地看看经典条件作用的基本过程。

条件作用的过程

巴甫洛夫最初的实验激发了关于经典条件反应怎样出现和消失的大量研究。本节我们将回顾研究者得出的关于经典条件作用基本过程的一些重要结论，这些结论来自成百上千的针对各种动物物种的不同研究。

图 6.3 经典条件作用的习得、消退和自发恢复

习得期间（CS+UCS），CR 的强度迅速增加。消退期间，UCS 不再跟随 CS 出现，CR 的强度下降至零。经过一段短暂的休息之后，CR 可能会重新出现，即使 UCS 仍未出现。CR 的重现被称为自发恢复。

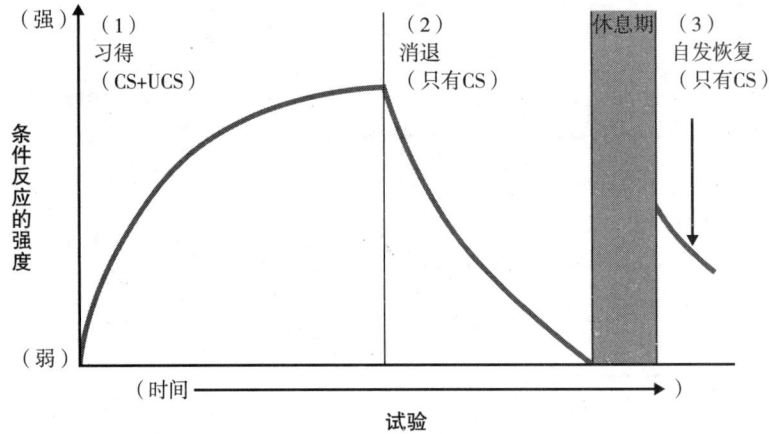

习得与消退 **图 6.3** 显示了一个假设的经典条件作用实验。第一栏内显示的是条件反应的**习得**（acquisition），即 CR 首次被诱发出来并且在重复试验中频率不断增加的过程。一般说来，CS 和 UCS 必须多次配对，才能可靠地诱发 CR。通过系统的 CS—UCS 配对，CR 被诱发出来的频率越来越高，于是便可以说有机体习得了条件反应。

在经典条件作用中，时机非常关键，这和讲笑话是一个道理。CS 和 UCS 的呈现必须在时间上足够接近，才能使有机体知觉到它们是相关联的。（我们在后面讨论味觉—厌恶学习时会讲述该规则的一个例外。）研究者们探讨了这两个刺激之间的四种时间模式，如**图 6.4** 所示（Hearst, 1988）。应用最广泛的一种条件作用类型是延迟条件作用，在这种条件作用中，CS 先出现并至少持续到 UCS 出现。在痕迹条件作用中，CS 在 UCS 呈现之前被取消。痕迹指的是有机体对 UCS 出现时已经消失的 CS 的记忆。在同时性条件作用中，CS 和 UCS 是同时呈现的。最后，在倒摄条件作用中，CS 出现在 UCS 之后。

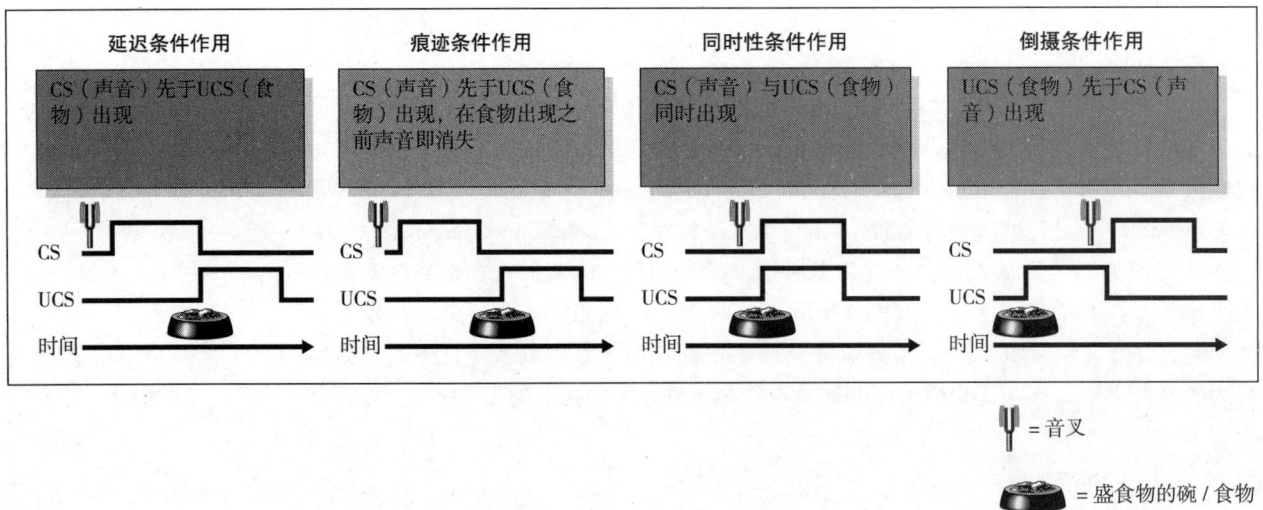

图 6.4 经典条件作用中 CS—UCS 时间安排的四种变式

研究者探讨了 CS 和 UCS 之间四种可能的时间安排。通常，条件作用在 CS 开始呈现到 UCS 开始呈现间隔很短的延迟条件作用模式下最有效。

资料来源：Baron, Robert A., *Psychology*, 5th Edition., © 2001. Printed and electronically reproduced by permission of Pearson Education Inc., Upper Saddle River, New Jersey.

通常，条件作用在延迟条件作用范式中且 CS 和 UCS 间隔时间短的情况下最有效。不过，产生最佳条件作用的 CS 和 UCS 之间的确切时间间隔取决于几个因素，包括 CS 的强度和被条件化的反应的类型。让我们重点看看被条件化的反应。对于肌肉反应来说，如眨眼，1 秒或再短一点的时间间隔为最佳。但是，对于内脏反应而言，如心率和唾液分泌，5 秒到 15 秒的较长一点的时间间隔效果最好。

同时性条件作用的效果通常都较差，而倒摄条件作用则更差。倒摄条件反应在 UCS 和 CS 的几次配对后可能会出现，但大量训练后它就消失了，因为动物认识到在 CS 之后的一段时间里并没有 UCS 出现。这两种情形下，条件作用都很弱，因为 CS 实际上并不能预示 UCS 的出现。（下一节我们将再次谈到可预见性或相倚的重要性。）

当 CS（例如，声音）不再预示 UCS（食物）时会发生什么？在这类情形下，CR（唾液分泌）会随着时间的推移变得越来越弱，最终不再出现。当呈现 CS（而不呈现 UCS）却不见 CR 时，我们就说**消退**（extinction）过程已经发生了（见图 6.3 第二栏）。这样看来，条件反应并不必然是有机体行为库中的一种永久行为。不过，当 CS 之后再次单独呈现时，CR 又会以一种较弱的形式再次出现（见图 6.3 第三栏）。巴甫洛夫将在经过一段休息期或暂停期且未暴露于 UCS 的情况下 CR 突然重现的现象，称为消退后**自发恢复**（spontaneous recovery）。

当最初的配对在消退发生后又重新恢复时，CR 会迅速变强。这种更快速的再学习即是节省的一个例子：再次习得某一反应比初次习得该反应时所需的时间要少。如此看来，即使实验性消退似乎已将 CR 消除，有机体必然还是保留了一些最初的条件作用。换言之，消退仅仅是削弱了行为表现，并未彻底消除最初的学习。这就是我们在最初定义学习时强调学习和行为表现区别的原因。

刺激泛化　假设我们已经让狗知道某一频率的声音预示着食物的出现。狗的反应会仅局限于该特定刺激吗？答案是否定的。如果你略思考一下，就不会感到奇怪了。一般来说，CS 与 CR 之间一旦建立了条件作用，类似的刺激也可能引发这种反应。例如，如果条件刺激是一个高频声音，那么频率稍低的声音也会诱发条件反应。曾被大狗咬过的小孩很可能对小狗也感到恐惧。条件反应自动扩展到从未与初始 UCS 配过对的刺激上的现象，叫作**刺激泛化**（stimulus generalization）。新刺激与最初的 CS 越相似，反应就越强。当我们测量在某一维度上差异逐渐增大的刺激所诱发的反应强度时，如**图 6.5** 所示，就能得到一个泛化梯度。

泛化梯度的存在说明了经典条件作用在日常经验中发挥作用的方式。因为重要的刺激在自然界中很少每次都以完全相同的形式出现，所以通过将学习范围扩展到最初的特定经验之外，刺激泛化相当于一种内置的相似性安全系数。借助于该特性，即使新的刺激与同类事件之间存在明显差异，它们也可以被标定为有同样的意义或行为价值。例如即使捕食者发出的声音略有不同，或者被捕食者看到它

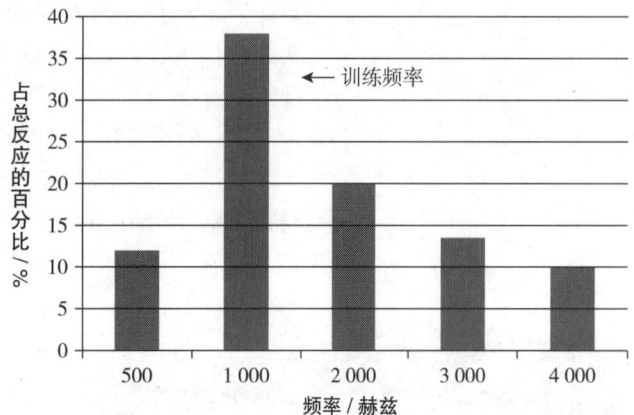

图 6.5　刺激泛化梯度

训练兔子在听到 1 000 赫兹的纯音时产生条件反应（闭上外眼睑）（Siegel et al., 1968）。在消退阶段，仍用训练纯音及与训练音相似度各异的声音对兔子进行测试。与训练音越相似的纯音，兔子产生的条件反应越多。

资料来源：Siegel, S., Hearst, E., George, N., & O'Neal, E. (1968). Generalization gradients obtained from individual subjects following classical conditioning. *Journal of Experimental Psychology, 78*, 171–174.

为什么曾被一只狗惊吓过的小孩可能会对所有的狗都产生恐惧反应?

的角度有差异,被捕食者还是能够识别它并迅速做出反应。

刺激辨别 然而,在某些情况下,有机体只对很小范围内的刺激进行反应是非常重要的。例如,有机体不应该因为过于频繁地逃离那些与它的天敌仅仅表面相似的动物而使自己精疲力竭。**刺激辨别**(stimulus discrimination)就是有机体学会对某些维度(例如色调或音高)上与 CS 不同的刺激做出不同反应的过程。有机体对相似刺激(例如,1 000、1 200 和 1 500 赫兹的声音)的辨别能力可通过辨别训练得到加强。在辨别训练中,只有一种刺激(如 1 200 赫兹的声音)能够预测 UCS,而其他刺激则在无 UCS 相伴的情况下反复出现。在条件作用的早期阶段,尽管反应不是很强烈,但与 CS 相似的刺激会诱发类似的反应。随着辨别训练的进行,对其他不太相似的刺激的反应会越来越弱:有机体渐渐知道了哪一种事件信号能够预测 UCS 的到来,哪些则不能。

有机体欲在环境中表现出最佳行为,就必须平衡泛化和辨别过程。你既不想选择性过强——意识不到捕食者的存在可能代价惨重;也不想反应过度——如果你害怕每一个阴影,你就会白白浪费时间和精力。经典条件作用提供了一种允许生物体对其环境结构做出有效反应的机制。

习 得

本节我们将更仔细地考察经典条件作用发生所必需的条件。到目前为止,我已经描述了经典条件反应的习得,但尚未对其产生的条件进行详细解释。巴甫洛夫认为,经典条件作用来自 CS 和 UCS 的简单配对。在他看来,如果要使一种反应成为经典条件反应,CS 和 UCS 的出现必须在时间上紧密相连,也就是说在时间上相邻。但是接下来我们将看到,当代的研究已修正了这一观点。

巴甫洛夫的理论一直主导着经典条件作用研究,直到 20 世纪 60 年代中期,雷斯科拉(Rescorla, 1966)用狗作为实验对象进行了一个非常有说服力的实验。雷斯科拉利用纯音(CS)和电击(UCS)设计了一个实验。对于一组动物 CS 和 UCS 只是相继出现(详见"研究特写")——如果巴甫洛夫是正确的,这足以产生经典条件作用;对于另一组动物,纯音能可靠地预测电击的出现。

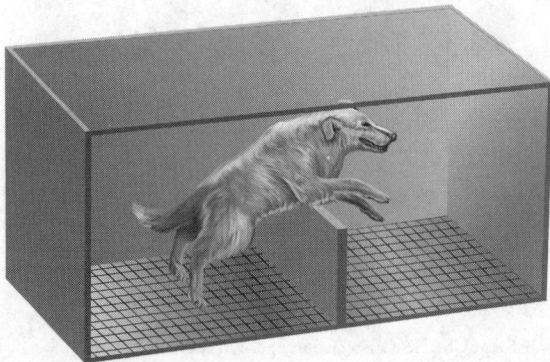

图 6.6 穿梭箱
雷斯科拉用狗跳过障碍物的频率来测量恐惧条件作用。

研究特写

在实验的第一阶段,雷斯科拉训练狗从穿梭箱的一端跳过障碍物到达另一端,以此逃避来自栅格地面的电击(见**图 6.6**)。如果狗不跳,它们就会遭到电击;如果跳过去了,电击将被推迟。雷斯科拉用狗跳过障碍物的频率作为测量恐惧条件作用的指标。

当狗有规律地跳过障碍物时,雷斯科拉将其分成了两组,让它们接受另一种训练。对于随机组,UCS(电击)的施加是随

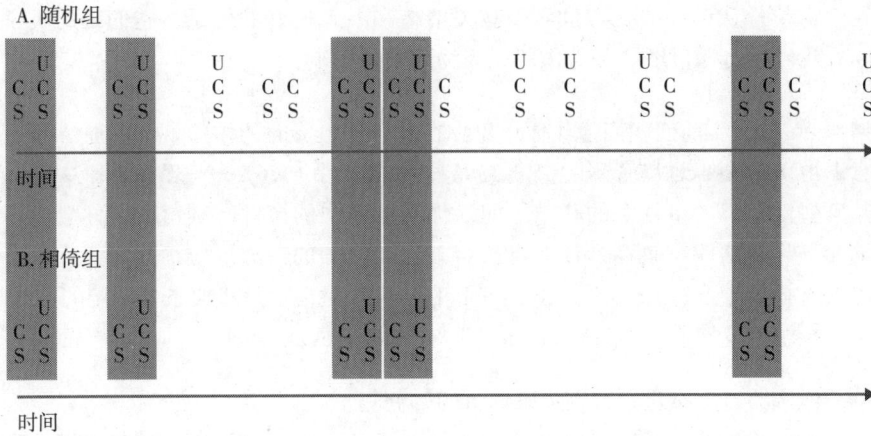

A. 随机组

时间

B. 相倚组

时间

图 6.7　雷斯科拉证明相倚重要性的实验程序

对于随机组，实验者随机呈现 5 秒的声音（CS）和 5 秒钟的电击（UCS）。对于相倚组，狗仅仅经历声音预示电击出现（CS 比 UCS 早呈现 30 秒或更短）的那部分试验。只有相倚组的狗学会了将 CS 和 UCS 联系起来。

机的且独立于 CS（声音）（见**图 6.7**）。尽管 CS 和 UCS 的出现在时间上经常很接近——它们偶然会紧接着出现——但 UCS 在没有 CS 和有 CS 呈现的情况下出现的概率是相等的。因此，CS 没有任何预测价值。然而，对于相倚组，UCS 总是出现在 CS 之后。这样，对相倚组而言，声音可以可靠地预测电击的出现。

一旦完成了这种训练，狗就被放回穿梭箱，但这次有点儿变化。现在，在第二次训练程序中使用的声音会偶尔出现，预示着电击出现。这次发生了什么？**图 6.8** 显示当声音出现时，与随机的 CS—UCS 关系中的狗相比，在相倚（可预期的）CS—UCS 关系中的狗跳跃的频率更高。相倚对于狗成功地将声音当作电击的线索至关重要。

因此，为使经典条件作用能够发生，除了 CS 与 UCS 相继出现（出现的时间接近）以外，CS 还必须可靠地预示 UCS 的出现（Rescorla, 1988）。这一发现很有意义。毕竟，有机体是在自然情境中学习以适应环境变化，而自然情境中的刺激并非像在实验室中那样以简单有序的组合出现，而是成群出现。

刺激作为经典条件作用基础的最后一个要求是：它必须在环境中能够提供信息。考虑这样一个实验情景：大鼠已经习得了声音预示着电击。现在，灯光加了进来，它和声音都在电击前出现。但是，当灯光随后独自出现时，大鼠似乎并未学会灯光预示着电击（Kamin, 1969）。对这些大鼠来说，实验第一阶段对声音的条件作用阻断了随后对灯光的条件作用。从大鼠的角度来看，灯光好像不曾存在；它没有比声音提供更多的信息。信息性的要求可以解释为什么当 CS 从许多可能存在于环境中的其他刺激中突显出来时，条件作用发生得最快。刺激越强，与其他刺激对比越强烈，越容易被注意到。

你可以看到，经典条件作用比巴甫洛夫最初了解到的更加复杂。中性刺激只有在具有适当的相倚性和信息性时，才能成为有效的 CS。现在，请转移一下你的注意力。我们来看看经典条件作用在现实生活中的作用。

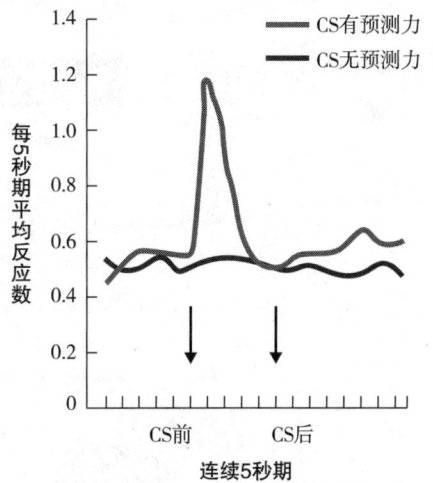

图 6.8　相倚在经典条件作用中的作用

箭头表示为期 5 秒的 CS 纯音的出现和消失。雷斯科拉证明：与在随机而非相倚 CS—UCS 关系中接受训练的狗相比，在相倚 CS—UCS 关系中接受训练的狗在纯音呈现时出现更多的跳跃行为（即条件性恐惧）。

经典条件作用的应用

关于经典条件作用的知识可以帮助你理解日常生活中的重要行为。在本节中，我们将帮你认识一些现实世界中有关情绪和个人偏好的例子，它们是此类学习的产物。我们还将探讨经典条件作用对药物成瘾的影响。

情绪和偏好 前面我们曾让你想象你在看恐怖电影时的体验。在那种情形下，你（无意识地）学会了恐怖音乐（CS）与某些可能事件（UCS——恐怖电影中那些能够引起反射性惊恐的事件）的联结。如果你对生活中的事件特别留心，你会发现在很多情况下你无法完全解释为什么自己会有这么强烈的情绪反应，或者为什么自己对某些东西有如此强烈的偏好。你可以问问自己："这是不是经典条件作用的产物？"

想想以下情境（Rozin & Fallon, 1987; Rozin et al., 1986）：

- 你认为自己愿意吃做成狗屎形状的奶糖吗？
- 如果你知道一个装糖的容器被错误地标成了毒药，你认为你还会愿意喝这里面的糖冲兑的糖水吗？
- 你认为自己愿意喝浸泡过一只已消过毒的蟑螂的苹果汁吗？

如果你对每一种情境都说"决不！"，你其实并非个例。经典条件反应（感到恶心或者危险）胜过了这东西其实没问题的知识。由于经典条件反应不是通过有意识的思维形成的，它们也很难通过有意识的推理来消除！

恐惧条件作用（Hartley et al., 2011; Linnman et al., 2011）是现实世界中研究最广泛的经典条件作用的产物之一。在行为主义的早期，约翰·华生和他的同事罗莎莉·雷纳（Rosalie Rayner）曾试图证明，许多恐惧反应都可以理解为中性刺激与天然引发恐惧的事物配对出现的结果。为检验其观点，他们用一个被称为小阿尔伯特的婴儿进行了实验。

研究特写

华生和雷纳（Watson & Rayner, 1920）训练小阿尔伯特害怕一只他最初曾喜欢的小白鼠，他们将小白鼠的出现与一个令人讨厌的 UCS（用锤子在小阿尔伯特身后敲击一根大钢筋所发出的巨大噪声）配对。对这一有害噪声的无条件惊吓反应和情绪痛苦是小阿尔伯特对小白鼠习得恐惧反应的基础。仅仅经过 7 次试验，小阿尔伯特的恐惧便形成了。当小阿尔伯特学会逃避恐惧刺激时，情绪条件作用便扩展到了行为条件作用。后来，小阿尔伯特习得的恐惧泛化至其他有毛发的东西，如小兔子、小狗，甚至圣诞老人的面具！

约翰·华生和罗莎莉·雷纳是如何运用条件作用使小阿尔伯特害怕毛茸茸的小东西的？

小阿尔伯特的母亲当时在进行实验的医院里做奶妈，她在研究人员试图消除小阿尔伯特的实验性条件恐惧之前，就将他带走了。正如第 2 章提到的那样，心理学研究者必须在一些重要的伦理原则指导下工作。那些原则让他们在回顾华生和雷纳的实验时感到非常不舒服：有伦理道德的研究者绝不会重复这样的实验。

因为华生和雷纳从未公开小阿尔伯特的真实身份，人们一直想知道他后来的生活发生了什么。一组研究人员利用档案材料做了一些"侦查"工作（Beck et al., 2009）。基于这项工作，他们认为小阿尔伯特的真名叫道格拉斯·梅里特，于 1925 年不幸离世。然而，其他研究者并未被这一发现说服（Powell, 2011）。

恐惧条件作用对人们的生活有强烈的影响。单一的创伤性事件可以使你形成强烈的生理、情绪和认知上的条件反应——它们也许持续终生。在第 15 章我们将看到，心理治疗师为这类恐惧设计了一些治疗方案，其目的是对抗经典条件作用的效应。

我们不想让你留下"只有不良反应才会被经典条件化"的印象。实际上，我们猜想你也能将快乐或激动的反应解释为经典条件作用的实例。广告商无疑希望经典条件作用产生积极的影响。例如，他们努力在你的头脑中建立起其产品（如牛仔裤、跑车或软饮料）与激情之间的联系。他们期望广告中的元素（"性感"的人物或情境）能够作为 UCS 引发 UCR（性唤起的感觉）。他们希望产品本身会成为 CS，这样唤起的感觉就与他们的产品联系在一起。要找到更多积极情绪的经典条件作用的例子，留心生活中那些当你再次身临其境时美好的感觉油然而生的情境，比如故地重游。

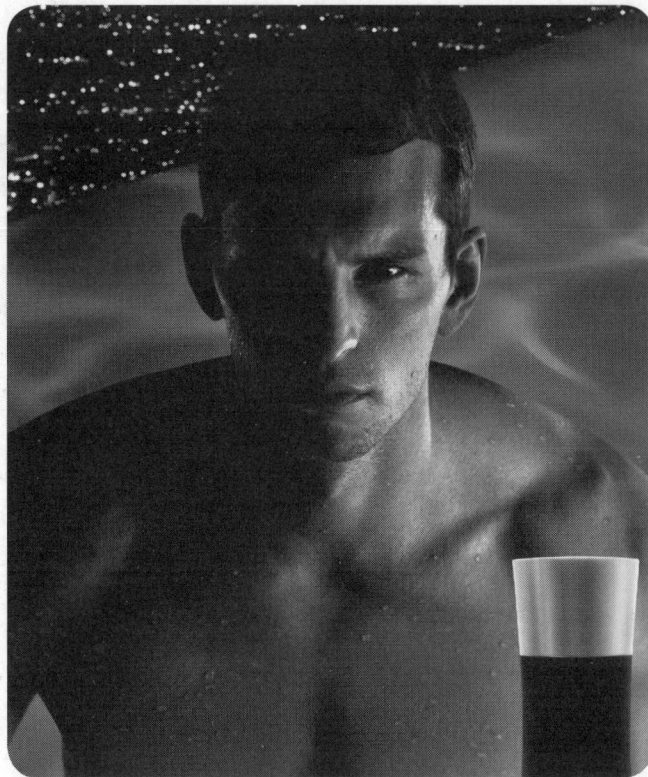

广告商如何利用经典条件作用让你对他们的产品产生"激情"？

毒品成瘾是一个习得的过程　考虑一下这个场景：一具男性的尸体躺在曼哈顿的一个小巷里，胳膊上插着一支半空的注射器。死因是什么？验尸官声称是毒品注射过量，但这个人平常的注射量远高于他死亡前的注射量。这类事件常使调查者们迷惑不解。一个对毒品有着高耐受性的上瘾者怎么会在一剂还没有注射完时就死于过量？

我们在第 5 章对可能的解释进行了总结，通过对本章的学习，你现在已经掌握了理解这个解释的完整版本所需的概念。许多年前，巴甫洛夫（Pavlov, 1927）和他后来的同事贝可夫（Bykov, 1957）指出，当个体预期到鸦片的药理学作用时，对鸦片的耐受性就会提高。当代研究者**谢泼德·西格尔**（Shepard Siegel）完善了这些观点。西格尔认为，毒品使用的环境是一种条件刺激，在这种环境中身体学会了通过阻止毒品的常规效应来保护自己。当人们使用毒品时，毒品（UCS）会带来某些生理反应，而身体会采取相应的对策，以重建内稳态（见第 3 章）。身体对毒品的这种对抗性反应是无条件反应（UCR）。随着时间的推移，这种补偿反应也变成了条件反应。也就是说，在通常与毒品使用相关的环境中（CS），身体在生理上为毒品的预期效应做好了准备（CR）。在这种环境中，个体必须消耗一定量的毒品来克服补偿反应，然后才能开始出现"正"效应，因而便产生了耐受性。渐渐地，随着条件性补偿反应本身的增强，所需的毒品剂量也越来越大。

西格尔在实验室中通过引发实验鼠对海洛因的耐受性，检验了这些观点。

研究特写

在一项研究中，西格尔和他的同事通过经典条件作用，使大鼠在一种环境（CS$_1$）中预期注射海洛因（UCS），而在另一种环境（CS$_2$）中预期注射葡萄糖溶液（Siegel et al., 1982）。在训练的第一阶段，所有大鼠都产生了海洛因耐受性。测试那天，所有大鼠都接受了比平时更大剂量的海洛因——几乎是先前用量的两倍。一半的大鼠在先前给予海洛因的环境中接受注射，另一半则在条件作用阶段给予葡萄糖溶液的环境中接受毒品注射。结果发现，在接受大剂量海洛因注射后，后者的死亡数量是前者的两倍：64% 对 32%！

据推测，那些在平常注射海洛因的环境中接受大剂量注射的大鼠对这一潜在危险事件更有准备，因为这种环境（CS_1）引发了对抗毒品典型效应的生理反应（CR）。

为了弄清类似的过程是否也适用于人类，西格尔和一位同事采访了一些曾因"过量"而濒临死亡的海洛因成瘾者。当事情发生时，他们 10 人中有 7 人是在新的和不熟悉的环境中用药（Siegel, 1984）。虽然这项自然实验没有提供结论性数据，但它表明，吸毒者在一种环境中可以耐受的剂量，在一种不熟悉的环境中也许就成了过量。这种分析使我们可以认为，本小节开头提到的瘾君子可能是因为在一个不熟悉的环境中注射毒品而死亡的。

尽管我们只提到了海洛因研究，但经典条件作用是包括酒精在内的多种物质耐受性的重要成因（Siegel, 2005）。由此可见，巴甫洛夫在狗、铃声和唾液分泌中观察到的原则，同样有助于解释人类毒品成瘾的某些机制。

生物制约性

在你到目前为止看到的经典条件作用的例子中，似乎任何条件刺激（如音叉声）都可以作为任何无条件刺激（如食物）的信号。然而，有些条件作用不仅取决于刺激与行为的关系，还取决于有机体对环境刺激预置的遗传倾向。动物似乎在它们的遗传基因中就已经对最可能预示奖赏或危险的感觉线索类型（如味道、气味或外观）进行了编码。在这些情况下，研究者认为有机体具有生物学的预备性：特定物种进化的结果是，其成员只需比正常情况更少的学习经历便能获得条件反应。那些试图武断地打破这些遗传联系的实验者很难成功。在第 14 章我们将看到，研究者认为，人类在生物学上已经为习得对某些刺激物的强烈恐惧（被称为恐怖症）做好了准备，因为这些刺激物在人类进化过程中曾带来危险（如蛇和蜘蛛）。在此，我们考虑一个被称为味觉—厌恶学习的重要现象，它为经典条件作用的生物制约性提供了一个例子。

想象你会设计什么策略去品尝各种不熟悉的食物的味道。如果你有大鼠的遗传天赋，你做这事就会非常谨慎。出现一种新的食物或味道时，大鼠仅仅吃一点。只有当它没有感到不舒服时，才会回去更多地取食。反过来，假设我们提供的食物有一种新的味道，而它确实让大鼠生病了，它们将再也不会食用有这种味道的食物。这种现象被称为**味觉—厌恶学习**（taste-aversion learning）。由此你可以看到，为什么这种品尝和学习哪种食物安全、哪种食物有毒的遗传能力，对于动物来说具有重大的生存价值。

味觉—厌恶学习是一种非常强大的学习机制。与多数经典条件作用的例子不同，味觉厌恶仅仅通过 CS（新异味道）与其后果（潜在的 UCS——实际引发疾病的成分——导致的结果）的一次配对即可形成。即使大鼠取食该物与它生病之间的时间间隔较长，12 小时或更长，情况也是如此。最后，与许多非常脆弱的经典条件联结不同，只要经历一次，味觉厌恶便能永久保持。为了理解这些有违经典条件作用常规的现象，请再想一想这种机制如何极大地促进了物种生存。

约翰·加西亚（John Garcia）是第一位在实验室中证明味觉—厌恶学习的心理学家，他与同事罗伯特·库林（Robert Koelling）运用这种现象说明，一般而言，动物在生物学上已经做好学习某些关联的准备。他们发现，某些 CS—UCS 组合在特定物种中能形成经典条件作用，但其他组合则不能。

研究特写

加西亚和库林在实验的第一阶段，先让干渴的大鼠熟悉实验情境：舔舐管子会出现三种 CS，即有糖精味的水、噪声和明亮的光。第二阶段，当大鼠舔舐管子时，一半得到了甜水，另一半得到了噪声、灯光和无味水。两组中的每一组又分为两半：一半大鼠被施加电击产生疼痛，另一半大鼠被 X 光照射导致恶心和生病。

之后，将第一阶段大鼠的饮水量与出现疼痛和疾病的第二阶段大鼠的饮水量相比较（见**图 6.9**）。当味道与疾病相关联（味觉厌恶），以及噪声和灯光与疼痛相关联时，饮水量都出现了较大的减少。然而，在另外两种条件下——当味道预示疼痛或当"噪声—光—水"预示疾病时，大鼠的行为只有很小的变化。

图例：
- 噪声—光—水
- 糖水

纵轴：占正常饮水量的百分比（％）　0　20　40　60　80　100
横轴：X光照射　电击

图 6.9　先天偏好

加西亚和库林（Garcia & Koelling, 1966）的研究结果表明，大鼠拥有将某些线索与某些结果联系起来的先天性偏好。当糖水预示着疾病时，大鼠会逃避糖水，但当它预示着电击时，大鼠则无逃避反应。相反，当"噪声—光—水"预示着电击时，大鼠会表现出逃避反应，但当其预示着疾病时，大鼠则无逃避反应。

这种结果模式表明，大鼠有一种将特定刺激与特定结果相关联的先天偏好（Garcia & Koelling, 1966）。

研究者已将味觉—厌恶学习机制的知识付诸应用。为了阻止郊狼吃绵羊（以及牧羊人开枪射杀狼），约翰·加西亚和他的同事把用羊皮包裹的有毒羊肉汉堡放到羊圈四周。吃到这些羊肉汉堡的狼都生了病，出现呕吐，并立即对羊肉产生了厌恶。后来，它们一看到绵羊就恶心，这使它们远离绵羊而不再攻击它们。

在关于味觉—厌恶学习的经典研究中，研究者将新奇的味道和那些可使大鼠感觉恶心的东西配对。然而，味觉体验的其他方面也可以导致条件性厌恶，包括食物的温度。

研究特写

在一个预实验中，20 只大鼠可以从两个分别装有 10℃和 40℃水的瓶子里喝水（Smith et al., 2010）。这些大鼠表现出对冷水的一致性偏好。在接下来的实验中，16 只大鼠被分成两组。在喝了冷水后，一组被注射一种使大鼠生病的药物，另一组被注射没有任何负面影响的生理盐水。生病的大鼠出现对冷水的条件性厌恶。尽管它们起初不喜欢温水，但现在它们大多都喝温水。在后续实验中，研究人员引入了新的味道，即甜味。在喝了甜冷水后生病的大鼠，对这种新刺激的两种成分都产生了厌恶：它们之后会避免喝冷水和甜温水。

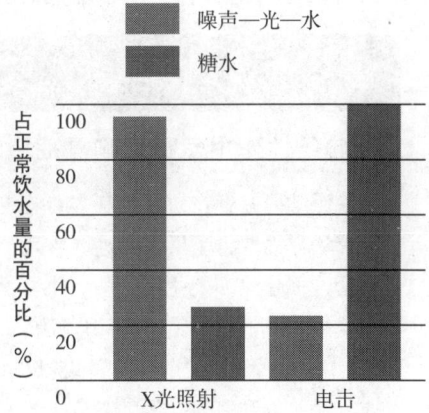

研究者是如何运用味觉—厌恶条件作用来预防郊狼捕杀绵羊的？

生活中的心理学

经典条件作用怎样影响癌症治疗

医学研究者在研发更有效的癌症疗法方面取得了巨大的进展。其中的许多疗法涉及化疗——一种杀死或极大弱化癌细胞的药物疗法。化疗病人通常会产生一些不良反应，如恶心和疲劳。你可能会认为那些副作用来自化疗药物的直接作用。尽管部分是这个原因，但研究者认为经典条件作用是使那些副作用长期保持的重要因素（Bovbjerg, 2006; Stockhorset et al., 2006）。

我们来思考一个具体的例子，即预期性恶心：随着癌症治疗的进行，病人甚至在接受化疗药物之前就开始出现恶心和呕吐。经典条件作用可以解释为什么会如此。化疗药物作为无条件刺激（UCS），会引发无条件反应（UCR），即治疗后的恶心。独特的诊所环境可作为一种条件刺激（CS）。在病人多次去诊所治疗的过程中，CS 与 UCS 搭配成对。结果一进入这个诊所，作为一种条件反应（CR），病人马上会体验到预期性恶心。一项对 214 名患者的研究发现，约 10% 的患者出现了预期性恶心（Akechi et al., 2010）。这种情况对他们的生活质量有很大的负面影响。

经典条件作用还可以解释为什么在治疗结束后化疗的一些副作用仍然持续存在。研究者调查了 273 名霍奇金病的存活者，他们结束治疗的时间从 1 年到 20 年不等（Cameron et al., 2001）。他们被问及近 6 个月有没有"注意到任何气味或者味道（任何他们看到过的东西或去过的地方；任何食物或饮料）"，让他们回想起治疗并且使他们"在情绪或身体上感觉良好或不适"（p. 72）。过半的参与者（55%）说，他们总是对与化疗有关的刺激产生不适感。研究者指出，这种持续出现的反应是由化疗经历的各个方面（CS）与药物注入（UCS）之间的经典条件联结引起的。

如你所见，这些研究证据有力地表明，经典条件作用放大了化疗的消极影响。这些研究结果还为研究者设计治疗方案提供了一个背景。有些研究者建立了大鼠的预期性恶心模型。他们的目标是研发出能阻断经典条件作用过程的药物疗法，以防止预期性恶心的出现（Chan et al., 2009; Ossenkopp et al., 2011）。其他研究者则应用第 15 章所述的行为疗法（Roscoe et al., 2011）。这些疗法使用心理干预来抵消最初的经典条件作用。例如，病人可以学习一些在条件刺激下让自己体验深度放松（而不是恶心）的技术。虽然这类干预不能消除化疗的消极后果，但它们有助于终止那些消极后果的持续。

你可以看到这些实验如何拓展了生物学准备性这一概念。食物既有味道又有温度。当疾病与任一维度有关时，大鼠都会迅速习得条件性厌恶。

STOP 停下来检查一下

❶ 反射性行为在经典条件作用中有什么作用？

❷ UCS 和 CS 的区别是什么？

❸ 刺激辨别是什么意思？

❹ 为什么相倚在经典条件作用中如此重要？

❺ 当经典条件作用在毒品成瘾中起作用时，条件反应是什么？

❻ 作为一种条件作用，味觉—厌恶学习的不同寻常之处是什么？

批判性思考：请思考证明大鼠条件性海洛因耐受性的实验，为什么在测试那天要给大鼠两倍于平时剂量的海洛因？

操作性条件作用：对行为结果的学习

让我们再次回到电影院。现在恐怖电影结束了，你从座位上站起来。一起观影的朋友问你是否希望有续集。你答道："我知道了我不该看恐怖电影。"你可能是对的，但这是一种什么样的学习？我们的回答将再次追溯到 19 世纪与 20 世纪之交。

效果律

几乎在巴甫洛夫运用经典条件作用让俄国的狗对铃声分泌唾液的同时，**爱德华·桑代克**（Edward L. Thorndike, 1874—1949）正在观察试图从迷笼中逃脱的美国猫（见**图 6.10**）。桑代克（Thorndike, 1898）报告了他的观察结果，并对在其被试身上所发生的学习的类型进行了推论。最初，猫仅仅是挣扎着想逃离禁闭，而一旦某些"冲动"的动作使它们得以打开笼门，"所有其他未成功的冲动便消失了，指向成功的特定冲动则因愉快的结果而保留了下来"（Thorndike, 1898, p. 13）。

桑代克的猫学会了什么？按照桑代克的分析，学习是环境中的刺激与动物学会做出的反应之间的一种联系：刺激—反应联结［stimulus-response（S—R）connection］。因此，猫学会了在这些刺激情境（迷笼的限制）中做出一种能够带来期望结果（暂时的自由）的适当反应（例如，抓按钮或门环）。请注意，随着动物不断盲目试错，并且体验其行为带来的结果，这些 S—R 联结的习得是以一种机械的方式逐渐和自动地发生的。导致满意结果的行为出现的频率逐渐增加，最终成为动物被放入迷笼后的主导反应。桑代克将这种行为与结果之间的关系称为**效果律**（law of effect）：带来满意结果的反应出现的可能性会增加，而带来不满意结果的反应出现的可能性会减小。

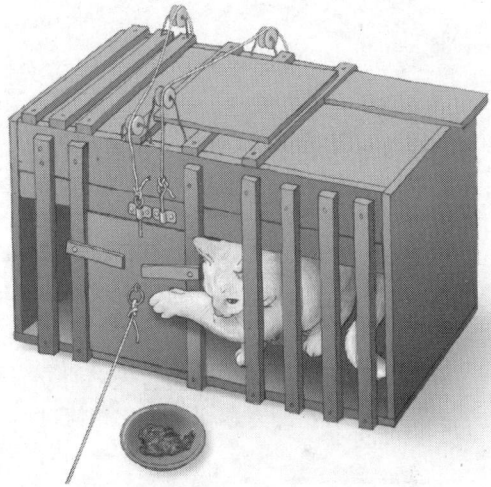

图 6.10　桑代克的迷笼

想要逃出迷笼并获得食物，桑代克的猫必须操纵一种装置来释放一个重物，以打开笼门。

资料来源：Zimbardo/Johnson/McCann, *Psychology: Core Concepts*, © 2009. Reproduced by permission of Pearson Education, Inc.

行为的实验分析

斯金纳支持桑代克的观点，即环境结果对行为有着强烈影响。斯金纳勾勒了一个研究计划，其目的是通过系统地改变刺激条件，以发现不同环境条件如何影响既定反应发生的可能性：

> 行为科学的立论基础是某一特定行为在某一特定时间出现的概率。实验分析所要做的就是分析行为出现的频率或反应率……实验分析的任务就是发现影响反应概率的所有变量。（Skinner, 1966, pp. 213–214）

斯金纳的分析是实验性的而不是理论性的。理论家根据理论来推导和预测行为；而经验主义者，如斯金纳，则推崇自下而上的探索。他们的研究始于在实验情境中收集和评价数据，而不是为理论所驱动。

为了通过实验分析行为，斯金纳创立了**操作性条件作用**（operant conditioning）实验程序，在该程序中，他操纵有机体行为的结果，以考察这些结果对有机体随后

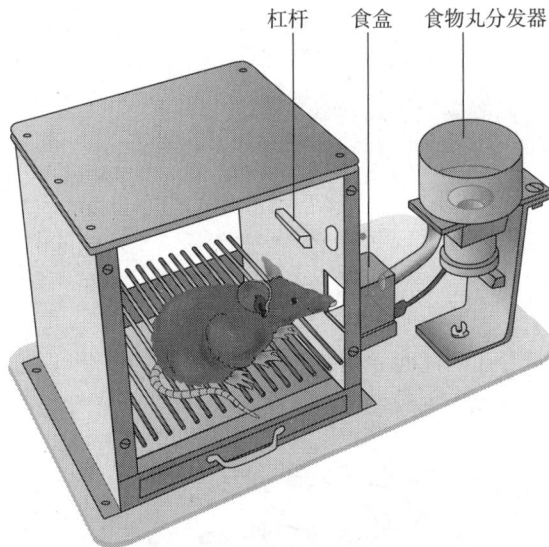

杠杆　食盒　食物丸分发器

图 6.11　操作箱

这种特别设计的装置常用于研究大鼠，按一次杠杆可能会出现一粒食物丸。

行为的影响。**操作**（operant）指有机体做出的任何行为，可依据其对环境的可观察的影响来描述。按照字面意思，操作意指影响环境，或对环境进行操作（Skinner, 1938）。操作性行为与经典的条件化行为不同，它不是由特定的刺激所诱发的。鸽子啄食，老鼠觅食，婴儿哭泣或咯咯笑，一些人说话时做手势，一些人讲话结结巴巴。所有这些行为在将来发生的可能性，都可以通过操纵其对环境的影响来增加或减少。例如，如果一个婴儿的咯咯声能够使父母过来与他接触，那么他以后就会发出更多的咯咯声。因此，操作性条件作用根据行为产生的环境结果，可以改变不同类型的操作性行为出现的概率。

为了进行新的实验分析，斯金纳发明了一种能让他操纵行为结果的装置——操作箱。**图 6.11** 说明了这种操作箱如何工作。当老鼠做出实验者规定的一种适当行为（按压杠杆）后，该装置便释放一粒食物丸。这种仪器能让实验者考察哪些变量决定老鼠学习或不学习他们规定的行为。例如，如果只有老鼠先在箱中旋转一圈，然后再按压杠杆，食物丸才会出现，那么老鼠会迅速学会在按压杠杆前先转圈（通过一个我们稍后谈到的塑造过程来实现）。

在许多操作性实验中，研究者感兴趣的测量指标是动物在一段时间内进行了多少特定行为。研究者记录实验过程中出现的行为模式和总量。这套方法让斯金纳得以研究强化相倚对动物行为的影响。

强化相倚

强化相倚（reinforcement contingency）是某一反应与其引发的环境变化之间的一致关系。例如，设想在一个实验中，鸽子啄食一个圆盘（反应）通常都伴有谷物出现（环境的相应变化）。这种一致的关系或者说强化相倚，通常能增加鸽子随后的啄食概率。要想让谷物的呈现仅仅增强鸽子的啄食概率，谷物的呈现必须就只能与啄食反应相倚——谷物必须在啄食反应而不是其他反应（如转身或弯腰）之后有规律地出现。基于斯金纳的工作，现代行为分析家企图依据强化相倚来理解行为。让我们仔细看看关于相倚都有哪些发现。

正强化物和负强化物　假设你现在沉迷于让你的宠物鼠在笼中转圈的想法。为了增加转圈行为出现的可能性，你会想要使用**强化物**（reinforcer），即能通过与某一行为相倚而增加该行为之后出现可能性的任何刺激。强化指的是在反应出现之后给予强化物。

研究者总是根据实际情形来定义强化物，即根据它们改变反应概率的效果。如果你观察这个世界，你可能会发现三类刺激：那些对你来说是中性的刺激，那些让你渴望的刺激（它们让你有"胃口"），以及那些令你厌恶的刺激（你想避开它们）。显然，这三类刺激的构成对每个人来说是不一样的：渴望或厌恶是由单个有机体的行为来定义的。以草莓为例，尽管很多人都觉得它很美味，但笔者本人却认为它几乎难以下咽。如果你打算用草莓来改变我的行为，那么你就得知道它令我厌恶而不是渴望。

当某一行为之后出现的是令人渴望的刺激时，我们称这一事件为**正强化**（positive reinforcement）。如果你的宠物鼠在转圈之后得到了它想要的食物，那么它将学会转圈。如果人们讲笑话会带来让他们愉快的笑声，那么他们以后还会讲笑话。

当某一行为之后伴随的是令人厌恶的刺激的消除时，我们称这一事件为**负强化**（negative reinforcement）。例如，如果某种行为能让我停止吃草莓，那么我做出该行为的可能性就会增加。使用负强化的学习情境有两大类。在**逃脱型条件作用**（escape conditioning）中，动物学到某种反应可以使它们逃离令其厌恶的刺激。大雨倾盆时撑一把雨伞就是逃脱型条件作用的一个常见例子，你学会使用雨伞以逃脱厌恶刺激即淋湿。在**避免型条件作用**（avoidance conditioning）中，动物学到令它们厌恶的刺激免于出现的反应。当你乘车未扣安全带时，安全带蜂鸣器就会响个不停，于是你学会系上安全带，以避免再听到那讨厌的噪声。

为了清楚地区分正强化和负强化，请记住如下事实：正强化和负强化都会增加在其出现之前的反应的概率。正强化通过在反应之后呈现令人渴望的刺激来增加反应的概率；负强化的作用机制则相反，它通过反应之后解除、减少或预防厌恶刺激来增加反应概率。

请回想一下经典条件作用的情况：当无条件刺激不再呈现时，条件反应就会消退。同样的规则也适用于操作性条件作用——若将强化撤销，**操作性消退**（operant extinction）就会出现。因此，如果某一行为不再产生可预期的结果，那么它就会退回到操作性条件作用之前的水平——它消退了。你可能会发觉，自己的行为就有过被强化后又消退的情况。你是否曾有过往自动售货机里投了硬币却什么饮料也没得到的经历？假如你有一次踢了一脚自动售货机，你买的饮料就出来了，那么踢的行为就会被强化。然而，如果后来几次你踢自动售货机时不再有饮料出来，那么你这种踢的行为很快就会消退。

与经典条件作用一样，自发恢复也是操作性条件作用的一个特征。假设你已经给一只鸽子这样的强化：当绿灯亮的时候啄一个键会得到食物丸。如果你不再强化，这种啄的行为就会消失。但是，下次你把鸽子放回亮着绿灯的装置时，鸽子很可能自发地再啄那个键。这被称为自发恢复。对人类来说，在最初的消退经验之后，过一段时间你可能再次去踢自动售货机。

正惩罚和负惩罚　你大概很熟悉用来降低某一反应概率的另一种技术——惩罚。**惩罚物**（punisher）指能通过与某一反应相倚而降低该反应将来发生概率的任何刺激。惩罚就是在反应之后施加惩罚物。正如我们可以区分正强化和负强化一样，我们也可以区分正惩罚和负惩罚。某一行为之后伴随着厌恶刺激的出现时，我们称这一事件为**正惩罚**（positive punishment）（你可以这样想，"正"是因为某种东西加到了该情境中）。例如，触摸热炉子会产生疼痛，疼痛是对之前触摸行为的惩罚，这样你下次就不大可能再摸热炉子了。当某一行为之后伴随令人渴望的刺激的消除时，我们称这一事件为**负惩罚**（negative punishment）（你可以这样想，"负"是因为某种东西从情境中被移除了）。因此，当一个小女孩打了自己的小弟弟后被父母取消零花钱时，

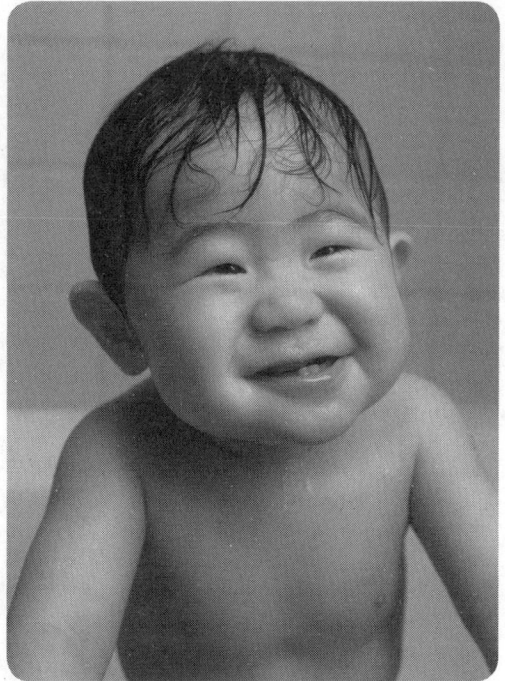

什么环境相倚可能会让婴儿更多地微笑？

这个小女孩便学会以后不再打弟弟。哪一类惩罚可以解释你不再看恐怖电影了呢?

尽管惩罚和强化是密切相关的操作,但它们在一些重要方面却有所不同。区分它们的一个好方法是考虑它们对行为的影响。惩罚在定义上总是减少某一反应再次发生的概率;强化在定义上总是增加某一反应发生的概率。例如,一些人喝了含咖啡因的饮料后会有严重的头痛。这种头痛就是正惩罚,它减少再次出现此类行为的概率。然而,一旦出现头痛,人们经常服用阿司匹林或其他止痛药来消除头痛。阿司匹林的止痛效应就是阿司匹林服用行为的负强化物。

辨别性刺激与泛化　你不太可能在任何时候都想改变某一行为的概率。相反,你可能只想改变该行为在某一特定情境中的概率。例如,你经常想增加儿童在课堂上安静地坐着的概率,却不想改变他们在课间喧哗和活跃的概率。通过与强化或惩罚相联系,某些先于特定反应的刺激——**辨别性刺激**(discriminative stimuli)——便能为行为设定背景。有机体认识到,当某些刺激而不是另一些刺激出现时,他们的行为可能会对环境产生特定影响。例如当绿灯出现时,机动车驶过十字路口的行为会受到强化。而当红灯出现时,这类行为则会受到惩罚——它会招来罚单或引发交通事故。斯金纳将辨别性刺激—行为—结果这一序列称为**三项相倚**(three-term contingency),并认为它能解释人的大多数行为(Skinner, 1953)。**表6.1**描述了三项相倚如何用来解释多种不同类型的人类行为。

在实验室条件下,当辨别性刺激出现时操纵行为的结果,可以对行为施加有力的控制。例如,当绿灯而不是红灯出现时,鸽子啄食圆盘会得到谷粒。绿灯就是一种设定啄食时机的辨别性刺激;红灯则是一种设定非啄食时机的辨别性刺激。有机

表6.1　三项相倚:辨别性刺激、行为及其结果之间的关系

	辨别性刺激	自发反应	刺激结果
1. 正强化:对有效信号的反应产生了期待的结果。反应概率增加。	饮料售卖机	将硬币插入槽口	得到饮料
2. 负强化(逃脱):通过操作性反应逃脱厌恶情境。逃脱反应概率增加。	炎热	扇扇子	逃脱炎热
3. 正惩罚:反应后伴随着厌恶刺激。反应被消除或抑制。	吸引人的火柴盒	玩火柴	被灼伤或被发现后打屁股
4. 负惩罚:反应后跟随的是令人渴望的刺激的解除。反应被消除或抑制。	球芽甘蓝	拒绝吃它们	餐后无甜点

体很快就能学会在这些条件之间进行辨别，有规律地在一种刺激出现时进行反应，而在另一种刺激出现时不予反应。通过操纵三项相倚的各个成分，你可以将某一行为约束在某一特定背景之下。

有机体也会将反应泛化到类似于辨别性刺激的其他刺激上去。一旦某一反应在一种辨别性刺激出现时被强化，相似的刺激也能成为同一反应的辨别性刺激。例如，经过训练在绿灯出现时啄食圆盘的鸽子，在出现比最初的辨别性刺激稍亮或稍暗的绿灯时也会啄食圆盘。类似地，你会将"继续驾驶"的辨别性刺激泛化到不同明暗的绿灯上。

运用强化相倚　你准备好将新学的强化相倚知识付诸实践了吗？你可能想到了下面这些内容：

- 你如何界定想强化或消除的行为？你必须始终仔细地针对你想要改变其概率的特定行为。强化应该准确地与那一行为相倚。当强化物的呈现与该行为不相倚时，强化物对行为几乎没有作用。例如，如果父母在孩子做得好和做得坏时都给予表扬，那孩子就不会懂得在学校里更努力地学习——相反，由于正强化的缘故，其他行为很可能会增加。（那些行为会是什么呢？）

- 你如何界定某种行为恰当或不恰当的情境？请记住，你很少想让某一行为在所有场合都出现或都不出现。例如，我们前面提到，你可能想增加小孩子在教室里安静就座的概率，而不改变他们在课间喧哗和活跃的概率。你必须界定辨别性刺激，并研究所期望的行为反应在多广的范围里会泛化到其他相似刺激上。例如，假如儿童学会了安静地坐在教室里，这种行为会泛化到其他"严肃"场合吗？

- 你是否在不知不觉中强化过某些行为？假设你想要消除某一行为。试试看你是否能够找出该行为的强化物。如果能，你可以尝试通过撤除那些强化物来消除该行为。例如，假设有一个小男孩经常发脾气。你可以问问自己："当他尖叫时，我对他格外注意，这是否强化了他发脾气？"这种额外的关注可被视为不良行为的二级获益（也就是说，男孩可能已经学到，当他发脾气时，他将获得额外的关注）。如果情况如此，你可以通过移除强化来消除他乱发脾气的行为。如果你能将消退与对更受社会认可的行为的正强化结合使用，就更好了。

源于父母的某些强化物可能使孩子更容易出现行为问题（如乱发脾气），认识到这一点很重要。事实上，关于教养的研究发现，父母不知不觉的强化是孩子出现严重行为问题的原因之一。比如，帕特森和他的同事（Granic & Patterson, 2006）提出了反社会行为的威压模型（coercion model）。家庭观察发现，如果父母对孩子小的不当行为（如哭闹、淘气或喊叫）发出威胁却没有后续跟进，孩子做出不当行为的风险会增加。然而，在某些时候，这些父母却会对同样的行为施以严厉或爆发性的管教。孩子们似乎学到了一点，即相对严厉的攻击和威压行为对于实现目标是适当的和必要的，这将导致其反社会行为更加严重，形成恶性循环。

威压模型表明，父母试图通过惩罚来影响孩子的行为往往是

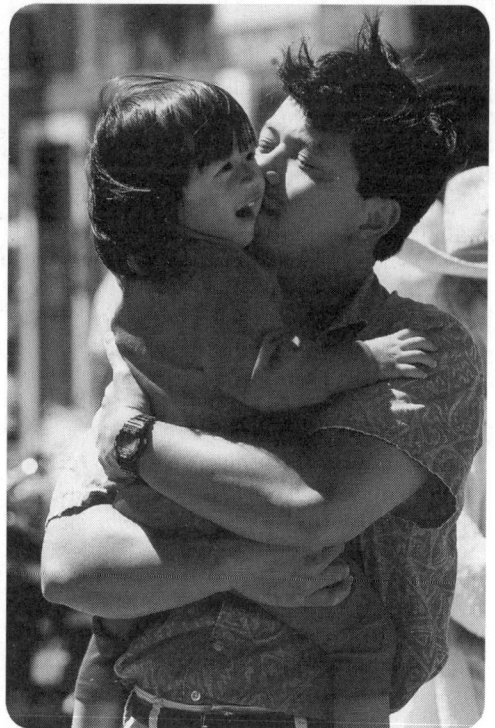

父母如何用强化相倚来影响孩子的行为？

无效的。心理学家反对惩罚还有其他原因。例如，大量研究表明，体罚会给孩子带来消极后果（Gershoff & Bitensky, 2007）。一项包括 1 000 多名儿童的研究调查了儿童在 15 个月大时所受的体罚数量与他们在 36 个月大以及一年级时表现出的行为问题之间的关系（Mulvaney & Mebert, 2007）。考虑到有的孩子比其他孩子更难相处——因而更容易引发惩罚——的事实，该研究侧重于每个孩子的行为变化。研究结果显示，无论是"乖孩子"还是"不乖的孩子"（根据其父母的报告），小时候挨打越多，在 36 个月大以及一年级时攻击性行为增加的可能性越大。这些研究证据解释了为什么专家（Benjet & Kazdin, 2003, p. 215）建议家长先尝试正强化而非惩罚："许多不良行为可以通过对替代的和不相容的行为的正强化来完全抑制。"比如，与其因为孩子到处乱跑而打屁股，倒不如在他安静就座时表扬他。因而与惩罚孩子的不良表现相比，对孩子的良好行为进行正强化常常是一种更好的长期策略。"生活中的批判性思维"讨论了另一种不用体罚来改变孩子行为的手段，即"暂停"。

最后一点思考是，现实生活中往往会出现强化和惩罚的复杂组合。比如，假设青少年过了规定时间还不回家，父母就会给予他两周内不许出去的负惩罚。为了软化父母的态度，他在家里帮父母做比平日更多的家务。假设他的帮助行为取悦了父母，那他就是在试图强化父母的"减刑"行为。如果这个策略成功地把惩罚减为一周，青少年的帮助行为将会受到负强化，因为帮助行为解除了禁足这一令人厌恶的刺激。不管什么时候青少年再次被禁（辨别性刺激），他的帮助行为出现的可能性都将增加。你是否看出所有这些相倚事件如何一起改变了青少年和父母的行为？

现在让我们来看看许多物体和活动是如何作为强化物发挥作用的。

强化物的特性

强化物是操作性条件作用的"政治掮客"——它们改变和维持着行为。强化物有许多有趣和复杂的特性。它们可以通过经验来学习，而不是由生物因素决定；它们可以是活动而不是物体。某些情况下，那些平时有力的强化物也不足以改变主导的行为模式（这种情形下，我们说行为的结果并非真正意义上的强化物）。

条件性强化物　当你来到这个世界时，仅有少数**初级强化物**（primary reinforcer），比如食物和水，其强化特性是由生物因素决定的。然而，随着时间的推移，原本的中性刺激渐渐与初级强化物联系在一起，对操作性反应起着**条件性强化物**（conditioned reinforcer）的作用。条件性强化物本身可作为目的。事实上，与生物学上重要的初级强化物相比，大量的人类行为受各种条件性强化物的影响更大。金钱、分数、赞许的微笑、奖章以及各种地位的象征都是影响人们行为的强有力的条件性强化物。

几乎任何刺激都可以通过与初级强化物配对而成为条件性强化物。在一项动物实验中，人们用简单的代币作为条件性强化物。

研究特写

先用葡萄干作初级强化物，训练黑猩猩学习解决问题（Cowles, 1937）。然后，代币随葡萄干一起发放。当后来仅给代币时，黑猩猩能继续为"金钱"而工作，因为它们之后可以把辛苦挣得的代币投进一台机器里，以换取葡萄干。

生活中的批判性思维

什么时候"暂停"可以改变孩子的行为

孩子们收到的典型威胁之一是，如果他们不"开始听话"，他们就会被强迫"到墙角罚站"。这种威胁就是专家所称的"暂停"策略中的一种。它的正式定义如下："暂停是指因某一不当行为的后果，根据情况剥夺行为者得到奖赏刺激物——包括父母的注意——强化的机会"（Morawska & Sanders, 2011, p. 2）。你现在已有了足够的关于操作性条件作用的知识来理解这个定义了！这里的重要观点是让孩子们知道，如果行为不当，他们将失去获取奖赏刺激的机会。因此，"暂停"属于惩罚。

我们来考虑一个叫蒂莫西的虚构的男孩。为了实施"暂停"，蒂莫西的父母要求他坐在厨房的椅子上。这能起到作用吗？研究者探索了影响"暂停"有效改变孩子行为可能性的多个变量（Everett et al., 2010）。首先，"恢复"和"暂停"之间的对比很重要（Morawska & Sanders, 2011）。如果蒂莫西实际上不觉得与父母互动是一种奖赏，那么暂停这些互动并不会减少他的不当行为（事实上，暂停还可能导致他更多的不当行为）。

研究还表明，我们应该考虑蒂莫西的年龄。"暂停"对 3 到 7 岁的孩子可能最有效（Everett et al., 2010）。蒂莫西的父母应该选择 1 到 5 分钟的"暂停"时间。这应该足以改变行为（Morawska & Sanders, 2011）。蒂莫西的父母可能想要向他解释为什么要给他"暂停"。然而，更重要的是，他们应该是决定"暂停"何时结束的人。这样，蒂莫西的父母可以确保他达到了"暂停"的要求（比如，3 分钟不说话）。

同样重要的是，不要让蒂莫西觉得"暂停"可以让他逃避自己不想完成的任务（Everett et al., 2007）。假设蒂莫西的父母想让他打扫房间。当他拒绝服从时，他们让他"暂停"。在这种情况下，蒂莫西可能更喜欢"暂停"而不是完成家务——他将学到，更多情况下如果他愿意挨过"暂停"期，就可以逃避令人厌恶的任务。蒂莫西的父母必须确保"暂停"一结束就重申他们的要求。

如前所述，专家通常建议父母在考虑改变孩子的行为时首先尝试正强化。然而，当孩子的行为方式使父母不得不用其他策略时，"暂停"为减少孩子的不当行为提供了另一个可靠的选项。

- 为什么父母必须在实施"暂停"之前了解什么对孩子是一种奖赏？
- 父母如何觉察孩子接受"暂停"是为了逃避令人厌恶的任务？

教师和实验人员常常发现，条件性强化物比初级强化物更有效且更易使用，因为：（1）在课堂情境中，可供使用的初级强化物非常少，而教师控制的任何刺激事件几乎都可以被用作条件性强化物；（2）条件性强化物可以快速发放；（3）条件性强化物容易携带；（4）条件性强化物的强化效果可能更直接，因为它仅依赖于对得到强化物的感知，而不像初级强化物那样依赖于生理过程。

在一些机构，如精神病院或戒毒中心，人们基于这些原理建立了代币制。工作人员对期望的行为（如梳洗或服药）进行了详细的说明，当病人表现出这些行为时，就为他们发放相应的代币。病人以后可以用这些代币换取各种各样的奖品和特殊待遇（Dickerson et al., 2005; Matson & Boisjoli, 2009）。这些强化系统对改善病人的自我照料和环境维护等行为特别有效，更重要的是，它们能有效地促使病人参与积极的社交活动。

反应剥夺和正强化物　假设你需要让一个孩子做某件事。你不想付他报酬或给他一个奖章，因此你提出一项交易："你完成作业后，可以玩电子游戏。"为什么这个策略会起作用？根据反应剥夺理论，当阻止动物进行某项行为时，这种行为会变得更受喜爱并因此具有强化作用（Klatt & Morris, 2001）。比如，当老鼠奔跑后会有饮水的机会时，被剥夺饮水的老鼠能够学会在训练轮中提高奔跑速度。反之，当饮水后会有奔跑机会时，被剥夺了运动机会的老鼠则能学会增加饮水（Premack, 1965）。你是否发现完成作业后可以玩电子游戏的承诺也遵循同样的模式？在一段时间内，孩子遭受了"电子游戏剥夺"，即儿童玩游戏的频率被限制在低于平常的水平。为了克服这种剥夺，孩子将学会去做家庭作业。

这一分析给出两个重要提示。第一，这些例子提醒你，为什么不能想当然地认为同样的活动在任何时候都会对动物起到强化物的作用。比如，你需要知道，在你准备使用食物作为强化物之前，动物是否已经被禁食。第二，这些例子说明了为什么几乎任何活动都能成为强化物。你可以在任何方面经历剥夺。事实上，如果你一段时间不允许孩子做家庭作业，她会学习其他行为来克服对做作业的剥夺。

强化程式

当你不能或不想在你的宠物每次表现出某种特殊行为都对其进行强化时，会发生什么？请听一个斯金纳年轻时的故事吧。好像有一个周末，他被关在了实验室，里面没有足够的食物奖赏给那些埋头苦干的老鼠。为了节省食物，他仅仅在经过某一时间间隔后才给老鼠食物丸——无论这期间老鼠按压了多少次杠杆，它们都不会得到更多的食物。即使这样，老鼠在这种部分强化程式（partial reinforcement schedule）中的反应却与连续强化一样多。当这些动物接受消退训练时（即在它们反应之后食物根本没有出现），你猜猜会发生什么？与那些每次反应都得到奖赏的老鼠相比，那些按压杠杆的行为只得到部分强化的老鼠反而更积极地按压，并且能坚持更长的时间。斯金纳捕捉到了某种重要的东西！

部分强化效果的发现促使人们广泛地研究不同的**强化程式**（reinforcement schedule）对行为的影响（见**图 6.12**）。你在日常生活中就曾经历过不同的强化程式。当你在课堂上举手时，老师有时候叫你，有时候不叫你；即使强化物出现的次数很少，一些玩家还是不断地将硬币放进老虎机的槽口。在现实生活或实验室里，强化物的呈现可以按照比率程式，即在一定次数的反应之后给予强化；或者按照间隔程式，即在第一次反应后经过一个指定的时间间隔之后给予强化。在每种情况下，既可以有不变的或者说固定的强化模式，也可以有不规则的或者说不定的强化模式，它们构成了强化程式的四种主要类型。至此，你已经了解了**部分强化效应**（partial reinforcement effect）：在部分强化程式中习得的反应比那些在连续强化中习得的反应更能抵抗行为的消退。让我们看看关于不同的强化程式，研究者还发现了什么。

固定比率程式 在**固定比率程式** [fixed-ratio(FR) schedule] 中，强化物在有机体做出一定次数的反应后出现。如果每次反应后都伴有强化，我们称这种程式为 FR-1 程式（即原来的连续强化程式）。若每经过 25 次反应后才给予强化，这种程式称为 FR-25 程式。由于反应与强化直接相关，FR 程式产生的反应率很高。如果鸽子的啄食行为足够频繁，它在

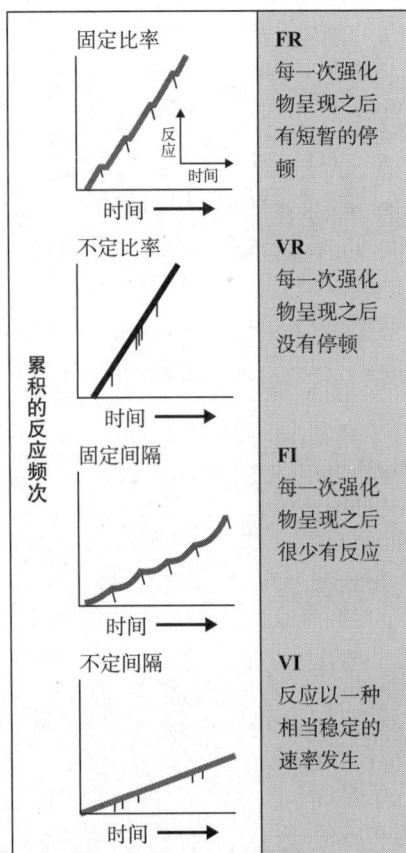

固定比率 （图示：反应/时间曲线）	**FR** 每一次强化物呈现之后有短暂的停顿
不定比率 （图示：反应/时间曲线）	**VR** 每一次强化物呈现之后没有停顿
固定间隔 （图示：反应/时间曲线）	**FI** 每一次强化物呈现之后很少有反应
不定间隔 （图示：反应/时间曲线）	**VI** 反应以一种相当稳定的速率发生

纵轴：累积的反应频次

图 6.12 强化程式
这些不同的行为模式是由四种简单的强化程式产生的。小斜线表示呈现强化物的时间。

一段时间里想得到多少食物就能得到多少食物。图 6.12 显示，FR 程式在每次强化后会有一个停顿。间隔的次数越多，每次强化后的停顿时间就越长。如果将比率拉得太悬殊，动物需要做出大量反应才能得到强化物，而事先却没有训练动物做出如此大量的反应，就可能导致消退。很多销售人员都在接受 FR 程式强化：他们必须卖出一定数量的货物，才能得到报酬。

不定比率（VR）程式　在**不定比率程式** [variable-ratio(VR) schedule] 中，强化物之间的平均反应次数是预先确定的。一个 VR-10 程式是指：平均每 10 次反应后即伴随 1 次强化，但强化可能是在 1 次反应后即出现，也可能是在 20 次反应后才出现。不定比率程式产生的反应率最高，最不容易消退，尤其是当 VR 值较大的时候。假设你从一个低 VR 值（例如，VR-5）开始训练鸽子，然后逐渐提高 VR 值。训练到 VR-110 程式的鸽子，每小时啄食反应的次数能达到 12 000 次，即使取消强化，它的反应仍会持续几小时。赌博似乎受 VR 程式控制。老虎机给出回报所需的硬币数量未知且不定，于是投币反应便被维持在一个稳定的高水平。VR 程式让你去猜测奖赏何时出现——你打赌它下次就出现，而不是许多次反应后才出现。

固定间隔程式　在**固定间隔程式** [fixed-interval (FI) schedule] 中，强化物在间隔一段固定时间的第一次反应后出现。在 FI-10 程式中，被试在得到强化后，必须等待 10 秒钟（无论其反应次数是多少），之后再有反应才能得到强化。FI 程式中的反应率表现为扇形模式。每次强化反应一结束，动物几乎不再做出反应。随着回报时间的临近，动物的反应越来越多。当你加热一块比萨时，假设你将计时器设为 2 分钟，那么你在前 90 秒里可能很少去看它，但在最后 30 秒，你会更多地查看。此时，你就是在经历固定间隔程式。

不定间隔程式　在**不定间隔程式** [variable-interval (VI) schedule] 中，平均时间间隔是预先确定了的。例如，在 VI-20 程式中，强化物平均每 20 秒出现一次。这种程式的反应率中等但很稳定。VI 程式中的消退是渐进的，并且比固定间隔程式要慢得多。在一个个案中，强化中止后，鸽子在最初的 4 小时里啄食了 18 000 次，经过 168 小时后反应才完全消退（Ferster & Skinner, 1957）。如果你上过一位教授的课，他偶尔会来个不定期的突击测验，那么你已经体验过 VI 程式了。上这门课时，你是否每天上课前都复习笔记？

行为塑造

　　作为实验的一部分，我们谈到了大鼠按压杠杆以获取食物。然而，即使按压杠杆也是一种习得行为。大鼠被放进操作箱后，自发地按压杠杆的可能性非常小；大鼠已学会以多种方式使用爪子，但它以前可能从未按压过杠杆。你应该怎样训练大鼠做出一种它平时几乎从未自发做过的行为呢？你已选定了强化物（食物）以及强化程式（FR-1），现在该做什么呢？要想训练新的或复杂的行为，你需要使用一种称为**连续接近塑造法**（shaping by successive approximations）的方法，你要对任何连续接近并最终与预期反应匹配的行为进行强化。

　　这里讲讲你该怎样做。首先，你对大鼠进行一天的食物剥夺。（没有食物剥夺，食物不太可能成为强化物。）然后，你有计划地让食物丸呈现在操作箱中的食物漏斗里，让大鼠知道去那儿找食物。现在，你可以在大鼠表现出特定行为（如身体朝向

这位妇女有一只猴子"助手",它接受过操作性行为塑造,它能帮她拿食物或饮料,找回掉落的或够不着的物品,开关灯。对上述每一种目标行为,你能想出需要强化的一系列连续接近的行为吗?

杠杆方向)时给予食物,以此来开始真正的行为塑造。接下来,当大鼠离杠杆越来越近时,你才给它呈现食物。不久之后,你就要在大鼠实际触摸杠杆后,才给它食物进行强化。最后,大鼠必须压下杠杆才能得到食物。通过逐渐提高要求,大鼠学会按压杠杆可以获得食物。因此,要让塑造起作用,你必须规定什么算接近目标的行为,并运用区别强化来使这一过程中的每一步都更为精确。

让我们看另一个例子,这次塑造法被用于提高加拿大国际级撑竿跳高运动员的成绩。

研究特写

一名 21 岁的大学生撑竿跳高运动员向一个研究小组求助,希望纠正他的跳高技术问题(Scott et al., 1997)。他的具体问题是,在撑竿起跳之前不能充分地把胳膊(抓着竿)举过头顶。在干预初期,起跳前他手够到的高度平均是 2.25 米。使用塑造程序的目标是帮他达到最高生理潜能 2.54 米。研究者设定了一束光柱,当这名运动员达到理想的伸展范围时,光柱断掉,装置发出哔哔声。哔哔声作为一种条件性的正强化物。起初光柱设为 2.3 米,当这名运动员超过这个高度的成功率达到 90% 时,光柱变为 2.35 米。进一步的成功可使光柱继续升高,从 2.40 米,2.45 米,2.50 米直到 2.52 米。这样,研究小组成功地塑造了这名撑竿跳高运动员的行为,使他达到了理想的目标。

你可以想象一下运动员自发地提高 0.27 米是多么困难。行为塑造程序可以通过连续接近的方法达到这一目标。

让我们的话题回到你的大鼠吧。回忆一下,我们曾提到你可能想训练大鼠在笼子里转圈。你能想出一个计划,运用行为塑造法让这种行为发生吗?考虑一下每一种连续接近的行为各是什么。比如,一开始,你可以对老鼠朝某一方向转头的行为予以强化。接下来,只有当老鼠的整个身体都朝着正确方向转动时,才给它食物。此后,你该做什么呢?

人们在研究操作性条件作用时通常假定所有动物的学习过程都是一致的。事实上,我们已经引用了不同物种的例子来表明这种一致性。然而,研究者已开始认识到,学习过程可能受某一物种的特定生物学能力的影响。接下来让我们考察一下这种现象。

生物制约性

毫无疑问,你一定在电视上或马戏团里见过动物表演各种把戏。有的动物会打棒球或乒乓球,有的会开微型跑车。许多年来,**凯勒·布里兰**(Keller Breland)和**玛丽昂·布里兰**(Marion Breland)运用操作性条件作用技术训练了成千上万的动物表演各种非凡的动作。他们认为,使用几乎任何类型的反应从实验室研究得出的一般原理,都可以在实验室外直接用来控制动物的行为。

然而,在训练后的某个时候,一些动物开始"行为不端"。例如,我们训练浣熊捡起一枚硬币,把它放入玩具储钱罐中,以得到好吃的东西。可是,当需要投放两枚硬币时,条件作用失灵了,浣熊根本不会投放硬币。相反,它将硬币放在一起揉搓，把硬币插入储钱罐，随后再拔出来。不过，这种现象真的很奇怪吗？浣熊在移除自己最喜爱的食物（小龙虾）的外壳时，通常会做出揉搓和冲洗的动作。类似地，当给小猪一项任务，让它把自己辛苦得到的代币放进一个大储钱罐时，它们不但不这么做，反而将硬币扔到地上，用鼻子去拱（戳）它们，并把它们抛到空中。同样，你觉得这很奇怪吗？拱食或搅食行为是猪通过遗传获得的摄食行为的自然组成部分。

这些经验使布里兰夫妇确信，即使动物学会了完美地做出操作反应，随着时间的推移，"习得的行为也会向本能行为漂移"。他们称这种倾向为**本能漂移**（instinctual drift）（Breland & Breland, 1951, 1961）。上述动物的行为无法用普通的操作性条件作用原理来解释，但如果我们考虑到生物制约性，即遗传基因型所决定的物种特异性倾向，这些行为就可以理解了。这些行为倾向比操作性条件作用所带来的行为改变更重要。

大部分关于动物学习的传统研究专注于使用方便可得的刺激物和任意选定的反应。布里兰理论及其本能漂移的实例说明，并非学习的所有方面都受实验者的强化物控制。有些行为容易改变，有些行为难以改变，这取决于该行为与遗传设定的动物对其环境的常规反应是否相似。当目标反应的设定有生物学意义时，条件作用就很有效。例如，要让猪把代币放到储钱罐里，你应做出何种改变呢？对于一头口渴的猪来说，若将代币与水相配，猪就不会把代币当作食物去拱，而会把它作为资产投到储钱罐里。

现在你已经知道为什么现代行为分析师必须留意每个物种最适合的反应类型。如果你想教给一只老狗新花样，最好让这些花样适合狗的遗传行为库！不过，我们对学习的考察还未完成，因为我们还没有涉及可能需要更复杂的认知过程的学习类型。接下来我们来看看这类学习。

本能漂移如何影响浣熊能够习得的行为？

STOP 停下来检查一下

❶ 什么是效果律？

❷ 强化和惩罚如何影响行为出现的概率？

❸ 辨别性刺激在操作性条件作用中的作用是什么？

❹ 强化的固定比率和固定间隔程式有什么区别？

❺ 什么是塑造？

❻ 什么是本能漂移？

批判性思考：在黑猩猩的实验中，为什么研究者在转向代币前，最初使用葡萄干进行训练？

认知对学习的影响

我们对经典条件作用和操作性条件作用的回顾表明，很多行为都可以被理解为简单学习过程的产物。不过你也许会问：某些类型的学习是否需要更复杂的、涉及认知活动的过程？认知指参与知识表征和加工的任何心理活动，如思维、记忆、知觉和语言运用。本节将探讨动物和人类的那些无法仅仅用经典或操作性条件作用来解释的学习形式。这些学习形式的存在表明，行为部分地是认知过程的产物。

比较认知

本章一直在强调，撇开物种特异性的限制不谈，从对大鼠和鸽子的研究中获得的学习规则也适用于狗、猴子和人类。研究**比较认知**（comparative cognition）的学者关注更广泛的行为，以便追踪不同物种认知能力的发展轨迹，以及能力从非人类动物到人类的连续性（Wasserman & Zentall, 2006）。这一领域之所以被称为比较认知，是因为研究者经常比较不同物种的能力；由于关注非人类动物，该领域也被称为*动物认知*。达尔文在最初阐述进化论时就指出，动物的认知能力同它们的身体形态一同进化。本节我们将描述两类令人印象深刻的动物行为，它们进一步表明了非人类动物的认知能力与人类有着连续性。

认知地图　爱德华·托尔曼（Edward C. Tolman, 1886—1959）开创了在学习领域对认知过程进行研究的先河。他创设了一种实验情境，在这种情境中，特定刺激与反应之间机械的一对一联结无法解释观察到的动物行为。参看**图 6.13** 所示的迷津。托尔曼和他的学生证明，当迷津中最初的目标通路受阻时，先前走过迷津的大鼠会以最短的路径绕过障碍，即使这种特定的反应此前从未被强化过（Tolman & Honzik, 1930）。因此，大鼠的行为就像是在对一个内部的**认知地图**（cognitive map）——对迷津整体布局的表征——做反应，而不是通过试误盲目地探索迷津的各个不同部分（Tolamn, 1948）。托尔曼的研究结果显示，条件作用不仅涉及刺激与强化物或反应与强化物的联结，还包含对整个行为背景其他方面的学习与表征（Lew, 2011）。

沿袭托尔曼传统的研究一致证明，鸟类、蜜蜂、大鼠、人以及其他动物都有着令人印象深刻的空间记忆能力（例如，见 Joly & Zimmermann, 2011; Menzel et al., 2011）。为了理解空间认知地图的有效性，让我们来看看它们的功能（Poucet, 1993）：

- 动物运用空间记忆来辨认和识别环境特征。
- 动物运用空间记忆来发现环境里重要的目标物。
- 动物运用空间记忆来设计环境里的行进路线。

你可以从许多鸟类的行为中看到认知地图的这些不同功能，这些鸟类在非常分散的区域储存食物，但当它们有需要时，又能非常准确地找到这些食物。例如，松鸦每年秋天都会埋藏成千上万颗松子，在 4~7 个月后它们会重拾这些松子过冬，直到进入早春（Stafford et al., 2006）。这些鸟在 8 个月大的时候似乎就获得了空间记忆能力，正是凭借该能力它们才能找回藏起来的松子。还有一些鸟类利用它们的空间能力来分散储存种子，以防被其他的动物偷吃。比如，煤山雀依据自己对旧存储地点的记忆来决定把种子存放在哪些新的地点（Male & Smulders, 2007）。这些存储种子的鸟类，绝不是随意地在环境中走动，碰巧找到这些种子。只有认知地图准确的鸟类，才能找到自己储藏的种子，从而存活下来并繁殖后代。

概念性行为　我们已经看到，认知地图在一定程度上能帮助动物保存其环境中物体空间位置的细节。但是，面对环境中多样化的刺激动物还能利用哪些

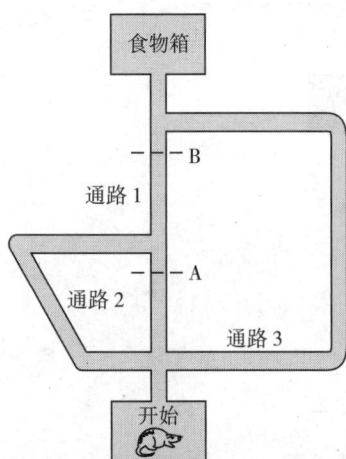

图 6.13　迷津学习中认知地图的运用

通路 1 畅通时，老鼠倾向于选择这条直达通路。当 A 处设置了障碍物时，老鼠会选择通路 2。当 B 处设置了障碍物时，老鼠通常选择通路 3。老鼠的行为似乎表明，它们拥有获取食物的最佳线路的认知地图。

认知加工过程来发现它们的结构？让我们考虑一下对相同与不同的判断。请花点时间思考一天中你做出这些判断的所有时刻：你倒在麦片上的牛奶有奇怪的味道吗？你的朋友会意识到你连续两天穿了同样的衣服吗？你已经看过这个视频了吗？研究人员已经开始证明，人类并不是唯一能够对相同和不同做出一些判断的物种（Wasserman & Young, 2010）。让我们来看一项研究，它记录了鸽子探测显示器颜色变化的能力。

研究特写

给鸽子观看包含两个彩色圆圈的阵列（Wright et al., 2010）。这些阵列在视线中停留 5 秒。短暂延迟后呈现第二个阵列，其中一个圆圈改变了颜色，比如从紫色变为橙色。鸽子要获得奖赏，必须啄颜色变了的圆圈。用一组颜色训练鸽子，经过若干试次后，鸽子就可以学会这种反应。重要的是，这种啄食行为也迁移到了一套新的颜色上，而鸽子并没有为此接受过专门训练。这些结果表明，鸽子已经获得了颜色相同和不同的概念。

请回想一下，操作性条件作用的一个基石是，动物会重复那些得到强化的行为。以上研究结果特别有趣的一点是，鸽子学会了啄新的颜色，这种颜色以前明显没有得到过强化。鸽子不是对每一种颜色做出反应，而是获得了更高阶的颜色变化概念。我们将在第 7 章和第 8 章对人类的认知过程进行分析。然而，这个证明鸽子概念习得的实验应能使你确信，人类并不是唯一拥有令人印象深刻和有用的认知能力的物种。

在结束本章之前，让我们将话题转到另一类需要认知过程的学习上。

观察学习

为了介绍这种更深层次的学习，我们再来比较一下大鼠和人类尝试新异食物的方法。几乎可以肯定的是，大鼠比你谨慎，但这主要是因为它们缺少一种宝贵的信息源——来自其他大鼠的信息。当你品尝一种新食物时，你几乎总是处在这样一种背景下，即有很好的理由相信别人已经吃过并且认为很好吃。因而你对其他个体强化模式的了解会影响你的"进食行为"出现的可能性。这个例子说明，你有一种通过替代强化和替代惩罚进行学习的能力。你可以将你的认知能力用于记忆和推理，从而依据他人经验来改变自己的行为。

事实上，许多社会学习都发生在传统条件作用理论无法预测学习的情境中，因为学习者没有做出主动的反应，也未得到有形的强化物。个体仅仅是观察到他人的行为被强化或被惩罚，就会在之后做出或者抑制类似的行为。这就是**观察学习**（observational learning）。在观察学习中，认知通常以预期的形式出现。本质上，在观察一个榜样之后，你可能会想：如果我也像她那样做，我会得到同样的强化物，或者避免同样的惩罚。弟弟妹妹可能比姐姐表现得更好，因为他们从姐姐的错误中吸取了教训。

这种既能从实际做，又能从观察中学习的能力极其有用。它使你无须经历逐渐消除错误并获得正确反应的冗长试误过程，就可以获得大型集成的行为模式。你可以立即从他人的错误和成功中获益。研究者已证明，观察学习并非人类所独有。其他物种，如狐猴（Carlier & Jamon, 2006），乌鸦（Schwab et al., 2008）和拟蝗蛙蝌蚪（Ferrari & Chivers, 2008），都能在观察同类其他个体的表现后改变自己的行为。

从左到右：成人示范攻击；
男孩模仿攻击；女孩模仿攻
击。关于榜样在学习中的作
用，这一实验说明了什么？

人类观察学习的一段经典演示发生在**阿尔伯特·班杜拉**（Albert Bandura）的实验室里。在看过一个成人榜样对一个大型塑料玩偶拳打脚踢之后，与未目睹过攻击性榜样的控制组儿童相比，实验组儿童表现出更高频率的类似行为（Bandura et al., 1963）。后来的研究表明，儿童仅仅通过观看影视中榜样的行为片段，就会模仿这些行为，即使榜样是卡通人物。

毫无疑问，我们通过观察榜样能学到很多东西——既包括亲社会（帮助）行为，也包括反社会（伤害）行为。然而现实世界中存在很多潜在的学习榜样。那么，在决定哪个榜样最可能影响你时，哪些变量很重要？研究发现，四个过程决定了什么时候观察到的榜样行为最有影响力（Bandura, 1977）：

- 注意。观察者必须注意到榜样的行为及其后果。如果观察者和榜样的特点和特质很相像，注意就更容易发生。
- 记忆。观察者必须能够把榜样的行为储存在记忆里。
- 重现。观察者必须在身体和心理上有能力重现榜样的行为。
- 动机。观察者必须有理由重现榜样的行为。比如，观察者认为榜样的行为可带来具有强化作用的结果。

想象自己处在一个有榜样的情境中，看看上述每个过程是如何发挥作用的。例如，假设你正在通过观察一位经验丰富的医生来学习做手术。这里的每一个过程会如何影响你的学习能力？

人们能非常高效地从榜样身上学习，因此你也就不难理解，为什么有大量的心理学研究探讨电视对行为的影响：观众会受他们看到的得到奖赏或受到惩罚的行为的影响吗？研究者的注意集中在电视暴力——谋杀、强奸、攻击、抢劫、恐怖活动和自杀——与儿童和青少年行为的联系上。观看暴力行为是否会助长模仿？我们来看看研究发现了什么。

研究特写

该项目始于 1977 年，当时一个研究小组调查了 557 名一年级或三年级学生两年的电视观看量。研究者特别计算了孩子们观看暴力电视节目的数量。15 年后，研究者对其中的 329 名孩子进行了访谈，此时他们的年龄在 20 岁到 22 岁（Huesmann et al., 2003）。研究者试图确定这些人在童年期观看的暴力电视的数量与他们成年早期的攻击水平是否存在联系。他们成年后的攻击性水平是通过他们的自我报告和他人（如配偶）的报告来衡量的。如**图 6.14** 所示，不论男性还是女性，在童年期观看暴力电视最多的人都表现出最高的攻击水平。这些研究数据表明，早期观看暴力电视节目导致了以后的攻击行为。但是你可能会想，因果联系是否是反方向的：本身有攻击性的孩子更喜欢看暴力电视？幸运的是，研究者收集的数据使他们能够反驳这种可能。比如数据发现，小时候的攻击性与成年期观看暴力电视只有很小的关系。

这项研究有力地证明，观看暴力电视的儿童有成人后攻击性过高的风险。

几十年的研究表明，电视暴力通过三种方式对观看者的生活产生负面影响。首先，正如我们刚刚看到的，通过观察学习机制，观看暴力电视节目会增加攻击行为。就儿童来讲，这种因果联系具有特别重要的启示：早期大量看暴力电视而产生的攻击习惯可能会为长大后的反社会行为埋下种子。第二，观看暴力电视节目导致观看者高估日常生活中的暴力事件，因而可能过于害怕成为现实世界暴力的受害者。第三，观看暴力电视节目会导致脱敏，即再看到暴力行为时，情绪唤起和痛苦水平比以前看的时候低。

值得注意的是，研究还表明，儿童在观看有亲社会行为榜样的电视节目时，他们也可以学习亲社会的、助人的行为（Mares & Woodard, 2005）。儿童会学习他们在电视中看到的行为这一观点值得认真对待。作为父母或监护人，你也许想帮助儿童选择适当的电视榜样。

对观察学习的分析一方面承认强化原理影响行为，另一方面也承认人类有能力利用认知过程，借助替代奖赏和替代惩罚来改变行为。这种理解人类行为的方式被证明是极有力的。在第 15 章我们将看到一些对适应不良的行为模式的成功治疗方案，而这些治疗方案正是运用了认知矫正技术。

让我们通过回顾一次看恐怖电影的经历来结束这一章。行为分析会如何解释你的经历呢？假如你去看电影是因为朋友的推荐，那便是替代强化在起作用。假设你找到了电影院，但走的是一条与往常不同的路线，那么认知地图的作用便在你身上得到了证实。假设恐怖的音乐声让你感到越来越焦虑。如果音乐在短时间内重复播放，那么你将感受到敏感化效应。如果整部电影都充斥着那种音乐，那么你感受到的更可能是经典条件作用。如果你无法欣赏这部电影，并发誓以后再也不看恐怖电影了，那么你就发现了惩罚物对你之后行为的影响。

你准备好再回到电影院了吗？

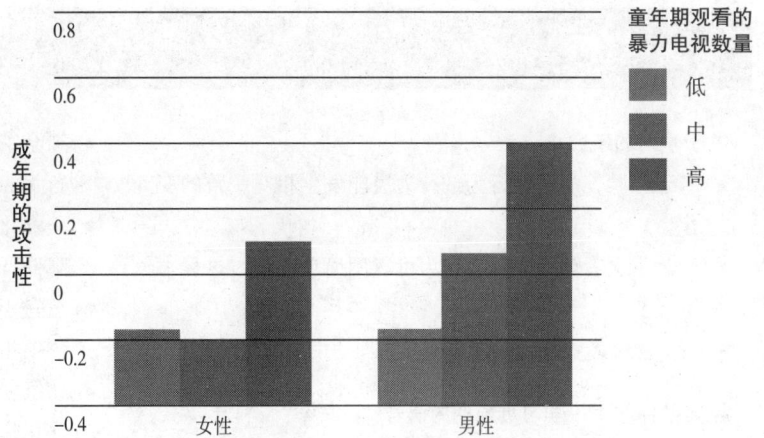

图 6.14 **电视暴力与攻击性**

无论男性还是女性，在童年期观看暴力电视节目最多的人，在成年期都表现出了最高的攻击水平。攻击性指标是一个综合分数，反映了自我评价及他人的评价，分数越高表示攻击性水平越高。

STOP 停下来检查一下

❶ 托尔曼从他的开创性研究中得出了什么结论？

❷ 什么证据证明了鸽子能学会相同和不同的概念？

❸ 替代强化是什么意思？

❹ 为什么在观察学习的背景下评估儿童看电视的情况很重要？

批判性思考：请思考关于观看暴力电视节目的研究。研究者采取了什么步骤来坚称他们对数据中揭示的相关关系进行了正确的因果解释？

要点重述

关于学习的研究

- 基于经验，学习使行为或行为潜能发生相对一致的变化。
- 行为主义者认为，很多行为可以用简单的学习过程来解释。
- 行为主义者还认为，许多学习原理适用于所有的生物。

经典条件作用：学习可预期的信号

- 在巴甫洛夫开创的经典条件作用研究中，无条件刺激（UCS）诱发无条件反应（UCR）。一个中性刺激与UCS配对后变成了条件刺激（CS），它诱发的反应称作条件反应（CR）。
- 当UCS不再尾随CS出现时，消退便会出现。
- 刺激泛化是指与CS相似的刺激诱发CR的现象。
- 辨别学习缩小了有机体对其做出反应的CS的范围。
- 为使经典条件作用发生，在CS和UCS之间必须有一种相倚的和信息性的关系。
- 经典条件作用可以解释很多情绪反应和毒品耐受性现象。
- 味觉—厌恶学习表明，物种在遗传上为某些形式的联结做好了准备。

操作性条件作用：对行为结果的学习

- 桑代克证明了能导致满意结果的行为倾向于重复出现。

- 斯金纳的行为分析方法强调操纵强化相倚并观察其对行为的影响。
- 正强化和负强化使行为更可能出现。正惩罚和负惩罚降低行为出现的可能性。
- 适宜于环境的行为可以用辨别性刺激—行为—结果的三项相倚来解释。
- 初级强化物是那些即使有机体从未经历过但仍可起到强化作用的刺激。条件性强化物是通过与初级强化物相联系而形成的。
- 某些活动可以成为正强化物。
- 强化程式（不定的还是固定的、按时间间隔还是按比率提供）会影响行为。
- 复杂的反应可以通过行为塑造来学习。
- 本能漂移可能比某些反应—强化学习更重要。

认知对学习的影响

- 某些学习形式反映出比经典或操作性条件作用更复杂的过程。
- 动物形成认知地图以使它们能在复杂的环境中活动。
- 其他物种或许也能编码概念，例如相同与不同。
- 行为可以被替代性地强化或惩罚。人类和其他动物可以通过观察进行学习。

关键术语

学习	刺激辨别	辨别性刺激
学习—行为表现差异	味觉—厌恶学习	三项相倚
习惯化	效果律	初级强化物
敏感化	操作性条件作用	条件性强化物
行为分析	操作	强化程式
经典条件作用	强化相倚	部分强化效应
反射	强化物	固定比率（FR）程式
无条件刺激（UCS）	正强化	不定比率（VR）程式
无条件反应（UCR）	负强化	固定间隔（FI）程式
条件刺激（CS）	逃脱型条件作用	不定间隔（VI）程式
条件反应（CR）	避免型条件作用	连续接近塑造法
习得	操作性消退	本能漂移
消退	惩罚物	比较认知
自发恢复	正惩罚	认知地图
刺激泛化	负惩罚	观察学习

记 忆

当你开始学习"记忆"这一章时，请花点儿时间回想一下自己最早的记忆。这段记忆产生于多久以前？你回忆起的场景有多生动？你的记忆是否受到其他人对同一事件回忆的影响？

现在，做一个略微不同的练习。请想象一下，如果突然忘记了自己的过去（包括你认识的人或你经历过的事件），将会是什么样子。你将不记得好朋友的脸，不记得 10 岁庆生的场面和高中毕业舞会。没有了这些"时间锚"，你将怎样保持你是谁（即自我同一性）的感觉？或者你也可以想象自己失去了形成新记忆的能力，那么你最新近的经历将有怎样的归宿？你能跟上一段对话或理解一部电视剧的情节吗？一切都将烟消云散，就像这些事件从未发生过一样，就像你头脑里从未有过任何想法一样。

如果你没太关注过自己的记忆，那也许是因为它在相当好地工作着——你认为这是理所当然的，正如消化或呼吸等其他身体功能一样。但是就像胃痛或过敏一样，当你注意到自己的记忆时，很可能是它出现问题了：你忘了你的轿车钥匙、一个重要的约会、剧本中的台词，或忘了你认为你"确实知道"的试题答案。没有理由认为你不该为这些状况恼火，但是你也应该花些时间考虑一下：人脑平均能够存储 100 万亿比特的信息，管理如此海量的信息是一项艰巨的任务。当你需要时却回想不出一个答案，也许你不该为此感到太吃惊！

本章的目标是解释你通常如何能记得如此之多的事情，以及为什么你会忘记一些曾经知道的事情。我们将会探究你的日常体验是怎样进出记忆的。你将会了解关于不同类型的记忆以及这些记忆是怎样工作的，心理学都发现了些什么。在学习记忆的诸多知识点的过程中，你很可能会感慨记忆是多么神奇。

最后一件事：因为这是关于记忆的一章，我们要求你的记忆马上投入工作。请努力记住数字 51，想尽办法记住数字 51。是的，后面将会进行测验！

什么是记忆

记忆（memory）是指编码、存储和提取信息的能力。在本章我们将把记忆视为一种信息加工。因此，我们将侧重于探讨进出我们记忆系统的信息流。我们将考察引导信息获得和提取的过程，这能让你准确地理解记忆的含义。

记忆的功能

当你想到记忆的时候，最可能首先进入你脑海的情境是你使用自己的记忆去回想（或试图回想）特定的事件或信息：你喜欢的电影、第二次世界大战的日期、你的学生证号码。事实上，记忆的一个重要功能是让你有意识地回想起个人和集体的过去。但记忆的功能远不止于此，它还能使你毫不费力就有了从某一天到下一天的经验连贯性。例如，当你步行穿过周边的街区时，正是这记忆的第二种功能使沿途的建筑看起来熟悉。在定义记忆类型时，我将向你说明，为实现这些功能，记忆在多么辛苦地工作，而且这个过程通常在意识觉知之外发生。

内隐记忆和外显记忆　请看**图 7.1**，这幅画有什么问题？也许使你感觉不寻常的是厨房里有一只小兔子。但是这种感觉从何而来？你很可能并未逐一检查画中的物体并自问："多士炉放对位置了吗？""橱柜放对位置了吗？"相反，兔子由于不得其

所而突显出来。

这个简单的例子可以让你理解记忆的外显使用与内隐使用的区别。有意识地努力编码或提取信息的情形是**记忆的外显使用**（explicit use of memory）；无须意识努力地编码或提取信息的情形是**记忆的内隐使用**（implicit use of memory）。你发现兔子的过程是内隐的，因为你并未进行特别的努力，你的记忆过程将原有的厨房知识应用到了你对图画的理解上。现在假设我问你："图画里缺少什么？"要回答这个问题，也许你不得不运用外显记忆：典型的厨房都有什么？现在缺少什么？（你想到水池或炉子了吗？）因此，当涉及到使用存储在记忆中的知识时，有时使用是内隐的（信息不需要有意识的努力就可以获得）；而有时是外显的（你有意识地努力去恢复信息）。

记忆最初的获取阶段也存在内隐与外显的区分。你如何知道厨房里应该有什么？你曾经记过厨房里应该有哪些物品和适当的厨房布局吗？可能并没有。你可能并未做出有意识的努力就获得了大部分的此类知识。相形之下，你也许以外显的形式学习了厨房里很多物体的名称。如第 10 章所述，在学习词语与经验之间的联系时，年纪较小的你需要进行外显的记忆加工。你学会了"冰箱"这个词，因为有人将你的外显注意吸引到那一物体的名称上。

演员们如何能够记住他们表演的所有方面——动作、表情和台词？

内隐记忆和外显记忆的区分极大地拓展了研究者对记忆过程的研究范围（Roediger，2008）。大部分早期的记忆研究侧重于信息的外显获得。最常见的是，实验者给参与者提供需要记住的新信息，而记忆理论致力于解释参与者在这些情景下能记住什么和不能记住什么。然而，正如你在本章将看到的，研究者们现在也发明了研究内隐记忆的方法。因此我们可以更全面地说明记忆的各种用途。事实上，在人们编码或提取信息的大多数情形中，既有记忆的内隐使用，也有记忆的外显使用。

现在让我们转向记忆分类的第二个维度。

陈述性记忆和程序性记忆 你会吹口哨吗？来吧，试一试。如果你不会吹口哨，试试打响指。哪一种记忆使得你能做这类事情？你也许记得自己曾努力学习这些技能，但现在运用起来似乎毫不费力。之前外显和内隐记忆的例子都是关于事实和事件的记忆，这类记忆被称为**陈述性记忆**（declarative memory）。现在我们看到，你还有关于怎样做事情的记忆，这类记忆被称为**程序性记忆**（procedural memory）。因为本章大部分内容将侧重于你是怎样获得和使用事实或知识的，所以现在让我们花一点时间思考你是如何学会做事的。

程序性记忆是指你对如何做事的记忆。通过足够多的练习，你能够获得、保持和使用关于知觉技能、认知技能和运动技能的程序性记忆。程序性记忆理论通常关注你需要多少次练习和多长的练习时间：你关于某一活动的一系列有意识的陈述性知识怎样转化为无意识的、自动的行为表现（Taatgen et al., 2008）？为什么在学会了一项技能之后，你会发现返回去再谈论陈述性知识往往很困难？

即使在一个很简单的活动中，比如拨一个电话号码（随时间推移而变得非常熟悉），我们也会看到这些现象。刚开始，你也许不得不从头至尾考虑每一个数字，一次拨一个数字。你不得不按照一个陈述性事实的清单去做：

首先，我必须拨 2，
接着，我必须拨 0，
然后，我拨 7，
等等。

为什么假装去拨一个电话号码有助于你记起它？

然而，当你拨这个号码的次数足够多时，你就开始把它视为一个单元了——在按键上快速按压的一个动作序列。这一过程被称作生成汇编（production compilation）：生成不同动作的心理指令汇编在一起（Taatgen & Lee, 2003）。由于不断练习，你可以在无需意识参与和心理努力的情况下完成更长的动作序列（Stocco et al., 2010）。但是你也意识不到这些汇编单元的内容：再回到打电话这个问题上，经常有人如果不假装拨一下就记不起某个电话号码。一般而言，生成汇编使得你很难与他人分享程序性知识。如果你父母曾试着教你驾车，你可能会注意到这一现象。尽管他们自己可能是好司机，但他们并不擅长传达汇编好的驾驶程序知识。

你可能也注意到生成汇编会导致错误。如果你打字很熟练，你也许遇到过 "the 问题"：只要你一敲 t 和 h 键，你的手指就会飞向 e 键，即使你真正要打的单词是 "throne" 或 "thistle"。一旦你将 "the" 的打法充分地转化为程序性记忆，你基本上就只能完成这个动作序列了。如果没有程序性记忆，生活将变得非常艰难——你将注定要一步接一步地完成每一项活动。然而每次你错打 "the" 时，都可以反思一下效率与潜在错误之间的取舍。现在让我们对适用于所有这些不同类型的记忆的基本过程做一个概述。

记忆过程概述

无论记忆的类型如何，要想在以后的某个时间使用存储的知识，都需要三个心理过程的运作：编码、存储和提取。**编码**（encode）是对信息的初始加工，从而在记忆中形成一种表征。**存储**（storage）是指编码后的材料随时间的保持。**提取**（retrieval）是指存储的信息在随后某一时间的恢复。简言之，编码让信息输入，存储是信息的保持（到你需要时可以提取），而提取就是把信息取出来。现在让我们展开探讨这些过程。

编码要求你对来自外部世界的信息形成心理表征。如果我们用头脑外的表征做一个类比，你就能理解心理表征的概念了。假设我想知道你在上一次生日聚会上得到的最好礼物是什么。（假设你没有把它带在身边。）你会怎样向我介绍这件礼物呢？你可能会描述它的特征，或者画一幅图，或者假装你正在使用它。不论你怎样介绍，这些都是原来物体的表征。尽管没有一个表征能像实物呈现那样好，但它们能让我们了解该礼物的一些最重要的方面。心理表征的作用大致相同。它们保存过去经验的最重要的特征，从而使你能把这些经验在头脑中再现出来。

如果信息被恰当地编码，它将存储一段时间。存储需要你的脑结构发生短时和长时的变化。在本章末尾，我们将会看到研究者们如何定位负责存储新记忆和旧记忆的脑结构。在描述个体无法存储新记忆的部分，我们还将看到在极端遗忘症的个案中会发生什么。

提取是对你之前所做努力的回报。当它奏效时，能让你得到早先存储的信息，这一过程通常只需一瞬间。你能记起存储之前是什么吗：解码还是编码？现在答案很容易提取，但当几天或几星期后测试你所存储的关于这一章的知识时，你还能如此迅速而又自信地提取答案吗？弄清楚人们如何能从记忆库的大量信息中提取一点特定的信息，是所有想了解记忆如何工作的心理学家们所面临的挑战。

尽管把编码、存储和提取定义为独立的记忆过程并不难，但三者的相互作用却相当复杂。例如，为了能对"你看到了一只老虎"这一信息进行编码，你必须首先从记忆中提取虎的概念。同样，为了记住某句话的意思，比如"他和本尼迪克特·阿诺德一样忠诚"，你必须提取每个词的含义，提取词语组合在一起的语法规则，提取特定的文化背景信息——本尼迪克特·阿诺德（美国独立战争时期的一个臭名昭著的叛徒）有多忠诚。

现在我们准备更详细地考察信息的编码、存储和提取。我们的讨论将从短暂保存信息的记忆过程开始，比如感觉记忆和工作记忆，然后转向更为持久的长时记忆（见**图 7.2**）。你将了解你是如何记忆的，以及为什么会遗忘。我们的计划是让你永远对自己使用记忆能力的各种方式有一种自我意识。我们希望这种新的认识甚至能在某些方面提高你的记忆技能。

图 7.2 进出长时记忆的信息流
记忆理论描述了进出长时记忆的信息流，包括信息在感觉记忆和工作记忆中的初始编码，向长时记忆的转移（存储），以及从长时记忆向工作记忆的转移（提取）。

> STOP 停下来检查一下
>
> ❶ 记忆的外显使用和内隐使用有什么区别?
> ❷ 假如你是一名有经验的杂要演员，你的技能更多依赖于陈述性记忆还是程序性记忆?
> ❸ 你突然记不起电子邮箱的密码，这最有可能是哪种记忆过程造成的?

记忆的短时使用

首先让我们演示一下某些记忆的短暂性。请看**图 7.3**，我们给你呈现了一幅很杂乱的视觉场景。请你快速扫视（约 10 秒）后把它盖起来。假设我们要问你关于该图的一些问题：

1. 最下面的小男孩拿的是什么工具?
2. 最上方中间的男士在干什么?
3. 右下角女士手中的雨伞柄弯向左还是右?

要回答这些问题，如果能再瞥一眼这幅图，你会感觉更轻松一些，难道不是吗?

这一快速的演示让你明白，你感知到的很多信息并不会安全地存储在记忆中。相反，你只能在短期内拥有和使用这些信息。本节我们将讨论三种不太持久的记忆：映像记忆、短时记忆和工作记忆。

图 7.3 你能从这个场景中记住多少?
在观看这幅场景图 10 秒之后，请把它遮住，然后试着回答正文提出的问题。通常情况下，场景图被移开后，映像记忆会短暂地保持对视觉世界的一瞥。

映像记忆

当你第一次遮盖图 7.3 时，你是否有这样的感觉：在短暂的时间内，你仍然能"看到"整幅图？人脑对图像的这种额外一瞥是由你的**映像记忆**（iconic memory）提供的——它是一种视觉领域的记忆系统，能使大量信息存储非常短的时间（Neisser, 1967）。映像记忆是感觉记忆的一个例子：研究者推测，每种感觉系统都有一种记忆库，它可以保存环境刺激的物理特征的表征，持续时间至多几秒（Radvansky, 2006）。例如，人们会对指尖触碰的刺激保持短暂的感觉表征（Auvray et al., 2011）。我们之所以关注映像记忆，是因为有关它的研究最多。

视觉记忆或映像只能持续约半秒。映像记忆最初是在一项实验中发现的，该实验让参与者从只有二十分之一秒的视觉呈现中提取信息。

研究特写

乔治·斯佩林（Sperling, 1960, 1963）给参与者呈现一些由三行字母和数字构成的阵列：

```
7   1   V   F
X   L   5   3
B   4   W   7
```

要求参与者完成两种不同的任务。一种是全部报告程序，参与者要努力尽可能多地回忆看过的项目。通常他们能报告的大约只有四个项目。另外的参与者遵循部分报告程序，他们只需报告一行而非整个阵列的内容。在阵列呈现后立即发出一个高音、中音或低音信号，参与者根据声音提示报告三行中的一行。斯佩林发现，不管要求参与者报告哪一行，他们的回忆成绩都很好。

因为参与者能根据声音信号准确地报告三行中的任一行，所以斯佩林得出结论：呈现的所有信息一定都进入了映像记忆，这证明了映像记忆的大容量。同时，全部和部分报告程序的差异表明信息会迅速衰退：全部报告程序组的参与者并不能回忆出阵列的所有信息。第二点在指示信号（声音信号）略微延迟的实验中得到了进一步证实。图 7.4 表明，随着延迟时间从 0 秒增加到 1 秒，准确报告的项目数稳步下降。研究者们相当精确地测量了信息必须从衰退中的图像转移出去的时间进程（Graziano & Sigman, 2008）。要利用这种视觉世界的"额外一瞥"，你的记忆过程必须非常迅速地将信息转入更为持久的记忆库。

请注意，映像记忆与一些人声称自己拥有的"照片式记忆"并不一样。"照片式记忆"的专业名称是遗觉像（eidetic imagery）：体验遗觉像的人能够在远比映像记忆要长的时段内回忆一幅图画的细节，就好像他们还在看着那幅图画。这里的"他

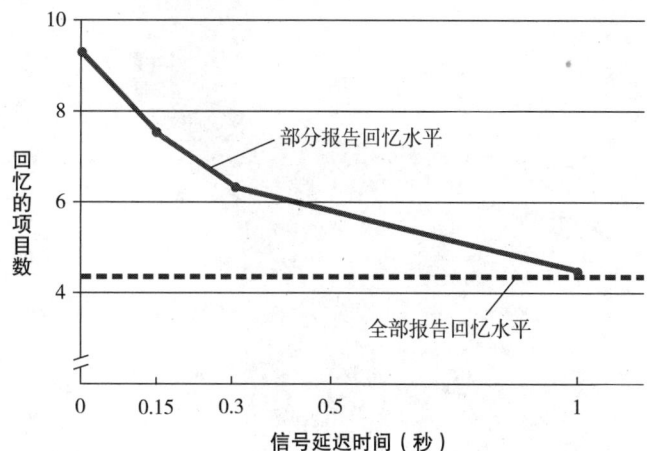

图 7.4 用部分报告法回忆

实线表示使用部分报告法回忆的平均项目数，包括呈现后立即回忆和四种延迟时间条件下的回忆。作为对比，虚线表示用全部报告法回忆的项目数。

资料来源：Sperling, 1960.

们"实际上是指儿童。研究者们估计,约 8% 的青春期前的儿童有异常清晰的遗觉像,但成人几乎没有这种能力(Neath & Surprenant, 2003)。迄今为止还没有令人满意的理论可以解释为什么遗觉像会随年龄而衰退。但是,如果你是一个高中生或大学生,几乎可以肯定你有的是映像记忆而不是遗觉像。

短时记忆

在你开始读这一章之前,你可能尚未意识到你有映像记忆。但是你很可能意识到了某些记忆你只能保存较短的时间。请思考一件经常发生的事情:去网上查找某部电影的播出时间。如果你没立即根据信息采取行动,那你通常会不得不再次返回网页,重新查找。当你考虑这一经历的时候,就很容易理解为什么研究者假设存在一种称为**短时记忆**(short-term memory, STM)的特殊记忆类型。

你不应该把短时记忆视为记忆前往的某个特定地方,而应视为集中认知资源于一小部分心理表征的内在机制(Shiffrin, 2003)。但是,正如你忘记电话号码的经历所表明的那样,短时记忆的资源是易变的。你必须十分注意,以确保记忆被编码为更持久的形式。

短时记忆的容量限制　我们在第 4 章描述了你的注意资源怎样致力于从外部世界选择那些你将投入心理资源的客体和事件。就像你的注意能力有限,只能注意一小部分可获取的信息一样,你的短时记忆能力也有限,只能让一小部分信息处于激活状态。短时记忆有限的容量迫使你高度集中注意力。

为了估计短时记忆的容量,研究者们首先借助记忆广度测验。在一生中的某一时刻,你也许被要求过完成这样一项任务:

将下面的一组随机数字读一遍,然后把它们盖住,按照出现的顺序把它们尽可能多地写下来:

8 1 7 3 4 9 4 2 8 5

你写对了几个?

现在再读下面的一组随机字母,进行相同的记忆测验:

J M R S O F L P T Z B

你写对了几个?

如果你像大部分人一样,你也许能回忆出 5 到 9 个项目。**乔治·米勒**(Miller, 1956)认为 7(±2)是一个"神奇的数字",可以描述人们对一组随机的字母、单词、数字或几乎任何种类的有意义的熟悉项目的记忆表现。

然而,记忆广度测验高估了短时记忆的真正容量,因为参与者能够使用其他的信息源来完成任务。研究者们估计,当记忆的其他来源被剔除的时候,短时记忆对(大约)7 个项目的记忆广度的纯粹贡献只有 3 到 5 个(Cowan, 2001)。但是如果 3~5 个项目是你能获得新记忆的全部容量,为什么你往往注意不到这种限制呢?尽管短时记忆有容量限制,但至少有两个原因使你的记忆能有效运作。正如我们在后面将会看到的,短时记忆中的信息编码能通过复述和组块得到增强。

短时记忆在你向 ATM 输入密码时起着什么作用?

复述　你也许知道，记住电影播出时间的一个好方法是，在你的头脑里循环重复那些数字。这种记忆方法称作保持性复述。未复述的信息的"命运"在一个精巧的实验中得到了展示。

研究特写

参与者听到 3 个辅音字母，如 F、C 和 V。在间隔 3~18 秒后，参与者会听到一个提示他们回忆这些辅音字母的信号（Peterson & Peterson, 1959）。为了防止复述，研究者在刺激输入和回忆信号之间安排了一个分心任务——呈现给参与者一个 3 位的数字，告诉他们进行连续减 3 的运算，直到回忆信号出现。实验中各个试次系列用到了不同的辅音字母组合和不同的延迟时间间隔。

如**图 7.5** 所示，要求保持信息的时间越长，回忆成绩就越差。甚至在 3 秒后，相当多的记忆就已丧失，18 秒后，记忆几乎全部丧失。当没有机会复述信息时，短时回忆随时间推移而减弱。

成绩下降既是由于信息不能被复述，也是由于受到来自分心任务的竞争性信息的干扰（在本章的下一节我们把干扰作为一种遗忘的原因来讨论）。你可能注意到了一种现象，一个新认识的人说了他的名字——接着你很快就忘记了。造成这种情况的一个很普遍的原因是你没有专心地复述，而这种复述是你获得新记忆所必需的。解决办法是设法在继续交谈之前仔细编码并复述新名字。

到目前为止我们得出的结论是，复述可以帮助你防止信息从短时记忆中衰退。但是假设你想要获得的信息太冗长以至于不能得到复述，那么你就得借助组块策略。

组块　一个组块就是一个有意义的信息单元。组块可以是单个的字母或数字、一组字母或其他项目甚或一组单词或一个完整的句子。例如，序列 1-9-8-4 由四个数字构成，它能用尽短时记忆的容量。但是，如果你把这些数字看作一个年份或者乔治·奥威尔的著作《1984》，它们就构成了一个组块，从而留出更多的容量给其他的信息块。**组块**（chunk）依据相似性或其他组织原理将项目分组或是组合成更大的模式，是一个重新组织项目的过程（Cowan et al., 2010）。

看看在这样一个由 20 个数字组成的序列中你能发现多少个组块：19411917186118121776。如果你把这个序列视为一组互不相关的数字，你会回答"20 个"；而如果你把这个序列分解为美国历史上几次重大战争发生的日期，你会回答"5 个"。如果你按后者来做，那么你会很容易在快速扫视之后按正确顺序回忆出所有的数字。如果你把它们视为 20 个无关联的项目，就不可能在短暂呈现后将它们全部回忆起来。

如果你能找到一些办法将大量信息组成少量的块，你的记忆广度将大大增加。一个著名的参与者 S.F. 是狂热的长跑

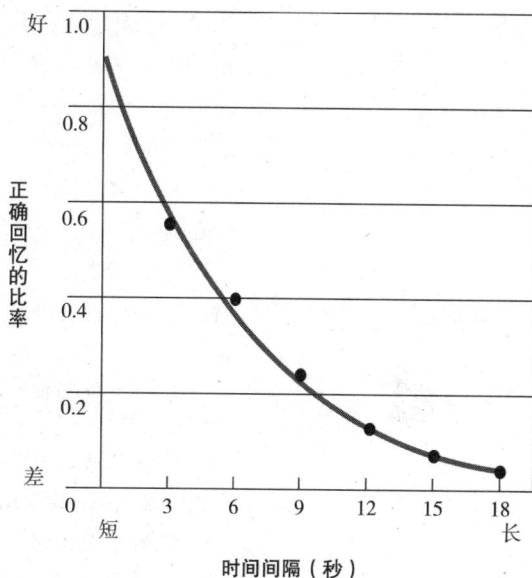

图 7.5　没有复述的短时记忆回忆
在刺激呈现与回忆之间插入一项分心任务时，回忆成绩会随着时间间隔变长而变差。

在听课时你可以怎样很好地利用组块？

爱好者，他利用关于赛事成绩的知识将数字组块，能够记住 84 个随机数字（Chase & Ericsson, 1981; Ericsson & Chase, 1982）。就像 S.F. 一样，你也可以根据输入信息对你个人的意义来组织它们（例如，将它们与朋友或亲戚的年龄联系在一起）；或者你可以将新刺激与存储在长时记忆中的各种编码信息进行匹配。即使你不能将新刺激与长时记忆中的规则、意义或编码相联系，你仍然可以利用组块。你可以利用节奏模式或时间模式简单地对项目进行分组（181379256460 可以变成 181，停顿，379，停顿，256，停顿，460）。依据日常生活经验，你知道这种分组原理对于记忆电话号码相当有效。

工作记忆

我们的焦点之前一直放在短时记忆上，特别是短时记忆在获得新的外显记忆中所起的作用。然而你每时每刻都需要更多的记忆资源，而不仅仅是那些使你获取事实的记忆资源。例如，你还需要能够提取先前已有的记忆。本章伊始，我曾要求你记住一个数字。你现在能记起它是多少吗？如果你能记起（如果不能，看一眼），你让那个记忆的心理表征又激活了一次，这是另一种记忆功能。如果你做一些更复杂的事情（假设你在转手传球的同时要从 132 开始连续减 3），你就会对自己的记忆资源提出更高的要求。

基于对人们应对生活所需的记忆功能的分析，研究者们阐明了**工作记忆**（working memory）理论——用来完成诸如推理和语言理解等任务的记忆资源。设想你在试图记住电影的播出时间，同时在寻找笔和便签将它记下来。短时记忆过程可以让你把播出时间保存在头脑里，而更广义的工作记忆资源使你能够执行心理操作来完成有效的搜索。工作记忆为思维和行为每时每刻的流畅性奠定了基础。

艾伦·巴德利（Baddeley, 2002, 2003）为工作记忆的四个成分提供了证据：

- 语音环路。这一资源保持和处理基于言语的信息。语音环路与短时记忆重叠得最多。当你通过在脑中"听"一个电话号码来复述它时，你就在使用语音环路。
- 视觉空间画板。这一资源对视觉和空间信息起着与语音环路类似的功能。例如，如果有人问你，在你上心理学课的教室里有多少张桌子，你可能会使用视觉空间画板勾勒教室的心理图像，然后根据该图像估计桌子数。
- 中央执行系统。这一资源负责控制注意并协调来自语音环路及视觉空间画板的信息。你每次执行需要若干心理过程联合的任务（如有人要你描述记忆中的一幅画）时，你就得依赖中央执行系统的功能，把心理资源分配到任务的不同方面（在第 8 章中我们会回到对这一观点的讨论）。
- 情景缓冲区。这是由中央执行系统控制的、容量有限的一个存储系统。情景缓冲区使你可以从长时记忆中提取信息，并将其与当前情境中的信息结合起来。大多数生活事件包括景象、声音等元素的复杂排列。情景缓冲区提供资源，使人们能够将不同类型的知觉刺激与过去的经验相整合，对每个情境做出统一的解释。

将短时记忆纳入工作记忆这一更宽泛的背景有助于强化这样一种观点，即"短时记忆不是一个场所而是一个过程"。在进行语言加工或问题解决等认知活动时，你必须将很多不同的元素快速连续地组合在一起。你可以将工作记忆理解为对必要元素的短时间的、特殊的聚焦。如果你希望更好地查看一个物理客体，你可以用更亮的灯照射它；工作记忆将更亮的心理灯光照向你的心理客体——记忆表征。工作记忆还可以协调各项活动，以便针对这些客体采取行动。

在日常生活中，你经常受制于工作记忆的容量限制。让我们看看这对考试成绩的影响。

研究特写

当你坐下来准备考试时会发生什么？通常你会想到自己为考试准备得有多充分，考试可能有多难，等等。两位研究者希望检验以下假设：这些焦虑的想法常常会耗尽学生的工作记忆容量，使其很难在考试中取得好成绩（Ramirez & Beilock, 2011）。为了检验此假设，研究者创造了一个测试情境：（通过承诺如果他们表现好就给予金钱奖励）给学生们施加特定的压力。研究者将一部分学生分配到控制组。那些学生静静地坐了 10 分钟，等待考试开始。其他学生则经历了一种干预：他们用这 10 分钟写下"他们对即将要做的数学题的想法和感受"（p. 212）。研究者认为，这些想法和感受一旦被表达出来，在考试开始后就不会再争夺学生的工作记忆容量。研究结果发现，表达性写作组的学生在一系列数学问题上的成绩要比控制组的学生好 20%！

下次在你出现考前焦虑时，可以考虑花几分钟时间将自己的想法和感受写出来。这样做你可以释放出取得好成绩所需的工作记忆容量。

研究者们已证明工作记忆容量因人而异。他们设计了几种程序来测量这些差异（Conway et al., 2005）。我们以运算广度（operation span）为例（Turner & Engle, 1989）。首先看**表 7.1**，为了确定运算广度，研究者要求参与者大声读出每道数学题，然后用"对"或"错"来说明答案是否正确。在回答完每道题之后，参与者需要记住题目后面给出的单词。（在实际测试中，参与者算完数学题后才能看到单词，且每次只看到一道题。）在完成所有题目后，参与者需要按照正确的顺序回忆看到的单词。你可以试着做表 7.1 中的题目来感受一下这个任务。运算广度要求人们在从事一个任务（如解数学题）的同时进行另一个任务（如记单词）。正因如此，它可作为一种指标，用以衡量中央执行系统将心理资源分配给不同任务的效率的个体差异。

研究者们会利用工作记忆容量（working memory capacity, WMC）指标来预测人们在各种任务上的表现。例如，在一项研究中，参与者要尽量理解简短文本的意思，同时耳机里播放着无关的演讲内容（Sörqvist et al., 2010）。因为工作记忆容量更大的人能更好地聚焦自己的注意力，所以他们的阅读理解较少受到干扰。另一项研究则考察了工作记忆容量对警察工作表现的影响（Kleider et al., 2010）。研究者让警察观看一系列持枪和未持枪男子的幻灯片。当警察处于消极情绪时（通过观看一段令人不安的视频唤起），那些工作记忆容量较小的警察更可能射击未持枪的目标，且更不可能射击持枪的目标。研究者认为，消极情绪占用了工作记忆资源。对于那些工作记忆容量较小的警察来说，消极情绪使他们没有足够的资源做出准确的决策。

对工作记忆的最后一点说明是，工作记忆有助于你保持心理上的现在感。它为新事件设置了背景，并将分离的情节连接成一个连续的故事。它使你能保持并不断更新你对变化情境的表征，使你能在交谈中跟随相应的话题。所有这些都

表 7.1　运算广度测验的项目示例
对数学题回答"对"或"错"，然后记住题目末尾的单词。一旦你做完所有 4 道题，就把它们挡起来并试着回忆 4 个单词。
$(6 \div 2) - 2 = 2?$SNOW
$(8 \times 1) - 5 = 3?$TASTE
$(9 \times 2) - 6 = 12?$KNIFE
$(8 \div 4) + 3 = 6?$CLOWN

是真实的，因为工作记忆在此起到一个通道的作用，供信息进出长时记忆。现在让我们把注意转向那些能够持续一生的记忆。

STOP 停下来检查一下

❶ 为什么研究者认为映像记忆的容量很大？

❷ 当前对短时记忆容量的估计值是多少？

❸ 把项目进行组块是什么意思？

❹ 工作记忆的成分有哪些？

批判性思考：回忆那个证明了复述对保持短时记忆信息的重要性的实验。在那个实验中，为什么要让参与者连续减 3（例如 167、164、161……）而不是减 1（例如 167、166、165……）？

长时记忆：编码和提取

记忆能保持多久？本章开始的时候，我让你回忆你自己最早的记忆。这段记忆保持了多久？15 年？20 年？还是更久？当心理学家谈到长时记忆时，他们知道记忆通常会持续一生。因此，凡是说明长时记忆如何获得的理论，也必须说明这些记忆在一生中是如何保持可提取性的。**长时记忆**（long-term memory, LTM）是从感觉记忆和短时记忆中获得的所有经验、事件、信息、情绪、技能、单词、范畴、规则和判断的存储库。长时记忆构成了每个人关于世界和自我的全部知识。

心理学家知道，如果将一个重要结论提前陈述出来，获得新的长时信息通常会更容易。先得到一个结论后，你就有了一个框架来理解随后的信息。关于记忆我们可以下一个恰当的结论：当你编码信息的背景与你试图提取它的背景存在很好的匹配时，你的记忆能力最强。在下面几个部分，我们将会看到什么是"好的匹配"。

提取线索

为了探究编码与提取之间的匹配，我们先来讨论一个一般性问题：你是怎么"找到"一段记忆的？最基本的答案是利用提取线索。**提取线索**（retrieval cue）是指你搜索一段特定记忆时可以利用的刺激。这些线索可以是外部提供的，比如测验中的问题（"巴德利和斯佩林的研究分别使你联想到什么记忆概念？"），也可以是内部产生的（"我以前在哪儿见过她？"）。每当你试图提取一个外显记忆的时候，你肯定是为了某个目的，而那个目的通常会提供提取线索。毫无疑问，记忆提取的难易取决于提取线索的质量。如果你的一个朋友问你："我记不得的那个罗马皇帝是谁？"你可能会开始一场猜谜游戏。如果她更换问法："克劳狄乌斯之后的那个皇帝是谁？"你可能马上回答："尼禄。"

为了让你更好地了解提取线索的重要性，我们将重复经典的记忆实验，要求你学习一些词对，一直学到你能正确无误地连续 3 次背出 6 个词对。

Apple—Boat

Hat—Bone

Bicycle—Clock

Mouse—Tree

Ball—House

Ear—Blanket

从长时记忆中提取信息与从庞大的图书馆里检索资料有哪些相似之处？

既然你已经记住了这些词对，是时候让测验变得更有趣了。你需要有一段保持间隔，即你必须把信息保留在记忆中的一段时间。因此，让我们花一点儿时间来讨论研究中用来测试你的记忆的一些程序。你可能以为，你要么知道某些事，要么不知道，任何测量你知道什么的方法都将产生相同的结果。事实并非如此。我们来看看两种外显记忆测验：回忆和再认。

回忆和再认 当你回忆（recall）的时候，你要再现先前接触到的信息。"工作记忆的成分是什么？"就是一个回忆问题。**再认**（recognition）是指认识到某个特定的刺激事件是你以前看到过或听到过的。这是一个再认问题："以下哪个是视觉记忆的术语：（1）回声；（2）组块；（3）映像；（4）抽象编码？"你可以将回忆和再认与你日常的外显记忆体验联系起来。在试图确认一个罪犯的时候，如果警察要求受害者凭记忆描述罪犯的一些显著特征："你是否注意到袭击者有什么不寻常的地方？"他们就是在使用回忆的方法。如果他们向受害者出示来自犯罪嫌疑人档案的照片，一次一张，或者如果他们让受害者在一队嫌疑人中指认罪犯，他们就是在使用再认的方法。

现在让我们用这两种程序测试你几分钟前学习的词对。词对中缺失的词是什么？

Hat—?   Bicycle—?   Ear—?

你能从下列选项中选出正确的词对吗？

Apple—Baby	Mouse—Tree	Ball—House
Apple—Boat	Mouse—Tongue	Ball—Hill
Apple—Bottle	Mouse—Tent	Ball—Horn

再认测验比回忆测验更容易吗？应该是。让我们根据"提取线索"来解释这一结果。

回忆和再认都需要使用线索进行搜索，但再认的线索要有用得多。对于回忆，你只能寄希望于凭借线索去定位信息。而对于再认，你只需要做一部分工作。当你查看词对 *Mouse—Tree* 的时候，你对"我见过这个词对吗？"这一问题只需要回答是或否；而如果看到 *Mouse—?* 时，则需要回答"我见过的词对是什么？"这样一个问题。从这点来看，你可以看到我使这个再认测验变得相当容易。设想我给你呈现的词对改为原始词对的重新组合，下列词对哪些是正确的？

Hat—Clock	Ear—Boat
Hat—Bone	Ear—Blanket

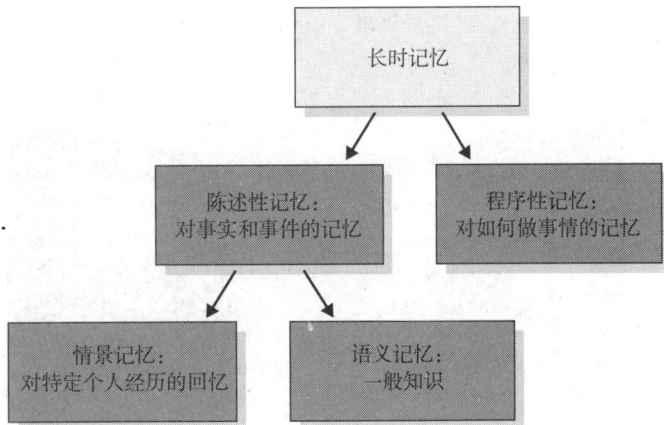

图 7.6　长时记忆的维度

研究者提出人们存储着不同类型的记忆。

现在你不但必须认出你以前见过这个单词，而且还要认出你是在一个特定背景下见到它的（稍后我们会回到关于背景的观点）。如果你多次遇到过棘手的选择题测验，你就会明白，即便是再认测验也不会那么容易。然而在大多数情况下，你的再认成绩会比回忆成绩好，因为再认的提取线索更直接。让我们来看看提取线索的一些其他方面。

情景记忆和语义记忆　在之前关于记忆功能的讨论中，我们对陈述性记忆和程序性记忆进行了区分。根据从记忆中提取所必需的线索这一维度，我们可以对陈述性记忆进行进一步的区分。加拿大心理学家**图尔文**（Tulving, 1972）首先提出将陈述性记忆分为情景记忆和语义记忆（见**图 7.6**）。

情景记忆（episodic memory）独立地保存你亲身体验过的特定事件。例如，你对最快乐的生日和对初吻的记忆就被存储在情景记忆之中。要恢复这类记忆，你需要那些指明事件发生的时间和事件内容的提取线索。你未必能对一个事件形成特定的记忆表征，这取决于信息是如何编码的。例如，你有没有什么特定的记忆可以区分从现在往前数的第 10 次刷牙与第 11 次刷牙的情景？

你所知道的一切，最初都是在特定的背景下获得的。然而，有大量的信息，随着时间的推移，你会在不同的背景下遇到。这类信息的提取逐渐变得与多次体验它们的时间和地点无关。这些**语义记忆**（semantic memory）是通用的或类别的记忆，比如词语和概念的含义。对大部分人而言，像公式 $E = MC^2$ 和"法国的首都是巴黎"这样的事实，是不需要参照获取这些记忆时的情景（最初的学习背景）之类的线索来提取的。

当然，这并不意味着你对语义记忆的回忆是万无一失的。你很清楚自己会忘记很多已经脱离学习背景的事实。当你不能恢复一个语义记忆的时候，有效的策略是再次把它当作情景记忆来对待。你心想，"我知道我在西方文明课中学过罗马皇帝的名字"，这样也许能提供搅动记忆的额外提取线索。

背景和编码

为了继续我们对编码与提取的探讨，我们现在来考虑一下可以称之为"背景冲击"的现象。你看到一个人穿过拥挤的房间，你知道你认识这个人，但就是想不起她是谁。终于，在经过了一段较长时间的凝视后，你记起了她是谁——你意识到问题产生的原因在于你从未在这一特定的背景下见过她。这位平常给你送邮件的女士，在你好朋友的聚会上做什么？当你有这类体验时，你便发现了**编码特异性**（encoding specificity）原理：当提取的背景与编码的背景匹配时，记忆能最有效地浮现。让我们看看研究者是如何证明这一原理的。

对于个人重要的事件保持在情景记忆中，比如与好朋友分离一年后的第一次见面。语义记忆中什么类型的信息可能会促成重聚？

编码特异性　在特定的背景下学习信息的结果是什么？图尔文和汤姆森（Tulving & Thomson, 1973）通过颠倒回忆与再认之间通常的成绩关系，首次证明了编码特异性的力量。

研究特写

要求参与者学习配对的单词，比如 *train—black*，但告诉他们只需要记住每个词对中的第二个单词。在随后的实验阶段，要求参与者由某个单词（如 *white*）自由联想出四个单词。选择这些单词的目的是要使得最初被记忆的单词（如 *black*）可能出现在联想词中。在参与者完成单词联想后，要求他们从联想的单词序列中再认出哪些是在实验第一阶段被要求记忆的词。参与者完成此任务的正确率为 54%。然而，当随后给参与者提供每对单词中的第一个单词，如 *train*，并要求他们回忆与之配对的单词时，他们完成该任务的正确率是 61%。

为什么回忆比再认的成绩还好？图尔文和汤姆森认为，关键在于背景的变化。参与者在 *train* 的背景下学了单词 *black* 后，当背景变为 *white* 时，记忆表征就难以恢复。鉴于即便这么微小的背景都能产生如此显著的影响，你可以预期，丰富多变的现实生活背景将会对你的记忆产生更大的影响。

研究者提供了几个引人注目的背景依赖性记忆（context-dependent memory）的例证。在一个实验中，研究者让佩戴水下呼吸器的潜水员在海滩上或在水下学习一些单词，然后在其中一种背景下测试他们对这些单词的保持成绩。当编码与回忆的背景匹配时，成绩要比不匹配时高近 50%——尽管记忆材料与水或潜水根本无关（Godden & Baddeley, 1975）。当编码和提取的背景在心理学教学楼的第 3 层到第 5 层变化时，研究者证实了对词表也存在类似的背景依赖性记忆效应（Unsworth et al., 2012）。但并非只有词表如此：当学习钢琴的学生在他们第一次学习某小段乐曲的钢琴上再演奏那一段时，其准确性更高（Mishra & Backlin, 2007）。

在我们提供的每个例子中，记忆都是根据外界环境中的某个背景进行编码的，比如测试的房间或钢琴的类型。然而，编码特异性还会基于人们的内部状态而产生。例如，在一项研究中，参与者完成一个自由回忆任务，他们在学习和测试之前饮酒或者服用安慰剂（Weissenborn & Duka, 2000）。一般而言，酒精会损害记忆表现。但是在学习和测试前均饮酒的参与者比只在学习或测试前饮酒的参与者回忆的信息更多。当内部状态提供了编码特异性的基础时，这种效应被称为**状态依赖性记忆（state-dependent memory）**。研究者证实，人们对大麻和安非他明等药物也会发生状态依赖性记忆。而且，如果你服用抗组胺药治疗过敏，你或许会很乐于了解，它们也会带来状态依赖性记忆（Carter & Cassaday, 1998）。当过敏季节到来时，你会如何利用这一知识？

上述编码特异性的例子都指向同一个结论：当你能够重新置身于编码信息时所处的背景或状态时，提取信息最容易。

系列位置效应　背景的变化还可以解释记忆研究中的一种经典效应：**系列位置效应（serial position effect）**。假设一位教授要求你学

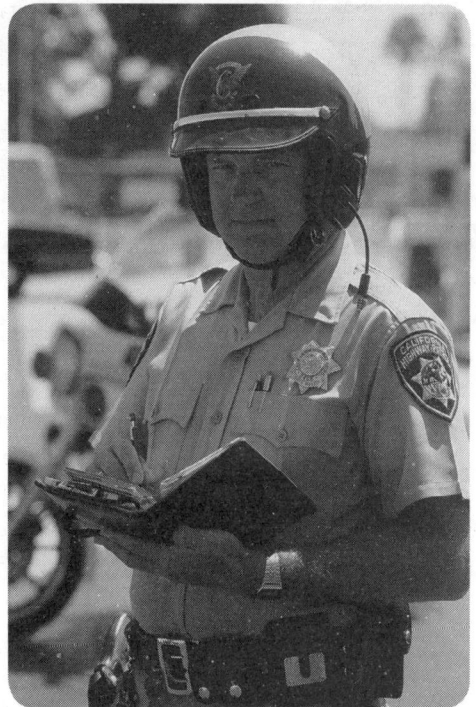

从这个人那里收到一次交通警告之后，为什么在一个聚会上再撞见他时你可能认不出他？

习一系列无关联的单词。如果你试图按顺序回忆这些单词，你的成绩几乎肯定会与**图 7.7** 中的模式一致。你对前几个单词的回忆将非常好（**首因效应**，primacy effect），对最后几个单词的回忆也非常好（**近因效应**，recency effect），但对词表中间部分的回忆相当差。如图 7.7 所示，当要求参与者按照"序列回忆"（"按照你听的顺序背诵单词"）或"自由回忆"（"尽可能多地背诵单词"）回忆不同长度的单词序列（6 个、10 个和 15 个单词）时，这一模式具有普遍性（Jahnke, 1965）。研究者们在各种测验情境下都发现了首因效应和近因效应（Neath & Surprenant, 2003）。今天是星期几？你是否相信，在一周的开始或末尾回答这个问题要比在一周的中间快几乎 1 秒（Koriat & Fischoff, 1974）？

　　背景对系列位置曲线形状的影响与词表中不同项目、生活中不同体验等的时间区辨性有关（Guérard et al., 2010; Neath et al., 2006）。**时间区辨性**（temporal distinctiveness）是指某一特定项目在时间上凸显于或不同于其他项目的程度。理解时间区辨性概念的最简单方法是，将它与空间上的区辨性进行类比。**图 7.8** 提供了这种空间类比。在 A 部分，设想你在凝视火车铁轨，你能看到它们看起来好像在地平线处汇集在一起，尽管它们是等间隔分开的。远处的铁轨没有区辨性，混在一起。相形之下，最近处的铁轨最突出，区辨性最强。

　　现在设想你要回忆自己看过的十部电影。电影就像火车铁轨。大多数情况下，你对最后一部电影的回忆最好（近因效应），因为它在时间上最清晰地凸显出来。同时，这一逻辑表明，如果使每个项目都更有区辨性，那么"中间"信息将变得更容易记住。用类比来表示这一想法就是，如图 7.8 的 B 部分所示，使火车铁轨看似等距离相隔。

研究特写

　　要使铁轨看似等距相隔，工程师们将不得不使远处的铁轨相隔更远。研究者们利用空间与时间的类比，把同样的逻辑运用到记忆测验中（Neath & Crowder, 1990）。他们让参与者设法学习一些字母，但他们操纵了这些字母出现的时间间距。这一操纵是通过让参与者读出呈现在计算机屏幕上的一些随机数字实现的，这些数字出现在字母之间。常规条件下（如图 7.8

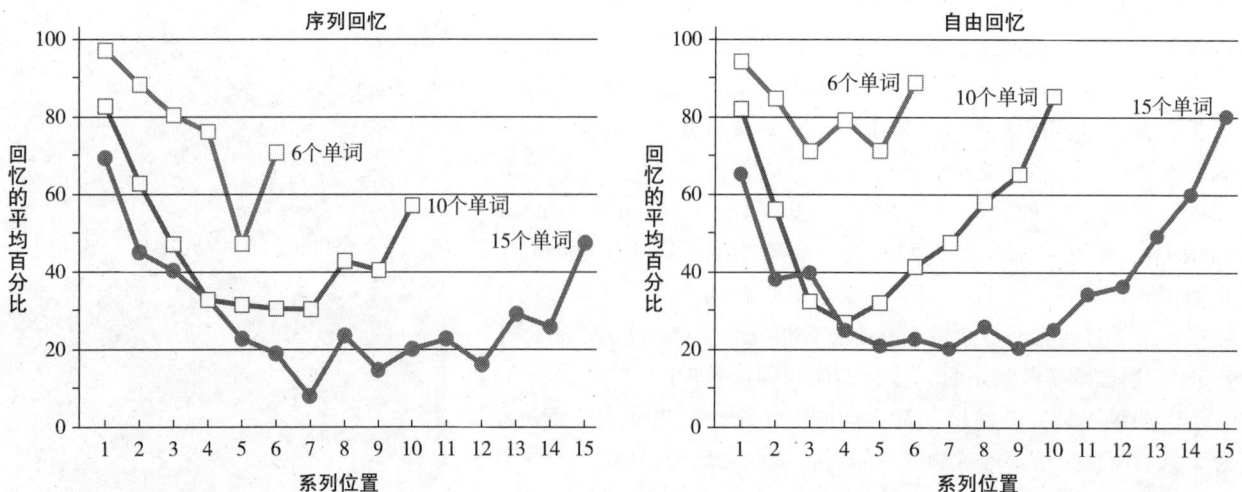

图 7.7　系列位置效应

此图显示了系列位置效应的普遍性。要求学生尝试使用序列回忆（"按照你听的顺序背诵单词"）或自由回忆（"尽可能多地背诵单词"）来记住不同长度的词表（6 个、10 个和 15 个单词）。每条曲线都显示学生对词表的开头（首因效应）和末尾（近因效应）记得更好。

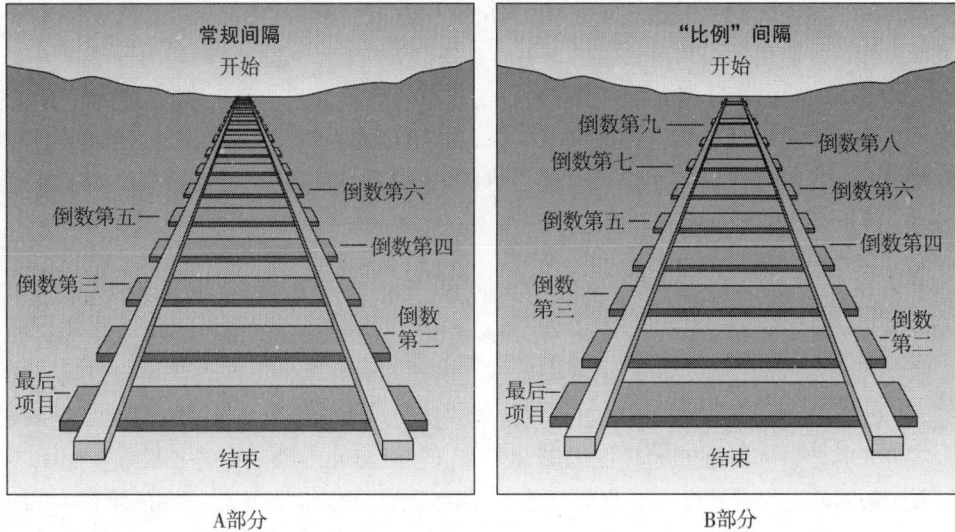

常规间隔	"比例" 间隔
开始	开始

A部分　　　　　　　　　　　　　　B部分

图 7.8　时间区辨性
你可以把存入记忆的项目看作火车铁轨。在 A 部分，你可以设想时间上较早的记忆变得混在一起，就像远处的铁轨。在 B 部分，你看到防止这种效果的一种方法是使"早期的铁轨"在物理距离上相隔更远，这样距离看起来成比例。类似地，你可以通过在心理上把它们分隔开而使早期记忆更有区辨性。

的 A 部分），每对字母被两个数字隔开。比例条件下（如 B 部分），第一对字母被 4 个数字隔开，最后一对字母间没有数字。这将使得早期数字更有区辨性，就像把远处的铁轨移得更开一样。事实上，当列表上的早期项目被分得更开时，参与者对它们的记忆更好。

这个实验表明，标准近因效应的产生是因为最后几个项目几乎自动具有区辨性。同样的原理也可以解释首因效应：每次你开始记忆新东西的时候，你的活动就建立了一个新的时间背景。在那个新背景下，开始的几次经验特别有区辨性。因此，你可以把首因效应和近因效应视为同一段铁轨的两个视图——两端各一个。

编码和提取的过程

到目前为止，我们已经看到编码背景与提取背景的匹配有助于提高记忆表现。现在我们将通过考察信息进出长时记忆的实际过程来完善该结论。本部分将采取一种名为**迁移适宜性加工**（transfer-appropriate processing）的视角：当编码时的加工类型迁移至提取时所需的加工时，记忆表现最好（Roediger, 2008）。我们来回顾一下阐明这一视角的研究。

加工水平　让我们首先谈一个观点，即你对信息的加工类型——编码时你对信息的注意类型——将会影响你对信息的记忆。**加工水平理论**（levels-of-processing theory）表明，信息的加工水平越深，越可能进入记忆（Craik & Lockhart, 1972; Lockhart & Craik, 1990）。如果加工涉及更多的分析、理解、比较和阐释，那么记忆效果就应该更好。

加工深度通常根据参与者对实验材料所做判断的类型来定义。以单词 GRAPE 为例，你可以做个外形判断：这个单词是用大写字母写的吗？或者做一个押韵判断：这个单词和 tape 押韵吗？或者做一个语义判断：这个单词代表一种水果吗？你是否发现上述每一个问题都要求你对单词 GRAPE 进行更深入一些的思考？事实上，参与者最初的加工越深，他们记住的单词就越多（Lockhart & Crail, 1990）。

为什么加工深度会影响记忆？一种解释是，人们"更深"水平的加工与提取时所需的加工更为匹配（Roediger et al., 2002）。当你使用外显的记忆过程去记一个单词时，你通常使用关于其语义的信息（而非外形等信息）。这样，编码时的语义判断就能更好地匹配提取过程。这种解释使加工水平效应成为了一种迁移适宜性加工。

基于加工水平的记忆表现证实了信息存入记忆的方式——你用于编码信息的心理过程——影响着你以后能否提取那一信息。但是，到目前为止我们只讨论了外显记忆。接下来我们将会看到，编码加工与提取加工的匹配对内隐记忆尤其重要。

加工和内隐记忆　回忆一下，内隐和外显这一维度既适用于编码也适用于提取过程（Bowers & Marsolek, 2003）。例如，在很多情况下，你会以内隐的方式来提取你最初以外显方式编码的记忆。你喊出某个好朋友的名字时并不需要花费任何特定的心理努力。即便如此，内隐记忆也揭示了内隐编码加工与内隐提取加工匹配的重要性。

研究者经常通过证明同样的编码背景对人们外显和内隐记忆任务的表现影响不同来探索内隐记忆的特性。让我们思考一项测量马拉松运动员记忆表现的研究（Eich & Metcalfe, 2009）。马拉松组的成员刚刚完成了纽约市的马拉松比赛；控制组的成员也是马拉松运动员，但他们在马拉松比赛的前一到三天就完成了记忆测验。每一组的成员在实验开始时都要评价 26 个单词的愉悦度。愉悦度评价要求参与者思考单词的语义，但不必刻意记住单词。接下来，参与者要完成一项叫作词干补笔的内隐记忆测验。在该任务中，参与者看到一个词干，比如 *uni_____*，然后写下他们想到的第一个词。假设 unicorn 在最初的单词列表中。人们对 *uni_____* 的反应可能是 *unicorn*，但没有意识到最初词表的影响。最后，参与者需要完成一项外显记忆任务，他们要以外显的方式尽力回忆他们之前评过分的单词。

跑马拉松会对记忆表现有何影响？研究者认为，跑步压力会使人们更难编码外显信息。因此，外显记忆在跑完马拉松后应该会受不利影响。然而，内隐记忆任务只依赖于原始刺激与测验所给信息的物理匹配。无论使人们将 unicorn 编码为物理刺激的知觉过程是什么，当人们完成 *uni_____* 的词干补笔任务时，同样的知觉过程也会使人们记起该物理刺激。基于这一分析，内隐记忆应该不受马拉松过后的压力的影响。事实上，研究者提出，马拉松组的内隐记忆甚至可能优于控制组：跑完马拉松后的压力可能使他们更关注单词的物理特性而非词义。

实验结果如**图 7.9** 所示。如你所见，马拉松组确实有着较差的外显记忆和较好的内隐记忆。你可能对用"回忆比例"作为外显记忆的测量指标比较熟悉，但对内隐记忆的测量指标不太熟悉。这一测量指标被称作**启动**（priming），因为参与者对单词的第一次经历会在随后的经历中启动记忆。这一测量指标表示，与 unicorn 不在最初的单词列表里相比，当 unicorn 在最初的单词列表中时，参与者用 unicorn 来补全 *uni_____* 的可能性大了多少。（对某些参与者来说，unicorn 未出现在他们所见的单词列表中。）图 7.9 显示了马拉松组和控制组的启动效应，马拉松组的要强一些。

这个实验展示了基于知觉加工（编码单词的物理特性）的启动。当概念加工在编码和提取阶段都起作用时，也会出现启动效应。

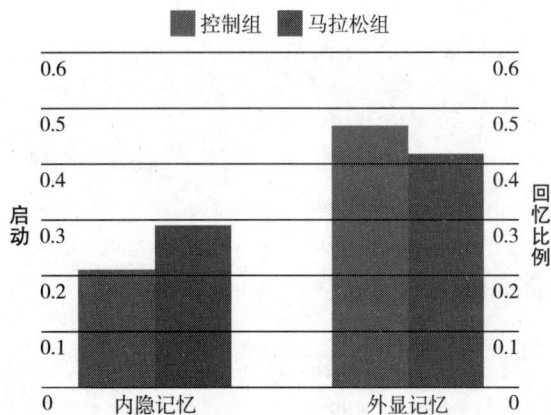

图 7.9　内隐和外显记忆表现的比较
在跑完马拉松后，运动员的外显记忆表现较差。然而，他们的内隐记忆表现要优于控制组的成员。

　　一组研究者希望证明概念信息的启动可以维持 4~8 周（Thomson et al., 2010）。他们在加拿大的一所大学教书，故而用美国某些州的名字作为刺激材料。研究者每年在学期初向几个班介绍美国的一个州（每年介绍的州都不同），连续 10 年。他们在一个关于记忆提取的讲座中介绍这个目标州。例如有一年，他们在讲座上建议，记住美国各州的一个好方法就是按照字母表进行回忆。他们提到，"当你看到字母'D'时，你很有可能会想起 Delaware"（p. 43）。每个学期，在讲座的一到两个月后，研究者要求学生写下所有 50 个州。通过多年的比较，研究者证明，如果某个州在前面的讲座被提到过，学生们想起它的可能性要大得多。

　　你可能认为，参与者之所以能想起目标州，是因为他们记得教授在课堂上提到过它。然而，当研究者询问学生关于他们先前的记忆时，基本没有学生记得学期初发生了什么。基于上述反应，研究者得出结论：特定州的概念启动保持了一到两个月的时间！

　　内隐记忆的保持时间之长给你留下了深刻印象吗？你应该记住这些结果，因为我们接下来将讨论记忆加工不遂人意的情况。

我们为什么会遗忘

　　大多数时间，我们的记忆运转良好。当你看到新结识的一个人向你走来时，你能立刻从记忆中提取她的名字。不幸的是，有时你只能尴尬地向她点点头——你发现自己想不起她的名字。为什么会这样？有些答案我们已经讨论过。例如，你可能是在一个与你当初知道这个名字时非常不同的背景下试图回忆这个人的名字。不过，研究者们已考察了遗忘的其他原因。事实上，发表于 1885 年的最早的正式记忆研究直接探讨了这一主题。让我们首先看看这一工作。

艾宾浩斯对遗忘的量化　　遗忘研究的先驱是德国心理学家**赫尔曼·艾宾浩斯**（Hermann Ebbinghaus, 1850—1909）。他以自己为研究对象。在每次学习的开始阶段，他会从头到尾通读无意义音节（如 *CEG* 或 *DAX*）词表，一个一个地读，直到读完整个序列。然后按照相同的顺序再通读这个序列，不断重复，直到他能按正确顺序背诵所有的条目。然后，他强迫自己学习其他的词表来分心，不让自己去复述最初的音节词表。在这段间隔后，艾宾浩斯通过计算重学最初的音节序列所需要的遍数来测量他的记忆。如果他重学需要的遍数比最初学习需要的遍数少，那就说明最初学习的信息已被保存。（你在第 6 章中应该已经熟悉这个概念了。回想一下，当动物重学一个条件反应的时候通常会节省一些时间。）

　　举例来说，如果艾宾浩斯学会一个序列用了 12 遍，而几天后重学这一序列只用了 9 遍，那么他在那段流逝的时间里的节省成绩为 25%（12 遍 − 9 遍 = 3 遍；3 遍 ÷ 12 遍 = 0.25，即 25%）。使用节省成绩作为测量指标，艾宾浩斯记录了不同时间间隔后的记忆保存程度。他获得的曲线如**图 7.10** 所示。正如你所看到的，他发现记忆在最初迅速流失。事实上，在 1 小时后，艾宾浩斯就已经不得不花最初一半的学习时间来重学词表。在起初的快速遗忘阶段之后，遗忘速度逐渐下

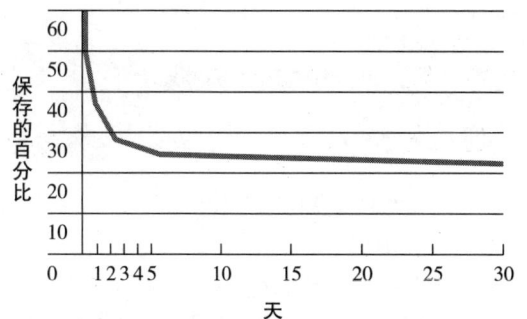

图 7.10　艾宾浩斯遗忘曲线
艾宾浩斯使用节省法计算了他在 30 天内的无意义音节保存量。曲线显示了他在起初的快速遗忘后进入变化很小的稳定期。

降（Ebbinghaus, 1885/1964）。

你在生活中曾无数次体验过艾宾浩斯遗忘曲线所揭示的模式。请思考一下你是多么不情愿在复习完一周后才进行考试。因为你从经验中知道所学的大多数东西都将想不起来了。同样，刚刚记住一个名字后，你很容易就能回忆起来；但是，如果你一直不回忆，一周后你可能会想，"我曾经记得她的名字啊"！

干扰 你忘记自己一周前记得的某个名字，还有其他原因吗？一个重要的原因是，你不是只习得了这个名字。在你知道这个名字之前，你大脑中已经存储了许多其他人的名字；当你知道这个名字后，你可能又习得了一些新的名字。其他名字对你提取此刻所需的名字产生了不利影响。为了更正式地说明这一点，我想让你学一些新的词对。还是老办法，记忆下列词对直到你能正确无误地连续重复它们三次。

Apple—Robe

Hat—Circle

Bicycle—Roof

Mouse—Magazine

Ball—Baby

Ear—Penny

你做得怎么样？仔细看看这个词对表。你可以看出发生了什么——每个旧的提示词配了一个新的反应词。学习这些新词对对你来说是否更难？你是否认为现在回忆那些旧词对对你来说也变得更难了？（不妨试一试。）这两个问题的典型答案都是肯定的。这个简短的练习能让你感觉到记忆之间是如何互相竞争或干扰的。

当你努力区分你对各次刷牙情景的记忆时，你就已经考虑了干扰问题在现实生活中的例子。这些特定记忆是相互干扰的。**前摄干扰**（proactive interference）（前摄是指"对今后的作用"）是指过去获得的信息使你获得新信息更为困难（见**图 7.11**）。**倒摄干扰**（retroactive interference）（倒摄是指"对以前的作用"）是指新信息的获得使你对旧信息的回忆变得更困难。我给出的词表证明了这两类干扰的存在。如果你曾换过电话号码，你便体验过前摄和倒摄干扰。刚开始，你也许发现记住新号码很难——旧号码总是从脑海中跳出来（前摄干扰）。然而，在你最终能够可靠地再现新号码之后，你也许会发现自己不能记起旧号码——即使你已经用了很多年（倒摄干扰）。

艾宾浩斯是第一位通过实验严格证明记忆干扰现象及很多其他记忆现象的研究者。艾宾浩斯在学习了几十个无意义音节序列之后，发现自己遗忘了约 65% 的正在学习的新音节序列。50 年后，美国西北大学的学生学习了艾宾浩斯的音节序列后得到了同样的结果——在用很多序列做了很多次试验之后，学生前面学习的内容对他们回忆当前的一些序列产生了前摄干扰（Underwood, 1948, 1949）。

本小节给出了一些你可能会遗忘信息的原因。现在似乎是转向另一些研究的好时机，它们就如何改善记忆功能提供了一些建议。

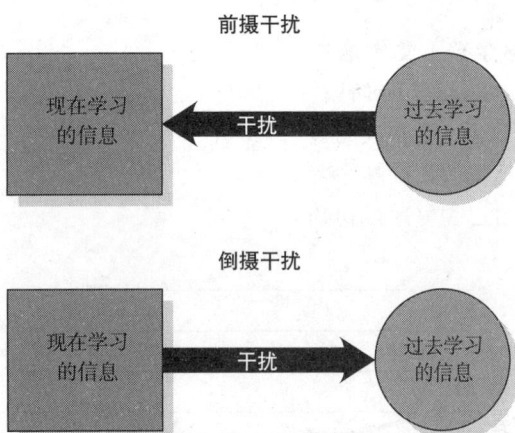

前摄干扰

现在学习的信息 ← 干扰 — 过去学习的信息

倒摄干扰

现在学习的信息 — 干扰 → 过去学习的信息

图 7.11 前摄干扰和倒摄干扰

前摄干扰和倒摄干扰有助于解释为什么编码和提取记忆有时会很困难。你过去所学的东西让你现在编码新信息更困难（前摄干扰）。你现在所学的东西让你提取旧信息更困难（倒摄干扰）。

资料来源：Baron, Robert A., *Psychology*, 5th Edition, © 2001. Printed and electronically reproduced by permission of Pearson Education Inc., Upper Saddle River, New Jersey.

改善对非结构化信息的记忆

读完这部分之后，你应该会对如何提高日常的记忆表现——怎样能记得更多，忘得更少——有一些具体的想法。（本章稍后的"生活中的批判性思维"专栏将结合如何准备考试来帮你巩固这些想法。）你已经知道，若要恢复某个信息，最好在一个与最初获得它时相同的背景下进行，或者做一个与最初获得时同一类型的心理任务。但是我们仍要帮你解决一个略微不同的问题。它涉及编码非结构化的或随意的信息。

例如，想象一下你是一家商店的职员。你必须设法记住每位顾客想要的东西："那位穿绿色宽松上衣的女士需要一把篱笆剪和一条花园用的浇水软管。那位穿蓝色衬衫的男士需要一把钳子、六枚小螺丝钉和一把油漆刮刀。"事实上，这一情节非常接近于研究者要求你记忆词对的那种实验。你是怎样着手学习我前面呈现的词对的？任务也许有些令人厌烦，因为这些词对于你并没有特别的意义，而没有意义的信息是很难记忆的。要设法把正确的东西给正确的顾客，你需要使这些配对看起来不那么随意。让我们来探讨精细复述和记忆术。

精细复述 改善编码的一般策略叫作**精细复述**（elaborative rehearsal）。这一技术的基本理念是，当你复述信息，也即你第一次将它存入记忆时，你精细地加工材料以丰富编码。一种方法是，创造一种关系使联想看起来不那么随意。例如，如果你想记住词对 Mouse—Tree，你可以想象一幅画面：一只老鼠窜到树上去寻找奶酪。当你把分离的信息片段编码成这类小故事时，你的回忆表现就会更好。在商店情境中，你能否快速编造一个故事将每位顾客与恰当的货物联系起来？（只要多加练习就可以做到。）你可能已经猜到，给你的故事配上一幅心理画面，即一个视觉表象，对改善记忆通常也非常有用。视觉表象可以促进你的回忆，因为它同时给你提供了言语和视觉记忆的编码（Paivio, 2006）。

精细复述还可以帮助你避免所谓的"下一个"效应。例如，当人们排在下一个发言时，他们经常不记得正好在他们前面的那个人所说的话。如果你曾有过这样的经历，一圈人站在一起，每个人报出自己的名字，你也许非常熟悉这种效应。紧挨在你前面的那个人的名字是什么？这种效应的原因可能是你把注意力转移到了准备自己的发言或者说出你自己的名字上（Bond et al., 1991）。为了应对这种转移，你应该使用精细复述的策略，把注意集中于你前面的人，丰富你对她名字的编码："丽莎——她像蒙娜丽莎一样微笑。"

记忆术 另一种改善记忆的方法是利用一些被称为记忆术的心理策略。**记忆术**（mnemonics，来自希腊语，意思是"记住"）是指通过将事实与熟悉的、以前编码过的信息联系在一起，来编码一长串事实的技术。很多记忆术奏效是因为可以提供现成的提取线索，帮助组织原本无序的信息。这些记忆术也鼓励你使用视觉表象：如前所述，视觉表象可在你复述新信息时提供有效的精细加工。

考虑一下地点法（method of loci），它最初被古希腊演讲家所采用。Loci 的单数是 locus，指"地点"。地点法是将你需要记的一系列名字或物体的顺序（或者对演讲家来说，是长篇演讲的各个部分），与你熟

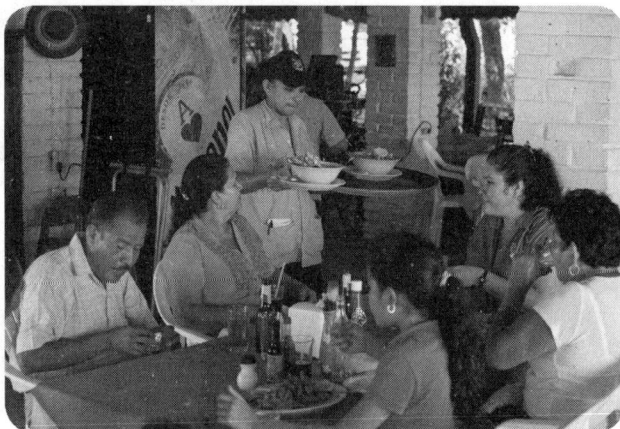

服务员可如何使用精细复述或记忆术来准确地上菜？

图 7.12　地点法
在地点法中，你将要记忆的项目（比如购物清单上的物品）与一条熟悉的路线（例如你往返学校的路线）上的各个地点联系起来。

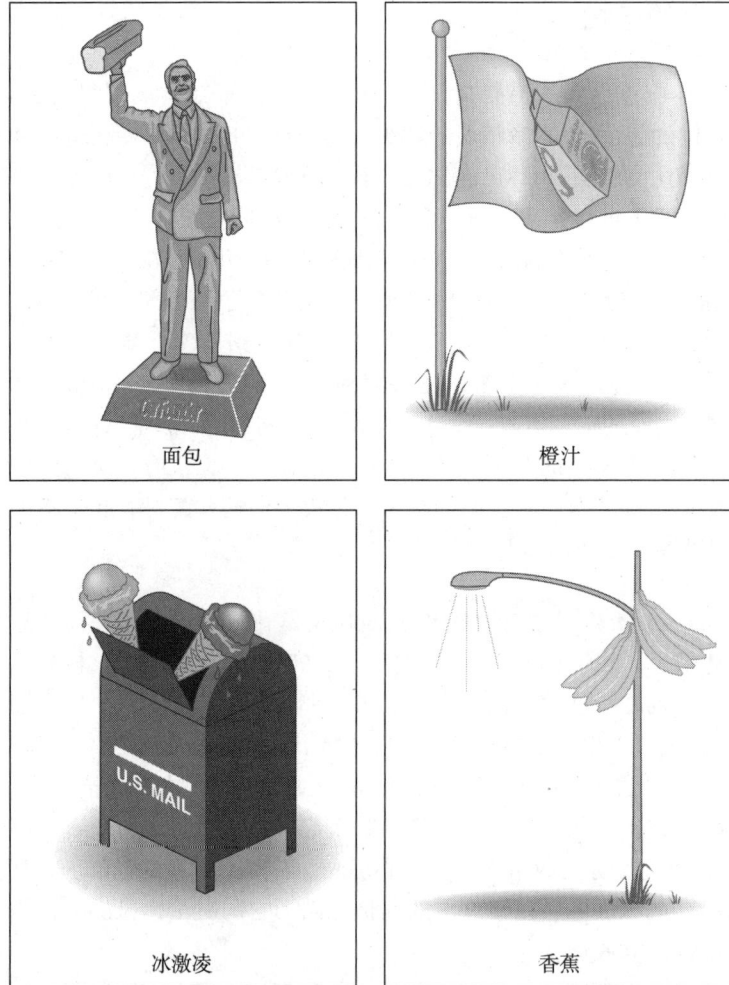

面包

橙汁

冰激凌

香蕉

悉的一些地点的某种顺序联系起来。为了记住一个购物清单，你可以在心中将每个物品沿着你从家到学校的路线顺序排列。以后要回忆这个清单的时候，你在心中走过这条路线，找到与每个地点相联系的物品（见**图 7.12**）。

　　桩 – 词法（peg-word method）与地点法类似，只是你要把序列中的项目与一系列线索而不是熟悉的地点相联系。桩 – 词法的线索通常是一系列将数字与单词相联系的押韵词。例如，你可以记 "one is a *bun*" "two is a *shoe*" "three is a *tree*" 等。然后，你可以将序列中的每个项目与适当的线索关联在一起。例如，历史老师要求你按顺序记住罗马帝国的统治者。你可以想象奥古斯都正在吃一盘面包（buns），提比略穿着超大号的鞋（shoe），卡里古拉坐在树（tree）上，等等。可以看出，学习无序信息的关键是以一种能为你自己提供有效提取线索的方式来编码信息。

元记忆

　　假设你现在非常想回忆起某事，你尽最大的努力去利用一些反映编码背景的提取线索，但你就是想不起那些信息。你之所以花费如此大的努力回忆，部分原因在于你确信自己拥有那些信息。但你对你记忆的内容如此自信对吗？像这样的问题——你的记忆是如何工作的或你如何知道你拥有什么信息——都是**元记忆**（metamemory）问题。

元记忆的一个主要问题是你的*知道感*（feelings-of-knowing）——你确实把信息存储在了记忆中的主观感觉——在什么时候以及为什么是准确的。关于"知道感"的研究是 J. L. 哈特（Hart, 1965）开创的，他通过询问学生一系列的一般知识问题来开始他的研究。请思考下面的问题："太阳系中哪个行星最大？"你知道答案吗？如果不知道，那你会怎样回答这个问题："尽管我现在不记得答案，但如果给我几个选项，我能从中选出正确答案吗？"这是哈特给学生呈现的一个问题。他让他们给出从 1（表示他们非常不确定能选对）到 6（表示他们非常确定能选对）的评级。你的评级是什么？现在这里有一些选项：

a. 火星
b. 金星
c. 地球
d. 木星

如果你做了准确的"知道感"判断，与你给出 6 的评级相比，评级为 1 时，你得到正确答案 d 的可能性应该会更小。（当然，为了做一个公平的测验，你实际上需要回答一系列问题）。哈特发现，当参与者给出的评级为 1 时，他们正确回答问题的比率只有 30%，而评级为 6 则预示着 75% 的成功率。这是非常令人印象深刻的证据，表明"知道感"可以是准确的。

每次准备考试时，你可能都会做出另一种叫作学习判断（judgment-of-learning，JOL）的元记忆判断。学习判断是你对自己学得有多好的估计。研究表明，学生会利用学习判断来决定如何分配学时（Metcalfe, 2009）。他们会花更多的时间复习自认为还没有掌握好的材料。这一现实做法引发了一个重要的问题：学习判断能否让人们预测自己未来的考试成绩？你应该希望答案是"肯定的"。如果你认为自己学过某些信息，那么你会希望这意味着，你实际上学会了相关的学习材料。然而，正如你可能预料的那样，这一问题真实的答案是"有时能，有时不能"。研究者投入了大量精力试图理解学习判断何时能预测未来的成绩（Rhodes & Tauber, 2011; Undorf & Erdfelder, 2011）。大量的此类研究关注编码时的活动如何影响学习判断。因此，你应该问自己的最重要的问题是："为什么我认为我了解（或不了解）这一材料？"

现在你对信息如何进出记忆已有了相当多的了解。你知道编码背景与提取背景间的"好匹配"意味着什么。下一节将把焦点从记忆过程转移到记忆内容上。

STOP 停下来检查一下

❶ 回忆背景和再认背景哪个通常能提供更多的提取线索？
❷ 在一个聚会上，为什么你能最好地回忆起第一个跟你聊天的人？
❸ 迁移适宜性加工视角指什么？
❹ 在英语课上，你背下来了《乌鸦》（美国作家爱伦坡的叙事诗——译者注），但是你再也背诵不出上周老师布置的内容。这是前摄干扰还是倒摄干扰？
❺ 你怎样利用地点法记住元素周期表上的元素顺序？
❻ 什么是学习判断？

批判性思考：请回忆测试学生们对美国州名的内隐记忆的实验。为什么每次重复实验时，研究者会选用不同的州名？

记忆研究如何帮助你准备考试

批判性思维的一个重要用途是将新知识运用到生活中的重要任务上。在阅读有关记忆的研究时，你可能会问："这些研究将如何帮助我准备下一次考试？"让我们看看从这种批判性思维中可以得出哪些建议。

- 编码特异性。请回想一下，编码特异性原则表明提取的背景应该与编码的背景匹配。在学校里，"背景"通常指"以其他信息为背景"。如果你总是在相同的背景下学习某些材料，你可能会发现在一个不同的背景下提取它们很困难。一种解决方法是，即使在学习的时候你也要变换背景，并把不同主题的问题混合起来考考自己。如果你在考试时想不起来某些内容，请尝试借助尽可能多的提取线索来恢复最初的背景："让我想一想，我是在学习短时记忆的那一课中听到这

个内容的……"

- 系列位置。系列位置曲线表明，在大多数情况下，个体对呈现在"中间"的信息的回忆效果最差。事实上，与一堂课的开始或结尾部分相比，大学生更难做对与课堂中间内容有关的试题（Holen & Oaster, 1976; Jensen, 1962）。听课时你应该提醒自己特别注意中间的学习内容。学习的时候，你应该投入更多时间和精力在要学习的材料上，确保每次不是以相同的顺序来学习这些材料。

- 精细复述和记忆术。当你准备考试的时候，有时你会感觉自己在试图记忆"非结构化的信息"。例如，你可能需要记住五因素人格模型的维度（见第 13 章）。这感觉就像 5 个项目的序列，所以你需要自己设法提供结构，以创造性的方式使概念形成视觉表象，或者将

概念编到句子或故事里。对于五因素模型，我用的记忆术是"OCEAN"。在学习第 13 章时，看看它对你是否有帮助。

- 元记忆。关于元记忆的研究表明，人们通常对自己知道什么和不知道什么有很好的直觉。如果考试时间有限，你就应该让直觉来指导你如何分配时间。例如，你可以快速地把所有测验题读一遍，看看哪些题目给你的知道感最强。

在你阅读来自记忆研究的基本事实时，你可能没有立即看出如何运用这些信息。现在你能看出批判性思维将如何让你将心理学知识直接应用到你的生活中吗？

- 为什么在考前复习时打乱自己的课程笔记是一个好主意？
- 教授应该如何帮助学生克服系列位置对他们学习课堂内容的影响？

长时记忆的结构

到目前为止，我们的重点一直放在你如何编码信息以及随后如何从记忆中提取信息。本节将聚焦于记忆存储的一个重要方面：你在不同时间获取的信息是如何在海量有组织的知识中表征的。例如，回想一下我曾让你判断葡萄（上文中的 GRAPE——译者注）是不是一种水果，你能很快地回答"是"。豪猪是一种水果吗？番茄呢？在本节中，我们将考察这类判断的难度与信息在记忆中的结构方式之间的关系。我们还将讨论记忆组织怎样使你对不能准确回忆的经验内容做出最好的猜测。

记忆结构

记忆的一个必不可少的功能是把相似的经验联系起来，使你能在与环境的互动中发现各种模式。你生活在一个充满无数单一事件的世界里，你必须不断从中提取信息，将它们组合成一个你能够在心理上进行管理的更小、更简单的集合。但显然你不需要去花费任何特定的意识努力来发现世界中的结构。你不太可能正式地在心中想过这样的事情："这是一个厨房里应该有的东西。"你通过日常经验就获得了反映环境结构的心理结构。让我们来看看你在对世界每时每刻的体验中所形成的记忆结构的类型。

类别与概念　我们首先看一下第 10 章将会讨论的一个主题——儿童要理解一个单词（例如小狗）所必须经历的心理努力。为了学习这个单词的语义，儿童必须能够存储小狗这一单词被使用的每个实例以及相应的背景信息。通过这种方式，儿童发现了小狗所代表的共同核心体验——四条腿的毛茸茸生物。儿童必须获得这样的认识：小狗不仅用于指一个特定动物，而且指整个一类生物。这种将个别经验进行归类（对它们采取相同的行动或给它们以相同的标签）的能力是具备思维能力的有机体最基本的能力之一（Murphy, 2002）。

你对类别形成的心理表征称为**概念**（concept）。例如，小狗这个概念命名了小孩在记忆中收集起来的关于狗的经验的心理表征的集合。（正如我们在第 10 章将会看到的，如果儿童还没有修正他对小狗的含义的理解，这个概念也许还会包含一些成人所认为的不合适的特征。）你已经获得了大量的概念。你有代表客体和活动的概念，例如谷仓和棒球运动。概念也可以代表特征，例如红色或大；代表抽象思想，例如真理或爱；代表关系，例如比谁更聪明或是谁的姐姐。每个概念都代表你对世界的经验的一个概括单元。

当考虑你在世界上体验到的诸多类别时，你会发现某些类别成员很典型或不那么典型。当思考鸟这样一个类别时，你可能就会产生这样的直觉。你可能会认为知更鸟是一种典型的鸟，而鸵鸟和企鹅是非典型的。类别成员的典型程度具有现实意义。例如，经典研究表明，人们对一个典型的类别成员要比对非典型的成员反应更快。你确定知更鸟是一种鸟的反应时要比确定鸵鸟是鸟更短（Rosch et al., 1976）。但为什么人们认为知更鸟是更典型的鸟类，而鸵鸟不是？这个问题的答案往往强调家族相似性，即典型的类别成员具有与类别中许多其他成员重合的属性（Rosch & Mervis, 1975）。知更鸟有着你认为与鸟类有关的大部分属性——它们大小正好、会飞等。相反，鸵鸟的块头很大而且不会飞。这些例子表明，家族相似性在典型性判断上起着一定的作用。然而近年来的研究表明，最典型的类别成员也是理想的类别成员。

类别的形成——如什么是健康的莴苣、香甜的瓜或美味的西红柿——如何帮助你做日常决策，如晚餐买什么？

研究特写

一个研究团队招募了来自两个不同群体的参与者，他们都有着几十年的捕鱼经验：一组参与者是美国土著梅诺米尼族印第安人，来自威斯康星州的中北部；另一组是欧裔美国人，来自地理位置大致相同的地区（Burnett et al., 2005）。本实验之所以选择这两个群体，是因为他们心目中最理想的或者说最渴求的鱼的种类并不一样。例如，梅诺米尼人认为鲟鱼是神圣的。研究者给参与者呈现了 44 张卡片，上面印有当地鱼类的名字。参与者对这些卡片进行分组——研究者将参与者在给鱼分组时说出的理由（例如好吃）作为渴求性指标。而且，参与者还评估了每一种鱼在多大程度上属于"鱼"类。研究者发现渴求性与典型性之间的相关系数为 0.80。（回想一下，第 2 章提到相关系数的范围在 –1.0 到 +1.0 之间。）这个令人印象深刻的证据表明，参与者关于"理想"鱼的观念在他们对典型性的判断中起着重要作用。另外，典型性评分受人们在渴求性上的文化差异的影响。例如，与欧裔美国人群体相比，梅诺米尼组参与者认为鲟鱼是更典型的鱼类。

如果你没有太多的捕鱼经验，与那些参与者相比，你可能对自己想要什么鱼没有那么明显的感觉。然而，你可以想想那些你非常熟悉的类别，来看看"你认为某种东西是理想的"这一观念如何影响你对其典型性的判断。

层级和基础水平　概念并不是孤立存在的。它们通常排列成有意义的组织，如**图 7.13** 所示。比如动物这个大类包括鸟、鱼等许多子类别，而这些子类别又包括像金丝雀、鸵鸟以及鲨鱼和三文鱼这样的范例。同时动物这一类别本身又是生物这个更大类别的子类别。概念也与其他类型的信息相关联，你存储着这些知识：一些鸟是可食用的，一些濒临灭绝，一些是国家的象征等。

在这种概念层级中似乎存在一个水平，在这个水平上人们可以最好地对物体进行归类和思考。这一水平被称为**基础水平**（basic level）（Rosch, 1973, 1978）。例如，当你在食品店买苹果时，你可以把苹果叫作一种水果，但这显然不够精确；你也可以把苹果叫作红富士，但这又太具体了。在这个例子中，苹果就是基础水平。如果给你看一个这样的物体的图片，你可能叫它"苹果"，而且比叫它水果的速度要快（Rosch, 1978）。基础水平源于你的日常经验。与水果和红富士等替代词相比，你更可能遇到苹果这个词。但是如果你是种苹果的，那么你可能会经常提到红富士或嘎啦苹果。基于这些日常经验，你的基础水平很可能会移向更低的层级。

图 7.13　按层级组织的概念结构

动物这个类别可以被分成鸟、鱼等子类别；同样地，每个子类别也可以进一步细分。一些信息（比如有皮肤）可以用到这个层级结构的所有概念上；但另一些信息（比如会唱歌）只能用到低层级的概念（比如金丝雀）上。

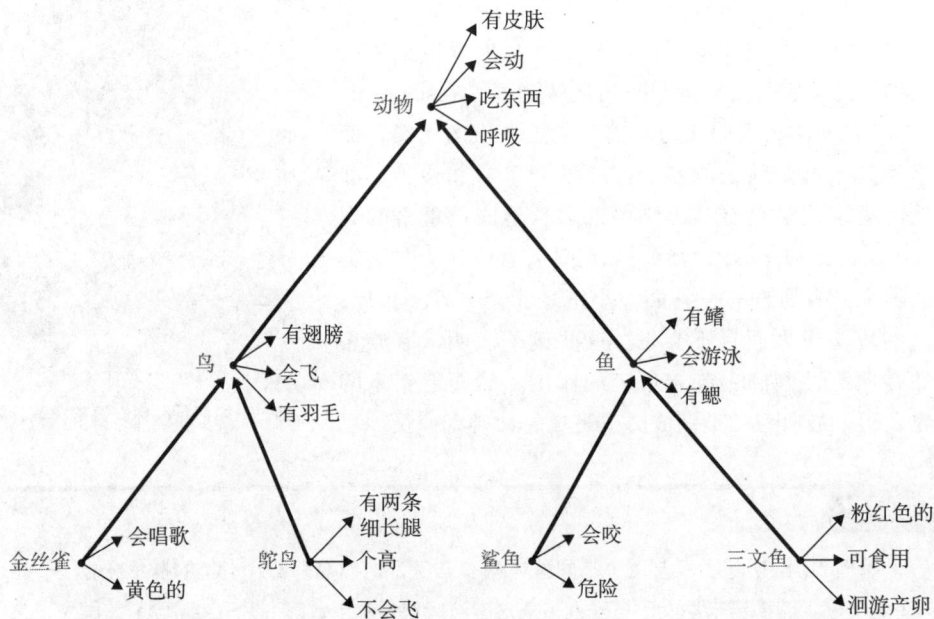

图式 我们已经看到概念是组成记忆层级结构的砖瓦。概念同样也是构成更复杂的心理结构的砖瓦。请回忆一下图 7.1。为什么你立即知道兔子在厨房中是不适宜的？如前所述，这个判断依赖于内隐记忆，但是我并未说明你使用的是什么类型的记忆结构。很明显，你需要的是记忆中的某种表征，它将厨房的一些独立概念（你关于烤箱、水池和冰箱等的知识）组合成一个更大的单元。我们把这个大的单元叫作图式。**图式**（schema）是关于物体、人和情境的概念框架或知识群。图式是对你关于环境结构的经验进行综合概括和编码的"知识包"。你有关于厨房和卧室、赛车手和教授、惊喜派对和毕业典礼的图式。脚本是一种更具体的记忆表征，详细说明事件如何随时间而展开（Schank & Abelson, 1977）。例如，你可能已经编码了详述你在去餐厅或去看医生时会发生什么的脚本。

后续章节将给出更多塑造你日常经验的图式类型的示例。例如，在第 10 章我们将看到，儿童与父母所形成的依恋关系将为其未来的社会互动提供图式。在第 13 章，我们将看到你拥有自我图式——能让你组织与你有关的信息的记忆结构。

有一点恐怕你已经想到了，图式并不包括你所有不同体验的每一个细节。图式代表的是你对环境中诸多情境的一般经验。因此，图式并不是永恒不变的，而是随着生活事件的变化而变化的。你的图式也只包括那些你充分注意的细节。例如，当要求大学生画出硬币（美元）正面的图案时，他们几乎都忽略了"liberty"这个词，尽管这个词在每一枚硬币的正面都有（Rubin & Kontis, 1983）。这个例子说明你的图式精确地反映了你注意到的外部信息。下面就让我们看一下你使用概念和图式的全部方式。

使用记忆表征 让我们考虑一些记忆结构发挥作用的例子。首先，我们看一下**图 7.14**中的 A 部分。它是什么？尽管它确实是一个不寻常的类别成员，但你可能轻易地就得出了"它是椅子"的结论。然而为了得到这个结论，你需要动用该类别成员的记忆

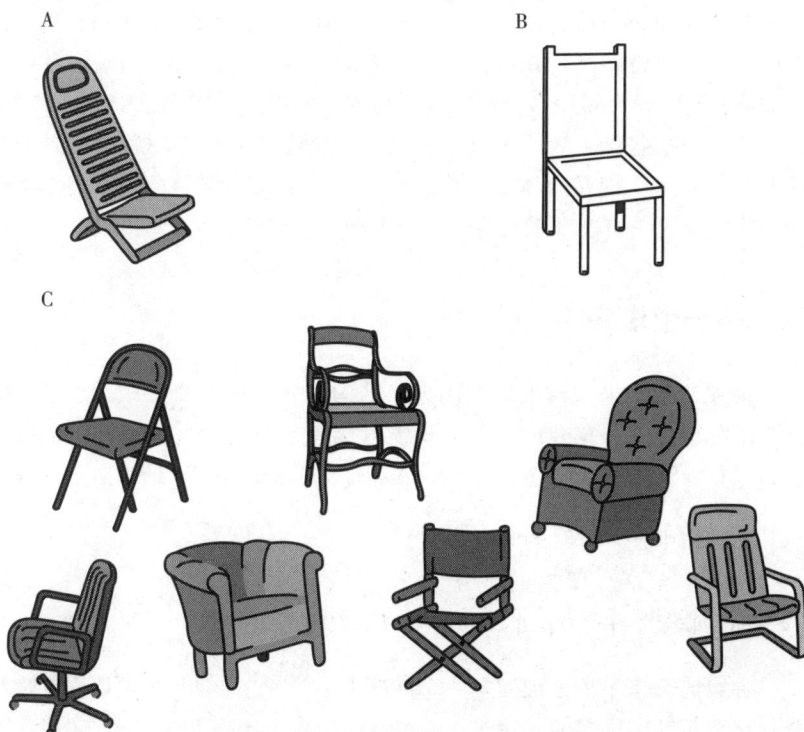

图 7.14 归类理论
A 这个不寻常的物体是什么？B 一种理论表明，你通过将客体与记忆中存储的单个原型做比较来将它归类为椅子。C 另一种理论认为，你通过将客体与记忆中的多个范例做比较来将其归类。

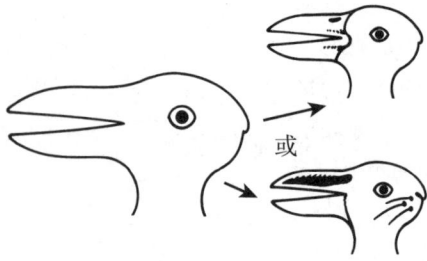

图 7.15　再认错觉

鸭子还是兔子？

表征。你之所以能说"它是椅子"，是因为图上的物体使你回想起了过去有关椅子的经验。

关于人们如何使用记忆中的概念来对客体进行分类，研究者提出了两种理论。一种理论认为，对于记忆中的每一个概念，你都编码了一个**原型**（prototype）——一个类别中最核心或最典型成员的表征（Rosch, 1978）。根据这个观点，你通过将其与记忆中的原型相比较来识别物体。因为图 7.14 中的 A 部分与 B 部分所代表的原型在许多重要属性上一致，所以你能将 A 部分识别为椅子。

另一种理论认为，人们对于每一个类别都在记忆中保留了自己所遇到的许多不同的**范例**（exemplar）。图 7.14 的 C 部分给出了你可能见过的椅子范例的一个子集。根据范例观点，你通过将客体与记忆中的范例进行比较来识别它。你将 A 部分识别为椅子，是因为它与其中的几个范例很相似。研究者通过大量的研究对比了归类的原型理论和范例理论。研究证据基本支持范例观点：人们似乎通过将遇到的物体与记忆中的多个表征进行比较来对其进行分类（Nosofsky, 2011; Voorspoels et al., 2008）。

图 7.14 中的图片 A 虽然不同寻常，但它明显就是一把椅子。但是，正如第 4 章所述，有时生活中会出现两可刺激，而你会使用先前的知识来帮助解释这些刺激。你还记得**图 7.15** 吗？你看到了一只鸭子还是一只兔子？假设你预期自己将看到一只鸭子。如果你将图形的特征与你记忆里鸭子的范例特征相匹配，那你可能会相当满意。如果你预期自己将看到一只兔子，那也会发生同样的事情。你使用记忆中的信息来产生预期并加以确证。

如前所述，记忆表征还能让你理解世界上不寻常的事物。这就是你为什么会很快注意到图 7.1 中央那只反常的兔子。因为兔子与你的厨房图式不一致，所以你也特别有可能记住在图片中见过它。一项研究支持了这一说法。在该研究中，研究者在一个研究生办公室里放入了典型的物品（笔记本、铅笔）和非典型的物品（如口琴、牙刷）（Lampinen et al., 2001）。参与者在房间中待 1 分钟。然后，他们需要判断清单上的哪些东西曾经出现在房间中。他们对非典型物品的记忆要比对典型物品的记忆更准确。这个研究说明了记忆结构如何将你的注意引向场景中不寻常的方面。

总之，这些例子表明，记忆表征的可获得性会影响你思考世界的方式。你过去的经验影响了你现在的体验，并提供了有关未来的预期。接下来你将看到，由于大致相同的原因，概念和图式有时候会不利于准确的记忆。

回忆是一个重构的过程

现在让我们来探讨人们使用记忆结构的另一种重要方式。在很多情况下，当有人要求你回忆一条信息时，你并不能直接想起它，而是基于记忆中更概括的知识来重构信息。为体验**重构性记忆**（reconstructive memory），请思考下面三个问题：

- 第 3 章中是否有"的"这个字？
- 1991 年包括 7 月 7 日这一天吗？
- 你在昨天下午 2:05 到 2:10 这段时间里呼吸了吗？

你可能会毫不犹豫地对每一个问题回答"是"，但几乎可以确定你没有特定的情景记忆来帮助你（当然，除非一些事情碰巧将这些事件固定在你的记忆中——或许 7

月 7 日是你的生日，或者你为了克服无聊将第 3 章中所有的"的"都划去了）。为了回答上面的三个问题，你必须用更概括化的记忆来重构可能发生了什么事情。下面就让我们更详细地考察重构这一加工过程。

重构性记忆的准确性　如果人们重构了记忆，而不是恢复关于某事的特定的记忆表征，那么你可能会预期到在一些情况下，重建的记忆与真实的事件并不相同，即发生了扭曲。**弗雷德里克·巴特利特**（Frederic Bartlett, 1886—1969）最早证明了记忆的扭曲，他的研究极有影响。在他的经典著作《回忆：一项实验心理学和社会心理学研究》（1932）中，他采用了一种研究程序来证明个体先前的知识如何影响他们记忆新信息的方式。巴特利特研究了英国的本科生回忆故事的方式，这些故事的主题和措辞都来自其他的文化。其中最著名的故事"幽灵的战争"是美国印第安人的传说。

巴特利特发现，与原著相比，读者所重现的故事通常变动很大。巴特利特发现故事扭曲涉及下面三种重构加工：

- 趋平化——简化故事；
- 精细化——突出和过分强调某些细节；
- 同化——改变细节以符合参与者自己的背景或知识。

因此，读者在重现故事时用自己文化中的熟悉词汇代替了原文中的不熟悉词汇：小船可能会代替独木舟，钓鱼可能会代替捕猎海豹。巴特利特的参与者还经常改变故事的情节，以消除对他们的文化所不熟悉的超自然力量的提及。

在巴特利特的引领下，当代的研究者证明了人们在使用建构过程来重现记忆时所发生的各种各样的记忆扭曲。例如，你是如何想起自己小时候做过什么的？在一个实验中，要求参与者回忆在 10 岁前，他们是否"在主题乐园与最喜欢的卡通角色握过手"（Braun et al., 2002, p. 7）。在回答完这个问题（作为一个更大的生活经历问卷中的一道题目）后，一些参与者阅读了一则迪士尼的广告，该广告旨在唤起人们关于家庭旅行的想法："回到你的童年……回想你小时候见过的角色，米奇、高飞和达菲鸭。"然后，广告描述了一个场景，游客能与童年时的英雄握手："兔八哥，你很崇拜的一个电视角色，离你只有几步之遥……你（走上前）抓住他的手"（p. 6）。读完这类广告后，参与者更有可能表示——尽管之前没有——他们握过某个电视角色的手。而且，他们更可能报告他们在迪士尼乐园握过兔八哥的手这样一段具体的记忆：广告组中 16% 的参与者这样认为，而没有阅读自传式广告的参与者中只有 7% 的人这样认为。当然这些记忆都不准确，因为兔八哥不是迪士尼卡通角色！

这个研究表明，即使是对自身经历的生活事件的记忆，也都是从各种来源重构的。该研究也说明，人们在

假设当你参加聚会时，有人告诉你，你刚碰到的那个人是百万富翁。这将对你关于他在聚会上的行为的记忆产生怎样的影响？如果有人告诉你，他只不过自以为是百万富翁时，又会怎样呢？

回忆其记忆各种成分的最初来源时并不总是准确的（Mitchell & Johnson, 2009）。事实上，研究者已经证明，个体有时候会相信他们做出了某些行为，而实际上他们只在想象中做过。

研究特写

40 名大学生参加了一个分成三阶段的实验（Seamon et al., 2006）。第一阶段，参与者与实验者一起绕着校园行走一小时。两人在散步过程中停下来 48 次，每次停下来的时候，实验者都会公布一个行为指令，如"检查一下饮料机有没有变化"。在听到这个指令后，参与者按要求做下面四件事中的一件：亲自完成、看实验者完成、想象自己完成、想象实验者单独完成。此外，有一半的行为是比较古怪的。例如，一半的参与者接收的指令不是"检查饮料机有没有零钱"，而是"单膝下跪，向饮料机求婚"。实验的第二个阶段，实验者和参与者 24 小时后再次散步。在这次散步中，参与者需要在一些地点（既有新地点也有旧地点），想象自己或实验者做出各种行为，包括新的行为和旧的行为（既有常见的也有古怪的）。在实验的第三个阶段，即第二阶段之后的两周，要求参与者回想第一次散步。参与者需要回忆每个行为是真正做过，还是仅仅想象过。无论那些行为是常见的还是古怪的，实验均发现：参与者经常把当时要求自己想象的行为，记成自己或实验者实际做过。因此，一些参与者认为自己真的向饮料机求过婚，或轻抚过一本字典并问它过得好不好，尽管他们只想象过做这些事情。

你能在生活中发现这个研究结果的应用吗？假定你不断提醒自己睡前定闹钟。每次你提醒自己时，你都会在大脑中想象定闹钟的步骤。如果你想象了足够多次，你可能会错误地相信自己已经做了！

但是，牢记下面这点也是很重要的，正如第 4 章讨论知觉错觉时提到的，心理学家经常通过演示加工出错的情况来推断这些过程的正常运作。你可以把这些记忆扭曲看作是通常运转良好的加工过程的结果。事实上，很多时候，你并不需要记住一个特定情景的确切细节。重构事件的细节也可以使我们很好地应付日常生活。

闪光灯记忆   对于以往的大多数生活经历，你可能会同意自己需要重构相关的记忆。例如，如果有人问你三年前的生日是如何过的，你可能就需要回想并试图重构当时的情形。但是，在某些情况下，人们相信自己的记忆依旧完全忠实于原始的事件。这种类型的记忆称为**闪光灯记忆**（flashbulb memory），当人们经历引起情绪极大波动的事件时，这种记忆就会出现。人们的记忆是如此生动，就好像是当时情景的照片一样。对闪光灯记忆的第一项研究关注了人们对公共事件的回忆（Brown & Kulik, 1977）。比如，研究者询问参与者，他们是否对自己最初如何得知肯尼迪总统遇刺一事有特别的记忆。在调查的 80 个人中，79 人报告了生动的回忆。

闪光灯记忆的概念既适用于私人事件，也适用于公共事件。例如人们可能对自己经历过的意外事故或自己如何得知"9·11"袭击事件有着生动的记忆。然而，关于闪光灯记忆的研究主要集中在公共事件上。为了开展这些研究，研究者招募参与者，并要求他们分享关于那些引起情绪共鸣的事件的记忆。对于不同的年龄群体，这些事件可能是挑战者号爆炸、戴安娜王妃去世或偷袭珍珠港。闪光灯记忆的内容可反映出人们是如何得知这些事件的。比如，与从其他人那里听来消息的人相比，从媒体获得信息的人的记忆报告往往包含更多的事件真相（Bohannon et al., 2007）。美国人比其他国家的人，比如意大利人、荷兰人和日本人，对"9·11"袭击事件有更具体的记忆（Curci & Luminet, 2006）。

对这些公共事件的研究证实了人们能够获得闪光灯记忆。然而问题仍然存在，这些记忆是否真如人们认为的那样准确？为了回答准确性的问题，研究者在此类事件发生后立即招募参与者，并在其后的一个或几个时间点来评估其记忆。下述实验就开始于 2001 年 9 月 12 日。

研究特写

"9·11"袭击事件发生后的第二天研究者就招募了一些学生，要求他们回答一系列问题，如："你第一次听到这个消息的时候在哪里？"以及"是否有其他人和你在一起，如果有，那么是谁？"（Talarico & Rubin, 2003）。作为比较，这些学生也对袭击前几天里发生的某个日常事件（比如一个晚会或某个运动比赛）进行了回忆。学生对这些日常记忆也回答了类似的问题（如，"你当时身在何处？""是否有其他人和你在一起，如果有，那么是谁？"）。在最初的记忆测试的 1 周、6 周或 32 周之后，这些学生又回到实验室，每次都回答了与 9 月 12 日相同的问题。研究者确定了哪些细节与最初的报告一致或不一致。你可以从**图 7.16** 看出，关于"9·11"的记忆与日常记忆没有什么不同。对于两种类型的记忆，学生回忆的一致细节以几乎相同的速度下降，而引入的不一致细节也以几乎相同的速度上升。

研究者对该研究进行了拓展，在整一年之后，他们又邀请这些参与者参加了另外一个记忆测试（Talarico & Rubin, 2007）。研究结论保持不变：两种类型的记忆变化模式相同，参与者提供准确细节的能力在下降，而引入不准确细节的趋势在上升。但是，有一个特征可以将闪光灯记忆与日常记忆区别开来：对于他们的闪光灯记忆，参与者更确信他们提供了准确的回忆。

最后这个结果说明，为什么人们通常很难接受关于闪光灯记忆的研究结果。感觉如此生动和真实的记忆，怎么可能是不准确的（或者退一步说，怎么可能与那些不那么生动的记忆一样不准确呢）？我们先前讨论的重构过程同样适用于闪光灯记忆。然而，人们想牢牢记住那些引发强烈情绪的事件的渴望，使他们很难考虑到这些记忆有可能不准确。在第 12 章你将了解更多关于情绪的知识，并有机会思考心境和情绪对记忆的影响。

我们现在转向另一个领域，在此人们对其记忆的过度自信会带来不利的现实后果。在目击者证词这一领域，人们总是有责任准确地报告所发生的事情。

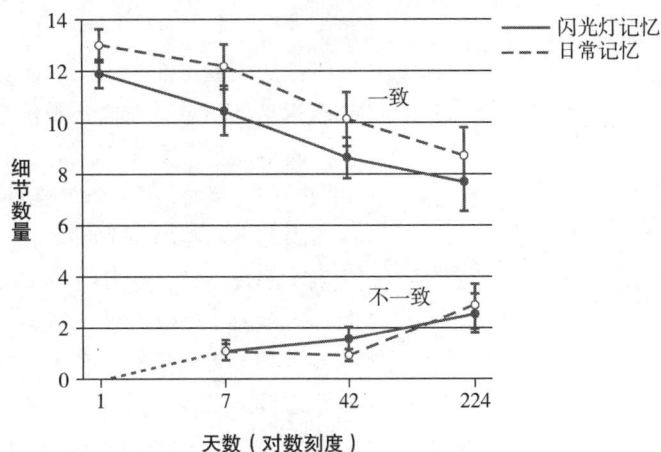

图 7.16　学生对闪光灯记忆和日常记忆的回忆

2001 年 9 月 12 日，学生报告了他们对"9·11"袭击的记忆，以及对事件发生前几天内某一日常事件的记忆。在 1 周、6 周或 32 周后测试记忆时，他们对两种记忆的回忆表现是非常相似的。随着时间的推移，他们的报告与第一次报告一致的细节越来越少，不一致的细节越来越多。

资 料 来 源：Jennifer M. Talarico and David C. Rubin, "Confidence, not consistency, characterizes flashbulb memories" *Psychological Science 14*, pages 445–461, copyright © 2003 the Association for Psychological Science. Reprinted by permission of Sage Publications.

目击者记忆　目击者在法庭上会发誓："说真话，并且只说真话。"然而，通过对本章的学习，我们知道记忆的准确与否取决于编码时的注意程度以及编码背景与提取背景的匹配程度。想一想你在本章前半部分看到的关于一群人的卡通场景图（图 7.3）。别翻回去看，尽可能多地写下或回想关于这个场景的信息。然后翻到这张图。你做得怎么样？你回忆的每一条信息都准确吗？因为研究者知道即使在人们真心希

为什么目击者用来描述事故的不同词语可能会影响他们以后的回忆？

望说出"真相"时，他们也可能没有能力这样做，所以研究者将大量注意力聚焦在目击者记忆这个主题上。这些研究的目的是帮助司法体系找到能够确保目击者记忆准确性的最佳方法。

伊丽莎白·洛夫特斯及其同事（Loftus, 1979; Wells & Loftus, 2003）开展了一些有影响力的目击者记忆研究。他们的研究得出了一条普遍结论：目击者对于所看到事件的记忆很容易因事后信息而出现扭曲。例如，在一项研究中给参与者看一个关于车祸的电影，然后要求参与者估计事故车辆的行驶速度（Loftus & Palmer, 1974）。然而，一些参与者的问题是："当两辆车相撞时，它们开得有多快？"而另一些参与者的问题则是："当两辆车接触时，它们开得有多快？"相撞组参与者估计车速超过了40英里/时（约64公里/时），接触组参与者估计车速为30英里/时（约48公里/时）。约一周后，询问所有的目击者："你是否看到了玻璃碎片？"事实上，影片里根本没有玻璃碎片出现。但是，约1/3的相撞组参与者报告他们看到了玻璃碎片，而接触组中只有14%的参与者报告他们看到了玻璃碎片。因此事后信息对目击者的报告有巨大的影响。

这个实验可能代表了大多数目击者的真实经历：在事件发生后，他们有很多机会获得新的信息，而这些新信息会与他们最初的记忆相互影响。事实上，洛夫特斯及其同事证明了参与者经常受错误信息效应（misinformation effect）的影响（Frenda et al., 2011）。例如，在一个实验中参与者观看交通事故的幻灯片，然后回答一系列问题。一半参与者回答的一个问题是："当红色的达特桑汽车停在停车标志前时，是否有另一辆车超过了它？"另一半参与者回答的相应问题是："当红色的达特桑汽车停在让行标志前时，是否有另一辆车超过了它？"最初的幻灯片显示的是停车标志。然而，当要求参与者从带有停车标志或让行标志的幻灯片中再认最初的幻灯片时，回答停车标志问题的参与者中有75%的人答对了，而回答让行标志问题的参与者中只有41%的人回答正确（Loftus et al., 1978）。这就是错误信息的巨大影响。

有关目击者记忆的研究已发展到探究真实目击者更为宽泛的经历。比如，研究者将注意力转向了目击者在提供证词之前与看到相同事件的其他人（共同目击者）讨论事件的情况。调查数据证实了这个问题的重要性：在一个样本中，86%目睹了人身攻击或故意毁坏财物等严重事件的人会与共同目击者讨论相关事件（Paterson & Kemp, 2006）。而在曾被警察询问的目击者中，只有14%的人被劝阻不要进行这样的对话。这是有问题的，因为共同目击者可能成为目击者自己的记忆的信息污染源。

研究特写

一个研究团队试图证明，如果与共同目击者讨论所目击的事件，他们的记忆表现会受损（Paterson et al., 2011）。每名参与者都观看一段抢劫视频的两个版本中的一个。这两个版本在几个细节上有所不同（例如在这两个版本中，罪犯分别称自己为乔和詹姆斯）。在看完视频后，参与者两两配对讨论他们所看的视频。在一些对子中，两名参与者都看了同样版本的视频。在其他的对子中，参与者观看了不同版本的视频。观看不同版本视频的这一条件应该会增大参与者从共同目击者那里获得错误信息的可能性。一周后，对参与者进行访谈，以引出他

生活中的心理学

你如何从"测试效应"中获益

当你想学习重要的材料时，你会采用什么策略？如果你与许多学生一样，你首先想到的可能是尽可能多地学习相关材料。然而大量研究支持测试效应的存在：与重复学习相比，对所学材料进行测试能使信息更好地长时间保持（Roediger & Butler, 2011）。

请思考一项让学生阅读两篇科学短文的研究（Roediger & Karpicke, 2006）。在研究的第一阶段，参与者阅读其中一篇文章两次，此为重复学习条件；参与者阅读第二篇文章一次，然后立即努力回忆其内容，此为学习加测试条件。在研究的第二阶段，参与者分别在 5 分钟、2 天或 1 周后回忆两篇短文的内容。右图显示了研究结果。如你所见，当参与者在 5 分钟后接受测试时，重复学习有优势。然而，在 2 天或 1 周之后，学习加测试条件组参与者的表现要好得多。

另一项研究在更精细的学习程序背景下证实了测试效应。研究者让大学本科生学习一篇科学论文中的材料（Karpicke & Blunt, 2011）。一种条件下，参与者学会了为文本创建概念地图："学生构建一张图，其中节点用于表示概念，连接节点的线表示概念之间的关系"（p. 772）。你可以把这种练习理解为一种记忆科学概念的方法。另一种条件下，参与者进行了提取练习：他们学习文本之后努力回忆信息；再次学习文本，然后再次回忆。一个星期后，学生们返回实验室参加简答题的测试。创建概念地图的学生正确回答了 45% 的问题，而进行提取练习的学生则答对了 67% 的问题。这是很大的差异！（我们还要考虑到学生为创建概念地图所做的额外工作。）

这些研究对我们的学习有何启示？你在学完材料之后应该进行自测！对于《心理学与生活》来说，你每读完一章都要做练习题，再去查阅答案，然后确保你知道正确答案为什么正确。你也可以请老师给你出更多的测试题。研究者在一个中学的科学课堂上进行了一项研究：让学生们在一个学期内参加一系列的选择题测验（McDaniel et al., 2011）。这些选择题涵盖了老师所讲的部分教学内容。在期末考试中，学生们对于之前测试过的部分答对了 79% 的题目，而对于之前没有测试过的部分答对了 72% 的题目。仅仅参加测验（不计入他们的成绩）就使学生在这些测验所涵盖部分的成绩提高了 7%！

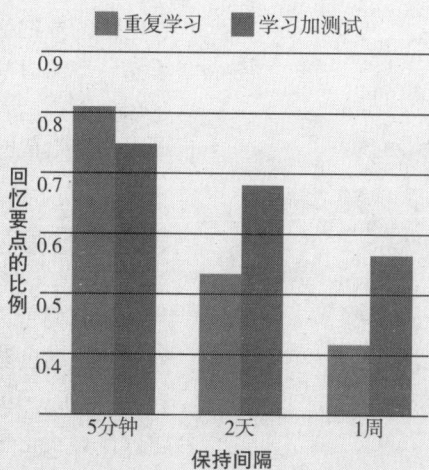

们对抢劫的记忆。在访谈结束时，参与者在他们陈述的文字记录上签字，以表明文字记录是"准确且完整的"（p. 46）。研究者将参与者的陈述与他们观看的原始视频进行了比较。在不同版本条件下的参与者中，42% 的人报告了错误信息，而在相同版本条件下的参与者中，只有 19% 的人报告了错误信息。

访谈者实际上提醒过一些参与者，他们的共同目击者可能观看的是一个略微不同的视频。然而，这一提醒对参与者排除陈述中的错误信息几乎没有影响。这个实验说明，在与共同目击者交谈之后，目击者很难将自己的记忆与从其他人那里听来的信息区分开。此类结果非常重要，因为人们在法庭上作证时，会发誓说只报告从自己在相应事件中的亲身经历中获得的信息。

至此，我们已经讨论了记忆的编码、存储和提取的一些重要特征。在本章的最后一节，我们将讨论这些记忆功能的脑基础。

STOP **停下来检查一下**

❶ 类别与概念之间的关系是什么？

❷ 归类的范例理论的观点是什么？

❸ 根据巴特利特的解释，哪三种过程会造成重构记忆的扭曲？

❹ 洛夫特斯及其同事是如何证明错误信息效应的？

批判性思考：请回忆考察鱼类典型性的实验。为什么研究者要选择来自同一地理区域的两个不同群体？

记忆的生物学

请你再次回忆本章开头让你记住的那个数字。你还记得它吗？这一练习的目的是什么？让我们从生物学方面考虑一下，你是如何在看到一个随意的信息后立刻把它记住的？记忆编码要求你立即改变脑内的一些东西。如果你想把此记忆至少保持读完一章的时间，那么这种变化必须有可能成为永久性的。你有没有想过记忆存储是如何实现的？我之所以让你回忆那个随意的数字，就是为了让你思考一下记忆的生物学机制是多么不同寻常。让我们仔细看看人脑的内部。

寻找记忆痕迹

让我们考虑一下你对 51 这个数字的记忆，或者更具体地说，你对"数字 51 是你试着记住的数字"的记忆。我们如何确定这个记忆在你脑内的定位？**卡尔·拉什利**（Lashley, 1929, 1950）在记忆的解剖学方面做了许多开创性的工作，他把这一问题称作寻找**记忆痕迹**（engram），即记忆的生理表征。拉什利训练大鼠走迷宫后，将其大脑皮层切除大小不同的部分，接着再测试大鼠对迷宫的记忆。他发现，由脑损伤引起的记忆损害，与切除的脑组织的数量成正比。皮层切除越多，记忆损害就越严重。但是，记忆并不受被切除组织在皮层中的位置的影响。拉什利得出这样的结论：这些难以搜寻的记忆痕迹并不存在于任何特定的脑区，而是广泛分布于整个皮层。

拉什利未能定位记忆痕迹的部分原因可能是，即使在看似简单的情况下，也有不同类型的记忆在起作用。迷宫学习实际上涉及空间、视觉和嗅觉信号的复杂相互作用。神经科学家现在认为，对复杂的信息集合的记忆分布于很多神经系统中，尽管不同类型的知识是分开加工的且分别存储于脑的特定区域（Nadel & Hardt, 2011）。

与记忆相关的五个主要的脑结构是：

● 小脑，对程序性记忆、通过重复获得的记忆以及经典条件反应至关重要。

● 纹状体，位于前脑的一个神经核团集合体，是形成习惯和刺激—反应联结的可能基础。

- 大脑皮层，负责感觉记忆以及不同感觉间的关联。
- 海马，主要负责事实、日期、名字等陈述性记忆以及空间记忆的巩固。
- 杏仁核，在具有情绪意义的记忆的形成和提取中起着关键作用。

脑的其他部分，如丘脑、基底前脑和前额皮层，也作为特定类型记忆形成的中转站而参与其中（见**图 7.17**）。

在第 3 章，我们着重介绍了脑的解剖结构。这里让我们看看神经科学家在研究特定脑结构在记忆中的作用时所使用的方法。本节将考察两种类型的研究。首先，让我们看看"自然实验"（用脑损伤志愿者做进一步的记忆研究）带给我们的发现。其次，我们会描述研究者如何运用新的脑成像技术来增进对脑内记忆过程的理解。

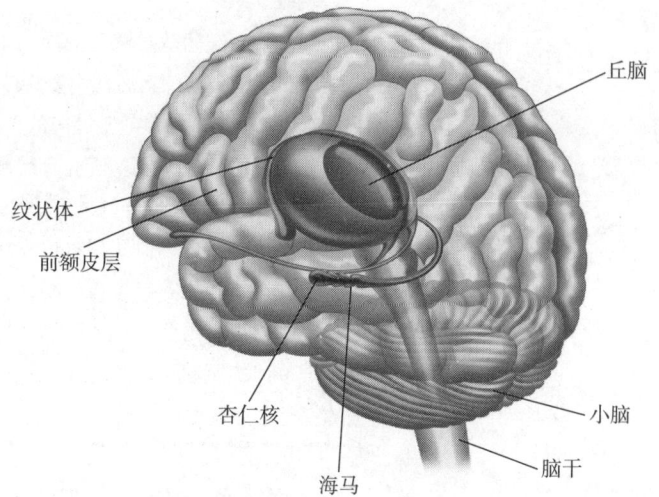

图 7.17 与记忆有关的脑结构
这个示意图显示了与记忆的形成、存储和提取有关的主要脑结构。

记忆障碍

1960 年，年轻的空军雷达技术员尼克遭受了一次意外创伤，这永久地改变了他的生活。尼克坐在桌边，而他的室友正在玩一把微型的钝头剑。突然尼克站起来转过身去——这时他的同事恰巧用剑刺来。剑穿过他的右鼻孔一直插入他的左脑。这场事故使尼克的方向感严重受损。最严重的问题是，他因此患了**遗忘症**（amnesia），长时间地记不住东西。他忘掉了很多刚刚发生过的事情。在他读了几段文字之后，前几句话就从记忆中消失了。他不能记住电视剧的情节，除非在广告期间，他主动去回想和复述他刚才看到的东西。

尼克患的是**顺行性遗忘症**（anterograde amnesia）。这意味着尼克不再能对身体受伤之后发生的事件形成外显记忆。长期酗酒的一个后果是科尔萨科夫综合征，顺行性遗忘症是其中一个主要症状。有些患者则罹患**逆行性遗忘症**（retrograde amnesia）。在这些案例中，脑损伤导致患者遗忘损伤前发生过的事情。如果一个人的脑部不幸受到过重击（例如车祸中），他 / 她很有可能体验过对事故发生前的事件的逆行性遗忘。

研究者们很感谢像尼克这样的患者，因为可以将他们作为"自然实验"的对象来进行研究。通过将尼克这样的患者的脑损伤部位与行为缺陷模式相联系，研究者们已开始了解本章介绍的记忆类型与各个脑区的对应关系（Squire & Wixted, 2011）。尼克仍能记住怎样做事情——即使在陈述性知识缺失的情况下，他的程序性知识似乎仍是完好的。比如他记得怎样按照菜谱来搭配、搅拌和烘烤原料，但是他却忘了原料是什么。

尼克表现出的这种外显记忆的选择性受损揭示了记忆生物学的一个主要事实：大量的证据表明，记忆的外显使用和内隐使用涉及不同的脑区（Voss & Paller, 2008）。然而，研究者仍在继续探索每一个脑区所负责的确切功能。

　　一个研究团队对海马受损的人进行了测试（Aly et al., 2010）。参与者先学习彩色的人脸图片和单词列表。然后他们要完成这两种刺激的再认记忆测验。参与者在一个从1（确定刺激是新的）到6（确定刺激是旧的）的量表上给出再认评分。结果发现，参与者对单词的再认表现要比对面孔差得多。研究者想解释这一结果，这样他们就可以进一步确定海马在再认记忆中的作用。他们的分析侧重于回忆与熟悉之间的区别上。假设你认出一位从你身边走过的女士。如果你对自己是如何认识这位女士的有具体的感觉，这就是回忆；如果你知道自己认识这位女士，但是你想不起来自己是怎么认识她的或为什么认识她，这就是熟悉。研究者认为，面孔比单词更容易让人产生熟悉的体验。根据这种观点，海马受损的参与者对面孔的再认表现好于单词的原因是，海马对回忆而言是必要结构，而对熟悉却不是。该研究数据支持了海马的特定功能假说。

　　这个实验展示了对遗忘症患者的研究如何能让我们对精确的记忆功能分布于特定脑结构的方式有更深入的理解。

　　人们丧失回忆过去信息或获得新信息的能力的情况是记忆障碍最极端的形式。然而，人们还会因受伤或疾病而出现不那么严重的记忆紊乱。阿尔茨海默病是一种影响记忆功能的最常见的疾病。在美国，该病大约影响了13%的65岁及以上的老年人，43%的85岁及以上的老年人（Alzheimer's Association, 2011）。在阿尔茨海默病的最早阶段，患者通常难以保持新信息。随着病情的发展，记忆丧失的范围变得更广。在第10章我们将看到人类的老化伴随着记忆功能的正常变化。为了对阿尔茨海默病做出及时的诊断，医生必须判断老年人的记忆损伤是否超出了正常的变化范畴。1906年，德国精神病学家阿尔茨海默首次描述了阿尔茨海默病的症状。在那些最早的研究中，阿尔茨海默发现，死于该病的个体的脑内包含异常的神经组织缠结和黏性沉积物（称作斑块）。不过，阿尔茨海默无法确定这些脑变化是病因还是该病造成的结果。当代研究者给出了证明斑块导致脑退化的证据（Hardy & Selkoe, 2002）。研究者通过研究阿尔茨海默病的高危群体来理解记忆功能连续变化的生物学基础（Murphy et al., 2008）。

　　研究者经常寻找特定脑区受损的人来检验关于记忆加工的生物基础的理论。例如，回想一下，有关元记忆的讨论揭示出人们的知道感判断通常是相当准确的。研究者提出，前额皮层（见图7.17）是这些判断的脑基础（Modirrousta & Fellows, 2008）。为了检验这一主张，研究者找到了5名前额皮层受损的个体。这些个体以及与之匹配的控制组都尽力学习面孔与姓名之间的新联结。即使两组参与者在再认测试上的表现相当，前额皮层受损的个体在知道感判断的准确性上也一致地较差。该实验支持了这个主张，即前额皮层在元记忆中有一定的作用。这个例子也表明，考察更轻微的记忆障碍的研究是有价值的。

脑成像

　　心理学家从遗忘症患者的无私相助中获得了大量有关记忆与脑解剖结构之间关系的知识。不过，脑成像技术的出现使研究者得以研究正常个体的记忆过程。（可以回顾一下第3章关于脑成像技术的部分。）例如，图尔文及其同事（Habib et al., 2003）用正电子发射断层扫描术（PET）发现，在情景信息的编码和提取过程中，左脑和右脑的激活有显著不同。他们的研究与通常的记忆研究一样，只是他们用 PET 扫描技术监测了参与者在编码和提取时大脑的血液流动。这些研究者发现，在情景信息的编码阶段，左前额皮层表现出异常的活跃；而在情景信息的提取阶段，右前额皮层表现出异常的活跃（见图 7.18）。因此，除了认知心理学家所做的概念上的区分外，编码和提取过程还显示了一些解剖结构上的区分。

使用功能性磁共振成像（fMRI）的研究也为记忆运作在脑中的分布方式提供了非凡的细节。例如，有研究者利用 fMRI 识别新记忆形成时会激活哪些特定的脑区。请思考这样一个研究：参与者在观看一集情景喜剧《抑制热情》时（他们之前没看过）接受 fMRI 扫描（Hasson et al., 2008）。在 27 分钟的时间内，剧中的主角经历了一系列事件，如参加晚餐聚会、与朋友争执等。三周后，参与者回到实验室完成一个包括 77 个问题的记忆测验，这些问题与该剧的情节有关。每名参与者都只记得剧中的部分细节。研究者分析了 fMRI 数据，以确定在信息成功编码时哪些脑区特别活跃。如图 7.19 所示，分析发现了若干激活的脑区。除非你从事认知神经科学研究，否则没必要知道为什么正是这些脑区的激活预测了随后的回忆。图 7.19 应该能告诉你，在见证新记忆的形成和巩固这一目标上，研究者正在取得进展。

脑扫描还提供了关于记忆过程如何随时间展开的信息。如果要你回答法国的首都是哪里，答案可能会（或不会）立即浮现在你的脑海中。然而，如果要你回忆你第一次遇到法国人的场面，你可能需要更多的时间来提取和精细化相关记忆。对这类丰富的自传体记忆来说，不同脑区的作用会随着时间而变化。

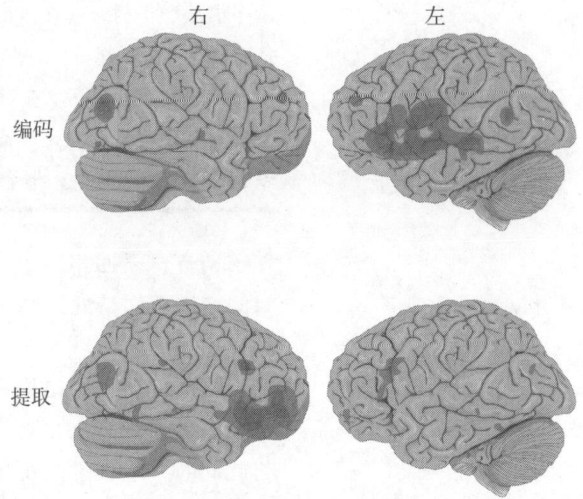

图 7.18 编码和提取时的脑活动

此图显示了编码和提取时最活跃的脑区。PET 扫描显示，在编码情景信息时，左前额皮层高度激活，提取时右前额皮层高度激活。（见彩插）

资料来源：*Trends in Cognitive Sciences* 7(6), Reza Habib, Lars Nyberg, Endel Tulving, "Hemispheric asymmetries of memory: The HERA model revisited," pp 241–245, © 2003, with permission from Elsevier.

研究特写

一个研究团队要求参与者在接受 fMRI 扫描时提取自传体记忆（Daselaar et al., 2008）。参与者听到一个线索词（如"树"），并努力回忆与这个词有关的一个特定事件。当他们已经提

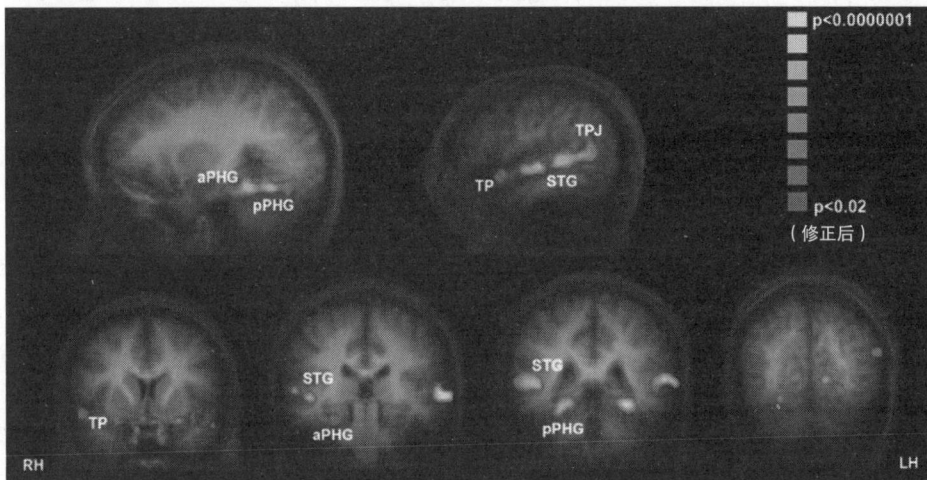

图 7.19 预测成功记忆的脑区

当这组脑区在编码阶段特别活跃时，人们更可能回想起自己所观看的情景喜剧的细节。这些区域是右侧颞极（TP）、颞上回（STG）、前海马旁回（aPHG）、后海马旁回（pPHG）以及颞顶联合（TPJ）。图中 RH 和 LH 分别指右脑和左脑。（见彩插）

取了这段记忆时，就按压反应盒上的一个按钮。因为这个过程的展开需要几秒，所以研究者能够确定不同的脑区如何参与到自传体记忆的不同方面。比如在早期，参与者搜寻情景记忆时，海马等结构就会激活。在参与者精细化自己的记忆时，其他脑区的激活变得更为突出。比如，当参与者用视觉表象来丰富自己的记忆时，视觉皮层就会变得更加活跃。当视觉皮层特别活跃时，参与者报告说，他们有一种真的在重温那段记忆的强烈感觉。

请你试着回想一下与"树"有关的记忆。你有没有发现自己对事件的回忆随着时间变得更加精细？fMRI 扫描为脑内精细化过程的发生位置及发生方式提供了实时的描述。

脑成像研究的结果说明了为什么不同学科的研究者应该紧密合作，以寻求对记忆加工的全面理解。经典的记忆研究促使神经心理学家对特化的脑结构进行探测。与此同时，生理学揭示出的真相也规范了心理学家关于编码、存储和提取机制的理论。通过共同努力，这些研究领域的科学家为记忆过程的运作提供了深刻的见解。

STOP 停下来检查一下

❶ 关于记忆痕迹的定位拉什利得出了什么结论？
❷ 关于遗忘症患者的内隐记忆损伤，我们知道些什么？
❸ 关于情景记忆的编码和提取的脑基础，PET 研究说明了什么？

批判性思考：请回忆考察对情景喜剧细节记忆的研究。为什么参与者之前没有看过该集情景喜剧很重要？

要点重述

什么是记忆

- 认知心理学家将记忆作为一种信息加工来研究。
- 涉及意识努力的记忆叫作外显记忆，无意识的记忆叫作内隐记忆。
- 陈述性记忆是对事实的记忆；程序性记忆是对如何运用技能的记忆。
- 记忆过程通常被分为三个阶段：编码、存储和提取。

记忆的短时使用

- 映像记忆容量很大，但持续时间很短。
- 短时记忆（STM）容量有限，在不复述的情况下，保持时间短暂。
- 保持性复述可以无限地延长短时记忆中材料的存在时间。
- 通过把无关联的项目加以组块，构成有意义的组群，可以增加短时记忆的容量。

- 工作记忆这一更宽泛的概念包括短时记忆。
- 工作记忆的四个成分为人们对世界的实时体验提供了资源。

长时记忆：编码和提取

- 长时记忆（LTM）构成了你关于世界和自己的全部知识。它的容量几乎是无限的。
- 你回忆信息的能力依赖于编码背景与提取背景之间的匹配程度。
- 提取线索使你可以提取长时记忆中的信息。
- 情景记忆是指对个人经历过的事件的记忆。语义记忆是关于词语和概念的基本意义的记忆。
- 学习与提取背景的相似性有助于提取。
- 系列位置曲线可以用过时间区辨性来解释。
- 信息的加工越深入，记忆的效果通常就越好。
- 编码过程与提取过程相似对内隐记忆很重要。

- 艾宾浩斯对遗忘的时间进程进行了研究。
- 当提取线索不能唯一地指向特定记忆时，就会发生干扰。
- 精细复述和记忆术可以改善记忆表现。
- 一般来说，"知道感"能够准确地预测记忆中信息的可获取性。

长时记忆的结构

- 概念是思维的记忆砖瓦。当记忆过程将具有共同属性的客体或观念的类别聚集在一起时，概念就形成了。
- 概念通常是按层级组织的，从一般水平到基础水平再到具体水平。
- 图式是更复杂的认知群。
- 所有这些记忆结构都被用来为解释新信息提供预期和

背景。

- 记忆并不是简单地记录过去，而是一个建构的过程。
- 人们对于具有重大情绪意义的事件会编码闪光灯记忆，但这些记忆可能并不比日常记忆更准确。
- 新信息会使回忆出现偏差，导致目击者记忆由于事后信息输入的污染而变得不可靠。

记忆的生物学

- 不同的脑结构（包括海马、杏仁核、小脑、纹状体和大脑皮层）被证明与不同类型的记忆有关。
- 以记忆障碍个体为对象的实验帮助了研究者理解不同类型的记忆是如何获得的以及在脑中是如何表征的。
- 脑成像技术拓展了有关记忆编码和提取的脑基础的知识。

关键术语

记忆	回忆	精细复述
记忆的外显使用	再认	记忆术
记忆的内隐使用	情景记忆	元记忆
陈述性记忆	语义记忆	概念
程序性记忆	编码特异性	基础水平
编码	系列位置效应	图式
存储	首因效应	原型
提取	近因效应	范例
映像记忆	时间区辨性	重构性记忆
短时记忆（STM）	迁移适宜性加工	闪光灯记忆
组块	加工水平理论	记忆痕迹
工作记忆	启动	遗忘症
长时记忆（LTM）	前摄干扰	顺行性遗忘症
提取线索	倒摄干扰	逆行性遗忘症

8

认知过程

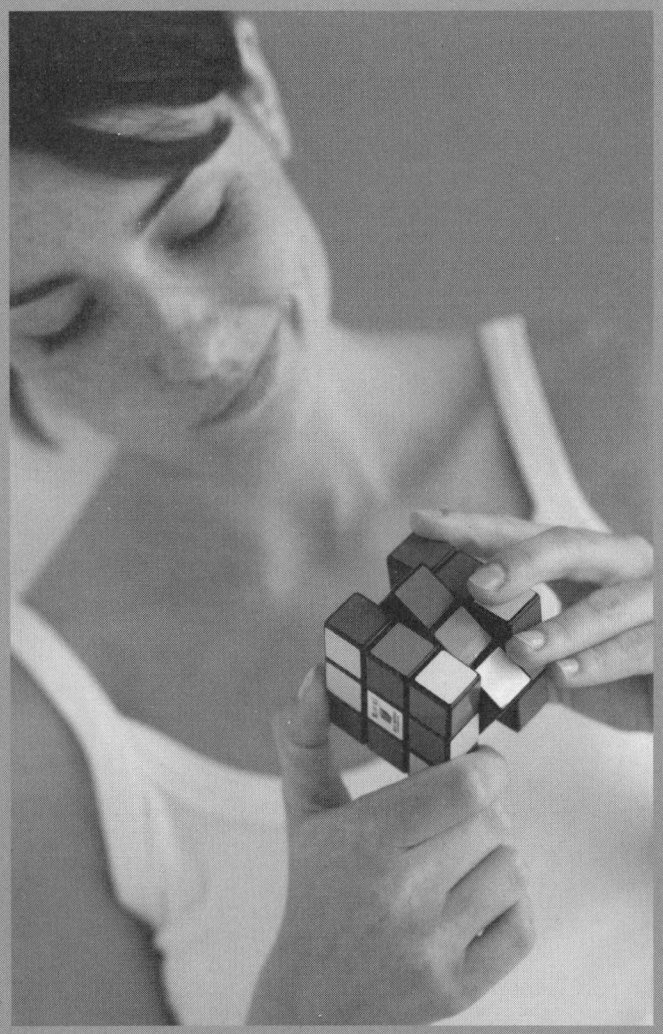

现在是午夜时分。你听到敲门声。但当你开门时，一个人也没有，只见地上有一个信封，信封里有张纸条，上面有手写的"猫在垫子上"。你如何理解这句话呢？

此时你肯定会启用多种认知加工过程。你需要运用语言加工过程将这些词的基本意思组合起来，然后呢？你能发现记忆中有什么情景与这些词有联系吗？（第7章谈到记忆是一种认知加工过程。）如果不能，你就得换个思路来理解这件事。这条信息是密码吗？是什么样的密码？你认识的人中谁会编出这样的密码？抑或人类文明的命运交到了你的手中？

或许扯得远了些，但我们的目的是让你明白什么样的活动才算是**认知过程**（cognitive processes），以及为什么你可能会对它们感兴趣。能够使用语言并以抽象的方式进行思维，通常被视为人类经验的本质。你往往认为认知是理所当然的，因为它是你在大部分清醒的时间里所持续从事的一项活动。即便如此，当精心构思的演说赢得了你的选票；或当你读一部推理小说，读到侦探把一些看似琐碎的线索拼接成精彩的破案链条时，你还是不得不承认认知过程在智力上的胜利。

认知（cognition）是一个所有形式的"知"的通用术语，如**图 8.1** 所示，对认知的研究就是对你心智活动的研究。（第4章和第7章已经讨论过图8.1中的一些主题。）认知既包括内容，也包括过程。认知的内容是指你知道什么——概念、事实、命题、规则和记忆，如"狗是哺乳动物""红灯意味着停止""我第一次离开家是在18岁"。认知过程是指为了解释周围世界并为生活中的困境找到创造性的解决办法，你如何操纵这些心智内容。

在心理学中，对认知的研究由**认知心理学**（cognitive psychology）领域的研究者所承担。在过去的30年中，认知心理学得到了跨学科的**认知科学**（cognitive science）（见**图 8.2**）的补充。认知科学将多个学术领域的专长集中在共同的理论问题上，从而有益于每个领域的实践者分享数据和洞见。在第7章中，当我们描述记忆的生物学研究如何能被用于制约和完善记忆过程的理论时，你就已经了解到这种认知科学的理念在起作用。类似地，我们在本章描述的许多理论，也都是多个学科的研究者通过不同视角的相互碰撞而形成的。

下面，我们首先简要描述研究者如何测量认知功能所涉及的内在且隐蔽的过程。然后，我们将考察认知心理学中产生过许多基础研究和实际应用的主题，包括语言使用、视觉认知、问题解决、推理、判断和决策。

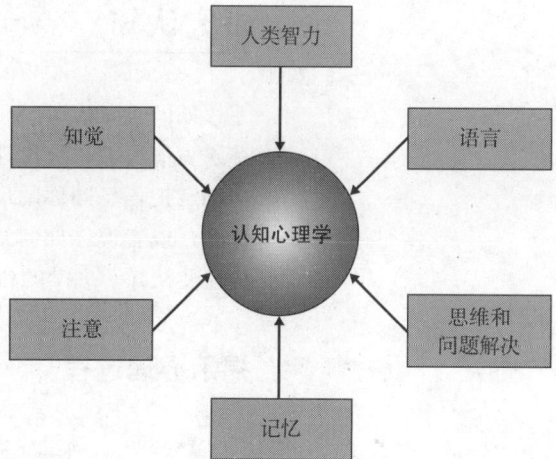

图 8.1 认知心理学的领域

认知心理学家研究高级心理功能，尤其着重于研究人们如何获得知识并利用它形成和理解自己在世界中的经验。

资料来源：Solso, Robert L., *Cognitive Psychology*, 3rd Edition, © 1991. Printed and electronically reproduced by permission of Pearson Education Inc., Upper Saddle River, New Jersey.

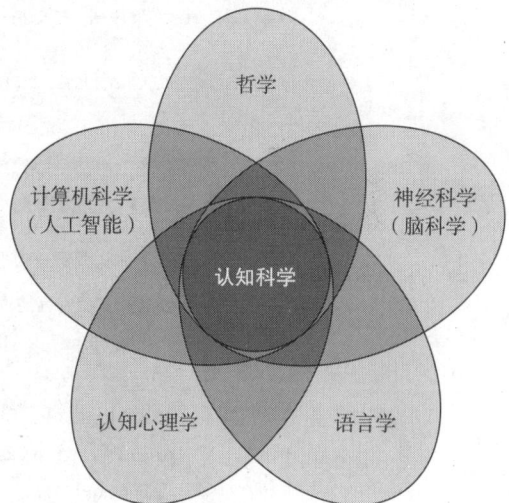

图 8.2 认知科学的领域

认知科学领域处于哲学、神经科学、语言学、认知心理学和计算机科学（人工智能）的交叉地带。

研究认知

　　如何研究认知呢？当然，挑战在于认知发生在头脑内部。你可以看到输入，例如，一条短信写着"给我打个电话"，然后体验到输出——你打了一个电话。但是，你如何确定把信息同你的反应连接起来的一系列心理步骤呢？你怎样揭示这中间发生了什么，或者说你如何知道你的行为所依赖的认知过程和心理表征？本节中，我们将描述使认知心理学的科学研究成为可能的几类逻辑分析。

揭示心理过程

　　1868 年，荷兰生理学家**唐德斯**（F. C. Donders, 1818—1889）发明了一种研究心理过程的基本方法。为了研究"心理过程的速度"，唐德斯设计了一系列实验任务，他相信成功完成这些任务所涉及的心理步骤是有区别的（Brysbaert & Rastle, 2009）。**表 8.1** 提供了一个遵循唐德斯逻辑的纸笔实验。在继续阅读之前，请花一点时间来完成每一项任务。

　　完成任务 1 你花了多长时间？假设你想要列出完成这项任务所需要的步骤，那么，你列出的步骤可能如下：

　a. 确定一个字符是大写字母还是小写字母。
　b. 如果是大写字母，在它上方写 C。

　　完成任务 2 你花了多长时间？学生们做这项任务通常会比做任务 1 多花半分钟

表 8.1　唐德斯对心理过程的分析

记下你完成每一项任务花费了多长时间（以秒计）。试着准确完成每项任务，但要尽可能快。

任务 1：在所有的大写字母上方写 C：

TO Be, oR noT To BE: tHAT Is thE qUestioN:

WhETher 'Tis noBlEr In tHE MINd tO SuFfER

tHe SLings AnD ARroWS Of OUtrAgeOUs forTUNe,

or To TAke ARmS agaINST a sEa Of tROUBleS,

AnD by oPPOsinG END theM.　　　　　　　　　时间：_____

任务 2：在大写的元音字母上方写 V，在大写的辅音字母上方写 C：

TO Be, oR noT To BE: tHAT Is thE qUestioN:

WhETher 'Tis noBlEr In tHE MINd tO SuFfER

tHe SLings AnD ARroWS Of OUtrAgeOUs forTUNe,

or To TAke ARmS agaINST a sEa Of tROUBleS,

AnD by oPPOsinG END theM.　　　　　　　　　时间：_____

任务 3：在所有的大写字母上方写 V：

TO Be, oR noT To BE: tHAT Is thE qUestioN:

WhETher 'Tis noBlEr In tHE MINd tO SuFfER

tHe SLings AnD ARroWS Of OUtrAgeOUs forTUNe,

or To TAke ARmS agaINST a sEa Of tROUBleS,

AnD by oPPOsinG END theM.　　　　　　　　　时间：_____

或更长的时间。一旦清楚了完成任务 2 所需要的步骤，你就能明白为什么会这样：

a. 确定一个字符是大写字母还是小写字母。

b. 确定每个大写字母是元音字母还是辅音字母。

c. 如果是辅音字母，在它上方写 C；如果是元音字母，在它上方写 V。

　　这样，从任务 1 到任务 2，增加了两个心理步骤，我们可以把它们分别称为刺激分类（元音字母还是辅音字母？）和反应选择（写 C 还是写 V？）。任务 1 只要求一步刺激分类，任务 2 则要求两步。此外，任务 2 还要求在两个反应之间做出选择。这样，在任务 2 中，你除了要完成任务 1 中所需做的每件事情之外，还需要多做一些事情，因此，完成任务 2 需要多花一些时间。这正是唐德斯的基本洞察：完成一项任务时，额外的心理步骤通常会使人们花更多的时间。

　　你可能会问，为什么我们还设计了任务 3。事实上，这是实验必要的程序控制。我们必须保证，完成任务 1 和任务 2 所需要的时间差异并不是由于写 V 比写 C 需要花更长的时间。完成任务 3 也应该比任务 2 更快，是这样吗？

　　研究者至今仍遵循着唐德斯的基本逻辑。他们经常利用反应时——参与者完成特定任务所花的时间——来检验关于某种特定认知过程的一些解释。唐德斯所提出的基本假设，即额外的心理步骤将花去更多时间，至今仍然是大量认知心理学研究的基础。让我们看看这种成功的思想在过去的 140 多年里是如何发展的。

心理过程和心理资源

　　当认知心理学家把诸如语言使用和问题解决这样的高级活动分解成一些成分过程时，他们看起来就好像正在玩一种积木游戏。每块积木代表必须完成的一个独特成分。他们的目标是确定每块积木的形状和大小，并且弄清楚这些积木如何组合起来构成一个完整的活动。就唐德斯的任务来说，你会看到这些积木可以排成一行（见**图 8.3**，A 部分）。一个步骤接一个步骤地进行。用积木来做比喻可以让我们看到，我们也可以堆叠这些积木，使得几个过程同时发生（B 部分）。这两个图说明了**序列过程**（serial processes）和**平行过程**（parallel processes）之间的区别。当这些过程一个接一个地进行时，它们就是序列过程。假设你在餐馆点菜，需要决定要什么。你会专注于菜单上的菜品，然后决定是"要""不要"或者"有待考虑"。对于每一道菜，你的决定过程都跟在阅读过程的后面。而当这些过程在时间上重叠时，它们就是平行过程。到了点菜下单时，你理解侍者提出的问题的语言过程（如，"您需要点些什么？"）与你形成回答的过程（如，"我想要炖小牛肘"）很可能是同时发生的。这就是侍者刚问完，你就立刻准备好了答案的原因。

　　认知心理学家经常使用反应时来确定一些过程究竟是平行进行还是序列进行。然而，图 8.3 中 C 部分的例子会让你觉得这是一件棘手的事情。假设有一项任务，我们认为这项任务可以分解为两个过程，X 和 Y。如果我们只知道完成这个过程所需的总时间，那么，我们永远不能肯定过程 X 和 Y 究竟是并列发生还是一个接一个地发生。认知心理学研究所面对的挑战，很大一部分在于如何创造一些任务环境，以便让研究者确定在许多可能的积木结构中究竟哪一个正确。在你刚刚完成的练习任务 2 中，我们有理由确信这些过程是序列进行的，因为从逻辑上看，一些活动必须以另一些活动的完成为前提。例如，直到确定了什么是正确的反应，你才能执行你的反应（准备写 C 或 V）。

图 8.3 分解高级认知活动

认知心理学家力图确定心理过程的特性和组织方式，这些心理过程是形成高级认知活动的积木。（A）唐德斯任务的这一版本要求一个接一个地完成至少三个过程。（B）一些过程顺次序列地完成，另一些过程同时平行地完成。（C）完成任务所花的时间，并不总能让研究者得出使用的究竟是序列过程还是平行过程的结论。

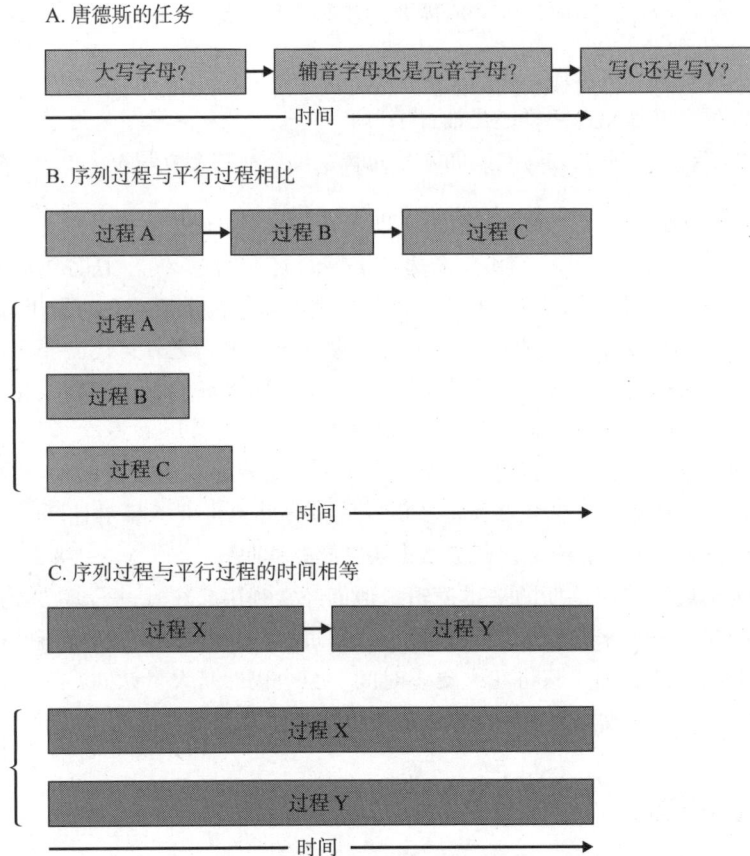

A. 唐德斯的任务

| 大写字母？ | → | 辅音字母还是元音字母？ | → | 写C还是写V？ |

←———————————— 时间 ————————————→

B. 序列过程与平行过程相比

| 过程 A | → | 过程 B | → | 过程 C |

| 过程 A |
| 过程 B |
| 过程 C |

←———————————— 时间 ————————————→

C. 序列过程与平行过程的时间相等

| 过程 X | → | 过程 Y |

| 过程 X |
| 过程 Y |

←———————————— 时间 ————————————→

许多情况下，理论家试图通过估计心理过程需要占用多少心理资源来确定它们究竟是序列的还是平行的。例如，假设你和一个朋友步行去上课。通常情况下，在一条平坦的直路上走，同时和朋友交谈对你来说应该很容易——行走过程和语言过程可以平行进行。但是，如果突然碰到一段坑坑洼洼的路，那么会发生什么？当你在水坑间择路而行时，你可能不得不停止说话。此时你的行走过程要求额外的资源进行计划，因此，你的语言过程暂时被挤了出去。

在这个例子中，一个关键的假设是，你的加工资源有限并且必须分配给不同的心理任务（Daffner et al., 2011; Wyble et al., 2011）。你的注意过程负责分配这些资源。在第 4 章中，我们把注意看成一系列过程，它们使你能够在可得的知觉信息中选择一小部分进行专门的审视。这里对"注意"的使用保留了选择性这层含义。然而此时的决策所关心的是，哪些心理过程会被选择，从而成为加工资源的接受者。

还有一种更复杂的情况：并非所有的过程都对资源有同样的要求。研究者定义了一个从受控过程到自动过程的维度（Shiffrin & Schneider, 1977）。**受控过程**（controlled processes）需要注意，而**自动过程**（automatic processes）一般不需要。一次执行一个以上的受控过程通常是困难的，因为它们需要更多的资源。自动过程常常能够无干扰地与其他任务同时执行。

我们通过一个例子来说明自动过程。请你先花一点时间完成表 8.2 中的任务。你需要把看起来"外形"更大的

表 8.2 大小判断

你的任务是圈出每对数字中字号更大的数字。试着判断哪个系列更难。

系列 A

| 61－67 | 22－28 | 25－29 | 47－41 |
| 68－64 | 27－23 | 43－49 | 44－48 |

系列 B

| 47－41 | 61－67 | 27－23 | 25－29 |
| 22－28 | 68－64 | 43－49 | 44－48 |

数字圈出来。你有没有发现某个系列比另一个系列要稍微难一些？

　　实验要求参与者完成表 8.2 中的判断任务。如果你仔细看这些数字，你会发现系列 A 中的数字的字号大小和数值大小不匹配（如 61 数值比 67 小，但字号更大）。而在系列 B 中，字号大小和数值大小是匹配的。如果你从头到尾完成这个任务，你自然会发现，在做"字号"大小判断时，完成系列 A（不匹配）比完成系列 B（匹配）需要花更多的时间（Ganor-Stern et al., 2007）。但是，为什么数字的数值大小会影响到对其字号大小的判断呢？研究者认为，你在看到 61 和 67 的时候，会不由自主地想到这两个数字所代表的数值大小，在这种情况下，数值大小会影响你的任务表现。也就是说，你自动地获得了数字的意义，即使你不需要（或不想）这么做。

　　这项数字任务表明，自动加工严重依赖记忆的有效使用（Barrett et al., 2004）。在你看到 61 和 67 或者其他数字时，你的记忆过程会快速提供有关数量的信息。这项任务同样表明，在开始时需要用到受控过程的任务，经过充分练习可以变得自动化。你可能记得，当你还是小孩子时，你不得不学习如何使用数字。现在，数字和它们所代表的数量之间的联系，已经变得如此自动化，以至于你无法切断这种联系。

　　让我们把关于受控过程和自动过程的知识应用到前面所提到的行走和谈话的情形中。当你走平坦的直路时，你感觉不到两项活动之间的干扰，这说明维持行走路线和组织说话都是相对自动化的活动。然而，当水坑迫使你在大量的路线选项中做出选择时，情形就不同了。现在你必须选择走哪条路和说什么。因为你不能同时执行这两种选择，所以，你遇到了加工资源的瓶颈（Chun et al., 2011）。

　　现在，你已经了解了不少关于心理过程的逻辑。为了解释人们如何完成复杂的心理任务，理论家提出了各种模型，这些模型结合了序列过程和平行过程以及受控过程和自动过程。很多认知心理学研究的目标是设计实验来证实这些模型的每个成分。既然你已经理解了认知心理学研究心理过程的一些逻辑，那么，是时候进入认知过程发挥作用的具体领域了。我们先从语言的使用开始。

为什么在你正尽量避开水坑时保持交谈会比较困难？

STOP 停下来检查一下

❶ 当唐德斯让参与者完成不同的实验任务时，他的目的是什么？

❷ 序列过程和平行过程的区别是什么？

❸ 什么类型的加工过程一般不需要注意资源？

语言的使用

让我们回到你午夜收到的那个信息——"猫在垫子上"。在这种情境下，改变些什么你才能马上理解这条信息呢？最简单的办法是适当做些背景介绍。假设你是一名特工，经常会以这种古怪的方式收到一些指令，你可能知道"猫"是你的联络人，"在垫子上"的意思是在摔跤馆里。你应该出发去和他碰头了。

但是，就算你不是特工，"猫在垫子上"也可以有多种意义：

- 假设你的猫想要出去，它在靠近门的垫子上等着。当你对室友说"猫在垫子上"时，你用这些词来传达的是这样的信息："你能起床放猫出去吗？"
- 假设你的朋友想把车驶离车道，因为她不知道猫在什么地方，所以有些担心。当你说"猫在垫子上"时，你用这些词来传达的信息就是："把车驶离车道是安全的。"
- 假设你本想让你的猫和朋友的狗来个赛跑。可当你说"猫在垫子上"时，你用这些词传达的信息就是："我的猫不想赛跑。"

这些例子说明了句子的意思与说者的意思之间的区别，前者是各个单词组合在一起时的简单意义，后者是指说者通过恰当地使用句子所能传达的无限多的意思（Grice，1968）。当心理学家研究语言的使用时，他们既想了解说者是如何表达的，也想了解听者是如何理解的：

- 说者如何生成正确的词语来传达想要传达的意思？
- 听者如何获得说者希望传达的信息？

我们将依次考察这两个问题。同时还将讨论与语言使用相关的演化和文化背景。

语言生成

请看**图 8.4**，并试着用几句话来描述这幅图。你想说什么？假设现在你需要向一位盲人重新描述图中的人物，你的描述会发生怎样的变化？后一个描述要求更多的心理努力吗？有关**语言生成**（language production）的研究既关心人们说什么（在一个特定的时间人们选择说什么），也关心产生这些信息时人们所经历的过程。值得注意的是，对于语言使用者来说，大声地说出语言并不一定是必需的。语言生成也包括做手势和书写。然而，为方便起见，我们将语言生成者称作说者，而将语言理解者称作听者。

听众设计　我们请你想象把图 8.4 描述给视力正常的人和盲人，你会给出怎样不同的描述，是想让你思考语言生成中的**听众设计**（audience design）。每当你产生话语时，你都必须考虑话语所针对的听众，以及你与听众共享哪些知识（Brennan & Hanna，2009）。例如，如果你的听者并不知道那只猫只有在想出去的时候才坐在垫子上，那么说"猫在垫子上"对你不会有任何帮助。哲学家**保罗·格赖斯**（Grice，1975）最先提出了听众设计的首要原则，即合

图 8.4　语言的生成
你会如何向一个朋友描述这幅照片？如果你的朋友是盲人，你的描述会有怎样的变化？

作原则。格赖斯把合作原则看作对说者的一种指导，即说者所产生的话语应该适合正在进行的交谈的背景和意义。为了扩展这一指导原则，格赖斯定义了具有合作性的说者所遵循的四条准则。

表 8.3 列出了这些准则，以及一段虚构的交谈，这段交谈说明了这些准则如何影响语言生成中的每一个选择。根据你的日常对话经验，你对这些对话应该很熟悉。例如，当克里斯说"我喜欢床上的各种虫子"时，他其实是在表达讽刺。想想你自己对讽刺的使用。在几乎所有情况下，你都违反了格赖斯的"质"的准则（因为你在说一些你认为错误的东西）。当你这样做的时候，你相信你的听众能意识到你违反了这一准则。在表 8.3 中，克里斯假设帕特能明白他话中的意思（"恶心！"）。

正如你从表 8.3 中看到的那样，要成为一个合作性说者，很大程度上依赖于你对听者可能知道和可能理解的内容有一个准确的预期。因而，如果你没有充分的理由相信你的朋友知道亚历克斯是谁，你肯定不会告诉这位朋友"我正在和亚历克斯一起吃午饭"。你也必须让自己确信，在你朋友可能认识（并且她知道你也认识）的所有叫亚历克斯的人中，只有一个特定的亚历克斯会作为你在这一情形中可能提到的人出现在朋友的脑海中。更正式的说法是，我们可以说，在你与朋友共享的共同基

表 8.3　格赖斯的语言生成准则

1. 量：你说的话所提供的信息要恰好满足需要（就当前的交流目的而言），而不要超出所需。

　　对说者而言意味着：你必须尽力判断听众真正需要多少信息。这个判断常常需要你评估听众可能已经知道了什么。

2. 质：尽量让你所说的话真实。不要说你自己都认为站不住脚的话。不要说缺乏充足证据的话。

　　对说者而言意味着：当你说话时，听者会假设你能够用合适的证据来支持你的断言。当你计划每句话时，你必须考虑它所基于的证据。

3. 关系：你所说的话要前后相关联。

　　对说者而言意味着：你必须保证听者能够理解你正在说的如何与你之前所说的内容相关联。如果你想转移话题，即你所说的话前后没有直接关系，那么，你必须交代清楚。

4. 方式：显而易见。避免表达模糊和产生歧义。让你的言语简洁、有条理。

　　对说者而言意味着：以尽可能清晰的方式去说是你的责任。尽管你不可避免地会犯错，但是，作为一个合作性的说者，你必须保证听者能够理解你的信息。

在以下的对话中，你能看出克里斯是如何遵循（或违反）格赖斯的准则的吗？

对话	克里斯可能正在想
帕特：你去过纽约吗？ 克里斯：2009 年去过一次。	我不知道为什么帕特会问我这个问题，因此我可能应该稍微多说点儿，而不只是说"去过"。
帕特：我本来想去一趟，但是我担心会遭到抢劫。 克里斯：我想很多地方还是安全的。	我不能说他不应该担心，因为他不会相信我。 我说些什么才能让他感觉舒服且听起来是真的？
帕特：你住的宾馆怎么样？ 克里斯：我喜欢床上的虫子。	我希望帕特明白我并不喜欢与虫子共处一室。
帕特：你愿意和我一起去纽约吗？ 克里斯：我得想个法子，看看我是否有可能在不太可能的情况下离开。	我不想去，但是我不想显得不礼貌。帕特会从我的反应中注意到我正在推托吗？
帕特：啊？ 克里斯：嗯……	帕特陷入尴尬。

础（共同知识）中，一定有某个亚历克斯很突出。

赫伯特·克拉克（Clark, 1996）提出，语言的使用者在判断共同基础时有不同的依据：

- **团体成员身份。**语言生成者经常根据共享的团体（各种规模）成员身份，对可能的共享知识做出强假设。
- **行动同现。**语言生成者通常假设他们与其他交谈者共同经历的某些事件或行动将成为双方的共同基础，包括稍早的交谈（或过去的交谈）中所讨论的信息。
- **知觉同现。**当说话者和听者共同面对同一知觉事件（光线、声音等）时，就存在着知觉同现。

所以，在句子"我正在和亚历克斯共进午餐"中，你对亚历克斯的使用可能是成功的，因为你的朋友和你属于同一个小团体（如室友），这个小团体中只有一位名叫亚历克斯的人（团体成员身份）。或者，你对亚历克斯的成功使用，可能是因为你已在稍早的交谈中介绍过亚历克斯（行动同现），又或者亚历克斯正好站在房间中（知觉同现）。从这个例子中可以看出，为什么共同基础的判断依赖于你对个人和团体信息的记忆能力（Horton, 2007; Horton & Gerrig, 2005）。

至此，我们对语言生成的讨论都集中在信息层面上：你将根据听众是谁来组织你想要表达的内容。现在，让我们开始讨论你产生这些信息的心理过程。

言语执行和口误　你想因为口误而闻名吗？想一下牛津大学的斯本内（Reverend W. A. Spooner）吧，斯本内现象（spoonerism，也译作首音误置，指在一个短语或句子中两个或更多个词的首音互换）便是以其名字而命名。尊敬的斯本内先生配得上这份荣誉。例如，当他斥责一个懒惰的学生浪费了整整一个学期时，他说："You have tasted the whole worm！"（你已经品尝了整条虫子）实际上，斯本内想说的是"You have wasted the whole term"（你已经浪费了整个学期）。斯本内现象是语言生成者所犯的几种有限口误中的一种。这些口误能够让研究者了解说者产生话语时所做的计划。在**表 8.4** 中，你可以看到，你需要在多个不同水平上计划你要说的话，而口误为每一个水平都提供了证据（Dell, 2004）。在所有这些口误的例子中，让你印象深刻的可能是，口误不是随机的——就英语口语结构而言，它们是有意义的。因而，说者可能互换起始辅音——把"slips of the tongue"说成"tips of the slung"——但永远不会说成"tlips of the sung"，后面这种说法违反了英语中"tl"不能作为起始音出现的规则（Fromkin, 1980）。

鉴于口误对言语生成理论的发展具有重要价值，研究者并不满足于总是被动地等待口误自然发生。相反，研究者已经探索出多种方法，用以在控制的实验环境中人为产生口误（例如，Corley et al., 2011; Humphreys et al., 2010）。有一种经典的技术被称为 SLIP 技术（spoonerisms of laboratory-induced predisposition，实验室诱导产生的斯本内现象）（Baars, 1992）。这个程序要求参与者默读一些由词对构成的

表 8.4　言语生成计划中的错误

计划的类型：

- 说者必须选择最符合他们想法的内容词。

  如果说者想到了两个词，如 *grizzly*（灰色的）和 *ghastly*（苍白的），那么，可能会出现 *grastly* 这样的混合词。

- 说者必须把所选的词放在话语中正确的位置。

  因为说者在产生话语时会计划话语的整体单元，所以，内容词有时会发生错位。

  把 a tank of gas（一桶汽油）说成 a gas of tank。

  把 wine is being served at dinner（宴会提供葡萄酒）说成 dinner is being served at wine。

- 说者必须说出他们想说的词。

  再一次，因为说者要事先计划，所以，有时会出现声音的错位。

  把 left hemisphere（左半球）说成 heft lemisphere。

  把 pass out（昏倒）说成 pat ous。

词表，这些词对为希望出现的斯本内现象的声音结构提供了模型。例如，"ball doze，bash door，bean deck，bell dark"。然后，研究者要求参与者大声说出像"darn bore"这样的词对，但是，在先前词对的影响下，"darn bore"有时会被说成"barn door"。

在这种技术的帮助下，研究者能够研究哪些因素可能使说者产生口误。例如，当口误所产生的仍然是真实存在的词时，斯本内现象更可能出现（Baars et al., 1975）。如此一来，同"dart board"（生成"bart doard"）相比，人们说"darn bore"时更可能出现口误（生成"barn door"）。类似这样的发现说明，当你说话时，你的某些认知过程专注于觉察和修正潜在的错误（Nooteboom & Quené, 2008）。那些过程不愿意让你发出像"doard"（它不是英语中真正存在的词）这样的声音。

当代言语生成理论试图预测，为了生成声音、词和结构，人们的话语是如何展开的。比如，研究者可能想研究，说者正在说话时，为什么某些声音比其他声音更容易生成（Goldrick & Larson, 2008）。此类分析关注的因素包括特定的声音出现在特定位置的相对频率（如在英语单词中，s 比 z 更可能出现在单词的开头）。另外一些研究项目则考察，人们在言语表达过程中生成特定单词的时间进程。比如，研究者已经发现，人们如果刚刚说某个单词（如 milk），就很难说出另一个与其有联系的单词（如 cow）。这些现象可以解释为在言语表达的过程中，不同的记忆表征会相互竞争（Rahman & Melinger, 2007）。

关于结构，研究者常常考察哪些因素导致说者选择以某种而不是另一种方式来表达同样的意思。请看图 8.5，如果要你描述这个场景，你可能会说："邮递员正在被狗追"，或者"狗在追邮递员"。为了理解说者为什么选择某个特定的结构，研究者指出了一些因素，比如说者最近听到和理解的语言（Bock et al., 2007）。例如，如果你最近刚听过"外交人员没有被政府撤走"这样一个句子，那么你更可能说出具有相同整体结构的句子（如"邮递员正在被狗追"）。

言语执行也会受说者对共同基础的评估的影响。例如，人们对单词的发音方式会受他们与听者共同经历的影响。

图 8.5　选择一个句子结构
你会如何描述这个场景？

研究特写

在实验的第一阶段，学生们观看一段卡通片，在片中，歪心狼反复尝试抓 BB 鸟但一直不成功（Galati & Brennan, 2010）。在实验的第二阶段，学生们（说者）向另一个没有看过卡通片的学生讲述片中发生的事情。在实验的最后一个阶段，说者又讲述了两次卡通片中的故事，其中一次面对的是在第二阶段听过描述的那个同伴（听者 A），另一次面对的是新同伴（听者 B）。请注意，在最后一个阶段的描述中，每个说者都与听者 A 有共同基础（因为第二阶段的描述），但与听者 B 没有共同基础。研究人员推断，共同基础会让说者在描述时更加随意。为了检验这一假设，研究者找出说者在两个阶段的描述中重复使用的词语（如"降落伞"和"炸药"），把它们从录音中剪辑出来，然后请另一组实验参与者评判不同版本的相对清晰度。这些评判者一致判定，面对有共同基础的听者 A 时，说者的单词发音更不清晰。

译者注：歪心狼和 BB 鸟是美国经典系列动画片《乐一通》中的主要角色，狡猾的歪心狼一心想要吃掉机智的 BB 鸟。

当你和朋友或陌生人交谈时，请想想这个研究结果。当你面对一个与你有更多共同基础的人时，你是否发现自己说话确实要随意一些？

现在我们已经考察了一些会导致说者产生特定话语的因素，以及哪些过程使他们那样做。下面，让我们转向听者，他们负责理解说者试图传达的内容。

语言理解

假设说者已经说了"猫在垫子上"。你已经知道，根据语境，这句话可用来传达多种不同的意思。那么作为一个听者，你是如何只确定一个意思的呢？我们将通过对歧义问题的充分考察来开始对语言理解的讨论。

消解歧义 bank 这个词的意思是什么？你可能至少会想到两个意义，一个与河有关，另一个与钱有关。假设你听到"He came from the bank"这句话，你怎样知道 bank 是指哪一个意思？你需要消解两个意义之间的词语歧义。如果你思考这个问题，那么，你会认识到你拥有一些认知过程，这些过程让你能够运用周围的语境来消解歧义。你是在谈论河还是在讨论钱？更宽泛的语境应该能够让你在两个意义之间做出选择。但是，这一切究竟是怎样发生的呢？

在回答这个问题之前，我们想介绍另一种类型的歧义。看看这句话的意思是什么："The mother of the boy and the girl will arrive soon"？乍看之下，你可能只觉察到一个意义，但是这里实际上存在结构歧义（Akmajian et al., 1990）。看一下**图 8.6**。为了显示各个词如何聚集在一起形成合乎语法的单元，语言学家经常用树形图来描绘句子结构。在结构 A 中，你可以看到对句子"The cat is on the mat"的分析。这个结构相当简单：由一个冠词和一个名词组成的名词短语，加上由一个动词和一个介词短语组成的动词短语。在另外两个图中，你看到与"The mother..."这句话的两个不同意义相对应的更复杂的结构。在结构 B 中，结构分析表明整个短语"of the boy and the

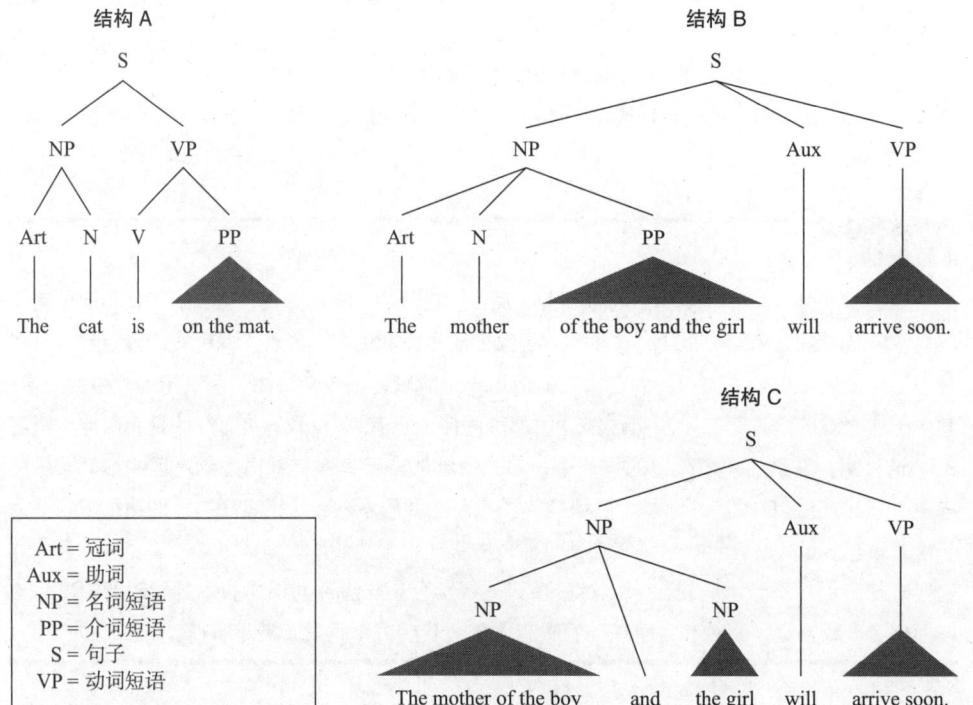

图 8.6 句子结构
语言学家使用树形图来显示句子的语法结构。结构 A 显示了句子"The cat is on the mat"的结构。结构 B 和 C 显示了句子"The mother of the boy and the girl will arrive soon"可以用两种不同的结构分析来表征。谁马上就到，一个人（结构 B）还是两个人（结构 C）？

Art = 冠词
Aux = 助词
NP = 名词短语
PP = 介词短语
S = 句子
VP = 动词短语

girl" 适用于 "the mother"。一个人——两个孩子的母亲——马上就到。在结构 C 中，结构分析表明存在两个名词短语，"the mother of the boy" 和 "the girl"。有两个人，她们马上就到。当你最初读到这个句子时，你想到了它的哪一种意思？既然你能看出两个意思都是可能的，那么，我们便面临了与词语歧义相同的问题：当可能存在不止一个意思时，先前的语境如何能让你从中确定一个意思？

让我们回到词语歧义的问题（关于词义的歧义）。考虑下面的句子（来自 Mason & Just, 2007）：

To their surprise, the bark was unusual because it sounded high-pitched and hoarse.

当你读到这个句子时，你如何解释 "bark" 这个词？如果你的头脑里有一部词典，那么，其中关于 "bark" 的词条可能如下：

定义 1. 树的外皮。
定义 2. 犬吠声。

研究表明，当你遇到这样一个歧义词时，上述两个定义都会出现在记忆中，但你会快速运用上下文的信息来确定哪个更合适。"bark" 这样的词所引发的歧义叫作均衡歧义，因为人们以几乎相同的频率来使用它的两个意思。现在来考虑另一个例子：

Last year the pen was abandoned because it was too dirty for the animals to live in.

这个句子是不是给你带来麻烦了？"pen" 也有两个意思：

定义 1. 用墨水书写的工具。
定义 2. 动物的围栏。

"pen" 这样的词所引发的歧义叫有偏歧义，因为人们使用其中一个意思（定义 1）的频率明显高于另一个意思。在读到这个句子时，你可能产生了短暂的疑惑，因为你首先把 "pen" 理解为 "用墨水书写的工具"，但之后的语境证明这是不对的。研究发现，对于以上两种类型的歧义，人脑会以不同的方式做出反应。

现在看着这张动物围栏（animal pen）的图片，当你想起 pen 这个词时，首先想到的是什么？

研究特写

12 名参与者在阅读句子时接受 fMRI 扫描。他们阅读的句子包括均衡歧义句和有偏歧义句，也包括匹配的控制句子（Mason & Just, 2007）。比如，在句子 "To their surprise, the bark was unusual because it sounded high-pitched and hoarse" 中，用 "howl" 来代替 "bark"，即 "the howl was unusual..."，以此来提供一个没有歧义的句子。研究者预测，由于参与者需要在不同的含义之间做出选择，有歧义的句子相比控制句子会激发不同的脑活动模式。正如**图 8.7** 所示，研究者的这一预测得到了证实。研究者还预测，由于参与者需要从他们有偏的解释中恢复过来，所以，相比均衡歧义句，有偏歧义句所产生的脑活动模式也会不同。图 8.7 所示的脑部扫描图像同样证实了这一预测。

图 8.7　消解歧义的脑基础

参与者在阅读均衡歧义句、有偏歧义句或匹配的控制句时接受 fMRI 扫描。红色圆圈内的脑区在两种歧义句下都更活跃（相对于控制句）。绿色圆圈内的脑区只在有偏歧义句下更活跃。（见彩插）

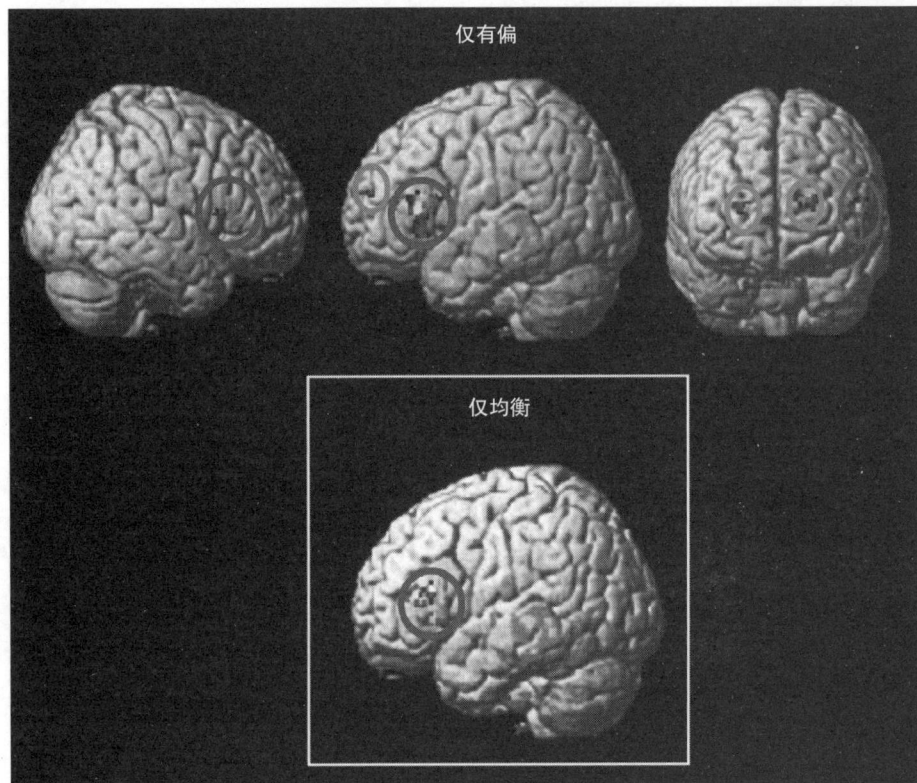

仅有偏

仅均衡

　　这一实验识别出了哪些脑区帮助你理解歧义词：你利用语境信息，快速而高效地获得一个单一的意义。语境对结构歧义也会产生相同的影响（Farmer et al., 2007; Patson & Warren, 2011）。当你需要在不同的可能语法结构中进行选择时，语境信息有助于你快速做出决策。事实上，有词语或句法歧义的句子所激活的脑结构有一部分是相同的（Rodd et al., 2010）。

　　你能得出的总体结论是，你的语言加工过程能够有力和高效地使用语境来消解歧义。一定程度上，语言生成和语言理解之间有很好的匹配。当我们讨论语言生成时，我们强调听众设计——通过这些过程，说者尽力让他们所说的话适合当前的语境。我们对语言理解的分析表明，听者期望说者做好他们的工作。在这些情况下，听者在语境引导下对说者所要表达的意思产生预期才有意义。

　　理解的产物　我们对歧义消解的讨论主要集中在理解的过程上。本节我们把注意力转向理解的产物。现在的问题是：当听者理解话语或文本时，记忆中产生了什么样的表征？例如，当你听到我们在前面多次提到过的句子"猫在垫子上"时，你的记忆中将会储存什么？有研究表明，意义的表征始于一个被称为命题的基本单元（Clark & Clark, 1977; Kintsch, 1974）。所谓的命题是指语句的主要思想。对句子"The cat is on the mat"来说，主要思想是某物在别的物体上面。当你阅读这句话时，你会抽取出命题"on"，并理解它所表达的 cat 与 mat 之间的关系。命题通常写成下面的形式："ON（cat, mat）"。许多语句包含不止一个命题。看下面这句话："The cat watched the mouse run under the sofa"。我们有第一个成分的命题"UNDER（mouse, sofa）"。在此基础上，我们建造命题"RUN［mouse, UNDER（mouse, sofa）］"。最后，我们获得命题"WATCH{cat, RUN［mouse, UNDER（mouse, sofa）］}"。

我们如何检验你对意义的心理表征是否真的如此？语言心理学中一些最早的实验旨在证明命题表征在理解中的重要性（Kintsch, 1974）。研究已表明，如果一句话中的两个词属于同一个命题，那么，即使它们在实际的句子中并不接近，在记忆中也会表征在一起。

请看这个句子："The mausoleum that enshrined the tzar overlooked the square"（祀奉皇帝的陵墓俯瞰着广场）。尽管 mausoleum 和 square 在句子中离得较远，但是命题分析表明，它们应该一起储存在命题 "OVERLOOKED（mausoleum, square）"中。为检验这一分析，研究者要求参与者阅读词表，并说出每个词是否曾经在句子中出现过（Ratcliff & McKoon, 1978）。在词表中，一些参与者在看到 "square" 之后接着看到了 "mausoleum"；另一些参与者则在看到来自另一命题的一个词之后看到 "mausoleum"。与 "mausoleum" 跟在另一个命题的词语之后出现相比，当 "mausoleum" 跟在 "square" 之后时，参与者会更快地回答 "是的，我看见过 mausoleum"。这一发现表明，在记忆中，"mausoleum" 和 "square" 这两个概念是表征在一起的。

你可曾注意到，要精确地记得某人所说过的话有多困难？例如，你可能试图逐字去记电影中的一句台词，但是，当你回到家时，你意识到你只能记得这句台词的大致意思。这个实验显示了为什么逐字记忆效果不是那么好——因为你的语言加工过程执行的一个主要操作是抽取命题，而那些呈现命题的确切形式很快就会丢失（例如，到底是 "猫追老鼠" 还是 "老鼠被猫追"）。

值得注意的是，并非储存在听者记忆中的所有命题都是由说者直接陈述的信息所组成。听者经常使用**推论**（inference）——根据记忆中的信息而做出的逻辑假设——来填补信息空白。看下面这两句话：

"我要去熟食店见堂娜。"
"她答应买一块三明治给我当午餐。"

为了理解这两个句子是如何连贯起来的，你必须做出至少两个重要的推论。你必须弄清第二个句子中的 "她" 指的是谁，还要弄清楚怎样把 "去熟食店" 与 "答应买一块三明治" 联系在一起。请注意，真正说这两句话的朋友确信你能理解这些事情。你绝对不想听到下面这样的话：

"我要去熟食店见堂娜。她——我说的她是指堂娜——答应买一块三明治给我，熟食店是一个可以买到三明治的地方，三明治可以当午餐。"

说者指望听者能自己做出这种推论。

大量研究已经把目标指向确定听者通常会做出什么样的推论（McNamara & Magliano, 2009）。在任何话语背后，潜在的推论都是无限的。例如，因为你知道堂娜很可能是个人，所以，你可以推论她有心脏、肝、一对肺，等等。但是，当你听到句子 "我要去熟食店见堂娜" 时，你不太可能回想起那些推论中的任何一个，尽管它们都完全正确。

事实上，已有研究表明，读者对文本的整个语境所形成的模型，会影响他们编码哪一个推论。比如，阅读**表 8.5** 中的文本 1。读完后，你是否推论卡萝尔会把意大

表 8.5　文本语境和推论

1. 卡萝尔是一位有两个小孩的单亲妈妈。她不得不做两份工作才能维持收支平衡。她一边做全职教师，一边做兼职服务员。她讨厌这种没有多少闲暇时间的状态。卡萝尔是出了名的脾气暴躁、做事不假思索。她从不考虑自己行为的后果，所以经常得到负性反馈。她拒绝受人欺负。事实上，她刚刚因为路怒收到了罚单。她决定绝不容忍对她不友好的人。有天晚上，卡萝尔遇到了一位特别粗鲁的顾客。顾客抱怨意大利面并对卡萝尔大吼，就好像这是她的过错一样。于是卡萝尔将意大利面举过了顾客的头顶。

2. 卡萝尔是一位有两个小孩的单亲妈妈。她不得不做两份工作才能维持收支平衡。她一边做全职教师，一边做兼职服务员。她讨厌这种没有多少闲暇时间的状态。卡萝尔刚刚做完肩部手术回来工作。每当从顾客的桌子上举起东西时她都需要小心翼翼。每一次这样做，她都疼得厉害，甚至觉得自己会晕倒。如果举得太高，她就会整晚极度不适。但是，通常情况下，当她需要清理桌子时她会寻求帮助。一天晚上，卡萝尔遇到了一位特别粗鲁的顾客。顾客抱怨意大利面并对卡萝尔大吼，就好像这是她的过错一样。于是卡萝尔将意大利面举过了顾客的头顶。

利面倒在顾客身上？研究表明读者会一致地做出这种推论（Guéraud et al., 2008）。现在阅读文本 2，在这种情况下，读者推断卡萝尔会经历疼痛。

我们对语言使用所做的讨论表明，说者要付出很多努力才能在正确的时间生成正确的语句；而为了精确地领会说者的意思，听者也有很多工作要做，但你通常不会意识到所有这些事情！我们的讨论是否让你更好地了解到你的认知过程是多么简捷有效？

语言与演化

我们刚刚已经了解到，一系列认知过程在幕后努力工作，以帮助你生成和理解语言。一直以来，令研究者着迷的一个问题是：有没有任何其他生物拥有同样的一系列认知过程？我们知道，没有其他物种使用像人类语言这么复杂的语言。这也就提出了一个相当有趣的问题：人类演化出了什么认知过程才使语言成为可能？为了回答这个问题，研究者针对其他物种开展了大量的研究：他们试图找出究竟是什么使人类和人类的语言如此特殊。其中一个重要的关注点是语言结构。

使得人类语言如此特殊的一个特性在于，人能够使用有限的单词表达无限的意义：你可以根据一些语法规则，如**图 8.6** 中所示，用你所知道的单词组合出无穷多你所需要的句子。与此同时，不同语言之间，语法规则也存在相当大的差异。人类似乎是唯一在生物学上有所准备的、能够学习如此复杂的语言规则的物种（Fitch, 2011）。

但是，我们怎么知道其他物种不能学习像人类语言这样复杂的交流系统呢？从 20 世纪 20 年代开始，心理学家就试图通过教黑猩猩语言来回答这个问题。黑猩猩没有合适的发音器官来产生口语，因此，研究者不得不想出其他交流方法。例如，研究者教一只叫 Washoe 的黑猩猩学习一种高度简化的美式手语（Gardner & Gardner, 1969），教一只叫 Sarah 的黑猩猩在一块磁板上操纵塑料符号（代表像"苹果"和"给"这样的概念）（Premack, 1971）。这些实验结果引起了极大的争议（Seidenberg & Petitto, 1979）。怀疑者质问，黑猩猩偶然将手势或符号组合起来（例如，"Washoe sorry""You more drink"），能否称得上是有意义的语言使用。他们还怀疑，大多数被归于黑猩猩"话语"的意义是在人脑中产生的，而不是在黑猩猩脑中产生的。

苏·萨维奇－朗博和她的同事们（Savage-Rumbaugh et al., 1998）所做的研究，为黑猩猩的语言能力提供了更可靠的见解。萨维奇－朗博主要研究倭黑猩猩，它是一种在演化上比普通黑猩猩更接近人类的类人猿。相当引人注目的是，在她的研究中，两只倭黑猩猩 Kanzi 和 Mulika 在没有外显训练的情况下习得了塑料符号（与黑猩猩 Sarah 用过的符号相似）的意义：它们通过观察其他生物（人类和倭黑猩猩）使用符号进行交流，自发地学会了这些符号。而且，Kanzi 和 Mulika 能理解一些英语口语。例如，当 Kanzi 听到一个口语词时，它能找到词对应的符号或者物体照片。Kanzi 能执行一些简单的命令，比如"把苏的鞋脱下"。Kanzi 的表现有力地证明，其

即使没有接受明确的训练，一些倭黑猩猩也能掌握词的含义。那么，它们还必须展示哪些能力才能被认为真正掌握了人类的语言？

他动物可以表现出人类语言行为的某些方面。但是 Kanzi 仍然不具备人类的能力：它不能掌握能产生无限数目言语的语法规则。

当代研究者的关注点已不再是尝试教灵长类动物学习近似人类语言的符号，而是转向了人类语言的某些特定方面，这些方面可能属于也可能不属于其他物种的能力范围（Endress et al., 2009; Saffran et al., 2008）。这些研究结果有助于明确人类的语言以及获得语言的能力究竟有何特殊性。

演化视角考察人类演化出了哪些关键认知过程，从而使语言成为可能。然而，这一套通用的过程却能产生大量不同的语言。下一节，我们讨论语言间的差异可能导致的一些结果。

语言、思维和文化

你有机会学习多种语言吗？如果有，你相信在使用不同的语言时，你的思维方式也会有所不同？语言影响思维吗？有关这个问题的学术性工作始于**爱德华·萨丕尔**（Sapir, 1941/1964）和他的学生**本杰明·李·沃尔夫**（Whorf, 1956）。他们所做的跨语言研究使其得出了一些激进的结论，即语言上的差异会造成思维上的差异。萨丕尔（Sapir, 1941/1964, p. 69）这样写道：

> "我们之所以以现在这样的方式看、听和体验，是因为我们所在群体的
> 语言习惯使我们倾向于某些方式的理解。"

对萨丕尔和沃尔夫来说，这个结论直接来源于他们相信存在于自己的数据中的、二者之间的关系。在他们所提出的假说中，**语言相对论**（linguistic relativity）的观点吸引了最多的关注（Brown, 1976）。根据该假说，人们所使用的语言的结构，影响其思考世界的方式。当代心理学、语言学和人类学的研究者已经尝试对这些思想进行严格检验。让我们看看其中的一些研究。

不同的语言所使用的基本颜色词的数量有很大区别，这一点可能令你感到惊讶。语言学分析发现，英语中的基本颜色词有 11 个（黑、白、红、黄、绿、蓝、褐、紫、粉红、橙和灰）。而一些语言中，如巴布亚新几内亚的达尼人的语言，只有两个

巴布亚新几内亚的达尼人的语言中只包括两个基本颜色词，这两个词仅在黑与白（或深色与浅色）之间做出区分。相比之下，英语有 11 个基本颜色词。这种语言差异会影响人们体验世界的方式吗？

基本颜色词，简单地在黑白（或深色与浅色）之间做出区分（Berlin & Kay, 1969）。研究者推测，基本颜色词所暗含的分类结构可能影响不同语言的使用者思考颜色的方式。例如，一项研究要求来自纳米比亚北部说辛巴语者区分属于蓝 – 绿色带区的三种色块。参与者的任务是选出"这三个颜色中哪两个看起来最像，就像兄弟之间那样相像"（Roberson et al., 2005, p. 395）。辛巴语与英语不同，它并没有对蓝色和绿色在词语上做出区分。相反，这一语言使用"borou"来表示大部分的蓝绿色调。研究者想要寻找类别知觉的证据：他们评估了辛巴语使用者在多大程度上知觉到语言所标记的同一类别中的颜色色调更相似（与不同类别间的颜色相比）。事实上，辛巴语参与者做出的相似判断，清楚地说明了其语言中所包含的分类结构的影响。

数词为语言与思维的研究提供了第二个例子。以居住在巴西亚马孙雨林中的毗拉哈人（Pirahã）为例。毗拉哈人只使用三个数词（hói，hoí 和 baágiso），大致可翻译为"小的尺寸或数量""大一些的尺寸或数量"以及"使聚集在一起或许多"（Everett, 2005）。从语言相对论的角度看，研究者提出的问题是语言中缺乏精确的数字系统是否影响了毗拉哈人执行涉及数字任务的能力（Gordon, 2004）。事实上，即使只有很短的时间间隔，这个部落的成员也不能很好地记住数量（Frank et al., 2008）。例如，当研究者给毗拉哈人呈现几个线轴，然后用一个文件夹挡住时，他们对线轴数量的回忆结果相对较差。你能理解为什么缺乏精确的数字会使这项任务变得困难吗？

作为语言相对论的最后一个例子，让我们转向英语和西班牙语之间的对比。假设一个说英语的人和说西班牙语的人都目击了一场事故。语言会如何影响他们的记忆呢？

研究特写

在第一个实验中，研究者要求英语和西班牙语使用者观看事故短视频，并描述发生了什么（Fausey & Boroditsky, 2011）。英语使用者产生的句子中很多时候（75%）都包含了造成事故的人（例如，"她打碎了花瓶"）。相比之下，西班牙语使用者在句子中省略这一信息（例如，"花瓶碎了"）的可能性要高 15%。在第二个实验中，另一组英语和西班牙语使用者观看了事故短视频。十分钟后，他们需要完成一项记忆任务，辨认卷入事故的人。结果，英语使用者的正确率为 79%，而西班牙语使用者的正确率是 74%。

研究者指出，英语使用者更常明确提及造成事故的人这一事实，可以解释为何他们有更好的这一记忆表现。该记忆差异虽然很小，但在不同语言使用者之间稳定存在。事实上，记忆差异的大小对你来说应该是一种提示，语言只是影响思维，你不会完全被你说的语言所限制。

世界上有数千种语言，它们之间有许多有趣的区别。研究者在对这些区别进行了广泛的研究后发现，语言相对论的假设在某些领域比在另一些领域得到了更好的支持（January & Kako, 2007; Papafragou et al., 2007）。然而，关于语言与思维的关系，仍然有许多有趣的假设有待检验。本书中谈到了许多文化差异问题，所以对语言相

生活中的批判性思维

人为什么说谎，如何说谎

你已经知道，合作性会话的原则之一是"努力进行真实的交流"。然而，你肯定知道，并非所有的言语都是真实的。当人们在日记中记下自己说过的谎言时，大多数人报告平均一天说谎 1~2 次（Depaulo et al., 2003）。但是为什么人要说谎？一项有 286 名大学生参与的研究发现了说谎的两个主要动机（Phillips et al., 2011）。第一，学生说谎是为了操纵他人对自己的印象（期望能从说谎中获利）。第二，学生说谎是为了避免不愉快或保护自己或他人免受伤害。

这些数据表明，你经常需要判断别人是否在欺骗你。不幸的是，人们在识破谎言方面似乎不太成功（Hartwig & Bond, 2011）。其实，我们对说谎者与说真话者的行为差异有相当敏锐的感知。例如，我们认为说谎者在他们的叙述中提供的细节少于说真话的人，这是对的。然而，当我们听到一个具体的陈述时，我们如何能自信地评估它的细节少于其本该有的程度？识破说谎者的困难不在于他们的行为没有什么不同，而是行为上的差异通常不够显著！

所以，人们的行为不一定能清楚地表明他们是否诚实。然而，有大量证据显示，说真话和说谎话时大脑活动是不同的。在一项研究中，研究者要求参与者就他们在开枪事件中的参与情况说谎或讲真话（Mohamed et al., 2006）。为了使说谎的体验尽可能真实，有罪条件下的参与者在测试室里确实开了发令枪（只装空弹）。有罪和无罪条件组的参与者在接受 fMRI 扫描时都需要回答一系列问题。有罪组参与者需要对他们在事件中的角色说谎。fMRI 的结果显示，脑中有多个区域在说谎时比讲真话时更活跃。比如，当参与者准备谎言时，负责计划和情绪的脑区活动更强烈。

这类研究让人们好奇 fMRI 是否可以作为一种高科技的测谎手段。虽然研究人员最初对这种可能性很感兴趣，但后来发现，想扰乱这种探测过程似乎并不困难。fMRI 测谎依赖于真实与虚假反应之间的清晰对比。然而，人们能够学会一些对策（简单如扫描时左脚趾轻微弯曲），使得发现明显的差异变得困难（Ganis et al., 2011）。唉，即使到了 21 世纪，说谎者仍然保持着他们的优势！

- 人们说谎的动机如何影响说谎研究的有效性？
- 关于在实验室环境下进行说谎研究的伦理约束，发令枪的研究带给我们什么启示？

对论保持开放的心态是有益的。鉴于不同文化的成员说着非常不同的语言，我们可以琢磨语言在多大程度上是造成文化差异的原因。

现在，让我们把目光从通过词语交流意义的情形，转到探讨通过视觉信息传递意义。

STOP 停下来检查一下

❶ 合作原则和听众设计的关系是什么？

❷ 假设你想说出 "big pet" 和 "bird pen"，为什么你更容易犯 "pig bet" 而不是 "pird ben" 的口误？

❸ 你如何从人们的表征中发现推论？

❹ 研究者认为人类有别于其他物种的语言能力是什么？

❺ 语言相对论的观点是什么？

批判性思考：回想关于言语执行的研究。如果听者也看了卡通片，说者所使用的词语的清晰度会发生怎样的变化？

视觉认知

关于句子"猫在垫子上"，**图 8.8** 中呈现了两种视觉表征。哪一个看起来是对的呢？如果你从基于语言命题的角度来思维，那么，每个选项都抓住了正确的意义——猫确实都在垫子上。尽管如此，你可能只对选项 A 满意，因为它与你第一眼看到这个句子时想到的情景相匹配（Searle, 1979）。选项 B 呢？它可能让你有些许不安，因为这只猫看起来就要翻倒了。这种紧张的感觉一定会产生，因为你能用图来思维。在某种意义上，你能确切地看到将要发生什么。本节中，我们将就视觉表象和视觉过程如何影响你的思维方式做一些探讨。

历史上基于心理表象的著名发现可以说是不胜枚举（Shepard, 1978）。弗里德里希·凯库勒是苯的化学结构的发现者，他的脑海中经常浮现一个心理表象，即原子手拉手跳舞，结合成牢固的分子链。苯环就是他在梦里发现的，他梦见一条蛇状的分子链突然咬住了自己的尾巴，从而形成一个环。迈克尔·法拉第发现了磁力的许多特性，他对数学知之甚少，但对磁场的特性却有着非常生动的心理表象。爱因斯坦宣称自己完全是根据视觉表象来产生思想的，只有在基于视觉的发现完成之后，他才能把他的发现转化为数学符号和文字。

上面这些例子应该能鼓励你努力沉浸于视觉思维。但是，甚至无须努力，你也会习惯性地应用你操纵视觉表象的能力。下面我们看一个经典的实验，实验中，研究者要求参与者变化头脑中的表象。

研究特写

研究者向学生呈现经过各种角度（从 0 度到 180 度不等）旋转的字母 R 及其镜像（见**图 8.9**）（Shepard & Cooper, 1982）。当字母出现时，学生需要识别所出现的字母是正常的 R 还是 R 的镜像。研究结果发现，学生做出决策所需的反应时与图形旋转的程度成正比。这个发现表明，在决定图形是 R 还是 R 镜像之前，参与者首先在其"心灵之眼"中想象这个图形，然后以某种固定的速度把图像旋转到正立的位置。旋转速度的这种一致性表明，心理旋转过程非常类似于物理旋转过程。

人们有效地进行心理旋转的能力部分取决于他们的视觉经验。因此，一些研究者建议人们通过玩复杂的电子游戏来提高心理旋转能力（Spence & Feng, 2010）。

你也能利用视觉表象来回答某些实际问题。例如，假设我们问你高尔夫球是否比乒乓球大。如果你不能直接从记忆中提取相关的事实，那么，你也许会发现，形

图 8.8　视觉表征

这两只猫都在垫子上吗？

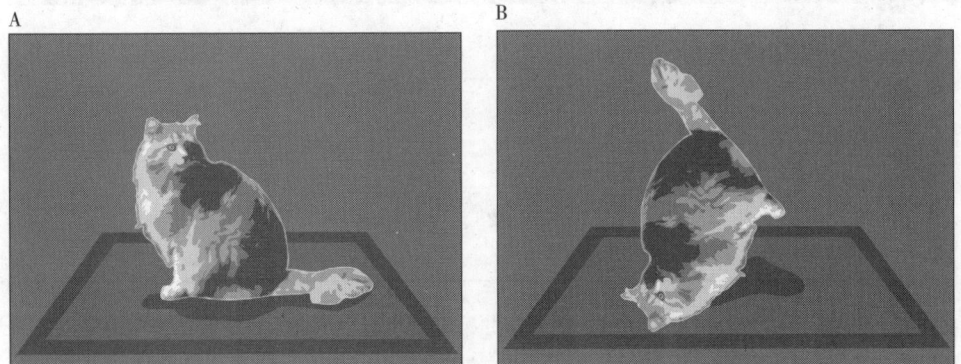

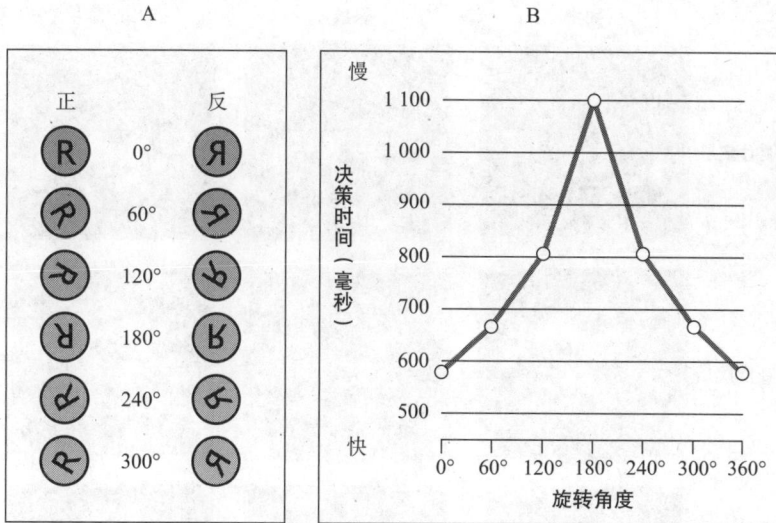

成它们并排在一起的视觉表象是一种方便的方法。心理表象还可以帮助你恢复你一开始没注意到的客体的视觉属性（Thompson et al., 2008）。比如，想象一下英语字母表中第一个字母大写的样子。你的表象中是否包括一条斜线？是否有一个封闭的空间？在回答这些问题时，你是否感觉到有一个聚焦表象的过程？这个例子再次说明，表象的使用与真实视知觉的特点在许多方面是一致的。当一个物体真实存在时，你可以重新聚焦注意力来获取更多信息。对视觉表象来说，这一点是相同的。

当然，视觉表象的使用也存在一些限制。考虑下面的问题：

> 想象你有一大张白纸。在心里把它对折（折成 2 层），再次对折（4 层），然后继续对折，直到对折 50 次。当你折完后，纸大约有多厚（Adams, 1986）？

实际答案是约 8 046.7 万千米（$2^{50} \times 0.71$ 毫米，0.71 毫米是一张纸的厚度），此厚度大约是地球到太阳距离的一半。你的估计可能要低得多。你的心灵之眼被它需要表征的信息淹没了。

请你试着完成最后一个视觉表象练习。在周围环境中找出任何一个物体并仔细端详几秒。现在闭上眼睛，在头脑中创造出这个物体的心理表象。想想这个问题：当你进行视知觉和视觉表象时，有多少活动脑区是重合的？为了回答这个问题，研究者让参与者看一些常见物体的线条画（如一棵树）（Ganis et al., 2004）。实验的下一阶段，参与者在电脑屏幕上看或在头脑中想象这些线条画时接受 fMRI 扫描。对每一幅线条画，参与者需要回答"这个物体中是否包含圆形"这样的简单问题。**图 8.10** 呈现了不同脑区 fMRI 扫描的结果。左边和中间的纵列代表执行每项任务时不同于基线水平（即当参与者没有执行任务时）的脑活动。右边的纵列表示只与知觉活动相关的脑区。这些数据支持了两个重要结论：第一，知觉和想象对应的脑活动有很大的重合；第二，负责想象的脑区只是负责知觉的脑区的一个部分——参与者并没有使用任何特殊的脑区来创建视觉表象。就脑活动而言，你编码外部世界和在头脑中创建关于外部世界的心理表征所使用的资源基本上是相同的。

到目前为止，我们的讨论主要集中在你通过记忆环境中的视觉刺激（或者在想象的情况下，通过从记忆中提取）而形成的视觉表征上。然而，你经常根据言语描

图 8.10 **视觉表象的脑基础**

该图呈现的是参与者执行知觉任务或想象任务时的 fMRI 扫描结果。左边和中间的纵列分别代表完成知觉和想象任务时的脑活动：红色、橙色或黄色表示相对基线水平（没有执行任务时）更活跃的脑区，蓝色则表示更不活跃的脑区。右边的纵列表示受知觉任务而不受想象任务影响的脑区。扫描结果表明知觉和想象共用了很多脑区。（见彩插）

资料来源：*Cognitive Brain Research, 20*, G. Ganis et al., "Brain areas underlying visual mental imagery and visual perception: An fMRI study," pp. 226–241, copyright © 2004, with permission from Elsevier.

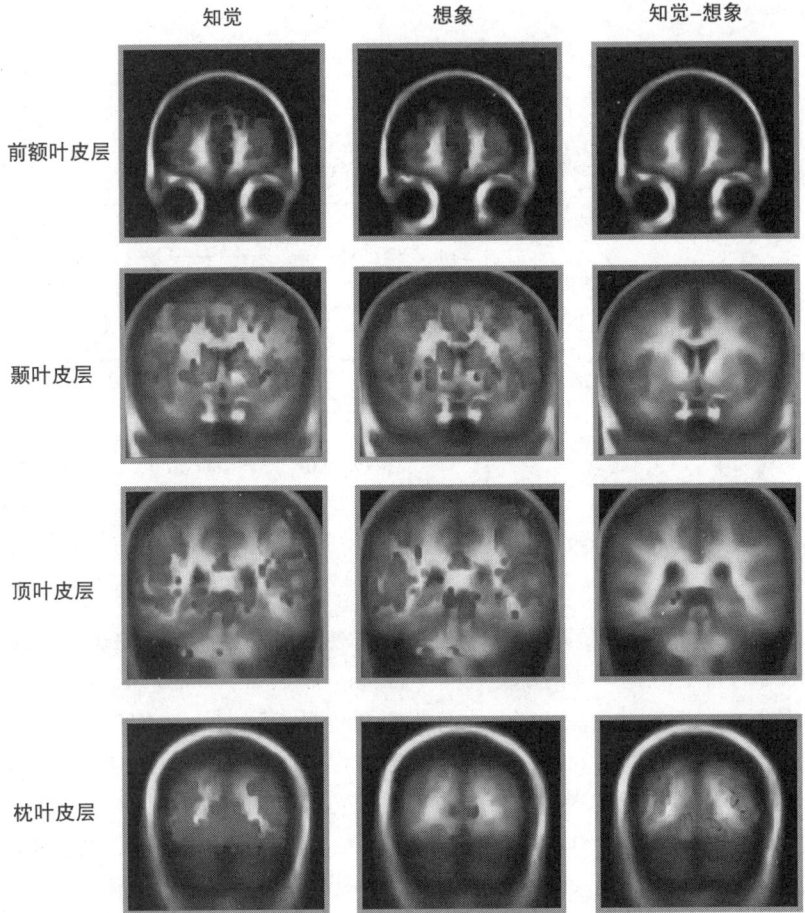

图 8.11 **空间心理模型**

你能够运用想象把自己投射到一个场景之中。就好像你真的站在房间里一样，同说出什么东西在你身后（半身像）相比，说出什么东西在你面前（灯）所花的时间更少。

述形成视觉表象。当你阅读时，为了跟随人物的行踪，你可以建立空间心理模型（Rinck, 2008）。研究者经常关注空间心理模型是如何反映实际空间经验的。例如，假设你阅读一段文本，它使你置身于一个有趣的环境之中。

你正在歌剧院中与人相谈甚欢。你今晚来此是为了与有趣的上层人物见面。此刻，你正站在宽敞、高雅的包厢雕栏旁俯瞰一楼。就在你的正后方，视平线位置的包厢墙上，有一盏装饰华丽的灯，灯的底座是镀金的（Franklin & Tversky, 1990, p. 65）。

在一系列实验中，读者学习了类似这种生动描述观察者周围物品布局的材料（Franklin & Tversky, 1990）。研究者希望展示，读者会根据描述中的物品在其心理空间中所处的位置，或快或慢地获取场景中的信息。例如，读者能更快地说出场景中什么物品在他们的面前，而不是什么物品在他们的身后，即使材料中对所有物品都作了同样详细的介绍（见**图 8.11**）。如果你相信你在阅读时形成的表征，某种意义上已将你置于该场景当中，那么，你就很容易理解这一结果了。你能够把言语经验转变成视觉的、空间的经验。

在本节内容中我们了解到，你的视觉过程和表征能够补充你的言语能力。在应对生活中的要求和任务时，这两种获取信息的方式可以为你提供额外的帮助。现在，我们转向另一些领域，你要用视觉和言语表征来应对生活中的复杂事物，这就是问题解决和推理。

STOP 停下来检查一下

❶ 物理旋转和心理旋转的过程有多相似？

❷ 关于视觉表象的脑基础的研究发现了什么？

❸ 如果你想象自己处于某个场景中，你在这个空间中的位置是否重要？

问题解决和推理

让我们再回到那条神秘的信息——"猫在垫子上"。如果你已经理解了此信息，下一步你要做什么？如果你的生活少有神秘色彩，可以考虑一种更为普遍的情境：你不小心把自己锁在了住宅、房间或汽车的外面。接下来你会做什么？对于这两种情况，反思一下，为了克服困难，你可能采取哪些心理步骤。其中几乎肯定会包括构成**问题解决**（problem solving）和**推理**（reasoning）的认知过程。这两种活动都要求你把当前的信息，同储存在记忆中的信息相结合，以达到某个特定目标：得出结论或找到解决办法。我们将着眼于问题解决的几个方面，以及两种类型的推理——演绎推理和归纳推理。

问题解决

什么东西早晨用四条腿走路，中午用两条腿走路，黄昏时用三条腿走路？根据希腊神话，这是斯芬克斯给出的一个谜语。斯芬克斯这个邪恶的怪物，威胁要对底比斯人实施暴政，直到有人解开这个谜底为止。为了破解谜语，俄狄浦斯必须认识到这个谜语的要素是一些隐喻。早晨、中午、黄昏代表人生的不同阶段。婴儿爬行，因此（从效果来看）有四条腿；成人用两条腿走路；老年人走路除了用两条腿，还使用手杖，这样总共三条腿。俄狄浦斯猜出了这个谜语，答案是"人"。

尽管你在日常生活中所遇到的问题可能并不像年轻的俄狄浦斯所面对的问题那样重大，但是，问题解决活动是你日常生活的一个基本组成部分。你不断地遇到需要解决的问题：如何在有限的时间里管理工作和任务，如何在一次工作面试中取得成功，如何结束一段关系，等等。许多问题涉及你所知道的和你需要知道的这二者之间的差距。当你解决一个问题时，你会找到一种方法来获得缺失的信息，从而缩短那个差距。为了了解问题解决的本质，请试着解决**图8.12**中的问题。当你做完之后，我们再看一下心理学研究如何解释你的表现——不仅如此，我们或许还能为你提供一些改进建议。

问题空间和过程　在现实生活情形中，你如何定义一个问题？你通常会觉察到你当前的状态与你渴望的目标之间的差距：例如，你一文不名，你想拥有一些钱。你也

A.

B.

你有31块光板。

C.

D.

	A	B	C	获得
	21	127	3	100
	9	42	6	21
	28	76	3	25

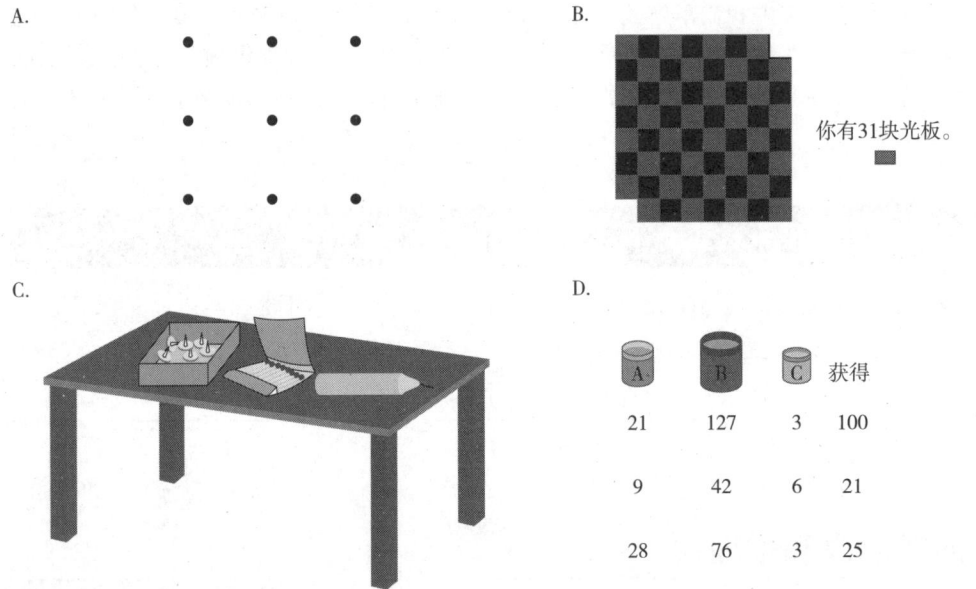

图 8.12　尝试解决这些经典问题

你能解决每一个问题吗？（答案在**图 8.13** 中，不过，请在解决所有问题之后再看答案）。

（A）不抬笔，不走重复线路，一笔画 4 条直线，把图中所有的 9 个点连起来。

（B）棋盘的两个角被切掉了，你有 31 块光板。每块覆盖两个棋盘格，试着用这些光板覆盖棋盘中的每一个格子。

（C）使用图中所示的物品（一支蜡烛、一盒大头钉和一盒火柴），试着把蜡烛固定到高于桌子的墙上且蜡不能滴到桌子上。

（D）给你 3 个"水罐"，每个水罐装不同量的水。例如，在第一个问题中，A、B 和 C 的容积分别是 21、127 和 3 夸脱。在每个问题中，您需要在三个水罐之间倒水，以获得所需的水量。试着解决这三个问题。（见彩插）

通常能意识到，为了弥补差距你能够（或愿意）采取的一些步骤：你想努力得到一份兼职工作，但不想当扒手。问题的正式定义抓住了这三个要素（Newell & Simon, 1972）。一个问题一般由下面三个方面来定义：（1）初始状态——开始时不完整的信息或令人不满意的状况；（2）目标状态——你希望获得的信息或状态；（3）一套操作——为了从初始状态迈向目标状态，你可能采取的步骤。这三部分共同定义了**问题空间**（problem space）。你可以把解决问题看作走迷津（问题空间），从你所在的位置（初始状态）到你想去的位置（目标状态），需要转来转去，经历一系列的弯路（允许的操作）。

如果这些要素中的任何一个未能得到很好的定义，那么，问题解决的最初就会出现许多困难（Simon, 1973）。定义良好的问题类似于教科书中的问题，在这种问题中，初始状态、目标状态和操作都交代得非常清楚。你的任务是发现如何利用允许的、已知的操作获得答案。相比之下，定义不良的问题类似于设计一个住宅、写一本小说或寻找治疗艾滋病的方法。其中，初始状态、目标状态和 / 或操作可能界定不清或很模糊。这种情况下，问题解决者的首要工作是尽可能找出问题究竟是什么，即明确初始状态、理想的解决方案以及可能的手段。

正如你从自己的经验中所了解的那样，即使初始状态和目标状态已经明确，要找到从始点到终点之间的正确操作仍然很困难。如果回想一下你在数学课上的经历，你就会明白确实如此。老师给出一个像 $x^2 + x - 12 = 0$ 这样的方程式，要求你算出 x

A.

B.

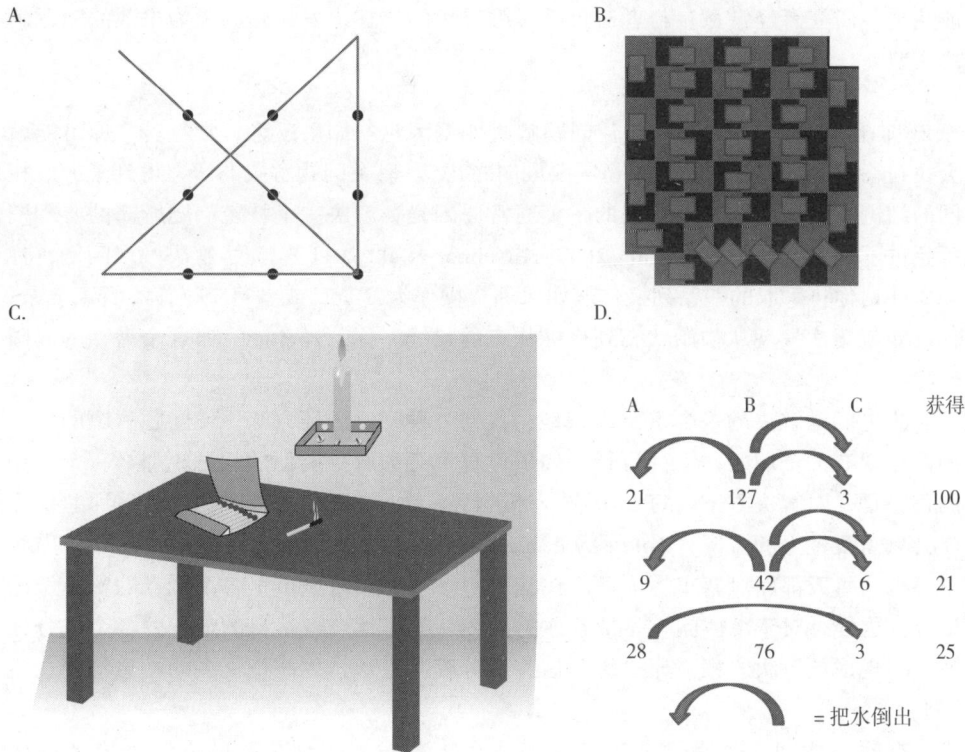

图 8.13　**上述经典问题的答案**

你做得怎么样？下文讲到问题解决和推理过程时我们将再次回到这些问题。（见彩插）

C.

D.

可能的值。你会做什么？为了解决这个代数问题，你可以使用一种**算法**（algorithm），即总能为特定类型的问题提供正确答案的按部就班的程序。如果你正确地应用代数规则，那么，你肯定能够得到 x 的正确值（即 3 和 –4）。如果你曾忘记过密码锁的号码组合，那么你可能采取过由算法指导的行动。如果你系统地尝试解法（如，1，2，3；1，2，4），你肯定会找到正确的号码组合，尽管你可能会花相当长的时间！由于定义良好的问题有明确的初始状态和目标状态，因此，比起定义不良的问题，算法对它们可能更可用。当算法不可用时，问题解决者通常依靠**启发式**（heuristic），所谓的启发式是一些策略或经验法则（rules of thumb，俗称"拇指规则"）。例如，假设你正在看一篇侦探小说，你想弄清楚是谁谋杀了电商大亨。你可能会排除"是男管家干的"这种可能，因为你利用了"作者不会使用如此俗套的情节线"这种启发式。我们马上就会了解到，启发式对于判断和决策来说也至关重要。

　　研究者一直希望了解，当人们解决问题时，他们是如何应用算法和启发式的。为了研究问题解决者所采用的步骤，研究者通常借助**出声思维报告**（think-aloud protocol）。这种程序要求参与者描述他们正在进行的思维（Fox et al., 2011）。例如，两位研究者希望了解参与者解决图 8.12B 中的残缺棋盘问题时所经历的心理过程（Kaplan & Simon, 1990）。下面是其中一位参与者的描述，该参与者取得了关键性突破，认识到仅仅水平和垂直摆放光板，并不能解决问题（红色和黑色相间的是棋盘）：

　　　　这样看来，还剩了一部分棋盘没被覆盖……光板不够用了——差多少，剩了，嗯……红的比黑的多，为了完成它你必须把两个红色的连起来，但是你不能那样做，因为它们是斜的……这样是不是接近答案了？（Kaplan & Simon, 1990, p. 388）

　　这位问题解决者刚刚认识到，如果光板只能水平或垂直摆放，那么，目标不可能达到。研究者经常从参与者对自己思维过程的描述出发，建构更为正式的问题解决模型。

改进你的问题解决 是什么让问题解决变得困难？如果反思日常经验，你可能就会找到答案——"有太多的事情需要同时考虑"。有关问题解决的研究得到了大致相同的结论。造成问题难以解决的一个通常原因是，解决一个特定问题所需的心理资源超过了加工资源（Cho et al., 2007; Kirschner et al., 2011）。为了解决一个问题，你需要计划你将采取的一系列操作。如果那套操作太复杂，或者每个操作本身太复杂，你可能就无法发现从初始状态到目标状态的路线。你怎样才能克服这个潜在的局限性呢？

改进问题解决的一个重要步骤是，找到一种问题表征方法，使问题解决的每个操作在现有的资源条件下都可行。如果你日常必须解决类似的问题，那么一个有用的程序是，对解决方案的每一个成分都进行练习。这样，一段时间之后，那些操作就会只需要较少的资源（Kotovsky et al., 1985）。例如，假设你是纽约市的一位出租车司机，每天都面对塞车。你可以在脑海中练习如何对城市里各个地点的塞车做出反应，这样，对于总体问题（带着你的乘客从上车地点到达目的地）的各个成分你就有了现成的解决方案。通过练习这些成分解决办法，你能把更多的注意集中在道路上。

有时，找到一个有用的表征，往往意味着找到一种全新的方法来思考问题（Novick & Bassok, 2005）。看一下**表 8.6**（改编自 Duncker, 1945）中的问题。你将如何着手进行证明？在你继续阅读之前，请先思考几分钟。你做得怎么样？如果"证明"这个词让你联想到某些数学上的东西，那么，你可能不会有什么进展。考虑这个问题的一个更好的方法是，想象有两个徒步旅行者，一个从山顶出发，另一个从山脚出发（Adams, 1986）。一个人上山，一个人下山，很明显他们会在山上的某个位置相遇（见**图 8.14**），对吗？现在用一个旅行者替换这两个旅行者——概念上是相同的——你就完成了证明。这个问题突然变得非常容易的原因是，你使用了正确的表征：视觉表征，而不是言语或数学表征。

如果回到图 8.12 中的问题，你会得到另一个好例子来说明对问题空间形成适当表征是多么重要。为了把蜡烛固定到墙上，你需要改变你通常的看法，要把火柴盒看成一个平台而不只是一个容器。这个问题显示了一种被称为功能固着的现象（Duncker, 1945; Maier, 1931）。**功能固着**（functional fixedness）是一种心理上的阻断，它通过抑制人们感知常与某些功能相联系的物品的新用途，从而对问题解决产生不利影响。无论何时，当你在某个问题上卡住时，你都应该问自己："我正在怎样表征这个问题？有没有不同的或更好的方法来思考这一问题或解决方案的各个成分？"如果词语不起作用，就试着画个图。或者尝试分析你的假设，看看通过新的组合你能打破哪些"规则"。

当你考虑提高问题解决能力时，脑海中可能会出现另一个概念——创造性。接下来我们来讨论这个问题。

创造性 你肯定经历过人们鼓励你要更有创造性的时

表 8.6　旅行者难题

为了度暑假，一位经验丰富的徒步旅行者决定爬到克拉克山的山顶并在那里露营。星期一一大早，他便沿着通往山顶的蜿蜒小径出发了。天气非常好，他不紧不慢，悠闲地往上爬，时不时地，还停下来拍拍照，并给多位朋友发"你没来真是太可惜了"之类的短信。到了山顶，他打开睡袋，躺下来美美地睡了一夜好觉。第二天一大早，他便开始下山。由于天空中乌云密布，他急匆匆地沿着小路往下赶，以便尽快回到他的车里。

你如何证明，在上山和下山途中，旅行者前后两天在完全相同的时间到达同一地点？

该旅行者难题的"证明"见图 8.14。

图 8.14 旅行者难题的"证明"

A 显示了两个旅行者，一个从山脚开始，一个从山顶开始。B 显示了他们肯定在这一天的某个时候相遇。用一个旅行者替换这两个旅行者，你就完成了证明！

刻。**创造性**（creativity）是指就特定环境而言，个体产生新异且适宜的思想和产品的能力（Hennessey & Amabile, 2010）。想一想车轮的发明。这个部件是新异的，因为在发明者（不知是谁）之前，没有人见过对滚动物体的应用。它是适宜的，因为新物体的用途非常清楚。缺乏适宜性的新思想和新物体通常会被认为是奇怪的和不相关的。

你如何评定个体（相对而言）有没有创造性？研究者的做法是使用能测量发散思维和聚合思维的任务（Nielsen et al., 2008; Runco, 2007）。许多方法集中于**发散思维**（divergent thinking），即对一个问题产生许多不寻常的解决方法的能力。测量发散思维的问题使测验对象有机会展示流畅性（快速）和灵活性思维（Torrance, 1974; Wallach & Kogan, 1965）：

- 说出你能想到的所有方形物体的名称；
- 在三分钟之内，说出尽可能多的可食用的白色的东西；
- 列出你能想到的砖的所有用途。

你可以按照以下维度给以上问题的答案打分：流畅性，即不同想法的总数；独特性，即在适当大小的样本中，任何其他人都未曾想到的想法数；不寻常性，例如，样本中少于 5% 的人给出的想法数（Runco, 1991）。

聚合思维（convergent thinking）指通过整合不同来源的信息解决问题的能力。如果个体能以某种方式整合信息，形成新颖的解决办法，我们就认为他富有创造性。远距离联想测验是研究者用来研究聚合思维的一种方法，它要求参与者找出让其他词联系在一起的词（Bowden & Beeman, 2003）：

- 与以下三个词都相关的词是什么？ cottage, Swiss, cake.
- 与以下三个词都相关的词是什么？ fish, mine, rush.
- 与以下三个词都相关的词是什么？ flower, friend, scout.
（答案见本节结尾）

对聚合思维的其他测量聚焦于**顿悟**（insight），即突然想到问题解决办法的情况。再看一下图 8.12，问题 A 要求你用 4 条连续的直线连接 9 个点。这一问题的解决就依赖于顿悟。你必须意识到直线需要超出 9 个点形成的正方形的范围。为了解决这

图 8.15　判断创造性

假定的摄影课作业：给树拍一张尽可能好的照片。（A）没有创造性的照片；（B）具有创造性的照片。

个问题，你必须跳出那个思维框框！我们认为那些能够顿悟并找到新颖解决办法的人具有创造性。

　　另一种判断个体是否具有创造性的方法是要求他们创作具有创造性的作品，包括绘画、诗歌和短故事，然后评判者对每一件作品的创造性进行评价。考虑**图 8.15**中展示的两张照片，你认为哪一张更具有创造性？你可以解释一下你为什么会这样认为吗？你认为你的朋友是否同意你的观点？研究发现，在评判作品的创造性等级时，人们的一致性相当高（Hennessy & Amabile, 2010）。人们可以被不同的评判者可靠地鉴定为具有高创造性或低创造性。事实上，人们也能相当准确地判断他们自己的成果是否具有创造性。

> **研究特写**
>
> 　　在一项研究中，226 名学生完成发散思维测验（Slivia, 2008）。例如，要求他们尝试列出小刀的不同寻常的用途。在完成所有任务后，参与者回顾自己的答案，并从中选出自认为最富有创造性的两个。同时，有 3 位评委对参与者的答案进行评价。总体来看，对于哪个答案最富创造性，参与者与评委的观点高度一致。尽管如此，在判断自己的答案方面，一些学生确实比其他学生做得更好。尤其是，那些认为自己极富创造性且对新经验持开放态度的学生，也最善于发现自己最具创造性的答案。研究者得出如下结论："富有创造性的个体具备双重技能，他们擅长产生创造性的想法，同时也善于分辨出其中最好的想法。"（p. 145）

　　当你认为自己富有创造性时，你可能会很高兴地发现别人很可能会同意你的判断。事实上，极富创造性的人致力于他们的任务，是因为他们从自己产出的产品中获得了享受和满足；这种模式被称为内在动机（intrinsic motivation）（Hennessey &

Amabile，2010）。在本章的"生活中的心理学"专栏中，我们将回顾一些提高创造性的研究。

顺便说一下，你在上述的聚合思维问题上表现如何？答案分别为 cheese，gold 和 girl*。

通常，当你试图解决问题时，你会采用一种特殊的思维方式——推理。现在我们就来探讨你用来解决问题的第一种推理方式，即演绎推理。

演绎推理

假设你正在去饭店的路上，你想要用你唯一的信用卡——美国运通卡——来付餐费。你给饭店打电话问："你们接受美国运通卡吗？"饭店女服务员答复说，"我们接受所有的主流信用卡"。现在你可以有把握地得出结论：他们接受美国运通卡。要想知道为什么，我们可以改写你所做的信息推理，使它符合希腊哲学家亚里士多德 2000 多年前提出的三段论结构：

前提 1：这家饭店接受所有的主流信用卡。
前提 2：美国运通卡是一种主流信用卡。
结　论：这家饭店接受美国运通卡。

陈述之间的某些逻辑关系能够使人得出有效的结论，亚里士多德关心的就是界定这类关系。**演绎推理**（deductive reasoning）涉及对这些逻辑规则的正确运用。我们提到的信用卡的例子表明，在得出合乎逻辑的、演绎证明形式的结论方面，你有相当不错的能力。但是，你在真实情境中的演绎推理，既受你掌握的特定知识的影响，也受针对特定的推理问题你能使用的表征资源的影响。让我们详述这些结论。

知识如何影响演绎推理呢？考虑下面这个三段论：

前提 1：所有有发动机的东西都需要油。
前提 2：汽车需要油。
结　论：汽车有发动机。

这是一个有效的结论吗？按照逻辑规则，它不是，因为前提 1 未能解决这样的可能性，即一些没有发动机的东西也需要油。对你来说，推理的困难在于，在一个逻辑问题中站不住脚的东西，在现实生活中并不必然是错误的。换言之，如果你把前提 1 和前提 2 看作你所拥有的所有信息——如果你只将它作为形式逻辑的一次练习，你就会这么做——那么，这个结论就是无效的。

这个例子说明了**信念偏差效应**（belief-bias effect）——人们倾向于把那些他们认为可信的结论判断为有效，而把那些他们认为不可信的结论判断为无效（Janis & Frick，1943）。关于信念偏差的一种解释来自信号检测论（我们在第 4 章学过）。回想一下，信号检测论的数学计算使研究者能确定人们的判断在多大程度上受反应偏差的影响。在演绎推理中，人们必须判断一个结论是"有效的"还是"无效的"。这些反应类似于第 4 章例子中的"是"和"否"的判断。在面对不确定时，与先前知识一致的演绎结论会产生做出"有效"判断的反应偏差；与先前知识不一致的结论会产生做出"无效"判断的反应偏差（Dube et al.，2010）。

* cottage cheese（农家干酪）、Swiss cheese（瑞士干酪）、cheesecake（干酪蛋糕）；goldfish（金鱼）、goldmine（金矿）、gold rush（淘金热）；flower girl（女花童）、girl-friend（女朋友）、Girl Scout（女童子军）。——译者注

所有的猫都有四条腿，我有四条腿，因此，我是一只猫。

生活中的心理学

如何才能变得更富创造性

你相信创造性是一些人有而另一些人没有的特质吗？如果你相信，那么当你知道环境能稳定地影响人们的创造性成果的质量时，你可能会感到惊讶。下面我们来看三个例子。

第一个例子聚焦学生的多元文化体验（Leung & Chiu, 2010）。研究者推断，接触另一种文化，会让人们获得一种从"不熟悉的来源和地方获取想法"并整合"来自不同文化的、看似不相容的想法"的体验（p. 173）。为了检验这些观点，研究者让参与者观看不同版本的45分钟长的幻灯片。其中一个版本只关注中国文化（这是参与者所不熟悉的），另一个版本则同时呈现中国文化和美国文化。观看完幻灯片后，参与者尝试创作一个新版的灰姑娘的故事。研究结果显示，观看第二个版本幻灯片的参与者始终更有创造性。提升创造性的关键在于让学生同时体验两种文化。

提升创造性的第二种方法对比了人们对近期和远期未来的想法（Förster et al., 2004）。假设我问你，你会怎样计划明天的聚会或者一年后的聚会？对于不久的将来，你可能会关注一些具体的细节；而在考虑遥远的未来时，你的想法可能会更抽象。研究者预测，他们可以通过引导参与者以更抽象的方式思考来提升其创造性。为了验证这一预测，研究者要求参与者花两分钟时间想象"明天"或"一年后"的生活。在短暂间隔后，他们对以下情景做出反应："米勒太太喜欢她的植物，请你尽可能多地帮她想出能进一步美化房间的创造性方法"（p. 184）。结果显示，那些想象过一年后的生活的参与者总能给出更富创造性的回答。

提升创造性的第三种方法关注人们如何思考"事情本可能如何"（Markman et al., 2007）。当人们回忆往事时，经常会用反事实的方式来思考（例如，"如果我没有吃那个煎蛋卷，我就不会生病"）。有些反事实是"加法式"的，因为它们编码的可能行为的范围更广（例如，"如果我做了……，结果可能会更好"）；而另一些反事实则是"减法式"的，因为它们编码的行为范围更窄（例如，"如果我当初不做……，结果可能比现在要好"）。研究者要求参与者对自己过往经历的消极事件按照加法或减法方式来建构反事实。研究者推断，"加法式反事实在重构现实时加入了新的元素，能够激发扩张性的加工风格，从而促进创造性结果的产生"（p. 322）。事实上，与构建减法式反事实的参与者相比，构建加法式反事实的参与者产生了更多的短期创造性行为（例如，对于一块砖的用途，他们能够回答出更多新颖用途）。

你能认识到如何应用以上三项研究来提升你在日常生活中的创造性吗？

在有些情况下，你运用过去经验的能力有助于你在推理任务中表现得更好。假设你得到了 **图 8.16** 所示的四张卡片，正面分别印有 A、D、4 和 7。你的任务是确定必须翻开哪些卡片来检验"如果卡片的一面是元音字母，那么它的另一面是偶数"这一规则（Johnson-Laird & Wason, 1977）。你会做什么？大多数人说他们会翻开正面是 A 的卡片——它是对的，还有正面是 4 的卡片——它是不对的。无论正面是 4 的卡片背面出现什么符号，你都无法证伪这一规则。假设背面是 E，这项规则将得到确认；假设背面是 T，规则没有提到关于辅音字母的任何信息，所以你收集到的是与规则无关的信息。你现在明白为什么翻正面是 4 的卡片不能检验规则了吧？相反，你必须翻开正面是 7 的卡片。如果你发现背面有一个元音字母，那么你将证伪这个规则。

上述任务通常被称为沃森选择任务（Wason selection task），关于该任务的最初研究引起了对人们有效推理能力的怀疑。然而，当参与者能够把现实生活中的知识运用于沃森任务时，演绎推理就可以得到改善。假设你需要完成另一个逻辑上类似的任务，见图 8.16 中下面那套卡片。在这种情形中，你要评估规则"如果一位消费者要喝酒精饮料，那么她必须年满 18 岁"（Cheng & Holyoak, 1985）。现在你可能立即就明白了应该翻开哪张卡片：正面是 17 和"喝啤酒"的卡片。看看图 8.16，你将发现正面是 7 和 17 的卡片在逻辑功能上是一致的，翻开这两张卡片的逻辑原因相同。然而，现实经验帮助你很快理解了为什么翻开正面为 17 的卡片在逻辑上是必要的。

这个关于年龄和饮酒的例子来自更一般类型的许可情形。你对此类情形可能拥有大量的经验——回忆所有你面临的诸如"如果不做作业就不能看电视"之类的情形。你可能从来不会意识到这样一个问题居然涉及演绎推理。然而，你所积累的这些经验现在可以帮助你轻松地做出正确判断！

本部分内容一开始便描述了一种情形，其中，你通过演绎推理，得出了自己能使用美国运通卡付餐费的正确推论。不幸的是，在生活中的许多情况下，你不能如此肯定自己已经通过有效的前提得出了有效的推论。现在，我们再次以饭店中的情形为例，以此说明另外一种不同形式的推理。

抽象任务	A	D	4	7

现实世界任务	喝啤酒	喝苏打水	23	17

图 8.16　抽象与现实世界的推理

在上面一排卡片中，你需要说出为了检验规则"如果卡片的一面是元音字母，那么它的另一面是偶数"，你必须翻开哪些卡片。在下面一排卡片中，你必须说出为了检验规则"如果一位消费者要喝酒精饮料，那么她必须年满 18 岁"，你需要翻开哪些卡片。人们通常会在后一项任务上做得更好，因为该任务允许他们使用现实世界中的策略。

归纳推理

让我们假定，你已经到了饭店外面，而这时才想起看一下自己是否有足够的现金。你发现你可能还需要用到你的美国运通卡，但是饭店外面没有相关的标示。透过饭店的窗户，看到里面穿着考究的顾客以及菜单上昂贵的价格，你判断这是一个高档街区。所有这些观察使你相信，这家饭店很可能会接受你的信用卡。这不属于演绎推理，因为你的结论是基于概率而不是逻辑的必然。相反，它属于**归纳推理**（inductive reasoning）——利用可获得的证据，产生可能而非确定的结论。

尽管这可能是个新术语，但是我们已经向你描述了几个归纳推理的例子。在第 4 章和第 7 章，我们了解到人们利用过去的信息来产生关于当下和未来的期望。例如，如果你认为空气中的某种气味表明有人正在做爆米花，那么，你就是在使用归纳推理；如果你认为本页书稿上的词不太可能突然消失不见（而且，如果你学了这个材料，你关于这个材料的知识不可能在测验当天突然消失），那么，你也是在使用归纳推理。最后，在本章的语言理解部分，我们讨论了人们使用语言时所做的推论。在早先读到的连续的句子中，你认为"她"一定是"堂娜"，这是基于归纳推理。

在现实生活中，你解决问题的能力很大程度上依赖于归纳推理。回到我们开始时所举的例子：你不小心把自己锁在了住宅、房间或汽车外面。你应该做什么？一个很好的第一步是回忆过去曾经奏效的解决办法。这个过程称为类比式问题解决：你在当前情形的特征与先前情形的特征之间建立了一种类比（Christensen & Schunn, 2007; Lee & Holyoak, 2008）。在这种情形中，你过去"被锁在外面"的经验可能使你形成一种概括性解决方案——"找其他有钥匙的人"。有了这种概括，你就会想你可以找谁以及如何找到他们。这个任务可能需要你回想你为了在室友的下午课上找他们而使用的方法。如果这个问题对你来说很容易，那是因为你已经习惯了让你的过去指导你的现在：归纳推理允许你获取靠得住的方法，这些方法能够促进当前的问题解决。

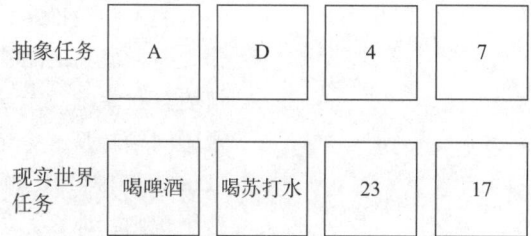

关于归纳推理，有一个问题需要注意。尽管先前有效的解决方法通常可以再次作为一种成功的解决方法来使用，但是有些时候你必须认识到，当过往情境与当下情境存在关键性差异时，依赖过去经验会妨碍你的问题解决能力。图 8.12 所给出的水罐问题就是一个经典的例子——依赖过去经验可能让你无法找到问题的解决方法（Luchins, 1942）。如果你已经在任务 D 的前两个问题中发现了 "$B - A - 2(C) = $ 答案" 这个规则，那么，你可能尝试使用同样的公式来解决第三个问题，却发现这个公式并不奏效。实际上，只需将水罐 A 注满，然后从 A 罐向 C 罐倒水，倒满 C 罐，然后你就可以得到正确数量的水。如果你使用最初的公式，那么，你可能注意不到这个更简单的可能性——你先前使用另一个规则所获得的成功给你造成了一种心理定势。

所谓**心理定势**（mental set）是指先前存在的心理状态、习惯或态度，在某些条件下，它能提升感知和问题解决的质量和速度。然而，当先前的思维和行动方式在新的情境中没有价值时，同样的定势就有可能抑制或破坏你的心理活动的质量。当你发现自己在某个问题解决情境中受挫时，你应该后退一步，并且问自己："我过去所获得的成功是否正在让我的思路变得过于狭窄？" 你应该通过考虑过去的更广泛的情形和解决方法，尽量使你的问题解决变得更富有创造性。

在本节中，我们考察了各种类型的问题解决和推理。每种情形中，我们都向你提供了可以用来改进现实生活中的行为的具体步骤。在本章的最后一部分，我们将遵循同样的策略，首先描述有关判断和决策过程的一些主要的研究发现，然后给出建议，告诉你如何能将研究发现运用到日常生活中的一些重要情境中。

STOP 停下来检查一下

❶ 就问题解决而言，算法是指什么？

❷ 克服功能固着指的是什么？

❸ 判断一个想法或产品是否有创造性的两个重要标准是什么？

❹ 当人们受到信念偏差效应影响时会发生什么？

❺ 记忆在归纳推理中的作用是什么？

批判性思考：回想一下关于评判创造性的实验。为什么研究者要用多个评委来评估答案？

判断和决策

我们最后一次回到"猫在垫子上"的话题。让我们来做出判断和决策：这条信息有多大可能性只是一个恶作剧？它有多大可能具有某些你未能理解的真正的重要性？你应该不理这事儿直接去睡觉吗？

这一系列问题说明了日常经验中的一个重要真理：你生活在一个充满不确定性的世界里。下面这些问题也是大家都很熟悉的：你应该花 10 美元看一部你可能喜欢，也可能不喜欢的电影吗？在考试之前，是复习笔记效果好，还是把章节再读一遍更好？你准备好投入一段长期的关系了吗？因为你对未来只能猜测，而且你对过去也从不会有完全的了解，所以你很少能完全肯定自己已经做出了正确的判断或决策。因此，判断和决策过程必须以一种能让你有效地处理不确定性的方式来运作（Gigerenzer & Gaissmaier, 2011）。

在讲后续内容之前，我们先来快速区分一下判断和决策这两个过程。**判断**（judgment）是你形成看法、得出结论或对事件和人做出关键评价的过程。你常常在没有提示的情况下自发地做出判断。**决策**（decision making）是在备选项之间做出选择的过程，在这一过程中，人们选择或拒绝可用的选项。判断和决策是两个相关的过程。例如，在一个聚会上，你可能遇见了一个人，在简短的交谈和共舞一曲之后，你判断此人聪明、有趣、诚实和真诚。然后，你可能决定和这个人一起度过聚会的大部分时间，并且决定下周末安排一次约会。决策更紧密地与行为动作联系在一起。现在让我们转到对这两种思维过程的研究。

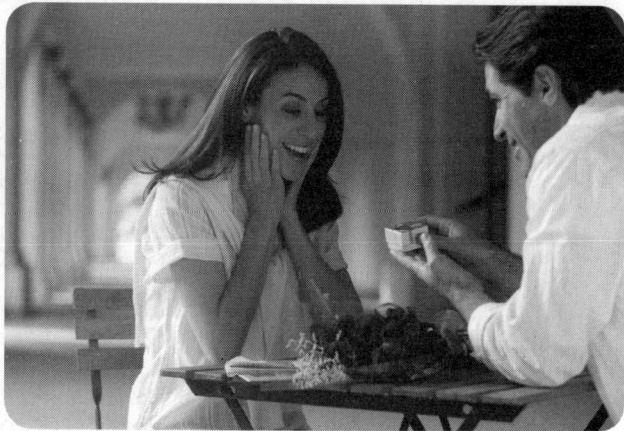

当你准备开始一段长期的关系时，什么过程会影响你的决定？

启发式与判断

做判断的最好方法是什么？例如，假设有人问你是否喜欢某部电影。要回答这个问题，你可以填写一个有两列内容的表格，一列写"关于这部电影，我所喜欢的"，一列写"关于这部电影，我不喜欢的"，然后看看哪一列写得更长。为了更精确一点儿，可能你应该根据重要性为每列中的条目赋权重（这样，同"不喜欢的"一列中的"刺耳的声音"相比，"喜欢的"一列中的"演员的表演"权重可能更高）。如果你完成了这个完整的程序，那么你可能会对你的判断非常有信心。但你知道你很少这么做。在现实生活中，你不得不频繁、迅速地做出判断。你没有时间——也没有足够的信息——使用这样一种正式的程序。

那么你会做什么？最早对这个问题做出回答的是**阿莫斯·特维尔斯基**（Amos Tversky）和**丹尼尔·卡尼曼**（Daniel Kahneman）。他们认为，人们的判断依赖于启发式而不是正式的分析方法。正如我们在对问题解决的讨论中所提到的那样，启发式是一些非正式的经验法则，它能提供捷径，降低判断过程的复杂性。沿着特维尔斯基和卡尼曼的思路，研究者提出，人们演化出了一个所谓的"适应性工具箱"，即一个大多数时候能产生正确判断的"快速而节俭"的启发式仓库（Gigerenzer & Gaissmaier, 2011）。很重要的一点是，快速并且使用有限的资源（"节俭"）做出正确判断的能力是适应性的——此能力具有生存价值。研究者已经界定了一些快速而节俭的启发式，并且证明它们通常能带来正确的判断（Hertwig et al., 2008）。

即便如此，针对启发式的研究，通常多半聚焦在它们产生不正确判断的情况。对此有两种解释。首先，此类研究遵循的逻辑看起来与前几章相似：正如我们可以通过研究错觉来研究知觉，通过研究记忆失败来研究记忆，那么我们也可以通过研究判断错误来更好地理解判断。此外，能够识别出启发式在哪些情形下可能导致错误也是很有价值的，它能使人们有机会使用其他的心理属性来做出更好的判断。

尽管如此，在你阅读这一部分时请记住，"快速而节俭"的启发式通常能够带来正确的判断。这一点对于接下来介绍的三种启发式（可得性、代表性以及锚定）皆适用。不过，你应该设法知道具体在哪些情境下有必要进行有意识的干预。

可得性启发式　请你先做一个小的判断。假设你要读几页小说。你认为在这段摘录中，是以字母"k"开头的词（如"kangaroo"）更多还是第三个字母是"k"的词（如"duke"）更多？如果你像特维尔斯基和卡尼曼（Tversky & Kahneman, 1973）的一项研究中的参与者一样，那么你可能判断"k"更经常出现在词的开头。然而事实上，"k"出现在第三个位置的频率大约是前者的两倍。

为什么大多数人相信"k"更可能出现在单词开头呢？答案与来自记忆的信息的可得性有关。与想起"k"出现在第三个位置的词相比，想起以"k"开头的词要容易得多。因此，你的判断来自**可得性启发式**（availability heuristic）的使用：你根据记忆中易于获得的信息做出判断。可得性启发式有两个成分。第一个是你提取信息时相对容易或流畅。假定你试图判断悬挂滑翔和保龄球哪个项目更危险。你可能会发现自己更容易回忆起悬挂滑翔事故而不是保龄球事故。如果你根据信息提取的容易度来做判断，那么你可能会说悬挂滑翔更危险。可得性启发式的第二个成分是容易提取的记忆的内容。假设你描述了浮现在脑海中的关于保龄球的前五个记忆。如果所有这些记忆都是不愉快的记忆，那么你可能认为保龄球不是你休闲运动的最佳选择。让我们来看一下每个成分是如何导致潜在问题的。

回忆第 7 章中所讨论的提取线索是如何帮助你回忆的。你已经了解到，根据你使用线索的背景，同样的提取线索可能有效，也可能无效。假设在我们向你提出关于"k"的问题前，先给你列举了一些"k"在单词中位于第三个位置的例子，如"bike, cake, poke, take"。提取背景的这种改变可能会改变你的判断。这样一来，信息的流畅性——你从记忆中提取信息的容易程度——在不同的背景下将变得不同。在一项研究中，参与者需要评估某个样例在某类别中的典型程度（Oppenheimer & Frank, 2008）。有时候，研究者以容易辨认的字体给出样例：

hummingbird

有时候，则以不容易辨认的字体给出样例：

hummingbird

同样的样例，当它以容易辨认的字体出现时，参与者给出的典型性评分更高。对这一结果的一种解释是，参与者评估的流畅性——从印刷字体到记忆表征这一过程中所体验到的难度——决定了他们对其典型性的评价。这项研究显示，你根据流畅性做出的判断可能取决于背景因素。不同的背景（如字体的变化）可能带来不同的判断。在做重要判断的时候，你首先应该问自己："这个背景是否会影响我提取特定信息的难易程度？"

当你在记忆中储存的信息存在偏差时，你使用可得性启发式时也可能会遇到困难。想想你做选择题时发生的情形。你选定了一个答案，但经过一番思考后，你又决定改变答案。你更有可能从对的改成错的，还是从错的改成对的？如果你和大多数学生一样，那么你可能认为应该坚持原先的答案——改变你的答案可能让你不安。但是，应该这样做吗？事实上，许多学生显示出一种记忆偏差，他们倾向于记住对考试成绩有负面影响的信息。

研究特写

研究者考察了 1 561 个学生改变选择题答案的后果（Kruger et al., 2005）。在 3 291 个修改的答案中，有 23% 是由一个错误答案改成了另一个错误答案。剩下的修改中，51% 由错误答案改成了正确答案；25% 由正确答案改成了错误答案。这个结果说明，你不应该为改变答案而犹豫。但是，当其中一部分学生在被问及改变答案是否明智时，75% 的人表示最好坚持原来的观点。研究者认为，学生对改变答案的偏见可能源自记忆偏差：他们指出，学生对改错的案例比对改对的案例记忆更深刻。有多少次你自艾自怨："我本来答对了！"又有多少次会抱怨说："我本来是错的！"为了验证假设，即学生是否更可能记住负面结果，研究者做了另外一个实验。这次，研究者在学生完成选择题考试后不久就给出正确和错误回答的反馈。4~6 周以后，研究者要求参与者努力回忆他们试图改变答案的情景，他们当时是怎样决定的以及这些决定所带来的结果。比如，一个学生可能报告说她在三个问题上慎重考虑了很久，但最终还是坚持了最初的答案。记忆数据显示出了一致的偏向：参与者高估了他们将正确答案改错的频率；低估了他们将错误答案改对的频率。

　　想象自己正在教室参加考试，现在需要决定是否改变答案。这些研究结果表明，你做判断所依据的信息库是有偏差的：你更容易记住负面结果而非正面结果，而当你应用启发式时"可得的"正是这些负面结果。当然，这些分析并不意味着你总是应该改变答案。但是，现在你应该知道，为什么在你考虑改变答案时会感受到痛苦。

代表性启发式　当你基于**代表性启发式**（representativeness heuristic）做判断时，你认为，如果一个事物具有某类别成员的典型特点，那么它事实上就属于那个类别。这种启发式对你来说并不陌生，因为它体现了这样的思想，即人们利用过去的信息来对当前类似的情形进行判断。这正是归纳推理的本质。在大多数情况下，只要你对相匹配的特征和类别的认知不存在偏差，沿着相似性的路线做判断将会是非常合理的。因此，如果你正在决定是否开始一项像悬挂滑翔这样的新活动，那么确定这项运动在你以前喜爱的活动类别中的代表性就是有意义的。

　　然而，当代表性导致你忽视其他类型的相关信息时，它就会让你误入歧途（Kahneman & Frederick, 2002; Kahneman & Tversky, 1973）。考虑**图 8.17** 中关于一个成功律师的描述（Bar-Hillel & Neter, 1993）。在你看来哪个选项正确？大多数人面对这个问题时选择了网球而不是球类运动。图 8.17 右下角部分显示了为什么网球不应该是第一选择：网球包含在球类运动这个类别之中。参与者判断网球是更好的答案，因为它似乎具有律师可能玩的运动的所有特征。然而，通过代表性所做的这个判断使参与者忽视了另一种信息——类别结构。就你的日常生活而言，上述例子的意义是，在考虑到所有选项的结构之前，你不应该被一个代表性的选项所迷惑。

　　让我们来看关于代表性的另外一个例子。回想一下你上次去听现场音乐会的场景。假如一个朋友问你："你觉得这个音乐会怎么样？"你将如何回答这个问题？大多数现场演出会持续很长一段时间，有一些精彩的时段，也有一些不那么精彩的时段。要回答这样一个概括性的问题（即"……怎么样？"），你需要找到能够对所有时段都具有代表性的一个值。研究表明，代表值通常是事件的峰值强度和结尾强度的平均（Kahneman & Frederick, 2002）。我们来看一项在学术情境下验证这一假设的研究。

他是耶路撒冷的一名成功律师。同事们说他各种心血来潮的想法妨碍他成为一个好的团队工作者，他的成功归功于他的竞争力和动力。他很瘦，个子不高，注重身材管理而且很自负。他每周会花好几个小时从事他最喜欢的运动。那会是项什么样的运动呢？

a. 快步走
b. 一项球类运动
c. 网球
d. 一项田径运动

范围更大的类别
<u>必然</u>可能性更大。

图 8.17　使用代表性启发式
当要求参与者选出这位律师所喜欢的运动时，代表性启发式导致大多数人选择了"网球"。然而，正如图的右下角部分所显示的那样，更可能的答案是"一项球类运动"，因为它包括了"网球"。

该研究的参与者试图学习把西班牙语单词翻译成英语（Finn, 2010）。在短试次中，他们学习了 30 个其他学生认为难度极高的西班牙语单词。在加长试次中，参与者同样学习了 30 个难度极高的单词，之后又学习了 15 个中等难度的单词。所有的参与者都完成了两个试次，但一些人先完成短试次，另一些人先完成加长试次。在两个研究试次之后，参与者回答了如下问题："假设我们付钱让你明天再来完成一个单词表的学习，你是更愿意学习一个类似于列表 1 的单词表还是列表 2 的单词表？"（p. 1550）结果表明，73% 的参与者选择了加长试次的单词表。也就是说，他们更愿意学习包含 45 个单词的单词表，而不是包含 30 个单词的单词表！

你知道为什么加长试次的峰值难度和结尾难度的平均值更低吗？对于短试次来说，峰值与结尾难度相等，所以平均难度将是"难度极高"。对于加长试次，峰值是"难度极高"，但它将与结尾的"中等难度"相结合，产生一个相对较低的平均值。这种模式解释了参与者为什么更偏好加长试次。"峰—尾"规则同样适用于积极体验（Do et al., 2008）。在一项实验中，如果单独一块糖果的"峰值"味道优于"峰—尾"糖果味道的平均值，参与者宁愿选择得到较少的糖果。

你有没有想到自己在日常生活中应该如何运用"峰—尾"规则？为了影响人们对某个事件的评价，你需要考虑应该如何安排事件的各个组成部分，才能让人们按照你的设想来编码该事件的代表值。

锚定启发式　为了向你介绍第三种启发式，我们需要你尝试一个思维实验。请你先花 5 秒估计下面几个数字的乘积，然后写下你的答案：

$$1 \times 2 \times 3 \times 4 \times 5 \times 6 \times 7 \times 8 = \underline{\qquad}$$

5 秒的时间里，你可能只能做几步计算，获得其中一部分数据的计算答案，可能是 24，然后从这个值开始向上调整。现在试试以下的数字系列：

$$8 \times 7 \times 6 \times 5 \times 4 \times 3 \times 2 \times 1 = \underline{\qquad}$$

即使你注意到这是同一个序列反过来的版本，你也会发现完成这次乘法计算的经历有多么的不同。你将从 8×7 开始，结果是 56，然后尝试 56×6，感觉数字已经很大了。与上次一样，你只能进行部分猜测，然后向上调整。当特维尔斯基和卡尼曼（Tversky & Kahneman, 1974）向参与者呈现同一个问题的这两种排列时，1—8 的顺序所产生的估值的中数为 512，8—1 顺序组所产生的估值的中数为 2 250（正确答案是 40 320）。显然，当参与者根据其 5 秒内的估计开始向上调整时，较高的部分解答导致较高的估计值。

人们在这种简单的乘法任务上的表现为**锚定启发式**（anchoring heuristic）提供了证据。它是指你对某个事件或结果的可能值所做出的判断，相当于你对一个原始的起始值的不充分调整——或者向上，或者向下。换句话说，你的判断过分稳固地"锚定"在最初的猜测上。我们来看一项研究，在该研究中，商科学生需要回答愿意花多少钱买"35mm—75 mm 变焦、带闪光灯的相机"（Adaval & Wyer, 2011）。一些参与者在高锚点的情况下提供他们的估计值：他们首先需要回答他们认为相机的价格是高于还是低于 419 美元，然后给出自己愿意支付的价格。其他参与者则在低锚点的情况下提供他们的估计值：他们在给出自己愿意支付的价格之前，先做出相机价格是"高于还是低于"49 美元的判断。结果，锚定产生了 239 美元的效应：平均而言，从高锚点开始的参与者表示，他们愿意支付 317 美元；而那些始于低锚点的人说他们愿意支付 78 美元。

为什么人们会根据锚做出不充分的调整呢？研究者已经着手在真实情境中研究这个问题。在真实情境中，人们在开始调整之前已经产生了自己的锚点。思考一下这个问题：火星绕太阳公转一周需要多长时间？你将如何回答这个问题？有研究表明，人们会以地球的公转周期 365 天作为锚点来估计火星的公转周期。接下来呢？你可能使用火星比地球

零售商如何使用"原价"作为锚点，让你为一件商品支付更多？

距太阳更远这样的知识，从 365 天这个锚点向上调整。事实上，实验参与者估计火星的公转周期大约为 492 天（Epley & Gilovich, 2006）。这个估计值依然比真实值 869 天要小。在这个实验中，人们似乎是这样做的：先以一个合理的锚点（也就是 365 天）作为推测的起点，然后不断地调整直到得出一个看起来合理的值。当你发现自己身处一个锚定和调整的情境中时，记得应用这个研究结果：你应该付出一些额外的努力来确认一个合理的值事实上是正确答案。

你使用可得性、代表性和锚定等判断性的启发式，是因为绝大多数情况下它们能让你做出有效的、可接受的判断。鉴于情形的不确定性和你的加工资源的限制，你做得可以说是很好了！然而，你也已经了解到，启发式会导致错误。当需要做重要的判断时，你应该尽力使用这些知识。当你觉得其他人可能正在试图使你的判断发生偏差时，你尤其应该保持批判性。现在，让我们来看看你常常在这些判断的基础上所做出的决策。

决策心理学

你的生活充满了各种大大小小的决策，比如：我应该与谁共度一生？考试应该带什么笔？本节将探讨与决策有关的重要心理因素。你将发现，问题的表述方式会对你的决定产生很大的影响。此外，你还会了解到，你预期的结果和你经历的结果都会影响你的决策。

决策的框架 做决策最自然的方法之一是，判断哪个选项会带来最大的收益，或哪个选项会带来最少的损失。因此，如果有人给你 5 美元或 10 美元，你无疑会认为 10 美元是更好的选择。然而，使得情形变得更复杂一点的是，人们对收益（得）或损失（失）的知觉通常依赖于决策的框架。所谓**框架**（frame）是指对选项的一个特定的描述。例如，假设问你得到 1 000 美元的加薪，你会有多高兴。如果你根本没有指望加薪，那么，这 1 000 美元加薪就如同一笔很大的收益，你可能会非常高兴。但是，假设你已多次被告知将有 10 000 美元的加薪。那么，现在你的感觉又如何？突然间，你可能会觉得自己似乎亏钱了，因为 1 000 美元少于你的预期。你一点都不高兴！两种情形中，你都是一年多挣 1 000 美元——客观上看，你的收入增长情况完全相同——但是心理效应完全不同。这就是为什么在决策中参照点很重要（Kahneman, 1992）。

表 8.7 框架效应

幸存框架

手术。在 100 个接受手术治疗的人中，术后期存活 90 人，其中 68 人在第一年的年底还活着，34 人在第五年的年底还活着。

放射治疗。在 100 个接受放射治疗的人中，所有人都活过了治疗期，77 人在第一年的年底还活着，22 人在第五年的年底还活着。

你选择什么：手术还是放射治疗？

死亡框架

手术。在 100 个接受手术治疗的人中，手术期间或术后期死亡的有 10 人，到第一年年底死亡的有 32 人，到第五年年底死亡的有 66 人。

放射治疗。在 100 个接受放射治疗的人中，没有一个人在治疗期间死亡，到第一年年底死亡的有 23 人，到第五年年底死亡的有 78 人。

你选择什么：手术还是放射治疗？

加薪 1 000 美元，看起来是收益还是损失，将部分地取决于决策者所参照的期望（0 美元或 10 000 美元的加薪）。（在这个例子中，需要做的决策可能是是否还继续这份工作。）

现在，让我们看一个稍微复杂一些的例子，在这个例子中，框架对人们所做的决策有相当大的影响。在**表 8.7** 中，你被要求想象在肺癌的手术治疗和放射治疗之间做出选择。首先，看一下这个问题的幸存框架并选出你偏好的治疗方法；然后，看一下死亡框架，看看你是否想要改变你的偏好。值得注意的是，客观上，两种框架中的数据是相同的。唯一的差别是，关于每种治疗结果的统计信息，是从幸存率还是从死亡率的角度来呈现。当向参与者呈现这一决策事件时，关注收益还是关注损失显著地影响了他们对治疗方法的选择。在接受幸存框架的参与者中，只有 18% 的人选择了放射治疗，但是在接受死亡框架的参与者中，这一数字是 44%。以一组临床患者、统计水平高的商科学生以及有经验的医师为参与者，同样观察到这种框架效应（McNeil et al., 1982）。

既然你已经了解了框架的概念，你应该着手在日常生活中寻找它的身影。在人们想让你购买他们的产品时，你尤其可能会发现框架的作用。下面这项研究试图揭示人们如何在两个肉店之间做出选择。

研究特写

在实验中，参与者阅读一份介绍社区中两家肉店的简短材料（Keren, 2007）。肉店 A 宣称其出售的肉中脂肪含量为 25%，肉店 B 宣称其肉中瘦肉含量为 75%。参与者想象自己要筹备一个大型宴会，需要从这两家肉店中选择一家买肉。他们会选择哪一家呢？大多数的参与者（82%）选择了肉店 B。你可能知道其中的原因：瘦肉含量为 75% 的肉听起来似乎更健康。实际上，两家肉店提供的产品是相同的（瘦肉含量为 75% 的肉脂肪含量为 25%）。尽管数学上等价，框架仍产生了很大的影响。现在思考另外一组参与者的判断，他们需要说出自己更信任哪家肉店。在关于信任程度的判断中，参与者的选择却反转了，大多数（73%）参与者表示更信任那家告诉他们脂肪含量的肉店！

这个实验说明，对不同的判断来说，同样的框架可能产生相反的效果。你认为肉店店主是得到信任更高兴，还是卖出牛肉更高兴呢？在你思考现实生活中的框架效应时，你应该考虑人们试图影响哪些判断。

这些研究结果应该能鼓励你从不同的框架角度思考重要的决策。例如，假设你想要购买一辆新汽车。推销员会倾向于把所有东西都往好处说："78%的 Xenon 汽车第一年不需要修理！"你可以将其重新表述为："22% 的在第一年需要一些修理！"新的框架改变了你对该情形的看法吗？它是现实生活中值得尝试的一种做法。

汽车推销员的例子很好地说明了这样一种情形，即某个人正在以特定的框架呈现信息，从而影响你的决策，以达到他所预期的目的。当然，这种情形在你的生活中司空见惯。例如，每当选举临近时，对立的候选人互相竞争，力争让他们关于自己以及议题的表述在选民中流行。一位候选人可能会说，"我主张坚持那些已经获得成功的政策。"他的对手可能这样还击，"他害怕新的思想。"一位候选人可能会说，"那项政策将带来经济增长。"她的对手可能反击说，"那项政策将带来环境的破坏。"两种主张通常都是正确的——同一项政策往往既能带来经济利益，也会带来环境危害。从这个角度看，哪个框架看起来更吸引人，很大程度上可能与个人经历有关。这样，关于框架效应的知识能够帮助你理解，人们在面对完全相同的证据时是如何做出截然不同的决策的。如果你想要理解他人的行为，请好好想想那些人是如何给一个决策制定框架的。

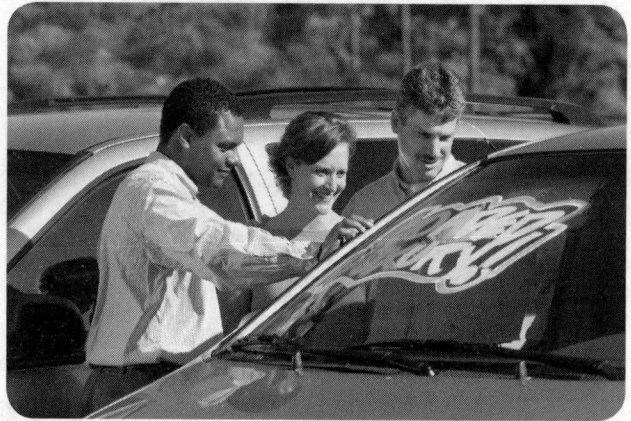

销售人员可以用什么样的方式来描述其产品，从而让潜在客户对这些产品产生积极的看法？

决策的结果　当你做出一个决策后会发生什么？在最好的情况下，一切都进展顺利——而且你从不后悔。但是，正如你可能知道的，并不是所有的决策都会产生最好的结果。当决策的结果很糟糕时，你可能会后悔。研究表明，人们对他们在求学和职业方面做出的决定表达了最大程度的后悔（Roese & Summerville, 2005）。为了解释这个结果，研究者指出了一个事实，即这两个领域提供了特别广泛的机会：世界上求学的方式有很多，也有很多令人向往的职业。如此广泛的机会很容易让人犯嘀咕："我是否做出了正确的决定？"

当人们明确知道某个决策带来的损失时他们会经历更多的后悔（van Dijk & Zeelenberg, 2005）。试想在一个游戏竞赛节目中，参赛者必须在盒子 A 和盒子 B 之间做选择。如果参赛者选择了 10 美元的盒子而不是 10 000 美元的盒子，那么我们很容易理解他为什么会后悔。生活中的有些决策就如同游戏竞赛节目。你选了苹果派，你的朋友选了核桃派。在你们咬了一口后，你就知道自己做出了错误的决策。你体会到后悔是因为你很清楚自己放弃的是什么。在其他情况下，你对决策结果的了解相当模糊。如果你选择贵宾犬作为宠物，你永远也不会知道如果选择斗牛犬你的生活将会怎样。在这类情况下，你几乎不可能体会到后悔。

接下来我们花点时间考虑一下后悔的脑基础。到目前为止，我们考察的例子主要集中于人们对错失机会的后悔上。那么，人脑以何种方式对这种情况做出反应？

研究特写

在一项研究中，参与者看电脑显示屏，屏幕上显示了 8 个排成一排的封闭盒子（Büchel et al., 2011）。参与者可以选择从左到右依次打开任意数量的盒子。其中有 7 个盒子装了"黄金"，一个装了"恶魔"。在近 70 轮试次的每个试次中，他们可以按自己的意愿打开任意数量的盒子。只要没有开到"恶魔"盒子，他们就可以拿到找到的所有"黄金"；一旦打开了"恶魔"盒子，本轮的"黄金"就清零。因此，在每打开一个盒子之后，参与者必须决定是落袋为安不再冒险，还是继续打开下一个盒子。如果他们在打开"恶魔"盒子之前选择停止，那么研究者会给他们显示"恶魔"盒子的位置。**图 8.18** 显示了被称为壳核的脑结构的 fMRI 数据。图 A 显示了这个结构在脑中的位置。图 B 显示了壳核激活程度的变化与错失机会的多少有关。当"恶魔"就在下一个盒子时（在图的底部标记为 1），参与者恰好停在了正确的位置。此时壳核激活程度几乎没什么变化。当参与者选择停止的位置与"恶魔"盒子相距甚远时（图中的 5），壳核表现出了明显更大的变化。

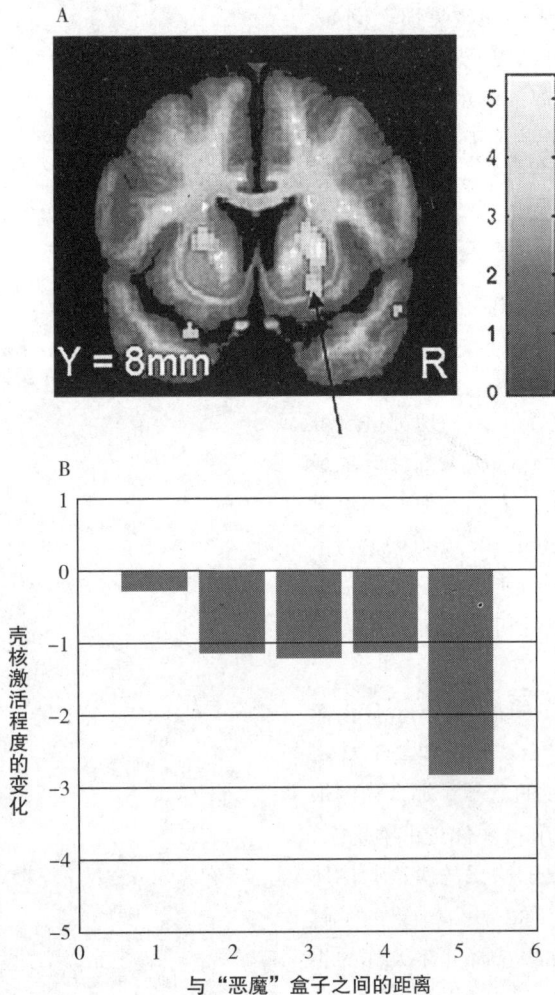

图 8.18　脑对错失机会的反应

参与者完成一项会错失相对较少或较多机会的任务。当错失的机会最多时，壳核的活动变化最大。（见彩插）

当参与者错失更多的机会时，他们随后会冒更大的风险（也就是说，他们常常在下一轮打开更多的盒子）。壳核的激活似乎为其他脑结构提供了信息，从而最终产生了这种冒险的模式。

最后一点：不是所有的决策者都是相同的。假设你想在网上下载一部电影以消磨周末时光。如果你是知足者，那么你可能考虑各种选择，直到发现一部足够吸引你的电影；如果你是最大化者，那么你可能会浏览一长串的列表，直到你确信自己找到了最好的那部。研究者已经证明，世界上既有知足者也有最大化者，并且决策风格会产生重要的影响（Parker et al., 2007; Schwartz et al., 2002）。

例如，一项研究追踪了来自 11 所学院和大学的 548 名学生找工作的情况（Iyengar et al., 2006）。学生们首先完成一个问卷，该问卷能反映出他们在多大程度上是知足者或最大化者：他们需要给出自己对一些陈述（比如，"当购物时，我很难找到我真正喜欢的衣服"）的同意程度。完成这个最初的问卷 3 个月和 6 个月后（这些时间点，学生们正在参加面试然后接受工作），研究者联系这些学生，收集各种数据来分析他们在这一过程中的感受。这些数据清楚表明：最大化者所接受的工作的平均工资要高出 20%——但他们却很痛苦。正如研究者所说："虽然最大化者相对成功，但他们却对求职结果更不满意，而且在整个过程中更悲观、紧张、疲倦、焦虑、担心、不堪重负和沮丧"（Iyengar et al., 2006, p. 147）。很明显，追求难以达到的"最佳"结果给最大化者造成了相当大的心理负担。大部分人可能都希望有一份好工作，同时不让自己太痛苦。当你找工作时，你可以回过头来想想最大化者和知足者的区别，想想你如何做出一个能让生活达到平衡的决策。

在整个这一章中，我们给了你几次机会去思考那个神秘的午夜信息——"猫在垫子上"，目的是让你思考多种认知加工——语言使用、视觉认知、问题解决、推理、判断和决策。现在已来到本章的尾声，我希望这个例子能长久地伴随着你——这样你就永远不会认为你的认知过程是理所当然的。利用你所得到的每一个机会，思考你的思维过程。当你这样做时，你实际上正是在反思人类经验的本质。

STOP　停下来检查一下

❶ 为什么人们在进行判断的时候会依赖启发式？

❷ 你会使用哪种启发式回答这个问题："活着的人中，年纪最大的人的年龄是多少？"

❸ 为什么框架在决策心理中发挥着如此重要的作用？

❹ 知足者和最大化者的区别是什么？

批判性思考：回忆关于西班牙语—英语词表长度的研究。一些参与者在第一阶段学习加长列表，另一些在第二阶段学习加长列表，为什么这样安排很重要？

要点重述

研究认知

- 认知心理学家研究那些使你能够感知、使用语言、推理、解决问题、进行判断和决策的心理过程和结构。
- 研究者使用反应时测量来把复杂任务分解为一些作为支撑的心理过程。

语言的使用

- 语言使用者既能生成语言，也能理解语言。
- 说者设计他们的话语，使之适合特定的听众。
- 口误能揭示许多参与言语计划的过程。
- 语言理解过程通常需要使用语境来消解歧义。
- 意义的记忆表征始于命题，再补充以推论。
- 语言演化的研究主要聚焦于语法结构。
- 人们所使用的语言可能会决定他们如何思考。

视觉认知

- 视觉表征可以用来补充命题表征。
- 视觉表征使你能够思考你周围环境中的视觉信息。
- 人们能够形成结合了言语和视觉信息的视觉表征。

问题解决和推理

- 问题解决者必须定义初始状态、目标状态以及能够使他们从初始状态到达目标状态的操作。
- 创造性经常使用发散思维和聚合思维测验来评估。
- 演绎推理涉及根据逻辑规则从前提得出结论。
- 归纳推理涉及根据可能性或概率从证据推出结论。

判断和决策

- 许多判断和决策都是由启发式来引导的，启发式是能够帮助个体快速找到解决方法的心理捷径。
- 可得性、代表性和锚定启发式都能让人们在不确定的情况下高效做出判断。
- 为不同选项制定框架的方式影响人们的决策。
- 后悔的可能性使得个体很难做出某些决策，特别是对最大化者（而不是知足者）来说。

关键术语

认知过程	语言相对论	顿悟
认知	问题解决	演绎推理
认知心理学	推理	信念偏差效应
认知科学	问题空间	归纳推理
序列过程	算法	心理定势
平行过程	启发式	判断
受控过程	出声思维报告	决策
自动过程	功能固着	可得性启发式
语言生成	创造性	代表性启发式
听众设计	发散思维	锚定启发式
推论	聚合思维	框架

智力与智力测量

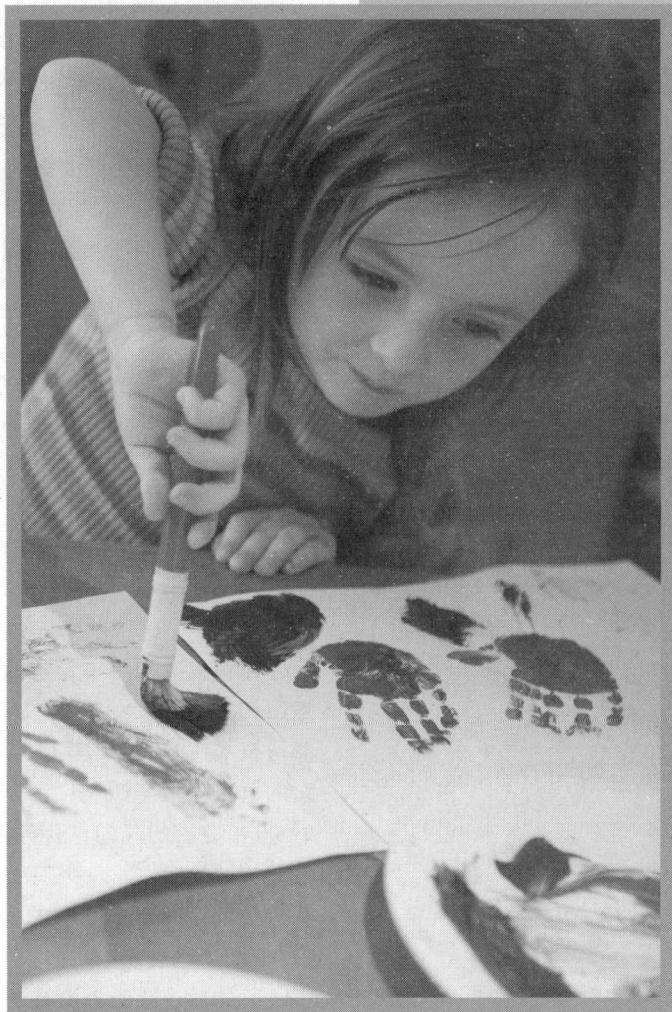

假设让你来定义"智力"一词。你会在定义中包括哪些类型的行为？回想一下你自己的经历：当你刚开始上学时，智力是指什么？当你做第一份工作时，智力又指什么？在上述以及其他情境下，你很可能听到过别人给你的行为贴上有才智或缺乏才智的标签，即聪明的或不那么聪明的。当这些标签被用于非正式的交谈中时，它们产生的影响相对较小。然而，在许多情况下，你的行为是否被认为体现着一定的才智很重要。例如，如果你是在美国长大的，那么你的"潜力"可能在很小的时候就被测量过了。在大部分学区，教师和管理人员在你很小的时候就试图测量你的智力。最常见的目标是让学生与提出适当要求的课堂教学相匹配。无论怎样，正如你所观察到的，人们在课堂之外的生活也经常受智力测试的影响。

本章将考察智力测量的基础和用途。我们将回顾心理学家们为理解智力领域的个体差异所做的贡献。我们还将考虑当人们开始解释这些差异时几乎不可避免地出现的各种争论。我们的焦点将放在智力测验的原理和方法、什么会影响测验的有效性，以及智力测验为何并不总是起到它们本应起到的作用这几个方面。最后，我们将考察心理测量在社会中的作用。

下面，我们先简要概述一下心理测量的通常做法。

什么是测量

心理测量（psychological assessment）是使用特定的测验程序来评估人们的能力、行为和个人特质。心理测量通常是指对个体差异的测量，因为大多数测量会明确指出在某一特定维度上，某个体与其他人的差异或相似程度。我们首先回顾一下测量的历史，这有助于你理解测量的用途和局限性以及当今存在的一些争论。

测量的历史

在西方心理学中，正式测验和测量程序的开发是一个相对较新的领域，直到 20 世纪初才得到广泛应用。然而，早在西方心理学界开始编制测验来评价个体之前，测量技术在古代中国就已经司空见惯。实际上，中国在 4 000 多年前就实行了一套复杂的公务人员考试制度，官员需要在每三年一次的口头测试中证明自己的能力。在 2 000 年之后的汉朝，公务人员笔试制度已被用于测量人们在法律、军事、农业和地理等领域的能力。在明朝（公元 1368—1644），公务人员选拔的依据是他们在一个客观选拔程序的三个阶段的表现。第一阶段的考试是在地方上进行的，通过的比例只有 4%。这些进入第二阶段的人必须参加 9 天 9 夜的关于经典名作的论文式考试，这一阶段的通过比例也仅有 5%。这些通过论文考试的人可以参加在京城举行的最后阶段的考试。

19 世纪初，英国的外交官和传教士们考察和描述了中国的科举选拔制度。这一选拔制度的改良版很快被英国、之后被美国用于公务人员的选拔（Wiggins, 1973）。

西方智力测量发展史上的关键人物是英国上流社会的**弗朗西斯·高尔顿爵士**（Sir Francis Galton, 1822—1911）。他于 1869 年出版的《遗传的天才》（*Hereditary Genius*）一书极大地影响了其后对测试的方法、理论和实践的思考。高尔顿是达尔文的表弟，他试图将达尔文的进化论应用于对人类能力的研究。他对人们的能力有何不同及其原因很感兴趣，想知道为什么有些人会像他一样天赋异禀、事业有成，而其他许多人则不是这样。

高尔顿首次提出了关于智力测量的四个重要观点。第一，智力的差异可以根据智力程度来量化。换言之，可以用数值来区分不同人的智力水平。第二，人们的智力形成了一条钟形曲线，或正态分布。在钟形曲线上，大多数人的智力值集中在中间，只有少数人处于天才和存在智力缺陷这两个极端（我们将在本章的后面再次谈到钟形曲线）。第三，智力，或心理能力，可以由客观测验测得，测验中每道题目只有一个"正确"答案。第四，两套测验成绩之间相关联的准确程度可由一种统计程序来确定，他将该统计程序称作共同关系（co-relation），现称为相关（correlation）。事实证明，高尔顿的这些观点具有长久的价值。

遗憾的是，高尔顿还提出了许多颇具争议的观点。例如，他相信天才有遗传性。根据他的观点，天赋或卓越会在家族中遗传，教养对智力的影响微乎其微。在他看来，智力与达尔文的物种适合度相关，并且，以某种方式，最终与人的道德价值相关。高尔顿试图将公共政策建立在人天生有优等和劣等之分的观点上。他发起了优生运动，主张应用进化论鼓励生物学上的优等人群进行婚配，同时阻止生物学上的劣等人群生育后代，以达到改良人类物种的目的。高尔顿写道，"关于下等种族的逐渐灭绝，虽然有些人存在着反对情绪，但这种情绪大部分是不合理的"（Galton, 1883/1907, p. 200）。你在本章的后面将看到，这些精英主义思想的残余如今仍然有市场。

弗朗西斯·高尔顿爵士（1822—1911）提出了哪些关于智力测量的重要观点？

高尔顿的工作开创了现代智力测量之先河。下面，我们来看看正式测量具有哪些特征。

正式测量的基本特征

为了有效地将个体归类或选择具有某种特质的人，**正式测量**（formal assessment）程序应该满足三个条件，即测量工具应该是：（1）可信的；（2）有效的；（3）标准化的。如果测量工具没有达到这些要求，那么我们就无法确定测量的结果是否可信。虽然本章重点讲述智力测量，但正式的测量程序适用于所有类型的心理测试。为了确保你理解这些原则的广泛应用，我将同时举一些其他心理测量领域中的例子。

信度　正如你在第 2 章中所了解的，信度是某一测量工具给出一致分数的可信程度。如果你在同一天早上用浴室体重秤称了三次体重，得到了三个不同的读数，那么这个体重秤就没有在正常工作。你可以认定它不可信，你不能指望它给出一致的结果。当然，如果你在两次称重期间吃了一顿大餐，那么你就不会预期称重结果是一致的。也就是说，只有在被测量的基本概念保持不变的情况下，我们才可以判定测量工具是否可信。

检验测验是否可信的一种直接方法是计算**重测信度**（test-retest reliability），即让同一批人先后两次接受同一种测验，计算两次所得分数的相关。完全可信的测验产生的相关系数为 +1.00。这意味着两次的得分模式是相同的。在进行重测时，在第一次测试中得到最高分和最低分的参与者还是会获得相同的结果。完全不可信的测验的相关系数为 0.00，这意味着第一次的测试分数与第二次的测试分数之间没有任何

如果有人用你成年后的身高来评估你的智力，你会做何感想？这种测量是可信的，但它有效吗？

联系。例如，某个人在第一次测试中得到了较高的分数，但在第二次测试中的得分则完全不同。相关系数越大（趋近于 +1.00），测验的信度就越高。信度的另一个衡量指标是作答者在单个测验中反应的**内部一致性**（internal consistency）。例如，我们可以比较某人在测验的奇数项目和偶数项目上的得分。在信度较好的测验中，这两部分的得分相当。

　　开发测量工具和实施测量的研究者都在努力确保信度。你参加过大学入学的 SAT I 考试吗？你可能不知道，你所做的试题中有一个部分实际上并不影响你的成绩。不计分部分的题目很可能是为未来的考试考虑的。开发考试题目的研究者可以比较计分和不计分题目的得分，以确保人们在未来考试中的成绩与你现在所参加的考试的成绩具有可比性。因此，如果你参加过 SAT I 考试，那么你就为该测验的信度提供了一些信息。

效度　测验的效度是指测验能够测得它所要测量的东西的程度（见第 2 章）。智力的有效测验可以测量智力这一特质，并预测人们在非常需要智力的情境中的表现。创造力的有效测量分数反映的是人们真实的创造力，而不是绘画能力或心境。一般来说，效度反映的是测验对与测验目的或设计相关的行为或结果做出准确预测的能力。测验有效的条件可能是非常具体的，所以问一项测验"在何种目的上是有效的？"总是重要的。三种重要的效度分别是内容效度、效标关联效度和结构效度。

　　如果测验能够测量欲测领域的所有方面，那么该测验就具有**内容效度**（content validity）。假设你想测量人们的生活满意度，那么只关注其学业上的成功是不够的。为了开发具有内容效度的测验，你必须从生活的各个领域广泛取样。你将询问人们对自己的工作、人际关系等方面是否满意。

　　为了评价**效标关联效度**（criterion-related validity，也译作效标效度），心理学家要将个体的测验分数，与其在和测验所测事物相关的其他标准上的分数相比较。例如，如果测验旨在预测人们在大学中是否成功，那么大学成绩就是一种合适的标准。如果测验成绩与大学成绩高相关，那么这一测验就具有效标关联效度。测验开发者的主要任务之一就是找到合适的、可测量的标准。我们来看一下研究人员如何证明陪审员偏见测验的效标关联效度。

研究特写

　　当人们成为陪审团成员时，他们应该不带任何偏见地考虑案件证据。两位研究者试图证明审判前陪审员态度问卷（Pretrial Juror Attitude Questionnaire, PJAQ）的效度，这一测量工具能让他们识别出不能满足无偏见标准的候选陪审员（Lecci & Myers, 2008）。该问卷由 29 个陈述句组成（例如："如果犯罪嫌疑人在逃脱警察的追捕，那么他可能真的是罪犯。""许多向保险公司提出的事故索赔都是伪造的。"）。它采用 5 点计分法，参与者通过选择从非常不同意到非常同意的 5 个点中的 1 个来表明对每个陈述的认可程度。为了评估问卷的效标关联效度，研究者让 617 名参与者完成该测验。随后，研究者让他们阅读一些谋杀、强奸和持械抢劫案件的审判摘要，并就每个案件让他们指出他们认为合适的判决。当参与者比大多数同伴做出了更多的有罪判决时，就说明该参与者可能存在先前偏见。审判前陪审员态度问卷成功地预测了哪些参与者可能做出更多的有罪判决。

一旦某一测量工具被证明具有效标关联效度，研究者运用这一工具做未来预测时就会倍感自信。

　　心理学家感兴趣的许多个人特质，其实并不存在理想的标准。例如，没有单一的行为或表现的客观衡量标准能够表明一个人总体的焦虑、抑郁或攻击性程度。心理学家针对这些抽象特质提出了相关理论或构想——什么导致了它们、它们如何影响行为，以及它们如何与其他变量相关联。测验的**结构效度**（construct validity，又称构想效度）是指它充分测量潜在结构的程度。例如，一个新的抑郁测验，如果其分数与有效测量抑郁结构之定义性特征的测验分数高度相关，那么该测验就具有结构效度。另外，新的测验还应该与不属于抑郁结构范畴的特征无关。

你会如何验证陪审员态度问卷的效度？

　　我们来考虑一下信度与效度之间的关系。信度是某一测验与其自身（在不同时间或采用不同项目施测）的相关程度，而效度是测验与外部事物（另一个测验、行为标准或评价者的评分）的相关程度。通常，缺乏信度的测验也不具有效度，因为不能预测自身的测验也不能预测其他事情。例如，如果你们班今天参加了攻击性测验，学生们的得分与他们在明天的平行测验中的得分不相关（表现为无信度），那么这两天的测验分数都不可能预测在一周的时间内哪些学生打架或争论的次数最多。毕竟，这两组测验分数甚至都不能做出相同的预测！另一方面，具有较高信度的测验也很可能没有效度。例如，假设我们决定用你当前的身高来评估你的智力。你是否明白为什么它是可信的，却不是有效的？

常模和标准化　我们虽然有了可信且有效的测验，但我们仍需要参照常模来解释不同的测验分数。例如，假设你在测量抑郁程度的测验中得了 18 分。这个分数说明了什么？你是有点抑郁、完全不抑郁，还是和一般人差不多？为了弄清楚你所得分数的意义，你需要将你的分数与其他学生的典型分数或统计**常模**（norm）进行比较。通过查看测验常模，你会知道分数的通常范围，以及与你的年龄和性别相同的学生的平均分数是多少。这会为你解释自己的抑郁分数提供一些背景。

　　在收到诸如 SAT I 这类能力倾向测验的分数时，你可能见过测验常模。常模会告诉你，你的成绩与其他学生的成绩相比如何，并帮助你解释你在该常模人群中的相对位置。当对照群体与被测个体具有共同的重要特征时，如年龄、社会阶层、文化和经验，这一群体常模对于解释个体分数最有用。

　　为了使常模有意义，每个人都必须在标准化的情境下参加同一测验。**标准化**（standardization）是指在相同条件下对所有人、以同样的方式实施测验。标准化的必要性听起来很明显，但在实践中并不总能做到。与其他人相比，一些人可能被给予更多的测验时间，获得更清楚或更详细的指导语，被允许提问题，或者被施测者激励去做得更好。当测量程序没有明确说明如何施测或结果如何计分时，我们就很难解释某一测验分数的意义或它与任何对照组的关系。

　　至此，你已经了解了研究者在编制测验并查明它是否真的测量了他们希望测量的东西时所关注的一些问题。他们必须确保测验是可信的、有效的。他们还必须具体说明实施测验的标准化条件，以使产生的常模有意义。因此，你应该根据测验的信度和效度、分数常模以及测验环境的标准化程度来评估自己获得的任何测验分数。

我们现在将转向智力测量。

❶ 弗朗西斯·高尔顿爵士对智力研究有什么重要贡献?

❷ 研究者如何确定某个测验是否具有效标关联效度?

❸ 为什么建立测验的常模很重要?

批判性思考:回顾前面提及的评估审判前陪审员态度问卷效标关联效度的研究。你会如何评估该问卷在现实审判情景中的效度?

智力测量

你或你朋友的智力水平如何?为了回答这一问题,你必须首先对**智力**(intelligence)进行定义。这并不是一件容易的事,但由 52 名研究者组成的学术团体同意了这个概括性定义,"智力是指一般性的心理能力,包括(但不限于)推理、计划、解决问题、抽象地思考、理解复杂思想、快速学习以及从经验中学习的能力"(Gottfredson, 1997, p. 13)。考虑到这些能力的范围,我们立刻就能明白,为什么围绕着智力测量方式的争议几乎一直存在。理论家们定义智力和高级心理功能的方式,极大地影响着他们试图去测量它的方法。一些心理学家相信,人类的智力可以被量化并归纳为单一的分数;另一些人认为智力包含多种成分,应该分别加以测量;还有一些人认为在不同的经验领域内,存在几种不同的智力。

在本节中,你将了解智力测验是如何与这些不同的智力概念相结合的。让我们首先从人们对智力和智力测验开始产生兴趣的历史背景谈起。

智力测验的起源

1905 年,第一份可实施的智力测验出版问世。**阿尔弗雷德·比奈**(Alfred Binet, 1857—1911)响应法国教育部长的号召,为发育迟滞儿童创建更有效的教学方法。比奈及其同事**西奥多·西蒙**(Theodore Simon, 1873—1961)认为,测量儿童智力方面的能力对于制订教学方案来说是必要的。比奈试图编制一份客观的智力表现测验,可以用来区分发育迟滞儿童与正常学龄儿童。他希望这种测验可以减少学校对较主观的甚至可能带有偏见的教师评价的依赖。

为了量化(测量)智力表现,比奈设计了与年龄相匹配的问题或测验项目,以便将许多儿童对它们的反应进行比较。测验题目的选取原则是:可以客观地评定其对错,内容可以有所变化,受儿童生活环境差异的影响不大,而且评估的是儿童的判断和推理能力,而非机械记忆能力(Binet, 1911)。

他们对不同年龄的儿童进行了测量,并计算出了各个年龄的正常儿童的平均分数。然后,将每个儿童的成绩与同龄儿童的平均成绩进行比较。测验的结果以达到某一特定分数的正常儿童的平均年龄来表示,这被称为**心理年龄**(mental age)。例如,如果某一儿童的成绩与一组 5 岁儿童的平均成绩相当,那么他的心理年龄就是 5

岁，而不管其**生理年龄**（chronological age）多大。

比奈智力测验的成功开发在美国产生了巨大影响。历史事件与社会—政治力量的独特组合，使美国对心理能力测量的兴趣激增。20 世纪初，美国是一个混乱的国家。受全球经济、社会和政治局势的影响，数以百万计的移民涌入了美国。新颁布的全民教育法导致学校挤满了学生。这时，就需要有某种形式的测量来识别、记录和区分移民而来的成人和学龄儿童（Brysbaert & Rastle, 2009）。第一次世界大战爆发时，数百万名志愿者涌入募兵站。招募人员需要确定哪些人有能力快速学习，并从特殊的领导力培训中获益。新的书面的、团体施测的心理能力测验被用来评估 170 多万名志愿者。在这种战时紧急情况下，一群杰出的心理学家，包括刘易斯·推孟、亨利·戈达德和罗伯特·耶基斯，仅用了一个月的时间就设计出了这些测验（Thorne & Henley, 2005）。

为什么比奈的智力测验要比较生理年龄和心理年龄？

这一大规模的测验计划的结果之一是，美国公众开始接受这样一种观点，即智力测验可以区分人们的领导能力和其他重要的社会性特征。这使得测验在学校和工厂被广泛应用。测量被视为一种为混乱的社会注入秩序的方式，一种区分人们是否能从教育或军事领导力培训中受益的经济且民主的方法。为了推动智力测验的大规模应用，研究人员努力寻找更广泛适用的测验程序。

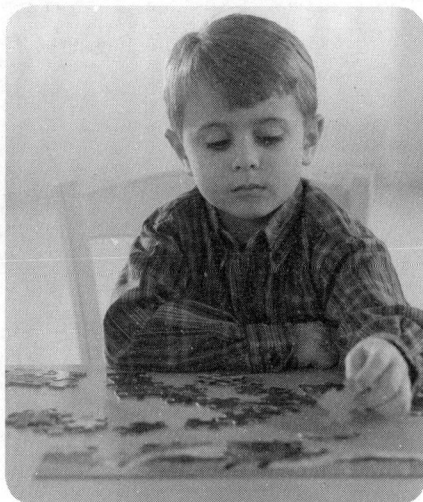

IQ 测验

虽然比奈在法国开创了智力标准化测量之先河，但美国心理学家很快就后来居上。他们还提出了 IQ 的概念，即智商。IQ 是一种数量化和标准化的智力指标。如今，两类对个体施测的 IQ 测验被广泛使用：斯坦福—比奈量表和韦克斯勒量表。

斯坦福—比奈智力量表 斯坦福大学的**刘易斯·推孟**（Lewis Terman）曾是一所公立学校的管理者，他认可比奈测量智力的方法的重要性。推孟为美国的学龄儿童改编了比奈的测验题目，并对测验的实施进行了标准化，最终通过对成千上万名儿童的测量制订了年龄水平常模。1916 年，他发表了比奈测验的斯坦福修订版，通常被称为斯坦福—比奈智力量表（Terman,1916）。

推孟用他的新测验为**智商**（intelligence quotient）或 IQ［该术语由威廉·斯特恩（William Stern）于 1914 年首创］的概念提供了基础。IQ 是心理年龄与生理年龄的比率再乘以 100（以去除小数）：

$$IQ = 心理年龄 \div 生理年龄 \times 100$$

如果一个生理年龄是 8 岁的孩子所测得的心理年龄为 10 岁，那么他的 IQ 是 125（10 ÷ 8 × 100=125）；而同一生理年龄的孩子如果只完成了 6 岁组儿童的任务，那么他的 IQ 为 75（6 ÷ 8 × 100=75）。那些心理年龄与生理年龄相当的个体的 IQ 为 100，因此 100 是 IQ 的平均值。

新的斯坦福—比奈测验很快成为了临床心理学、精神病学和教育咨询的标准工具。斯坦福—比奈测验包括一系列子测验，每个子测验都是为特定的心理年龄量身定制的。自从问世以来，斯坦福—比奈测验历经多次修订（Terman & Merrill, 1937,

表 9.1　与 WAIS-IV 中的题目相似的问题

言语理解分量表	
相似性	飞机和潜艇有何相似之处？
词汇	仿真是什么意思？
知觉推理分量表	
积木图案	参与者用彩色积木块再现施测者给定的图案。
图片填充	参与者观察图片并说出图片缺少哪一部分（如马没有鬃毛）。
工作记忆分量表	
数字广度	请重复以下数字：32759
算术	如果你用 8.5 美元买了一张电影票，用 2.75 美元买了一桶爆米花，你付了 20 美元，那么可以找回多少钱？
加工速度分量表	
符号搜索	参与者努力判断两个抽象符号（例如 Θ、V）中是否有一个出现在一长串符号表中。
划消	参与者观看图像展示并执行施测者的指导语（例如，"划掉每个蓝色正方形和绿色三角形"）。

1960, 1972; Thorndike et al., 1986）。经过这些修订，其施测范围已经扩大到了非常年幼的儿童和非常聪明的成年人；另外，这些修订版还提供了与年龄相匹配的平均分的更新的常模。第五版的斯坦福—比奈测验能为正常人群、发育迟滞者和天才人群提供 IQ 估计值（Roid, 2003）。

韦克斯勒智力量表　纽约贝尔维尤医院的**戴维·韦克斯勒**（David Wechsler）着手纠正成人智力测量对言语项目的依赖。1939 年，他出版了《韦克斯勒—贝尔维尤智力量表》（Wechsler-Bellevue Intelligence Scale），该量表包括言语和非言语（操作）分测验。这样除了总的 IQ 值，人们还可以分别得到言语和非言语的 IQ 估计值。经过几次修订后，1955 年该测验被重新命名为《韦克斯勒成人智力量表》（Wechsler Adult Intelligence Scale, WAIS）。如今，你可以使用《韦克斯勒成人智力量表第四版》（WAIS-IV; Wechsler, 2008）。

WAIS-IV 中包含 10 个核心分测验和 5 个补充分测验，涉及 IQ 的几个方面。**表 9.1** 提供了该测验中不同类型问题的例子。如表中所示，WAIS-IV 将这些分测验合并为 4 个分量表，包括言语理解、知觉推理、工作记忆和加工速度。如果你参加 WAIS-IV 测验，你不仅可以获得一个整体（或全量表）的 IQ 分数，还可以获得 4 个分量表的 IQ 分数。

WAIS-IV 适用于 16 岁及以上的人群，但也有针对儿童的类似测验（见**图 9.1**）。《韦氏儿童智力量表第四版》（WISC-IV; Wechsler, 2003）适用于 6~16 岁的儿童和少年；《韦氏学前和小学智力量表第三版》（WPPSI-III;

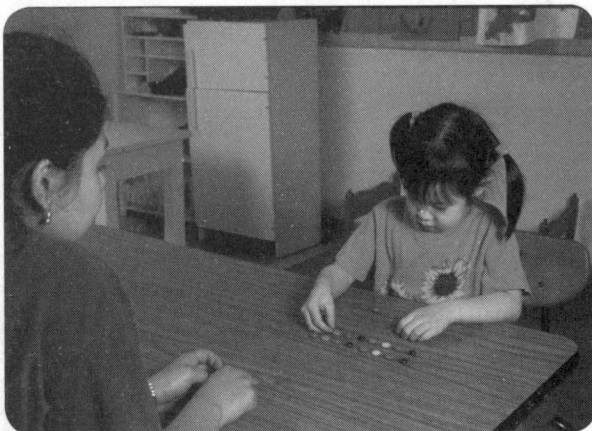

图 9.1　智力测试

心理学家正在对一名 4 岁儿童进行智力测试。该测验的操作部分包括对一系列彩色糖果进行分类。为什么操作是智力测验的重要组成部分？

Wechsler, 2002）适用于 2.5~7.25 岁的儿童。这两个量表的修订版使用的测验材料更丰富多彩、更具现代气息，并且对儿童更有吸引力。然而，研究者继续努力寻求改进，于 2011 年开始对新版的学前和小学量表（WPPSI-IV）进行测试。

WAIS-IV、WISC-IV 和 WPPSI-III 组成了一个智力测验大家族，可以提供所有年龄段的 IQ 总分数。此外，它们还可以提供可比较的分测验值，这样研究者就可以追踪更具体的智力能力的发展。因此，在对同一个人在不同年龄进行测试时，韦克斯勒量表极具价值，例如，在监测儿童接受不同教育计划时的进步水平时。

极端智力

IQ 分数不再是用个体的心理年龄除以生理年龄得出的。如今，如果你参加某个测验，你的分数会被加起来，并直接和同年龄组其他人的分数相比较。IQ 值 100 是"平均值"，这意味着有 50% 的同龄人比这一分数低。**图 9.2** 呈现了由 WAIS 测得的 IQ 分数的分布情况。在这一部分，我们将考虑 IQ 分数低于 70 和高于 130 的个体。如图 9.2 所示，这样的分数很罕见。

智力缺陷和学习障碍　当 18 岁以下的个体在智力测验上的有效 IQ 分数低于均值约 2 个标准差时，他们就符合了智力缺陷（intellectual disability）诊断的一个标准。对于 WAIS 来说，这一标准代表 IQ 分数为 70。然而，如**表 9.2** 所示，要被视为智力缺陷，个体还必须表现出适应性行为缺陷。适应性行为被定义为"人们在日常生活中习得的概念技能、社交技能和实践技能的集合"（American Association on Intellectual and Developmental Disabilities, 2010, p.15）。在过去，心理迟滞（mental retardation）这一术语被用来指那些 IQ 得分为 70~75 及以下的个体。然而，由于扩展后的定义包含了对适应性行为的考虑，所以智力缺陷这一术语更为恰当（Schalock et al., 2007）。在诊断个体是否存在智力缺陷时，临床医师会尽可能多地了解个体在适应性技能方面的缺陷。现在诊断的目标是提供切实符合个体需求的环境和社会支持，而不是仅仅根据 IQ 对人们进行分类。

智力缺陷可由多种遗传和环境因素引起。例如，患有唐氏综合征（一种由第 21 号染色体上的额外遗传物质导致的疾病）的个体，其 IQ 通常比较低。另一种被称为苯丙酮尿症（PKU）的遗传疾病，同样对 IQ 有潜在的负面影响（Brumm & Grant, 2010）。然而，如果该疾病在婴

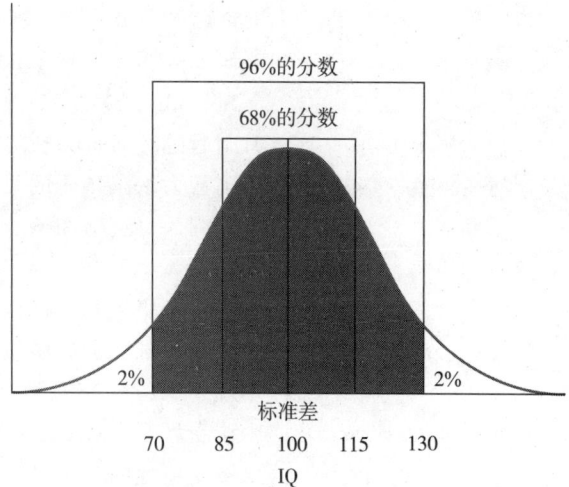

图 9.2　IQ 分数在总人口中的分布

将 IQ 分数标准化，这样 100 分便成了人群的平均分（低于 100 和高于 100 的人数一样多）。分数在 85~115 为"正常"。分数高于 130 可能表明一个人是"天才"；分数低于 70 可作为智力缺陷的诊断标准之一。

资料来源：Craig, Grace J.; Dunn, Wendy L., *Understanding Human Development*, 2nd Edition, © 2010. Printed and electronically reproduced by permission of Pearson Education Inc., Upper Saddle River, New Jersey.

表 9.2　智力缺陷的诊断标准

如果符合以下标准，则可诊断为智力缺陷：

- 个体在智力测验上的 IQ 分数低于均值约 2 个标准差。

- 个体表现出下列及其他方面的适应性行为缺陷：

  概念技能
  语言使用
  读写
  金钱概念

  社会技能
  遵守规则 / 法律
  社会责任
  避免受伤害

  实践技能
  自理能力
  卫生保健
  职业技能

- 发病年龄在 18 岁以下。

资料来源：选自 American Association on Mental Retardation, 2010, p. 44。

儿期就被诊断出来，通过严格坚持特殊的饮食，人们可以控制 PKU 的负面影响。家庭研究表明，只有在 IQ 为 55~70 的人群中，智力缺陷可能与基因遗传有关（Plomin & Spinath, 2004）。更严重形式的缺陷似乎是个体发展过程中非遗传的自发性基因异常引起的。对智力缺陷影响最大的环境是产前环境。患风疹或梅毒等疾病的孕妇有生出智力缺陷孩子的风险。另外，孕妇如果饮酒或服用其他药物，尤其是在孕期的前几周，也会增加孩子出现认知缺陷的风险（Bennett et al., 2008; Huizink & Mulder, 2006）。

从历史上看，存在智力缺陷的个体——就他们接受教育的程度而言——几乎完全是在单独的设施中接受教育的。然而，越来越多的证据表明，这种方式的效果并不理想。1975 年，美国政府通过立法要求有缺陷的学生应该最大限度地在普通班级中接受教育（McLeskey et al., 2011）。该法律还承认，缺陷达到某些程度的学生仍需要接受单独的教育。然而，教育实践在过去几十年间已经发生了变化，越来越多被诊断为智力缺陷的学生每天都有一部分或大部分时间与同龄人一起在教室里学习。

IQ 分数给出了相对于与年龄相匹配的常模，人们在各种言语和非言语任务中表现如何的一般性信息。在某些情况下，当个体的 IQ 分数与其表现无法匹配时，人们就有理由感到担忧。如果一个人的学业成绩和所测得的 IQ 之间存在巨大差异，那么他就可能被诊断为**学习障碍**（learning disorder）。在临床医师做出学习障碍的诊断之前，他们需要排除其他可能导致个体成绩不佳的因素，如低动机、平庸的教学质量或身体问题（如视觉障碍）。许多学校会对被诊断为学习障碍的学生给予特殊的帮助。

天才 IQ 分数在 130 以上的个体很可能被视为天才。然而，就如智力缺陷的定义一样，研究者认为 IQ 并不能充分体现天才这个概念。例如，**约瑟夫·任朱利**（Renzulli, 2005）支持天才的"三环"结构，这一结构从能力、创造力和任务执着（task commitment）三个维度来描述天才（见**图 9.3**）。根据这一观点，被视为天才的个体，其 IQ 需要在平均水平之上，但不必是上等水平。此外，他们需要具有高水平的创造力，并对特定问题或绩效领域表现出高度的执着。这个扩展后的定义解释了通常人们不能在所有的学术领域都是天才的原因（Sternberg, 2010）。例如，在言语和数学领域，个体的能力、创造力和任务执着都可能会有所不同。

天才儿童通常具有什么样的特质？对天才儿童的正式研究始于 1921 年，当时推孟（Terman, 1925）开始了一项长期研究，研究对象是 1 500 多名测试成绩在学校位于前 1% 的男孩和女孩。这些人一直被追踪到 80 多岁（Holahan & Sears, 1995）。推孟及其之后的研究者想知道这些儿童在一生中的表现如何。推孟提出的问题一直影响着研究的进展。例如，推孟考察了天才儿童在社交和情绪调适方面存在问题这种说法。推孟得出了与此相反的结论，他发现其样本中的个体比那些天赋较低的同龄人能更好地进行社交和情绪调适。当代比较天才学生与普通学生人格特质的研究所得出的结论，也持续反驳了天才学生比同龄人调适能力弱的刻板印象（Martin et al., 2010; Zeidner & Shani-Zinovich, 2011）。事实上，天才学生可能还具有一些优势，比如较低的焦虑水平。

推孟还证明，天才儿童在生活上大多都很成功。这不足为奇，因为 IQ 是预测个体职业地位和收入的很好的变量。因此，人们对天才个体的担忧并不是他们做得不好，而是他们没有获得足够的教育支持，以充分发展其天赋（Reis & Renzulli, 2010）。当天才被视为一种多维的结构时，天才教育也必须灵活地促进个别学生的特殊天赋。

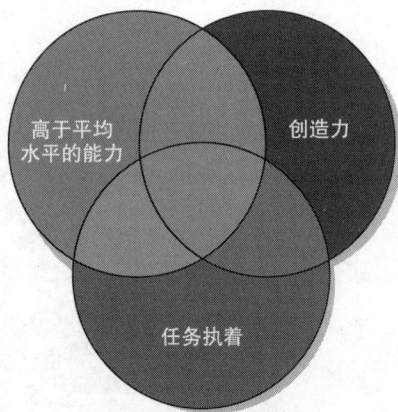

图 9.3 天才的"三环"结构

根据"三环"结构观点，天才需同时具备以下三个要素：高于平均水平的能力、高水平的创造力和高水平的任务执着。

资料来源：Reprinted by permission of the author.

生活中的批判性思维

为什么聪明的人更长寿

我们从一个事实开始：高IQ的人往往更长寿（Deary et al., 2010b）。有一项研究考察了1936年出生在苏格兰的1 181人的死亡率（Deary et al., 2008）。1947年，当他们还是孩童时，研究者用标准的IQ测验测量了他们的智力。研究者查明了哪些人在1968—2003年去世。当研究者将IQ与死亡率做相关分析时，他们发现了一个很强的模式：IQ分数每增加一个标准差（见图9.2），"死亡风险就会降低30%"（p.876）。这种高IQ人群更长寿的模式已经在几个国家的样本中得到了重复验证（Deary et al., 2010b）。

关于IQ与死亡率之间关系的事实有以下四种解释（Deary, 2008）：

- 童年时较低的IQ分数可能部分是因为产前或产后的环境，这些环境导致个体大脑不能充分发挥其潜能。导致较低IQ的脑缺陷还可能会加速死亡。

- 有些人可能不仅拥有更高效的大脑，而且拥有扩展至全身的"组合良好的系统"（Deary, 2008, p. 176）。该系统可能会使个体拥有更高的IQ，且身体更健康。

- 高IQ的人通常会接受更多的教育，从而寻求更专业的职业。因此，高IQ可能最终会使人们能够在对健康潜在危害较少的环境中生活。

- 高IQ的人可能较少做出对健康有害的行为。事实上，有证据表明，"早期智力较高的人更可能有更健康的饮食，进行更多的锻炼，避免意外事故，戒烟，更少酗酒，成年后体重增加较少"（Deary, 2008, p. 176）。

请注意，这些解释并不互相排斥。也就是说，每一种解释都可能对IQ与寿命的相关性有所贡献。

让我们把重点放在高IQ的人较少有不健康行为这一观点上。两位研究者分析了1万多名威斯康星州高中生的数据（Hauser & Palloni, 2011）。（参与者的IQ分数于1956年他们还是高中生时测得——译者注。）他们发现IQ与寿命之间存在很强的关系。然而，他们发现班级排名与寿命之间有着更强的关系。班级排名靠前的学生要比垫底的学生更长寿。基于这两个结果，研究者呼吁关注学生的态度和行为：他们认为，使学生在高中出类拔萃的品质，也有助于确保他们更长寿。这个结论很重要，因为人们并不需要高IQ来做出关于学业、工作和健康生活方式的明智决定。

- IQ与寿命之间的关系为我们提供了强有力的相关关系而非因果关系的例子。每种解释如何试图确定导致相关性的因素？

- 哪些解释让人们有机会去改变自身IQ与潜在寿命之间的关系？

STOP　停下来检查一下

❶ 最初人们用什么方法来计算智商？
❷ 戴维·韦克斯勒在IQ测量中引入了什么类型的分测验？
❸ 智力缺陷的诊断涉及哪些因素？
❹ "三环"结构从哪些维度来定义天才？

智力理论

至此，我们已经知道了一些测量智力的方法。你现在可以问问自己：这些测验是否涵盖了智力这一术语所指的全部内容？是否涵盖了你认为构成自己智力的所有能力？为了帮助你思考这些问题，现在我们回顾一下智力理论。当你读每一种理论时，问问你自己，它的支持者是否愿意把 IQ 作为智力的衡量指标。

智力的心理测量学理论

智力的心理测量学理论起源于与 IQ 测验大致相同的哲学氛围。**心理测量学**（psychometrics）是心理学的一个分支领域，专门研究个体心理各个方面的测量，包括人格评定、智力评估和能力倾向测量。因此，智力的心理测量学取向与测量方法密切相关。这些理论考察不同的能力测验（如 WAIS-III 的 14 个分测验）之间的统计关系，然后基于这些关系做出有关人类智力本质的推断。其中最常使用的技术叫作因素分析，这种统计方法从大量的独立变量中检测出少量的维度、聚类或因素。因素分析的目标是确定所考察概念的基本心理维度。当然，统计程序只能找出统计规律；心理学家应该对这些规律提出并论证自己的解释。

查尔斯·斯皮尔曼（Charles Spearman）在智力领域较早地使用了因素分析，对后人的影响很大。斯皮尔曼发现，个体在不同智力测验上的成绩高度相关。他从这一模式得出结论：所有智力表现的背后存在着**一般智力**（general intelligence）因素，即 **g 因素**（Spearman, 1927）。每个领域还有与其相关的特定技能，斯皮尔曼称之为 s 因素。例如，一个人在词汇或算术测验中的表现既依赖于其一般智力，也依赖于其特定领域的能力。

1963 年，**雷蒙德·卡特尔**（Raymond Cattell）采用更为先进的因素分析方法，确定了一般智力可以分为两个相对独立的成分，他称之为晶体智力和流体智力。**晶体智力**（crystallized intelligence）包括个体所获得的知识以及提取这些知识的能力，它通过词汇、算术和一般知识测验来测定。**流体智力**（fluid intelligence）是发现复杂关系和解决问题的能力，它通过积木图、空间可视化等测验来测定，在这些测验中，解决问题所需的背景信息已包含在内或显而易见。晶体智力使你能很好地应对生活中再次出现的具体问题，而流体智力则有助于你处理新奇的、抽象的问题。

自卡特尔以来，许多心理学家扩展了智力概念的范围，加入了许多传统 IQ 测验没有涉及的表现。我们现在来看两种超越 IQ 的理论。

斯滕伯格的智力三因素理论

罗伯特·斯滕伯格（Robert Sternberg, 1999）在他更为广泛的智力理论中也强调了认知过程在问题解决中的重要性。斯滕伯格提出了智力的三因素理论，认为智力包括三种类型：分析、创造和实践，它们都代表着描述有效表现的不同方式。他认为，成功智力反映的是这三个领域的表现。

分析智力（analytical intelligence）提供了基本的信息加工技能，人们在生活中许多熟悉任务上都会用到这种技能。这种类型的智力是由构成思维和问题解决之基础的成分或心理过程来定义的。斯滕伯格认为，有三种成分对信息加工至关重要：（1）知识获得成分，用于学习新的事实；（2）操作成分，用于问题解决的策略和技能；（3）

元认知成分，用于选择策略、监控认知过程以取得成功。为了考察你的分析智力，你可以尝试完成**表 9.3**中的练习。

你是如何完成这些拼词活动的？要拼出正确的单词，你最需要使用操作成分和元认知成分。操作成分可以使你在脑中操纵字母，而元认知成分则使你拥有找出答案的策略。来看一下 T-R-H-O-S，你是如何进行心理转换使之成为 SHORT 的？一个好的开始策略是尝试使用英语中可能的辅音字母组合，如 S-H 和 T-H。选择策略需要元认知成分，执行它们则需要操作成分。请注意，一种好的策略有时也会失败。看一下 T-N-K-H-G-I，这个变位词对很多人来说比较难猜，原因是 K-N 组合不像是单词的开头，而 T-H 比较像。你是不是也盯着它看了好一会儿，试着将它转换成以 T-H 开头的单词？

通过将各种任务分解为不同的成分，研究者可以准确找出区分具有不同 IQ 的个体的表现的过程。例如，研究者可能会发现，与低 IQ 的学生相比，高 IQ 学生的元认知成分促使他们选择不同的策略来解决特定类型的问题。这种策略选择上的差异，可以说明为什么高 IQ 的学生有较高的问题解决能力。

创造智力（creative intelligence）是指人们处理新异问题的能力。斯滕伯格（Sternberg, 2006）认为，"创造智力包括用以创造、发明、发现、想象、猜想或假设的技能"（p. 325）。例如，如果一群人在一次事故后被困，你会认为团队中那个最快帮助大家找到回家之路的人是具有创造智力的。

实践智力（practical intelligence）反映在对日常事件的处理上。它包括以下能力：适应新的和不同的环境，选择合适的环境，以及有效地改变环境以满足自身需要。实践智力与特定情境密切相关。为了测量实践智力，研究者必须融入相应的情境中来编制合适的测验。

表 9.3　试试你的分析智力

下面是一组打乱了字母顺序的变位词。请尽快拼出每个单词是什么。

1. H-U-L-A-G ＿＿＿＿＿＿
2. P-T-T-M-E ＿＿＿＿＿＿
3. T-R-H-O-S ＿＿＿＿＿＿
4. T-N-K-H-G-I ＿＿＿＿＿＿
5. T-E-W-I-R ＿＿＿＿＿＿
6. L-L-A-O-W ＿＿＿＿＿＿
7. R-I-D-E-V ＿＿＿＿＿＿
8. O-C-C-H-U ＿＿＿＿＿＿
9. T-E-N-R-E ＿＿＿＿＿＿
10. C-I-B-A-S ＿＿＿＿＿＿

请在本章最后查找答案。

资料来源：Sternberg, R. J. 1986. *Intelligence applied*. San Diego: Harcourt Brace Jovanovich. Reprinted by permission of the author.

研究特写

一个研究团队想要评估实践智力对图文印刷行业高管的重要性（Baum et al., 2011）。他们编制了一种实践智力测验，内容涉及与该行业相关的情境（例如，公司的销售额下降了）。参与者（他们都是业内公司的领导者）阅读一份清单，上面列出了应对这种情境的 10 种可能的举措。他们的任务是将举措按从"首先做的最重要的事"到"后做的最不重要的事"的顺序排列（p. 413）。为了计算实践智力，研究者将每位参与者的反应与 50 位业界专家的排序进行了比较。研究者评估了此后四年实践智力与每家企业成长情况之间的关系。在那些希望自己的公司发展壮大的领导者中，实践智力与公司成长情况成正相关。

从这个例子中你可以看出，为什么针对不同的情境，实践智力需要用不同的测验来测量。不过，总体思想是一致的：人们可以运用或多或少的实践智力来应对日常任务。

斯滕伯格理论的批评者通常想知道，创造智力和实践智力的测量是否可以有意地与诸如 g 因素这类更经典的概念分开（Brody, 2003; Gottfredson, 2003）。潜在的问题是，斯滕伯格对成功智力的分析是否真的比经典的 IQ 测验更能预测成功。为了反驳这些批评，斯滕伯格在现实世界中应用了他的理论。例如，他和他的合作者测量了该理论所涵盖的更广泛的智力技能，目的是改善大学的录取过程（Sternberg, 2010）。斯滕伯格坚称，这种综合性的成功智力测验可以更好地预测大一学生的学业表现。

加德纳的多元智力和情绪智力

霍华德·加德纳（Gardner, 1999, 2006）也提出了一种理论，将智力的定义扩展到了 IQ 测验所涵盖的技能范围之外。加德纳确定了涵盖广泛的人类经验的多种智力。在不同的人类社会中，任何一种智力的价值都是不同的，这取决于某特定社会需要什么、珍视什么以及什么对其有用。如表 9.4 所示，加德纳归纳出了 8 种（以及一种暂定的）智力。

加德纳认为，西方社会重视逻辑—数学智力和语言智力，而非西方社会通常看重其他类型的智力。例如，在密克罗尼西亚的卡罗琳岛上，船员们必须能够在没有地图的情况下，仅仅依靠其空间智力和身体运动智力进行长途航行。在那个社会中，这两种能力比写学期论文的能力更重要。在巴厘岛，艺术表演是日常生活的一部分，因而流淌在优美舞步中的音乐智力和天赋更为宝贵。与诸如美国这样的个人主义社会相比，日本这样的集体主义社会更强调合作行为和集体生活，因而人际智力更为重要（Triandis, 1990）。

许多人欣然接受了加德纳的理论，因为它表明，人们可以在传统智力概念所不认可的领域中出类拔萃。然而，加德纳的理论并非没有批评者。研究表明，在加德纳所认为的不同类型的智力上，人们的表现有重叠之处（Almeida et al., 2010; Visser et al., 2006）。例如，语言智力、逻辑—数学智力、空间智力、自然智力和人际智力都与 g 因素高度相关。这些相关性表明，加德纳可能只是对传统智力概念的不同方面进行了重新定义。其他批评则集中在特定的智力上。例如，研究证据反驳了"语

表 9.4　加德纳的多元智力理论

智力的类型	定义	需要该智力的职业示例
逻辑—数学智力	操纵抽象符号的能力	科学家、计算机编程人员
语言智力	有效运用语言的能力	新闻工作者、法律工作者
自然智力	仔细、全面地观察自然环境的能力	森林保护工作者
音乐智力	作曲和理解音乐的能力	音频工程师、音乐家
空间智力	良好的空间关系推理能力	建筑师、外科手术医生
身体运动智力	计划和理解身体动作序列的能力	舞蹈家、体育工作者
人际智力	理解他人以及社交的能力	政治家、教师
内省智力	理解自己的能力	牧师
存在智力（暂定的；Gardner, 1999）	解决关于"存在"这种"大问题"的能力	哲学教授

资料来源：Kosslyn, Stephen M.; Rosenberg, Robin S., *Introducing psychology: Brain, Person, Group*, 4th Edition, © 2011. Reprinted and Electronically reproduced by permission of Pearson Education, Inc., Upper Saddle River, New Jersey.

言学习能力是一种与生俱来的天赋"这一观点（Mercer, 2012）。

近些年来，研究者开始探讨另外一种智力，即情绪智力，它与加德纳的人际智力和内省智力的概念相关（见表 9.4）。一种重要的观点是，**情绪智力**（emotional intelligence）包括四种主要成分（Mayer et al., 2008a, 2008b）：

- 准确且恰当地感知、评价和表达情绪的能力；
- 运用情绪来促进思维的能力；
- 理解和分析情绪，以及有效地运用情绪知识的能力；
- 调节情绪以促进情绪和智力发展的能力。

这个定义反映了这样一种观点：在与智力功能的关系中，情绪有积极的作用，它能使思维更睿智，人们也因此能够明智地思考自己和他人的情绪。

研究者已开始证明，情绪智力对日常生活有重要影响。想想运动员在预期和参加体育赛事时的情绪体验。更高的情绪智力可能有助于运动员应对应激源。

研究特写

某研究团队假设：高情绪智力的运动员在面对与赛事相关的压力刺激时，能够更好地控制自己的情绪（Laborde et al., 2011）。研究者招募了 30 名男性手球运动员，并测量了他们的情绪智力。为了给球员们提供一种充满压力的体验，研究者让他们听一段 20 分钟的录音，里面有负面的陈述（例如，"你没有动力再打下去了"，p. 24）以及人群发出的嘘嘘声。研究者通过测量运动员听录音之前和之后的心率来评估这一压力体验对他们的影响。低情绪智力的运动员的心率变化较大，这表明录音使他们感受到了压力。相比之下，压力体验对高情绪智力运动员的心率影响非常小。

这一研究说明了高情绪智力的运动员如何能够利用他们理解和调节情绪的能力来应对应激源。你可以想象这一能力在激烈的赛事中是多么有用！

我们对智力测量和智力理论的回顾，为讨论使智力话题如此富有争议的社会环境奠定了基础。

STOP　停下来检查一下

❶ 为什么斯皮尔曼认为存在 g 因素，即一般智力？
❷ 斯滕伯格三因素理论中的三种智力类型分别是什么？
❸ 在加德纳的理论中，哪种智力可能会决定一个人是否能成为成功的雕刻家？

批判性思考：思考一下将实践智力与企业成长相关联的那项研究。为何研究者要用四年的时间来评估实践智力的影响？

智力的政治学

我们已经看到，现代的智力概念拒绝将 IQ 测验分数与人的智力狭隘地联系在一起。即便如此，IQ 测验在西方社会仍是测量"智力"最常用的工具。由于 IQ 测试的盛行和 IQ 分数的可得性，根据"平均"IQ 来比较不同群体就变得很容易。在美国，这种族裔和种族群体的比较经常被用作少数族群成员先天遗传劣势的证据。本节将简要地考察这种使用 IQ 测验分数来说明某些群体所谓的智力劣势的做法的历史，然后介绍当前关于先天和后天因素对智力与 IQ 测验成绩影响的证据。你会发现，这在心理学中是最具政治敏感性的话题之一，因为有关移民配额、教育资源等的公共政策可能都建立在如何解释群体 IQ 值的基础之上。

族群比较的历史

20 世纪初，心理学家**亨利·戈达德**（Henry Goddard, 1866—1957）主张对所有移民进行心理测试，并选择性地遣返那些有"心理缺陷"的人。这种观点可能导致了美国国内反对某些移民群体的敌意性的氛围（Zenderland,1998）。事实上，美国国会于 1924 年通过了移民限制法案，将对抵达纽约港的埃利斯岛的移民进行智力测试定为国家政策。根据 IQ 测验的得分，大量的犹太人、意大利人、俄罗斯人和其他族裔的移民（都是白人——译者注）被归为"低能者"。一些心理学家将这些统计结果作为一种证据：来自南欧和东欧的移民天生就不如来自强壮的北欧和西欧族群的移民（Ruch, 1937）。然而，这些"差等"人群对 IQ 测验中的主流语言和文化也是最不熟悉的，因为当时他们移民过来的时间最短。（经过几十年的时间，这些群体在 IQ 测验上的差异已完全不存在，但是智力的种族遗传差异理论仍然存在。）

在第一次世界大战时的军队智力测验中，非裔美国人和其他少数种族士兵的得分低于白人士兵，这一事实强化了戈达德（Goddard, 1917）和其他研究者提出的基因劣势论。正如我们所见，曾在美国大力推广 IQ 测验的推孟，以一种非科学的方式评论了他帮忙收集的美国少数种族的数据：

> 他们的迟钝似乎是种族性的……现在似乎不可能说服社会公众阻止他们生育，但从优生学的观点来看，他们异常多产的繁殖带来了严重的问题（Terman, 1916, pp. 91–92）。

现在虽然说辞变了，但问题依然存在。在今天的美国，非裔美国人和拉丁裔美国人在标准化的智力测验中的平均得分要比亚裔美国人和白人低。当然，在所有的族群中都有一些个体具有极高或极低的 IQ 值。对于 IQ 分数的种族差异应该如何解释？一种传统是将这些差异归因于遗传劣势（先天）。在讨论了 IQ 的遗传差异的证据之后，我们还要考虑第二种可能性，即环境（后天）差异对 IQ 的重要影响。任何一种解释（或几种解释的结合）的有效性都具有重要的社会、经济和政治影响。

当移民到达埃利斯岛时，为什么要对他们进行 IQ 测试？这些测验是如何得出遗传劣势的结论的？

遗传与 IQ

研究者如何评估智力在多大程度上是由遗传决定的？对这一问题的任何回答都需要研究者选择某种测定智力的方法。因此，抽象意义上的"智力"

是否受遗传影响的问题，在大多数情况下变成了 IQ 分数
在同一家族中是否相似。为了回答这个更为具体的问题，
研究者需要梳理出共享基因和共享环境的影响。一种方
法是比较同卵双生子、异卵双生子和有其他程度基因重
叠的亲属的智力表现。图 9.4 显示了基于遗传关系程度
的个体 IQ 值之间的相关性（Bouchard & McGue，1981）。
如图所示，基因越相似，其 IQ 值就越接近。（注意，这
些数据也揭示出了环境的作用，因为被一起抚养的人，
其 IQ 值更为相似。）

研究者试图用这类结果来估计 IQ 的遗传力。某一
特质（如智力）的**遗传力估计**（heritability estimate），是
基于这一特质的测验分数的变异可归因于遗传因素的比
例。计算方法是：在一组既定的人群中（例如大学生或
精神病人），求出所有测验得分的总变异，然后确定总变
异中有多大比例是由基因或遗传因素造成的。这一工作
是通过比较基因重叠程度不同的个体来完成的。研究者
回顾了关于 IQ 遗传力的各种研究，得出的结论是，大约
有 30%~80% 的 IQ 分数变异可归因于基因组成（Deary et
al.，2010a）。

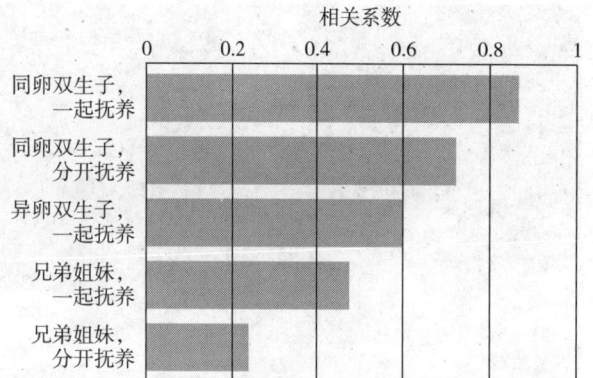

图 9.4 **IQ 与遗传的关系**
本图显示了同卵双生子、异卵双生子和其他的成对兄弟姐妹 IQ
分数之间的相关性。数据证明了遗传因素和环境因素的重要性。
例如，相比异卵双生子或其他的成对兄弟姐妹，同卵双生子 IQ
分数的相关性更高，这是遗传的影响。但是，当两类双生子和
其他的成对兄弟姐妹为一起抚养时，IQ 分数的相关性更高，这
是环境的影响。

资料来源：Bouchard, T. J., & McGue, M. (1981). Familial studies
of intelligence: A review. *Science, 212*, 1055–1059.

遗传力估计之所以存在这种范围，部分是因为遗传力随年龄的增长而增加：为
了证明这一增长趋势，研究者通常会在若干年间反复测量双生子的 IQ（van Soelen et
al.，2011）。下面我们来看一项历时 13 年的研究。

研究特写

某研究团队在研究初期招募了 209 对 5 岁的双生子（Hoekstra et al.，2007）。在 5 岁时，
这些孩子完成了一个 IQ 测验，该测验提供了言语和非言语 IQ 的估计值。随后，研究者在这
些双生子 7 岁、10 岁、12 岁和 18 岁时再次测量了他们的 IQ。由于该研究的时间跨度较长，
毫无疑问，会有一些参与者退出。但是，研究者仍收集到了 115 对双生子 5 次测量的完整
数据。数据分析结果显示，随着时间的推移，双生子的 IQ 得分还算稳定。对全部参与者来说，
他们 5 岁时的 IQ 分数与 18 岁时的 IQ 分数之间的相关系数分别为：言语 IQ 0.51，非言语 IQ
0.47。为了估计遗传力，研究者比较了同卵双生子和异卵双生子在各年龄的相关性。在言语
IQ 上，5 岁时的遗传力估计为 46%，18 岁时则上升到 84%；在非言语 IQ 上，5 岁时的遗传
力估计为 64%，18 岁时则上升到 74%。

许多人对这类结果感到吃惊，因为随着年龄的增长，环境因素的作用似乎应该
变大而不是变小。研究者是这样解释这种反直觉的结果的："有可能是遗传倾向
将我们推向了能凸显我们的遗传特质的环境，因而导致遗传力随年龄增长而增加"
（Plomin & Petrill，1997，p. 61）。

现在，我们再回到遗传分析引发争议之处：非裔美国人与美国白人测验分数的
差异。在几十年前，他们之间的 IQ 差异约为 15 分。不过，研究者估计，从 1972 年
到 2002 年的 30 年间，这一差距缩小了 4~7 分（Dickens & Flynn，2006）。虽然差距
变小表明了环境的影响，但持续存在的差异仍使很多人认为，种族间存在不可逾越
的基因差异（Hernnstein & Murray，1994）。但是，即使 IQ 具有高度的遗传性，这种

这张照片上的三个人是诺贝尔化学奖获得者玛丽·居里和她的女儿伊雷娜（左）和艾芙（右）。伊雷娜同样获得了诺贝尔化学奖，艾芙成为了著名的作家。为什么这样的家庭会鼓励研究者去试图理解遗传和环境对IQ的影响？

泰格·伍兹的祖先有白人、非裔美国人、泰国人和美国土著人。这对我们理解美国的种族构成有何启示？

差异是否就反映了低分组个体的遗传劣势？回答是否定的。遗传力是基于既定群体内的估计，它不能用于解释群体间的差异，无论在客观测验中群体间的差异有多大。

遗传力估计只适用于既定群体的平均值。例如，我们知道，身高的遗传力估计非常高，在 0.93~0.96 之间（Silventoinen et al., 2006）。但你还是无法确定你的身高有多少可以归因于遗传的影响。同样的论述也适用于IQ。即使有高的遗传力估计，我们也不能确定遗传对个体的IQ或不同群体的平均IQ的具体贡献。某一种族或族裔群体的IQ分数低于另一族群的事实并不意味着群体间的这种差异源于遗传，即使某一族群内IQ分数的遗传力估计较高（Hunt & Carlson, 2007）。

另一个争议之处是种族这一概念本身。当人们声称"IQ之间的差距是由遗传造成的"时，他们实际上是做了一种强假设，即基因分析能够清楚地区分不同种族。IQ研究者普遍承认，种族既是一种生物学建构，也是一种社会建构。例如，在美国的社会习俗中，有很小比例非洲血统的人通常也被称为"黑人"。著名的高尔夫球运动员泰格·伍兹常被认为是非裔美国人并因此受到歧视，虽然其真实出身非常复杂（他的祖先有白人、非裔美国人、泰国人和美国土著人）。社会判断并不一定依据生物现实，在这方面，伍兹就是一个很好的例子。尽管如此，仍有一些智力研究者辩称，种族间存在较大的差异，对其进行对比很有意义（Daley & Onwuegbuzie, 2011; Hunt & Carlson, 2007）。另一些研究者则极力主张，种族这一概念受社会环境影响极大，以至于种族比较毫无意义（Sternberg & Grigorenko, 2007; Sternberg et al., 2005）。

可以肯定，如同遗传对很多其他特质和能力的影响一样，它对个体的IQ测验得分也有着相当大的影响。但是，我们已经了解到遗传并不能充分解释不同种族和族裔群体间的IQ差异。它是我们理解这种表现差异的必要而非充分条件。现在让我们看看环境在IQ差异的产生中所起的作用。

环境与IQ

因为IQ的遗传力估计小于 1.0，所以我们知道，基因遗传并不是影响IQ的唯一因素，环境也一定会影响IQ。但是，我们如何才能确定环境的哪些方面对IQ有重要影响呢？在你所处的环境中，哪些特性会影响你在IQ测验中得高分的潜力（Kristensen & Bjerkedal, 2007; van der Sluis et al., 2008）？环境是复杂的刺激组合体，在物理的和社会的多种维度上变化，并且环境中的个体可能以不同的方式体验环境。即使生活在同一家庭环境中的孩子也未必拥有相同的关键的心理环境。回想一下你在家庭中的成长经历。如果你有兄弟姐妹,他们是否得到了父母同样的关注?随着时间的推移,压力情况是否发生了变化?家庭的经济状况是否发生了变化?父母的婚姻状况是否有变化?很明显,环境是由很多处于动态关系和变化之中的成分所构成的。因此,对于心理学家来说,很难说清楚是哪些环境条件,如注意力、压力、贫穷、健康和战争等,真正影响着 IQ。

研究者最常关注的是更综合性的环境指标,如家庭的社会经济地位(SES)。与来自不那么有特权、低社会经济地位家庭的同龄人相比,那些来自有更多特权、高社会经济地位家庭的儿童可能有更高的 IQ(Daley & Onwuegbuzie, 2011; Hackman et al., 2010)。为什么社会经济地位会影响 IQ?富裕和贫穷可以在许多方面影响智力表现,其中健康和教育资源是最为明显的两个方面。母亲孕期健康状况较差以及新生儿低体重是儿童心理能力低下的较强的预测因子。此外,贫困的家庭可能缺少书籍和其他书面媒介、计算机以及其他可以丰富心理刺激的物品。贫穷父母的“生存导向”,尤其是在单亲家庭,会使他们没有时间或精力陪孩子游戏以及激发孩子的智力,而这些都会对孩子在标准 IQ 测验等任务上的表现产生负面影响。

我们已经了解到,遗传和环境都会影响人们的智力表现。然而,回想第 3 章,研究者越来越多地关注基因与环境的交互作用。为了证明对智力的这种交互作用,某研究团队考察了 750 对双生子,从他们 10 个月大一直追踪到 2 岁(Tucker-Drob et al., 2011)。这些儿童在 10 个月大和 2 岁时都完成了心理能力测验。我们从有关智力遗传力的研究中知道,儿童的遗传基因能预测他们的智力表现范围。但是,在儿童 10 个月大时,不论其所在家庭的社会经济地位如何,基因基本上没有表现出对他们心理能力的影响。到 2 岁时,一种不同的模式出现了。生活在高社会经济地位家庭的儿童,其心理能力水平受基因的影响非常大。相比之下,那些来自低社会经济地位家庭的儿童,其心理能力依旧不受基因的影响。这一模式表明,低社会经济地位的家庭环境未能使儿童充分发展其基因潜力。

在过去的几十年,研究者一直致力于开发旨在消除贫困环境影响的计划。1965 年,美国联邦政府开始资助的开端计划(Head Start program),旨在解决“低收入家庭儿童的身体健康、发展、社会、教育和情绪的需求,并通过赋权和支持性的服务来提高这些家庭照护孩子的能力”(Kassebaum, 1994, p. 123)。开端计划及类似计划的目标不是使孩子们进入优越的环境,而是改善他们出生后的生活环境。孩子们接受特殊的学前教育,每天有正规的三餐;他们的父母得到关于健康和养育孩子的其他方面的指导。

思考一下 1962 年在密歇根州伊普斯兰提镇的高瞻佩里幼儿园开展的一项计划(Schweinhart, 2004)。

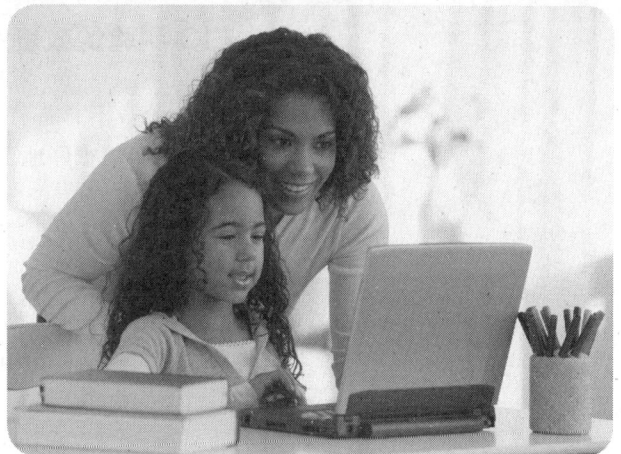

儿童获得的个人关注会影响其智力。在 20 世纪 40 年代“分离但平等”的教室里(上图),非裔美国儿童只得到很少的关注。相比之下,下图的父母深入地参与到了孩子的教育中。这些环境差异对 IQ 有何影响?

图 9.5 **学前干预的影响**

参加高瞻佩里学前计划的学生比未参加的学生有更好的表现。

资料来源：*Lifetime Effects: The High/Scope Perry Preschool Study Through Age 40* (p. 196) by Lawrence J. Schweinhart, JU. Montie, Z. Xiang, W.S. Barnett, C.R. Belfield & M. Nores, Ypsilanti, MI: HighScope Press. © 2005 HighScope Educational Research Foundation. Used with permission.

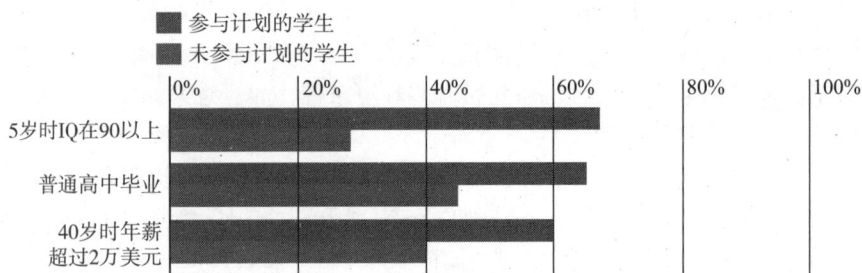

该计划关注一组来自低收入非裔美国家庭、被评估为有学业失败风险的 3~4 岁儿童。高瞻佩里计划为儿童提供以参与式教育为主的课堂环境，鼓励儿童主动发起并设计自己的活动和课堂小组活动。另外，该计划还通过家访和家长会等方式，让家长参与到孩子的教育中来。研究者对参加该计划的学生进行了长达 40 年的追踪研究。**图 9.5** 比较了参与该计划的学生与未参与该计划的同类学生的表现。正如你所看到的，参加高瞻佩里计划的学生在 5 岁时比未参加该计划的同龄人拥有更高的 IQ。他们也更可能从普通高中毕业，并在 40 岁时拥有更高薪的工作。

对早期干预计划的评估通常得出了振奋人心的结果。一项研究回顾了开端计划对美国 18 个城市 2 803 名儿童的影响，结果发现，这些儿童在认知发展和社交能力方面都取得了进步（Zhai et al., 2011）。另一项研究评估了由 1 260 名儿童组成的另一个样本的经历（Lee, 2011）。其中的部分儿童被归类为"高风险"，因为他们的家庭环境包括诸如父母失业、有暴力倾向或滥用药物等因素。有较多家庭风险因素的儿童从开端计划中获益最多。此外，如果儿童从 3 岁开始参与该计划，则可以在该计划中待两年，他们的学业成绩比 4 岁开始参与的孩子表现出更大的进步。这些研究为环境在智力发展中的重要作用提供了有力的证据。它们也为那些致力于改变处于风险中的孩子的生活的计划提供了具体的范例。

文化与 IQ 测验的效度

如果 IQ 分数不具备有效的预测功能，人们对它就不会如此关注。大量的研究表明，IQ 分数可以很好地预测人们的在校成绩（从小学到大学），以及人们的职业地位和在许多工作中的表现（Gottfredson, 2002; Nettelbeck & Wilson, 2005）。这些模式表明，IQ 测验可以有效地测量对西方文化所重视的成功非常基本和重要的智力，也就是说，智力（由 IQ 测得）直接影响成功。IQ 差异还可以通过改变一个人的动机和信念间接地影响其学业成绩和工作表现。那些 IQ 分数高的学生，可能在学校已有更多的成功经历，因而变得更有动力学习，建立成就取向，并对他们表现良好的可能性持乐观态度。另一方面，那些 IQ 分数较低的学生，可能会被分到较差甚至可能会使其自我效能感蒙上污名的学校、班级或项目中。通过这种方式，IQ 会受环境的影响；反过来，IQ 也可以为孩子们创造新的环境——有些更好，有些则更差。因此，IQ 测量可能决定命运，不论孩子们潜在的智力禀赋如何。

虽然 IQ 测验的主流用途被证明是有效的，但很多观察者仍质疑它们被用于比较不同文化和种族群体的有效性（Greenfield, 1997; Serpell, 2000）。为了进行有意义的比较，研究者必须使用对各类群体都有效的测验（Hunt & Carlson, 2007）。然而，批评者常常认为，IQ 测验存在系统偏差，导致跨文化测量无效。例如，IQ 测验中测量言语理解的问题就预先假设某些特定类型的知识是所有受测者都能轻易获得的（见表 9.2）。但事实上，来自不同文化的个体往往有着非常不同的背景知识，这会影响测验题目的难度（Fagan & Holland, 2007）。此外，许多测验形式和施测方式也可能不符合特定文化关于智力或适宜行为的观念（Sternberg, 2007）。我们看一看发生在教室中的负面评价：

> 当拉丁美洲移民的子女去上学时，父母向他们强调，要理解而不是发言，要尊重老师的权威而不是表达自己的观点，而这导致了老师对其学业的负面评价……所以，在一种文化中受重视的交流模式——尊重地倾听——在学校环境中成为了一种笼统的负面评价的基础，因为美国学校重视的交流模式是自信地表达。（Greenfield, 1997, p. 1120）

这些移民儿童必须学会在美国的课堂上如何表现，以使老师了解他们的智力水平。

尽管对跨文化比较的争议往往聚焦于测验的内容，但问题同样存在于智力测试的情境。**克劳德·斯蒂尔**（Steele, 1997; Steele & Aronson, 1995, 1998）认为，人们在能力测验中的成绩受**刻板印象威胁**（stereotype threat）的影响，即受个体证实自己所属群体的负性刻板印象这一风险的威胁。研究表明，个体认为负性刻板印象与某种情境相关的信念，可能会导致刻板印象中的糟糕表现。下面我们来看一个刻板印象威胁的例子。

研究特写

该研究关注来自西印度群岛的第一代和第二代移民（Deaux et al., 2007）。研究者假设，第一代移民出生于西印度群岛，他们的美国文化经验通常较少，还未习得有关其智力的负性刻板印象。与之相反，研究者预期，出生于美国的第二代移民则会有这些刻板印象。作为第一代和第二代移民的两组学生完成了评估其刻板印象知识的测验，结果证实了研究者的预测。为证明这种知识差异的影响，研究者让这两代移民都完成一系列 GRE 模拟试题的语言类题目。研究者引导一半学生认为题目是用来评定他们的语言能力的，但告知另一半学生回答问题仅仅是为了协助测验的开发。如**图 9.6** 所示，持有负性刻板印象的第二代移民，其测验成绩在评定语言能力的情境下受损：当情境使刻板印象具有实际意义时，刻板印象威胁会产生消极影响。然而，由于第一代移民并没有这种刻板印象，所以没有受到刻板印象威胁的影响。

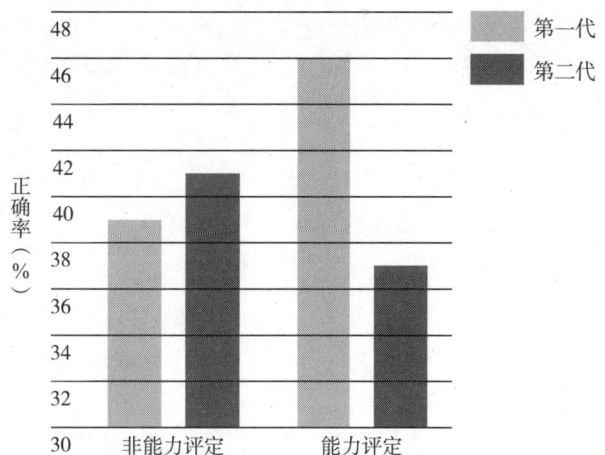

图 9.6　**刻板印象威胁**

研究对比了来自西印度群岛的第一代和第二代移民：第二代移民对其所属群体的智力持有负性刻板印象，而第一代移民则没有这种刻板印象。由于第二代移民持有这种负性刻板印象，当他们认为测验目的是测量其智力时，他们的测验成绩受到了影响。

资料来源：Kay Deaux, Nida Bikmen, Alwyn Gilkes, Ana Ventuneac, Yvanne Joseph, Yasser A. Payne and Claude M. Steele. Becoming American: Stereotype threat effects in Afro-Caribbean immigrant groups, *Social Psychological Quarterly*, 70, pages 384-404, copyright © 2007 by the American Sociological Association.

我想再次强调，影响第二代移民测验成绩的是他们对情境的定义。只有当人们认为情境与刻板印象有关时（例如，他们认为测验目的是测量智力），刻板印象的知识才会削弱人们的表现。鉴于这种结果，你认为有没有

生活中的心理学

高智力个体的脑有何不同之处

正如你在本章中了解到的，心理测量学家对智力差异的测量已有约150年的历史。当代的成像技术使研究者能够去探究这些差异的脑基础。这些分析得出了关于不同大脑结构和功能的结论。

我们先来看看脑结构上的差异。研究指向了"越大越好"这个结论（Deary et al., 2010a）。在一项研究中，参与者完成了韦克斯勒成人智力测验，然后接受磁共振成像（MRI）扫描，以确定一般智力（g）的脑基础。脑部扫描发现，与一般智力相对较低的个体相比，一般智力相对较高的个体在某些脑区有更多的脑组织（Haier et al., 2004）。不过，请注意，"越大越好"这个结论是脑发育的结果。一项研究考察了7~19岁孩子的IQ与大脑皮层厚度（由MRI扫描测得）之间的关系（Shaw et al., 2006）。年龄最小的一组孩子的IQ与大脑皮层厚度

呈负相关（也就是说，IQ最高的孩子，其大脑皮层可能最薄）。然而，到了青春期，这一相关关系发生了逆转，IQ较高的孩子最终具有更厚的大脑皮层。因此，高IQ孩子的脑之所以与众不同，是因为他们的脑随时间的推移以极快的速度发育。这种模式使研究者得出结论，"智力与大脑皮层成熟的动态特性有关"（p. 678）。

让我们转向脑功能差异。基本结论是，在执行认知任务时，智力水平越高的人越能有效地利用其脑资源。特别是，他们可能有更好的表现，而额叶皮层的总体活动较少（Neubauer & Fink, 2009）。回忆一下前面的章节：额叶皮层在许多高级认知活动中起着关键作用。例如，一项研究证明了人们在解决空间类比问题时额叶皮层的重要性（Preusse et al., 2011）。（参与者需要发现两个几何图形之间的关系，并

确定第二对图形是否也存在这种关系。）研究者将参与者分成两组：高流体智力组和一般流体智力组。流体智力一般的参与者完成任务的准确率较低。此外，功能性磁共振成像（fMRI）扫描显示，随着问题难度的增加，流体智力一般的人的额叶活动也在增加，而高流体智力的人则没有表现出类似情况。这种模式支持了这样的结论，即那些具有高流体智力的人在更高效地利用额叶皮层：他们在额叶活动更少的情况下得到了更好的结果。请注意，当任务非常难时，会出现更高效率规则的例外情况。在这种情况下，智力较高的人倾向于拓展更多的脑资源，而智力较低的人倾向于放弃任务。

从上述内容中你可以看到，当代研究已开始解释智力差异的脑基础。

可能在不唤起刻板印象威胁的情况下测量IQ？

刻板印象威胁为什么会产生负面影响？研究者确定了三种有损人们表现的机制（Schmader et al., 2008）。首先，刻板印象威胁会导致某种生理应激反应（我们将在第12章介绍），这种反应会对人们集中注意力的能力产生负面影响。其次，刻板印象威胁会促使个体更密切地监控自己的表现，而这会导致人们做出更谨慎、更缺乏创造性的反应。最后，当个体体验到刻板印象威胁时，他们必须消耗心理资源来抑制负性的想法和情感。回想一下我们在第7章对工作记忆的讨论，刻板印象威胁的净效应是使受测者的工作记忆资源不堪重负，导致他们无法成功解决手头的问题。

现在，你已经了解了心理学家测量和解释智力的个体差异的一些方法。你对研究者如何试图测量和理解"智力"这个难解的概念有了很好的理解。在本章的最后一节，我们将探讨为什么心理测量有时会引发争议。

STOP 停下来检查一下

❶ 戈达德和其他人是在何种背景下开始进行群体间的 IQ 比较的？

❷ 为什么使用遗传力估计来解释 IQ 的种族差异是不合适的？

❸ 学前干预会对人们生活的哪些方面产生影响？

批判性思考：思考上述关于刻板印象威胁的研究。在真实的测验中，施测者可以采取什么方式来使参与者相信测验是为了评估其智力？

测量与社会

　　心理测量的主要目标是对人做出准确的评估，尽可能不受评估者判断错误的影响。这一目标是通过用更客观的测量工具代替老师、雇主和其他测量者的主观判断来实现的。这些测量工具都经过了精心的编制，并接受严格的评价。正是这一目标激励着比奈完成了其开创性的工作。比奈和其他人希望测试能够有助于社会民主化，并最大限度地减少基于性别、种族、族裔、特权或外表等武断标准的决定。然而，尽管有这些崇高的目标，没有哪个心理学领域比心理测量更具争议性。争议的焦点是三个伦理方面的担忧：基于测验的决策的公平性、测验用于教育评估的效用，以及用测验分数作为标签对个体进行分类的影响。

　　关注测试公平性的批评者认为，某些受测者需付出的代价或受到的负面影响可能要高于其他人（Helms, 2006; Hosp et al., 2011）。例如，当少数群体得分较低的测验被用来阻止他们从事某些工作时，这种代价相当高。有时候，少数群体成员的测验成绩差是因为与他们的分数做对比的常模并不恰当。为了解决这些问题，研究者尝试找出综合评估一系列认知和非认知技能的人才选拔方法（Newman & Lyon, 2009）。这类研究的目标是用承认测验分数存在群体差异的综合测验来预测个体的工作成就。

　　第二个伦理方面的担忧是，测验不仅有助于评估学生；它还可能在一定程度上影响教育。学校系统的质量和教师的教学效果通常是根据学生在标准化成绩测验中的成绩来判断的（Crocco & Costigan, 2007）。美国地方政府通过税收为学校提供的支持，甚至教师的工资，可能都取决于测验成绩。这种与考试成绩挂钩的利害关系可能会导致作弊。例如，有研究分析了芝加哥多所公立小学的标准化测验成绩。研究者估计，在至少 4%~5% 的班级中，行政人员或教师存在严重作弊行为（Jacob & Levitt, 2003）。2011年，佐治亚州发布了一份报告，记录了亚特兰大的学校系统中广泛存在的作弊行为（Severson, 2011）。该州的调查发现，发生在 44 所学校的作弊行为涉及了 178 名教师和校长。亚特兰大地区最初受到审查，是因为它报告了在统计学上不可能出现的大幅度的成绩提升。很多教师坦言，他们感受到了需要作弊的压力。这些情况说明，当测验分数被看得比

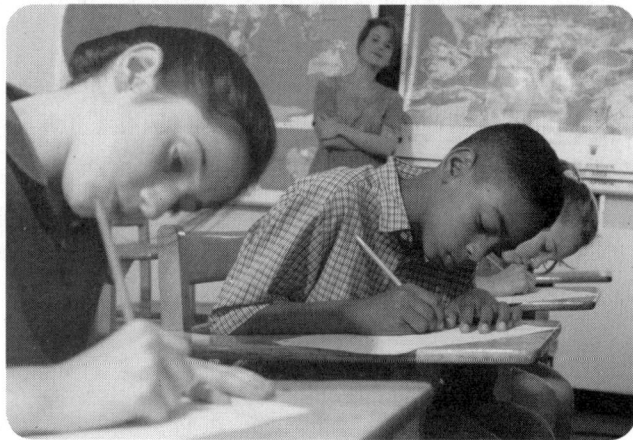

当学校因学生在标准化测验中得高分而获得奖励时，老师们是否会因此更强调应试技能，而非更广泛的学习目标？

教育更重要时，会多么具有破坏性。

第三个伦理方面的担忧是，测验结果可能会成为个体不可改变的标签。人们经常认为自己是智商 110 的人或 B 级学生，就好像这些分数是印在他们额头上的标签一样。随着人们开始相信他们的心理和自身素质是固定的、不可改变的，即他们无法改善自己的生活状况，这种标签就可能成为个体进步的障碍。对于那些获得负性评价的人来说，分数会成为自我设立的动机极限，降低他们的自我效能感，限制他们愿意接受的挑战。这是宣布某个群体 IQ 低下的另一个可怕后果。那些被以这种方式公开污名化的人开始相信"专家们"所说的，因而不再认为学校和教育是改善生活的途径。

本章回顾了智力的重要方面。你已经了解了研究者如何定义和重新定义智力，以识别人类表现的重要方面。你也了解了为什么 IQ 这一衡量智力的指标仍然存在争议。在对特定个体或群体的能力下结论之前，我们必须仔细考虑他们接受测试的更广泛的背景。

STOP 停下来检查一下

❶ 为什么测量可能会对特定群体中的个体产生负面影响？

❷ 为什么测量可能在一定程度上影响教育？

❸ 为什么测验成绩可能会成为具有广泛影响的标签？

要点重述

什么是测量

- 心理测量有悠久的历史，始于中国古代。英国的弗朗西斯·高尔顿爵士对心理测量做出了许多重要贡献。

- 有用的测量工具必定是可信的、有效的和标准化的。可信的测验能得出一致的结果；有效的测验能测量设计测验时所要测的特质。

- 标准化测验总是以同样的方式施测和计分。常模可使我们将一个人的分数与其他年龄、性别和文化等方面相当的人的平均分进行比较。

智力测量

- 20 世纪初，比奈在法国开创了客观智力测试的传统。测验分数以心理年龄的形式给出，旨在代表儿童当前的功能水平。

- 在美国，推孟编制了斯坦福—比奈智力量表，使 IQ 概念普及开来。

- 韦克斯勒设计了针对成人、儿童和学龄前儿童的智力测验。

- 智力缺陷和天才的定义都关注 IQ 分数和日常表现两个方面。

智力理论

- IQ 的心理测量学分析表明，某些基本能力，如流体智力和晶体智力，有助于解释 IQ 分数。

- 当代理论通过考察人们用来解决各类问题的技能和洞察力来非常广泛地构思和测量智力。

- 斯滕伯格区分了分析智力、创造智力和实践智力。

- 加德纳确定了 8（后增加到 9）种智力，既包括也超越了标准 IQ 测验所测量的智力类型。近些年来的研究主要集中于情绪智力。

智力的政治学

- 几乎从一开始，智力测验就被用来对某些族裔和种族群体做出负性评价。

- 由于 IQ 具有相当高的遗传力，一些研究者将某些种族和文化群体的低分数归因于遗传劣势性。

- 处境不利和刻板印象威胁似乎可以解释某些群体得分较低的原因。研究表明，群体差异会受环境干预的影响。

测量与社会

- 尽管测验结果通常可用于预测，也可以作为个体当前表现的指标，但它们不应该被用来限制个体发展和改变的机会。
- 当测量的结果会影响个体的生活时，所用的测量技术对该个体和测量目的而言，必须是可信的和有效的。

表 9.3 的答案

1. laugh	6. allow
2. tempt	7. drive
3. short	8. couch
4. knight	9. enter
5. write	10. basic

关键术语

心理测量	标准化	一般智力（g）
正式测量	智力	晶体智力
重测信度	心理年龄	流体智力
内部一致性	生理年龄	情绪智力
内容效度	智商（IQ）	遗传力估计
效标关联效度	智力缺陷	刻板印象威胁
结构效度	学习障碍	
常模	心理测量学	

10

人的毕生发展

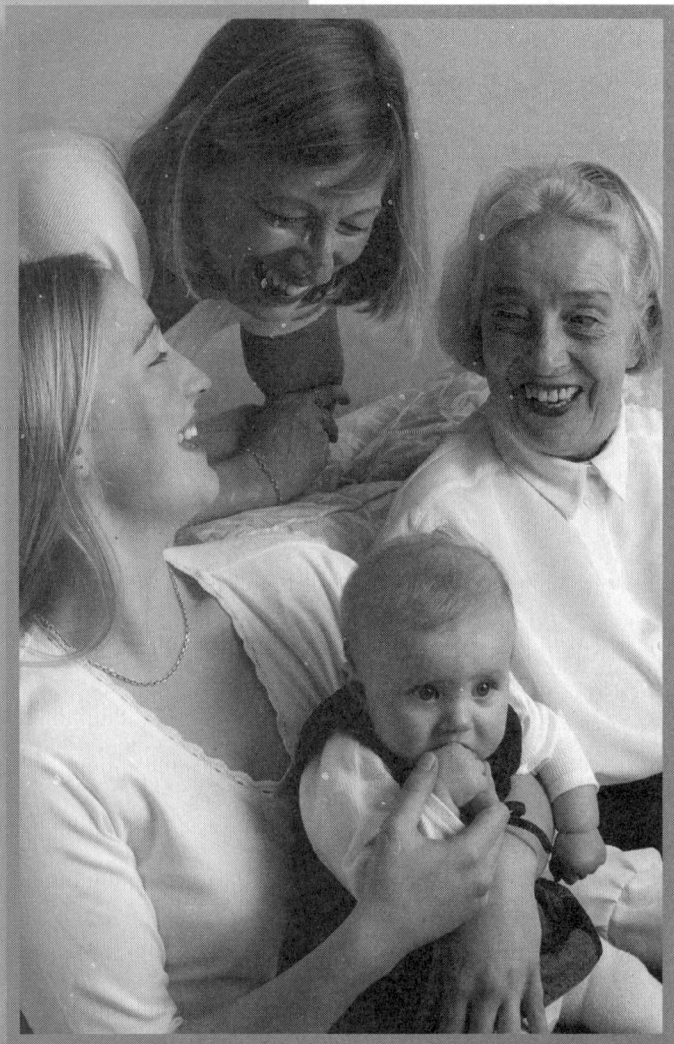

想象你正抱着一个新生儿，请你预测一下，这个孩子 1 岁时会是什么样子？5 岁时会是什么样子？15 岁时、50 岁时、70 岁时及 90 岁时又会是什么样子？预测新生儿生命进程的理论林林总总，本章我们要考察的是那些能够促使我们进行系统性思考的理论。**发展心理学**（developmental psychology）是心理学的一个分支，它关注个体从受孕开始的整个生命周期发生的生理和心理机能的变化。发展心理学家的任务就是记录和解释心理机能、社会关系以及人性的其他关键方面在整个生命周期中是如何发展和变化的。**表 10.1** 粗略勾画出了个体一生的主要阶段。

本章将概述研究者如何记录人的发展，以及他们用来解释随时间变化模式的理论。我们将生命历程划分成不同的领域（例如生理、认知、语言和社会性发展），并追踪它们在整个生命周期中的发展。现在，我们首先讨论一下研究人的发展的意义。

表 10.1　毕生发展的阶段

阶段	年龄段
胎内期	从受孕到出生
婴儿期	从足月出生到大约 18 月龄
儿童期早期	从大约 18 月龄到大约 6 岁
儿童期中期	从大约 6 岁到大约 11 岁
青少年期	从大约 11 岁到大约 20 岁
成年期早期	从大约 20 岁到大约 40 岁
成年期中期	从大约 40 岁到大约 65 岁
成年期晚期	大约 65 岁及以上

研究发展

假如现在要求你列出在过去一年中，你认为自己在哪些方面发生了变化，你会列出哪些内容？你是参加了新的健身项目，还是进行了伤病治疗？你是培养了一些新的爱好，还是决定只专注于某一兴趣？你是结交了一大帮新朋友，还是只与某个人特别亲近？本章将从变化的角度来定义发展。我们请你对自己所发生的变化进行思考，是想表明变化几乎总是涉及取舍。

人们通常认为，在人的一生中，儿童期主要是"得"——向好的方面变化，而成年期主要是"失"——向坏的方向变化。但是，本章所介绍的发展观强调选择，故而有得有失是所有发展的特征（Dixon, 2003; Lachman, 2004）。例如，当人们选择终生伴侣时，虽然他们放弃了更多的可能性，却收获了安全感；当人们退休时，虽然他们放弃了某种社会地位，却得到了闲暇。同样重要的是，你不能把人的发展看成是一个被动的过程。你会看到，许多发展性的变化都需要个体积极主动地参与到其所处的环境中（Bronfenbrenner, 2004）。

回想一下，在第 2 章我们介绍了心理学研究方法的一些重要方面。在此我们先看看与发展心理学最相关的一些方法。我们还讨论了心理学研究的伦理问题。成年人必须提供知情同意声明，以表明他们清楚参与研究的程序、风险和受益等事项。在大多数情况下，18 岁以下的儿童参与研究时必须得到家长或监护人的许可。此外，7 岁以上儿童参与研究时，研究者通常还需获得他们本人的同意。研究者需要撰写与参与者年龄相适宜的描述研究程序、风险和受益事项的材料。儿童也拥有成年参与者拥有的所有权利。例如，他们可以随时退出研究。因为我们并非总是能确定年幼的参与者理解了自己的权利，所以发展研究者必须特别小心地留意参与者表现出的不适或痛苦的迹象。

记录发展变化的第一步是确定在某个特定的年龄段，一个普通人在外表、认知能力等方面是什么样子的。**常模研究**（normative investigation）试图刻画某个特定年龄段或发展阶段的特征。通过系统地观测不同年龄的个体，研究者可以确定发展的里程

在纵向设计中，研究者对同一个体在不同年龄进行反复观测，通常持续多年。这位举世闻名的女性可作为考察 1926 年出生的英国儿童的纵向研究的参与者之一。她与那时期的其他儿童有什么相似和不同之处？

碑。基于对许多人的观察，这些数据提供了发展或成就的标准模式，即常模（norm）。

常模标准可以让心理学家区分生理年龄和**发展年龄**（developmental age），生理年龄是指一个人自出生以来的月龄或年龄，而所谓的发展年龄，是指假如一个儿童表现出来的身体和心理的发展水平与某一生理年龄的大多数人相当，则这一生理年龄就是该儿童的发展年龄。如果一个 3 岁儿童具有大部分 5 岁儿童典型具有的言语能力，那么这个儿童言语技能的发展年龄就是 5 岁。常模向我们提供了比较不同个体或不同群体的标准。

发展心理学家使用多种研究设计来理解变化的可能机制。在**纵向设计**（longitudinal design）中，随着时间的推移（往往长达数年），同一个体要接受重复的观察和测试（见**图 10.1**）。例如，为了记录家庭环境对儿童词汇量增长的影响，一组研究者分别在儿童 1 岁 3 个月大、2 岁 1 个月大、3 岁 1 个月大和 5 岁 3 个月大时对他们进行测试（Rodriguez & Tamis-LeMonda, 2011）。纵向研究数据的收集使研究者能对儿童早期环境特征的长期影响得出有力的结论。研究者也经常用纵向设计来研究个体差异。为了理解不同人的生活结果，研究者可能在个体的生命早期评估一系列潜在的因果性因素，以确定此类因素是如何影响个体生命历程的。

纵向研究的普遍优点是，因为参与者生活在同样的社会经济时期，所以与年龄有关的变化就不会与不同的年代条件所造成的变化相混淆。然而，它的缺点是，某些类型的泛化只适用于同一个"队列"，即与参与者出生在同一年代的一群人。例如，假设我们发现当前 50 多岁的群体在孩子离家后的几年里幸福感会有所增强。但这一结论可能并不适用于未来的 50 多岁的群体，他们可能会因成长经历的不同，而对"孩子应该跟父母一起生活多久"产生不同

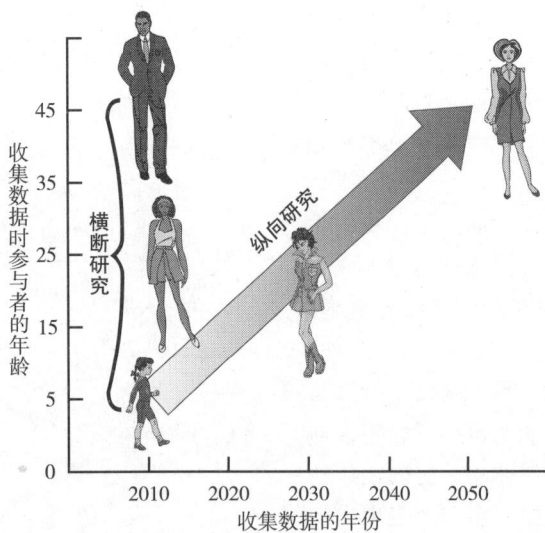

图 10.1 纵向研究和横断研究

在纵向研究中，研究者通常是连续追踪（数天、数月甚至数年）同一群人。在横断研究中，研究者在相同的时间点测试不同年龄的个体。

横断研究的缺点是队列效应。由于所处的年代不同，这两组女性之间会存在什么样的差异？

的预期。此外，纵向研究花费巨大，因为长时间对参与者进行追踪研究不仅难度大，而且数据也极易因参与者的中途退出或消失而缺失。

　　许多发展研究使用的是**横断设计**（cross-sectional design），在这种设计中，研究者在同一时间点观测和比较不同生理年龄的参与者，然后得出可能与年龄有关的行为差异的结论。例如，想要确定人们的说谎能力是如何随年龄增长而变化的，研究者会对 8~16 岁的儿童样本进行测试（Evans & Lee, 2011）。横断设计的缺点源于它比较的是出生年份和生理年龄都不同的参与者。与年龄有关的变化，就会同因出生于不同年代而经历不同的社会或政治条件所产生的差异相混淆。因此，现在比较 10 岁和 18 岁样本的研究可能会发现，参与者与 20 世纪 70 年代成长起来的 10 岁和 18 岁的参与者之间存在差异，这些差异既与他们所处的不同年代有关，也与他们的发展阶段有关。

　　每一种研究方法都为研究者提供了机会去记录参与者随年龄增长而发生的变化。研究者可使用这些方法研究每一领域的发展情况。我们现在开始探讨其中一些领域，诸如生理、认知和社会性发展，你将会逐渐欣赏并理解一些你曾经历过的巨大变化。

STOP　停下来检查一下

❶ 什么是发展年龄？

❷ 为什么纵向设计通常被用来研究个体差异？

❸ 出生队列和横断设计的关系是什么？

毕生的生理发展

　　我们在本章中考察的许多发展类型需要一些专门的知识来识别。例如，直到你在这里读到有关社会性发展的里程碑时，你才会关注它们。然而，有些变化即使对未经训练的外行来说也是显而易见的，这种变化就是**生理发展**（physical development），我们将以此为始进行讨论。毋庸置疑，自出生以来，你经历了巨大的生理变化，这些变化将持续下去，直至生命终结。因为生理的变化如此之多，故而我们将重点关注那些对心理发展产生重要影响的变化。

胎内期和儿童期的发展

你生来便具有独一无二的遗传潜质：在受孕的那一刻，精子与卵子相结合，形成了一个单细胞的**受精卵**（zygote）；你所拥有的所有正常人体细胞的 46 条染色体，一半来自你的母亲，另一半来自你的父亲。这一节，我们首先讲述胎内期的生理发展，也就是从受孕的那一刻到出生之前的发展。然后，我们将考察婴儿在出生前就已具有的某些感知能力。最后，我们将谈及你在儿童期所经历的一些重要生理变化。

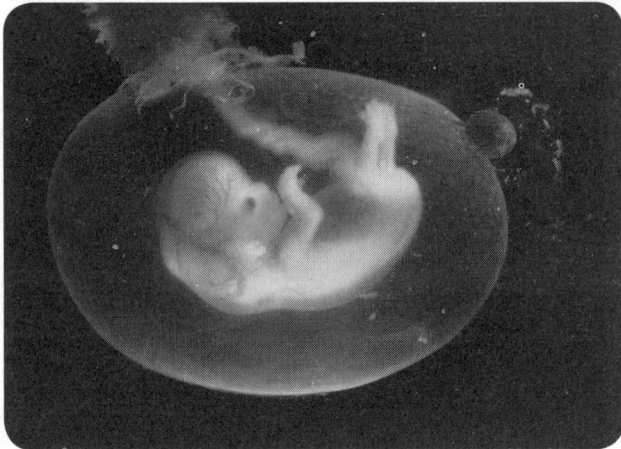

在胎儿发展过程中，脑迅速发育，婴儿出生时已有近千亿个神经元。孩子一旦来到这个世界，脑必须做好什么准备？

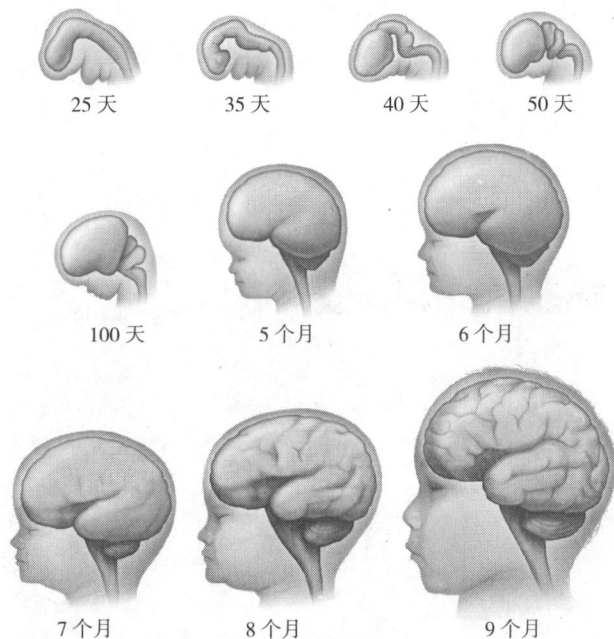

25 天　　35 天　　40 天　　50 天

100 天　　5 个月　　6 个月

7 个月　　8 个月　　9 个月

图 10.2　人脑的发育
在出生前的 9 个月里，人脑有了其全部的约 1 000 亿个神经元。
资料来源：*The Brain* by R. Restak. Copyright © 1984. Bantam Books.

胎内期的生理发展　受精卵形成后的最初两周称为胎内期发育的**胚种期**（germinal stage）。在这一阶段，细胞开始迅速分裂，大约一周后，一小团极微小的细胞将自己附着在母亲的子宫壁上。胎内期发育的第 3~8 周被称为**胚胎期**（embryonic stage）。这一阶段，细胞仍继续迅速分裂，但细胞开始分化，形成不同的器官。随着器官的形成，胚胎出现了第一次心跳。对刺激的反应早在第 6 周时就可以观测到，此时胚胎还不到 2.5 厘米长。到第 7 周或第 8 周时，我们可以观察到胚胎的自发动作（Stanojevic et al., 2011）。

胎儿期（fetal stage）是指从胎内期的第 8 周结束直至婴儿出生。孕妇在怀孕 16 周后可以感觉到胎动。此时，胎儿体长约为 18 厘米（出生时的平均体长约为 50 厘米）。发育成熟的人脑中的 1 000 亿个神经元大部分是在子宫里产生的（Stiles & Jernigan, 2010）。对人类和许多其他哺乳动物来说，神经元细胞的繁殖以及向正确位置的迁移主要是在出生前进行的，而轴突和树突的分枝过程主要是在出生后发生的。**图 10.2** 显示了从胎内期 25 天到 9 个月之间脑发育的顺序。

在整个胎内期，诸如感染、放射或药物之类的环境因素会阻碍胎儿器官和身体结构的正常形成。任何能够造成胎儿结构异常的环境因素统称为**致畸物**（teratogen）。例如，母亲在孕期感染风疹，会造成子女智力迟钝、眼疾、耳聋或心脏病等负面后果。当感染发生在孕期的最初 6 周时，胚胎有先天缺陷的概率几乎是百分之百（De Santis et al., 2006）。如果孕妇在怀孕后期接触致畸物，则不良影响产生的概率会降低（例如，孕期第 4 个月产生不良影响的概率为 50%，第 5 个月则为 6%）。孕妇在敏感期饮酒，会使胎儿面临脑损伤及其他损伤的风险（Bailey & Sokol, 2008）。孕妇饮酒最严重的后果是胎儿会患胎儿酒精综合征。胎儿酒精综合征患儿的头和身体通常都较小，且面部畸形。中枢神经系统受损会造成胎儿的认知和行为问题（Niccols, 2007）。

孕妇吸烟也会使胎儿处于风险之中。她们在孕期吸烟增加了流产、早产和产下低出生体重儿的风险（Salihu & Wilson, 2007）。事实上，孕期接触二手烟的女性也更可能生出低出生体重儿（Crane et al., 2011）。最后，几乎所有的非法药物都会对胎儿造成伤害。例如，可卡因会通过胎盘直接影响胎儿的发育。对成人来说，可卡因会使其血管收缩；而对孕妇而言，可卡因会使胎盘的血管紧缩，血流量下降，从而使胎儿的供氧量减少。如果缺氧严重，胎儿脑内的血管可能会破裂。这类产前中风可能导致胎儿出生后终身的心智缺陷（Bennett et al., 2008; Singer et al., 2002）。研究表明，被可卡因损害最严重的大脑系统是那些负责控制注意的系统：在子宫内接触过可卡因的胎儿，可能终其一生都要费力克服无关视觉和听觉信息的干扰。

婴儿天生为生存做好了准备　出生伊始，婴儿的脑和身体便具备了哪些先天能力？我们习惯认为新生儿完全处于无助之中。行为主义学派创始人华生把婴儿描绘成"一个活泼的、蠕动的肉球，只能做出一些简单的反应"。如果你也是这么认为的，那么以下发现可能会让你倍感惊奇：婴儿一出生就表现出了非凡的能力。人们应该认识到婴儿具有生存的先天机制，他们能很好地对成人照护者做出反应，并影响其所处的社会环境。

首先，婴儿生来便拥有一系列的反射行为，在他们对周围环境做出的最早的行为反应中，许多都是这类反射。回顾一下第 6 章的内容，反射是由对机体有生物学意义的特定刺激自然引发的反应。下面我们来看对婴儿生存至关重要的两种先天反射。当用物体轻触婴儿面颊时，他们会将头转向物体的方向，这种觅食反射使得新生儿能找到母亲的乳头。当把一个物品放入婴儿口中时，他们会开始吮吸，这种吮吸反射能让他们开始进食。这类反射是婴儿在生命最初的几个月赖以生存的保证。

例如，婴儿在出生前就能够听到声音。研究者证实，婴儿在子宫内听到的声音会对其产生影响。相对于其他女性的声音，新生儿更喜欢听母亲的声音（Spence & DeCasper, 1987; Spence & Freeman, 1996）。事实上，研究表明，婴儿在子宫内就已经能辨识母亲的声音。在一项研究中，当听到母亲声音的录音时，胎儿的心率会增加；而听到陌生人的声音时，胎儿的心率不会发生改变（Kisilevsky et al., 2009）。对新生儿来说，辨认母亲的面孔可能相对容易，因为母亲的面孔与自己已经熟悉的声音联系在一起（Sai, 2005）。鉴于有关母亲声音的这些重要发现，你或许想知道胎儿是否也会对父亲的声音做出同样的反应。遗憾的是，当听到父亲的声音时，胎儿的心率并没有发生类似的改变，这意味着子宫内的胎儿对父亲的声音还不够熟悉。事实上，新生儿尚未表现出对父亲声音的任何偏好（DeCasper & Prescott, 1984）。

大多数胎儿在子宫内的最后两个月开始获得视觉体验（Del Giudice, 2011）。他们能感知自己的动作。鉴于这一起步优势，新生儿几乎可以立即使用他们的视觉系统也就不足为奇了：出生几分钟后，新生儿的眼睛就会警觉起来，开始

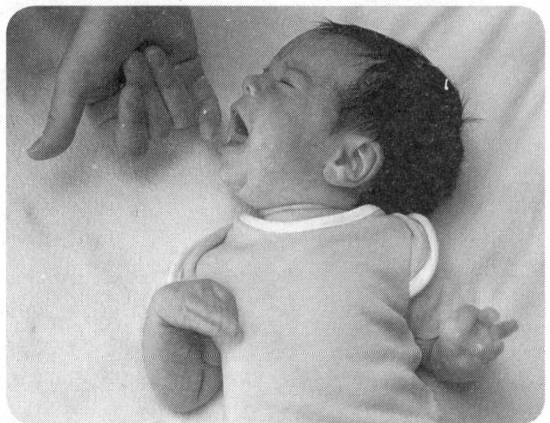

当有东西触碰新生儿的面颊时，觅食反射会促使他们去寻找可以吮吸的东西。婴儿还有哪些天生的生存机制？

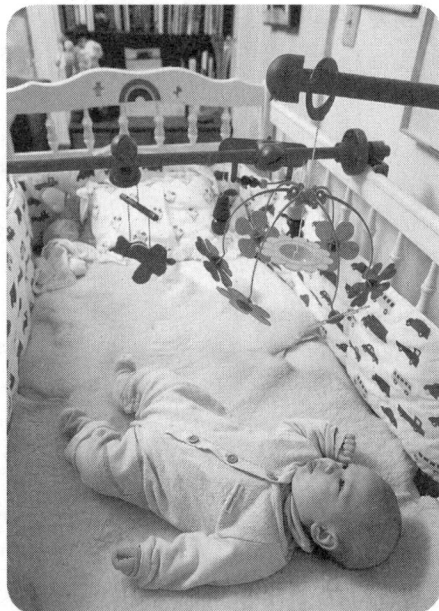

婴儿在早期就能够感知对比强烈的大型物体。新生儿最喜欢什么样的视觉经验？

转向发出声音的方向，并好奇地寻找某些声音的来源。尽管如此，他们的视觉在出生时还是比其他感觉发展得迟缓一些。成人的视敏度大约是新生儿的 40 倍（Sireteanu, 1999）。然而，在出生后的最初 6 个月内，婴儿的视敏度迅速得到提高。此外，新生儿也不具备体验三维世界的能力。回顾一下第 4 章，我们需要整合大量线索才能感知深度。研究者已经开始记录婴儿能够理解各种线索的时间进程。例如，4 个月大时，婴儿开始能够利用诸如相对运动和插入等线索，从物体的二维图像中推断其三维结构（Shuwairi et al., 2007; Soska & Johnson, 2008）。

然而，即使婴儿没有发达的视觉，也具有视觉偏好。**罗伯特·范茨**（Fantz, 1963）的开创性研究发现，4 个月大的婴儿就已经开始偏爱轮廓鲜明的物体，不喜欢轮廓不清晰的物体；偏爱构造复杂的物体，不喜欢简单的物体；偏爱完整的面孔，不喜欢五官特征随意排列的面孔。更近期的一项研究表明，3 天大的婴儿对"头重脚轻"的模式有所偏好（Macchi Cassia et al., 2004）。你可以注视镜子中自己的脸来体验一下"头重脚轻"的模式：你的眼睛、眉毛等比你的嘴唇占更大的空间。人脸是"头重脚轻"的这一事实，可以用来解释为什么婴儿更喜欢看人脸而不是其他类型的视觉刺激。

一旦婴儿开始在其所处环境中四处活动，他们很快就能获得其他感知能力。例如，**伊利诺·吉布森和理查德·沃克**（Gibson & Walk, 1960）的经典研究考察了婴儿如何对深度信息做出反应。该研究采用了一种被称为视崖的装置。在此装置中，一块板子横跨牢固的玻璃表面的中线，如**图 10.3** 所示，棋盘格布被用来制造出深的一端和浅的一端。在他们最初的研究中，吉布森和沃克证明，婴儿很乐意离开中央的板子，爬向浅的一端，但他们不愿意爬向深的一端。后续的研究表明，婴儿对深度是否恐惧取决于其爬行经验：已经开始爬行的婴儿体验了对深的一端的恐惧，而不会爬行的同龄婴儿则不会产生这种恐惧（Campos et al., 1992; Witherington et al., 2005）。因此，对深度的警觉并非"天生的"，但随着婴儿开始靠自己的力量去探索世界时，他们很快就能学会这一点。

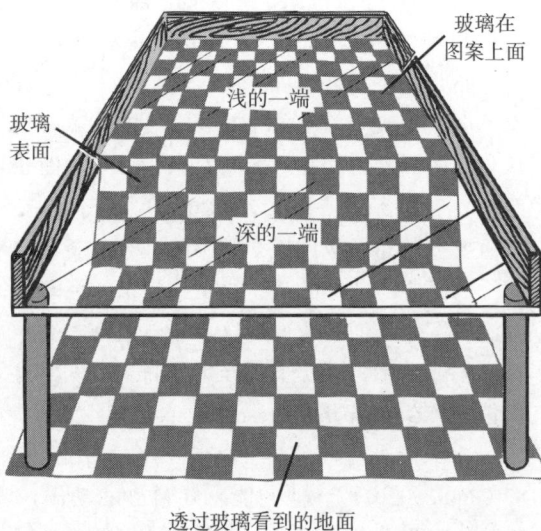

图 10.3　视崖
一旦婴儿获得了在周围环境中爬行的经验，他们就会表现出对视崖深的一端的恐惧。（见彩插）

儿童期的发育和成熟 新生儿的变化速度惊人，如**图 10.4** 所示，但是婴儿身体各部分的发育速度并不相同。你也许已经注意到，婴儿的头部似乎占据了身体的大部分。刚出生时，婴儿的头已经是成人头部大小的 60%，并占整个体长的 25%（Bayley, 1956）。出生后的头半年，婴儿的体重翻了一番；到 1 岁时，体重翻了两番。到 2 岁时，儿童的躯干长度大约是成人的一半。生殖器官在青少年期之前变化较少，青少年期后迅速发育到成人的比例。

对大多数儿童而言，生理发育伴随着运动能力的成熟。**成熟**（maturation）是指一个物种的所有成员在其通常的栖息地被抚养长大的典型成长过程。新生儿经历的典型成熟序列是由遗传的生物学限制和环境输入的相互作用决定的。为了理解环境输入的影响，发展心理学家区分了敏感期和关键期。**敏感期**（sensitive periods）是儿童获得与正常发展相关的适宜环境经验的最佳年龄范围。如果儿童在敏感期获得了这些经验，他们的发展将会非常顺利。然而，如果他们在以后的生活中获得这些经验，他们将仍然能够经历发展——只不过更加困难而已。关键期对儿童发展的制约更大：**关键期**（critical periods）是儿童必须获得适宜环境经验的年龄范围。如果在关键期没有获得适宜的经验，儿童可能就无法发展出某种特定的功能。

我们来考察一个关于运动发展的具体例子。如**图 10.5** 所示，在运动发展的序

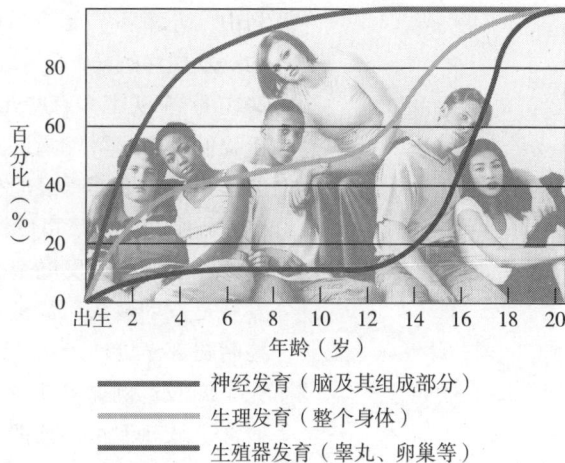

图 10.4 生命前 20 年的发育模式

在生命的第一年，神经发育非常迅速，它比总体的生理发育要快得多。相比之下，生殖器的成熟要到青少年期才开始。

- 神经发育（脑及其组成部分）
- 生理发育（整个身体）
- 生殖器发育（睾丸、卵巢等）

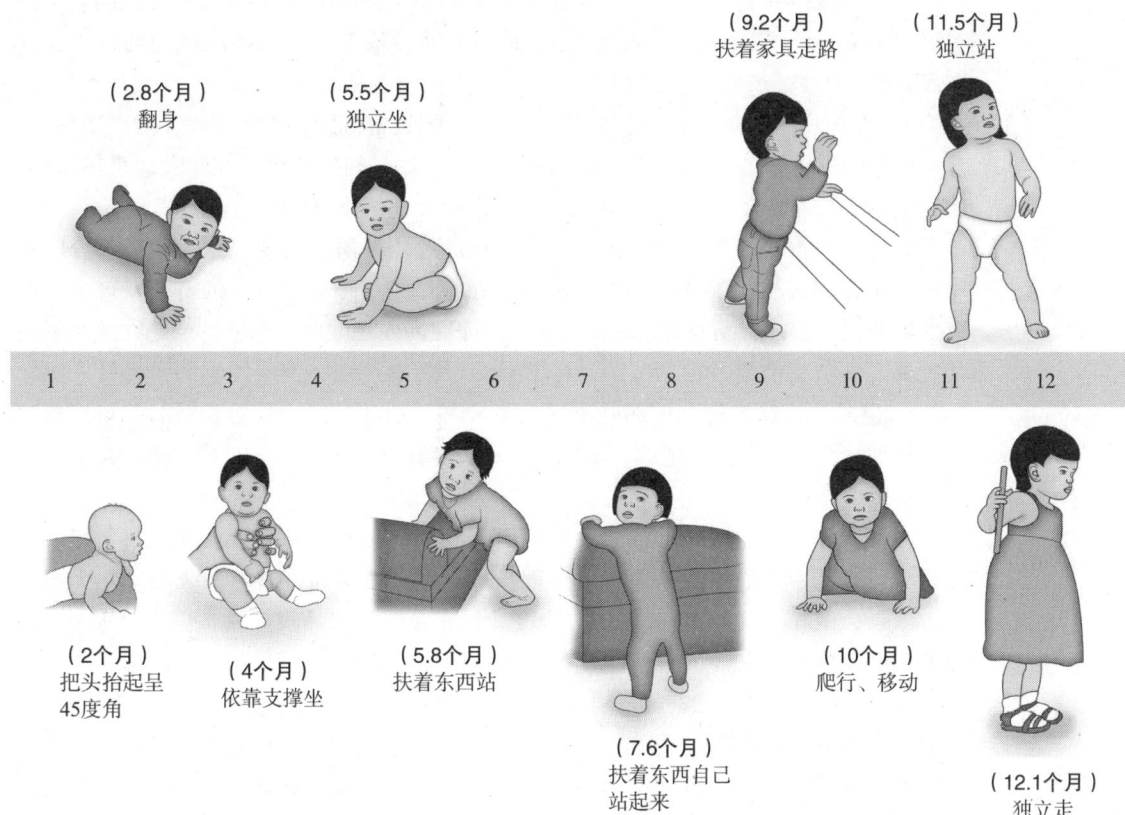

（2.8个月）翻身

（5.5个月）独立坐

（9.2个月）扶着家具走路

（11.5月）独立站

| 1 | 2 | 3 | 4 | 5 | 6 | 7 | 8 | 9 | 10 | 11 | 12 |

（2个月）把头抬起呈 45度角

（4个月）依靠支撑坐

（5.8个月）扶着东西站

（7.6个月）扶着东西自己站起来

（10个月）爬行、移动

（12.1个月）独立走

图 10.5 运动发展成熟的时间表

学步的发展并不需要特别的教导。我们人类中身体健全的个体在出生后的第一年都会经历许多相同的发展阶段。

列中，儿童不需要接受特殊训练就能学会走路。请注意，图 10.5 反映的是儿童"平均"发展序列，不同的儿童会以自己特有的序列达到这些运动里程碑（Adolph et al.，2010）。事实上，有些儿童会完全跳过像爬行这样的阶段。对学步发展的研究也有助于我们理解环境输入的重要性。经历额外运动训练的儿童可能会更快达到运动发展的里程碑，而运动经验受限的儿童可能就会发展得较为迟缓。尽管如此，在这种个体差异中，你仍然可以认为所有无缺陷的新生儿都具有同样的生理成熟潜质。

儿童的生理发展遵循两条一般原则。头尾原则（cephalocaudal principle）指的是发展是按照从头到脚的顺序进行的。例如，婴儿通常先学会控制手臂，然后再学会控制腿部。近远原则（proximodistal principle）是指身体靠近中心的某些部位的发展先于四肢。例如，儿童手臂的发展先于手掌，而手掌的发展先于手指。最后，发展通常是从粗大运动技能发展到精细运动技能。大肌肉运动技能需要更大的肌肉，比如婴儿的踢腿或翻身。精细运动技能需要小肌肉更精确的协调。随着精细运动技能的发展，婴儿能够握住物体或把它们放进嘴里。

青少年期的生理发育

儿童期结束的第一个具体指标就是青春期生长突增（pubescent growth spurt）。在女孩 10 岁和男孩 12 岁左右，生长激素进入血液。在接下来的几年中，青少年每年可以长高 8~15 厘米，体重也迅速增加。青少年的身体并非一下子就发展到成人的比例。手和脚最先发育得与成人相当，四肢紧跟其后，躯干的发育最为缓慢。因此，个体的整体体型在青少年期会发生多次变化。

另一个发生在青少年期的重要过程是**青春期**（puberty），它伴随着性成熟。（拉丁语"pubertas"意为"覆盖着毛发"，是指四肢、腋下和生殖器区域的毛发生长。）在青春期，男性会产生有活性的精子；而女性则会**月经初潮**（menarche），即月经开始。在美国，女孩月经初潮的平均年龄在 12~13 岁，但正常范围是 11~15 岁。对男孩而言，首次产生活性精子的平均年龄在 12~14 岁，但这一时间同样也存在较大的个体差异。这些生理变化通常会带来性觉醒。在第 11 章中，我们将讨论性动机的萌发。

另外一些重要的生理变化发生在青少年的脑内。研究者曾经认为，大部分的脑发育在生命的最初几年就已完成。然而，近些年使用脑成像技术的研究发现，脑在青少年期也一直在持续发育（Paus, 2005）。研究者发现，两个脑区的变化在该时期尤其重要，即负责情绪过程调节的边缘系统以及负责计划和情绪控制的前额叶（见第 3 章）。但是，边缘系统比前额叶更早发育成熟。这些脑区变化的相对时间可以解释青少年期社会性发展最突出的一个方面：青少年往往会做出一些危险行为（Andrews-Hanna et al., 2011）。

在回顾整个生命周期的社会性发展时，我们将再次从社会性发展的层面提及危险行为。现在，我们重点关注的是生理发展。研究者推断，边缘系统的成熟为青少年步入社会做好了准备，"从进化的角度来看，青少年期是获得独立技能，从而成功脱离家庭保护的阶段"（Casey et al., 2008, p.70）。在进化的背景下，负责抑制和控制情绪驱力（向往独立）的前额皮质区成熟较晚是有其意义的。脱离家庭后，为了生存，青少年不得不开始冒险。问题在于，在现代社会中，青少年通常不再离开家庭。因此，寻求新异刺激和冒险的进化冲动也就丧失了适应性功能。所幸，随着青少年逐渐进入成年期，前额叶逐渐发育成熟（Steinberg, 2008）。前额叶和边缘系统之间建立了新的连接，这些新连接使得个体能够对情绪冲动进行更多的认知控制。

青少年期过后，个体的身体再次进入生命历程中生物变化相对较小的阶段。你可能会通过各种方法来影响自己的身体，例如饮食和锻炼，但下一波显著的变化是老化的一贯后果，这要到成年中期和晚期才会发生。

成年期的生理变化

随着年龄的增长，一些最显而易见的变化与个体的外表和能力有关。当你逐渐变老，你会发现自己的皮肤有了皱纹，头发越来越稀少并变得灰白，身高也会下降 2~5 厘米。你还会发现自己的感官也不如以前灵敏了。这些变化并不是在 65 岁时突然发生的，它们从成年早期就逐渐开始了。然而，在思考一些常见的与年龄有关的变化之前，我们想强调一个一般性的观点：许多生理变化并不是因为老化，而是因为不使用。有研究结果支持了一条普遍的格言——"用进废退"。持续（或重新开始）锻炼身体的老年人，较少体验到那些通常被认为由衰老所带来的不可避免后果的困难。然而，我们现在来看一些在很大程度上不可避免的变化，它们往往会影响成年人看待其生活的方式。

为什么研究者给出"用进废退"的忠告？

视觉 从四五十岁开始，大多数人的视觉系统功能开始发生变化：眼睛的晶状体弹性下降，调节晶状体厚度的肌肉功能减弱。这些变化导致眼睛看近处的物体变得困难。晶状体硬化也会影响眼睛的暗适应，这会造成老年人夜间视物困难。许多这类正常的视力变化可以通过佩戴矫正视力的眼镜进行辅助。随着年龄的增长，眼睛的晶状体也会变黄。研究者认为，晶状体变黄是一些老年人颜色视觉衰退的原因。有些老年人尤其难以区分较短波长的颜色，如紫色、蓝色和绿色。在对美国 1 219 名成年人的抽样调查中，17% 的人报告在 45 岁时出现视力下降。在 75 岁及以上的老年人中，这一数字增至 26%（Horowitz et al., 2005）。

听觉 听力丧失在 60 岁及以上的人群中相当普遍。老年人在听高频音时普遍会有困难（Mendelson & Rajan, 2011）。老年人可能难以理解他人的言语，特别是那些用高音说出的语言。（奇怪的是，随着年龄的增长，人们说话的音调会因声带硬化而变高。）听力丧失是渐进式的，在变得严重之前很难被人觉察。此外，即使个体意识到听力丧失，他们也许会否认这一点，因为这被视为人们不愿看到的老化征兆。听力丧失的某些生理因素可通过助听器的帮助来克服。同样，你也应该意识到，当你变老或与老年人打交道时，压低音调、咬字清晰和减少背景噪声，均有助于你们之间的交流。

生育和性功能 我们已经知道，青春期标志着生殖功能的开始。在成年期的中晚期，生殖能力下降。到了 50 岁左右，大多数女性会经历更年期（menopause），停止月经和排卵。对男性来说，变化不会那么突然，但男性 40 岁后活性精子的数量会减少，而 60 岁后精液量也会减少。当然，这些变化主要与生殖有关。年龄的增长和身体的变化并不一定会损害性体验的其他方面（Delamater & Sill, 2005; Lindau et al., 2007）。

我们已经简要回顾了生理发展的里程碑。在此背景下，我们现在转向个体理解周围世界的能力是如何发展的。

STOP 停下来检查一下

❶ 爬行经验如何影响儿童在视崖实验中的表现？

❷ 关于青少年期的脑发育，近期的研究有什么新发现？

❸ 为什么年龄的增长通常会影响个体的颜色视觉？

毕生的认知发展

个体对物理现实及社会现实的理解在一生中是如何变化的？**认知发展**（cognitive development）研究的是随着时间的推移而出现和变化的心理过程及其产物。由于研究者对最初出现的认知能力特别感兴趣，本节将主要关注认知发展的早期阶段。然而，我们也将讨论研究者关于成年期认知发展的某些发现。

下面，我们对认知发展的讨论将从已故瑞士心理学家皮亚杰的开拓性工作开始。

皮亚杰关于心理发展的观点

近半个世纪以来，**皮亚杰**（Piaget, 1929, 1954, 1977）提出了一套有关儿童思维、推理和问题解决的理论。也许皮亚杰对认知发展的兴趣源于他本人在青少年时期活跃的智力表现：他在 10 岁时发表了第一篇文章，14 岁时就获得了博物馆馆长的职位（Brainerd, 1996）。皮亚杰采用简单的示范法对自己的孩子以及其他儿童进行了机敏的访谈，形成了有关早期心理发展的复杂理论。他的兴趣并不在于儿童拥有信息的数量，而在于他们的思维方式以及对外部物理世界的内部表征在发展的不同阶段是如何变化的。

发展变化的基本单元　皮亚杰把那些使个体能够理解世界的心理结构称为**图式**（scheme），图式是发展变化的基本单元。皮亚杰将婴儿的最初图式描述为感知运动智力，即指导感知运动序列（如吮吸、注视、抓握和推等）的心理结构或程序。经过练习，基本的图式可以组合、整合和分化成更为复杂多样的行为模式，就像当儿童推开不想要的物体去抓其身后想要的物体一样。皮亚杰认为，两个基本过程协同工作来实现认知的发展，这两个过程就是同化和顺应。**同化**（assimilation）是对新的环境信息加以修改，使之适合个体已有的知识结构。例如，儿童使用已有的图式来组织新输入的感官数据。**顺应**（accommodation）就是对儿童已有的图式进行修改或重构，从而使新信息得到更完整的解释。

从吮吸母亲的乳头到吮吸奶瓶上的奶嘴，再到用吸管喝，最后到用杯子喝，想象一下，婴儿在这期间必须做出哪些转变。最初的吮吸是与生俱来的反射行为，但必须做出一些改变，婴儿的嘴才能适应母亲乳头的大小和形状。在适应奶瓶的过程中，婴儿仍然使用许多未变的行为序列（同化），但他们必须用不同于以前的方式抓握橡皮奶嘴，并学会以适当的角度握住奶瓶（顺应）。从奶瓶到吸管再到水杯，这些过程需要更多的顺应，但仍然依赖于早期的一些技能。皮亚杰认为，认知发展正是这种同化与顺应相互交织的结果。同化和顺应的平衡作用，使儿童的行为和知识越来越少地依赖具体的外部现实，越来越多地依赖抽象的思维。

认知发展的阶段　皮亚杰认为，儿童的认知发展可分为四个有序但不连续的阶段（见**表 10.2**）。他认为，所有的儿童都以同样的顺序经历这些阶段，虽然与其他儿童相比，某些儿童可能需要更长的时间来通过某个特定的阶段。

感知运动阶段　感知运动阶段（sensorimotor stage）大约是从出生到 2 岁。在出生后的最初几个月内，婴儿的大部分行为都以有限的先天图式为基础，如吮吸、注视、抓握和推。在第一年中，感知运动序列得以改善、组合、协调和整合（如吮吸和抓握、注视和摆弄）。随着婴儿发现自己的行为对外界能够产生影响，他们的行为变得更为丰富多彩。

表 10.2　皮亚杰的认知发展阶段

阶段 / 年龄	特征和主要成就
感知运动阶段 （0~2 岁）	儿童的生活始于少量感知运动序列。 儿童发展出客体恒常性，并开始进行符号思维。
前运算阶段 （2~7 岁）	儿童的思维具有自我中心和中心化的特点。 儿童具备了更好的符号思维能力。
具体运算阶段 （7~11 岁）	儿童理解了守恒。 儿童能就具体的、实在的物体进行推理。
形式运算阶段 （11 岁以后）	儿童发展出抽象推理和假设思维的能力。

在婴儿期，最重要的认知发展就是儿童获得了对不在眼前的客体形成心理表征的能力。所谓不在眼前的客体，是指儿童的感知运动不能直接接触到的客体。**客体恒常性**（object permanence，也译作"客体永久性"）是指儿童理解了客体可以独立于他们的行为和知觉而存在或运动。在生命的最初几个月里，儿童的目光追随客体，但当客体从视野中消失时，他们会移开目光，就好像客体不存在了一样。然而，到 3 个月大时，他们会持续盯着物体消失的地方看。到 8~12 个月大时，儿童开始寻找那些消失的客体。到 2 岁时，儿童已经能够确定，"消失"了的客体仍持续存在（Flavell，1985）。

前运算阶段　前运算阶段（preoperational stage）是在 2~7 岁。在这一发展阶段，认知上的最大进步是儿童对不在眼前的客体有了更好的心理表征能力。除此之外，皮亚杰还根据儿童不能做什么来定义前运算阶段。例如，皮亚杰认为，年幼儿童的前运算思维的特点是**自我中心**（egocentrism），即他们不能站在他人的角度来思考问题。如果你曾听过一个 2 岁孩子与其他孩子的对话，你就可能注意到过这种自我中心性。这一年龄的儿童似乎经常在自言自语，而不是与他人交流。

前运算阶段的儿童也会经历**中心化**（centration），即他们往往只关注情境的某一方面，而忽略了其他相关方面。皮亚杰的经典实验例证儿童的中心化，在实验中，儿童不能理解液体的总量不会随容器的大小和形状而改变。

研究特写

将同样多的柠檬汁倒进两个相同的杯中，5 岁和 7 岁的儿童都认为杯中有同样多的柠檬汁。然而，当把其中一个杯中的柠檬汁倒进另一个细长的高杯中时，这两组儿童的看法发生了分歧。5 岁的儿童虽然知道高杯中的柠檬汁还是原来杯中的柠檬汁，但他们却认为现在的柠檬汁更多了。7 岁的儿童正确地断言两杯中柠檬汁的量并没有差异。

在皮亚杰的实验中，年幼儿童的注意力固着于知觉上突出的单一维度——杯中柠檬汁的高度。年龄大一点的儿童既考虑到高度，也考虑到宽度，从而正确地推断出表象并不代表实质。

皮亚杰观察到，典型的 6 个月大的婴儿会注意诱人的玩具（左图），但如果屏幕挡住了视线，他很快就会失去兴趣（右图）。2 岁大的儿童会对物体有什么样的理解？

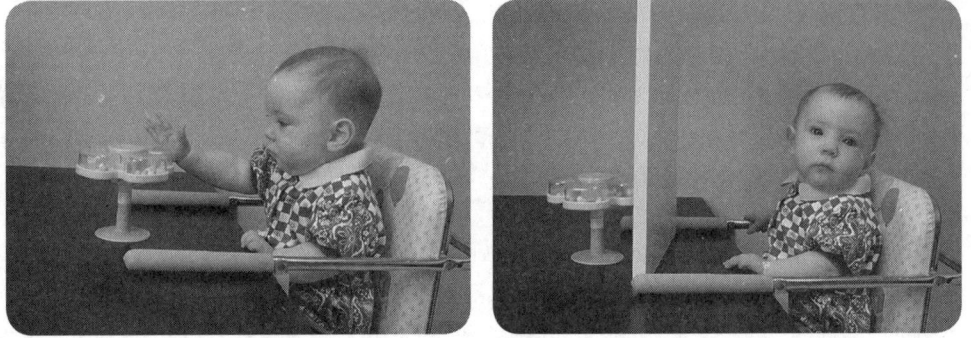

具体运算阶段 具体运算阶段（concrete operations stage）是在 7~11 岁。在这个阶段，儿童具备了心理运算能力，即在脑中执行活动，从而产生逻辑思维。研究者通常会把前运算阶段与具体运算阶段相对照，因为在具体运算阶段，儿童能够完成他们早先不能完成的一些任务。具体运算使得儿童可以用心理活动代替物理活动。例如，如果一个儿童看到亚当比扎拉高，后来又看到扎拉比塔尼娅高，那么在无需实际比较三人身高的情况下，这个儿童就能推断出亚当在三人中是最高的。但是，如果只是用言语来表述这个问题，则这个儿童还是不能做出准确的推断（亚当最高）。只有达到具体运算阶段，儿童才能运用抽象思维来解决这类问题。

上述关于柠檬汁的研究还表明了具体运算阶段的另一个标志。7 岁的儿童已经掌握了皮亚杰所谓的**守恒**（conservation）：他们知道，在不增加或减少的情况下，即使物体的外观发生了变化，其物理属性也不会改变。**图 10.6** 展示了皮亚杰从不同维度测试守恒的例子。儿童新获得的可应用于执行守恒任务的运算之一是可逆性。可逆性是指儿童能理解物理活动和心理操作都是可逆的：儿童可以推理说，柠檬汁的总量不可能发生变化，因为当物理操作被反向执行，即将柠檬汁倒回原先的杯子中时，两者的总量将再次看起来一样多。

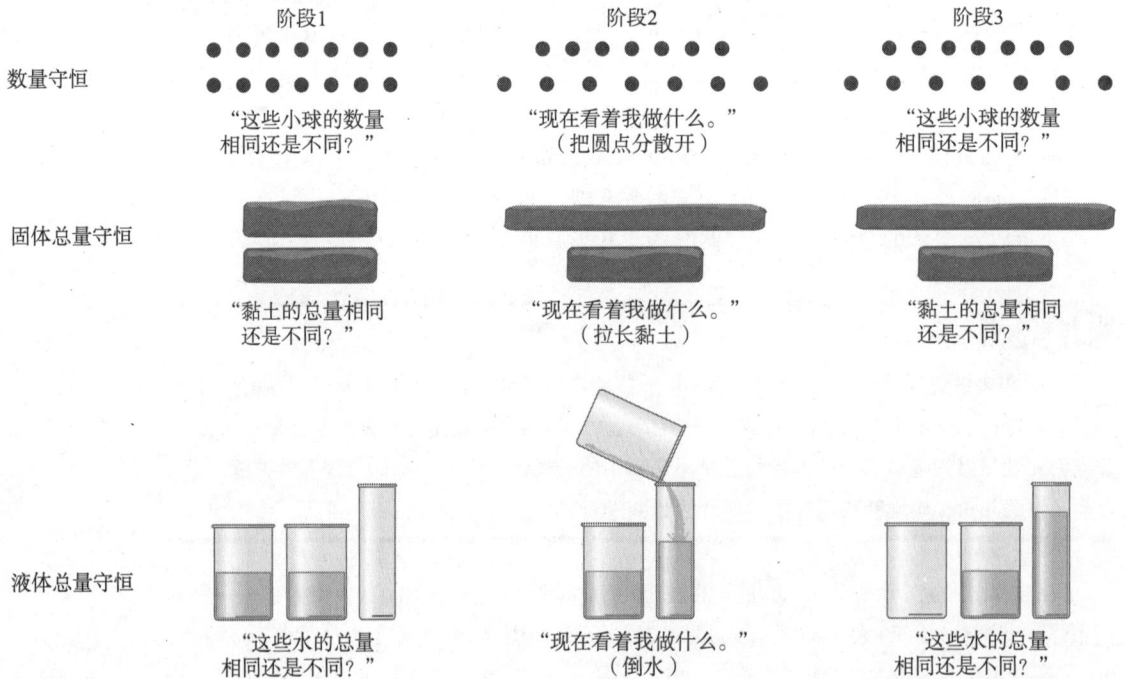

	阶段1	阶段2	阶段3
数量守恒	"这些小球的数量相同还是不同？"	"现在看着我做什么。"（把圆点分散开）	"这些小球的数量相同还是不同？"
固体总量守恒	"黏土的总量相同还是不同？"	"现在看着我做什么。"（拉长黏土）	"黏土的总量相同还是不同？"
液体总量守恒	"这些水的总量相同还是不同？"	"现在看着我做什么。"（倒水）	"这些水的总量相同还是不同？"

图 10.6 守恒测验

形式运算阶段 形式运算阶段（formal operations stage）大约始于 11 岁。在认知发展的这个最后阶段，儿童的思维变得抽象化。青少年能够认识到，他们所感知的特定现实只是众多可以想象到的现实中的一个，他们开始思考真理、公平和存在等深刻的问题。他们开始系统地寻求问题的答案：一旦达到了形式运算，儿童可以开始担当科学家的角色，按顺序逐一尝试一系列的可能性。青少年也开始能使用我们在第 8 章中描述的高级演绎推理。与年幼的弟弟妹妹不同，他们具有从抽象的前提（"如果 A，则 B" 和 "非 B"）得出逻辑结论（"非 A"）的能力。

关于早期认知发展的当代观点

皮亚杰的理论依然是我们理解认知发展的经典的参照点（Feldman, 2004; Flavell, 1996）。然而，当代研究者已经提出了一些更为灵活的研究儿童认知能力发展的方法。

婴儿的认知 我们已经介绍了皮亚杰推断认知发展结论的一些研究方法，但是，当代的研究者开发出了一些新技术，这让他们可以重新审视皮亚杰的结论。以客体恒常性为例，皮亚杰认为这是 2 岁儿童认知发展上的重大成就。然而，采用当代技术的研究表明，3 个月大的婴儿其实就已经发展出了这一概念的某些方面。研究者**蕾妮·巴亚尔容**（Renée Baillargeon）及其同事设计的不同研究任务就证实了这个重要发现。

研究特写

在一项研究中，4 个月大的婴儿观看实验者放下一个宽的长方形物体（Wang et al., 2004）。在一种条件下，物体下落的路径在一个宽的遮挡物后，该遮挡物足以完全挡住长方形物体。在另一种条件下，物体下落的路径在一个窄的遮挡物后，该遮挡物不能完全遮挡住长方形物体。随着下落事件的进行，一块幕布会遮挡住物体下落的后半段，当幕布撤除时，物体被完全遮挡住。婴儿在这两种条件下会作何反应？如果他们不具备客体恒常性的概念，我们推测，他们在两种条件下都不会感到困惑：一旦长方形物体消失，我们预测婴儿不能回忆起它们曾存在过。假设婴儿对客体有一些记忆，在这种情况下，我们预测像观看事件的成人一样，他们会对宽的物体可以被窄的遮挡物遮挡感到相当惊讶。为了测量婴儿的惊讶程度，研究者记录了幕布撤除后婴儿观看演示的时间。结果发现，那些看到窄的遮挡物的婴儿看演示的时间，比那些看到宽的遮挡物的同伴大约长 16 秒。长方形物体离开了婴儿的视野，但并没有脱离他们的脑海。

我们不能把婴儿的惊讶视为他们已经完全掌握客体恒常性概念的证据，也许他们只是觉得有点儿不对劲，但并不确切知道什么地方不对。即使这样，巴亚尔容及其同事的研究也表明，即便是特别小的孩子也已经获得了有关物理世界的重要知识。

研究者开发出的了解婴儿心理的创新方法，使我们能够不断地改变着对"婴儿知道什么以及他们如何知道"的理解。想一想知觉过程的发展。我们在本章中曾谈及婴儿天生具有"生存机制"。然而，他们关于这个世界的经验扩展了其感知和概念能力。例如，作为成年人，你可以很容易地识别出一个二维图像表征了一个三维物体。这种能力是何时开始出现的？通过测量注视时间（类似于巴亚尔容及其同事所使用的方法），研究者证实 9 个月大的婴儿已经具备这种识别能力，例如，他们可以识别一张绵羊的线条画对应一个三维的毛绒羊玩具（Jowkar-Baniani & Schmuckler, 2011）。

接下来我们考虑第二个例子，它展示了婴儿是如何逐步理解世界运作的。假设你看了两段视频片段，视频中一个小生灵或一个移动的球使一堆杂乱的积木变得整齐有序。作为成年人，你知道非生命体通常不会自己让世界变得更有秩序，因此，那段球的视频可能会让你更惊讶。根据对注视时间的测量，12 个月大的婴儿表现出了同样的惊讶（Newman et al., 2010）。然而，7 个月大的婴儿观看两段视频的时间相同。因此，对生命体和非生命体的因果属性的理解是在出生后第一年的下半年发展起来的。

心理理论　随着儿童认知能力的发展，他们逐渐明白其他人也拥有这个世界的认知经验，并且这些认知经验未必与他们自己的完全相同。随着时间的推移，儿童会发展出一种**心理理论**（theory of mind），即一种基于对他人心理状态的理解来解释和预测他人行为的能力。**表 10.3** 提供了研究者用于评估心理理论发展的任务示例（Wellman et al., 2011）。这些任务分别考察了儿童在多大程度上理解他们对世界的愿望、信念、知识或感受与他人的有所不同。儿童在不同的时间获得心理理论的不同方面：大多数美国儿童按照表 10.3 自上而下的顺序获得这些能力，并且是在 2 岁到 6 岁这几年内获得的。

尽管如此，研究者发现心理理论的某些方面在婴儿期就已出现。思考一下行为和目的（人们的意图）的关系。作为成年人，你已经习惯了在看到人们做出某种行为时去推测其目的。例如，看到某人掏出一串钥匙，你很容易推断他 / 她可能想打开某些东西。你是从何时开始理解行为和目的是如何相关的？研究者指出，7 个月大的婴儿已经开始区分受目的指导的行为和不受目的指导的行为（Hamlin et al., 2008）。考虑另一个例子，当你的朋友用手指向某个物体时你会如何反应？作为成年人，你推断朋友的行为是受意图引导的：你应该把注意力转向手指的方向。与此相似，12 个月大的婴儿能通过大人做出的指向手势找到隐藏的玩具（Behne et al., 2012）。这些研究表明，婴儿是如此仔细地关注着他们周围的世界，以发展对他人行为背后的心理状态的理解。

社会和文化对认知发展的影响　当代研究者的另一关注点是社会互动在认知发展中的作用。这类研究大都可以追溯到俄国心理学家**维果斯基**（Lev Vygotsky, 1896—1934）的理论。他认为儿童通过内化过程而获得发展。所谓**内化**（internalization），是指儿童从自己的社会环境中吸收知识，这种知识对认知如何随时间而展开具有重大影响。

维果斯基开创的社会理论得到了有关发展的跨文化研究的支持（Gauvain et al., 2011）。由于皮亚杰的理论一开始就引发了发展研究者们的注意，他们中的许多人试图使用其任务来研究不同文化背景下儿童的认知成就（Maynard, 2008）。结果，这些研究开始对皮亚杰观点的普

表 10.3　用于评估心理理论发展的各种任务

任务	描述
愿望多样性	儿童判断两个人（自己与他人）对同一客体有不同的愿望。
信念多样性	在不知道哪个信念为真的情况下，儿童判断两个人（自己与他人）对同一客体有不同的信念。
知识通达	儿童看到盒子里装的是什么，然后判断另一个没看到盒子内情况的人（是或否）具备这一知识。
错误信念	知道被替换过的容器内装有什么物品的儿童，判断另一个人（不知容器被替换过）对容器内物品的错误信念。
隐藏情绪	儿童判断一个人对事物会有某种感受，但却表现出另一种情绪。

资料来源：Sequential progressions in a theory-of-mind scale: Longitudinal perspectives by Henry M. Wellman, Fuxi Fang, and Candida C. Peterson, *Child Development*, 82, pages 780–79, copyright © 2011 Society for Research in Child Development. Reprinted by permission of John Wiley and Sons.

遍性提出了质疑。原因之一是，在许多文化中，儿童并没有表现出皮亚杰主张的形式运算。在晚年，皮亚杰本人也开始推测，被他描述为形式运算的那种发展成就也许更多源于儿童所获得的特定的科学教育，而不是源于由生物因素决定的认知发展阶段的展开（Lourenco & Machado, 1996）。

维果斯基的内化概念有助于解释文化对认知发展的影响。儿童的认知发展是为了执行那些从文化视角来看重要的功能（Fleer & Hedegaard, 2010; Serpell, 2000）。例如，皮亚杰发明的任务反映了他自己对什么是适当的和重要的认知活动这一问题的先入之见。其他的文化更希望本文化中的孩子在别的方面卓越。如果根据对手工编织的认知复杂性的理解来评价皮亚杰任务中的儿童，那么与危地马拉的玛雅儿童相比，他们的发展可能会显得相对迟滞（Rogoff, 1990）。认知发展的跨文化研究通常表明，学校教育的类型在决定儿童完成皮亚杰任务的成绩方面具有很大的作用（Rogoff & Chavajay, 1995）。心理学家必须使用这些不同类型的发现来区分认知发展中的先天成分和教养成分。

到目前为止，我们所描述的发展变化都是十分显著的。我们很容易看出，12 岁的儿童具有 1 岁婴儿所不具备的各种认知能力。接下来，我们将转向发生在整个成年期的更细微的变化。

成年期的认知发展

当我们追溯从儿童期到青少年期的认知发展时，"变化"通常意味着"变得更好"。然而，当我们进入成年期晚期时，文化刻板印象则认为，"变化"意味着"变得更糟"（Parr & Siegert, 1993）。然而，即使人们认为成年期会带来普遍的衰退，他们还是预期在生命晚期仍然能有所收获（Dixon & de Frias, 2004）。下面，我们将通过考察成年期的智力和记忆来看看丧失与获得的相互作用。

智力　几乎没有证据支持健康老年人的一般认知能力会下降这一看法。全美人口中只有大约 5% 的人会出现较大程度的认知功能下降。当出现与年龄相关的认知功能下降时，它通常只局限于某些能力。如果把智力分为言语能力（*晶体智力*）和快速学习能力（*流体智力*）这两种成分，那么随年龄的增长而表现出较大程度下降的是流体智力（Hertzog, 2011）。流体智力的下降很大程度上可归因于加工速度的普遍变慢，即完成需要在短时间内进行许多心理操作的智力任务时，老年人的表现会显得受到了较大的损害（Sheppard & Vernon, 2008）。

老年人如何能够最大限度地减少认知表现随年龄增长而下降，这是从事认知能力的研究者一直感兴趣的问题。"用进废退"这一格言备受关注。例如，一项以一组平均年龄为 69 岁的老年人为对象的研究（Bielak et al., 2007）发现，在日常生活中保持高水平的社交活动、体育锻炼和智力活动的老年人，在认知任务中的加工速度也最快。这些结果似乎支持了"用进废退"的观点。但是，正如我们在第 2 章中讲过的，对这类结果的解释很容易被混淆：相关不等于因果（Salthouse, 2006）。这一结果可能表明，高水平的活动使得加工速度能够保持相对较高的水平。但是，我们也必须考虑到另外一种可能，即加工速度下降较少使得某些老年人能够保持较高的活动水平。

尽管很难证明"使用"能够预防"丧失"，但研究者还是提供了一些证据，证明"多用"能够改善智力功能（Hertzog et al., 2008）。接下来，我们看看频繁使用电脑有助于对抗智力下降的证据。

在一项研究中，年龄为 32 岁至 84 岁的参与者提供了他们使用电脑频率的信息（Tun & Lachman, 2010）。此外，这 2 671 名参与者还完成了一系列认知测试。数据显示，电脑使用频率与认知能力存在正相关：电脑使用越多，认知能力越强。例如，研究者通过一项在两种不同规则之间快速切换的认知任务来评估参与者对刺激的反应能力。使用电脑越多的参与者在这项任务中表现得越好。智力水平较低的参与者在这一任务中受益尤其大。

研究者承认，这些结果只是具有相关性，他们提出存在这样一种可能，即认知能力更强的人可能更多地选择使用电脑。然而，他们认为，这种特定的受益模式有利于作出这样一种解释：多使用电脑可以防止人们的"认知能力丧失"。为了理解这一说法，请你下次在网络空间遨游时试着思考你所投入的多种认知活动。

值得注意的是，有一种智力指标在人的一生中都在不断提升。心理学家已经证明，人的智慧会随年龄的增长而增长（Staudinger & Glück, 2011）。所谓**智慧**（wisdom），是指基本生活实践中的那些专门知识。**表** 10.4 呈现了一些能定义智慧的知识类型（Smith & Baltes, 1990）。你会发现，每种知识类型都是在漫长而深思的生活实践中逐渐获得的。

记忆 老年人最常抱怨的是感觉自己的记忆力不如以前了。在许多记忆测验中，60 岁以上的人确实比 20 多岁的人表现得差（Hess, 2005）。但是，老化似乎不会降低老年人提取一般性知识以及回忆多年前发生事件的个人信息的能力。在一项关于姓名和面孔再认的研究中，中年人在毕业 35 年后能够从纪念册中认出 90% 的高中同班同学；老年人在毕业 50 年后能够从纪念册中认出 70%~80% 的高中同班同学（Bahrick et al., 1975）。但老化会影响人们有效组织、存储和提取新信息的过程（Buchler & Reder, 2007）。

然而，迄今为止，研究者还无法完全充分地描述老年人记忆受损的机制，这也许是因为此类受损源于多种因素（Hess, 2005）。有些理论集中探讨了老年人和年轻人在组织和加工信息时努力程度的差异，有些理论关注了老年人对信息的注意力的衰减，还有一类理论考察了产生记忆痕迹的大脑系统的神经生物学变化（Charlton et al., 2010）。请注意，这些大脑变化不同于神经组织的异常缠结及斑块样病变，后者会引发阿尔茨海默病患者的记忆丧失（见第 7 章）。研究者还认为，老年人记忆成绩下降的一个原因可能是他们自认为记忆力不好了（Hess & Hinson, 2006）。现在，研究者还在继续探讨这些因素的相对作用。

接下来，我们将从一般性的认知发展转到更为具体的方面——语言的获得。

许多杰出人物，如纳尔逊·曼德拉，在他们 70 多岁甚至更老的时候，仍在作出重要的贡献。在成年期晚期，如何才能保持智力的某些方面不衰退呢？

表 10.4　智慧的特征

- 丰富的事实性知识。有关生活状况及其变化的一般性和特殊性的知识。

- 丰富的程序性知识。有关如何为生活事务提供判断和建议的一般性和特殊性的知识。

- 毕生的背景主义。有关生活的各种语境以及语境间世俗的（发展的）关系的知识。

- 不确定性。有关生活的相对不确定性、不可预见性以及应对方法的知识。

STOP 停下来检查一下

❶ 在皮亚杰的理论中，同化和顺应之间是什么关系？

❷ 当儿童能克服中心化时，这意味着什么？

❸ 当代的研究对客体恒常性的一些结论做了怎样的修正？

❹ 维果斯基理论的主要观点是什么？

❺ 在人的一生中，认知加工速度会发生什么样的变化？

批判性思考：回忆一下研究 4 个月大婴儿客体恒常性的实验，为什么婴儿的注视时间可以作为检验研究者假设的恰当指标？

语言的获得

有一个引人注目的事实：到 6 岁时，儿童就能够把语言分解成语音和语义单元，用他们发现的规则把声音组合成词，把词组合成有意义的句子，然后积极参与连贯的对话。儿童非凡的语言成就使得大多数研究者认为，学习语言的能力具有生物学基础，即儿童生来就具备语言能力（Tomasello, 2008）。即便如此，根据儿童的出生地，世界上 4 000 多种语言中的任何一种都有可能成为其母语。此外，儿童也为学习口头语言和手势语言（如美国手语）做好了准备。这意味着学习语言的先天基础既十分强大，又具有很强的灵活性（Schick et al., 2006）。

为了解释婴幼儿为什么是语言学习专家，我们将考察那些用于支持儿童具有先天语言能力这一说法的证据；但我们也要承认环境因素在其中所起的作用，毕竟儿童学习的是其所处世界中的特定语言。**表 10.5** 列出了儿童在习得某种手势语言或口头语言时必须掌握的各类知识。你可以回顾第 8 章中"语言的使用"的内容，看看成年人是如何在流利的对话中使用这些知识的。

表 10.5 语言的结构

语法学是描述语言结构和使用方式的学科，它包括以下几个领域：

音素学研究构成词的语音。

　音素是区分词的最小言语单位，例如 *b* 和 *p* 区分了 *bin* 和 *pin*。

　语音学研究语音，并对其进行分类。

句法是指将词组合成句子的方式。例如，主语（*I*）＋动词（*like*）＋宾语（*you*），是标准的英语句子词序。

　词素是传递意义的最小语法单位，*bins* 一词有两个词素，*bin* 和 *s*，表示复数形式。

语义学研究词的意义以及它们如何随时间而变化。

　词汇意义是指词的词典意义。某个词的意义有时是通过句子中的上下文来表达的〔比较"Run *fast*（跑快点）"与"make the knot *fast*（把那个结系紧）"〕，有时是通过说话时语气的抑扬顿挫来表达的（分别重读短语"*white house cat*"中的三个词，看看会有什么效果）。

语用学研究参与对话的规则；交流、安排语句顺序、恰当回应他人的社会惯例。

理解言语和词汇

假设你是一名新生儿，听到周围有各种嘈杂的声音。你是如何开始懂得其中的某些声音与人际交流有关？儿童习得某种特定语言的第一步是注意到该语言中被有意义地使用的声音差异（例如，就手势语而言，儿童必须注意到手的位置之间的差别）。人类的声带可以发出许多不同的声音，而每种口头语只是使用了其中的一部分；没有一种语言会使用所有的声音差异。言语中可以区分词的最小单位是**音素**（phonemes），英语中大约有 45 个不同的音素。假定你听到某人说了单词 "*right*" 和 "*light*"，如果你的母语是英语，你很容易就能听出这两个词之间的差别，因为 /r/ 和 /l/ 在英语中是不同的音素。但如果你的语言经验仅局限于日语，你就很有可能听不出这两个词之间的差别，因为 /r/ 和 /l/ 在日语中并不是两个不同的音素。这是因为说英语的人获得了区分这两个音素的能力，还是因为说日语的人失去了这种能力？

为了回答这类问题，研究者需要开发出能从前语言期儿童那里获得语言信息的方法。

研究特写

研究者利用我们在第 5 章中介绍过的操作性条件作用原理，让婴儿在察觉语音发生变化时把头转向声音源。强化这种行为的奖赏是一个亮晶晶的盒子，盒子中有一个会拍手和敲鼓的玩具动物。这个程序能够保证，如果婴儿能够察觉到声音的变化，他们很可能会把头转向声音源。为了测量婴儿区分语音的能力，研究者监控了在发生声音变化时他们转头的频率。

珍妮特·沃克及其同事（Werker, 1991; Werker & Lalond, 1988）利用这种技术，考察了言语知觉能力的先天基础，即类似于区分 /r/—/l/ 这样的问题。沃克研究了在印度语中使用但在英语中不使用的声音差异，对于学习印度语的成年英语使用者来说，这些差异使得他们的学习很困难。沃克及其同事测量了学习英语或印度语的婴儿以及讲英语或印度语的成年人区分印度语的音素差异的能力。结果发现，不管是学习英语还是学习印度语的婴儿，在 8 个月大之前都能区分印度语中的音素差异，但对 8 个月以后的婴儿和成年人来说，只有学习或者讲印度语的人才能听出这种差异。

这类研究显著地表明，你出生时就具有感知声音差异（对口语来说极为重要）的能力。但是，你很快又失去了感知其中某些声音差异的能力，因为在你的母语中不存在这些差异（Werker & Tees, 1999）。

除了言语感知的生物学优势之外，许多儿童也得到了环境的支持。在许多文化中，当成年人对着婴幼儿说话时，他们会使用一种不同于和成年人说话时的特殊语言形式。例如，在与婴幼儿讲话时，成年人通常会放慢语速，使用夸张的高语调，并且采用结构比较简单的短句（Soderstrom, 2007）。根据儿童年龄的不同，研究者把这类言语形式称为**婴儿指向型言语**（infant-directed speech）或**儿童指向型言语**（child-directed speech）。婴儿和儿童指向型言语的特征出现在许多但并非所有的文化中（Kitamura et al., 2002; Lee & Davis, 2010）。研究者提出，这些特殊的说话形式为婴幼儿提供了信息，使得他们能更好地从周围的语言中习得音素和词汇（Song et al., 2010; Thiessen et al., 2005）。

儿童何时能够在一连串指向他们的言语中感知到声音模式（即词）的重复？这是语言习得的第一大步：如果你没有注意到"小狗"这个声音模式总是与那个毛茸

茸的小动物一同反复出现，那么你就不可能知道"小狗"与角落里那个毛茸茸的小动物有某种关系。总而言之，婴儿在 6~7 个月大时，似乎就开始意识到重复的声音具有某种意义（Jusczyk, 2003; Jusczyk & Aslin, 1995）。然而，早在几个月之前，婴儿就对一个特殊的词实现了突破：4 个月大时，婴儿就已经能对自己的名字表现出识别偏好了（Mandel et al., 1995）！

学习词的含义

　　一旦你能够探测到声音和某种经验的同现关系，你就已经为开始学习词义做好了准备。毫无疑问，儿童是学习词汇的能手。在大约 18 个月大时，儿童的词汇学习以惊人的速度发展，研究者把这个阶段称为命名爆炸阶段，因为这时的儿童以极快的速度学习新词，特别是客体的名称（见**图 10.7**）。到 6 岁时，儿童平均能够理解 14 000 个词汇（Templin, 1957）。假设这些词大部分是儿童在 18 个月到 6 岁这一期间学会的，我们可以算出他们大概一天能学会 9 个新词，或者说他们在醒着的时候几乎是一小时学一个新词（Carey, 1978）。儿童拥有一种特殊能力，研究者称之为快速映射（fast mapping），即儿童能够从极少的经验中学会新词的含义，有时甚至只需接触一次某词及其所指的事物即可（Gershkoff-Stowe & Hahn, 2007）。这怎么可能呢？

　　设想一种简单的情景：一个孩子和父亲在公园中散步，父亲指着某个东西说："这是一只小狗。"这个孩子必须确定"狗"这个词到底是指世界中的哪一部分。这并不是一件容易的事（Quine, 1960）。"狗"也许是指"任何有四条腿的生物"，也许是指"动物的毛皮"，也许是指"动物的叫声"，抑或是指某人每次指向一只狗时可能都正确的其他一大堆含义中的任何一个。在所有这些可能性中，儿童如何能确定一个词的含义？

　　研究者认为，儿童会像科学家一样工作：会对每个新词的含义形成一些假设。你可以在下面的例子中看到他们的科学头脑在积极地工作，儿童会过度扩展某个词的含义，错误地用这个词来表达更大范围的东西。他们也许会用"狗"来指代所有的动物，用"月亮"来指代所有的圆形东西（包括钟表和硬币）。在另外一些时候，儿童也许会过度减小某个词的含义，例如，儿童认为"狗"只是指他家的狗。

　　但是，儿童形成假设这一观点并不能解释儿童如何在特定的情境中获得特定的含义。有研究者已经提出，儿童的假设可能会受预期的指导，如对比原则。这一原则认为，形式上的差异预示了含义上的差异：当儿童听到新词语时，他们应该会寻找与他们已经掌握的词汇所不同的含义（Clark, 2003）。例如，父亲和女儿在看电视时，节目中有袋鼠在跳，女儿知道单词"跳"（jump），但是不知道单词"袋鼠"（kangaroo）。假设父亲说："袋鼠（kangaroo）！"接下来会发生什么呢？因为女儿知道"跳"（jump），所以她认为如果"袋鼠"（kangaroo）只是意味着"跳"（jump），那么父亲应该直接说"跳"（jump），不同的形式应该代表不同的意义。现在，儿童能够假设"袋鼠"（kangaroo）指的是那个客体而不是那个行动。她正在逐步掌握"袋鼠"（Kangaroo）这个词的含义。如果你花时间观察小孩子，你很可能会注意到对比原则在起作用。例如，儿童很可能因为母亲将他的"消防车"说成"救火车"而生气！

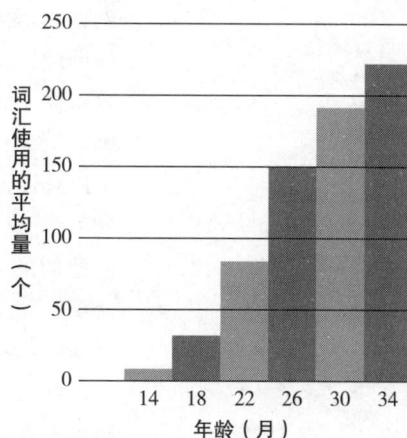

图 10.7　儿童词汇量的增长

在学会第一批词汇后不久，儿童的词汇量就会迅速增长。这些纵向数据显示了儿童在 90 分钟内与其照护者在日常活动中使用的词汇量。

资料来源：摘自 Huttenlocher, J., Waterfall, H., Vasilyeva, M., Vevea, J., & Hedges, L. V. (2010). Sources of variability in children's language growth. *Cognitive Psychology, 61*, 343–365。

获得语法

在解释儿童如何获得词的含义时，我们把儿童描绘成科学家，他们的假设受到先天原则的制约。我们可以用同样的比喻来描述儿童如何获得把有意义的单位组合成更大单位的规则，也就是语法。儿童面对的挑战是不同的语言有不同的规则。例如，在英语中，句子典型的词序是主格—动词—宾格；但在日语中，典型的词序却是主格—宾格—动词。儿童必须发现他们所使用的语言的词序。他们是如何做到这一点的呢？

现在，大多数研究者认为，这个问题的答案很大一部分存在于人类的基因组中。例如，语言学家**诺姆·乔姆斯基**（Chomsky, 1965, 1975）认为，儿童一出生就具有帮助他们理解和产生语言的心理结构。某些支持语法具有生物学基础的最佳证据来自这样一个事实，即儿童在缺少良好语言输入的情况下仍然能够获得完整的语法结构。例如，研究者研究了严重失聪的儿童，这些儿童不能获得口头语言，而其父母也没有让他们接触完整的手势语，如美国手语（Franklin et al., 2011; Goldin-Meadow, 2003）。这些儿童开始创造自己的手势系统，尽管环境并不支持他们所创造的语言，但他们的手势系统产生了规则的语法结构。"无论是否有已建立的语言作为向导，儿童在建立交流系统时，似乎已经准备好在词和句子的水平上追求结构"（Goldin-Meadow & Mylander, 1990, p. 351）。

但是，研究者如何才能具体说明哪些知识是先天的？研究这个问题最有效的手段是考察许多不同语言中的语言获得，即跨语言研究。通过在全世界的许多语言中考察儿童容易获得什么以及难以获得什么，研究者就可以确定语法的哪些方面最有可能得到先天倾向的支持。

我们再次回到儿童是科学家这一类比上。儿童在学习某种特定语言时会受到某些先天机制的制约。**丹·斯洛宾**把这些准则定义为构成儿童**语言生成能力**（language-making capacity）的一系列操作原则。根据斯洛宾（Slobin, 1985）的理论，操作原则以指令的形式作用于儿童。例如，这是一种有助于儿童发现词与词组合起来构成一个语法单元的操作原则："把在特定命题类型表述中同现的词类和功能词类的有序序列，连同该命题类型的标记存储在一起（p. 1252）。"简言之，这个操作原则表明，儿童必须掌握词出现的顺序与其词义之间的关系。通过综合其他研究者提供的大量数据（他们考察了许多不同的语言），斯洛宾总结出了一系列操作原则。我们将用英语作为例子来说明这些原则是如何起作用的。

思考一下，讲英语的儿童在 2 岁左右开始使用词的组合（双词阶段）时，他们能做些什么。这时儿童的言语被描述为电报句，因为它主要是一些通常只包含名词和动词的简单短句。电报句中缺少有助于表达词与思想之间关系的功能词（如 the、and 和 of 等）。例如，"All gone milk"就是一个电报句。成年人必须结合语境才能理解双词句。例如"坦尼娅球"可以指"坦尼娅想要球"或者"坦尼娅扔球"，抑或其他什么意思。即便如此，有证据表明，处于双词阶段的儿童已经获得了某些英语语法知识。操作原则使他们能够发现，词序在英语中很重要，依

儿童通过倾听周围人的言语模式来发展语言流畅性。有什么证据表明他们在学习语法方面具备生物学上的优势？

次出现的三个关键成分是动作发出者—动作—客体（主格—动词—宾格）。支持这一"发现"的证据是，儿童把句子"玛丽的小羊跟着她去了学校（Mary was followed by her little lamb to school）"，误解为"玛丽（动作发出者）跟随（动作）她的小羊（客体）（Mary followed her little lamb）"（见**图 10.8**）。随着时间的推移，儿童必须利用其他的操作原则来发现"动作发出者—动作—客体"这条规则也有例外。

现在再回来思考一下斯洛宾称之为扩展的操作原则，该原则要求儿童使用同一个意义单位（词素）来标记同一个概念。这些概念的例子包括所有格、过去式和进行式。在英语中，这些概念都是通过在一个实义词后面加上一个符合语法的词素，例如 *-'s*（如 Maria's）、*-ed*（如 called）和 *-ing*（如 laughing）来表达的。请注意，在名词或动词后面加上这些发音后，其意义发生了什么样的变化。

儿童利用诸如扩展之类的操作原则来形成此类词素如何工作的假设。然而，因为这一原则需要儿童用同样的方式来标记所有情况，所以儿童通常会产生**过度规则化**（overregularization）的错误。例如，一旦儿童在掌握了过去式的规则（在动词后面加 -ed）后，他们会把 -ed 加在所有动词后，产生诸如 *doed* 和 *breaked* 这类不正确的过去式。当儿童学习复数规则（在词尾加 -s 或 -z）时，他们也会过度扩展这一规则，产生像 *foots* 和 *mouses* 这类不正确的词。过度规则化是一种特别有趣的错误，因为它通常出现在儿童学会使用名词和动词的正确形式之后。儿童起初使用正确的动词形式（如 *came* 和 *went*），这显然是因为他们把这些词作为单独的词来学习的；但当他们学习了动词过去式的一般性原则后，他们甚至会把这一规则扩展到对于该规则例外的那些动词上，虽然他们之前能正确地使用那些动词。随着时间的推移，儿童会使用其他操作原则来克服这些暂时的过度应用。

儿童的语言获得对他们的社交能力有巨大的影响。在我们把焦点转向毕生的社会性发展之前，你应该牢记这一点。

图 10.8　语法的获得

许多学步儿认为句子 "Mary was followed by her little lamb" 和句子 "Mary followed her little lamb" 具有相同的意思。

STOP　停下来检查一下

❶ 婴儿和儿童指向型言语与成年人指向型言语有何不同？

❷ 为什么儿童会过度扩展词的含义？

❸ 关于失聪儿童的研究如何支持"语法的某些方面具有生物学基础"这一观点？

❹ 儿童会过度规则化英语的过去式结构，你是如何发现的？

批判性思考：思考关于儿童察觉声音差异能力的研究。为什么将母语为英语的成年人和母语为英语的婴儿进行比较很重要？

生活中的心理学

成为双语者会对儿童有何影响

在"语言的获得"这一节中，我们主要关注儿童学习单一语言的过程。然而，在世界范围内，许多儿童在很小的时候就成了双语者——他们同时学习不止一种语言。你可能想知道他们是如何做到的。例如，当他们所处的环境中出现了两个意思相同的单词（如英语中的 *dog* 和西班牙语中的 *perro*）时，这些儿童会如何应对？一种可能是，他们把两种语言整合成一个大的存在于头脑中的词典。然而事实似乎并非如此。令人惊讶的是，从学习双语的最初那刻起，他们似乎就将两个或两个以上的词汇表分离开（Montanari, 2010）。他们很快就能在合适的语言环境下产生合适的词。

尽管如此，成为双语儿童仍需付出潜在的代价。从本质上讲，他们需要将相同的语言学习时间分配到两种不同的语言学习中。结果之一就是，双语儿童所掌握的每种语言的词汇量都比只用一种语言的同

龄儿童的少。例如，一项研究考察了 1 738 名年龄为 3~10 岁的儿童理解一种语言或两种语言中词汇的能力（Bialystok et al., 2010）。尽管有些双语儿童的词汇量比只用一种语言的同龄儿童的词汇量大，但在这 7 年的时间段中，双语儿童的平均词汇量都较小。

在你决定永远不让孩子在早期成为双语者之前，我们有一个重要的澄清：词汇量和词汇技能之间的差异是双语唯一持续存在的负面影响（Bialystok & Craik, 2010）。事实上，研究者已证明双语能带来许多积极的结果。在一项研究中，只会单一语言的 6 岁儿童和会双语的 6 岁儿童分别观看了四幅双关图（Bialystok & Shapero, 2005）。其中一幅是在第 7 章中出现过的"鸭—兔图"。研究者评估了儿童知觉到每幅图中的两种不同解读的容易程度。结果表明，双语儿童的表现始终优于只会一种语言的儿童。为什

么会这样呢？研究者认为，"信息加工的优势很可能源于（双语儿童）为了流利地使用其中一种语言而不得不持续地管理两个活跃的语言系统"（p. 596）。

更普遍的说法是，在需要选择性注意和认知灵活性的任务中，双语儿童能更好地控制自己的认知资源。这种能力被称为执行控制。双语者早在 2 岁时就已表现出比只会一种语言的同龄人更强的执行控制能力（Poulin-Dubois et al., 2011）。此外，由于执行控制的益处，终身使用双语可能会使人们免受某些伴随老化而来的认知衰退（Bialystok & Craik, 2010）。

你可以看到双语呈现出的有趣情况。早期就成为双语者的人可能终身都只有更少的词汇量（就一种语言而言）。但与此同时，他们很可能在需要执行控制的各种任务中有更好的表现。这对你来说是一个可接受的取舍吗？

毕生的社会性发展

通过上面的学习，我们已经了解了从出生到老年期的生理和认知变化是多么巨大。在本节中，我们将探讨**社会性发展**（social development），即个体的社会交往和社会期望在一生中是如何变化的。我们将看到，社会和文化环境与生物学上的老化过程相互作用，为一生中的每个阶段提供了独特的挑战和回报。

在讨论社会性发展时，特别重要的是，你要考虑文化和环境会如何影响我们生活的某些方面。例如，生活在经济困境中的人会遭受"正常"发展过程中所没有的各种压力（Conger et al., 2010; Edin & Kissane, 2010）。美国和世界上其他国家的当前趋势迫使发展心理学家开始考虑艰难生活环境的影响，许多儿童、青少年和成年人正被迫生活在这类环境中，致使他们的心智健康、安全和生存持续受到威胁。美国文化也将男女两性以及少数族群置于不同的生活境况中。例如，2007 年在 65 岁以上

的老人中，有 12% 的女性处于贫困中，而只有 7% 的男性生活贫困；在同年龄段的群体中，27% 的非裔美国女性生活贫困，而仅有 9% 的白人女性处于贫困中（Federal Interagency Forum on Aging-Related Statistics, 2010）。这些差异是当代美国社会结构性不平等的直接产物。

当我们在对"平均"生命进程下结论时，你应该记住，文化决定了某些个体会偏离这个均数；在我们描述"普通"个体所面临的心理挑战时，请记住，许多个体面临着非同寻常的挑战。研究者的职责就是记录这些问题所造成的影响，并设计出能减轻这些可怕后果的干预方案。

在阅读本章余下的内容时，你应该记住，生理年龄的增长和文化经验的社会积累是如何共同决定人生任务的。接下来，我们先从埃里克森的毕生发展理论开始关于社会性发展的讨论，该理论清晰地阐述了人生各个阶段的挑战和回报。

埃里克森的心理社会发展阶段

埃里克·埃里克森（Erik Erikson, 1902—1994）是弗洛伊德的女儿安娜·弗洛伊德的学生。他提出每个个体必须成功度过一系列的**心理社会发展阶段**（psychosocial stages），每个阶段都会出现一个主要冲突或危机。埃里克森认为人的一生可分为八个发展阶段（Erikson, 1963）。每个阶段都会有一个特定危机成为焦点（见**表 10.6**）。虽然每个危机都不会彻底消失，但如果个体想要成功应对后续发展阶段的冲突，就需要充分地解决当前阶段的主要危机。

信任对不信任（trust vs. mistrust） 在埃里克森提出的第一个发展阶段，婴儿需要通过与照护者的互动来建立对环境的基本信任感。信任是对父母的强烈依恋关系的自然伴随物，因为父母能够为他们提供食物、温暖以及由身体接触带来的安慰。但是，如果儿童经历了不一致的照护方式、缺乏身体的亲密接触及其所带来的温暖，并且经常没有体贴的成年人陪伴左右，其基本需要便得不到满足，那么他们就可能发展出一种普遍的不信任感、不安全感和焦虑感。

表 10.6 埃里克森的心理社会发展阶段

危机	大致年龄	挑战
信任对不信任	0~1 岁	形成世界是安全和美好的感觉
自主对自我怀疑	1~3 岁	意识到自己是一个独立的人，有能力做决定
主动对内疚	3~6 岁	发展出尝试新事物和应对失败的意愿
勤奋对自卑	6 岁至青少年期	学会基本的技能及与人合作
同一性对角色混乱	青少年期	发展出一种连贯的、完整的内在自我意识
亲密对孤独	成年期早期	在充满信任和爱的关系中与他人建立联系
繁殖对停滞	成年期中期	在职业、家庭和社区中，通过生产性活动寻求意义
自我整合对绝望	成年期晚期	对自己的一生感到满意并认为值得

埃里克森的心理社会发展阶段模型被广泛用于理解人一生的发展。埃里克森提出的哪种危机主导着你这一年龄段的个体？

自主对自我怀疑（autonomy vs. self-doubt） 伴随着行走能力的发展和语言技能的出现，儿童探索和操纵客体（有时是人）的范围得以扩展。这些活动让个体体验到一种舒适的自主感（或独立感），并意识到自己是一个有能力和有价值的人。相反，在第二阶段中，过分地约束和批评儿童可能导致他们出现自我怀疑，而要求过高（如过早或过严格的如厕训练）则可能损害儿童掌握新任务的韧性。

主动对内疚（initiative vs. guilt） 在学前期接近结束时，发展了基本信任感（首先是对周围环境的信任，然后是对自己的信任）的儿童能主动发起智力或运动活动。父母对儿童自主发起的活动的反应方式，要么鼓励儿童形成了下一发展阶段所需的自主感和自信感；要么导致儿童产生内疚感，让他们感觉自己是成人世界中无能的闯入者。

勤奋对自卑（competence vs. inferiority） 到了小学阶段，如果儿童顺利解决了之前的发展危机，那么现在他们就不仅仅是随意地探索和试验了，而是准备系统地发展各项能力。学校和操场成为儿童获得知识技能和运动技能的场所，与同伴的交往为儿童提供了发展社交技能的机会。这些方面的成功将给儿童带来能力感。但是，一些儿童成为了旁观者而不是参与者，或者他们经历了太多的失败以至于产生了自卑感，导致他们无力去面对下一个阶段的发展要求。

同一性对角色混乱（identity vs. role confusion） 埃里克森认为，在不断扩大的社交世界中，青少年面对不同的人时会扮演不同的角色，因此，这一阶段的根本危机是他们需要从这种混乱中发现自己真正的同一性（identity）。成功解决这一危机有助于个体获得统合的自我感；如果失败，则导致青少年缺乏稳定、核心的自我意象。

亲密对孤独（intimacy vs. isolation） 成年期早期的主要危机是解决亲密和孤独之间的矛盾，即发展对他人做出充分的情感、道德和性承诺的能力。做出这种承诺要求个体对一些个人偏好做出妥协，承担一些责任，放弃些许的隐私和独立。如果不能充分解决这个危机，则会导致孤独，无法与他人建立有心理意义的联系。

繁殖对停滞（generativity vs. stagnation） 下一个重要的发展时机出现在成年期中期，称之为繁殖。到了三四十岁，个体不再只关注自己和伴侣，而是将承诺扩展到对家庭、工作、社会和后代的承诺。没有妥善解决之前发展任务的个体则仍将沉溺于自我放纵之中，他们将质疑过去的决定和目标，以安全为代价去追求自由。

自我整合对绝望（ego integrity vs. despair） 成年期晚期的危机是自我整合与绝望之间的冲突。成功解决前几个阶段危机的老年人可以回首往事而不留遗憾，享受一种圆满感。如果先前的危机仍未解决，愿望仍没有实现，那么个体将会体验到无价值感、绝望感和自我贬低。

你会发现，埃里克森的理论框架对于追踪个体一生的发展非常有用。我们首先从儿童期开始。

儿童期的社会性发展

　　儿童的基本生存取决于和他人建立有意义且有效的关系。**社会化**（socialization）是一个终生的过程，在此过程中，个体的行为模式、价值观、标准、技能、态度和动机被塑造，以符合特定社会的期望。这一过程涉及许多人（亲戚、朋友、老师）和机构（学校和社区）共同对个体施加压力，促使其接受社会认同的价值和行为标准。但是在社会化过程中，家庭是最具影响力的塑造者和调节者。家庭这个概念本身正在发生变化，传统的家庭是由父亲、母亲和兄弟姐妹组成的，而现在许多孩子或在比传统家庭成员少（单亲家庭）或在比传统家庭成员多（大家庭）的环境中长大。然而，无论何种家庭，它都有助于个体形成对他人反应的基本模式，而这些模式反过来又成为个体一生与他人相处方式的基础。

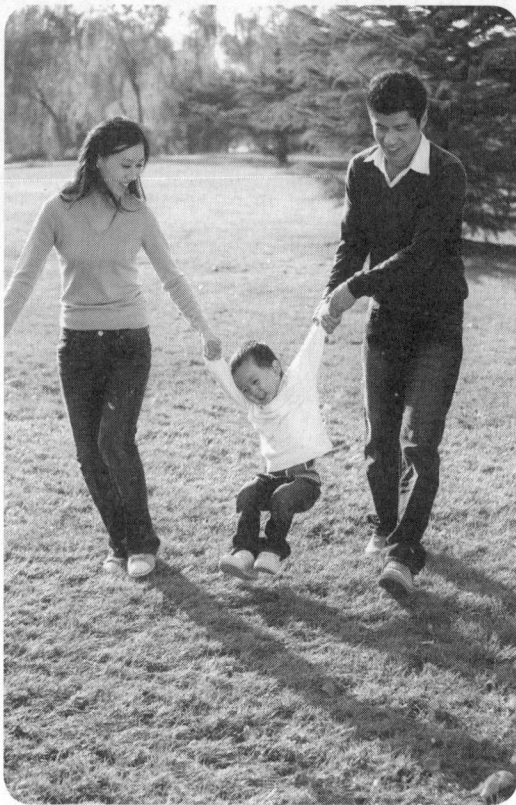

为什么与父母或其他照护者建立安全依恋对儿童非常重要？

　　气质　即使婴儿开始了社会化的过程，他们也不都是从相同的出发点开始的。儿童在生命之初便拥有不同的**气质**（temperament），即对环境做出的具有生物学基础的情感和行为反应水平（Thomas & Chess, 1977）。研究者**杰罗姆·卡根**及其同事业已发现，有些婴儿"生就胆小"，而有些婴儿"生就胆大"（Kagan & Snidman, 2004）。这些孩子在对物理和社会刺激的敏感性方面存在差异：胆小或拘谨的孩子"在面对陌生的人或环境时，总是显得小心谨慎和情绪淡漠"；胆大或者无拘束的孩子"在同样的陌生情境下，总是表现得合群、情感自然，并且很少感到恐惧"（Kagan & Snidman, 1991, p. 40）。在某个研究样本中，约 10% 的婴儿是拘谨的，约 25% 的婴儿是无拘束的；剩下的婴儿处于这两种类型之间（Kagan & Snidman, 1991）。研究者已经开始探索这些气质差异的遗传和脑基础（LoBue et al., 2011; Rothbart, 2007）。

　　追踪研究已经证实了早期气质的长期影响。例如，一项研究追踪了一组儿童，从他们 4 个月大一直追踪到 5 岁（Degnan et al., 2011）。在这些孩子 4 个月大时，研究者测量了他们在多大程度上表现出社交能力模式和亢奋模式（对新体验表现出积极的情绪反应）。9 个月大、2 岁和 3 岁时的测量结果显示，他们的亢奋水平相当稳定。在 5 岁时，亢奋水平越高的儿童在与陌生的同伴互动时表现出越强的能力。同样，当他们受挫时，亢奋水平越高的孩子越可能做出破坏行为。

　　婴儿的气质为其以后的社会性发展奠定了基础。接下来，我们将考察他们建立的第一种社会关系——依恋。

　　依恋　社会性发展始于婴儿与父母或其他主要照护者建立紧密的情感联系。这种强烈且持久的社会性—情感关系就叫作**依恋**（attachment）。儿童无力养活和保护自己，因此依恋的最初功能是保证生存。某些物种的幼雏会自动地对第一次看到或听到的移动客体产生印刻（Bolhuis & Honey, 1998）。在发展的某个关键期，**印刻**（imprinting）迅速发生，而且很难被修改。印刻的自动性并不总是有利。习性学家**洛伦兹**（Konrad Lorenz, 1903—1989）证实，由某个人养育的幼鹅会对这个人而非它们的同类产生印刻。幸运的是，在自然界中，几乎所有的幼鹅最先见到的都是其他的鹅。

印刻研究的先驱康拉德·洛伦兹形象地展示了当幼雏对其母亲之外的客体产生印刻时会发生什么。为什么对许多动物而言，印刻非常重要？

你不会发现人类的婴儿会对其父母产生印刻。即便如此，研究人类依恋的知名理论家**约翰·鲍尔比**（Bowlby, 1973）认为，婴儿与成人有形成依恋的生物学倾向。依恋关系具有广泛的影响。从鲍尔比开始（Bowlby, 1973），理论家们就指出，产生依恋关系的那些经验为个体提供了一个有关社会关系的终生图式，称之为内部工作模型（internal working model）（Dykas & Cassidy, 2011）。它是一种记忆结构，收集了儿童与其照护者的互动历史。正是这些互动产生了特定的依恋模式。内部工作模型为个体提供了一个模板，个体通过它产生对未来社会关系的预期。

玛丽·安斯沃斯及其同事发明的陌生情境测验（Strange Situation Test）是应用最广泛的依恋评估方法之一（Ainsworth et al., 1978）。该测验标准程序的第一步是，儿童被带进一个有很多玩具的陌生房间。有母亲在场的情况下，儿童被鼓励去探索房间和玩玩具。几分钟后，一个陌生人走进来与母亲交谈，并接近这个儿童。接着，母亲离开房间。经过短暂分离后，母亲返回房间，与孩子重聚，陌生人离开。研究者记录儿童与母亲分离和重聚时的行为。研究者发现，儿童在这个测验中的反应可分为三种基本类型（Ainsworth et al., 1978）：

- 安全型依恋（securely attached） 这类儿童在母亲离开房间时表现得有些忧伤；在母亲返回后向其寻求亲近、安慰和接触；然后慢慢地又去玩耍。
- 不安全依恋——回避型（insecurely attached–avoidant） 这类儿童看起来比较冷淡，在母亲返回后有意回避或忽视她。
- 不安全依恋——焦虑/矛盾型（insecurely attached–anxious/ambivalent） 这类儿童在母亲离开后变得极为不安和焦虑；在母亲返回后也不能被安抚，对母亲表现出生气和抗拒，但同时又表现出与母亲接触的需要。

在一份来自几个国家的样本中，大约 65% 的婴儿被归为安全型依恋；在不安全依恋的儿童中，大约 20% 被归为回避型，15% 被归为矛盾型（Ein-Dor et al., 2010）。

建立在陌生情境测验基础上的分类，尤其是将儿童总体上分为安全型和不安全型依恋，能高度有效地预测儿童未来在更广范围内的行为。例如，与被归为不安全型依恋的同伴相比，12 个月大时被归为安全型依恋的婴儿到 24 个月大时能更自在地与母亲玩耍（Donovan et al., 2007）。同样，15 个月大时在陌生情境测验中表现出安全或不安全行为的儿童，他们到 8~9 岁时在校行为也有很大差异（Bohlin et al., 2000）。那些在 15 个月大时是安全型依恋的儿童比那些不安全型依恋的儿童在学校里更受欢迎，更少经历社交焦虑。依恋的这种影响具有延续性，这在 10 岁儿童（Urban et al., 1991）和青少年（Weinfield et al., 1997）群体中都得到了证实。研究者还开发出了在婴儿期之后评估依恋的方法。这些测验同样能够预测个体的社交功能（Shmueli-Goetz et al., 2008）。在第 16 章中，我们会看到研究者通过测量依恋来预测成年人恋爱关系的质量。

依恋关系对儿童的生活非常重要。与能提供可靠社会支持的成年人建立安全的依恋关系，可以使儿童学到多种亲社会行为，去承担风险，去探索新环境，去寻求和接受人际关系中的亲密。

教养方式　正如我们之前所见，儿童把他们独特
的气质带到了与父母的互动中。儿童的气质可能引
发父母最好的（或最坏的）教养行为，进而产生意
想不到的结果。研究者认识到，儿童的气质与父母
的行为会相互影响，产生诸如依恋关系的质量等发
展结果：父母改变孩子多少，孩子就会改变父母多
少（Collins et al., 2000）。

　　尽管如此，研究者已经找到了一种对儿童来
说通常最有益的**教养方式**（parenting style）。这种
教养方式处于控制性和回应性两个维度的交界处
（Maccoby & Martin, 1983）："控制性（demandingness）
是指父母充当儿童社会化责任人的意愿，而回应
性（responsiveness）是指父母对儿童个体性的认可"
（Darling & Steinberg, 1993, p. 492）。如**图 10.9** 所示，
权威型（authoritative）父母对儿童提出恰当的要求：
他们要求孩子遵守适当的行为规则，但也对儿童的需求给予回应。他们保持沟通渠
道的畅通，以便培养儿童自我调节的能力（Gray & Steinberg, 1999）。这种权威型教
养方式最可能培养出有效的亲子纽带。如图 10.9 所示，与之形成对比的教养方式是
专制型（authoritarian），即父母严格要求孩子，但很少注意到孩子的自主性。放任型
（indulgent）教养方式是指父母回应孩子的需求，但不能帮助孩子学习生活所必需的
社交规则。忽视型（neglecting）教养方式是指父母既不管教也不回应孩子的个体性。

　　正如你所预期的，教养方式会影响儿童的依恋关系。父母采用权威型教养方式，
则孩子更可能从儿童期到青少年期一直保持安全型依恋（Karavasilis et al., 2003）。即
便如此，教养方式的影响也可能在一定程度上取决于儿童特殊的基因组成。

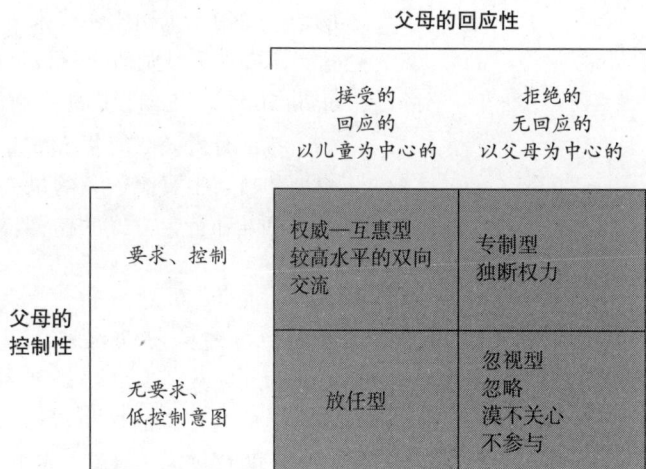

父母的回应性

	接受的 回应的 以儿童为中心的	拒绝的 无回应的 以父母为中心的
要求、控制	权威—互惠型 较高水平的双向 交流	专制型 独断权力
无要求、 低控制意图	放任型	忽视型 忽略 漠不关心 不参与

父母的控制性

图 10.9　教养方式的分类
我们可以从控制性和回应性两个维度来划分教养方式。控制性是指父母充当儿童社会化责任人的意愿；回应性是指父母能意识到儿童的个体性。权威型的教养方式最可能产生有效的亲子纽带。

研究特写

　　一组研究者对 601 名儿童进行了评估，以确定他们遗传了哪种类型的盐皮质激素受体
（MR）基因（Luijk et al., 2011）。在这些孩子的平均年龄为 14.7 个月大时，研究者用陌生情
境测验对他们的依恋安全性进行了评估。在此期间，测验者观察了母亲对待孩子的行为。用
两个指标来衡量观察到的母亲的行为：母亲的敏感回应反映了母亲对孩子的敏感性以及与孩子
的合作；母亲的极度不敏感反映了母亲的冷酷行为，包括对孩子的回避和忽视。研究数据表明，
基因和环境都很重要。对于那些遗传了至少一个次等位基因的孩子来说，敏感的回应会导致
他们更高的依恋安全性，而极端的不敏感则导致更低的依恋安全性。对于没有遗传次等位基
因的孩子来说，其依恋安全性不受母亲行为的影响。

　　有研究表明，当教养方式有所改善时，孩子的发展结果也会有所改善。例如，
一项研究追踪了 1 000 多名儿童及其母亲，从孩子 15 个月大一直追踪到他们上小学
（NICHD Early Child Care Research Network, 2006）。研究者在孩子 15 个月大时用陌
生情境测验测量了他们的依恋类型。母亲的教养方式则根据她们与孩子互动的录像
进行评定。研究者通过分析录像来判断母亲的教养方式在为期三年的研究过程中是
否发生了改变。母亲教养方式的改变会影响不安全型依恋儿童的命运：与母亲教养

质量下降的儿童相比，母亲教养质量得到改善的儿童，其发展结果也会一贯地更好。这类研究结果鼓励研究者设计出相关的干预措施，以改善父母的教养实践（Van Zeijl et al., 2006）。正如我们所了解的，这些干预措施也应该考虑儿童特定的遗传基因。

与富有爱心的成年人建立亲密的互动关系，是儿童健康成长和正常社会化的第一步。当与主要照护者的最初依恋扩展到家庭的其他成员身上时，他们变成了儿童新的思维和行为方式的榜样。儿童可从早期依恋中逐步发展出回应自己和他人需求的能力。

接触性安慰和社会经验 儿童从依恋关系中获得了什么？弗洛伊德与其他心理学家认为，婴儿依恋父母是因为父母为他们提供了最基本的物质需求——食物。这种观点被称为依恋的碗柜理论（cupboard theory）。假如碗柜理论是正确的，那么只要有充足的食物，儿童就会茁壮成长。这听起来似乎很有道理。

哈里·哈洛（Harlow, 1958）则认为碗柜理论并不能解释依恋的重要性。他开始用自己的假设来检验碗柜理论。他的假设是，婴儿可能会依恋那些给予他们**接触性安慰**（contact comfort）的人（Harlow & Zimmerman, 1958）。哈洛让刚出生的幼猴与母猴分开，放在有两个人造"母猴"的笼子里：一只母猴是用金属网做的，另外一只母猴是用绒布做的。哈洛发现，即使只有用金属网做的"母猴"能提供奶水，幼猴们也会紧紧地依偎着用绒布做成的"母猴"，而很少会和用金属网做成的"母猴"待在一起！当遭遇惊吓时，幼猴们把"绒布母猴"作为安慰源。当探索新的刺激物时，幼猴们则把"绒布母猴"当作行动基地。当恐惧的刺激物（如敲鼓的玩具熊）出现时，幼猴们会跑向"绒布母猴"。当新奇的刺激物出现时，幼猴们会试探着冒险去探索，然后在进一步探索前会先回到"绒布母猴"那里。

哈洛及其同事的进一步研究发现，对这些猴子来说，与替代母亲建立起强烈的依恋并不足以保证其社会性的健康发展。实验者最初认为，和"绒布母猴"待在一起的幼猴可以正常发展，但用这种方式抚养长大的母猴在成为母亲时，结果却大大出乎人们的意料。那些在生命早期被剥夺了与其他有回应的猕猴互动机会的幼猴，成年后难以形成正常的社会关系和性关系。

现在，我们来看看有关猴子的研究对人类剥夺有何启示。

人类剥夺 很不幸，人类社会有时会发生孩子被剥夺接触性安慰的情况。许多研究表明，在婴儿期，缺少亲密的、爱的关系会影响孩子的身体发育，甚至会危及生存。1915年，约翰·霍普金斯医院的一位医生指出，尽管得到了足够的身体照护，巴尔的摩孤儿院中 90% 的婴儿还是在出生后第一年就夭折了。在随后的 30 年里，对住院儿童的研究结果发现，尽管营养充足，这些儿童还是会经常出现不明原因的呼吸道感染和发烧、体重无法增加等症状，并表现出生理机能恶化的普遍迹象（Bowlby, 1969; Spitz & Wolf, 1946）。

哈洛是如何证明接触性安慰对正常社会性发展的重要性的？

当代的研究持续证实了这种破坏性的模式。例如，一项研究比较了家庭养育的孩子与机构养育（生活中 90% 的时间）的孩子的依恋结果的差异（Zeanah et al., 2005）。研究者发现，74% 的家庭养育的孩子形成了安全型依恋；而机构养育的孩子中仅有 20% 形成了安全型依恋。而且，缺乏正常的社会接触可能会对儿童的脑发育产生长期的影响。一项研究测量了儿童的脑对快乐、愤怒、恐惧和悲伤这四种表情图片的反应（Moulson et al., 2009）。与家庭抚养的儿童相比，机构抚养的儿童在大脑层面上对情绪表情的反应受到损伤。

不幸的是，不管儿童的生活环境如何，他们都有可能被虐待。美国政府在近期的一项调查分析中发现，每年大约有 125 000 名儿童遭遇了身体虐待，近 66 700 名儿童遭遇了性虐待（U.S. Department of Health and Human Services, 2010）。一项研究调查了 2 759 名在儿童期遭受过性虐待的成年人的心理健康状况（Cutajar et al., 2010）。在这群人中，23% 的人曾寻求过心理健康服务，而在与他们性别和年龄相匹配的对照组中，这一比例仅为 8%。儿童受虐待事件给心理学家提出了一项非常重要的任务，那就是找出最符合儿童利益的干预措施。在美国，大约有 424 000 名儿童和青少年依靠某种类型的寄养照护（比如收容所或寄养家庭）（Child Welfare Information Gateway, 2011）。这些孩子对离开虐待他们的家庭总是感到高兴吗？这个问题的答案很复杂，因为即使是被虐待的儿童通常也会形成对照护者的依恋：孩子可能还保持着对原生家庭的忠心，并希望如果他们被允许返回家庭，一切都会恢复正常。这也是很多研究专注于设计那些能帮助家庭重聚的干预项目的原因之一（Miller et al., 2006）。

在这部分内容中，你了解了儿童期的经验对后期的社会性发展有着怎样的影响。现在，我们来关注儿童期之后的几个发展阶段，我们先从青少年期开始谈起。

青少年期的社会性发展

在本章前面，我们是根据生理变化来定义青少年期的。在本节中，那些变化将作为社会经验的背景。由于个体达到了一定的生理和心理成熟水平，新的社会挑战和个人挑战便应运而生。我们首先来看看青少年期的一般经验，然后再转到个体不断变化的社交世界。

青少年期的经验　传统上，人们习惯把青少年期看作人生中独一无二的躁动阶段，处于该阶段的个体有着极不稳定的情绪，以及不可预测和难以相处的行为："风暴和压力"（storm and stress）。这种观点可以追溯到 18 世纪末和 19 世纪初的浪漫主义作家，如歌德（德语对应的词组是 Sturm Und Drang，文学上称之为"狂飙运动"——译者注）。**斯坦利·霍尔**（G. Stanley Hall）是现代史上第一位详细论述青少年期发展的心理学家，他极力提出了青少年期的"风暴和压力"这一概念（Hall, 1904）。继霍尔之后，这一观点的主要支持者是那些遵循弗洛伊德学说传统的精神分析理论家（Blos, 1965; Freud, 1946, 1958）。他们中的一些人认为，躁动是青少年期正常的一部分，如果未出现这种躁动反而是发展受阻的一种表现。**安娜·弗洛伊德**曾写道："青少年期的正常本身就是一种不正常"（1958, p. 275）。

文化人类学的两位先锋，**玛格丽特·米德**（Mead, 1928）和**露丝·本尼迪克特**（Benedict, 1938）认为，风暴和压力理论并不适用于很多非西方文化。她们描述了多种文化，在这些文化中，儿童逐渐承担起越来越多的成人责任，并没有经历一段充满压力的突然的转变期或者犹豫不决的躁动期。当代的研究也证实，不同文化中青少年期的经验存在差异（Arnett, 1999）。这些跨文化的差异有力地反驳了关于青少年期经验的纯生物学理论。相反，研究者将焦点放在了不同文化背景下儿童被期望做出的转变上。

大多数研究者拒绝将青少年期的"风暴和压力"视为生物学上必然的发展方面。然而，通常情况下，从儿童期进入青少年期，人们确实会经历更多的情绪紧张和冲突。在前面讨论青少年期的生理发展时我们曾提到，控制情绪反应的脑区会在青少年期有所发育。脑部的这种成熟可以解释为什么青少年会体验到极端的积极情绪和消极情绪（Casey et al., 2008; Steinberg, 2008）。

同一性形成　回顾一下埃里克森的观点，即青少年期的基本任务是渡过危机，从而发现自己真正的同一性。**詹姆斯·马西亚**（Marcia, 1966, 1980）扩展了埃里克森的分析，声称可以根据同一性状态对每个青少年进行分类：

- 同一性扩散（identity diffusion）：个体还没有度过同一性危机或对目标和价值观做出承诺。
- 同一性早闭（foreclosure）：个体从未经历过同一性危机，因为他对别人（如父母）的价值观做出了承诺。
- 同一性延缓（moratorium）：个体积极探索不同的同一性，但尚未做出承诺。
- 同一性获得（identity achievement）：个体探索了不同的同一性，并对其中的一个做出了暂时的承诺。

对青少年经历的纵向分析表明，个体通常会遵循从同一性扩散到同一性获得这样一个过程（Meeus, 2011）。此外，青少年的同一性越成熟，体验到的幸福感往往越强。

青少年对同一性的追寻有助于解释他们与父母之间的冲突。在与美国主流文化类似的许多文化中，一个结果就是孩子试图从父母那里获得独立。父母和青少年期的孩子必须经历这样一种关系的转变：从父母拥有至上的权威到青少年寻求合理的自主权来做出重要的决定（Daddis, 2011）。一项对 1 330 名 11~14 岁的青少年进行的追踪研究显示（McGue et al., 2005），与他们 11 岁时相比，这些青少年 14 岁时报告他们和父母有更强烈的冲突。14 岁时，青少年的父母更少涉足他们的生活，青少年对父母的关注不那么积极，并且他们相信，父母对他们的关注也不那么积极。这些数据说明，孩子在为独立而斗争时产生了一些关系代价。

尽管如此，青少年与父母的冲突通常并不会导致消极后果。在多数情况下，大部分青少年都能很方便地从父母那里获得实践支持和情感支持（Smetana et al., 2006）。因此，很多青少年与父母的冲突并不会破坏彼此之间的基本关系。如果原本的关系背景是积极的，那么冲突几乎不会产生消极后果。然而，如果青少年与父母的关系原本是消极的，则冲突可能会导致其他问题，如社会退缩和青少年犯罪（Adams & Laursen. 2007）。因此，家庭环境可以解释为什么一些青少年会经历非同寻常的"风暴和压力"。

同伴关系　关于青少年期社会性发展的许多研究都集中在家人（或成年监护人）和朋友作用的变化上（Smetana et al., 2006）。我们已经知道，婴儿对成人的依恋在出生后不久就会形成。儿童在很小的时候就开始有朋友了。然而，只有从青少年期开始，同伴在影响个体的态度和行为上才能够与父母的作用相竞争。青少年的同伴关系包含三种水平：友谊、朋党和团伙（Brown & Klute, 2003）。在多年的变化过程中，青少年越来越依靠一对一的友谊为他们提供帮助和支持（Bauminger et al., 2008; Branje et al., 2007）。朋党（cliques）是一种通常由 6~12 个人组成的团体。这些团体的成员可能会随着时间而变化，但他们往往是根据年龄或种族等因素来划分的（Smetana et al., 2006）。最后，团伙（crowds）是指大的群组，例如"运动达人"或"电脑迷"。团伙比较松散地存在于这个年龄段的个体中。通过这三种水平的同伴交往，青少年逐渐确定了他们发展中的同一性的社会因素，决定了他们要成为什么样的人，以及选择追求什么样的关系。

青少年形成的同伴关系对其社会性发展十分重要，它为个体提供了机会，让他们能够学习在高要求的社会环境中应该如何发挥作用。从这个意义上讲，同伴关系在为青少年的未来发展做准备方面发挥着积极的作用。与此同时，父母也会担心同伴关系对孩子产生负面影响，这也是合情合理的担心（Brechwald & Prinstein, 2011; Dishion & Tipsord, 2011）。事实上，青少年更可能在同伴的影响下做出一些危险行为。

研究特写

一组研究者想考察成年人和同伴对青少年驾驶行为的影响（Simons-Morton et al., 2011）。为了实现这一目标，研究者在刚取得驾照的青少年司机（平均年龄为 16.4 岁）的车上安装了行车记录仪。该仪器有助于研究者确定这些青少年的驾驶行为何时导致撞车或险些撞车。车上还安装了摄像机，研究者可借此判断车上的乘客是成年人还是青少年的同伴。这些青少年还报告了有没有喜欢冒险的朋友。在为期 18 个月的研究中，这些青少年共发生 37 次撞车和 242 次险些撞车。当车上的乘客为成年人时，他们撞车或险些撞车的概率能降低 75%。在此期间，如果车上有喜欢冒险的朋友，那么他们撞车或险些撞车的概率将升高 96%！

这项研究证实了一种青少年普遍存在的倾向：同伴会促使个体从事危险行为。但是，某些青少年更容易受同伴的影响，这种特性会产生不良后果。在一项追踪研究中，在研究的开始阶段很容易被亲密的朋友所影响的学生，在一年后也更容易出现吸毒或者酗酒等问题（Allen et al., 2006）。我们再一次强调，青少年期并非必然充满风暴和压力。然而，这类研究指出了那些让青少年处于危险之中的行为模式。

当青少年司机的车上有喜欢冒险的朋友时，将会发生什么？

成年期的社会性发展

埃里克森将成年期的两项任务定义为亲密和繁殖。弗洛伊德将成年期的需要确定为爱和工作（Lieben und Arbeiten）。马斯洛（Maslow, 1968, 1970）则将这一时期的需要描述为爱和归属，当这些需要得到满足，就会发展出对成功和尊重的需要。其他一些理论家则将这些需要称为归属或社会接纳、成就或能力的需要。这些理论的共同核心是：在成年期，社会关系和个人成就占据重要地位。在本节中，我们将探讨整个成年期的这些主题。

亲密 埃里克森认为，**亲密**（intimacy）是一种对他人做出完全承诺的能力。亲密可能出现在朋友关系和恋爱关系中。它要求坦诚、勇气和道德感，并且往往还需要牺

生活中的批判性思维

日托如何影响儿童的发展

如果你计划既要孩子又要事业，那么你很可能将面对一个难题：将孩子送去日托中心是否明智？幸运的是，心理学研究可回答这一重要问题。

一组研究者对 1 364 名参与者进行了追踪研究。从他们 1 个月大时就开始研究，现在他们已经步入青少年晚期（Vandell et al., 2010）。在这一样本中，有些儿童入学前一直由母亲照护；还有许多儿童每天都会接受类型各异、或长或短的日托照护。该研究团队最早的出版物主要关注日托对儿童依恋安全性的影响。研究数据表明，参加日托的儿童存在形成不安全型依恋的风险，但其前提是：母亲对他们的需求不敏感（NICHD Early Child Care Research Network, 1997）。如果不存在这一前提情况，参加日托的儿童与待在家中的同伴一样，也能形成安全型依恋。

随着这批儿童不断长大，研究者还对他们的智力和社会性的发展情况进行了测量。这些研究证实，参加日托对儿童的智力和社会性发展既能产生积极影响，也能产生消极影响。积极的影响是，参加日托的儿童在标准化测验中的成绩通常较好，如记忆和词汇测验（Belsky et al., 2007）。消极的影响是，参加日托的儿童在班级中经常表现出更多的社交和行为问题。然而，出现社交问题的可能性主要取决于儿童所参加的日托的具体类型。当孩子参加的是优质日托时，他们的发展结果会更好（Belsky et al., 2010）。但"优质"指的又是什么？

研究日托的专家**克拉克－斯图尔特**（Clarke-Stewart, 1993; Clarke-Stewart & Alhusen, 2005）通过研究文献，总结出了优质日托的一系列指导原则。其中一些建议与儿童的身体舒适度有关：

- 日托中心要舒适和安全。
- 每 6~7 个儿童至少需要配备 1 名照护者（3 岁以下的儿童需要更多的照护者）。

其他建议涵盖了日托课程的教育性和心理性：

- 儿童应该可以自由选择与明确的课程相结合的各种活动。
- 儿童应该被传授解决社交问题的技巧。

克拉克－斯图尔特还建议，日托服务的提供者要具备优秀父母的诸多品质：

- 照护者应当及时回应儿童的需要，并积极地参与他们的活动。
- 照护者不应对儿童施加过多的限制。
- 照护者应充分且灵活地识别每个儿童的不同需要。

如果这些指导原则能被执行，那么所有父母外出工作的儿童都能获得优质的日托服务。

- 如果你想比较参加日托和不参加日托儿童的差异，你应该匹配两组儿童的哪些维度？
- 你如何评估日托服务提供者是否以适宜的方式与孩子互动？

性一些个人偏好。研究一致地证实了埃里克森的假设，即社会亲密关系是成年期心理健康的先决条件（Kesebir & Diener, 2008）。在第 11 章和第 16 章中，我们将讨论影响个体选择朋友、情侣和性伴侣的因素。在这里，我们重点来看亲密关系在社会性发展中的作用。

成年期初期是大多数人开始步入婚姻关系或其他稳定关系的时期。2010 年，在 20~24 岁的人群中，13.6% 的人已婚；在 25~29 岁的人群中，已婚者达 38.2%（U.S. Census Bureau, 2011）。此外，很多未婚者也有同居伴侣。2007 年，4.9% 的美国家庭为异性同居，0.7% 为同性同居（U.S. Census Bureau, 2008）。近些年来，美国一些州开始允许同性恋伴侣进行民事承诺或合法婚姻。研究者试图弄清所有类型的关系对成年期社会性发展所产生的影响。例如，研究者关注同性恋与异性恋伴侣之间的异同（Balsam et al., 2008; Roisman et al., 2008）。研究表明，同性恋与异性恋伴侣在维持长久关系时所使用的策略有很多相同之处。例如，他们都会通过共同分担任务、共同活动来保持亲密（Haas & Stafford, 2005）。但是，异性恋伴侣的关系获得的社会支持更多（Herek, 2006）。为了应对社会接受度低的问题，同性恋伴侣通常会采取一些特殊措施来维系关系，如公开"出柜"。

上面提到的每一种关系都增强了家庭在成年人社会生活中的作用。当个体决定要孩子的时候，家庭就会发展壮大。然而，可能令你惊讶的是，孩子的出生常常会威胁伴侣的幸福感（Lawrence et al., 2007; Twenge et al., 2003）。为什么会这样呢？研究者关注了异性伴侣关系中男女两性在转换为父母角色上的不同方式（Cowan & Cowan, 2000; Dew & Wilcox, 2011）。与过去相比，当代西方社会的婚姻关系更多地建立在男女平等的观念之上。但是，孩子的出生可能会把丈夫和妻子推向更加传统的性别角色。妻子可能感到照顾孩子的负担过重，丈夫可能感到供养家庭的压力太大。总的结果可能是，随着孩子的出生，双方都发现婚姻关系变得消极了。近些年来，研究者开始研究那些抚养孩子的同性恋伴侣。如你所想，在教养孩子方面，同性恋伴侣较少受性别角色问题的困扰（Goldberg & Perry-Jenkins, 2007; Patterson, 2002）。尽管如此，与异性恋伴侣的研究结果一致，一项对女同性恋伴侣的研究发现，在为人父母以后，伴侣间的爱会减少，冲突会增多（Goldberg & Sayer, 2006）。

哪些因素会影响婚姻幸福以及夫妻白头偕老的可能性？

对于大多数夫妻来说，婚姻满意度持续下降是由于孩子进入青少年期后会发生亲子冲突。与人们常有的刻板印象相反，许多父母都期待着孩子离开家庭，留给自己一个"空巢"的那一刻（Gorchoff et al., 2008）。当孩子不与父母住在一起时，父母可能会更喜爱他们。你是否因此不敢生孩子了？我们当然不希望如此！我们的目的是让你了解那些有助于你预期和解释你的生活模式的研究。

你现在已经知道，总的来说，步入成年期晚期后，个体的婚姻会更加幸福。然而，你一定也已经意识到，很多婚姻早在个体步入成年期晚期之前就以离婚告终。研究者希望能够确定什么样的夫妻根本就是错误的结合，什么样的夫妻可以避免离婚的结局（Amato, 2010）。一些对夫妻进行长期追踪的研究已经确定了使婚姻面临风险的某些因素，包括频繁的冲突、不忠、低水平的爱和信任。

我们将以我们最初提出的观点结束本节内容，即社会关系中的亲密感是心理健康的先决条件。重要的不是社会交往的数量，而是质量。当你步入老年，你将选择那些能够为你提供直接情感支持的个体，以保障自己对亲密感的需要。

现在，我们转到成年人发展的第二个方面——繁殖。

繁殖 那些建立了适当亲密关系的人通常能将注意力转向**繁殖**（generativity）。这是一种超越自我，对家庭、工作、社会或后代作出的承诺，是一个人在三四十岁时至关重要的发展阶段（Whitbourne et al., 2009）。以更大的善为导向，可以让成年人建立一种心理幸福感，从而得以弥补任何对年轻的渴望。下面我们来看看一个繁殖在学术环境中如何发挥作用的例子。

许多教授都扮演着年轻同事的导师这样一种重要的角色。一组研究者希望证明，教授的个人繁殖水平有助于预测他们在导师角色上的成功程度（Zacher et al., 2011）。128 位教授的研究助理通过回答诸如"我的导师把更多的精力花在培养下一代科学家上，而不是自己的成功上"这样的问题，提供了每位教授繁殖水平的信息（p. 244）。这些研究助理还评估了教授作为导师的成功程度。研究数据表明，繁殖水平高的教授在以后的人生中更容易成为成功的导师。

这项研究说明具有高繁殖力的人如何将他们的智慧传递给后代。同样值得注意的是，在一个包含 2 507 名成年人（35~74 岁）的样本中，更高的繁殖力与更高的幸福感（涉及自我接纳和个人成长等维度）相关（Rothrauff & Cooney, 2008）。

成年期晚期是人生目标改变的时期；当人生不再理所当然地会有未来时，事情的优先级将会发生变化。但是在这种变化中，老年人仍然认为生活是有价值的。埃里克森认为，成年期的最后一项危机是自我整合与绝望之间的冲突。相关资料表明，很少有成年人会带着失望的心情来回顾自己的一生。事实上，随着年龄的增长，人们报告了更多的情绪上的幸福感（Carstensen et al., 2011）。大多数老年人会带着圆满感和满足感来回顾自己的生命历程，并展望未来。

通过对儿童期、青少年期和成年期社会的和个体的诸多方面的讨论，我们已经考察完了生命的全程。在本章结束前，我们再考察经验会随时间推移而发生变化的两个领域：性和性别差异以及道德发展。

STOP 停下来检查一下

❶ 根据埃里克森的观点，在人生发展的哪个阶段人们会遭遇亲密对孤独的危机？

❷ 儿童早期依恋关系的质量会对个体产生哪些长期影响？

❸ 定义教养方式的维度有哪些？

❹ 青少年会参与哪几种水平的同伴关系？

❺ 孩子的出生通常会对婚姻满意度产生怎样的影响？

批判性思考：回顾一下那项关于青少年司机冒险行为的研究，为什么研究者会关注新取得驾照的青少年司机？

性与性别差异

在生命最初的几个月里，大多数儿童开始获得一种信息，即他们所处的社会环境中有两类人：男人和女人。久而久之，儿童认识到，男女两性的许多心理经验是高度一致的。然而，当差异出现时，儿童会了解到有些差异源于生物因素，有些差异则源于文化期望。区别男女两性的生物特征被称为**性差异**（sex difference）。这些特征包括不同的生殖功能以及激素和解剖学上的差异。然而，儿童首先认识到的差异完全是社会性的：他们在不知道任何解剖学知识之前就已经开始感知到男女两性的差异。与生物学意义的性不同，**性别**（gender）则是一种心理现象，指的是后天习得的与性有关的行为和态度。在不同文化中，性别角色与日常活动相关联的程度不同，人们对跨性别行为的容忍程度也不同。本节我们将同时考察性差异和性别的发展：儿童的男性意识或女性意识的先天和后天影响因素。

两性差异

　　大约从胎内期的第 6 周开始，男性胎儿的睾丸开始发育并产生睾酮激素，男性胎儿和女性胎儿开始表现出差异。睾酮的出现与否对决定胎儿出生时的解剖学性别十分重要。产前接触睾酮对建立典型的性别行为和特征也有重要作用（Hines, 2011）。在一些研究中，研究者直接测量了参与者羊水中的睾酮水平。例如，研究者将这些胎儿的睾酮水平与这些男孩或女孩在 4 岁时的社会关系质量进行了相关分析（Knickmeyer et al., 2005）。总体上，胎儿期男孩的睾酮水平高于女孩。在这一背景下，无论是男孩还是女孩，胎儿期睾酮水平较高的个体的社会关系通常也较差。这些结果表明，个体的行为遵循性别角色期望的程度，可能部分取决于他们产前的睾酮环境（Morris et al., 2004）。

　　脑部扫描结果表明，男女两性的脑存在一致的结构差异。通常，男性的脑比女性的要大（Lenroot & Giedd, 2010）。要想恰当地比较两性的脑结构差异，就需要控制这个总体差异。就两性的行为差异问题而言，做了这类控制后所发现的脑结构差异非常有趣。例如，MRI 扫描显示，在调节社会行为和情感功能方面发挥重要作用的前额叶区，女性的相对要大于男性的（Welborn et al., 2009）。为了确认这方面的性别差异是生物学层面的，而不是在一定文化环境下长时间扮演男性或女性角色的结果，研究者也对儿童和青少年进行了同样的研究（Lenroot et al., 2007）。这些研究确定，脑中出现的这种两性差异是正常生物发展的一部分。

　　其他有关两性差异的分析集中在男性和女性的大脑在完成认知和情感任务时的差异（Canli et al., 2002）。思考一下，男女两性在观看幽默图片时的脑加工过程。

研究特写

　　15 名男性和 14 名女性一边看图片（80 张有趣图片和 80 张中性图片），一边接受 fMRI 扫描（Kohn et al., 2011）。先观看每张图片 7 秒，之后参与者需要回答"这张照片有多有趣？"评分为 1—5 分。总的来说，女性比男性在有趣的图片中发现了更多的幽默（女性的平均评分为 3.79，男性的为 3.48）。男性和女性的脑活动模式为这些评分差异提供了线索：女性在负责情绪反应的脑区出现了相对更多的激活，例如杏仁核（见第 3 章）。男性负责情绪的脑区相对较低的激活可能导致他们对幽默的领会程度较低。

　　后续关于脑功能的进一步研究证实，两性在对情绪负载刺激的编码和再认方面存在差异（Cahill et al., 2004; Derntl et al., 2010）。这些研究说明，区别男性与女性的一些行为差异可以追溯到生物学上的差异而非文化的作用。

性别认同与性别刻板印象

　　你已经了解了由生物学方面的差异导致的男女两性在行为上的重要差异。但是，文化期望对性别认同也具有重要影响。**性别认同**（gender identity）是个体对自己是男性还是女性的意识。在很小的时候，儿童就开始知道人分为两种性别（Martin & Ruble, 2010）。例如，10~14 个月大的婴儿就已显示出对同性别儿童表现的抽象运动视频的偏好（Kujawski & Bower, 1993）。在生命的早期，儿童开始知道自己是男孩或女孩，并习惯于自己的性别认同。同时，他们也获得了**性别刻板印象**（gender stereotype）的知识，即关于特定文化中男性和女性应该具有适宜特征和行为的信念。

研究者已经证实了大多数儿童获得性别刻板印象的时间进程（Martin & Ruble, 2010）。在学前阶段，儿童在现实世界中的经验为他们提供了有关文化对男性和女性期望的知识。在 5~7 岁时，儿童将这些知识巩固为性别刻板印象。事实上，这一阶段儿童的性别刻板印象最死板。例如，一项研究考察了儿童的性别刻板印象，要求儿童指出哪个孩子"喜欢玩具店"，或哪个孩子"粗鲁，喜欢故意伤害他人"（Trautner et al., 2005）。儿童把卡片放入分别代表"只有男孩""男孩多于女孩""男孩和女孩一样多""女孩多于男孩"及"只有女孩"的盒子中，作为对每一条陈述的回答。在"只有男孩"或"只有女孩"的盒子中投放卡片最多的是 5~7 岁的儿童，这表明他们的性别刻板印象最强烈。年龄较大的儿童在性别和行为问题上表现出了较高的灵活性。换言之，他们更可能指出男女两性都会做出许多不同的行为。因此，到了 8 岁左右，儿童开始懂得男孩和女孩之间也存在相似性。

儿童是如何获得这些导致性别认同和性别刻板印象的信息的？父母是儿童的信息源之一。父母会给儿子和女儿穿不同的衣服，买不同的玩具，用不同的方式与他们交流。在和孩子玩耍时，父母通常会认为有些玩具是"男性化的"，而有些玩具则是"女性化的"；他们更可能选择适合孩子性别的玩具，但这种偏好更多地体现在与男孩玩耍时，而不是与女孩玩耍时（Wood et al., 2002）。通常，父母会鼓励孩子参加适合自己性别的活动（McHale et al., 2003）。

同伴是性别社会化的另一重要来源。例如，**埃莉诺·麦科比**（Maccoby, 2002）提出，年幼儿童都是隔离主义者，即使父母不监督，甚至父母鼓励他们参加男女混合的游戏，他们也总是和同性别的孩子凑在一起玩。麦科比认为，儿童行为的很多性别差异是同伴关系的产物。事实上，男孩和女孩在社会互动模式上表现出一贯的差异。例如，至少在 6 岁时，男孩喜欢集体活动，而女孩则更喜欢一对一的交往（Benenson et al., 1997; Benenson & Heath, 2006）。女孩更喜欢参加社会交际，彼此分享自己的信息；男孩则更喜欢追逐打闹游戏（Rose & Rudolph, 2006）。随着年龄的增长，这种性别差异会越来越突出。青少年期女孩的友谊可能表现出更多的亲密性和自我表露；而青少年期男孩之间的友谊可能表现出更多的竞争性和刺激性（Perry & Pauletti, 2011）。

父母和同伴是如何影响儿童性别角色的获得的？

以上我们讨论了影响所有儿童性别发展的因素。但是，与儿童发展的其他领域一样，我们必须承认个体差异的存在。接下来，我们来看一项为期六年的纵向研究，该研究考察了儿童的性别类型化行为。

男孩

女孩

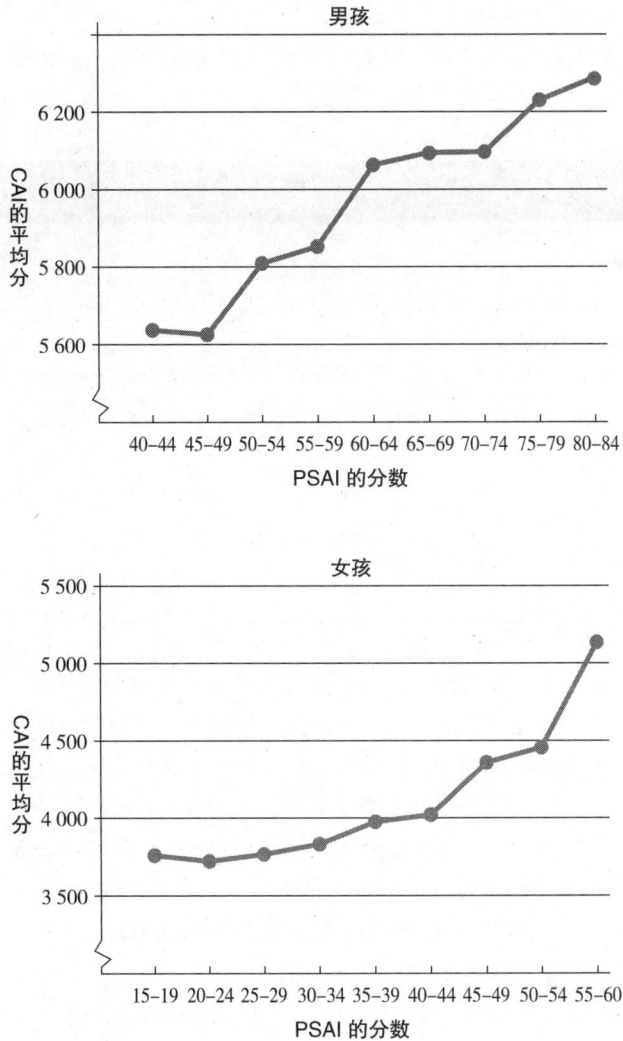

图 10.10　**性别类型化行为随年龄增长的稳定性**

儿童 3 岁时，由母亲完成测量孩子性别类型化行为的《学前儿童活动问卷》（PSAI）。到 8 岁时，由儿童自己完成《儿童活动问卷》（CAI），以报告自身的性别类型化行为。研究者根据儿童 3 岁时的 PSAI 得分对其进行分组（分数越低，表示刻板的女性化行为越多），然后分别计算每组儿童 8 岁时在 CAI 上的得分均值。图中曲线表明，儿童的性别类型化行为水平在两个时间点高度相似。

资料来源：“Longitudinal general population study of sex-typed behavior in boys and girls: A longitudinal general population study of children aged 2.5–8 years” by Susan Golombok, John Rust, Karyofyllis Zervoulis, Tim Croudace, Jean Golding and Melissa Hines, *Child Development*, September 1, 2008, pages 1583–1593, copyright © 2008 by the Society for Research in Child Development. Reprinted by permission of John Wiley and Sons.

研究特写

一项研究以 5 501 名儿童为研究对象，在孩子 2 岁时，由母亲提供有关孩子性别类型化行为的信息（Golombok et al., 2008）。母亲们需要完成《学前儿童活动问卷》（*Preschool Activities Inventory*, PSAI），回答这样一些问题，例如，“在最近一个月内，您的孩子玩首饰的次数是多少” 或 “打架的次数是多少”。在孩子 3 岁和 5 岁时，母亲再次完成《学前儿童活动问卷》。在孩子 8 岁时，由他们自己来完成《儿童活动问卷》（*Children's Activites Inventory*, CAI）。该问卷由若干描述不同类型儿童的成对的句子组成，如 “有些孩子玩首饰，……但另一些孩子不玩首饰”（p. 1586）。听完这些陈述后，孩子回答自己与这两类儿童有多么相似。基于这些纵向评估，研究者得出结论：对儿童个体来说，随着年龄的增长，其参与性别类型化行为的可能性相对稳定。例如，**图 10.10** 绘制了儿童 3 岁时的 PSAI 得分与 8 岁时的 CAI 得分之间的关系曲线，从中我们可以看到，两个分数高度匹配。

儿童的行为为何会如此稳定？这些研究者指出了天性和教养两方面的原因。在天性方面，胎儿期的环境可能导致儿童的脑相对更加男性化或女性化；在教养方面，研究者考虑了父母和同伴行为的差异。如果父母的性别刻板印象比较僵化，则其孩子的性别类型化行为也较多。此外，儿童会选择与自己性别类型化行为水平接近的同伴做朋友，而这就创设了有利于这些行为稳定的环境。

我们已经简要讨论了男孩和女孩如何以及为何会以不同的方式体验社会性发展。接下来，我们来看看道德发展。

STOP 停下来检查一下

❶ 性差异和性别差异之间有何区别？

❷ 就幽默图片的加工过程而言，研究发现男女两性的脑活动有什么差异？

❸ 年幼儿童的"隔离主义"表现在哪些方面？

批判性思考：回顾有关性别类型化行为稳定性的研究，为什么研究者要在儿童 8 岁时让他们自己报告而不再由母亲来报告其行为信息？

道德发展

至此我们已经知道，在人的一生中，发展亲密的社会关系是多么重要。现在，我们将考察作为社会团体一员的个体生活的另一面。在很多情况下，你必须根据社会的需要，而不只是自己的需要，来判断自己的行为。这是道德行为的基础。**道德**（morality）是一套关于人类行为是非对错的信念、价值观和深层判断的系统。

在讨论个体的道德发展之前，我们先思考整个人类物种的道德发展：道德是如何演化而来的？达尔文对人类作为一种社会性物种如何存在这一问题进行了透彻观察。为了回答道德演化的问题，当代研究者将达尔文的观察作为基础（Krebs, 2008）。从演化的角度来看，道德行为是对人类历史上反复出现的某些情形的适应性解决方案的产物。例如，早期人类的许多活动（如猎杀大型动物或保卫领地）都需要很多人合作完成。因此，演化出"以合作的方式解决根本性的社会困境"这样一种倾向，对人类而言是具有适应性的（Krebs, p. 154）。在现代社会，道德问题常常涉及的一个维度是利己主义对合作行为。例如，人们是否应该少开车，让大家都能够呼吸到更清新的空气？从演化论的视角来看，我们对这类问题的反射性反应在一定程度上是遗传的结果（Haidt, 2007）。

然而，尽管人类演化出了很多共有的道德反应，但具体情境下的行为道德与否却仍可能成为公众激烈争论的问题。因此，道德发展研究颇具争议就不难理解了。这些争议始于劳伦斯·科尔伯格的奠基性研究。

柯尔伯格的道德推理阶段

劳伦斯·柯尔伯格（Kohlberg, 1964, 1981）通过研究道德推理从而建立了他的道德发展理论。所谓道德推理（moral reasoning）是指人们对特定情形下的行为所做的

表 10.7　柯尔伯格的道德推理阶段

水平和阶段	道德行为的理由
Ⅰ　前习俗水平的道德	
阶段 1：快乐 / 痛苦定向	避免痛苦或避免被抓住
阶段 2：代价—收益定向；互惠性—以牙还牙	获取奖赏
Ⅱ　习俗水平的道德	
阶段 3：好孩子定向	获取认可，避免遭反对
阶段 4：法律和秩序定向	服从规则，避免来自权威方的责备
Ⅲ　原则性的道德	
阶段 5：社会契约定向	促进社会福利
阶段 6：伦理原则定向	达到公正，避免自责
阶段 7：普遍原则定向	坚持普遍原则，感到自己是超越社会规范的宇宙中的一部分

是非判断。柯尔伯格的理论深受皮亚杰（Piaget, 1965）早期观点的影响，后者试图把道德判断的发展与儿童的一般认知发展联系起来。在皮亚杰看来，随着儿童的认知发展，他们会对某一行为的后果和行为者的意图赋予不同的相对权重。例如，对前运算阶段的儿童来说，一个无意中打碎 10 个杯子的人要比一个有意打碎 1 个杯子的人"更淘气"。随着儿童年龄的增长，行为者的意图在道德判断中会变得更加重要。

柯尔伯格扩展了皮亚杰的观点，定义了道德发展的阶段。每个阶段都有不同的道德判断基础（见**表 10.7**）。最低水平的道德推理以自我利益为基础；更高水平的道德推理则围绕社会利益，不考虑个人得失。为了证明这些阶段，柯尔伯格使用了一系列两难困境，使不同的道德原则相互对立：

> 在一个两难困境中，一个名叫海因茨的人试图获得某种药物来治疗妻子的癌症。海因茨须付出比成本高 10 倍的价格，无良的药剂师才肯把药卖给他。海因茨自己没有那么多钱，他也筹不到那么多钱。海因茨绝望了，他为了救妻子潜入药店偷走了药。海因茨应该这样做吗？为什么？实验者询问参与者做出判断的理由，并进行打分。

实验者打分的依据是个体做出判断的理由，而不是判断本身。例如，如果某人说海因茨应该偷药，因为他有义务拯救在死亡线上挣扎的妻子；或者说他不应该偷药，因为他有义务维护法律（尽管他不想这么做）。这两种理由都是在表达对履行既定义务的关注，因此都应该归为第 4 阶段。

柯尔伯格的阶段模型受四条原则的支配：（1）个体在某一时间只能处于某一个阶段；（2）每个人都以相同的顺序经历这些阶段；（3）每个阶段都比前一阶段更为全面，更为复杂；（4）每种文化中都存在同样的阶段。柯尔伯格继承了皮亚杰许多的阶段论思想。事实上，从阶段 1 到阶段 3 的发展看起来与正常的认知发展进程相匹配。儿童有序地经历这些阶段，并且可以看出每个阶段在认知上都比前面的阶段更复杂。到 13 岁时，几乎所有的儿童都达到了阶段 3。

有关柯尔伯格理论的许多争论大多围绕阶段 3 以后的阶段展开。柯尔伯格最初的观点是，在阶段 3 后，人们的道德会继续稳步发展。但是，并不是所有的人都会达到阶段4至阶段7。事实上，许多成年人都未能达到阶段5，只有少数人超越了阶段5。柯尔伯格后面几个阶段的内容似乎是主观的，而且难以理解每一个后续阶段为什么会比其前一个阶段更全面和更复杂。例如，阶段6的道德判断基础是"避免自责"，阶段5的基础是"促进社会福利"，阶段6明显不比阶段5水平高。而且，柯尔伯格自己的研究也最终证实并非在所有的文化中都能发现那些高级的阶段（Gibbs et al., 2007）。接下来，我们转向当代研究，它们把性别和文化也考虑在内，扩展了柯尔伯格的理论。

关于道德推理的性别和文化视角

许多对柯尔伯格的批评围绕他声称的普遍性：柯尔伯格道德发展理论的后几个阶段没有认识到成人的道德判断可以反映不同但平等的道德原则。在一篇著名的批评文章中，**卡罗尔·吉利根**（Gilligan, 1982）指出，科尔伯格忽略了男性和女性习惯性的道德判断可能存在差异。吉利根指出，女性的道德判断是以"关爱他人"的标准为基础的，并逐渐发展到自我实现阶段；而男性的道德判断则是以"公正"的标准为基础的。研究证实，对"关爱"和"公正"的关注与道德推理相关，但与性别无关（Jaffee & Hyde, 2000）。尽管吉利根的具体观点并没有获得多少支持，但男性和女性在道德推理的某些方面确实存在差异。例如，女性往往更能意识到自己的行为会如何影响他人，这种能力被称为道德敏感性（You et al., 2011）。此外，在观看能引发同情的图像（例如受伤的孩子）时，男性和女性的脑活动模式也有所不同（Mercadillo et al., 2011）。这些脑活动差异可能与你在本章前面了解到的更普遍的情绪加工的性别差异有关。

跨文化研究也拓宽了研究者对道德推理的关注点范围的理解（Gibbs et al., 2007; Sachdeva et al., 2011）。有分析识别出了三类关注点（Jensen, 2008）。第一类关注与自主性（autonomy）有关："关注有需要、愿望和偏好的人"；"道德目标是认识到"人们有权利"满足这些需要和愿望"（Jensen, 2008, p. 296）。第二类关注与共同体（community）有关：关注"作为某一社会群体（如家庭、学校或国家）成员的人"；道德目标是"履行对他人的基于角色的责任，保护社会群体并使其良性运转"；第三类关注与神性（divinity）有关：关注"作为精神或宗教实体的人"；"道德目标是使自身……越来越靠近至善者或至圣者"。

如果你仔细考虑这三类关注点就会发现，在不同文化中它们的重要性各不相同。考虑这样一种情境：你在马路上遇见一个人，他的汽车爆胎了。你应该停下来帮忙吗？如果你说"不"，这算不道德吗？如果你是在美国长大的，你可能会认为，在这种情况下是否帮忙仅是你的个人选择，没有什么不道德的。但如果你是在印度长大的，你也许会认为不帮忙是不道德的，因为印度文化更强调相互依赖、相互支持（Miller et al., 1990）。

生活经历也会影响个体的道德判断，认识到这一点也非常重要。我们下面来看一下那些成长于极端暴力环境中的个体。

研究特写

研究者从哥伦比亚波哥大某极度贫困地区征募了一组儿童和青少年作为研究对象（Posada & Wainryb, 2008）。大多数参与者（88%）都曾目击或亲身经历过一些严重的暴力行为。例如，他们曾目睹有人开枪、有人被枪击或杀死。首先，研究者要求参与者对抽象的问题进行道德判断。例如，"拿走别人的东西对不对？"对于这些抽象问题，所有参与者都给出了基于道德公正性的回答。例如，他们表示偷盗是不对的。但是，当面对具体情境中的类似判断时，参与者的道德判断模式发生了变化。例如，参与者读一段剧情，主角是 15 岁的胡里奥，有人曾伤害他的爸爸和哥哥，并迫使他们搬家。现在胡里奥有机会偷走这个人的自行车（p. 886）。读完剧情后，参与者通常会表示，他们认为胡里奥会偷走自行车。此外，尽管参与者普遍厌恶偷盗行为，但在这一具体情境中，很多参与者都赞同胡里奥偷走自行车。

　　研究者指出，参与者的暴力生活经历并不能完全破坏其正常的道德发展，"即使身处战争和流离失所的贫困环境，青少年仍有机会反思伤害性行为的本质特征"（p. 896）。尽管如此，研究者推测，"强调复仇的环境可能导致冤冤相报"，因为它们会影响参与者的道德判断（p. 896）。同一行为，在某一道德关注点的框架下似乎是极端错误的，但在另一道德关注点下则可能被认为是非常正确的。

　　我们已经阐述了个体发展变化的几个领域。在本章的最后一节，我们来看一些关于未来人生阶段的思考。

STOP 停下来检查一下

❶ 在柯尔伯格的理论中，道德推理的三种主要水平是什么？
❷ 卡罗尔·吉利根认为，男女两性的道德推理存在哪些差异？
❸ 人们在进行道德推理时有哪三类关注点？

批判性思考：回顾一下关于哥伦比亚儿童和青少年道德判断的研究。研究者为什么会选择含有复仇的情节？

学会成功老化

　　现在，我们回顾一下本章的一些主题，为成功老化开出一剂处方。在本章开始，我们鼓励你把发展看成有得有失的变化过程。据此，人一生成功的秘诀就在于巩固收获，减少损失。许多通常意义上与年龄有关的变化，其实是由不使用所致而不是衰退。因此，我们的第一个忠告很简单：不要放弃！

　　随着年龄的增长，不可避免地会出现各种变化。老年人如何成功应对这些变化呢？成功老化（successful aging）可能涉及充分利用所得，同时尽量减小由衰老导致的正常丧失所产生的影响。这一成功老化策略是由心理学家**保罗·巴尔特斯**和**玛格丽特·巴尔特斯**夫妇提出的，被命名为**选择性优化与补偿**（selective optimization with compensation）（Baltes et al., 1992; Freund & Baltes, 1998）。选择是指个体在数量和程度方面缩减自己的目标。优化是指个体在优先级最高的领域进行锻炼或训练。补偿是指个体利用替代性方式来应对丧失，例如，选择适合老年的环境。下面我们来看一个实例：

　　　在一次电视访谈节目中，主持人问钢琴演奏家阿图尔·鲁宾斯坦在如此高龄仍能成功演奏的秘诀，鲁宾斯坦提到了三种策略：（1）年纪大了以后，他只演奏少数几个曲目；（2）现在他对每一首曲目练习的次数更多；（3）在快节奏的段落到来之前，他会先降低弹奏速度，这样后面的快节奏就会听起来比实际更快。这些就是选择（少数曲目）、优化（勤加练习）和补偿（更多的利用速度对比）的实例。（Baltes, 1993, p. 590）

上面的例子为我们提供了一个思考自己生活的样板。尽管选择性优化观点最初源于对老化过程的研究，但它却可以很好地描述我们一生中必须做出的各种选择。我们应该总是设法选择最重要的目标，在这些目标上努力做到最好，并且在实现目标的过程中遇到阻碍时采取补偿措施。以上是我们关于毕生发展的最后一点建议。希望你能够明智地成功应对老化。

要点重述

研究发展

- 研究者收集常模数据、纵向数据和横断数据来记录变化。

毕生的生理发展

- 在孩子还在子宫里的时候，环境因素就能影响其生理发展。
- 新生儿和婴儿拥有一系列非凡的能力：他们具有生存的先天机制。
- 经过青春期，青少年达到性成熟。
- 成年期晚期的某些生理变化是不使用造成的结果，而不是不可避免的衰退。

毕生的认知发展

- 皮亚杰关于认知发展的关键思想包括图式的发展、同化和顺应，以及四阶段不连续发展理论。这四个阶段是感知运动阶段、前运算阶段、具体运算阶段和形式运算阶段。
- 皮亚杰理论的许多方面正在因创造性研究范式的使用而被修正。这些范式揭示出，婴儿和年幼儿童比皮亚杰所认为的要更有能力。
- 儿童会发展出心理理论，这是一种基于对他人心理状态的理解来解释和预测他人行为的能力。
- 跨文化研究对认知发展理论的普遍性提出了质疑。
- 与年龄有关的认知功能下降通常只在某些能力上表现明显。

语言的获得

- 许多研究者认为，人类天生具有语言生成能力。即便

如此，与成年人进行互动也是儿童语言获得过程中必不可少的一部分。
- 就像科学家一样，儿童会建立有关他们语言的意义和语法的假设。这些假设经常受某些先天原则的制约。

毕生的社会性发展

- 社会性发展发生于特定的文化环境之中。
- 埃里克森将人的一生视为一系列个体必须应对的危机。
- 儿童以不同的气质类型开始他们的社会化发展过程。
- 社会化始于婴儿对照护者的依恋。
- 儿童不能形成依恋将会导致许多生理和心理问题。
- 青少年必须通过与父母和同伴形成舒适的社会关系来发展个人的同一性。
- 成年期的核心关切围绕着对亲密和繁殖的需要而展开。
- 随着年龄的增长，人们在社会交往中变得不再那么活跃，因为他们只选择性地维系与其情感联系最紧密的社会关系。
- 人们部分地根据他们对他人生活做出积极贡献的能力来评价自己的生活。

性与性别差异

- 研究发现，男女大脑存在基于生物学的性差异。
- 儿童的性别刻板印象在 5~7 岁时最僵化。
- 从出生时起，父母和同伴便帮助个体进行性别角色社会化。

道德发展

- 柯尔伯格界定了道德发展的阶段。
- 后来的研究评估了道德推理中的性别和文化差异。

学会成功老化

- 认知的成功老化可以定义为：个体在自己优先选择的领域实现功能最优化，并通过替代性行为来补偿衰老造成的各种丧失。

关键术语

发展心理学	同化	社会化
常模研究	顺应	气质
发展年龄	客体恒常性	依恋
纵向设计	自我中心	印刻
横断设计	中心化	教养方式
生理发展	守恒	接触性安慰
受精卵	心理理论	亲密
胚种期	内化	繁殖
胚胎期	智慧	性差异
胎儿期	音素	性别
致畸物	婴儿指向型言语	性别认同
成熟	儿童指向型言语	性别刻板印象
青春期	语言生成能力	道德
月经初潮	过度规则化	选择性优化与补偿
认知发展	社会性发展	
图式	心理社会发展阶段	

11

动　机

早 晨你的闹钟响了，你本想关掉闹钟多睡一会儿，但你却逼迫自己起了床，为什么？你很饿吗？你必须去完成一些重要的任务，还是你与心上人有个约会？当你思考"为什么我今天早晨会起床"时，你已经直接触及了动机的核心问题：什么使得你这样做？是什么使你坚持不懈地努力实现某些目标，不管付出多大的努力、痛苦或金钱？相反，为什么有时你会在实现其他一些目标前拖延太久或者很快就打退堂鼓？

　　心理学研究者的任务就是对这类动机问题给出严谨的理论解释。动机状态如何影响体育竞赛或考试的结果？为什么有些人体重超重而有些人却让自己饥饿至死？我们的性行为是由遗传决定的吗？在本章你将会了解到，人们的行动是由各种各样的需要决定的——从基本的生理需要（如食物和水）到心理需要（如个人成就）。但是你会发现，生理和心理的需要往往并不容易区分。即使像饥饿这种似乎纯属生理的驱力，在决定个体的饮食模式时，也要与个体的个人控制和社会接纳需要相竞争。

　　在本章开头我们先向你提供一个框架，以便你了解关于动机本质及其研究的一般议题。本章的主体部分将深入探讨三种动机，它们在不同的方面具有重要性，而且生理和心理因素在每种动机中起作用的程度也不一样。它们就是饮食、性和个人成就。

理解动机

　　动机（motivation）是一个概括性术语，是对所有引起、指向和维持生理和心理活动的过程的统称。动机这个词语来源于拉丁语 *movere*，意思是"移动"（to move）。所有生物有机体都会趋向于某些刺激和活动而远离其他的刺激和活动，这是由它们的喜好和憎恶决定的。动机理论不仅解释了每个物种（包括人类）普遍的"移动"模式，而且解释了每个物种中不同个体的喜好和行为。让我们先来看看人们如何用动机来解释和预测物种和个体的行为，进而展开对动机的分析。

动机概念的功能

　　心理学家主要将动机这一概念用于五个基本目的：

- 把生理与行为联系起来。作为一个生物有机体，你有调节身体机能并帮助你生存的复杂的内部机制。今天早晨你为什么起床？你可能是饿了、渴了或感到冷了。在每种情况下，内在的剥夺状态都会刺激你的身体做出反应，促使你采取行动来恢复身体的平衡状态。

- 解释行为的差异性。为什么你可能某天顺利地完成了某项任务，而另一天在相同的任务上却做得很差？为什么几乎具有同样能力和知识水平的两个孩子，在一项竞赛中，一个发挥得很好，而另一个却发挥得不好？当人们在同样情境中的行为差异不能追溯到能力、技能、训练或运气的差异时，心理学家就会用动机概念来解释。如果你愿意今天早晨早起参加额外的学习而你的朋友却不愿意，那我们蛮有把握地认为你的动机状态与你的朋友不同。

- 从公开的行动来推断内心的状态。当你看见某人坐在公园的长椅上暗自发笑时，你如何解释这种行为？心理学家和普通人一样，通常都是先观察行为，然后推

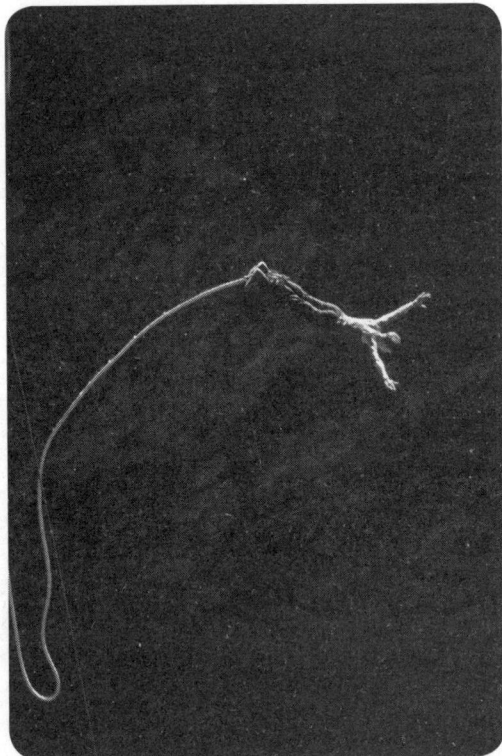

对于图中个体的这种行为，人们会提出什么样的动机问题？

什么样的内部和外部动机因素组合可能帮助自行车车手阿姆斯特朗战胜癌症并赢得了环法自行车赛的冠军？

断引起它的内部原因。人们总是用可能的原因来解释某种行为为什么发生，这种规则同样适用于你自己的行为。你往往想弄明白自己的行为是由外因还是内因驱动的。

- 为行为分配责任。个体责任在法律、宗教和伦理中是一个基本的概念。个体责任的前提是人具有内在动机和控制个人行为的能力。当出现下列情况时，人们会被判定对自己行为负的责任较少：（1）他们没有故意导致负面结果的出现；（2）外部力量强大到足以激发某些行为；（3）行为受到药物、酒精和强烈情绪的影响。因此，动机理论必须能够区分导致行为产生的不同潜在原因。

- 解释逆境中的意志。心理学家研究动机的最后一个原因是解释为什么当不做某行为更轻松时，生物体还要去做。动机促使你在筋疲力尽时也要按时上班或上课。它帮助你坚持比赛并把你的能力发挥到极致，即使当你正在输或意识到自己不会赢时也依然如此。

现在，你对心理学家在什么情况下运用动机概念来解释和预测行为有了基本的了解。在转向具体的经验领域之前，让我们先看一下动机的一般来源。

动机的来源

1999 年，自行车车手兰斯·阿姆斯特朗赢得了环法自行车赛的冠军——完成了体育史上最非凡的复出之一。1996 年，阿姆斯特朗被诊断出患有睾丸癌，并且癌细胞已扩散到了肺部和脑部。经过持续的强力化疗后，阿姆斯特朗选择重回训练场。在三年内他成为了这项运动最久负盛名的赛事的冠军。截至 2005 年，阿姆斯特朗连续七次赢得了环法自行车赛冠军。批评者声称他在 1999 年夺冠是因为当年竞争对手比较弱，而他用此后的六次胜利证明他能多次击败世界上最优秀的自行车车手。

你能做到阿姆斯特朗所做的一切吗？你能在身患重病后又重返赛场向自己的身体发起挑战吗？你认为激发其行为的是自身内部因素吗？是否需要一些特殊的人生经历才能让人以这种方式坚持下去？或者是外部因素，与当时的情况有关？许多人或大多数人在同样的情况下也会这样做吗？或者他的行为代表了个体与环境特征的某种交互作用？为了帮助你思考动机的来源，我将探讨内部和外部力量的区别。我们先从将某些类型的行为解释为内在生物驱力的一些理论开始。

驱力和诱因　有一些动机看起来很简单：如果你饿了，你就要吃东西；如果你渴了，你就要喝水。理论家**克拉克·霍尔**（Clark Hull, 1884—1952）对发展和完善很多重要行为由内驱力激发这一理论贡献最大。霍尔认为，**驱力**（drive）是响应动物的生理需求而产生的内部状态（Hull, 1943, 1952）。生物体寻求维持体内环境的一种平衡状态或者说**内稳态**（homeostasis；参见第 3 章）。想想你的身体如何反应以将体温保持在 37℃左右：如果太热，你就开始出汗；如果太冷，你就开始发抖。正是这些机制保持了体温平衡。现在想一下，一只动物被剥夺食物数小时后会发生什么？霍尔认为，这种剥夺会造成不平衡或紧张状态，从而唤起一种驱力。这种驱力反过来促使生物体采取消除紧张的行为；当这些驱力得到满足或消除时——内稳态又得到恢复——生物体就会停止这种行为。因此，按照霍尔的理论，被剥夺食物的动物会体验到一种激发食物搜寻和进食行为的驱力。同时，由于这些反应与进食产生的紧张消除发生了联结，动物寻找食物的反应会得到强化。

　　紧张减轻能解释所有动机行为吗？当然不能。我们来看一项实验，该实验证明，饥渴并不总是大鼠最重要的动机。

研究特写

　　几组被剥夺食物或水的大鼠被放入一个方形迷宫，迷宫由 9 个大小相同的格子组成，相互有门连通（Zimbardo & Montgomery, 1957）。每个迷宫格中放置着一个盛有食物或水的碗。驱力理论预测，感受到剥夺的大鼠会在第一时间进食或饮水。但事实上，大鼠往往并没有选择马上去缓解这种紧张状态，而是选择首先探索迷宫。例如，剥夺食物 48 小时或 72 小时的大鼠，在进入迷宫的前两分钟里，有 80% 的时间都在探索迷宫，只有 20% 的时间在进食。

　　在上面的实验中，大鼠似乎只有先满足自己的好奇心后才会开始进食和饮水。除此之外，研究者还提供了另外一些相似的实例，证明还有其他动机优先于驱力的消除（Berlyne, 1960; Fowler, 1965）。

　　这些结果说明了为什么理论家们开始相信内部驱力不是动机的唯一来源。

　　现在我们知道，行为还受**诱因**（incentive）——与生物需求并无直接关系的外部刺激和奖赏——驱动。当这些大鼠去关注周围环境中的事物而不是它们的内部状态时，就表明它们的行为是受诱因控制的。人类的行为也受许许多多的诱因控制：为什么你整夜刷视频而不去好好地睡上一觉？为什么你要观看你明明知道会引起你焦虑或恐惧的电影？为什么尽管你已经吃得很饱了，在聚会上还是会吃很多垃圾食品？在这些实例中，环境因素作为诱因在激发你的行为。

　　你可能已经发现，行为是内部和外部动机共同作用的结果。尽管那些大鼠可能有饥渴的生理压力，但它们同样无法抗拒探索新环境的冲动。现在我们要转向动机研究的另一个传统领域，即特定物种的本能行为。

本能行为与学习　　为什么生物有其自身的行为方式？部分原因可能在于一个物种的某些行为是由**本能**（instinct）——对生存至关重要的预置的行为倾向——决定的。本能提供了一个行为仓库，它是每个动物遗传特征的一部分。鲑鱼能从几千英里外准确地游回它们出生的河流，跃过瀑布一直到达正确的地点，幸存下来的雄鱼和雌鱼会在那里进行仪式化的求爱和交配。接着，鲑鱼父母在水中产下受精卵后双双死去。在适当的时候，小鲑鱼又顺流而下回到海洋中生活，直到数年以后返回产卵地完成自己在这个周而复始的剧目中的使命。在大部分动物身上都会出现同样引人注目的行为。蜜蜂把食物所在地的信息传递给同伴，行军蚁进行高度同步的狩猎远征，鸟类筑巢，蜘蛛编织复杂的蛛网——这些都与它们父母和祖辈的行为完全一致。

　　早期的人类机能学说往往过高地估计了本能对人类的重要性。1890 年，威廉·詹

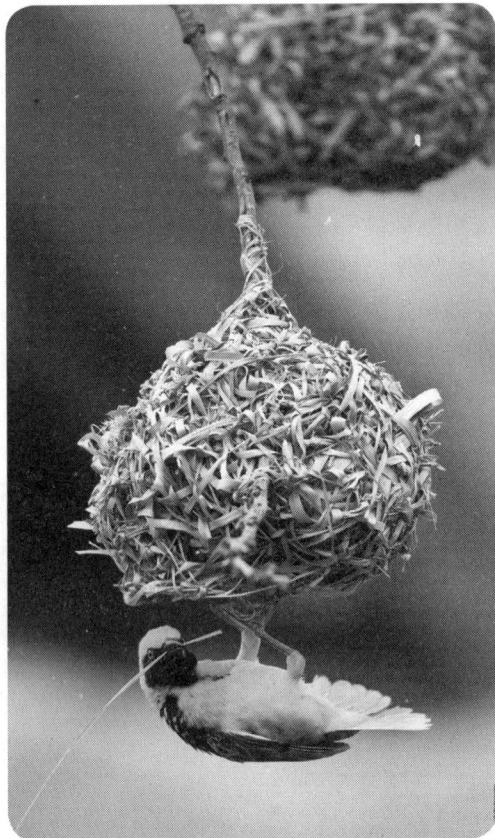

本能行为，如金色织布鸟的筑巢行为，是由基因遗传驱动的。理论家们将人类的行为归因于哪些本能？

姆士写到，人类比其他动物更依赖本能行为（尽管人类的本能不体现为固定的行为模式）。例如，他提出人类有很多社会本能，如同情、谦虚、社交和爱。到20世纪20年代，心理学家已经整理编纂了10 000多种人类的本能（Bernard, 1924）。但与此同时，用本能来广泛解释人类行为的观点因受到强烈的批评而开始动摇。跨文化人类学家，如本尼迪克特（Benedict, 1959）和米德（Mead, 1939）发现不同文化之间存在极大的行为差异。他们的观察与只考虑天生本能的理论相悖。

在心理学界，行为主义者反对那种常常得出关于人类本能的主张的循环论证：人类具有同情心是因为人类具有同情的本能，而同情行为则证实了同情本能的存在。此外，正如我们在第6章所提到的，行为主义者用实验证明重要的行为与情感是后天习得的，而非先天具有。人类和其他动物一样都对环境中刺激和反应的关联方式高度敏感。如果你想解释为什么某个动物表现出某种行为而另一个动物却没有，你可能只需要了解该动物的行为被强化而另一个动物没有被强化就可以了。在这些情况下，你根本不需要对动机做单独的解释（也就是说，不能说一个动物有动机而另一个动物没有）。因此，如果我们想解释某种生物何以会有它们那样的行为方式，那么将本能与后天习得的行为区分开是十分重要的。

动机的期望与认知取向 在第6章中我们看到，认知取向的研究者挑战了本能和强化史足以解释某个动物行为所有细节的观念。对动机的认知分析表明，重要的人类动机不是来自外部世界的客观现实，而是来自对现实的主观解释。如果一个人没有意识到自己的行动获得了奖赏，那么这种奖赏的强化作用就不存在。你现在的所作所为，往往既受你认为对你过去的结果负责的因素的控制，也受你认为自己未来可以做什么的信念的控制。此外，认知分析表明，人类往往受对未来事件的期望（对行为结果的预期）驱动。

期望对激发行为的重要性是由**朱利安·罗特**（Rotter, 1954）在其**社会学习理论**（social learning theory）中提出的（第6章关于观察学习的讨论已触及过社会学习理论）。罗特认为，个体从事某一行为（为考试去学习而不是参加聚会）的可能性是由他对达到目标（获得好的考试成绩）的期望以及该目标的个人价值决定的。期望与现实之间的差距能够驱使个体做出修正行为（Festinger, 1957; Lewin, 1936）。假设当你发现你的行为与你所属群体的标准或价值观并不一致时，你就会产生改变你的行为以更好地适应群体的动机。例如，你可能被激发去改变你的着装风格或者你听的音乐，以减少期望和现实的差距。

弗里茨·海德（Fritz Heider, 1896—1988）总结了期望与内部和外部动机力量的关系。海德（Heider, 1958）认为，行为的结果（例如很差的分数）可归因于内在因素，如缺乏努力或不够聪明，或者归因于情境因素，如考试不公正或老师有偏见。这些归因方式将影响你的行为方式。如果你认为是由于缺乏努力而导致考试分数很差，你下次就可能会加倍努力；但是，如果你认为分数低是由于考试不公正，你也许就会放弃努力（Dweck, 1975）。因此，把动机来源看作内部的还是外部的，可能在一定程度取决于你对现实的主观认识。

　　让我们来回顾一下动机的各种来源。我们从这样一个观察开始：即研究者可以将产生行为的因素分为内部和外部两大类。驱力、本能和学习史都是动机的内部来源，它们在合适的外部刺激出现时影响行为。一旦生物体开始思考其行为（这是人类尤其倾向于去做的事情），对什么会发生和什么不会发生的期望就开始提供动机。会思考的动物会选择把有些动机归因到他们自身，把另一些动机归因到外部世界。

需要层次

　　我们已经讨论了动机的几种来源。作为本章其他部分的一个预览，我们回到一个对适用动机概念的领域的更全面的描述，目的是让你对引导你生活的力量有一个大致的认识。

　　人本主义心理学家**亚伯拉罕·马斯洛**（Abraham Maslow, 1908—1970）阐述了这样一个理论，即基本的动机会形成一个**需要层次**（hierarchy of needs），如**图 11.1** 描述的那样。按照马斯洛的观点（Maslow, 1970），在到达下一个更高等级之前，更低等级的每种需要都必须被满足——这些需要按低级到高级的顺序排列。在需要层次的最底层是基本的生理需要，如食物和水。在产生其他任何需要之前，这些基本的生理需要必须被满足。如果基本的生理需要很紧迫，其他需要就被暂时搁置而不太可能影响你的行为。当它们得到合理的满足后，下一个层次的需要——安全需要——就会对你产生驱动作用。当你不再关心安全问题时，你又会被依恋需要——归属及与他人发生联系的需要、爱以及被爱的需要——所驱动。如果你的生活衣食无忧并且很安全，而且具有社会归属感，你就会有尊重的需要——喜欢自己，认为自己是有能力有效率的，并会做一些必要的事情来赢得他人的尊重。

　　位于需要层次顶端的是这样一些人，他们生活富裕、安全、被别人爱也爱别人、没有顾虑、善于思考并有创造力。这些人已经超越了人类的基本需要，寻求的是自身潜力的充分发展，或者说自我实现。一个自我实现的人具有自知之明、自我接纳、高社会回应性、高创造性、率性自然以及对新事物和挑战保持开放等积极品质。

　　马斯洛的理论是关于人类动机的一种非常乐观的观点。该理论的核心是每个人都具有成长以及实现最高潜力的需要。然而，你也许从你的个人经验中发现，马斯洛的严格的需要层级结构有时是行不通的。例如，你可能为了帮助朋友而忘记吃饭，或者为了提升自尊而忍受荒野跋涉的危险。尽管如此，我们还是希望马斯洛的理论能够帮你梳理自己动机体验的不同方面。

　　现在你有了一个理解动机的总体框架。在本章的后面部分，我们将详细关注受多种动机交互影响的三种不同类型的行为：饮食、性表达以及个人成就。

归属、依恋和体验爱的需要，属于马斯洛需要层次中的哪一级？

图 11.1 马斯洛的需要层次论

按照马斯洛的观点，低层次的需要没有得到满足时，它就支配着人们的动机；只有当它得到适当满足时，高层次的需要才能引起人们的注意。

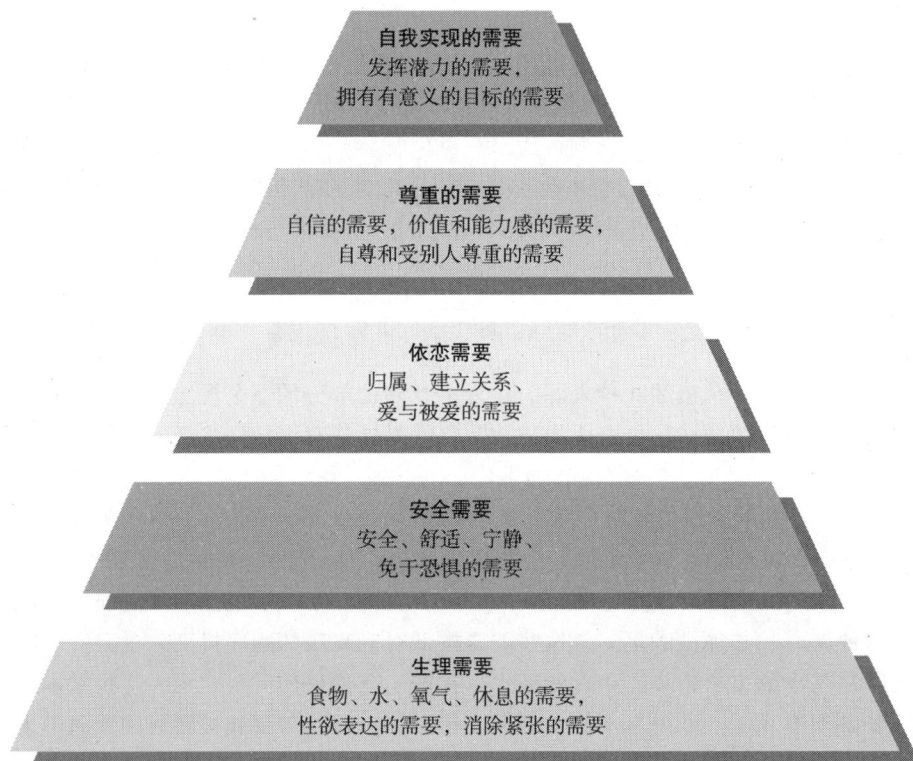

自我实现的需要
发挥潜力的需要，
拥有有意义的目标的需要

尊重的需要
自信的需要，价值和能力感的需要，
自尊和受别人尊重的需要

依恋需要
归属、建立关系、
爱与被爱的需要

安全需要
安全、舒适、宁静、
免于恐惧的需要

生理需要
食物、水、氧气、休息的需要，
性欲表达的需要，消除紧张的需要

STOP 停下来检查一下

❶ 当你坐在长椅上时，你看到另一个学生从旁边跑过。动机概念的哪个功能适用于解释该情境？

❷ 有机体达到内稳态意味着什么？

❸ 为什么跨文化研究对人类本能的观点提出了质疑？

❹ 关于行为结果的解释，海德做了怎样的区分？

❺ 马斯洛的依恋需要指的是什么？

批判性思考：回顾一下剥夺大鼠食物或水的实验。为什么在每个迷宫格中放置食物和水很重要？

饮 食

我准备给一位上我的心理学导论课程的学生一块比萨。你认为该学生吃这块比萨的可能性有多大？在做出预测之前，你应该掌握哪些信息？上一节为你提供了一种组织你需要获取的额外信息的方法。你可能想知道有关的内部信息。比如，该学生已经吃了多少东西？他在努力节食吗？你或许也想知道外部信息：这块比萨好吃吗？他会跟朋友们分享并一起聊天吗？你看，即使是一个简单的结果，如某人是否将吃一块比萨，也会受到许多动机力量的影响。让我们从进化提供的一些调节饮食的生理过程开始。

饮食生理学

什么时候你的身体会告诉你该吃东西了？你拥有提供饥饱的生理感觉的各种机制。要有效地调节食物的摄入，生物体必须具备能完成以下四种任务的机制：（1）探测内部对食物的需要；（2）启动和组织进食行为；（3）监控摄入食物的数量和质量；（4）探测何时已摄入了足够的食物并停止进食。研究者试图通过把这些过程与身体不同部位的外周机制（如胃收缩）或中枢脑机制（如下丘脑的功能）相联系来深入理解这些过程。下面我们来更详细地介绍这些过程。

外周反应　饥饿的感觉从何而来？你的胃是否发出不舒服的信号来表明它已经空了？先驱生理学家**沃尔特·坎农**（Walter Cannon, 1871—1945）认为，空腹的胃部活动是饥饿的唯一基础。为了检验该假设，坎农的一位勇敢的学生沃什伯恩训练自己吞食一个连着橡胶管的没有充气的气球。橡胶管的另一端连着记录空气压力变化的设备。然后坎农给沃什伯恩胃中的气球打气。当这个学生的胃收缩时，空气就从气球里跑出来并激活记录设备。沃什伯恩报告的饥饿感与记录显示他的胃严重收缩的时间相关。坎农认为，他已证明胃部痉挛收缩就是饥饿产生的原因（Cannon, 1934; Cannon & Washburn, 1912）。

尽管坎农和沃什伯恩的研究方法很有独创性，但后来的研究证明，胃部收缩甚至不是饥饿的必要条件。把糖注射到血液里能阻止胃的收缩，但不能消除一个腹中空空的动物的饥饿感。胃被完全切除的病人仍有阵发的饥饿感（Janowitz & Grossman, 1950），而没有胃的大鼠仍能通过食物奖赏学会走迷宫（Penick et al., 1963）。因此，尽管胃部产生的感觉信息可能对人们通常的饥饿感有影响，但是它们不能完全解释身体如何探测自身对食物的需求并产生进食动机。

空腹也许不是感到饥饿的必要条件，那么"塞满"的胃能终止进食吗？研究表明，由食物引起的胃部压力将导致个体停止进食（而由气球充气引起的胃压则不能）（Logue, 1991）。所以，身体对胃部压力的来源很敏感。食物的口腔体验也是一种能提供饱腹感线索（与吃饱或满足感有关的线索）的外周来源。你也许注意到，在用餐的过程中，即使是你最喜爱的食物也会变得不那么美味，这种现象被称为特定味觉饱食感（Remick et al., 2009）。这种在进食过程中对食物兴趣的降低，可能是身体调节进食的一种方式。然而，这里的"特定"指的是饱食感针对的是特定的味道，而不是具体的食物本身。在一项实验中，参与者已经达到了对特定食物（如菠萝或黄瓜）的饱食感，然而，当食物的味道稍微改变时——通过添加香草味发泡奶油或盐及胡椒粉——人们又重新对食物有了兴趣（Romer et al., 2006）。这些研究表明，食物味道的多样性——这在有多道菜的用餐中很常见——可能会抵消身体里其他指示已经吃饱的信号。

现在，我们转到有关进食行为的脑机制，外周来源的信息在这里被汇聚到一起。

中枢反应　像惯常情况那样，有关启动和停止进食的脑中枢的简单理论已经让位于更复杂的理论。关于饮食的脑控制的最早的理论建立在对外侧下丘脑（lateral hypothalamus, LH）与腹内侧下丘脑（ventromedial hypothalamus, VMH）的观察上（下丘脑的位置见图 3.16）。研究表明，如果 VMH 被损毁（或 LH 被刺激），动物就会摄入更多的食物。如果程序相反，即 LH 被损毁（或 VMH 被刺激），动物就会吃较少的东西。这些观察导致了双中心模型的产生，在这个模型里，LH 被认为是"饥饿中枢"，而 VMH 被认为是"饱食中枢"。

为什么当有多种不同口味的食物时人们会吃得更多?

然而,随着时间的推移,后期的研究者提供了更多数据,证明这一简单的理论并不完善(Gao & Horvath, 2007)。例如,VMH 损毁的大鼠只多吃它们认为可口的食物,而极力避开味道不好的食物。因此,VMH 不仅是一个发射"多吃"或"少吃"信号的简单中枢,这个信号还依赖于食物类型。实际上,VMH 损毁可能会部分增强大鼠对食物的反射性反应(Powley, 1977)。如果大鼠对美味食物的反射性反应是吃它,增强的反应就是多吃。如果大鼠通过恶心或呕吐反射性地避开难吃的食物,其增强的反应就可以使它完全不吃。研究者还发现下丘脑的另外两个脑区,即弓状核(arcuate nucleus, ARC)和室旁核(paraventicular nucleus, PVN),对 VMH 和 LH 调节进食的功能起补充作用。

这些下丘脑区域用来调节进食的一些最重要的信息来源于血液(Gao & Horvath, 2007)。例如,受体监测血液中糖(以葡萄糖的形式)的水平。胰岛素帮助调节血液中的葡萄糖水平。葡萄糖是新陈代谢的能量来源之一。当存储的葡萄糖浓度很低或不能为新陈代谢所用时,来自肝细胞受体的信号就会传到 LH,在这里作为葡萄糖探测器的神经元就会改变它们的活动来启动进食行为。其他下丘脑神经元会对食欲调节中扮演相反角色的激素做出反应(Schloeg et al., 2011)。例如,一种叫作瘦素(leptin)的激素可以抑制进食。回想一下第 5 章,内源性大麻素也有激发食欲的作用。瘦素的作用与这些大麻素相反,从而使食欲得到控制(Jo et al., 2005)。胃饥饿素(ghrelin)是由空腹时的胃分泌的,它促使人们意识到饥饿。与此相反,胆囊收缩素(cholecystokinin, CCK)是在吃东西时由小肠分泌的,它向大脑提供你正在变饱的信息。

到目前为止,我们已知道体内有多个负责启动和停止进食的系统。然而,根据个人丰富的经验,你会发现你对食物的需求不仅仅取决于身体所产生的线索。下面我们来看看促使你多吃或少吃的心理因素。

饮食心理学

现在,你已经知道人体内有多种调节食物摄入量的机制。但是你吃东西仅仅是因为饥饿吗?你很可能会回答:"当然不是!"如果你回顾一下过去几天的情况,你可能会想起好几次你进食的时间和所吃的东西都与饥饿无关。饮食心理学这一小节将从回顾文化对你吃什么和吃多少的影响开始。接下来,我们将关注肥胖和节食的根源及后果。最后我们将探讨过分关注身体意象和体重如何导致进食障碍。

文化对饮食的影响　你如何决定你应该何时吃以及吃什么?为了回答这个问题,首先考虑一下文化的影响。例如,在美国,人们每天在固定的时间吃三餐,进餐的时间更多地依赖于社会习俗而不是身体信号。而且,人们常常按照社会和文化标准来选择吃什么东西。如果给你提供一顿免费的龙虾大餐你会答应吗?你的答案可能取决于你是否是一个严守清规的犹太人(这种情况下你会说"不"),或者你是否是一个素食者(这种情况下,你的答案仍然会依赖于你是否是那种不排斥海鲜的素食者)。这些例子直接表明为什么文化能胜过你的身体信号。

让我们更近距离地看看美国的饮食文化。信息的重要来源之一是美国政府,它有许多职能。首先,政府规定了食物的"分量大小",以及食品制造商必须提供给顾客什么类型的营养信息。其次,政府定期提供关于健康饮食组成部分的建议。例如,2010 年美国农业部发布了《美国居民膳食指南》等出版物。这一出版物提供了关于体重管理和体育锻炼的一般性建议,以及针对个体如何维持健康饮食的具体建议。政府的出版物反映了科学知识的现状:随着研究的进步,给出的建议也会随时间不断改变。毋庸置疑,这一"膳食指南"在你的一生中将再次改变。正像其他任何基于研究的建议一样,正确理解数据如何支持这些不断演变的建议对你来说也颇为重要。

不幸的是,美国文化的某些其他方面与健康饮食的建议背道而驰。例如,不健康的食物与健康的食物相比更便宜。经济拮据的人可能觉得负担不起健康的饮食。这一观察结果使人们相信,如果健康与不健康食品之间的价格差异发生变化,人们的营养状况将得到改善(Andreyeva et al., 2010)。在一项研究中,研究者和亚拉巴马州的一家熟食店合作,降低健康食品的价格(Horgen & Brownell, 2002)。当健康食品的价格较低时,人们就会买得更多。这类研究支持这样的结论,即健康饮食的一些障碍是经济限制的产物。

肥胖与节食 心理学家用了大量时间来考察什么因素导致了所谓的肥胖"流行病"。为了确定谁超重、谁肥胖,研究者经常借助一种被称为体重指数(body mass index, BMI)的指标。BMI 的计算方法是,将个人的体重(以千克为单位)除以身高(以米为单位)的平方。例如,某人重 154 磅,高 5 英尺 7 英寸,其 BMI 为 24.2(154磅 = 69.8 千克,5 英尺 7 英寸 = 1.7 米,$69.8/1.7^2 = 24.2$。你可以在网上搜到 BMI 计算器)。在大多数情况下,BMI 为 25~29.9 的个体被认定为超重;BMI 为 30 或以上的个体被认定为肥胖。依据这些标准,美国成年人中大约有 34.2% 的人超重,39.5%的人肥胖(Ogden & Carroll, 2010)。在儿童和青少年中,31.6% 的人超重,16.4% 的人肥胖(Singh et al., 2010)。

这些数字表明了为什么我们迫切需要回答这个问题:为什么人们会超重?正如你在本书中经常读到的那样,这个问题的部分原因在于先天遗传——某些人具有肥胖的遗传倾向,这个答案可能不会让你奇怪。大量研究证据表明,人天生就有偏胖或偏瘦的倾向。例如,研究发现,同卵双生子的 BMI(及其他体型指标)之间的相关性高于异卵双生子(Schousboe et al., 2004; Silventoinen et al., 2007)。这些一致的发现为人类体重受遗传影响提供了强有力的证据。

研究者已经开始发现一些可能使某些个体容易肥胖的遗传机制(Ramachandrappa & Farooqi, 2011)。例如,研究者已分离出一个能影响瘦素分泌的基因,正如你在前面小节中看到的,瘦素在食欲控制方面发挥着作用。如果瘦素没能发挥它的关键作用,人们可能就会吃得过多。因此,控制瘦素的基因似乎对体重调节和肥胖的可能性有着至关重要的影响(Gautron & Elmquist, 2011)。越来越多的证据表明,基因与环境的交互作用决定着肥胖的风险。比如,人们每继承一个 *FTO* 基因次等位副本(minor allele),就会比没有的人平均重约 1.5kg。不过,研究者已经证明,每天进行 60 分钟以上中高强度体育活动的青少年受这种风险基因的影响较小(Ruiz et al., 2010)。在体育活动相对较少的学生中,那些遗传了两个风险等位副本的人 BMI 值明显偏高。具有相同遗传基因但运动较多的学生,其 BMI 值则与同龄人并无差异。这个结果再次提醒你为何我们需要时刻注意先天与后天的共同影响。

基因与体育运动的交互作用如何影响肥胖的风险?

肥胖的遗传学取向主要关注内部饥饿信号的调节。然而，正如我们已经看到的，人们的选择不仅仅是由饥饿决定的。个体对食物和进食行为的看法也很重要。关于饮食心理方面的早期研究主要聚焦于超重个体对内部饥饿信号和外部环境中的食物的相对关注程度（Schachter, 1971b）。研究者认为，当食物很显眼并唾手可得时，超重的个体会忽略自己身体发出的信号。然而，研究证明该理论并不完善，因为体重本身并不总能预测个体的饮食模式。也就是说，并非所有超重的人在饮食行为方面都有相同的心理模式。让我们来看看原因何在。

珍妮特·波利维（Janet Polivy）和彼得·赫尔曼（Peter Herman）提出，贯穿饮食行为心理学的关键维度是限制性饮食和非限制性饮食（Polivy & Herman, 1999）。限制性饮食者总是对他们要吃的食物量加以限制：他们长期节食，总是为食物而焦虑。尽管肥胖者更容易报告有这种思想和行为，但任何体型的人都可能成为限制性饮食者。如果他们长期节食，那么体重又是如何增加的呢？研究者指出，当限制性饮食者去抑制时——当生活环境使他们放松约束时——他们就会暴饮暴食高热量的食物。不幸的是，许多类型的生活环境似乎会导致限制性饮食者去抑制。例如，当限制性饮食者对自身能力和自尊感到紧张时，常常会发生去抑制现象（Tanofsky-Kraff et al., 2000; Wallis & Hetherington, 2004）。我们来看看当限制性饮食者认为自己已吃得过多时会发生什么。

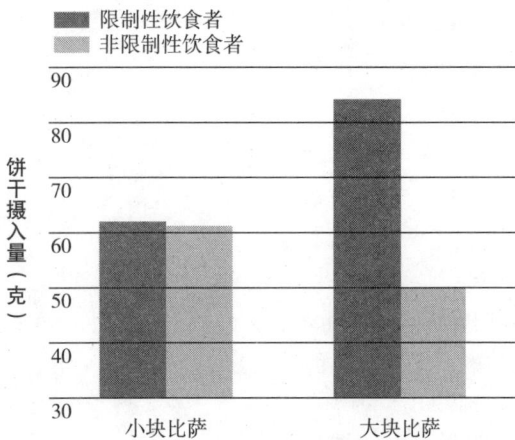

图 11.2　认知对食物摄入量的影响

研究者使限制性饮食者和非限制性饮食者相信，她们吃的那块比萨比其他参与者的更大或者更小，而实际上，所有人吃的比萨大小完全相同。随后，参与者品尝巧克力饼干。那些自以为吃了更大块比萨的限制性饮食者，吃掉的饼干最多。

研究特写

根据女大学生对自己在食物与节食方面的行为及想法的自我评估，研究者将其分为限制性饮食者或非限制性饮食者。学生们以为她们是在参与市场调查。研究开始时，研究者要求每位参与者吃一块比萨。他们解释说，吃比萨的目的是"确保在完成味道评分之前（所有参与者）具有相同的味觉体验和相同程度的饱腹感"（Polivy et al., 2010, p. 427）。研究者给了每位参与者大小完全相同的一块比萨。但是，有的参与者会以为她们得到的那块比别人的要大（因为放那块比萨的盘子里还有一块小一点的比萨）；而另一些参与者则以为她们的那块比别人的小（因为放那块比萨的盘子里还有一块大一点的比萨）。随后，所有参与者都有机会品尝巧克力饼干。图 11.2 呈现了参与者们所吃饼干的量。如你所见，当限制性饮食者认为自己已吃得过量时——吃了大块的比萨——她们就失去了节制，吃掉了相当多的饼干。

这一结果表明，限制性饮食者很容易产生去抑制现象。你肯定清楚地记得，所有人吃的比萨实际上都是同样大小的。正是限制性饮食者对自己所吃食物的认知（以为自己吃的那块比萨比别人的更大），令她们感到自己打破了节食计划。

你现在应该了解为什么一旦超重，减肥就很困难了吧。许多超重者报告他们经常在节食——也就是说他们常常是限制性饮食者。如果生活中发生了应激性事件，导致他们放弃约束，随之而来的暴饮暴食很容易导致体重增加。因此，长期节食的心理影响更可能导致体重增加而不是减轻，这听起来有点像悖论。下面我们将讨论同样的心理因素如何可能导致威胁健康和生命的进食障碍。

进食障碍　我们已经看到，饥饿这一机体内部线索对个体的进食量仅起部分决定作用。对于进食障碍患者来说，机体内部信号与进食行为之间的不匹配尤其严重。当一个人的体重低于正常体重的最低值（即体重指数 18.5kg/m² ）但仍然表现出对变胖的强烈恐惧时，他 / 她就会被诊断为**神经性厌食症**（anorexia nervosa, DSM-5, 2013 ）。**神经性贪食症**（bulimia nervosa）患者的行为特征是反复发作的失控性暴食，然后用自我催吐、滥用泻药或禁食等方式来清除体内多余的热量（DSM-5, 2013 ）。患有暴食 / 清除型神经性厌食症的人也可能暴饮暴食，然后进行清除，以减少热量的吸收。这两种病症都有严重的医学后果。在最坏的情况下患者可能会饿死。

当一个人经常毫无节制地狂吃，但又不像神经性贪食症患者一样采取措施清除时，就会被诊断为**暴食症**（binge eating disorder）。暴食症患者在疯狂进食的过程中会感到自己失去了控制，暴饮暴食让他们非常痛苦。与厌食症和贪食症相比，暴食症是一个相对较新的诊断分类。第 14 章的"生活中的批判性思维"专栏将讨论它的出现。在这里，我们重点来看厌食症和贪食症，因为研究者对这两者的病因做了大量探索。

表 11.1 中列出了每种进食障碍的患病率。这些数据来源于一项面对面的访谈，访谈对象是 9 282 名美国男性和女性，年龄在 18 岁及以上（Hudson et al., 2007 ）。从表 11.1 中可以看出，女性的患病率高于男性。然而，在过去几年中，患病率的差异已经变小了。早期的研究者估计，女性患厌食症和贪食症的比例约为男性的 10 倍（DSM-IV-TR, 2000 ）。在 DSM-5（2013 ）中，这一估计值仍为 10:1。然而，表 11.1 中的数据显示，这一比率实际上仅为 3:1。当你阅读了进食障碍的成因，就会理解这一差异为什么在缩小。

对进食障碍原因的研究证实了遗传因素的重要性。有证据表明，患进食障碍的倾向可能是通过基因传递的（Calati et al., 2011; Campbell et al., 2011 ）。有研究对若干对双胞胎女孩进行追踪，从 11 岁开始一直追踪到 18 岁（Klump et al., 2007 ）。研究者对同卵双胞胎和异卵双胞胎进行了对比，这种做法你之前已经遇到过。数据显示，随着年龄增长，遗传的作用越来越大。在追踪研究的 7 年间，同卵双胞胎往往保持相似，而到了青春期的中后期，异卵双胞胎之间的差异则会逐渐增大。这种模式表明，当这些女孩处于青春期时，遗传风险的影响更大。研究者还利用双胞胎研究来考察导致进食障碍风险的人格因素。例如，研究者发现，完美主义（如过度关注错误或对行动持怀疑态度）得分较高的女性双胞胎被诊断为厌食症的可能性也更高（Wade et al., 2008 ）。如果这种追求完美的一般动机促使个体去追求"完美"的体形，其后果可能就是患上进食障碍。

事实上，高度的身体不满意（body dissatisfaction），即对自己体重、体形和外貌的不满，是个体患进食障碍的风险因素（Lynch et al., 2008 ）。对很多进食障碍患者来

表 11.1　各种进食障碍的患病率（%）

	女性	男性
神经性厌食症	0.9	0.3
神经性贪食症	1.5	0.5
暴食症	3.5	2.0

注：数据代表 9 282 名美国成人中曾患各种进食障碍的百分比。

说，身体不满与他们的实际身体状况无关，而是与他们不准确的身体感知相关。即使别人已经觉得他们瘦得可怕，厌食症患者还是经常觉得镜子里的自己太胖。下面我们来看一项关于这种错误感知的脑基础的研究。

研究特写

　　10 名患有厌食症的女性和 10 名控制组女性（无厌食症）在观看一系列数码照片时接受了 fMRI 扫描（Sachdev et al., 2008）。每位参与者所看的照片都是个性化的，其中一半照片是参与者本人，另一半则是一名年龄和体重指数与参与者相当的女性。照片中的女性都穿着同样的衣服，可以清楚地看到身体的轮廓。最后，为了让参与者更关注照片中人物的身体，研究者挡住了照片中的人脸。在参与者观看照片时，研究者会告诉她们这张照片是自己的还是别人的。fMRI 扫描显示，控制组在观看两类照片时的大脑活动模式相同，但厌食症患者在看自己的照片和他人的照片时大脑活动迥然不同。例如，当观看自己的照片时，厌食症患者负责从外界获取准确信息的大脑区域活动较少。

　　这一结果的一个重要方面是，患有厌食症的女性在观察其他女性的身体时，呈现出完全正常的大脑活动模式，只有自我意象造成了不寻常的大脑活动模式。

　　在体型判断方面，多项针对身体不满意现象的研究发现了一致的群体间差异（Roberts et al., 2006）。例如，一项研究显示，在 25 岁至 45 岁的女性群体中，与黑人相比，白人女性对自己的身体满意度更低。此外，当要求参与者选择一幅人物图片来代表她们喜欢的体型时，相比于黑人女性，白人女性会选择更瘦的人物图片（Kronenfeld et al., 2010）。为了解释黑人和白人女性之间的这些差异，研究者经常呼吁人们关注文化规范和媒体在塑造白人女性对理想体重和体形的期望方面所起的作用（Durkin & Paxton, 2002; Striegel-Moore & Bulik, 2007）。在一项研究中，黑人和白人女大学生评估了自己的身体不满意程度，接着观看了代表"大众媒体理想"的女性的幻灯片（DeBraganza & Hausenblas, 2010, p. 706）。看完之后，学生们再次评估自

妮可·里奇和玛丽莲·梦露的这两张照片表明随着时间的推移，媒体关于女性需要多瘦才会被其作为性感形象进行宣传的标准发生了什么变化？

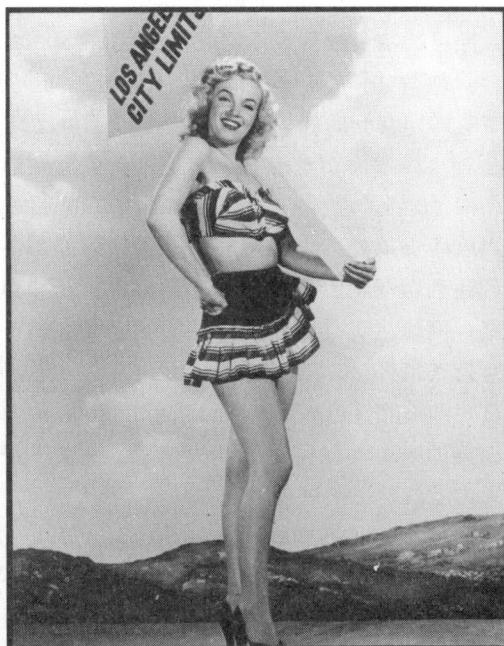

己的身体不满意程度。黑人学生的评分没有变化，而白人学生在被提醒媒体中的理想女性之后，身体不满意程度有所上升。

在这种背景下，你可能就不会对白人女性比黑人女性更容易患进食障碍感到奇怪了。一项研究调查了年龄在 21 岁左右的 985 名白人女性和 1 061 名黑人女性（Striegel-Moore et al., 2003）。在这两个群体中，白人女性中有 1.5% 的人曾在生活中的某段时间患过神经性厌食症；没有一个黑人女性有过这种障碍。2.3% 的白人女性得过神经性贪食症，但黑人女性只有 0.4%。考察其他种族和族裔群体的研究比较少，但迄今为止的证据显示，亚裔美国人进食障碍患病率比白人要低，而西班牙裔女性的患病率则与白人相当。对于上述每一个发现，研究者都试图把关于体型的文化价值观与节食行为联系起来。

在本节的最后，我们再回到进食障碍患病率的性别差异逐渐缩小的问题上来。研究者已经开始考察媒体形象对男性身体不满意度的影响。近二十年来，精瘦、肌肉发达的男性形象在媒体中如雨后春笋，这一现象使得研究者开始关注媒体对男性的影响。一般来说，当男性看到理想化的男性身体形象时，自己的身体不满意度会增加（Blond, 2008）。例如，有研究以欧裔和西班牙裔美国男性为对象，要求他们回答对一些表述的赞同程度，如"我认为身材好的男性穿衣服更好看""我希望自己看起来像杂志上的男性内衣模特"（Warren, 2008, p. 260）。对男性外形的媒体规范赞同度最高的参与者报告的身体不满意程度也最高，两个群体结果一致。另有研究表明，对身体脂肪量感到不满的男性，更容易出现进食障碍（R. Smith et al., 2011）。尽管其中的因果关系还需进一步证实，但这些研究结果支持了最初的推测：媒体所呈现的男性身体形象的变化导致男性进食障碍的患病率不断上升。

STOP 停下·来检查一下

❶ 什么是特定味觉饱食感？

❷ 有哪些证据表明腹内侧下丘脑在进食中的作用与双中心模型所认为的不同？

❸ 限制性饮食者一般遵循哪种饮食模式？

❹ 神经性贪食症的症状是什么？

批判性思考：回忆一下揭示厌食症女性大脑反应差异的那项研究。为什么实验照片要匹配年龄和体重指数？

性行为

你身体的生理机能使你每天都要惦记着食物。饮食对个体的生存至关重要。那么性呢？性行为在生物学上只是生殖所必需的。性不是个体生存的必要条件。某些动物和人类终生保持独身，但其日常机能未见明显损害。然而，生殖对于物种的生存却至关重要。为了确保机体将精力用在生殖上，大自然赋予性刺激以强烈的快感。性高潮是性行为中所消耗的能量的最终强化物。

这种潜在的快感给性行为带来的动力远远超出了生殖的需要。个体会采取各种各样的行为来获得性满足。但某些性动机的来源是外部的。不同的文化会构建不同的标准或规范来指导什么是可接受的或被期待的性行为。尽管大部分人的行为动机

生活中的心理学

他人在场对你的进食行为有何影响

回想一下你最近一次和他人共同进餐的情景。与单独进餐相比，你觉得自己吃得更多、更少还是一样多？研究表明，社会情境，即他人在场是影响个体进食的一条重要外部线索。事实上，当与他人一起进餐时，给他人留下积极印象可能是你最重要的动机（Herman et al., 2003）。下面我们来看这一动机会产生怎样的影响。

有研究以大学生为研究对象，要求他们分别与自己的恋人、朋友或陌生人交谈10分钟（Salvy et al., 2007）。为使交谈氛围更"轻松愉快"，研究者提供多种饼干供交谈者享用。每次交谈结束后，研究者会检查参与者吃了多少饼干。结果显示，不同组合所吃掉的饼干数量存在很大的差异：与男性朋友聊天的男性参与者吃的饼干最多，而与陌生男性聊天的女性参与者吃的饼干最少。如果参与者的动机是给对方留下积极印象，你能看出这些结果产生的原因吗？

一项类似研究考察了社会情境对超重儿童和正常儿童进食的影响（Salvy et al., 2008）。参与者年龄在10~12岁，他们会两次进入实验室。其中一次是参与者独自在实验室里玩耍和吃零食，另一次则与一名同伴一起进去。结果显示，体重正常的儿童两次吃的食物量相当；但超重儿童在与同伴一起时吃的食物量总是较少。这些结果表明，超重儿童会通过控制饮食来给他人留下积极印象。

在近几十年中，家庭就餐模式发生了很大变化，"从家庭聚餐转变为独自一人吃饭"（p. 195）。研究者在这一背景下讨论了他们的结果。他们指出，过去孩子们都与父母和兄弟姐妹一起吃饭，这种进餐环境有助于他们学会控制进食量。这一社会情境的消失可能是现代肥胖儿童增多的原因之一。研究者提出，进行社会干预——让儿童与他人一起进餐——可能有助于超重儿童减少食量。

关于饮食的社会情境，我们最后提一点：人们往往会大大低估社会情境的影响。在一项研究中，成对的学生一边看录像一边吃比萨。每对参与者吃比萨量的相关系数为0.64。尽管如此，当询问为什么吃了那么多比萨时，122名参与者中仅3人提到受同伴的影响（Vartanian et al., 2008）。参与者提到更多的是其他原因，如自己很饿，自己很久没吃东西了或比萨特别美味等。

下次和别人吃饭的时候，试着思考一下，你想给别人留下特定印象的渴望，是怎样通过你的食量反映出来的。

与这些规范一致，但也有些人主要通过违反这些规范来获得性满足。

本节将首先讨论一些关于非人类动物的性冲动和交配行为的知识，然后把注意力转移到人类性行为的某些问题上。

动物的性行为

在非人类的动物中，性行为的主要动机是繁殖。把性作为繁殖手段的物种一般进化出了两种性别类型：雄性和雌性。雌性产生相对较大的卵子（储存有胚胎开始生长所需的能量），雄性产生特化的可游动的精子（以便游进卵子）。两性必须让它们的性活动保持同步，以使精子和卵子在适合的条件下结合，形成受精卵。

性唤起主要是由生理过程决定的。动物的发情期主要由脑垂体和性腺（性器官）分泌的性激素决定。雄性分泌的激素叫雄激素，它们在体内持续充足供应，因此雄性几乎在任何时候都能进行交配。而许多物种的雌性，其雌激素是周期性分泌的，即根据天数、月份或季节的周期而分泌，因此雌性并不随时接受交配。

这些性激素同时作用于大脑和生殖器官，并且
经常引起一种某物种所有成员都有的可预测的刻板
性行为模式。例如，如果你见过一对大鼠的交配过
程，你就会知道所有大鼠的交配过程。这一过程的
大部分内容是雄性追逐雌性。雌性每隔一段时间就
会让雄性得手，于是这一对儿就短暂地交配。黑猩
猩交配的时间也很短（大约 15 秒）。紫貂的交配则
缓慢而又漫长，时间可长达 8 小时之久。食肉动物，
如狮子，能允许又慢又长的交配仪式——在连续的 4
天里，每隔 30 分钟一次。它们的猎物，如羚羊，只
交配几秒的时间，而且常常是在奔跑中进行（Ford &
Beach, 1951）。

哪些因素决定了大多数物种的性行为？

　　性唤起也常常由外部环境中的刺激引起。对许
多物种来说，交配对象展现出仪式化的视觉和声音模式是性唤起的一个必要条件。
此外，在绵羊、牛和大鼠等不同的物种中，雌性配偶的新颖性会影响雄性的行为。
如果有新的雌性介入，一个已与雌性配偶达到性满足的雄性，可能会重启性活动
（Dewsbury, 1981）。触觉、味觉和嗅觉也可以作为性唤起的外部刺激物。正如你在第
4 章中学到的那样，某些物种能分泌一种叫信息素的化学信号来吸引求爱者，有时
这些求爱者在很远的地方就能探测到这种气味（Herbst et al., 2011; Yang et al., 2011）。
许多物种的雌性会在最佳生育状态时（性激素水平和性欲都处于巅峰）分泌这种信
息素。这些分泌物是唤起和吸引该物种雄性的无条件刺激物，因为雄性遗传了被这
种刺激物唤起的倾向。

　　非人类动物的性行为虽然在很大程度上是由先天生物因素决定的，却依然为"文
化"因素影响配偶的选择留下了空间。让我们来看看大西洋玛丽鱼的情况。

研究特写

　　在大部分情况下，雄性大西洋玛丽鱼喜欢与更大的雌玛丽鱼交配。然而，当一条雄玛
丽鱼看到另一条雄鱼喜欢更小一点的雌玛丽鱼时，会出现什么情况？为了回答这个问题，研
究者设计了一组鱼缸，雄玛丽鱼在大缸里游动，两端各放若干更小的鱼缸（Bierbach et al.,
2011）。在实验的开始阶段，一条大的和一条小的雌鱼分别被放进两端的小鱼缸里。此时雄鱼
花更多的时间接近更大的雌鱼。在实验的第二阶段，第二条雄鱼被放到另一个小鱼缸里，看
起来像在更小的雌鱼附近游动。第一条雄鱼有 20 分钟时间观察第二条雄鱼与更小的雌鱼"打
得火热"。在实验最后的阶段，研究者捞出第二条雄鱼，然后观察第一条雄鱼的偏好。在这次
偏好测验中，结果模式大反转。现在雄玛丽鱼花更多的时间在更小的雌鱼附近游动。它们的
偏好已经转变为模仿其他雄性的偏好！

　　知道那些在水族馆中畅游的天真鱼儿正在注意哪些鱼受欢迎哪些鱼不受欢迎，
让你感到惊奇吗？该实验为我们讨论人类性行为奠定了基础。我们马上就会看到，
人类的性反应同样是由进化历史和周围人的偏好共同塑造的。

人类的性唤起与性反应

威廉·马斯特斯和弗吉尼娅·约翰逊是如何使人类性行为的研究合法化的？

激素在调节其他动物的性行为方面非常重要，但对大多数男性和女性的性接受和性满足的影响相对较小。当性激素水平在正常范围内时，性激素水平的个体差异并不能预测性行为的数量和质量。然而，性激素水平因疾病或衰老而低于正常值，往往对性欲有消极影响，其中睾酮（testosterone）的作用尤为重要。在接受补充睾酮的治疗后，男性和女性的性欲都能得到恢复（Davison & Davis, 2011; Allan et al., 2008）。此外，做过阉割手术（不再产生睾酮）的男性通常仍会有一定水平的性欲。这说明，性激素并非人类性行为的唯一驱动因素（Weinberger et al., 2005）。

人类的**性唤起**（sexual arousal）是由对性刺激的生理和认知反应引起的兴奋和紧张的动机状态。性刺激可能是生理的或心理的，能引发性兴奋和激情。由性刺激引起的性唤起会在令个体感到满足的性活动中消退，尤其是达到性高潮时。

研究者已经对动物的性活动和性反应探索了几十年，但对人类性行为的研究多年来一直属于禁区。**威廉·马斯特斯和弗吉尼娅·约翰逊**（Masters & Johnson, 1966, 1970, 1979）打破了这个传统禁忌。他们通过在实验条件下直接观察和记录人类性行为过程中的生理模式而使人类性行为研究合法化。通过这样的实验，他们探索了人们对性的真实反应和表现而不是口头的说法。

为了直接研究人类对性刺激的反应，马斯特斯和约翰逊对几千名男女志愿者的性反应周期进行了控制实验观察。从这个研究中得出的三个最重要的结论是：（1）男性和女性有相似的性反应模式；（2）尽管两性的性反应周期的阶段顺序是相似的，但女性的变化更多，而且往往反应更慢，但保持的性唤起时间更长；（3）许多女性能有多次的性高潮，而男性在相同的时间里却很少如此。

尽管马斯特斯和约翰逊的研究重点是性反应的生理方面，但他们最重要的发现却可能是心理过程对于性唤起和性满足的核心意义。他们证实，性反应问题往往源于心理因素，而不是生理因素，并且可以通过治疗改善或克服。在这些问题中，人们最关心的是不能完成性反应周期并获得性满足。这种性能力的缺乏常常来源于对个人问题的过分关注、对性行为后果的恐惧、担心伴侣对自己性表现的评价、无意识的内疚或消极想法。然而，营养不良、疲劳、紧张以及过多饮酒和药物滥用也会降低性驱力和性能力。

我们已经回顾了人类性活动和性唤起的一些生理方面，但还没有讨论造成性表达差异的原因。有观点认为，生殖的目的致使男女两性有不同的性行为模式。下面我们就从这一想法开始讨论。

性行为的进化

我们已经知道动物的性行为模式在很大程度上是由进化决定的，其主要目的是生殖——保存物种——且这种性行为已经高度仪式化和刻板化。对于人类的性行为是否也能得出相同的结论呢？

进化心理学家探讨了这样一种观点，即男性和女性已进化出不同的性行为策略（Buss, 2008）。为了描述这些策略，我们首先需要谈谈关于人类生殖的一些事实。男性如果能找到足够多的配偶，那么他们一年能进行数百次生殖。为了生育一个小孩，他们所需投入的只是几分钟的性交时间。女性一年最多只能生育一次，然后每个孩子都需要投入巨大的时间和精力去抚养。（顺便说一句，一个妇女生育小孩的世界纪录还不到 50 个，但一位男性却可以是很多孩子的父亲。摩洛哥的一位暴君，即残忍的伊斯梅国王，有 700 多个子女。）

因此，如果生殖是目的，卵子就是有限的资源，而且雄性会争夺为其授精的机会。雄性动物的基本目标就是尽可能多地与雌性交配，以使其生育的后代数量达到最大化。但是，雌性的基本目标是找到一个优秀的雄性配偶，以保证从她有限的卵子中生出最好最健康的后代。此外，人类后代成长的时间很长，并且在成长期如此无助，以至于需要持续的**亲代投资**（parental investment; Bell, 2001; Sear & Mace, 2008）。父母必须花很多时间和精力去养育孩子——而不像鱼类和蜘蛛，简单地产下卵离开就行。因此，女性的问题不仅仅是要挑选最高大、最强壮、最聪明、地位最高、最令人兴奋的配偶，还要挑选最忠实、有责任心的伴侣来帮助抚养孩子。

进化心理学家**戴维·巴斯**（Buss, 2008）认为，男女两性为短期择偶和长期择偶进化出了不同的策略、情感和动机。若男性的策略是勾引尽可能多的女性然后遗弃——表现出忠诚和负责任的样子，然后又离开——这就是一种短期策略。若男性对女性坚守承诺，并投资后代的抚养，这就是一种长期策略。若女性希望吸引一个帮助她抚养孩子的忠诚男士，这就是一种长期策略。若女性只想获得资源或得到地位高的男性，这就是一种短期策略。因为这些关于男性和女性不同策略的主张是基于进化论的分析，所以研究者寻找跨文化的数据来支持这种分析。例如，一项研究涉及了 52 个国家的 16 000 名参与者（Schmitt, 2003）。参与研究的男性和女性提供了有关他（她）们对短期性关系的兴趣的信息。纵观整个样本，男性一致报告了比女性更多的对性的多样化的渴望。这个结果支持进化论的观点，即男性和女性不同的生殖角色影响了各自的性行为。

研究者提供了多种类型的证据来支持人类性反应的进化论观点。近年来，研究人员特别关注当女性处于月经周期中的排卵期前后时，男性和女性会出现怎样的行为变化。我们来看一项实验，该实验要求女性判断某男性是异性恋还是同性恋（本章下一节就会讨论同性恋话题）。

尽管性可以满足生殖的生物学功能，但大多数人的性生活次数要比生育次数多得多。即便如此，进化论的观点如何解释当代的性策略？

研究特写

一个研究团队认为，求偶倾向会提高异性恋女性判断男性性取向的准确性（Rule et al., 2011, p. 824）。为了验证这一假设，研究人员让 40 名异性恋女性观看了 80 张男性的照片。照片中的男性有 40 人自认是异性恋，另外 40 人自认是同性恋。女性的任务是猜测每一位男性的性取向。完成对照片的判断后，每位女性都提供了可以让研究人员估计出其月经周期的信息。**图 11.3** 显示，女性在接近排卵期时，判断的准确性最高。

图 11.3 女性对男性性取向的判断

接近排卵期时，女性能更准确地判断出男性是异性恋还是同性恋。A′ 是一种准确性指标，数值 0.5 意味着参与者是在随机猜测。图中的一个点代表着一位女性参与者的表现。图中的曲线显示出这一女性群体的总体趋势。(横坐标 0.00 表示预计排卵期，–0.50 表示预计排卵期前 7 天左右，0.50 表示预计排卵期后 7 天左右，–1.00 表示预计排卵期前 14 天左右，1.00 表示预计排卵期后 14 天左右。——译者注)

资料来源：Nicholas O. Rule, Katherine S. Rosen, Michael L. Slepian, Nalini Ambady, "Mating interest improves women's accuracy in judging male sexual orientation," Psychological Science, 22, pages 881–886, copyright © 2011 the Association for Psychological Science. Reprinted by permission of Sage Publications.

这些数据支持了这样一种观点，即当女性最有可能怀孕时，她们对男性品质的判断也更加谨慎细心（这对女性的长期择偶策略很重要）。另有研究支持了这样一个假设，即男性能够探测女性何时处于排卵期并相应地改变自己的行为（Haselton & Gildersleeve, 2011）。例如，在实验室版本的 21 点游戏中，与处于排卵期的女性一起玩时，男性会做出更冒险的决策（Miller & Maner, 2011）。敢冒风险代表着自信和雄心等性格特质，而从进化心理学的角度看，女性择偶时会认为这样的特质更有吸引力。所以，这些结果表明，当女性处于排卵期时，男性会调整他们的行为，让自己显得更有吸引力。请注意，男人们并不知道女性正处于排卵期，他们的这些行为变化都是无意识的反应！

尽管研究支持了进化论对人类性行为的诸多预测，但其他的理论家认为这种解释大大低估了文化的作用（Eastwick et al., 2006; Perrin et al., 2011）。思考这样一种情境：人们与他人发生性关系而不忠于伴侣。进化论角度的分析会认为男性比女性更容易出轨，因为他们有寻求多个伴侣的动机。然而，研究表明，出轨更多是受一个人所拥有的权力大小（比如在职业中所拥有的权力）的影响（Lammers et al., 2011）。男性和女性在获得权力后，都更可能对伴侣不忠。男人看起来更可能出轨源自这样的文化现实：男人更可能拥有权力。

虽然进化论取向解释了人类性行为的某些方面，但批评者强调要注意文化造成的差异。人类性行为规范在不同时代和地区有相当大的差异。现在我们就来探讨性规范。

性规范

一般的性生活是什么样的？在 20 世纪 40 年代，**阿尔弗雷德·金赛**（Kinsey, 1948, 1953）与他的同事开始了关于人类性行为的科学调查，首次给出了重要的推动性回答。他们调查了大约 17 000 名美国人的性行为，并向震惊的大众揭示了某些以前被认为很少见甚至不正常的行为，实际上是相当普遍的——至少根据被调查者的报告是如此。这些年来，性行为的规范已经发生了变化，这部分是由于科学的进步。例如，在 20 世纪 60 年代早期，避孕药的出现让女性有了更多的性自由，因为它降低了怀孕的概率。1998 年壮阳药伟哥的问世使男性可以延长其性活动的年限。除了科学的影响，许多文化中都出现了一种更开放地谈论性问题的总体趋势。**表 11.2** 呈现了美国高中生的代表性大样本中，参与过性活动的人所占的百分比（U.S. Department of Health and Human Services, 2010）。如你所见，过去 20 年里，性行为的发生率下降了，而避孕套的使用率上升了。

表 11.2　九年级至十二年级学生的性行为

	1991 年	2001 年	2009 年
有过性行为	54.1	45.6	46.0
与四个或以上的人发生过性关系	18.7	14.2	13.8
最后一次性行为中使用了安全套	46.2	57.9	61.1

资料来源：U.S. Department of Health and Human Services. (2010). *Trends in the prevalence of sexual behaviors*.

这些性规范是人们作为特定文化的成员，从该文化中所习得的规范的一部分。我们已经指出，一些一般的"男性"和"女性"性行为模式可能是人类进化的结果。尽管如此，对于性冲动的表达，不同的文化对它们认为合适的行为范围做了规定。**性脚本**（sexual script）是从社会中学习到的性反应程序，它们通常是心照不宣的，包括这样一些规定：该做什么；在什么时间、地点以及用什么方式做；和谁做、用什么来做以及为什么应该这样做（Krahé et al., 2007; Seal et al., 2008）。这些脚本的不同方面通过你一生中的社会互动汇集到了一起。包含在你的性脚本里的态度和价值观是你的性动机的外部来源：这个脚本表明了你可能或应该采取的性行为类型。

我们来更具体地关注一下大学生的性行为。研究者常常希望理解大学生所做的关于性活动的决定，以及他们对这些决定的感受。例如，在一个 152 名有过性行为的女生样本中，77% 的参与者报告对自己的决定至少"有点"后悔（Eshbaugh & Gute, 2008）。最让她们后悔的有两种行为。第一，"与某人有过一次性行为，且仅有一次"（p. 83），约 36% 的女生报告曾有过这样的性行为；第二，"与相识不到 24 小时的人发生性关系"（p. 83），约 29% 的女生报告曾有过这样的性行为。我们可以把这些行为归入"性勾搭"的范畴（Bogle, 2008）。在另一项对 327 名大学本科生的研究中，性勾搭被定义为"两个可能熟悉或不熟悉，但没有正式恋爱的人之间发生的性行为"（Lambert et al., 2003, p. 131）。在这种定义下，78% 的女生和 84% 的男生报告自己曾有过性勾搭行为。研究者还让有过这种行为的学生做两项评分：一、参与者自己对本校发生的性勾搭频度的接受程度；

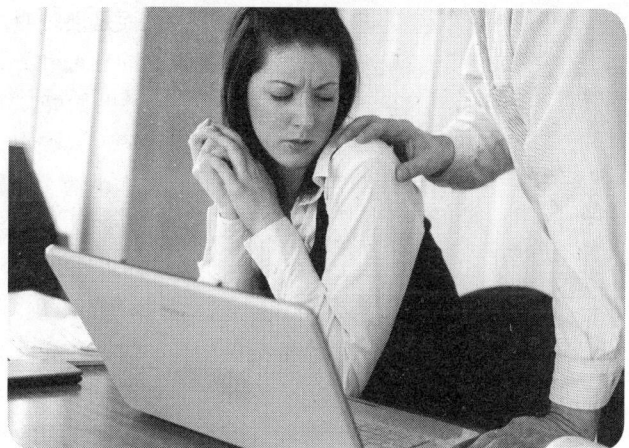

性骚扰事件是如何从相互冲突的性脚本中产生的？

二、参与者猜测一般学生对本校发生的性勾搭频度的接受程度。如**图 11.4** 所示，男生对性勾搭行为的接受程度高于女生。但是，你也可以看到，参与者的自我评分都低于他们猜测的其他学生的评分。因此，对性勾搭的实际接受程度（即参与者自我报告的平均值）低于他们知觉到的程度！这种知觉会对个体的行为产生怎样的影响呢？

对大学生性经历的研究揭示了一个男生和女生性脚本存在毁灭性冲突的领域：强暴。在一项研究中，研究者让两年或四年制学院和大学的 4 446 名女生提供她们在一学年的 7 个月中有关性侵犯经历的信息（Fisher et al., 2000）。在这个指定的期

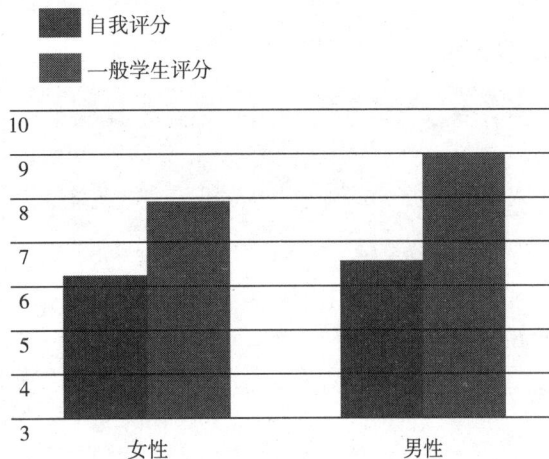

图 11.4 对性勾搭的评价

大学生对两个关于"性勾搭"的问题进行评分，评分范围从1（感觉非常不能接受）到11（感觉非常能接受）。自我评分反映出参与者自己对本校发生的性勾搭频度的接受程度。一般学生评分反映出参与者认为一般学生对本校性勾搭频度的接受程度。

资料来源："Pluralistic ignorance and hooking up" by Tracy A. Lambert, Arnold S. Kahn and Kevin J. Apple, *Journal of Sex Research* 40(2), 2003, pages 129–133. Reprinted by permission of Taylor & Francis Group.

间内，1.7% 的女生遭遇过强暴，1.1% 的女生遭遇过强暴未遂。研究者根据这些数据估计一个女生在大学期间遭遇强暴或强暴未遂的可能性，他们的结论是：受侵害的女生数可能高达 20%~25%。研究者还考察了一种特殊的强暴类型：**约会强暴**（date rape）。约会强暴指个体被熟悉的人强迫发生性行为的情形。在该样本的女生中，12.8% 的强暴和 35% 的强暴未遂发生在约会时。研究者已经证明，男性和女性有着不同的"约会强暴脚本"。一项研究让大学男生和女生阅读相同的场景描述，故事中一位女性拒绝发生性行为（Clark & Carroll, 2008）。与女生相比，认为这一情节属于强奸的男生较少。男生也更可能把责任推到受害者身上。

之前关于性动机的大部分讨论都忽视了性经历的一个重要类别：同性恋。我们以对男同性恋和女同性恋的讨论来结束这一节。该讨论将提供给我们另一个机会，看看性行为是如何被内部和外部动机力量的相互作用所控制的。

同性恋

到目前为止，我们的讨论主要集中在促使人们进行某些性行为的动机上。我们可以在同样的背景下思考同性恋的存在。也就是说，不把同性恋描述成一套由偏离异性恋"导致"的行为，而是通过对性动机的讨论，让你看到所有的性行为都是"被导致的"。根据这种观点，同性恋和异性恋都是由相似的动机因素引起的。在动机上，每一种都不代表对另一种的偏离。

大部分的性行为调查都试图获得同性恋发生率的准确估计值。在早期的研究中，金赛发现他的样本中约 37% 的男性至少曾经有过某些同性恋经历，而且大约 4% 的男性是纯粹的同性恋者（女性的比例稍微低一些）。一项更近的研究在美国调查了超过 2 000 人，3.2% 的男性和 2.5% 的女性报告在前一年中有过同性性行为（Turner et al., 2005）。这些数据是否准确？只要社会上存在对同性恋的敌对态度，就不可能得到完全准确的估计，因为这些人不愿意向研究者吐露实情。

本小节将讨论同性恋和异性恋取向的起源问题。我们也将回顾关于社会和个人对同性恋行为的态度方面的研究。

同性恋的先天和后天因素　研究证据表明，性偏好有遗传的成分。看过上文对进化与性行为的讨论，你应该不会对此感到惊讶（Långström et al., 2010）。与常见做法一样，研究者根据那些比较同卵双胞胎（在遗传上完全一样的双胞胎）与异卵双胞胎（那些和其他的兄弟姐妹一样只有一半基因相同的双胞胎）一致率的研究来做出这一断言。当一对双胞胎中的两人都具有同样的性取向时——同性恋或异性恋——他们就是一致的；如果一对双胞胎中的一个是同性恋而另一个是异性恋，那他们就是不一致的。关于男女同性恋的研究均证实，同卵双胞胎比异卵双胞胎的一致率要高得多（Rahman & Wilson, 2003）。例如，在一个包括约 750 对双胞胎的样本中，32% 的同卵双胞胎在同性恋取向上是一致的，而异卵双胞胎仅为 8%（Kendler et al.,

2000）。尽管同卵双胞胎比异卵双胞胎的养育环境可能更相似——他们被父母更一致地对待——但这种模式有力地表明性取向部分是由遗传决定的。

　　研究者还开始报告同性恋与异性恋者大脑层面的差异。例如，一项研究采用 MRI 和 PET 扫描技术对两者的大脑形状和体积进行了对比（Savic & Lindström, 2008）。脑成像结果显示，异性恋男性的大脑是非对称的，右半球略大，而同性恋女性也是如此。相反，异性恋女性和同性恋男性的大脑半球都是对称的。该研究还测定了杏仁核(你可能还记得，杏仁核对情绪控制和记忆起重要作用）与其他脑区间的联结模式。同性恋者的联结模式仍与异性恋的异性相似。今后的研究可能进一步证实或推翻这种宽泛的大脑差异。但有一点似乎是明确的，同性恋和异性恋的某些方面是对纯生物学因素的反应。

　　社会心理学家达里尔·贝姆（Bem, 1996, 2000）指出，生物学因素并不直接影响性偏好，而是通过影响儿童的性情和活动而产生间接影响。在第 10 章中，研究者曾指出，男孩和女孩会进行不同的活动，例如男孩的游戏往往更具打闹成分。按照贝姆的理论，孩子们会对同性或异性同伴产生相异感，这取决于他们玩的是典型的还是非典型的性别游戏。根据贝姆的理论，"相异相吸"：相异感导致情绪唤起；随着时间的推移，这种唤起就会转化成性吸引。例如，如果一个小小孩因为不愿意参加典型的女孩游戏而与其他的女孩有相异感，那么随着时间的推移，她的这种情绪唤起就会转变成同性恋的感觉。请注意，贝姆的理论支持这样一种主张，即同性恋和异性恋都源自相同的因果机制：在这两种情况中，儿童对某一性别的相异感随着时间的推移变成了性欲。

社会与同性恋　　假如贝姆的论断——孩提时代的体验关系重大——是正确的，那么每个人都按照儿童期建立的冲动行事吗？同性恋与异性恋最主要的不同，也许是来自社会各个角落的对同性恋行为持续的敌意。在一项包含 1 335 名参与者的调查中，异性恋的男性和女性被问到周围有"一个男同性恋者"或"一个女同性恋者"时感觉不舒服的程度（Herek, 2002）。**图 11.5** 呈现了感到"有些"或"非常"不舒服的人的百分比。从中你可以看到，当周围的同性恋者与自己性别相同时，男性和女性都会感到更不舒服。研究者将对同性恋的负面态度称为同性恋恐惧症。

　　大部分同性恋者意识到，他们是在社会普遍存在同性恋恐惧症的敌意背景下走向同性关系的。虽然如此，研究显示，许多个体在相当年轻时就开始意识到那些感觉。例如，研究者请参加同性恋、双性恋和变性青

什么证据表明性取向有遗传成分？

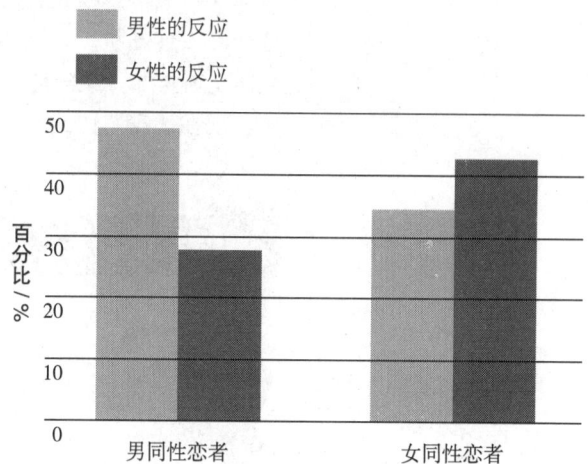

图 11.5　对同性恋的态度

参与者被问到身边有"一个男同性恋者"或"一个女同性恋者"时会有多不舒服。上图显示了回答"有些"或"非常"不舒服的男性和女性的比例。

资料来源：From Gregory M. Herek, "Gender Gaps in Public Opinion about Lesbians and Gay Men," *Public Opinion Quarterly, 66*, 40–66.

年会议的美国东南部学生说明他们意识到自己性取向的年龄（Maguen et al., 2002）。男同性恋的平均年龄是 9.6 岁；女同性恋的平均年龄是 10.9 岁。男性报告在 14.9 岁时有同性性接触，而女性报告在 16.7 岁时有同性性接触。这些数据表明，许多人在还必须上学的时候就意识到他们的同性恋取向，而学校环境往往对同性恋充满敌意（Espelage et al., 2008）。另外，同性恋青年通常必须做出是否把他们的性取向告诉父母的艰难抉择（Heatherington & Lavner, 2008）。大多数青少年依赖父母的情感和经济支持；透露自己的同性恋身份会使他们面临失去这两种"养料"的风险。实际上，父母的拒绝与自杀企图的增加有关（Bouris et al., 2010）。

这些关于青少年的发现强化了一种观点，即大多数男女同性恋者发现同性恋恐惧症在心理上比同性恋本身更为沉重。1973 年，美国精神医学协会投票决定将同性恋从心理障碍名单中删除，1975 年美国心理学会也效仿了这一做法（Morin & Rothblum, 1991）。促使这项行动的是研究表明，事实上，大多数男同性恋者和女同性恋者是快乐和富有成效的。当代的研究显示，大部分与同性恋有关的压力不是来自性动机本身——同性恋者对自己的性取向感到满意——而是来自性动机公开之后人们的反应。男女同性恋者对同性恋的大部分焦虑不是源于自己是同性恋，而是源于需要不断向家人、朋友和同事公开或隐瞒自己的同性恋身份（Legate et al., 2012）。更普遍的是，同性恋者因不能公开谈论自己的生活而感到痛苦（Lewis et al., 2006）。正如你所预料的那样，同性恋者也会像异性恋者一样，花费时间和心思考虑如何建立和维持爱情关系。

男女同性恋者愿意"出柜"，可能是减少社会敌意的第一步。有研究指出，当人们真的认识同性恋群体中的某个人时，他们对这些男女同性恋者的态度就不会那么消极；事实上平均来说，一个人认识的男女同性恋者越多，他的态度就越积极（Smith et al., 2009）。（当我们转向第 16 章中的偏见主题时，我们将再次看到与少数群体成员接触的经历如何能导致更积极的态度。）

对同性恋的简短回顾强化了关于性动机的主要结论。性行为的部分推动力来自内部——遗传禀赋和物种进化为异性恋和同性恋行为提供了内在模型。但外部环境也会引发性动机。经过学习，你可能发现某些刺激特别有诱惑力，而某些行为为文化传统所接受。就同性恋而言，外部的社会规范可能与内部的自然指令相对立。

现在让我们转到第三种重要动机：促使个体相对成功或失败的力量。

STOP 停下来检查一下

❶ 刻板性行为是什么意思？

❷ 根据进化理论，为什么男性比女性渴求更多的性多样性？

❸ 什么是性脚本？

❹ 双胞胎研究对同性恋的遗传性有何启示？

批判性思考：回顾一下关于雄玛丽鱼对雌鱼偏好的研究。分别在雄鱼看到其他雄鱼与雌鱼在一起之前和之后对其偏好进行测量为什么很重要？

个人成就动机

　　为什么有些人成功了，而另一些人相对而言失败了？例如，为什么有些人能游过英吉利海峡，而另一些人却只能在岸边失落地挥手？你可能把一些差异归结到遗传因素，比如体型。你这样做并没有错，但是你也知道，有些人只是比其他人对畅游英吉利海峡更有兴趣。因此，我们又回归到研究动机的另一个核心原因。在这里，我们想了解导致人们寻求不同水平的个人成就的动机因素。让我们从成就需要的概念开始探索。

成就需要

　　早在 1938 年，**亨利·默里**（Henry Murray）就假定存在一种成就需要，这种需要在不同的人身上强度不同，并且影响着他们追求成功和评价自己表现的倾向。**戴维·麦克莱兰**与同事（McClelland et al., 1953）设计了一种利用参与者的想象来测量这一需要强度的方法。在**主题统觉测验**（Thematic Apperception Test, TAT）中，他们要求实验参与者就一系列模棱两可的画面编故事。这些看到 TAT 图片的参与者要编出关于这些图片的故事，以说明图画中发生了什么事，并且描述可能的结果。根据麦克莱兰的说法："如果你想要了解一个人的内心发生了什么，别问他，因为他不能总是准确地告诉你；你要研究他的想象和梦。如果你这样做，过一段时间后，你就会发现他的大脑中不断重复的那些主题，这些主题可以用来解释他的行动"（McClelland, 1971, p. 5）。

　　根据实验参与者对一系列 TAT 图片的反应，麦克莱兰开发出了测量人类多种需要的工具，包括对权力、关系和成就的需要。**成就需要**（need for achievemen）反映了一种个体差异，即计划并努力实现目标对个体的重要性。**图 11.6** 的文字说明展示了高成就需要者和低成就需要者解释同一幅 TAT 图片的例子。实验室和现实生活中的研究都证明了这种测量方法的有效性。

动机如何解释个体间的差异——例如，有的人会接受危险的挑战。

图 11.6　对一幅 TAT 图片的不同解释

显示高成就需要的故事

图中的这个男孩刚学完了他的小提琴课程。他对他的进步感到开心，而且开始相信他所有的进步将证明他所做出的牺牲是值得的。要成为一个在音乐会上演奏的小提琴家，他不得不放弃大部分的社交生活来每天练琴数小时。尽管他知道，如果继承父亲的事业可能会挣更多钱，但他更愿意成为一名小提琴家，并用他的音乐给人们带来欢乐。他坚持他的个人承诺，不管需要付出什么代价。

显示低成就需要的故事

这个男孩拿着他哥哥的小提琴并希望自己能演奏它。但是他认为不值得花费时间、精力和金钱去学习小提琴课程。哥哥放弃了生活中所有快乐的事，只是练习、练习、再练习，他为哥哥感到遗憾。要是有一天能一觉醒来就成为著名的音乐家就太棒了，但是事情并非如此。现实就是枯燥的练习，没有乐趣，而且很可能只是成为另一个在小城市的乐队里演奏乐器的人。

例如，成就需要得分高的人比得分低的人有更高的向上流动性，得分高的孩子比得分低的孩子更可能在事业发展上超过其父亲（McClelland et al., 1976）。31 岁时成就需要得分高的男女参与者，到 41 岁时所得的工资往往比得分低的同龄人要高（McClelland & Franz, 1992）。这些发现是否意味着高成就需要者总是愿意更努力地工作？情况并非如此。当实验者引导参与者相信任务将非常困难时，高成就需要者会很快放弃（Feather, 1961）。实际上高成就需要的特点似乎是对效率的需要——一种用较少的努力得到相同结果的需要。如果他们比同龄人挣得多，可能是他们重视对自己工作水平的具体反馈。作为进步的衡量标准，薪水就非常具体（McClelland, 1961; McClelland & Franz, 1992）。

对成就的需要也能预测某些职业的成功。想一想那些发起新的商业冒险的创业者。成就需要高的人更可能选择创业，而成就需要高的创业者更可能取得成功（Collins et al., 2004; Stewart & Roth, 2007）。不过，请注意，对成就的需要并不是总能保证成功。比如，高成就需要的人可能沦为失败的政治家，因为复杂的现实世界问题使他们无法发挥个人控制力（Winter, 2010）。

对成功与失败的归因

成就需要不是影响个人成功动机的唯一变量。要了解原因何在，我们先来看看一个假想的例子。假设你有两个朋友在学习同一门课程。第一次期中考试，每个人都得了 C。你认为他们会有同样的动力为下次考试努力学习吗？答案将部分取决于他们对自己 C 等成绩所做的归因。归因（attribution）就是对某一结果产生原因的判断（第 16 章将更详细地讨论归因理论）。归因能对动机产生重要影响。下面我们来看看原因。

假设一位朋友把成绩差归因于考试过程中持续不断的建筑噪声，而另一位朋友却归因于自己记忆力差。这两种归因给这个问题提供了一个答案，"造成某种结果的原因主要是个体的内部因素，还是环境中的一般因素？"在本例中，一位朋友做了外部归因（建筑噪声），而另一位朋友做了内部归因（记忆力差）。这些归因往往都会对动机产生影响。如果你的朋友将考试成绩差归因于建筑噪声，那么她可能会为下次考试努力学习。可如果另一位朋友认为考试失败是由于自己记忆力差，那么他可能会放弃努力。

内部—外部维度只是归因差异的三个维度之一。我们也可以问："随着时间的推移，因果性因素在何种程度上可能保持稳定和一致，或者说在何种程度上可能不稳定并发生变化？"这个问题的答案为我们给出了稳定—不稳定维度。我们可能还会问："因果性因素在何种程度上是高度具体的，只局限于特定的任务或情境；或者在何种程度上是整体的，可作用于广泛的场景？"这又为我们提供了整体—特殊维度。

图 11.7 给出了其中两个维度如何交互组合的例子。我们仍以对考试成绩的归因为例。学生们可能把他们的分数解释为内部因素的结果，如能力（稳定的人格特征），或者努力程度（变化的个体属性）。或者他们也可能把分数看作主要是由外部因素造成的，如任务难度、别人的行为（稳定的环境问题）或运气（不稳定的外部因素）。解释的类型会影响他们之后的动机——是努力学习还是偷懒松懈——无论导致成功或失败的真正原因是什么。

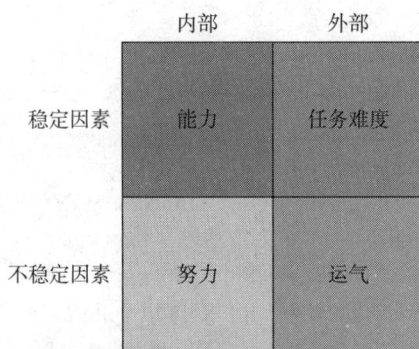

	内部	外部
稳定因素	能力	任务难度
不稳定因素	努力	运气

图 11.7 关于行为结果的归因

行为的两种归因来源就能产生四种可能的结果。能力归因是"内部"与"稳定"因素的组合，努力归因是"内部"与"不稳定"因素的组合。任务（考试）难度归因则假定"外部"与"稳定"因素在起作用，而运气归因则是"外部"与"不稳定"因素的组合。

再回到上面提到的两位朋友的例子。我们假设一位朋友做了外部归因（建筑噪声），而另一位朋友做了内部归因（记忆力差）。研究者发现，个体解释生活事件——从赢牌到约会被拒——的方式可能会成为终生的习惯性的归因风格（Cole et al., 2008）。在第 14 章中，我们会看到一种"内部—整体—稳定"的归因风格（"我从没有做对任何事"），这种归因风格会使人面临抑郁的风险（而抑郁的症状之一就是动机受损）。现在让我们把注意力集中在能导致你的一个朋友在学期末获得 A 而另一个朋友只得 F 的归因风格上。他们成功与失败的原因看上去很简单而且耳熟能详：乐观与悲观（Carver et al., 2010）。这两种看待世界的不同方式会影响个体的动机和行为。

乐观的归因风格把失败看作外部因素（"考试不公平"）以及不稳定的或可变的、具体的事件的结果——"如果我下次更加努力的话，我就会做得更好，并且这个挫折不会对我完成其他重要的任务产生影响"。悲观的归因风格关注失败的内因。此外，糟糕的情况和个人在造成这种情况中的作用被认为是稳定和整体性的——"它永远不会改变，它将影响一切"。悲观主义者的表现低于他们通过客观测量显示出的天赋水平，其原因就是他们相信自己注定要失败。在学业领域，乐观的学生报告的动机水平更高，他们也更可能留在学校。在一项包含 2 189 名大学新生的样本中，85% 的乐观学生会在第二年继续学业，而悲观学生这一比例只有 68%（Solberg Nes et al., 2009）。

在结束这一部分前，我们来看一项研究实例，它显示了归因方式在学业领域中的强大影响。

研究特写

少数族裔的学生进入大学后，经常报告在新的环境中感到不自在。这种社交上的背井离乡感可能会削弱学生的成就动机。两名研究者预测，如果可以改变黑人学生对自己缺乏社会归属感的归因，他们的学习成绩就会提高（Walton & Cohen, 2007）。他们要求学生阅读一些关于大学体验的调查材料。实验组的部分阅读材料为社会归属感难题提供了一种新的归因。例如，调查称，"统计数据表明，多数高年级学生都曾'担心（作为一年级新生）其他同学是否会接纳自己'，但现在大多数人确信'其他同学接纳了自己'"（p. 88）。控制组的材料中则没有类似信息。为了测试这种信念干预的效果，研究者获取了参与者在下一学期的考试成绩，并与预期成绩（根据前一学期的成绩）进行了对比。结果显示，实验组的学生实际成绩高于预期值，而控制组则低于预期值。

研究人员随后对接受这一干预的学生进行了为期三年的追踪调查：与控制组学生相比，这些学生取得了更高的平均绩点，甚至身体也更健康（Walton & Cohen, 2011）。由于归因方式影响动机，所以关于社会归属感的少量信息就会对学生的学业成绩产生深远影响。

该领域的心理学研究成果对你来说有很大的价值。你可以努力发展一种对你的成功和失败的乐观解释风格。通过检查环境中可能的因果性因素，你可以避免对失败采取消极的、稳定的和内在特性归因。最后，别让你的动机被暂时的挫折所伤害。你可以应用这项基于研究的建议使你的生活变得更好，这是我们在本书中反复提及的主题。

工作与组织心理学

现在，假定你积极的态度帮助你在一家大公司谋到了一份工作。我们能仅仅通过了解你的成就需要或解释风格，就准确地预测你的动机有多强吗？你的个人动机水平将部分取决于你工作环境中的人员和规章制度的总体情况。由于认识到工作环境是一种复杂的社会系统，**组织心理学家**（organizational psychologists）研究了人类关系的不同方面，如雇员之间的沟通、员工的社会化和文化适应、领导力、对工作和／或组织的态度和承诺、工作满意度、压力与倦怠，以及工作时的总体生活质量（Blustein, 2008; Hodgkinson & Healey, 2008）。作为企业顾问，组织心理学家可在招聘、选拔和培训雇员方面提供帮助。他们还就工作的重新设计——调整工作以适合雇员——提出建议。组织心理学家应用管理、决策和发展的理论来改善工作环境。

让我们看看组织心理学家为理解职场中的动机而发展出来的一对理论。他们试图用公平理论和期望理论解释和预测人们在不同的工作条件下会如何反应。这些理论假设员工会进行某些认知活动，如通过与其他员工的社会比较过程来评估公平性，或者估计与自己的表现相关的预期报酬。尽管公平理论和期望理论产生于 45 年前，但研究者们仍在使用这些观点来理解工作场所的动机（例如，Bolino & Turnley, 2008; Liao et al., 2011; Siegel et al., 2008）。

公平理论（equity theory）认为，员工有动力去维持与其他相关人员相比公平或公正的关系（Adams, 1965）。员工关注自己的投入（他们对工作做出的贡献或付出）及其产出（他们从工作中得到的回报），然后与其他员工的投入与产出进行比较。如果员工 A 的产出与投入的比例与员工 B 的比例相等（A 的产出／A 的投入＝B 的产出／B 的投入），那么员工 A 就会感到满意。如果这些比例不相等，产出投入比低的一方就会感到不满。因为这种不公平感令人痛苦，所以它就会促使员工通过改变相关的投入和产出比来恢复公平。这些改变可以是行为上的（例如，通过削减工作来降低投入或者通过要求加薪来增加产出），也可以是心理上的（例如，重新解释投入的价值——"我的工作并没有那么好"，或者重新解释产出的价值——"我每周有一份指望得上的薪水就很幸运了"）。

如果你被提拔到管理岗位，你应该努力满足你的员工对公平的心理需求。员工往往能够获得所在组织人员以及其他组织中类似职位的薪资信息。公平理论认为，这类信息会让员工调整他们的行为。请记住对投入与产出关系的变化作适当解释的益处。

期望理论（expectancy theory）提出，当员工预期他们工作上的努力和成绩会产生理想的结果时，他们就会受到激励（Harder, 1991; Porter & Lawler, 1968; Vroom, 1964）。换言之，人们会从事自己认为有吸引力（能产生有利的结果）和可完成的工作。期望理论强调三种成分：期望、工具性和效价。期望指员工感知到的努力工作会带来某种水平的业绩的可能性。工具性是指认为业绩会带来某些结果，如奖励。效价指感知到的特定结果的吸引力。就某一特定的工作环境而言，你可以想象一下这三种成分的不同可能性。例如，你可能拥有这样一份工作：如果业绩不错的话获得奖励的可能性很高（高工具性），但业绩不错的可能性不大（低期望），或者奖励有价值的可能性很低（低效价）。根据期望理论，员工会评估这三种

期望理论如何解释有些运动员更偏爱本垒打，而不是追求更高的击球率？

生活中的批判性思维

动机如何影响学业成就

假设你和两个朋友——安吉拉和布莱克——一起选修了心理学导论课程。在上课的第一天，安吉拉说："我想在这门课上得到最高分。"布莱克则说："我只要不得到 F 就很开心了。"你能看出安吉拉和布莱克的目标可能如何激励他们采取不同的行动吗？这个专栏的目标是让你批判性地思考目标、动机与学业成就的关系。

对学生成绩的分析确定了四种常见的成就动机类型，它们代表着两个维度的组合（Elliot & McGregor, 2001; Murayama et al., 2011）。第一个维度对比了表现与掌握。表现是指学生相对于其他学生的成就感，掌握是指学生对自己的个人能力的感觉。第二个维度是接近与回避。这个维度反映的是学生的动机是获得成功还是避免失败。按照这些维度，安吉拉代表的是有着"表现—接近型"目标的学生。她关注的是看起来比别的学生更有

能力。布莱克代表的是有着"表现—回避型"目标的学生。他关注的是避免被视为比别的学生能力差。如果康妮专注于提高自己的理解水平，那么她展示的就是"掌握—接近型"目标。如果德克主要关心的是防止自己比过去做得更糟，那么他展示的就是"掌握—回避型"目标。研究者通过询问学生对一些表述（如"我希望完全掌握这门课上呈现的材料"和"我只是想避免在这门课上表现不佳"）的同意程度，来测量他们的目标取向（McGregor & Elliot, 2002, p. 381）。

一般来说，有接近目标的学生更有动力参与有助于确保学业成就的行为。一项研究评估了学生在心理学导论考试两周前的行为和即将考试前的行为（McGregor & Elliot, 2002）。那些有着"表现—回避型"目标的学生逃避学习：在考试前两周，他们承认自己还没有做太多准备；在即将考试之前，他们承认自

己还没有准备好。有"掌握—接近型"目标和"表现—接近型"目标的学生全都早早开始为考试做准备。（该研究没有考察"掌握—回避型"目标。）

考虑到学生们的目标对其学习行为的影响，你便不会对这一发现感到惊讶，即有接近型目标的学生往往比有回避型目标的学生表现得更好。比如，一项研究显示，拥有"表现—接近型"目标的学生，在口语考试中占有优势（Darnon et al., 2009）。与表现—回避型的同学相比，表现—接近型的学生没有被课程材料的难度压倒。

根据这项研究，你可以花点时间考虑一下自己的目标，以及它们如何影响你的功课和学习实践。

- 为什么持有"表现—回避型"目标的学生会推迟学习？
- 学生们应该怎么做才能从回避型目标转变为接近型目标？

成分的可能性，并通过把它们各自的值相乘将它们组合起来。因此，当所有成分都具有很高的可能性时就会产生最高水平的动机，但是，如果任何一个成分为零的话就会产生最低水平的动机。

如果你是一位管理者，你能看到期望理论分析可能对你有何帮助吗？你应该能够更清楚地考虑期望、工具性和效价。你应该能够确定其中是否有一项不平衡。例如，假定你的员工开始相信他们的努力和得到的回报之间没有多少关系。你能做些什么来改变你的组织，以恢复工具性的高数值？

从我让你思考你早晨为什么起床开始，我们已经共同走过了很长一段路程。我们考察了饥饿和饮食的生物学和心理学基础，以及人类性行为的进化和社会维度。我们探索了人们在成就需要和如何解释成功方面的个体差异。在整个讨论过程中，你看到了遗传和环境因素在个体和物种水平上复杂的交互作用。好了，现在你已经掌握了所有这些信息，再想想今天早晨为什么起床？

STOP 停下来检查一下

❶ 什么是成就需要?

❷ 人们在哪些维度上进行归因?

❸ 期望理论如何解释工作场所中的动机?

批判性思考:回顾一下证明归因影响学习成绩的研究。你所在的大学可以如何应用这一研究的结果?

要点重述

理解动机

- 动机是一个动态概念,用于描述指导行为的过程。
- 动机分析有助于解释生物学过程和行为过程是如何联系在一起的,以及尽管面临困难和逆境,为什么人们还要继续追求既定目标。
- 驱力理论将动机理解为紧张的消除。
- 人们也会被诱因,即与生理需求无关的外部刺激所驱动。
- 本能理论认为,动机通常依赖于先天的刻板反应。
- 社会和认知心理学家强调个体对情境的知觉、解释和反应。
- 马斯洛指出人类的需要可以按等级组织起来。
- 尽管真实的人类动机更为复杂,但马斯洛的理论为总结动机力量提供了一个有用的框架。

饮 食

- 人体内有多种调节启动和停止进食行为的机制。
- 文化规范影响着人们吃什么和吃多少。
- 基因在肥胖问题上起着重要作用,但基因的作用受到环境因素的影响。
- 如果个体成为限制性饮食者,那么他们的饮食可能会导致体重增加而不是体重减少。

- 进食障碍是一种威胁生命的疾病,可能源于遗传因素、对身体意象的错误知觉和文化压力。

性行为

- 从进化的角度看,性是繁殖后代的机制。
- 在动物中,性驱力主要由激素控制。
- 马斯特斯和约翰逊的工作首次为人们提供了有关男女两性性反应周期的真实数据。
- 进化心理学家认为,人类的许多性行为反映了男性和女性不同的求偶策略。
- 性脚本定义了在某种文化中什么样的性行为形式是适当的。
- 同性恋和异性恋是由遗传、个体因素和社会环境共同决定的。

个人成就动机

- 人们有不同的成就需要。成就动机受人们对成功和失败的解释方式的影响。
- 乐观主义和悲观主义的归因风格导致对成就的不同态度并影响动机。
- 组织心理学家研究工作场所中的人类动机。

关键术语

动机	神经性厌食症	主题统觉测验（TAT）
驱力	神经性贪食症	成就需要
内稳态	暴食症	归因
诱因	性唤起	组织心理学家
本能	亲代投资	公平理论
社会学习理论	性脚本	期望理论
需要层次	约会强暴	

12

情绪、压力与健康

假如你走进教室，一个朋友问你："你感觉怎么样？"你会怎样回答这个问题？你至少可以提供三种不同的信息。第一，你可以说出你当前的心境，即你正在感受的情绪。你可能快乐，因为你知道自己能及时读完本章然后去参加聚会；或者你可能愤怒，因为老板刚刚在电话里朝你大吼。第二，你可以大致地说一下你感受到的压力的大小。你觉得自己可以应对所有必须完成的工作，还是觉得有点不堪重负？第三，你可以报告一下你的心理或生理健康状况。你感到自己就要病倒了，还是觉得自己大体健康？

本章将探索你在回答"你感觉怎么样"这个问题时可能涉及的三个方面——情绪、压力和健康——之间的相互作用。情绪是人类体验的试金石。它们使你与他人及自然的互动变得丰富多彩，并给你的记忆赋予意义。本章将讨论情绪的体验与功能。如果情绪对你的生理和心理功能造成太大的负担，将产生什么后果？你可能感到不堪重负，无法应对生活中的压力。本章还将考察压力的影响及其应对之道。最后，我们将拓宽视野，看看心理学为健康和疾病研究所做的贡献。健康心理学家致力于考察环境、社会及心理过程对疾病进程的影响。他们还会利用心理过程和心理学原理帮助人们治疗和预防疾病，同时为促进个体健康献计献策。

现在我们来看看情绪的内容和意义。

情　绪

设想一下，如果你可以思考和活动，却感受不到情绪，生活将会怎样？你是否愿意不再感到恐惧，然而同时也不得不失去热吻爱人的激情？你是否愿意以放弃欢乐为代价而不再悲伤？显然这些都不是什么好交易，你马上就会后悔。我们很快会看到情绪发挥着诸多重要功能。然而，让我们从给情绪下定义并介绍情绪体验的根源开始。

也许你认为情绪只是一种感受——"我感到快乐"或"我感到愤怒"——但是，对于这个既涉及身体也涉及心理的重要概念，我们需要一个更包容的定义。当代心理学家将**情绪**（emotion）定义为一种身心变化的复杂模式，包括生理唤醒、感受、认知过程、可见的表达（包含面部表情和身体姿势），以及针对知觉为有个人意义的情境所做出的特定行为反应。要了解所有这些组成部分为什么都是必要的，请想象一个让你感到特别快乐的情境。你的生理唤醒可能有较平缓的心跳；你的感受是积极的；相关的认知过程包括那些使你将该情境标定为快乐的解释、记忆和预期；你的外显行为反应可能是表情（微笑）或动作（拥抱爱人）。

在我提供一个将唤醒、感受、思维和行动统一起来的解释之前，你要学会区分情绪和心境。如前所述，情绪是对具体事件的具体反应，因此，情绪通常持续时间较短，较为强烈。相比之下，**心境**（mood）通常不太强烈，并且可能持续数天。心境与触发事件的关系通常较弱。你可能处于好的或坏的心境，但并不知道确切的原因。在遇到解释它们的理论时，请记住情绪和心境的这种差异。

基本情绪与文化

假设你可以将代表各种文化的人齐聚一堂。他们的情绪体验会有什么共同点？要想初步地回答这个问题，你可以先看看达尔文的著作《人类和动物的表情》

（Darwin, 1872/1965）。达尔文认为，情绪与人类和非人类的结构和功能的其他重要方面一起进化。他对情绪的适应功能颇感兴趣，认为情绪不是模糊不清、变化莫测的个人状态，而是人脑高度特化、协调的运作模式。达尔文将情绪视为一种遗传而来的特化心理状态，其功能是应对世界上某类反复发生的情境（Hess & Thibault, 2009）。例如，假设你发现自己被另一个人妨碍而无法达成目标。这种情境下我们的祖先可能会通过战斗来解决这个问题。而如今，愤怒的面部表情会传递出你的心理状态，表示你已为采取行动做好准备。通过情绪沟通或许能避免直接的冲突。

纵览人类的历史，我们曾无数次受到天敌的攻击，坠入爱河，繁衍子孙，彼此争斗，面对伴侣的不贞以及目睹所爱之人的亡故。因此我们可能会预期，某类情绪反应会出现在人类所有成员身上。通过观察新生儿的情绪反应以及跨文化面部表情的一致性，研究者验证了这种情绪普遍性的主张。

是否存在一些天生的情绪反应？ 如果进化论的观点正确，我们将期望在世界各地的儿童中找到几乎相同的情绪反应模式。**希尔文·汤姆金斯**（Silvan Tomkins, 1911—1991）是最早强调这种即时的、非习得性情感（情绪）反应具有普遍性的心理学家之一（Tomkins, 1962, 1981）。他指出，婴儿无须预先学习就会对巨大的声响表现出恐惧或者呼吸困难的反应。他们似乎对特定的刺激具有"预置的"情绪反应，这种反应非常普遍，足以适应各种环境。

早期关于情绪发展的描述侧重于面部表情，认为婴儿通过某种面部表情来传达特定的情绪（Izard, 1994）。不过，当代研究表明，婴儿生命之初的面部表情只能笼统地表达积极和消极之意（Camras & Shutter, 2010）。例如，来自美国、日本和中国的 11 个月大的婴儿在经历愤怒和恐惧时，会表现出相同的面部表情（Camras et al., 2007）。显然，1 岁后的儿童才有用不同的面部表情来表达不同消极情绪的能力。不过要注意，婴儿的情绪反应并不局限于面部表情。他们还会通过其他类型的身体活动来表达情绪。例如，11 个月大的婴儿的呼吸频率在愤怒时比恐惧时更可能加快。这种行为反应在美国、日本和中国的婴儿身上都是相似的。这些结果表明，在婴儿用面部表情标记情绪之前，他们可能就已开始用其他行为手段来区分情绪。

不过，婴儿似乎有一种解读他人面部表情的天生能力。在一个实验中，研究者先让 5 个月大的婴儿对重复呈现的、微笑程度各异的成人面孔产生习惯化反应，即兴趣越来越小（Bornstein & Arterberry, 2003）。随后给婴儿展示两张新照片：第一张照片上是同一成人的新的笑容（笑的程度不同）；第二张照片上是同一成人的恐惧

达尔文是最早把照片用于情绪研究的人之一。这些图片出自《人类和动物的表情》。为什么达尔文认为情绪是进化的产物？

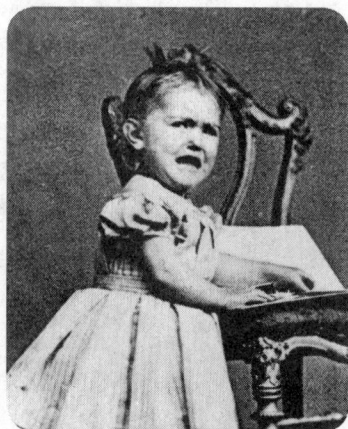

表情。所有婴儿一致地花了更多的时间注视恐惧的表情——这既表明他们把恐惧表情体验为新事物，也表明他们把不同程度的笑容归为同一类。还有研究表明，7 个月大的婴儿在面对愤怒和恐惧表情时表现出不同的脑活动模式（Kobiella et al., 2008）。因此，婴儿对他们还不能做出的各种面部表情（正如我们刚刚在上面 11 个月大的婴儿身上看到的）有不同的反应。

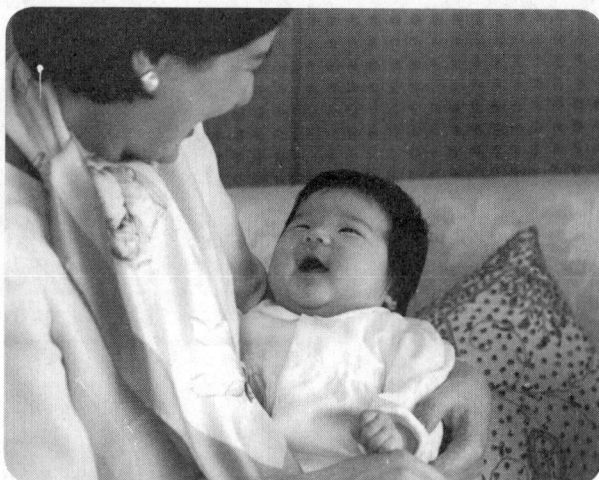

为什么研究者认为一些情绪反应是天生的？

面部表情是普遍的吗？　　我们已经看到，婴儿能够解读标准的表情。如果真的如此，我们可以预期成人通过面部表情进行交流的方式也应具有相当的一致性，即便他们文化差异很大。

　　保罗·埃克曼（Paul Ekman）是研究面部表情本质的主要学者。根据他的观点，所有人的"面部语言"都有共同之处（Ekman, 1984, 1994）。埃克曼及其助手证明了达尔文最初的假设——有一套表情对人类而言是普遍的，可能是因为它们是我们演化遗产的固有组成部分。在你继续阅读之前，请先看看**图 12.1**，考察一下你对七种公认表情的识别能力（Ekman & Friesen, 1986）。

　　大量证据表明，全世界范围内的人们都会做出并且能够识别快乐、惊讶、愤怒、厌恶、恐惧、悲伤和轻蔑等七种情绪对应的表情。跨文化研究者要求来自不同文化的人们对标准化照片中的表情所表达的情绪进行识别，结果发现人们一般能够识别与这七种情绪对应的表情。

研究特写

　　在一项研究中，新几内亚一个还处在前文字阶段的部落（Fore 族人）的成员，可以对图 12.1 中的白人面孔所表达的情绪进行准确识别，而在参加这项研究之前，他们几乎从未见

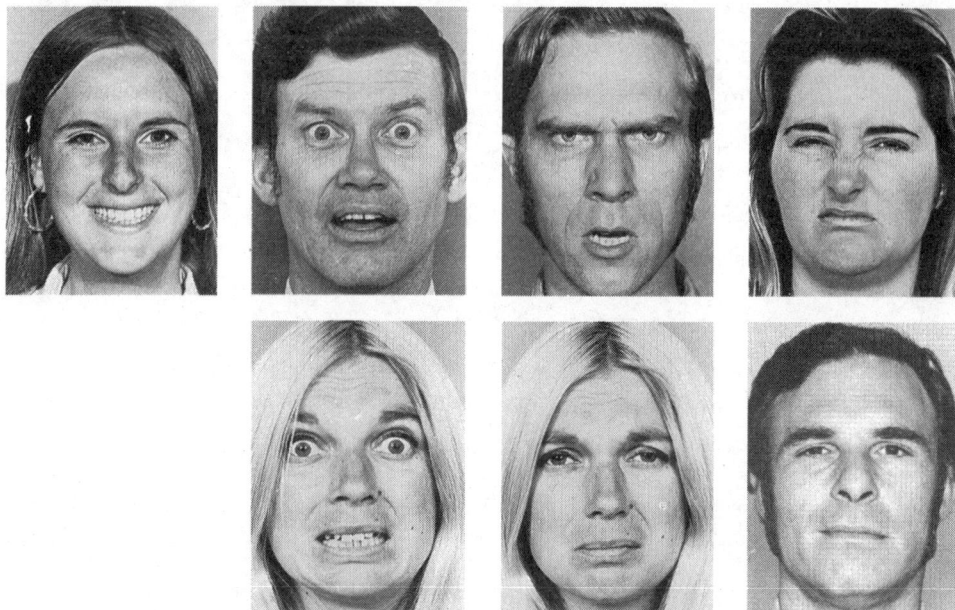

图 12.1　表情的判断

请将恐惧、厌恶、快乐、惊讶、轻蔑、愤怒和悲伤这七种情绪与图中七张面孔匹配在一起。答案见本章结尾。

过西方人或接触过西方文化。他们是通过指出自己体验到相同情绪的情境来做到这一点的。比如，照片 5（恐惧）令人想到手中没有长矛时被一头野猪追逐，照片 6（悲伤）令人想到自己的孩子夭亡了。他们唯一的困惑是区分惊讶（照片 2）和恐惧，可能是因为让他们惊讶的情境往往也让他们最恐惧。

接着研究者让该文化的其他成员（那些没有参加第一项研究的人）演示他们交流时表达六种情绪（不包括轻蔑）的表情。当美国大学生观看 Fore 族人的这些面部表情录像时，他们可以准确识别这些人的情绪——但有一个例外。毫不奇怪，美国人难以分辨 Fore 族人的恐惧和惊讶表情，而这正是 Fore 族人弄混的两种西方人的表情（Ekman & Friesen, 1971）。

另一项研究比较了匈牙利人、日本人、波兰人、苏门答腊人、美国人和越南人对面部表情的判断，结果发现这些不同群体具有很高的一致性（Biehl et al., 1997）。尽管如此，日本成年人对愤怒的识别比美国、匈牙利、波兰和越南的成年人差。越南成年人对厌恶情绪的识别比所有其他国家的参与者都要差。

这些跨文化差异支持了这样一个假设：不同文化的面部表情有不同的"方言"（Dailey et al., 2010; Elfenbein et al., 2007）。对于语言，不同的方言在诸如发音和用词等方面存在地域或社会差异。在情绪领域，方言理论的支持者认为，面部表情的产生也存在着类似的文化差异。事实上，当人们做出不同的面部表情时，面部肌肉的特定运动存在一致的跨文化差异。而且研究者发现，人们更易识别自己文化内部成员的面部表情（Dailey et al., 2010; Elfenbein et al., 2007）。当人们观看一张脸时，文化也会影响其收集信息的方式：东方文化的人更可能把注意力集中在眼睛上，而西方文化的人则会把注意力分散到整张面孔上（Jack et al., 2009）。这些观察面孔的习惯性差异，可能导致来自不同文化的人对面孔在表达特定情绪时看起来怎样有不同的期待（Jack et al., 2012）。

文化如何制约情绪表达？　我们刚刚看到，情绪表达的某些方面可能存在跨文化的一致性。尽管如此，不同的文化对情绪应如何管理仍有不同的标准。某些形式的情绪反应（甚至面部表情）是某种文化所特有的。文化为人们何时可以表现某种情绪，以及特定类型的人在特定情境下表现某类情绪是否得体，建立了社会规则（Mesquita & Leu, 2007）。让我们看三个不同文化的例子，它们的情绪表达方式均不同于西方常规。

塞内加尔的沃洛夫部落对地位和权力的差异有严格的界定。该文化要求上层人士严格节制自己的情绪表达。下层人士在情绪表达上则更多变，特别是一个叫作"民间艺人"（griots，指北非特有的一类民间艺人，有诗人、乐师、说书人，其民族历史皆由这些说书人口耳相传——编者注）的阶层。实际上，这些民间艺人经常被要求表达贵族认为不庄重的情绪：

> 一天下午，一群妇女（五个贵族和两个民间艺人）聚集在城镇边的一口水井旁，这时另外一个妇女大步走向水井并投井。所有妇女对这种明显的自杀行为都大为震惊，但是贵族妇女却仍然沉默不语。只有"民间艺人"阶层的妇女代表所有人惊叫起来（Irvine, 1990, p. 146）。

你能想象自己在这种情境下会如何反应吗？把自己放在民间艺人的位置上可能比放在贵族妇女的位置上更容易：你怎么能忍住不尖叫呢？这当然是因为那些贵族妇女习得了情绪表达的文化规范——要求她们不要表现出任何外显的反应。

文化如何制约特定情境（比如葬礼）中的情绪表达？

第二个例子，请思考巴西中部 Mebengokre 妇女的做法（Lea, 2004）。这些妇女经历丧亲时会进行仪式性的哭泣。哭泣时她们会使用一种特殊的高音，同时也会使用一些在其他场合不会运用的特殊词汇。如你所想，这些妇女会为家人的亡故而哭泣。不过，其他情境下她们也会哭泣：所有引发哭泣的情境都有一个统一的主题，即通常与死亡有关的分离感和丧失感（p. 114）。例如，当一名至亲要长期外出旅行时，这些妇女也会哭泣。

第三个例子，我们来看看疼痛相关情绪表达规范的跨文化差异。请回忆第 4 章：心理背景对人们体验到的疼痛强度有很大的影响。同样地，文化背景会影响人们对揭示疼痛的行为是否适当的认识。比如一项研究对比了美国人和日本人所认为的表露疼痛的适当行为（Hobara, 2005）。两种文化的参与者都填写了《适当疼痛行为问卷》（Appropriate Pain Behavior Questionnaire, APBQ），问卷条目包括诸如"女人在大部分情况下都应忍受疼痛""可以接受男人在疼痛时哭泣"等问题。一般而言，日本人的 APBQ 分数低于美国人：前者不太赞同疼痛情绪的公开表达。另外，两个文化群体都赞同女性可以比男性表达更多的疼痛情绪。研究者把这种文化差异归因于"许多亚洲文化传统的忍耐哲学……"（Hobara, 2005, p. 392）。

当你思考可能从人类经验中演变而来的各种情绪模式时，要始终牢记文化可能有最终的决定权。西方关于情绪表达中什么是必要的或不可避免的观念与美国文化紧密相关，正如任何其他社会的观念与各自的文化紧密相关一样。你能看出不同的情绪表达标准为什么可能造成不同文化背景的人之间的误解吗？

现在我们将介绍一些探讨情绪的不同方面之间关联的理论。

情绪理论

情绪理论通常试图解释情绪体验中生理与心理方面的关系。我们首先讨论身体在情绪相关情境中的反应，然后将回顾一些探讨这些生理反应如何影响情绪的心理体验的理论。

情绪的生理学　当你体验到强烈的情绪时会发生什么？你的心率、呼吸会加快，嘴巴会发干，肌肉会紧张，你甚至可能会发抖。除了这些明显的变化外，还有一些看不见的变化。所有这些反应都是为了动员你的身体，从而对引起情绪的情境采取行动。让我们来看看它们的起源。

自主神经系统通过它的交感和副交感系统的活动，使身体为情绪反应做好准备（见第 3 章）。这两个系统的平衡取决于唤醒刺激的性质和强度。对于轻微的、不愉快的刺激，交感系统更为活跃；而对于轻微的、愉快的刺激，副交感系统则更为活跃。刺激强度增大时，这两个系统的活动都会增强。在生理上，诸如恐惧和愤怒等强烈的情绪反应会激活身体的紧急反应系统，迅速而无声地让身体做好准备以应对潜在危险。交感神经系统促使肾上腺释放激素（肾上腺素和去甲肾上腺素），进而导致内脏器官释放血糖，升高血压，增加汗液和唾液分泌。紧急事件过后，为了让有机体安静下来，副交感神经系统会抑制这些激活性激素的释放。你可能会在经历了强烈的情绪事件后维持一段时间的唤醒状态，因为血液中仍残留着一定的激素。

特定的情绪体验会引发自主神经系统不同的活动模式（Friedman, 2010）。在一项跨文化研究中，研究小组测量了美国人和苏门答腊岛西部的米南卡保人（Minangkbau）产生情绪和表达情绪时的自主反应，如心率和皮肤温度。米南卡保文化要求成员不表露消极情绪。即便如此，对消极情绪，他们是否会表现出与美国参与者同样的潜在自主神经系统反应模式？研究数据显示，两种文化有很大的共同点，这使得研究者认为，自主反应模式"是我们共同的生物演化传承的一个重要部分"（Levenson et al., 1992, p. 986）。

现在让我们从自主神经系统转向中枢神经系统。下丘脑和边缘系统负责整合激素和神经方面的唤醒，它们是情绪以及进攻、防御和逃跑模式的控制系统。神经解剖学的研究特别关注杏仁核（边缘系统的一部分）的情绪门户和记忆过滤器作用。杏仁核通过给接收到的感觉信息赋予意义来实现这一点，它在为负性体验赋予意义方面起着尤其重要的作用——杏仁核作为"危险探测器"，让我们意识到环境中的危险（Kim et al., 2011）。

皮层也通过其内部的神经网络以及与身体其他部分的联系来参与情绪体验过程。皮层能为个体提供联想、记忆和意义，将心理体验和生理反应整合起来。运用大脑扫描技术的研究已经开始描绘不同情绪的特定脑反应。例如，积极情绪和消极情绪不仅仅是脑皮层同一部分的两种相反的反应。实际上，相反的情绪会导致人脑不同部分的最大激活。在一项研究中，参与者在观看积极图片（小狗、巧克力糕饼、日落）和消极图片（生气的人、蜘蛛、手枪）时接受 fMRI 扫描。结果发现，观看积极图片时左脑表现出更多的激活，而观看消极图片时右脑表现出更多的激活（Canli et al., 1998）。事实上，研究者认为大脑有两个截然不同的系统，分别掌管与"接近"和"回避"有关的情绪反应（Davidson et al., 2000; Maxwell & Davidson, 2007）。请想想小狗和蜘蛛，大部分人可能都想接近小狗而

大脑对小狗和蜘蛛的反应有何不同？

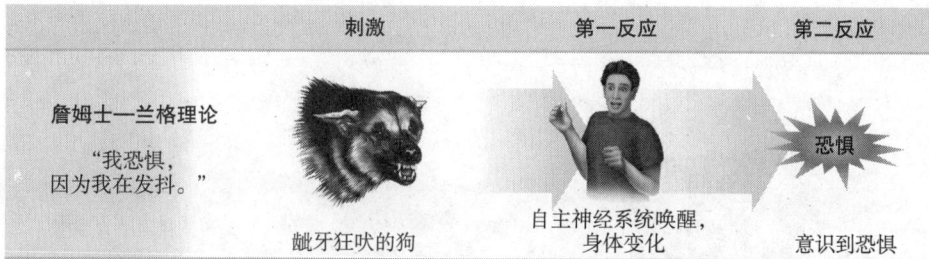

	刺激	第一反应	第二反应
詹姆士—兰格理论 "我恐惧， 因为我在发抖。"	龇牙狂吠的狗	自主神经系统唤醒， 身体变化	恐惧 意识到恐惧

图 12.2 詹姆士—兰格情绪理论

詹姆士—兰格理论认为，事件引发自主神经系统唤醒和身体反应，而它们在被感知到之后才会导致特定的情绪体验。

资料来源：Ciccarelli, Saundra; White, J. Noland, Psychology, 3rd Edition, © 2012. Printed and electronically reproduced by permission of Pearson Education Inc., Upper Saddle River, New Jersey.

回避蜘蛛。研究表明，隶属于左右脑的不同脑回路负责这些情绪反应。

到此为止，我们已经看到在涉及情绪的情境中，你的身体会做出很多反应。但是你怎么知道哪种感受伴随着哪种生理反应？现在我们要介绍试图回答这一问题的三种理论。

詹姆士—兰格的身体反应理论 一开始你可能会想，每个人都会同意情绪先于反应。例如，你之所以会冲某人大叫（反应），是因为你感到气愤（情绪）。然而，早在 100 多年前，威廉·詹姆士认为，正如亚里士多德更早之前所提出的那样，顺序是相反的——你的身体做出反应之后你才有感受。正如詹姆士所说，"我们因为哭泣而难过，因为打斗而愤怒，因为颤抖而害怕"（James, 1890/1950, p. 450）。情绪来源于身体反馈的观点被称为**詹姆士—兰格情绪理论**（James-Lange theory of emotion；卡尔·兰格是与詹姆士几乎同时提出相似观点的丹麦学者）。根据该理论，对刺激的感知引起自主神经系统唤醒和其他身体反应，而这些反应导致特定的情绪体验（见**图 12.2**）。詹姆士—兰格理论被视为一种外周主义理论，因为它认为情绪链中最重要的角色是内脏反应，而控制它的自主神经系统位于中枢神经系统的外周。

坎农—巴德的中枢神经过程理论 生理学家沃特·坎农（Cannon, 1927, 1929）反对外周主义而支持中枢主义，关注中枢神经系统的作用。坎农（和其他批评者）指出了詹姆士—兰格理论的一系列不足之处（Leventhal, 1980）。例如，他们提到，内脏反应与情绪无关——即使通过手术切断内脏与中枢神经系统的联系，实验动物仍会有情绪反应。他们还指出，自主神经系统的反应显然太慢了，不足以成为瞬间激发的情绪的源头。坎农认为，情绪需要脑在输入刺激和输出反应之间起作用。

另一位生理学家菲利普·巴德也得出同样的结论，即内脏反应并非位于情绪链的前端。相反，唤醒情绪的刺激同时带来两种结果：通过交感神经系统导致身体的唤醒；通过皮层产生情绪的主观感受。这些生理学家的观点可以总结为**坎农—巴德情绪理论**（Cannon-Bard theory of emotion）。该理论认为，情绪刺激会同时导致两种反应，即生理唤醒和情绪体验，两者不存在因果关系（见**图 12.3**）。如果某事令你生气了，你心跳加快的同时，会想："太可气了！"但你的身体与心理都不能决定对方的反应。

坎农—巴德理论预测身体反应与心理反应是独立的。接下来我们会看到，当代

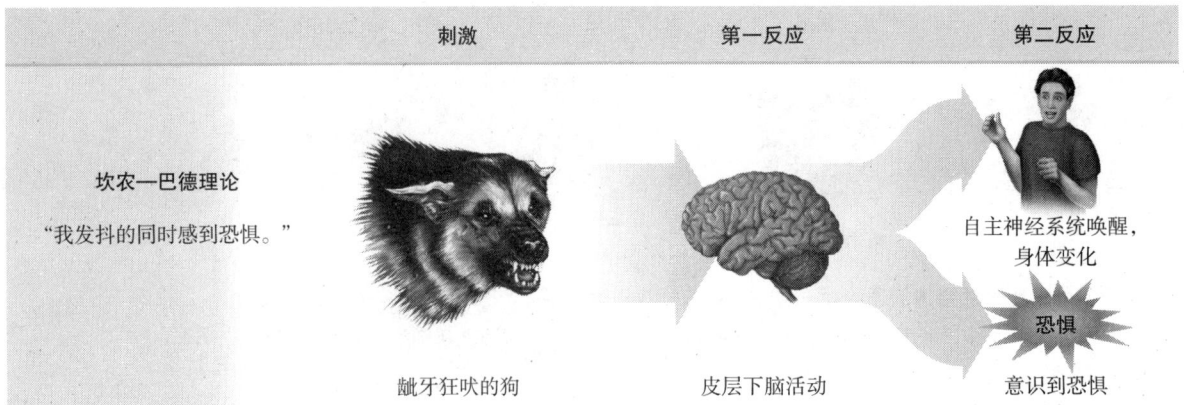

| 刺激 | 第一反应 | 第二反应 |

坎农—巴德理论

"我发抖的同时感到恐惧。"

自主神经系统唤醒，
身体变化

恐惧

| 龇牙狂吠的狗 | 皮层下脑活动 | 意识到恐惧 |

图 12.3　坎农—巴德情绪理论

在坎农—巴德的理论中，事件首先在脑的各个中心被加工，进而同时引发唤醒反应、行为活动和情绪体验。

资料来源：Ciccarelli, Saundra; White, J. Noland, Psychology, 3rd Edition, © 2012. Printed and electronically reproduced by permission of Pearson Education Inc., Upper Saddle River, New Jersey.

的情绪理论并不认为这两种反应必然独立。

情绪的认知评价理论　因为在许多不同的情绪中，唤醒症状和内部状态是相似的，所以在模糊或者新异的情境中体验到它们时，很可能将它们弄混。**斯坦利·沙赫特**（Stanley Schachter, 1922—1997）提出**情绪的双因素理论**（two-factor theory of emotion）来解释人们如何应对这种不确定性。根据斯坦利·沙赫特（Schachter, 1971a）的理论，情绪的体验是生理唤醒和认知评价两种因素结合的结果，两者对于情绪的产生都必不可少。按照这种观点，所有的唤醒都被假定为普遍的、没有差别的，而且唤醒是情绪序列的第一步。个体先要对生理唤醒进行评价，才能决定具体感受是什么，哪个情绪标签最适合，以及在情绪体验的特定情境中你的反应意味着什么。

　　理查德·拉扎勒斯（Richard Lazarus, 1922—2002）是另一位认知评价观点的主要倡导者。他（Lazarus, 1991, 1995; Lazarus & Lazarus, 1994）认为，"情绪体验不能依据个人或头脑中发生的事件孤立地去理解，它产生于个体与被评估的环境持续的互动"（Lazarus, 1984a, p. 124）。他还强调评价的产生往往不需要有意识的思维。当你有把情绪与情境关联起来的过往经历时——这是以前与我发生冲突的那个仗势欺人者！——你就无须再外显地搜寻环境来解释你的唤醒。这种主张被称为**情绪的认知评价理论**（cognitive appraisal theory of emotion，见**图 12.4**）。

　　为了检验这个理论，研究者们设置了一些情境，其中的环境线索可以为个体的唤醒提供情绪标签。

研究特写

　　一位漂亮的女性研究者对刚刚过桥的男性参与者进行了采访（Dutton & Aron, 1974）。实验的这两座桥都位于加拿大温哥华，一座桥安全而坚固，而另一座则较危险和摇摆不定。研究者假装要研究景色对创造力的影响，要求这些男士根据一幅模糊的妇女图画写一个简短的故事，还告诉他们如果对研究感兴趣，还可以给她打电话。那些从危险的桥上通过的男性所写的故事包含更多的性幻想，而且给这位女研究者打电话的人数也是通过安全桥的参与者的 4 倍。为了证明唤醒是影响情绪曲解的自变量，研究者还安排了另一组男性，他们在通过危险

刺激	第一反应	第二反应

认知评价理论

"这只龇牙狂吠的狗很危险，这让我感到害怕。"

龇牙狂吠的狗

认知评价

自主神经系统唤醒，身体变化

恐惧

意识到恐惧

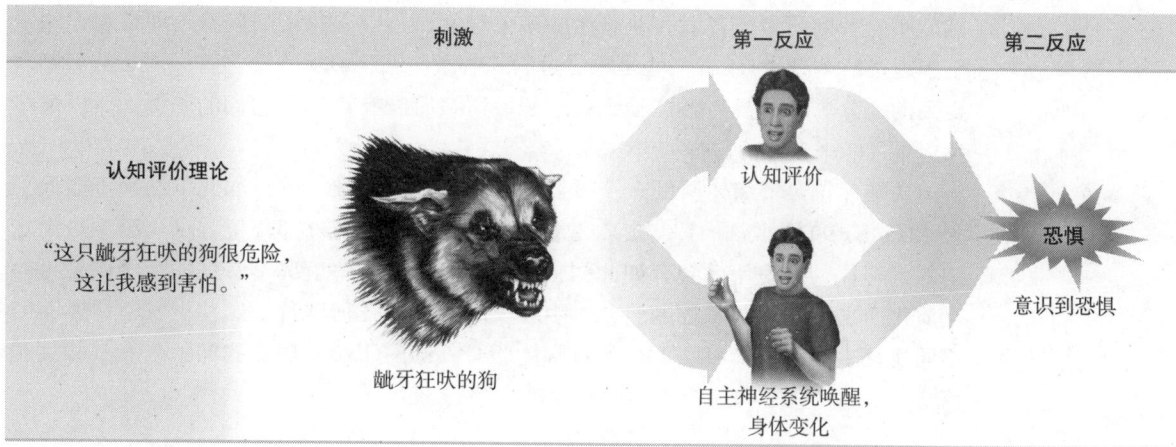

图 12.4　情绪的认知评价理论

在情绪的认知评价理论中，根据情境线索和背景因素，刺激事件和生理唤醒会同时受到认知评价。情绪体验来源于对唤醒的评价。

资料来源：Ciccarelli, Saundra; White, J. Noland, Psychology, 3rd Edition, © 2012. Printed and electronically reproduced by permission of Pearson Education Inc., Upper Saddle River, New Jersey.

的桥 10 分钟甚至更长时间后才接受采访，这段时间足以让他们的生理唤醒平息。这些不再处于唤醒状态的男性并未表现出与唤醒状态的男性类似的性反应。

我们可以看到，在这个例子中，唤醒的主要来源是摇晃的桥带来的危险感。然而当这些男人根据所处的情境来评估唤醒的来源时，他们做出了错误归因：他们以为这是由那位漂亮的女研究者引起的。根据这种评估，男人们做出了情绪判断（"我对这个女人有兴趣"）。这项研究支持了这一观点：人们通过评估环境线索来解释自己的生理唤醒。

不过，认知评价理论的一些具体方面却受到了挑战。例如，你之前学过，伴随不同情绪的唤醒状态（自主神经系统的活动）并不一样（Friedman, 2010）。因此，对至少某些情绪体验的解释可能不需要评价。此外，没有明显原因的强烈唤醒，也不会像该理论所假设的那样导致一种中性的、未分化的主观解释。请想象一下，此刻你的心跳突然加速，呼吸变快变浅，胸肌紧张，手掌因出汗而变得潮湿。你将对这些症状做何解释？人们通常会把那些无法解释的生理唤醒视为消极的信号，表示出问题了——这一事实是否让你感到惊讶？另外人们在寻找解释时，往往偏向于那些能够说明或证实这种消极解释的刺激（Marshall & Zimbardo, 1979; Maslach, 1979）。

另一个批评情绪的认知评价理论的研究者是扎荣茨，他证明了在一些条件下人们会有某些偏好——对刺激的情绪反应——却不知原因（Zajonc, 2000, 2001）。在一个关于曝光效应的广泛的研究系列中，实验者给参与者呈现各种各样的刺激，比如外语单词、汉字、一组数字和奇怪的面孔。刺激呈现的速度很快，以至参与者无法在意识层面识别这些刺激。

如果周围的人都在为你最喜爱的球队欢呼，你会感受到什么情绪？

然后实验者询问参与者对一些刺激的喜爱程度，其中一些是旧刺激（即在意识阈限下闪现过的刺激），还有一些是未看过的新刺激。结果显示，参与者倾向于给旧刺激更高的评分。因为参与者体验到这些积极情绪而没有意识到它们的来源，所以情绪反应不可能来自评价过程。

认知评价是情绪体验的一个重要过程，但并不是唯一的，如此下结论可能最稳妥（Izard, 1993）。实际上，在某些情况下，你可能会向外部环境寻求（至少是无意识的）解释，你为什么会有如此的感受。然而在另一些情况下，你的情绪体验可能受演化而来的先天联系控制。此时生理反应不需要任何解释。这些引发情绪体验的不同途径表明，情绪可能对你的日常体验有不同的影响。现在我们就来看看心境和情绪带来的一些影响。

心境和情绪的影响

我们从心境的影响开始。你体验到的心境对你加工信息的方式有强烈的影响（Clore & Huntsinger, 2007；Forgas, 2008）。具体而言，心境消极的人一般比心境积极的人更详尽且更努力地加工信息。这种加工方式的差异会带来多种影响。请考虑一下判断和决策。你大概会同意，由于付出的努力程度不同，你做出的判断和决策也往往不同。鉴于此，请思考人们的心境会如何影响他们做出有罪或无辜的判断。在一项研究中，参与者们观看一段会让他们处于快乐、中性或悲伤心境的短片（Forgas & East, 2008）。心境形成后，参与者会再观看四段视频，每段的内容是一个人在否认自己偷过电影票；其中有的人在说谎。每段视频看完后，参与者要判断这个人有罪还是无辜。心境极大地影响了参与者正确判断个体是否有罪的能力：处于悲伤心境的参与者的表现比随机水平要好；而处于中性和快乐心境的参与者的表现则与随机水平无异。在讨论这些结果时，研究者指出，消极心境可能使人更不容易受骗。请想一下你自己的生活：当你悲伤时，你是否更多疑？

你的心境也会对信息进入记忆的方式产生影响。消极心境会使注意力更集中，而积极心境则可以拓宽注意范围。因此，心境积极的人可能更难以忽略无关的信息。事实上，人们在积极心境下做任务比在中性心境下对无关信息的内隐记忆更好（见第 7 章；Biss & Hasher, 2011）。你能看到这种心境驱动的注意力变化既能带来积极结果，也能带来消极结果吗？当你心境积极时，你很难把注意力只聚焦于重要信息上。如果你需要集中注意力，你可能会希望自己稍微消极一点。不过因为积极心境会带来更广泛和灵活的加工方式，所以处于积极心境的人会比处于中性心境的人有更多的创造性思维和更强的问题解决能力（Baas et al., 2008）。因此，如果你想有创造力，你就应该试着维持一种积极的心境。

让我们从长期持续的心境转向更为短暂剧烈的情绪。假设你看到一名罪犯持枪行凶。你可能会有消极的情绪唤醒！这种消极情绪唤醒通常会使你深受所谓武器聚焦效应

为什么你应该担心积极心境会让你更容易受骗？

的影响（Fawcett et al., 2012）。我们来看看那意味着什么。

研究特写

　　在一项研究中，学生们观看了一段记录犯罪过程的视频（Pickel, 2009）。在视频的一个版本中，行凶者手持一把 9 毫米口径的手枪；在另一个版本中，行凶者拿着一张装在塑料盒里的音乐 CD。看完视频后，学生们要填写一份问卷，以测试他们对行凶者外貌的回忆能力。当行凶者拿着手枪时，参与者的回忆要差得多。在视频的不同版本中，行凶者有男性也有女性。当持枪者是女性时，参与者的成绩最差。

　　为什么行凶者是女性时会增加人们对武器的关注？要回答这个问题，我们要退后一步思考情绪唤醒的更普遍的影响。无论何时你观察这个世界，总有一些方面更为突出（因为你在第 4 章学到过的知觉特性）或对你来说更重要（因为你当下的目标）。我们把这类刺激称为高优先级。情绪唤醒能让人们把更多的心理资源聚焦于高优先级的刺激（Mather & Sutherland, 2011）。这一般能让人们更好地记住这些刺激，而对其他刺激的记忆则变差，这可以解释为什么武器的存在有损于对其他细节的记忆。那么，为什么女行凶者会增强人们对武器的关注呢？一名持枪的女性可能是更高优先级的刺激，或者更能引起唤醒的刺激，抑或两者兼有。不论怎样，当你对某一特定的情境出现强烈的情绪反应时，你应该知道，你对该情境的感知和记忆与无强烈情绪反应时是完全不同的。

　　尽管如此，重要的是，要意识到在一定程度上你能控制情绪对自己及他人的影响。你有**情绪调节**（emotion regulation）的能力，你可以改变情绪体验的强度和持续时间（Gyurak et al., 2011）。请想一下你看恐怖电影时被吓到的感觉。你可能会提醒自己，"这只是一部电影！这只是一部电影！"该策略有两个效果：第一，你在提醒自己把注意力从屏幕里让你焦虑的事情上转移开；第二，你正在对唤醒的来源进行重新评估。分散注意力和重新评估都是有效的情绪调节策略（McCrae et al., 2010）。同时，通过让自己看起来不那么害怕，你成功的情绪调节将改变其他人对你对电影的反应的看法。

　　为完成对情绪的探索，让我们转向长期幸福感的个体差异研究。

主观幸福感

　　本章开篇，你思考了这样一个问题，"你感觉怎么样？"到目前为止，我们一直在关注你当前的状态：你现在体验到何种心境或情绪？不过这个问题也可以探询长期的感受，"你对自己的生活总体感觉如何？"这个问题就涉及了**主观幸福感**（subjective well-being）——个体对生活满意度和幸福度的总体评价。近年来，心理学家对影响人们主观幸福感的因素进行了大量研究（Kesebir & Diener, 2008; Tay & Diener, 2011）。这一研究焦点部分地反映了心理学领域的一场重要运动，即**积极心理学**（positive psychology）浪潮的兴起。积极心理学的目标是传授人们知识和技能，从而让他们体验充实的生活。积极心理学提出的问题是："心理学家能否利用他们掌握的治疗精神疾病的科学和实践知识，帮助人们获得持续的幸福？"（Seligman et al., 2005, p. 410）。大部分关于主观幸福感的研究侧重于确定为什么某些人比其他人更幸福。正如在大多数心理学领域一样，研究者试图评估遗传和环境的影响。

为了解遗传的影响，研究者利用经典的行为遗传学方法进行研究：他们考察了同卵双生子和异卵双生子报告的主观幸福感的相似程度。比如，有研究者测量了4 322名挪威双生子的主观幸福感（Nes et al., 2006）。同卵和异卵双生子之间的比较表明，遗传因素可以分别解释男性和女性主观幸福感方差的51%和49%。研究者还在间隔6年的两个时间点上收集了主观幸福感数据。遗传因素可以解释男性主观幸福感跨时相关的85%以及女性的78%。一项研究利用了973对美国双生子样本，也表明遗传对主观幸福感有很大的影响（Weiss et al., 2008）。不过，这些数据也表明，人格在这些遗传效应中起着重要的作用。第13章将讨论人格特质具有高度遗传性的证据。美国双生子样本的结果表明，主观幸福感的差异乃是人们与生俱来的人格特质的结果。比如，情绪稳定和社交参与度高的人也更可能报告较高的主观幸福感。

我们刚刚看到，遗传对主观幸福感的个体差异有着重要的影响。然而，生活经历也很重要。人们判断主观幸福感的一个重要因素是生活中积极情绪和消极情绪的相对占比。

研究特写

有研究小组调查了46个国家的8 557名参与者（Kuppens et al., 2008）。参与者要用7点量表（从"强烈反对"到"强烈赞同"）来回答某些陈述（如"我的生活几乎接近理想"），以评定他们的生活满意度（p. 71）。他们还要用9点量表（从"完全没有"到"一直都是"）来表示他们最近一周感受到积极情绪（如自豪、感恩和爱意）和消极情绪（如内疚、羞耻和妒忌）的频率。研究者发现这些指标存在一致的关系。概而言之，当参与者有更多的积极情绪体验和更少的消极情绪体验时，报告的生活满意度更高。不过，积极情绪对生活满意度判断的影响约两倍于消极情绪。该研究还发现这种关系模式存在一定的跨文化差异。比如，人们为保证日常生存而必须付出的努力程度存在文化差异。在生存都是问题的文化里，生活满意度的判断较少取决于积极的情绪体验。

你或许可以把这些结果与你自己的主观幸福感联系起来：当你回想上一周时，哪类情绪体验容易浮现在脑海中？

你可能还会思考引发这些特定情绪体验的生活特征。研究者检验了关于可能影响主观幸福感的生活事件的各种假设。比如，重大的消极事件（如失业、丧偶等）往往会损害主观幸福感（Lucas, 2007）。研究者还关注人们生活环境的持续差异。比如有研究者指出，"幸福最重要的根源"是良好的社会关系（Kesebir & Diener, 2008, p. 122）。读到本书此处的读者对这一结论应该很熟悉；在本章稍后部分你将看到社会支持是应对压力的重要资源。研究者还试图理解财富与主观幸福感的关系。当人们还在努力满足其基本需要时，他们报告的生活满意度与幸福感往往都很低（Diener et al., 2010; Howell & Howell, 2008）。然而，一旦人们跨过了基本需要这一门槛，财富与主观幸福感之间的相关就很有限了。如果你必须在更多的金钱与更多的朋友之间做选择，积极心理学建议你通常应该选择后者。

我们现在已经探讨了心境和情绪的短期及长期影响。下一节将考察压力及其应对。你将学会如何对自己的"感受"进行认知控制。

生活中的心理学

你能否准确地预测未来的情绪

假设你正准备交一份作业。研究者却打断了你，要你预测未来。研究者先要你预测一下自己的成绩。接下来假设你的实际成绩比预测高或低，或者完全一样，研究者要求你预测一下自己的感受（在喜悦和懊恼的维度上）。你可能有什么反应？

研究者做这个实验的目的是比较学生预测的情绪反应与实际的反应（Sevdalis & Harvey, 2007）。学生们得知成绩后，研究者再次找到他们，询问他们对成绩的感受。平均来看，学生作业的实际成绩要略好于他们的预期。然而，超出预期的好结果并未让他们像想象中的那般快乐：学生体验到的喜悦远低于他们的预期。

我们来看预测情绪的另一个例子。许多城市居民都可能熟悉这一

幕：你冲下阶梯时刚好看到地铁门关闭。此时你会有什么感受？假设下阶梯时地铁已离去较长时间，你又有什么感受？

一个研究小组恰好做了这项研究（Gilbert et al., 2004）。研究者走近地铁站台上的人，给他们 1 美元要求完成简短的问卷。一组参与者是体验者，这些人确实刚错过了地铁（1 分钟）或错过了较久（5 分钟）。他们要在从"完全不"到"极其"遗憾的量表上，表明自己感到的遗憾程度。而作为预测者的参与者则利用同一量表来预测自己若错过地铁 1 分钟或 5 分钟可能感到的遗憾程度（每位预测者只回答一种错过地铁的情形）。

预测者们预测刚刚错过地铁比错过较久更让人遗憾。然而，体验者对两种情形实际报告的遗憾程

度几乎一样。我们再一次看到，人们对自己未来情绪的预测并不很准确。

为什么人们很难预测自己对特定结果的反应？在很大程度上，人们似乎比他们预期的更善于从更广泛的角度来看待结果（Kermer et al., 2006）。当人们真的错过地铁时，他们能将其置于他们一天的生活这一更大背景下，坦然面对这一结果。他们并不会纠结于孤立的事件，让自己持续受到消极情绪的影响。相形之下，当人们预测自己将来的感受时，他们不能在更完整的背景下解释事件的结果。对于积极情绪亦然。对于超出期望的成绩你或许并不如预测的那般欣喜，因为该结果只是你不断持续的整个生活的一部分。

STOP 停下来检查一下

❶ 关于面部表情识别，跨文化研究揭示了什么？

❷ 自主神经系统在情绪体验中起着什么作用？

❸ 坎农—巴德情绪理论的主要观点是什么？

❹ 心境对信息加工的一般影响是什么？

❺ 幸福最重要的来源是什么？

批判性思考：回忆一下关于武器聚焦效应的研究。为什么研究者会选择测试人们对行凶者外貌的记忆？

生活压力

假设我要求你留意你一整天的"感觉"如何。你可能会说，在短暂的片刻你感到了快乐、悲伤、气愤、惊奇或其他情绪。但有一种感受是人们经常报告的，而且成了日常生活的基调，那就是压力。现代的工业化社会使人们的生活节奏变得快速而忙碌。人们在有限的时间里往往有许多事情要做，还要为渺茫的前景担忧，并且很少有时间分给家庭和娱乐。但是如果没有了压力，你的生活是否会好些呢？没有压力，生活也就没有挑战——没有困难去克服，没有新的领域去开拓，也没有理由去增进你的智慧或提高你的能力。每个有机体都要面临来自外界环境和个体需求的挑战。个体必须解决这些问题，才能生存和发展。

应激（stress）是当刺激事件打破了有机体的平衡，使其难以应付或超出其应对能力时，有机体做出的一种反应模式（"stress"有两种含义，其一指刺激性的事件，其二指机体对此的反应，本书根据上下文分别译为"压力"或"应激"——译者注）。

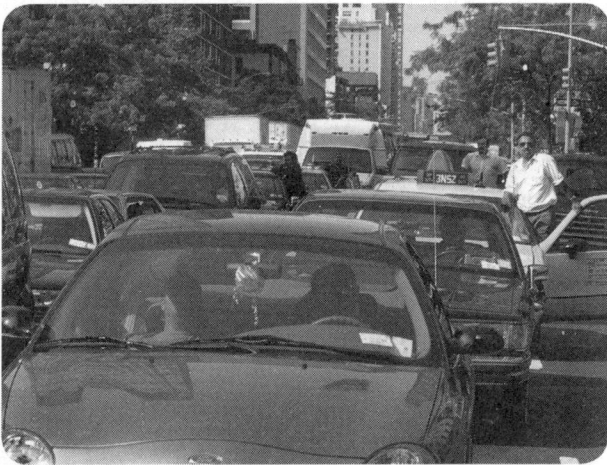

无论在工作还是娱乐中，当今社会的个体都可能遇到压力情境。你生活中的什么情况让你觉得压力最大？

这些刺激事件包括各种各样来自外界或内部的情形，统称为应激源。**应激源**（stressor）是要求有机体做出适应性反应的刺激事件：一名自行车骑手在你的车前急拐，教授要你提前交期末论文，或者你被要求竞选班长。个体对做出改变这一需求的反应是由发生在几个层面上的各种反应组合而成的，包括生理、行为、情感和认知层面。人们通常会把应激与痛苦联系起来，认为所有的应激都是不好的。然而你同样会经历良性应激（eustress，"eu"在古希腊语中是"好"的意思）。你在本节结尾将会看到，许多情况下应激能给你的生活带来积极的改变。

图 12.5 描述了应激过程的要素。这一节的目标是让你对图中所示的每一部分的内容有一个清楚的了解。我们先从应激源引起的一般的生理反应开始。

生理应激反应

当你到达教室时，发现要参加一个突击测验，你会做何反应？你可能会同意这会给你带来一定的压力，但这对你身体的反应意味着什么？许多在引发情绪的情境中出现的生理反应，在日常压力情境中也会出现。这些短暂的唤醒状态（通常有明确的开始与消退模式）属于**急性应激**（acute stress）的例子。相形之下，**慢性应激**（chronic stress）是一种长期的唤醒状态，会持续很长时间，它使人感到自己可获得的内在和外在资源达不到应对压力的要求。慢性应激的一个例子是，你因没有时间去做所有想做的事而感到持久的沮丧。让我们看看你的身体对不同类型的压力是如何反应的。

对急性威胁的紧急反应　在 20 世纪 20 年代，坎农第一次科学地描述了动物和人类对危险的反应。他发现，危险会触发一系列的神经和腺体活动，使身体做好自卫和斗争或者逃跑的准备。坎农将这种双重的应激反应称为**战斗或逃跑反应**（fight-or-flight response）。这种应激反应的中枢位于参与诸多情绪反应的下丘脑。下丘脑有时

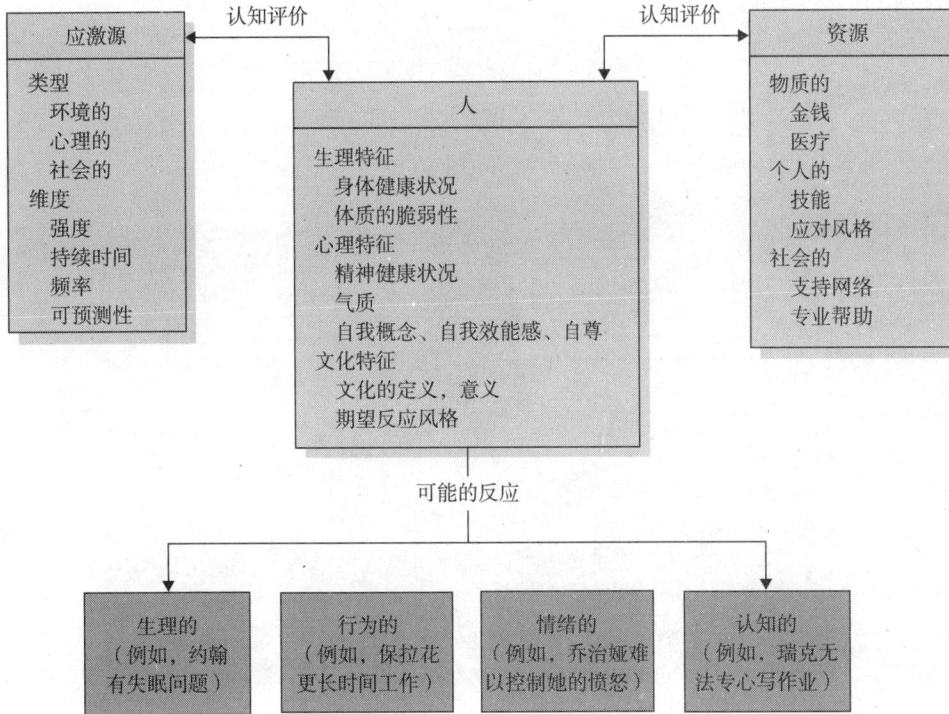

图 12.5 **应激模型**

对压力情境的认知评价与应激源及可获得的（物质的、社会的以及个人的）应对资源的交互作用。个体在多个层面对威胁做出反应：生理的、行为的、情绪的和认知的。一些反应是适应性的，另一些则是非适应性的甚至致命的。

被视为应激中心，因为它在紧急事件中有双重功能：（1）控制自主神经系统（ANS）；（2）激活脑垂体。

自主神经系统调节身体器官的活动。在应激情况下，呼吸加快加深，心率增加，血管收缩，血压上升。除了这些内部变化之外，肌肉将喉部和鼻腔的通道打开，使更多的空气进入肺部，同时产生情绪强烈的面部表情。信息还传递到平滑肌，以停止某些与眼前紧急事件应对无关的身体功能（如消化）。

自主神经系统在应激反应中的另一重要功能是促进肾上腺素的分泌。它刺激肾上腺中心的肾上腺髓质，使其分泌两种激素：肾上腺素和去甲肾上腺素。这两种激素转而向许多其他器官发出信号，让其执行特定的生理功能。脾脏会产生更多的红细胞（如果有伤口的话，将促进血液的凝固），而骨髓被刺激去产生更多的白细胞（去抵抗可能产生的感染）。肝脏被刺激去产生更多的糖，为身体提供能量。

脑垂体接受下丘脑发出的信号，可分泌两种对应激反应至关重要的激素。促甲状腺激素（TTH）会刺激甲状腺，使身体获得更多可利用的能量。促肾上腺皮质激素（ACTH）被称为"应激激素"，会刺激肾上腺外层的肾上腺皮质释放控制新陈代谢并且使更多的糖从肝脏进入血液的激素。促肾上腺皮质激素还会向其他器官发出信号，促使它们分泌近 30 种激素，每一种都在身体的"武装动员"中起着一定的作用。这些生理应激反应的总结见**图 12.6**。

健康心理学家**谢利·泰勒**及其同事（Taylor et al., 2000; Taylor, 2006）的分析表明，这些应激的生理反应可能会对女性和男性产生不同的影响。泰勒等人指出，女性不会出现"战斗或逃跑"反应。相反，这些研究者认为，应激源会导致女性出现一种**照料和结盟反应**（tend-and-befriend response）：在应激时期，女性首先要考虑孩子的需求，确保他们的安全；女性还会与自己所在社会团体里有着相同目标（降低孩子的风险）的成员结盟。你可以看到，这些对应激反应的性别差异的分析与前述人类行为的进化论观点有着怎样的一致。例如，第 11 章对人类性行为的讨论指出，两性

图 12.6 身体的应激反应
应激会使你的身体产生广泛的生理变化。

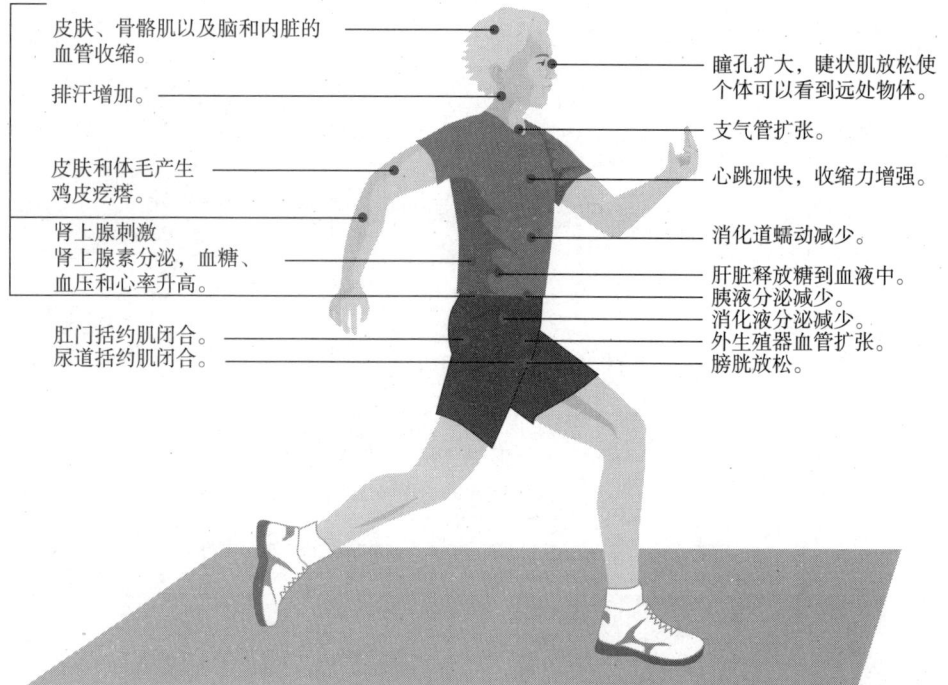

皮肤、骨骼肌以及脑和内脏的血管收缩。

排汗增加。

皮肤和体毛产生鸡皮疙瘩。

肾上腺刺激肾上腺素分泌，血糖、血压和心率升高。

肛门括约肌闭合。
尿道括约肌闭合。

瞳孔扩大，睫状肌放松使个体可以看到远处物体。

支气管扩张。

心跳加快，收缩力增强。

消化道蠕动减少。

肝脏释放糖到血液中。
胰液分泌减少。

消化液分泌减少。
外生殖器血管扩张。
膀胱放松。

的择偶策略不同，部分原因是在进化进程中男性和女性在后代的抚育上所扮演的相对角色。这种思路在这里也非常适用：由于男性和女性在抚育后代方面的进化生态位不同，对压力相同的初始生理反应最终会导致截然不同的行为。

不幸的是，无论是战斗或逃跑反应还是照料和结盟反应，对当代生活都并非完全适用。男性和女性在日常生活中都会遇到的许多应激源使生理应激反应变得完全适应不良。例如，设想你正在参加一场很难的考试，时间很快流逝。虽然应激反应带来的精神集中对你很有益处，但其他生理变化却可能没有任何好处——没有人需要你去战斗或照料。物种为应对外部危险而发展出来的适应性反应，在应对许多现代的心理应激源时往往起反作用。正如你将在下文看到的，许多人在慢性应激的情况下生活，因此这种说法尤为贴切。

一般适应症候群和慢性应激　第一位探究持续的强应激对身体影响的当代研究者是**汉斯·塞里**（Hans Selye, 1907—1982），一位加拿大内分泌学家。从 1930 年代末期开始，塞里报告了实验动物对伤害性事件的一系列复杂反应，这些事件包括细菌感染、中毒、外伤、强制性束缚、冷热等。根据塞里的应激理论，许多种应激源都会引发相同的反应或一般性的身体反应。所有应激源都需要适应：有机体必须通过恢复其平衡或内稳态来维持或重获完整和安宁。对应激源的反应被塞里称为**一般适应症候群**（general adaptation syndrome, GAS，也译为一般适应综合征）。它包括三个阶段：报警反应、抵抗阶段和衰竭阶段（Selye, 1976a, 1976b）。报警反应是一个短暂的生理唤醒期，它让身体为剧烈活动做好准备。如果应激源持续存在，身体则会进入抵抗期，即缓和的唤醒状态。在抵抗期内，有机体可以忍耐并抵抗持续的应激源所带来的衰弱效应。然而，如果应激源持续时间足够长或强度足够大，身体资源将会耗尽，有机体将会进入衰竭期。**图 12.7** 描绘并解释了这三个阶段。

塞里指出了一些与衰竭期有关的危险。例如，你可以回想一下促肾上腺皮质激素（ACTH）在对压力的短期反应中所起的作用。然而长此以往，它的活动会降低自

阶段一：报警反应（在整个生命周期中不断重复）	阶段二：抵抗（在整个生命周期中不断重复）	阶段三：衰竭
• 肾上腺皮质扩张 • 淋巴系统肿大 • 激素水平升高 • 对特定应激源做出反应 • 肾上腺素释放，伴随高水平的生理唤醒和负性情绪 • 对应激源强度的增加变得更敏感 • 疾病易感性增强 （如果这种状态持续下去，就会进入阶段二）	• 肾上腺皮质收缩 • 淋巴结恢复到正常大小 • 激素水平维持在高位 • 高度生理唤醒 • 自主神经系统的副交感神经部分发挥抵消作用 • 忍耐应激源；对进一步的衰弱效应进行阻抗 • 对压力的敏感性提高 （如果应激一直保持在一个高水平，激素耗尽，疲劳出现，个体将进入阶段三）	• 淋巴结构肿大／机能障碍 • 激素水平提高 • 适应性激素耗尽 • 抵抗初始和外部应激源的能力降低 • 情感体验——通常为抑郁 • 疾病 • 死亡

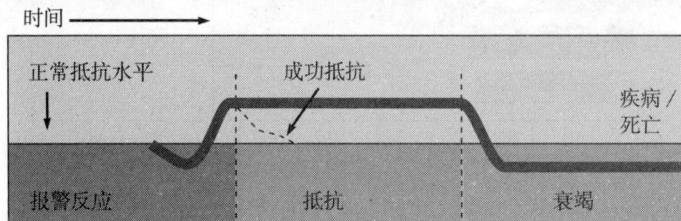

图 12.7　一般适应症候群
暴露于应激源之后，躯体的抵抗水平会下降，直至相应报警反应的生理变化将其恢复至正常水平。如果应激源持续存在，躯体的报警反应几乎完全消失；对特定应激源的抵抗强度上升到正常水平之上，但对其他应激源的抵抗下降。这种适应性的抵抗使躯体恢复其正常功能。长期暴露于应激源会使适应性抵抗崩溃；报警反应的信号再次出现，应激源的影响已不可逆转，个体会生病甚或死亡。

然杀伤细胞摧毁癌细胞及其他一些威胁生命的感染的能力。当身体处于慢性应激时，"应激激素"分泌的增加会损害免疫系统的完整性。一般适应症候群的提出有助于解释**心身障碍**（psychosomatic disorders，一种不能完全用生理原因解释的疾病），它曾使那些从未将压力考虑为病因的内科医生大为困惑。那些有助于身体应对急性应激的事物，反而会在慢性应激中对身体造成伤害。

塞里的研究使得疾病似乎是对压力的一种不可避免的反应。然而我们将会看到，你对什么有压力、什么没压力的心理解释（你评价潜在压力事件的方式）将会影响你身体的生理反应。为了充分说明应激对身体的影响，我们必须将塞里的基础生理学理论与后来的心理因素研究结合起来。

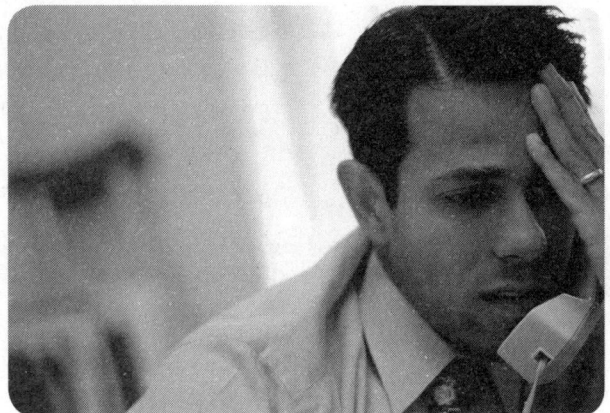

慢性应激带来的生理后果是什么？

心理应激反应

你的生理应激反应是自动的、可预期的、内置的反应，对此你通常无法有意识地加以控制。然而，许多心理反应却是习得的。它们依赖于对世界的感知和解释。本节将讨论人们对不同类型应激源的心理反应，比如重大生活事件和创伤性经历。

重大生活事件　人们对生活事件对随后的心理和生理健康的影响进行了大量研究。这些研究始于 20 世纪 60 年代，一个重要的进展是《社会再适应量表》（Social Readjustment Rating Scale, SRRS）的开发，该量表可以简单地评定各种生活变化（包括愉快的和不愉快的）所需的适应程度。该量表源自各行各业成人的反应，他们被

图 12.8　**一些重大生活事件对应的生活变化单位**
学生在校期间可能必须适应许多重要的变化。研究人员计算了这些重大生活事件所对应的生活变化单位值。
资料来源：M. A. Miller and R. H. Rahe. Life changes scaling for the 1990s. *Journal of Psychosomatic Research, 43*(3): 279–292, Copyright (1997), with permission from Elsevier.

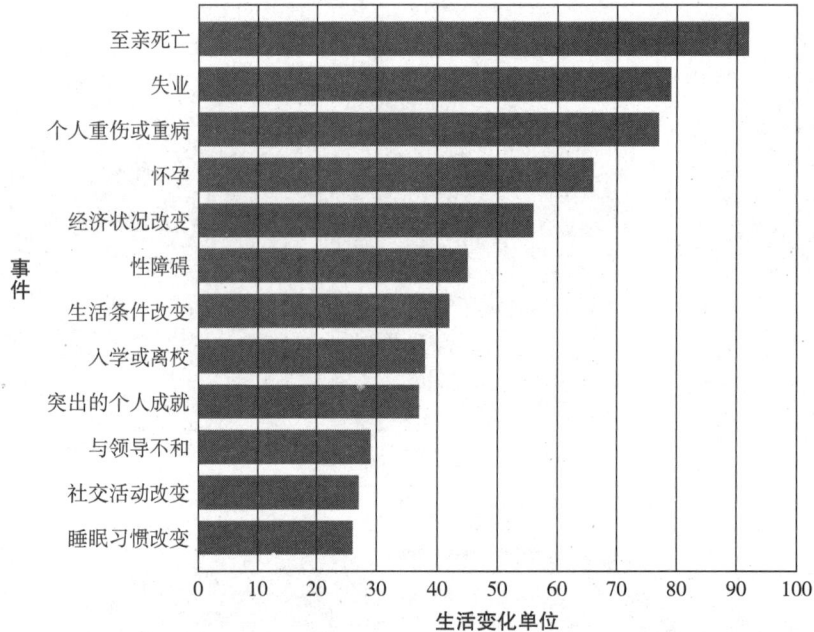

要求从一长串生活变化中找出自己经历的事件。结婚事件被人为地赋值为 50 单位的生活变化，这些成人将其他事件与结婚相比较，然后给出每种变化所需的再适应的数值。然后，研究者计算出每个人经历的**生活变化单位**（life change units, LCUs）的总值，将其作为衡量个体所经受的压力大小的指标（Holmes & Rahe, 1967）。

　　SRRS 在 1990 年代进行了更新（参见**图 12.8**）。研究者使用了相同的程序，要求参与者以结婚为参照点对各种生活事件的压力进行评估（Miller & Rahe, 1997）。在这次更新中，LCU 的评估值比其原始值上升了 45 个百分点，这就是说，参与者在 90 年代体验到的压力水平整体上远高于 60 年代的同龄人。而且 90 年代的女性报告比男性承受着更大的压力。研究者继续探究了 SRRS 得分与身心健康的关系。在一项研究中，268 名受访者完成了这一量表（Lynch et al., 2005）。结果显示，SRRS 分数与参与者接下来 6 个月的看病总次数存在正相关：总的看来，SRRS 分数最高的参与者看医生的次数也最多。

　　研究者们找到了很多方法来研究生活事件与健康的关系。例如，一项研究对 16 881 名成年人进行了为期两年的追踪（Lietzén et al., 2011）。研究开始时，没有一位参与者被诊断为哮喘病。两年后，那些经历了大量生活压力事件（如家庭成员生病或婚姻问题）的参与者，得哮喘病的可能性要大得多。另一项研究则与你如何安排你的课业有着直接的关系。

研究特写

　　当教授给你布置了一个任务——每个学生在生活中都会经历的压力事件——你会试图尽快完成，还是打算拖到最后 1 分钟？心理学家设计了一套被称为《一般拖延量表》的测量工具（Lay, 1986）来区分那些习惯把事情往后推的拖延者和不这样做的非拖延者。两位研究者让在学期末要提交论文的"健康心理学"课的学生完成这一量表。在学期初和学期末，学生们还被要求报告他们体验到了多少身体不适的症状。结果不出所料，平均而言，拖延者比非拖延者更晚交论文，而且得分也偏低。**图 12.9** 显示了拖延对健康的影响。你可以看到，在学期初，拖延者报告的症状更少，但在学期末，他们报告的症状明显多于非拖延者（Tice & Baumeister, 1997）。

从这个研究中你可以看出，为什么并非所有的生活事件对所有人都有同样的影响。非拖延者喜欢马上将工作做完，因此他们在学期初就会体验到压力和症状。然而，那些在学期初躲避压力的拖延者会在期末体验到更多的病痛。因此，恰恰是在一学期中最需要他们以良好的健康状态来完成被他们拖到最后的工作的时候，他们却病得最厉害。因此在你制定每个学期的计划时，应该考虑一下这些结果。如果你认为自己是一个习惯性的拖延者，你应该考虑向心理学家或学校的咨询师咨询，以改变你的行为。这事关你的学业和健康！

创伤性事件 一个消极且无法控制、无法预测或模棱两可的事件特别有压力。这些情况在创伤性事件中尤为突出。像强暴和车祸这样的创伤性事件影响的是个体；而另一些创伤性事件，如地震和龙卷风，则有着更广泛的影响。2001 年 9 月 11 日美国世贸大厦和五角大楼发生的恐怖袭击事件导致近 3 000 人死亡。为了提供适当的心理健康服务，研究者迅速采取行动，对恐怖袭击带来的心理后果进行评估。

一个特别的关注点是**创伤后应激障碍**（posttraumatic stress disorder, PTSD）。PTSD 是一种应激反应，有以下一个或多个与创伤性事件有关的侵入性症状：（1）对事件反复、非自愿和侵入性的痛苦回忆；（2）以噩梦和闪回等形式反复重新体验创伤性事件；（3）对类似或象征事件某方面的内在或外在线索，产生明显的心理痛苦和 / 或生理反应。个体会回避与创伤性事件有关的刺激，并发生认知和心境方面的负性改变，如自责，与他人疏远。此外，与创伤性事件有关的警觉或反应性发生显著改变，如过分的惊跳反应、注意力问题以及睡眠障碍（DSM-5, 2013）。

一个研究小组希望评估"9·11"事件的长期影响（DiGrande et al., 2011）。该研究关注事发当日从世贸中心撤离的 3 271 名市民。数据收集于 2003 年 9 月至 2004 年 11 月，也就是袭击事件发生的 2~3 年之后。如**表 12.1** 所示，只有 4.4% 的参与者没有 PTSD 的相关症状。发生袭击的当天早晨置身双子塔内的人，绝大多数都在这项研究中报告了一些症状：重复体验这一事件，回避与该事件相关的刺激，及 / 或源于该事件的唤醒增强。尽管事件过去了 2~3 年，样本中仍有 15% 的人符合 PTSD 的所有诊断标准。该研究揭示了使 PTSD 更容易发生的几个因素。例如，从较高楼层撤离的人、亲眼看见了恐怖事件的人以及自己受了伤的人更可能罹患 PTSD。

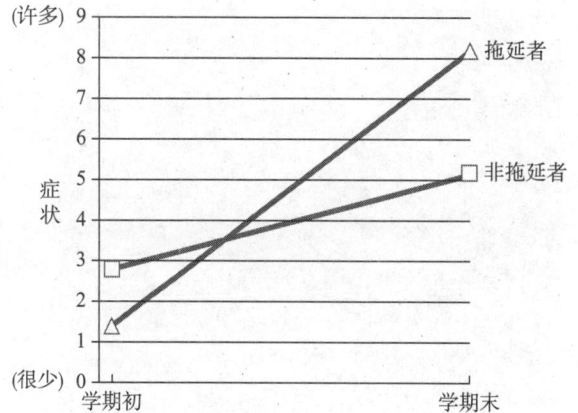

图 12.9 拖延的健康代价

研究者鉴别了学生中的拖延者和非拖延者。学生们被要求在学期初和学期末报告他们体验到多少躯体疾病的症状。在学期末，所有学生症状都有所上升。然而——由于所有任务都将到期——拖延者比非拖延者报告了更多的躯体症状。

表 12.1 经历"9·11"事件对人心理的影响

创伤后应激障碍的症状	参与者的百分比
没有报告症状	4.4
报告了对事件的再体验	
侵入性记忆	33.4
梦或噩梦	13.5
报告了对事件相关刺激的回避	
回避思维和情感	31.5
回避引起相关回忆的事物	25.9
报告了唤醒增强	
失眠	31.6
烦躁或易怒	25.4
很可能诊断为 PTSD	15.0

资料来源：DiGrande, L., Neria, Y., Brackbill, R. M., Pulliam, P., & Galea, S. (2011). Long-term posttraumatic stress symptoms among 3, 271 civilian survivors of the September 11, 2001, terrorist attacks on the World Trade Center. *American Journal of Epidemiology*, 173, 271–281.

什么因素改变了个体在经历"9·11"事件后患上 PTSD 的可能性？

这位纽约证券交易所里的交易员可能正因为不确定的经济形势而经历慢性应激。这对他的身心健康可能产生什么影响？

如前所述，个体的创伤性事件同样对他们的心理健康有消极影响。比如，强奸受害者通常会出现许多创伤后应激的症状（Ullman et al., 2007）。在被侵害的两周后进行的评估中，94% 的强奸受害者被诊断为 PTSD；遭侵害 12 周后，仍有 51% 的受害者符合诊断标准（Foa & Riggs, 1995）。这些研究数据表明，创伤后应激的情绪反应可以在灾难后立即发作，并且需要数月才能慢慢平息。我们在第 14 章讨论焦虑障碍时，会再次回到 PTSD 主题上来。

慢性应激源　讨论应激的生理反应时，我们区分了急性应激源和慢性应激源，前者有明确的起点和终点，后者则会持续很长时间。对于心理应激源，我们却并非总能轻易地给出一个明确的划分。例如，设想你的自行车被偷了。起初这是一个急性应激源。但如果你开始不断地担心新车再次被偷，该事件就变成了慢性应激源。研究者已经在癌症、艾滋病毒感染、糖尿病等严重疾病的患者身上发现了这一模式（de Ridder et al., 2008; Morris et al., 2011）。应对诊断和治疗的焦虑所导致的慢性应激可能比疾病本身更快地损害健康。

对许多人来说，慢性应激来自社会和环境条件。犯罪、经济条件、污染和恐怖主义的威胁对你有哪些累积的影响？这些和环境中的其他一些应激源对你的心理健康有什么影响？有些人群因自己的社会经济地位或种族身份而承受慢性应激，这会对他们的整体健康造成严重影响（Santiago et al., 2011; Sternthal et al., 2011）。在一项包含 1 037 名新西兰人的纵向研究中，研究者考察了他们童年期的社会经济劣势与其 32 岁时的健康的关系（Danese et al., 2009）。早期的经济困难预示着成年期更高的健康风险，如超重、高血压和高胆固醇。儿童期的父母虐待和社会孤立，也对个体成年后的心理和身体健康造成了负面影响。事实上，参与者在儿童期承受的慢性应激源越多，成年后的患病风险就越高。

日常挫折　你可能会同意一段关系的终结、地震或者偏见都会导致应激，但你在日常生活中经历的更小的应激源又如何呢？昨天在你身上发生了什么？你可能没有离婚，也没有遭遇坠机事故。但你可能弄丢了你的笔记或课本。也许你在一次重要的约会中迟到了，或者你收到了一张违章停车罚单，或者你那吵闹的邻居搅了你的好觉。这种不断出现的日常应激源大多数人都会经常遇到。

在一项日记研究中，一组白人中产阶级中年男女在一年的时间里记录了他们的日常挫折（同时还要记录重大的生活事件和身体症状）。结果发现，挫折与健康问题有明显的相关：人们报告的挫折越频繁、越严重，其健康状况越差，无论是生理上的还是精神上的（Lazarus, 1981; 1984b）。再看一个证明日常挫折影响青少年的研究。

研究特写

236 名青少年（平均年龄 16.1 岁）完成了一份日常挫折量表。该量表要求青少年回答他们经历"被家人贬低""不得不对父母撒谎"或"被欺负或取笑"等事件的频率（Wright et al., 2010, p. 222）。青少年利用从"从来没有"到"每一天"的五点量表来表明这些事件的发生频率。他们还完成了焦虑、抑郁和生活满意度的测量。总的来说，那些报告日常挫折最多的青少年，也报告了最消极的心理健康状态（更多的焦虑和抑郁）。此外，日常挫折更多的青少年对生活的满意度也更低。

这项研究证实，日常挫折对人的幸福感有相当大的影响。

尽管这一部分侧重于日常挫折，不过值得注意的是，对许多人来说，日常挫折带来的影响可以被日常积极体验所抵消（Lazarus & Lazarus, 1994）。例如，一项研究要求 132 位男性和女性报告生活中挫折（即烦恼事件）和激励（即快乐事件）的频次和强度（Jain et al., 2007）。研究者还测量了参与者血液中标示心血管疾病风险的物质（如炎症因子）含量。结果发现，参与者报告的挫折越多、越严重，这些风险指标就越高；报告的激励越多、越强，这些风险指标就越低。因此，如果我们要基于日常挫折来预测你的生命进程，我们还需要了解你生活中的激励事件（Lyubomirsky et al., 2005）。

我们刚刚了解了人们生活中的诸多应激源。心理学家们很久以前就已经认识到，这些不同类型的应激源的影响在很大程度上取决于人们如何有效地应对它们。现在让我们来看看人们是如何成功或失败地应对压力的。

应对压力

如果生活压力不可避免，而且慢性应激会扰乱你的生活甚至危及你的生命，那么你需要学习如何管理压力。**应对**（coping）是指处理那些被认为使个人资源紧张或超出个体资源的内在或外在要求的过程（Lazarus & Folkman, 1984）。应对可能包括行为、情绪或动机上的反应及想法。本节将从描述认知评估如何影响你的压力体验开始。然后我们看看各种类型的应对反应，包括应对的一般原则和具体的干预方式。最后，我们将考察应对能力上的个体差异。

对压力的评估 当你应对压力情境时，你的第一步是定义它们在哪些方面的确对你造成了压力。认知评估是对应激源的认知解释和评估。认知评估在压力情境的定义中起着核心作用：要求是什么，威胁有多大，以及你所具备的资源有哪些（Lazarus, 1993; Lazarus & Lazarus, 1994）。有些应激源，比如身体受伤或发现自家房屋着火，几乎会被每个人定义为一种威胁。然而许多其他应激源可以有多种定义方式，这取决于你的生活状况、某个特定要求与你的核心目标的关系、应对要求的能力以及你对此能力的自我评价。那些给某个人的生活带来剧烈痛苦的情境对另一个人则可能只是家常便饭。请尝试去注意并理解，生活事件对于你、你的朋友和家人的意义是不同的：有些情况给你带来压力，你的朋友和家人却没事，另外一些情况则刚好相反。为什么？

理查德·拉扎勒斯——我们曾在情绪部分讨论过他的一般评价理论——把对要求的认知评估分为两个阶段。初级评估是对要求的严重性的初始评估。这种评估源自这类问题："发生了什么？"及"这个事情对我有益、有压力还是无关紧要？"如

表 12.2　稳妥决策 / 认知评估的步骤

步骤	关键问题
1. 评估挑战	如果我不改变，风险是否严重？
2. 考察备选方案	这一备选方案是应对挑战的可接受的方法吗？
	我是否已经充分考察了所有可能的选择？
3. 权衡备选方案	哪个选择最好？
	最佳选择是否可以满足基本要求？
4. 仔细考虑承诺	我是否应将最佳选择付诸实施，并让他人知晓？
5. 即使出现消极反馈也要坚持	如果我不改变，风险是否严重？
	如果我改变了，风险是否严重？

果第二个问题的答案是"有压力"，你就需要评估应激源的潜在影响：伤害已经发生还是将要发生，你是否需要采取行动（见**表 12.2**）。一旦你决定了必须做些什么，次级评估就开始了。你要评估可用于处理压力情境的个人和社会资源，并斟酌备选的行动方案。当你开始尝试进行应对时，评估还在继续；如果起初的方法不奏效，压力没有消失，你就要启动新的反应，并对其有效性进行评价。

认知评估是压力调节变量的一个例子。**压力调节变量**（stress moderator variable）是指那些可以改变应激源对特定类型的应激反应的影响的变量。调节变量过滤或调节应激源对个体反应的影响。例如，你的疲劳水平和总体健康状况就是影响你对某个特定的心理或生理应激源的反应的调节变量。当你处于良好的健康状态时，你可以比自己状态不佳时更好地应对一个压力事件。你可以看到，认知评估也符合调节变量的定义。你评估应激源的方式将决定你需要采取的应对反应的类型。现在让我们看看应对反应的一般类型。

应对反应的类型　假设你即将参加一场重大考试。你已经对它做过考虑，即对情形进行了评估，而且非常肯定这是一个压力情境。你能做什么？需要注意的是，应对行为可以先于潜在的压力事件，以**预期性应对**（anticipatory coping）的形式出现（Folkman, 1984）。你将如何应对考试将至带来的压力？你将如何告诉你的父母你要辍学了，或者告诉爱人你不再爱他了？对压力情境的预期会使人产生许多想法和感受，它们本身也可能诱发压力，比如在采访、演讲或相亲之前。你需要知道如何应对。

应对的两种主要方式的目标分别是：直接面对问题——问题指向的应对；减轻压力产生的不适——情绪聚焦的应对（Billings & Moos, 1982; Lazarus & Folkman, 1984）。**表 12.3** 列出了这两种基本方式的若干子类别。

让我们先从问题指向的应对开始。我们通常用"迎难而上"来描述这种直面问题的策略。这一方式包括所有旨在直接应对应激源的策略，无论是通过外在的行动还是现实的问题解决活动。你要么面对霸凌，要么逃跑；你通过收买或其他激励手段努力赢得恋爱对象的欢心。你关注的是要应对的问题和引发压力的因素。你认识到有必要采取行动，对情境和你的应对资源进行评估，并采取适当的反应来消除或减轻威胁。这类解决问题的努力对于那些可控应激源，即那些你可以通过行动来改变或消除的应激源（如盛气凌人的老板或平庸的成绩），通常是有效的。

情绪聚焦的应对方式可用来管理那些不可控应激源带来的影响。比如，你负责照顾患阿尔茨海默病的父亲或母亲。这种情况下，没有"霸凌"需要你从环境中清除；你也无法让疾病消失。但即便在这种情况下，一些问题指向的应对仍然是有用的。比如你可以调整工作时间表，方便自己照顾老人。然而，由于你无法消除应激源，你也可以试着改变自己对此疾病的感受和想法。比如，你可以参加为阿尔茨海默病照护者设立的支持小组，或者学习一些放松技术。这也是一种应对策略，因为你承认你的健康正面临威胁，并采取行动减轻这种威胁。

如果你有多重策略来帮助你应对压力情境，你会过得更好（Bonanno et al.,

表 12.3　应对策略的分类

应对策略类型	举例
问题指向的应对	
通过直接的行动和 / 或问题解决策略改变应激源或自己与应激源的关系	战斗（摧毁、消除或削弱威胁）
	逃跑（使自己远离威胁）
	寻求战斗或逃跑之外的选择（磋商、讨价还价、折中）
	避免未来的应激（增强韧性或降低预期性压力的强度）
情绪聚焦的应对	
通过让自己感觉更好的活动来改变自己，但不改变应激源	躯体聚焦的做法（使用抗焦虑药物、放松、生物反馈）
	认知聚焦的做法（有意的分心、幻想、关于自己的想法）
	通过心理治疗来调节那些导致额外焦虑的意识和无意识过程

2011）。要成功应对，你的资源必须与知觉到的要求匹配。因此，掌握多重应对策略具有适应性，因为你更可能匹配要求，从而管理好压力事件。有项研究考察了女性对乳腺癌手术压力的应对方法（Roussi et al., 2007）。女患者分别要在术前一天、术后三天和三个月之后报告她们的痛苦程度和应对策略（如问题指向和 / 或情绪聚焦的策略）。采用多重应对策略的女性在术后三个月报告的痛苦更少。

应对研究者发现，有些个体在面对应激源时有很强的韧性（resilience），即使在面对严重的健康威胁时，他们也能获得积极的结果（Stewart & Yuen, 2011）。有研究关注了韧性强的个体的应对技巧类型，以及他们是怎样获得这些技巧的。这个问题的答案的一个重要方面是：那些变得有韧性的孩子，是由具备良好养育技巧的父母抚养长大的（Masten, 2011）。例如，对居无定所的家庭的研究表明，高质量的养育能帮助孩子获得控制自己注意力和行为的认知技能（Herbers et al., 2011）。这些控制技能对孩子在学校的表现有积极影响。

我们上面讨论的是应对应激源的一般方法。接下来我们将讨论有助于成功应对的具体的认知和社会方法。

改变认知策略　有效适应压力的一个方法是改变你对应激源的评估，以及你对自己处理压力的方式的自我挫败式的认知。你需要换一种方式来考虑既定的处境、你在其中的角色以及你在解释那些不利结果时所采用的归因方式。从心理上应对压力的方式有两种，一是重新评估应激源自身的性质，二是重构你对应激反应的认知。

你已经明白这样一种观点，即人们通过评估生活事件的方式部分地控制生活中的压力体验（Lazarus & Lazarus, 1994）。学习换一种方式看某些应激源，重新标定它们，或者想象它们处于威胁较小的（甚至是有趣的）情境当中，是一种可以缓解

为什么多重应对策略对某些人（如阿尔茨海默病患者的照料者）是有益的？

表 12.4　用于应对的自我陈述实例

准备

我可以制订一个计划来对付它。

想想我能做些什么。那就比焦虑好。

不做消极的自我陈述，只是理性地思考。

面对

循序渐进；我可以控制局面。

医生说过我会有这种焦虑感；它提醒我去做应对练习。

放松；一切尽在我的掌控。做一个深呼吸。

应对

若恐惧来临，那就停下来。

保持对当下的关注；我必须要做的是什么？

不要试图完全消除恐惧；让它们可控就行了。

这还不算最糟的事。

想点儿别的事情吧。

自我强化

见效了；我做到了。

没我想的那么糟。

我对自己的进步感到高兴。

压力的认知重估方式。你是否害怕在一大群令人生畏的听众面前演讲？一种应激源重估技术是想象你的潜在批评者裸体坐在那里，这一定能极大地消除他们对你的威胁力。你是否担心在一个必须出席的聚会上害羞？想想找一个比你更害羞的人，然后通过引发一次谈话来减少他的社交焦虑。

你也可以通过改变你对压力的自述或改变你处理压力的方式来管理压力。认知行为治疗师**梅钦鲍姆**（Meichenbaum, 1977, 1985, 1993）提出了三阶段的压力免疫法。在第一阶段，人们努力提高对自己实际行为的认识：是什么引发了它，它的结果如何。做到这一点的最好方法是写日志。通过帮助人们根据起因和结果重新定义问题，这些记录可以增加他们的可控感。比如你可能发现，你的成绩很差（应激源）是因为你总是留出太少的时间来完成课堂作业。在第二阶段，人们开始找出可以抵消非适应性的自我挫败行为的新做法。也许你会安排一些固定的"学习时间"，或者把你每晚打电话的时间限制在 10 分钟内。在第三个阶段，当适应性行为建立后，个体要对他们的新行为的结果进行评估，避免先前那种自我贬低的内心独白。他们不再对自己说，"我可真幸运，教授提问的内容刚好是我看过的"，而是说，"我很高兴我为教授的提问做好了准备，在课堂上可以明智反应的感觉真棒"。

这种三阶段方法意味着建立异于先前的挫败式认知的反应和自述。一旦走上这条路，人们就会意识到自己正在改变——并且可以将这一改变的所有功劳都归功于自己，从而带来更大的成功。**表 12.4** 给出了一些有助于应对压力情境的新型自我陈述的例子。压力免疫训练已在诸多领域得到成功运用。许多儿童不幸地生活在容易暴露于压力的环境中。下面我们来看看成功用于儿童的压力免疫法。

研究特写

以色列南部 748 名四年级和五年级学生的老师们，在教室里开展了一个压力免疫训练的项目（Wolmer et al., 2011）。在 14 周的时间里，孩子们学习了一系列教给他们应对技能并有练习机会的课程。这些课程还帮助孩子们识别自己的强烈情绪，并教给他们调节这些情绪的技能。控制组的 740 名儿童则没有接受这种训练。训练结束后，加沙地带爆发了一场冲突。所有的 1 488 名儿童都经历了三周的火箭弹和迫击炮袭击。冲突结束三个月后，孩子们完成了评估创伤后应激障碍（PTSD）的测验。控制组的学生符合 PTSD 诊断标准的占 11.3%；而压力免疫训练组的学生符合诊断标准的只占 7.2%。因此，压力免疫训练使儿童患 PTSD 的数量减少了约三分之一。

这项研究表明，基于课堂的压力免疫训练可以帮助孩子们应对应激源，但很不幸的是，这些应激源在某些儿童的生命中经常出现。

成功应对的另一个主要因素在于确立对应激源的**控制感**（perceived control），即相信自己可以改变某些事件或体验的过程或结果（Endler et al., 2000; Roussi, 2002）。如果你相信自己可以影响一种疾病的进程或日常症状，你大概就能很好地适应这种疾病。然而，如果你认为压力源于你无法影响其行为的另一个人或者你无法改变的状况，你对自己慢性疾病的心理适应就可能较差。有项研究考察了做过乳腺癌手术的女性（Bárez et al., 2007）。报告控制感较高的女性在术后一整年体验到的身体和心理痛苦最少。

在你将这些控制策略整理归档以备未来之需后，我们将转向压力应对的最后一个方面——社会维度。

将社会支持作为应对资源 **社会支持**（social support）是他人提供的一种资源，传达的信息是一个人被关爱、照料和尊重，并且在一个沟通和相互帮助的社会网络中与他人联系在一起。除了这些情感支持的形式外，他人还可以提供有形的支持（金钱、交通、住房）和信息支持（建议、个人反馈、资讯）。任何一个与你有重要社会关系的人（如家人、朋友、同事和邻居）都可能在你需要时成为你的社会支持网络的一部分。

大量研究表明，社会支持可以调节人们对压力的脆弱性（Kim et al., 2008）。当人们有他人可以依靠时，他们能够更好地处理工作压力、失业、婚姻困扰、严重疾病以及生活中的日常问题。看看在世界许多动乱区域工作的维和人员。与战地生活有关的创伤常常会导致创伤后应激障碍。然而对在黎巴嫩工作的荷兰维和人员的研究证明，经历更多积极社会互动的个体表现出更少的 PTSD 症状（Dirkzwager et al., 2003）。

研究者正在试图确定对于特定的生活事件，哪类社会支持最有效。一项研究考察了信息支持和情感支持对做面部手术的男性和女性的影响（Krohne & Slangen, 2005）。总的来看，社会支持更多的人对手术的焦虑更少，手术期间需要的麻药更少，住院时间也更短。然而，在更具体的结果上存在着性别差异。虽然所有的病人都能从更多的信息支持中获益，但女性受情感支持的影响较大。更概括地说，问题的关键在于个体所需的支持类型要与其得到的支持类型匹配。如**图 12.10** 所示，期望与现实有四种可能的组合方式（Reynold & Perrin, 2004）。当人们想要的与他们得到的匹配时结果最好。对一组患乳腺癌的妇女来说，当她们得到的支持并不自己想要的时，她们的心理结果最差（"支持倒错"）（Reynold & Perrin, 2004）。这种模式出现可能是因为，获得不想要的帮助让妇女很难再去获得她们真正需要的情感支持。

为什么某些形式的社会支持更受欢迎？

社会支持	想要的	不想要的
得到	匹配一致的积极支持	支持倒错
没有得到	支持缺失	零支持

图 12.10 社会支持的匹配性

当人们必须应对困难情境时，他们想要的社会支持与实际获得的社会支持可能匹配也可能不匹配。

资料来源：Julie S. Reynolds and Nancy Perrin, "Matches and Mismatches for Social Support and Psychosocial Adjustment to Breast Cancer," *Health Psychology, 23*(4), 425–430. Copyright © 2004 by the American Psychological Association. Reprinted with permission.

研究者们还试图确定不同的应对资源如何相互影响，从而影响对应激源的反应。我们来看一项考察控制感和社会支持的研究。

该研究的 70 名参与者均被确诊结直肠癌（Dagan et al., 2011）。确诊三个月后，参与者们要完成一个量表，以表明他们知觉到的对生活事件的个人控制感。参与者们还要完成另一个量表，报告配偶做出的支持行为（如营造分享感受的氛围）和不支持的行为（如发表反对的评论）的多寡。六个月后，参与者详细报告了他们的心理痛苦程度。研究者考察了个人控制感、社会支持和参与者痛苦之间的关系。结果发现，个人控制感较差的参与者若有良好的社会支持，他们报告的痛苦就较少，而如果缺乏社会支持，痛苦就会更多。不过，个人控制感较强的参与者报告的痛苦水平都比较低，不论伴侣的行为如何。

这些结果表明，认为自己能控制生活的人，不太可能把他人视为应对资源。因此，他们较少受可获得的社会支持质量的影响。

不过，即便个人控制感很强的人也可能发现社会支持很有用。成为有效的社会支持网络的一部分，意味着你相信在你需要时，他人会给你提供帮助，即使在你体验到压力时你并没有真的求援。本书要教给你的重要信息之一是，要始终努力使自己成为社会支持网络的一部分，永远不要让自己与社会隔绝。

应激的积极作用

本节主要关注了应激可能给我们生活带来的消极影响。这种关注反映了研究者为帮助人们避免和克服这些消极影响而付出的巨大努力。然而，近来研究者开始更多地关注应激给人们生活带来的积极影响。在讨论主观幸福感时，我们曾提到积极心理学运动，而这种新关注就是这一运动的另一个结果。让我们从积极心理学的视角来思考应激与应对。

我们起初定义应激时区分了痛苦与良性应激。你可能容易想到让你经历痛苦的情形，但良性应激呢？请回想你最近一次看跑步比赛。你喜欢观看比赛时的那种忐忑体验吗？选手到达终点线时你感到心跳加速吗？研究者证明良性应激（激动和焦虑的体验）常常是人们观看体育比赛的重要动机（Cohen & Avrahami, 2005; Hu & Tang, 2010）。如果你喜欢的队或竞赛者最后失败了，你可能会经历一些痛苦。但是，在这个过程中，当竞争激发了良性应激，你可能会有更多的积极情绪体验。请找找生活中另一些让你感到快乐的应激事件。我们再举一个例子：你在坐过山车时为什么会感到快乐？

对于某些类型的应激事件，可能很难想象会产生任何积极的影响。但是，研究证明人们能够从相当负面的事件中获得积极结果和个人成长。一类研究关注益处发现（benefit finding），即人们从负面事件中寻找积极方面的能力（Helgeson et al., 2006; Littlewood et al., 2008）。请思考一项关于罹患糖尿病的青少年的研究。

一个研究小组招募了 252 名被诊断为 1 型糖尿病的少年参与者（10 岁至 14 岁）。这些少年完成了一份"益处发现"问卷，列出了与个人相关的一些益处。他们给出了很多益处，例如，

糖尿病让他们感到更加独立，让（他们的）家庭更加亲密，让他们能够更容易地接受改变（Tran et al., 2011, p. 214）。这些少年还提供了有关糖尿病经历的其他方面的信息，包括他们认为自己在多大程度上能有效地应对与疾病有关的压力事件，以及在多大程度上能够坚持自己的治疗方案。研究人员发现，那些能发现更多益处的少年，也能更好地应对压力事件，更好地跟上治疗进程。

研究者认为，益处发现可能起到缓冲压力的作用：通过益处发现，人们能够避免负性情绪压垮他们对疾病的应对反应。

在面对严重的疾病、事故、自然灾害和其他创伤性事件时，人们还可能会经历创伤后成长（一种积极的心理变化）。创伤后成长表现在五个方面（Cryder et al., 2006; Tedeschi & Calhoun, 2004）：

- 新的可能性："我有了喜欢做的新事情。"
- 与他人的关系："我觉得与其他人的关系比以前更紧密了。"
- 个人力量："我知道我能依靠自己。"
- 欣赏生活："我知道生活是重要的。"
- 精神变化："我对宗教思想有了更深的理解。"

不是每个经历创伤的人都会获得创伤后成长。例如，一项研究关注了受新奥尔良卡特里娜飓风影响的一群 7~10 岁的儿童（Kilmer & Gil-Rivas, 2010）。那些思绪时常回到这一创伤性事件的孩子，获得了最大的创伤后成长。即便他们的想法令人痛苦也是如此。孩子们关注这些创伤性事件，是要理解发生了什么，并为这些事件赋予意义。

在讨论应激时我多次提到了它对生理或心理健康的影响。接下来我们将直接转向健康心理学家的工作，看看他们如何将从研究中获得的知识用于疾病和健康问题。

STOP　停下来检查一下

❶ 一般适应症候群有哪三个阶段？

❷ 生活变化单位的估计值从 20 世纪 60 年代到 20 世纪 90 年代发生了怎样的变化？

❸ 日常挫折和日常快乐如何影响健康？

❹ 进行情绪聚焦的应对是什么意思？

❺ 为什么控制感在应对中很重要？

❻ 什么是益处发现？

批判性思考：请回忆证明压力免疫训练有价值的那项研究。将训练作为学校课程的一部分为什么可能是有效的？

健康心理学

心理过程对疾病与健康有多大的影响？你已经看到，许多例子都表明正确答案可能是"相当大"。正因为看到心理和社会因素对健康的重要作用，一个新领域开始蓬勃发展，那就是健康心理学。**健康心理学**（health psychology）是心理学的一个分支，致力于研究人们保持健康的方式、患病的原因以及生病后的反应方式。**健康**（health）是指身体和精神在健全和活力方面的一般状态。它不是简单的没有生病或受伤，而更多的是身体各个组成部分协同工作的情况。我们将从讨论这一领域的基本理念如何从传统的西方医学模式中分离出来开始对健康心理学的讨论。然后我们将考察健康心理学对预防和治疗疾病和功能失调的贡献。

健康的生物心理社会模型

健康心理学以健康的生物心理社会模型为指导。你会发现这一观点根植于许多非西方文化。为了引入生物心理社会模型的概念，这一节将从描述一些非西方的传统入手。

传统的健康实践 有史以来，心理学原理就被用来治疗疾病、追求健康。许多文化都认识到公共健康和放松仪式对提升生活品质的重要性。例如，在纳瓦霍人（Navajo）中，伤痛、疾病和健康被归因于社会的和谐以及心身的交互作用。纳瓦霍有一个概念叫"hozho"，意味着和谐、心理宁静、美德、理想的家庭关系、艺术和工艺之美以及身体和灵魂的健康。触犯禁忌、巫术、纵欲或者噩梦等带来的邪恶所导致的任何不和谐都可能引发疾病。传统的治疗仪式旨在驱除疾病恢复健康，它不仅依靠巫师的药物，还要联合所有家庭成员与患者一起努力，重新达到"hozho"的状态。部落任何成员的疾病都不被视为本人的责任（和过错），而是更广泛的不和谐的信号，需要通过公共的治疗仪式来修复。这种文化取向保证了一个有力的社会支持系统会自动帮助患者。

生物心理社会模型 我们已经看到，非西方文化中的许多治疗实践都假设身体和心理存在关联。相形之下，现代西方科学思想却几乎完全依赖于持身心二元论观点的生物医学模型。根据这一模型，医学将身体与精神分离开来；心理只对情绪和信仰重要，与身体状况关系不大。然而，随着时间的推移，研究者开始发现两者的各种相互作用，使得严格的生物医学模型开始动摇。你已经看到了一些证据：好的和坏的生活事件都会影响免疫功能；对于应激的消极结果，人们或多或少有一定的韧性；充足的社会支持可以缩短住院时间。这些认识催生了**生物心理社会模型**（biopsychosocial model）的三个成分。生物是指疾病的生物学因素，心理和社会是指健康的心理和社会成分。

生物心理社会模型将你的健康与你的心理状态和社会环境联系了起来。健康心理学家将健康视为一种动态的、多维度的体验。**身心健康**（wellness）综合了你的身体、智力、情绪、精神、社会和环境的方方面面。当你采取一些行动来预防疾病，或者在其尚无症状时就进行检查，你就是在采取健康行动。健康心理学的总体目标是运用心理学的知识来促进健康和积极的健康行为。现在让我们看一看与这一目标有关的理论与研究。

像世界上许多生活在其他文化中的人一样，纳瓦霍人把美感、家庭和睦和身体健康看得很重。纳瓦霍人认为疾病的根源是什么？

健康促进

　　健康促进（health promotion）是指制订一般的策略和特定的方法来消除或减少人们患病的风险。21 世纪的疾病预防所面临的挑战与 20 世纪初截然不同。1900 年，死亡的主要原因是感染病。那时的医务工作者发起了美国公众健康的第一次革命。时至今日，随着研究和公众教育的普及，疫苗的研发，以及公众健康标准的改变（比如对垃圾和污染的控制），医务工作者已能大幅减少与流感、肺结核、小儿麻痹、麻疹和天花等疾病有关的死亡。

　　如果研究者希望帮助大众提高生活质量，他们必须努力减少与生活方式因素有关的死亡。吸烟、超重、食用高脂肪和高胆固醇的食品、过度饮酒、不系安全带驾驶以及有压力的生活，都可能导致心脏病、癌症、中风、事故和自杀等健康问题。改变这些行为可以有效地预防疾病和避免过早死亡。为使你了解这一点，我们现在来看两个具体的问题：吸烟和艾滋病。

　　吸烟　很难想象本书的任何一位读者会不知道吸烟是极其危险的。美国每年约有 443 000 人死于与吸烟有关的疾病，有 49 400 人死于吸入二手烟（Centers for Disease Control and Prevention, 2011）。尽管如此，美国仍有 5 870 万人在吸烟（Substance Abuse and Mental Health Services Administration, 2010）。健康心理学家既想了解人们为什么开始吸烟——从而帮助预防，也想知道怎样帮助人们停止吸烟——从而使他们可以获得成为戒烟者的实质性收益。

　　对人们为何开始吸烟的分析集中于天性与教养的交互作用。许多研究比较了同卵和异卵双生子烟草使用的相似性，结果一致发现遗传力的估值在 0.50 或以上（Munafò & Johnstone, 2008）。有研究考察了 1 198 对青少年同胞（包括同卵双生子、异卵双生子和非双生子）的吸烟行为（Boardman et al., 2008）。结果发现，决定个体是否吸烟的遗传力达到了 0.51，而决定每天吸烟量的遗传力达到了 0.58。该研究还发现了环境的影响。比如，如果青少年所在学校里受欢迎的同学也是吸烟者，基因的作用就更大：显然，在这种社会背景下，学生会实现他们的"遗传潜力"。

　　为理解基因与吸烟的关系，研究者常常关注那些能预测哪些人会开始吸烟的人格差异。一种与开始吸烟有关的人格类型被称作感觉寻求（Zuckerman, 2007）。有感觉寻求特征的个体更可能进行冒险活动。一项研究测量了美国数千名 10~14 岁少年的感觉寻求水平（Sargent et al., 2010）。为确定哪些少年已经成了吸烟者，研究者在完成感觉寻求测量之后的 8 个月、16 个月和 24 个月分别再次联系了他们。高水平的感觉寻求是一个有力的预测因素，可以预测哪些少年会在两年的追踪期内开始吸烟。

为什么干预措施应该考虑到并非所有吸烟者都有相同的戒烟意向？

　　对于吸烟，最好的做法就是永远不要开始。但对于那些已经开始吸烟的人，研究揭示了哪些与戒烟有关的真相？虽然许多试图戒烟的人都再次吸烟，但美国仍约有 3 500 万人戒烟成功。他们中有 90% 是靠自己做到的，没有借助任何专业的治疗方案。研究者给出了人们戒烟要经历的一些阶段，顺序代表戒烟的意向逐渐增强（Norman et al., 1998, 2000）：

- 前意向阶段。吸烟者没有考虑戒烟。
- 意向阶段。吸烟者开始考虑戒烟，但尚无任何行为上的改变。
- 准备阶段。吸烟者准备好要戒烟。
- 行动阶段。吸烟者通过设定行为目标来开始戒烟行动。
- 维持阶段。原来的吸烟者现在已经是不吸烟的人了，并在努力保持。

这一分析说明，并非所有的吸烟者都有相同的戒烟心理意向。干预措施可以促使吸烟者增强戒烟意向，直至最终他们为采取健康的行为做好了充分的心理准备（Velicer et al., 2007）。

成功的戒烟治疗要满足吸烟者生理和心理上的需求（Fiore et al., 2008）。在生理方面，吸烟者最好了解一种有效的尼古丁替代治疗，比如尼古丁贴片或尼古丁口香糖。在心理方面，吸烟者必须认识到有许多人戒烟成功，因此戒烟并非不可能。更进一步，戒烟者必须学习一些策略，用以应对伴随戒烟努力而来的强烈诱惑。治疗一般包括前述认知应对技术，它们可以缓解多种应激源给人们带来的影响。对于吸烟问题，治疗者通常鼓励人们设法避免或逃离那些可能引起复吸冲动的情境。

艾滋病　艾滋病（AIDS，acquired immune deficiency syndrome）是获得性免疫缺陷综合征的缩写。虽然有成千上万的人死于这种恶性疾病，但更多的**人类免疫缺陷病毒**（HIV，human immunodeficiency virus）感染者现在可以存活。HIV 袭击人类血液中的白细胞（T淋巴细胞），从而损害免疫系统，降低人体抵御其他疾病的能力。个体因此而容易被其他病毒或细菌感染，患上致命的疾病，比如癌症、脑膜炎和肺炎等。从最初感染病毒到出现症状的时间（潜伏期）可长达5年甚至更长。虽然估计有上百万的 HIV 感染者并未患上艾滋病（一种医学诊断），但他们也不得不生活在这种致命疾病可能突然发作的压力之下。目前，尽管有一些治疗方法能推迟艾滋病的全面发作，但是还没有治愈艾滋病的方法或预防其传播的疫苗。

HIV 无法经由空气传播，它必须直接进入血液才能造成感染。HIV 在人群中的传播主要有两种方式：（1）性接触时发生的精液或血液交换；（2）在注射毒品时共用静脉注射针头和注射器。该病毒也可能通过输血或其他医疗过程传播，即医院在不知情的情况下将受到感染的血液或器官提供给健康人。许多血友病患者就是这样感染了艾滋病。然而，每个人都有罹患艾滋病的风险。

防止被感染的唯一方法是改变那些将个人置于风险之中的生活习惯。这意味着要永久性地改变性行为模式以及戒毒。健康心理学家**托马斯·科茨**（Thomas Coates）是多学科研究团队的一员，该团队致力于运用一系列心理学原理来阻止艾滋病的进一步蔓延（Coates & Szekeres, 2004）。团队的工作涉及应用心理学的许多方面，比如评估心理社会风险因子，开发行为干预方法，培训社区领导使其有效地教育人们采取更为健康的性行为和戒毒，帮助设计媒体广告和社区宣传运动，以及系统地评估相关的态度、价值观和行为的改变（Fernánez-Dávila et al., 2008; Hendriksen et al., 2007）。成功的艾滋病干预措施需要三部分（Starace et al., 2006）：

- 信息。必须向人们提供关于艾滋病如何传播以及怎样预防的知识；应该建议人们采取更安全的性行为（比如在性接触时使用避孕套）。

生活中的批判性思维

健康心理学能帮助你更多地锻炼吗

健康心理学的一个重要目标是促使人们更多地从事有益健康的行为。名列前茅的就是锻炼：进行充分锻炼的人健康状况通常更好。美国政府部门提出了以下建议（U.S. Department of Health and Human Services, 2008, p. vii）：

- 要想获得实际的健康益处，成人一周至少要进行 150 分钟中等强度的锻炼，或者 75 分钟的高强度有氧运动，或者等量的中等强度和高强度有氧运动的组合。有氧运动至少应以 10 分钟一组进行，而且最好贯穿一周。
- 成人还应每周至少 2 天进行中等强度或高强度的肌肉强化运动，要涉及所有主要的肌肉群，因为这些锻炼能带来额外的健康收益。

上面推荐的锻炼能增强心脏和呼吸系统的功能，改善肌肉的张力和力量，还能带来诸多其他健康益处。那么健康心理学研究如何帮助人们获得这些益处？

研究者们试图确定什么计划或策略能最有效地让人们开始锻炼并坚持下去（Nigg et al., 2008）。事实上，描述戒烟意向的模型同样适合人们的锻炼行为（Buckworth et al., 2007）。在前意向阶段，个体仍然更关注锻炼的障碍（如时间太少），而非益处（如改善体形）。随着个体经过意向和准备阶段，关注点就从障碍转变到益处。锻炼时间不到 6 个月的人处在行动阶段；而有规律地锻炼 6 个月以上的人则处在维持阶段。

如果你现在还没有经常锻炼，你怎样才能走出前意向阶段？研究表明，个体可以学习一些帮助他们克服锻炼障碍的策略（Scholz et al., 2008）。一个策略是制订行动计划：你应当制订详尽的计划，包括何时、何地以及如何进行锻炼。另一个策略是制订应对计划：你应该预料会有哪些障碍干扰你的行动计划，并确定怎样才能最有效地应对这些障碍。在一项研究中，研究者教冠心病患者怎样制定这两种计划（Sniehotta et al., 2006）。两个月之后，综合运用这两种计划的患者比控制组的患者（他们没有接受这种训练）明显参加了更多的体育锻炼。

这类研究表明为什么你可以像对待其他任何情境那样对待锻炼，运用认知评估来实现健康生活的目标。

- 为什么同样的阶段既可以用来克服不健康的行为又可以用来促进健康的行为？
- 为什么打算开始健康行为（如定期锻炼）会产生压力？

- 动机。必须激励人们采取艾滋病预防措施。
- 行为技巧。必须教会人们如何运用这些知识。

为什么这三个部分都是必需的呢？有人可能有很高的动机但知识不足，有些刚好相反。有人则可能有充分的知识和动机，但缺乏必要的技巧。此外，信息的传达方式必须要保护好人们的动机。比如，信息的呈现方式倘若能让人们感到能控制自己的行为，他们就更可能参加艾滋病预防咨询（Albarracín et al., 2008）。

治 疗

治疗的目的是帮助人们适应他们的疾病并从疾病中康复。本小节将着眼于治疗的三个方面。首先，我们将考察心理学家在鼓励病人遵医嘱上所起的作用。接着，我们将看一些让人们明确地运用心理学技术来控制身体反应的方法。最后，我们将考察心理有助于身体治疗的实例。

遵医嘱　病人通常会被告知一套治疗方案。这可能包括药物治疗、饮食改变、规定的卧床休息和锻炼时间以及一些后续程序，比如复查、康复训练和化疗等。不遵医嘱是医疗保健中最严重的问题之一（Christenson & Johnson, 2002; Quittner et al., 2008）。对于某些治疗方案，病人不遵医嘱的比例估计高达50%。

什么因素会影响病人遵守医嘱的可能性？一类研究侧重于病人对疾病严重性的感知。你或许能预见，认为疾病更严重的患者也更可能坚持按医嘱治疗（DiMatteo et al., 2007）。然而当研究者考虑患者的客观健康状况（而非患者的主观知觉）时，这一关系变得更为复杂。因患有严重疾病而身体虚弱的人比患有同样疾病但不太虚弱的人遵医嘱的情况更差。这种不遵医嘱的表现可能反映了他们对治疗成功的可能性较为悲观。另一类研究显示了社会支持对患者遵医嘱的重要性（DiMatteo, 2004）。如果患者得到的实际帮助能够使他们正确地完成治疗方案，他们就会获得最大的益处。

研究证明，医务人员可以采取一些措施来促进病人遵从医嘱。下面这项研究表明了患者与医生态度匹配的重要性。

研究特写

一个研究小组招募了224名患者和18名最近给他们看过病的医生（Christensen et al., 2010）。医患双方都完成了一份问卷，以表明各自对患者在治疗结果中所起作用的态度。患者要对诸如"我能控制自己的健康"和"当我患病时是我自己的行为决定了我多久能康复"之类的陈述做出回应。医生要回应的问卷关注的也是患者（如"患者能控制他们自己的健康"）。为了评估患者对治疗方案的遵从情况，研究者还从药房记录中收集了药物续领的信息。结果显示，如果患者的态度与医生一致，患者更可能遵医嘱。

为理解这一研究结果，请想象某位患者认为她能控制自己的健康状况，而她的医生却不这么认为，会出现什么状况。这种不一致很可能损害患者对医生的信任。研究者建议医生应当努力理解患者的态度，并改变自己的行为以与患者的态度保持一致。

利用心理治疗身体　病人必须遵从的治疗方案越来越多地涉及心理内容。许多研究者现在相信，心理策略可以改善健康。例如，许多人在遇到压力时会紧张，结果导致肌肉紧张、血压上升。幸好许多紧张反应可以通过心理技术来控制，例如放松和生物反馈。

通过冥想达到放松的方法很早便出现在世界许多地方。在东方文化中，镇静头脑和舒缓身体紧张的方法已被沿用了几百年。如今日本和印度的禅宗戒律和瑜伽练习是当地许多人日常生活的一部分，而且在西方也日渐盛行。越来越多的证据显示，完全的放松是一种有效的抗压反应（Samuelson et al., 2010）。**放松反应**（relaxation response）是一种肌肉紧张度、皮层兴奋性、心率、血压和呼吸速度都下降的状态（Benson, 2000）。此时，大脑中的电活动减弱，从外界环境向中枢神经系统的输入也有所减少。在这种低水平的唤醒中，人们可以从压力中恢复过来。要想产生放松反应，需要满足四个条件：（1）安静的

为什么通过冥想进行放松有利于健康？

环境；（2）闭上眼睛；（3）舒服的姿势；（4）不断重复的心理刺激，比如在心中反复吟诵一个短语。前三种条件可减少神经系统的输入，第四则可减少内部刺激。

生物反馈（biofeedback）是一种有着各种特殊应用的自我调节技术，比如控制血压、放松前额肌肉（涉及紧张性头痛），甚至消除严重的脸红。生物反馈由心理学家尼尔·米勒（Miller, 1978）开创，它通过提供清楚的外部信号来使人意识到通常很弱的反应或者内部的反应。用仪器监测患者的身体反应，并将其转化成不同强度的光信号和声信号并加以放大，使病人能"看到"自己的身体反应。病人的任务就是控制这些外部信号的水平。

让我们来看一个生物反馈的应用。患高血压或低血压的参与者来到了实验室（Rau et al., 2003）。来自测量参与者每次心搏周期血压的仪器的反馈被呈现在电脑屏幕上，绿柱上升代表正确的方向，红柱上升代表错误的方向。另外，研究者给出了言语强化："你做对了！"在三个训练周期后，参与者便能像期望的那样升高或降低他们的血压。如果你为自己的血压或其他身体问题感到担心，这类结果可能会鼓励你寻求生物反馈疗法，以补充药物治疗。

心理神经免疫学 1980 年代早期，一系列研究发现，心理还会以另一种方式影响身体：心理状态会影响免疫功能。历史上学界曾认为免疫反应（快速产生抗体以反击侵入并损伤有机体的物质）是自动发生的生理过程，无须中枢神经系统介入。不过，阿德和科恩利用第 6 章介绍过的条件作用实验证明了心理状态可以调节免疫功能（Ader & Cohen, 1981）。他们的研究催生出一个新的研究领域——**心理神经免疫学**（psychoneuroimmunology）。该领域旨在探索心理状态、神经系统和免疫系统之间的相互作用（Ader & Cohen, 1993; Coe, 1999）。

过去数十年的研究一致表明，应激源以及人们应对它们的方式影响免疫系统的效能。比如，当你接种流感疫苗，你会希望自己的身体产生大量抗体，这些抗体让你更不可能生病。但是个体报告的生活压力越大，其产生的抗体反应就越弱（Pedersen et al., 2009）。因此，对于那些经历高压力的人来说，接种疫苗也许不太可能保护他们免生疾病。

我们来思考免疫系统的另一个基本功能，即愈合皮肤上的小伤口。**珍妮特·基科尔特－格拉泽**领导的一个研究小组给 13 名照顾阿尔茨海默病（见第 7 章）患者的家属和 13 名控制组参与者在皮肤上留下一块标准的小伤口。平均而言，承受慢性应激的阿尔茨海默病患者家属的伤口要多花 9 天时间才能愈合（Kiecolt-Glaser et al., 1995）！人们也会因自己的人格特点而经受慢性应激——对免疫功能有着类似的影响。例如，报告很难控制愤怒情绪的个体比那些能较好地控制的个体通常要多花几天的时间才能使同样标准化的伤口愈合（Gouin et al., 2008）。从这些数据你可以看到，应激水平的细微差异就会影响人体的康复速度，即使是最小的擦伤或划伤。从这一基本的洞见你就能理解，为什么应激反应在严重疾病（如感染病和癌症）的病程中起着更复杂的作用。研究者希望了解心理如何影响免疫功能，这样他们就能利用这些力量来减缓这些严重的疾病。

心理对健康结果的影响 关于治疗我们再谈最后一点。你是否有一些羞于告诉任何人的秘密？如果有的话，将这些秘密说出来将极大地促进你的健康。这一结论来自健康心理学家**彭尼贝克**（Penebaker, 1990, 1997; Petrie et al., 1998）的大量研究，他证明压抑与个人创伤、失败、悔恨或羞耻经历有关的想法和感受，对精神健康和生

图 12.11 情绪写作对 HIV 感染的影响

参与者进行了 4 期的情绪写作或中性写作。研究者在写作活动结束 2 周、3 个月和 6 个月后测量了参与者的 HIV 载量。结果发现，进行情绪写作的参与者病毒载量一直低于控制组。

资料来源：Figure "Viral Load" in "Effect of written emotional expression on immune function in patients with human immunodeficiency virus infection: A randomized trial" by Keith J. Petrie, Iris Fontanilla, Mark G. Thomas, Roger J. Booth, and James W. Pennebaker, *Psychosomatic Medicine* 66(2), March 2004.

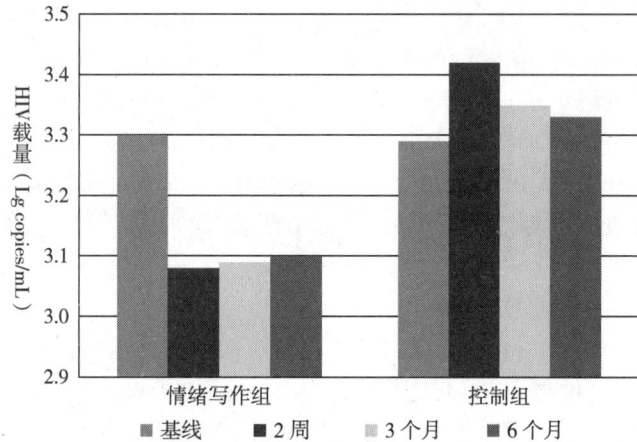

理健康有灾难性的损害。这种抑制在心理上是一项艰巨的工作，长此以往，它会损害人体对疾病的抵抗力。释怀的体验往往会在几周或几个月后带来生理和心理健康的改善。让我们看看情绪表露对 HIV 感染者健康结果的影响。

研究特写

37 名感染 HIV 的成人参加了实验。约一半的病人被分到了情绪写作组，连续 4 天每天花 30 分钟写下"生活中最具创伤性和情绪性的经历"（Petrie et al., 2004, p. 273）。控制组则在一件中性任务（如写下他们前一天做的事）上花同样多的时间。为评估情绪写作的作用，研究者测量了 HIV 载量——每毫升血液中 HIV 的数量。**图 12.11** 显示了情绪写作的巨大影响。情绪写作组在 2 周、3 个月和 6 个月后病毒的载量都低于控制组。

这个结果与其他证明个体应激水平影响 HIV 感染病程的研究数据是一致的。情绪写作能帮助参与者应对感染带来的某些消极心理结果。

人格与健康

你是否认识这样的人：他们一心追求成功，不管有什么障碍；他们被高中同学评价为"最可能在不到 20 岁时就患上心脏病的人"。你是这样的人吗？因为你看到有些人生活节奏很快，有人却慢条斯理，你可能想过不同的人格是否会影响健康。健康心理学的研究清楚地表明，答案是肯定的（Deary et al., 2010b）。

在 1950 年代，弗里德曼和罗森曼报告了从古代就开始怀疑的一个问题：某组人格特质与患病（特别是冠心病）的可能性存在相关（Friedman & Rosenman, 1974）。这些研究者确定了两种行为模式，并将其称为类型 A 和类型 B。**A 型行为模式**（type A behavior pattern）是一种复杂的行为和情绪模式，包括极端好胜、富有攻击性、缺乏耐心、有时间急迫感和敌意。类型 A 的人通常对生活中的某些核心方面感到不满，并对成就有着强烈的渴望。**B 型行为模式**（type B behavior pattern）则恰好与类型 A 相反，类型 B 个体较少有竞争性和敌意等。重要的是，这些行为模式会影响人的健康。在最初的讨论中，弗里德曼和罗森曼报告说 A 型行为模式的人罹患冠心病的可能性要比一般人群高得多。

因为 A 型行为模式有很多特征，所以研究者专注于识别 A 型行为模式中最危险的成分。人格特质中"毒性"最烈的就是敌意（Chida & Steptoe, 2009）。

研究特写

始于 1986 年的一项纵向研究调查了 774 名没有任何心血管疾病史的男性（Niaura et al., 2002）。研究者在 1986 年测量了每个参与者的敌意水平（使用的是我们将在第 13 章介绍的《明尼苏达多相人格测验》中的条目）。敌意被定义为个体以愤世嫉俗和消极的方式看待世界和他人的稳定倾向。为了显示敌意与冠心病的关系，研究者按照百分位数把敌意分数分为不同的组。如**图 12.12** 所示，敌意分数在前 20% 的个体在随后的年份里冠心病发病次数明显更多。在这个男性样本中，敌意比其他危险的行为指标（如吸烟和喝酒）能更好地预测疾病。

敌意影响健康可能既有生理原因（通过导致身体应激反应长期的过度唤醒），也有心理原因（通过导致带有敌意的个体养成不良的健康习惯且躲避社会支持）（Smith & Ruiz, 2002）。

好消息是，研究者已开始运用行为治疗来减少敌意和其他 A 型行为模式（Pischke et al., 2008）。比如，一项研究对九年级的非裔美国学生进行了干预（Wright et al., 2011）。非裔美国人罹患心脏病的风险高于其他族裔，并且血压差异在儿童期就开始显现。这些事实促使一个研究团队开发了一种正念减压的干预方法（见第 5 章）。这些学生学习关注自己的呼吸，并静默地观察自己的想法。经过三个月的训练，那些自我报告了较低水平敌意的学生血压也比研究开始时更低。你觉得你的情况符合敌意的定义吗？如果你认识到自己怀有敌意，请使用这种干预方法来保护自己的健康。

让我们以第 11 章介绍的乐观主义这一概念来结束人格与健康这个小节。我们看到那些乐观的人将失败归因于外部原因和不稳定的或可改变的因素。这种应对风格对乐观者的健康有强烈的影响（Carver et al., 2010），具体的影响则取决于应激源的难度（Segerstrom, 2005）。因为乐观者相信自己能战胜应激源，他们往往选择直接面对。如果应激源过于困难，这种持续投入的策略可能会导致负面的生理后果。有研究评估了乐观主义对刚要进入法学院的学生健康的影响（Segerstrom, 2006, 2007）。对于某些学生而言，这种过渡压力较大，因为除了学业要求之外，他们还要面对社会和家庭的要求。每名学生都要完成测量乐观主义的问卷，还要完成评价他们免疫反应的程序。他们要注射检查腮腺炎易感性的制剂。注射之后的反应是皮肤肿胀。免疫反应的测量指标是皮肤肿胀或硬化的程度。如**图 12.13** 所示，最乐观的学生面对低要求时表现出较好的免疫反应；他们在面对高要求时则表现出较差的免疫反应。这些研究数据表明，乐观主义者必须认识到对某些应激源最好的应对方式并非直接对抗。

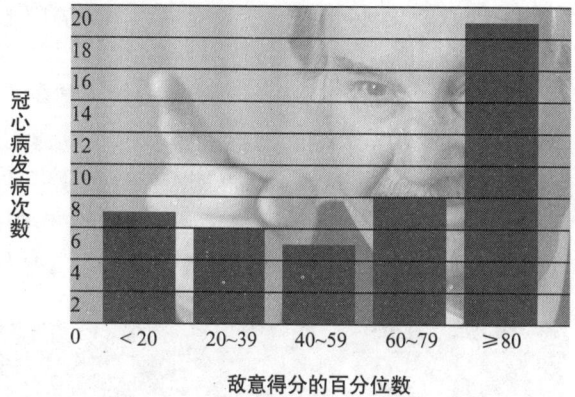

图 12.12 敌意可预测冠心病
根据参与者自我报告的敌意把他们分成不同的百分位组。分数处于前 20% 的参与者（即敌意程度高于 80% 的人的那一组），冠心病发病率最高。

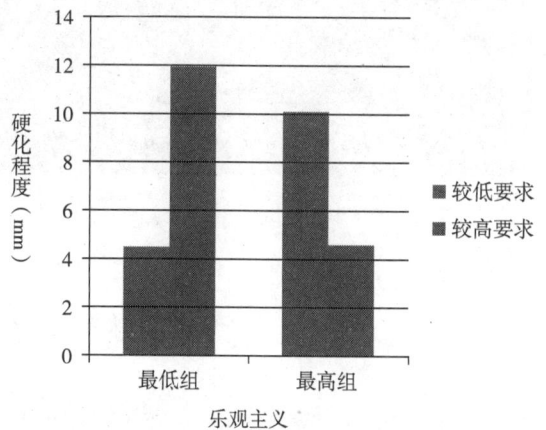

图 12.13 乐观主义与免疫功能
最乐观的学生面对较低要求时表现出更好的免疫反应。然而，他们在面对较高要求时则表现出较差的免疫反应。
资料来源：Suzanne C. Segerstrom, "Stress, energy and immunity: An ecological view," *Current directions in Psychological Science*, December 1, 2007, © 2007 by the Association for Psychological Science.

职业倦怠与医疗保健系统

健康心理学的最后一个关注点是就医疗保健系统的设计提出建议。比如，研究者考察了医护人员的压力问题。即使最热心的医务工作者也会面临情绪压力，因为他们工作强度大，需要面对大量遭遇个人、身体和社会问题的人。

这些专业医务和福利工作者所体验的特殊类型的情绪压力被这一普遍问题的研究带头人马斯拉奇称为职业倦怠。**职业倦怠**（job burnout，也译作工作倦怠或职业枯竭）是一种情绪衰竭、去人性化、个人成就感降低的综合征，通常发生在那些需要不断同病人、来访者和公众进行高强度接触的职业中。职业倦怠发生时，医务工作者开始失去对病人的关心和体贴，甚至会用冷漠乃至不人道的方式对待他们。他们对自己的感觉很糟，担心自己是失败者。职业倦怠与更高的旷工和离职率、工作绩效受损、恶劣的同事关系、家庭问题和个人健康状况差都存在相关（Maslach & Leiter, 2008）。

由于组织小型化、工作重组，以及对于利润的关注胜过了对员工士气和忠诚度的关注，当今劳动力中的职业倦怠水平越来越高。因此，职业倦怠已经不仅仅是工人和医疗保健从业者的问题，它还反映了组织功能失调，需要通过重新审视组织的目标、价值观、工作负荷及奖励结构来加以矫正（Leiter & Maslach, 2005）。

我们可以给出什么建议？多种社会和情境因素影响着职业倦怠的产生和程度，因此也蕴含着防止或消除它的方法（Leiter & Maslach, 2005; Prosser et al., 1997）。例如，医患互动质量的一个重要影响因素是每名医护人员需要照顾的病人数量，数量越多，认知、感觉和情绪的负担就越大。另一个影响医患互动质量的因素是医护人员直接与病人接触的时长。与病人持续直接接触的工作时间越长，职业倦怠就越严重。当这些接触很困难且令人沮丧时，比如与垂危的病人接触，尤其如此（Jackson et al., 2008）。这种长时间接触导致的情绪紧张有许多缓解方法。例如，从业人员可以调整他们的工作日程表，以暂时避开这种高压力的情境。他们可以利用团队接触而不仅仅是个人接触。他们还可以安排一些机会来获得对他们的努力的积极反馈。

为什么医务工作者尤其容易出现职业倦怠？

为你的健康干杯

是时候给出最后的建议了。与其等压力或疾病找上门来再去应对，不如设定目标，并以最可能打下健康基础的方式来组织你的生活。下述 9 个通向更多快乐和更好心理健康状态的步骤可以作为指导方针，鼓励你更积极地掌控自己的生活，并为自己和他人创建一个更积极的心理环境。你可以把下面的步骤视为年度决心书。

1. 永远不要说自己的坏话。在那些可以通过未来行动改变的因素中寻找不快乐的根源。只给你自己和他人建设性的批评：下次应该采取什么不同的做法来得到你想要的结果？

2. 将你的反应、想法和感受与朋友、同事、家人以及其他人的进行比较，以便你根据相关的社会规范衡量自己行为的适宜性和实用性。

3. 结交一些密友，你可以同他们分享感受、快乐和忧虑。努力发展、保持和拓展你的社会支持网络。

4. 形成一种平衡的时间观，置身其中你可以灵活地关注任务、环境和自身的需求。有工作要做时就采取未来导向，在目标达成和快乐在握时就保持当下导向，为了与自己的历史联系则需要采取过去导向。

5. 永远把你的成功和快乐归功于自己（并且与他人分享你的积极感受）。列出所有使你独特、与众不同的品质——那些你可以惠及他人的品质。例如，害羞的人可以专注地倾听一名健谈者。了解你个人优势的源泉，以及可用的应对资源。

6. 当你感觉自己就要情绪失控时，请用离开的办法避开使你不快的环境，或者站在情境或冲突中另一方的位置来思考一下，或者将你的想象投射到未来，以获得对当下这个似乎压垮一切的问题的看法，或者向一个有同理心的倾听者倾诉。请允许自己感受和表达情绪。

7. 记住失败和失望有时是变相的祝福。它们可能告诉你目标并不适合你，或者可能会让你避免以后更大的失望。吃一堑，长一智。接受挫折，说一句"我犯了个错误"，然后继续前进。每一个意外、不幸或违背你期望的事情，都可能是一个伪装起来的绝好机会。

8. 如果你发现无法使自己或他人走出困境，那就向学校或社区卫生部门受过训练的专业人员寻求建议。在某些情况下，有些问题看似心理问题实际上却是生理问题，反之亦然。在你需要心理健康服务之前就先了解一下它们；使用它们时不必担心被污名化。

9. 培养健康的消遣方式。花些时间放松、冥想、按摩、放风筝，享受那些可独自完成且能帮助你接近内心并更好地欣赏自己的爱好和活动。

　　现在你的感受如何？如果生活中的应激源可能将你带入坏情绪中，试着用认知重估的方法减轻它们的影响。如果你感到不适，请尝试用你精神的疗愈能力来加速恢复健康。永远不要低估这些不同的"感受"控制你生活的能力。请利用这些力量吧！

STOP 停下来检查一下

❶ 有关吸烟的遗传学研究揭示了什么？

❷ 成功的艾滋病干预措施的三个组成部分是什么？

❸ 产生放松反应的必要条件是什么？

❹ 心理神经免疫学研究者的主要目标是什么？

❺ A 型人格的"毒性"方面是什么？

❻ 职业倦怠是如何定义的？

批判性思考：请回想情绪表露影响健康的那项研究，为什么研究者要让控制组的参与者进行写作？

要点重述

情绪

- 情绪是由生理唤醒、认知评价以及行为和表达性反应组成的复杂变化模式。
- 作为进化的产物,人类可能拥有一些共同的基本情绪反应。
- 然而,对于情绪表达的得体性,不同文化有不同的规则。
- 经典理论强调情绪反应的不同部分,比如外周躯体反应或者中枢神经过程。
- 当代理论多强调对唤醒的评价。
- 心境和情绪影响信息加工和记忆。
- 主观幸福感既受遗传也受生活经历的影响。

生活压力

- 压力可以产生于积极或消极事件。大多数压力的根源是改变,以及适应环境、生物、生理和社会要求的需要。
- 生理应激反应由下丘脑和复杂的激素与神经系统之间的交互作用控制。
- 根据应激源的类型及其作用时间,应激可以是轻微的干扰,也可能引起威胁健康的反应。
- 认知评估是压力的一个主要调节变量。
- 应对策略或聚焦于问题(采取直接行动),或试图调节情绪(间接或逃避)。
- 认知重估和重构可以用来应对压力。

- 社会支持也是一个重要的压力调节变量,只要它适合具体的情境。
- 应激可能导致积极的变化,如创伤后成长。

健康心理学

- 健康心理学致力于治疗和预防疾病。
- 健康和疾病的生物心理社会模型关注疾病中生理、情绪和环境因素间的联系。
- 疾病预防的重点是生活方式因素,如吸烟和有艾滋病风险的行为。
- 心理因素影响免疫功能。
- 疾病的心理社会治疗给病人的治疗加入了另一个维度。
- 具有 A 型行为模式(特别是敌意)、B 型行为模式和乐观行为模式的个体在患病的可能性上存在差异。
- 医护人员有产生职业倦怠的风险,通过适当改变他们提供帮助的环境,可以降低这种风险。

图 12.1 的答案

1. 快乐	5. 恐惧
2. 惊讶	6. 悲伤
3. 愤怒	7. 轻蔑
4. 厌恶	

关键术语

情绪	照料和结盟反应	生物心理社会模型
詹姆士—兰格情绪理论	一般适应症候群(GAS)	身心健康
坎农—巴德情绪理论	心身障碍	健康促进
情绪的双因素理论	生活变化单位(LCU)	艾滋病(AIDS)
情绪的认知评价理论	创伤后应激障碍(PTSD)	人类免疫缺陷病毒(HIV)
情绪调节	应对	放松反应
主观幸福感	压力调节变量	生物反馈
积极心理学	预期性应对	心理神经免疫学
应激(压力)	控制感	A 型行为模式
应激源	社会支持	B 型行为模式
急性应激	健康心理学	职业倦怠
慢性应激	健康	
战斗或逃跑反应	Hozho	

理解人类人格

请花点时间对比两个你最亲密的朋友。他们在哪些方面相似，又有哪些不同？你的分析可能很快就会聚焦于朋友的人格。例如，你可能会说一个比另一个更友善或者更自信。这种论断其实说明你已经将自己的人格理论运用到了你的人际关系之中——你有一套自己的人格评价体系。

心理学家将**人格**（personality，也译为个性）定义为一组对个体的特征性行为模式有跨时间和情境影响的复杂的心理品质。我们将在本章介绍几种人格理论。人格理论是关于个体人格结构和功能的假设性陈述。每种理论都有两个主要目标：第一，理解每个个体在人格的结构、起源以及关联因素上的独特性；第二，理解每种独特的人格如何引发典型的行为模式。不同的理论对人们应对和适应生活事件的方式做出了不同的预测。

在考察一些主要的理论取向之前，我们应该了解一下为什么会有这么多不同的（通常是对立的）理论。人格理论家研究取向的不同体现在出发点、数据来源以及所要解释的现象等方面。有些着重于个体人格的结构，而另一些则关注人格如何发展和持续成长。有些对个体做什么感兴趣，无论是特定的行为还是重要的生活事件。另外一些则研究人们对自己生活的感受。最后，一些理论试图解释有心理问题的个体的人格，而另一些则侧重于健康的个体。因此每种理论都可以揭示部分人格，而它们结合在一起可以告诉我们许多关于人性的东西。

本章的目标是提供一个用来理解你关于人格的日常经验的框架。在我们开始学习本章时请思考以下几个问题：如果你被心理学家研究，你认为他们会如何描述你的人格？他们会认为你的哪些早期经历对你现在的行动和思维方式产生了影响？你目前生活中的哪些状况对你的思想和行为有强烈的影响？是什么因素使你异于相同环境下的其他个体？本章可以帮你找到这些问题的详细答案。

人格的特质理论

最早的人格研究方法之一是评定不同特质适合描述人们的程度。人似乎有一种按照不同的维度对自己和他人的行为进行分类的天然倾向。接下来让我们来看看心理学家为体现这些直觉而提出的正式理论。

用特质描述人格

特质（trait）是持久的品质或属性，使个体倾向于在各种情况下表现出一致性。比如，某天你可能通过归还一个丢失的钱包来证明你的诚实，而另一天你可能通过在考试中不作弊来证明这一点。一些特质理论家认为，特质是引起行为的内在倾向，但更保守的理论家则仅把特质当作描述性维度来使用，认为它只是总结了观测到的行为模式。下面让我们来看一些知名的特质理论。

奥尔波特的特质理论　戈登·奥尔波特（Gordon Allport, 1897—1967）将特质视为人格的基石和个性的根源。根据奥尔波特的理论（Allport, 1937, 1961, 1966），特质使行为具有一致性，因为它们将一个人对各种刺激的反应联系并统一起来。特质可能作为中介变量将一系列乍看之下似乎毫无关联的刺激与反应联系在一起（见**图 13.1**）。

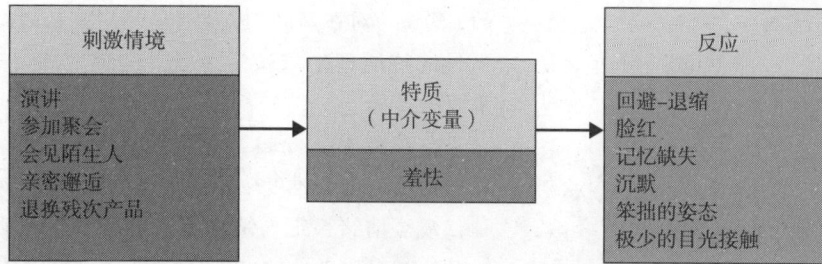

图 13.1 羞怯作为一种特质
特质可以作为中介变量起作用，将一系列乍看之下似乎毫无关联的刺激与反应联系在一起。

奥尔波特区分了三种特质：首要特质、核心特质和次要特质。首要特质是一个人整个生活都要围绕其组织的那些特质。比如特雷莎修女的首要特质可能是为了他人的利益而做出自我牺牲。但并非所有人都会发展出这种具有支配性的首要特质。核心特质是代表一个人主要特征的特质，如诚实和乐观。次要特质是有助于预测个体行为但对理解个体人格不太有帮助的特定个人特征。饮食和衣着偏好就是次要特质的例子。奥尔波特感兴趣的是这三种特质以何种独特的方式组合在一起，使每个人成为独一无二的存在。他支持用个案研究检验这些独特的特质。

奥尔波特认为，决定个体行为的关键因素是人格结构而非环境条件。奥尔波特经常说"同一把火能使黄油变软，却会使鸡蛋变硬"，以此说明相同的刺激对不同的个体可能有不同的影响。许多当代的特质理论都遵循了奥尔波特的传统看法。

确定普适的特质维度 1936 年，奥尔波特及其同事奥德波特通过检索词典，发现英文中有 17 953 个描述个体差异的形容词。此后研究者一直试图确定在这浩如烟海的特质词汇背后的基本维度。他们希望弄清有多少特质维度，以及哪些维度能让心理学家用来描述所有个体的特征。

卡特尔（Cattell, 1979）以奥尔波特和奥德波特的形容词表为研究起点，想找到少数几个适宜的基本特质维度。经过研究，他提出人格有 16 个因素。卡特尔将这16 个因素称为根源特质，因为他认为这 16 个因素是外显行为的潜在根源，即我们通常所说的人格。卡特尔的 16 个因素包含了重要的行为上的对立，如内敛的对外向

在缺少人格测验结果的情况下，特质可以根据观察到的行为来推断。例如，人们可能会认为马丁·路德·金（左图）有着和平地抵抗不公的首要特质；诚实是亚伯拉罕·林肯（中图）的核心特质之一；而麦当娜（右图）对于多变的时尚的偏好则是一种次要特质。你的首要特质、核心特质和次要特质分别是什么？

图 13.2 艾森克人格结构图的四个象限
外向性和神经质这两个维度结合在一起形成一个圆形。

的，信任的对怀疑的，以及放松的对紧张的。即便如此，当代的特质理论家认为，更少的维度即可表现人格最重要的差异。

艾森克（Eysenck, 1973, 1990）从人格测验数据中只得出了三个大维度：外向性（内部导向与外部导向）、神经质（情绪稳定与情绪不稳定）和精神质（善良的、体贴的与有攻击性的、反社会的）。如**图 13.2** 所示，艾森克用外向性和神经质这两个维度绘制了一个圆形的展示图。个体可以落到这个圆上的任何一点，从非常内向到非常外向，从非常不稳定（神经质的）到非常稳定。圆上所列的特质描述了这两个维度的组合情况。例如，一个非常外向并有点不稳定的人可能是冲动的。

五因素模型 研究证据支持了艾森克理论的许多方面。但近年来，学界的共识是五因素可以最好地描述人格结构，而这五个因素与艾森克的三个维度不完全重叠。这五个维度是非常宽泛的，因为每个维度都代表一个大的分类，其中包含许多各有独特的内涵但又有一个共同主题的特质。人格的这五个维度现在被

称为**五因素模型**（five-factor model），或"大五"（Big Five）（McCrae & Costa, 2008）。这五个因素的介绍见**表 13.1**。你将再次注意到每个维度都有对立的两极——与维度的名称含义相近的词描述的是高的一极，而意义相反的词描述的则是低的一极。

五因素模型的提出和发展过程代表了研究者们从奥尔波特和奥德波特（Allport & Odbert, 1936）在词典里筛选出的庞大特质词表中找寻人格结构的尝试。众多的特质词被归结为约 200 个同义词类群，用以构成特质维度：每个维度有一个最高的极点和一个最低的极点，如负责任对不负责任。接下来要求参与者在两极维度上给自己和他人评分，并用统计方法处理这些评分，以确定这些同义词类群是如何相互关联的。利用这一方法，许多独立的研究小组都得出了相同的结论：人们用来描述自己和他

表 13.1 五因素模型

因素	双极定义
外倾性	健谈的、精力充沛的、果断的 / 安静的、内敛的、害羞的
宜人性	有同情心的、善良的、亲切的 / 冷漠的、好争吵的、残忍的
尽责性	有条理的、负责的、谨慎的 / 马虎的、轻率的、不负责任的
神经质	稳定的、平和的、满足的 / 焦虑的、不稳定的、喜怒无常的
开放性	有创造性的、聪明的、思想开放的 / 简单的、肤浅的、无知的

人的特质背后仅有五个基本维度（Norman, 1963, 1967; Tupes & Christal, 1961）。

为证明五因素模型的普遍性，研究者将他们的研究扩展到了说英文的地区之外：五因素的结构已在 56 个不同的国家和地区得到重复验证（Schmitt et al., 2007）。这五个因素并不是要取代那些语义有细微差别的特定的特质术语；相反，它们只是勾勒出一种分类法（一个分类系统），让你可以对你认识的所有人进行描述，抓住区分这些人相互之间差异的重要维度。

如你所见，五因素模型最初是通过对特质词群的统计分析得出的，而不是由于某个理论认为"这些就是必定存在的人格因素"（Ozer & Reise, 1994）。然而，研究者已经开始证明，五因素模型中的特质差异对应着个体脑功能的差异。

研究特写

请回忆一下第 12 章，一个称为杏仁核的脑结构在处理情绪刺激的过程中起着重要作用。然而，研究者开始怀疑，并非所有的杏仁核（因此也并非所有的人）都以相同的方式对刺激做出反应。为了考察这一观点，一个研究小组招募了 15 名外倾程度不同的参与者（Canli et al., 2002b）。研究者预测外倾性会对情绪加工产生影响，因为这种特质在人类的情绪活动中起着重要作用。为了寻找个体差异，研究者让参与者观看恐惧的、快乐的和中性的面孔，同时进行 fMRI 扫描。**图 13.3** 显示了参与者自我报告的外倾性与左右侧杏仁核活动的相关：红色的区域是高水平的外倾性与高水平的脑活动相联系的区域。正如你看到的，外倾性与人脑面对恐惧面孔时做出的反应不存在相关（即没有出现红色的区域）。实际上，恐惧的面孔同时激活了左右侧的杏仁核，但是在所有的外倾水平中，激活情况基本相同。相比之下，对于快乐的面孔，外倾性高的个体的左侧杏仁核有更多的激活。

你可能还记得在第 12 章中，研究者将情绪分为与接近有关的和与回避有关的。这个研究显示，最乐于接近他人的人（这也是让他们外倾的原因）支持与接近有关的情绪的脑区有更多的激活。

特质维度的进化观　五因素模型的支持者试图从进化的角度来解释为什么出现的恰好是这五个维度：他们试图将五个维度与人们在进化过程中与他人及外部世界互

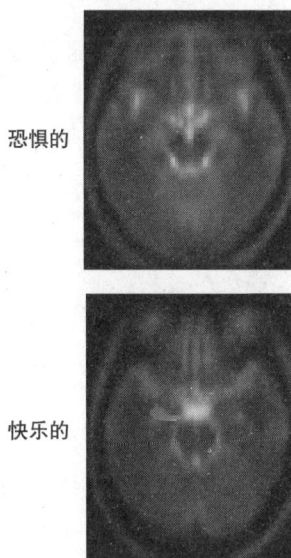

恐惧的

快乐的

图 13.3　外倾性对左侧杏仁核功能的影响

参与者观看恐惧的和快乐的面孔。图中红色部分是外倾性与杏仁核活动呈正相关的脑区。对于恐惧的面孔，没有出现这种相关。然而对于快乐的面孔，外倾性最高的个体的左侧杏仁核的活动水平也最高。（见彩插）

资料来源："Amygdala response to happy faces as a function of extraversion" by Turhan Canli, Heidi Sivers, Susan L. Whitfield, Ian H. Gotlib, and John D. E. Gabrieli, *Science*, June 1, 2002. Reprinted with permission from AAAS.

动的一贯类型联系起来（Buss, 2009; Michalski & Shackelford, 2010）。例如，因为人类本质上是社会性动物，所以我们可以把这五个维度上的差异视为对基本社交问题的回答："谁是好伙伴（外倾性），谁是善良的、支持性的（宜人性），谁会坚持不懈（尽责性），谁的情绪不稳定（神经质），谁有奏效的想法（对经验的开放性）"（Bouchard & Loehlin, 2001, p. 250）。这种进化角度的分析将有助于解释五因素跨文化的普遍性（Yamagata et al., 2006）。

进化取向的研究者还考察了为什么在这些维度上会存在如此大的差异（Penke et al., 2007）。以外倾性为例。如前所述，人类是高度社会化的物种，故而不善社交的和内敛的人似乎是适应不良的。不过，我们需要考虑环境之间的差异。高外倾的人比低外倾的人更可能做出危险行为（Nettle, 2006）。在特别危险的环境中，对社会互动相对更谨慎的人更可能存活下来。人类进化过程中的环境多样性可以解释为什么在五个维度上都有人得高分或低分。如果这种解释是正确的，我们或许可以预期，如同进化塑造的人类经验的其他方面，特质也可以代代相传。我们现在来介绍一下这种观点。

特质和遗传性

你或许听人说过"吉姆像他妈妈一样有艺术才能"或者"玛丽和她祖父一样固执"。或许你发现兄弟姐妹身上某些令你恼火的个性也正是你自己想改变的缺点，而你为此感到沮丧。让我们来看看支持人格特质遗传性的证据。

同卵双生子的研究证明了人格特质的遗传性。你认为你的家族里有遗传的人格特质吗？

回想一下，行为遗传学研究的是人格特质和行为模式受遗传影响的程度。为了确定遗传对人格的影响，研究人员比较了有着不同比例的共同基因以及在相同或不同家庭环境中成长的家人的人格特质。例如，如果人格特质中的社交性是遗传的，那么同卵双生子（他们有着近100%的相同基因）之间社交性的相关应该比异卵双生子或其他同胞（平均来看他们有50%的相同基因）之间更高。

遗传性研究表明，几乎所有的人格特质都受遗传因素的影响（McCrae et al., 2010; Munafò & Flint, 2011）。使用不同测量技术的研究得到了相同的结果，无论它们测量的是宽泛的特质（如外倾性和神经质）还是具体的特质（如自我控制和社交性）。让我们先来看一个研究。

研究特写

为了研究遗传对人格的重要性，一组研究人员对696对同卵双生子和387对异卵双生子进行了为期13年的追踪研究（Kandler et al., 2010）。其间研究人员获取了他们自我报告的人格以及同伴对其人格的评估。同卵双生子与异卵双生子的比较表明，人格跨时间的稳定性取决于遗传因素，而人格的变化则是由环境因素造成的。不过总体而言，遗传因素的影响更大。研究人员认为他们的数据与人格的设定点模型是一致的，在这个模型中"环境的波动会影响人格的短期变化（几天、几周甚至几个月），而遗传因素决定着个体会长期回归的设定点"（p. 995）。

这些研究证据说明了一个普遍的结论，即遗传对人格有强烈的影响。请重看一下表 13.1，你更靠近每一个大五因素的哪一极？你能发现你与父母的一些相似之处吗？

特质能否预测行为

假设某位教授让你挑出一些非常符合你自己特质的词汇。你可能会说自己是个非常友善的人。现在教授了解了什么？如果人格理论能让我们预测行为，那么在知道你评价自己非常友善时，教授能对你做出什么样的预测？他如何判断你的信念的有效性？让我们来探讨一下这个问题。

你可能会认为，如果知道某个人有某种特质，就能预测他在不同情境中的行为。因此我们预期你在任何情况下都会做出友善举动。然而在 1920 年代，一些研究人员在不同情境下观察特质相关行为时惊讶地发现，几乎没有证据表明行为具有跨情境的一致性。例如，撒谎和考试作弊这两种行为本应都与诚实特质有关，但它们在学龄儿童中的相关却很小（Hartshorne & May, 1928）。另外的研究人员在对其他特质（如内向性和守时）的跨情境一致性进行研究时也发现了类似的结果（Dudycha, 1936; Newcomb, 1929）。

如果与特质有关的行为没有跨情境的一致性，也就是说，如果人们的行为在不同情境下是变化的，那么为什么我们会觉得自己及他人的人格是相对稳定的？更令人疑惑的是，在不同情境下认识了某个人的观察者对其做出的人格评定是相关的。在不同时间或由不同的观察者做出的人格评定具有一致性，然而对个体在不同情境下的行为评定却缺乏一致性，这种矛盾的现象被称为**一致性悖论**（consistency paradox; Mischel, 1968）。

一致性悖论引发了大量的研究（Mischel, 2004）。随着时间的推移，人们普遍认为行为不一致现象产生的原因很大程度上是情境的分类方式出现错误：一旦理论家们能够恰当地描述情境的心理特征，这一悖论就会消失（Mischel & Shoda, 1995, 1999）。例如，假设你试图通过确定某个朋友在其参加的每场聚会中是否有相同的表现来评价行为的一致性。如果你的分析水平只是"聚会"，那么你可能发现她的行为

如果这两种度假方式你都承担得起，你会选择哪一种？这能告诉我们关于人格特质与情境特征交互作用的哪些信息？

差异很大。你需要确定的是，哪些有心理意义的特征可将聚会分成不同的类型。你的朋友可能会在需要向陌生人透露私人信息的场合觉得不舒服，因此她会在这类聚会（她被期望透露私人信息）中显得非常不友好；而在另外一些聚会（不需要透露私人信息）中却显得相当友好。同样，在另外一些需要表露自我的情境（如工作面试）中，她也可能表现出一些消极行为。因此，我们在情境特征引发人的不同反应这个意义上找到了一致性。

研究者用"如果—就"式的人格标签来描述人们对性情与情境关系的认识：如果某个人将某种特定的性情带入某一特定的情境中，他就会表现出特定的行为方式（Mischel，2004）。这一观点表明，我们对他人的理解一定程度上是通过认识他们特定的"如果—就"模式。我们来看一项研究，该研究证明了"如果—就"知识对亲密关系的影响。

研究特写

研究者假设，那些更了解朋友在不同情境下会如何反应的人与朋友的冲突更少（Friesen & Kammrath，2011）。为了验证这一假设，研究者要求成对的朋友们完成"如果—就"触发模式问卷。问卷向参与者展示了多种行为类型。例如，要求他们想象自己正在回应一个对收到的信息过度怀疑的人（p. 568）。对于每一种行为，参与者都要表明该行为在多大程度上可能触发强烈的消极情绪。参与者既要完成关于自己的测试（"这种行为多大程度上会触发你？"），也要完成关于朋友的测试（"这种行为多大程度上会触发你的朋友？"）。基于这两组分数，研究者可以得出双方对彼此的"如果—就"模式的认识准确度。参与者还完成了一次关系冲突数量的测量。研究者发现，那些对"如果—就"模式认识最准确的朋友，关系冲突也可能最少。

请花几分钟思考一下你对朋友的"如果—就"的认识。你能否明白为什么了解"如果这种情况发生，他们就可能做出消极反应"是有帮助的吗？

对特质理论的评价

我们已经看到，特质理论能让研究者对不同人的人格进行简明的描述。但这些理论也受到了一些批评，因为它们一般不解释行为如何产生或人格如何发展，而只是识别和描述与行为相关的各种特质。尽管当前的特质理论家已经开始在这些方面进行修正和补充，特质理论通常仍然只是按照人格结构现有的样子为之提供静态的或者稳定的描述。相比之下，我们将探讨的人格的心理动力学理论，更注重个体内在的相互冲突的力量，正是这些力量导致人格的变化和发展。

STOP 停下来检查一下

❶ 神经质特质维度的两极是什么？

❷ 研究者如何评估特质的遗传性？

❸ 什么是一致性悖论？

批判性思考：请回忆关于人格稳定性的研究。为什么研究者要同时使用自我评分和同伴评分来评估人格？

你相信人格可以改变吗

在本章你将会遇到心理学家为探索人类人格而提出的各种理论。不过，对于人格的一个方面你可能已经有了自己的看法，那就是人格在多大程度上是可以改变的。请花些时间思考下面两句话："每个人都是特定类型的人，基本上没有什么能真正改变这一点"；"每个人都可以改变哪怕自己最基本的品质"（Plaks et al., 2009, p. 1070）。你是否更赞同其中的一种观点？

这些话反映了普通大众对人格改变持有的两种不同理论（Dweck, 1999）。第一种理论是实体论，认为人格特质本质上是固定的，人们几乎不会随时间而改变。第二种理论是增长论，认为人格特质是可塑的，人们会随时间而改变。在大学生和小学生样本中，约 80% 的人明确地认同实体论或增长论（Plaks et al., 2009）。我们来看看这些理论的影响。

从这两种理论出发，请思考害羞意味着什么。持实体论的害羞者会认为自己无法克服害羞；持增长论的害羞者则更可能认为自己可以改变，因此会把社交情境视为学习的机会（Beer, 2002）。在一项研究中，两类害羞者都与陌生人进行了3次5分钟的互动。如你猜测的那样，在互动初期所有害羞者都对社会互动表现出不适。不过随着互动的展开，实体论者持续体验到高水平的焦虑，而增长论者则变得不再那么不安（Beer, 2002）。个体所持有的关于改变可能性的理论对其行为有重大的影响。

再看第二个例子，请想一想某人做了令你不悦之事的场景。你对这些事件的反应如何？实体论者倾向于认为做错事的人无法改变，因此他们必须受到惩罚；而增长论者更可能认为人们并非一成不变的坏人，因此惩罚也并不总是必要的（Yaeger et al., 2011）。在一项研究中，青少年们回忆了熟人最近做过什么令自己不快的事。然后他们要回答自己有多想"伤害此人"以及有多想"找个办法来惩罚此人"，以此表明他们对报复的热衷程度（Yaeger et al., p. 1094）。与持增长论的同龄人相比，那些持实体论的青少年对报复要热衷得多。

那么，我们回到本专栏标题提出的问题：你相信人格可以改变吗？这些研究实例应该会让你确信，持实体论或增长论会对人们如何度过他们的一生产生广泛的影响。

心理动力学理论

所有**心理动力学人格理论**（psychodynamic personality theory）的共同假设是，强大的内在力量塑造了人格并引发行为。心理动力学理论的创始人弗洛伊德被其传记作者欧内斯特·琼斯描述为"心灵的达尔文"（Jones, 1953）。弗洛伊德的人格理论试图大胆地解释人格的起源和发展进程、心理的本质、变态人格的各个方面以及通过治疗改造人格的方式。这里我们只侧重于正常人格。弗洛伊德关于心理病理学方面的观点将在第 14 章和第 15 章讲述。在探讨弗洛伊德的理论之后，我们将思考对其理论的一些批评和修正。

弗洛伊德的精神分析理论

根据精神分析理论，人格的核心部分是一个人头脑中的各种事件（即内心事件，intrapsychic event），这些事件是行为的动机。人们通常能意识到这些动机，然而某些动机也会在无意识层面起作用。这一取向的心理动力学本质来自它对行为的内在来源以及这些内在驱动力相互间冲突的重视。在弗洛伊德看来，所有的行为都是有动机的。偶然或意外事件不会导致行为，所有的行动都是由动机决定的。人类的每一个行动都有原因和目的，可以通过分析思维联想、梦、失误和内在激情的其他行为线索来挖掘。弗洛伊德人格假说的原始素材主要来自临床观察，以及对接受治疗的单个病人的深度案例研究。他通过对那些有心理障碍的病人进行深入研究，提出了关于正常人格的理论。让我们看一下弗洛伊德理论的要点。

驱力和心理性欲发展　弗洛伊德受过神经学方面的医学训练，这使其推测从病人身上观察到的行为模式背后都有共同的生物学基础。他将人类行为动机的来源归因于个体内部的心理能量。每个人都被认为有与生俱来的本能或者驱力，即由身体器官产生的张力系统。这些能量源一旦被激发就会以各种不同的方式表达出来。

弗洛伊德假设有两种基本驱力。一种与自我生存有关（满足诸如对食物和水的需要）。另一种他称为性本能，这是一种与性冲动以及物种延续有关的本能。弗洛伊德极大地拓展了人类性欲的概念，使其不仅包括对性结合的冲动，还包括其他所有寻求快乐或与他人身体接触的尝试。他用**力比多**（libido）这个词来形容性冲动能量的来源，这种心理能量能驱使我们寻求各种各样的感官快乐。性冲动需要即时的满足，这种满足既可通过直接的行为，也可以通过间接的方式（如梦或幻想）来实现。

弗洛伊德提出，心理性欲发展可以分为五个阶段：口唇期、肛门期、性器期、潜伏期、生殖期。弗洛伊德认为性快感的生理来源会按此顺序发展。在心理性欲发展过程中主要的障碍（至少对男孩而言）发生在"性器期"。在此阶段4岁或5岁的儿童必须克服俄狄浦斯情结。弗洛伊德以神话人物俄狄浦斯的名字来命名这种情结，俄狄浦斯在不知情的情况下杀死了自己的父亲并娶了自己的母亲。弗洛伊德认为，每个小男孩都有一种将父亲视为争夺母亲注意力的性竞争对手的内在冲动。因为男孩不能替代他的父亲，俄狄浦斯情结一般会在男孩对父亲的力量产生认同时得到解决。对于年幼女孩的相关体验，弗洛伊德并未给出一致的理论解释。

弗洛伊德认为，在心理性欲发展的某个阶段得到过多满足或挫折都会导致**固着**（fixation），即无法正常地进入下一个发展阶段。每个阶段的固着都会导致成年后不同的行为特征。固着概念可以解释为什么弗洛伊德如此重视早期经验对人格连续性的作用。他认为心理性欲发展早期阶段的经验对人格形成和成人行为模式有着深刻的影响。

精神决定论　固着概念让我们首次认识到，弗洛伊德认为早期冲突会决定后来的行为。**精神决定论**（psychic determinism）认为，所有心理和行为反应（症状）都是由早期经验决定的。弗洛伊德认为症状不是随意的；相反，症状以一种有意义的方式与重大生活事件相关。

弗洛伊德的精神决定论信念使他非常关注**无意识**（unconscious），即意识无法通达的信息仓库（见**图 13.4**）。

为什么弗洛伊德认为吃不仅受满足饥饿的自我生存驱力的驱使，同时也受寻求口欲满足的"性"驱力的影响？

其他研究者也曾讨论过这一构念，但是弗洛伊德将无意识对人类思想、感受和行为的决定作用放在了人类生活舞台的中心位置。根据弗洛伊德的理论，行为能被人意识不到的驱力所激发。你可能在不知道为什么或不直接了解你的行为的真正原因的情况下做出某一行为。你的行为有一个显性的内容（如你所说的、所做的或者所感知到的），这些内容是你可以完全意识到的；但同时也有一个潜藏的隐性的内容。基于焦虑的神经质症状、梦、笔误和口误的意义存在于思考和信息加工过程的无意识层面。如今很多心理学家也将无意识概念视为弗洛伊德对心理学所做的最大贡献。很多现代的文学和戏剧作品同样也在探讨无意识过程对人类行为的影响。

根据弗洛伊德的理论，你内心所不能接受的冲动也在努力寻求表达。当无意识的渴望被你的讲话或者行为出卖时，弗洛伊德式的失误就出现了。比如，某人在他朋友家度过了一个并不太愉快的周末，但出于礼貌他觉得仍应该写一封感谢信。他想写：“我很高兴我们一起度过了很长一段（chunk）时间。”然而，他朋友后来很不高兴地打来电话说他实际写的是：“我很高兴我们一起度过了一堆垃圾（junk）时间。”你能看出把 chunk 误写为 junk 可能表达了一种无意识愿望吗？无意识动机的概念使得心理机制变得更为复杂，从而为人格研究增添了一个新的维度。

现在你已了解了弗洛伊德理论的一些基本内容。下面让我们看看它们对人格结构的贡献。

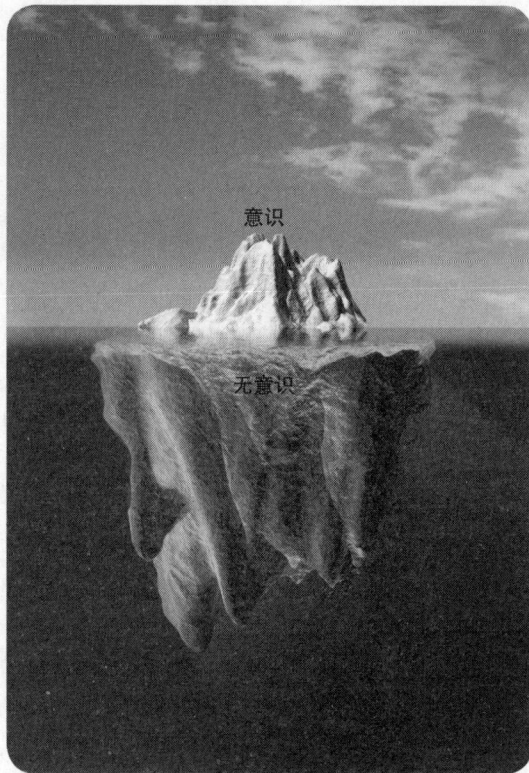

图 13.4　弗洛伊德的人类心理观

弗洛伊德理论将人的心理类比为冰山。能够看到的冰山顶端部分代表着意识。冰山的大部分隐藏在水下，代表着无意识。

人格的结构　在弗洛伊德理论中，人格的差异源于人们以不同的方式对待基本的驱力。为解释这种差异，弗洛伊德描绘了人格的两个敌对部分（本我和超我）之间的一场无休止的战斗，这场战斗由自我（人格的第三个部分）来调和。虽然人格的这三个部分貌似是彼此独立的主体，但要记住，弗洛伊德认为它们只是不同的心理过程。比如，弗洛伊德并没有对本我、自我和超我进行脑定位。

本我（id）是基本驱力的仓库。它的运作是非理性的，凭冲动行事并追求表达和即时的满足，而不考虑所渴望的行为是否现实可行、是否被社会认可或被道德接受。本我受快乐原则支配，无节制地寻求当下的满足（特别是性、生理和情感欢愉）而不计后果。

超我（superego）是个体价值观的仓库，包括从社会习得的道德态度。超我大体上与日常的良心概念相对应。当儿童开始将父母或其他成年人反对不良社会行为的禁令接受为自己价值观的一部分时，超我便出现了。超我是一种心中发出的声音，告诉你哪些是应该的和哪些是不应该的。超我也包括理想自我，这是一个人努力想成为的样子。因此超我通常与本我有冲突。本我想要做快乐的事情，而超我则坚持做正确的事情。

自我（ego）是人格里以现实为基础的那部分，它调停着本我冲动与超我要求之间的冲突。自我代表个体关于物质和社会现实的个人观点，是其意识中关于行为的原因和结果的信念。自我的一部分工作是选择那些能满足本我冲动而又不会带来不良后果的行动。自我受现实原则支配，将理性选择置于快乐需求之前。因此，自我会阻止考试作弊的冲动，因为它会考虑被抓住的后果，同时它会用下次更努力学习或者寻求教师同情等方法来代替作弊。当本我与超我冲突时，自我会找出折中方案，使双方都至少得到部分满足。然而，随着本我与超我的压力变强，自我很难调和两者的矛盾。

压抑与自我防御　有时本我与超我之间的妥协方法是"在本我上加个盖子"。极端的欲望会被从意识推入无意识的私密空间中。**压抑**（repression）是一种自我保护的心理过程，使个体不必因为无法接受的或可能引起危险的冲动、想法或记忆而体验到极度的焦虑或内疚感。自我既意识不到被审查的心理内容，也不能觉察压抑将信息控制在意识之外的过程。在自我克服有威胁的冲动和愿望的各种防御方式中，压抑被认为是最基本的一种。

　　自我防御机制（ego defense mechanism）是自我用来保护自身的心理策略，使其在寻求表达的本我冲动与否定它们的超我要求之间的日常冲突中免受伤害（见**表13.2**）。在精神分析理论中，这些机制对个体应对重大的内部冲突极为重要。利用自我防御机制，个体可以保持良好的自我意象和可接受的社会形象。例如，假设一个儿童强烈地憎恨他的父亲，如果付诸行动就会有危险，于是他就可能进行压抑。因而这种敌意的冲动在意识层面不再急于寻求满足，甚至它的存在也不会被注意到。然而，尽管这种冲动不会被看到或听到，但它并未消失；这些感受继续在人格功能中发挥作用。例如，通过对父亲产生强烈的认同，儿童可以提高自我价值感，并减少对自己被发现有敌意冲动的无意识恐惧。

　　在弗洛伊德的理论中，**焦虑**（anxiety）是被压抑的冲突将要进入意识时所引发的一种强烈的情绪反应。焦虑是一种危险信号：压抑失效！红色警报！需要更多的防御！这时就需要第二道防御，即一种或更多可缓解焦虑并将令人烦恼的冲动送回无意识之中的其他自我防御机制。例如，一位不喜欢儿子也不想照顾他的母亲可能会使用反向形成策略，将她不可接受的冲动转变到相反的方向："我恨我的孩子"变

表 13.2　主要的自我防御机制

否认现实	为保护自我，拒绝承认自己不想接受的现实。
转移（置换）	把被压抑的情感（通常是敌意）的释放对象从最初唤起情绪的目标转移到不太危险的另一个目标。
幻想	用想象的方式满足受挫的欲望（白日梦是一种最常见的形式）。
认同	通过认同（通常是声名显赫的）他人或其他机构来提高自我价值感。
隔离	将情感从伤害人的环境中抽离出来，或把不相容的态度分别放进逻辑密封隔间（持有相互冲突的态度，但从未同时去想它们，或将它们联系起来）；也称为分隔。
投射	把自己的困难归咎于他人，或把自己不被允许的欲望归因于他人。
合理化	试图证明自己的行为是合理的和正当的，值得自我和他人的认可。
反向形成	通过认同相反的态度和行为并把它们作为屏障来防止危险欲望的表达。
退行	退回到更早的发展水平，包括更幼稚的反应以及较低水平的抱负。
压抑	将痛苦或危险的想法排除在意识之外，使之不被觉知，是最基本的防御机制。
升华	将受挫的性欲望通过社会文化认可的与性无关的其他活动来满足。

成"我爱我的孩子，看看我是怎样用爱紧紧包裹这个可爱的小家伙！"这样的防御对缓解焦虑起着关键的应对功能。

如果防御机制有助于你克服焦虑，为什么它们还会有负面影响呢？自我防御机制虽然有用，但终究带有自我欺骗性。如果过度使用弊多于利。为减少焦虑而花费大量的时间和心理能量去歪曲、伪装及疏导不被接受的冲动，是一种不健康的心理状态，其后果是，个体没有精力让生活丰富多彩或建立满意的人际关系。弗洛伊德认为，某些心理疾病就是过度依赖用防御机制来应对焦虑造成的，在后续关于心理障碍的章节中你将看到这一点。

对弗洛伊德理论的评价

本章用了大量篇幅叙述精神分析理论的基本观点，因为弗洛伊德的观点对许多心理学家思考正常与异常人格的方式产生过深远的影响。然而，与赞成弗洛伊德的人相比，更多的心理学家持批评态度。他们的批评意见的依据是什么？

首先，精神分析的一些概念是模糊的，没有操作性定义，因此理论的许多内容难以科学地加以评估。由于一些核心假设是不可证伪的（即便是原则上证伪），因此弗洛伊德的理论是存疑的。怎么可能直接研究力比多、人格结构以及婴儿性冲动的压抑等概念呢？

其次，一条与上述有关的批评认为，弗洛伊德理论能讲好故事，却不是严谨的科学。它不能可靠地预测将要发生什么，它的应用是回溯性的，是在事件发生之后。利用精神分析理论理解人格，通常涉及的是对历史的重构，而不是对可能的行为和可预测的结果的科学建构。此外，由于过分强调当前行为的历史起因，该理论会使人们忽视可能引发和维持该行为的当前刺激。

对弗洛伊德理论还有另外三个主要的批评。其一，它虽是一个关于发展的理论，但它从不对儿童进行观察或研究。其二，它弱化了创伤性经验（比如儿童受虐）的作用，将个体对此的记忆重新解释为幻想（基于儿童与父母性接触的渴望）。其三，它有男性中心主义偏见，因为它以男性为模板，却没有考虑女性可能有何不同。

但是，弗洛伊德理论的某些方面在通过实证研究进行修正和改善后继续得到认可。例如在第 5 章我们看到，当代研究者们正在系统地探索无意识的概念（McGovern & Baars, 2007）。这项研究揭示出人的很多日常经验受意识之外的过程影响。这些研究结果支持了弗洛伊德的一般概念，但弱化了无意识过程与精神病的关联：你无意识中的内容很少使你焦虑或痛苦。

研究者也已经发现了被弗洛伊德称为防御机制的一些心理习惯的证据。我们之前看到，当个体体验到焦虑时最可能使用防御机制。研究者用各种方法检验了这一假设。

研究特写

本项研究的参与者是 9~11 岁的女孩（Sandstrom & Cramer, 2003）。研究者通过同伴访谈，确定在 50 个女孩中谁是较受欢迎的，而谁是较不受欢迎的。每个女孩在实验室里都将被另一个年轻女孩拒绝。研究者推断在面对拒绝时，由于她们过去消极的社会交往经历，不受欢迎的女孩会比受欢迎的女孩体验到更多的焦虑。研究者认为，为了应对焦虑，不受欢迎的女孩将有更频繁地使用防御机制的倾向。为了检验这个假设，研究者让女孩根据主题统觉测验的卡片讲故事。研究者分析故事内容以找出否认、投射等防御机制（见表 13.2）的证据。内容分析支持了这一假设：在经历同伴拒绝的场景后，不受欢迎的女孩比受欢迎的女孩使用了更多的防御机制。

第 12 章描述的一些压力应对方式可以归入一般意义的防御机制。例如你可能还记得，抑制与个人创伤或罪恶感（或羞耻体验）有关的思想和情感，可能会对心理和身体健康非常有害（Pennebaker, 1997; Petrie et al., 2004）。这些发现与弗洛伊德关于"被压抑的心理内容会导致心理痛苦"的观点是一致的。

弗洛伊德的理论是关于正常和异常人格的最复杂、最全面和最引人注目的观点——即使在他的预测被证明是错误的时候。然而，像对待任何其他理论一样，对弗洛伊德理论的最佳态度应该是逐个检验其观点的真伪。由于弗洛伊德的一些观点已被普遍接受，因此它仍然对当代心理学有影响。弗洛伊德的另一些观点则已经被抛弃。对弗洛伊德理论的最早修正来自他的学生。让我们看看他们是如何修正弗洛伊德的观点的。

弗洛伊德理论的拓展

弗洛伊德的一些追随者坚持了他的基本观点，即人格是无意识的原始冲动与社会价值观发生冲突的战场。然而，许多弗洛伊德的学术传承者对人格的精神分析观点进行了重大修正。总体来说，这些后弗洛伊德主义者做了以下改变：

- 他们更强调自我（ego）的功能，包括自我防御、自我（self）的发展、有意识的思维过程和个人控制。
- 他们认为社会变量（文化、家庭和同伴）对人格的形成具有重要的影响。
- 他们较少强调一般的性冲动或力比多能量的重要性。
- 他们认为人格发展不仅限于儿童期，而是持续一生。

现在我们来看阿尔弗雷德·阿德勒、凯伦·霍妮和卡尔·荣格等人的理论如何论述这些主题。

阿尔弗雷德·阿德勒（Alfred Adler, 1870—1937）否认了性欲（Eros）和快乐原则的重要性。阿德勒（Adler, 1929）认为，作为无助、依赖性的幼童，人人都会体验到自卑感。寻找克服这种自卑感的方法支配着所有的人。人们往往通过补偿获得胜任感，更多情况下通过过度补偿来追求卓越。人格就是围绕着这种潜在的努力而构建的；人们以特定的方式克服基本的、无处不在的自卑感，并据此建立自己的生活方式。人格冲突不是源于个体内部相互竞争的驱力，而是源于外部环境压力与内部追求胜任感的努力之间的矛盾。

凯伦·霍妮（Karen Horney, 1885—1952）接受过精神分析学派的训练，却在多个方面背离了正统的弗洛伊德理论。她质疑了弗洛伊德强调阴茎重要性的男性中心观点，认为男性妒忌怀孕、母性、乳房和哺乳，这种妒忌是男孩和男人无意识中的一种动力。这种"子宫妒忌"导致男人贬低女人，并通过对创造性工作的

为什么个体对拳击的热情可能意味着她使用了自我防御中的转移机制？

无意识冲动来过度补偿。霍妮比弗洛伊德更强调文化因素，更强调目前的人格结构而非婴儿期的性欲（Horney, 1937, 1939）。由于霍妮对人本主义的产生也有一定的影响，在下一节我们还会再次讨论她的思想。

荣格认为，创造性是从个人无意识和集体无意识中释放意象的手段。为什么荣格认为有两种类型的无意识？

卡尔·荣格（Carl Jung, 1875—1961）极大地拓展了无意识概念。荣格（Jung, 1959）认为无意识并不限于个体独特的生活经验，而是包含整个人类共享的基本心理现实，即**集体无意识**（collective unconscious）。集体无意识可以解释你对原始神话、艺术形式和象征物的直觉性理解，这些都是人类经验中普遍的原始意象。**原始意象**（archetype）是特定经验或客体的原始符号表征。人们对每一种原始意象都有以特殊方式去感受、思考或体验的本能倾向。荣格提出了许多能够产生神话与象征的原始意象：太阳神、英雄、大地母亲。阿尼姆斯（animus）是男性原始意象，阿尼玛（anima）是女性原始意象，所有男人和女人都能在不同程度上体验这两种原始意象。自我的原始意象是曼陀罗（mandala），或者神秘圆圈，它象征着对完整和统一的渴望（Jung, 1973）。

荣格把健康的、整合的人格视为对立力量（如雄性的攻击性与雌性的敏感性）的平衡。这种把人格视为处于动态平衡的各种互补的内部力量的集合的观点被称为**分析心理学**（analytic psychology）。此外，荣格否定了力比多的根本重要性，而力比多在弗洛伊德理论中特别关键。荣格添加了两种同样强大的无意识本能：创造的需要以及成为一个自洽的完整个体的需要。在下一节人本主义理论中我们将看到与第二种需要相似的自我实现概念。

(STOP) 停下来检查一下

❶ 根据弗洛伊德的理论，如果个体的发展固着在口唇期，会出现什么行为？

❷ 自我（ego）如何受现实原则的引导？

❸ 尽管列昂好斗，但他总是责备其他人先动手打架。这里起作用的可能是何种防御机制？

❹ 根据阿德勒的观点，什么驱力激发了人们诸多的行为？

批判性思考：回忆关于使用防御机制的那项研究。为什么研究者特意采用拒绝的情境来制造焦虑？

人本主义理论

在理解人格方面，人本主义取向的特点是关注个体意识中的个人经验的整体性以及成长潜能。本节将介绍人本主义心理学家如何提出并发展了与自我有关的一些概念，以及人本主义理论与其他人格理论的区别。

人本主义理论的特点

对**卡尔·罗杰斯**（Carl Rogers, 1902—1987）而言，自我（self）是人格的一个核心概念。罗杰斯认为，我们会发展出**自我概念**（self-concept），即关于自身典型行为和独特品质的一种心理模型。他相信在我们的人生进程中，我们会尽量使自我概念与现实生活体验保持和谐。罗杰斯对自我的重视说明了所有人本主义理论的一个关键特征，那就是对自我实现驱力的强调。**自我实现**（self-actualization）是个体为了实现内在潜能而不断努力的过程。请回忆一下第 11 章，**马斯洛**将自我实现置于其需要层次结构的顶端。朝向自我实现的努力是一种建设性、指导性的力量，驱使每个人做出积极的行为并不断提升自我。

自我实现的驱力有时会与个体获得自我和他人认可的需要相冲突，在个体觉得必须完成某些义务或满足某些条件才能得到认可时尤其如此。例如，罗杰斯（Rogers, 1947, 1951, 1977）强调**无条件积极关注**（unconditional positive regard）在养育孩子中的重要性。罗杰斯的意思是，儿童就算有错误和过失也应该感到他们总会被爱和被认可，也就是说他们不必去努力赢得父母的爱。罗杰斯建议，当儿童行为不当时，父母应该强调他们不认可的是该行为而非孩子本身。无条件积极关注在成年期也很重要，因为对获得认可的担忧会妨碍个体的自我实现。作为成年人，你应该给予亲近的人无条件积极关注，并从他们那里获得无条件积极关注。最重要的是，你需要无条件的、积极的自我关注，也就是悦纳自我，尽管你有一些可能正在试图改变的缺点。

凯伦·霍妮对人本主义的贡献尽管往往得不到应有的承认，但她是另一个奠定人本主义人格理论基础的重要理论家（Frager & Fadiman, 1998）。霍妮认为人们都有一个"真实自我"，它需要良性的环境条件才能得以实现，这些条件包括温暖的社会氛围、他人的善意，以及父母把子女作为"独特个体"的爱，等等（Horney, 1945, 1950）。如果缺乏这些良好的养育条件，儿童会出现一种根本性的焦虑，抑制真实情感的自然流露，并阻碍有效人际关系的形成。为应对这种根本性焦虑，个体会求助于内部或人际防御。人际防御会使个体亲近别人（过度顺从与抹杀自我）、对抗别人（攻击、傲慢、自恋）和远离别人（疏远）。内部防御会使某些人形成一个不现实的、理想化的自我意象，并努力"追寻荣耀"以使这种自我意象变得合理；还会形成一个遵循僵化的品行规则的尊严系统，以符合这个浮夸的自我概念。这类人往往生活在"应然暴政"之下（即自我强加的义务），例如，"我应该完美、慷慨、有吸引力而且勇敢"，如此等等。霍妮认为，人本主义治疗的目标就是帮助个体获得自我实现的快乐，促进其人性中内在的建设性力量，支持他们不断走向自我实现。

如你所见，人本主义理论强调自我实现或成为真实的自我。另外，人本主义理论被认为兼具整体论、内在倾向论和现象学取向。让我们看看为什么。

人本主义理论是整体论的，因为它依据个体的整体人格来解释其分散的行为，它还认为个体不应被视为仅仅是那些以不同方式影响行为的不同特质的总和。马斯洛认为，除非因较低层次需要得不到

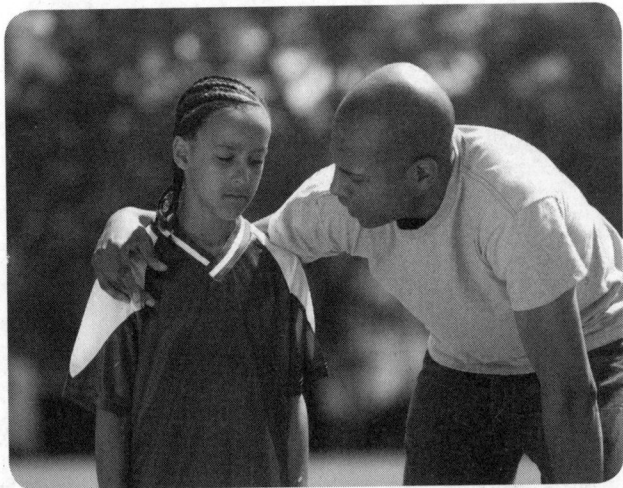

为什么卡尔·罗杰斯要强调父母对孩子的无条件积极关注？

充分满足而受到影响,人们的内在动机将驱使他们追求更高层次的需要(见第 11 章)。

　　人本主义理论重视内在倾向性,关注那些对人们的行为方向有重大影响的个体内在特性。环境因素往往被视为限制与障碍,就像拴住气球的绳子一样。个体一旦摆脱负性环境制约,自我实现的倾向会积极引导个体选择那些提升人生的环境。然而人本主义理论并不像特质理论和心理动力学理论那样看待内在倾向性。后两种理论认为个人倾向性是行为中不断重复出现的主题。人本主义的内在倾向性专指创造性与成长。人本主义的内在倾向性每次发挥作用,个体就会改变一点,因此这种倾向性从不以相同的方式出现两次。随着时间的推移,人本主义的内在倾向性逐渐引导个体走向自我实现——这些动机的最纯粹的表达。

　　人本主义理论是现象学的,因为它强调个体的参照系及对现实的主观看法,而不是观察者或治疗师的客观视角。因此人本主义心理学家总想努力发现每个人独特的观点。这种观点也是一种以当前为导向的观点,过去的影响的重要性仅仅在于它把个体带到了当前的情境,而未来代表要达成的目标。因此人本主义理论与心理动力学理论不同,并不认为个体当前的行为受过去经验的无意识引导。

　　对那些尝遍弗洛伊德苦药的心理学家来说,乐观的人本主义人格观无异于一道美餐。人本主义直接关注提高——让生活变得更美好,而不是挖掘痛苦的记忆,这些记忆有时还是被压抑着比较好。人本主义观点强调,每个人都有能力实现自己全部的潜力。

对人本主义理论的评价

　　弗洛伊德的理论常被人指责过于悲观,因为他认为人性是在冲突、创伤和焦虑中发展出来的。而人本主义理论的出现则是为了赞颂人类追求快乐与自我实现的健康人格。批评这样一个鼓励与欣赏人类的理论是困难的,即使是批评其不足之处。然而仍有学者指出,人本主义的概念模糊不清,难以研究。他们问:"自我实现究竟是什么? 是一种先天的倾向,还是文化环境使然? "人本主义理论传统上也不关注个体的独特特征。它更多的是关于人性和人类所共有的品质的一种理论,而不是关于个体人格或个体差异基础的理论。其他心理学家指出,由于强调自我作为经验和行动根源的角色,人本主义心理学家忽略了那些同样对行为有影响的重要环境因素。

　　尽管存在以上局限,当代有一类研究却可以部分地追溯到人本主义直接关注个体叙事认同或生命故事的传统(McAdams & Olson, 2010)。用心理学理论去理解个体生活细节的传统(即写一份心理传记)可以追溯到弗洛伊德对达·芬奇的研究(Freud, 1910/1957; 对弗洛伊德工作的批评见 Elms, 1988)。**心理传记**(psychobiography)被定义为系统地运用心理学理论(尤其是人格理论)将一个人的人生写成一个连贯而具有启发性的故事(McAdams, 1988, p. 2)。以伟大的艺术家毕加索为例。他在童年期经历了许多创伤(包括一次严重的地震及妹妹的亡故)。心理传记试图将毕加索巨大的艺术创造力解释为他一生遗留的对早期创伤的反应(Gardner, 1993)。当某个名人或历史人物成为心理传记的主角时,研究者会把出版作品、日记和书信等作为相关的资料来源。对于普通人,研究者可直接获得其生活经历的叙事。例如,要求参与者回忆生活中的关键事件:"你为何认为它是你生命故事中的重要事件? 这件事对于你是谁、你过去是谁、你将来可能怎样以及你如何变成这样有什么意义? "(McAdams et al., 2006, p. 1379)。在一系列叙事材料中表现出的特征性主题支持了人本主义心理学家提出的整体论的与现象学的人格概念:人们通过从叙事的线索中编织生命故事来构建自己的同一性。个人的叙述为我们了解其自我观与人际关系打开了一扇窗户。

人本主义理论家强调每个人追求自我实现的驱力。然而，他们也承认，人们追求自我实现的进程部分地是由环境现实所决定的。下面我们将介绍那些直接探究个体行为如何受环境影响的理论。

STOP 停下来检查一下

❶ 什么是自我实现？

❷ 人本主义理论对个体内在倾向的重视体现在哪些方面？

❸ 什么是心理传记？

社会学习和认知理论

到目前为止我们看到的所有理论都有一个共同点，即强调假设的内部机制（如特质、本能、冲动、自我实现倾向）推动了行为并构成人格运转的基础。然而这些理论大多没有确定人格与特定行为的确切联系。例如，心理动力学和人本主义理论描述了整体人格但并未预测特定的行为。人格理论的另一个传统源于对行为的个体差异更直接的关注。请回顾一下第 6 章的内容：人们的很多行为都可以根据环境相倚关系来预测。支持学习理论的心理学家关注控制行为的环境因素。人格被视为由个体的强化经历可靠地引发的显性和隐性反应的总和。学习理论指出，人们出现差异是因为他们有不同的强化经历。

下面的一组理论有一个共同的起点：行为受环境条件的影响。然而，除了环境，这些当代的社会学习和认知理论还进一步强调了认知过程的重要性。那些提出人格认知理论的研究者指出，人们在思考和定义任何外部情境时都存在重要的个体差异。与人本主义理论一样，认知理论强调你参与了自身人格的塑造。例如，你在很大程度上主动选择了自己所处的环境，你不只是被动地做出反应。你会权衡各种情况，选择特定的环境并依环境而采取行动，即你选择进入你期望有强化作用的环境，避免那些不令人满意和不确定的环境。

让我们看看这些观点的具体体现，以下将分别介绍朱利安·罗特、沃尔特·米希尔和艾伯特·班杜拉的理论。

罗特的期望理论

朱利安·罗特（Rotter, 1954）的理论聚焦于**期望**（expectancy）。期望指人们对自己在特定情境下的行为能够带来奖赏的相信程度。例如，假设你在做课堂报告之前需要确定练习次数。你希望自己至少能得个 B。高期望意味着你认为额外的练习很可能使你达到

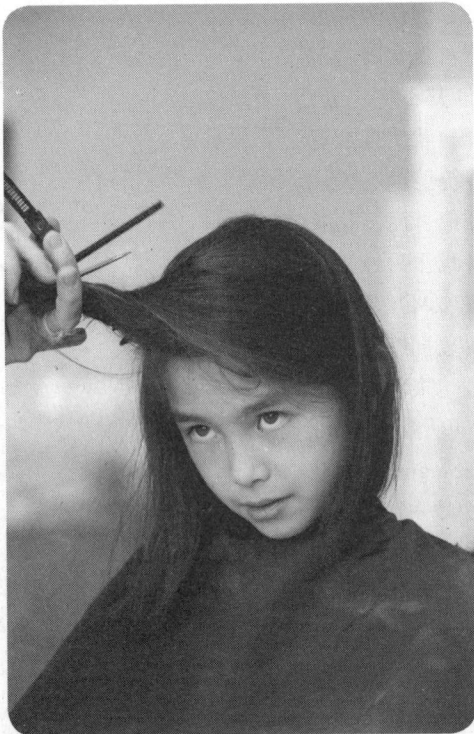

如果你的父母在你每次理完发后都对你的新发型加以赞扬，那么这种评价会如何影响你成年后对自己外表和打扮的自信？如果每一次父母对你的新发型都给予批评，又会有什么影响？

B 或更好，而低期望则意味着你根本不相信额外的练习有助于提升你的成绩。你的期望上升部分地是因为你过去受到强化的经历：如果练习曾经使你获得奖赏，你将更加期望它会再次带给你奖赏。罗特还强调奖赏的价值，即个体赋予某种特定奖赏的价值。如果你这个学期过得比较艰辛，那么对你而言一个 B 可能比在其他情况下更有价值。在罗特看来，只有当你能评估人们对某个奖赏的期望以及他们珍视奖赏的程度时，你才可能预测其行为。

罗特强调，人们对现实生活中遇到的许多情境都带有特定的期望。然而他也认为，人们对他们在多大程度上可以控制奖赏的获得有着更一般的期望。罗特定义了**控制点**（locus of control）维度（Rotter, 1966）：某些人更坚信行为结果取决于自己的行为（内控）；另一些人则认为行为结果取决于环境因素（外控）。**表 13.3** 给出了罗特《内外控量表》的一些示例项目。在完成量表时，你需要从每个项目的 a 和 b 中选出你认为更准确的描述。从这些例子中你应该能体会内控者和外控者对生活结果做出预期的方式上的一些不同。研究者一致地证明了控制点取向的重要性。例如，一项研究考察了个体 10 岁时的控制点与其 30 岁时身心健康的关系（Gale et al., 2008）。整体来看，儿童期内控的个体在 30 岁时更健康，出现肥胖、高血压和心理困扰的风险更低。研究者认为，外控取向者健康状况可能会较差，因为他们相信自己无法掌控自己的健康，因而也不会采取行动来促进健康。

表 13.3　《内外控量表》项目示例

1. a. 从长远来看，人们最终会得到他们应得的尊重。
   b. 不幸的是，不管个体如何努力，他的价值通常得不到认可。
2. a. 没有合适的机遇，一个人不可能成为有效的领导者。
   b. 有能力的人未能成为领导者是因为他们没有好好抓住机遇。
3. a. 大多数人没有意识到他们的生活受偶然事件影响的程度。
   b. 根本不存在所谓的"运气"。
4. a. 发生在我身上的事情都是我自己造成的。
   b. 有时候，我觉得自己对生活走向没有足够的控制力。

注：1a、2b、3b 和 4a 代表内控。

资料来源：J. B. Rotter, Generalized expectancies for internal versus external locus of reinforcement, Table1. *Psychological Monographs, 80*(1):11–12. Copyright © 1966 by the American Psychological Association. Adapted with permission.

米希尔的认知—情感人格理论

沃尔特·米希尔（Walter Mischel）提出了一种颇具影响的关于人格的认知基础的理论。米希尔强调，人们在与环境的互动中能主动投入认知建构的过程中。他的观点强调理解行为如何从个体与情境的相互作用中产生的重要性。（Mischel, 2004）。请看这个例子：

> 约翰独特的人格可能表现得最明显，因为他在与陌生人第一次见面时总是非常友好，但是随着交往的进一步深入他会可预见地变得相当粗鲁和不友好。另一方面，吉姆的独特性是在自己不太熟悉的人面前往往害羞和寡言，但一旦与别人熟识之后，就变得非常合群和健谈（Shoda et al., 1993, p. 1023）。

如果我们分别将约翰和吉姆的整体友好程度求平均数，可能会发现他们在这个特质上等值，但很显然这种方法并不能体现他们两人行为上的重要差异。根据米希尔的观点（Mischel, 1973, 2004），人们如何对特定的环境刺激做出反应，取决于**表 13.4** 所列举的一些变量。你能看出其中的每一个变量可能如何影响个体在特定情境下的行为方式吗？试着去想象一个不同的情境，在这一情境下，你将做出不同于表中所列人物的行为，因为你在相应变量上是不同的。你也许想知道对一个特定个体

表 13.4　米希尔认知—情感人格理论中的个人变量

变量	定义	举例
编码方式	你对自己、他人、事件以及情境等相关信息的归类方式。	每当鲍勃接触到一个人，他总是首先试图确定这个人有多富有。
期望和信念	你对社会环境以及特定行为在具体情境下可能导致的结果的信念；对自己实现目标的能力的信念。	格雷格邀请他的朋友们去看电影，但从不指望他们会答应。
情感	你的感受和情绪，包括一些生理上的反应。	辛迪非常容易脸红。
目标和价值观	你看重或不看重的结果和情感；你的目标和人生规划。	皮特想成为大学班级的班长。
能力和自我管理计划	你能够完成的行为和产生特定认知和行为结果的计划。	简可以讲英语、法语、俄语和日语，她希望能去联合国工作。

而言，到底是什么因素决定了这些变量的本质。米希尔认为，它们源自人们的观察经验，以及他们与其他人及无生命的客观环境之间的互动经验（Mischel, 1973）。

我们通过一个实例来说明米希尔理论中的变量如何解释人们在相同情境下具体行为的差异。让我们来看一项研究，它考察了能力与自我管理计划（见表 13.4）在预测 10 岁男孩的攻击行为时的交互作用。

研究特写

这项研究考察了参加夏令营的 59 个男孩（Ayduk et al., 2007）。研究者让每个男孩都接受言语能力测验以测量其能力，完成一项测量其延迟满足能力的任务以判定其自我管理能力。这些男孩被带进一个房间，里面放有一大一小两堆他们特别喜欢的食物（如某种糖果）。为了得到大份的糖果，他们必须等待 25 分钟，期间不能按铃让研究者回来。如果他们按了铃，就只能得到小份的糖果。在这 25 分钟里，男孩们必须控制自己的行为。具体而言，为了让时间快点过去，他们必须把注意力从糖果和按铃上转移开。因此研究者将男孩控制注意力的能力作为测量其自我管理能力的一种方法。最后，为了测量攻击性，研究者从夏令营辅导员那里获取了对男孩们在团体活动中的言语攻击和身体攻击的多重评估。如图 13.5 所示，同时知道男孩们的言语能力和自我管理能力对预测他们的攻击水平很重要。具体而言，与言语能力和注意控制力都强的同伴相比，言语能力强但注意控制力较差的男孩表现出了强得多的攻击性。

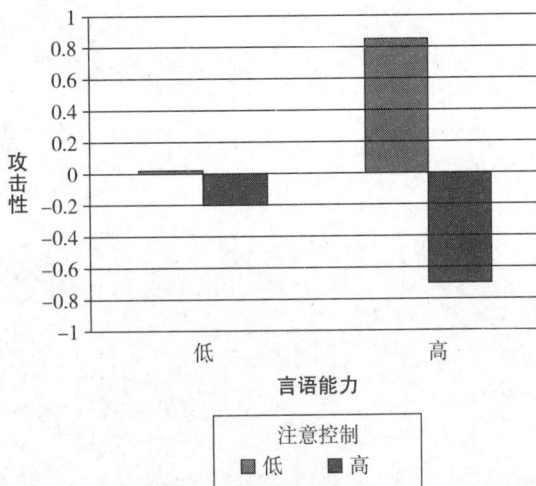

图 13.5　男孩的攻击行为水平
参加夏令营的男孩的攻击行为水平反映了他们的言语能力与为了延迟满足而控制注意力的能力的交互作用。
资料来源：O. Ayduk, M. L. Rodriguez, W. Mischel, Y. Shoda, & J. Wright. Verbal intelligence and self-regulatory competencies, *Journal of Research in Personality (41)*: 374–388, Copyright © 2007.

你可能会预期，更聪明的男孩应该有应对社会环境的知识，而不必诉诸武力。这项研究表明仅有知识是不够的，孩子们还需要有做出攻击之外的行为的能力和动机。透过该研究结果，你便可以理解，为什么米希尔的人格理论关注几种不同变量之间的交互作用。

如表 13.4 所示，米希尔的理论还考察了目标在人们确定对特定情境的反应方式时所起的作用。研究表明，人们在选择人生目标和用于实现这些目标的策略方面存在差异（Cantor & Kihlstrom, 1987; Kihlstrom & Cantor, 2000）。你能看出与目标有关的选择和技能是如何导致不同的行为模式（即你眼中的人格）的吗？例如，有些人把亲密作为一个重要目标，他们努力促成相互依赖的关系并进行自我表露，而其他人则不会把这一需求带入友谊中。这样的目标会影响行为：有较强亲密目标的人会更努力地在关系中减少冲突（Sanderson et al., 2005）。这个例子中，你通过人们的目标引导行为的一致方式识别人格。

班杜拉的认知社会学习理论

　　班杜拉通过理论著述和对成人及儿童的广泛研究（Bandura, 1986, 1999），成为人格的社会学习取向的雄辩有力的倡导者（我们在第 6 章介绍了他对儿童攻击行为的研究）。这种理论取向将学习原理与对社会环境下人际互动的强调结合在一起。根据社会学习理论的观点，人既不是由内部因素驱动，也不是完全受环境所左右。社会学习理论强调参与获得和保持某种行为模式（故而也是人格）的认知过程。

　　班杜拉的理论指出了个体因素、行为和环境刺激之间复杂的相互作用。其中每一个都会影响或改变其他元素，并且这种影响极少是单向的，它是相互的。你的行为会受你的态度、信念、之前的强化经历以及环境中刺激的影响；你的所作所为会对环境产生影响，同时人格中某些重要的方面会受环境和行为反馈的影响。因此，**交互决定论**（reciprocal determinism）这个重要概念意味着，如果要完整地理解人类行为、人格和社会生态学，就必须全面考察所有这些因素（Bandura, 1999；见**图 13.6**）。举例来说，如果你通常不把自己当成运动员，那么你可能不会在田径赛事上表现得很活跃；但是，如果你住得靠近某个游泳池，你可能会花时间去游泳。如果你性格外向，你可能会与游泳池周围的人交谈，在那里营造一个非常友好的气氛，这反过来又会使游泳池的环境变得更加令人愉快。这是个体、环境和行为之间相互决定的一个例子。

　　你可能还记得在第 6 章中，班杜拉的社会学习理论强调，观察学习是一个人根据对另一个人行为的观察来改变自己的行为的过程。通过观察学习，儿童和成人都获得了大量关于社会环境的信息。通过观察，你了解了什么行为是适宜的，能得到奖赏，什么行为会受到惩罚或者被忽视。因为你可以利用记忆，也可以对外部事件进行思考，所以你能够预见你某个行为的结果，而不必亲身去体验。仅仅通过观察别人做什么及之后的结果，你就可以获得一些技能、态度和信念。

　　随着他的理论的发展，班杜拉（Bandura, 1997）详细阐述了自我效能感，并将其作为一个核心概念。**自我效能感**

如果仅凭这张抓拍照就对图中的两个男孩做人格判断，你是否有把握？为什么你可能想了解他们在不同情境下的行为模式？

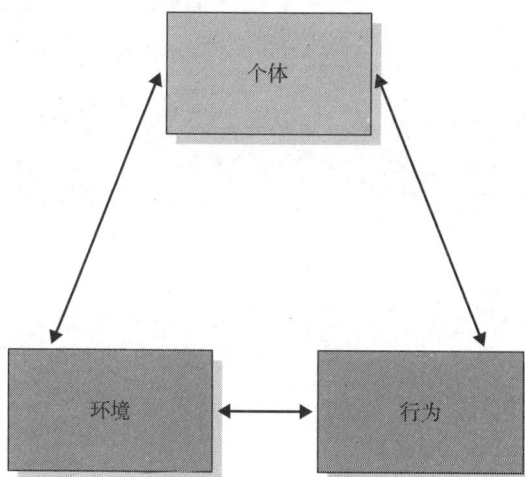

图 13.6　交互决定论
交互决定论认为，个体、个体的行为和环境三者之间相互作用，每个成分都可以影响和改变其他成分。

（self-efficacy）是一种相信自己在某种情境下足以完成任务的信念。自我效能感会以多种方式影响你的知觉、动机和表现。当你预料自己无能为力时，你甚至不会尝试一下或者碰碰运气。你会避开让你感到无能为力的情境。即使事实上你有能力，也有意愿，但如果你认为自己缺乏完成任务所需的信心，你可能也不会采取必要的行动或坚持成功地完成任务。

除了根据现实的成绩和表现，人们还依据以下几方面进行自我效能判断：

- 替代性经验——你对其他人表现的观察。
- 说服——别人可以说服你相信你能做到某事，或者你也可以自己说服自己。
- 在考虑或开始某项任务时监控自己的情绪唤起——例如焦虑表明对自我效能的期望较低，而兴奋则代表着期望自己能成功。

自我效能判断影响着人们在各种人生情境中面临困难时会付出多大的努力和能够坚持多久（Bandura, 1997; 2006）。

让我们来看一下自我效能对学业的影响。例如，研究表明，你学习本章内容时的热情和坚持也许更多地取决于你的自我效能感，而不是你的实际能力。

研究特写

美国加利福尼亚州州立大学五个校区的 1 291 名大二学生参与了一项考察自我效能感对大学表现的影响的研究（Vuong et al., 2010）。每位学生都完成了与其大学经历有关的自我效能感测量：对学业课程的自我效能感，以及与辅导员、老师和同学进行社交互动的自我效能感。学生们用从"不自信"到"非常自信"的十点量表来表明他们对完成各类任务的感受，比如"在课堂上提问"以及"在校园里交朋友"（Zajacova et al., 2005, p. 700）。这些大二学生还报告了他们的平均绩点以及他们坚持学业的可能性。学生对学业课程的自我效能感可以预测他们的平均绩点和继续学业的可能（Vuong et al., 2010）。不过社交互动的自我效能感与学业表现的测量结果并无联系。

该研究表明，人们拥有不同生活领域的自我效能感。事实上，我们预计人们在不同领域会有不同程度的自我效能感。为了评估社交互动方面的自我效能感对大二学生大学经历的重要性，研究人员可能会测量什么？

班杜拉的自我效能理论也承认环境的重要性。对成功和失败的预期以及对应的停止尝试或者坚持到底的决定，可能是根据对周围环境的支持性的判断以及对自己能力的认识做出的。这种期望被称作基于结果的期望。**图 13.7** 呈现了班杜拉理论中各个成分之间的关系。行为结果既取决于人们对自己能力的认识，也取决于人们对环境的认识。

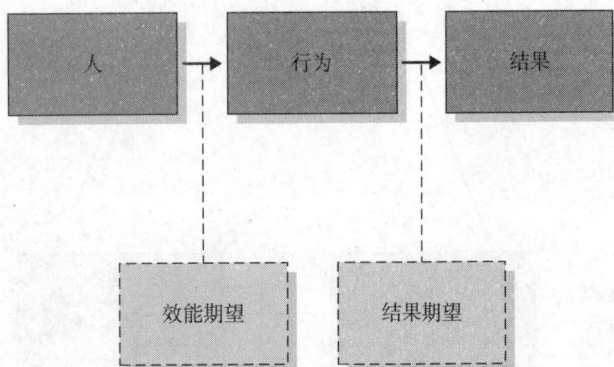

图 13.7 班杜拉的自我效能模型
这个模型将效能期望置于人与他们的行为之间，而结果期望则处在行为和预期的结果之间。

对社会学习和认知理论的评价

对社会学习和认知理论的第一类批评是，这些理论往往没有把情绪视为人格的一个重要成分。在心理动力学理论中，情绪（如焦虑）有着核心作用。

在社会学习和认知理论中，情绪仅仅被认为是思维和行为的副产品，或者只是与其他类型的思维一并提及，而没有被赋予独立的重要性。对那些认为情绪在人格中处于中心地位的学者而言，这是一个非常严重的理论缺陷。还有批评者认为，认知理论并未充分认识到无意识动机过程对行为和情感的影响。

第二类批评则集中在对个人构念和能力形成方式的解释上的模糊性。认知理论的学者们通常很少提及成人人格的发展起源问题，他们因关注个体对当前行为背景的感知而忽视了个人的历史。

尽管有这些批评，人格的认知理论对人们当前的认识仍然贡献很大。米希尔对环境的重视使我们对个体与环境之间的相互作用有了更好的理解。班杜拉的理论使教师教育孩子并帮助他们提高成绩的方法得到了改善，同时也促成了卫生保健、商务和体育运动等领域的新举措。

这些认知人格理论能否帮助你洞察自己的人格和行为？你开始看到你如何部分地通过与环境的互动来定义自己。现在让我们转向那些能进一步丰富你对自我的定义的理论。

STOP 停下来检查一下

❶ 在罗特的理论中，拥有外部控制点取向意味着什么？

❷ 在米希尔的理论中，哪五种类型的变量可以解释个体差异？

❸ 班杜拉的交互决定论涉及哪三个成分？

批判性思考：请回忆在夏令营中考察男孩攻击行为的研究。为什么研究者对男孩的攻击水平进行多重评估很重要？

自我理论

我们现在将介绍一些最个人化的人格理论。这些理论直接涉及每个人如何管理他（她）的自我感。你对你的自我有什么样的概念？你认为你的自我对世界的反应是始终如一的吗？你试图在朋友及家庭面前展现出一致的自我吗？积极和消极的经验对你看待自我的方式有什么样的影响？在开始思考这些问题之时，我们不妨简单地回顾一下历史。

威廉·詹姆士（James，1892）是自我研究的最坚定的早期倡导者。詹姆士将自我经验分为三个部分：物质我（躯体自我以及周围的物质客体）、社会我（对别人如何看待你的意识），以及精神我（监控内在思想与情感的自我）。詹姆士认为，一切与自身有关的事物都会在某种意义上成为自我的一部分。这就解释了为什么朋友或家庭成员（自我的一部分）受到批评时人们会做出防御性反应。"自我"概念也是心理动力学理论的核心。自我领悟是弗洛伊德理论中精神分析治疗的重要组成部分。荣格则强调，要充分发展自我，个体必须整合并接受其意识和无意识经验的各个方面。这段简短回顾的最后一点是，你已经知道卡尔·罗杰斯将自我作为其人本主义人格发展理论的基石。

当代理论又是如何阐述自我的呢？首先，我们将从认知的角度考察自我概念。接着，我们将介绍自尊的概念以及人们维护自尊的方法。最后，我们来看一个重要的主题，即不同文化的自我观有何不同。

自我概念和自尊

自我概念是一个动态的心理结构，它能激发、解释、组织、中介和管理个人内部及人际间的行为和过程。自我概念包括许多成分：你对自己的记忆；关于你的特质、动机、价值观以及能力的信念；你最想成为的理想自我；你打算扮演的可能自我；你对自己的积极或消极评价（自尊）；以及关于别人怎么看待你的信念（Chen et al., 2006）。第 7 章将图式这一概念作为对环境结构进行综合概括的"知识包"进行了讨论。你的自我概念中包括关于自我的图式——自我图式。自我图式能让你组织关于你自己的信息，正如其他图式可使你管理你经验中的其他部分一样。然而，自我图式不仅仅影响你如何加工关乎自己的信息。研究表明，这些你经常用来解释自己行为的图式，也会影响你如何加工关乎他人的信息（Krueger & Stanke, 2001; Mussweiler & Bodenhausen, 2002）。因此你会根据对自己的了解及信念来解释他人的行为。

自尊（self-esteem）是个体对自我的概括性评价。人们的自尊水平各异。前文已经描述了基因对人格其他方面的重要影响，所以你或许不会对自尊的个体差异也受基因影响感到惊讶：人们天生就有低自尊或高自尊的倾向（Neiss et al., 2006）。然而，环境因素对自尊的影响也很重要。例如，人们对自己外表的满意度会影响他们报告的自尊（Donnellan et al., 2007）。自尊也因人们对自己社交能力的感知而异。那些高自尊的人通常认为自己能在社交关系中应付自如，而低自尊的人通常会怀疑自己的社会价值（Anthony et al., 2007）。

自尊会强烈地影响人的思维、情感和行为（Swann et al., 2007）。实际上，研究者已经发现有些消极后果与低自尊之间存在联系。例如，在青少年和大学生中，低自尊与攻击性和反社会行为有关（Donnellan et al., 2005）。类似地，那些在青少年时期报告低自尊的人长大成人后，心理健康和生理健康状况较差，而且会面临更多的经济问题（Orth et al., 2008; Trzeniewski et al., 2006）。这些结果表明，低自尊会损害人们确立追求积极结果的目标和应对消极生活事件的能力。

某些人确实持有低自尊。然而证据表明，大多数人都会设法维护自尊，并维持完整的自我概念（Vignoles et al., 2006）。为了维护自我意象，人们会进行各种形式的自我提升（self-enhancement），即采取各种措施，使自己的行为看起来始终是积极的（Sedikides & Gregg, 2008）。例如，当人们对自己胜任某项任务的能力产生怀疑时，他们可能会做出**自我妨碍**（self-handicapping）行为，即故意损害自己的表现！采取这一策略的目的是为失败找一个现成的借口，从而不把失败归因为自己缺乏能力（McCrae & Hirt, 2001）。因此一个学生可能会在考试前参加朋友聚会，而不是努力学习为考试做准备。这样如果他失败了，就可以把失败归因为自己没有努力，而不是能力不足。注意，我们在这个例子中使用"他"是有意为之。研究发现，男性总是比女性采取更多的自我妨碍行为。

研究特写

在参加智力测验之前，学习心理学的男生和女生都有机会做 18 道练习题（McCrae et al., 2008）。一半学生的指导语提示练习很重要：这些学生被告知，如果不做适当的练习，他们的智力测验分数无效。另一半学生的指导语则提示练习不重要：这些学生被告知，练习可能对

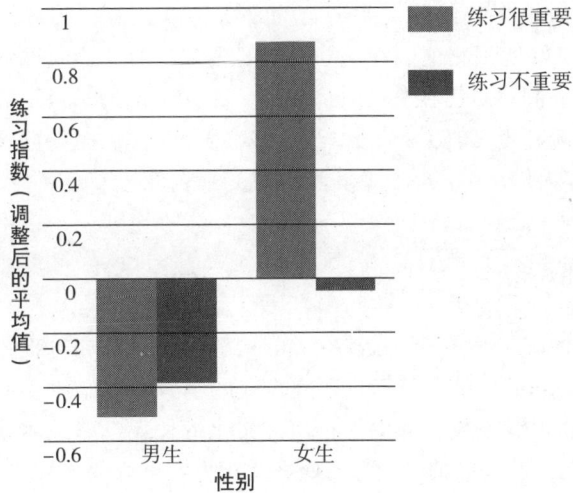

图 13.8　男生和女生的自我妨碍行为
练习指数结合了一个学生所完成的练习项目数量和他花在单个项目上的时间。正分表示高于平均练习水平，负分表示低于平均练习水平。当指导语为练习不重要时，男生和女生的练习差异较小。然而，当学生们认为练习很重要时，女生的练习量远远大于男生。
资料来源：S. M. McCrae, E. R. Hirt, & B. J. Milner, She works hard for the money: Valuing effort underlies gender differences in behavioral self-handicapping, *Journal of Experimental Social Psychology (44)*: 292–311, © 2008.

他们的测验分数没有影响。假设你得到的指导语是练习很重要，如果你想为你（可能的）的低分准备好借口，你可能会选择不做太多的练习。如**图 13.8** 所示，男生普遍选择了不做太多练习。那些被告知练习很重要的女生做了大量练习，而接受同样指导语的男生却尽可能少做练习。为了理解这一差异，研究者要求参与者完成一份量表，其中包含诸如"在我所选的每堂课上我都全力以赴"和"我因自己的勤奋而自豪"等项目（p. 309）。结果发现，女生比男生更赞同这些说法。

这些结果支持了研究者的主张：女性太过重视努力程度，以致不会采取自我妨碍行为。对女生而言，她们付出的努力是其自尊的重要来源。

近年来，研究者们为一种将自尊置于更广阔视角的理论提供了支持性证据。**恐惧管理理论**（terror management theory）提出，自尊有助于人们应对死亡的必然性（Greenberg, 2008）。恐惧管理理论认为，人们渴望获得象征性不朽，这种不朽"是由文化体制所赋予的，它使人们通过与家庭、国家、职业和意识形态建立联系并为之做出贡献的方式，感到自己是某种比个体生命更广阔、更长久、更有意义的存在的一部分"（Pyszczynski et al., 2004, p. 436）。当人们认为自己做出了有价值的贡献，为自己开辟了一条通往象征性不朽的道路时，他们就会获得自尊。为了支持恐惧管理理论，研究人员已经证明了当人们注意到死亡的必然性时，他们的行为发生改变的许多方式。例如，一个研究项目通过要求部分参与者"尽可能具体地记录下你认为在你死亡和濒临死亡时会发生的事情"而使其处于死亡突显状态（Greenberg et al., 2010, p. 5）。控制组成员则没有做这个练习。在实验的后续阶段，参与者回答了类似"你有多想出名？"以及"你认为你将来会有多出名？"这样的问题。与没有想到过死亡的参与者相比，那些明显注意到死亡的参与者更热衷于追逐和获取社会名声。你能看出对名声的期望是如何与自尊以及象征性不朽联系在一起的吗？

正在发生的自我妨碍：你不是为明天的考试用功学习，而是在图书馆睡着了。如果你考试没有取得好成绩，你可以找借口说"唉，我真的没有努力"。你有求助于自我妨碍的情况吗？

本节已强调过人们会做出自我妨碍之类的行为来维护高自尊。因此，人们对自尊的整体评估通常不能很好地预测他们在不同领域的表现，对此你或许不会惊讶（Baumeister et al., 2003）。人们对自己在某个具体领域（比如特定的学科）的表现的看法，反而可以更准确地预测其表现（Swann et al., 2007）。同样，提高自尊的项目最好针对特定的领域，这样人们才可以学到真正可以改变其表现的策略。

自我的文化建构

到目前为止我们的讨论一直侧重于与自我有关的构念，如自尊和自我妨碍，这些概念可以广泛地应用于不同的个体。然而，研究自我的学者也开始研究不同文化的约束如何影响自我概念和自我发展。如果你在西方文化下长大，那么你可能很容易接受我们之前回顾的研究：这些理论和构念与西方文化界定自我的方式非常吻合。然而，从世界人口的角度看，西方式自我赖以产生的文化——个人主义文化——却处于少数地位，全球约有 70% 的人生活在集体主义文化中。个人主义文化强调个体的需要，而集体主义文化则强调群体的需要（Triandis, 1994, 1995）。这种总体的强调对这些文化中每个成员界定自我的方式有着重要的影响：马库斯与北山忍等人（Markus & Kitayama, 1991; Kitayama et al., 1995; Markus et al., 1997）认为，每种文化对自我的含义都会有不同的解释，或者说每种文化都有不同的自我概念：

- 个人主义文化倡导**独立的自我构念**（independent construals of self）——"要达到独立这一文化目标，需要把自我建构为一个独立的个体，这个个体主要根据自己内心的想法、感受和行动来组织自己的行为并赋予其意义，而不是根据他人的想法、感受和行动"（Markus & Kitayama, 1991, p. 226）。
- 集体主义文化倡导**互依的自我构念**（interdependent construals of self）——"建立互依需要个体把自己视为周围社会关系的一部分，并且认识到一个人的行为在很大程度上取决于他所感受到的社会关系中的其他人的想法、感受和行动"（Markus & Kitayama, 1991, p. 227）。

研究者用多种方法记录了这些区别的具体表现和意义（Cross et al., 2011）。

一类关于自我的跨文化研究使用了一种被称为"二十句测验"（Twenty Statements Test, TST）的测量工具（Kuhn & McPartland, 1954）。在进行这项测验时，要求参与者对"我是谁？"这个问题给出 20 种不同的回答。请你花片刻时间想想这个问题。如**表 13.5** 所示，人们的回答通常可以归为 6 类。文化影响了人们最可能回答的类别。例如，一项研究让约 300 名美国和印度学生接受了 TST 测试（Dhawan et al., 1995）。与他们的独立自我感一致，在美国学生中，女性和男性分别约有 65% 和 64% 的回答落在了自我评价的类别中。而在印度学生中，女性和男性分别只有约 33% 和 35% 的回答可归入此类。因此印度学生给出自我评价类回答的可能性约为美国学生的一半。请注意男性和女性的总体差异相当小——文化的影响更大。

当个体是集体主义文化成员而非个人主义文化成员时，他的自我感有何不同？

你可能想知道西方文化的输出如何影响集体主义文化成员的自我概念。一项研究比较了不同的肯尼亚人对TST的反应，一部分参与者来自山布鲁（Samburu）和马塞（Maasai）的游牧部族，他们几乎从未接触过西方文化，另一部分参与者是那些已搬到西方化了的首都内罗毕的人。部族成员约82%的回答可归入社会身份类；内罗毕工人给出的回答只有58%可归入社会身份类，而内罗毕大学的学生给出的回答只有17%可归入社会身份类（Ma & Schoeneman, 1997）。这个模式说明，一个国家在进口西方产品的同时，可能也引进了西方的自我感。

这些研究证明，人们所从属的文化对他们建构自我的方式有强烈的影响。我们会在第16章再次看到这种区别，比如来自不同文化的人如何解释世界上的因果关系。现在，我们来看一项有关恐惧管理理论以及死亡突显的研究。请回忆一下，死亡突显通常会让人想要抬升他们的自我。不过对于有着不同自我构念的人，这种冲动会带来不同的结果。

表13.5 "二十句测验"回答的类别

类别	举例
社会身份	我是学生
	我是女儿
意识形态信仰	我相信所有人都是善良的
	我相信上帝
兴趣	我喜欢弹钢琴
	我喜欢去陌生的地方旅游
志向	我想成为一名医生
	我想深入学习心理学
自我评价	我诚实且努力
	我是高个子
	我担心未来
其他	我有一些爱吵闹的朋友
	我养了一只狗

研究特写

研究开始时，欧裔和亚裔美国学生被随机分配到死亡突显组和控制组（Ma-Kellams & Blascovich, 2011）。死亡突显组的学生被要求写下关于死亡的想法，而控制组的学生则写关于牙痛的想法。然后学生们要阅读一段对严重车祸的描述，受害者是一个名叫史蒂夫的大学员工。读完短文后，参与者们要填写《责任分配量表》（Assignment of Blame Scale, ABS），以表明他们认为史蒂夫对此负有多大的责任。如**图13.9**所示，死亡突显将欧裔和亚裔学生的回答推向了不同的方向。也许是为了使他们独立的自我构念免受成为事故受害者的恐惧，欧裔学生在经历死亡突显后会更多地责怪史蒂夫。相形之下，经历死亡突显的亚裔学生似乎将史蒂夫纳入了他们互依的自我构念，因此更少责怪他。

在接下来的几天中，你可以尝试通过注意周围发生的事情如何影响你作为个体的自我和作为更大社会结构成员的自我，来体验这两种自我构念。

对自我理论的评价

自我理论成功体现了人们对自己人格的看法以及希望自己如何被别人感知。此外，对自我构念的跨文化研究也极大地影响了心理学家对其理论普适性的评估方式。然而，有批评认为人格的自我理论取向没有边界。因为如此之多的内容与自我和自我概念有关，所以到底什么因素对预测行为最重要并不总是很清楚。另外，强调自

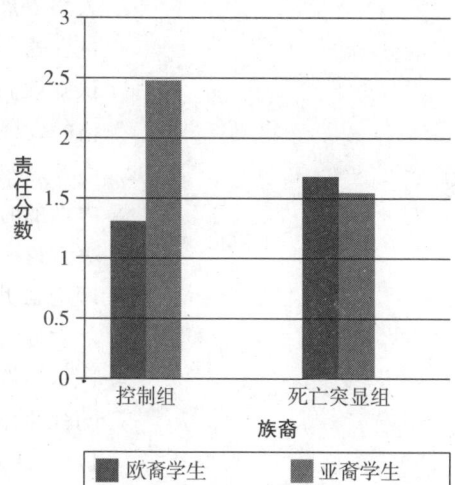

图 13.9 文化与死亡突显

欧裔和亚裔美国学生通过《责任分配量表》对车祸受害者史蒂夫所做的责任评定。死亡突显对学生责任评定的影响相当不同，而这是其自我的文化构念的产物。

资料来源：Christine Ma-Kellams and Jim Blascovich, "Culturally divergent responses to mortality salience," *Psychological Science*, August 1, 2011, copyright © 2011 Association for Psychological Science.

我是一种社会建构也与人格中的某些成分来自遗传的证据不完全一致。正如其他理论一样，自我理论体现了部分但不是全部你所认为的人格的内容。

❶ 什么是自尊？
❷ 什么是自我妨碍？
❸ 互依的自我构念指什么？

批判性思考：请回忆自我妨碍性别差异的研究。为什么参与者在有机会练习之前要完成问卷是重要的？

人格理论的比较

没有一个统一的人格理论是大多数心理学家都认可的。在我们对各种理论的考察中，一些基本假设上的差异反复出现。扼要重述一下人格假设中五个最重要的差异以及推进这些假设的人格取向，可能是有帮助的。

1. 遗传对环境。正如你从整部书中所看到的，这种差异也被称为天性与教养。对人格发展来说，哪一个更重要？是遗传和生物因素还是环境影响？各种特质理论在这个问题上存在分歧；弗洛伊德理论十分倚重遗传；人本主义、社会学习、认知取向和自我理论都强调环境决定行为，或者人与环境的交互作用促成了人格的发展和差异。

2. 学习过程对行为的先天法则。应该强调学习改变人格，还是强调人格发展遵循内在的时间表？特质理论在这一问题上再次出现了分歧；弗洛伊德理论持内在决定论；人本主义则乐观地假设经验可以改变人；社会学习、认知取向和自我理论则明确支持行为和人格改变是学习的结果这一观点。

3. 注重过去、现在还是将来。特质理论强调"过去"所起的作用，无论是先天的还是习得的；弗洛伊德理论强调儿童早期的经验；社会学习理论侧重于"过去"的强化作用和"现在"的环境相倚性；人本主义理论强调当前的现实和将来的目标；认知取向和自我理论强调"过去"和"现在"（如果涉及目标那么也强调"未来"）。

4. 意识对无意识。弗洛伊德理论强调无意识的过程；人本主义、社会学习、认知取向强调意识过程；特质理论几乎不关注这一区分；自我理论则在这个问题上态度不明确。

5. 内在倾向对外在情境。社会学习理论强调情境因素；特质理论支持内在倾向；其他理论则强调个人与情境的交互作用。

每种理论取向都为理解人格做出了各自的贡献。如果把人格比作一辆汽车，那么特质理论提供了描述各个部分和结构的目录；精神分析理论提供了使车辆移动的动力引擎和燃料；人本主义理论把人请到了驾驶座上；社会学习理论提供了方向盘、指示信号和其他操作仪器；认知理论则发出提醒，司机为行程所选择的心理地图会

生活中的批判性思维

人格在网络世界里是如何传达的

我们先来看一个简单的问题：人们能否根据你的电子邮箱地址准确地猜测你的人格？为了回答这个问题，一个研究小组通过网络调查获得了 599 个人的电子邮箱地址和他们自我报告的人格特征（Back et al., 2008）。然后，研究者要求另外 100 个学生仅仅根据电子邮箱地址对这些人做一些人格判断。看一个研究示例，honey.bunny77@hotmail.de，你认为这个邮箱主人的宜人性和尽责性如何？

研究者发现，这 100 个评价者仅仅根据电子邮箱地址所做的人格评价非常一致。研究者还发现，在大多数人格维度上，这些人的评价与电子邮箱主人的自我报告有正相关。评价者仅仅根据电子邮箱就可做出还算有效的人格判断！评价者似乎会根据邮箱地址的诸多特征做出反应。例如，评价者对包含更多字符的电子邮箱主人会给出更高的尽责性评分；如果电子邮箱包含了更多的数字，那么对邮箱主人的尽责性评价就较低。

如果你与大多数学生一样，那么电子邮箱地址当然就只是众多决定你能否在网络上准确呈现自己的因素中的一个。假设你在社交平台上有自己的主页。为了管理给他人留下的印象，你需要决定很多因素，包括加多少好友，提供多少个人信息以及上传什么类型的照片等（Krämer & Winter, 2008）。这些因素都会影响访问者的看法。比如一项研究改变了一个虚拟主页上的好友数量（102、302、502、702 或 902），并让参与者就主页主人的社交吸引力进行评价（Tong et al., 2008）。当主人的好友数量为 302 时，评价最高，好友更少或更多都会起到反作用。为什么 302 最好？参与者报告的好友数量的中位数是 300，所以他们可能会给那些与自己相似的主页主人最高的评价。

另一项研究考察了社交平台主页上的照片如何影响人们对主人自恋特质的判断（Buffardi & Campbell, 2008）。自恋者有过度积极的自我意象。这一特质是如何通过社交平台上的照片表达的呢？研究者发现，当社交平台主页上的照片有吸引力且有自我推销性质（照片似乎在极力"向他人显示主人的积极品质"，p. 1307）时，评价者会认为主人特别自恋。此外，评价者的判断与主页主人自我报告的自恋倾向有正相关。也就是说，社交平台主页传达了有关这一特质的有效信息。

这些研究结果是否促使你重新思考，你如何在网络上呈现自己？

- 为什么人们可以通过社交平台上的内容来判断人格？
- 你能找出相似性影响人们对社交平台主页判断的其他情形吗？

影响旅行的计划、组织和记忆方式；最后，自我理论提醒司机考虑自己的驾驶能力给后座的人及行人留下的印象。

在人格讨论的最后部分，我们来思考人格测评。你将会看到一些人格测量方法，心理学家用它们来获得关于人格特征的信息，这些特征使每个个体与众不同。

STOP 停下来检查一下

❶ 在遗传与环境这一维度上，不同的人格理论有什么差异？

❷ 弗洛伊德的人格理论最直接关注过去、现在还是将来？

❸ 人格理论的哪个维度提到人们对塑造他们行为的力量的觉知？

人格测评

请思考你与你最好的朋友都有哪些差异。心理学家想知道能够描述一个人、使一个人与其他人区分开，或者使一个群体与另一个群体区分开（如害羞的人与外向的人，或者抑郁的人与快乐的人）的各种属性。这些试图理解和描述人格的工作有两个基本假设：一是存在使行为具有连贯性的个人特征；二是这些特征可以被评估或测量。人格测验必须满足信度和效度标准（见第 9 章）。此外，为了实施测验和解释测验，临床工作者和研究者要接受全面的培训。我们将考察两种人格测验：客观测验和投射测验。心理学家经常结合运用不同的测量方法，以期全面理解个体的人格。

客观测验

人格的客观测验计分和施测相对简单，有明确的规则。一些客观测验的计分可以通过计算机程序来完成。最后的分数通常是沿着单一维度（如从适应到不适应）分布的一个单独的数字，或者是在不同特质（如冲动、依赖、外向）上的一组分数，这些分数一般与常模样本的分数同时报告。

自陈式问卷是一种客观测验，参与者要回答关于自己的想法、感受和行为的一系列问题。《伍德沃斯个人资料表》是最早的自陈式问卷之一（编写于 1917 年），它向参与者提出诸如"你经常在午夜感到害怕吗？"等问题（见 DuBois, 1970）。如今接受**人格量表**（personality inventory）测验的人会读到一系列陈述，并判断每一条陈述"对"或"错"，或者判断这些陈述符合自己的程度。我们来考察两种主要的人格问卷，《明尼苏达多相人格测验》（Minnesota Multiphasic Personality Inventory，简称MMPI）以及《NEO 人格量表》（NEO-PI）。

MMPI 《明尼苏达多相人格测验》是 1930 年代由美国明尼苏达大学的心理学家哈撒韦（Starke Hathaway）和精神病学家麦金利（J. R. McKinley）编制的（Hathaway & McKinley, 1940, 1943）。该测验的主要目的是根据精神病学标签来对个体进行诊断，最初的测验由 550 个项目组成，参与者要判断每个题目是否符合自己的情况或"不确定"。研究者从这些题库中选择问题，制作了与精神病患者所表现出的各种问题相关的量表。

MMPI 量表不同于其他已有的人格测验，因为其编制采用了实证策略，而不是当时占主导地位的直觉和理论的取向。量表是否采用某个项目，完全取决于它是否能清楚地区分两个群体，如精神分裂症病人和正常人。每个项目都必须通过组内成员对其回答相似但两组成员对其回答不同来证明其有效性。因此，这些项目不是根据理论来选择的（这些内容对专家而言意味着什么），而是根据实证来选择的（是否区分了两个组）。

MMPI 有 10 个临床量表，每个量表都能区分一个具体的临床组（如精神分裂症病人）和正常的对照组。此外，MMPI 还包含效度量表，用以检测可疑的回答模式，诸如明显的不诚实、粗心、防御和逃避。测验人员解释 MMPI 时，会首先检查效度量表以确认测验是有效的，然后再看临床量表分数。分数的模式——哪方面的得分最高，分数存在哪些差异——组成"MMPI 剖面图"。个人的"MMPI 剖面图"被用来与特定群体（如重罪犯或赌徒）的剖面图进行比较。

在 1980 年代中期，MMPI 经历了一次大的修订，现被称为 MMPI-2（Butcher et al., 2001）。MMPI-2 为了更好地反映当代的问题，进行了语言和内容的更新，并根据新的数据制定了常模。同时，MMPI-2 还新增加了 15 个内容量表，这些量表部分地是从理论推导出来的。15 个临床相关主题（如焦虑或家庭问题）中的项目是根据两个标准选择的：第一，项目在理论上与该主题有关；第二，项目在统计上能构成同质的量表，即每个量表测量的是统一的单一概念，**表 13.6** 和**表 13.7** 是 MMPI-2 的临

表 13.6　MMPI–2 临床量表

疑病症（Hs）：对身体机能异常地关心

抑郁症（D）：悲观；无望；思想及行动迟缓

癔病（Hy）：无意识地以心理问题来回避冲突和责任

精神病态（Pd）：漠视社会习俗；情绪肤浅；不能吸取经验教训

男子气—女子气（Mf）：男性和女性反应的差异

妄想狂（Pa）：猜疑；夸大和被害妄想

精神衰弱（Pt）：痴迷；强迫；恐惧；内疚；优柔寡断

精神分裂症（Sc）：古怪；反常的思想或行为；退缩；幻觉；妄想

轻躁狂（Ma）：情绪激动；思维奔逸；过于兴奋

社会内向（Si）：害羞；对他人不感兴趣；不安

表 13.7　MMPI–2 内容量表

焦虑紧张量表	逆反社会量表
恐惧担心量表	A 型行为量表（工作狂）
强迫固执量表	自我低估（低自尊）量表
抑郁空虚量表	社会不适量表
关注健康量表	家庭问题量表
古怪思念量表	工作障碍量表
愤怒失控量表	反感治疗量表（对医生和治疗的消极态度）
愤世嫉俗量表	

床量表和内容量表，你会发现大部分临床量表测量了几个相关的概念，而内容量表的名称则较为简单，不言自明。

因为 MMPI-2 在临床研究和实践中起着如此关键的作用，所以研究者继续评估该测验的信度和效度，以确保临床判断的准确性。该项研究的重要方面被收入了 2008 年面世的 MMPI-2-RF（RF 代表重组版）（Tellegen & Ben-Porath, 2008）。MMPI-2-RF 包含修订后的临床量表，对 MMPI-2 的临床量表进行了补充。这样做的目的是能够更好地区分不同类型的心理障碍患者。修订后的临床量表已开始接受信度和效度测试，这将使心理学工作者们能够恰当地使用 MMPI-2-RF（Forbey et al., 2010; Rouse et al., 2008）。

NEO-PI　如前所述，MMPI 是为了评估有临床问题的个体。相形之下，NEO-PI 则是为了评估正常成人的人格特点，它测量我们先前讨论过的人格的五因素模型。如果你做了 NEO-PI，你会得到一个剖面图，显示你相对于一个大的常模样本在人格的五个维度上的标准分数。这五个维度分别是神经质、外向性、开放性、宜人性和尽责性（Costa & McCrae, 1985）。最近的 NEO-PI-3 评估了五个主要因素内包含的 30 个独立特质（McCrae et al., 2005）。例如，神经质维度下有六个分量表：焦虑、愤怒敌意、抑郁、自我意识、冲动性和脆弱性。很多研究已经证明 NEO-PI 的各个维度有良好的信度和效度（McCrae et al., 2004, 2011）。人们用 NEO-PI 来研究人格的稳定性和毕生变化，以及人格特点与生理健康和各种生活事件（如职业成功或者提前退休等）的关系。

投射测验

如前所述，人格的客观测验有两种形式：要么给受测者一系列的陈述，要求他们给出简单的回答（"是""否"或"不确定"），要么要求受测者根据给定的维度（如焦虑对不焦虑）给自己评分。因此这两种方法都要求受测者从预先给定的回答中选出一个。相比之下，投射测验对回答的范围并不做预先的规定。在**投射测验**（projective test）中，给受测者有意呈现一系列模糊的刺激，如抽象的图形、不完整的图片或有多种解释的图画。受测者可能被要求描述抽象的图形、画完不完整的图片或讲述图画中的故事。投射测验最先由精神分析学家使用，他们希望通过这种测验揭示病人无意识的人格动力。因为刺激是模糊的，受测者的反应部分地取决于其将什么样的内在情感、个人动机和先前生活经验里的冲突带入情境。这些被投射到刺激上的个人的、特异的方面，使人格评估者能够做出各种不同的解释。

投射测验是心理学从业者使用最多的人格评估工具之一（Butcher, 2010; Musewicz et al., 2009）。然而正是因为使用广泛，批评者也经常担心人们滥用投射测验。接下来将介绍两种最常见的投射测验，即罗夏墨迹测验和主题统觉测验，并对这些测验的效度问题进行讨论。

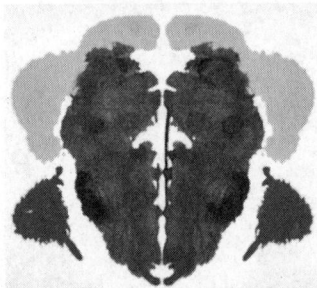

图 13.10　与罗夏测验相似的墨迹图
你看到了什么？你对该墨迹的解释是否揭示了你的人格特征？（见彩插）

罗夏墨迹测验　罗夏墨迹测验由瑞士精神病学家**赫尔曼·罗夏**（Herman Rorschach）在 1921 年创立。模糊刺激是对称的墨迹图（Rorschach, 1942），有黑白的，也有彩色的（见**图 13.10**）。测验时向参与者呈现墨迹图，然后问"这可能是什么？"要让参与者确信答案没有对错之分（Exner, 1974）。施测者逐字记录参与者所说的话、回答前思考的时间、在每张墨迹图上总共花了多少时间，以及参与者拿墨迹图卡片的方式。然后，在第二阶段，也就是询问阶段，提醒参与者他们之前给出的回答，并要求做详细说明。

施测者主要根据三个特征给这些回答打分：（1）定位，即参与者在回答时提及卡片的哪个部分，是提及卡片的整体还是部分，以及所提到的细节的大小；（2）内容，即看到的客体和活动的性质；（3）决定因素，卡片的哪个方面（如颜色还是阴影）引发了回答。计分者可能还要注意回答是原创的、独特的，还是常见的、从众的。

你也许会认为，模糊的墨迹图会引发无法解释的各种反应。实际上，研究者已经为罗夏墨迹测验的回答设计了一套综合的计分系统，以便对不同的受测者进行比较（Exner, 2003; Exner & Weiner, 1994）。例如，该计分系统对人们常见的回答内容进行了分类。这些类型包括整个人（回答提到或暗示整个人形）和血迹（回答提到血迹，包括人或动物的）。研究者开发了一些培训程序，以确保临床工作者可以学习可靠地使用综合计分系统（Hilsenroth et al., 2007）。此外，研究者还进行了正式的研究，以确定这一计分系统得出的结果能否用来诊断特定的心理障碍，如创伤后应激障碍（Arnon et al., 2011）。然而，从业者还是会根据人们对罗夏墨迹的回答做出诊断，尽管并没有确凿证据可以支持他们的这些推论的有效性。因此罗夏墨迹测验仍然备受争议（Garb et al., 2005）。

主题统觉测验　　主题统觉测验是由**亨利·默里**（Henry Murray）于 1938 年创立的。施测者向参与者呈现情景模糊的图片，要求参与者根据这张图片讲述一个故事，描述情景中的人在做什么，想什么，故事是怎么开始的，又是怎么结束的（见**图 13.11**）。主题统觉测验的施测者要评价故事的结构和内容，以及个体讲述故事时的行为，以便揭示受测者的主要问题、动机和人格特征。例如，如果受测者的故事提到了履行自身义务的人，并且故事的讲述方式严谨有序，那么施测者就可能将受测者评为有尽责性。与罗夏测验一样，批评者指出，主题统觉测验常常被用于其效度还未得到证实的领域（Lilienfeld et al., 2001）。第 11 章曾提到主题统觉测验得到研究支持的一个应用：主题统觉测验常被用来揭示主导需要（如对权力、接纳和成就动机的需要）的个体差异（McClelland, 1961）。研究者还使用主题统觉测验来研究群体差异，如医学院学生的主导需要的代际变化（Borges et al., 2010）。

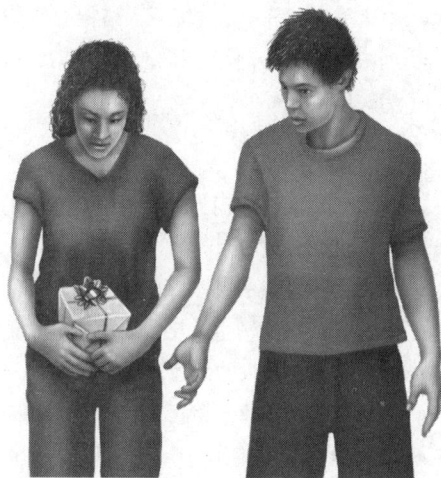

图 13.11　主题统觉测验中使用的图片类型
你会讲一个什么样的故事？你的故事揭示了你的什么人格？

在你了解这些人格评估工具的过程中，你是否看出了它们与你之前学过的人格理论之间的关系？之前你已看到，每种人格理论都阐述了人类经验的不同方面，这里，同样的结论也适用于人格测评：每种测评工具都为我们理解个体的人格提供了独特的视角。临床工作者在进行人格测评时最常使用组合测验。

在本章最后，请你根据刚学习的知识思考一系列问题：如果心理学家研究你，你的人格会被他们描述成什么样？他们会认定哪些早期经验影响着你现在的行动和思维？在你当前的生活中，哪些环境对你的想法和行为产生了强烈的影响？是什么使你异于那些与你处在同样情境中的人？你现在会明白，每种人格理论都为你回答这些问题提供了一个框架。假设现在就需要描绘你的心理肖像，你会从哪里开始？

STOP 停下·来检查一下

❶ MMPI 的 10 个临床量表的用途是什么？

❷ NEO-PI 的用途是什么？

❸ 临床医生用来解释罗夏墨迹测验的三个主要特征是什么？

要点重述

人格的特质理论

- 一些理论家认为特质（分布于连续维度上的属性）是构成人格的基石。
- 五因素模型是一个人格体系，它描绘了常见特质词汇、理论概念和人格量表之间的关系。
- 双生子和领养子研究显示人格特质具有部分遗传性。
- 当根据相关心理特征来定义情境时，人们会表现出行为一致性。

心理动力学理论

- 弗洛伊德的心理动力学理论强调本能的生物能量是人类动机的来源。
- 弗洛伊德理论的基本概念包括：驱动和指引行为的心理能量、作为毕生人格主要决定因素的早期经验、精神决定论和强大的无意识过程。
- 人格结构由本我、超我和起协调作用的自我组成。
- 对无法接受的冲动的压抑和自我防御机制的形成可减轻焦虑并提升自尊。
- 阿德勒、霍妮、荣格等后弗洛伊德理论者更为强调自我的功能和社会因素，更少关注性驱力，他们把人格发展视为一个终生的过程。

人本主义理论

- 人本主义理论关注自我实现，即个体的成长潜能。
- 人本主义理论兼具整体论、内在倾向论和现象学取向。
- 有人本主义传统的当代理论关注个体的人生故事。

社会学习和认知理论

- 社会学习理论强调把人格和行为的个体差异理解为不同强化史的结果。

- 认知理论强调人们对环境的知觉和主观解释的个体差异。
- 朱利安·罗特强调人们对奖赏的期望，包括总的内部或外部控制点取向。
- 沃尔特·米希尔认为行为是个体和情境交互作用的结果。
- 阿尔伯特·班杜拉描述了个体、环境和行为的交互决定论。

自我理论

- 自我理论侧重于自我概念对全面理解人格的重要性。
- 人们会采取诸如自我妨碍这样的行为来维持自尊。
- 恐惧管理理论认为，自尊有助于人们应对与死亡有关的想法。
- 跨文化研究表明，个人主义文化会催生独立的自我构念，而集体主义文化会催生互依的自我构念。

人格理论的比较

- 可以通过不同人格理论在下述方面的侧重点对其进行比较：遗传对环境，学习过程对行为的先天法则，过去、现在或将来，意识对无意识，内在倾向对外在情境。
- 每种理论都为我们理解人格做出了不同的贡献。

人格测评

- 人格特点可以用客观测验和投射测验来测评。
- 最常用的客观测验 MMPI-2 被用来诊断临床问题。
- NEO-PI 是用来测量人格的五个主要维度的客观测验。
- 人格的投射测验要求人们对模糊刺激做出反应。
- 两个重要的投射测验是罗夏墨迹测验和主题统觉测验。

关键术语

人格	自我	期望
特质	压抑	控制点
五因素模型	自我防御机制	交互决定论
一致性悖论	焦虑	自我效能感
心理动力学人格理论	集体无意识	自尊
力比多	原始意象	自我妨碍
固着	分析心理学	恐惧管理理论
精神决定论	自我概念	独立的自我构念
无意识	自我实现	互依的自我构念
本我	无条件积极关注	人格量表
超我	心理传记	投射测验

14

心理障碍

下面这段文字是一位正在接受精神分裂症治疗的 30 岁女性写的：

> 我想让你了解，在如今这个时代，一个精神分裂症患者的生活是怎样的，以及得了我这种精神疾病的人要面临些什么……我生活得很正常，除非我告诉别人，否则没人能看出我有精神疾病……我服药之前的妄想可以沿着它所选择的任何一个故事线索编下去，并随意改变。随着时间的流逝，在接受帮助之前，我感觉它正在接管我的整个大脑，我是多么希望我的心智和生活能恢复到从前的样子……

你读了这段话后有何感想？

如果你的反应与其他学生相似，你会对她的困境感到悲哀；为她愿意尽最大努力来应对心理疾病引发的诸多难题感到高兴；对那些仅仅因为她的行为有时与别人不同就将其视为异类的人感到愤怒；并希望通过药物和治疗，她的状况会有所好转。这些只是临床心理学工作者和研究者以及精神科医生在试图了解和治疗心理障碍时所体验到的情绪中的几种。

这一章集中讨论心理障碍的性质和成因：心理障碍是什么，它是如何发生发展的，我们如何解释其成因。下一章将在这些知识的基础上描述用于治疗和预防心理障碍的对策。研究指出，在美国 18 岁以上的个体中，46.4% 的人在一生中的某个时期遭受过心理障碍的困扰（Kessler et al., 2005a）。这样看来，许多读者都将从本章有关心理病理学的知识中直接获益。但是，这一事实本身还不足以揭示心理疾病对个人和家庭日常生活的严重影响。在本章讨论各种类型的心理障碍时，试着想象一下每天都带着这种障碍生活的真实的人。我将与你分享他们的话语和生活，就像我在本章开头所做的那样。让我们从探讨异常这个概念开始。

心理障碍的性质

你是否曾经过度担心过？是否有过不知缘由的抑郁或焦虑？是否曾经害怕什么东西，但理智上却很清楚它不会对你造成任何伤害？你想到过自杀吗？曾经通过酗酒或滥用药物去逃避难题吗？几乎所有的人都会对其中至少一个问题做出肯定的回答，而这意味着几乎每个人都曾有过心理障碍的症状。本章将考察那些被认为不健康或异常的心理功能，人们常称之为心理病理或心理障碍。**心理病理功能**（psychopathological functioning）涉及情绪、行为或思维过程的混乱，会导致个人痛苦或阻碍个体实现重要目标的能力。在心理学研究中，**异常心理学**（abnormal psychology，也译作变态心理学）是最直接涉及理解个体思维、情绪及行为病理的本质的领域。

本节从探讨异常的确切定义开始，然后探讨其客观性问题，最后我们考察这个定义在数百年的人类历史中的演变。

确定什么是异常

说某人异常或患有心理障碍意味着什么？心理学家和其他临床工作者如何确定什么是异常？正常与异常行为之间的界限是否总是很清楚？判断一个人是否患有某种心理障碍通常是基于有特殊权威或权力的人对个体行为功能的评估。用于描述这

你想象中精神疾病患者的生活是什么样子的？

些现象的术语——心理障碍、精神疾病或异常——取决于评估者的特定视角、训练和文化背景，以及被评估者所处的情境和状态。

让我们考虑一下人们可能用来将行为标记为"异常"的七个标准（Butcher et al., 2008）：

1. 痛苦或功能障碍。个体经受痛苦或功能障碍，从而产生身体或心理衰退或丧失自由行动能力的风险。例如，如果一个男人离开家就要哭，那么他就无法追求正常的生活目标。

2. 适应不良。个体的行为方式妨碍了目标的达成，不利于个人的幸福，或者严重扰乱了他人的目标和社会的需要。比如，一个人因酗酒而无法保住工作，或者对他人的安全造成威胁，这些都是适应不良的行为表现。

3. 非理性。个体的行为或言语方式是非理性的或他人无法理解的。比如，一个人若对客观现实中不存在的声音做出反应就是非理性的行为。

4. 不可预测性。个体的行为不可预测或者不具有跨情境的稳定性，如同失去了控制一般。如果一个孩子无缘无故地用拳头打碎玻璃，他就表现出不可预测性。

5. 非常规性和统计上的罕见性。个体的行为方式在统计学上是罕见的，而且违反了可接受或可取的社会标准。但是，如果只是统计上的不常见还不能被判断为心理异常，例如拥有超常水平的智力是极为罕见的，但这是被社会赞许的。相比之下，非常低的智力也是罕见的，但这是不被社会赞许的；因此，它常常被贴上异常的标签。

6. 令观察者不适。个体会因为以某种方式令他人感受到威胁或痛苦而给他人造成不适。比如，一个女人走在人行道中间，大声地自言自语，这会让试图绕过她的其他行人感到不适。

7. 违反道德或理想标准。个体违反了社会规范对其应该如何行事的期望。比如，如果人们普遍认为照顾子女很重要，那么抛弃孩子的父母就会被认为不正常。

你能否看出为什么这些异常指标的大多数可能并不是对所有人都显而易见？以最后一条为例。如果你不想工作，按照社会规范来说这是不正常的，但它能表明你有心理疾病吗？或者我们来考虑一些更严重的症状。在我们的文化中，产生幻觉是"不好的"，因为幻觉被看作心理失调的迹象，但在将幻觉解释为来自精神力量的神秘幻象的文化中，它就是"好"的。哪一个判断是正确的？在本章的结尾，我们将考察与这类受社会文化因素影响的判断以及基于这些判断的决策相关的一些负面结果和危险。

当某种行为符合不止一种指标时，我们就更有把握将其标记为"异常"。这些指标越极端、越常出现，我们就越有把握认为它们指向异常的状态。对所有的异常来说，这些标准中没有哪一条指标是必要条件。例如，一位斯坦福大学的研究生用锤子杀害了他的数学教授，然后在办公室门上贴上"今日不办公"的字条。在审讯中，他说自己未感到内疚或懊悔。尽管缺乏个人的痛苦体验，但我们会毫不犹豫地将他的整个行为标记为异常。同样，没有哪一条标准可以单独作为充分条件来区分异常和正常的行为。正常和异常之间的差别，并不是两个独立行为类别之间的差异，而是一个人的行为与公认的异常标准的符合程度的差异。心理障碍最好被看成是心理健康和心理疾病之间的一个连续体。

你对这些关于异常的观点有何看法？尽管这些标准看起来很清楚，心理学家仍然担心其客观性问题。

客观性问题

研究者总是根据对个体行为的评估来判断其是否有心理障碍或者异常；许多研究者的目标是客观地做出没有任何偏差的判断。对某些心理障碍（如抑郁或精神分裂症）的诊断常常很容易符合客观性标准，而对其他一些心理障碍的诊断则比较难。正如你在学习心理学的过程中所看到的，行为的意义是由其内容和背景共同决定的。同样的行为在不同的情境中会传递非常不同的含义。一个男人吻另一个男人，这在美国可能是同性恋关系的一种信号，但在法国则是一种礼节性的问候，而在西西里岛则表示黑手党的"死亡之吻"。行为的意义总是取决于情境。

让我们看看为什么客观性是一个重要的议题。历史上有很多为了维护道德或政治权力而做出异常诊断的例子。请看 1851 年发表在一份医学杂志上的一篇题为《黑人的疾病和身体特征》的报告，其作者塞缪尔·卡特赖特（Samuel Cartwright）医生曾被路易斯安那医学协会任命为委员会主任，专门调查非裔美国奴隶的"奇怪"行为。人们收集了"无可争议的科学证据"来证明奴隶制的正当性。他们发现了几种白人以前没听过的"疾病"。其中一个发现是，他们断言黑人们患有一种感觉疾病，这种疾病使他们在"受惩罚时对于疼痛"不敏感（所以，不需要吝惜使用皮鞭）。这个委员会还发明了一种叫漂泊症（drapetomania）的疾病，这是一种寻求自由的躁狂症——一种造成奴隶从奴隶主那里逃走的心理疾病。逃走的奴隶要被抓起来，以便他们的疾病能得到适当的治疗（Chorover, 1981）！

一旦一个人被标定为"异常"，人们在解释其后来的行为时就会倾向于证实这种判断。**大卫·罗森汉**及其同事的实验表明，在一个"精神失常的地方"，人是不可能被判断为"正常"的（Rosenhan, 1973, 1975）。

研究特写

罗森汉和另外 7 个精神正常的人通过假装有一种单一的症状——幻觉——而被收入不同的精神病院。这 8 个假病人在入院时被诊断为患有偏执型精神分裂症或双相障碍。入院之后他们就不再伪装，在各个方面与正常人没有区别。然而，罗森汉发现，当正常人身处一个精神失常的地方时，很可能会被判断为精神失常，而他或她的任何行为都可能被重新解释以适应情境。如果这些假病人用理性的方式与医护人员讨论他们的处境，报告中就会说他们在运用"理智化"的防御机制。他们将其观察所得做了笔记，而这成了他们"书写行为"的证据。这些假病人继续留院待了近三周时间，却没有一个人被医护人员认为是正常的。当他们在配偶或同事的帮助下终于获准出院时，他们的出院诊断仍旧是"精神分裂症"，但"有所缓解"，意思是他们的症状不再活跃。

罗森汉的研究展示了对异常的判断如何依赖于行为本身之外的因素。

在精神科医生**托马斯·萨茨**（Thomas Szasz）看来，精神疾病甚至根本就不存在——它只是一个"迷思"（Szasz, 1974, 2004）。萨茨认为，作为精神疾病证据的那

塞勒姆巫术审判是清教徒殖民者为了追究一些（女孩）可怕的怪异行为而孤注一掷的产物。殖民者推测，这些症状都是魔鬼造成的，魔鬼通过世俗女巫的力量控制了年轻女性的灵魂和身体。

些症状只是一些医学标签，用于标定那些违反了社会规范的不正常的人，以便专业人士对这些社会问题进行干预。一旦被贴上标签，这些人就会因为他们"与他人有别"的问题而受到善意或严厉的对待，从而不会扰乱社会现状。

很少有临床工作者会这么极端，主要原因在于，许多研究和治疗的重点是为了理解和减轻个人的痛苦。对于本章所描述的大部分障碍，个体的确能意识到自己的行为是不正常的，或者不适应所处的环境。即使如此，我们这里的讨论仍表明，可能并不存在完全客观的异常评判标准。当你学习每种类型的心理障碍时，试着去理解为什么临床工作者认为，对个人而言，这些症状所代表的行为模式比单纯的违反社会规范更严重。

心理障碍的分类

为什么心理障碍的分类系统很有用？与从整体上评定一个人是否异常相比，区分不同类型的异常有哪些好处？**心理诊断**（psychological diagnosis）是通过把观察到的行为模式归类到公认的诊断系统中而给某种异常贴上的标签。做这种诊断在很多方面都比医学诊断更困难。在医学场景中，医生可以依据实物证据如 X 光片、血液化验、活组织检查来做出诊断。但在心理障碍的诊断中，其依据来自对人的行为的解读。为了使不同临床工作者的诊断更为一致，同时也为了使他们的诊断性评估更具条理性，心理学家协助建立了一套诊断和分类系统，它提供了关于症状的准确描述，还提供了帮助临床工作者确定一个人的行为是否属于某种障碍的其他标准。

为了发挥最大的作用，分类系统应当具有以下三点好处：

- 通用的简略语言（术语）。为了便于在心理病理学领域工作的临床医生和研究者快速而清晰地互相理解，从业者寻求一套有着公认含义的共同术语。一个诊断类别，例如抑郁，概括了大量复杂的信息，包括特征性症状以及此障碍的典型病程。在临床环境中，如诊所或医院，一个诊断系统可以使精神卫生专业人员就他们正在帮助的人进行更有效的沟通。关注心理病理学的不同方面或评估治疗项目的研究者，必须在其观察的障碍上达成共识。

- 对病因的理解。理想情况下，对特定障碍的诊断应当同时明确了症状的原因。正如躯体疾病一样，同样的症状可能源于不同的障碍。分类系统的一个目标是说明为什么从业者应该将特定的症状模式解释为存在特定潜在障碍的证据。

- 治疗计划。一个诊断还应当说明，针对特定的障碍可以考虑哪些治疗方式。研究者和临床工作者发现，某些治疗或疗法对特定类型的心理障碍最有效。例如，治疗精神分裂症非常有效的药物不但不会对抑郁患者有帮助，反而还可能有害。治疗有效性和特异性方面的新进展将使快速可靠的诊断变得更加重要。

1896 年，德国精神病学家**埃米尔·克雷丕林**（Emil Kraepelin, 1855—1926）负责创建了第一个真正全面的心理障碍分类系统。他坚信心理问题有其生理基础，因而给心理诊断和分类过程带上了医学诊断的色彩，在我现在回顾的诊断系统中，这种色彩依然存在。

DSM-5　在美国，最广为接受的分类体系是美国精神医学学会制定的《精神障碍诊断与统计手册》(*Diagnostic and Statistical Manual of Mental Disorders*, DSM)，其最近的版本是 2013 年出版的第 5 版。这个版本被临床工作者和研究者们称为 **DSM-5**（DSM-5 不再使用罗马数字而改用阿拉伯数字，因为罗马数字的使用在今天的电子时代受到限制——译者注）。它对 200 余种心理障碍进行了分类、定义和描述。

　　为了减少心理障碍治疗取向的多样性造成的诊断困难，DSM 强调对症状模式以及病程的描述，而不太强调病因理论和治疗策略。纯描述性的术语使临床工作者和研究者能够用共同的语言来描述问题，同时为意见分歧和继续研究哪些理论模型最能解释问题留下了空间。

　　DSM 的第 1 版于 1952 年问世（DSM-Ⅰ），列出了几十种精神疾病。1968 年推出的 DSM-Ⅱ 修订了该诊断系统，使之与另一个常用的系统——世界卫生组织的《国际疾病分类》(ICD) 更兼容。DSM 的第 4 版（DSM-Ⅳ, 1994）是委员会的学者们经过几年的大量工作之后出版的。为了做出这些改动（在 1987 年出版的 DSM-Ⅲ 修订版的基础之上），这些委员们仔细审查了大量的心理病理学研究，亦验证了这版提出的修改意见在实际临床环境中的可行性。DSM-Ⅳ-TR（2000 年出版）整合了 DSM-Ⅳ 出现之后积累的研究文献。由于这些修改对文本内容的影响很大，但对分类系统基本没有影响，因而将这次"文本修订"形式的版本命名为 DSM-Ⅳ-TR。DSM-5 删除了 DSM-Ⅳ-TR 中的一些诊断，增加了一些新的诊断，并修订了其他的诊断标准。此外，DSM-5 试图将心理障碍的维度观整合进一些障碍的诊断中，特别是孤独症和人格障碍。在简要了解了 DSM 的历史后，你可能就不会对委员会专门召开会议讨论将最新的研究成果引入 DSM-5 感到奇怪了。在"生活中的批判性思维"专栏中，你会了解到将新障碍纳入 DSM-5 的过程。

　　为了鼓励临床工作者考虑可能与心理障碍相关的心理、社会和躯体因素，DSM-Ⅳ-TR 采用了不同的维度或轴来描述所有这些因素的信息。轴 Ⅰ 包括了大部分主要的临床障碍。这里包括了除智力迟滞外的所有童年期出现的障碍。轴 Ⅱ 罗列了智力迟滞和人格障碍，这些问题可能伴随轴 Ⅰ 障碍。轴 Ⅲ 加入了关于一般疾病的信息，如糖尿病，这些因素可能与了解和治疗轴 Ⅰ 或轴 Ⅱ 的障碍有关。轴 Ⅳ 和轴 Ⅴ 为制定个体的治疗计划或评估预后（对将来病情发展的预测）提供了有用的补充信息。轴 Ⅳ 评估可能解释患者的压力反应及压力应对资源的心理社会和环境问题。在轴 Ⅴ 上，临床工作者对个体功能的整体水平做出评价。依据 DSM-Ⅳ-TR 做出正式诊断需要考虑每一个轴。

　　DSM-5 脱离了轴向系统，更接近国际上普遍使用的《国际疾病分类》(ICD)。以前的轴 Ⅰ、轴 Ⅱ 和轴 Ⅲ 被整合为整体的诊断体系。重要的心理社会和环境因素（以前的轴 Ⅳ）和残障（以前的轴 Ⅴ）则由临床医生单独加以注释。其目的是在患者的诊断或症状之外，单独考虑个体的功能状态。

　　本章将提供一些特定心理障碍发病率的估计值。这些估计值来自一些收集了大规模人口样本精神健康史的研究项目。我们有一年和一生中各种障碍的患病率数据（Kessler et al., 2005a, 2005b）。本章会大量引用美国国家共病研究（National Comorbidity Study, NCS）的数据，此研究的样本是 9 282 名 18 岁及以上的美国成年人（Kessler et al., 2005a）。需要强调的是，同一个体在人生的某个阶段常常会同时经历多种障碍，这种现象称为**共病**（comorbidity）（患病是指疾病的发生，共病是指几

种疾病同时发生）。上述研究发现，在 12 个月内经历过某种障碍的患者中，有 45%
的人实际上同时存在两种或多种障碍。研究者已开始对不同心理障碍的共病模式进
行深入的研究（Kessler et al., 2005b）。

诊断类别的演变　诊断类别以及用来组织和呈现这些类别的方法，随着 DSM 的每
一次修订而改变。这些变化反映了大部分心理健康专业人员关于到底什么是心理障
碍以及如何划分不同类型的障碍的看法的演变，同时也反映了公众对什么是异常行
为的看法的变化。

在每次 DSM 的修订过程中，都有一些诊断类别被舍弃，而另一些被添加进来。
例如，随着 1980 年 DSM-Ⅲ 的出台，传统上神经症性和精神病性障碍之间的区分就
被取消了。**神经症性障碍**（neurotic disorders），或神经症，最初被认为是相对常见的
心理问题，个体没有脑异常的迹象，没有表现出严重的非理性思维，也没有违反基
本的规范，但确实体验到主观痛苦，或者使用了自我挫败或不恰当的应对策略。**精
神病性障碍**（psychotic disorders），或精神病，被认为在性质和严重程度上有别于神
经症问题。精神病患者的行为明显偏离了社会规范，还伴有理性思维及一般情感和
思维过程的深度混乱。DSM-Ⅲ 顾问委员会认为神经症性障碍和精神病性障碍这样的
术语太过宽泛，作为诊断类别没有多大用处（但许多精神科医生和心理学家仍在沿
用这些术语来描述一个人的总体障碍水平）。

我想指出诊断类别随时间推移而变化的最后一个方面。从历史上看，精神疾病
患者经常会被贴上所患障碍的标签。例如，临床工作者将患者称作"精神分裂症患者"
或"恐怖症患者"，但这种现象不会出现在躯体疾病患者的身上——患有癌症的人从
来不会被称为"癌症患者"。现在，临床工作者和研究者会注意将个体与诊断结果区
分开来。人们患有精神分裂症或恐怖症，就像他们患有癌症或
流感一样。希望适当的治疗方法能够缓解每一种疾病，直到这
些治疗方法不再适用于这个人。

精神失常的概念　在探讨心理疾病的原因之前，我们先来简
单看一下何为精神失常。DSM-5 中并没有**精神失常**（insanity）
这个概念。临床上也没有精神失常的公认定义。相反，精神失
常是一个属于流行文化和法律体系的概念。法律上对精神失常
的处理可以追溯到 1843 年的英格兰，当时迈克纳顿因精神失常
而未被判谋杀罪。迈克纳顿的谋杀对象是英国首相（然而他却
误杀了首相的秘书），他深信上帝指示自己来实施这次谋杀。鉴
于迈克纳顿的妄想症，他并未被送进监狱，而是被送进了精神
病院。

这一判决所引发的愤怒（甚至维多利亚女王也被激怒了）
促使英国上议院制定了一项被称为迈克纳顿规则的指导方针，
以限制有人假借精神失常而逃脱法律的制裁。该规则明确规定，
罪犯必须"不了解自己行为的性质和意义，或者即便了解这些，
他也不知道自己的行为是错的"。对于判定有罪或无罪，迈克纳
顿规则看起来公平吗？随着对精神疾病了解的增加，研究者进
一步认识到，在某些情况下，罪犯能够区分对错，能够理解自
己正在做的事情是不合法的或不道德的，但是仍然无法抑制自

在试图谋杀众议员加布里埃尔·吉福兹的过程中，贾里
德·拉夫纳杀死了 6 人。评论员们争论他是否符合精
神失常的定义。为什么"精神失常"的法律定义会随着
时间的推移而改变？

己的行为。

尽管精神失常辩护在媒体上受到了极大的关注，公众也因此对其有了更多的认识，但这类辩护还是太少了（Kirschner & Galperin, 2001）。例如，一项研究发现，在马里兰州巴尔的摩市的 60 432 起诉讼案中，只有 190 名被告（0.31%）使用了精神失常辩护，而其中只有 8 人（4.2%）辩护成功（Janofsky et al., 1996）。所以，你作为陪审团的一员来判定一个人精神正常与否的机会极少。

心理障碍的病因

病因（etiology，也译作病因学、病原学）是指引起或促使心理障碍和医学疾病形成发展的因素。只有了解障碍为什么会产生，其根源是什么，它如何影响思维、情绪和行为过程之后，我们才可能找到新的治疗途径。而且，理想情况下，还可以找到新的预防方法。在对每种障碍的讨论中，一个很重要的部分是分析具体原因。这一节将介绍两大类因果因素：生物学因素和心理因素。

生物学取向　基于医学模型的传统，现代生物学取向假定心理障碍可以直接归因于生物学因素。生物学研究者和临床工作者常常研究脑内的结构异常、生化过程以及基因影响。

脑是一个复杂的器官，各组成部分相互联系，维持一种微妙的平衡。脑的化学信使（即神经递质）或脑组织的细微变化，都可以产生重大影响。遗传因素、脑损伤或感染是造成这些改变的几种原因。我们已经在前几章中看到，脑成像技术的进步使得心理健康专业人员能够看到活体脑的结构和特定的生化过程。通过运用这些技术，生物学取向的研究者正在探索心理障碍与特定脑异常之间的新联系。不仅如此，行为遗传学领域的持续进展也提高了研究者识别特定基因与心理障碍之间联系的能力。接下来在我们试图理解各种形式的心理异常的本质时，我们将关注这些不同类型的生物学解释。

心理学取向　心理学取向关注心理或社会因素在心理病理发展中的作用。这种取向把个人经历、创伤、冲突和环境因素视为心理障碍的根源。关于异常的心理学模型主要有四种：心理动力学模型、行为模型、认知模型和社会文化模型。

心理动力学模型　像生物学取向一样，心理动力学模型认为心理病理的原因位于个体内部。然而，按照这一学派的创始人西格蒙德·弗洛伊德的说法，这些内部的因果因素是心理因素，而不是生物学因素。正如前几章所指出的，弗洛伊德相信，许多心理障碍仅仅是所有人都会经历的"正常"精神冲突和自我防御过程的延伸。在心理动力学模型中，童年早期经历既塑造了正常的行为，也塑造了不正常的行为。

在心理动力学理论中，行为由人们通常意识不到的驱力和愿望所驱动。心理病理症状的根源存在于无意识冲突和观念中。如果无意识中充满了冲突和紧张，个体就会被焦虑或其他障碍所困扰。这些精神冲突大部分源于本我的非理性、寻求快乐的冲动与超我强加于人的、内化的社会限制之间的冲突。自我通常是这场争斗的仲裁者，但它执行此功能的能力可能因童年期的异常发展而被削弱。个体尝试用压抑和否认等防御机制来避免动机冲突引起的痛苦和焦虑。防御可能被过度使用，以致歪曲现实或导致自我挫败的行为。个体可能把大量的精神能量用于对抗焦虑和冲突，以至于所剩的能量过少，无法过上富有成效和令人满意的生活。

行为主义模型　由于行为主义强调可观察到的反应，因此那些假定的心理动力过程对行为主义者来说没有用。行为主义者认为，异常的行为与健康的行为都是通过学习和强化获得的。他们不关注内部的心理现象或早期的童年经验。相反，他们关注现时的行为以及使行为得以维持的现时的条件或强化物。心理障碍的症状之所以出现，是因为个体学会了自我挫败的或无效的行为方式。研究者或临床工作者可以帮助患者找到那些使不被赞许的异常行为得以维持的环境事件，从而为患者提供相应治疗，以改变那些环境事件并消除不可取的行为。行为主义者通过同时依赖经典条件作用和操作性条件作用模型（回忆第 6 章）来理解那些可能导致适应不良行为的过程。

认知模型　心理病理学的认知观点常被用作行为主义观点的补充。认知观点认为，心理障碍的根源并不总是存在于由刺激情境、强化物和外显反应组成的客观现实。同样重要的是人们如何感知或看待自己以及他们与他人和环境的关系。可以引导或误导适应性反应的认知变量包括：个体感知到的对重要强化物的控制程度、个体对自己应对威胁性事件的能力的信心，以及从情境或个人因素角度对事件的解释。这种认知取向认为，心理问题是对现实情境的感知扭曲、错误的推理以及糟糕的问题解决能力造成的。

社会文化模型　心理病理学的社会文化视角强调文化在异常行为的诊断和病因学中的作用。在我们考虑客观性问题时，你可能已经感觉到了文化对诊断的影响。你看到行为在不同的文化中有不同的解释：某种特定类型的行为将会导致个体出现调适问题的阈限，部分取决于该文化背景下的人们如何看待这种行为。就病因学而言，人们所生活的特定文化情境可能造就了一种容易引发某些独特类型或亚型心理病理的环境。

　　你已经大致了解了对精神疾病起因的不同类型的解释。值得一提的是，当代研究者越来越多地从交互论的角度看待心理病理，将其视为各种生物学因素和心理因素交互作用的产物。例如，遗传倾向可能影响一个人的神经递质水平或激素水平，使这个人容易患上某种心理障碍，但可能在心理或社会压力或某些特定习得行为的作用下，此种心理障碍才会真正出现。

　　现在你已经有了一个思考异常的基本框架，接下来谈谈大家想知道的核心内容——焦虑、抑郁和精神分裂症等主要心理障碍的成因和后果。对每种障碍的描述都从患者的主观体验以及观察者对他们的印象开始。然后，我会逐一介绍主要的生物学和心理学流派对这些心理障碍病因的解释。

　　还有许多其他类型的心理障碍，我们没有时间一一考察。但对其中最重要的几个类别，我们简要概括如下：

- 物质使用障碍包括对酒精和毒品的依赖和滥用。我们曾在第 5 章关于意识状态的大背景下讨论过物质滥用问题。
- 性障碍包括性压抑或性功能障碍以及异常的性行为。
- 进食障碍，例如厌食症和贪食症，在第 11 章中讨论过。

　　当你读到各种心理障碍的典型症状和体验时，你可能会开始觉得有些特征似乎适用于你——至少某些时候——或你认识的某个人。刚开始学心理学的学生有时会患上所谓的"医学生病"——医学生倾向于将自己或认识的人诊断为患有他们正在学习的各种疾病。你在学习心理障碍的新知识时，应该尽量避免这种倾向。我们要介绍的一些障碍并不少见，所以，如果你对它们完全陌生倒是有些奇怪了。许多人都有人类的弱点，而这些弱点出现在某种特定心理障碍诊断标准的列表中。对这种熟悉性的认识可以进一步加深你对异常心理学的理解。然而应当记住，任何一种障碍的诊断都取决于多条标准，并且需要训练有素的心理健康专业人员的判断。请抵制住诱惑，不要用本章所学的新知识将你的朋友和家人诊断为心理障碍患者。然而，如果本章让你对心理健康问题感到不安，请注意，大多数院校都有为有此类问题的学生开设的咨询中心。

STOP　停下来检查一下

❶ 杰瑞非常害怕蜘蛛，除非他信任的人向他保证房间里没有蜘蛛，否则他是不会进房间的。我们根据什么标准可以判定杰瑞的行为是不正常的？

❷ 心理障碍分类的三个主要好处是什么？

❸ 为什么文化在心理病理的诊断中有一定的作用？

批判性思考：思考一下大卫·罗森汉与其他 7 人被收入精神病医院的研究。为什么他们选择"幻觉"作为他们伪装的病症？

焦虑障碍

每个人都可能在一定的生活情境中体验到焦虑或恐惧。然而，对于某些人来说，焦虑已经成了一个严重到足以影响他们有效运作或享受日常生活能力的问题。据估计，28.8% 的成年人曾经在某段时间出现过各种**焦虑障碍**（anxiety disorders）的特征性症状（Kessler et al., 2005a）。尽管焦虑在其中的每一种障碍中都扮演着关键角色，但这些障碍在焦虑体验的程度、焦虑的严重程度以及诱发焦虑的情境上有所不同。这一节将介绍六种主要的焦虑类型：广泛性焦虑障碍、惊恐障碍、恐怖症、社交焦虑障碍、强迫症和创伤后应激障碍。之后，我们还会介绍这些障碍的成因。

广泛性焦虑障碍

当一个人在至少 6 个月的时间里大部分时间都感到焦虑或担心，但没有受到任何特定危险的威胁时，临床医生就会做出**广泛性焦虑障碍**（generalized anxiety disorder）的诊断。焦虑通常集中在特定的生活境况上，比如对财务状况或亲人福祉不切实际的担忧。焦虑的表现方式——特定的症状——因人而异，但是要做出广泛性焦虑障碍的诊断，患者还必须表现出至少三种其他症状，例如肌肉紧张、容易疲倦、坐立不安、注意力难以集中、易激惹或睡眠困难。5.7% 的美国成人经历过广泛性焦虑障碍（Kessler et al., 2005a）。

由于患者无法控制担忧或将其搁置一边，广泛性焦虑障碍会导致功能受损。由于注意力集中在焦虑的来源上，个体无法充分地履行社会和工作义务。与此障碍相关的躯体症状使这些难题变得更加复杂。

生活中的批判性思维

如何将一种障碍纳入 DSM

本章将介绍 DSM-5（2013）对一些心理障碍的描述。在你思考这些障碍之前，反思一下临床工作者就是否将某种障碍纳入 DSM 达成共识的过程，将很有帮助。尽管 DSM 体量庞大，但临床观察还在继续发现新的障碍：治疗师和研究者们仔细观察人们的症状，以及这些症状是如何组合到一起的。为了通过具体的例子来理解研究者如何确定一种新障碍，我们将以暴食障碍为例。

在第 11 章中，你已经简单了解了暴食障碍（BED）。回想一下，当一个人定期出现暴饮暴食，但没有与神经性贪食症相伴随的清除行为时，就会被诊断为暴食障碍。此外，暴食障碍患者会感到无法控制自己的暴饮暴食，而暴饮暴食又会给他们带来巨大的痛苦。

注意，该定义有两个重要特征（Striegel-Moore & Frako, 2008）。首先，定义表明了暴食障碍与其他进食障碍有何不同，尽管某些症状（即暴饮暴食）存在重叠。当临床工作者提出一种新的诊断类别时，他们必须明确这一新障碍不同于已确定的障碍。其次，暴食障碍的定义中提到了一组症状。当临床工作者提出一种新的诊断类别时，他们是在断定某些特定的体验会有规律地同时出现。

从某种意义上说，障碍的定义是一个假设：提出该障碍的临床医生预测研究数据将证实人们体验到一种独特的症状组合。对暴食症而言，这些已经得到了证实。研究者在一项研究中面对面地访谈了 9 282 位美国成年人（Hudson et al., 2007）。为了确定人们是否患有暴食障碍，他们使用了 DSM 标准。在这个样本中，3.5% 的女性和 2% 的男性符合标准。这些有代表性的数据支持了假设：暴食障碍作为一种障碍，有其独特的症状和后果。

尽管如此，一些有关暴食障碍的数据却仍然鼓励研究者重新考察障碍的诊断特征（Striegel-Moore & Franko, 2008）。例如，其他进食障碍的定义中包含了"体重和体形对自我评价的过度影响"这一诊断特征（DSM-Ⅳ, 1994, p. 545），研究者已经开始考虑是否应该将这一特征也纳入暴食障碍（Grilo et al., 2008）。有研究表明，与没有受到"过度影响"的人相比，符合暴食障碍的标准且受到"过度影响"的人会体验到更大的痛苦。然而，研究者还未就纳入该特征将如何影响暴食障碍的诊断达成共识。

与其他进食障碍（无论新旧）研究一样，暴食障碍研究的目标是提供最有效的诊断。有效的诊断有助于提供恰当的治疗，最终将人们的痛苦降至最低。

- 为什么心理障碍的定义中包含了一组症状？
- 为什么说改进诊断通常能改进治疗？

惊恐障碍

与广泛性焦虑障碍中的慢性焦虑不同，**惊恐障碍**（panic disorder）患者体验到的是一种预料之外的严重的惊恐发作，可能只持续几分钟。这种发作一开始的感受是强烈的恐惧、害怕或惊慌，伴随着这些感受的是一些焦虑的躯体症状，包括自主神经系统的高兴奋性（如心率加快）、眩晕、头昏或窒息感。这种发作是无从预期的，因为它并非由情境中的具体事件导致。当一个人反复出现预料之外的惊恐发作，并且开始持续担心再次发作的可能性时，就可以诊断为惊恐障碍。研究发现，4.7% 的美国成年人经历过惊恐障碍（Kessler et al., 2006b）。

恐怖症

恐惧（fear）是对客观确定的外部危险的理性反应（例如家里着火了或者有人抢劫袭击），这种情绪可能会促使人们逃跑或出于自卫而进行攻击。相比之下，**恐怖症**（phobia，也译作恐惧症）患者持续和非理性地害怕某一特定的物体、活动或者情境，这种恐惧相对于实际的威胁来说是夸大的和非理性的。

很多人对蜘蛛或蛇（甚至多项选择题）感到不安。这种轻微的恐惧并不妨碍他们的日常活动。然而，恐怖症会干扰人们的调适，造成巨大的痛苦，并抑制实现目标的必要行动。即使非常具体、特定的恐怖症也会对一个人的整个生活产生很大的影响。DSM-5 将恐怖症划分为特定恐怖症和广场恐怖症（见**表 14.1**）。

特定恐怖症（specific phobia）是指对特定物体或情境的不合理或非理性恐惧，如表 14.1 所示。特定恐怖症可以进一步分成五种类别：动物型、自然环境型、情境型、血液-注射-损伤型及其他。比如，动物型特定恐怖症患者可能会害怕蜘蛛。恐惧反应是由特定物体或情境的出现或对其出现的预期引起的。研究表明，美国成年人中 12.5% 的人曾经体验过某种特定恐怖症（Kessler et al., 2005a）。

广场恐怖症（agoraphobia）是一种对停留在公众场所或者开阔空间的极端恐惧，因为要逃离这种地方可能很困难或者令人尴尬。有广场恐怖症的人通常也害怕拥挤的房间、商场和公共汽车等场所。他们常常担心，如果他们在家门之外遇到某种困难，比如膀胱失禁或惊恐发作，可能会得不到帮助，或者令自己十分尴尬。这些恐惧剥夺了患者的自由。在极端的例子中，他们会把自己囚禁在家中。

你能发现广场恐怖症与惊恐障碍的联系吗？对于一些（不是所有）患有惊恐障碍的人来说，对下一次惊恐发作的恐惧——由此产生的无助感——足以使他们足不出户。有广场恐怖症的人可能离开安全的家，但几乎总是伴随着极度的焦虑。

社交焦虑障碍

社交焦虑障碍（social anxiety disorder）是指一个人由于预期进入公共场合后会被他人观察到而产生的一种持久的、非理性的恐惧。一个有社交焦虑障碍的人害怕自己做出令人难堪的举止。他能意识到这种恐惧其实是多余的，没有理由的，但还是被恐惧所驱使，去回避那些可能被他人审视的场合。社交焦虑障碍常常涉及一种自我实现的预言。一个人可能很害怕他人的审视和拒绝，以至于造成过度的焦虑，影响了自己的表现。即使是积极的社会交流也会引起社交焦虑障碍患者的焦虑：他们担心设立了自己未来无法达到的标准（Weeks et al., 2008）。在美国成人中，12.1% 的人经历过社交焦虑障碍（Ruscio et al., 2008）。

表 14.1　常见的恐怖症
特定恐怖症
动物型
猫
狗
昆虫
蜘蛛
蛇
啮齿动物
自然环境型
风暴
高度（恐高症）
血液-注射-损伤型
血液
针头
情境型
封闭空间（幽闭恐怖症）
铁路

为什么广场恐怖症会使人成为自己家中的"囚犯"？

强迫症

一些焦虑障碍患者无法摆脱特定的思维和行为模式。考虑下面的案例：

> 大约一年以前，17岁的吉姆还是个正常的青少年，才华横溢，兴趣广泛。然后，一夜之间，他变成了一个孤独的旁观者，被他的心理问题排除在社交生活之外。具体来说，他对清洗产生了痴迷。"自己很脏"这一信念在他脑海里挥之不去，尽管他的理性告诉他事实并非如此。他开始花大量的时间来洗掉自己想象出来的污垢。起初，他的仪式化清洗行为只在周末或者晚上出现，但不久就占据了他所有的时间，迫使他不得不退学（Rapoport，1989）。

为什么患有强迫症的人会有反复洗手之类的行为？

吉姆所患的障碍被称为**强迫症**（obsessive-compulsive disorder, OCD），据估计，1.6%的美国成年人在一生中的某个时间曾受过这种障碍的困扰（Kessler et al., 2005a）。强迫观念指的是一些想法、表象或冲动（比如吉姆认为自己不干净），尽管个体努力抑制，它们还是反复出现或持续存在。强迫观念是对意识的一种不受欢迎的入侵，它们似乎毫无意义或令人讨厌，而且对于经历者而言也是难以接受的。你可能有过轻微的强迫体验，比如，有时会冒出一些小的担心："我是不是真的锁了门"或"我是不是关了烤箱"。强迫症患者的强迫观念更加不可抗拒，造成更多的痛苦，而且可能干扰他们的社交和工作。

强迫行为指的是重复的、有目的的动作（例如吉姆的清洗行为），是按照特定的规则或仪式化的方式对某种强迫观念做出的回应。做出强迫行为是为了减少或预防与某些可怕的情境相联系的不适感，但其本身是不合理的或者明显过度的。典型的强迫行为包括不可抑制的清洁行为、检查灯或电器是否关好、清点物品或财产。

至少在一开始，强迫症患者会抵制其强迫行为。当他们平静时，他们认为自己的强迫行为是毫无意义的。但当焦虑来临时，为了缓解紧张，仪式化的强迫行为似乎有一种不可抵挡的力量。有这种心理问题的人所体验到的痛苦，部分源于一种挫败感，因为他们意识到强迫观念本质上是非理性的或过度的，却又无法消除它们。

创伤后应激障碍

第12章描述了创伤性事件的一种心理后果：人们会经历创伤后应激障碍（PTSD），这是一种焦虑障碍，其特征是通过痛苦的回忆、梦境、幻觉或闪回持续地重新体验那些创伤性事件。人们可能因遭遇强奸、危及生命的事件或严重伤害以及自然灾害而患上创伤后应激障碍。无论是创伤的受害者，还是目睹他人受到创伤的人都有可能罹患创伤后应激障碍。患有这种障碍的个体也可能同时有其他心理疾病，如重性抑郁、物质滥用问题和自杀企图（Pietrzak et al., 2011）。

研究表明，大约 6.4% 的美国成年人会在一生中的某个时候经历创伤后应激障碍（Pietrzak et al., 2011）。研究一致表明，大多数成年人都曾经历过可被定义为创伤性的事件，例如严重的事故、悲惨的死亡事件或者身体虐待或性虐待（Widom et al., 2005）。一项考察了 1 824 名瑞典成年人的研究发现，他们中有 80.8% 的人曾经历过至少一次创伤性事件（Frans et al., 2005）。该样本中，男性经历创伤性事件的次数多于女性，但女性患创伤后应激障碍的可能性是男性的两倍。研究者认为，这一差异可能是因为女性在应对创伤性事件时更加痛苦。

影响巨大的创伤性事件发生后的 PTSD 患病率受到了研究者的广泛关注。回想一下，第 12 章中的一项研究发现，2001 年 9 月 11 日从世贸中心逃离的人中，约 15% 的人在这次恐怖袭击的两到三年后符合 PTSD 的诊断标准（DiGrande et al., 2011）。

创伤后应激障碍严重扰乱了患者的生活。研究者们如何探索 PTSD 以及其他焦虑障碍复杂的成因？对病因的了解能够为我们带来消除这些心理痛苦的希望。

焦虑障碍的成因

心理学家如何解释焦虑障碍的形成？我们前面列举的四种病因学取向（生物学取向、心理动力学取向、行为取向和认知取向）分别强调不同的原因。让我们分析一下每种取向在理解焦虑障碍的原因时有何独到之处。

生物学取向　许多研究者提出，焦虑障碍有其生物学根源。一种理论试图解释为什么某些恐怖症，如害怕蜘蛛或高处，比对其他危险（如电）的恐惧更常见。因为很多恐惧是跨文化共有的，故此有人提出，在进化的某个时期，某些恐惧增加了我们祖先生存的机会。也许人类生来就有一种倾向，害怕那些在进化史上曾经与严重危险来源有关的事物。这个理论被称为预备假设，它提出我们携带着一种进化倾向，即对从前害怕过的刺激做出快速和"不假思索"的反应（Lobue & Deloache, 2008; Öhman & Mineka, 2001）。然而，这个假设不能解释那些在进化史上没有适应意义的恐怖症，比如害怕针头、害怕开车或害怕电梯。

某些药物能够缓解焦虑症状，另一些药物可以导致焦虑症状，这成为生物学因素在焦虑障碍中发挥作用的证据（Croarkin et al., 2011; Hoffman & Mathew, 2008）。如第 3 章提到的，当脑内神经递质 GABA 的水平降低时，人们通常会产生焦虑的感受。大脑中神经递质 5- 羟色胺的紊乱也与某些焦虑障碍有关。在第 15 章我们将看到，影响 GABA 或 5- 羟色胺水平的药物被成功地用来治疗某些类型的焦虑障碍。

研究者还使用脑成像技术来考察这些障碍的脑基础（Radua et al., 2010; van Tol et al., 2010）。例如，PET 扫描发现，惊恐障碍患者与控制组个体大脑中 5- 羟色胺受体的功能存在差异（Nash et al., 2008）。这些差异可能有助于解释惊恐障碍的发作。在另一个例子中，MRI 技术揭示了强迫症患者脑中广泛存在的异常。例如，强迫症患者脑中负责抑制行为的区域的皮质比一般人厚（Narayan et al., 2008）。这一大脑异常可能阻碍了神经元之间的通讯，在一定程度上可以解释为什么强迫症患者难以抑制自己的行为冲动。

最后，家庭和双生子研究发现，焦虑障碍的易感性有遗传基础（Hettema et al., 2005; Li et al., 2011）。例如，一对男性同卵双生子都患有社交恐怖症或特定恐怖症的概率始终要高于男性异卵双生子（Kessler et al., 2001）。不过，仍然要记住，先天和后天永远是相互作用的。例如，回忆一下第 13 章，人格的很多方面是可遗传的。研究表明，基因对创伤后应激障碍的部分影响是因为具有不同人格特质的个体会做出不同的人生选择，从而增加或减少他们经历创伤的可能性（Stein et al., 2002）。

心理动力学取向 心理动力学模型首先假设，焦虑障碍的症状源自潜在的精神冲突或恐惧。这些症状的目的是试图保护个体免受心理痛苦。所以，惊恐发作就是无意识冲突突然进入意识中的后果。假定一个孩子压抑了自己想要逃避糟糕的家庭环境的内心冲突。在他长大后，一个能够象征这一冲突的客体或情境可能会激发他的恐怖症。比如，一座桥可能象征着这个人从家庭跨越到外部世界的通道，看到桥就会迫使无意识冲突进入意识，引起恐怖症中常见的恐惧和焦虑。回避桥则是一种象征性的努力，是为了远离童年期在家中经历的焦虑。

在强迫症中，强迫行为被看作是试图移除焦虑的一种努力，这种焦虑由与之相关但更令人恐惧的欲望和冲突造成。个体通过某种替代的强迫观念获得一些解脱，这种强迫观念象征性地表达了那些被禁止的冲动。例如，我们之前描述过的青少年吉姆，他体验到的那种害怕脏的强迫观念，可能源于对性活动的渴望与害怕名声受到"玷污"之间的冲突。强迫性地执行一项次要的仪式化的任务，也能使个体避开最初引发无意识冲突的那个问题。

行为取向 对焦虑的行为解释强调，焦虑障碍的症状是强化或条件作用的结果。研究者不去探究潜在的无意识冲突或者早期童年经验，因为这些现象不可能直接观察到。正如我们在第 6 章中看到的，行为主义理论经常被用来解释恐怖症的形成，这种理论将其视为由经典条件作用导致的恐惧。回忆一下小阿尔伯特，约翰·华生和罗莎莉·雷纳曾训练他害怕一只大白鼠。行为主义的解释认为，一个先前中性的物体或情境伴以恐怖体验一起出现后，会变成一个恐怖刺激。例如，当一个孩子靠近蛇时，他的妈妈大叫着警告他，这可能会使他建立起对蛇的恐惧。在这次经历之后，即使想到蛇，他也会产生一阵恐惧。当一个人逃离他害怕的情境时，焦虑会减少，这使得恐怖症得以维持。

对强迫症的行为分析表明，强迫行为往往能够减少与强迫观念有关的焦虑，如此就强化了强迫行为。例如，如果一个女人害怕碰到垃圾会被污染，她反复洗手以降低焦虑，这样洗手行为就得到了强化。与恐怖症的情形类似，由于强迫行为之后焦虑有所降低，强迫行为从而得以维持下来。

认知取向 焦虑的认知视角聚焦于可能歪曲一个人对自己所面临危险的评估的知觉过程或态度。一个人可能会高估现实的危险，也可能会低估自己有效应对威胁的能力。例如，一个有社交恐怖症的人在向一大群人发表演讲之前，下面的想法会加剧他或她的焦虑：

> 如果我忘了我要说的话怎么办？我会在众人面前出洋相。那时我会更紧张而且开始出汗，我的声音会发抖，我看起来会更蠢。从此以后，每当人们看到我，都会想起那个在演讲时出洋相的傻瓜。

有焦虑障碍的人常常把自己的忧虑解释为灾难即将来临的信号。他们的反应可以引起一个恶性循环：他们害怕灾难，这导致焦虑增加，而焦虑感的加重则进一步证实了他的恐惧（Beck & Emery, 1985）。

心理学家利用测量焦虑敏感性的方式对这种认知观点进行了检验。焦虑敏感性指的是一个人认为身体方面的症状——诸如呼吸短促或心悸——可能会产生有害后果的信念。焦虑敏感性高的人可能会同意以下说法："当我注意到自己心跳得很快时，我担心自己可能会心脏病发作。"我们来看一项研究，该研究论证了焦虑敏感性在飞行恐怖症中的作用。

研究特写

有飞行恐怖症的参与者和控制组参与者提供了关于飞行焦虑、与飞行有关的躯体症状以及焦虑敏感性的信息（Vanden Bogaerde & De Raedt, 2011）。参与者是在真实的航班上等待飞机起飞时报告最终数据的。有飞行恐怖症的参与者在所有指标上的平均分都更高：他们报告了更高的飞行焦虑、更多的躯体症状以及更高的焦虑敏感性。不过，这些指标之间的关系也很重要。假设有两名参与者因即将到来的飞行而体验到相同水平的躯体症状。对于这些躯体症状，焦虑敏感性高的参与者可能会产生强烈的飞行焦虑，而焦虑敏感性低的参与者则不会。研究人员得出结论，当参与者"由于飞行环境而产生负性的躯体感受时"，那些"'焦虑敏感性'较高的参与者倾向于将这些感觉解释为具有威胁性，从而导致了更高水平的焦虑"（p. 425）。

另一项研究论证了焦虑敏感性对于创伤后应激障碍的重要性。研究者测量了年龄在10~17岁的68名儿童的焦虑敏感性，这些儿童都曾经历过创伤性事件（例如亲眼看见有人被杀害）（Leen-Feldner et al., 2008）。结果发现，儿童的焦虑敏感性与其PTSD症状之间存在正相关：那些报告高焦虑敏感性的儿童也更可能报告PTSD症状。研究者指出，高焦虑敏感性会使创伤性事件的再体验（如闪回）更为可怕。

研究还发现，焦虑患者因为认知上的偏差会强调威胁性刺激，从而维持了他们的焦虑。例如，那些主要表现出清洁症状的强迫症患者在实验中看到研究者用"清洁、未使用过"的纸巾或者"脏的、使用过"的纸巾碰触一系列物体。在随后的回忆测验中，这些强迫症患者对"脏"物体的回忆能力要胜于对"清洁"物体的回忆能力（Ceschi et al., 2003）。类似地，有社交焦虑的人更可能关注威胁性的社交信息，而不太可能关注积极的社交信息。在一项研究中，有社交焦虑的参与者必须做一个五分钟的即兴演讲——这是一个严重的社会应激源（Taylor et al., 2010）。参与者们还完成了一项对积极社交信息的注意偏好的测试任务。那些最倾向于回避积极社交信息的参与者，在这五分钟的演讲中也体验到了最多的痛苦。这类研究证明，患有焦虑障碍的人会更加关注那些有助于维持焦虑的事物。

关于焦虑障碍的每一种理论取向都可以解释其病因学之谜中的一部分。对每种理论取向的继续研究将会澄清病因，从而发现潜在的治疗途径。现在让我们来看看另一种主要的心理障碍——心境障碍。

焦虑敏感性如何影响人们对飞行的恐惧？

STOP 停下来检查一下

❶ 恐惧和恐怖症的关系是什么？

❷ 强迫观念和强迫行为的区别是什么？

❸ 恐怖症的预备假设是什么？

❹ 焦虑敏感性的影响是什么？

批判性思考：回忆一下关于焦虑敏感性对飞行恐怖症的作用的研究。为什么研究人员在真实的航班上收集数据很重要？

心境障碍

几乎可以肯定的是，在生活中，你曾有过你会形容为极度消沉或无比快乐的时候。但是，对有些人来说，极端的情绪会打乱正常的生活体验。**心境障碍**（mood disorders）是一种情绪障碍，如严重抑郁或抑郁与躁狂交替出现。研究者估计，大约20.8%的成人患有心境障碍（Kessler et al., 2005a）。我们将探讨两种主要的心境障碍：抑郁症和双相障碍。

抑郁症

抑郁被形容为"心理病理中的普通感冒"，这既是因为它发作频繁，也是因为几乎人人都在一生的某些时间或多或少地体验过抑郁。每个人都可能经历过丧失亲人或朋友的悲痛，或者因为没有达到期望的目标而沮丧。这些悲伤的情绪只是**抑郁症**（major depressive disorder，也译作重性抑郁障碍）患者所体验的症状之一（见**表14.2**）。让我们看看下面这个深陷抑郁的人对自己如何挣扎着处理日常事务的描述：

> 做简单的事情似乎也要付出巨大的努力才行。我记得自己曾在淋浴时因用完了香皂而失声痛哭。我因计算机上的一个键卡住了而哭泣。我发现所有的事都极其艰难，例如，拿起电话听筒对我而言就像卧推四百磅的重量。我不仅要穿上两只袜子，还要穿上两只鞋，这把我压垮了，所以我只想回床睡觉（Solomon, 2001, pp. 85–86）。

这段摘录生动描述了抑郁症的一些表现。

不同抑郁患者症状的严重程度和持续时间有所不同。其中许多人只在一生中的某个时间与抑郁斗争了几个星期，而另一些人则断断续续地或长期地经历了数年的抑郁。心境障碍的发病率显示，约有16%的人在一生中的某个时间曾患有抑郁症（Kessler et al., 2005a）。

抑郁给患者、家庭和社会带来了巨大的损失。世界卫生组织的一项研究估计了人们因身体和心理疾病

表14.2 抑郁症的特征

特征	举例
悲观的情绪	悲伤、忧郁、无望；对日常的大部分活动失去兴趣或乐趣
食欲	体重显著减少（并未节食），或体重增加
睡眠	失眠或嗜睡（睡眠过多）
运动活动	显著减缓（运动迟滞）或激越
内疚感	感觉自己没有价值；自责
注意力	思考和集中注意的能力降低；健忘
自杀	反复想到死亡；有自杀的意念或企图

而损失的健康寿命年（World Health Organization，2008）。这一分析发现，在世界范围内，抑郁症是人们生活中的第三大重负（仅次于下呼吸道感染和腹泻）。在中等收入和高收入的国家中，抑郁症位列第一。在美国，因抑郁而入院者占据了精神科入院人群中的大部分，但是这还被认为是诊断不足和治疗不足的情况。美国国家共病研究发现，只有 37.4% 的个体在抑郁发作后的一年内寻求了治疗（Wang et al.，2005）。事实上，人们患抑郁症与寻求治疗之间的时间间隔的中位数是 8 年。

大多数人偶尔感到的不高兴与抑郁症的症状有何不同？
（见彩插）

双相障碍

双相障碍（bipolar disorder）的特征是严重抑郁和躁狂发作交替出现。经历**躁狂发作**（manic episode）的人在行为和情感上通常表现出不寻常的兴奋和膨胀。但是，有时个人的主导心境是烦躁而不是高涨，特别是当这个人感觉在某些方面受挫的时候。在躁狂发作期间，个体常常体验到一种膨胀的自尊或不现实的信念，认为自己拥有特殊能力或权力。患者可能感觉自己需要的睡眠时间急剧减少，积极投身额外的工作或过度参加社交或娱乐活动。

陷入躁狂心境的患者表现出毫无根据的乐观，冒不必要的风险，随便做出承诺，并可能会放弃一切。

当躁狂开始减退时，患者就不得不努力处理躁狂期间造成的损害和困境。这样，躁狂发作之后几乎总是紧跟着陷入严重的抑郁。

双相障碍患者心境紊乱的持续时间和频率因人而异。一些人经历长时间的正常功能期，期间偶尔会有短暂的躁狂或抑郁发作。一小部分不幸的患者从躁狂发作到临床抑郁，然后再返回躁狂发作，如此循环往复，这对他们自己、他们的家庭、朋友以及同事都是毁灭性的。当躁狂发作时，他们可能会赌掉毕生的积蓄，或送给陌生人奢华的礼物，做出使自己在抑郁阶段更内疚的行为。双相障碍比抑郁症更罕见，在成年人中的发病率是 3.9%（Kessler et al.，2005a）。

心境障碍的成因

心境障碍的发生与哪些因素有关？我们将再次从生物学、心理动力学、行为和认知的角度探讨这个问题。我们注意到，由于患病率的不同，抑郁症比双相障碍得到了更为广泛的研究，这将从我们的文献回顾中反映出来。

生物学因素 几种不同类型的研究为人们理解生物学因素对心境障碍的影响提供了线索。例如，缓解躁狂和抑郁症状的药物不同，表明双相障碍的这两个极端所对应的大脑状态是不同的（Thase & Denko，2008）。脑中的两种化学信使（5- 羟色胺和去甲肾上腺素）水平的降低与抑郁有关，而这两种神经递质水平的提高则与躁狂有关。

研究者们使用脑成像技术来理解心境障碍的成因和后果（Gotlib & Hamilton，2008）。例如，研究者们使用了 fMRI 来证明，双相障碍患者的大脑在抑郁和躁狂状态下的反应是不同的。一项研究考察了 36 名双相障碍患者（Blumberg et al., 2003）。在研究期间，11 人处于躁狂状态，10 人处于抑郁状态，还有 15 人处于正常（或平衡）的情绪状态。所有人都执行了相同的认知任务——在接受 fMRI 扫描的同时命名单词印刷的颜色。扫描结果表明，大脑皮层特定区域的激活程度取决于参与者处于双相障碍的哪一个阶段。

有证据表明，心境障碍的发病率受遗传因素的影响，这也证实了生物学对心境障碍病因学的贡献（Edvardsen et al., 2008; Kendler et al., 2006）。例如，一项双生子研究考察了双生子同时被诊断为双相障碍的可能性。同卵双生子（MZ）之间的相关系数为 0.82，异卵双生子（DZ）之间的相关系数仅为 0.07。人们据此估计双相障碍的遗传力约为 0.77（Edvarsen et al., 2008）。你将在"生活中的心理学"专栏中看到，在确定基因与环境如何相互作用，共同影响个体患心境障碍的可能性方面，研究者已经取得了一些进展。

让我们看看以下三种主要的心理学取向如何增进我们对心境障碍发病的理解。

心理动力学取向　心理动力学观点认为，无意识冲突和童年早期形成的敌对情绪在抑郁的形成中起了关键的作用。弗洛伊德曾一度对抑郁患者表现出的自我批评和内疚颇感困惑。他认为自我责备的根源是愤怒，该愤怒本来是指向他人的，后来转向内部而指向自己。这种愤怒被认为与一种特别强烈和依赖的童年关系有关，比如亲子关系，在这种关系中，个体的需求或期望没有得到满足。成年后，无论是真实的还是象征性的损失都会使敌对情绪重新活跃起来，现在这种敌对情绪指向个体的自我，从而引发抑郁中的典型表现——自责。

行为取向　行为取向不是在无意识中寻找抑郁的根源，而是关注正强化和惩罚的数量对个体的影响（Dimidjian et al., 2011）。这种观点认为，当一个人经历了丧失或其他重要的生活改变之后，若没有从环境中得到足够的正强化并受到了很多惩罚，就会产生抑郁情绪。当人们开始进入抑郁状态时，他们往往会从他们认为有压力的情境中退出。这种回避策略常常也减少了人们获得正强化的机会（Carvalho & Hopko, 2011）。因此，当抑郁导致回避的时候，抑郁往往会变得更加根深蒂固。而且，抑郁患者倾向于低估正反馈而高估负反馈（Kennedy & Craighead, 1988）。

认知取向　抑郁的认知取向的核心是两种重要理论。第一种理论认为，消极的认知定势（个体感知世界的设定模式）导致人们对生活中他们认为自己负有责任的事件持消极的看法。第二种理论即解释风格模型提出，抑郁是因为个人抱有一种信念，认为自己几乎或根本没有能力控制重大的生活事件。这两种模型都解释了抑郁体验的一些方面。让我们分别看看它们的解释。

亚伦·贝克（Beck, 1967; Disner et al., 2011）是抑郁领域首屈一指的研究者，他提出了认知定势理论。贝克主张，抑郁者有不同类型的消极认知，他称之为抑郁的认知三合一：对自己的消极看法，对当前体验的消极看法，对未来的消极看法。抑郁的人倾向于认为自己在某些方面是没有能力的或有缺陷的，倾向于以消极的方式解释当前的体验，并且相信未来会继续给他带来痛苦和困难。这种消极思维模式会给所有的体验都蒙上阴影，并产生抑郁的其他特征性迹象。一个总是预期负面后果的人不太可能有动机去追求任何目标，这就造成抑郁中的主导症状——意志瘫痪。

马丁·塞利格曼首创的解释风格模型认为，人们相信（无论对错）自己无法控制对他们来说很重要的未来结果。塞利格曼的理论是从研究发展而来的，这项研究表明狗（后来发现在其他物种中）也有类似抑郁的症状。塞利格曼和梅尔（Seligman & Maier, 1967）对狗施加痛苦且不可躲避的电击：无论狗做什么，都没有办法逃避电击。这些狗就产生了塞利格曼和梅尔所称的**习得性无助**（learned helplessness）。习得性无助的标志是三种类型的缺陷：动机缺陷——这些狗启动已知动作较慢；情绪缺陷——它们显得僵化、无精打采、惊恐和痛苦；以及认知缺陷——它们在新的情境中表现出较差的学习能力。即使被放回一个它们事实上能够回避电击的情境中，它们也没有学会这样做（Maier & Seligman, 1976）。

塞利格曼相信，抑郁者也是处于一种习得性无助的状态；他们有一种做什么都无济于事的预期（Abramson et al., 1978; Peterson & Seligman, 1984; Seligman, 1975）。但是，这种状态的出现在很大程度上取决于个体如何解释他们的生活事件。正如第 11 章所讨论的，解释风格有三个维度：内部 - 外部，整体 - 特定以及稳定 - 不稳定。假设你刚刚在心理学考试中得到一个很差的分数。你将考试的负面结果归因于一个内部因素（"我很笨"，这使你感到难过），而不是一个外部因素（"考试真的很难"，这会让你生气）。你可以选择一个比智力更不稳定的内部品质来解释你的成绩（"我那天很累"）。你甚至可以将解释局限于心理学考试或心理学课程（"我不擅长心理学课程"），而不是将你的成绩归因于一个内部的、稳定的、有整体或深远影响的因素（我笨）。解释风格理论表明，那些将失败归因于内部、稳定和整体原因的个体容易抑郁。这一预测已被反复证实（Lau & Eley, 2008; Peterson & Vaidya, 2001）。

一旦个体开始体验与抑郁症相关的负面心境，平常的认知加工就使得他们更难摆脱这种心境。我们通过一项研究来看看抑郁如何改变人们对周围世界中信息的关注。

研究特写

研究者招募了 15 名抑郁参与者和 45 名控制组参与者（他们从未经历过抑郁）（Kellough et al., 2008）。参与者需要佩戴一种装置，这样研究者可以监测他们注意视觉呈现物时的眼动轨迹。每次呈现四张图片，分别代表悲伤、威胁、积极和中性的情绪类别。例如，其中一次呈现了如下四张图片：一个哭泣的男孩，一把指向观看者的枪，一对拥抱的夫妻，一个消防栓。参与者被告知他们戴的是眼球追踪仪，以便研究者确定瞳孔扩张与情绪图片之间的关系。实际上，研究者想要检验的假设是，与控制组（从未抑郁过的）个体相比，抑郁组个体注视悲伤图片的时间更长，注视积极情绪图片的时间更短。研究数据支持了这一预测。如**图 14.1** 所示，抑郁者注视悲伤图片的时间更长，而从未经历过抑郁的人则是注视积极情绪图片的时间更长。

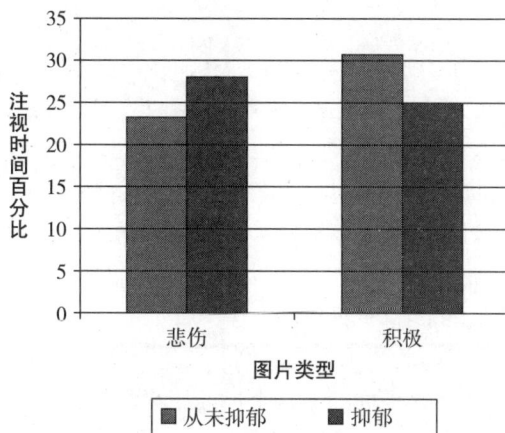

图 14.1　抑郁症患者的注意偏差
抑郁组和控制组（从未抑郁过的）参与者观看了悲伤、威胁、积极和中性情绪图片的展示。与从未抑郁过的参与者相比，抑郁的参与者注视悲伤图片的时间更长，注视积极情绪图片的时间更短。
资料来源：*Behaviour Research and Therapy 46*(11), Kellough, J. L., Beevers, C. G., Ellis, A. J., & Wells, T. T. "Time course of selective attention in clinically depressed young adults," pp 1238-1243, 2008.

该研究支持一个更普遍的结论，即抑郁症患者的注意力被世界上的负面信息所吸引（Peckham et al., 2010）。由此，你可以理解这种注意偏差是如何使抑郁变得不可避免的。

在第 15 章，你将了解到抑郁的认知理论带来的几种成功的治疗形式。下面我们将回顾抑郁研究的另外两个重要方面：男性和女性抑郁患病率的巨大差异，以及抑郁与自杀之间的联系。

抑郁的性别差异

抑郁研究的一个核心问题是，为什么女性的抑郁患病率几乎是男性的两倍（Hyde et al., 2008）。对心境障碍患病率的估计显示，大约 21% 的女性和 13% 的男性在其一生的某个时候患过抑郁症（Kessler et al., 1994）。这一性别差异始于 13~15 岁的青春期。不幸的是，这一差异的一个直接原因是：平均而言，女性比男性经历更多的负面事件和生活应激源（Kendler et al., 2004; Shih et al., 2006）。譬如，女性更可能遭受身体虐待、性虐待，她们更可能生活贫困，同时又是孩子和年迈父母的主要照顾者。这些经历会埋下严重抑郁的祸根，而女性的生活中此类经历更多。

对性别差异的研究主要集中在一些可能使女性更容易抑郁的因素（Hyde et al., 2008）。其中一些因素是生物性的。例如，从青春期开始出现的激素差异，可能使青少年女孩比其男性同伴更容易抑郁。研究者还深入考察了一些导致男女差异的认知因素。例如，**苏珊·诺伦－霍克西玛**等人（Nolen-Hoeksema & Hilt, 2009）的研究比较了男性和女性开始经历消极情绪之后的反应风格。根据这种观点，当女性感到悲伤时，她们倾向于思考自己感受的可能原因和影响；相比之下，男性会积极地转移自己对抑郁感受的注意力，他们要么专注于其他事情，要么参加体育运动，让自己的注意力从当前的心境状态中转移出来。

这个模型提出，女性的这种深思熟虑、反刍型的反应风格，即过度关注自身问题的倾向，增加了女性对抑郁的易感性。我们来看一项考察青少年反刍思维的大样本研究。

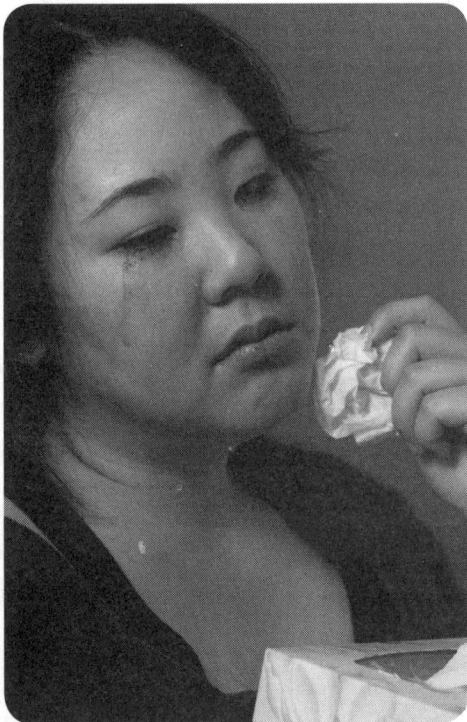

哪些因素有助于解释为什么女性比男性更容易抑郁?

研究特写

研究者采用问卷调查了 1 218 名 10~17 岁的学生，评估他们对生活事件的反应（Jose & Brown, 2008）。问卷包含此类描述："我坐在家里回忆我的感受""如果我不能摆脱这种情绪，我想是不会有人愿意接近我的"。学生们在一个五点量表上做出回答，从"从来不"到"总是如此"。如图 14.2 所示，在年龄最小的一端，男性和女性之间的差异较小。然而，到了青春期，这一差异开始变大，女孩会陷入更多的反刍思维。该研究中的学生还完成了测量抑郁的问卷。不论是男孩还是女孩，那些反刍思维最多的学生也最有可能报告最多的抑郁症状。然而，反刍思维与抑郁之间的相关在女孩身上更明显。

这一研究支持了反刍思维是抑郁的一个风险因素的假设：关注消极情绪会使人

更多地去想负面事件，最终增加消极感受的数量和 /
或强度。研究还证实，进行反刍思维的男性也面临抑
郁的风险。抑郁之性别差异的出现，在一定程度上是
因为女性更多地进行反刍思维。

自 杀

　　"生存和成功的意志已经被压垮和击败……现
在，所有的一切都失去了光彩，看不到任何希望"
（Shneidman, 1987, p. 57）。这段悲伤的话是一个有自
杀倾向的年轻人写的，它反映了心理障碍最极端的后
果——自杀。尽管大多数抑郁者不会自杀，但分析
表明，许多企图自杀的人患有抑郁症（Bolton et al.,
2008）。在美国总人口中，每年被官方认定为自杀的
死亡人数约有 3 万人（Nock et al., 2008）。因为很多自
杀被归结为意外或是其他原因，所以实际的发生率可
能要高出很多。抑郁在女性中较常见，因此女性比男
性更经常试图自杀这一点不足为奇。但是，男性比女性更容易尝试自杀成功（Nock
et al., 2008）。这个区别很可能是因为男性更多地使用枪，而女性则倾向于采用不那
么致命的方法，如服用安眠药。

　　近几十年来，年轻人自杀率的上升是最令人担忧的社会问题之一。尽管自杀在
美国所有年龄段的死因中排名第 11 位，但在 15~24 岁的人群中，它排名第 3 位
（Miniño et al., 2010）。每一次自杀成功的背后，可能会有多达 8 至 20 次的自杀尝试。
为了评估青少年自杀的风险，一个研究小组回顾了 128 项研究，涉及 50 万名 12 至
20 岁的个体（Evans et al., 2005）。在这个广泛的样本中，29.9% 的
青少年在他们生命的某个时刻想到过自杀，9.7% 的青少年实际尝
试过自杀。女性青少年尝试自杀的次数约是男性青少年的两倍。

　　年轻人的自杀并非一时冲动的行为，它通常是一段内部动荡
和外部困境的最终结果。大部分青少年自杀者都曾与别人谈过自
己的自杀意图，或者写下过自己的这些想法。所以，应该认真对
待谈及自杀的人（Rudd et al., 2006）。与成人一样，青少年在经
历抑郁时更有可能尝试自杀（Gutierrez et al., 2004; Nrugham et al.,
2008）。无望和孤立的感觉以及消极的自我概念，也和自杀风险有
关（Rutter & Behrendt, 2004）。另外，同性恋青少年自杀的风险比
其他青少年更高。一个研究团队回顾了一些比较异性恋青少年和
"性少数群体"青少年（报告有同性吸引和 / 或行为的青少年）自
杀率的研究。性少数群体青少年中有自杀想法和行为的人占 28%，
异性恋青少年为 12%（Marshal et al., 2011）。自杀率较高无疑反映
了同性恋者相对缺乏社会支持的状况。当青少年感到大声疾呼也
无法得到他人的帮助时，尤其容易产生自杀的极端反应。我们应
该敏锐地觉察自杀意图的信号，充满关爱地去干预，这对于拯救
那些除了自毁之外看不到其他出路的青少年和成年人的生命来说
至关重要。

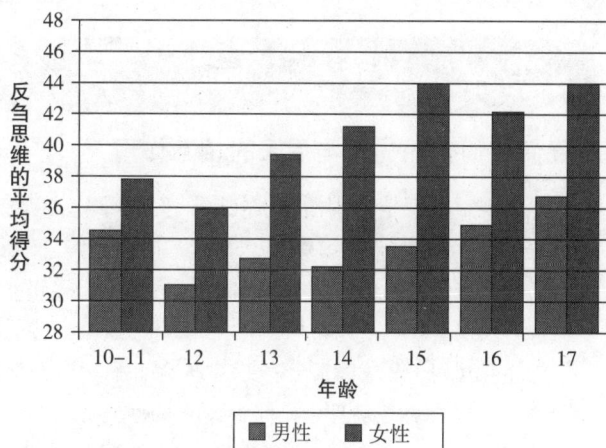

图 14.2　反刍思维的性别差异

在整个青少年期，男孩和女孩所报告的反刍思维差异越来越大。

资料来源：Jose, P. E. & Brown, I. "When does the gender difference
in rumination begin?" *Journal of Youth and Adolescence, 37*(2), 2008,
180–192.

即使像演员欧文·威尔逊这样非常成功的个体，也
未能免除可能引发自杀想法的绝望情绪。关于抑郁
与自杀的关系，研究揭示了什么？

生活中的心理学

我们如何查明先天与后天的相互作用

纵观《心理学与生活》，你已经了解到生活中的许多结果（比如，人们与母亲之间的依恋关系，人们的智力表现）反映了先天与后天之间的相互作用：环境因素会改变基因的影响。在心理病理学研究中，这种相互作用尤其重要。许多解释心理疾病原因的模型主张，特定的基因会让人们有患病的风险，而环境因素则在决定这种患病风险会不会引发疾病方面起着重要的作用。我们来探讨一下抑郁症的先天和后天因素之间的相互作用。

关于心境障碍的讨论指出，神经递质 5–羟色胺功能的紊乱是影响抑郁的一大因素。因此，研究者们重点关注了一种名为 5-HTTLPR 的基因，该基因对 5– 羟色胺系统有影响（Caspi et al., 2010; Karg et al., 2011）。该基因有一短（S）一长（L）两种形式。在一项有 144 名大学生参与者的研究中，19% 的参与者有两个短型基因（SS），53% 的参与者是一短一长型（SL），28% 的参与者有两个长型基因（LL）（Carver et al., 2011）。学生们自己提供了关于他们成长的家庭环境的信息。他们使用 5 分量表（1= 根本没有；5= 非常频繁）来提供有关因素的信息，例如他们感到被爱与被照顾、被侮辱以及被虐待的频率。基于这些回答，研究者们计算了每个学生成长的家庭环境在多大程度上属于"风险家庭"。每个学生还接受了临床评估，以确定其是否符合抑郁症的诊断标准。

如图所示，横轴"风险家庭"的数字为正表明该家庭的风险因素较多（因此该学生的童年经历压力更大）。纵轴"抑郁症诊断"的分数为正则表明被诊断为抑郁症的可能性更高。如你所见，基因与环境间的相互作用是非常戏剧性的：对于有两个长型基因（LL）的学生来说，成长于高风险的家庭环境实际上使他们被诊断为抑郁症的可能性变小。

另一项研究对人们进行了数十年的追踪调查，以评估环境与该基因之间的相互作用（Uher et al., 2011）。这项研究在参与者们很小的时候就开始了（有些 3 岁，有些 5 岁），研究者对其童年时期被虐待的情况进行了评估。参与者们一直被追踪到成年(直到 32 岁或 40 岁)，以确定哪些人经历了持续的抑郁。结果再次证明，童年受虐经历是否会导致持续的抑郁，取决于个体遗传了哪种类型的 5-HTTLPR 基因。

这些研究清晰地表明，先天与后天都很重要。已知的基因差异与负性生活事件相结合，会极大地增加个体经历抑郁的可能性。对人类基因组理解的突破使研究者能够确切地查明先天与后天如何相互作用。

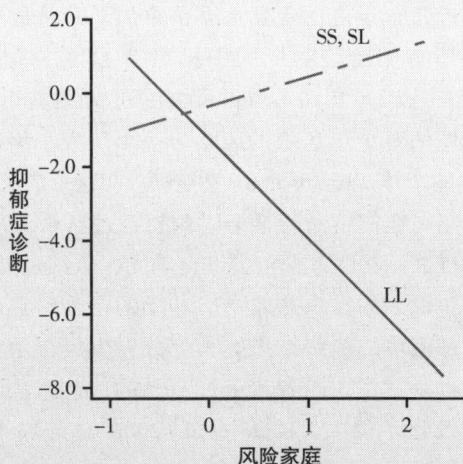

STOP 停下来检查一下

❶ 双相障碍的特征性体验是什么？

❷ 在亚伦·贝克的理论中，什么类型的消极认知组成了抑郁的认知三合一？

❸ 反刍思维式反应风格如何有助于解释抑郁的性别差异？

❹ 青少年自杀的风险因素有哪些？

批判性思考：回想一下证实了抑郁症注意偏差的研究，为什么要让参与者相信这是关于瞳孔扩张的研究？

躯体症状及相关障碍、分离障碍

这一章回顾了各种类型的心理障碍，你已经了解到某些日常体验如果被推到极限，会如何导致功能损害和适应不良的行为。例如，每个人都会体验焦虑，但有些人的焦虑体验如此强烈，以至于发展为焦虑障碍。类似地，很多人感觉到某些躯体疾病的症状，但没有任何明显的原因；很多人都有过"感觉不像自己"的日子。但是，当这些类型的经历损害了个体的日常生活时，他们就可能代表着躯体症状及相关障碍或分离障碍。我们来回顾一下这两类障碍的症状和病因。

躯体症状及相关障碍

躯体症状障碍和其他有突出躯体症状的障碍在 DSM-5 中组成了一个新的分类，称为躯体症状及相关障碍。这一诊断类别包括躯体症状障碍、疾病焦虑障碍和转换障碍等。要被确诊为患有这类障碍，个体体验到的病痛所造成的痛苦必须达到足以影响个体日常功能的程度。我们分别了解一下这三种障碍。

躯体症状障碍（somatic symptom disorder）之前的诊断标准强调个体有无法用实际的疾病完全解释的躯体病痛或主诉。DSM-5 对这一障碍的诊断强调阳性症状和体征，即痛苦的躯体症状以及作为对这些症状的反应的异常想法、感觉和行为，而不是强调对躯体症状缺少医学解释。有躯体症状障碍的人有多年的身体不适主诉史，耗费大量的时间和精力担忧这些症状并寻求治疗。躯体症状最常见的是疼痛，还可能表现为胃肠症状（例如恶心和腹泻）、神经症状（头昏和震颤）或影响其他身体部位的症状。有躯体症状障碍的人对健康担忧过度，甚至在身体状况良好时仍不能停止担忧，并且这种担忧会干扰其日常功能。据估计，在一般成年人群体中，躯体症状障碍的患病率可能在 5%~7%，在女性中可能更高（DSM-5, 2013）。

尽管医生保证其没病，**疾病焦虑障碍**（illness anxiety disorder）患者仍深信自己的身体有病。即使目前是健康的，他们也可能一直担心自己的身体会得病。此外，这种对患了病或将会患病的先占观念给他们带来了极大的痛苦，以致破坏了他们的日常生活。为了评估疾病焦虑障碍与其他躯体症状障碍的患病率，研究者经常关注前来就医的个体。这样，问题就变为多大比例的人有医学无法解释的身体病痛。研究表明，按照 DSM-5 出台之前的诊断标准，在 18 岁及以上的成人中，疾病焦虑障碍的患病率为 1%~5%（Fink et al., 2004; Abramowitz & Braddock, 2011）。根据 DSM-5 诊断标准估计的患病率略高（DSM-5, 2013）。

疾病焦虑障碍和躯体症状障碍都是根据人们对身体症状的主诉来界定的。然而，疾病焦虑患者是担心自己患有某种潜在疾病，而躯体症状障碍患者更关注症状本身。此外，如上所述，被诊断为躯体症状障碍的人一定报告了各种各样无法解释的身体不适。

转换障碍（conversion disorder）的特征是运动或感觉功能的丧失，并且这种丧失无法用神经系统损伤或其他躯体损伤来解释。例如，个体可能会在没有任何医学原因的情况下出现瘫痪或失明。此外，

注意偏差在躯体症状障碍的发展中起着怎样的作用？

躯体症状出现之前必须有心理因素，例如人际冲突或情绪压力。历史上，转换障碍被称作癔症（hysteria）——在某些时代，它被认为是魔鬼附身。弗洛伊德促成了当代对转换障碍的理解。他最为经久不衰的洞见之一是，心理创伤可能会引起躯体症状。在寻求医治的成人中，1.5% 的人存在转换障碍（Fink et al., 2004）。

躯体症状及相关障碍的成因 躯体症状障碍的定义强调一个特征，即个体出现了医学无法充分解释的躯体疾病。研究者试图理解这种情况是如何发生的：比如，运动系统完好的个体怎么会瘫痪？研究中使用了神经影像学技术来探究转换障碍的脑基础（Mailis-Gagnon & Nicholson, 2011; Ellenstein et al., 2011）。我们来看一项研究，该研究表明，有转换症状的个体与只是假装有这些症状的个体相比，表现出了不同模式的脑区激活。

研究特写

这项研究重点考察了一名 36 岁的女性，她的上臂部分瘫痪，无法用任何躯体疾病来解释（Cojan et al., 2009）。患者需完成一项运动任务，即尝试用手来执行或抑制对电脑屏幕上视觉刺激的反应。研究者采用 fMRI 扫描来比较她与假装左手瘫痪（与她的症状相似）的健康对照组的脑激活模式之间的异同。患者与对照组的脑激活模式显示出有趣的差异。例如，对照组的 fMRI 扫描显示，当他们试图不移动自己的手时，他们需要付出有意识的努力。而患者的 fMRI 扫描则显示了不同脑区的激活——这种模式表明，她的手无法移动并不是她有意为之。

为了理解这些结果，你需要花点时间来想一想，如果你假装左手瘫痪会是什么感觉，要使这只手不动可能需要一些心理上的努力。然而，该研究表明，有转换症状的患者没有付出这样的努力；他们的症状不是假装的。

研究者也考察了认知过程对躯体症状障碍的影响（Brown, 2004; Rief & Broadbent, 2007）。例如，疾病焦虑障碍有一个重要特征，即个体对身体感觉的反应存在注意偏差。假设某天早晨起床时你嗓音沙哑，如果你有注意偏差，你就很难从沙哑的嗓音上转移注意力，你可能会认为自己病得不轻。事实上，一项研究表明，对自己的健康感到高度焦虑的个体，其注意力很容易被显示健康威胁的图片所吸引（比如一个手臂上有皮疹的男人）（Jasper & Witthöft, 2011）。对症状和疾病的紧密关注会导致恶性循环：紧张和焦虑会使躯体出现感觉像是疾病的症状（例如，出汗增多和心率加快）——这又为患者确认自己健康焦虑的合理性提供了进一步的证据。将所有躯体症状都归因为疾病的人，可能会在嗓音沙哑、过度出汗、心跳加速同时出现时感知到一种危险的模式。因此，与躯体症状及相关障碍相关的认知偏差会夸大轻微的躯体感觉。

分离障碍

分离障碍（dissociative disorder）是身份、记忆或意识等方面的正常整合的混乱和 / 或中断。人们应认为自身行为（包括情绪、思维、行动）是在自己的控制之下，这一点很重要。这种自我控制感知的关键是自我感，即自我的各个方面的一致性以及跨时空的身份连续性。心理学家相信，在分离状态中，人们通过放弃这种宝贵的一致性和连续性来逃避冲突——在某种意义上，这意味着他们失去了一部分自我。这种在没有器质性功能障碍的情况下由心理因素导致的对重要个人经历的遗忘，被称为**分离性遗忘症**（dissociative amnesia），是分离障碍的一种形式。对有些人来说，失去回忆过去的能力还伴有从家里或工作地点出走。这种障碍被称作**分离性漫游**（dissociative fugue）。患者可能连续几小时、几天或几个月都处于漫游状态，他们可能以一种新的身份生活在新的地方。

　　分离性身份障碍（dissociative identity disorder, DID），过去叫作多重人格障碍，是一种分离性心理障碍，即两个或多个不同的人格存在于同一个体之中。在任何特定时间，其中一个人格占支配地位，主导这个人的行为。分离性身份障碍被通俗地称为分裂人格，有时被错误地称为精神分裂——这是我们下一节将要讨论的另一种障碍，该障碍中人格会有损害但不会分裂成多种人格。在 DID 中，每个新出现的人格都与原本的自我有显著的反差——如果这个人原本害羞，该人格则表现为外向；如果这个人原本软弱，该人格则表现为刚强；如果这个人原本对性感到恐惧和缺乏经验，该人格则表现为在性方面十分自信。每个人格都有独特的身份、名字和行为方式。在一些个案中，甚至会出现几十个不同的角色去帮助个体应对生活困境。下面这段话摘自一名 DID 女性患者的自述（Mason, 1997, p. 44）：

> 　　正如波浪从海洋深处翻滚出来，使海面换了副样子，我们当中的每一个都像潮涨潮退一样，循环交替着出现，时而温柔，时而狂暴。一个小孩正在拿着笔涂色。她退到一边，让位给了一个官员，后者正在核对银行对账单。过了一会儿，死去的婴儿接替了角色，躺在地板上不动，没有知觉。她这样待了一段时间，但是没有人感到难过——轮到她上场了。正在爬行的孩子停了下来，全神贯注地看着一粒灰尘。厨师做好了三天的饭菜，并且把它们分别打包——我们都有不同的喜好。受惊的人尖叫着，受伤的人呻吟着，痛苦的人哀号着。

资料来源：Vivian Ann Conan, "Divided She Stands." Originally appeared in New York Magazine August 4, 1997 under the pseudonym Laura Emily Mason. Reprinted by permission of the author.

　　你能把自己放在这名女性的位置上，想象一下在你的脑子里有这么多的"个体"——小孩、死去的婴儿、活着的婴儿、厨师等等——会是什么样子吗？

分离障碍的成因　　心理动力学取向的心理学家认为分离发挥着重要的生存功能。他们指出，经历了创伤性应激的人有时会用防御机制将创伤事件推到有意识的觉知之外。我们来看一项研究，该研究考察了 891 名 11~17 岁波多黎各青少年的生活经历（Martínez-Taboas et al., 2006）。这些孩子完成了旨在评估他们生活中受害经历和分离性症状的问卷。从**图 14.3** 中可以看出，相对较少的儿童受过严重的伤害。例如，74% 的青少年没有受过情感虐待。然而，图 14.3 也揭示出，青少年遭受的情感、身体和性虐待越严重，他们表现出的分离性症状也越严重。

　　尽管这些数据以及我们前面引用的个人陈述看起来很有说服力，但许多心理学家依然怀疑创伤与分离之间的联系（Giesbrecht et al., 2008）。这种怀疑主要集中在分离性身份障碍上，关于该障碍的患病率并没有可靠的数据（DSM-Ⅳ-TR, 2000）。实际上，有些批评指出，因为媒体很关注那些声称具有许多独特人格的个体，所以 DID 的诊断才变多了（Lilienfeld & Lynn, 2003）。持怀疑态度的人认为，"相信" DID 存在的治疗者可能人为地制造了 DID——这些治疗师常常在患者被催眠的状态下用一种鼓励多重人格"显现"的提问方式进行询问。研究者试图找到严格的方法来检验 DID 患者关于其不同身份之间相互分离的说法。例如，研究通过评估某一身份获

图 14.3 所受伤害与分离性症状

青少年提供了有关自身受伤害的经历和分离性症状的信息。图中的百分比数字表明，大部分孩子没有受过任何形式的虐待。那些遭受过虐待的孩子报告了更多的分离性症状。

资料来源：Martínez-Taboas, A. et al. (2006). Prevalence of victimization correlates of pathological dissociation in a community sample of youths, *Journal of Traumatic Stress, 19*, 439–448.

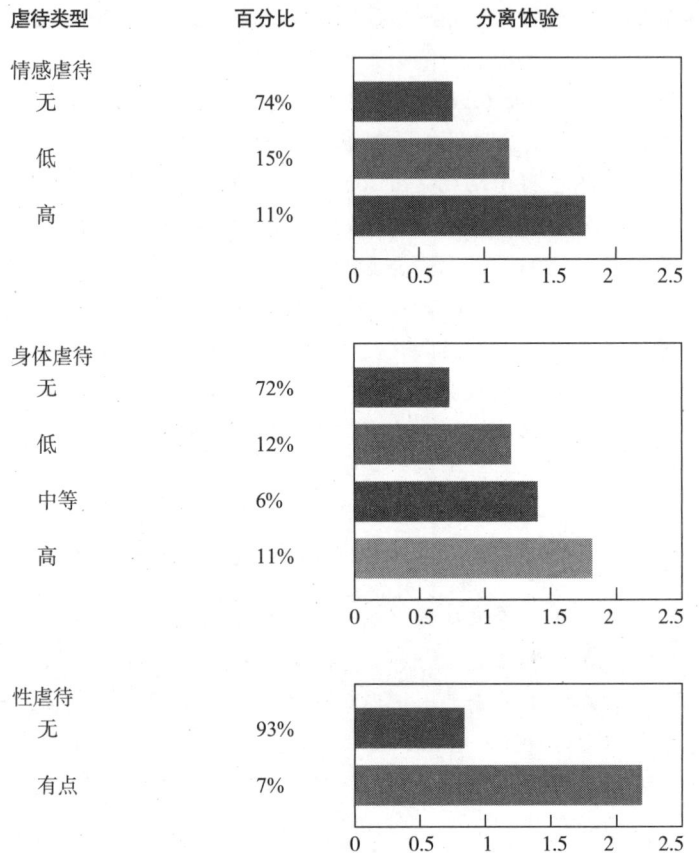

虐待类型	百分比	分离体验
情感虐待		
无	74%	
低	15%	
高	11%	
身体虐待		
无	72%	
低	12%	
中等	6%	
高	11%	
性虐待		
无	93%	
有点	7%	

得的信息在多大程度上为另一身份所知，来考察身份间遗忘症。研究结果并不支持遗忘症发生于不同身份之间的说法（Kong et al., 2008）。

DID 的研究者们普遍承认，并非所有的诊断都是恰当的。然而，许多心理学家相信，已有足够的证据支持 DID 诊断，表明它并不总是治疗师一时兴起的产物（Gleaves et al., 2001; Ross, 2009）。最可靠的结论可能是，在被诊断为 DID 的人群中，有些个案是真实的，而另一些则是患者为了迎合治疗师的要求而出现的。

STOP 停下来检查一下

❶ 尽管医生确定他是健康的，可霍华德仍然认为他头痛证明他长了脑瘤。霍华德可能患有躯体症状及相关障碍中的哪一种？

❷ 如何定义分离性遗忘症？

❸ 研究认为生活经历在分离性身份障碍的病因中起着怎样的作用？

精神分裂症谱系及其他精神病性障碍

在 DSM-5 中，这个大类别包括精神分裂症、其他精神病性障碍以及分裂型（人格）障碍。精神病性障碍根据下列五个特征中的一个或多个确定：妄想，幻觉，思维（言语）紊乱，明显紊乱或异常的运动行为（包括紧张症），以及阴性症状。分裂型人格障碍将在下一节人格障碍中介绍。

精神分裂症

　　尽管大多数人从未体验过可真正称之为障碍的严重抑郁或焦虑，但每个人都知道抑郁或者焦虑是什么感觉。然而，精神分裂症这种障碍却代表着一种与正常功能有着质的不同的体验。**精神分裂症**（schizophrenic disorder）是一种严重的心理病理形式，患者的人格似乎解体，思维和知觉扭曲，情感迟钝。精神分裂症患者就是你想到疯子或精神失常的人时，头脑中常常显现的形象。尽管精神分裂症非常少见，但也有约 0.7% 的美国成年人在一生中的某个时间患有精神分裂症（Tandon et al., 2008）——也就是说，约有 200 万美国人受到这一神秘而悲惨的心理障碍的影响。

　　小说家库尔特·冯内古特的儿子马克·冯内古特在 20 岁出头时开始出现精神分裂症的症状。在《伊甸园快车》（*The Eden Express*, 1975）中，他讲述了自己如何与现实分离并最终康复的故事。有一次，在修剪果树时，他的现实世界开始扭曲了：

> 　　我开始搞不清楚我是否弄痛了那些树，我发现自己在道歉。每棵树都显现出自己的人格。我想知道它们中是不是有喜欢我的。我全神贯注地看着每棵树，开始注意到它们微微闪光，从内部发出的柔和的光芒在树枝的周围闪烁。然后，不知道从哪儿冒出来一张不可思议、满是皱纹、色彩斑斓的脸。它从一个无限远的小点开始，向前冲，变得硕大无比。除了它，我其他什么都看不到了。我的心跳停止了。这一刻似乎成了永恒。我试图让这张脸走开，但是它嘲笑我……我试着注视这张脸的眼睛，然后，我意识到我已经离开了所有熟悉的地方。（1975, p. 96）

　　冯内古特的描述让我们得以窥见精神分裂症的症状。

　　在精神分裂症的世界里，思维变得不合逻辑，想法之间的联系很遥远或者没有明显的模式。患者经常出现幻觉，包括想象出来的视觉形象、气味，而声响（通常是人声）最为常见。他们认为这些想象出来的感知觉是真实的。一个人可能听到有个声音一直对他的行为品头论足，或者同时听到几个声音在对话。**妄想**（delusions）也很常见，尽管有明显相反的证据存在，患者却仍然坚持错误或非理性的信念。语言可能变得不连贯——患者会说出由没有关联或编造的词组成的"语词杂拌"——或者可能会变得沉默。患者可能情绪平淡，面无表情，或者表现出不合情境的情绪。精神运动性行为可能紊乱（扮鬼脸，举止古怪），或者身体姿态变得僵硬。即使只出现其中的部分症状，随着患者在社交上退缩或在情感上变得疏离，其工作和人际关系功能也可能受到损害。

　　心理学家将分裂症状分为阳性和阴性两类。在精神分裂症的急性期或活跃期，幻觉、妄想、语言不连贯、行为紊乱等阳性症状较为突出。在其他的时候，社交退缩和情感淡漠等阴性症状变得更明显。有些人，比如马克·冯内古特，只经历了一个或几个精神分裂症的急性期之后就恢复了正常生活。还有一些人常常被描述成慢性患者，他们要么反复地经历急性期，并伴有短期的阴性症状，要么偶尔经历急性期，同时伴有长期的阴性症状。即使最严重的病人，也不是总处于急性的妄想状态。

其他精神病性障碍

在分裂情感性障碍（schizoaffective disorder）中，精神分裂症活动期症状（妄想、幻觉、言语和行为紊乱，和／或阴性症状）和心境障碍同时出现。与具有精神病性特征的心境障碍不同的是，分裂情感性障碍的诊断标准要求在没有心境障碍发作的情况下，存在至少两周的妄想或幻觉。

精神分裂症样障碍（schizophreniform disorder）的特征表现与精神分裂症相同，但病程持续时间不同（少于 6 个月），且不需要出现功能受损。多数精神分裂症样障碍患者（约三分之二）最终会被诊断为精神分裂症或分裂情感性障碍（American Psychiatric Association, 2013）。

短暂精神病性障碍（brief psychotic disorder）的发作持续至少 1 天，但少于 1 个月。症状有时出现在重大应激源之后，例如发生严重交通事故，有时则没有明显的应激源。每 1 万名女性中约有 1 名在产后会经历短暂精神病性障碍发作（Sterner et al., 2003）。

妄想障碍（delusional disorder）的特征表现为持续至少 1 个月的妄想，但没有其他精神病性症状。妄想障碍在一般人群中十分少见，估计其终生患病率是 0.2%。该障碍对女性的影响大于男性。

精神分裂症的成因

关于精神分裂症的成因、发展路径和治疗方法，不同的理论模型提出了各自的看法。让我们看看下面这些模型对理解一个人如何患上精神分裂症所做的贡献。

遗传取向　很久以前我们就知道精神分裂症有家族遗传倾向（Bleucer, 1978; Kallman, 1946）。三种独立的研究——家族研究、双生子研究和领养研究——指向一个共同的结论：遗传上与精神分裂症患者有联系的人比没有联系的人更容易患精神分裂症（Riley, 2011）。**欧文·格特曼**收集了 1920—1987 年间在西欧进行的相关研究，删除了其中质量较差的研究，并对其中约 40 项可靠研究的数据进行了合并（Gottesman, 1991）。**图 14.4** 总结了通过不同类型的亲属关系患上精神分裂症的风险。如图所示，数据是按照遗传亲缘度排列的，遗传亲缘度与风险程度高度相关。例如，如果父母双方都患有精神分裂症，其子女的患病风险是 46%，而一般人群中这一风险只有 1%。如果只有父母一方有精神分裂症，其子女患病的风险锐减到 13%。还要注意，同卵双生子同时患精神分裂症的概率大约是异卵双生子的三倍。

因为精神分裂症的遗传性非常确定，所以研究者已经将注意力转向了使人们面临精神分裂症风险的特定基因。正如你所看到的，精神分裂症有许多不同的症状。因此，研究者认为有很多基因决定了人们何时以及如何受到影响：研究已经发现了该障碍的几种候选基因（Shi et al., 2008）。不同的人对精神分裂症的体验（例如，症状的严重性）可能完全取决于他们遗传的基因组合。

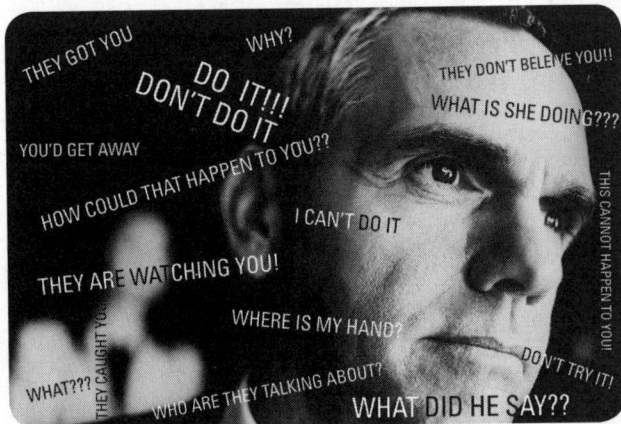

什么样的思维模式可能表明一个人患有精神分裂症？

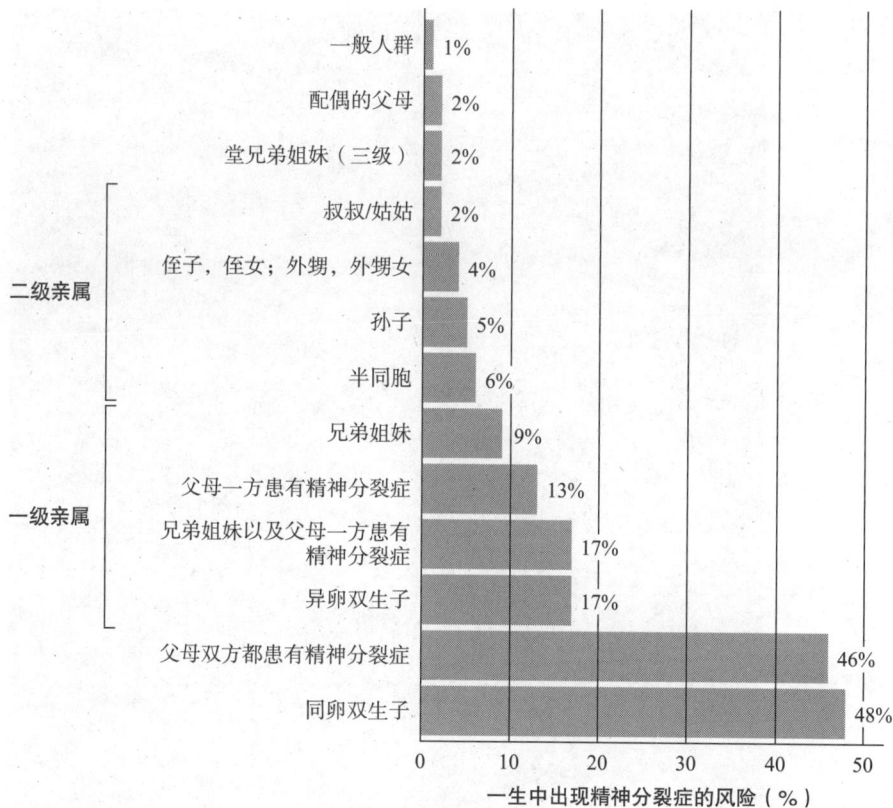

一般人群 1%
配偶的父母 2%
堂兄弟姐妹（三级） 2%
叔叔/姑姑 2%
侄子，侄女；外甥，外甥女 4%
孙子 5%
半同胞 6%
兄弟姐妹 9%
父母一方患有精神分裂症 13%
兄弟姐妹以及父母一方患有精神分裂症 17%
异卵双生子 17%
父母双方都患有精神分裂症 46%
同卵双生子 48%

二级亲属
一级亲属

一生中出现精神分裂症的风险（%）

图 14.4　精神分裂症的遗传风险
图中显示了患精神分裂症的平均风险。数据源于 1920~1987 年在欧洲进行的家族研究和双生子研究；风险程度与基因亲缘度高度相关。纵轴的标签是个体与精神分裂症患者的亲属关系（顶端的"一般人群"除外），横轴是个体患精神分裂症的可能性。例如，某人被确诊为精神分裂症，那么他的异卵双生子同胞也患有精神分裂症的可能性为 17%。

脑功能　研究精神分裂症的另一种生物学取向是寻找患者脑中的异常。这类研究现在多数依靠脑成像技术，它使我们可以直接比较精神分裂症患者和正常控制组个体的脑结构和脑功能（Keshavan et al., 2008）。例如，如**图 14.5** 所示，磁共振成像（MRI）显示，精神分裂症患者的脑室（脑脊液流经的脑结构）往往增大（Barkataki et al., 2006）。MRI 研究还表明，精神分裂症患者大脑皮层的额叶和颞叶区域明显较薄，而这种神经组织减少可能与该障碍的行为异常有关（Bakken et al., 2011）。

　　研究者也开始证明，某些脑部异常与疾病的进展有关（Brans et al., 2008）。例如，**图 14.6** 呈现了一项纵向研究的数据，该研究对 12 个从 12 岁便开始出现精神分裂症状的个体进行了追踪（Thompson et al., 2001）。研究关注了这些个体的大脑灰质 5 年内的变化（主要是大脑皮层内的细胞体和神经元树突）。这 12 个患者反复接受了磁共振成像扫描，同时一组与其年龄匹配的健康的参与者也接受了同样的磁共振成像扫描。你可能还记得第 10 章的内容：青少年的大脑依然在发生变化。这可以用来解释为什么即使是正常的青少年也会出现一些灰质的减少。然而，正如你在图 14.6 中所见，患有精神分裂症的青少年的灰质大量减少。通过监测精神分裂症遗传风险人群大脑灰质的变化，临床工作者也许能够在该障碍

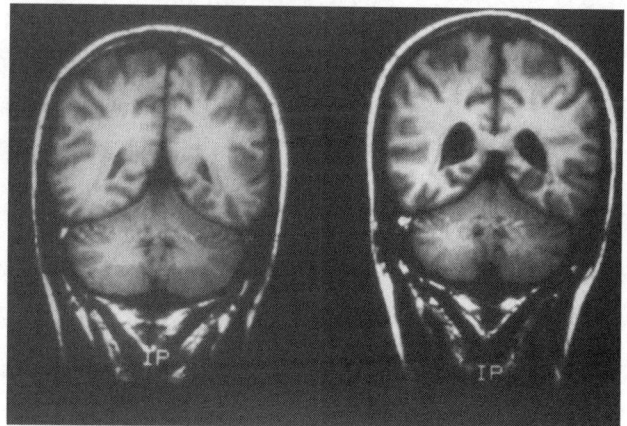

图 14.5　精神分裂症与脑室大小
男性同卵双生子的 MRI 扫描图。与没有精神分裂症的双生子的扫描图（左侧）相比，患有精神分裂症的双生子的扫描图（右侧）显示脑室增大。

资料来源：Photo courtesy of Drs. E. Fuller Torrey and Daniel Weinberger.

图 14.6　精神分裂症青少年大脑灰质的减少

研究者对 12 个患有精神分裂症的青少年和 12 个年龄匹配的健康青少年进行了磁共振扫描。在 5 年的时间里，精神分裂症青少年几个脑区内的灰质大量减少。（见彩插）

资料来源：Thompson, P. M., Vidal, C., Giedd, J. N., Gochman, P., Blumenthal, J., Nicolson, R., Toga, A. W., & Rapoport, J. L. (2001). Mapping adolescent brain change reveals dynamic wave of accelerated gray matter loss in very early-onset schizophrenia. *PNAS, 98,* 11650–11655.

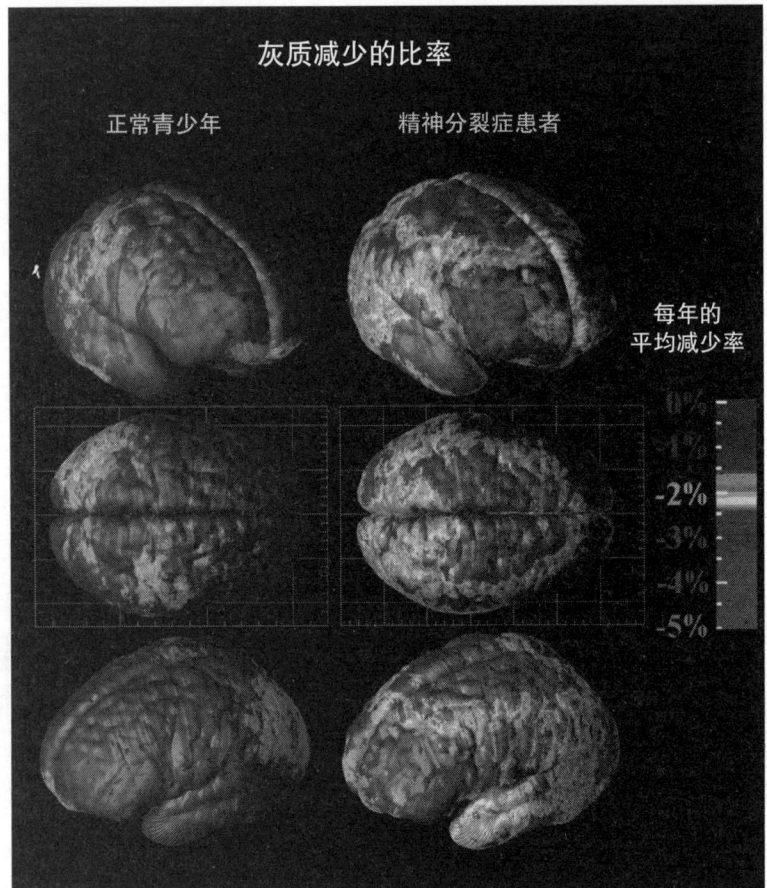

灰质减少的比率

正常青少年　　　　精神分裂症患者

每年的平均减少率

0%
-1%
-2%
-3%
-4%
-5%

的早期做出诊断和治疗（Wood et al., 2008）。

　　鉴于精神分裂症的症状多种多样，患者表现出广泛的生物学异常也就不足为奇了。这些异常可能是导致精神分裂症的原因，也可能是精神分裂症带来的后果。那么，环境特征是如何促使这些风险人群患上疾病的呢？

环境应激源　我们已经介绍了精神分裂症的遗传和生物学因素。然而，从图 14.4 可以看出，即使是在基因最相似的群体中，风险因子也低于 50%。这说明，尽管基因很重要，但环境因素也可能是引发该障碍的必要条件。关于精神分裂症的成因，一个广为接受的假说是**素质 – 应激假说**（diathesis-stress hypothesis）。根据这一假说，遗传因素使个体处于风险中，但这一潜在风险只有受到环境压力的冲击，才会表现为精神分裂症。我们来看其中一些环境因素。

　　例如，研究者发现生活在城市里的人、陷入过经济困境的人以及从一个国家移居到另一个国家的人，出现精神分裂症的比率较高（Bourque et al., 2011; Tandon et al., 2008）。对这些关系的解释通常聚焦于社会应激源和社会逆境。研究者还指出，经历过创伤性生活事件的人患精神分裂症的风险也较高。一项研究考察了美国和英国的大样本发现：人们经历的创伤（如身体或性虐待）越多，越有可能患上精神分裂症（Shevlin et al., 2008）。

　　研究者还考察了生活事件会如何影响精神分裂症患者的症状变化。下面这项研究指出了患者对生活事件的反应与其症状变化之间的关系。

研究特写

研究者在研究开始和结束时（研究历时 9 个月）分别测量了精神分裂症患者的症状（Docherty et al., 2009）。在研究之初，研究者还测量了每个患者的情绪反应性——个体对生活事件的情绪反应强度。例如，患者需要对诸如"我的情绪波动很大""我体验了非常强烈的情绪"这样的描述做出评价，从"从来不，或几乎从不"到"总是如此，或几乎总是如此"。9 个月后，患者讲述前一个月内发生的生活事件。根据他们的报告，研究者将其分为两组：上个月经历了中度或严重生活事件的患者和未经历的患者。研究者预测消极生活事件会加重精神分裂症的症状，但仅限于那些对日常生活事件通常有强烈情绪反应的患者。从**图 14.7** 中可以看出，研究数据支持了这一预测。只有那些经历了消极生活事件且情绪反应性高的患者的症状加重了（这里的症状是指妄想和幻觉）。

之前我们了解到，人们对生活事件反应上的差异会影响他们出现心理障碍的可能性，比如抑郁症。该研究表明这种反应性与精神分裂症症状存在相似的关系。

研究者还考察了家庭应激源对人们患上精神分裂症的可能性以及症状缓解后复发可能性的影响（Miklowitz & Tompson, 2003; Schlosser et al., 2010）。例如，有几项研究关注了情感表达。如果家庭成员对患者的批评性言论过多，对患者有过多的情感卷入（即过度保护和侵扰），经常对患者表现出敌意，那么这些家庭就属于高情感表达家庭。当症状得到缓解的患者离开医院回到家里之后，高情感表达家庭的患者再次复发的可能性是低情感表达家庭患者的两倍（Hooley, 2007）。这意味着治疗应该是针对整个家庭的，应该将家庭作为一个系统，改变家人对待受困扰子女的方式（Kuipers et al., 2010）。

从本节已回顾的对精神分裂症的诸多解释以及经过大量研究仍没有得到解决的问题来看，我们对这种严重的心理障碍仍有待进一步了解。或许我们应该把这种被称为精神分裂症的现象看作多种心理障碍的集合，每种心理障碍可能有其独特的潜在病因。至少在某些个案中，我们发现基因、脑活动、家庭互动都起了一定的作用。研究者仍需确定的是，这些因素以怎样的具体方式共同导致了精神分裂症的产生。

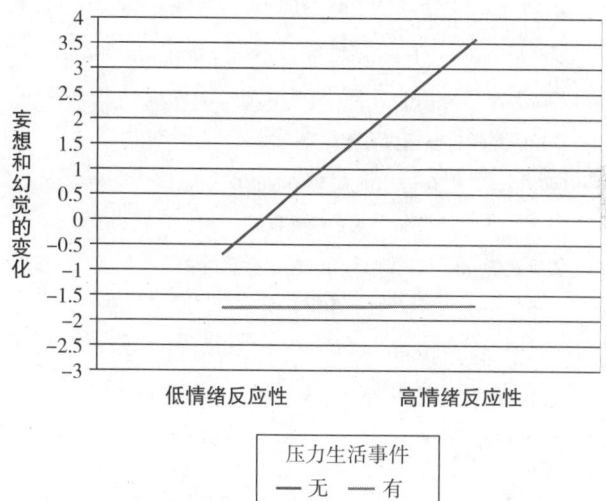

图 14.7　精神分裂症的症状变化

研究者测量了患者的情绪反应性和 9 个月内的症状变化。只有那些经历了消极生活事件且情绪反应性高的患者的症状加重了（这里的症状指妄想和幻觉）。

资料来源：Docherty, N. M. et al. (2008). Life events and high-trait reactivity together predict psychotic symptom increases in schizophrenia. *Schizophrenia Bulletin, 35*(3). Reprinted by permission of Oxford University Press.

STOP 停下来检查一下

❶ 社交退缩和情感淡漠是精神分裂症的阳性症状还是阴性症状？

❷ 家庭的情感表达对精神分裂症的复发有何影响？

批判性思考：请回忆生活事件对精神分裂症症状之影响的研究。为什么要在为期 9 个月的研究的开始阶段测量情绪反应性？

表 14.3 人格障碍

障碍	特征
A 组：奇异 – 古怪性人格障碍	
偏执型	对与其交往的人的动机感到怀疑和不信任。
分裂样	缺乏社交欲望；在社交场合非常冷漠。
分裂型	认知或知觉歪曲，在社交场合中感到不自在。
B 组：戏剧化 – 情绪性人格障碍	
反社会型	不能尊重他人的权利；做出违反社会规范的不负责任的行为或违法行为。
边缘型	人际关系紧张且不稳定；冲动，尤其是与自我伤害有关的行为。
表演型	过度情绪化和寻求关注；不适宜的挑逗行为。
自恋型	妄自尊大，总想得到他人的赞美；缺乏同理心。
C 组：焦虑 – 恐惧性人格障碍	
回避型	因为担心被拒绝而避免人际接触；害怕被批评，在社会场合缺乏自信。
依赖型	需要他人为自己的生活负责；没有他人的支持会感到不适和无助。
强迫型	执着于规则和条理；完成任务的能力受完美主义干扰。

人格障碍

　　人格障碍（personality disorder）指一种长期的（慢性的）、僵化的、适应不良的感知、思维或行为模式。这些模式会严重损害一个人在社交或职场中的功能，并可能造成严重的痛苦。这些模式通常在个体进入青少年或成年早期时就能被识别出来。如**表 14.3** 所示，DSM-5 将 10 种不同类型的人格障碍归为三组。

　　人格障碍的诊断有时是有争议的，因为各障碍之间有重叠：一些行为可以出现在不同的障碍中。此外，研究者一直试图理解正常人格与异常人格之间的关系：在一个特定的人格维度上极端到什么程度便表明存在障碍（Livesler & Lang, 2005）？例如，大多数人都在某种程度上依赖着他人。当这种依赖极端到什么程度就表明存在依赖性人格障碍？与其他类型的心理障碍一样，临床医生必须理解人格特质何时以及如何变得适应不良——也就是说，这些特质何时以及如何会使个人或社会遭受痛苦。为了说明这方面的结论，本节将重点讨论边缘型人格障碍和反社会型人格障碍，并简单介绍分裂型人格障碍。

边缘型人格障碍

　　患有**边缘型人格障碍**（borderline personality disorder）的个体人际关系紧张且极不稳定。这些困境出现的部分原因是他们难以控制愤怒。这种障碍使其经常与人争斗和发脾气。此外，患有边缘型人格障碍的个体表现出更多的冲动行为——尤其是与自我伤害有关的行为，如物质滥用和自杀尝试。在美国成人中，边缘型人格障碍的患病率约为 1.6%（Lenzenweger et al., 2007）。

　　边缘型人格障碍的一个重要特征是对遗弃的强烈恐惧（Bornstein et al., 2010）。为了防止被遗弃，他们会陷入疯狂的行为，例如频繁地打电话及身体依附。我们来看一项研究，该研究展示了边缘型人格障碍患者的愤怒与被排斥之间的关系。

研究特写

　　研究人员招募了 45 名符合边缘型人格障碍（BPD）诊断标准的个体以及 40 名健康的控制组个体（Berenson et al., 2011）。参与者们随身携带掌上电脑，在 21 天的研究过程中，电脑会随机选择 105 个时间点，提示参与者做出回应。每当电脑发出哔哔声，参与者就对一些语句（如"我被抛弃了"）做出回应，以表明他们当时体验到的被排斥的程度。参与者还要通过回答一些问题来报告他们当时体验到的愤怒情绪，比如回答"你在多大程度上想打人？"。在三周时间里，BPD 组的个体报告了更多的愤怒和被排斥。并且，对于 BPD 组的个体，短暂且少量地增加排斥，就会导致愤怒情绪的剧增。控制组的个体对于短暂的排斥则没有这样的愤怒模式。

该研究表明，情绪控制方面的困难，导致边缘型人格障碍患者很难与他人维持关系。一项研究追踪该障碍的患者 10 年，发现在此期间参与者的社会功能都是受损的（Choi-Kain et al., 2010）。这一研究表明，边缘型人格障碍具有跨时间的稳定性。

边缘型人格障碍的成因　　与其他心理障碍一样，研究者关注造成边缘型人格障碍的先天和后天因素。双生子研究为基因的作用提供了强有力的证据（Distel et al., 2008）。例如，一项研究对比了同卵双生子和异卵双生子的同病率（Torgersen et al., 2000）。当同卵双生子之一患有边缘型人格障碍时，另一同胞患病的概率是 35.3%；而对于异卵双生子，两人同时患病的概率只有 6.7%。如果回忆一下第 13 章中讨论的人格特质强大的遗传性，你可能就不会惊讶于这些障碍特质同样是可遗传的了。

尽管如此，研究表明，环境因素在边缘型人格障碍的病因中起着重要作用（Cohen et al., 2008; Lieb et al., 2004）。一项研究比较了 66 个边缘型人格障碍患者与 109 个健康对照个体的早期创伤性事件发生率（Bandelow et al., 2005）。患者的早期生活经历与对照组截然不同。例如，73.9% 的边缘型人格障碍患者报告童年时遭遇过性虐待；只有 5.5% 的控制组个体报告了同样的经历。患者报告，（平均来说）虐待开始于 6 岁，持续 3 年半左右。这种早期创伤很可能导致了障碍的发生。但是，不是所有遭受过童年性虐待的个体都会发展出边缘型人格障碍——如你所见，这一研究的控制组参与者中也有 5.5% 的人经历了童年性虐待，但并没有发展为边缘型人格障碍。很有可能，基因风险和创伤性事件共同构成了障碍的病因。

反社会型人格障碍

反社会型人格障碍（antisocial personality disorder）的特征是：长期存在违反社会规范的不负责任的行为或违法行为。说谎、偷窃和打架是常见的行为。患有反社会型人格障碍的人通常不会对自己的伤害行为感到羞耻或懊悔。他们从小就开始违反社会规范——扰乱课堂秩序，参与打架斗殴，离家出走。这些行为的特征是漠视他人的权利。在美国成人中，反社会型人格障碍的患病率约为 1.0%（Lenzenweger et al., 2007）。

反社会型人格障碍常常与其他病理状态共存。例如，一项研究考察了有酒精或药物滥用史的成人，男性中反社会型人格障碍的患病率为 18.3%，女性的患病率为 14.1%，远远高于普通人群 1.0% 的患病率（Goldstein et al., 2007）。此外，即使没有患抑郁症，反社会型人格障碍也会使人处于自杀的风险之中（Javdani et al., 2011; Swogger et al., 2009）。这种自杀风险很可能是冲动和漠视安全的产物，而这正是反社会型人格障碍的特征。

反社会型人格障碍的成因　　研究者利用双生子研究来考察与反社会型人格障碍相关的特定行为的遗传因素。例如，一项研究考察了 3 687 对双生子的行为一致性（Viding et al., 2005）。老师就研究问卷中的相关陈述，对每个双生子的冷漠 - 无情特质（例如，"不表现出感受或情绪"）和反社会行为（例如，"常常和其他孩子打架或欺负他们"）进行了评估。同卵双生子与异卵双

为什么患有反社会型人格障碍的人经常有法律上的麻烦？

生子的对比表明，冷漠－无情特质有很强的遗传性。此外，在表现出高水平的冷漠－无情特质的双生子中，遗传因素对反社会行为也有很大的影响。

　　研究也集中探讨了导致反社会型人格障碍的环境因素（Paris, 2003）。与边缘型人格障碍患者的情况一样，反社会型人格障碍患者比健康的个体更可能经历过童年虐待。为了证实这一关系，一个研究团队搜集了（从大约 1970 年开始的）法庭记录，汇集了一个包含 641 名个体的样本，他们在童年期遭到虐待和忽视，并被官方记录在案（Horwitz et al., 2001）。研究者在 20 年后对这些人进行了访谈，以评估其心理障碍的患病率。与 510 名无虐待史的对照组个体相比，受过虐待的个体更可能符合反社会型人格障碍的诊断标准。另一个重要的发现是，儿童期受过虐待的人往往在其后的生活中体验到更高的应激水平。进一步的研究表明，身体虐待尤其容易使个体面临患上反社会型人格障碍的风险（Lobbestael et al., 2010）。

分裂型人格障碍

　　分裂型人格障碍（schizotypal personality disorder）的基本特征是社交和人际关系方面的缺陷，表现为对亲密关系感到强烈的不舒服，建立亲密关系的能力减弱，且有认知或感知的扭曲和怪异行为。通常起病于成年早期，但在一些案例中，在儿童期和青少年期就开始出现明显症状。尽管分裂型人格障碍没有达到精神病性障碍的诊断标准，但 DSM-5 承认它是精神分裂症谱系及其他精神病性障碍中的一部分（Hechers et al., 2013），并同时将其视为人格障碍。

STOP 停下来检查一下

❶ 有边缘型人格障碍的人对人际关系有什么强烈的恐惧？

❷ 有边缘型人格障碍的人与健康控制组个体相比，早期经历有何不同？

❸ 为什么有反社会型人格障碍的人会有自杀的风险？

批判性思考：请思考评估边缘型人格障碍的愤怒与被排斥之间关系的研究。为什么在随机选择的时间点收集样本数据很重要？

儿童的心理障碍

　　到目前为止，我们的讨论集中于患有精神疾病的成年人。但需要着重指出的是，很多个体从童年期和青少年期就开始出现精神疾病的症状。近年来，研究者加强了对精神障碍在年轻人中出现的时间进程的研究（Zahn-Waxler et al., 2008）。他们常常试图识别有助于早期诊断和治疗的行为模式。例如，社交功能问题可能提示儿童和青少年有患精神分裂症的风险（Tarbox & Pogue-Geile, 2008）。

　　DSM-5 将这类在发育阶段起病的障碍统称为神经发育障碍。我们在第 9 章讨论了其中的一种障碍，即智力发育障碍。此处，我们集中讨论注意缺陷／多动障碍以及孤独症。

注意缺陷 / 多动障碍

注意缺陷 / 多动障碍（attention-deficit/hyperactivity disorder, ADHD）涉及两组症状（DSM-5, 2013）。一组是与儿童的年龄和发育水平不相称的注意缺陷。例如，他们在学校可能很难集中注意力，常常丢失玩具或学校作业等物品。另一组是与其年龄和发育水平不相称的多动和冲动。多动行为包括扭动、坐立不安和过于多话；冲动行为包括不经思考就匆忙行事和打断别人的话。儿童在 12 岁之前就已存在若干症状才能被诊断为 ADHD。此外，这一症状的诊断标准还要求这些行为模式已持续至少 6 个月。

研究者估计，美国 5~17 岁的儿童中 ADHD 的患病率为 9%（Akinbami et al., 2011）。其中，男孩是 12.3%，女孩是 5.5%。请注意，研究表明，文化偏见（例如，对性别差异的预期）会导致在女孩中诊断出的 ADHD 较少，从而导致很难准确地估计性别差异。不过，在一项对成人进行的大规模研究中，3.2% 的女性和 5.4% 的男性达到了 ADHD 的诊断标准（Kessler et al., 2006a）。这些数据可能准确反映了整个生命周期的性别差异。那些被诊断为 ADHD 的男孩和女孩表现出了大致相同的问题行为模式（Rucklidge, 2010）。不过，ADHD 可能使女孩遭受比男孩更多的社会孤立（Elkins et al., 2011）。

ADHD 诊断的复杂之处在于，事实上，很多儿童都容易出现注意缺陷、多动或冲动的情况。因此，这一诊断有时备受争议：人们担心孩子正常的无序状态被贴上不正常的标签。但是，现在临床医生有一个很大的共识，即一些孩子的行为达到了适应不良的水平——这些孩子无法控制他们的行为或者完成各种任务。尽管一直以来人们普遍认为 ADHD 被过度诊断了，但研究证据否认了这一看法（Sciutto & Eisenberg, 2007）。实际上，正如前面所指出的，女孩中 ADHD 的诊断可能不足。

与其他障碍一样，研究者也考虑了先天和后天因素对 ADHD 的影响。双生子和收养研究为这种障碍的遗传性提供了强有力的证据（Greven et al., 2011）。研究者已开始发现影响脑发育和神经递质功能的特定基因与 ADHD 的关系（Poelmans et al., 2011; Smoller et al., 2006）。还有一些重要的环境变量与 ADHD 相关。例如，来自经济贫困家庭或冲突水平高的家庭的孩子更可能经历这一障碍（Akinbami et al., 2011; Biederman et al., 2002）。一些环境变量对不同出生顺序的孩子影响更大。例如，有些家庭的成员之间彼此不提供支持，在这种缺乏凝聚力的家庭中，年长的孩子比年幼的孩子患 ADHD 的风险更高（Pressman et al., 2006）。这类研究结果表明，家庭环境和父母养育方式会影响 ADHD 的发病率。

孤独症

患有**孤独症**（autistic disorder，也译作自闭症）的儿童形成社会联结的能力严重受损。他们的口头语言发展可能严重滞后和受限，对外部世界的兴趣也非常狭窄。看看这篇关于一个被诊断为孤独症的孩子的报告：

> ［奥德丽］似乎对她日常生活中的任何变化都感到害怕，包括陌生人的出现。她要么害怕与其他孩子接触，要么完全避免与他们接触，似乎满足于自己一次玩几个小时的非功能性游戏。当她和其他孩子在一起时，她很少参与互动游戏，甚至不会模仿他们的任何动作（Meyer, 2003, p. 244）。

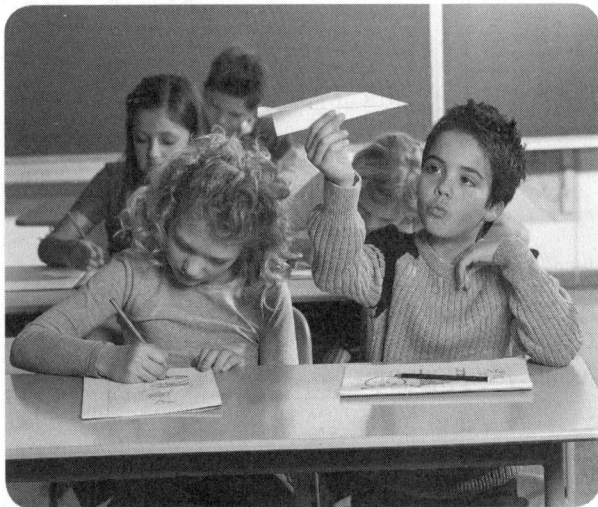

童年期的哪种心理障碍可能扰乱课堂？

很多患有孤独症的孩子还会做出重复性和仪式性的行为，比如，他们可能会将物体摆成一行或者对称的模式（Greaves et al., 2006; Leekam et al., 2011）。

研究表明，孤独症（以及相关障碍）的患病率是大约 110 个儿童中有一个患者（Centers for Disease Control and Prevention, 2009）。因为孤独症的许多症状与言语及社会互动有关，所以在父母发现孩子难以使用语言或与人互动之前，孤独症很难被诊断出来。但是，最近的研究开始探索婴儿出生后的第一年中那些可以预测其长大后被诊断为孤独症的行为（Zwaigenbaum et al., 2005）。例如，与其他儿童相比，有孤独症风险的儿童不太可能对社交性微笑报以微笑或对自己的名字做出反应。

孤独症的成因 与 ADHD 一样，孤独症也有很大一部分遗传因素。事实上，研究者们开始识别出使个体更容易患上孤独症的人类基因组变异（Vieland et al., 2011）。研究者还发现了孤独症的脑标记。例如，孤独症个体的脑发育比同龄人更快（Amaral et al., 2008）。接下来的问题就是，这样的脑异常是如何引发孤独症症状的。

研究者还指出，患有孤独症的孩子无法发展出理解他人心理状态的能力（Baron-Cohen, 2008）。正如你在第 10 章看到的，在一般情况下，孩子会发展出心理理论。起初，他们仅仅从自己的视角理解世界。但是，随着 3 到 4 岁之间的快速成长，孩子逐渐理解其他人的知识、信仰和意图与他们不同。研究表明，孤独症个体缺乏发展出这种理解的能力。没有心理理论的人很难建立社会关系。孤独症个体几乎不可能理解和预测别人的行为，这让他们的日常生活显得神秘和充满敌意。

STOP 停下来检查一下

❶ ADHD 有哪些类型的行为特征？

❷ 为什么在 2 岁或 3 岁之前很难对孤独症做出诊断？

❸ 为什么心理理论和孤独症有关？

精神疾病的污名

本章最重要的目标之一就是揭开精神疾病的神秘面纱，帮助读者认识到异常行为从某些方面来看是很平常的。有心理障碍的人经常被贴上异类的标签。但是，这个异类的标签并不符合普遍的现实：当 46.4% 的美国成年人报告他们在一生中经历过某种心理障碍时（Kessler et al., 2005a），精神病理状态至少从统计上看是相对正常的。

即使"正常生活"中出现精神病理状态的频率如此之高，有心理障碍的人也常常背负着大多数有躯体障碍的人不必背负的污名。**污名**（stigma）是耻辱的标志或烙印；在心理学的语境中，它是对一个人的一整套负性态度，将这个人视为不可接受的另类（Hinshaw & Stier, 2008）。本章开头引用的那位患有精神分裂症的女士说："在我看来，无论是公众还是患者，都需要接受更多有关精神疾病的教育。因为人们嘲笑并苛刻地对待我们，甚至在关键时刻误解我们。"对心理障碍患者的负面态度来自许多方面：大众媒体将精神病患者形容成有暴力犯罪倾向的人；关于精神病人的笑话可以被接受；家庭不愿承认其成员的精神痛苦；司法术语强调精神上的无能。人们还会隐藏自己的心理痛苦或精神卫生机构就诊史，而这些行为无疑是自我污名化。

研究者发现精神疾病的污名会给人们生活的多个方面带来负面影响（Hinshaw & Stier, 2008）。一个研究选取了 84 名曾因精神疾病住院的男性，其中 6% 的人报告因住院而失去工作，10% 的人报告他人拒绝租房给他们，37% 的人报告他人躲避他们，45% 的人报告他人曾利用他们的精神疾病史来伤害他们的感情。只有 6% 的男性报告没有遇到排斥事件（Link et al., 1997）。这组男性经过一年的治疗，心理健康得到了很大的改善。即便如此，在那年年底，他们对污名的看法并没有改变：尽管他们的机能有所改善，但这些患者并不指望世界会对他们更友善。这类研究表明，许多心理障碍患者的经历具有很大的双重性：寻求帮助——让自己的问题被贴上标签——通常既能带来缓解也会带来污名。

不幸的是，许多精神疾病患者会内化负面的刻板印象并进行自我污名化。在一项研究中，144 名患有严重精神疾病的人完成了一份评估内化污名的问卷（West et al., 2011）。比如，问卷考察了参与者在多大程度上认同对精神疾病患者的负面刻板印象。结果显示，在这个样本中，41% 的女性和 35% 的男性存在大量的内化污名。这种内化污名会带来严重的后果：内化污名程度高的人，往往会经历更深的绝望、更低的自尊和更糟糕的生活品质（Livingston & Boyd, 2010）。

关于污名还有最后一点需要注意：研究表明，与精神疾病患者有过接触的人，态度受污名的影响较小（Couture & Penn, 2003）。我们来看一项支持此结论的研究。

研究特写

一个研究团队调查了 911 名参与者接触精神疾病的情况（Boyd et al., 2010）。一些参与者从来没有接触过，而另一些则本人曾因精神疾病住过院，或者有家庭成员或朋友住过院。参与者会拿到一篇短文，文中描述了一名被诊断为精神分裂症或抑郁症的患者。接着参与者会回答一些问题，以表明他们可能对此人做何反应。比如，参与者对"你有多愿意与（这位患者）交朋友？"及相似陈述的回答，就表明了他们会与之保持多远的社交距离。有过更多亲身接触的参与者表示愿意建立较近的私人距离。此外，有过更多亲身接触的参与者对患者表达出的愤怒和责备也较少。

我希望阅读本章将有助于你调整对精神疾病意味着什么的看法，并增加你对精神疾病患者的宽容和同情。

在理解心理病理学时，你必须掌握正常、现实和社会价值这些基本概念。在探索如何理解、治疗以及在理想情况下预防心理障碍的过程中，研究者们不仅帮助了那些遭受痛苦和失去生活乐趣的人们，而且还拓展了对人性的基本了解。心理学家和精神科医生如何干预偏离正常的头脑和矫正无效的行为？下一章将讨论这个重要的问题。

STOP 停下来检查一下

❶ 关于精神疾病的污名如何起作用？

❷ 为什么精神疾病的治疗常常会同时带来缓解和污名？

❸ 什么样的经历可以减少污名？

批判性思考：请思考关于人们与精神疾病的亲身接触及其反应的研究。为什么社交距离是一个重要的测量指标？

要点重述

心理障碍的性质

- 异常是通过一个人的行动与一系列指标的接近程度来判断的，包括痛苦、适应不良、非理性、不可预测、非常规性、观察者的不适感以及违反标准或社会规范。
- 客观性是精神疾病讨论中的一个重要问题。
- 心理障碍的分类系统应当提供一个通用的简要描述，以便从业者就心理障碍的一般类型和具体病例进行沟通。
- 最广泛接受的诊断和分类系统是 DSM-5。
- 精神疾病病因学的生物学取向集中于脑异常、生物化学过程和遗传影响。
- 心理学取向包括心理动力学模型、行为主义模型、认知模型以及社会文化模型。

焦虑障碍

- 六种主要类型的焦虑障碍是广泛性焦虑障碍、惊恐障碍、恐怖症、社交焦虑障碍、强迫症和创伤后应激障碍。
- 研究证实了焦虑障碍的遗传和脑基础，以及成因中的行为和认知成分。

心境障碍

- 抑郁症是最常见的心境障碍，而双相障碍更为罕见。
- 心境障碍有遗传倾向。
- 心境障碍改变了人们对生活经历的反应方式。
- 女性高水平的抑郁症可能反映了负面生活经历以及对这些经历的认知反应的差异。
- 自杀在抑郁者中最为常见。

躯体症状及相关障碍、分离障碍

- 躯体症状障碍、疾病焦虑障碍、转换障碍都以躯体

疾病或不适无法完全用实际的疾病来解释为特征。DSM-5 对这一障碍的诊断则强调阳性症状和体征，即痛苦的躯体症状以及作为对这些症状的反应的异常想法、感觉和行为。

- 分离障碍涉及记忆、意识或个人身份的整合功能的破坏。

精神分裂症谱系及其他精神病性障碍

- 精神分裂症是一种严重的心理病理状态，其特征是知觉、思维、情绪、行为和语言的极端扭曲。
- 对精神分裂症病因的研究已发现多方面的证据，包括遗传、脑异常和环境应激源等因素。

人格障碍

- 人格障碍是长期存在、僵化并损害个体功能的知觉、思维或行为模式。
- 边缘型人格障碍和反社会型人格障碍都是由遗传和环境因素引起的。

儿童的心理障碍

- 注意缺陷/多动障碍（ADHD）儿童表现出注意缺陷及多动和冲动。
- 孤独症的特征是儿童形成社会联结和运用语言的能力严重受损。

精神疾病的污名

- 患有心理障碍的人常常背负着躯体疾病患者不必背负的污名。
- 尽管对心理障碍的治疗会带来积极效果，但与心理疾病相关联的污名却对患者的生活质量有消极影响。

关键术语

心理病理功能	恐怖症	分离障碍
异常心理学	特定恐怖症	分离性遗忘症
心理诊断	广场恐怖症	分离性漫游
DSM-5	社交焦虑障碍	分离性身份障碍（DID）
共病	强迫症（OCD）	精神分裂症
神经症性障碍	心境障碍	妄想
精神病性障碍	抑郁症	素质 - 应激假说
精神失常	双相障碍	人格障碍
病因学	躁狂发作	边缘型人格障碍
焦虑障碍	习得性无助	反社会型人格障碍
广泛性焦虑障碍	躯体症状障碍	注意缺陷 / 多动障碍（ADHD）
惊恐障碍	疾病焦虑障碍	孤独症
恐惧	转换障碍	污名

15

心理治疗

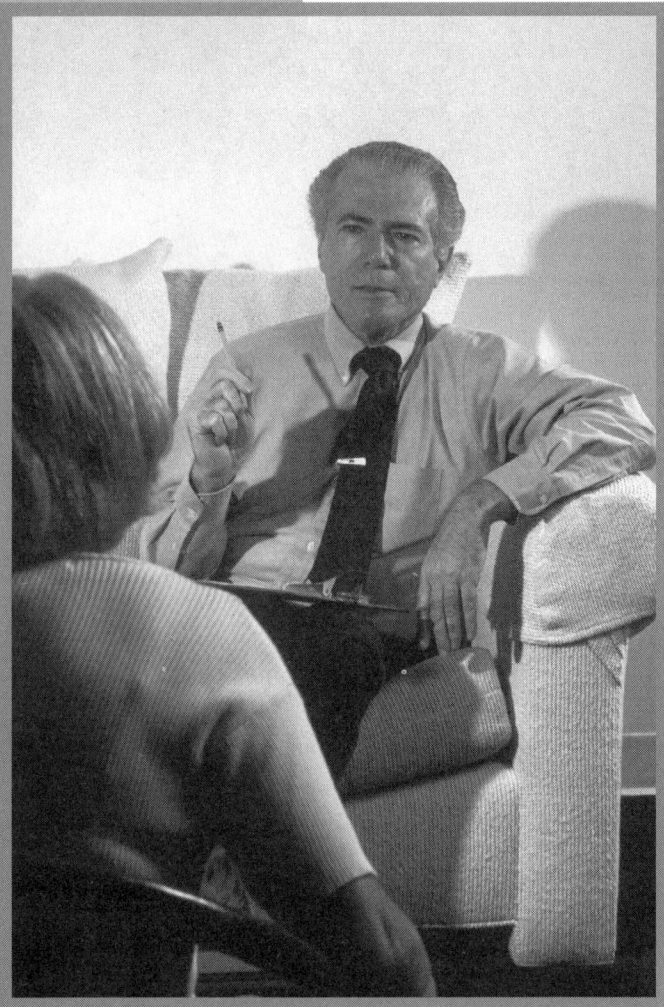

在读第 14 章的某些时候,你可能对人们经受的各种各样的精神疾病感到茫然无措。幸运的是,心理学家和其他心理健康工作者已经致力于开发针对各种精神病理的治疗方法。你将在本章中看到研究者在治疗技术上的持续创新。研究者对精神病理的原因和结果了解得越多——如第 14 章中描述的研究——就越能更好地优化治疗方案。

本章将考察可帮助心理障碍患者恢复个人控制能力的各种治疗方法。我们将对目前该领域主要的治疗流派进行探讨,包括精神分析、行为矫正、认知改变、人本主义治疗和药物治疗。我们将介绍这些治疗的方法和原理,并对关于其成功可能性的说法进行评估。

阅读这一章时,请记住,许多寻求治疗师帮助的人并没有被诊断为患有心理障碍。在你的生活中也可能有一些时候,你可以利用一些帮助来应对各种心理压力。回想一下,第 12 章曾强调过掌握灵活的应对技能的重要性。面对让你痛苦的人生境遇时,治疗师能帮助你制定应对的策略。

治疗的背景

心理障碍有不同类型的治疗方法,当然,人们寻求帮助的动机也各不相同(有些人需要却不寻求帮助)。心理治疗的目的、场所以及治疗师的特点也不尽相同。尽管各种治疗方法之间存在这些差异,但它们都是对个人生活的干预,都旨在以某种特定的方式改变个人的机能。

目标及主要的治疗流派

心理障碍的治疗涉及以下四个主要任务或目标:

1. 对个体的问题做出诊断,可能的话,对现有问题给出精神病学(DSM-5)的诊断,并对障碍进行归类。
2. 提出可能的病因(问题的原因),即确定障碍可能的源头以及症状所起的作用。
3. 做出预后估计,即对采取治疗或不采取治疗的情况下可能的病程发展的估计。
4. 确定方法并进行治疗,减轻或消除症状,可能的话,消除症状产生的根源。

生物医学治疗(biomedical therapy)聚焦于改变中枢神经系统运转的机制。这种治疗被精神科医生和内科医生大量采用,主要通过化学或物理干预来试图改变大脑功能,这类干预包括直接作用于"脑 – 身体"之间联系的外科手术、电击、药物。

心理学方面的治疗统称为**心理治疗**(psychotherapy),专注于改变人们习得的不良行为,包括言语、想法、解释和反馈,这些行为影响着人们的日常生活策略。这类治疗为临床心理学家和精神科医生所采用。心理治疗包括四种主要的类别:心理动力学治疗、行为治疗、认知治疗和存在主义 – 人本主义治疗。

心理动力学派认为,痛苦是由人们内部未能解决的创伤和冲突引起的外在症状。心理动力学派的治疗师采用"谈话疗法"治疗心理障碍,通过这一方法,治疗师帮助个体把外显症状与内部未能解决的冲突联系起来,并引导其产生领悟。

行为治疗将行为本身视为必须矫正的障碍。障碍被看作是习得的行为模式,而不是精神疾病的症状。行为的改变可以通过多种方式进行,包括改变适宜或不适宜行为的强化相倚事件，消除条件反应以及提供有效的问题解决方案。

认知治疗试图通过改变个体对问题起因的扭曲的自我陈述来重建其思维方式。这种认知重建可以改变个体对困难的定义和解释方式，使个体有能力应对问题。

源于人本主义传统的疗法强调人的价值。治疗的目标是个体的自我实现、心理成长，更有意义的人际关系的建立，以及更多选择的自由。这种治疗方法更为关注改善健康人的心理功能，而不是纠正已经严重失调的个体的症状。

尽管我分别介绍了每一类心理治疗方法，但是许多治疗师在实践中采用整合的方法：为了给患者或来访者提供最大的益处，他们整合了不同理论的方法。很多时候，心理治疗师在职业生涯开始时遵循一个特定的理论取向。然而，随着职业生涯的发展，他们开始将不同治疗方法中最有效的部分整合起来（Norcross et al., 2005; Thoma & Cecero, 2009）。心理治疗师几乎整合过每一对理论取向（如认知和人本，行为和心理动力学派）。但是，最突出的是认知和行为疗法的整合（Goldfried, 2003; Norcross et al., 2005）。本章后面会描述整合后的认知行为疗法。

治疗师和治疗场所

当心理问题出现时，大多数人最初倾向于在熟悉的环境中寻求非正式的帮助。许多人向家人、关系密切的朋友、私人医生、律师或教师寻求支持、指导和建议。有宗教信仰的人可能会向牧师求助。还有一些人会向调酒师、售货员、出租车司机或其他愿意倾听其烦恼的人敞开心扉，以得到建议和一吐为快的机会。在我们的社会中，这些非正式的治疗师承担着大部分缓解挫折和冲突的日常负担。当人们遇到的问题局限在一定范围内时，这些非正式的治疗师常常能够对人有所帮助。

为何许多心理治疗师会在临床实践中整合不同的理论取向？

虽然与过去相比，如今更多的人在遇到问题时会寻求治疗，但人们通常只有在心理问题变得严重或持续了较长时间时，才会向精神卫生专业人员求助。他们可以向下面几种类型的治疗师求助。

临床社会工作者（clinical social worker）是精神卫生领域的专业人员。他们在社会工作学校接受过专业训练，能与精神科医生和临床心理学家协同工作。与精神科医生和临床心理学家不同的是，这类专业人员更关注问题产生的社会环境，所以他们可能会让其他家庭成员也参与治疗，或者至少要了解来访者的家庭和工作环境。

宗教咨询师（pastoral counselor）是专门治疗心理障碍的宗教团体成员。这类咨询师通常结合宗教精神来解决实际问题。

临床心理学家（clinical psychologist）必须在研究生院集中完成心理问题的评估与治疗训练，完成临床实习并接受督导，取得哲学博士（Ph.D.）或心理学博士（Psy.D.）学位。与精神科医生相比，这类心理学家在心理学、心理评估和心理学研究方面有更广阔的知识背景。

咨询心理学家（counseling psychologist）通常也需获得哲学博士或心理学博士学位，他们主要在职业选择、学校问题、药物滥用、婚姻冲突等方面提供指导。这些咨询师常常在与上述问题有关的社区场所工作，如企业、学校、监狱、军队服务机构或社区诊所。他们采用的方法有访谈、测验、指导或提供建议，以帮助个体解决特定的问题或对未来选项做出决策。

精神科医生（psychiatrist）必须完成获得医学博士学位（M.D.）所需的所有医学院培训，同时接受一些心理和情绪障碍方面的博士后专业训练。精神科医生所接受的训练更多地集中于心理问题的生物医学基础。

精神分析师（psychoanalyst）拥有医学博士或哲学博士学位，并且必须完成从弗洛伊德学派的视角理解和治疗心理障碍的专门研究生训练。

这些不同类型的治疗师在许多场所从业，包括医院、诊所、学校和私人办公室。某些人本主义治疗师更愿意在他们的家中开展团体治疗，以便在更自然的环境中工作。基于社区的治疗是一种将治疗"带给来访者"的方式，可能会在当地的店面或者教堂外面进行。某些治疗师在进行现场治疗时，会和来访者一起进入与来访者问题相关的生活环境。例如，他们会和有飞行恐怖症的来访者一起坐在飞机里，或者和有社交恐惧症的来访者一起去大型购物中心。近年来，心理治疗师已开始通过互联网提供心理健康治疗。本章"生活中的批判性思维"专栏探讨了这个话题。

接受治疗的人通常被称为患者或来访者。采用生物医学方法治疗心理问题的专业人员会使用**患者**（patient）一词。把心理障碍看作是"生活中的问题"而不是精神疾病的专业人员会使用**来访者**（client）一词。我在介绍生物医学治疗和心理分析治疗时采用患者一词，而在介绍其他治疗时则采用来访者一词。

心理治疗中的多元化问题

临床工作者的一个重要目标是缓解所有心理障碍患者的症状。然而，由于文化和性别差异，这一目标变得复杂起来。首先，并非所有的文化群体都有同等的机会接受治疗（Wang et al., 2005; Youman et al., 2010）。例如，在美国，与少数种族群体相比，白种人更可能去寻求治疗。这一差异的一个重要部分是白人和黑人获得身心保健服务的机会不平等。然而，文化规范也会影响人们寻求心理帮助的程度（Snowden & Yamada, 2005）。例如，研究表明，非裔美国人更可能将精神疾病解释为生理疾病。因此，他们不太可能在适当的时候获得必要的心理治疗（Bolden & Wickes, 2005）。

一旦人们开始寻求治疗，便出现了另一个多元化问题：特定的治疗方法是否在所有的文化群体中都同样有效。事实上，研究者已经开始论证文化适应心理疗法的重要性了。文化适应心理疗法被定义为"对'治疗'的系统性修正……它通过与来访者的文化模式、意义和价值观相兼容的方式来考虑语言、文化和情境"（Bernal et al., 2009, p. 362）。回顾第 13 章的内容：不同的文化有不同的自我意识。文化适应的一个方式就是，根据人们是来自个人主义文化还是集体主义文化，调整心理疗法的形式（Smith et al., 2011）。最近的研究表明，对于少数族裔和少数种族群体的成员，文化适应心理疗法比标准化疗法的治疗价值更高（Benish et al., 2011; Smith et al., 2011）。我们需要更多研究来验证这些早期

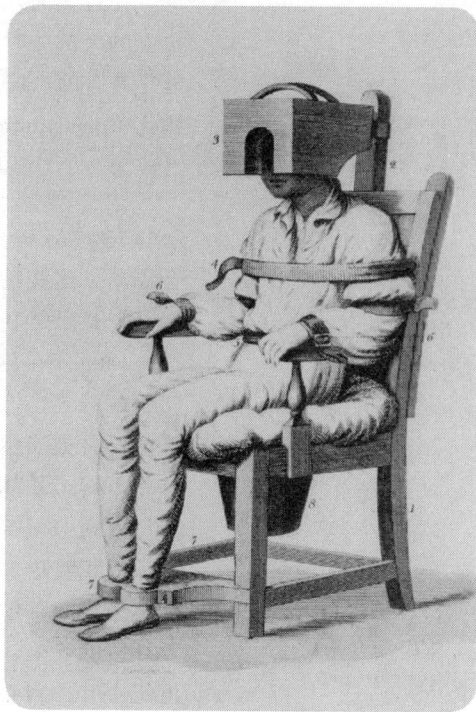

18 世纪的心理障碍治疗侧重于驱除身体里"不良体液"。图中所示的是一种由费城治疗师本杰明·拉什倡导的"镇静椅"。为什么对待精神疾病患者的态度发生了变化？

的发现。

同样，我们也需要更多研究来评估男性和女性从同一治疗方法中受益的程度（Sigmon et al., 2007）。前面的章节回顾了心理障碍患病率的性别差异。回忆一下，例如，女性比男性更容易出现进食障碍。因此，大多数治疗进食障碍的方法是为女孩和年轻妇女设计的（Greenberg & Schoen, 2008）。研究者必须确定同一种治疗方法在多大程度上对男性有效。同样，研究者也必须确定，临床工作者一开始用于治疗男性的方法，是否需要加以修正才可以用来缓解女性的痛苦。

最后一个多元化问题涉及心理治疗师的培训：治疗师必须为提供对文化差异敏感的治疗做好准备。研究者特别指出，治疗师必须具备文化胜任力（Imel et al., 2011）。文化胜任力包含以下三个成分（Sue, 2006, p.238）：

- "文化意识和信念：治疗师要对自身的价值观和偏见有足够的敏感性，并能洞察到这些个人因素会如何影响自己对来访者、来访者的问题以及咨询关系的理解。"
- "文化知识：治疗师要了解来访者的文化、世界观以及对咨询关系的期待。"
- "文化技能：治疗师能够以具有文化敏感性和相关性的方式进行干预。"

研究表明，在面对来自不同群体的患者和来访者时，治疗师的文化胜任力越强，治疗结果也越好（Worthington et al., 2008）。

在更详细地了解当代的治疗方法和治疗师之前，我们先来看看心理治疗的历史。

机构化治疗的历史

在过去的几个世纪里，如果一个人有心理问题，他会得到什么样的治疗？在历史上的大部分时间里，受心理问题困扰的人所得到的治疗很可能无济于事，甚至可能是有害的。这里的回顾将追溯 21 世纪之前心理障碍的机构化治疗，而如今，**去机构化**（deinstitutionalization）——将接受治疗的地点从精神病院转移到其他场所——已成为一个首要问题。

心理治疗的历史　　在 14 世纪的西欧，人口增长和向大城市的移民造成了失业和社会隔离。这些情况导致了贫困、犯罪和心理问题。一些特殊机构很快被建立起来，用以安置社会中出现的三类所谓的"不适应环境"的人：穷人、罪犯和精神失常的人。

1403 年，伦敦的伯利恒圣玛丽医院（St. Mary of Bethlehem）接收了首个有心理问题的患者。在接下来的 300 年里，这家医院的精神疾病患者被链条锁住、遭受折磨，并被展示给付费的公众。随着时间的推移，伯利恒变成了发音相近的乱哄哄（bedlam），因为医院里充斥着混乱和对患者的非人性化治疗（Fousault, 1975）。

直到 18 世纪晚期，将心理问题视为精神疾病的观念才在欧洲出现。1792 年，法国医生**菲利普·皮内尔**（Philippe Pinel）获得了法国大革命后建立的政府的许可，打开了精神病院中一些被收容者身上的枷锁。在美国，为了保护有心理困扰的个体以及社区的安全，人们将这些个体拘禁起来，但并未给予他们任何治疗。然而，到 19 世纪中叶，当心理学作为一个研究领域已经获得了一定的认可和尊重时，一种"对可治愈性的狂热"席卷全美。**多萝西·迪克斯**（Dorothea Dix, 1802—1887）根据自己在监狱工作时获得的第一手材料，在 1841 年至 1881 年期间不断努力改进对精神疾病患者身体上的治疗。

19 世纪末到 20 世纪初，许多人认为精神疾病是由新城市的发展所带来的混乱和环境压力引起的。为了缓解这些压力，人们将受困扰者关在郊区的精神病院里，远离城市的压力，不仅是为了保护，也是为了治疗（Rothman, 1971）。不幸的是，许多这样的精神病院变得拥挤不堪。医院的目标不再是人道地治疗病人，而是务实地将这些奇怪的人收容到偏远地区。这些人手不足的大型州立精神病院，简直就像一个个精神病患者的大仓库（Scull, 1993）。从 20 世纪 60 年代开始，改革者开始反对这种仓库式的医院，提倡去机构化。他们认为，至少那些可以通过门诊治疗和适当的社区支持而好转的精神病患者，不需要住院治疗。不幸的是，正如我们接下来将要看到的，许多去机构化的患者在其社区中并没有得到足够的帮助。

去机构化和无家可归　1986 年，美国用于治疗心理健康问题的资金中有 41% 花在了住院治疗上；近年来，这一数字已降至 24%（Mark et al., 2007）。这个改变反映了去机构化的过程：很多患有心理障碍的人现在在医院之外接受治疗。去机构化不仅源于社会力量（即反对将精神病患者"关押"在医院的运动），还源于治疗的真正进步。例如，本章后面会讲到，有了药物治疗之后，精神分裂症患者可以在医院之外生活。

很多被送出机构的人以为他们将在其他场所接受心理健康治疗。不幸的是，情况并非总是如此。事实上，很多人离开精神病院进入社区后，无力应对他们的心理障碍。这一现实导致了一种有时被人们称为"旋转门"的情况：人们离开治疗机构很短时间之后因为需要帮助而再次回来。一个大样本的研究考察了 29 373 名出院的精神分裂症患者。研究者发现，42.5% 的患者在首次出院后的 30 天内再次入院（Lin et al., 2006）。一般来说，40%~50% 的精神疾病患者在出院后的一年内再次入院（Bridge & Barbe, 2004）。在这些案例中，许多患者在离开医院时，其心理障碍的症状水平已经允许他们在院外正常生活。不幸的是，在机构提供的设施之外，患者常常没有适当的社区或个人资源来坚持治疗。从这个意义上说，问题不在于去机构化，而在于缺乏机构之外的社区资源。

当人们得不到足够的心理健康服务时，他们往往无法保住工作或满足自己的日常需要。因此，许多有精神分裂症或抑郁症等精神疾病的人变得无家可归。例如，美国费城一个包含 1 562 名长期无家可归者的样本中，53% 的人被诊断出患有严重的精神疾病（Poulin et al., 2010）。无家可归与精神疾病之间的联系在美国之外也存在。丹麦的一个包含 32 711 名无家可归者的样本中，62% 的男性和 58% 的女性被诊断患有精神障碍（Nielsen et al., 2011）。即便患有严重精神疾病的人没有无家可归，持续的精神健康问题也会带来严重的问题。例如，研究者考察了患有严重精神疾病的个体成为暴力犯罪（如抢劫和袭击）受害者的比率（Teplin et al., 2005）。该研究调查了 936 名男性和女性，其中有 25.3% 的人遭遇过暴力犯罪，这一数字是普通人群的 11 倍。研究者认为，患有精神疾病的个体很难意识到危险，也不能很好地保护自己。

当我们回顾临床医师为缓解痛苦而设计的一系列疗法时，重要的是你要认识到，许多人得不到足够的心理健康服务。

STOP　停下来检查一下

❶ 治疗过程的主要目标是什么？
❷ 精神分析师接受过什么特殊训练？
❸ 为什么文化胜任力对治疗师很重要？
❹ 关于去机构化，"旋转门"是什么意思？

心理动力学治疗

心理动力学治疗假定，患者的问题是由无意识冲动与其现实生活环境的约束之间的心理张力引起的。这类治疗将障碍的核心定位于个体的内心世界。本节将回顾这种方法在弗洛伊德及其追随者的工作中的起源，然后介绍当代临床工作者如何运用心理动力学治疗。

弗洛伊德的精神分析学说

精神分析（psychoanalysis）由弗洛伊德创立，是探索神经质的焦虑个体的无意识动机和冲突的一种密集的、长期的治疗技术。正如你在前面的章节中看到的，本我的无意识、非理性的冲动与超我施加的内化的社会约束之间存在冲突，弗洛伊德的理论认为焦虑障碍是由于个体无法充分解决这种内部冲突所致。精神分析的治疗目标是重建个体心灵内部的和谐，增加对本我冲动的觉知，减少对超我要求的过度服从，并使自我的力量强大起来。

对于治疗师来说，最重要的是了解患者如何利用压抑过程来应对自己内心的冲突。患者的症状体现的是来自无意识层面的信息，说明某些地方出了问题。精神分析师的任务是帮助患者将被压抑的想法带到意识中来，领悟当前的症状与被压抑的冲突之间的关系。从心理动力学的观点来看，当患者从童年早期形成的"压抑中解放出来"时，治疗便取得了成功，患者也已康复。由于治疗师的中心目标是使患者领悟症状与过去经历之间的关系，因此心理动力学治疗常常又被称为**领悟疗法**（insight therapy）。

传统的精神分析试图重构长期被压抑的记忆，并修通痛苦的情感，找到有效的解决方法。心理动力学方法包括几种将被压抑的冲突带入意识并帮助患者解决冲突的技术（Luborsky & Barrett, 2006）。这些技术包括自由联想、阻抗分析、梦的解析以及对移情和反移情的分析。

自由联想与宣泄 精神分析中用于探测无意识内容、释放被压抑的内心冲突的主要方法叫作**自由联想**（free association）。患者舒适地坐在椅子上或以放松的姿势躺在长沙发上，让自己的思绪自由徜徉，并把头脑中出现的想法、愿望、身体感觉和心理表象随时讲出来。分析师鼓励患者说出自己的每一个想法和感受，而不论这些想法、感受是否重要。

弗洛伊德认为，自由联想中的内容不是随机出现的，而是事先存在于个体的内心。分析师的任务就是追踪这些联想的源头，并识别出隐藏在表面言词之下的重要模式。分析师鼓励患者表达自己强烈的情感，这种情感通常指向权威人物，由于患者害怕受到惩罚或报复而被长期压抑在无意识之中。这类情感的释放，无论是通过自由联想还是其他治疗过程，都被称为**宣泄**（catharsis）。

为什么最初在弗洛伊德的研究中使用的精神分析疗法经常被称为"谈话疗法"（talking cure）？

阻抗 精神分析师特别重视患者不愿讨论的话题。在自由联想的过程中，患者有时会表现出**阻抗**（resistance）——不能或不愿意讨论某些想法、欲望或经历。这类阻抗被认为是无意识和意识之间的障碍。与阻抗有关的内容常常涉及个体的性生活（包括所有引发快感的事物），或者对父母的敌意、怨恨情绪。当这类被压抑的内容最终被说出来时，患者一般都会声称这些是不重要的、荒谬的、无关的，或者太令人不快而无法讨论。治疗师却相信这些恰恰是有用的信息。精神分析的目的就是要打破阻抗，使患者直面那些使他们感到痛苦的想法、欲望和经历。

梦的解析　精神分析师相信梦是了解患者无意识动机的重要信息来源。当人们入睡时，超我对本我的那些不被接受的冲动的警戒可能有所放松，所以那些在清醒时不能表达的动机就会在睡梦中表达出来。弗洛伊德的精神分析学派假定梦有两种内容：一种是人们醒来时记得的显性（公开可见的）内容；另一种是隐性（隐藏的）内容，即无意识中寻求表达的实际动机，这些动机如此令人痛苦或无法接受，以至于以伪装或象征的形式表达出来。治疗师通过**梦的解析**（dream analysis）这种治疗技术来揭示这些隐藏的动机：考察梦的内容以发现那些潜在的或伪装的动机，以及某些重要生活经历或欲望的象征意义。

移情和反移情　在精神分析法的强化治疗过程中，患者经常会对治疗师产生一种情绪反应。治疗师常常会被当作个体过去某种情绪冲突的对象，最常见的是父母或爱人。这种情绪反应被称为**移情**（transference）。移情包括正移情和负移情，前者指患者针对治疗师的情感是爱或崇敬，后者指患者的情感是敌意或嫉妒。通常，患者的态度是矛盾的，同时包含正性和负性两种情感。分析师要处理好移情并非易事，因为患者的情感是非常脆弱的；然而，处理移情又是治疗的关键部分。治疗师需要向患者解释移情，使患者理解他们现在的移情源自其早期的经历和态度。请花点时间阅读**表 15.1**，它是对一次心理治疗谈话的摘录（Hall, 2004, pp.73-74）。这位患者小时候被人收养。你可以看到莎拉的被抛弃感如何从生母转移到了治疗师身上。

个人情感也会影响治疗师对患者的反应。**反移情**（countertransference）是指治疗师因认为患者与自己生活中的重要之人很相似而对该患者产生喜欢或反感的情绪。治疗师在应对反移情的过程中，可能会发现自己的一些潜意识动态。治疗师成为患者的一面"活镜子"，而患者反过来又成为治疗师的"活镜子"。如果治疗师无法认识到反移情的作用，治疗则可能不会那么有效（Hayes et al., 2011）。考虑到这类治疗关系的情绪强度和患者的脆弱性，治疗师必须警惕对患者的职业关怀与个人情感卷入之间的界限。治疗环境显然将人放在了不平等的位置上，治疗师对此必须有充分的认识，并遵从有关的职业规范。

表 15.1　与心理动力学治疗师的对话摘录

莎拉（愤怒地）：我不能再和你联系了（在每周两次的心理治疗持续了两年之后）——你似乎并不听我说，而且，我也没什么要说的了。我想经过这么长时间，我应该有所改变，但我还是和我女儿很疏远，而她也还是有困扰，仍在接受治疗。我想结束这个治疗了……

治疗师：现在发生的事情与你关于被收养的幻想，以及你对母亲怎么能让你被收养的感受，有很大关系。这一刻，我似乎就是她。

莎拉：我的确怨恨你。你怎么能请一周的假呢？你要离开我，就像她一样。我怎么知道你会回来？她再也没有回来过——她怎么能离开我呢？而我在这里，就像一个哭泣的小婴儿，离不开人，而你却要离开我。

资料来源：Hall, J. S. (2004). Roadblocks on the journey of psychotherapy. Lanham, MD: Jason Aronson, pp. 73–74. Reprinted by permission.

后期的心理动力学治疗

弗洛伊德的追随者保留了他的许多基本观点，但修改了他的某些原则和做法。总的来说，这些治疗师比弗洛伊德更强调：（1）患者当前的社会环境（而较少关注过去）；（2）生活经历的持续影响（而不仅是童年的冲突）；（3）社会动机的作用和人际关系中的爱（而不是生物本能和对自我的关注）；（4）自我的功能和自我概念发展的重要性（较少关注本我与超我之间的冲突）。

在第 13 章中，我们提到了另外两位杰出的理论家——荣格和阿德勒。为了使读者了解更多后期的心理动力学流派，在这里我们将简单介绍哈里·斯塔克·沙利文（Harry Stack Sullivan）和梅拉尼·克莱恩（Melanie Klein）的工作（参见 Ruiten-beek, 1973，以了解弗洛伊德学派的其他成员）。

哈里·斯塔克·沙利文（Sullivan, 1953）认为，弗洛伊德的理论和治疗方法没有认识到社会关系的重要性，以及患者对接受、尊重和爱的需求。他坚持认为，心理障碍并非仅仅涉及创伤性的内部心理过程，还涉及人际关系困难，甚至强大的社会压力。焦虑障碍和其他精神疾病的产生，正是源于个体与父母或其他重要他人的关系中的不安全感。基于这种人际观点的治疗强调观察患者对治疗师态度的感受。治疗性访谈同时也被视为一种社会交往，双方的情感和态度都会受到对方的影响。

梅拉尼·克莱恩（Klein, 1975）背离了弗洛伊德所强调的俄狄浦斯冲突是精神病理主要来源的观点。她认为，俄狄浦斯冲突并不是组织个体心理的最重要因素，死本能先于性意识存在，并导致了一种与生俱来的攻击性冲动，而这种冲动在组织个体的心理方面与性意识同等重要。她提出，心理的两种基本组织力量是攻击和爱，爱使心理统一，而攻击使心理分裂。在克莱恩看来，个体对所爱之人有破坏性仇恨和潜在的暴力，同时又对此感到悔恨，而有意识的爱是与这种悔恨联系在一起的。克莱恩对此解释道："所有人都必须面对的巨大谜团之一是，爱与仇恨——我们个人的天堂与地狱——无法截然分开"（Frager & Fadiman, 1998, p.135）。克莱恩运用强有力的治疗性解释来分析患者身上的攻击性和性驱力，在此方面她是一个先驱。

在当代的治疗实践中，心理动力治疗师继续采用弗洛伊德及其追随者提出的基本概念。当代心理动力学治疗有几个鲜明的特点（Shedler, 2010）。他们关注患者的情绪以及发生阻抗的时刻；他们强调过去经验对当前现实的影响；他们也关注人际冲突。在这种背景下，个体治疗师可能会或多或少地强调特定的过程，比如对移情的解释（Gibbons et al., 2008）。治疗师在解释患者的生活经历时所扮演的角色也有所不同。最后，传统的精神分析治疗通常需要很长的时间（至少是几年，并且每周多达五次）。它还需要患者能够内省，口头表达流畅，有强烈的治疗动机，愿意并能够支付高昂的费用。现在，新式的心理动力学治疗正在缩短治疗的总时长。

心理动力学治疗的一个重要目标是帮助患者洞察导致其心理障碍的人际冲突。我们接下来要介绍的行为治疗则将注意力更直接地集中在界定心理障碍的适应不良行为上。

梅拉尼·克莱恩的理论和弗洛伊德的理论有何不同？

生活中的心理学

被压抑的记忆是否会影响生活

1969 年 12 月，一名巡警发现了年仅 8 岁的苏珊·纳森的尸体。在之后的 20 年里，没有人知道是谁杀害了她。直到 1989 年，苏珊的朋友艾伦·富兰克林－利普斯科联系了县里的调查员，说她在心理治疗的帮助下，回忆起了一段被压抑已久的记忆：她曾目睹自己的父亲乔治·富兰克林性侵苏珊，然后又用石头将她砸死（Marcus, 1990; Workman, 1990）。这份证词足以使乔治·富兰克林被判犯有一级谋杀罪。随着时间的推移，越来越多的人对他女儿记忆的有效性提出了强烈的质疑，富兰克林最终被释放。尽管如此，陪审团最初还是认为 20 年前记忆的戏剧性恢复是相当可信的。

从理论上讲，这些记忆如何隐藏了 20 年之久？这一谜题的答案植根于弗洛伊德的被压抑的记忆这一概念。你可能还记得，弗洛伊德（Freud, 1923）认为，如果对某些生活经历的记忆足以威胁到人们的心

理健康，个体就会压抑这些记忆，将其从意识中驱逐出去。临床心理学家常常能够通过将混乱的生活模式解释为被压抑记忆的后果来帮助来访者掌控自己的生活。但是，这种对被压抑记忆的体验，并不只存在于治疗室中。经过很长一段时间后，个体有时会对一些可怕的事件提出指控，例如谋杀或童年性虐待。这些指控是真实的吗？

临床医生同样担心，那些相信被压抑记忆的治疗师，可能通过心理治疗的机制将这种观念灌输给患者（Lynn et al., 2003）。相信被压抑记忆的治疗师通常会鼓励患者努力去发现这些记忆，并且当这些"记忆"出现的时候，会给予患者口头上的鼓励（de Rivera, 1997）。在一项研究中，研究者招募了 128 位声称自己遭受过童年性虐待的参与者（Geraerts et al., 2007）。多数参与者（128 位中的 71 位）对虐待有连续的记忆。也就是说，他们在人生的任何阶段都能回忆起被虐待的经

历。另外，57 位参与者的记忆是不连续的；他们认为自己在人生的某些阶段忘记了被虐待的经历。其中 16 人通过治疗重新回想起被虐待的记忆，另外 41 人在没有任何特殊帮助的情况下重新回想起了这些记忆。研究者让访谈者去实地调查，试图找到一些证据来证实参与者对虐待的记忆。对于 45% 有连续记忆的参与者和 37% 自动恢复记忆的参与者，访谈者找到了这样的证据。然而，对于那些在治疗中恢复记忆的参与者，访谈者没有发现任何有效的证据。

这一研究证明，有些关于恢复记忆的报告是有事实依据的。然而，研究也表明心理治疗的过程可能会引导人们产生虚假记忆。相信被压抑的记忆是可以恢复的，这一点对于接受心理治疗的患者而言有许多好处。尽管如此，患者也必须确保他们没有被动地接受别人对自己生活的篡改。

STOP 停下·来检查一下

❶ 为什么心理动力学治疗也被称为领悟疗法？

❷ 什么是移情？

❸ 死本能在梅拉尼·克莱恩的理论中有什么作用？

行为治疗

心理动力学治疗关注人的内部原因，行为治疗则关注可观察的外显行为。行为治疗家主张，异常行为与正常行为一样，都是通过遵循条件作用原理和学习原理的

学习过程而获得的。行为治疗运用条件作用原理和强化原理来矫正与精神障碍相联系的不良行为模式。

行为治疗（behavior therapy）和**行为矫正**（behavior modification）这两个术语常常可以互换使用。两者均指系统地使用学习原理来增加期望的行为和／或减少问题行为。通常用行为疗法来治疗的异常行为和个人问题非常广泛，包括恐惧、强迫行为、抑郁、成瘾行为、攻击行为以及违法行为。一般而言，行为治疗对特定的个人问题的干预效果要比宽泛的个人问题好：它对某种恐惧症的干预效果要比对弥散性焦虑的干预效果好。

从条件作用原理和学习理论发展而来的行为治疗扎根于实用的、经验主义的研究传统。行为治疗认为，所有有机体的中心任务是学习如何适应当前的社会和自然环境。当有机体没有学会如何有效地应对环境时，他们可以通过基于学习原理的治疗去克服适应不良的行为。在行为治疗中，目标行为并不被假定为任何潜在过程的一种症状。症状本身就是问题所在。心理动力治疗师预测，如果只治疗外在行为而不正视真正的、内部的问题，将引发替代性的症状，即出现新的生理或心理问题。然而，没有证据表明，使用行为疗法消除病理性行为后，会出现新的替代性症状（Tryon, 2008）。"与此相反，目标症状得到改善的患者常常报告说，其他不那么重要的症状也得到了改善"（Sloane et al., 1975, p.219）。

下面让我们看看能够减轻个体痛苦的不同形式的行为治疗。

反条件作用

为什么有些人在面对无害的刺激时会非常焦虑？比如，看到了一只蜘蛛、一条无毒的蛇，或身处某种社交场合。行为治疗用第 6 章和第 14 章中介绍的简单条件作用原理来解释焦虑的产生："不明缘由地"扰乱个人生活的强烈情绪反应通常是条件反应，只不过人们没有意识到这些反应是先前习得的。在**反条件作用**（counterconditioning）中，个体要学习一个新的条件反应去替代或"对抗"适应不良的反应。最早有记录的行为治疗就是按照这一原理进行的。玛丽·琼斯（Jones, 1924）的工作表明，恐惧可以通过条件作用被消除（读者可以将下面的案例与第 6 章中小阿尔伯特的例子进行对比）。

> 她的患者叫彼得，是一个 3 岁的小男孩，由于某种不明原因，他害怕小兔子。在治疗时，先将彼得安置在房间的一边，喂他吃东西，同时将兔子从房间的另一边带进来。在多次治疗的过程中，让兔子的位置与彼得逐步靠近，直到最后，彼得不再害怕兔子，并能够自由自在地与兔子一起玩耍。

追随着琼斯的足迹，行为治疗师现在使用多种反条件作用技术来进行治疗，包括系统脱敏法、满灌疗法、暴露疗法和厌恶疗法。

暴露疗法   暴露疗法（exposure therapy）的核心成分是让个体直接面对引发焦虑的客体或情境。这种治疗方法的原理是暴露导致反条件作用——让个体在引发高度焦虑的情境中学会保持放松。具体的暴露疗法在暴露于焦虑源的时间进程和情境方面也有所不同。

例如，**约瑟夫·沃尔普**（Wolpe, 1958, 1973）观察到，神经系统无法同时处于放松和兴奋状态，因为这是两个不相容的过程，所以无法同时激活。这一原理是交互抑制理论的核心观点，沃尔普采用这一理论对恐惧和恐惧症进行了治疗。沃尔普首先教会患者放松自己的肌肉，然后让他们想象令其害怕的情境，由最初的远距离联想，逐步向直接呈现图片过渡。在放松的状态下，循序渐进地从心理上直面令他们害怕的刺激，这种治疗技术被称为**系统脱敏法**（systematic desensitization）。

脱敏治疗包括三个主要步骤。首先，来访者需要确认引发其焦虑的刺激，并将这些刺激按照引发焦虑的程度由弱至强进行等级排列。例如，一个学生患有严重的考试焦虑，她对引发其焦虑的刺激情境进行等级排列，见**表15.2**。请注意，她认为"考试即将到来"（第 14 级）比参加考试本身（第 13 级）更有压力。其次，来访者必须系统地接受渐进式的深度放松肌肉训练。放松训练会占用几次治疗的时间，来访者需要学会区别紧张和放松的感觉，还要学会消除紧张以达到身心放松的状态。最后，脱敏的实际过程开始了：处于放松状态的来访者从恐惧程度最弱的刺激开始进行生动的想象。如果来访者能够在生动的视觉想象中不再对该刺激感到不安，就可以对更强一级的刺激进行想象了。经过几次治疗之后，来访者能够想象最严重的情境，而不再产生焦虑。

系统脱敏是一个让参与者逐渐暴露于引发焦虑的刺激物的过程。治疗师还探索了各种其他技术，其中的一些让参与者更快地暴露于刺激。例如，满灌疗法是在得到来访者许可的情况下，使其直接置身于令其恐怖的情境之中。比如，让有幽闭恐惧症的人坐在黑暗的壁橱里，或让一个害怕水的孩子进入游泳池里。研究者成功地治疗了一个21 岁大学生对气球爆破声的恐惧症，这一治疗共进行了三次，弄爆了数百只气球（Houlihan et al., 1993）。在第三次治疗中，他还自己弄爆了最后的 115 只气球。满灌疗法也可以从想象开始，这是此法的另一种形式。当以此形式治疗时，治疗师可能会给来访者播放录音，该录音详细描述其最害怕的情境，让来访者听一到两个小时。一旦恐惧有所消退，来访者就被带到令其害怕的真实情境之中。

当暴露疗法刚刚诞生时，治疗师通过心理意象或实际接触来实现暴露。近年来，临床医生开始通过虚拟现实技术提供暴露治疗（Power & Emmelkamp, 2008）。例如，人们已经能够通过虚拟的飞行体验（如坐在飞机上，起飞和降落）来克服对飞行的恐惧，而不必冒险去一个实际的机场（Rauthbaum et al., 2006）。作为第二个例子，我们来看一项使用虚拟现实疗法治疗一组患有蟑螂恐惧症的女性的研究。

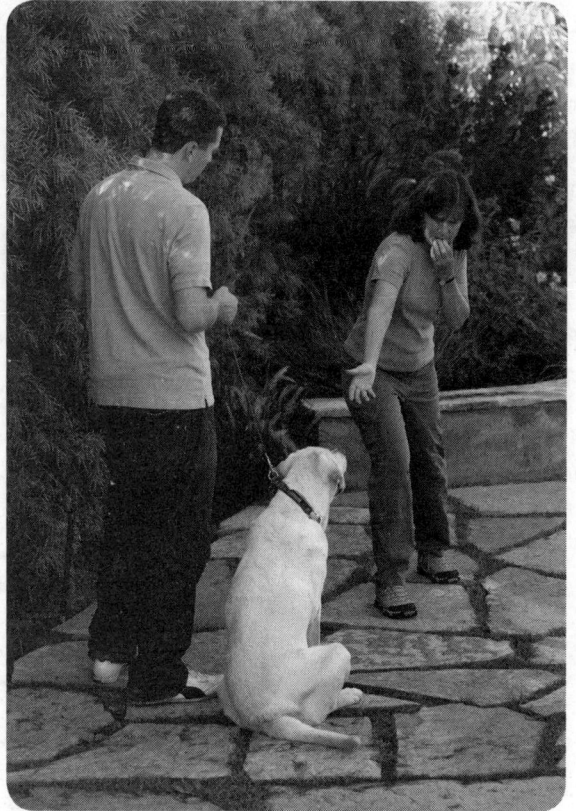

为什么许多治疗焦虑障碍的方法被称为暴露疗法？

表 15.2　诱发一名大学生考试焦虑的刺激层级（按焦虑升高的次序排列）

1. 考试前 1 个月
2. 考试前 2 个星期
3. 考试前 1 个星期
4. 考试前 5 天
5. 考试前 4 天
6. 考试前 3 天
7. 考试前 2 天
8. 考试前 1 天
9. 考试前的那个晚上
10. 试卷正面朝下时
11. 等待发试卷时
12. 到达考场门口时
13. 在答卷的过程中
14. 考试当天在去学校的路上时

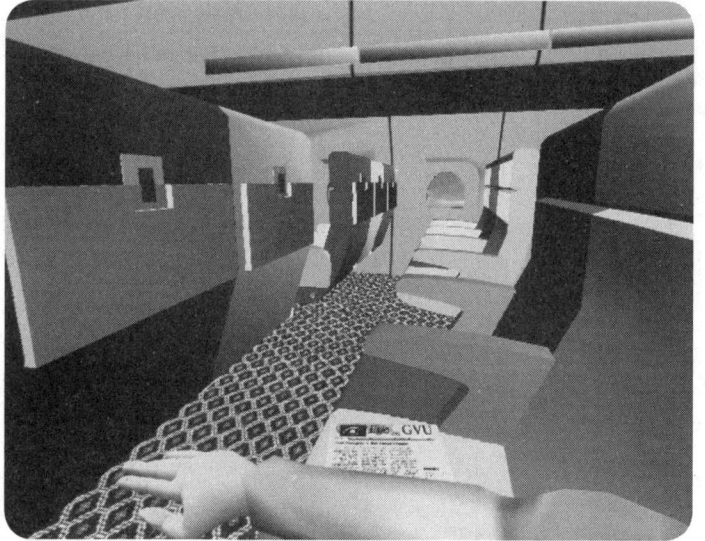

行为治疗师会如何利用虚拟现实暴露疗法来帮助来访者克服飞行恐惧?

研究特写

　　一组研究人员开发了一种虚拟现实系统,可以让患者产生错觉,以为在周围的现实环境中看到了蟑螂(Botella et al., 2010)。比如,该系统可以让患者看到自己的手上有蟑螂在爬。该系统还允许治疗师操纵虫子的数量、大小和活动方式等特征。因此,它提供了治疗师所需的灵活性,让治疗师可以调整暴露疗法以适应每一位患者的需要。研究中的 6 名患者在一个单次治疗中系统地接触了虚拟蟑螂,平均每人持续时间不到两小时。经过这一单次的治疗,患者表现出很大的改善,比如,接近蟑螂的能力有了很大提高。在最初治疗后 3 个月、6 个月、12 个月的随访评估中,患者的恐怖症继续显示出实质性的缓解。

　　暴露疗法对治疗焦虑障碍也非常有效。虚拟现实技术有望为个体提供强有力的暴露体验,而无须花费时间和金钱冒险进入现实世界。

　　暴露疗法也被用于强迫症,但需要加入另外一个要素:反应预防。来访者不仅要接触自己所害怕的事物,还要抑制自己做出通常能减轻焦虑的强迫行为。我们来看一项对 20 个有强迫症的儿童和青少年的研究(Bolton & Perrin, 2008)。因为每一位参与者都有不同的强迫观念和强迫行为,所以每个人的治疗都需要量身定制。然而,治疗的核心要素是相同的:每个参与者都要接触给他带来困扰的客体,同时练习抑制自己做出强迫行为。这一治疗程序带来了很好的效果。

榜样模仿　　另一种暴露疗法的灵感来自社会学习理论。回顾一下第 6 章——社会学习理论预测个体会通过观察习得反应。因此,有恐惧症的人同样能够通过模仿榜样的行为而消除恐惧反应。例如,在治疗对蛇恐惧的个体时,治疗师首先演示不害怕蛇的趋近行为,从相对较低的水平开始,比如接近蛇笼或者触摸蛇。治疗师通过演示和鼓励,帮助来访者模仿示范的行为。来访者逐渐习得这种接近的行为,最终能够抓起蛇,并让蛇在身上自由地爬行。无论何时,来访者都不会被强迫完成某种行为。在任何水平出现阻力时,都可以让来访者回到前一个已成功完成的、威胁水平较低的接近行为,通过这种方式最终可以克服任何水平上的阻力。

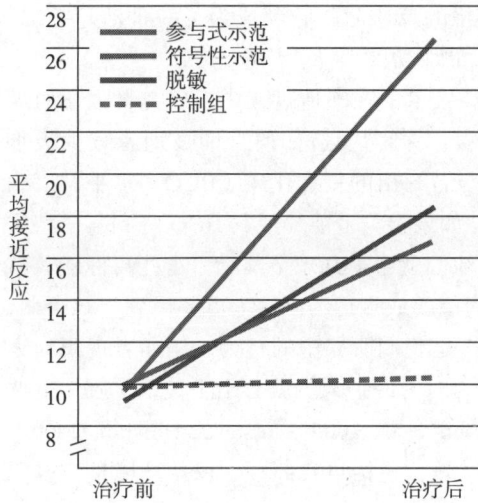

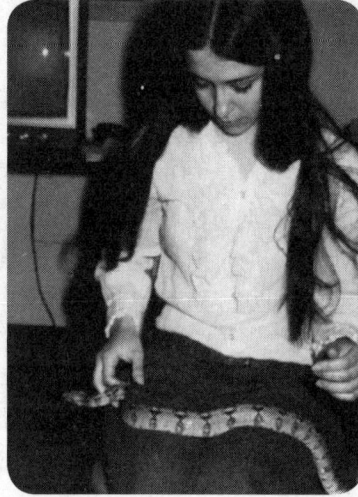

图 15.1 参与式示范治疗
照片中的参与者首先观看一个榜样做出一系列渐进式的趋近蛇的行为反应，然后自己重复这些行为。她最终能够拿起蛇并让它在自己身上爬行。图中显示了参与者接受参与式示范治疗（最有效）前后趋近行为的数量，以及与接受其他两种治疗及控制组参与者行为的比较。
资料来源：Albert Bandura, from "Modeling Therapy." Reprinted by permission of Albert Bandura.

有研究将这种**参与式示范**（participant modeling）与象征性示范、脱敏疗法和控制组进行了比较，证明了参与式示范的有效性。在象征性示范治疗（symbolic modeling therapy）中，让已经接受过放松训练的来访者观看一部电影，其中有若干不害怕接触蛇的榜样。如果电影中有任何场景让参与者感到焦虑，他们可以让电影停下来，并进行放松。控制组的参与者没有接受任何治疗干预。如**图 15.1** 所示，参与式示范的干预效果最好，该组的 12 人中有 11 人完全消除了对蛇的恐惧（Bandura, 1970）。

厌恶疗法　上面描述的暴露治疗可以帮助来访者直接应对那些实际上对他们无害的刺激。但是，当人们被那些对他们有害的刺激吸引时，应该怎样帮助他们呢？药物成瘾、性异常、无法控制的暴力等人类问题中的异常行为都是由诱人的刺激引发的。**厌恶疗法**（aversion therapy）运用反条件作用的程序，将这些诱发刺激与一种强烈的、令人厌恶的刺激（如电击或让人呕吐的药物）反复配对。随着时间的推移，先前的诱发刺激也会引发同样的负性反应，而个体会逐渐发展出一种厌恶感来替代先前的渴望。

例如，厌恶疗法被用来治疗那些有自残行为的人，比如有的人会猛打自己的头或将头猛烈撞向其他物体。在治疗中，当患者出现这种行为时就给其一次轻微的电击，这种治疗对消除某些人的自残行为很有效，但不是对所有的患者都有效（van Oorsouw et al., 2008）。由于厌恶疗法可能会对身体造成伤害，所以伦理上的考虑要求治疗师只有在其他疗法都不奏效时才能使用厌恶疗法（Prangnell, 2010）。

权变管理

反条件作用适用的情况是一种反应能够被另一种反应所替代。其他行为矫正程序的建立则依赖于斯金纳提出的操作性条件作用原理。**权变管理**（contingency management）是一种通过改变行为的结果来改变行为的治疗策略。其中两种主要的技术是正强化（又译作阳性强化）策略和消退策略。

正强化策略　如果某种反应出现之后马上就会有奖赏，这个反应往往会重复出现，并且出现的频率会随着时间的推移而增加。当治疗师利用这个操作性学习的核心原理来改变期望反应的频率以取代某种不期望的反应时，它就成为了一种治疗策略。应用正强化程序矫正行为问题已取得了巨大的成功。

你可能还记得第 6 章中提到的行为塑造技术，在塑造过程中，研究者强化对期望行为的连续接近的反应。我们来考虑一下，行为塑造如何帮助吸烟者减少吸烟（Lamb et al., 2007）。研究者测量了每位参与者呼出的一氧化碳（BCO）水平，以确定他们初始的吸烟习惯。随着研究的开展，如果参与者能够使其 BCO 降到某个特定的目标水平（为每位吸烟者设定的标准），他们就会得到现金奖励。这些目标随着时间的推移不断升级，从而塑造参与者养成期望的戒烟行为。第 6 章还讲到了代币制，在那个例子里，治疗师首先明确定义了什么是我们所期望的行为（例如表现出对人的关心或按时服药），当患者表现出这些行为时，医护人员就会给予代币奖励；这些代币之后可以兑换一些奖励或特权（Dickerson et al., 2005; Matson & Boisjoli, 2009）。这一强化程序对矫正患者的某些行为特别有效，包括自我照顾、保持环境整洁及积极的社会互动。

在另一种方法中，治疗师有区别地强化那些与适应不良行为不相容的行为。这一技术已被成功用于接受药物成瘾治疗的个体。

研究特写

研究者为一项为期 12 周的研究招募了 87 名寻求可卡因依赖治疗的个体（Petry & Roll, 2011）。所有的参与者都接受了由一系列咨询组成的标准治疗，学习克服依赖的策略和技巧。除此之外，如果尿液样本检测呈阴性的话，参与者还有机会获得奖励。参与者赢得奖励的方式是在一个碗中抽纸条。有一半的纸条（50%）写着"干得好，再接再厉"，另有 44% 的纸条提供 1 美元的奖励，6% 的纸条提供 20 美元的奖励。碗里还有一张纸条提供 100 美元的奖励。当第一次出现阴性检测样本时，参与者可以抽一张纸条。如果样本连续阴性的话，就可以额外多抽，即每次可以抽不止一张。若出现阳性样本（或拒绝提供样本 / 无故缺席），那么下次出现阴性结果时，则重新回到只能抽一张。在完成这一程序的 3 个月后，26.9% 的参与者仍然保持对可卡因的戒除状态。请注意，每位参与者实际赢得的金额，取决于他们从碗中抽纸条时的运气。研究者发现，参与者赢得的奖金越多，就越有可能戒掉可卡因。

这一研究证实，权变管理可以成功地用于治疗药物依赖。仅仅是为了获得奖励，吸毒者就能够成功戒毒，并且在 3 个月后仍然保持戒毒状态。你可能已经发现，我们这里提及的方法，其原理与前面描述的反条件作用程序的原理是相同的：运用基本的学习原理来增加适应性行为出现的可能性。

消退策略　为什么人们在有能力做其他事情的时候，还要继续做那些给他们带来痛苦和苦恼的事情？答案是，许多行为都有多重结果，其中有些是消极的，有些是积极的。一些小的正强化经常会使某种行为继续下去，尽管这一行为会带来明显的负性结果。例如，如果惩罚是儿童获得成人关注的唯一方式，那么当儿童因行为不端而受到惩罚时，他就有可能继续这一行为。

当维持不良行为的强化因素尚未被识别时，消退策略在治疗中是有用的。首先，仔细分析情境以识别强化物，然后，在不期望的反应出现时通过某种程序撤销这些强化物。当这种方法可行时，这个情境中所有无意中对该行为造成强化的人都需要进行合作，只有这样消退程序才能使该行为出现的频率下降，并最终完全消除该行为。我们考虑一个教室中的例子。一个有注意缺陷 / 多动障碍的小男孩经常在课堂上开小差并做出一些干扰性的行为，这给老师带来了麻烦。研究者发现，当这个学生开小差时，老师对他的关注恰恰对他的行为进行了正强化（Stahr et al., 2006）。当老师不再关注他的不当行为时，其行为反而有所改善。

泛化技术

行为治疗师一直关注的一个问题是，来访者是否会将在治疗环境中产生的新行为模式实际应用于日常情境中（Kazdin, 1994）。这个问题对所有的治疗方法都非常重要，因为任何衡量治疗效果的标准都必须考虑来访者离开诊所之后治疗效果能否长期保持。

由于治疗环境中缺乏来访者真实生活中的基本要素，所有治疗过程中出现的行为改变很可能会在治疗结束后随着时间的推移而消失。为了预防这种情况的发生，在治疗程序中纳入泛化技术已成为普遍做法。这些技术旨在增加目标行为、强化物、榜样和刺激在治疗环境与实际生活环境中的相似性。例如，治疗中教授的一些行为很可能会在个人的生活环境中自然得到强化，例如表现出礼貌或关心。来访者在现实世界中并非总能得到奖励，所以治疗师在治疗中制定了部分强化程式，以保证来访者的行为在现实世界中能够得以维持。个体对明确的外部奖励的期待会逐渐减弱，而社会赞许和自然发生的结果，包括具有强化作用的自我陈述，会被个体吸纳。

例如，行为治疗师使用消退程序治疗一个拒绝喝牛奶的小男孩（4 岁 10 个月大）（Tiger & Hanley, 2006）。为了让他喝牛奶，治疗师让他的老师在一杯牛奶中混入少量巧克力糖浆。加入巧克力糖浆之后，小男孩喝掉了这杯牛奶。在接下来的 48 次用餐中，老师逐渐减少巧克力糖浆的量，直到提供给小男孩的只有纯牛奶。在干预临近结束时，小男孩每次都喝纯牛奶。在家里也是如此，这说明小男孩喝纯牛奶的行为从教室泛化到了其他环境。

下面我们来看看认知治疗。

STOP 停下来检查一下

❶ 反条件作用的基本原理是什么？

❷ 当临床医生允许患者获得奖励时，使用的是什么学习原理？

❸ 使用泛化技术的目的是什么？

批判性思考：回忆一下使用奖励来治疗药物依赖的研究。为什么当参与者出现阳性样本时，从碗中抽奖的次数要重新减少到一次？

认知治疗

认知治疗（cognitive therapy）试图通过改变来访者对重要生活经历的思考方式来改变有问题的情感和行为。这类治疗的潜在假设是，异常的行为模式和情绪困扰始于人们思考什么（认知内容）以及如何思考（认知过程）。认知治疗将治疗的重点放在改变认知过程上，并提出了不同的认知重构方法。第 12 章曾讨论过这些应对压力和改善健康的方法。这一节将讲述两种主要的认知治疗，即改变错误信念和认知行为疗法。

改变错误信念

一些认知行为治疗师将信念、态度和习惯性思维模式视为改变的主要目标。他们认为，许多心理问题的产生是因为人们思考自己与他人关系以及他们所面对的事件的方式。错误的想法可能基于：（1）非理性的态度（"作为学生最重要的品质是各方面都要尽善尽美"）；（2）错误的前提假设（"如果我做到别人要求我做的所有事情，我就会受欢迎"）；（3）将行为置于"自动驾驶模式"下的僵化的规则，即使先前的模式是无用的也会去重复（"我必须服从权威"）。情绪困扰是由认知歪曲和未能区分当前现实与个人想象（或期望）引起的。

对抑郁的认知治疗 认知治疗师采用更有效的问题解决技术来帮助来访者纠正错误的思维模式。艾伦·贝克（Aaron Beck）成功开创了抑郁问题的认知治疗（Beck, 1976）。他将治疗的方法简单归纳为："治疗师帮助患者识别扭曲的思维，并学习以更现实的方式来表述自己的经历"（p.20）。例如，治疗师可能会要求抑郁的个体写下对自己的负面想法，弄清楚为什么这些自我批评是不合理的，并发展出更为现实（和更少破坏性）的自我认知。

贝克相信抑郁症状之所以持续存在，是因为患者没有意识到自己负性的自动化想法。例如："我永远也不可能做得像我哥哥那样好"，"如果人们真正了解我，就不会有人喜欢我了"，"要在这个竞争激烈的学校里取得成功，我还不够聪明"，等等。因此，治疗师采用下面四种策略来改变支撑抑郁的认知基础（Beck & Rush, 1989; Beck et al., 1979）：

- 挑战来访者关于自己的基本假设。
- 评估来访者给出的支持或否定其自动化思维准确性的证据。
- 对事件进行再次归因，将事件归因于情境因素而非患者的无能。
- 对于可能失败的复杂任务，与患者一起讨论其他可行的解决方法。

这种治疗与行为治疗相似，因为它同样把来访者当前的状态作为关注的重点。

抑郁最糟糕的副作用之一是使人不得不生活在与抑郁相关的所有消极情绪和困扰中。沉溺于消极心境会让人回想起生活中所有糟糕的时刻，从而加重抑郁情绪。抑郁者透过抑郁的深色眼镜过滤所有的信息，会看到原本并不存在的批评，将表扬听成讽刺，这会成为抑郁的进一步"原因"。认知治疗可以有效地抑制抑郁的恶性循环（Hollon et al., 2006）。

理性－情绪疗法 认知治疗最早的形式之一是**阿尔伯特·埃利斯**（Albert Ellis, 1913—2007）创立的**理性－情绪疗法**（rational-emotive therapy, RET）。理性－情绪疗法是一个全面的人格改变系统，通过转变导致不良的、高度紧张的情绪反应（如严重焦虑）的非理性信念来实现目标（Ellis, 1962, 1995; Windy & Ellis, 1997）。来访者可能有一组核心价值观：要求自己成功并得到认可，坚持要求自己得到公平对待，并指令这个世界变得更美好。

理性－情绪治疗师教来访者学习如何辨认那些控制他们的行动、阻碍他们选择自己想要的生活的"应该""应当"和"必须"。他们试图打破来访者封闭的思维模式，向来访者阐明，伴随某些事件的情绪反应实际上是来访者自己对事件的信念导致的，而这些信念往往没有被意识到。例如，在做爱时未能达到高潮（事件），随之而来的是抑郁和自我贬低的情绪反应。引起情绪反应的信念可能是："我的表现不如预期，说明我在性方面是无能的，可能是阳痿。"在治疗过程中，治疗师会与来访者一起公开质疑这一信念，方法是理性地反驳，并考察这一事件的其他原因，如疲劳、饮酒、关于性表现的错误观念，或者当时不想做爱或不想与那个伴侣做爱，等等。这种反驳技术可以与其他干预措施一起使用，从而用理性的、适合情境的观念来替换那些武断、非理性的信念。

假如你正在学习编织。如果你想织得越来越好，那么你最好给予自己什么样的内部信息？

　　理性 – 情绪疗法的治疗目标是通过摆脱阻碍个人成长的错误信念体系，提高个体的自我价值感和自我实现的潜力。在这一点上，这一疗法与我们后面将要介绍的人本主义治疗有很多相似之处。

认知行为疗法

　　告诉自己你能成为什么样的人，你就会成为那样的人；你认为自己应该做什么，你就会那样去做，这就是**认知行为疗法**（cognitive behavioral therapy）的基本假设。这一治疗方法将两个方面结合起来，一个是在认知上改变错误信念，另一个是在行为上通过强化相倚来塑造行为表现（Goldfried, 2003）。在这种假设下，不可接受的行为模式可以通过认知重构来矫正——将个体消极的自我陈述转变为建设性的应对陈述。

　　这种治疗方法的一个关键部分是治疗师和来访者共同发现来访者对寻求治疗的问题的思考和表达方式。一旦治疗师和来访者都理解了导致低效或功能失调行为的思维模式，他们就可以一起发展出新的、建设性的自我陈述，减少那些带来焦虑和降低自尊的自我挫败式的陈述（Meichenbaum, 1977, 1985, 1993）。**表 15.3** 提供了一个认知行为治疗师可能会如何开展一次治疗的例子。患者的信念是她最好的朋友要和她断绝关系。正如你所看到的，治疗师帮助患者重新考虑支持她这一信念的证据。另外，作为家庭作业，患者同意收集更多的证据，探索她朋友行为的其他可能性。

　　认知行为疗法已被成功用于治疗多种障碍。我们来看看它如何被用来治疗强迫性购物症，这种障碍被定义为"过度且大部分无意义的消费或过度的购物冲动，导致明显的痛苦，干扰社会和职业功能，并经常导致财务问题"（Mueller et al., 2008, p.1131）。

研究特写

　　研究者将 60 位强迫性购物症患者随机分到认知行为治疗组和控制组（Mueller et al., 2008）。治疗组的参与者每周接受一次治疗，为期 12 周。治疗包含几个要素（Burgard & Mitchell, 2000），其中之一是参与者要确认日常生活中引发其强迫性购物行为的线索（比如社会或心理情境）。一旦参与者确认了这些线索，治疗师就与他们一起提出认知策略以干扰或避免这些线索的影响。另一个治疗要素是参与者要获得可以控制自身行为的信心。研究者鼓励参与者收集与消极自我陈述相反的证据，并制定计划以实现更好的控制，以此来削弱消极的自我陈述（比如，我无法控制我的购物冲动）。在治疗结束时和治疗结束 6 个月后的随访评估中，治疗组参与者的行为都表现出改善。

表 15.3   一位认知行为治疗师可能会开展的一次治疗会谈

患者：我觉得我最好的朋友玛乔丽在疏远我。

治疗师：那肯定是一种不愉快的感觉。是什么让你觉得她在疏远你呢？

患者：昨天我们在商场碰到，玛乔丽几乎没和我打招呼。她说，"你好吗"，然后就飞快地跑开了，好像完全没兴趣和我聊天。

治疗师：嗯……你告诉我，你们已经做朋友很长时间了，对吧？

患者：对啊，那她昨天为何要那样对我无礼？我可难受死了。

治疗师：我能理解你为何难过。你能替她的行为找到别的解释吗？我们好好想想。

患者：哦，她的妈妈生病了，她得赶回家照顾她。也许她买东西的时候，想到母亲一个人在家所以心情不好。这可能是一个原因。

治疗师：有道理。你如何知道这个猜测对不对呢？

患者：我想我可以打个电话问问她现在还好吗？我可以说她昨天晚上在商场时看起来很紧张，然后问问我能不能帮她做点什么。

治疗师：这听起来是个获取信息来验证猜测的好方法。要不在我们下次治疗前你试一试，然后我们可以谈谈你了解到什么。

注意，研究者需要通过与控制组的对比来证明治疗的有效性（也就是说，与控制组的人相比，治疗组的参与者表现出更大改善）。但是，一旦研究结束，控制组的参与者也应该接受治疗。

正如你从这个例子中看到的，认知行为疗法建立有效的预期。治疗师很清楚，建立这样的预期可以增加人们做出有效行为的可能性。通过设立可以达到的目标，形成实现目标的现实策略，正确地评价现实的反馈信息，个体就能发展出掌控感和自我效能感（Bandura, 1992, 1997）。正如你在第 13 章中看到的那样，自我效能感会以多种方式影响你的感知觉、动机和表现。面对艰难的生活状况时，自我效能判断会影响你付出多少努力和坚持多久（Bandura, 2006）。研究者已经证明了自我效能在心理障碍康复中的重要性（Benight et al., 2008; Kadden & Litt, 2011）。我们来看一项关于 108 位患有暴食症的女性的研究（Cassin et al., 2008）。控制组的女性收到一本介绍暴食症的指导手册。治疗组的女性不仅收到了手册，而且要接受一次旨在提升自我效能感的治疗会谈。例如，研究者鼓励每位女性"回忆过去你曾经克服的困难和挑战"（p.421）。治疗结束 16 周后，28% 的治疗组女性战胜了暴食症，而控制组的这一比例仅为 11%。在治疗组中，那些战胜了暴食症的女性报告了更高的自我效能感。这项研究进一步证明，认知行为疗法能有效地缓解症状。

STOP 停下来检查一下

❶ 认知治疗的潜在假设是什么？

❷ 在理性-情绪疗法中，高度情绪化反应的起源是什么？

❸ 为什么增强自我效能感是认知行为疗法的目标？

批判性思考：请回忆强迫性购物症患者的认知行为疗法研究。为什么找出引发购买行为的线索很重要？

人本主义治疗

人本主义治疗的核心观点是，个体的各个方面都处于不断变化和成长的过程中。尽管环境和遗传对此有一定的制约，但人们仍然可以形成自己的价值观并坚持自己的选择，从而自由地决定自己将成为什么样的人。然而，伴随这种选择的自由而来的是责任的负担。因为你永远不可能完全清楚自己行为所带来的影响，你会感到焦虑和绝望。你还会因为失去了充分发挥潜力的机会而感到内疚。运用这一关于人性的普遍理论的心理治疗试图帮助来访者界定他们的自由，重视他们的体验自我以及当下的丰富性，培养他们的个性，寻找实现他们全部潜能的方式（自我实现）。

在某些方面，人本主义治疗吸收了研究人类经验的存在主义观点（May, 1975）。这种观点强调人们应对日常生存挑战的能力或被其击垮的可能性。存在主义理论认为人们有一种存在危机，包括日常生活中的问题、缺乏有意义的人际关系以及缺少重要的人生目标。存在主义理论的临床版本整合其各种主题和方法，认为现代生活中令人困惑的现实导致了两类基本的人类疾病。抑郁和强迫症状反映了对这些现实的逃避；而反社会和自恋症状反映了对这些现实的利用（Schneider & May, 1995）。

人本主义哲学还催生了 20 世纪 60 年代末在美国兴起的**人类潜能运动**（human potential movement）。这一运动包含提高普通人潜能的许多方法，以使其达到更高的表现水平，获得更丰富的体验。通过这一运动，原本针对心理障碍患者的治疗方法，被推广到希望自己更有效率、更有能力、更加快乐的心理健康的人群。

接下来我们将考察人本主义传统治疗中的两类疗法：来访者中心疗法和格式塔疗法。

志愿工作者如何帮助人们最大限度地发挥人类潜能？

来访者中心疗法

卡尔·罗杰斯（Carl Rogers, 1902—1987）开创的来访者中心疗法对许多不同类型的治疗师如何定义他们与来访者的关系产生了重要影响（Rogers, 1952, 1957）。**来访者中心疗法**（client-centered therapy）的首要目标是促进个体的心理健康成长。

这种方法基于这样一种假设：所有人都有自我实现（即实现自身潜能）的基本倾向。罗杰斯认为，"生物体的一种与生俱来的倾向是发展其全部能力，用以维持或提升其生存状态"（1959, p.196）。人的健康发展可能会被错误的学习模式所阻碍，在这种模式中人们接受他人的评价，并以此替代了来自自己身心的评价。此时自然形成的积极自我意象与消极的外部批判之间的冲突会导致人们焦虑和不幸福。这种冲突或不一致可能并未被意识到，因此个体会在不知道原因的情况下体验到不幸福感和低自我价值感。

罗杰斯学派治疗的任务是创造一个良好的治疗环境，使来访者能够在那里学习怎样达到自我提升和自我实现。这一疗法假设人性本善，治疗师的主要工作是清除那些限制这种自然的积极倾向发展的障碍。此疗法的基本策略是识别、接纳并澄清来访者的感受。这是在一种无条件的积极关注的氛围中完成的，即接纳和尊重来访者而不对其进行任何评判。治疗师也将自己的感受和想法毫无保留地向来访者开放。

表 15.4　一位来访者中心治疗师的一次治疗摘录

爱丽丝：这似乎——我不知道是不是——要追溯到我的童年。出于某种原因，我妈告诉我，我是父亲宠爱的孩子。但我从未意识到这一点——我是说，他们从来没有把我当宠爱的孩子来对待。但别人却似乎总觉得我在这个家里是有特权的人。我可从来没有任何理由这样想。现在回过头来看，只觉得这个家里其他孩子侥幸逃脱的惩罚比我多。似乎出于某种原因，他们对我的要求比对其他孩子更严格。

治疗师：你无论如何都不能确定自己是不是被宠爱的孩子，反倒是觉得家里对你有相当高标准的要求。

爱丽丝：这正是我的想法。我认为我的整个标准，或者说我的价值观，是我需要认真思考的，因为长久以来我都在怀疑自己是否有真诚的价值观。

治疗师：嗯。不确定你是否真的有任何你确信的深刻价值观。

除了保持真诚，治疗师还会尽可能地体验来访者的感受。这种完全的同理心要求治疗师把来访者看作一个有价值、有能力的人，一个在发现自身个性的过程中需要帮助的人，而不是被评判和评估的对象（Meador & Rogers, 1979）。

治疗师的情感风格和态度有助于使来访者重新关注个人冲突的真正根源，消除那些抑制自我实现的干扰因素。其他治疗方法的从业者给出解释、回答或指导，而来访者中心疗法的治疗师是一个支持性的倾听者，他会思考并时而复述来访者的评价性陈述和感受。来访者中心疗法力求非指导性，治疗师的工作仅仅是帮助来访者寻找自我觉知和自我接纳。表 15.4 摘录了一次具有这些特点的来访者中心疗法。

罗杰斯相信，一旦人们能够自由而开放地与他人交流并接纳自己，个体就有潜力引导自己恢复心理健康。这种乐观的观点，以及将治疗师作为关爱型专家而来访者作为有尊严的人这样一种关系，影响了许多从业者。

格式塔疗法

格式塔疗法（Gestalt therapy）专注于如何将个体的身心统一起来，使个体成为一个完整的人（可以回忆一下第 4 章中讨论知觉时对格式塔学派的论述）。格式塔疗法的目标是自我觉察，方法是帮助来访者表达被压抑的感受，从以往的冲突中识别未完成的事件，这些未完成的事件会不断地被带入新的关系中，只有当这些事件被完成，个体才能继续成长。格式塔疗法的创始人**弗立兹·皮尔斯**（Fritz Perls, 1893—1970）要求来访者把有关冲突和强烈感受的幻想表演出来，并重建他们的梦境，因为他认为梦是人格中被压抑的部分。皮尔斯说："我们必须重新接受这些被投射出来的破碎的人格片段，重新接受梦中出现的潜在力量"（Perls, 1969, p.67）。

在格式塔疗法的工作坊中，治疗师鼓励参与者与他们"内心中真实的声音"重新建立联系（Hatcher & Himelstein, 1996）。格式塔疗法中最著名的方法是空椅技术。使用这种技术的时候，治疗师在来访者身边放一把空椅子。来访者要想象一种感受、一个人、一个物体或一个情境正在占据那把椅子。然后来访者与椅子上的人或物进行"对话"。例如，治疗师可能鼓励来访者去想象坐在椅子上的是自己的母亲或父亲，他可以在这个时候表达出其他时刻不愿表露的感受。然后来访者可以想象这把椅子上的人或物的感受，"谈谈"他们对来访者的生活受到的影响有何感受。这种技术可以使来访者面对并探索那些未被表达出来的强烈感受，可能正是这些感受一直在妨碍来访者的心理健康。

STOP 停下来检查一下

❶ 人类潜能运动的目标是什么？

❷ 来访者中心疗法中提到的无条件积极关注指什么？

❸ 在格式塔疗法中，空椅技术的目的是什么？

团体治疗

　　到目前为止，我们介绍的所有治疗方法主要都是为治疗师与患者或来访者之间一对一的关系设计的。然而，现在很多人作为团体的一部分接受治疗，即团体治疗（group therapy，又译作群体治疗、小组治疗）。团体治疗蓬勃发展有几个原因。有些优势涉及实用性。团体治疗对于参与者来说费用较低，而且可以由少数心理健康从业者去帮助更多的来访者。其他优势与团体环境的力量有关。团体治疗（1）对于害怕与权威面对面一起解决自身问题的人来说是一个威胁性相对较小的环境；（2）允许运用群体过程来影响个体的适应不良行为；（3）在治疗过程中为参与者提供了观察和实践人际技巧的机会；（4）为参与者提供了类似家庭群体的环境，这使纠正性的情绪体验得以产生。

　　团体治疗也存在一些特殊的问题（Motherwell & Shay, 2005）。例如，有些团体会形成某种文化，在其中团体成员很难取得进步——成员们建立了一种消极被动和自我表露有限的规范。另外，当有成员离开或者新的成员加入时，团体的有效性会发生巨大的变化。成员的加入和离开都会打破团体作为一个整体得以正常运作的微妙平衡。专门从事团体治疗的治疗师必须注意解决这种群体动力问题。

　　团体治疗的一些基本前提与个体治疗不同。团体治疗的社会场景提供了一种机会，参与者可以借此了解自己给他人留下的印象，以及投射出来的自我意象与个人预期的和体验到的自我意象有何不同。另外，团体本身证实了一个人的症状、问题以及"偏离正常"的反应并非是其所独有的，而是相当常见的。因为人们倾向于向别人隐瞒关于自己的负面信息，所以许多有同样问题的人会认为"只有我这样"。团体经验的相互分享可以打破这种人众无知的状态，即很多人都错误地认为某些缺点只有自己才有。此外，同伴团体还可以在治疗环境之外提供社会支持。

团体治疗有哪些优势？

夫妻及家庭治疗

　　在大部分团体治疗中，一些陌生人定期聚在一起形成临时性的联系，并可能从中获益。夫妻或家庭治疗则是把一个有意义的、业已存在的社会单位带入团体治疗之中。

　　针对婚姻问题的夫妻治疗首先试图澄清夫妻之间典型的互动模式，然后致力于改善他们之间的互动质量（Snyder & Balderrama-Durbin, 2012）。治疗师同时见夫妻二人，而且通常会录下他们之间的互动并重放给他们看，从而帮助他们了解用来支配、控制以及造成对方困惑的言语或非言语风格。夫妻双方都被教授应该如何强化对方那些被期望的行为，如何撤回对不期望行为的强化。他们还要学习非指导性的倾听技巧，以便帮助对方澄清并表达其情感和想法。夫妻治疗已被证明可以减少婚姻危机，保持婚姻的完整性（Christensen et al., 2006）。

　　在家庭治疗中，来访者是整个核心家庭的全部成员，每个成员都被当作一个关系系统中的一员（Nutt & stanton, 2011）。家庭治疗师与问题家庭中的所有成员一起工作，帮助他们意识到是什么原因使得其中一人或多人产生了问题。思考一下被诊断为焦虑障碍的孩子所处的环境。研究表明，父母的某些做法可能使儿童的焦虑持续（McLeod et al., 2011）。例如，如果父母不允许孩子享有充分的自主性，孩子就不能获得成功应对新任务的自我效能感。在那种环境下，新任务会持续地引发焦虑。家庭治疗可以同时关注孩子的焦虑以及可能维持这种焦虑的父母行为。

研究特写

研究者招募了 45 名 9~13 岁的儿童参与一项治疗研究（Podell & Kendall, 2011）。这些儿童都被诊断患有焦虑障碍（比如广泛性焦虑障碍或社交恐怖症）。这些孩子接受的认知行为治疗项目旨在帮助他们识别那些会引发焦虑的情境，并培养在这些情境中应对焦虑的技能。孩子的父母也参与到治疗过程中，和孩子一起学习应对策略。此外，该治疗还试图矫正父母的与孩子的焦虑体验相关的适应不良行为，并以建设性的回应来取代这些行为。研究者的分析表明，若父母更积极地参与到治疗过程中，孩子也会表现出更大的改善。

这个研究显示了家庭治疗的重要性。通过整个家庭的参与，这种治疗干预改变了可能维持孩子的焦虑的环境因素。

家庭治疗可以通过帮助成员认识到其关系中的积极和消极方面来降低家庭内部的紧张，并提高每个成员的功能。家庭治疗方法的开创者之一**弗吉尼娅·萨提亚**（Virginia Satir, 1916—1988）指出，家庭治疗师不仅是治疗过程中发生的互动的解释者和澄清者，还要扮演影响者、调停者和仲裁者的角色（Satir, 1967）。大多数家庭治疗师认为，家庭带入治疗中的问题更多的是人际间的情境性难题或社会互动问题，而不是个体性格方面的问题。随着时间的推移，当家庭成员被迫接受自己不喜欢的角色时，这些难题可能就会显现出来。非建设性的沟通模式可能会因为家庭情境的自然变化而出现，例如家庭成员失业、孩子上学、约会、结婚或生子。家庭治疗师的工作就是理解整个家庭的结构以及作用于家庭的各种力量，然后与家庭成员共同消除家庭结构中"功能失调的"元素，同时创造和维持新的、更有效的家庭结构（Fishman & Fishman, 2003）。

社区支持团体

治疗领域的一个重大发展是人们对自助团体和互助团体的兴趣和参与度急剧上升。据估计，美国有 6 000 多个这样的团体，仅自助团体就报告有 100 多万名成员（Goldstrom et al., 2006）。此外，美国每年大约有 500 万 12 岁以上的人参加酒精和毒品类的自助团体（Substance Abuse and Mental Health Services Administration, 2008a）。一般而言，这些支持性团体的活动是免费的，尤其是在没有医疗保健专家指导的情况下。这些团体为人们提供了一个机会，让他们可以遇见其他有着同样问题，但仍在坚持甚至过得很好的人。应用于社区团体场景中的"自助"（self-help）概念最早是由成立于 1935 年的匿名戒酒者协会（AA）提出的。然而，是 20 世纪 60 年代的妇女觉醒运动扩展了其含义，使其不仅限于酗酒的范畴。现在，支持性团体主要解决四类问题：成瘾行为、躯体和精神障碍、生活转变或其他危机，以及有严重问题的人的朋友或亲属所经历的创伤。近年来，互联网成为人们发展自助团体的另一个场所（Barak et al., 2008; Finn & Steele, 2010）。一般来说，网络自助团体也处理相同范畴的问题（Goldstrom et al., 2006）。不过，网络为那些没有自由活动能力的人（比如患有慢性疲劳综合征或多发性硬化症的患者）提供了特别重要的聚会场所：无法参加现场活动不再阻止他们从自助活动中获益。

自助团体似乎对成员有多种作用：例如，它给人们带来了希望感和对自身问题的控制感，为备受困扰的人们提供了社会支持，同时还提供了一个分享和获取有关疾病和治疗的信息的讨论场所（Groh et al., 2008）。研究者已开始证明，自助团体可以与其他形式的治疗共同缓解症状。例如，参与自助团体有可能减轻抑郁症状（Pfeiffer et al., 2011）。

自助形式的一个有价值的发展是将团体治疗技术应用在绝症患者身上。这种治疗的目的是帮助患者及其家人在患病期间尽可能生活得充实而有意义，帮助他们现实地面对即将到来的死亡，并且适应他们的绝症（Kissane et al., 2004）。这类绝症患者支持团体的工作重点在于帮助患者学会如何在"说再见"之前充实地生活。

团体治疗是我们介绍的最后一种完全基于心理干预的治疗。下面我们将分析一下生物医学治疗是如何通过改变大脑来影响心理的。

STOP 停下来检查一下

❶ 团体治疗如何帮助参与者了解他们问题的独特性？

❷ 夫妻治疗的一个共同目标是什么？

❸ 网络自助团体在什么情况下特别有价值？

批判性思考：请回忆用家庭疗法治疗儿童焦虑障碍的研究。为什么父母双方都参与治疗很重要？

生物医学治疗

心理的生态系统保持着某种微妙的平衡。当大脑出现问题的时候，我们可以从异常的行为模式、特殊的认知和情绪反应中看到问题造成的后果。同样地，环境、社会或者行为上的干扰，比如毒品或暴力，也会改变大脑的化学组成和功能。生物医学治疗通常把心理障碍看作是大脑出了问题。这一节将介绍四种生物医学治疗方法，即药物治疗、精神外科手术、电休克疗法（ECT）以及重复经颅磁刺激技术（rTMS）。

药物治疗

在心理障碍治疗的历史上，没有什么方法能比得上药物所带来的革命性影响。药物可以使焦虑的患者平静下来，使退缩的患者重新建立与现实的联系，还可以抑制精神分裂症患者的幻觉。这个新的治疗时代始于 1953 年，那时医院的治疗流程中引入了镇静剂，尤其是氯丙嗪。药物治疗作为一种改变患者行为的有效方法，几乎立刻得到了认可。**精神药理学**（psychopharmacology）是心理学的一个分支，主要研究药物对行为的作用。精神药理学领域的研究者致力于理解药物对某些生物系统的作用以及相应的反应变化。

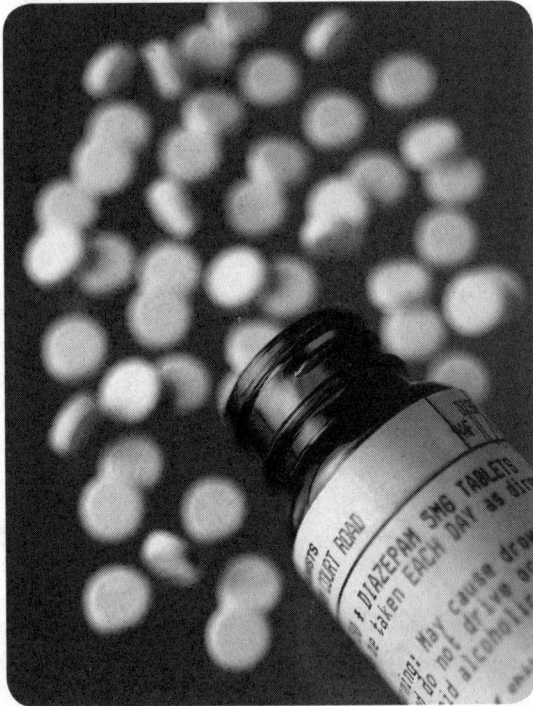

为什么人们在接受药物治疗时要谨慎?

药物治疗在对重症患者的治疗方面起到了重要作用。精神病医院的工作人员再也不用充当卫兵的角色，也不用把患者隔离起来或者给患者穿上约束衣。由于精神疾病的康复治疗取代了单纯的监狱式看护，工作人员的士气也有所提高（Swazey, 1974）。此外，药物治疗革命还对美国精神病医院的患者数量产生了重大的影响。1955 年，全美有 50 多万住院精神病患者，平均住院时间为数年。氯丙嗪和其他药物的引入扭转了患者数量稳步上升的局面。到了 20 世纪 70 年代初，全美精神病患者中只有不到一半在接受住院治疗，且他们平均只需住院几个月。

缓解各种心理障碍症状的药物使用很广泛。随着精神卫生保健护理越来越多地受健康维持组织（HMO）的指导，削减成本的做法限制患者使用心理治疗的次数，转而用相对便宜的药物治疗来代替。研究者发现，药物治疗的处方有了大幅增加（Stagnitti, 2007）。因此，了解药物治疗的积极和消极特点很重要。

目前治疗中使用的药物主要分为三类：抗精神病药、抗抑郁药以及抗焦虑药（见**表 15.5**）。顾名思义，这些药物能从化学上改变与精神病症状、抑郁和极度焦虑相关的特定脑功能。

抗精神病药　抗精神病药可以改变精神分裂症的症状，如妄想、幻觉、社会退缩以及偶尔的激越。抗精神病药通过降低脑内神经递质多巴胺的活性产生疗效（Keshavan et al., 2011）。研究者最早开发的药物，如氯丙嗪（美国商品名为 Thorazine）和氟哌啶醇（商品名为 Haldol），会阻断或降低多巴胺受体的敏感性。这些药物通过降低大脑活动的整体水平产生效果，但它们不只是有镇静作用。对于很多患者来说，这类药物不仅消除了激越，同时还消除或减轻了包括妄想和幻觉在内的精神分裂症阳性症状。

不幸的是，这些早期的抗精神病药有消极的副作用。由于多巴胺在运动控制中起着重要作用，因此在药物治疗过程中个体经常出现肌肉紊乱的情况。迟发性运动障碍就是抗精神病药所引发的一种特殊的运动控制障碍，特别是对面部肌肉的控制。受这种副作用影响的患者会出现下颌、嘴唇以及舌头的不自主运动。

经过一段时间，研究者开发出一类新药，即非典型性抗精神病药，它产生的运动副作用较小。这类药的第一个成员是氯氮平（商品名为 Clozaril），1989 年在美国获得批准。氯氮平既能直接降低多巴胺的活性，又能提高 5- 羟色胺的活性，而 5- 羟色胺抑制多巴胺系统的活动。这种作用模式可以更有选择性地阻断多巴胺受体，从而降低了引起运动障碍的可能性。遗憾

表 15.5　精神疾病的药物治疗

障碍类别	治疗类型	例子
精神分裂症	抗精神病药	氯丙嗪
		氟哌啶醇
		氯氮平
抑郁	三环类抗抑郁药	丙米嗪
		阿米替林
	选择性 5- 羟色胺再摄取抑制剂	氟西汀
		帕罗西汀
		佐洛复
	5- 羟色胺和去甲肾上腺素再摄取抑制剂	米那普仑
		文拉法辛
	单胺氧化酶抑制剂	苯乙肼
		异唑肼
双相障碍	心境稳定剂	锂盐
焦虑	苯二氮䓬类	安定
	抗抑郁药	阿普唑仑
		氟西汀

的是，此药有可能导致一种使骨髓停止产生白细胞的罕见疾病——粒细胞缺乏症，在使用氯氮平治疗的患者中发生率为 1%~2%。

研究者已开发出一系列非典型性抗精神病药，它们作用于大脑的方式与氯氮平相似。大量研究发现，这些药对于缓解精神分裂症的症状都是有效的，但也都会带来一些副作用。例如，服用这些药的人可能有体重增加和患糖尿病的危险（Rummel-Kluge et al., 2010; Smith et al., 2008）。不幸的是，这些副作用经常导致患者终止药物治疗。患者停药之后的复发率非常高，即使服用低于推荐剂量的药物，患者症状加重的风险也会显著上升（Subotnik et al., 2011）。坚持服用这类新药（如氯氮平）的患者也会有 15% 到 20% 的复发率（Leucht et al., 2003）。所以，抗精神病药并不能治愈精神分裂症——它们并不能消除潜在的心理病理学根源。幸运的是，它们在控制患者最具破坏性的症状方面有着很好的疗效。

抗抑郁药 抗抑郁药通过增加神经递质去甲肾上腺素和 5- 羟色胺的活性产生疗效（Thase & Denko, 2008）。第 3 章曾提到，神经元通过释放神经递质到突触间隙（两个神经元之间的空隙）来传递信息。三环类抗抑郁药，例如丙米嗪和阿米替林，能够抑制对突触间隙内神经递质的再摄取（见**图 15.2**）。百优解（氟苯氧丙胺，Prozac）属于选择性 5- 羟色胺再摄取抑制剂（selective serotonin reuptake inhibitors, SSRI），能减少 5- 羟色胺的再摄取。单胺氧化酶（MAO）抑制剂限制单胺氧化酶的活动，而后者负责分解去甲肾上腺素。当 MAO 被抑制时，可利用的神经递质就增加了。因此每种类型的药物都会使可利用的神经递质增加，从而产生神经信号。

抗抑郁药能够有效地缓解抑郁症状，但有多达 50% 的患者没有表现出改善（Hollon et al., 2002）。事实上，对于轻度或中度抑郁患者，抗抑郁药的效果不比安慰剂（不包含活性药物的药片）好多少；对于重度抑郁患者，它们能带来更多的实质性好处（Fournier et al., 2010）。因为抗抑郁药影响了脑内重要的神经递质系统，它们可能有很严重的副作用。例如，服用了 SSRI 类药物（如百优解）的人可能会出现反胃、失眠、紧张和性功能障碍等症状。三环类抗抑郁药和单胺氧化酶抑制剂可能会引起口干、睡眠困难和记忆损伤。研究表明，大多数主要的抗抑郁药在减轻症状的效力上都差不多（Hollon et al., 2002）。因此，对每个患者来说，找到对自己副作用最小的药物很重要。

研究者也在继续寻找那些可以缓解抑郁症状而副作用较小的药物。最新的药物是 5- 羟色胺和去甲肾上腺素再摄取抑制剂（serotonin and norepinephrine reuptake inhibitors, SNRI）。顾名思义，这些药物，如文拉法辛和米那普仑，阻断了 5- 羟色胺和去甲肾上腺素的再摄取。使用这些药物的临床试验没有发现其效果与 SSRI 类药物有重大差异（Machado & Einarson, 2010）。但研究者仍然必须确定哪一种 SNRI 类药物没有严重的副作用（Perahia et al., 2008）。

近年来，研究者考察了一个重要问题，即服用抗抑郁药的个体是否有更大的自杀风险，尤其是儿童和青少年。尽管结论仍有争议，但大多数证据表明，实际上，对抑郁的药物治疗确实会导致自杀风险略有上升（Möller

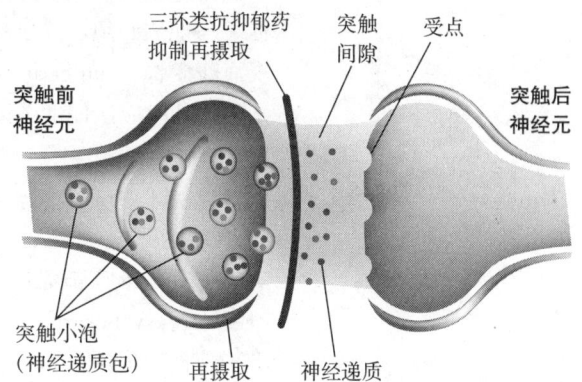

图 15.2 三环类抗抑郁药的脑机制

三环类抗抑郁药阻断了去甲肾上腺素和 5- 羟色胺的再摄取，从而使神经递质留在突触间隙中。

资料来源：Butcher, James N.; Mineka, Susan; Hooley, Jill M., *Abnormal Psychology*, 13th Ed., © 2007. Reprinted and electronically reproduced by permission of Pearson Education, Inc., Upper Saddle River, New Jersey.

et al., 2008）。问题在于为什么会出现这种情况。某些研究者认为某些药物尤其是SSRI 类药物作用于大脑时，会增加自杀的想法。还有一些研究者认为，自杀风险的略微上升是药物促成的症状缓解所带来的不幸结果：因为重性抑郁削弱了动机，所以人们只会在心理健康状况开始好转的时候才可能做出自杀行为。因此，那些开始接受药物治疗的抑郁症患者应该得到持续的临床关注，以监控他们可能出现的自杀想法或意图。还需要注意的是，许多研究者指出，因为抗抑郁药能够缓解抑郁，所以相比药物引发的自杀，它们阻止的自杀行为要多得多；它们带来的好处大于危害（Bridge et al., 2007）。

锂盐已被证明能有效地治疗双相障碍（Thase & Denko, 2008）。有的患者处于不能控制的过度兴奋期，他们似乎精力无穷而又行为过度，此时可以用锂盐来降低他们的躁狂水平。此外，如果在症状得到缓解之后，患者继续服用锂盐，那么他们就不太可能旧症复发（Biel et al., 2007）。然而，对于那些经常在躁狂期和抑郁期之间循环的双相障碍患者，锂盐似乎不如其他药物有效，比如丙戊酸钠——最初用于治疗癫痫发作的一种药物（Cousins & Young, 2007）。

抗焦虑药 像抗精神病药和抗抑郁药一样，抗焦虑药基本上也是通过调节脑内神经递质的活动水平而起作用。疗效最好的药对不同类型的焦虑障碍来说是不同的（Hoffman & Mathew, 2008）。治疗广泛性焦虑障碍的最佳药物是苯二氮䓬，例如安定或阿普唑仑，它们会增加神经递质 GABA 的活性。因为 GABA 调节抑制性神经元，所以 GABA 活性的增加会降低与广泛性焦虑反应有关的脑区的活动。惊恐障碍以及广场恐怖症和其他恐怖症可以用抗抑郁药进行治疗，尽管研究者还不清楚其中的生理机制。强迫障碍可能是 5- 羟色胺水平偏低导致的，因此对 5- 羟色胺的功能有影响的药物如百优解对其疗效甚好。

与治疗精神分裂症和心境障碍的药物一样，苯二氮䓬类药物影响一种重要的神经递质系统，因此有许多潜在的副作用（Macaluso et al., 2010）。患者开始进入一个疗程后，可能会体验到日间嗜睡、言语不清和协调问题。药物还可能损害认知过程，如注意和记忆（Stewart, 2005）。而且，服用苯二氮䓬类药物的人往往会产生耐药性——他们必须增加剂量来维持稳定的效果（见第 5 章），而停止治疗之后可能会出现戒断症状（Tan et al., 2011）。因为存在出现心理和生理依赖的可能性，人们在接受抗焦虑药时应该仔细咨询卫生保健提供者。

精神外科手术

当其他治疗都无法缓解病情时，医生有时会考虑对大脑进行直接干预。**精神外科手术**（psychosurgery）是为了减轻心理障碍而对大脑施行的外科手术的统称。这类干预包括损伤（切断）大脑不同区域之间的连接部位，或者切除大脑的一小部分。最广为人知的精神外科手术是**前额叶切断术**（prefrontal lobotomy），它通过手术切断连接大脑额叶与间脑的神经纤维，特别是丘脑和下丘脑的部分。这种方法是由神经学家**埃加斯·莫尼兹**（Egas Moniz, 1874—1955）开创的，他因此获得了 1949 年的诺贝尔生理学或医学奖。

最初接受前额叶切断术的是激越的精神分裂症患者以及强迫性且极度焦虑的患者。这种手术的效果极富戏剧性：个体表现出一个新的人格，变得不再有强烈的情绪唤起，所以也就不会有巨大的焦虑、内疚或者愤怒。然而，手术永久性地破坏了一些基本的人性。前额叶切断术使人失去了预先计划的能力，漠视他人的意见，行为孩子气，并且因为缺乏完整的自我感而表现得智力平庸和情感淡漠（莫尼兹的一个女患者对这些意料之外的后果感到非常痛苦，以至于她最终竟开枪袭击了莫尼兹，致使他局部瘫痪）。

由于精神外科手术的影响是永久性的，所以它的使用范围非常有限。临床医生只有在其他治疗方法反复失败后才会考虑精神外科手术。例如，一项研究评估了扣带回切开术的有效性，这种手术会损伤被称为扣带回的边缘系统结构（Shields et al., 2008）。研究中的 33 位患者患有难治性的抑郁症，他们对四个甚至更多疗程的药物治疗以及其他的标准化治疗都没有反应。接受外科手术后，75% 的患者的症状得到了缓解。扣带回切开术还缓解了强迫症患者的症状，而药物治疗对这些患者同样无效（Kim et al., 2003）。

电休克疗法和重复经颅磁刺激技术

电休克疗法（electroconvulsive therapy, ECT，也译作电痉挛疗法、电抽搐疗法）是通过对大脑进行电击来治疗精神疾病，如精神分裂症、躁狂症，而最常见的是抑郁。这种技术用微弱的电流施加到患者头皮上，直到发生抽搐。电流的强度会根据特定患者发生抽搐的阈值进行调整（Kellner et al., 2010）。抽搐通常在 45~60 秒后消失。在进行这种痛苦的干预之前，首先使用一种短效的巴比妥酸盐和肌肉松弛剂，使患者处于无意识状态，并将躯体的剧烈反应降低到最小程度。

电休克疗法在减轻重度抑郁的症状方面相当成功（Lisanby, 2007）。因为它起效快，所以格外重要。通常，三到四天的疗程就可以缓解抑郁症状，而药物治疗一般有一到两周的时间窗口期。即便如此，大多数治疗师还是把电休克疗法作为最后的治疗手段。这种疗法通常用于对有自杀倾向或严重营养不良的抑郁症患者的紧急治疗，以及对抗抑郁药物没有反应或者无法忍受药物副作用的患者。

尽管电休克疗法是有效的，但作为一种治疗方法，它仍然存在争议。对电休克疗法科学性的担忧主要是由于对它的作用机制缺乏了解。研究者推测，这种疗法可能会重新平衡神经递质或激素水平；他们还提出，反复的抽搐实际上可能会增强大

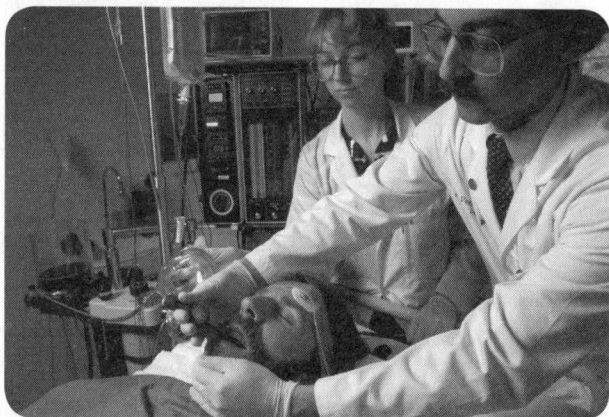

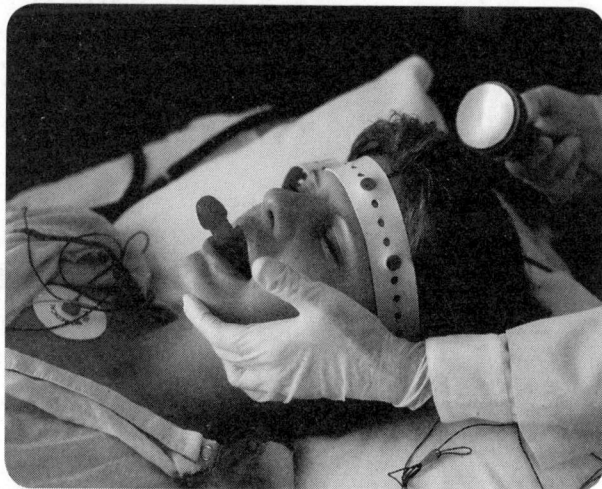

电休克疗法对重度抑郁非常有效。但为什么这种疗法仍然存在争议？

脑的功能（Keltner & Boschini, 2009）。目前，很多不确定性仍然存在，因为研究者因伦理原因无法在人类参与者身上进行实验，以给出明确的答案。

批评人士还担心这种疗法的潜在副作用。电休克疗法会引起暂时性的定向障碍和多种认知缺陷。例如，患者常常会忘记治疗前一段时间发生的一些事情，而且难以形成新的记忆（Ingram et al., 2008）。不过，在治疗结束后的几周内，大多数患者都能从这些缺陷中恢复过来。为了把暂时性的缺陷降低到最小，现在通常只对一侧大脑实施电休克疗法，以减少言语能力受损的可能性。这类单侧的电休克疗法不仅减轻了治疗带来的某些认知损害，同时也保留了抗抑郁的效果（Fraser et al., 2008）。

近年来，研究者开发了一种新的治疗方法来替代电休克疗法，这种疗法被称为重复经颅磁刺激技术（rTMS）。在第3章中我们提到，接受rTMS治疗的人的脑部会受到重复的磁脉冲刺激。与电休克疗法的情况一样，研究者尚不清楚为什么rTMS能缓解抑郁症和其他形式的精神病理症状。然而，越来越多的证据表明，rTMS可以与某些抗抑郁药同样有效（Schutter, 2008）。研究者正在努力确定诸如磁刺激强度等变量如何影响rTMS的治疗效果（Daskalakis et al., 2008）。

STOP 停下来检查一下

❶ 与早期治疗精神分裂症的药物相比，非典型性抗精神病药物有哪些优势？

❷ 选择性5-羟色胺再摄取抑制剂（SNRI）类药物在脑内有什么作用？

❸ 前额叶切断术有哪些影响？

❹ 什么是重复经颅磁刺激技术（rTMS）程序？

治疗评估和预防策略

假如你认识到生活出现了问题，并且相信一个受过专业训练的临床医生可以帮助你解决问题。本章介绍了多种不同的治疗方法，你怎么才能知道哪种方法最能减轻你的痛苦？你怎么能确定它们中的任何一个会起作用？本节将介绍研究者们如何考察特定疗法的有效性，并对不同的疗法进行比较。总的目标是发现哪种方法能最有效地帮助人们摆脱痛苦。你将会看到，这些研究还确定了在所有成功的治疗中都存在的一些共同因素。我们还会简要地讨论预防问题：心理学家如何通过干预人们的生活来预防精神疾病的发生？

评估治疗有效性

多年前，英国心理学家汉斯·艾森克（Eysenck, 1952）宣称心理治疗根本不起作用，引起了轩然大波！他回顾了以往各种关于治疗效果的资料，结果发现，那些没有接受过治疗的患者和接受了精神分析以及其他形式的领悟疗法的患者，治愈率几乎相同。他声称，在神经症患者中，大约2/3的人在出现问题之后的两年内会自动康复。

为了应对艾森克的挑战，研究人员设计出多种更为精确的方法来评估治疗的有效性。艾森克的批评清楚地表明，研究者需要设置适当的控制组。由于各种原因，一部分没有得到专业干预的个体的情况的确有所改善；这种**自发缓解效应**（spontaneous-remission effect）是评估治疗有效性的一个基线标准。简单地说，必须证明与没有接受治疗的个体相比，接受治疗的个体中表现出症状改善的比例更高。

类似地，研究人员试图证明，治疗效果不仅是源于来访者对治愈的预期。你可以回忆一下前面有关安慰剂效应的讨论，在许多情况下，人们的心理或者身体状况会由于自己预期会好转而出现改善；在治疗情境中，治疗师扮演着医生的社会角色，这会助长这种信念（Frank & Frank, 1991）。虽然治疗中的安慰剂效应是治疗干预的一个重要部分，但研究者们仍然希望证明他们的特定治疗方法比**安慰剂疗法**（placebo therapy）（一种只产生治愈预期的中性疗法）更为有效（Hyland et al., 2007）。

近年来，研究人员使用一种名为元分析的统计方法来评估治疗的有效性。**元分析**（meta-analysis）提供了一种从多个不同实验的数据中得出一般性结论的正式机制。在许多心理学实验中，研究者会问："大多数参与者表现出了我所预期的效果吗？"元分析把实验本身看作参与者。关于治疗的有效性，研究者会问："大部分评估治疗结果的研究显示出了积极的变化吗？"

图 15.3 显示了关于抑郁治疗的研究文献的元分析结果（Hollon et al., 2002）。该图比较了三种不同类型的心理治疗和药物治疗（各种抗抑郁药物的平均治疗结果）与安慰剂治疗的结果。本章前面介绍了心理动力学治疗和认知治疗。人际治疗聚焦于患者当前的生活和人际关系。正如你所看到的，在这张图所涉及的研究中，人际治疗、认知行为治疗和药物治疗的效果都强于安慰剂效应。至少对于治疗抑郁而言，经典的心理动力学治疗的效果并不怎么好。

请注意，这些数据只反映了每种治疗方法的单独影响。研究者还评估了单独的心理治疗与心理治疗联合药物治疗的有效性。一项研究发现，联合治疗最有可能使慢性抑郁得到完全缓解（Manber et al., 2008）。一个疗程的治疗结束后，在那些只接受药物治疗的参与者中，只有 14% 的人达到了研究所定义的完全缓解的标准；在只接受心理治疗的参与者中，这一比例也是 14%；在既接受药物治疗又接受心理治疗的参与者中，29% 的人表现出了同样水平的改善。

由于这些发现，当代的研究者已经不太关注心理治疗是否有效，而是更关注它为什么有效，以及对某种特定问题或特定类型的患者是否有一种治疗方法最为有效（Goodheart et al., 2006）。例如，大多数治疗评估是在能够合理地控制患者（研究通常排除了患两种及以上心理障碍的参与者）和过程（治疗师接受了严格的培训，以尽可能减少治疗中的差异）的研究情境中进行的。研究者需要确保研究情境中有效的疗法到了社区情境（患者的症状以及患者和治疗师的体验更多样化）同样有效（Kazdin, 2008）。治疗研究的另一个重要问题是评估个体完成治疗疗程的可能性。几乎在所有的情况下都会有一些人选择中止治疗（Barrett et al., 2008）。研究者试图理解谁会放弃治疗以及为什么放弃治疗，最终希望发展出一种大多数人能坚持下来的治疗方法。

现在让我们从对单个疗法的比较转向对成功疗法背后的共同因素的分析。

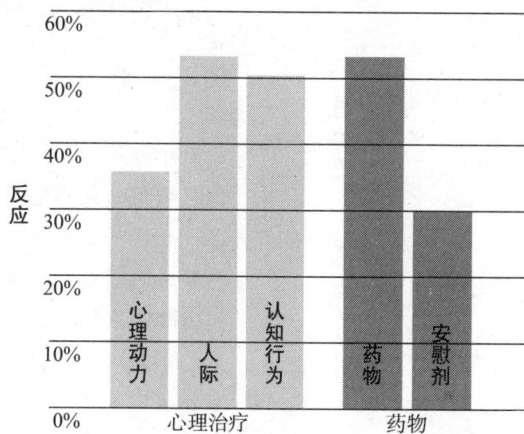

图 15.3　**抑郁的治疗评估**
图中显示了抑郁治疗的元分析结果。从图中可以看出接受每种治疗的患者中症状得以缓解的人数比例。例如，在接受抗抑郁药治疗的患者中，大约 50% 的患者有明显的症状改善，另外 50% 的患者则没有。

共同因素

上一小节描述了研究者如何评估特定治疗方法对特定障碍的有效性。不过，还有研究者已经着眼于整个心理治疗领域，目的是找出**共同因素**（common factors）——有助于产生疗效的共有成分（Wampold, 2001）。对于成功的疗法而言，这些因素是最常见的：

- 来访者对改善有着积极的期待和愿望。
- 治疗师有能力强化和培养这些期待和愿望。
- 这种疗法能够解释来访者将如何改变，并允许来访者去实践那些将会带来改变的行为。
- 这种疗法能给出一个清晰的治疗计划。
- 来访者与治疗师之间建立起一种以信任、温暖和接纳为特征的关系。

当你思考这些共同因素时，请花点时间想一想它们是如何应用于本章所回顾的每一种心理疗法的。

在这些共同因素中，研究者最关注的是治疗师与来访者之间的关系。无论什么样的治疗形式，重要的是寻求帮助的个体能够进入一个有效的治疗联盟（therapeutic alliance）。治疗联盟是来访者与治疗师建立起的一种相互关系：个体与治疗师相互合作以使症状得到缓解。研究表明，治疗联盟的质量会影响心理治疗改善心理健康的能力（Goldfried & Davila, 2005）。一般来说，治疗联盟越积极，来访者的改善也越大（Horvath et al., 2011）。治疗联盟的概念有几个组成部分，每个部分都有助于促成积极的结果。例如，如果来访者与治疗师对治疗目标有着一致的看法，并就实现目标的过程达成了一致，那么来访者会从心理治疗中获得更多的改善（Tryon & Winograd, 2011）。如果你进入治疗，你应该相信你可以和治疗师建立起坚固的治疗联盟。

本章的最后一节反思了一个重要的生活原则：无论治疗的有效性如何，预防往往比在障碍出现后去治愈它要好。

预防策略

本章所探讨的传统疗法都聚焦于改变已经出现某种痛苦或障碍的人。这种聚焦是必要的，因为很多时候，人们没有意识到自己处于心理障碍的风险中。人们只有在开始出现症状时才会去寻求治疗。然而，正如我们在第14章中了解到的，研究者已经发现了一些会使人们处于风险中的生物和心理因素。预防的目标是运用这些有关风险因素的知识，减少痛苦出现的可能性和严重性。

预防可以在几个不同的层面上实现。初级预防是在某种障碍出现之前就阻止它。对此可以采取一些措施，比如，教给个体一些处理问题的技巧，这样他们可以有更强的韧性，或改变环境中可能导致焦虑或抑郁的消极方面（Boyd et al., 2006; Hudson et al., 2004）。二级预防是在障碍出现后努力限制其持续时间和严重程度。通过早期识别和及时治疗可以实现这一目标。例如，基于对治疗有效性的评估，心理健康从业者可能会推荐药物与心理治疗的联合疗法，以优化二级预防（Manber et al., 2008）。三级预防是通过防止复发来限制心理障碍的长期影响。例如，本章前面提到，精神分裂症患者停止药物治疗后，复发率非常高（Fournier et al., 2010）。为了做到三级预防，心理健康从业者会建议精神分裂症患者在出院后继续服用抗精神病药物。

生活中的批判性思维

基于互联网的治疗有效吗

本章讲到的疗法都有一个共同的假设，即治疗师和来访者会面对面地见面。不过，随着互联网逐渐成为大多数人生活的标配，心理治疗师已开始探索在没有传统的个人接触的情况下提供心理健康服务的可能性。

我们来看一个基于互联网的社交恐怖症治疗的成功案例。回想一下，有社交恐怖症的人在预期将有社会互动的时候会感到焦虑。因此，互联网给了他们希望，让他们可以在不进入社交场合的情况下获得治疗。在一项研究中，有社交恐怖症的人完成了一个为期10周的互联网模块项目，该项目指导他们完成一个认知行为治疗的疗程（Berger et al., 2009）。治疗师通过电子邮件的形式参与了这个过程。他们回答患者的问题，并传达激励的信息。治疗结束的时候，研究者将这些患者的痛苦水平与控制组那些同样被诊断为社交恐怖症的人进行对比。与控制组相比，这些完成了基于互联网的治疗的患者表现出了相当大的改善。

诸如这样的成功鼓舞着治疗师们去开拓通过互联网提供治疗的创新方法。不过，治疗师同时也退后一步去思考当治疗师与来访者之间保持距离时可能会出现的特殊伦理问题（Fitzgerald et al., 2010; Ross, 2011）。例如，治疗师担心，在没有面对面的额外审查的情况下，如果患者提供了有限的或者扭曲的信息，他们可能会被误诊。此外，来访者很难去核实在线治疗师的资质，网络空间里谁都可以自称专家。最后，使用互联网的治疗师无法保证来访者信息的保密性。私人信息可能被黑客入侵而进入公共领域，这是一个很现实的危险。

这种对保密性的担忧可能特别迫切，因为研究证据表明，在线治疗会导致去抑制：这种相对匿名的治疗形式可以让来访者更快、更少尴尬地袒露他们最紧迫的困扰和担忧（Richards, 2009）。当他们不必担心治疗师对其艰难的坦白当面做出反应时，他们可能会更诚实。

请在治疗联盟的背景下考虑一下这种信息涌入。回想一下，治疗联盟的质量会极大地影响心理治疗改善心理健康的能力（Goldfried & Davila, 2005; Horvath et al., 2011）。一些治疗师担心，如果他们不与来访者面对面，治疗联盟必定会受损（Ross, 2011）。尽管如此，另一些治疗师仍然认为，基于互联网的治疗能够给患者带来缓解，因为它能够激活作为传统疗法有效性基础的共同因素（Peck, 2010）。

- 除了社交恐怖症，基于互联网的治疗还可能特别适用于哪些心理障碍？
- 治疗师会如何处理互联网的保密性问题？

在心理学这门学科中，社区心理学在预防心理疾病和促进身心健康方面发挥着特殊的作用（Schueller, 2009）。社区心理学家经常设计干预措施来解决那些可能使人们陷入危机的社区问题。例如，研究者制定了一些社区范围内的策略，以减少城市青少年的物质滥用（Diamond et al., 2009）。这些方案试图改变社区对毒品和酒精的价值观，同时也为青少年提供"无毒品无酒精"的社会活动。

心理障碍的预防是一项复杂而艰巨的任务。它不仅涉及了解相关的因果性因素，还涉及克服来自个体、机构以及政府的阻力。我们需要进行大量研究，以证明预防和公共卫生方法对于精神病理的长期效用。预防计划的终极目标是保障我们社会中所有成员的心理健康。

预防策略应如何鼓励人们养成"心理卫生"习惯，以尽量减少对治疗的需求？

STOP 停下来检查一下

❶ 对抑郁治疗的元分析可以得出什么结论？
❷ 关于治疗联盟的重要性，研究证明了什么？
❸ 初级预防的目标是什么？

要点重述

治疗的背景

- 心理治疗需要做出诊断并确定治疗过程。
- 心理治疗可以是医学取向的，也可以是心理学取向的。
- 心理治疗的四种主要类型是心理动力学治疗、行为治疗、认知治疗和人本主义治疗。
- 从事治疗工作的人员的专业背景并不相同。
- 研究者必须评估心理治疗在不同群体中的有效性。
- 早期对精神病人的严酷治疗导致了现代的去机构化运动。
- 不幸的是，很多机构之外的精神病人没有足够的资源，因此他们可能变得无家可归，或者很快再次被机构收容。

心理动力学治疗

- 心理动力学治疗源自弗洛伊德的精神分析理论。
- 弗洛伊德强调无意识冲突在精神病理的病因中的作用。
- 心理动力学治疗寻求对这些冲突的调和。
- 自由联想、对阻抗的关注、释梦、移情与反移情都是这种治疗的重要成分。
- 还有一些心理动力治疗师更为强调患者当前的社会情境和人际关系。

行为治疗

- 行为治疗运用学习和强化的原理来矫正或消除问题行为。
- 反条件作用技术用更具有适应性的行为来替代诸如恐惧反应等消极行为。
- 暴露是恐怖症矫正治疗中的普遍元素。
- 权变管理运用操作性条件作用来矫正行为，主要是通过正强化和消退策略。

认知治疗

- 认知治疗专注于改变个体关于自身及社会关系的消极的或非理性的思维模式。
- 认知治疗已被成功用于治疗抑郁。
- 理性－情绪疗法能帮助来访者认识到，他们对自己的非理性信念会妨碍他们获得成功的生活结果。
- 认知行为疗法要求来访者学习用更具建设性的思维模式看待问题，并将这种新技术应用到其他情境中。

人本主义治疗

- 人本主义治疗致力于帮助个体更充分地自我实现。
- 治疗师努力通过非指导性的方式帮助来访者建立积极的自我意象，以应对外部的批评。
- 格式塔治疗关注整个人——身体、心理以及生活环境。

团体治疗

- 团体治疗允许人们观察并参与社会互动，以此作为减少心理痛苦的手段。
- 家庭和婚姻治疗侧重于夫妻或家庭系统中需要改善的情境困难和人际动力。
- 社区和互联网上的自助团体能让个体得到社会支持并获得信息和控制感。

生物医学治疗

- 生物医学治疗侧重于改变精神疾病的生理方面。
- 药物治疗包括治疗精神分裂症的抗精神病药物以及抗抑郁药和抗焦虑药。
- 精神外科手术因其极端、不可逆转的影响而很少被使用。
- 电休克疗法和重复经颅磁刺激技术（rTMS）可以有效地治疗抑郁患者。

治疗评估和预防策略

- 研究显示，很多疗法都比单纯的时间推移以及非特异性的安慰剂疗法更为有效。
- 评估项目有助于回答是什么因素使治疗有效的问题。

- 共同因素（包括治疗联盟的质量）是治疗有效性的基础。
- 预防策略对于阻止心理障碍的发生并在其发生后将影响降至最低是十分必要的。

关键术语

生物医学治疗	宣泄	理性－情绪疗法
心理治疗	阻抗	认知行为疗法
临床社会工作者	梦的解析	人类潜能运动
宗教咨询师	移情	来访者中心疗法
临床心理学家	反移情	格式塔疗法
咨询心理学家	行为治疗	精神药理学
精神科医生	行为矫正	精神外科手术
精神分析师	反条件作用	前额叶切断术
患者	暴露疗法	电休克疗法（ECT）
来访者	系统脱敏法	自发缓解效应
去机构化	参与式示范	安慰剂疗法
精神分析	厌恶疗法	元分析
领悟疗法	权变管理	共同因素
自由联想	认知治疗	

16

社会心理学

想象这样一种情境：为准时参加一次求职面试，你已做好了万全准备，可惜事情进展得并不顺利。由于夜里停电，你的闹钟没响。朋友原本说要载你一程，车胎却爆了。于是你去取钱打的，但 ATM 机吞了你的卡。当你终于到达面试办公室时，你能猜到那里的经理肯定这样想："我为什么要把工作交给这样一个不靠谱的家伙？"你打算申辩："这不是我的错，实在是情况特殊！"当你沉浸在这样的情节中时，你已经开始进入社会心理学的世界，这是研究个体如何创造和解释社会情境的心理学领域。

社会心理学（social psychology）研究思维、情感、知觉、动机和行为如何受人与人之间相互作用的影响。社会心理学家试图理解社会背景中人的行为。社会背景就像是一幅绚丽的油画，描绘着人类这种社会动物的活动、优势和脆弱性。宽泛地说，社会背景包括真实的、想象的或象征性的他人在场；人与人之间发生的活动和相互作用；行为发生的情境特点；以及在既定场景下支配行为的期望和规范（Sherif, 1981）。

在本章我们要探索社会心理研究的几个重要主题。本章第一节侧重于**社会认知**（social cognition），它是人们选择、解释和记忆社会信息的过程。接着我们要考察情境影响人们行为的方式以及态度和偏见形成和改变的过程。然后，我们要转向你与他人建立的社会关系。最后，我们要考察攻击和亲社会行为。本章也将说明如何把社会心理学的研究成果直接应用于你的生活和现实社会。

建构社会现实

为开启本章话题，我让你想象了在求职面试之前所有可能出状况的事情。当你终于到达经理的办公室时，对于同一事件，你与经理的解释迥异。你知道你是情境的受害者。然而，至少从短期来看，经理只会根据显而易见的事实——你迟到了且衣冠不整——对你作出判断。这就是建构社会现实（constructing social reality）的意之所指。经理根据你所呈现的证据对情境做出解释。如果你依然打算得到这份工作，你就得让经理建构新的解释。

社会心理学家提供了大量的例子，说明人们的信念导致他们从不同的视角来审视同一情境，并对"实际发生了什么"得出相反的结论。20 世纪 50 年代的一项经典研究关注了人们对一场备受争议的橄榄球比赛持有明显不同的看法（Hastorf & Cantril, 1954）。两所学校的学生都认为，对方球队应对这场异常粗野的比赛中的大部分不良行为负责。各种体育赛事还在源源不断地为这种不同社会现实的建构提供着一个又一个情境，对此你应该不会感到惊讶。

研究特写

在犹他州盐湖城举行的冬季奥运会上，俄罗斯双人花样滑冰选手以微弱的优势击败了加拿大选手并夺得金牌。然而四天后，在一位裁判受到不诚实行为的指控之后，这对加拿大选手也被授予了金牌。撇开争议不谈，一个重要的问题仍然存在：哪对选手实际上滑得更好？为了确定这一事件的"事实"是如何从相反的视角建构的，一组研究者收集了俄罗斯报纸上讨论这两对选手表现的 169 篇文章以及美国报纸上的 256 篇文章（Stepanova et al., 2009）。对这些文章的内容分析揭示了一致的差异。例如，美国报纸的文章为加拿大选手的优秀表现提供了更多的证据。与此同时，俄罗斯报纸的文章则认为，两对选手的表现在质量上并没有美国报纸所说的那么悬殊，水平其实很接近。

为什么球迷在观看他们最喜爱的球队比赛时可能觉察到对方球队更多的犯规动作?

这个研究清楚地说明，人们对于像花样滑冰比赛这样复杂的社会事件无法进行无偏差的客观观察。当观察者按照自己期待看到和想要看到的内容对正在发生的事件进行选择性编码时，社会情境才具有了意义。在花样滑冰比赛这个例子中，人们观看的是同样的活动，但他们看到了不同的表现。

为解释为何美国和俄罗斯的报纸对两对选手的比赛得出了如此不同的看法，我们需要回顾知觉领域。请回忆第 4 章的内容，要解释模糊的知觉对象，我们往往必须运用先前的知识。这一原理也适用于这场比赛，人们运用过去的知识来解释当前的事情，只不过知觉加工的对象现在是人和情境。**社会知觉**（social perception）是指人们对他人行为进行理解并归类的过程。本节我们主要侧重于社会知觉的两个问题。首先，我们要考察人们如何判断影响他人行为的力量，即因果归因。其次，我们探讨社会知觉过程有时是如何使世界与我们的预期形成一致的。

归因理论的起源

我们作为社会知觉者，一个最重要的推理任务就是确定事件的原因。你想搞清楚生活中许多问题的原因：女朋友为什么要与我分手？为什么他得到了那份工作而我却没有？为什么我父母结婚这么多年后还是离婚了？所有这些问题都会导致人们想去探究某些行动、事件或结果的可能原因。**归因理论**（attribution theory）是描述社会知觉者如何利用信息得出因果解释的基本方法。

归因理论源自弗里茨·海德（Heider, 1958）的论著。海德认为，人们不断地做出因果分析，这是他们尝试对社会世界作出基本理解的部分内容。他指出，人人都是直觉心理学家，试图弄清楚他人的特点以及导致其行为的原因，这与专业的心理学家的工作一样。海德认为，主导大多数归因分析的两个问题是：行为的原因在人（内在的或特质的原因）还是在情境（外在的或情境的原因）；以及谁是这种结果的原因。那么人们如何做这些判断呢？

哈罗德·凯利（Kelley, 1967）对海德的思想进行了整理，他具体描述了人们用来做出归因的变量。凯利的**共变模型**（covariation model，也译作协变模型）指出，如果某个行为每次发生时某个因素都存在，而行为不发生时不存在，人们就会把该因素归因于该行为的原因。例如，假设你正走在街上，看到一位朋友指着一匹马尖叫。要确定究竟是你的朋友疯了（特质归因），还是危险正在临近（情境归因），你需要收集什么证据？

凯利认为，人们通过评估与行为个体有关的信息的三个维度的共变性来做出这种判断。这三个维度是特异性、一贯性和共同性。

- 特异性（Distinctiveness，也译作独特性）：该行为是否只在特定情境下发生——你的朋友是否对所有的马都尖叫？

- 一贯性（Consistency，也译作一致性）：对这一情境的行为反应是否反复出现——这匹马过去是否也使你的朋友尖叫？

- 共同性（Consensus，也译作共识性）：其他人是否在同样情境下也做出同样的行为——每个人都指着这匹马尖叫吗？

在你得出结论的时候，这三个维度都起着一定的作用。例如，假设你的朋友是唯一尖叫的人，这会让你更可能作特质归因还是情境归因呢？

海德和凯利为归因理论奠定了坚实的基础，目前已有成千上万的研究对归因理论进行了修订和拓展（Försterling, 2001; Moskowitz, 2004）。其中很多研究关注在何种条件下人们偏离对现有信息的系统搜索而进行归因。我们来探讨一下你的归因不知不觉出现偏差的情况。

基本归因错误

假设你已经安排好在 7 点见一位朋友。现在是 7 点 30 分，朋友还没有到。你会如何暗自解释这件事？

- 我敢肯定一定发生了什么真正重要的事情，使她不能准时来这儿。
- 这个笨蛋！她就不能多上点儿心吗？

你又一次需要在情境归因与特质归因间做出选择。研究表明，平均而言，人们更可能选择第二种原因，即特质解释（Ross & Nisbett, 1991）。事实上，这种倾向如此强烈，以至于社会心理学家**罗斯**（Ross, 1977）将其称作基本归因错误。**基本归因错误**（fundamental attribution error, FAE）是指人们在寻找某一行为或结果的原因时，高估特质因素（谴责或赞誉当事人）而低估情境因素（谴责或赞誉环境）的双重倾向。

让我们看看基本归因错误的实验室研究例子。罗斯及其同事（Ross et al., 1977）创造了一种实验用的类似"大学碗"的问答游戏，参与者通过投掷硬币成为提问者或竞猜者。掷硬币结束后，提问者和竞猜者都听到这样的实验指导语：提问者要基于自己的知识编制具有挑战性的难题。编完后，他们要向竞猜者提出这些问题。竞猜者努力回答这些问题，但往往徒劳无功。活动结束时，提问者、竞猜者和观察者（观看游戏的其他参与者）对提问者和竞猜者双方的才学评分。结果如**图 16.1** 所示。正如你看到的，提问者似乎认为自己和竞猜者都是平均水平。但是，竞猜者和观察者给提问者的评分都比给竞猜者的评分高得多，他们觉得提问者的知识要比竞猜者渊博得多，竞猜者给自己的评分甚至还略低于一般水平！这公平吗？我们必须清楚，该情境对提问者极为有利（难道你不愿意扮演提问者的角色吗？）。是情境使得一方显得聪明，另一方看似愚笨，而竞猜者和观察者的评分显然无视了这一点。这就是基本归因错误。

你应该始终小心基本归因错误。然而，这可能不太容易——往往需要做些"研究"工作才能发现行为的情境根源。情境力量通常是看不见的。例如，你看不到有偏差的观点推动社会现实的建构，你只能看到它们引发的行为。为了避免基本归因错误，

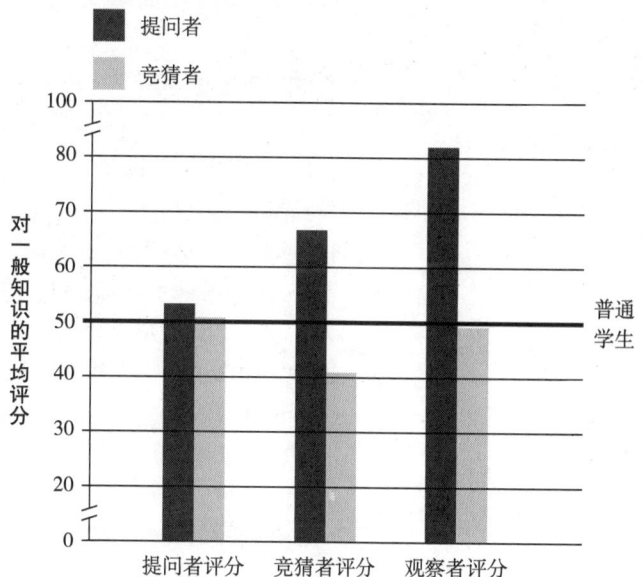

图 16.1　**对提问者和竞猜者一般知识的评分**
在问答游戏结束后，提问者、竞猜者和观察者都要评价参与各方的一般知识水平，普通学生的得分为 50 分。提问者认为他们自己和竞猜者都是平均水平。但是，竞猜者和观察者都对提问者评分很高，认为他们的一般知识要比竞猜者渊博得多。而且，竞猜者给自己的评分还略低于平均水平。

你能做些什么呢？尤其是当你做出负面的特质归因（"这个笨蛋"）时。你可以退后一步并问自己："会不会是情境中的某个因素导致这一行为？"你可以把这类练习当作"归因慈善"。你知道这是为什么吗？

对于那些生活在西方社会的人来说，这个建议可能尤其重要，因为有证据表明，基本归因错误在一定程度上是由文化导致的（Miller, 1984）。请回忆一下第13章我们对自我建构的文化差异的讨论。正如第13章所阐述的，多数西方文化具有独立的自我建构（construals of self，又译作自我构念），而多数东方文化具有互依的自我建构（Markus & Kitayama, 1991）。研究显示，受相互依赖文化的影响，非西方文化的成员不太可能关注情境中的单个行动者。我们可以从另一项对奥运会运动员的媒体报道的分析中看到这种文化差异。

研究特写

研究者收集了美国和日本的电视和报纸对2000年夏季奥运会及2002年冬奥会运动员的报道（Markus et al., 2006）。研究助手分析了媒体的每篇报道（但他并不知晓此研究的目的），以确定报道在讨论运动员的成绩时使用了何种解释。比如，文章是否提及了运动员的优势和劣势？是否提及他们的动机水平或其他竞争对手的实力？结果发现，美国的媒体侧重于报道运动员的个人特征，而日本的媒体则考虑了更广泛的因素。后者的报道并没有忽视运动员的特征，但同时还讨论了其他的背景因素，包括运动员达到他人期望的程度。此外，美国媒体的报道几乎完全侧重于运动员的积极特征，而日本媒体则会提及积极和消极两方面的特征。

这一研究给人留下了深刻的印象，它捕捉到了电视和报纸报道中的文化归因风格。该研究清楚地表明，在特定的文化背景下，对于那些接触该媒体的人来说，归因的文化风格是如何得以传播和保持的（Morling & Lamoreaux, 2008）。

自我服务偏差

"大学碗"研究最令人惊讶的一个结果是竞猜者对自身能力的负面评价。这说明，即使对自己不利，人们也会犯基本归因错误。（事实上，你应该回顾一下第14章关于抑郁起源的一种理论，它指出抑郁的人对自己做了太多的负面特质归因，而情境归因过少。）然而在很多情形下，人们的表现恰好相反——他们的归因朝着对自我有利的方向出错。**自我服务偏差**（self-serving bias）导致人们将成功归结于自己，而否认或推卸失败的责任。在很多情境中，人们倾向于对成功做特质归因，对失败做情境归因（Gilovich, 1991）："我获奖是因为我能力强""我输掉比赛是因为有人做了手脚"。

这些归因模式对短期自尊可能有益。然而，准确地认识日常生活中对结果起作用的因果力量通常更为重要。考虑一下你在课堂上是如何做的。如果你获得优秀成绩，你如何归因？如果你得到的成绩是及格，你又会如何归因？研究显示，学生倾向于把高分归因于他们自己的努力，而把低分归因于自身以外的其他因素（McAllister, 1996）。事实上，大学教师也表现出同样的模式——他们把学生的成功而不是失败归因于自己。再说一次，你能明白这种归因模式可能对你的平均绩点（GPA）产生什么影响吗？如果你认为成功不是外部原因所致，例如，你这次考得不错，你认为是你自己学得好，而不是这次考题容易，那么，接下来你可能就不知道应该更加努力学习；如果你认为失败不是你自身特质方面的原因所致，例如，我这次没考好，不是因为我在那个聚会上玩得时间过长，而是考题有问题，你可能照样不会抽出时间努力学习。

　　上述内容表明，来自互依的自我感文化的人不太可能犯基本归因错误。因为他们会更多地考虑情境而非个体（即使他们就是这些个体），所以东方文化的成员不太可能出现自我服务偏差。请思考这样一项研究：来自美国和日本的学生回忆了他们成功和失败的例子，比如他们取得好于平常成绩的那些时刻（Imada & Ellsworth, 2011）。研究者让他们对回忆的事件进行归因。美国学生表现出自我服务偏差，例如对成功更多地作自我归因，而对失败更多地作情境归因；日本学生则没有表现出这一强烈的模式。学生们还报告了自己所体验到的情绪。对于某些情境，美国学生回忆起的是自豪感，而日本学生回忆起的是幸运感。

　　你作何种归因为何如此重要呢？回忆一下前面例子里你那个迟到的朋友。假设因为你没有查找情境方面的信息，所以你认定她实际上不愿意与你交朋友。这种错误信念能否真的导致这个人将来对你不友好呢？为了回答这个问题，我们现在转向探讨信念和期望在建构社会现实中的威力。

期望与自我实现预言

　　信念和期望是否不仅会歪曲你解释经历的方式，还能真正地塑造社会现实？大量研究表明，人们对某些情境所持的信念和期望，能够显著地改变这些情境的本质。**自我实现预言**（self-fulfilling prophecy，也译作预期的自我实现）指对某一未来行为或事件的预测，这些预测会改变行为互动以致得到预期的结果（Merton, 1957）。例如，假设你去参加一个预期很开心的聚会，同时假设有个朋友预期聚会很无聊。你能够想象一下，在这些预期的前提下，你们两个人的行为举止方式会有多大的差异？这两种不同的行为方式，反过来会改变聚会上的其他人对待你们的方式。这种情形下，实际上谁更可能在聚会上玩得开心呢？

　　社会期望最有力的一个例证来自波士顿的小学课堂。研究者告诉学校教师，测试结果显示，某些学生"在本学年里将取得非凡的成绩，他们的智力完全成熟"。事实上，这些人的名字是随机挑选出来的。然而，到学年结束时，这些随意挑选的"智力成熟"儿童有 30% 的人智商分数平均增加了 22 分！这些孩子在智力上（用标准智力测验测量）的进步显著高于那些作为控制组的同学，而起初他们的平均智商分数是一样的（Rosenthal & Jacobson, 1968）。教师们不实的期望促使他们以迥异的方式对待这些"智力成熟"的学生（Rosenthal, 1974）。例如，教师给那些特别的学生创造了更多的课堂发言和被鼓励的机会，因而给予了这些学生确凿的证据，表明他们确实如教师所认为的那样优秀。

　　当然，波士顿课堂情境的不寻常之处在于，研究者故意给教师造成不实的预期。不过，在现实世界的大多数情境中，期望都基于相当准确的社会知觉（Jussim & Harber, 2005）。例如，教师期望某些学生会表现不错，因为这些学生来上学的时候就表现出很好的成绩；一般来说，这些学生确实学习成绩优异。然而，研究表明，那些最有力的自我实现预言通常来自父母。

研究特写

　　一个研究小组追踪了 332 名青少年 6 年的学业成绩，从他们 12 岁时开始。在研究开始阶段，这些孩子的妈妈通过回答"您预期孩子能在学业上走多远？"这类问题，表明了他们对孩子学业成绩的期望（Scherr et al., 2011, p. 591）。研究者还收集了大量与孩子们可能的学业成绩有关的背景信息（如标准化测验的分数）。在 18 岁时，参与者的学业成绩证明了妈妈信念的影响：受妈妈认为他们将来表现或好或坏这一预期的影响，参与者表现得比（基于背景指标的）预测更好或更差。该研究数据表明，这些青少年基于母亲的期望，各自建构了一个自我意象，并使自己的学业成绩与该自我意象相匹配。

很多自我实现预言的研究都集中在学业成绩上。然而，研究者们在其他领域的发现也表明，人们的错误信念和期望能对真正发生的事实造成影响。例如研究表明，当妈妈高估孩子未来的饮酒量时，这种预期就会变成自我实现预言（Madon et al., 2008）。

本节介绍的研究侧重于人们如何用特质和情境来解释行为。在下一节我们提供的证据表明，人们往往会低估情境对自身行为的影响。

STOP 停下来检查一下

❶ 凯利认为影响归因过程的三个维度是什么？

❷ 为什么自我服务偏差对学生的平均绩点可能有负面影响？

❸ 日常课堂教学对自我实现预言有什么限制？

批判性思考：回忆一下关于媒体报道的跨文化差异研究。为什么研究者关注奥运会运动员？

情境的力量

打开还是不打开？在不同的文化中人们如何学会赠送和接受礼物的礼仪？

纵观《心理学与生活》全书可以看出，为了理解行为的原因，心理学家致力于从不同的方面寻求答案。有些心理学家关注遗传因素，有些则关注生物化学和脑过程，还有一些则注重环境造成的影响。社会心理学家认为，行为产生的社会情境的性质是决定行为的首要因素。他们认为，社会情境对个体的行为有很大的控制作用，往往主宰着人格和一个人过去的学习历史、价值观和信念。本节我们将回顾经典研究和近些年的实验，它们都考察了微妙但强大的情境变量对人行为的影响。

角色与规则

你的社会角色有哪些？**社会角色**（social role）指个体在既定的环境或群体中活动时，人们期待他做出的一系列由社会界定的行为模式。不同的社会情境使人们扮演不同的角色。当你在家的时候，你可能扮演着"孩子"或"兄弟姐妹"的角色。当你身处教室的时候，你是"学生"角色。有时候你还是一位"挚友"或"恋人"。你能明白这些不同的角色是如何立即使不同类型的行为变得适宜或不那么适宜的吗？这些角色你可曾扮演过？

情境的特点还表现为特定情境下行为指南和**规则**（rule）的运作。有些规则是外显的，标明在告示牌上（如禁止吸烟、课堂上禁止吃东西），或者明确地传授给孩子（如尊敬老人、不要吃陌生人的糖果）；还有些规则是内隐的——人们通过在特定情境中与他人的交往而习得这些规则。你的音乐能放多大声？你能站得离别人有多近？什么时候你能对你的教师或老板直呼其名？面对赞美或礼物如何应对才合适？所有这些行为都依赖于情境。例如，日本人因为担心自己不能表达出足够的感谢，不会当着送礼人的面打开礼物；而外国人不知道这个不成文的规则，他们会把同样的行为错误地理解为粗鲁而非体贴。下次乘电梯时，你可以试着确定在电梯情境里你学会了什么规则——人们为什么往往小声说话，或者根本不说话？

通常情况下，你可能没有特别意识到角色和规则的影响，但一个经典的社会心理学实验，即斯坦福监狱实验，让人们看到这些力量发挥作用后所带来的令人震惊的后果（Zimbardo, 2007; Lovibond et al., 1979）。

研究特写

美国加州夏季的一个周日，一阵警笛声打破了大学生汤米·怀特洛平静的早晨。一辆警车急促地停在了他家门口。几分钟之内，汤米被指控一种严重的罪行，警察宣读了宪法赋予他的权利，搜了他的身，并给他戴上了手铐。在登记和录入指纹后，汤米被蒙上眼睛，押送至斯坦福的监狱。在监狱里，他被脱光衣服，喷洒了消毒剂，穿上罩衣式的囚服，囚服前后都有一个表示身份的数字。汤米变成了 647 号囚犯。另外 8 名大学生也被捕并分派了不同的号码。

汤米和他同牢房的囚犯都是志愿者，他们看到报纸广告后应征而来，同意参加实验，体验一段为期两周的监狱生活。通过随机掷硬币的方法，有些志愿者被分配担当囚犯的角色，其他人则成为狱警。所有人都是从大量的学生志愿者当中挑选出来的，这些志愿者经过多个心理测验和访谈，被确认为遵纪守法、情绪稳定、身体健康的普通人。囚犯整天待在监狱里，狱警则 8 小时轮班。

这些学生一旦接受了随机分派给他们的角色之后，接下来会发生什么呢？扮演狱警角色时，原本温文尔雅、反对暴力的大学生变得极具攻击性——有时甚至虐待囚犯。狱警们强调囚犯必须无条件遵守所有规则。做不到这一点，就会失去某种特殊待遇。开始时，特殊待遇

斯坦福监狱实验创造了一个新的"社会现实"，在这一现实中，良好行为的规范被情境的力量彻底击败了。为什么这些学生狱警和囚犯如此强烈地接受了他们的角色？（见彩插）

包括读书、写作或与其他囚犯交谈的机会。后来，最轻微的抗议也会导致失去诸如吃饭、睡觉和洗漱这样的"特殊待遇"。违背规则还会受罚做一些卑微、机械的工作，如直接用手清洁厕所，被狱警踩着背做俯卧撑，以及关几个小时的禁闭。狱警们总能想出一些新花样折磨囚犯，让他们感到自己毫无价值。

作为囚犯，原本心理稳定的大学生很快就表现出病态行为，被动地屈从于始料未及的命运。这帮人被捕不到 36 小时，早晨的一次反抗行动就失败了，8612 号囚犯是这次行动的小头目，他开始失声痛哭，变得怒不可遏、思维混乱和严重抑郁。接下来几天，又有 3 名囚犯出现了类似的应激症状。假释委员会拒绝了第 5 名囚犯的假释请求，随后这名囚犯全身都起了心因性的皮疹。

到斯坦福监狱实验结束时，狱警和囚犯的行为在几乎每个可观察的方面都差异显著（见**图 16.2**）。然而这幅图并没有完全揭示出狱警行为的极端性。在很多时候，狱警将囚犯扒光；用黑头套罩住囚犯的头，用镣铐锁住囚犯的手和脚；不让囚犯吃东西，不让他们睡觉。你是否觉得这些虐待行为很熟悉？它们同样出现在 2003 年伊拉克阿布格莱布监狱的狱警所犯的虐囚罪行中。斯坦福监狱实验有助于解释这类丑闻：情境力量能够导致普通人做出极其可怕的行为（Fiske et al., 2004; Zimbardo, 2007）。

斯坦福监狱实验实施之前，进行了如第 2 章所述的那种彻底的人类被试伦理审查。没有人预测到未来面临的风险。尽管研究者意识到了情境的力量，但他们还是为情境的力量如此之强大以及阴暗的心理出现如此之迅速所震撼。仅仅在 6 天之后，他们就不得不结束预计两周的实验。他们在反思时承认，应该更早叫停这个实验：伦理考量理应优先于科研计划。研究者对参与者进行了全面的事后解释。实验中止后立即进行了 3 个小时的会谈。事后解释和会谈结束后收集的数据表明，狱警和囚犯的情绪基本恢复到了他们开始参与这项研究前的积极状态。大部分参与者在数周之后还回来听取了更多的事后解释，回顾和讨论研究采集的录像带。数年之后的跟踪调查表明，那些参与者并没有受到持久的负面影响。幸运的是，参与实验的学生们基本上都健康，他们都从这种高压的情境中恢复了过来。

当我们对参与者为实验付出的代价、实验给科学和社会带来的益处作伦理权衡时，还必须考虑参与者的收益。几位参与者都反思了参与该实验对他们的长期影响。比如，因出现极度情绪痛苦而首先被释放的那位学生囚犯后来成为了一名司法临床心理学家，在旧金山监狱系统工作。他明确表示，自己的目标是利用在斯坦福监狱实验获得的经验来改善囚犯和狱警的关系。同样汤米也表示，虽然他不想再经历这样的实验，但他很重视这次的个人体验，他也因此对自己和人性都有了更多的了解。（想更多了解这项研究及相关研究伦理问题的讨论，我建议你阅读津巴多的《路西法效应》[Zimbardo, 2007]。）

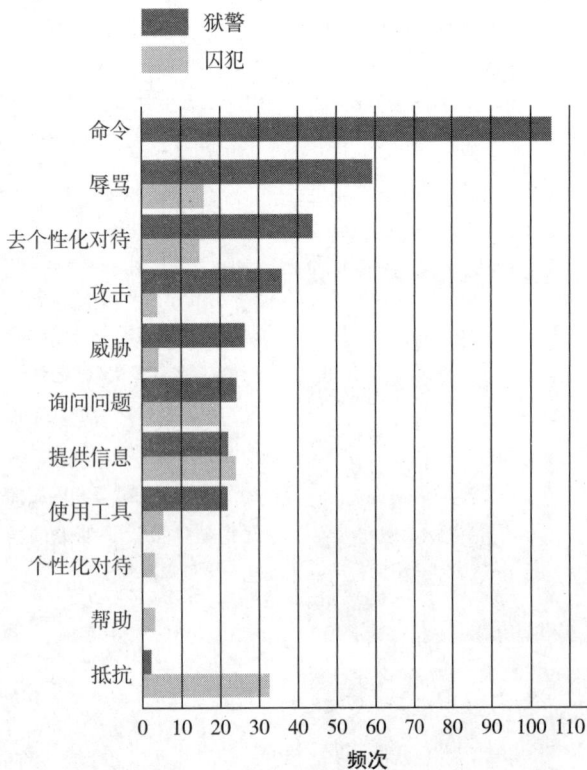

图 16.2　狱警与囚犯的行为

在斯坦福监狱实验中，随机分派的囚犯和狱警角色非常强烈地影响了参与者的行为。6 天的互动观察记录表明，在 25 个观察记录阶段中，囚犯多表现出被动抵抗，而狱警则变得更加专横傲慢，支配一切且充满敌意。

斯坦福监狱实验的一个关键点是，仅以运气（随机分配的方式）决定参与者的角色是狱警还是囚犯。角色创造了监狱情境中合规的地位和权力差别。没有人告诉参与者如何扮演角色。参加实验的大学生在他们以前的社会交往中就体会过这种权力差别：父母与子女、教师与学生、医生与病人、老板与员工以及男人与女人的互动。他们只是针对这一特定情境修正和强化了他们原先的行为模式。每个学生都可能扮演过其中的一个角色。很多扮演狱警角色的大学生都报告说他们也很纳闷，为什么自己会这么容易把控制别人当作一种享受。只要给他们套上制服，就足以把他们从温顺的大学生变成极具攻击性的狱警。当你扮演或摆脱不同的角色时，你会变成什么样的人呢？你的自我感在哪里结束，社会同一性又从哪里开始？

社会心理学研究如何对阿布格莱布监狱狱警的行为进行解释？

社会规范

除了对角色行为有所期望外，群体还就群体成员应该如何行事形成了很多期望。内隐的或公开表述的群体规则均包含了特定的期望，告诉群体成员哪些态度和行为从社会角度看是适宜的，这类期望就是所谓的**社会规范**（social norm）。社会规范可以是宽泛的指南：如果你是激进组织的成员，那么人们可能期望你持有更为自由的政治主张；而如果你是保守组织的成员，那么人们可能期望你倡导更为保守的观点。社会规范还可以包含具体的行为标准。例如，如果你受聘当一名服务员，那么无论顾客多么苛求和让人讨厌，人们还是认为你待客应该彬彬有礼。

要归属于一个群体，通常需要潜心了解和学习其中的一套社会规范，这套社会规范调节着该群体所渴望的行为。这种调适表现为两种方式：你注意到所有或多数成员的某些行为的一致性，观察到某人违背社会规范的负面后果。

规范起着若干重要的作用。意识到在既定群体情境中运作的规范，有助于成员适应情境，并调节他们的社会互动。每名参与者都能预期其他人会如何进入情境，他们如何穿着，他们可能说什么和做什么；以及为了获得他人赞誉，他们应该如何行动。在新情境中你往往会感到手足无措，这是因为你可能没有意识到支配你应如何行事的规范。对偏离标准行为的容忍度也是规范的一部分——有些情形下容忍度大，有些情形下容忍度小。例如，宗教仪式上，着装短裤和 T 恤勉强可以接受；而身着浴袍就显然太偏离规范了。群体成员一般能估计出自己可以偏离规范的最大限度，越界后就会体验到群体的强制力量，其形式通常为嘲笑、再教育和排斥。

从　众

当你扮演一个社会角色或屈服于一种社会规范时，你在某种程度上就是在遵从社会期望。**从众**（conformity）指人们采纳群体其他成员的行为和意见的倾向。你为什么从众？是否存在让你忽略社会制约而独立行事的情形？社会心理学家研究了两种可能导致从众的因素：

规范性影响对人们的日常行为有什么影响?

- **信息性影响**（informational influence）过程——希望准确无误，想了解既定情境下正确的反应方式。
- **规范性影响**（normative influence）过程——希望被别人喜欢、接纳和赞许。

我们将介绍有关这两种影响的经典实验。

信息性影响：谢里夫的自主运动效应　很多生活情境都要求你必须做出行为决策，但情境本身非常模糊。例如，假定你与一大群人在一家高雅的餐厅共进晚餐。每台餐桌上都摆放了一套令人目眩的银餐具。当第一道菜上来时你怎么知道使用哪个餐叉？一般情况下，你会观察聚餐的其他人，以帮助自己做出适当的选择。这就是信息性影响。

谢里夫（Sherif, 1935）做过一个经典实验，说明了信息性影响如何导致**规范具体化**（norm crystallization，又译作"规范共识性"或"常模一致性"），即规范的形成和固化。

研究特写

要求参与者判断一个光点的移动量，该光点出现在一个全黑的背景上，没有任何参照点，虽然它实际是静止的，但看上去似乎在运动。这是一种知觉错觉，称作自主运动效应（autokinetic effect）。起初判断的个体差异很大。然而，当参与者被召集到一个由陌生人组成的小组里，大声说出自己的判断时，他们的估计开始趋向一致。他们开始看到光点朝着同样的方向移动，移动的距离也大体相当。谢里夫研究的最后一个部分更有意思——在结束集体观看之后，当这些参与者独自待在同样的暗室时，发现他们继续遵从大家在一起时所形成的群体规范。

群体中的规范一旦形成，一般会永久存在下去。随后的研究发现，自主运动的这些群体规范在一年后的测试中依然存在，即使原先目击判断的小组成员并不在场（Rohrer et al., 1954）。规范可以在群体成员之间一届届地相传，并且能在最初创立规范的群体成员都离开之后，继续影响人们的行为（Insko et al., 1980）。我们怎么知道规范能够跨届产生影响呢？在自主运动效应研究中，研究者每做一轮自主运动测试，就更换一名小组成员，直到小组中都是新成员。先后经过几届小组成员的传递，群体的自主运动规范依然完好如初（Jacobs & Campbell, 1961）。现在你可否明白，这个实验是如何捕捉到现实生活中的规范代代相传的那个过程？

规范性影响：阿施效应　人们有时会因为规范性影响（希望得到别人的喜欢、接纳和赞许）而从众，有什么方式可以最好地证明这一点呢？**阿施**（Asch, 1940, 1956）是早期最重要的社会心理学家之一，他创设了一些情境，在客观事实绝对清楚的条件下要求参与者作判断，不过小组其他人员都报告说他们看到了不同的事实。实验是这样的：引导男大学生，让他们相信自己在参与一项简单的视知觉研究。给他们看的卡片上有三条长短不一的线段，要求他们指出其中哪条线段与标准线段一样长（见**图 16.3**）。线段的长短差异足够明显，所以极少出现判断错误，它们相对的长短在每个试次中都有变化。

研究特写

参与者与另外 6~8 名学生呈半圆形就座，参与者坐在倒数第二个位置。参与者不知道其余人都是主试的同伙（主试的同谋），他们按事先安排好的情节行事。头三个试次中，一圈人都一致做出了正确的比较。但是在第四个试次时，第一个主试同伙将两条明显不同的线段匹配在一起，小组里的其余同伙也都做出同样的反应。轮到参与者的时候，他不得不考虑是与周围其他人的观点保持一致，还是坚持自己独立的判断。他在 18 次判断中有 12 次面临这样的两难境地。参与者表现出怀疑的神色，而且面对那些看法如此不同的多数人，他明显感到不适：这些人都怎么了？

大约四分之一的参与者保持了完全的独立性——他们一次也没有从众。然而，50%~80%的参与者（研究项目中不同研究的结果）至少有一次从众，即服从了大多数人的错误估计，三分之一的参与者在半数或更多的关键试次中都屈从了多数人的错误判断。

阿施用"困惑不解"和"充满疑虑"来描述那些多数时候都屈从于多数人的参与者；他说这些人"体验到一种强烈的冲动，不要不同于大多数人"（1952, p. 396）。

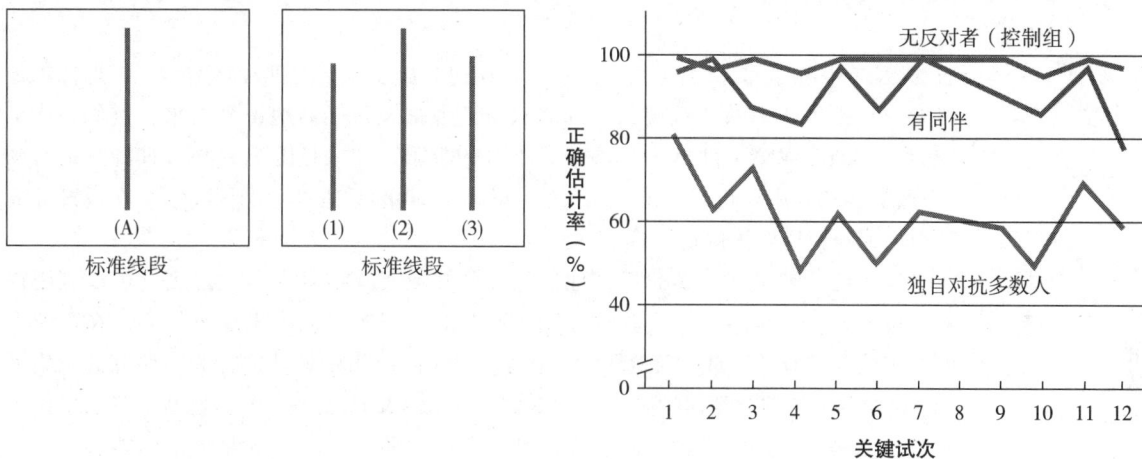

图 16.3　阿施实验中的从众

这张照片引自阿施的研究，它显示了真正的参与者（6 号）对于多数人出奇一致的错误判断大感困惑。图的左上部分显示了典型的刺激材料。图的右上部分显示了参与者单独与错误意见一致的多数人编在一组时在 12 个关键试次上的从众性，以及组里有一名持不同意见的同伴时更大的独立性。正确估计率越低，说明个体从众于群体错误判断的程度越高。

那些屈从的人低估了社会压力的影响以及自己从众的频次；有的人甚至声称他们真的认为那些线段一样长，尽管线段之间差异显著。

阿施在其他研究中改变了三个因素：意见一致的多数人的规模、出现一位意见与多数人不一致的同伴、多数人所说的刺激与正确的物理比较刺激之间的差异大小。他发现，意见一致的多数人只需 3 人或 4 人，就会引发强烈的从众效应。然而如果真正的参与者有了一位与多数人意见不一致的同盟，那么从众率会急剧下降（如图 16.3 所示）。有了同伴，参与者通常能够抗拒从众于多数人的压力（Asch, 1955, 1956）。

我们该如何解释这些结果呢？阿施本人对参与者不从众的比率感到震惊（Friend et al., 1990）。他称这个实验是有关"独立性"的研究。事实上，有三分之二的时候参与者给出了不从众的正确答案。但是，大多数关于阿施实验的描述都在强调那三分之一的从众率。对于这个实验的描述也常常未能注意到，并非所有参与者都一样：从不从众的参与者（约有 25%）与总是或几乎总是从众的人数大体相当。因此，阿施的实验给了我们两个互补的启示：一方面我们发现，人们不完全随着规范性影响而动摇，在大多数情况下他们都能坚持自己的独立性（有些人总是如此）；另一方面我们发现，人们即使处在极其明确的情境中有时也会从众。从众的潜在可能性是人性的一个重要成分。

日常生活中的从众　　尽管你可能从未经历过阿施实验中的那种特定情形，但你肯定能发现日常生活中的从众现象。许多从众情境都能很轻易地识别出来。例如，你可能会注意到，你穿了件自己觉得十分难看的衣服，却只是因为一些人宣扬它很时尚（当然对其他人来说也是如此）。此外，正如第 10 章所述，青少年经常会在吸毒等危险行为上与同伴群体保持一致。

当人们了解了阿施实验后，他们往往想知道实验结果在多大程度上可以应用在陪审员的行为上：阿施的实验程序使人联想到，陪审员们围坐在桌子旁，在审议之后断言他人"有罪"或"无罪"。为了考察陪审团决策中的从众行为，研究者收集了近 3 500 名参与重罪判罚的陪审员的数据（Waters & Hans, 2009）。这些陪审员要说出假若自己是"一人陪审团"时会做出什么裁决。研究者关注的是陪审团能够达成多数人裁决的案件（在这些案件中，全部的陪审员最终投票赞成同一判决）。他们发现，这些陪审团成员中有 38% 的人私下的裁决与公开同意的裁决不同！注意，现实生活中的审判常常有很大的模糊性。因此，我们无法将私下的异议者在公开场合的从众仅仅归因于规范性影响。某些从众无疑源自信息性影响。例如，异议者可能依靠其他陪审员来澄清证据中的模糊性。

这项陪审员行为的研究表明，为什么你需要警惕日常行为中的从众。事实上，屈从于规范性影响的强烈倾向可能会导致非常恶劣的后果。比如，历史上有若干邪教自杀的例子：加入邪教的人已经内化了群体规范，这种规范导致他们结束自己的生命。请思考 1997 年 3 月在美国加州圣迭戈发生的事件。有个叫"天堂之门"的邪教组织实施了集体自杀，警方发现了 39 具穿着同样黑色制服的尸体，边上还放着塞满行李的旅行包（Balch & Taylor, 2002）。在他们自杀前，邪教成员都接受了这样一条信念，必须抛弃他们世俗的肉体才能登上 UFO，把他们带到天堂。该群体把他们许多的信条都张贴到了其官方网站上。研究者担心互联网会为这类邪教组织提供特别有效的招募成员的途径（Dawson & Hennebry, 2003）。你觉得这样的担心合理吗？有了阿施实验，再加之有诸多证据表明人们很容易从众这样的背景，你应该慎重考虑这个问题。

当个体变得依赖于一个群体（如邪教）来获得基本的自我价值感时，他们很容易极端从众。照片中的两万对男女身着统一的礼服在一起举行了婚礼。1995 年 8 月，位于世界 500 个地方的 36 万对男女通过卫星同时举行了婚礼。为什么人们会在这种大规模的从众行为中感到舒适呢？

少数人影响与不从众　鉴于多数派握有控制信息及资源的权力，人们通常在群体中表现出从众行为也就不足为奇了。但是你也知道，有时人们也会坚持自己的观点。这是怎么发生的？人们如何逃脱群体的主宰，（违背规范的）新生事物是如何产生的？是否有一些条件能让少数人扭转多数人的看法，创造新的规范呢？

为回答这类问题，**瑟奇·莫斯科维奇**及其同事开展了一系列关于少数人影响的研究。在一项研究中，他们要求参与者完成颜色命名任务，多数参与者都正确地识别出色块，但有两名主试的同谋一致地将绿色说成蓝色。他们的反对意见一致，但他们是少数人，当时对多数人没有产生什么影响。然而后来单独测试时，有些参与者的判断出现了变化，在从蓝到绿的颜色连续分布中偏向了蓝色这一端（Moscovici, 1976; Moscovici & Faucheux, 1972）。最后，多数人的力量可能会被少数人的坚定信念所削弱（Moscovici, 1980, 1985）。

前文介绍了规范性影响和信息性影响的区别，你可以以此来解释这些效应（Crano & Prislin, 2006; Wood et al., 1994）。少数人的规范性影响较小：多数派成员一般不太关心是否被少数人喜欢或接纳。然而少数人的确具有信息性影响：少数人可以鼓励群体成员从多个角度来认识问题（Sinaceur et al., 2010）。不幸的是，这种潜在的信息性影响很少能让少数派战胜多数派成员对规范性的渴望，即避免让自己离经叛道或沦为低共识者（Wood, 2000）。

群体中的决策

如果你曾经作为小组一员进行决策，你就知道这种决策有时很折磨人。例如，想象一下你刚刚与一帮朋友看了一场电影。虽说你觉得电影还算"不错"，但观影讨论快结束时，你发现你自己也接受了这样的说法：该电影是"难以置信的垃圾"。群体讨论之后的这种变化典型吗？群体的判断是否始终与个人的判断不同？社会心理学研究者论证了在群体决策中起作用的特定力量（Kerr & Tindale, 2004）。本节将集中讨论群体极化和群体思维。

你观影讨论的经历就是**群体极化**（group polarization）的例子：与群体成员单独

决策相比，群体决策倾向于更为极端。例如，假定你要求参与观影讨论的每名成员都对电影提交一个态度评分；随后你们作为一个群体给出一个一致同意的评分，以反映你们群体的态度。如果这个群体评分比个人评分的平均值更极端，那么这就是一个群体极化的例子。群体极化往往会使一个群体更加谨慎或更加冒险，这取决于群体起初的倾向是谨慎的还是冒险的。

研究者指出群体极化由两种过程导致：信息影响模型和社会比较模型（Liu & Latané，1998）。信息影响模型认为群体成员为决策提供着不同的信息。如果你和你的朋友们各因不同的理由但都有点不喜欢某部电影，所有信息汇集在一起，就有足够的证据让你觉得实际上你很不喜欢这部电影。社会比较模型认为，群体成员会将群体的观念表达得比群体真实的基准还要更极端一点，力求获得同伴的关注。因此，如果你得出每个人都不太喜欢某部电影的结论，那么你就可能表达一个更极端的观点，力求显得自己特别机敏。如果群体里的每个人都试图以这种同样的方式来获得群体的尊重，那么极化就不可避免。

有一种被称为群体思维的一般思维模式，群体极化只是这种思维模式的一种结果。**欧文·贾尼斯**（Janis，1982）创造了**群体思维**（groupthink，又译群体盲思）这一术语，用以指称决策群体有这样一种倾向，即过滤掉不中意的信息，从而有可能使观点达成一致，尤其是与领导的观点保持一致。贾尼斯的群体思维理论源自他对1961年猪湾事件所做的历史分析。这次灾难性的入侵是肯尼迪总统在内阁会议之后批准的命令。会议上，那些急于发起入侵的总统顾问们轻视或压制住了反对者的声音。贾尼斯根据他对这次事件的分析，总结出群体思维的一系列特征，他认为这些特征使得群体容易掉进群体思维的陷阱：例如，凝聚力高、脱离专家以及受领导直接操纵的群体会做出群体思维式的决策。

为了检验贾尼斯的观点，研究者们开展了进一步的历史分析和实验室研究（Henningsen et al.，2006）。这类研究表明，当群体有一种集体愿望，想保持一种共同的积极群体观的时候，特别容易陷入群体思维（Turner & Pratkanis，1998）。群体成员必须清楚，有异议往往能改善群体决策的质量，尽管表面上看，不同意见或异议可能削弱群体的积极感受。

我们刚刚回顾了一些影响群体决策的情境力量。接下来我们要关注人们作为个体所做出的最重要的决策：什么时候他们应当服从权威？

服从权威

什么原因使得成千上万的纳粹分子甘愿听命于希特勒，把数百万犹太人送进毒气室？为什么美国士兵会服从上级的命令，屠杀越南广南省美莱村数百名无辜的平民（Hersh，1971；Opton，1970，1973）？难道是性格缺陷导致人们盲目地执行命令？难道他们没有道德价值观？阿施的学生**斯坦利·米尔格拉姆**为此进行了一系列的研究（Milgram，1965，1974）。他发现，盲目服从与其说是性格特质的产物，毋宁说是那些能够吞噬每个人的情境力量使然。米尔格拉姆的"服从"研究是最具争议的研究之一，因为它对现实世界的现象有着重大的启示，更何况它还引发了伦理问题。

服从的实验范式　为了分离人格和情境变量，米尔格拉姆做了一系列的实验，整个研究包括19个独立的控制严密的实验，超过1 000名参与者参加了这些实验。他的第一个实验是在耶鲁大学进行的，纽黑文及其周边社区的男性居民参加了实验并获

米尔格拉姆的服从实验："教师"（参与者）与实验者（权威人物）、电击发生器以及"学生"（实验者的助手）。实验情境的哪些方面会影响教师实施最强电击的可能性？

得了酬劳。后来，米尔格拉姆将他的服从实验室搬离了耶鲁大学，在康涅狄格州的布里奇波特成立了一个研究室，通过报纸广告征募了来自不同领域的参与者，涵盖了不同的年龄、职业和学历，包括男性和女性。

米尔格拉姆的基本实验范式是：让参与者对另一个人实施一系列他们认为是异常痛苦的电击，使这些志愿者相信他们参加的是一个关于记忆与学习的科学研究。他们被告知，此项研究的目的是探索惩罚如何影响记忆，以便能够通过合理的奖惩来改善学习效果。参与者的社会角色是"教师"，要对那些扮演"学生"的人所犯的每一个错误都进行惩罚。实验者告诉他们应遵循的主要规则是：学生每犯一次错误，就要加大电击的强度，直到学习中不再出现错误。身穿白色制服的实验者则扮演合法的权威形象——他宣布规则、安排角色分配（以事先做了手脚的抓阄产生），并且无论"教师"出现犹豫还是有异议，都要命令他们恪尽职守。这里的因变量是"教师"在拒绝继续服从权威之前所给出电击的最高强度（通过一台机器，每挡有 15 伏，直至 450 伏）。

实验情境　研究的程序安排让参与者相信，通过执行命令，他们在制造痛苦和煎熬，甚至在杀害无辜的人。每一位"教师"都被施予 45 伏的电击以了解电击造成的痛苦。"学生"则是位和善的人，风度翩翩，50 岁左右，他提及自己的心脏有问题，但表示愿意继续下面的实验程序。他被绑在隔壁房间的一张电椅上，同"教师"通过内线电话交流。他的任务是记住成对的单词，并在听到词对的第一个词时说出第二个。学生很快开始犯错误（根据事先的安排），教师开始实施电击。受害者的抗议随着电击强度的上升而增加。75 伏的时候，他有点哼哼和嘟囔；150 伏，他要求离开实验；180 伏时，他大声呼喊说自己无法再忍耐这种痛苦。到了 300 伏，他坚决地说不会再参与这个实验并要求被释放。他大声嚷嚷自己有心脏病，并且尖叫。倘若教师迟疑或是反对继续给予电击，实验者会说，"实验要求你继续"或"没有选择，你必须继续"。

正如你可能想到的，这样的情境对参与者来说有很大的压力。大多数参与者都抱怨、抗议，反复强调说不能继续下去了。然而，即使有着明显的内心冲突，许多参与者仍持续电击"学生"，直至按下标有"危险：强电击×××（450 伏）"的按钮。为了达成服从，实验者只需提醒参与者（"教师"）实验要求他们继续。

人们为什么会服从权威　当米尔格拉姆请 40 名精神科医生预测参与者在实验中的表现时，他们（基于实验描述）估计大部分人不会超过 150 伏。在他们的专业眼光看来，到 300 伏时仍然保持服从的参与者不会超过 4%，而只有约 0.1% 的参与者会坚持到 450 伏。精神科医生们推测，只有在某些方面异常的少数个体，即那些喜欢给他人施加痛苦的虐待狂，才会盲目服从命令，直到电击达到最大强度。

精神科医生的评价是基于他们假定这些做出异常行为之人具有某些人格特质。然而，他们忽视了这种特殊的情境对大多数人的思维和行为影响的威力。这个引人注目且令人不安的研究结果证明这些专家们大错特错了：大部分的参与者完全地服从了权威，没有参与者在 300 伏以下退出实验。65% 的参与者对学生施加了最高达 450 伏的电击。请注意，大多数人口头抗拒，但在行动上并未反抗。从受害者的角度看来，这种言行的不一致没有多大差别。假如你是受害者，如果参与者反复地电击你（他们服从了），但嘴上却说自己并不想继续伤害你（他们也抗拒了），你认为这有意义吗？

米尔格拉姆的研究表明，要理解人们为什么服从权威，你需要仔细观察在这些情境中起作用的那些心理力量。在前面我们看到了情境因素经常约束行为。在米尔格拉姆的研究中，我们看到了关于这一普遍原理的尤为生动的例子。米尔格拉姆和其他研究者通过操纵一些实验条件，证明服从效应主要取决于情境变量而非人格变量。例如，**图 16.4** 显示了学生的临近性是如何改变参与者（教师）将电击一直加到 450 伏的可能性。当学生与教师之间的距离缩小时，服从率也在下降。所有这些发现都指向这样一个观点，即在很大程度上控制行为的是情境，而非单个参与者之间的差异。

如今的学生在学习米尔格拉姆的研究时，往往确信一点：自 1960 年代早期以来，由于文化的不断变迁，人们不会再服从了。为了检验这一主张，社会心理学家**杰里·伯格**（Burger, 2009）部分重复了米尔格拉姆的一个实验。伯格修改了米尔格拉姆原来的实验程序以解决伦理方面的问题。具体做法是：如果参与者认为自己在施加了 150 伏的电击之后仍会继续服从，伯格就会让参与者停止。如前所述，150 伏是学生要求退出实验的电压点。根据米尔格拉姆实验的数据，伯格推断：那些持续到 150 伏之后的参与者极有可能服从至最高电压。在米尔格拉姆原来的实验中，有 82.5% 的参与者在超出 150 伏特之后仍继续服从；而在伯格的重复实验中，仍有 70% 的人这样做。因此，在这个重复实验中，绝大多数的参与者仍继续服从实验者的命令。伯格总结道："在米尔格拉姆实验中影响参与者服从的那些情境因素在今天依然起作用"（p. 9）。

在这些情境下，人们服从权威可追溯至两个原因，即规范性影响和信息性影响：人们希望别人喜欢自己（规范性影响），并且希望自己是对的（信息性影响）。人们倾向于做别人做的事或者别人要求自己做的事情，以使自己能得到社会的接纳和赞许。此外，如果人们处在模糊的新异情境（如实验情境），会依赖他人来获得适当和正确的行为方式的线索。当专家或可靠的消息传达者告诉他们做什么时，他们更可能这样做。米尔格拉姆的范式中的第三个因素是，参与者对如何不服从可能感到困惑：他们所提出的异议均没能说服权威停止实验。如果他们可以简单而直接地退出这一情

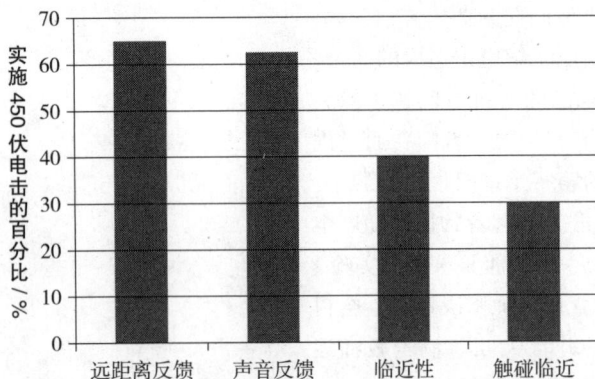

图 16.4 米尔格拉姆实验中的服从

该图显示了临近性这一情境变量对参与者服从权威的影响。在远距离反馈条件下，参与者只听到学生在隔壁房间敲墙的声音；在声音反馈条件下，参与者还听到学生透过墙的言语抗议；在临近条件下，学生和参与者在同一个房间；在触碰临近条件下，参与者必须将学生的手放在电击板上。

资料来源：*Obedience to Authority* by S. Milgram, copyright © 1974 Harper & Row.

境，比如按下"退出"键，可能就会有更多的人不服从（Ross, 1988）。最后，在这种实验情境下对权威的服从，实际上是人们从小在不同环境中习得的一种固有习惯——绝对服从权威（Brown, 1986）。当权威的要求合理且值得服从时，那么这一直觉式的习惯往往有利于社会。问题在于这一规则被过度运用了。盲目服从权威，意味着仅仅因为权威的地位而服从他们，而不管他们的要求和命令是否正当。

米尔格拉姆的服从研究对你个人有什么意义？当你在生活中遇到了两难的道德困境时，你会做出怎样的选择？请花点儿时间，思考一下在你日常生活中可能出现的服从权威的情境。设想你是一位售货员，如果你的老板鼓励欺骗，你是否会欺骗顾客？设想你是议会里的一名议员，你会遵循党派的观点投票，还是本着自己的良心投票？

米尔格拉姆的服从研究驳斥了下面的错误说法：邪恶潜伏在坏人的心中，即"坏蛋们"与善良的"我们"截然不同，"我们"绝不会做这种坏事。我们叙述这些研究结果的目的并非是要贬低人性，而是要说清楚，即便是正常的善良的个体，在面对强大的情境和社会力量时，也有可能会变得脆弱。

本节我们提出，人们由他们共有的规则、规范和情境相互联系在一起。接下来我们要思考人们如何从他们的日常经历中收集和运用信息。我们还要考察态度是如何形成和改变的，以及信念、态度与行为三者之间的关联。

STOP 停下·来检查一下

❶ 关于社会角色，斯坦福监狱实验证明了什么？

❷ 为什么群体会产生规范性影响？

❸ 少数派能在群体中产生何种影响？

❹ 如何辨识出现群体极化的环境？

❺ 在米尔格拉姆的实验中，精神科医生的预测较之参与者的实际行为如何？

批判性思考：请思考通过线段判断考察从众的经典研究。为什么在最初几个试次中群体成员全都给出正确回答如此重要？

态度、态度改变与行动

你今天可曾有机会表达一种态度？是否有人问你，"你觉得我的衬衫怎样"或者"鸡块好吃吗"。**态度**（attitude）是我们对人、事、物和观念的积极或消极的评价。如此界定态度有助于我们表达这样的事实，即你所拥有的很多态度并不是公开的；你可能并没有意识到自己持有某些态度。态度很重要，因为它们会影响你的行为，也会影响你建构社会现实的方式。回顾一下前文冬奥会双人滑比赛的例子。那些支持某对组合的人"看到"的比赛表现与那些支持另一对组合的人并不相同；人们对于事件的归因是按照他们的态度进行的。你的态度来源于什么，它们怎样影响你的行为？

态度与行为

你已经看到态度是积极或消极的评价。这一节我们首先给你一个做评价的机会。

你在多大程度上同意这一表述？（圈出一个数字。）

我喜欢安吉丽娜·朱莉主演的电影

1——2——3——4——5——6——7——8——9
非常不同意　　　　　　无所谓　　　　　　非常同意

我们假定你给出评价"3"——你有点儿不同意。你判断的依据是什么呢？有三类信息引发你的态度：

- 认知。关于"安吉丽娜·朱莉"你有什么想法？
- 情感。提到"安吉丽娜·朱莉"会引发什么感受？
- 行为。例如，当你有机会观看安吉丽娜·朱莉的电影时你会怎样做？

当你圈数字"3"（或其他数字）的时候，可能是这三类信息以某种方式综合在一起影响着你的评价。你的态度还生成了同样三类反应。如果你认为自己对安吉丽娜·朱莉有一些负面的态度，你可能会说，"她不是一个认真的演员"（认知），"她比出道时好看"（情感），或者"在看了《致命伴旅》之后，我要等着看她的评论"（行为）。

测量态度并不太难，但是态度总能准确反映人们实际的行为吗？你从自己的生活经验可知，答案是否定的。人们会说他们不喜欢安吉丽娜·朱莉，但还是花了不少钱去看她的电影。不过，人们的行为有时确实与态度一致：他们说他们不会花钱看安吉丽娜·朱莉的电影，于是他们真的不去看。你怎样才能确定态度什么时候能预测行为，什么时候不能预测行为？为了确定什么情形下人们的态度与行为之间存在最为紧密的联系，研究者做了大量的工作（Bohner & Dickel, 2011; Glasman & Albarracín, 2006）。

在预测行为方面，态度有一个属性：可获得性（accessibility，也译作可及性）——态度对象与个体对该对象评价之间的联系强度（Fazio & Roskos-Ewoldsen, 2005）。当我就安吉丽娜·朱莉向你提问时，你是脱口而出还是考虑了一会儿？当态度更易于获得时，行为更可能与态度保持一致。但态度怎样才能变得更易于获得呢？研究表明，当态度是基于直接经验的时候，它们就更易于获得。如果你看过安吉丽娜·朱莉的几部电影，而不是间接地道听途说，那么你对安吉丽娜·朱莉电影的态度就更易于获得。

当态度更经常地被提及或复述时，也会更易于获得。正如你所预料的，你越是频繁地对某物（考虑"巧克力"与"猕猴桃"）形成一种态度，你对它的态度就越容易获得。我们来看一项证明态度复述影响行为的研究。

你对安吉丽娜·朱莉的态度，是如何影响你观看她演的电影的意愿的？

研究特写

研究人员想了解导致人们重复献血的因素（Godin et al., 2008）。该研究关注先前献过血的4 672名参与者。这些献血者对献血的重要性很可能持积极态度。研究者推断，如果使这些态度更可及，人们献血的可能性就会增加。为了增加态度的可及性，研究者随机选择了 2 900 名参与者作为实验组，并邮寄了一份问卷，要求他们报告自己对献血的态度。结果有 2 389 人完成了问卷。而随机分入控制组的 1 772 人则不会收到问卷。在问卷寄出之后的 6 个月和 12 个月，研究者核查有多少人献了血。问卷的作用非常明显：实验组的成员有更多的人献血。6 个月之后核查的结果是，实验组比控制组多出 8.6% 的人登记献血。

在 6 个月或 1 年里影响人们是否献血的原因有很多。但是，只是要求在一张简单的问卷上复述和报告自己的态度就对人们随后的行为产生了重大影响。

如果态度随时间保持稳定，也能较好地预测行为。比如我们问你是否同意"我信任政治家"这一陈述，你的判断取决于心中想起的政治人物是华盛顿、丘吉尔、小布什还是奥巴马？假设一周之后我们问你同样的问题。如果你想起不同的政治人物，你对政治家的整体态度就可能发生变化（Lord et al., 2004; Sia et al., 1997）。只有当支持你态度的"证据"随时间保持稳定时，我们才能预期你的评价（想法）和行为有紧密的关联。

提高态度与行为一致性的另一种方法是改进态度的测量方法。近年来，研究者创造了许多新的态度测量方法，试图捕捉人们自动或内隐的态度，即通常处于意识觉知之外的对人、事物或观念的态度（Bohner & Dickel, 2011; Stanley et al., 2008）。有学者声称，这些内隐的态度有时能更准确地预测行为。许多关于内隐态度的研究侧重于人们没有觉察到自己持有偏见的情况。我们后文讨论内隐偏见时，你将看到内隐态度常常能预测人们的行为。

说服过程

我们刚刚看到，在恰当的情况下，态度能预测行为。对于那些花了时间和金钱来影响你态度的人来说，这可是好消息。然而通常的情况是，别人想影响你的态度，但他们做不到。当你看到一个新广告片的主角满口珍珠般洁白的牙齿时，你并不会每次都更换牙膏品牌；当某个候选人对着镜头真诚地宣称他应该获得你的选票时，你也不是每次都改变政治倾向。生活中很多人都在对你进行**说服**（persuasion）——刻意地努力来改变你的态度。说服要奏效，必须满足某些条件。让我们探讨其中的一些条件。

作为开端，我们先介绍**精细可能性模型**（elaboration likelihood model），这是一种说服理论，它界定了人们有多大可能将他们的认知加工集中于仔细思索有说服力的信息上（Petty & Briñol, 2008; Petty et al., 2005）。这一模型对说服路径做了重要的区分：中心路径和外周路径。中心路径指的是这样的情形：人们仔细思考有说服力的沟通，因此态度改变与否取决于论据的强弱。这种仔细思考称为高精细化。当有人试图让你相信每加仑汽油应该卖 8 美元时，你可能会以这种仔细审慎的方式来加工信息。外周路径指的是这样一些情形：人们不怎么审慎地关注信息本身，而是对情境中的表面线索做出反应。当有人想让你购买某种产品，产品前站着一位性感的模特，那么卖方正是希望你不做审慎思考。审慎思考的缺失称为低精细化。人们采用中心路径还是外周路径，很大程度上取决于他们与说服信息有关的动机：他们是否愿意并且有能力仔细思考说服的内容？他们会做高精细化还是低精细化？

如果你仔细看看自己周围的信息，你将很快得出结论：例如，广告主或厂商往往指望你采取外周路径。广告主为什么花钱请名人来推销他们的产品？你真的相信

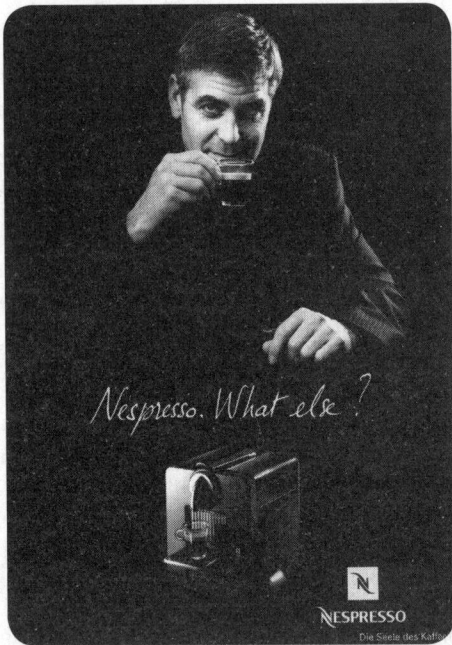

Nespresso. What else?

NESPRESSO
Die Seele des Kaffees

为什么广告主付费请名人代言他们的商品？

好莱坞演员无比关心哪一种长途电话服务更省钱？广告主大概不希望你过于仔细地评估各种论据——相反，他们希望你被那个正在兜售产品的演员的热情所说服。

现在问你自己这样一个问题：在什么情形下，你可能有足够强的动机采取说服的中心路径？研究者已经做了大量的研究来探讨这一问题（Petty et al., 2005）。让我们来看一项考察网络钓鱼（phishing，也译作网络诈骗）背景下精细可能性的研究。

研究特写

如果你有电子邮箱，你很可能曾被网络钓鱼过：你收到过试图骗取你个人信息的邮件。网络钓鱼也是一种说服。钓鱼者希望让你相信，要求你提供信息是真实可信的。一个研究者团队从本科生中收集了数据，这些本科生所在的整个学校都收到了钓鱼邮件，邮件采用"请立即校验你的校园电子邮箱账户"这类危言耸听的标题（Vishwanath et al., 2011）。研究者向本科生询问了一系列问题，以确定什么因素会促使学生对该邮件进行更多的精细加工。例如分析表明，那些认为邮件与自身更相关的学生可能进行更多的精细加工。另外，关注表面线索（比如传递紧迫性的大写字母）的学生更可能被钓鱼信息说服。

上述结果说明了网络钓鱼为什么能成功：当人们关注表面特征（这是一封紧急邮件），而不是对某一要求进行审慎思考时，他们就可能不知不觉地泄露其个人信息。下次你收到钓鱼邮件时，请仔细分析邮件，看看钓鱼者为了让你的注意力紧紧集中在表面线索上都做了些什么。

在现实生活的很多情况下，你都可能想抗拒态度变化。精细可能性模型表明，要避免被他人说服，你往往要付出一定的努力。一项研究要求学生阅读一篇短文，该文辩称大学假期应缩短到仅一个月的时间（Burkley, 2008）。比如该短文提到这种变化能让学生更快毕业。在阅读这篇短文之前，有些参与者要完成一项不同的任务，用 5 分钟的时间列出心中的想法，但明确要求他们不要想到白熊。在完成这项任务之后，参与者的态度比控制组更支持一个月假期的观点。如此看来，他们为了不想到白熊所付出的努力已经消耗了心理资源，而这些资源是反驳短文论据所必需的。在生活中，如果你知道自己即将面临一场说服战，就应该尽力保证你能投入所有的心理努力。

被自己的行为说服

上节描述了影响人们改变他人态度的能力的因素。但是在若干情形下，有一些力量会起作用，导致人们改变自己的态度。想象一个情境：你曾经发誓不会吃任何高热量的食物。你到了上班的地方，那里放着祝贺老板生日的蛋糕。于是你吃了一块蛋糕。你违背了你的誓言了吗？也就是说，你是否应该对自己的行为心生负面态度？你是否认为自己的行为尚可接受？为什么？我们将要介绍两种有关自我说服的理论，即认知失调理论和自我知觉理论。

认知失调理论　在态度研究中，最常见的一个假设是，人们愿意相信自己的态度是前后一致的。人们这种努力追求前后一致的倾向，在社会心理学的认知失调理论中得到了探索。认知失调理论由**利昂·费斯廷格**（Festinger, 1957）提出。**认知失调**（cognitive dissonance）是指一个人做出的决定、采取的行动或接触到的信息有违原先的信念、情感或价值观之后所体验到的那种冲突状态。譬如，你不听朋友的劝告，执意购买了某款轿车。为什么你要拼命为这款轿车辩解？我们假定，当个体认识到自身行为与相应的态度存在不协调（即它们之间产生不一致）时，就会出现一种令人厌恶的状态，从而促使人们去降低这种失调。降低失调的活动能缓和这种不愉快的状态。就你买车的例子而言，你显得防御性十足（即拼命强调这种车的价值），也许这样才能使你在想到自己未采纳朋友的劝告时感觉好一些。（失调也可能导致你认为你的朋友不怎么样。）

如果你意识到吸烟的不利后果但仍旧吸烟，你会如何说服自己以减少认知失调？

失调具有动机作用——它推动你采取行动以缓解不愉快的感受（Wood, 2000）。降低失调的动机随着认知不一致所产生的失调程度变大而增强。换言之，失调程度越大，降低失调的动机就越强。在一个经典的失调实验中，要求大学生向其他学生撒一个谎。当他们说谎之后获得一个较小而非较大的奖赏时，他们开始相信他们的谎言。

研究特写

斯坦福大学的学生参加了一个非常无聊的活动，然后被要求（实验者请求他们帮忙，因为他的助手还没到）向另一名参与者撒谎，说这个活动挺好玩，有趣。实验者付给一半参与者 20 美元让他们撒谎，而另一半参与者只获得 1 美元的报酬。为 20 美元报酬撒一次谎的外部理由比较充分，但是为 1 美元报酬撒谎显然说不过去。因此，只得到 1 美元报酬的人出现认知失调："活动很无聊"，但"我却撒了谎，告诉别人活动挺好玩，有趣，我这么做没什么像样的理由"。

为了减少他们的不协调，那些只获得 1 美元的参与者改变了他们对活动的评价。他们随后表达的看法是，他们发现"这活动真的挺好玩，有趣——我愿意再做一次"。相形之下，那些为 20 美元撒谎的参与者并未改变他们的评价——活动依旧无聊；他们只是"为了钱"撒谎（Festinger & Carlsmith, 1959）。

正如这个实验所揭示的，在认知高度失调的条件下，个体在事后会竭力证明自己的行为合理，并且会进行自我说服。

成百上千的实验研究和田野研究都已表明，认知失调具有改变态度和行为的威力（Cooper, 2007）。然而，近年来研究者开始质疑失调效应是否普遍适用于其他文化。回头再看一下自我这一概念在不同文化间的差异。如前所述，北美人一般都把自己视为是独立的，不同于环境中的其他人；亚洲文化的成员一般把自己视为是相互依赖的，根上是与他人相互联系的。自我的文化概念是否会影响认知失调的体验呢？

　　一群由加拿大人和日本人组成的参与者被安排浏览一份中国餐馆的菜单（Hoshino–Brown et al., 2005）。实验要求他们从 25 道菜中挑选 10 道他们最喜欢的（一种条件），或者他们认为一个朋友会最喜欢的（另一种条件）。接下来请他们按照自己或朋友的偏好，从"最想要"到"最不想要"排列这 10 道菜的顺序。随后，研究者让参与者在两张免费食品的优惠券中挑选一张（为自己或为朋友）。这两张优惠券是他们刚才评为（自己或朋友）第五和第六喜欢的菜。最后，再要求参与者检查一下，再次评定他们（或朋友）最喜欢的 10 道菜的顺序。第一次和第二次评定会有什么变化吗？根据认知失调理论，当你要做出困难抉择时，就像这里在第五名和第六名中选择一道菜，你应该会调整你的态度，以对选定的结果感觉更好一些："如果我选择了宫保鸡丁（原来排名第五），那它一定是比木樨肉更好的选择（原来排名第六）。然而，关于自我的跨文化研究表明，加拿大的参与者（因为他们的独立型自我感）应该在他们自己的选择上体验到更多的认知失调，而日本参与者（因为他们的互依型自我感）应该在给朋友的选择上体验到更多的认知失调。研究数据证实了这些预期：加拿大参与者在自我判断上态度有了更大的改变；日本人在为朋友做判断上显示了更大的态度改变。

　　这一研究说明，人们会在与特定自我感有关的方面体验到认知失调（他们试图在自我概念上维持一致性）。如果你曾经历过必须与其他文化的人共同做决策的情形，那么等决策做出之后，你可以反思一下：文化对你们所有人的思维和行为方式有着怎样的影响。

　　自我知觉理论　　认知失调理论描述了一种影响方式，即人们（至少是西方文化中的人）的行为（"我挑选了这张 CD"）对他们的态度有影响（"我喜欢它的程度一定远胜于其他选项"）。自我知觉理论由**贝姆**（Bem, 1972）提出，它识别了行为影响态度的其他情形。根据**自我知觉理论**（self-perception theory），你通过觉察你现在正在怎么做，以及回忆你过去在既定情境中是如何作为的，从而推测自己的内部状态（信念、态度、动机和情感）是怎样的或应该是怎样的。你利用这些对自我的了解，反过来推测你行为最可能的原因或决定因素。例如，对于"你喜欢心理学吗？"这个问题，自我知觉者会回答："当然喜欢，我正在听它的基础课，虽然它不是必修课。我阅读所有指定的文献材料，课上我专心听讲，我这门课的分数也不会低。"换言之，你在回答一个有关个人偏好的问题时，是依据对相关行动和情境因素的行为描述来作答的，而不是深入地探索你的思想和情感。

　　通过自我知觉获取自我知识的过程有一个缺点，即人们对情境力量影响他们行为的程度并不敏感。如果你回顾前面的"大学碗"实验，你就会明白这一点。回想一下，那些答题不成功的竞猜者对自己的一般知识水平的评价较低。想象一下你处在他们的位置会出现什么情况。你会一次又一次地听见自己说："我不知道问题的答案。"你能否明白对这种行为的观察（自我知觉过程）是如何导致负面自我评价的？

　　让我们回到前面说过的例子，假如你在老板的生日聚会上吃了一块蛋糕，你可能对自己的行为持什么态度。按照认知失调理论，你需要解决你发过的誓言（"我不会吃任何高热量的食物"）与你的行为（吃了一块蛋糕）的不一致性。你可以做很多事情来避免感觉糟糕，或许你会想："为了拒绝一块蛋糕而让老板不高兴，我可负担不起。"类似地，按照自我知觉理论，你审视着自己的行为来"计算"你的态度。"因为我吃了蛋糕，所以我老板的生日必然非常重要。"如果你这么想，那么你同样也可以避免自尊受到任何负面影响。自我说服有时候非常管用！

顺　从

　　迄今为止，本节已经讨论了什么是态度，态度如何被改变。但是你应该明白，人们想让你做的事情，最常见的还是改变你的行为：人们希望引发顺从（compliance），即行为变化与他们的直接要求一致。当广告主为电视广告投入大量金钱时，他们不希望你只是觉得他们的产品不错——他们更想让你走进商场或下单购买这些产品。医生想让你遵从他们的医嘱，道理也是类似的。社会心理学家做了广泛的研究，探讨个体以什么方式引发与他们的要求一致的顺从（Cialdini, 2009; Cialdini & Goldstein, 2004）。我们将介绍其中一些技巧，提醒你那些狡猾的推销人员如何经常利用这些伎俩让你做一些本来可能不会做的事情。

互惠　支配人们行为的规则之一就是：当某人为你做了些事情，你也应该为他做些事情，这被称为**互惠规范**（reciprocity norm）。实验室研究表明，即使是非常小的恩惠也能导致参与者回报大得多的恩惠（Regan, 1971）。推销人员表现得好像在帮你忙，正是利用互惠性来影响你："这样吧，我给你降 5 美元。"或"就冲你今天同意和我说话，我送你一份免费样品。"如果你没有回报相应的善意，购买那个产品，这种策略会让你感到内心很不舒服。

　　从互惠规范衍生出另一种顺从技巧，人们通常称为"以退为进"技巧（door-in-the-face technique，又译作"留面子"技巧）：当人们拒绝一个较大的请求后，往往会应允一个比较适度的请求。例如在一个实验中，请求大学生在两年时间内每周花两个小时担当少年犯的辅导员。所有大学生都拒绝了。接下来，又请求大学生充当一些少年犯的陪伴，陪少年犯逛一次动物园。前面拒绝较大请求的大学生中有 50% 的人同意这一较小的请求。而当找到另外一组大学生，之前并未向他们提出过大请求，其中只有 17% 的人同意担任旅游陪伴（Cialdini et al., 1975）。这种技巧是如何唤起互惠规范的呢？当人们从大请求降到适度的小请求时，他们已经为你做了些事情，现在你必须为他们做些事情了，否则就有违背这种规范的风险。于是，你接受了较小的请求！

一致性与承诺　"以退为进"技巧是先向你要个大请求，然后再转向小请求。推销人员还很清楚，人们喜欢让自己的行为看起来是一致的：也就是，如果他们能让你承诺做一些小让步，他们就还可能让你承诺做一些较大的事情。在一些研究中，那些同意接受小请求（例如在倡议书上签名）的人，接下来更可能同意较大的请求（例如在自家草坪上插上大的标志牌）（Freedman & Fraser, 1966）。这通常被称为"登门槛"技巧（foot-in-the-door technique）：一旦人们有一只脚跨入了门槛，他们就能利用你的承诺感来增加你随后的顺从性。这种方法起作用的原因是，你起初的行为会让你以一种特定的方式看待自己。你希望随后的行为能与这种自我意象保持一致。

　　我们来考察另一种顺从技巧，该技巧也利用了人们有保持一致感的需要。它被称为"借失言"技巧（foot-in-the-mouth technique）：通过让人们先回答一个起初简单的问题，你就可以增加他们随后顺从请求的可能性。

研究特写

　　你可能曾经接到过这样的电话，对方想让你回答一些调查问题。你是否顺从了这种请求？两位研究者探究了"借失言"技巧在这种情境下的影响（Meineri & Guéguen, 2011）。他们给约 1 800 名参与者打了电话。一种条件下，电话沟通从这个起初问题开始："您好，我是瓦讷科技学院的一名学生，不知您现在是否方便接电话？"研究者在等到"是"或"否"的答复后，开始询问参与者是否愿意接受电话问卷调查。该条件下 25.2% 的参与者同意接受问卷调查。另一种条件下，研究者没有问那个起初问题，而是直接询问参与者是否愿意接受电话问卷调查，此种条件下顺从率仅为 17.3%。

如果你的工作是让人们完成问卷调查，那你可能乐于仅在开始时增加一个问题，就可以提高 8% 的顺从率。

如果你想提高邻居们将废弃物品送到回收站的可能性，你能做些什么？

在解释这些顺从技巧的过程中，我们例举了两个你可能愿意去做的事情：你可能为了美好的公益活动愿意奉献一些时间，或在倡议书上签字。但是你能看到，很多时候人们会利用这些技巧让你做你可能本不愿意做的事情。你怎样才能保护自己不受狡猾的推销人员以及类似人员的误导呢？请努力识别使用这些技巧的人，抵制住他们的企图。你的社会心理学知识能让你成为一个明智的消费者。

本节我们介绍了态度和行为以及它们之间的关系。然而我们还没有涉及这样一种情形，即表现为偏见的态度可能导致破坏性的行为。现在我们就来探讨偏见这个话题，用研究来说明偏见怎样产生以及如何有效地减少或消除偏见。

STOP 停下来检查一下

❶ 定义态度的三个成分是什么？

❷ 区分说服的中心路径和外周路径的认知加工是什么？

❸ 为什么文化对认知失调的过程有影响？

❹ 为什么"以退为进"技巧涉及互惠规范？

批判性思考：请回忆参与者填写献血态度问卷的研究。为什么把参与者随机分配到实验组和控制组很重要？

偏　见

在人性所有的弱点中，没有什么比偏见对个体的尊严以及人与人的社会关系更有破坏性了。偏见是社会现实出现偏差的典型例证，它起于人心，会贬低他人的人格和破坏他人的生活。**偏见**（prejudice）是对特定目标群体的一种习得性的态度，包括支持这种态度的消极情感（厌恶或恐惧）和消极信念（刻板印象），以及逃避、控制、征服或消灭目标群体成员的行为意向。例如纳粹头目颁布法律来实施其带有偏见的信念，即犹太人是劣等人，他们企图毁灭雅利安文化。如果一个人即使面对证明其信念错误的证据，也不愿改变自己的信念，那么此人的信念便是偏见。比如人们断言美国黑人都很懒惰，尽管他们身边的黑人工作非常卖力，此时人们就表现出对黑人有偏见。有偏见的态度起着过滤器的作用，个体一旦被归类为目标群体成员，就会影响人们看待和对待他们的方式。

社会心理学一直很重视偏见的研究，力求理解偏见的复杂性和持久性，开发一些改变偏见态度和歧视行为的策略（Allport, 1954; Nelson, 2006）。事实上，1954 年美国最高法院做出废除公共教育种族隔离的决定，部分原因就是基于社会心理学家**肯尼思·克拉克**在联邦法院的陈述。克拉克说明了隔离和不平等教育对黑人儿童产生的负面影响（Clark & Clark, 1947）。在这一节中，我们将描述社会心理学家在努力了解偏见产生的根源、影响以及消除这些影响的过程中所取得的进步。

偏见的起源

从偏见研究中得到的一个令人悲伤的事实是：很容易让人们对那些不属于他们同一"群体"的人表现出负面态度。**社会分类**（social categorization）是指人们把自己和他人归入若干群体来组织社会环境的过程。最简单和最普遍的分类形式包括个体判断他人是否与自己相像。这种分类从"我与非我"导向发展至"我们与他们"导向：人们把世界分成**内群体**（in-group）——他们认同是其成员的群体，以及**外群体**（out-group）——他们不认同的群体。

最细微的差别线索都足以让人们产生强烈的内群体和外群体情感。**亨利·塔杰菲尔**及其同事（Tajfel et al., 1971）发明了一个范式，证明了他们称之为最简群体的影响。在一项研究中，学生要估计电影屏幕上一系列图案中小点的数量。研究者告诉学生，根据他们的成绩，他们是"点数高估者"或"点数低估者"。事实上，研究者把学生随机地分配到这两个组。接下来，每个学生都有机会给这两组的成员分配金钱奖励。结果发现，学生们一致地给予他们认为与自己估计趋势一样的人更多的奖励。

这类研究表明，要制造**内群体偏向**（in-group bias）是多么容易：只要有群体认同的细微线索，人们就开始偏袒他们自己群体的成员，而不是其他群体的成员（Nelson, 2006）。许多实验考察了这种内群体与外群体状况的影响（Brewer, 2007；Hewstone et al., 2002）。这类研究指向以下结论，在大多数情况下，人们对于自己群体的人表现出偏爱，但并不会对其他群体的人表现出偏向。例如，人们通常对内群体的成员的评价比外群体成员更高（更友善、更勤奋等）。不过这是因为他们对内群体有积极情感，而对外群体有中性情感。因此，个体可以在不持有构成偏见的负面情感的基础上具有某种内群体偏向。

不幸的是，某些情况下人们对外群体的情感会被一些习得的偏见误导。在这些情况下，内群体偏向可能会变得更有目的性。偏见很容易导致**种族歧视**（racism，也译作种族主义），即根据人的肤色或种族所产生的一种歧视；偏见也很容易导致**性别歧视**（sexism），即根据性别所产生的一种歧视。当今时代，人们通常不愿意承认自己持有种族歧视或性别歧视的态度。相反，人们可能会表现出所谓的现代种族歧视和现代性别歧视。比如，现代种族歧视的量表包含诸如"黑人对其他人索求过多"和"过去数年来黑人在经济上的收益超过他们应得的"之类的说辞（Henry & Sears, 2002）。

偏见如何产生？为什么根除偏见如此困难？

我们已经看到，人们对"他们"和"我们"的这种分类能很快地导致偏见，现在让我们来看看偏见是如何通过刻板印象起作用的。

刻板印象的影响

我们可以用社会分类的力量来解释许多种偏见的起源。为了解释偏见是怎样影响日常交往的，我们必须考察为偏见提供重要支持的记忆结构——刻板印象。**刻板印象**（stereotype）是对一群人的概括性描述，该群体的所有成员都被赋予了同样的特征。毫无疑问，你可能对许多刻板印象都非常熟悉。你对男人和女人有什么信念？犹太人、穆斯林和基督徒呢？亚裔、非裔、美国土著、西班牙裔和白人呢？这些信念是怎么影响你与这些群体成员的日常交流的？你是否因为你的信念而避免与某些群体的成员接触？

因为刻板印象如此强烈地编码了人们的期望，所以它们常常导致了本章前述的几种情形，在这些情形中，人们建构了他们自己的社会现实。请思考在判断环境中"存在"什么时，刻板印象所起的潜在作用。人们倾向于用刻板印象中的信息来填补"缺失的数据"："我不会坐藤野开的车，因为所有亚洲人都是很糟糕的司机。"同样，这些强烈的预期可能会导致人们出现行为确证：他们对待外群体个体的行为营造出一种背景，处于此背景下的外群体个体将做出与刻板印象一致的行为（Klein & Snyder, 2003）。譬如，如果一个人坐亚裔朋友开的车时明显焦虑，那么那位朋友也就很难把车开好。此外，为了维持一致性，人们可能贬低与他们刻板印象不一致的信息。例如在一项研究中，要求学生们阅读心理学导论教材中一段讲述性取向的生理根源的节选（Boysen & Vogel, 2007）。原先对同性恋持负面态度的参与者认为这段文字对于同性恋的正当性没有说服力。这个实验说明了为什么单凭信息通常并不能减少偏见：人们往往会贬低那些与他们以前刻板印象不一致的信息。（下一节将讨论克服偏见更成功的方法。）

你可能还会想到刻板印象在智力测验情境中的影响。请回忆第9章讨论IQ分数种族差异的内容。在那里我们看到了一些证据，刻板群体的成员如果置身于与负面刻板印象有关的情境，就会体验到刻板印象威胁。受此威胁影响的人不能有效利用其心理资源（Schmader et al., 2008）。虽然研究者最初是在智力表现的情境中考察这一概念，但他们现在证明，无论刻板印象出现在哪种情境，它都可能产生负面影响。比如有研究考察了一群女性打高尔夫球的表现，她们都认为自己的水平要高于一般运动员（Stone & McWhinnie, 2008）。一些女性得到的信息只是：该任务要测试她们的"天生能力"。另一些女性还被告知，该任务先前被证明存在男女差异，"所以，尽管这次测试可能存在性别差异，但我们仍要求你付出100%的努力，以便我们能准确地测量你的天生能力"（p. 448）。尽管研究者要求她们付出100%的努力，但曾被提醒存在性别差异的女性打进8个高尔夫球洞却需要更多的击球杆数。这一结果说明了刻板印象威胁是如何在多个生活领域损害人们的表现的。

上述讨论侧重于人们可能意识到自己心怀偏见或持有刻板印象的情形。现在，我们将转而证明人们通常有着自己意识不到的偏见。

内隐偏见

请花点时间检查一下你对自己认为的"外群体"成员的感受。我们如何确定你是否对这些群体有偏见？外显的偏见测量可以直接问"你对这个群体有什么看法？"然而，社会心理学家认为，负面态度通常以**内隐偏见**（implicit prejudice）的形式存在（在意识觉知之外）。研究者已经开发了测量内隐偏见的方法，并且证明了它是如何改变人们的行为的。

内隐联想测验（implicit association test, IAT）是 1998 年引入的，迄今仍是内隐偏见的重要测量工具（Greenwald et al., 1998）。内隐联想测验能够确定人们将不同概念放入同一类别的速度。例如想象一下，你坐在电脑前观看胖人或瘦人的照片以及积极词语或消极词语。在一个试次中，如果你看到一个瘦人或一个积极词语，你需要按某个键；如果你看到一个胖人或一个消极词语，则按另一个键。在另一个试次中，如果你看到一个胖人或一个积极词语，你需要按某个键；如果你看到一个瘦人或一个消极词语，则按另一个键。假设你在胖人照片和消极词语匹配时反应更快。这种模式就表明你对胖人群存在内隐偏见（因为你发现将他们与负面概念联系起来更容易）。研究者在很多领域使用了内隐联想测验，包括种族、性别和宗教。内隐联想测验可经常揭示出不被社会所接受的偏见。例如有学生参加了关于失能的 IAT 测验，结果显示他们对四类失能者——酗酒者、精神病人、癌症患者和截瘫者——存在内隐偏见（Vaughn et al., 2011）。

使用内隐联想测验经常能发现这类人：他们的外显态度没有表现出偏见，但其自动反应却表明他们对外群体持有消极态度（Greenwald et al., 2002）。内隐态度往往比外显态度能更好地预测人们的行为（Greenwald et al., 2009）。我们来看一项研究，经理的内隐偏见影响了他们的面试决策。

研究特写

本研究聚焦于 153 名经理，他们参与对一批求职申请进行评估，决定邀请哪些求职者前来面试（Agerström & Rooth, 2011）。这些经理并不知道他们正在参加一项研究。当他们履行日常职责审查求职申请时，看到了两份同样满足职位要求的申请表。然而，其中一份申请表上有一张胖人的照片，而另一份申请表上有一张正常体重者的照片。几个月后，所有经理都完成了他们对聘用胖人的外显态度的测验以及同一领域的 IAT 测验。总的情况是，经理们邀请的胖人求职者要比邀请的正常体重求职者少 7%。此外，（由 IAT 揭示出的）内隐偏见越强的经理越不可能邀请胖人求职者前来面试。然而，外显偏见的测量结果与经理的行为不相关。

我们再来看一项使用 IAT 测量种族偏见的研究（Stanley et al., 2011）。要求参与者玩一个表达自己对同伴信任感的游戏。IAT 测验显示最偏爱白人的参与者对黑人同伴也最不信任。参与者的外显态度不能预测他们的信任模式。

上述两个例子表明，那些外显信念没有偏见的人，可能会因其内隐态度而出现自动的偏见行为。证据表明偏见很容易产生并有着广泛的影响。即使这样，从早期的社会心理学开始，研究者们就试图逆转偏见。下面列举一些在这方面所做努力的例子。

逆转偏见

一项经典的社会心理学研究率先证明：随意的"我们"与"他们"之分就可以导致很大的敌意。1954 年夏天，**谢里夫**及其同事（Sherif et al., 1961/1988）带着两队男孩，来到了位于俄克拉荷马的罗伯斯洞穴公园举办夏令营活动。两队男孩分别被命名为"老鹰队"和"响尾蛇队"。每队各自在自己的营地里开展一些活动，例如徒步旅行、游泳、共同做饭，此时，他们并不知道另一个队的存在。这样过了大约一个星期。然后让两队孩子汇合一处，并完成一系列竞争性的活动，像棒球、橄榄球和拔河等比赛。结果发现，从一开始两个队的竞争就变得激烈起来，他们烧毁对方的队旗，洗劫对方营地，还爆发了一场近似骚乱的抢夺食物的战争。怎样才能减少他们之间的敌意呢？

研究者们尝试了一种宣传方法，向每队成员夸赞另一队，结果并没有什么作用。研究者们试着在无竞争的条件下把他们组织在一起，也没有效果。甚至当两队一起看电影时，相互也充满敌意。最后，研究者猛然间想到了一个解决方案，那就是故意给孩子们设计一些难题和困境。针对共同的目标，孩子们只有通过合作行动才能解决难题，摆脱困境。例如，研究者故意制造野营卡车故障，两队男孩不得不共同把车推上陡峭的山坡。在相互依赖的过程中，敌意消失了。事实上，孩子们开始跨越群体的界限交朋友了。

罗伯斯洞穴实验证明了以下观点是错误的：敌对群体仅凭简单接触就能减少偏见（Allport，1954）。这些男孩并没有仅仅因为待在一起就对彼此多了些好感。相反，该实验为**接触假说**（contact hypothesis）提供了证据，要克服偏见必须促进人与人之间的互动（Pettigrew，2008）。

研究者们还在世界各地进行了研究，以确定人与人之间什么样的接触才能减少偏见。一篇综述回顾了 515 项有关接触假说的研究，有力地支持了人们与外群体成员接触能减少偏见的结论（Pettigrew et al.，2011）。近年来的研究试图确定人际接触是否会对那些人格特别容易表现出偏见的个体产生影响（Hodson，2011）。我们来看看下面一项让人乐观的研究。

研究特写

高权威主义者往往对权威不加批判，而对违反规范的人颇具攻击性。他们还常表现出高

在罗伯斯洞穴实验中的小队竞争阶段，"老鹰队"和"响尾蛇队"开始并不团结，到最后他们又齐心协力了。我们能从这项研究中得出哪些关于接触和偏见的一般结论？

水平的偏见。研究者想要确定，即便如此，群体间的接触能否减少权威主义者的偏见（Dhont & Van Hiel, 2009）。在这项研究中，215 名比利时成年人对他们的权威主义、与移民接触的次数以及他们的种族歧视程度进行了自我评估。研究者的分析表明，权威主义与种族歧视总体上呈正相关：权威主义水平越高，种族歧视就越严重。然而，即使在这种情况下，研究结果也支持了接触假说。具体而言，在那些高权威主义者中，有了最多群体间接触的人，其表达的种族歧视也较低。

这项研究表明，即使是高权威主义者，群体间的接触也能使他们受益。

关于接触假说的研究强调指出，群体间的友谊对于减少偏见尤其重要（Davies et al., 2011）。事实上，即使是间接接触（即人们的内群体朋友有着外群体朋友）也能减少人们的偏见（Pettigrew et al., 2007）。为什么直接和间接的友谊都如此有效呢？友谊能让人们学会从外群体成员的角度来考虑问题，与他们保持同理心。友谊还可减少与外群体接触有关的焦虑，使外群体看起来不太有威胁（Pettigrew, 2008）。

让我们花点时间考虑一下这类研究在学校情境中的应用。社会心理学家阿伦森及其同事（Aronson et al., 1978）依据接触假说设计了一门课程，来解决得克萨斯州和加利福尼亚州刚废除种族隔离的教室中的偏见。研究团队设置了条件，让五年级的学生不得不相互依靠来学习所需的材料，而不是彼此竞争。在所谓的拼图教学法中，每名学生都要掌握整个学习材料的一部分，然后与其他组员分享。学习成绩则基于整个小组的表现来评估。因此每个成员的贡献都是必不可少且有价值的。阿伦森及其同事发现，拼图教学法将以前充满敌意的白人、拉丁裔和非裔美国学生组成了共同命运的团队，教室里的跨种族冲突减少了（Aronson, 2002; Aronson & Gonzalez, 1988）。

社会心理学还没有好方法来立即消除偏见，然而它确实提供了一套理念，使人们能够在小范围内缓慢但有效地消除偏见的最坏影响。你值得花一番工夫仔细思考那些你持有或承受的偏见，然后看看应该怎样在你身边的小范围内做些调整。

我们已经考察了心理力量将人们隔离开来的情境。现在我们要考察一下相反的情境，即人们在喜欢和爱的关系中走到一起。

STOP 停下来检查一下

❶ 内群体偏向如何影响人们对内外群体成员的评价？

❷ 行为确证过程如何支持刻板印象？

❸ 研究者证明了不同群体成员间的接触有什么影响？

批判性思考：回忆一下考察人们对胖人的内隐偏见的研究。为什么参与者没有意识到自己正在参与研究很重要？

社会关系

你如何选择与你共享人生的人？为什么你要寻求朋友做伴？为什么你对某些人的情感会超越友谊进入浪漫的爱情？对于这些人际吸引的问题，社会心理学家给出了各种各样的回答。（然而，尚无一种理论能够解释所有关于爱情的谜团！）

喜 欢

你是否静下来仔细琢磨过你是怎么结识每一位朋友的？为什么结识他们？第一个问题的答案很简单：人们往往会被邻近的人吸引——因为生活或工作中他们离你很近，所以常能见到他们，与他们相识。这方面可能无须多做解释，但值得注意的是，人存在这样一种一般性倾向，仅仅由于接触或曝光就会喜欢某人或某物：正如第 12 章所解释的，你对某物或某人接触越多，就越喜欢它（Zajonc, 1968）。曝光效应意味着，一般情况下，你会越来越喜欢邻近你的人。如今，有很多人通过互联网维系关系。尽管从地理位置上讲某位朋友离你很遥远，但电脑屏幕上显现的日常讯息却能让他在心理上与你似乎很贴近。现在让我们看看其他能引发吸引和喜欢的因素。

外表吸引力 无论是好是坏，外表吸引力在激发友谊方面常常起着一定的作用。让我们来看一项证明这一力量起作用的实验室研究。

研究特写

参与者观看了 60 张有吸引力和无吸引力的人物照片，参与者并不认识这些人（Lemay et al., 2010）。参与者要根据每张照片，对人物的人格特质（比如友善、慷慨和热情）做出判断。参与者还要回答诸如"基于第一印象，你在多大程度上喜欢或不喜欢这个人"之类的问题，以表明他们有多想去结识照片中的人（p. 342）。在仅以照片作为判断依据的情况下，参与者认为有吸引力的人拥有更积极的人格特质。他们也对结识有吸引力的人表现出更强的动机。

西方文化有一种强烈的刻板印象：外表有吸引力的人在其他方面也很优秀。有综述回顾了大量的研究，证明外表吸引力会影响各种各样的判断（Langlois et al., 2000）。例如无论儿童还是成人，当他们的外表更有吸引力时，人们都会认为他们更有社交能力。另外，有吸引力的孩子在学校会得到更高的能力评价，而有吸引力的成人在职场也会得到更高的能力评价。

为什么外表吸引力会导致喜欢？进化理论家认为，吸引力的判断源自人类进化而来的择偶心理机制（Gallup & Frederick, 2010）。根据这个观点，"吸引力判断是接受者对与适合度（fitness）——比如健康、生殖价值以及遗传基因的质量——稳定相关的各种特质的回应"（Penton-Voak, 2011, p. 177）。持进化视角的研究经常关注面孔吸引力（Little et al., 2011）。看一下图 16.5，你觉得哪张面孔更有吸引力？大多数人更喜欢对称的面孔。进化心理学家认为，对称是成功发育的产物，偏离对称则表明发育过程中遇到了困难。因此，"不对称"意味着缺乏遗传适合度。人们通常还认为平均化的面孔（代表着某一人群数学均值的面孔）要比偏离均值的面孔更有吸引力（Rhodes, 2006）。从进化的视角来看，不寻常的特征可能表示发育过程中的困难历史，因此也缺乏遗传适合度。这一分析表明，某些喜欢的判断是成功择偶必不可少的进化结果。

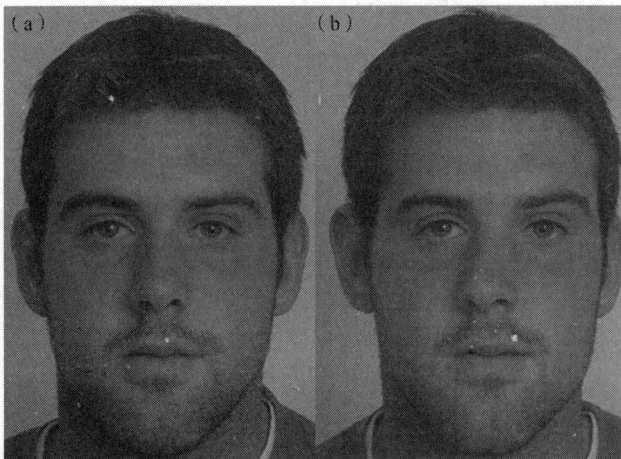

图 16.5 哪张面孔更有吸引力？
（a）面孔对称；（b）面孔不对称。

资料来源：Little, A. C., Jones, B. C., & DeBruine, L. M. (2011). Facial attractiveness: Evolutionary based research. *Philosohical Transactions of the Royal Society B, 366*, 1638–1659

即使进化可以解释人们对外表吸引力的反应，但不同文化在吸引力影响日常判断的程度上仍然存在差异。例如，让加纳和美国的大学生看同样一组有吸引力和无吸引力的人物照片（Anderson et al., 2008）。他们要给每张照片在 10 种积极人格特质（比如可靠、持重、体贴和坚强）上打分。如**图 16.6** 所示，加纳学生对有吸引力和无吸引力的照片的特质评价基本相同，而美国学生则对无吸引力的照片给出了不太积极的评价。这一发现回应了我们之前描述的其他结果：具有不同自我文化构念（美国人独立而加纳人相互依赖）的人会给出不同的人际判断。

相似性 "物以类聚"这一俗语说的正是相似性。这句话对吗？研究证据表明，在很多情形下这句话都是正确的。在诸如信念、态度和价值观等维度上的相似性能促进友谊。为什么会这样？与你相似的人能够给你带来一种个人获得肯定的感觉，因为一个与你相似的人会让你觉得自己所珍视的态度实际上是正确的（Byrne & Clore, 1970）。不仅如此，差异往往导致强烈的反感（Chen & Kenrick, 2002）。当你发现某人的意见与你不同时，你可能会想起过去的人际冲突，这就会促使你离开他。如果你远离不同于自己的人，那么你的朋友圈子将只剩下那些相似的人。甚至 3 岁的儿童也会显现出相似性对喜欢的影响，这说明我们在很小的时候就开始识别那些与我们相似的人了（Fawcett & Markson, 2010）。

相似性似乎还能让友谊历久弥坚。始于 1983 年的一项研究评估了 45 对朋友之间的相似性（Ledbetter et al., 2007）。2002 年，90 名最初的参与者中有 58 人报告了经过 19 年之后他们的友谊状况。比如参与者指出了他们彼此仍保持联系的程度。结果表明，那些在 1983 年更相似的朋友，在 2002 年也更可能保持联系。还有一点值得注意，正如相似会导致吸引一样，吸引也会引起相似的知觉：与事实相比，人们往往会认为他们喜欢的人与自己更相似。在一项研究中，学生们要在一系列相同的人格特质上评估自己和异性朋友（Morry, 2007）。结果发现，与朋友的自我报告相比，学生们对朋友的评估与自己更相似。

互惠 最后一点，你倾向于喜欢那些你认为喜欢你的人。你还记得我们对推销人员利用互惠性的讨论吗？你得到什么，就应该回馈什么，这个规则同样适用于友谊。人们对于那些他们认为"喜欢"自己的人，通常也会回报"喜欢"（Whitchurch et al., 2011）。人们假定，那些向他们表达喜欢的人在未来的互动中会以值得信赖的方式行事，而这些对信任的预期为喜欢的互惠奠定了基础（Montoya & Insko, 2008）。此外，因为你的信念会影响你的行为，所以你认为某人喜欢或者不喜欢你本身就能促使这种关系成为现实（Curtis & Miller, 1986）。针对某个你认为喜欢你的人，你能预测你会如何行动吗？针对某个你认为不喜欢你的人呢？假设你针对某个你认为不喜欢你的人采取敌对行为。你能明白你的信念是怎样变成一种自我实现预言的吗？

本节回顾的证据表明，你的朋友大多数是那些你经常遇到的人，是那些与你共享很多相似性和互惠的人。不过，对于那种人们称之为"爱"的更为热烈的关系，研究人员有何发现呢？

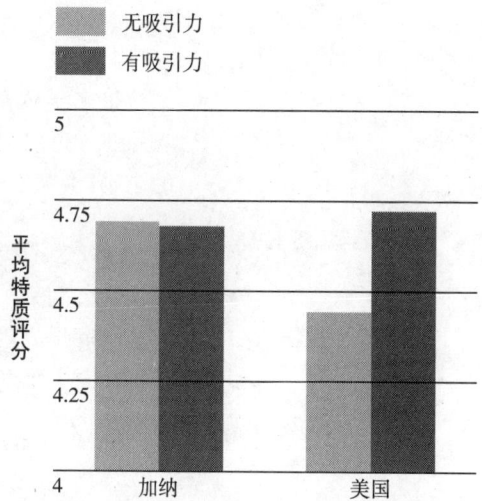

图 16.6 **对有吸引力和无吸引力个体的跨文化特质判断**

加纳和美国的参与者要根据有吸引力和无吸引力个体的照片做出特质判断。加纳学生对有吸引力和无吸引力的照片的特质评价基本相同，而美国学生则对无吸引力的照片给出了不太积极的评价。

资料来源：Anderson, S. L., Adams, G., & Plaut, V. C. (2008). The cultural grounding of personal relationship: The importance of attractiveness in everyday life. *Journal of personality and social psychology*, 95(2), 352–368. Copyright © 2008 American Psychological Association. Reprinted with permission.

爱

很多导致喜欢的力量同样也会令人踏上爱的旅程——多数情况下，你会首先喜欢那些你最终爱上的人。（可是也有人说，他们爱着某些作为个人来说并不特别喜欢的亲属。）关于爱的关系，社会心理学家了解什么特别的因素吗？

爱的体验 体验到爱是什么意思？请花点时间思考你会怎样定义这个重要的概念。你认为你对爱的定义与朋友的定义一致吗？研究人员一直在努力想尽各种方法来回答这个问题，确实发现了一些一致的结果（Reis & Aron, 2008）。人们对爱的概念化聚集在三个维度上（Aron & Westbay, 1996）：

- 激情（passion）——性激情和欲望
- 亲密（intimacy）——坦诚和理解
- 承诺（commitment）——投入和奉献

你所有爱的关系是否都包括这三个维度？你可能会想："并不包括全部。"事实上，我们要将"爱"（loving）某个人同与某个人"恋爱"（in love）区分开，这点非常重要（Meyers & Berscheid, 1997）。多数人都报告说，他们"爱"的人要比他们"恋爱"的人多。"我爱你，但是我并不是在与你恋爱。"听到这样的话语，又有谁不会心碎？与人"恋爱"，意味着某种更强烈、更特殊的东西——这是一种包含性激情的体验。

我们再做一个区分。很多爱情关系开始时都有一个极其强烈的着迷阶段，被称为激情之爱（passionate love）。随着时间的推移，爱情关系倾向于转变成一种强度降低但亲密加深的状态，这被称为伴侣之爱（companionate love）（Berscheid & Walster, 1978）。当你处在恋爱关系时，你最好能预见这种转变，从而不至于将这种自然的变化视为"爱情结束"。事实上，报告更高水平的伴侣之爱的人们通常也对生活更为满意（Kim & Hatfield, 2004）。尽管如此，激情之爱可能并不像那些长期伴侣的刻板印象所暗示的那般急剧地下降。研究人员发现，有些伴侣在相处 30 年后依然保有相当水平的激情之爱（Aron & Aron, 1994）。当你进入爱情关系的时候，你可以满怀信心地期待，即使关系越来越多地包含了其他需要，激情仍会以某种形式存在。

要注意，浪漫关系的体验也受文化期望的影响（Wang & Mallinckrodt, 2006）。本章很多地方都提及独立与互依这一文化维度：具有独立自我建构的文化更重视个体而非集体；而相互依赖的文化则更重视共同的文化目标而非个人目标。这对你的爱情生活有何影响？如果你选择生活伴侣时依据自己对爱的感受，那么你表现出的是对个人目标的偏好；如果你选伴侣时着眼于对方会如何融入你的家庭结构和关系之中，那么你更倾向于集体目标。事实上，当美国人和中国人被问及什么因素对自己的恋爱体验最重要时，两者认为的最重要的因素往往不同（Riela et al., 2010）。例如，美国人更可能强调外貌和相似性，中国人则更可能强调家人和朋友对自己潜在恋人的反应。跨文化研究还表明，互依文化的成员不太强调爱是一段亲密关系的

你对曾经感到激情澎湃的人有了一种伴侣的感觉，这并不意味着"爱情结束"。相反，伴侣感是浪漫的爱情自然发展的结果，以及大多数长期伴侣关系的重要要素。

定义性特征（Dion & Dion, 1996）。考虑这样一个问题："如果一位先生（女士）拥有所有你期望的这样或那样的品质，假如你不爱他（她），你会同这个人结婚吗？"在一个美国男女大学生样本中，只有 3.5% 的人回答说"会"；而作为比较组的印度大学生中，则有 49% 的人说"会"（Levine et al.,1995）。

哪些因素能让关系持久？　每一个阅读本书的人，当然也包括撰写这本书的人，似乎都可能经历过未曾持续下来的关系。这中间出了什么状况？或者从比较积极的角度来问这个问题：关于更可能让爱情关系持久的爱人和情境类型，研究者有什么发现吗？

有一种理论认为亲密关系中的人有一种"自我"容纳了"他人"的感觉（Aron et al., 2004）。看看图 16.7 中给出的若干个小图，每个小图都代表一种你可以用来概括亲密关系的方式。如果你正处于恋爱关系当中，你能指出哪个小图能最有效地表达你与伴侣之间的相互依赖程度吗？研究表明，那些认为自我和他人重叠最多的人（即那些把他人视为包括在自我之内的人），最可能长期保持对关系的承诺（Aron et al., 1992; Aron & Fraley, 1999）。

研究人员也一直对理解人们持久保持爱情关系能力的个体差异感兴趣。近年来，他们的注意力更多地集中在成人的依恋风格或依恋方式上（Fraley et al., 2005; Fraley & Shaver, 2000）。回顾第 10 章的内容，儿童对父母依恋关系的质量对其社会性的顺利发展非常重要。研究人员开始想知道，随着儿童慢慢长大，进入有承诺的亲密关系，可能还要养育自己的孩子，其早期的依恋对这些方面到底有多大的影响。

依恋风格有哪些类型？　表 16.1 提供了三种关于亲密关系的陈述（Hazan & Shaver, 1987; Shaver & Hazan, 1994）。请花点时间来指出哪种陈述最适合你。当要求人们指出最能描述他们的说法时，多数人（55%）选择了第一种说法，这是一种安全型依恋风格。相当一部分人选择了第二种说法（25%，回避型依恋风格）和第三种说法（20%，焦虑矛盾型依恋风格）。研究证明，依恋风格能准确地预测亲密关系的质量（Mikulincer et al., 2002; Nosko et al., 2011）。与选择其他两种风格的人相比，安全型依恋的成人的恋爱关系最为持久。

本节我们思考了影响人们是否彼此建立关系的一些因素。接下来，我们将考察在这些关系背景下发生的其他行为类型。

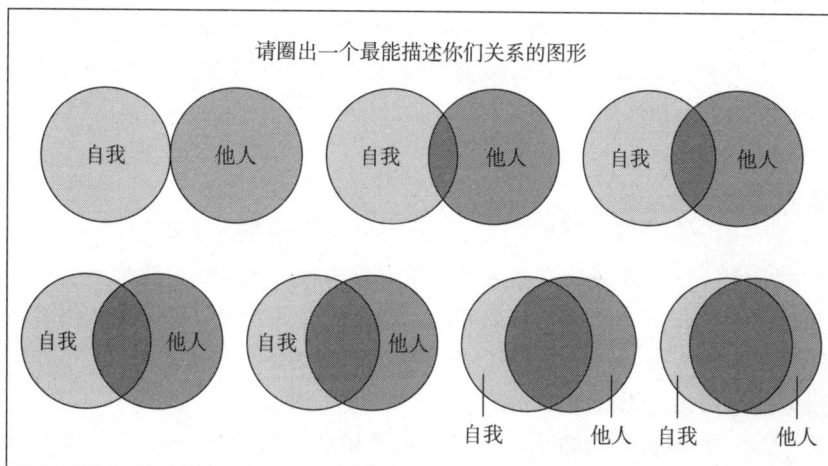

请圈出一个最能描述你们关系的图形

图 16.7　自我包含他人（IOS）量表
如果你处于恋爱关系当中，哪个小图最能表达你与伴侣之间的相互依赖性？采用自我包含他人（IOS）量表的研究发现，那些认为他人包含在自我之中最多的人，最可能保持对关系的承诺。

资料来源：Aron, A., Aron, E. N., & Smollan, D., IOS Scale, *Journal of Personality and Social Psychology*. Vol 63(4), Oct 1992, 596–612. Copyright © 1992 by the American Psychological Association. Reproduced with permission.

表 16.1　亲密关系中成人的依恋风格

陈述 1：
我感到亲近其他人是件容易的事情，依赖他们我觉得很自在。我不经常担心被抛弃或者有人跟我太过亲近。
陈述 2：
亲近其他人我觉得有些不自在；我感到很难完全信任他们，很难让我自己去依赖他们。任何人过于亲近我都会让我变得紧张；爱侣经常让我更亲近一些，但这种亲近让我感到不舒服。
陈述 3：
我感到其他人不愿像我期望的那样亲近我。我经常担心我的伴侣并非真的爱我，或者不愿意和我在一起。我想与我的伴侣非常亲近，但有时这会把伴侣吓跑。

STOP 停下来检查一下

❶ 相似性对喜欢有什么影响？

❷ 定义爱的三个维度是什么？

❸ 哪种成人依恋风格通常与最高质量的亲密关系有关联？

批判性思考：请回忆考察参与者对有吸引力和无吸引力个体做判断的那项研究。为什么参与者不认识照片中的人物很重要？

攻击、利他行为和亲社会行为

如果你花几分钟浏览每天的新闻，你几乎肯定能看到关于人类极端行为的报道：你会看到人类彼此伤害的场景，也会看到人类彼此帮助的场景。本节我们要思考导致这两类行为的因素。我们从攻击说起，**攻击**（aggression）是指给其他个体造成心理或生理伤害的行为。心理学家试图理解攻击产生的原因，目的是减少整个人类社会的攻击行为。接着我们要转向正面的极端行为：**亲社会行为**（prosocial behavior）是人们旨在帮助他人的行为。其中我们将着重关注**利他行为**（altruism）——人们在没有考虑自身安全或利益的情况下进行的亲社会行为。我们会讨论一些影响这些帮助行为发生可能性的个人和情境因素。

攻击的个体差异

攻击研究的一个重大事实是，有些人总是更有攻击性。为什么会这样？一类研究考察了遗传因素对攻击频率个体差异的影响。这些研究通常都证明了遗传因素在攻击行为上的强大作用（Yeh et al., 2010）。例如，同卵双生子总是比异卵双生子在攻击性上表现出更高的相关（Haberstick et al., 2006）。

研究者还关注了可能标记有攻击行为倾向性的脑功能的差异。正如第 12 章所

生活中的心理学

在哪些方面你像变色龙

你或许已经注意到：当你与他人互动时，你很可能会发现自己以某种方式在模仿他们。比如，你可能无意识地与朋友的口音和言语模式保持一致。社会心理学家把这种模仿行为称为**变色龙效应**（chameleon effect）（Chartrand & Bargh, 1999）。自然界中的变色龙可以自动地改变它们的颜色以融入环境。社会心理学家认为，人类也能自动地调整他们的行为以与身边的人保持一致。

在最初证明变色龙效应的实验中（Chartrand & Bargh, 1999），研究者让参与者两人一组进行互动来描述照片。不过每组都有一个人实际上是研究者的助手。研究者要求助手在描述照片的同时做某种动作：要么用手揉自己的脸，要么晃动自己的一只脚。如果人们像变色龙一样行动，我们就可以预期参与者也会模仿这些动作。后来的确发生了这样的事。当助手做出这些动作时，参与者也更有可能跟着揉脸或晃脚。

研究者推测这种模仿行为起着"社交黏合剂"的作用。通过做出相同的动作，人们让自己与身边的其他个体看上去更相似。请回忆我们讨论社会关系时曾谈到，相似性会增加喜欢程度。因此两位研究者提出假设：人们的姿势一旦为某个伙伴模仿，就会更加喜欢这位伙伴。为检验这一假设，研究者进行了第二项研究，要求助手微妙地模仿参与者的举动。与控制组的参与者（助手没有模仿他们的姿势）相比，被模仿的参与者一致报告更喜欢那些助手们。重要的一点是，37位参与者中只有1位意识到被人模仿。这一结果有力地证明，变色龙效应发生在意识觉知之外。

尽管如此，这些结果或许还是让你想知道：在某些社交场合中，通过有意识地模仿他人的行为，是否能让你表现更好？为解答这个问题，研究者给一部分将要去谈判的学生明确的指导语："为得到更好的谈判结果，谈判专家建议你去模仿谈判对手的行为举止。比如，当对方摸自己的脸时，你也应该这样做。如果对方坐在椅子上后仰或前倾，你也应该这样做。不过，他们还强调了一个重点，即你模仿时要非常微妙，不要让对方注意你的行动，否则这种做法完全适得其反"（Maddux et al., 2008, p. 464）。听到这些指导语的学生总是比没有被鼓励模仿的学生在谈判上得分更高。

既然你了解了变色龙效应，你能否更清醒地认识模仿对你的社会关系的影响？

述，一些脑结构（如杏仁核和某些皮层区域）在情绪表达和调节上起着一定的作用。就攻击而言，脑通路的有效运转十分重要，这样个体才能控制消极情绪的表达。比如杏仁核若出现不适当的激活水平，人们就可能抑制不住消极情绪而导致攻击行为（Siever, 2008）。

研究者还关注了神经递质 5– 羟色胺。研究表明，人体 5– 羟色胺的水平如果出现问题，就有可能削弱脑部对消极情绪和冲动行为的控制能力（Siever, 2008）。例如一项研究发现，有高攻击行为历史的男性的 5– 羟色胺系统对一种药物（氟苯丙胺）的反应变弱，而这种药物对该系统通常具有很大的影响（Manuck et al., 2002）。请回忆第 3 章和第 14 章，研究者们已着手探索 5– 羟色胺功能背后实际基因变异的影响。在这个研究中，研究者们同样证明：某种特定的基因变异可能影响 5– 羟色胺的功能，进而使人们更易做出高危的攻击行为。

关于攻击行为的人格研究表明，区分不同类型的攻击行为也十分重要，即不同人格的人可能会做出不同类型的攻击行为。一个重要的区分是把冲动性攻击与工具性攻击分开（Little et al., 2003; Ramírez & Andreu, 2006）。**冲动性攻击**（impulsive aggression）是个体对情境的反应，由情绪驱动：盛怒之下人们以攻击行为做出反应。

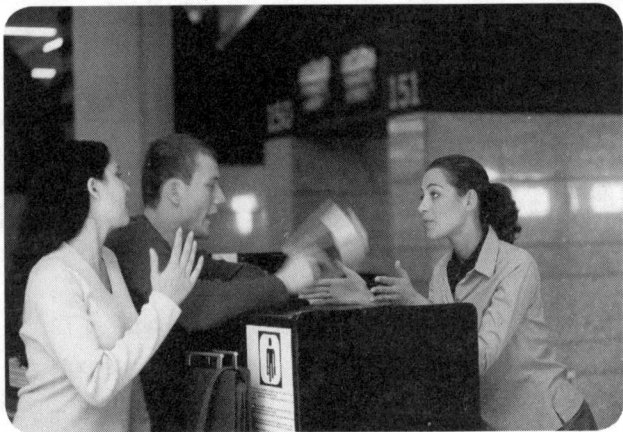

为什么生活中某些类型的日常经历会使即便最冷静的人也想做出攻击行为？

如果你看见一起交通事故后当事人在互殴，那便是冲动性攻击。**工具性攻击**（instrumental aggression）是目标指引（把攻击当作达到目标的工具）和基于认知的攻击：人们根据预谋发起攻击行为，以达到特定的目的。如果你看见某人为了抢一位老妪的钱包而把她推倒在地，那就是工具性攻击。研究已经证实，这两种攻击倾向高的不同个体分别有着不同的人格特质（Caprara et al.,1996）。例如，冲动性攻击倾向高的个体一般有较高的情绪反应性，即对一系列情境有很强的情绪反应。相形之下，工具性攻击倾向高的个体，往往在暴力的积极评价因素上得分较高。这些个体认为很多形式的暴力都是正当的，他们也不认可攻击行为要承担道德责任。由此可见，不是所有类型的攻击行为都来自同样潜在的人格因素。

大多数人并不处于极端的攻击状态。他们遇到轻微的冒犯时并不恼火，也不会故意做出暴力行为。尽管如此，在某些情境中，即使最温和的个体也会表现出攻击行为。我们现在来考察几种通常可能引发攻击行为的情境。

情境对攻击的影响

现在花几分钟回想一下你最近一次的攻击行为。它可能不是身体攻击：你可能只是口头辱骂了某人，想使其心理上痛苦。你怎么解释为何那种特定的情境会引起攻击行为？

假设有人打扰你，让你无法完成某个重要的任务。你是否到了忍无可忍的地步？**挫折—攻击假说**（frustration-aggression hypothesis）描述了这种基本关系（Dollard et al., 1939）。根据该假说，挫折通常出现于人们实现目标受到妨碍的情境之下，挫折的增加随后会导致更可能做出攻击行为。挫折与攻击行为之间的这种关联已经获得了较多的实证支持（Berkowitz, 1993, 1998）。比如孩子们想玩更好玩的玩具的愿望受挫，当最终有机会玩这些玩具时，他们会对这些玩具表现出攻击行为（Barker et al., 1941）。

研究者们利用这种关联来解释个人和社会层面的攻击行为。一项研究考察了旧金山的失业率与这个城市中因"危及他人"而被诉讼的人所占比例的关系（Catalano et al., 1997, 2002）。研究者发现，暴力随着失业率的增加而增加，但此关系只在一定的范围内成立。当失业率太高时，暴力又开始下降。为什么会这样呢？研究者推测，人们对自己也可能失业的恐惧抑制了由挫折驱动的暴力倾向。这项研究表明，个体和社会力量是如何相互作用产生净暴力水平的。我们能够根据个体因失业率上升而体验到的挫折来预测某种程度的攻击，然而，当人们认识到表现出攻击行为可能会使他们的工作不保时，暴力就受到了抑制。日常生活经验可能会使你认识到这些力量：在很多情境中，你可能感到非常受挫，以至于想表现出攻击行为。但是你也知道，表现出攻击行为将对你的长期利益产生不良影响。

无疑，直接的挑衅也会导致攻击行为。也就是说，当某个人的行为使你生气或难受，而且你认为他是有意为之，这个时候，你更可能以身体或口头的攻击作出回应（Johnson & Rule, 1986）。直接挑衅的影响与我们对攻击的一般看法是一致的，即导致消极情感的情境会引发攻击。行为的意图很重要，因为你不太可能以一种消极的方式去解读和回应一种无意的行为。有项研究关注四年级的儿童（Nelson et al., 2008）。研究者要求儿童阅读一些剧本，并判断主角的意图。比如在一个剧本里，儿童要想象小伙伴的篮球从他们脚下滚过，致使他们在比赛时摔倒。儿童要说明，他们认为小伙伴的这一行为是否有意为之。研究者还收集了教室里这些儿童实际身体攻击水平的信息。这两种数据都揭示了有趣的关系。比如，在那个篮球剧本中，感知到最强敌意的男孩也最具身体攻击性。这些数据提醒你，为什么人们建构社会现实的方式如此重要：当人们把模糊的情境解释为挑衅时，就更可能以攻击回应。

我们刚才一直在关注导致攻击的特定情境内容。此外，更宽泛的社会规范同样会影响人们攻击的可能性（Leung & Cohen, 2011）。请回忆一下第 6 章我们讨论过的研究，该研究表明，儿童通过观察成人榜样非常容易习得攻击行为。例如，当儿童看见成人榜样击打和踢踹一个大的塑料娃娃后，做出同样行为的频率要明显高于在控制组中没有目睹攻击榜样的儿童（Bandura et al., 1963）。我们在第 6 章也提到过，美国的电视节目将大量的攻击榜样直接发送到儿童的家中，置身于这种暴力环境与成人后的攻击水平高度相关（Huesmann et al., 2003）。

研究者已经提出一般性攻击模型来解释接触暴力媒体（电视、电影等）与攻击行为的关系（DeWall et al., 2011）。该模型表明，人们通过观看媒体中的暴力节目，掌握了一整套与攻击有关的知识结构：准此而论，"每个暴力节目片段实质上都是一次试验，让人们意识到这个世界是一个危险的地方，攻击是一种应对冲突和愤怒的合理方式，而且攻击是有效的"（Bushman & Anderson, 2002, p. 1680）。让我们来看一项考察暴力电子游戏短期影响的研究。

研究特写

研究者招募了一批之前不怎么玩暴力电子游戏的本科生作为实验的参与者（Engelhardt et al., 2011）。在研究的第一阶段，参与者被随机分配玩 25 分钟的暴力电子游戏（如《侠盗猎车手：罪恶都市》）或非暴力电子游戏（如《美国棒球大联盟 2004》）。在第二阶段，让参与者观看中性照片（例如一个骑自行车的男人）和暴力照片（例如一个男人拿着枪对着另一个男人的嘴），同时研究者记录他们的脑活动。通常情况下，人们在观看暴力图片时会出现一种特殊的脑反应，称为 P3。然而，玩暴力电子游戏的参与者表现出相对较小的 P3 反应，这表明玩暴力游戏使他们对暴力图片变得不敏感。在第三阶段，参与者有机会通过设置噪声的响度和时长来表达对竞争对手的攻击。那些脑活动对暴力图片脱敏最大的参与者，也通常选择更响、更长的噪声来表达最强烈的攻击。

这项研究表明了暴力电子游戏对人们攻击行为倾向的改变有多迅速。一项大规模的分析考察了大量的实验数据，涉及 130 296 名参与者，得出了一个有力的结论，即玩暴力电子游戏会使人处于做出攻击行为的风险之中（Anderson et al., 2010）。正如该分析的研究者所指出的，"当游戏让人一遍遍地重复攻击性的暴力想法和行动时，如此高度的游戏卷入会对玩家产生

为什么家长应该担心玩暴力电子游戏的孩子容易在现实世界更具攻击性？

反社会的影响，这一点也不奇怪"（p. 171）。

你可以选择玩或者不玩暴力电子游戏。然而，对很多人来说，对暴力的接触超出了他们的控制范围。孩子们可能在他们自己的家中感受过攻击行为（Evans et al., 2008）。另外，许多美国孩子在城市的低收入社区长大，这些社区暴力频发，且长期存在（Berkowitz, 2003; Salzinger et al., 2006）。有关暴露于暴力环境对儿童心理健康和攻击行为倾向影响的研究也只是刚刚开始而已（Lambert et al., 2010; Spano et al., 2012）。

本节介绍了攻击行为出现的诸多原因。幸运的是，人们也乐意帮助他人。我们现在就转向帮助行为的根源。

亲社会行为的根源

2008 年 5 月，中国四川省汶川县发生了里氏 8.0 级地震。媒体中满是地震引起的破坏画面。然而，媒体也报道了人们冒着生命危险救助他人的事迹。来自中国和世界各地的救援者汇聚在四川省，希望能够找到并救助那些幸存者。我们在其他危难中也看到了类似的英雄主义行为。例如，一群 60 岁开外的日本公民在 2011 年 3 月福岛核泄漏事故后自愿加入救援行动，他们希望把年轻的志愿者从辐射的危险中替换下来。

我们该如何解释为什么人们会做出亲社会行为？**丹尼尔·巴特森**（Batson, 1994）指出，有四种力量促使人们为公共利益行动：

- 利他主义（altruism）：出于让他人获益的动机而行动。就像上述例子中挽救他人生命的志愿者那样。
- 利己主义（egoism）：为了自身利益而最终采取亲社会行为。某人做出帮助他人的行为是为了能够得到类似的帮助（如让他人也顺从自己的请求）或奖赏（如金钱或赞美）。
- 集体主义（collectivism）：为了有利于某一特定群体而做出亲社会行为。人们可能会做一些帮助行为来改善家庭、大学生联谊会或政党等环境。
- 原则主义（principlism）：为了践行道德原则而做出亲社会行为。有些人表现出亲社会行为是因为要遵循宗教或习俗的原则。

你可以看到这些动机在不同情境下的应用。

同样的亲社会行为可能有多个动机。比如美国许多高等院校现在都鼓励学生参加服务学习："一种课程作业，即学生通过为他人工作来完成课程的学习目标"（Jay, 2008, p. 255）。比如，在"老年学导论"课程的服务学习项目中，学生们协助某个县机构收集了与老年人有关的法律问题（Anstee et al., 2008）。因为参加这个项目增加了学生的教育经历，我们可以把它视为利己主义的例子（也就是说，学生的奖赏是更多的学习成就）。不过，他们的这种参加也给老年人和县机构带来了益处，所以我们也可以把该服务学习项目视为集体主义的例子。实际上，支持服务学习的教育者通常希望，它逐渐灌输的价值观能引导学生毕生从事亲社会行为

什么样的亲社会动机促使人们团结起来保护环境？

（Tomkovick et al., 2008）。

在亲社会行为的这些动机之中，利他主义的存在有时还有争议。要理解原因，你必须回想之前章节中对进化力量的讨论。根据进化的观点，生命的主要目标是繁殖后代，如此个体才能传递自己的基因。在这种背景下，利他主义有何意义？为什么你应该冒着生命危险帮助他人？这个问题有两个答案，取决于"他人"究竟是家人还是陌生人。

对于家人来说，利他行为是有意义的，因为即使你冒着生命危险，但你帮助了你基因库的总体生存（Burnstein, 2005）。研究者考察了基因重叠对人们利他行为的影响程度。

研究特写

一项实验的参与者有机会为自己和亲属赚钱，这些亲属分别与他们有 50% 的基因重叠（如亲兄弟姐妹和父母）、25% 的重叠（如祖父母、姑姨和甥侄）或 12.5% 的重叠（如堂表兄弟姐妹）（Madsen et al., 2007）。不过，参与者要赚钱必须保持痛苦的身体姿势：他们保持这种姿势的时间越长，他们为自己或亲属赚的钱就越多。在数天里参与者都要回到实验室，以便研究者能够完成每个基因重叠类别下的测试。参与者在每个试次结束后，才能知道自己保持这种痛苦姿势的时间。结果证明了基因重叠的显著影响。总体而言，基因重叠越大，参与者忍受痛苦的时间就越长。研究者用伦敦的大学生和两个南非祖鲁族种群都证明了几乎相同的模式。

因为参与者要给亲属金钱就得忍受痛苦，所以他们的行为符合利他的标准。其他研究表明，人们最愿意帮助他们在情感上亲近的个体，包括他们朋友圈子里的人（Korchmaros & Kenny, 2006; Stewart-Williams, 2007）。对于大多数人而言，他们最亲密的情感依恋对象也是他们的近亲。因此，基于情感亲密的帮助模式也间接地有利于人们基因库的延续。

但是非亲缘关系是怎样的呢？情感亲密性的观点给出了人们对他们最亲密的朋友表现出利他行为的原因。然而，为什么日本的老年人会冒着生命危险拯救别人的生命呢？为了解释人们对泛泛之交和陌生人的利他行为，理论家们提出了**互惠性利他主义**（reciprocal altruism）这一概念（Trivers, 1971）。互惠性利他主义认为，人们之所以做出利他行为，是因为在某种意义上他们希望其他人也会对他们做出类似的利他行为。人们抱有这样一种期望：当你快溺死的时候我救你，将来有一天，如果我快要溺死的时候你也会救我。然而也要注意，互惠性利他主义这一概念并不能解释社会性物种的所有合作行为。例如，上例的日本老年志愿者肯定没有指望他们救的陌生人会回报他们类似的利他行为。为解释这类行为，研究者认为可能间接互惠在起作用：人们表现出利他行为是因为他们相信，在将来他们会成为利他行为的受惠者。通俗地说，就是"我替你挠背，将来其他人也会替我挠背"（Nowak & Sigmund, 2005, p. 1291）。

人们对非亲属表现出利他行为时，通常还有社会原因。同理心利他行为假说（empathy-altruism hypothesis）认为，存在这样一种特定关系：当你对其他个体产生同理心（情绪认同的感受）时，这些感受会引发提供帮助的利他动机（Batson, 1991）。研究支持了这一假说。比如，有项研究要求参与者将彩票分发给整个小组或小组内的一个成员（Batson et al., 1999）。在一种实验条件下，参与者读到了小组某个成员的自传信息，了解此人被相恋很久的女朋友抛弃了。当参与者体验到同理心时，他们给这位被抛弃的个体多分了彩票。在人类和其他社会物种中，研究者都证明了同理心与利他行为存在非常普遍的联系（de Waal, 2008）。

刚才我们已经回顾了人们做出亲社会行为和利他行为的若干原因。下面我们将描述一个经典的研究项目，该项目充分说明了人们帮助他人的意愿（满足亲社会动机的能力）在多大程度上取决于情境的特征。

情境对亲社会行为的影响

这一研究计划始于一件惨案的新闻报道。据《纽约时报》报道，纽约皇后大街上 38 名安分守法的公民观看了基蒂·吉诺维斯惨遭歹徒杀害的事件。有一本书更详细地描写了该事件的过程：一名歹徒悄悄跟踪吉诺维斯，并在三次不同的袭击中刺伤了她，而纽约人透过自家窗户，对此静静旁观了半个多小时（Rosenthal, 1964）。新闻报道说，当时只有一位目击者在吉诺维斯死后报了警。现在的分析却表明，这些早期描述严重失实（Manning et al., 2007）。例如，警方记录证实，目击该事件的人远不到 38 人，并且鉴于事件的进展方式，基本上不可能有人能目睹整个事件的过程。几乎可以肯定的是，在第一次袭击发生后，就有人报警了。最后要说的是，警察赶到现场时，吉诺维斯还活着。

新闻报道最初的严重失实并没有妨碍其影响力。吉诺维斯命案（以其报道方式）震惊了整个美国，人们无法接受负责任的市民竟然有如此冷漠和铁石心肠的一面。只是旁观而不介入的新闻报道仍不断出现，人们对此没有太大的争议。例如，2009 年在一位德国商人被两名青少年杀害时，有数名路人目睹了这一惨案（Fischer et al., 2011）。面对这类新闻报道，社会心理学家提出了重要的问题：给这些旁观者贴上"冷漠"和"铁石心肠"的标签公平吗？或者我们能用情境的力量来解释他们的不作为吗？

为了弄明白情境的力量，**比布·拉塔内和约翰·达利**（Latané & Darley, 1970）做了一系列经典的研究。他们的目标是要证明**旁观者介入**（bystander intervention）——人们想帮助危难中的陌生人的意愿——对情境的精细特征非常敏感。他们在实验室里巧妙地营造了与旁观者介入相似的情境。

研究特写

参与者是大学生（Darley & Latané, 1968）。实验者将每一名学生单独安置在一间有内部通话设备的屋子里，并让其相信他正与隔壁屋子里的一名或多名同学交流。在讨论个人问题的过程中，参与者听到其中的一名学生癫痫发作并喘息着求救。在"癫痫发作"期间，参与者无法与其他同学对话，也无法知道其他人对突发情况采取了什么措施。研究的因变量是参与者把这个紧急事件报告给实验者的速度。

结果表明，参与者干预的可能性取决于他认为在场的旁观者人数。他认为在场的人数越多，报告这一紧急事件（如果他真的这么做了）的速度就越慢。如**图 16.8** 所示，两人情境下的每名参与者均在 160 秒内进行了干预；但是，那些认为自己是更大旁观者群体一员的参与者，有近 40% 的人从未操心去通知实验者说有一个同学病得很厉害。

这一结果源于**责任分散**（diffusion of responsibility）。当不止一个人能够在紧急事件中提供帮助的时候，人们经常假设其他人会或应该帮忙——于是他们自己就会

后退，不介入。

研究者继续考察影响旁观者介入可能性的情境特点。一个重要的变量是紧急事件的严重程度：在危急情境中，其他目击者在场的影响比不危险的情境小得多（Fischer et al., 2011）。请思考这样一项研究，参与者认为自己正在观看一名男人和女人的真实互动，男人开始威胁这个女人（Fischer et al., 2006）。在低身体危险的条件下——男人很瘦弱，并不吓人；在高身体危险的条件下——男人块头很大，很吓人。当女人面临低身体威胁时，参与者单独在场，参与者有 50% 的次数帮助了这位女士；而当身边还有一位旁观者时，帮助的次数只有 6%。当女人面临高身体危险时，参与者单独在场，有 44% 的次数介入；但当身边还有一位旁观者时，仍有 40% 的次数介入。我们可能还是希望，要是参与者更多地帮助这位女士就好了！不过，这项研究为我们提供了希望，当你真的需要帮助时，旁观者会帮你的。

上述紧急情况的确切性质可能很重要，部分原因是：显而易见的危险使旁观者很难无视正在发生的事情。然而在很多现实生活中，那些赶时间的人们——例如在上班或约会途中的人——也许甚至都没有注意到需要他们帮助的情境。在一个经典实验中，研究者告诉普林斯顿神学院的学生，将要对他们的布道表现进行评价，布道内容有一段是关于善良的撒马利亚人如何费时费力地帮助躺在路边的受伤者的故事（Darley & Batson, 1973）。在他们去布道的路上，要从一个倒在门口不停咳嗽和呻吟的男子身旁经过。在那些认为自己已经布道迟到的人中，只有 10% 的人提供了帮助；而在按时赶到的人中，有 45% 的人提供了帮助；大多数旁观者介入都来自那些早到的学生——其中有 63% 的学生像善良的撒马利亚人一样提供了帮助。你再次看到了情境的特点是如何解释人们的行为的。

基于你所学的知识，如果你发现自己处在危急情境中，你会做什么？你需要让旁观者注意到你，并且不要让他们感到责任分散。你应当直接指着某个人说："你！我需要你的帮助。"在一项经典研究中，纽约人看到了一个小偷从沙滩毯上偷走了一台便携式收音机，收音机的主人仅仅把它放在那里几分钟（Moriarty, 1975）。在实验情境中，受害者（实验者的助手）对旁观者说"你有时间吗？"，或者说"你能在我离开的时候照看一下我的包（收音机）吗？"前一种情况没有引发参与者的责任感，当小偷拿走东西的时候，那些人只站在边上看着；然而那些答应替受害者照看东西的人几乎每个人都介入了，他们大声呼叫，有的甚至在沙滩上与逃跑的小偷搏斗。这个实验表明，请求帮助的行为使得人们与旁观者建立起了一种特殊的人际联结，从而对情境有了实质性改变。

在这一节，我们讨论了亲社会行为——那种人们互相帮助的情境。人们有若干种动机可以解释亲社会行为。不过，正如我们在本章屡屡看到的，社会情境对人们按这些动机行事的程度有着很大的影响。

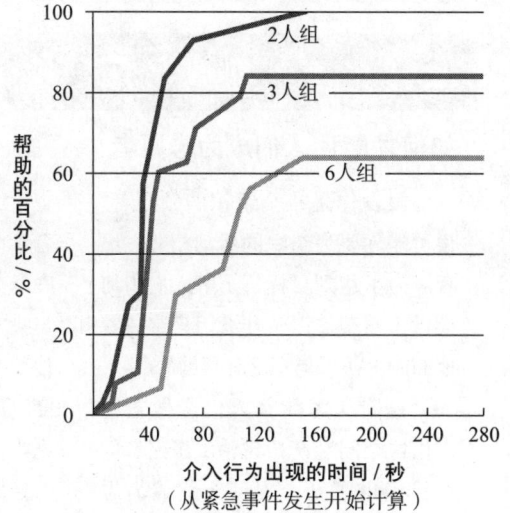

图 16.8　紧急事件中的旁观者介入

在场的旁观者越多，旁观者介入的可能性就越小。2 人组的旁观者介入行动最快。

资料来源：Darley, J. M., & Latané, B. (1968). Bystander intervention in emergencies: diffusion of responsibility. *Journal of personality and social psychology, 8*(4), 377–383.Copyright © 1968 American Psychological Association. Reprinted with permission.

生活中的批判性思维

如何才能让人们成为志愿者

假设你是一个组织的领导者。很可能你要为组织的活动招募志愿者。为了达到目标，了解人们为何会做志愿工作以及什么因素维持着他们的工作兴趣是很有帮助的。

我们从为什么人们会做志愿工作这个问题开始讨论。研究者们已经确定了几个促使人们成为志愿者的动机（Mannino et al., 2011; Omoto & Snyder, 2002）。例如，人们参加志愿活动是为了表达关于利他主义的个人价值观、扩展人生体验以及加强社会关系。如果志愿者岗位不能满足这些需要，人们就可能不愿意参与。所以为了招募志愿者，你可能需要了解你想要吸引的人有何动机需求。

当人们开始做志愿者后，又是什么驱使他们在自己的岗位上坚持下去的呢？为回答这个问题，研究者对志愿者进行了纵向研究。例如，一项研究对佛罗里达州的238名志愿者进行了为期一年的追踪调查（Davis et al., 2003）。这些志愿者参与了诸如免费医疗救助和反家庭暴力之类的组织。影响志愿者参与满意度的最重要的因素之一是：他们在志愿者岗位上遭受痛苦的程度。尽管你对这个结果可能不会感到吃惊，但是它却对实践有着重要的指导作用。研究者指出，应该把目光放在"那些能让志愿者提前做好准备以应对痛苦情境的培训方法上，或者教给他们一些策略以应对他们肯定会经受的痛苦"（p. 259）。

另一项研究考察的是美国东南部一家临终关怀医院里的302名志愿者，重点关注他们在多大程度上将"志愿者"视为重要社会角色的个体差异（Finkelstein et al., 2005）。该研究提出一个假设：那些认为志愿者角色是其自我同一性最重要部分的人也最可能继续他们的志愿者工作。参与者通过回应诸如"自愿为临终关怀医院工作是我个人同一性的一个重要部分"之类的陈述，来表明该社会角色的重要程度。与研究者的预期一致，他们发现角色同一性的强度与志愿工作持续的时长有正相关。根据这一结果可以再次得出具体的建议："一旦个体开始做志愿工作，使其坚持志愿工作的方法就可能集中在培养志愿者角色同一性上……让志愿者因其贡献而得到公开认可的物品（如T恤衫、志愿者工牌）都有助于加强角色同一性"（p. 416）。

这些研究让你也能省察你自己的行为。你的志愿工作的经历出于什么动机？你做好应对痛苦的准备了吗？在多大程度你欣然接受"志愿者"是一个受人尊敬的社会角色？你可以回答这些问题以增加你的志愿活动的个人收获和社会效益。

- 为什么适合用纵向设计来研究志愿者行为？
- 为什么T恤衫和志愿者工牌有助于加强角色同一性？

STOP 停下来检查一下

❶ 为什么研究者认为遗传因素会影响攻击？

❷ 挫折与攻击之间的关系是什么？

❸ 互惠性利他主义是什么意思？

❹ 为什么会发生责任分散现象？

批判性思考：请回忆考察参与者对有吸引力和无吸引力个体做判断的那项研究。为什么参与者不认识照片中的人物很重要？

个人后记

　　我们已经来到了《心理学与生活》之旅的终点。回溯过往，我希望你能清晰地认识到，自己这一路走来学到了多少知识。不过，我们还只是浅尝辄止，心理学的学习仍有许多兴奋和挑战在等着你。我希望你继续追寻自己对心理学的兴趣，将来有望成为科学研究者或临床实践者，或者应用你学到的心理学知识解决社会和个人问题，从而继续为这一充满活力的事业作出贡献。

　　剧作家汤姆·斯托帕德提醒我们："每个出口都是通往其他地方的入口。"我相信，你从《心理学与生活》及心理学导论课程中学到的知识，有利于你顺利地进入下一阶段的人生。在接下来的旅程中，希望你为探索人类行为的心理学注入新的活力，同时加强你与遇到的每个人的联结。

Richard Gerrig

要点重述

建构社会现实

- 每个人都在建构自己的社会现实。
- 社会知觉受信念和期望的影响。
- 归因理论描述人们对行为的原因所做出的判断。
- 诸如基本归因错误、自我服务偏差、自我实现预言等一些偏差会潜在地影响归因、其他判断和行为。

情境的力量

- 个体如果接受安排扮演某个社会角色，即便是在人为场景中，也会导致其违背自己的信念、性格和价值观而行动。
- 社会规范能塑造群体成员的态度和行为。
- 谢里夫和阿施所做的经典研究说明了导致从众的信息性力量和规范性力量。
- 少数派影响可能是信息性影响的结果。
- 米尔格拉姆对服从的研究有力地证明了情境因素的影响，这些力量会使普通人认可并参与有组织的攻击行为。

态度、态度改变与行动

- 态度是对人、事、物或观念的积极或消极评价。
- 并非所有态度都能准确预测行为，它们必须很容易获得或非常稳定才能预测行为。
- 根据精细可能性模型，说服的中心路径有赖于对论据的仔细分析，而外周路径则有赖于说服情境的表面特征。
- 认知失调理论和自我知觉理论探讨了源自行为活动的态度形成和改变。
- 要引发顺从行为，人们可以利用互惠、一致性、承诺等技巧。

偏　见

- 人们区分内群体和外群体时，即使是任意的微小线索也会引发偏见。
- 刻板印象影响人们对行为和信息的评价方式。
- 内隐偏见通常会影响人们的行为。
- 研究者通过创造条件，让不同群体的成员必须合作才能实现共同的目标，从而消除了偏见的部分影响。
- 跨文化研究也表明，友谊在消除偏见方面有着重要的作用。

社会关系

- 人际吸引部分地取决于邻近性、外表吸引力、相似性和互惠。

- 可以根据激情、亲密和承诺来界定亲密关系。
- 成人依恋风格影响亲密关系的质量。

攻击、利他行为和亲社会行为

- 攻击行为的个体差异反映在遗传、脑功能和人格特质上。
- 挫折和挑衅都会引起攻击行为。

- 不同文化为攻击行为提供了不同的规范。
- 研究者试图解释人们做出亲社会行为的原因，尤其是对自己没有好处的利他行为。
- 进化论的解释关注亲属关系和互惠性。
- 旁观者介入研究表明，情境在很大程度上决定了危急情况下哪些人会提供帮助。

关键术语

社会心理学	群体极化	性别歧视
社会认知	群体思维	刻板印象
社会知觉	态度	内隐偏见
归因理论	说服	接触假说
共变模型	精细可能性模型	攻击
基本归因错误	认知失调	亲社会行为
自我服务偏差	自我知觉理论	利他行为
自我实现预言	顺从	冲动性攻击
社会角色	互惠规范	工具性攻击
规则	偏见	挫折—攻击假说
社会规范	社会分类	互惠性利他主义
从众	内群体	旁观者介入
信息性影响	外群体	责任分散
规范性影响	内群体偏向	
规范具体化	种族歧视	

练习题

第1章练习题

1. 心理学的定义关注的是_____和_____。

   a. 行为；结构

   b. 行为；心智过程

   c. 心智过程；机能

   d. 心智过程；结构

2. "分析水平"与心理学的哪个目标最为相关？_____

   a. 解释发生的事情

   b. 描述发生的事情

   c. 预测将要发生的事情

   d. 控制发生的事情

3. 如果你想_____将要发生的事情，你必须首先能_____将要发生的事情。

   a. 描述；解释　　　　　b. 描述；控制

   c. 控制；预测　　　　　d. 解释；预测

4. 在观看恐怖电影时，贝蒂抑制了自己的情绪，但希尔达没有。你会预期贝蒂比希尔达吃_____的安慰食物和_____的非安慰食物。

   a. 更多；等量　　　　　b. 更多；更少

   c. 等量；更多　　　　　d. 更少；更多

5. _____建立了第一个用于实验心理学研究的实验室。

   a. 威廉·詹姆士（William James）

   b. 威廉·冯特（Wilhelm Wundt）

   c. 马克斯·惠特海默（Max Wertheimer）

   d. 约翰·杜威（John Dewey）

6. 如果一位研究者告诉你，她的主要目标是将心理经验理解为基本成分的组合，那么她的研究的历史根源最可能是_____。

   a. 机能主义　　　　　　b. 人本主义观点

   c. 结构主义　　　　　　d. 进化观点

7. 美国心理学协会的第一位女性主席是_____。

   a. 玛格丽特·沃什布恩（Margaret Washburn）

   b. 安娜·弗洛伊德（Anna Freud）

   c. 珍·古道尔（Jane Goodall）

   d. 玛丽·卡尔金斯（Mary Calkins）

8. 来自波士顿和孟买两所大学的两位教授在合作开展一项研究，考察美国学生和印度学生是如何对同样的推理问题做出回应。他们在研究中可能采取的是_____观点。

   a. 人本主义　　　　　　b. 社会文化

   c. 生物学　　　　　　　d. 心理动力学

9. _____观点认为人类的心理能力是为了达成适应性目的。

   a. 认知　　　　　　　　b. 人本主义

   c. 进化　　　　　　　　d. 社会文化

10. 你感冒在家的时候花了很多时间看法制节目。如果看到_____心理学家在审判中作证，你应该不会感到奇怪。

    a. 健康　　　　　　　　b. 社会

    c. 司法　　　　　　　　d. 发展

11. 认知心理学家很可能会问哪一类问题？_____

    a. 为什么儿童有时会有想象的朋友？

    b. 为什么有些学生每到重大考试就会生病？

    c. 如何设计打字更快的键盘？

    d. 双语者如何在两种语言之间转换？

12. 哪类心理学家最不可能关注人类心理的遗传方面？_____

    a. 工业与组织心理学家

    b. 发展心理学家

    c. 人格心理学家

    d. 生物心理学家

13. 拥有心理学高级学位的人最有可能在什么地方工作？_____

    a. 学术机构　　　　　　b. 医院和诊所

    c. 商业和政府部门　　　d. 独立执业

14. 在暴力风险评估中，属于动态因素的是_____。

    a. 性别　　　　　　　　b. 物质滥用

    c. 家庭养育的稳定性　　d. 初次定罪的年龄

15. 你应该在 PQ4R 的_____阶段将课本材料与已有的知识联系起来。

    a. 思考　　　　　　　　b. 重述

    c. 复习　　　　　　　　d. 提问

论述题

1. 从心理学的目标来看，为什么用"相当乐观"来形容心理学家是合适的？

2. 为什么采用七种心理学观点中的多个视角来思考同一个心理学问题通常是有利的？

3. 为什么心理学领域既包括研究又包括应用？

第 2 章练习题

1. _____是一个组织起来的概念集合,用来解释一种现象或一系列现象。
   a. 理论　　　　　　　　b. 假设
   c. 操作性定义　　　　　d. 相关

2. 论文向期刊提交之后会被发送给多位专家进行详细的分析。这个过程是_____。
   a. 事后解释　　　　　　b. 知情同意
   c. 同行评审　　　　　　d. 控制程序

3. 彼得森教授正在检验一个假设:当群体中的人较多时,人们的合作较少。他计划在实验中给各组设定不同的人数。人数是他的_____。
   a. 安慰剂控制　　　　　b. 自变量
   c. 双盲控制　　　　　　d. 因变量

4. 拉哈尔是一名研究助理。 在实验的第一个阶段,拉哈尔向每名参与者分发一罐可乐或者一罐不含咖啡因的可乐。在实验的第二个阶段,拉哈尔用秒表记下参与者玩电子游戏的时间。这个研究似乎缺少了_____。
   a. 安慰剂控制　　　　　b. 相关设计
   c. 操作性定义　　　　　d. 双盲控制

5. 马特参与了一个历时两天的实验。第一天,他在跑步机上跑了两分钟后进行了一个记忆测试。第二天,他在跑了十分钟后进行了一个类似的测试。实验者想要比较马特两次的成绩。这似乎是_____。
   a. 被试内设计　　　　　b. 双盲控制
   c. 被试间设计　　　　　d. 相关设计

6. 雪莉逛了一家古玩店。老板对她解释说,物品越小,越贵。这是一个_____的例子。
   a. 相关系数　　　　　　b. 负相关
   c. 正相关　　　　　　　d. 安慰剂效应

7. 萨莉准备从纽约到芝加哥旅行。虽然她喜欢开车,但她已经决定乘坐飞机。在读了两篇关于这两种交通方式相对安全性的文章后,她得出结论说,支持航空旅行的那篇文章更合理。这听起来像是一个_____的例子。
   a. 决定论　　　　　　　b. 期望效应
   c. 知情同意　　　　　　d. 愿望思维

8. 保罗博士正在设计新的饥饿测量法。他说:"我需要一个能够准确地预测人们下一顿能吃多少食物的测量工具。"保罗博士陈述的是这个测量工具的_____。
   a. 操作性定义　　　　　b. 标准化
   c. 效度　　　　　　　　d. 信度

9. 吉奥维娜担心实验结果可能会因为参与者期待给人留下好印象而受到影响。听起来她似乎使用了_____测量。
   a. 有效的　　　　　　　b. 自我报告
   c. 可信的　　　　　　　d. 操作性的

10. 本杰明认为男性比女性更可能上课迟到。为了最有效地检验这个假设,他应该使用_____。
    a. 被试内设计　　　　　b. 相关设计
    c. 自我报告法　　　　　d. 自然观察

11. 安德鲁想检验假设:人们在天气好的时候给慈善机构的捐款更多。为了检验它,安德鲁很可能使用_____。
    a. 双盲控制　　　　　　b. 期望效应
    c. 实验室观察　　　　　d. 档案数据

12. 在你参加一个实验之前,研究者应该向你提供有关实验程序、潜在风险以及预期收益的信息。这个过程称为_____。
    a. 风险 / 收益评估　　　b. 事后解释
    c. 知情同意　　　　　　d. 操作性定义

13. _____不属于伦理学家提出的用以指导动物研究的 3R 原则。
    a. 相关 (relate)　　　　b. 改善 (refine)
    c. 减少 (reduce)　　　　d. 替换 (replace)

14. 对他人提出的看似明显的解释一定要寻找_____解释。
    a. 正面的　　　　　　　b. 其他可能的
    c. 负面的　　　　　　　d. 相反的

15. 你要求人们对一个关于过度使用电话的风险的描述做出反应。当人们读到"_____人在遭受严重的声带损伤"时,你预期人们会给出最高的风险评估。
    a. 100 人中的 10　　　　b. 10% 的
    c. 100 人中的 20　　　　d. 20% 的

论述题

1. 为什么让研究程序接受公开检验非常重要?

2. 假设你想测量"快乐",你如何评估测量工具的效度?

3. 就伦理原则而言,心理学研究中的风险和收益是如何定义的?

第 3 章练习题

1. 皮特·格兰特和罗斯玛丽·格兰特研究了某种达尔文地雀，他们发现重大的气候变化会影响哪些雀群的数量使之能生存下来。这是一个关于_____的例子。

   a. 遗传力　　　　　　b. 全或无定律

   c. 自然选择　　　　　d. 天性和教养

2. 莎伦在一个项目中观察了幼儿的行为。她最能直接观察到的是_____。

   a. 基因型　　　　　　b. 表型

   c. 染色体　　　　　　d. DNA

3. 假如你设计了一项研究用来评估"幽默感"是否存在遗传成分。为了得出遗传起作用的结论，你需要什么样的证据？_____

   a. 异卵双生子在幽默感上的相似度高于同卵双生子

   b. 异卵双生子的幽默感总是高于同卵双生子

   c. 同卵双生子的幽默感总是高于异卵双生子

   d. 同卵双生子在幽默感上的相似度高于异卵双生子

4. _____的职责之一是接收来自其他神经元的刺激。

   a. 轴突　　　　　　　b. 终扣

   c. 突触　　　　　　　d. 树突

5. 乔纳斯从银行取完钱后，必须要等上 2 分钟，他的银行卡才能再次有效。这听起来很像神经传导中的_____。

   a. 全或无定律　　　　b. 动作电位

   c. 不应期　　　　　　d. 离子通道

6. 威尔玛画了一张关于神经传递的示意图，她在一个神经元的终扣和另一个神经元的树突之间留了一道缝隙，这个缝隙叫作_____。

   a. 离子通道　　　　　b. 胶质细胞

   c. 郎飞氏节　　　　　d. 突触

7. 比娅决定接受针灸疗法来治疗自己的背部疼痛。你对此解释说，研究者认为针灸导致了脑中_____的释放。

   a. GABA　　　　　　b. 乙酰胆碱

   c. 内啡肽　　　　　　d. 多巴胺

8. 研究者认为文化会"化入大脑"，因为_____。

   a. 不同文化背景的人面临的问题不同

   b. 人们的文化价值观导致他们重复同样的神经反应模式

   c. 来自不同文化的人不能产生相同的神经反应

   d. 人们的行为反应只能通过文化价值观来预测

9. 哪种技术可以制造可逆的损伤？_____

   a. fMRI　　　　　　　b. rTMS

   c. PET 扫描　　　　　d. EEG

10. _____神经系统加工传入的神经信息，然后发出指令到身体的各个部位。

    a. 中枢　　　　　　　b. 自主

    c. 躯体　　　　　　　d. 外周

11. 在_____受损之后，H.M. 难以获得新信息。

    a. 网状结构　　　　　b. 丘脑

    c. 海马　　　　　　　d. 布洛卡区

12. 杰夫通过喷鼻剂吸入催产素，你预期他会对穆拉表现出_____的信任，这部分是因为杏仁核的活动_____了。

    a. 更多；减少　　　　b. 更多；增加

    c. 更少；减少　　　　d. 更少；增加

13. 你在跟特亚斯聊天的时候发现她是右利手。你觉得她产生言语的能力最有可能受哪个半球控制？_____

    a. 左半球　　　　　　b. 右半球

    c. 两个半球共同作用　d. 两个半球都不是

14. 哪个脑结构充当脑与内分泌系统之间的中转站？_____

    a. 海马　　　　　　　b. 下丘脑

    c. 脑桥　　　　　　　d. 杏仁核

15. 脑成像技术发现，与不拉小提琴的人相比，小提琴演奏者的脑中左手手指的皮层代表区增大了。这个结果是什么概念的一个例子？_____

    a. 神经发生　　　　　b. 遗传力

    c. 脑功能偏侧化　　　d. 大脑可塑性

论述题

1. 人类行为遗传学研究和进化心理学研究之间重要的差异是什么？

2. 为什么神经元的活动取决于其所接收到的兴奋性输入和抑制性输入之间的平衡？

3. 关于环境丰富性的研究对大脑可塑性有何启示？

第4章练习题

1. 假设你正在看地球仪。虽然_____是一个球体，但你知道_____应该是一个圆。
   - a. 远距刺激；绝对
   - b. 远距刺激；近距刺激
   - c. 阈限；远距刺激
   - d. 近距刺激；远距刺激

2. 你刚进入房间时，会觉得某个人身上的香水味扑鼻而来。过段时间，香味淡了很多。这是一个_____的例子。
   - a. 心理测量函数
   - b. 感觉适应
   - c. 错觉
   - d. 换能

3. 你正在做一个实验，你想要知道人们对不同含糖量的软饮料的差别阈限。你想要找到人们在_____% 的次数中觉察出刺激有差异的那个点。
   - a. 50
   - b. 25
   - c. 100
   - d. 75

4. 从一种形式的物理能量到另一种形式的转换称为_____。
   - a. 感觉适应
   - b. 换能
   - c. 感觉接受
   - d. 光感受

5. 如果你进入一个光线很暗的房间，你的_____将比_____对视觉的贡献更大。
   - a. 杆体细胞；无长突细胞
   - b. 水平细胞；杆体细胞
   - c. 锥体细胞；杆体细胞
   - d. 杆体细胞；锥体细胞

6. 拮抗加工理论中不包含下面哪一对颜色？_____
   - a. 红与绿
   - b. 白与黑
   - c. 黄与蓝
   - d. 蓝与绿

7. 听觉信息到达_____时，空气中的声波变为海浪波。
   - a. 听觉神经
   - b. 耳蜗
   - c. 鼓膜
   - d. 中央凹

8. 下面哪一个不是基本味觉？_____
   - a. 苦
   - b. 甜
   - c. 刺激味道
   - d. 酸

9. _____理论的目的在于解释生理疼痛和心理疼痛体验之间某些方面的关系。
   - a. 门控
   - b. 齐射
   - c. 频率
   - d. 地点

10. 在一项关于生理疼痛和社会痛苦的研究中，研究者证明人们的大脑_____。
   - a. 对生理疼痛的反应更强烈
   - b. 对社会痛苦的反应更强烈
   - c. 对生理疼痛和社会痛苦的反应区域相同
   - d. 对生理疼痛和社会痛苦的反应区域不同

11. 雪莉走进聚会的房间，她环顾一圈寻找自己的丈夫保罗。这是一个_____的例子。
    - a. 目标指向注意
    - b. 刺激驱动注意
    - c. 时间整合
    - d. 感觉适应

12. 托马斯的戒指上有道小缝。_____可以解释为什么大多数人都认为他的戒指是完整的。
    - a. 相似律
    - b. 共同命运律
    - c. 连续律
    - d. 闭合律

13. 在进行模拟驾驶任务时，迈克尔还使用免提电话与他人交谈。基于实验证据，你预测他会_____。
    - a. 表现得与在路上真实驾驶时不同
    - b. 将更多注意力放在视觉环境而不是谈话上
    - c. 不能注意到视觉环境中的物体
    - d. 不能看到视觉环境中的物体

14. 克里斯说"I love you"时，一辆卡车的喇叭响了起来。虽然喇叭声遮盖了"love"中的"l"，帕特依然觉得"love"这个词是完整的。这是一个_____的例子。
    - a. 自下而上的加工
    - b. 知觉恒常性
    - c. 自上而下的加工
    - d. 连续律

15. 看了一场恐怖电影后，卡尔文觉得每一个影子都像是怪物。他似乎正在经历_____。
    - a. 一种知觉定势
    - b. 形状恒常性
    - c. Φ 现象
    - d. 共同命运律

论述题

1. 信号检测论如何解释为什么人们会在相同的感觉体验下做出不同的判断？

2. 三原色理论和拮抗加工理论是如何结合起来解释颜色视觉的？

3. 歧义刺激如何展示你的感觉和知觉过程在帮助你解释这个世界时所面临的困难？

第5章练习题

1. 弗洛伊德认为有些记忆太过于有威胁性，以至被迫处于_____中。

   a. 无意识
   b. 前意识
   c. 意识
   d. 显性梦境

2. 一组男女在观看一款新车的电视广告。如果你想要确定哪些广告信息进入意识，你可以使用_____。

   a. 冥想
   b. 视觉搜索实验
   c. 清醒梦
   d. 出声思维报告

3. 下面哪个是意识的选择性储存功能的例子？_____。

   a. 罗博投篮的时候盯住篮筐
   b. 劳拉决定买巧克力味冰激凌而不是香草味的
   c. 梅尔在灯变绿的时候立刻踩下油门
   d. 塞尔维托决心记住新女朋友的地址

4. 由于需要更多的意识努力，搜索_____物体要比搜索_____物体难。

   a. 红色；大的红色
   b. 绿色；既有绿色又有黄色的
   c. 既有红色又有蓝色的；既有绿色又有黄色的
   d. 既有红色又有蓝色的；红色

5. 为了确定盖瑞克的时型，你最有可能问他下述哪个问题？_____。

   a. 你每月做多少次噩梦？
   b. 你通常几点上床睡觉？
   c. 你的 NREM 睡眠多还是 REM 睡眠多？
   d. 你吸大麻或者抽烟吗？

6. NREM 睡眠和 REM 睡眠都对_____很重要。

   a. 药物耐受性
   b. 未注意的信息
   c. 潜性梦境和显性梦境
   d. 学习和记忆

7. 卡洛琳在夜里会多次停止呼吸然后醒来，看上去她患有_____。

   a. 失眠症
   b. 睡眠窒息症
   c. 梦游症
   d. 发作性睡病

8. 激活－整合模型的观点是什么？_____

   a. 梦是由随机的脑活动产生的
   b. 显性梦境是从潜性梦境合成来的
   c. 梦的内容反映了人们每天关注的事情
   d. 男孩和女孩的梦境内容不同

9. 为了引发_____，研究者在检测到 REM 睡眠时闪烁红灯。

   a. 清醒梦
   b. 催眠
   c. 冥想
   d. 激活和整合

10. 你觉得下面哪个人会对催眠有最强的反应？_____

    a. 19 岁的宝拉
    b. 11 岁的拉夫
    c. 24 岁的珍妮
    d. 46 岁的乔治

11. 研究者认为_____会带来脑区之间更强的连接。

    a. 催眠
    b. 做梦
    c. 梦游症
    d. 冥想

12. 在没有生理需要的时候仍然渴望获得某种药物，这种现象被称为_____。

    a. 成瘾
    b. 药物耐受性
    c. 心理依赖
    d. 生理依赖

13. 致幻剂通过_____脑中_____神经元的活动在脑中起作用。

    a. 抑制；GABA
    b. 抑制；多巴胺
    c. 延长；5-羟色胺
    d. 延长；多巴胺

14. 过度使用_____会导致偏执妄想。

    a. 兴奋剂
    b. 镇静剂
    c. 鸦片类药物
    d. 致幻剂

15. 有一组研究者在开发新药物，以帮助人们控制体重，你猜测一下这种药物可能会以脑中的_____系统作为靶子。

    a. 巴比妥酸盐
    b. 鸦片
    c. 苯二氮䓬
    d. 大麻素

论述题

1. 自从弗洛伊德的理论提出以来，无意识概念有过哪些修正？
2. 在非西方文化中，梦的解释是如何进行的？
3. 药物使用常常会导致成瘾，其中的生理机制是什么？

第6章练习题

1. 琼刚搬到城里时会因为交通噪声睡不着。现在她几乎听不到车辆的声音了。这是一个_____例子。
   a. 敏感化
   b. 习惯化
   c. 一致性
   d. 经典条件作用

2. 斯金纳观点的追随者不可能关注_____。
   a. 将内部状态作为行为的原因
   b. 跨物种存在的学习形式
   c. 行为与奖赏之间的关系
   d. 引起行为的环境刺激

3. 在巴甫洛夫的实验中，_____充当无条件刺激。
   a. 唾液
   b. 食物末
   c. 实验助手的出现
   d. 纯声

4. 邻居有一只小狗，每天冲6岁的巴维尔吠叫。一段时间后，巴维尔变得害怕所有的狗。这是一个_____的例子。
   a. 刺激辨别
   b. 倒摄条件作用
   c. 自发恢复
   d. 刺激泛化

5. 彼得想做个经典条件作用实验，他把光作为CS，电击作为UCS，你告诉他光必须_____。
   a. 在短期内与电击相继出现
   b. 可靠地预测电击
   c. 与电击是一种阻断关系
   d. 出现在电击之后

6. 经典条件作用在毒品耐受性上起作用时的条件刺激是_____。
   a. 个体使用毒品的环境
   b. 身体对毒品的补偿反应
   c. 个体使用毒品后的兴奋状态
   d. 个体对剂量过大的恐惧

7. 某天晚上，你吃了一个热狗后觉得很难受。现在你一想到吃热狗就发抖。一个朋友建议你尝试一下消退试验。这意味着你将_____。
   a. 把热狗和你喜欢的食物关联起来
   b. 让自己吃其他东西也难受
   c. 吃更多的热狗
   d. 把热狗作为奖赏

8. 人们在进行化疗时的无条件反应是_____。
   a. 预期的疲劳
   b. 个体接受治疗的环境
   c. 药物注入体内
   d. 身体对药物的反应

9. 在一个操作性条件作用实验中，每当人们表现出期望的行为，你就为他们提供昂贵的巧克力。你认为巧克力可能_____。
   a. 对所有人都是强化物
   b. 对所有人都不是强化物
   c. 对所有人都是惩罚物
   d. 对有些人是强化物

10. 卡罗塔的父母已经3天不允许她看电视了。如果她吃掉球芽甘蓝，晚上就可以看电视了。听起来卡罗塔的父母好像很熟悉_____。
    a. 操作性消退
    b. 条件性强化
    c. 反应剥夺理论
    d. 代币制

11. 一项研究发现，相比同龄儿童，15个月大时受过最多体罚的儿童会在36个月大的时候表现出_____的行为问题，在一年级时表现出_____的行为问题。
    a. 更少；更少
    b. 更少；更多
    c. 更多；更少
    d. 更多；更多

12. "暂停"在你的孩子_____岁并且持续_____分钟的情况下最能改变孩子的行为。
    a. 10；2
    b. 4；4
    c. 10；12
    d. 2；3

13. 你的新工作是给苹果抛光，每完成20个可获得2美元，你在该情景中处于_____程式。
    a. 不定间隔
    b. 不定比率
    c. 固定比率
    d. 固定间隔

14. 像克拉克星鸦这样的鸟类非常擅长寻找自己埋下的种子。这为物种特异性的_____提供了证据。
    a. 空间记忆
    b. 条件作用过程
    c. 经典条件作用的应用
    d. 塑造过程

15. 佐伊看到她的姐姐在冰上滑倒了，并摔伤了胳膊。此后她走在冰上时变得非常小心。这是_____的例子。
    a. 观察学习
    b. 经典条件作用
    c. 操作性消退
    d. 敏感化

论述题

1. 你会和将要做化疗的人分享关于经典条件作用的哪些信息？

2. 为什么你会使用一种强化程式（如固定间隔程式与不定间隔程式）而非另一种？

3. 什么机制能解释观看暴力电视节目可能导致攻击行为？

第 7 章练习题

1. 在学校的才艺秀上，诺亚一边回答与政治有关的问题，一边用手指旋转篮球。提问和回答主要需要＿＿＿＿记忆，而旋转篮球主要需要＿＿＿＿记忆。

   a. 内隐；程序性　　　　　b. 陈述性；程序性

   c. 程序性；陈述性　　　　d. 内隐；陈述性

2. 为了说明映像记忆的容量，斯佩林证明参与者使用＿＿＿＿程序时表现更好。

   a. 全部报告　　　　　　　b. 程序性记忆

   c. 部分报告　　　　　　　d. 内隐记忆

3. 马克从电话簿上查到了一个电话号码，但在拨电话之前忘记了号码。这说明马克应该在＿＿＿＿上花费更多的努力。

   a. 复述　　　　　　　　　b. 组块

   c. 记忆广度　　　　　　　d. 映像记忆

4. 下面哪一个不是工作记忆的成分？＿＿＿＿

   a. 映像记忆缓冲区　　　　b. 语音环路

   c. 中央执行系统　　　　　d. 视觉空间画板

5. 由于提取线索的可用性，＿＿＿＿通常比＿＿＿＿更容易。

   a. 回忆；情景记忆　　　　b. 再认；回忆

   c. 语义记忆；再认　　　　d. 回忆；再认

6. 梅根在见了一群人之后，只能想起最后一个人的名字。这是＿＿＿＿效应的例子。

   a. 首因　　　　　　　　　b. 时间区辨性

   c. 编码特异性　　　　　　d. 近因

7. 想想 *Mississippi* 这个词。下面哪个问题要求你对这个词进行最深水平的加工？＿＿＿＿

   a. 这个词中有多少个字母 "s"？

   b. 这是一条河的名字吗？

   c. 这个词有多少个音节？

   d. 这个词的首字母是什么？

8. 你刚刚记住了一系列无意义的词。在接下来的 30 天，你每天都要回忆这些词（且不能再看词表）。你预期＿＿＿＿遗忘得最多。

   a. 第 1 天到第 2 天

   b. 第 3 天到第 5 天

   c. 第 5 天到第 10 天

   d. 第 10 天到第 30 天

9. 帕维需要按照行星与太阳之间的距离来学习这些行星的排列次序。刚开始，他把水星想象成一个巨大的面包

（bun），把金星想象成一只鞋子（shoe）。听上去帕维正在使用＿＿＿＿。

   a. 地点法　　　　　　　　b. 桩 - 词法

   c. 元记忆　　　　　　　　d. 映像记忆

10. 每次考试开始时，萨拉都会读完所有的题并确定哪些题是她最有把握答对的。她在做这些判断时用的是＿＿＿＿。

   a. 编码特异性　　　　　　b. 记忆术

   c. 精细复述　　　　　　　d. 元记忆

11. 当你进入一家餐厅享用美食时，你可能会利用一种叫作＿＿＿＿的记忆结构。

   a. 脚本　　　　　　　　　b. 范例

   c. 原型　　　　　　　　　d. 组块

12. 你的教授想基于"测试效应"给你一些建议，他可能会说什么？＿＿＿＿

   a. 每读完一章后都对自己进行测试！

   b. 要最用心地学习每章中间部分的材料！

   c. 使用学习判断来决定用更多的精力学什么！

   d. 尽量在你将接受测试的房间里学习！

13. 拉什利通过训练大鼠走迷宫，然后切除大鼠不同大小的＿＿＿＿来寻找记忆痕迹。

   a. 小脑　　　　　　　　　b. 皮层

   c. 纹状体　　　　　　　　d. 杏仁核

14. 阿尔茨海默证明了＿＿＿＿。

   a. 脑内的斑块导致了阿尔茨海默病

   b. 淀粉样 β - 肽导致了阿尔茨海默病

   c. 死于阿尔茨海默病的人脑内有斑块

   d. 脑内的斑块可以预防阿尔茨海默病

15. 如果要你识别编码和提取情景记忆的脑基础，你应该指向＿＿＿＿。

   a. 纹状体　　　　　　　　b. 小脑

   c. 杏仁核　　　　　　　　d. 前额皮层

论述题

1. 编码、存储和提取三者的关系是什么？

2. 工作记忆的基本功能是什么？

3. 脑成像技术在哪些方面帮助证实了记忆研究者提出的某些理论上的区分？

第8章练习题

1. 根据唐德斯的分析逻辑，_____。
   a. 分类是最难的心理过程之一
   b. 写大写字母 C 所需的时间总是比写大写字母 V 更长
   c. 额外的心理步骤通常会使得完成任务的时间增加
   d. 反应时对理解心理过程的顺序很有用

2. 杰瑞与朋友一起去快餐店，他们各自排在不同的队列，看谁先排到柜台。这是_____加工过程的一个很好的例子。
   a. 序列   b. 自动
   c. 平行   d. 歧义

3. 劳伦能一边玩杂耍，一边说话。沃伦则不行。相比沃伦，玩杂耍对劳伦来说似乎更像是一个_____过程。
   a. 受控   b. 自动
   c. 平行   d. 序列

4. 有个朋友走过来对你说："还记得我昨天说的话吗？请把那些都忘了吧。"如果你能理解这些话，那是因为你朋友根据_____对共同基础进行了合理评估。
   a. 行动同现   b. 知觉同现
   c. 团体成员身份   d. 语言身份

5. 研究已表明_____能在没有任何明确训练的条件下理解塑料符号的意义。
   a. 长尾黑颚猴   b. 猩猩
   c. 黑猩猩   d. 倭黑猩猩

6. 语言相对论假说认为_____。
   a. 语言能以任何其选择的方式对色谱进行划分
   b. 人们使用的语言影响他们思考世界的方式
   c. 人类已演化到使用超过任何其他物种语言的复杂语言
   d. 某些语言并不允许人们进行听众设计

7. 使用 fMRI 扫描的研究表明，说谎会严重影响大脑中负责_____和_____的区域。
   a. 攻击；计划
   b. 情绪；模式识别
   c. 计划；情绪
   d. 歧义消除；攻击

8. 你正侧身躺着，一位朋友走过来跟你打招呼。为了辨别出你的朋友，你需要使用_____。
   a. 心理旋转   b. 心理扫描
   c. 空间心理模型   d. 问题空间

9. 假设你正在阅读的一段文字将你带入了这样一种情境：你置身于房间的中央，周围摆放着其他物体。这种情况下，确认在你_____的物体所用时间最短。
   a. 前面   b. 后面
   c. 左面   d. 右面

10. 问题空间的定义不包含_____。
    a. 算法   b. 操作
    c. 目标状态   d. 初始状态

11. 基于信号检测论的一种解释表明，信念偏差效应的发生是因为_____。
    a. 归纳推理   b. 代表性启发式
    c. 反应偏差   d. 框架的影响

12. 在进行_____时，你应该当心_____。
    a. 归纳推理；算法
    b. 归纳推理；心理定势
    c. 演绎推理；前提
    d. 演绎推理；出声思维报告

13. 假设你需要估计好莱坞每年发行的喜剧片和恐怖片哪个更多。为了回答这个问题，你最可能使用_____启发式。
    a. 锚定   b. 调整
    c. 代表性   d. 可得性

14. 因为保罗是一个知足者，所以你认为他会_____。
    a. 收看第一个能吸引他的电视频道
    b. 即使最近得到了一份高薪的工作，依然不开心
    c. 在决定买车前尝试各式各样的车
    d. 在新的街角市场尝试每种咖啡的口味

15. 假设你想短期提升你的朋友康斯坦丝的创造性。你让她想想生活中的一件消极事情，然后构造关于此事的_____反事实。
    a. 加法式   b. 近期
    c. 远期   d. 减法式

论述题

1. 为什么歧义是言语理解中的一个重要问题？
2. 什么因素会影响你准确进行演绎推理的能力？
3. 什么情况下决策更可能引起人们后悔？

第 9 章练习题

1. 下面哪一个不属于弗朗西斯·高尔顿爵士的智力测量观点？_____
   - a. 智力的差异可以量化
   - b. 智力可以通过客观测验来测得
   - c. 智力分数呈钟形曲线分布
   - d. 智力分数随着年龄的变化而变化

2. 戴维在网络上进行了 IQ 测试，他在同一网站上做了 4 份测验，分数分别为 116、117、129 和 130。根据这些分数，你认为这些 IQ 测验_____。
   - a. 不可信且无效
   - b. 可信且有效
   - c. 可信但无效
   - d. 有效但不可信

3. 马丁完成了一份测量幸福感的测验。他得了 72 分。为了解释这一分数，马丁需要参考该测验的_____。
   - a. 重测信度
   - b. 常模
   - c. 标准化
   - d. 效标关联效度

4. 黛博拉 10 岁，但是她的心理年龄是 12 岁。用最初计算 IQ 的方法，你可以得出她的 IQ 为_____。
   - a. 90
   - b. 100
   - c. 150
   - d. 120

5. 以下哪种因素导致的智力缺陷最容易治疗？_____
   - a. 唐氏综合征
   - b. 苯丙酮尿症（PKU）
   - c. 母亲孕期饮酒
   - d. 母亲孕期吸食可卡因

6. 下面的特质中哪个不属于天才的"三环"概念？_____
   - a. 创造力
   - b. 数学天赋
   - c. 任务执着
   - d. 高能力

7. 9 岁时，唐纳和贝蒂进行了 IQ 测试。唐纳得了 103 分，贝蒂得了 118 分。基于这一信息，你预测_____。
   - a. 贝蒂会比唐纳多活 15 年
   - b. 唐纳可能比贝蒂活得久
   - c. 贝蒂可能比唐纳活得久
   - d. 唐纳和贝蒂的寿命可能基本相同

8. _____智力被定义为个人已获得的知识。
   - a. 晶体
   - b. 分析
   - c. 流体
   - d. 创造

9. 费利克斯正在申请厨师学校。他参加了入学测验，该测验提出了一系列关于食物准备的问题。这听起来最像是_____智力测验。
   - a. 流体
   - b. 分析
   - c. 实践
   - d. 创造

10. 朱利安很少意识到周围的人是否难过。据此可以推测他是个_____智力不怎么高的人。
    - a. 自然主义
    - b. 情绪
    - c. 空间
    - d. 身体运动

11. 乔纳莉和瑞根是姐妹俩。如果她们_____，则你预计她们的 IQ 最接近。
    - a. 是同卵双生子
    - b. 是异卵双生子
    - c. 在相同家庭中长大
    - d. 在 2 岁前被收养

12. 关于社会经济地位对心理能力影响的研究表明，_____。
    - a. 社会经济地位只对特定种族群体的 IQ 分数有影响
    - b. 社会经济地位对心理能力没有影响
    - c. 来自低社会经济地位家庭的个体不会从学前项目中获益
    - d. 来自高社会经济地位家庭的个体表现出更高的心理能力

13. 当人们相信_____时，刻板印象威胁会影响他们的测验成绩。
    - a. 刻板印象在文化中广泛流传
    - b. 测试情境对某些族裔群体不公平
    - c. 测试情境与刻板印象有关
    - d. 刻板印象随时间而改变

14. 关于智力差异的脑研究表明，与 IQ 得分较低的个体相比，IQ 得分高的个体_____。
    - a. 在青少年期大脑皮层变得更厚
    - b. 一直有着更厚的大脑皮层
    - c. 从未有过更厚的大脑皮层
    - d. 在儿童早期有着更厚的大脑皮层

15. 塞勒斯 12 岁时，人们说他是个天才。作为一名成年人，他一直觉得自己在辜负自己的潜力。这是一个很好的测验_____的例子。
    - a. 产生了不准确结果
    - b. 给出了一个对个人有影响的标签
    - c. 塑造个体的教育经历
    - d. 对塞勒斯的群体有负面影响

论述题

1. 为什么一项测验可能是可信但无效的？
2. 霍华德·加德纳的多元智力理论的目标是什么？
3. 开端计划和其他早期干预计划是如何证明环境对 IQ 的影响的？

第 10 章练习题

1. 瑞秋刚满 4 岁，但是她的语言能力却达到了 6 岁孩子的水平。就语言能力而言，她的_____年龄大于_____年龄。
   - a. 生理；常模
   - b. 发展；横断
   - c. 发展；生理
   - d. 生理；发展

2. 你的朋友帕特说："我确定卡洛林一出生就认得出我的声音。"如果帕特是卡洛林的_____，那帕特的陈述就很可能是正确的。
   - a. 母亲
   - b. 父亲
   - c. 母亲或父亲
   - d. 妹妹

3. 杰克和吉尔是双胞胎，在大多数情况下，你会期待杰克青春期生长突增的开始时间与（比）吉尔的_____。
   - a. 相同
   - b. 早
   - c. 早一年
   - d. 晚

4. 塔玛拉的思想有自我中心和中心化的特点，依据皮亚杰的理论，塔玛拉应该处于_____阶段。
   - a. 感知运动
   - b. 前运算
   - c. 具体运算
   - d. 形式运算

5. 你正在对 20 岁的基思和他 45 岁的父亲马修进行测试。如果他们都是普通人，那么你期望基思有更高的_____，马修则有更高的_____。
   - a. 晶体智力；流体智力
   - b. 智慧；晶体智力
   - c. 智慧；流体智力
   - d. 流体智力；智慧

6. 你正在检查某语言知觉实验的数据。27 号参与者能听出在印度语中使用而在英语中不使用的一个声音差异，你总结 27 号参与者最不可能是_____。
   - a. 会英语的成年人
   - b. 在印度语环境下成长的婴儿
   - c. 会印度语的成年人
   - d. 在英语环境下成长的婴儿

7. 如果思云认为"母亲"这个词适用于所有的妇女，则她是在_____；如果她认为"母亲"只适用于自己的母亲，她是在_____。
   - a. 对比；过度扩展
   - b. 过度减缩；假设
   - c. 假设；对比
   - d. 过度扩展；过度减缩

8. 莫娜和比安卡都是 6 岁的孩子。莫娜说英语，比安卡会说英语和土耳其语。你预期_____会有更大的英语词汇量，而_____会表现出更好的执行控制能力。
   - a. 莫娜；莫娜
   - b. 比安卡；莫娜
   - c. 莫娜；比安卡
   - d. 比安卡；比安卡

9. 埃里克森认为，6 岁到青春期面对的主要危机是_____。
   - a. 自主对自我怀疑
   - b. 同一性对角色混乱
   - c. 繁殖对停滞
   - d. 勤奋对自卑

10. 作为母亲，贝丝在控制性维度方面得分很高，在回应性维度上得分很低，这种结合表明她的教养育方式是_____。
    - a. 放任型
    - b. 权威型
    - c. 忽视型
    - d. 专制型

11. 下述观点中，在优质日托的建议中未被提到的是_____。
    - a. 应该教孩子解决社交问题的技能
    - b. 孩子的智力发展水平应该相似
    - c. 照护者不应该对孩子施加过多的限制
    - d. 儿童应自由选择与明确的课程相结合的活动

12. _____差异受文化影响，_____差异受生物学影响。
    - a. 性别；性
    - b. 繁殖；性别
    - c. 性；同一性
    - d. 性；性别

13. 假如你要猜测 6 岁的克里斯是女孩还是男孩。下述哪个选项最有可能让你相信克里斯是个女孩？_____
    - a. 克里斯喜欢追逐打闹
    - b. 克里斯不喜欢和人聊天
    - c. 克里斯最喜欢一对一的人际关系
    - d. 克里斯更喜欢团体中的社会交往

14. 在道德行为方面，格雷西最注重服从规则以及避免来自权威的责备。她处于_____道德发展阶段。
    - a. 原则性
    - b. 文化
    - c. 前习俗水平
    - d. 习俗水平

15. 卡罗尔·吉利根批评了柯尔伯格的理论，她认为女性更关注_____的判断标准，男性更关注_____的判断标准。
    - a. 关爱他人；避免痛苦
    - b. 关爱他人；公正
    - c. 公正；关爱他人
    - d. 避免自责；公正

论述题

1. 什么能力标示着儿童正在获得心理理论？
2. 为什么剥夺和虐待会影响社会性发展？
3. 为什么有时难以区分性差异和性别差异？

第 11 章练习题

1. 你在看朋友卡洛斯打网球，他打得不好。比赛结束时他说："我今天就是没有动力。"卡洛斯是如何应用动机概念的？ _____
   a. 从公开的行为来推断内心状态
   b. 将生理与行为联系起来
   c. 解释行为的差异性
   d. 解释逆境中的意志

2. _____是一种预置的倾向，对物种的生存至关重要。
   a. 诱因　　　　　　　b. 驱力
   c. 元动机状态　　　　d. 本能

3. 根据马斯洛的观点，你应该在满足_____的需要之前努力去满足_____的需要。
   a. 生理；依恋　　　　b. 依恋；尊重
   c. 尊重；安全　　　　d. 尊重；自我实现

4. 乔纳每顿饭只吃一种风味的食物。因为_____，这一般会_____乔纳所吃的食物数量。
   a. 胃部收缩；增加
   b. 外侧下丘脑刺激；减少
   c. 特定味觉饱食感；增加
   d. 特定味觉饱食感；减少

5. 当限制性饮食者去抑制时，他们倾向于_____。
   a. 暴饮暴食高卡路里的食物
   b. 进一步减少他们的进食
   c. 永远不再节食
   d. 行为更像非限制饮食者

6. 下列表述不正确的是_____。
   a. 当人们的体重低于正常体重的最低值（即体重指数低于 18.5kg/m^2 时），就被诊断为神经性厌食症。
   b. 男性和女性患神经性厌食症的比率是相同的
   c. 神经性贪食症的特征是暴饮暴食和各种"清理"行为
   d. 神经性贪食症比神经性厌食症更常发生

7. 巴尼和威尔玛刚刚吃边爆米花边看完了一部电影。假设你问巴尼为什么吃了这么多爆米花，他最不可能提到的是_____。
   a. 他饥饿的程度
   b. 受威尔玛食用量的影响
   c. 距上一次进餐的时长
   d. 爆米花的味道

8. 因为_____的活动，你预期许多物种的_____并不是总能接受交配行为。

9. 根据马斯特斯和约翰逊对人类性唤起的研究，_____期先于_____期。
   a. 雄激素；雌性　　　b. 雌激素；雄性
   c. 雄激素；雄性　　　d. 雌激素；雌性

10. 根据马斯特斯和约翰逊对人类性唤起的研究，_____期先于_____期。
    a. 消退；平台　　　　b. 平台；兴奋
    c. 平台；高潮　　　　d. 消退；高潮

11. 你有一个朋友在短暂性关系上花了许多精力。这听起来像一个_____的_____择偶策略。
    a. 女性；长期　　　　b. 男性；短期
    c. 男性；长期　　　　d. 女性；短期

12. 根据研究，哪对双胞胎最可能有相同的性取向？_____
    a. 拉里和约翰，异卵双胞胎
    b. 黛博拉和帕蒂，同卵双胞胎
    c. 罗斯和利奥，异卵双胞胎
    d. 安妮和夏洛特，异卵双胞胎

13. 对于有高成就需要的个体，下列哪个表述是不正确的？_____
    a. 他们总是完成自己的任务
    b. 他们喜欢高效地推进工作
    c. 他们喜欢达到自己的目标
    d. 他们会花时间做规划

14. 维克托每天都能在当地报纸上的小测验中得到很高的分数。维克托认为这是因为这些问答题都很简单。这是对其表现的一个_____归因。
    a. 内部—稳定　　　　b. 外部—不稳定
    c. 外部—稳定　　　　d. 内部—不稳定

15. 在一节课上，你的教授讲了很多关于"效价"和"工具性"的内容。这节课最可能是关于_____。
    a. 归因　　　　　　　b. 公平理论
    c. 成就需要　　　　　d. 期望理论

16. 在去考试的路上，你无意中听到特鲁迪说："我要在这次考试中得最高分。"你猜测特鲁迪是被_____目标所激励。
    a. 表现—接近　　　　b. 掌握—回避
    c. 表现—回避　　　　d. 公平

论述题

1. 文化如何影响进食障碍的发展？
2. 性脚本的起源是什么？
3. 乐观或悲观的归因风格对人们的生活有什么影响？

第12章练习题

1. 下面哪项陈述适用于心境而非情绪？_____
   a. 它们可能持续许多天
   b. 它们可以是积极的，也可以是消极的
   c. 它们可能由具体事件引发
   d. 它们比较激烈

2. 下面哪种面部表情不属于七种基本情绪表达？_____
   a. 关心　　　　　　b. 轻蔑
   c. 厌恶　　　　　　d. 快乐

3. _____让身体在生理方面为情绪反应做好准备。
   a. 下丘脑　　　　　b. 杏仁核
   c. 自主神经系统　　d. 海马

4. 根据_____情绪理论，情绪感受在身体反应之后出现。
   a. 坎农—巴德　　　b. 认知评价
   c. 詹姆士—兰格　　d. 接近相关

5. 假如你的朋友玛莎刚得知自己的微积分考试得分比预期的高。实验者要求你预测玛莎的开心等级，并对玛莎提出了相同的要求。那么你的评分可能会_____玛莎的评分。
   a. 等于　　　　　　b. 低于
   c. 高于　　　　　　d. 大大低于

6. 在战斗或逃跑反应中起重要作用的脑结构是_____。
   a. 脑垂体　　　　　b. 杏仁核
   c. 下丘脑　　　　　d. 甲状腺

7. 如果你正面对_____应激源，最有效的应对策略类型可能是_____。
   a. 不可控；问题指向
   b. 可控；情绪聚焦
   c. 可控；以延迟为基础
   d. 不可控；情绪聚焦

8. 小梅被诊断出皮肤癌。艾尔在互联网上帮她找了很多治疗方案。这种社会支持是_____支持。
   a. 有形的　　　　　b. 信息的
   c. 情感的　　　　　d. 免疫的

9. 在从龙卷风中生还的几个月后，朱迪说："我对今后的每一天都心怀感恩。"看上去朱迪经历了_____方面的创伤后成长。
   a. 心灵变化　　　　b. 与他人关系
   c. 感恩生活　　　　d. 个人力量

10. 请思考人们尝试戒烟时会经历的阶段，下列哪一对的顺序是错误的？_____
    a. 准备；意向　　　b. 意向；行动
    c. 行动；维持　　　d. 准备；维持

11. 玛西亚参加了一个实验。每当她血压升高时，就会在电脑屏幕上看到一张"哭脸"。玛西亚似乎在学习怎样使用_____。
    a. 放松反应　　　　b. 生物反馈
    c. 预期性应对　　　d. 压力免疫

12. 研究者给照顾阿尔茨海默病患者的家属和控制组都留下了一块标准化的小伤口，这项研究的结果是_____。
    a. 阿尔茨海默病患者家属的伤口需要更长时间愈合
    b. 控制组个体的伤口需要更长时间愈合
    c. 两组人的伤口愈合所需的时间没有差异
    d. 控制组个体的伤口变得更大

13. _____行为模式中对健康影响最大的方面是_____。
    a. B型；敌意
    b. A型；乐观
    c. B型；悲观
    d. A型；敌意

14. 下列特征中不属于职业倦怠定义的是_____。
    a. 去人性化
    b. 不协调
    c. 情绪衰竭
    d. 个人成就感降低

15. 伊凡希雅在使用应对策略来增加自己的体育活动。下列哪项陈述最像是一个应对计划？_____
    a. "每天早餐前我都要做仰卧起坐"
    b. "我要学习怎么使用椭圆机"
    c. "我要去健身房"
    d. "我要在跑步机上阅读课文"

论述题

1. 什么证据能证明有些情绪反应是与生俱来的而有些则不是？

2. 为什么控制感会影响人们应对压力的能力？

3. 什么因素会影响病人遵医嘱？

第13章练习题

1. 谢尔顿不喜欢会让自己哭的电影，这是一种_____特质。
   a. 首要
   b. 次要
   c. 核心
   d. 外周

2. 下列哪个因素不属于五因素模型特质维度？_____
   a. 创造性
   b. 神经质
   c. 宜人性
   d. 外倾性

3. 你无意中听到瑞克说"坏人必须受到惩罚！"，仅凭这一证据，你开始怀疑瑞克可能相信_____的人格理论。
   a. 增长论
   b. 人本主义
   c. 实体论
   d. 集体主义

4. 按照弗洛伊德的观点，4到5岁的儿童处在发展的_____阶段。
   a. 生殖期
   b. 口唇期
   c. 生殖器期
   d. 肛门期

5. 你参加了一个重点讲述集体无意识原始意象的讲座，这个讲座似乎是关于_____的观点。
   a. 卡尔·荣格
   b. 西格蒙德·弗洛伊德
   c. 凯伦·霍妮
   d. 阿尔弗雷德·阿德勒

6. 人本主义人格的一个最重要主张是：人们追求_____。
   a. 卓越
   b. 化境
   c. 自我保存
   d. 自我实现

7. 人本主义理论是_____，因为它们强调个体对现实的主观知觉。
   a. 整体性的
   b. 决定论的
   c. 现象学的
   d. 重视内在倾向性的

8. 下列哪个表述与沃尔特·米希尔人格理论的目标和价值观变量有关？_____
   a. 巴特想在30岁之前从大学毕业
   b. 里斯认为自己能说服哥哥把车借给她
   c. 皮珀在参加考试之前会出很多汗
   d. 维托能不用计算器做乘法运算

9. 乔森最好的朋友巴非正试图使乔森确信自己能找到新工作。如果巴非成功了，将会对乔森的_____感产生影响。
   a. 自我效能
   b. 自我调节
   c. 交互决定
   d. 力比多

10. 布赖恩在参加三项全能比赛之前，花了整晚的时间复习哲学笔记。这可能是_____的一个例子。
    a. 自我效能
    b. 精神决定论
    c. 自我妨碍
    d. 神经质

11. 因为米里亚姆生活在_____文化中，她最可能有_____的自我构念。
    a. 集体主义；依赖
    b. 集体主义；互依
    c. 个人主义；互依
    d. 集体主义；独立

12. 社交平台个人主页的哪些特征与自恋判断无关？_____
    a. 转发有趣信息的数量
    b. 主页照片的吸引力
    c. 主页照片的自我推销程度
    d. 社交互动数量

13. 查德和杰里米都是人格理论家。查德认为人格在很大程度上在出生前就决定了。杰里米认为人格源于生活经历。他们在_____维度上产生了不一致。
    a. 学习过程对行为的先天法则
    b. 有意识对无意识
    c. 内在倾向对外在情境
    d. 遗传对环境

14. 评估五因素模型维度最直接的人格测验是_____。
    a. 罗夏墨迹测验
    b. NEO-PI
    c. 主题统觉测验
    d. MMPI-2

15. 如果你想测量成就需要，那么你可能会首选_____测验。
    a. 罗夏墨迹测验
    b. 主题统觉测验
    c. MMPI-2
    d. NEO-PI

论述题

1. 特质和情境如何以交互作用的方式影响行为预测？
2. 人本主义理论如何引起人们对人生故事和心理传记的关注？
3. 什么理论观点促使了投射人格测验的发展？

第 14 章练习题

1. 共病是指个体_____。

   a. 无法用 DSM-5 加以准确诊断

   b. 有难以治愈的神经症性障碍

   c. 患有包括恐惧死亡在内的精神病性障碍

   d. 同时经历一种以上的心理障碍

2. 科特教授相信无意识冲突常常会引起心理障碍。科特教授使用的是心理病理学中的_____取向。

   a. 心理动力学　　　　　b. 社会文化

   c. 认知　　　　　　　　d. 行为

3. 对法律记录的分析表明，精神失常辩护的使用很_____，成功率很_____。

   a. 罕见；低　　　　　　b. 罕见；高

   c. 常见；低　　　　　　d. 常见；高

4. 对于暴食障碍，哪项标准作为诊断的潜在部分，仍在继续研究中？_____

   a. 规律性地出现暴饮暴食，但无清除行为

   b. 在暴食期间失去控制

   c. 暴食会引起强烈的痛苦

   d. 体重或体形对自我评价的过度影响

5. 一年多来，简整天感觉到焦虑或担心。简似乎患了_____。

   a. 惊恐障碍　　　　　　b. 广泛性焦虑障碍

   c. 强迫症　　　　　　　d. 广场恐怖症

6. 哪类归因风格会让人们有抑郁的风险？_____

   a. 内部的 - 特定的 - 稳定的

   b. 外部的 - 特定的 - 不稳定的

   c. 内部的 - 整体的 - 稳定的

   d. 外部的 - 整体的 - 不稳定的

7. 当发生了不好的事情时，克里斯会花很多时间思考这一问题。基于这一行为，你认为_____。

   a. 克里斯很可能是男性

   b. 克里斯是男性或女性的可能性一样

   c. 克里斯可能会发展出特定恐怖症

   d. 克里斯很可能是女性

8. 你试图评估宝拉患抑郁症的可能性。如果她遗传了_____的 5-HTTLPR5- 羟色胺基因，你就不会那么担心了。

   a. 两个短型　　　　　　b. 两个长型

   c. 一长一短型　　　　　d. 一个或多个短型

9. 纳丁时而对特里西娅大吼大叫，时而央求她继续做朋友。特里西娅确信纳丁患有_____人格障碍。

   a. 分裂型　　　　　　　b. 自恋型

   c. 边缘型　　　　　　　d. 强迫型

10. 在诊断转换障碍时，你会尝试找出症状出现之前的_____。

   a. 严重的生理疾病　　　b. 心理冲突或压力

   c. 看过医生　　　　　　d. 感到疼痛和胃肠不适

11. 虽然伊夫没有任何器质性功能障碍，但她常常忘记重要的个人经历。这可能是_____的例子。

   a. 分离性遗忘症　　　　b. 疾病焦虑障碍

   c. 躯体症状障碍　　　　d. 依赖型人格障碍

12. 以下哪个是精神分裂症的阴性症状？_____

   a. 幻觉　　　　　　　　b. 不连贯的言语

   c. 妄想　　　　　　　　d. 社交退缩

13. 以下哪一种行为通常不能为注意缺陷 / 多动障碍的诊断提供支持？_____

   a. 曼弗雷德在课堂活动中经常不加思考就说出答案

   b. 曼弗雷德弄丢了玩具和学校作业

   c. 曼弗雷德在教室里扭动并且坐立不安

   d. 当其他孩子戏弄他时，曼弗雷德哭了

14. 怀特教授认为 1 岁的布赖恩有患孤独症的风险。这个教授可能会观察布赖恩以确定他是否_____。

   a. 对自己的名字没有回应

   b. 能在没有帮助的情况下走路

   c. 对很响的噪声有适度反应

   d. 能用眼睛表现出平稳的追随运动

15. 作为心理学导论课程的一部分，某位教授让他的学生访谈心理障碍的康复者。这一练习会_____。

    a. 促使学生更多地被精神疾病的污名所影响

    b. 不影响学生对心理障碍患者的态度

    c. 促使学生更少地被精神疾病的污名所影响

    d. 降低学生因精神疾病寻求治疗的可能性

论述题

1. 为什么对精神疾病的诊断并不总是客观的？

2. 有效的心理障碍分类系统有哪些好处？

3. 什么样的生活境遇会导致个体考虑自杀？

第15章练习题

1. 当索尼娅开始治疗时，她的治疗师专注于她的内部冲突，治疗师认为这些冲突没有解决。这说明索尼娅的治疗师采用了＿＿＿＿＿的视角。
   - a. 心理动力学
   - b. 认知
   - c. 生物
   - d. 人本

2. 在关于去机构化的讲座上，你最不可能听到以下哪个主题？＿＿＿＿＿
   - a. 无家可归
   - b. 元分析
   - c. 再入院率
   - d. 暴力犯罪

3. 在心理动力学治疗中，＿＿＿＿＿是指患者不能或者不愿意讨论特定的话题。
   - a. 宣泄
   - b. 移情
   - c. 反移情
   - d. 阻抗

4. 有关被压抑的记忆的研究表明＿＿＿＿＿。
   - a. 恢复的记忆从来都不准确
   - b. 人们的记忆不受治疗师的影响
   - c. 有些关于虐待的记忆是治疗师植入的
   - d. 大多数的记忆都被压抑了

5. 如果罗兰接受＿＿＿＿＿，他应该预期有一个强的有害刺激与吸引他的刺激配对出现。
   - a. 系统脱敏
   - b. 行为演练
   - c. 参与式示范
   - d. 厌恶疗法

6. 每次詹妮丝提供一份不含毒品成分的尿样，她就能得到代金券来购买喜欢的商品。这种治疗形式是＿＿＿＿＿。
   - a. 系统脱敏
   - b. 权变管理
   - c. 参与式示范
   - d. 泛化

7. 人们可以学习＿＿＿＿＿的过程，将消极的自我陈述变成积极的应对陈述。
   - a. 社会学习
   - b. 自我效能感
   - c. 认知重构
   - d. 宣泄

8. 你听到一名治疗师在讲述他多么努力地进行无条件关注。你认为他是一名＿＿＿＿＿治疗师。
   - a. 格式塔
   - b. 来访者中心
   - c. 行为
   - d. 心理动力学

9. 你在心理学导论课上看了一个电影片段，电影中的人在治疗过程中对着一把空椅子说话，就好像是对着他滥用职权的老板。这个片段描写了＿＿＿＿＿疗法。
   - a. 格式塔
   - b. 来访者中心
   - c. 厌恶
   - d. 心理动力学

10. ＿＿＿＿＿治疗的焦点通常是不良的沟通模式。
    - a. 格式塔
    - b. 来访者中心
    - c. 夫妻
    - d. 心理动力学

11. ＿＿＿＿＿药物主要通过改变神经递质5-羟色胺和去甲肾上腺素的功能来影响大脑。
    - a. 抗抑郁
    - b. 抗焦虑
    - c. 抗精神病
    - d. 抗躁狂

12. 临床研究证明，＿＿＿＿＿。
    - a. 只有电休克疗法对缓解抑郁的症状是有效的
    - b. 只有重复经颅磁刺激对缓解抑郁的症状是有效的
    - c. 电休克疗法和重复经颅磁刺激对缓解抑郁的症状都无效
    - d. 电休克疗法和重复经颅磁刺激对缓解抑郁的症状都是有效的

13. ＿＿＿＿＿治疗最不可能缓解抑郁症的主要症状。
    - a. 安慰剂
    - b. 人际
    - c. 认知行为
    - d. 药物

14. 通过预防来防止复发，这叫作＿＿＿＿＿预防。
    - a. 初级
    - b. 调节
    - c. 三级
    - d. 二级

15. 由于互联网互动的相对匿名性，来访者与治疗师之间的互动可能会表现出＿＿＿＿＿。
    - a. 反移情
    - b. 更大的尴尬
    - c. 保密性
    - d. 去抑制

论述题

1. 为什么行为治疗关注适应行为和适应不良的行为？
2. 自助团体的哪些特征使之有益于心理健康？
3. 为什么要将治疗方法与安慰剂进行比较来评估其有效性？

第16章练习题

1. 格蕾丝想帮她的朋友查理避免基本归因错误，她建议他多关注行为的_____原因。

   a. 情境　　　　　　　　b. 特质

   c. 区别性　　　　　　　d. 普遍性

2. 下面哪个说法与"自我服务偏差"不一致？_____

   a. 我失败是因为其他人可能作弊了。

   b. 我失败是因为房间里太热了。

   c. 我成功是因为天赋。

   d. 我成功是因为运气好。

3. 自我实现的预言可能在现实课堂中作用一般，因为_____。

   a. 大多数学生表现得比教师所预期的好

   b. 教师一般对学生的表现有准确的预期

   c. 教师很少对学生有预期

   d. 学生不让教师在班级里区别对待自己

4. 在斯坦福监狱实验里，狱警常常虐待囚犯。这个结果说明_____。

   a. 人们在寻找一个可以放纵其攻击性冲动的情境

   b. 有些人天生就是当狱警的料

   c. 只有富于攻击性的人才愿意承担狱警的角色

   d. 社会角色对人们的行为有着重要影响

5. 阿施的从众实验证明了群体情境中_____的影响。

   a. 规范具体化　　　　　b. 社会规则

   c. 规范性影响　　　　　d. 信息性影响

6. 在米尔格拉姆的服从实验里，很多人抗议说不想再施加电击了。在那之后，_____。

   a. 实验者告诉他们实验结束了

   b. 大多数参与者请求离开实验

   c. 大多数参与者继续施加电击

   d. 实验者要求他们减少电击

7. 当一家公司雇佣名人代言产品时，它很可能希望大部分消费者遵循的是_____说服路径，进行_____精细思考。

   a. 外周；低度　　　　　b. 中心；高度

   c. 外周；高度　　　　　d. 中心；低度

8. 山姆为自己和朋友兰蒂选了甜点，但是最后发现甜点都坏掉了。如果山姆是_____自我感，你预期他会为因为选择了_____的甜点而体验到最大的认知失调。

   a. 独立型；兰蒂　　　　b. 互依型；自己

   c. 互依型；兰蒂　　　　d. 互依型；自己

9. 欧利文试图改变朋友斯坦关于女人没有男人幽默的刻板印象。他们一起看了部有很多女谐星出演的喜剧。你觉得斯坦的刻板印象会改变吗？_____

   a. 会，因为他能感受到欧利文的努力。

   b. 不会，因为他贬低与刻板印象不一致的信息。

   c. 不会，因为他会说服欧利文自己的刻板印象是正确的。

   d. 会，因为他会从电视节目中习得另一种刻板印象。

10. 下面哪个说法表明卡门在用相似性来获得贝利的好感？_____

    a. "我们都是天秤座的"　　b. "和你在一起，我很开心"

    c. "我帮你拿报纸好吗？"　d. "你的新发型太棒了"

11. 下面哪个说法不正确？_____

    a. 伴侣之爱和生活满意度相关。

    b. 大多数的亲密关系在初期都有更多的激情之爱。

    c. 伴侣之爱一般强度较弱但更亲密。

    d. 在长期关系中一般不存在激情之爱。

12. 求职面试过程中，茉莉不露痕迹地模仿了面试官的姿势。看起来茉莉在试图利用_____来提高得到工作的可能性。

    a. 规范具体化　　　　　b. 互惠规范

    c. 变色龙效应　　　　　d. 认知失调

13. 根据挫折—攻击假说，贝特在下述哪个情境中最可能表现出攻击行为？_____

    a. 贝特有一个重要的求职面试，但是遇到了堵车。

    b. 贝特的女朋友因为他的刻薄冲他大吼大叫了一个早上。

    c. 贝特讨厌车上收音机里播放的音乐。

    d. 贝特认为老板在监控自己访问的网站。

14. 关于旁观者介入，通常最不重要的是旁观者必须_____。

    a. 注意到紧急事件中的危险

    b. 把事情视为紧急事件

    c. 感觉到在情境中负有责任

    d. 把自己视为乐于帮助的人

15. 如果你想增加人们在未来继续做志愿工作的可能性，下述哪一条是你不想尝试的？_____

    a. 发T恤来认同志愿者身份

    b. 让人们像完成强制任务一样当志愿者

    c. 帮助人们应对志愿工作中出现的困难

    d. 确定人们进行志愿活动的动机

论述题

1. 态度的什么特性可以增加态度与行为的相关？

2. 刻板印象如何影响行为？

3. 哪些情境因素会影响人们做出亲社会行为的可能性？

练习题答案

第1章	第2章	第3章	第4章
1. b	1. a	1. c	1. b
2. b	2. c	2. b	2. b
3. c	3. b	3. d	3. a
4. a	4. d	4. d	4. b
5. b	5. a	5. c	5. d
6. c	6. b	6. d	6. d
7. d	7. d	7. c	7. b
8. b	8. c	8. b	8. c
9. c	9. b	9. b	9. a
10. c	10. d	10. a	10. c
11. d	11. d	11. c	11. a
12. a	12. c	12. a	12. d
13. a	13. a	13. a	13. c
14. b	14. b	14. b	14. c
15. a	15. c	15. d	15. a

第5章	第6章	第7章	第8章
1. a	1. b	1. b	1. c
2. d	2. a	2. c	2. c
3. d	3. b	3. a	3. b
4. d	4. d	4. a	4. a
5. b	5. b	5. b	5. d
6. d	6. a	6. b	6. b
7. b	7. c	7. b	7. c
8. a	8. d	8. a	8. a
9. a	9. d	9. b	9. a
10. b	10. c	10. d	10. a
11. d	11. d	11. a	11. c
12. c	12. b	12. a	12. b
13. c	13. c	13. b	13. d
14. a	14. a	14. c	14. a
15. d	15. a	15. d	15. a

第 9 章	第 10 章	第 11 章	第 12 章
1. d	1. c	1. c	1. a
2. a	2. a	2. d	2. a
3. b	3. d	3. c	3. c
4. d	4. b	4. d	4. c
5. b	5. d	5. a	5. c
6. b	6. a	6. b	6. c
7. c	7. d	7. b	7. d
8. a	8. c	8. d	8. b
9. c	9. d	9. c	9. c
10. b	10. d	10. b	10. a
11. a	11. b	11. b	11. b
12. d	12. a	12. a	12. a
13. c	13. c	13. c	13. d
14. a	14. d	14. d	14. b
15. b	15. b	15. a	15. d

第 13 章	第 14 章	第 15 章	第 16 章
1. b	1. d	1. a	1. a
2. a	2. a	2. b	2. d
3. c	3. a	3. d	3. b
4. c	4. d	4. c	4. d
5. a	5. b	5. d	5. c
6. d	6. c	6. b	6. c
7. c	7. d	7. c	7. a
8. a	8. b	8. b	8. c
9. a	9. c	9. a	9. b
10. c	10. b	10. c	10. a
11. b	11. a	11. a	11. d
12. a	12. d	12. d	12. c
13. d	13. d	13. a	13. a
14. b	14. a	14. c	14. d
15. b	15. c	15. d	15. b

"停下来检查一下" 答案

第1章

停下来检查一下（心理学为何独具特色）

1. 心理学是关于个体的行为及心智过程的科学研究。

2. 心理学家的四个目标是描述、解释、预测和控制行为。

3. 研究者经常试图通过确定潜在的原因来解释行为；而成功的因果解释通常使其能做出准确的预测。

停下来检查一下（现代心理学的发展）

1. 结构主义试图将心理体验理解为各种基本成分的组合。机能主义则关注行为的目的。

2. 伍利认为，性别差异反映的并不是先天能力，而是男性和女性社会经验的差异。

3. 心理动力学观点关注强大的本能力量，行为主义观点则关注行为结果如何塑造行为。

4. 认知神经科学领域的研究者将认知观点与生物学观点相结合，来理解诸如记忆和语言等心理活动的脑基础。

5. 进化观点关注作为人类进化结果的全人类共有的特征。社会文化观点关注的是在这种共同的进化背景下，由文化带来的差异。

停下来检查一下（心理学家们做些什么）

1. 研究会带来新的见解，然后心理学家试图将它们应用到现实世界中去。

2. 心理学家主要在学术机构（如大学和学院）以及医院和其他人类服务机构中工作。

停下来检查一下（如何使用本书）

1. 你必须积极地参与课程学习，对你在课堂上听到的以及课本中读到的内容形成自己的理解。

2. 在提问阶段，你要提出将在阅读过程中引导你注意力的问题；在阅读阶段，你阅读材料以寻找问题的答案。

3. 当你试图重述问题的答案时，你便能清楚地知道自己掌握了哪些内容，未掌握哪些。

第2章

停下来检查一下（研究过程）

1. 理论试图解释现象。这些解释应该会产生新的假设，即一个理论可检验的推论。

2. 研究者可以将其程序标准化，并给变量下操作性定义。

3. 研究者之所以采用双盲控制，是为了使其对研究的期望不对研究结果产生影响。

4. 当实验采用被试内设计时，每一名参与者都作为自己的"控制组"。

5. 相关系数表明两个变量相关的程度，但它不能说明这种关系存在的原因。

停下来检查一下（心理测量）

1. 如果一种测量方法是可信的，那么这意味着当研究者用它进行重复测量时，能得到相似的值。然而，这个值可能仍不能准确反映出研究者想要探究的心理变量。这就是为什么用鞋子大小作为幸福感的测量指标，虽然可靠但却无效。

2. 访谈者试图创造出一种情境，使得人们愿意通过自我报告，提供可能高度个人化或敏感的信息。

3. 这位研究者对儿童的行为采用的是自然观察法。

停下来检查一下（人类和动物研究中的伦理问题）

1. 研究的参与者在选择参加实验之前，必须有机会了解他们的权利和责任。

2. 在事后解释期间，参与者有机会了解一些关于研究主题的新信息。此外，通过事后解释，研究者能确保参与者在离开时没有沮丧和困惑。

3. 3R 原则是减少（reduce）、替换（replace）和改善（refine）。

第3章

停下来检查一下（遗传与行为）

1. 格兰特夫妇观察到，由于环境的变化，有时大喙地雀能够生存和繁殖，而有时小喙地雀能够生存和繁殖。

2. 基因型是有助于决定表型的潜在遗传物质，而表型是有机体可观察到的性状。

3. 两项关键的进步是两足化和大脑化。

4. 遗传力是一种指标，用于衡量遗传因素对一个生物体的特质和行为集群的相对决定作用。

停下来检查一下（神经系统的活动）

1. 一般来说，树突接收传入信号。胞体整合来自许多树突的信息，并将整合后的信息沿轴突传导。

2. "全或无定律"表明，一旦达到发放的阈值，动作电位的强度将是恒定的。

3. 当突触囊泡破裂后，神经递质被释放到突触间隙中；然后神经递质与接收神经元上的受体分子结合。

4. γ-氨基丁酸是脑中最普遍的抑制性神经递质。

停下来检查一下（生物学与行为）

1. fMRI 使研究人员可以对结构和功能都进行探究。

2. 自主神经系统分为交感神经系统和副交感神经系统两部分。

3. 杏仁核在情绪控制和情绪记忆的形成中起作用。

4. 大多数人在判断空间关系和面部表情时表现出更强的右半球活动。

5. 因为脑垂体产生的激素会影响其他所有内分泌腺的活动。

6. 神经发生是指新神经元的产生。

第 4 章

停下来检查一下（关于世界的感觉知识）

1. 近距刺激是指视网膜上的光学影像。

2. 心理物理学研究的是物理刺激与其心理体验之间的关系。

3. 绝对阈限被定义为有一半次数能够觉察到感觉信号的刺激水平。

4. 判断同时受感觉过程和观察者偏差的影响。

5. 差别阈限是指观察者能够识别出的两个刺激之间的最小物理差异。

6. 换能是指从一种形式的物理能量到另一种形式的转换。

停下来检查一下（视觉系统）

1. 调节是指为了聚焦于近处或远处的客体，晶状体的厚度发生改变的过程。

2. 中央凹全部由锥体细胞组成。

3. 复杂细胞对特定朝向的光棒做出反应，但是这些光棒必须在移动。

4. 这一体验可以用拮抗加工理论来解释。

停下来检查一下（听觉）

1. 你会将不同频率的声音知觉为有着不同的音高。

2. 毛细胞将基底膜的机械振动转换为神经冲动。

3. 地点说将音高知觉与基底膜上刺激的位置相关联。

4. 声音应该先到达右耳，再到达左耳。

停下来检查一下（其他感觉）

1. 神经冲动将气味信息传递至嗅球。

2. 基本味道为甜、酸、苦、咸、鲜。

3. 你有两种不同的温度感受器分别编码关于温暖和寒冷的信息。

4. 前庭觉提供关于身体如何根据重力确定空间朝向的信息。

5. 门控理论试图解释疼痛体验是如何受心理背景影响的。

停下来检查一下（知觉的组织过程）

1. 环境中的刺激特征，如交通灯突然由红变绿，有时会吸引你的注意。

2. 闭合律是指人们倾向于填补小的空隙而将客体知觉为一个整体。

3. 当某人走向你时，他在你视网膜上的成像会变大。

4. 客体离你越近，视轴辐合的角度就越大。

5. 形状恒常性是指你知觉到客体真实形状的能力，即使它在视网膜上成像的形状发生变化。

停下来检查一下（辨认与识别过程）

1. 人们运用关于声音和单词的知识来复原声音信号中缺失的信息。

2. 当环境中的多个客体或事件可以导致相同的近距刺激时，这个刺激就是有歧义的。

3. 定势是一种暂时的准备状态，使人们以某种特定的方式对某刺激进行知觉或反应。

第 5 章

停下来检查一下（意识的内容）

1. 不是当前意识内容的一部分，但很容易进入意识的记忆就是前意识记忆。

2. 弗洛伊德认为，如果某些想法或动机具有足够的威胁性，它们就会被压抑到无意识之中。

3. 研究者要求实验参与者报告他们在执行特定任务时的想法。

停下来检查一下（意识的功能）

1. 选择性储存功能是指意识可以让你明确地决定哪些信息应该得到记忆。
2. 对现实的文化建构是指某一群体的大多数成员所共有的一种思考世界的方式。
3. 人们一般需要使用意识注意来搜索具有组合特征的物体。

停下来检查一下（睡眠与梦）

1. 你之所以会体验到时差反应，是因为你体内的昼夜节律与外部的时间环境不一致。
2. 前半夜你会经历相对较多的 NREM 睡眠，而后半夜你会经历相对较多的 REM 睡眠。
3. 睡眠有保存能量和巩固记忆的作用。
4. 患睡眠窒息症的人会在睡觉时停止呼吸。
5. 潜性梦境是指在心理的审查中被隐藏的潜在意义。

停下来检查一下（意识的其他状态）

1. 早期的双生子研究表明，可催眠性有一定的遗传成分；研究者已经开始发现可能造成这种影响的特定基因。
2. 有些人练习专注冥想，其他人则练习正念冥想。

停下来检查一下（改变心理的药物）

1. 药物耐受性是指需要更大剂量的药物才能产生同样效果的现象。
2. 像海洛因这样的药物是通过结合内源性鸦片物质的受体位点而产生作用的。
3. 尼古丁属于兴奋剂。

第 6 章

停下来检查一下（关于学习的研究）

1. 学习—行为表现差异指人们的行为可能并不总是反映他们所学到的一切。
2. 习惯化是指当刺激物重复出现时，有机体的行为反应会减弱。
3. 因为他认为人们的个人经验过于主观，无法用严谨的科学方法来研究。
4. 行为分析家试图发现在所有种类的动物中都存在的学习规律。

停下来检查一下（经典条件作用：学习可预期的信号）

1. 经典条件作用始于对无条件刺激（如食物呈现）的反射性行为（如分泌唾液）。
2. UCS 是无条件刺激，在条件作用之前就能引发反应；CS 是条件刺激，经由条件作用才能引发反应。

3. 刺激辨别是指生物体学会了对范围更窄的条件刺激产生条件反应。
4. UCS 和 CS 在时间上紧密相邻是不够的，UCS 必须与 CS 相倚，或者说能被 CS 预测。
5. CR 是身体对药物作用的补偿反应。
6. CS 与 UCS 只需一次配对且相隔很长时间也能产生味觉厌恶。只要发生一次，它通常便能永久保持。

停下来检查一下（操作性条件作用：对行为结果的学习）

1. 效果律指出，产生满意结果的反应出现的可能性变大，而产生不满意结果的反应出现的可能性变小。
2. 强化增加行为出现的可能性；惩罚降低行为出现的可能性。
3. 动物学到只有在特定的刺激背景下行为才会产生结果（强化或惩罚）——这些刺激就是辨别性刺激。
4. 在固定比率程式中，有机体每做出固定数量的反应，就会得到一个强化物。在固定间隔程式中，强化物在间隔一段固定时间的第一个反应后出现。
5. 塑造是一种方法，它能让有机体通过连续接近目标来学习某种行为。
6. 本能漂移是指随着时间的推移，习得的行为向本能行为漂移的趋势。

停下来检查一下（认知对学习的影响）

1. 托尔曼的结论是，他的大鼠产生了关于迷宫布局的认知地图。
2. 鸽子可以学会啄一个颜色变了的圆圈。
3. 当一个人的行为在他观察到其他人的行为被强化后变得更可能出现时，替代强化就发生了。
4. 研究表明，观察到大量攻击行为的孩子可能自己也会变得好斗。

第 7 章

停下来检查一下（什么是记忆）

1. 记忆的外显使用涉及意识努力，记忆的内隐使用则不然。
2. 你的技能更多地依赖程序性记忆。
3. 因为你先前已编码和存储了邮箱密码，所以这个问题最可能是提取导致的。

停下来检查一下（记忆的短时使用）

1. 对全部报告程序与部分报告程序的比较表明，人们可以非常短暂地提取画面的所有信息。
2. 研究者认为，短时记忆的容量在 3 到 5 个项目之间。

3. 组块是指将项目重新组织成若干有意义的小组的过程。

4. 工作记忆包括语音环路、视觉空间画板、中央执行系统和情景缓冲区。

停下来检查一下（长时记忆：编码和提取）

1. 再认通常能提供更多的提取线索。

2. 这是一个系列回忆中首因效应的例子。

3. 迁移适宜性加工理论认为，当编码的加工类型与提取的加工类型匹配时，记忆表现最好。

4. 因为新信息使旧信息的提取变得更困难，所以这是一个倒摄干扰的例子。

5. 从"氢"开始，你要将每一个元素与一条熟悉路线上的不同地点关联在一起。

6. 学习判断是人们对自己学得有多好的估计。

停下来检查一下（长时记忆的结构）

1. 概念是你所形成的类别的心理表征。

2. 范例理论认为，人们通过将新物体与记忆中存储的若干范例进行比较来对其归类。

3. 巴特利特发现了趋平化、精细化和同化的过程。

4. 洛夫特斯及其同事证明当目击者试图回想事件时，他们会将不正确的事后信息包括进来。

停下来检查一下（记忆的生物学）

1. 拉什利得出结论，记忆痕迹并不存在于特定的脑区，而是广泛地分布于整个脑部。

2. 研究表明，那些有外显记忆遗忘症的个体，其内隐记忆的重要方面常常保留完好。

3. PET 扫描显示，在对情景信息进行编码和提取时，不同的脑区会变得异常活跃——左前额皮层在编码时高度激活，右前额皮层在提取时高度激活。

第8章

停下来检查一下（研究认知）

1. 唐德斯的目的是通过设计只在特定过程上存在差异的任务来确定心理过程的速度。

2. 序列过程一个接一个地发生，平行过程在时间上重叠。

3. 自动过程一般不需要注意资源。

停下来检查一下（语言的使用）

1. 合作原则规定了说者为特定的听者设计话语时应该考虑的一些维度。

2. 当声音交换产生真实的单词时，斯本内现象发生的可能性更大。

3. 当表征中包含的信息比文本提供的命题更多时，您可以得出结论，人们对推论进行了编码。

4. 人类能够生成和理解具有复杂语法结构的语言。

5. 语言相对论是指人们所使用的语言的结构会影响他们思考世界的方式。

停下来检查一下（视觉认知）

1. 心理旋转速度的一致性表明，心理旋转的过程与物理旋转的过程非常相似。

2. 脑成像研究表明，人们用于感知的脑区与用于创建视觉表象的脑区有大量重合。

3. 研究表明，你会发现说出心理场景中面前的物品比说出身后的物品更容易。

停下来检查一下（问题解决和推理）

1. 算法是总能为特定类型的问题提供正确答案的按部就班的程序。

2. 如果你能够找到一个之前一直与其他目的相联系的物品的新功能，那么你就克服了功能固着。

3. 当一个想法或产品既新异又适宜时，我们就说它具有创造性。

4. 当受到信念偏差效应影响时，人们判断结论的依据是结论在现实世界中的可信度，而不是它们与前提的逻辑关系。

5. 人们在做归纳推理时，经常把当前情况的特征与记忆中的过往经历进行类比。

停下来检查一下（判断和决策）

1. 启发式为人们提供了捷径，使他们能够频繁且快速地做出判断。

2. 你很可能会使用锚定启发式，从一个合理的锚点开始调整，例如 100 岁。

3. 框架发挥了很大的作用，比如，它可以决定人们是从得还是失的角度考虑某种情况。

4. 在做决定时，知足者通常会选择第一个已经足够好的选项；而最大化者不断评估各种选择，试图找到绝对最好的那个。

第9章

停下来检查一下（什么是测量）

1. 高尔顿认为智力差异可以被客观地测量。

2. 研究者应该确定人们在该测验上的得分能否准确预测其未来的相关结果。

3. 常模使研究者能够基于更大规模人群的分数来理解特定

个体的分数。

停下来检查一下（智力测量）

1. IQ 最初的计算方法是心理年龄除以生理年龄。
2. 韦克斯勒在其 IQ 测验中加入了操作分量表。
3. 智力缺陷的诊断关注 IQ 和适应性技能两方面。
4. "三环"概念从能力、创造力和任务执着三个维度来定义天才。

停下来检查一下（智力理论）

1. 因为斯皮尔曼证明了人们在各种智力测验上的成绩高度相关，所以他得出结论，存在一种一般智力因素。
2. 斯滕伯格提出，人们具有分析智力、创造智力和实践智力。
3. 加德纳将"空间"智力定义为感知视觉—空间世界以及对最初的知觉进行转换的能力，这种能力适用于雕刻。

停下来检查一下（智力的政治学）

1. 戈达德和其他人建议，使用 IQ 测验来遣返那些心智低劣的移民。
2. 遗传力估计不适用于群体间的比较。
3. 研究证明，接受优质学前教育的人有着更高的 IQ，更可能从普通高中毕业，更可能拥有薪水更高的工作。

停下来检查一下（测量与社会）

1. 如果特定群体的成员的测验成绩通常低于他人，那这种模式可能会妨碍他们平等就业。
2. 在许多学区，学校获得的支持是基于测验成绩的，这就迫使老师只讲考试所涵盖的内容。
3. 如果刻板地使用测验，根据测验成绩将人们标定为属于特定的学术或社会层次，这些标签会产生广泛的影响。

第 10 章

停下来检查一下（研究发展）

1. 发展年龄是指大多数人能在生理或心理上取得某种成就时的生理年龄。
2. 为了研究个体差异，研究者通常在某一年龄测量人与人之间（在某些维度）的差异，在以后的生活中重新考察同一群参与者，以检验这种差异的后果。
3. 对于一些横断分析，研究者必须排除这样一种可能性，即那些看似与年龄有关的变化，实际上是由个体出生的时间点所导致的差异。

停下来检查一下（毕生的生理发展）

1. 与不会爬的同龄人相比，已经开始爬的孩子会对视崖深

的一端感到恐惧。
2. 近期的研究表明，脑在青少年期仍在继续发育成熟，特别是额叶等区域。
3. 随着年龄的增长，人们眼睛里的晶状体通常会变黄，这被认为是导致色觉减弱的原因。

停下来检查一下（毕生的认知发展）

1. 同化使儿童能够将新信息纳入已有的图式中；顺应调整图式以适应新信息。
2. 克服了中心化的儿童能够忽略问题的表象，表现出对数字或液体总量等领域的更深层次的理解。
3. 通过开发出更为巧妙的测量婴儿知识的方法，研究者已经能够证明，婴儿在 4 个月大时就已表现出理解客体恒常性的迹象。
4. 维果斯基强调了社会环境在儿童认知发展过程中的重要性。
5. 研究表明，人们的加工速度会随年龄的增长而减缓。

停下来检查一下（语言的获得）

1. 在对婴儿或儿童讲话时，成年人通常会放慢语速，使用夸张的高语调，并且会采用结构比较简单的短句。
2. 儿童会对新词的含义形成假设。在某些情况下，他们的假设会比成年人的范畴更广泛。
3. 没有接触过口语或正式手语的失聪儿童，有时会开始使用他们自己的手语，这些手语具有与真实语言相同的结构特征。
4. 如果儿童过度规则化英语的过去式结构，你会听到类似 *doed* 和 *breaked* 这样的词，而不是 *did* 和 *broke*。

停下来检查一下（毕生的社会性发展）

1. 埃里克森认为，亲密对孤独的危机在成年期早期成为焦点。
2. 研究表明，生命早期建立起安全型依恋关系的孩子，在以后的生活中会更受欢迎，社交焦虑也更少。
3. 教养方式是由父母的控制性和回应性两个维度来定义的。
4. 青少年从友谊、朋党和团伙三种水平来体验同伴关系。
5. 孩子的出生通常会对婚姻满意度产生负面影响。

停下来检查一下（性与性别差异）

1. 性差异源于男女之间的生理差异；性别差异来自文化为男性和女性建构的不同角色。
2. 研究表明，女性负责情绪反应的相关脑区更加活跃。
3. 年幼儿童更喜欢与同性别同伴相处。

停下来检查一下（道德发展）

1. 前习俗水平的道德、习俗水平的道德和原则性的道德。
2. 吉利根认为，男性更关注公正，而女性更关注关爱他人。
3. 自主性、共同体和神性。

第 11 章

停下来检查一下（理解动机）

1. 你可能会得出一些关于这个学生为什么要跑的推论，与此相关的动机概念的功能是它可以将公开的行动与内心的状态联系起来。
2. 内稳态反映了生物状态的一种平衡状态。
3. 研究表明，不同文化之间的行为差异很大——这与生物本能观点相悖。
4. 海德区分了内在因素和情境因素，作为对结果的解释。
5. 依恋需要指人类对归属、建立关系以及爱与被爱的需求。

停下来检查一下（饮食）

1. 特定味觉饱食感指的是一个人对特定口味的食物感到饱足的情形。
2. 双中心模型认为腹内侧下丘脑是饱食中心。但是，最近的研究表明，腹内侧下丘脑所起的作用依赖于食物的类型。
3. 限制性饮食者习惯于保持低热量的饮食，直到他们去抑制，那时他们会暴饮暴食高热量的食品。
4. 神经性贪食症的特征是暴饮暴食和清除行为（催吐、催泻等）。

停下来检查一下（性行为）

1. 在大多数的非人类物种中，某一物种内的所有成员都遵循相同的可预测的性行为模式。
2. 因为男性在同一时期可以使多名女性怀孕，而女性在同一时期只能怀孕一次，所以男性倾向于寻求更多的性伴侣。
3. 性脚本是从社会中习得的程序，它定义了性活动的适当形式。
4. 同卵双胞胎的一致率高于异卵双胞胎，这支持了同性恋有遗传成分的说法。

停下来检查一下（个人成就动机）

1. 成就需要反映了计划和努力实现目标对个体的重要程度。
2. 人们在内部—外部、整体—特殊、稳定—不稳定等维度上进行归因。

3. 期望理论认为，当员工期望他们的努力和表现会产生理想的结果时，他们就会有工作动力。

第 12 章

停下来检查一下（情绪）

1. 跨文化研究表明，世界各地的人普遍能识别七种基本的面部表情。
2. 自主神经系统在产生情绪的生理变化（比如心跳加速和手心出汗）方面起着重要作用。
3. 坎农—巴德的理论认为，情绪刺激同时引起唤醒和情绪感受。
4. 与积极心境相比，处在消极心境下的人会更详尽、更努力地加工信息。
5. 研究表明，良好的社会关系是幸福最重要的根源。

停下来检查一下（生活压力）

1. 一般适应症候群的三个阶段是报警反应、抵抗阶段和衰竭阶段。
2. 1990 年代的参与者们报告的生活变化单位更多，这表明他们普遍比 1960 年代的人承受了更多的压力。
3. 一般而言，日常挫折对幸福感有消极影响，而日常积极体验则对幸福感有积极影响。
4. 当人们进行情绪聚焦的应对时，他们从事的活动会让他们感觉更好，但不会直接改变应激源。
5. 当人们不相信自己能够控制压力情境时，他们就会有身体和心理适应不良的风险。
6. 人们能够从消极的生活事件中发现积极的变化。

停下来检查一下（健康心理学）

1. 有研究比较了同卵双生子和异卵双生子在烟草使用方面的相同点，结果表明人们的吸烟行为存在遗传基础。
2. 成功的艾滋病干预项目必须提供信息、灌输动机并传授行为技巧。
3. 为了产生放松反应，人们需要找到一个安静的环境，在此他们可以闭上眼睛以舒服的姿势休息，并使用重复的心理刺激。
4. 心理神经免疫学的研究者们试图了解心理状态会如何影响免疫系统。
5. A 型人格中使人有患病风险的一个方面是敌意。
6. 职业倦怠是一种情绪衰竭、去人性化以及个人成就感降低的状态。

第 13 章

停下来检查一下（人格的特质理论）

1. 神经质维度的一极是稳定、平静、满足，另一极是焦虑、不稳定和喜怒无常。
2. 为了评估特质的遗传性，研究者会比较同卵双生子与异卵双生子特质的相似性。
3. 一致性悖论是指人们对个体人格的描述通常是一致的，尽管个体在不同情境下的行为并不一致。

停下来检查一下（心理动力学理论）

1. 个体可能会有像吸烟、过度饮食这样的嘴部行为；个体可能过于被动或轻信。
2. 自我以现实原则为指导，将合理的选择置于本我的快乐需求之前。
3. 列昂可能在使用投射，他把自己的动机投射到了他人身上。
4. 阿德勒认为，人们行为的主要动机是克服自卑感。

停下来检查一下（人本主义理论）

1. 自我实现指的是个体为了实现自身内在潜能而不断努力的过程。
2. 人本主义关注影响个体行为的内在特性。
3. 心理传记运用心理学理论对个体生活的展开方式进行连贯的描述。

停下来检查一下（社会学习和认知理论）

1. 外部控制点取向的人认为，奖赏很大程度上取决于环境因素。
2. 米希尔的理论关注编码方式、期望和信念、情感、目标和价值观以及能力和自我管理计划。
3. 班杜拉认为，个体因素、行为与环境三者之间都存在相互作用，彼此影响和改变。

停下来检查一下（自我理论）

1. 自尊是对自我的概括性评价。
2. 自我妨碍的行为让人们可以不把自己的失败归因于能力不足。
3. 有着互依的自我构念的人们将自己视为更大的社会结构的一员。

停下来检查一下（人格理论的比较）

1. 有些理论主要通过遗传禀赋来解释个体差异，有些理论则关注塑造个体人格的生活经历。
2. 弗洛伊德的理论强调童年早期的事件即过去对成人人格的影响。
3. 人格理论中与之相关的维度是意识与无意识。

停下来检查一下（人格测评）

1. MMPI 的每个临床量表都能将罹患某种临床障碍的人与正常人区分开。
2. NEO-PI 用来测量人格的五因素模型所定义的五种人格特质。
3. 临床医生会评估罗夏墨迹测验的定位、内容和决定因素。

第 14 章

停下来检查一下（心理障碍的性质）

1. 最相关的标准似乎是"痛苦或功能障碍"（也就是说，杰瑞的恐惧给他带来个人痛苦）和"适应不良"（也就是说，杰瑞的恐惧使他无法轻松地追求自己的目标）。
2. 分类可以提供一种通用的简略语言、对病因的理解和治疗计划。
3. 行为在不同的文化中有不同的解释——相同的行为在不同的文化背景下可能看起来"正常"或"异常"。

停下来检查一下（焦虑障碍）

1. 患有恐怖症的人会在客观上并不危险的情况下体验到非理性的恐惧。
2. 强迫观念是想法，而强迫行为是动作。
3. 研究表明，人类物种的进化史让人们"准备好"对某些刺激产生恐惧。
4. 焦虑敏感性高的人更容易相信身体症状会产生有害的后果。

停下来检查一下（心境障碍）

1. 双相障碍的特征是严重抑郁与躁狂发作交替出现。
2. 认知三合一是指对自己的消极看法，对当前体验的消极看法，对未来的消极看法。
3. 研究表明，女性比男性更有可能对自己的问题进行反刍式思考，这导致消极情绪增加。
4. 当青少年感到抑郁、无望或孤立并有消极的自我概念时，他们有尝试自杀的风险。

停下来检查一下（躯体症状及相关障碍、分离障碍）

1. 霍华德的情况符合疾病焦虑障碍的定义。
2. 分离性遗忘症是指在没有任何器质性功能障碍的情况下，由心理因素导致的对重要个人经历的遗忘。
3. 研究表明，几乎所有患分离性身份障碍的人确实遭受过某种形式的身体或心理虐待。

停下来检查一下（精神分裂症谱系及其他精神病性障碍）

1. 社交退缩和情感淡漠是精神分裂症的阴性症状。

2. 研究表明，那些高情绪表达家庭中的患者回到家庭后更容易复发。

停下来检查一下（人格障碍）

1. 有边缘型人格障碍的人对被抛弃有强烈的恐惧。

2. 有边缘型人格障碍的人在童年时经历过明显更多的性虐待。

3. 反社会型人格障碍的特征是行为冲动和漠视安全，这产生了自杀的风险。

停下来检查一下（儿童的心理障碍）

1. 注意缺陷/多动障碍的行为特征是与儿童的发展水平不相称的注意缺陷以及多动和冲动。

2. 许多父母只有在孩子出生后第二年在社会互动或语言使用方面未能达到发展标准时才开始担心。

3. 研究人员指出，有孤独症的儿童无法发展出标准的心理理论。

停下来检查一下（精神疾病的污名）

1. 对精神疾病的负性态度让患者被视为不可接受的另类。

2. 当人们接受治疗时，他们通常必须公开承认自己有精神疾病，这为污名创造了一种背景。

3. 研究表明，与精神疾病患者接触有助于减少污名。

第 15 章

停下来检查一下（治疗的背景）

1. 治疗过程的目标是做出诊断，提出可能的病因，做出预后，并进行治疗。

2. 精神分析师已完成弗洛伊德学派治疗的研究生训练。

3. 研究表明，治疗师的文化胜任力越强，治疗效果越好。

4. 大量从精神病院出院的患者在很短的时间后又重新入院。

停下来检查一下（心理动力学治疗）

1. 心理动力学治疗之所以也被称为领悟疗法，是因为其中心目标是引导患者领悟当前症状和过去冲突之间的关系。

2. 移情是指患者对治疗师产生情绪反应的情况，这种情绪反应通常代表患者生活中的情绪冲突。

3. 克莱因认为，死本能先于性意识存在，并导致与生俱来的攻击性冲动。

停下来检查一下（行为治疗）

1. 使用反条件作用的疗法试图用健康的反应（如放松）取代适应不良的反应（如恐惧）。

2. 通常情况下，临床医生使用奖赏来为期望的行为提供正强化（例如保持戒毒状态）。

3. 泛化技术试图使治疗带来的积极变化延续下去。

停下来检查一下（认知治疗）

1. 认知治疗的基本假设是，异常的行为模式和情绪困扰源于两方面的问题，即人们思考的内容和思考方式。

2. 理性-情绪疗法认为非理性的信念会导致不良的情绪反应。

3. 认知行为疗法的一个目标是改变人们的行为——重要的是让他们相信自己能够有效地做出适应性行为。

停下来检查一下（人本主义治疗）

1. 人类潜能运动的目标是提高个人的潜能，使其达到更高的表现水平，获得更丰富的体验。

2. 来访者中心疗法的治疗师会建立一个无条件积极关注的环境，即尊重和无条件地接纳和来访者而不对其进行任何评判。

3. 在格式塔疗法中，患者想象一种感受、一个人、一个物体或一个情境正在占据一张空椅子；他们与椅子的"主人"交谈，以修通他们生活中的问题。

停下来检查一下（团体治疗）

1. 团体治疗让参与者有机会了解他们的问题类型实际上可能是相当普遍的。

2. 夫妻治疗的目标通常是帮助夫妻澄清和改善他们互动的质量。

3. 网络自助团体对行动不便的人尤其有价值，否则他们可能无法进入这些团体。

停下来检查一下（生物医学治疗）

1. 非典型性抗精神病药有助于缓解精神分裂症的症状，而不会引起严重的运动控制问题。

2. SNRI 类药物抑制 5-羟色胺和去甲肾上腺素的再摄取。

3. 这个手术会从根本上改变人格：人们变得不那么情绪化，但他们也失去了自我感。

4. 当人们接受 rTMS 时，他们的脑部会受到重复的磁脉冲刺激。

停下来检查一下（治疗评估和预防策略）

1. 元分析表明，许多标准的抑郁治疗（如认知行为治疗和药物治疗）比安慰剂疗法更能缓解抑郁。

2. 研究证明，一般来说，更积极的治疗联盟能更好地缓解心理障碍。

3. 初级预防的目标是实施那些旨在降低个人患精神疾病概率的项目。

第 16 章

停下来检查一下（建构社会现实）

1. 凯利认为，人们在归因时会评估区别性、普遍性和一致性。

2. 学生们可能将成功归因于自己，并推脱失败——举例来讲，这一模式可能会使他们在考差了的时候还不改变自己的学习习惯。

3. 在大多数教室中，教师对学生的潜力有着准确的信息，这就限制了自我实现预言的可能性。

停下来检查一下（情境的力量）

1. 斯坦福监狱实验证明了人们采取由社会角色定义的行为模式的速度有多快。

2. 因为人们希望被他人喜欢、接纳和赞许，所以群体能产生规范性影响。

3. 少数派能产生信息性影响：因为大多数群体成员希望自己正确，所以少数派能产生影响。

4. 当群体共同的决策比每个群体成员各自决策的平均值更极端时，就表明群体极化过程在起作用。

5. 精神科医生的预测大大低估了将电击施加至极高强度的个体的人数。

停下来检查一下（态度、态度改变与行动）

1. 态度包括认知、情感和行为三个成分。

2. 说服的中心路径的特点是高度精细化，即对说服材料进行仔细思考。

3. 因为减少失调反映的是想要保持自我一致性的冲动，所以自我感的跨文化差异会对人们在何种情境下体验到失调产生影响。

4. 当人们将大的请求降至中等程度的请求时，他们就已经为你做了一些事情。互惠规范要求你也为他们做一些事情，即同意他们提出的较小的请求。

停下来检查一下（偏见）

1. 在没有偏见的情况下，人们通常对内群体成员有积极的感受，对外群体成员有中性感受。

2. 人们与刻板群体成员通常的互动方式，使得他们不能做出与刻板印象不符的行为。

3. 研究表明，与外群体成员的接触总是能减少偏见。

停下来检查一下（社会关系）

1. 人们倾向于更喜欢那些与他们相似的人。

2. 定义爱的三个维度是激情、亲密和承诺。

3. 具有安全型依恋风格的成人往往有着最长久的浪漫关系。

停下来检查一下（攻击、利他行为和亲社会行为）

1. 研究者使用双生子研究证明，与异卵双生子相比，同卵双生子在反社会和攻击行为方面有更高的一致性。

2. 当人们在追求目标的过程中受挫时，他们更可能做出攻击行为。

3. 互惠性利他主义是指，人们之所以做出利他行为，是因为他们希望自己也会成为此类行为（作为回报）的受益者。

4. 当一群人看到了一个紧急事件时，群体成员通常会假设，已经有人承担起了提供帮助的责任。

专业术语表

异常心理学
abnormal psychology The area of psychological investigation concerned with understanding the nature of individual pathologies of mind, mood, and behavior. (p. 443)

绝对阈限
absolute threshold The minimum amount of physical energy needed to produce a reliable sensory experience; operationally defined as the stimulus level at which a sensory signal is detected half the time. (p. 89)

调节
accommodation The process by which the ciliary muscles change the thickness of the lens of the eye to permit variable focusing on near and distant objects. (p. 93)

顺应
accommodation According to Piaget, the process of restructuring or modifying cognitive structures so that new information can fit into them more easily; this process works in tandem with assimilation. (p. 304)

习得
acquisition The stage in a classical conditioning experiment during which the conditioned response is first elicited by the conditioned stimulus. (p. 164)

动作电位
action potential The nerve impulse activated in a neuron that travels down the axon and causes neurotransmitters to be released into a synapse. (p. 64)

急性应激
acute stress A transient state of arousal with typically clear onset and offset patterns. (p. 382)

成瘾
addiction A condition in which the body requires a drug in order to function without physical and psychological reactions to its absence; often the outcome of tolerance and dependence. (p. 151)

攻击
aggression Behaviors that cause psychological or physical harm to another individual. (p. 550)

广场恐怖症
agoraphobia An extreme fear of being in public places or open spaces from which escape may be difficult or embarrassing. (p. 453)

获得性免疫缺陷综合征（艾滋病）
AIDS Acronym for acquired immune deficiency syndrome, a syndrome caused by a virus that damages the immune system and weakens the body's ability to fight infection. (p. 398)

算法
algorithm A step-by-step procedure that always provides the right answer for a particular type of problem. (p. 251)

全或无定律
all-or-none law The rule that the size of the action potential is unaffected by increases in the intensity of stimulation beyond the threshold level. (p. 65)

利他行为
altruism Prosocial behaviors a person carries out without considering his or her own safety or interests. (p. 550)

无长突细胞
amacrine cell One of the cells that integrate information across the retina; rather than sending signals toward the brain, amacrine cells link bipolar cells to other bipolar cells and ganglion cells to other ganglion cells. (p. 94)

歧义
ambiguity Property of perceptual object that may have more than one interpretation. (p. 126)

遗忘症
amnesia A failure of memory caused by physical injury, disease, drug use, or psychological trauma. (p. 223)

杏仁核
amygdala The part of the limbic system that controls emotion, aggression, and the formation of emotional memory. (p. 76)

分析心理学
analytic psychology A branch of psychology that views the person as a constellation of compensatory internal forces in a dynamic balance. (p. 421)

锚定启发式
anchoring heuristic An insufficient adjustment up or down from an original starting value when judging the probable value of some event or outcome. (p. 262)

神经性厌食症
anorexia nervosa An eating disorder in which an individual weighs less than 85 percent of her or his expected weight but still expresses intense fear of becoming fat. (p. 349)

顺行性遗忘症
anterograde amnesia An inability to form explicit memories for events that occur after the time of physical damage to the brain. (p. 223)

预期性应对
anticipatory coping Efforts made in advance of a potentially stressful event to overcome, reduce, or tolerate the imbalance between perceived demands and available resources. (p. 390)

反社会型人格障碍

antisocial personality disorder A disorder characterized by stable patterns of irresponsible or unlawful behavior that violates social norms. (p. 475)

焦虑

anxiety An intense emotional response caused by the preconscious recognition that a repressed conflict is about to emerge into consciousness. (p. 418)

焦虑障碍

anxiety disorder Mental disorder marked by psychological arousal, feeling of tension, and intense apprehension without apparent reason. (p. 451)

原始意象

archetype A universal, inherited, primitive, and symbolic representation of a particular experience or object. (p. 421)

同化

assimilation According to Piaget, the process whereby new cognitive elements are fitted in with old elements or modified to fit more easily; this process works in tandem with accommodation. (p. 304)

联络皮层

association cortex The parts of the cerebral cortex in which many high-level brain processes occur. (p. 78)

依恋

attachment Emotional relationship between a child and the regular caregiver. (p. 319)

注意

attention A state of focused awareness on a subset of the available perceptual information. (p. 112)

注意缺陷 / 多动障碍

attention-deficit/hyperactivity disorder (ADHD) A disorder of childhood characterized by inattention and hyperactivity-impulsivity. (p. 477)

态度

attitude The learned, relatively stable tendency to respond to people, concepts, and events in an evaluative way. (p. 533)

归因

attribution Judgment about the causes of outcomes. (p. 362)

归因理论

attribution theory A social-cognitive approach to describe the ways the social perceiver uses information to generate causal explanations. (p. 518)

听众设计

audience design The process of shaping a message depending on the audience for which it is intended. (p. 234)

听皮层

auditory cortex The area of the temporal lobes that receives and processes auditory information. (p. 78)

听神经

auditory nerve The nerve that carries impulses from the cochlea to the cochlear nucleus of the brain. (p. 103)

孤独症

autistic disorder A developmental disorder characterized by severe disruption of children's ability to form social bonds and use language. (p. 477)

自动过程

automatic process Process that does not require attention; it can often be performed along with other tasks without interference. (p. 232)

自主神经系统

autonomic nervous system (ANS) The subdivision of the peripheral nervous system that controls the body's involuntary motor responses by connecting the sensory receptors to the central nervous system (CNS) and the CNS to the smooth muscle, cardiac muscle, and glands. (p. 73)

可得性启发式

availability heuristic A judgment based on the information readily available in memory. (p. 260)

厌恶疗法

aversion therapy A type of behavioral therapy used to treat individuals attracted to harmful stimuli; an attractive stimulus is paired with a noxious stimulus in order to elicit a negative reaction to the target stimulus. (p. 495)

避免型条件作用

avoidance conditioning A form of learning in which animals acquire responses that allow them to avoid aversive stimuli before they begin. (p. 175)

轴突

axon The extended fiber of a neuron through which nerve impulses travel from the soma to the terminal buttons. (p. 61)

基础水平

basic level The level of categorization that can be retrieved from memory most quickly and used most efficiently. (p. 214)

基底膜

basilar membrane A membrane in the cochlea that, when set into motion, stimulates hair cells that produce the neural effects of auditory stimulation. (p. 103)

行为

behavior The actions by which an organism adjusts to its environment. (p. 2)

行为分析

behavior analysis The area of psychology that focuses on the environmental determinants of learning and behavior. (p. 161)

行为矫正

behavior modification The systematic use of principles of learning to increase the frequency of desired behaviors and/or decrease the frequency of problem behaviors. (p. 492)

行为治疗

behavior therapy See behavior modification. (p. 492)

行为数据

behavioral data Observational reports about the behavior of organisms and the conditions under which the behavior occurs or changes. (p. 3)

行为测量

behavioral measure Overt actions or reaction that is observed and recorded, exclusive of self-reported behavior. (p. 34)

行为神经科学

behavioral neuroscience A multidisciplinary field that attempts to understand the brain processes that underlie behavior. (p. 13)

行为主义

behaviorism A scientific approach that limits the study of psychology to measurable or observable behavior. (p. 12)

行为主义观点

behaviorist perspective The psychological perspective primarily concerned with observable behavior that can be objectively recorded and with the relationships of observable behavior to environmental stimuli. (p. 11)

信念偏差效应

belief-bias effect A situation that occurs when a person's prior knowledge, attitudes, or values distort the reasoning process by influencing the person to accept invalid arguments. (p. 255)

被试间设计

between-subjects design A research design in which different groups of participants are randomly assigned to experimental conditions or to control conditions. (p. 29)

暴食症

binge eating disorder An eating disorder characterized by out-of-control binge eating without subsequent purges. (p. 349)

双眼深度线索

binocular depth cue Depth cue that uses information from both eyes. (p. 117)

生物反馈

biofeedback A self-regulatory technique by which an individual acquires voluntary control over nonconscious biological processes. (p. 401)

生物学观点

biological perspective The approach to identifying causes of behavior that focuses on the functioning of the genes, the brain, the nervous system, and the endocrine system. (p. 13)

生物医学治疗

biomedical therapy Treatment for a psychological disorder that alters brain functioning with chemical or physical interventions such as drug therapy, surgery, or electroconvulsive therapy. (p. 483)

生物心理社会模型

biopsychosocial model A model of health and illness that suggests links among the nervous system, the immune system, behavioral styles, cognitive processing, and environmental domains of health. (p. 396)

双极细胞

bipolar cell Nerve cell in the visual system that combines impulses from many receptors and transmits the results to ganglion cells. (p. 94)

双相障碍

bipolar disorder A mood disorder characterized by alternating periods of depression and mania. (p. 459)

盲点

blind spot The region of the retina where the optic nerve leaves the back of the eye; no receptors cells are present in this region. (p. 95)

边缘型人格障碍

borderline personality disorder A disorder defined by instability and intensity in personal relationships as well as turbulent emotions and impulsive behaviors. (p. 474)

自下而上的加工

bottom-up processing Perceptual analyses based on the sensory data available in the environment; results of analysis are passed upward toward more abstract representations. (p. 124)

脑干

brain stem The brain structure that regulates the body's basic life processes. (p. 74)

明度

brightness The dimension of color space that captures the intensity of light. (p. 99)

布洛卡区

Broca's area The region of the brain that translates thoughts into speech or signs. (p. 70)

神经性贪食症

bulimia nervosa An eating disorder characterized by binge eating followed by measures to purge the body of excess calories. (p. 349)

旁观者介入

bystander intervention Willingness to assist a person in need of help. (p. 556)

坎农—巴德情绪理论

Cannon–Bard theory of emotion A theory stating that an emotional stimulus produces two co-occurring reactions—arousal and experience of emotion—that do not cause each other. (p. 375)

个案研究

case study Intensive observation of a particular individual or small group of individuals. (p. 36)

宣泄

catharsis The process of expressing strongly felt but usually repressed emotions. (p. 488)

中枢神经系统

central nervous system (CNS) The part of the nervous system consisting of the brain and spinal cord. (p. 72)

中心化

centration Preoperational children's tendency to focus their attention on only one aspect of a situation and disregard other relevant aspects. (p. 305)

小脑

cerebellum The region of the brain attached to the brain stem that controls motor coordination, posture, and balance as well as the ability to learn control of body movements. (p. 75)

大脑皮层

cerebral cortex The outer surface of the cerebrum. (p. 76)

大脑半球

cerebral hemispheres The two halves of the cerebrum, connected by the corpus callosum. (p. 76)

大脑

cerebrum The region of the brain that regulates higher cognitive and emotional functions. (p. 76)

儿童指向型言语

child-directed speech A form of speech addressed to children that includes slower speed, distinctive intonation, and structural simplifications. (p. 312)

慢性应激

chronic stress A continuous state of arousal in which an individual perceives demands as greater than the inner and outer resources available for dealing with them. (p. 382)

生理年龄

chronological age The number of months or years since an individual's birth. (p. 275)

组块

chunk The process of taking single items of information and recoding them on the basis of similarity or some other organizing principle. (p. 197)

昼夜节律

circadian rhythm A consistent pattern of cyclical body activities, usually lasting 24 to 25 hours and determined by an internal biological clock. (p. 137)

经典条件作用

classical conditioning A type of learning in which a behavior (conditioned response) comes to be elicited by a stimulus (conditioned stimulus) that has acquired its power through an association with a biologically significant stimulus (unconditioned stimulus). (p. 161)

来访者

client The term used by clinicians who think of psychological disorders as problems in living, and not as mental illnesses, to describe those being treated. (p. 485)

来访者中心疗法

client-centered therapy A humanistic approach to treatment that emphasizes the healthy psychological growth of the individual based on the assumption that all people share the basic tendency of human nature toward self-actualization. (p. 501)

临床心理学家

clinical psychologist An individual who has earned a doctorate in psychology and whose training is in the assessment and treatment of psychological problems. (p. 484)

临床社会工作者

clinical social worker A mental health professional whose specialized training prepares him or her to consider the social context of people's problems. (p. 484)

耳蜗

cochlea The primary organ of hearing; a fluid-filled coiled tube located in the inner ear. (p. 103)

认知

cognition Processes of knowing, including attending, remembering, and reasoning; also the content of the processes, such as concepts and memories. (p. 229)

情绪的认知评价理论

cognitive appraisal theory of emotion A theory stating that the experience of emotion is the joint effect of physiological arousal and cognitive appraisal, which serves to determine how an ambiguous inner state of arousal will be labeled. (p. 376)

认知行为疗法

cognitive behavioral therapy A therapeutic approach that combines the cognitive emphasis on thoughts and attitudes with the behavioral emphasis on changing performance. (p. 499)

认知发展

cognitive development The development of processes of knowing, including imagining, perceiving, reasoning, and problem solving. (p. 304)

认知失调

cognitive dissonance The theory that the tension-producing effects of incongruous cognitions motivate individuals to reduce such tension. (p. 537)

认知地图

cognitive map A mental representation of physical space. (p. 184)

认知神经科学

cognitive neuroscience A multidisciplinary field that attempts to understand the brain processes that underlie higher cognitive functions in humans. (p. 13)

认知观点

cognitive perspective The perspective on psychology that stresses human thought and the processes of knowing, such as attending, thinking, remembering, expecting, solving problems, fantasizing, and consciousness. (p. 12)

认知过程

cognitive process One of the higher mental processes, such as perception, memory, language, problem solving, and abstract thinking. (p. 229)

认知心理学

cognitive psychology The study of higher mental processes such as attention, language use, memory, perception, problem solving, and thinking. (p. 229)

认知科学

cognitive science The interdisciplinary field of study of systems and processes that manipulate information. (p. 229)

认知治疗

cognitive therapy A type of psychotherapeutic treatment that attempts to change feelings and behaviors by changing the way a client thinks about or perceives significant life experiences. (p. 497)

集体无意识

collective unconscious The part of an individual's unconscious that is inherited, evolutionarily developed, and common to all members of the species. (p. 421)

共同因素

common factors The components that psychotherapies share that contribute to therapeutic effectiveness. (p. 512)

共病

comorbidity The experience of more than one disorder at the same time. (p. 447)

比较认知

comparative cognition The study of the development of cognitive abilities across species and the continuity of abilities from nonhuman to human animals. (p. 184)

互补色

complementary colors Colors opposite each other on the color circle; when additively mixed, they create the sensation of white light. (p. 99)

顺从

compliance A change in behavior consistent with a communication source's direct requests. (p. 53)

计算机断层扫描术

computerized axial tomography (CT or CAT) A technique that uses narrow beams of X-rays passed through the brain at several angles to assemble complete brain images. (p. 71)

概念

concept Mental representation of a kind or category of items and ideas. (p. 213)

条件性强化物

conditioned reinforcer In classical conditioning, a formerly neutral stimulus that has become a reinforcer. (p. 178)

条件反应

conditioned response (CR) In classical conditioning, a response elicited by some previously neutral stimulus that occurs as a result of pairing the neutral stimulus with an unconditioned stimulus. (p. 163)

条件刺激

conditioned stimulus (CS) In classical conditioning, a previously neutral stimulus that comes to elicit a conditioned response. (p. 163)

锥体细胞

cone One of the photoreceptors concentrated in the center of the retina that are responsible for visual experience under normal viewing conditions for all experiences of color. (p. 94)

从众

conformity The tendency for people to adopt the behaviors, attitudes, and values of other members of a reference group. (p. 525)

混淆变量

confounding variable A stimulus other than the variable an experimenter explicitly introduces into a research setting that affects a participant's behavior. (p. 27)

意识

consciousness A state of awareness of internal events and the external environment. (p. 131)

守恒

conservation According to Piaget, the understanding that physical properties do not change when nothing is added or taken away, even though appearances may change. (p. 306)

一致性悖论

consistency paradox The observation that personality ratings across time and among different observers are consistent while behavior ratings across situations are not consistent. (p. 413)

结构效度

construct validity The degree to which a test adequately measures an underlying construct. (p. 273)

接触性安慰

contact comfort Comfort derived from an infant's physical contact with the mother or caregiver. (p. 322)

接触假说

contact hypothesis The prediction that contact between groups will reduce prejudice only if the contact includes features such as cooperation toward shared goals. (p. 544)

内容效度

content validity The extent to which a test adequately measures the full range of the domain of interest. (p. 272)

权变管理

contingency management A general treatment strategy involving changing behavior by modifying its consequences. (p. 495)

控制组

control group A group in an experiment that is not exposed to a treatment or does not experience a manipulation of the independent variable. (p. 29)

控制程序

control procedure Consistent procedure for giving instructions, scoring responses, and holding all other variables constant except those being systematically varied. (p. 28)

受控过程

controlled process Process that requires attention; it is often difficult to carry out more than one controlled process at a time. (p. 232)

视轴辐合

convergence The degree to which the eyes turn inward to fixate on an object. (p. 117)

聚合思维

convergent thinking An aspect of creativity characterized by the ability to gather together different sources of information to solve a problem. (p. 253)

转换障碍
conversion disorder A disorder in which psychological conflict or stress brings about loss of motor or sensory function. (p. 405)

应对
coping The process of dealing with internal or external demands that are perceived to be threatening or overwhelming. (p. 389)

胼胝体
corpus callosum The mass of nerve fibers connecting the two hemispheres of the cerebrum. (p. 76)

相关系数
correlation coefficient (r) A statistic that indicates the degree of relationship between two variables. (p. 30)

相关法
correlational method Research methodology that determines to what extent two variables, traits, or attributes are related. (p. 30)

咨询心理学家
counseling psychologist Psychologist who specializes in providing guidance in areas such as vocational selections, school problems, drug abuse, and marital conflict. (p. 484)

反条件作用
counterconditioning A technique used in therapy to substitute a new response for a maladaptive one by means of conditioning procedures. (p. 492)

反移情
countertransference Circumstances in which a psychoanalyst develops personal feelings about a client because of perceived similarity of the client to significant people in the therapist's life. (p. 489)

共变模型
covariation model A theory that suggests that people attribute a behavior to a causal factor if that factor was present whenever the behavior occurred but was absent whenever it didn't occur. (p. 518)

创造性
creativity The ability to generate ideas or products that are both novel and appropriate to the circumstances. (p. 253)

效标关联效度
criterion-related validity The degree to which test scores indicate a result on a specific measure that is consistent with some other criterion of the characteristic being assessed. (p. 272)

横断设计
cross-sectional design A research method in which groups of participants of different chronological ages are observed and compared at a given time. (p. 297)

晶体智力
crystallized intelligence The facet of intelligence involving the knowledge a person has already acquired and the ability to access that knowledge; measures by vocabulary, arithmetic. (p. 280)

肤觉
cutaneous senses The skin senses that register sensations or pressure, warmth, and cold. (p. 109)

暗适应
dark adaptation The gradual improvement of the eyes' sensitivity after a shift in illumination from light to near darkness. (p. 94)

约会强暴
date rape Unwanted sexual violation by a social acquaintance in the context of a consensual dating situation. (p. 358)

事后解释
debriefing A procedure conducted at the end of an experiment in which the researcher provides the participant with as much information about the study as possible and makes sure that no participant leaves feeling confused, upset, or embarrassed. (p. 38)

决策
decision making The process of choosing between alternatives; selecting or rejecting available options. (p. 259)

陈述性记忆
declarative memory Memory for information such as facts and events. (p. 192)

演绎推理
deductive reasoning A form of thinking in which one draws a conclusion that is intended to follow logically from two or more statements or premises. (p. 255)

去机构化
deinstitutionalization The movement to treat people with psychological disorders in the community rather than in psychiatric hospitals. (p. 486)

妄想
delusion False or irrational belief maintained despite clear evidence to the contrary. (p. 469)

树突
dendrite One of the branched fibers of neurons that receive incoming signals. (p. 61)

因变量
dependent variable In an experimental setting, a variable that the researcher measures to assess the impact of a variation in an independent variable. (p. 26)

镇静剂
depressant Drug that depresses or slows down the activity of the central nervous system. (p. 152)

描述统计
descriptive statistics Statistical procedures that are used to summarize sets of scores with respect to central tendencies, variability, and correlations. (p. 43)

决定论
determinism The doctrine that all events—physical, behavioral, and mental—are determined by specific causal factors that are potentially knowable. (p. 23)

发展年龄
developmental age The chronological age at which most children show a particular level of physical or mental development. (p. 296)

发展心理学

developmental psychology The branch of psychology concerned with interaction between physical and psychological processes and with stages of growth from conception throughout the entire life span. (p. 295)

素质－应激假说

diathesis-stress hypothesis A hypothesis about the cause of certain disorders, such as schizophrenia, that suggests that genetic factors predispose an individual to a certain disorder but that environmental stress factors must impinge in order for the potential risk to manifest itself. (p. 472)

差别阈限

difference threshold The smallest physical difference between two stimuli that can still be recognized as a difference; operationally defined as the point at which the stimuli are recognized as different half of the time. (p. 91)

责任分散

diffusion of responsibility In emergency situations, the larger the number of bystanders, the less responsibility any one of the bystanders feels to help. (p. 556)

辨别性刺激

discriminative stimulus Stimulus that acts as a predictor of reinforcement, signaling when particular behaviors will result in positive reinforcement. (p. 176)

分离性遗忘症

dissociative amnesia The inability to remember important personal experiences, caused by psychological factors in the absence of any organic dysfunction. (p. 467)

分离障碍

dissociative disorder A personality disorder marked by a disturbance in the integration of identity, memory, or consciousness. (p. 466)

分离性漫游

dissociative fugue A disorder characterized by a flight from home or work accompanied by a loss of ability to recall the personal past. (p. 467)

分离性身份障碍

dissociative identity disorder (DID) A dissociative mental disorder in which two or more distinct personalities exist within the same individual; formerly known as multiple personality disorder. (p. 467)

远距刺激

distal stimulus In the processes of perception, the physical object in the world, as contrasted with the proximal stimulus, the optical image on the retina. (p. 88)

发散思维

divergent thinking An aspect of creativity characterized by an ability to produce unusual but appropriate responses to problems. (p. 253)

DAN（脱氧核糖核酸）

deoxyribonucleic acid The physical basis for the transmission of genetic information. (p. 57)

双盲控制

double-blind control An experimental technique in which biased expectations of experimenters are eliminated by keeping both participants and experimental assistants unaware of which participants have received which treatment. (p. 28)

梦的解析

dream analysis The psychoanalytic interpretation of dreams used to gain insight into a person's unconscious motives or conflicts. (p. 489)

梦的工作

dream work In Freudian dream analysis, the process by which the internal censor transforms the latent content of a dream into manifest content. (p. 143)

驱力

drive Internal state that arises in response to a disequilibrium in an animal's physiological needs. (p. 340)

《精神障碍诊断与统计手册》第五版

DSM-5 The current diagnostic and statistical manual of the American Psychological Association that classifies, defines, and describes mental disorders. (p. 447)

自我

ego The aspect of personality involved in self-preservation activities and in directing instinctual drives and urges into appropriate channels. (p. 417)

自我中心

egocentrism In cognitive development, the inability of a young child at the preoperational stage to take the perspective of another person. (p. 305)

自我防御机制

ego defense mechanism Mental strategy (conscious or unconscious) used by the ego to defend itself against conflicts experienced in the normal course of life. (p. 418)

精细可能性模型

elaboration likelihood model A theory of persuasion that defines how likely it is that people will focus their cognitive processes to elaborate upon a message and therefore follow the central and peripheral routes to persuasion. (p. 535)

精细复述

elaborative rehearsal A technique for improving memory by enriching the encoding of information. (p. 209)

电休克疗法

electroconvulsive therapy (ECT) The use of electroconvulsive shock as an effective treatment for severe depression. (p. 509)

脑电图

electroencephalogram (EEG) A recording of the electrical activity of the brain. (p. 71)

胚胎期

embryonic stage The second stage of prenatal development, lasting from the third through eighth week after conception. (p. 298)

情绪

emotion A complex pattern of changes, including physiological arousal, feelings, cognitive processes, and behavioral reactions, made in response to a situation perceived to be personally significant. (p. 369)

情绪智力

emotional intelligence Type of intelligence defined as the abilities to perceive, appraise, and express emotions accurately and appropriately, to use emotions to facilitate thinking, to understand and analyze emotions, to use emotional knowledge effectively, and to regulate one's emotions to promote both emotional and intellectual growth. (p. 283)

情绪调节

emotion regulation The processes through which people change the intensity and duration of the emotions they experience. (p. 379)

编码

encode The process by which a mental representation is formed in memory. (p. 193)

编码特异性

encoding specificity The principle that subsequent retrieval of information is enhanced if cues received at the time of recall are consistent with those present at the time of encoding. (p. 202)

内分泌系统

endocrine system The network of glands that manufacture and secrete hormones into the bloodstream. (p. 80)

记忆痕迹

engram The physical memory trace for information in the brain. (p. 222)

情景记忆

episodic memory Long-term memory for an autobiographical event and the context in which it occurred. (p. 202)

公平理论

equity theory A cognitive theory of work motivation that proposes that workers are motivated to maintain fair and equitable relationships with other relevant persons; also, a model that postulates that equitable relationships are those in which the participants' outcomes are proportional to their inputs. (p. 364)

逃脱型条件作用

escape conditioning A form of learning in which animals acquire a response that will allow them to escape from an aversive stimulus. (p. 175)

雌激素

estrogen The female sex hormone, produced by the ovaries, that is responsible for the release of eggs from the ovaries as well as for the development and maintenance of female eproductive structures and secondary sex characteristics. (p. 81)

病因学，也译作病原学

etiology The causes of, or factor related to, the development of a disorder. (p. 449)

进化观点

evolutionary perspective The approach to psychology that stresses the importance of behavioral and mental adaptiveness, based on the assumption that mental capabilities evolved over millions of years to serve particular adaptive purposes. (p. 13)

进化心理学

evolutionary psychology The study of behavior and mind using the principles of evolutionary theory. (p. 57)

兴奋性输入

excitatory input Information entering a neuron that signals it to fire. (p. 64)

范例

exemplar Member of a category that people have encountered. (p. 216)

期望

expectancy The extent to which people believe that their behaviors in particular situations will bring about rewards. (p. 424)

期望效应

expectancy effect Result that occurs when a researcher or observer subtly communicates to participants the kind of behavior he or she expects to find, thereby creating that expected reaction. (p. 27)

期望理论

expectancy theory A cognitive theory of work motivation that proposes that workers are motivated when they expect their efforts and job performance to result in desired outcomes. (p. 364)

实验组

experimental group A group in an experiment that is exposed to a treatment or experiences a manipulation of the independent variable. (p. 29)

实验法

experimental method Research methodology that involves the manipulation of independent variables to determine their effects on the dependent variables. (p. 27)

记忆的外显使用

explicit use of memory Conscious effort to encode or recover information through memory processes. (p. 191)

暴露疗法

exposure therapy A behavioral technique in which clients are exposed to the objects or situations that cause them anxiety. (p. 492)

消退

extinction In conditioning, the weakening of a conditioned association in the absence of a reinforcer or unconditioned stimulus. (p. 165)

恐惧

fear A rational reaction to an objectively identified external danger that may induce a person to flee or attack in selfdefense. (p. 453)

胎儿期
fetal stage The third stage of prenatal development, lasting from the ninth week through birth of the child. (p. 298)

战斗或逃跑反应
fight-or-flight response A sequence of internal activities triggered when an organism is faced with a threat; prepares the body for combat and struggle or for running away to safety; recent evidence suggests that the response is characteristic only of males. (p. 382)

五因素模型
five-factor model A comprehensive descriptive personality system that maps out the relationships among common traits, theoretical concepts, and personality scales; informally called the Big Five. (p. 410)

固着
fixation A state in which a person remains attached to objects or activities more appropriate for an earlier stage of psychosexual development. (p. 416)

固定间隔程式
fixed-interval (FI) schedule A schedule of reinforcement in which a reinforcer is delivered for the first response made after a fixed period of time. (p. 181)

固定比率程式
fixed-ratio (FR) schedule A schedule of reinforcement in which a reinforcer is delivered for the first response made after a fixed number of responses. (p. 180)

闪光灯记忆
flashbulb memory People's vivid and richly detailed memory in response to personal or public events that have great emotional significance. (p. 218)

流体智力
fluid intelligence The aspect of intelligence that involves the ability to see complex relationships and solve problems. (p. 280)

正式测量
formal assessment The systematic procedures and measurement instruments used by trained professionals to assess an individual's functioning, aptitudes, abilities, or mental states. (p. 271)

中央凹
fovea Area of the retina that contains densely packed cones and forms the point of sharpest vision. (p. 94)

框架
frame A particular description of a choice; the perspective from which a choice is described or framed affects how a decision is made and which option is ultimately exercised. (p. 263)

自由联想
free association The therapeutic method in which a patient gives a running account of thoughts, wishes, physical sensations, and mental images as they occur. (p. 488)

频次分布
frequency distribution A summary of how frequently each score appears in a set of observations. (p. 44)

频率说
frequency theory The theory that a tone produces a rate of vibration in the basilar membrane equal to its frequency, with the result that pitch can be coded by the place at which activation occurs. (p. 104)

额叶
frontal lobe Region of the brain located above the lateral fissure and in front of the central sulcus; involved in motor control and cognitive activities. (p. 76)

挫折 – 攻击假说
frustration-aggression hypothesis According to this hypothesis, frustration occurs in situations in which people are prevented or blocked from attaining their goals; a rise in frustration then leads to a greater probability of aggression. (p. 552)

功能固着
functional fixedness An inability to perceive a new use for an object previously associated with some other purpose; adversely affects problem solving and creativity. (p. 252)

功能性磁共振成像
functional MRI (fMRI) A brain-imaging technique that combines benefits of both MRI and PET scans by detecting magnetic changes in the flow of blood to cells in the brain. (p. 72)

机能主义
functionalism The perspective on mind and behavior that focuses on the examination of their functions in an organism's interactions with the environment. (p. 9)

基本归因错误
fundamental attribution error (FAE) The dual tendency of observers to underestimate the impact of situational factors and to overestimate the influence of dispositional factors on a person's behavior. (p. 519)

一般智力（g因素）
According to Spearman, the factor of general intelligence underlying all intelligent performance. (p. 280)

神经节细胞
ganglion cell Cell in the visual system that integrates impulses from many bipolar cells in a single firing rate. (p. 94)

门控理论
gate-control theory A theory about pain modulation that proposes that certain cells in the spinal cord act as gates to interrupt and block some pain signals while sending others to the brain. (p. 111)

性别
gender A psychological phenomenon that refers to learned sex-related behaviors and attitudes of males and females. (p. 329)

性别认同
gender identity One's sense of maleness or femaleness; usually includes awareness and acceptance of one's biological sex. (p. 330)

性别刻板印象
gender stereotype Belief about attributes and behaviors

regarded as appropriate for males and females in a particular culture. (p. 330)

基因

gene The biological unit of heredity; discrete section of a chromosome responsible for transmission of traits. (p. 57)

一般适应症候群，也译作一般适应综合征

general adaptation syndrome (GAS) The pattern of nonspecific adaptational physiological mechanisms that occurs in response to continuing threat by almost any serious stressor. (p. 384)

广泛性焦虑障碍

generalized anxiety disorder An anxiety disorder in which an individual feels anxious and worried most of the time for at least six months when not threatened by any specific danger or object. (p. 451)

繁殖

generativity A commitment beyond one's self and one's partner to family, work, society, and future generations; typically, a crucial state in development in one's 30s and 40s. (p. 327)

遗传学

genetics The study of the inheritance of physical and psychological traits from ancestors. (p. 57)

基因组

genome The genetic information for an organism, stored in the DNA of its chromosomes. (p. 58)

基因型

genotype The genetic structure an organism inherits from its parents. (p. 55)

胚种期

germinal stage The first two weeks of prenatal development following conception. (p. 298)

格式塔心理学

Gestalt psychology A school of psychology that maintains that psychological phenomena can be understood only when viewed as organized, structured wholes, not when broken down into primitive perceptual elements. (p. 502)

格式塔疗法

Gestalt therapy Therapy that focuses on ways to unite mind and body to make a person whole. (p. 114)

胶质细胞

glia The cells that hold neurons together and facilitate neural transmission, remove damaged and dead neurons, and prevent poisonous substances in the blood from reaching the brain. (p. 63)

目标指向注意

goal-directed attention A determinant of why people select some parts of sensory input for further processing; it reflects the choices made as a function of one's own goals. (p. 112)

群体极化

group polarization The tendency for groups to make decisions that are more extreme than the decisions that would be made by the members acting alone. (p. 529)

群体思维

groupthink The tendency of a decision-making group to filter out undesirable input so that a consensus may be reached, especially if it is in line with the leader's viewpoint. (p. 530)

味觉

gustation The sense of taste. (p. 107)

习惯化

habituation A decrease in a behavioral response when a stimulus is presented repeatedly. (p. 160)

幻觉

hallucination False perception that occurs in the absence of objective stimulation. (p. 152)

致幻剂

hallucinogen Drug that alters cognitions and perceptions and causes hallucinations. (p. 151)

健康

health A general condition of soundness and vigor of body and mind; not simply the absence of illness or injury. (p. 396)

健康促进

health promotion The development and implementation of general strategies and specific tactics to eliminate or reduce the risk that people will become ill. (p. 397)

健康心理学

health psychology The field of psychology devoted to understanding the ways people stay healthy, the reasons they become ill, and the ways they respond when they become ill. (p. 395)

遗传

heredity The biological transmission of traits from parents to offspring. (p. 57)

遗传力

heritability The relative influence of genetics—versus environment—in determining patterns of behavior. (p. 59)

遗传力估计

heritability estimate A statistical estimate of the degree of inheritance of a given trait or behavior, assessed by the degree of similarity between individuals who vary in their extent of genetic similarity. (p. 285)

启发式

heuristic Cognitive strategies, or "rules of thumb," often used as shortcuts in solving a complex inferential task. (p. 251)

需要层次

hierarchy of needs Maslow's view that basic human motives form a hierarchy and that the needs at each level of the hierarchy must be satisfied before the next level can be achieved; these needs progress from basic biological needs to the need for self-actualization. (p. 343)

海马

hippocampus The part of the limbic system that is involved in the acquisition of explicit memory. (p. 75)

人类免疫缺陷病毒

HIV Human immunodeficiency virus, a virus that attacks white blood cells (T lymphocytes) in human blood, thereby weakening the functioning of the immune system; HIV causes AIDS. (p. 398)

内稳态

homeostasis Constancy or equilibrium of the internal conditions of the body. (p. 76)

水平细胞

horizontal cell One of the cells that integrate information across the retina; rather than sending signals toward the brain, horizontal cells connect receptors to each other. (p. 94)

激素

hormone One of the chemical messengers, manufactured and secreted by the endocrine glands, that regulate metabolism and influence body growth, mood, and sexual characteristics. (p. 80)

hozho

hozho A Navajo concept referring to harmony, peace of mind, goodness, ideal family relationships, beauty in arts and crafts, and health of body and spirit. (p. 396)

色调

hue The dimension of color space that captures the qualitative experience of the color of light. (p. 98)

人类行为遗传学

human behavior genetics The area of study that evaluates the genetic component of individual differences in behaviors and traits. (p. 57)

人本主义观点

humanistic perspective A psychological model that emphasizes an individual's phenomenal world and inherent capacity for making rational choices and developing to maximum potential. (p. 12)

人类潜能运动

human-potential movement The therapy movement that encompasses all those practices and methods that release the potential of the average human being for greater levels of performance and greater richness of experience. (p. 501)

催眠

hypnosis An altered state of awareness characterized by deep relaxation, susceptibility to suggestions, and changes in perception,memory, motivation, and self-control. (p. 147)

可催眠性

hypnotizability The degree to which an individual is responsive to standardized hypnotic suggestion. (p. 147)

下丘脑

hypothalamus The brain structure that regulates motivated behavior (such as eating and drinking) and homeostasis. (p. 76)

假设

hypothesis A tentative and testable explanation of the relationship between two (or more) events or variables; often stated as a prediction that a certain outcome will result from specific conditions. (p. 23)

映像记忆

iconic memory Memory system in the visual domain that allows large amounts of information to be stored for very brief durations. (p. 195)

本我

id The primitive, unconscious part of the personality that serves to meet demands and does not care about consequences nor long-term fulfillment. (p. 417)

辨认与识别

identification and recognition Two ways of attaching meaning to percepts. (p. 87)

疾病焦虑障碍

illness anxiety disorder A disorder in which individuals are preoccupied with having or getting physical ailments despite reassurances that they are healthy. (p. 465)

错觉

illusion An experience of a stimulus pattern in a manner that is demonstrably incorrect but shared by others in the same perceptual environment. (p. 122)

内隐偏见

implicit prejudice Prejudice that exists outside an individual's conscious awareness. (p. 543)

记忆的内隐使用

implicit uses of memory Availability of information through memory processes without conscious effort to encode or recover information. (p. 191)

印刻

imprinting A primitive form of learning in which some infant animals physically follow and form an attachment to the first moving object they see and/or hear. (p. 319)

冲动性攻击

impulsive aggression People respond with aggressive acts in the heat of the moment, reacting to situations and emotions. (p. 551)

无意视盲

inattentional blindness People's failure to perceive objects when their attention is focused elsewhere. (p. 132)

诱因

incentive External stimulus or reward that motivates behavior although it does not relate directly to biological needs. (p. 341)

独立的自我构念

independent construal of self Conceptualization of the self as an individual whose behavior is organized primarily by reference to one's own thoughts, feelings, and actions, rather than by reference to the thoughts, feelings, and actions of others. (p. 432)

自变量

independent variable In an experimental setting, a variable that the researcher manipulates with the expectation of having an impact on values of the dependent variable. (p. 26)

归纳推理

inductive reasoning A form of reasoning in which a conclusion is made about the probability of some state of affairs, based on the available evidence and past experience. (p. 257)

婴儿指向型言语

infant-directed speech A form of speech addressed to infants that includes slower speed, distinctive intonation, and structural simplifications. (p. 312)

推论

inference Missing information filled in on the basis of a sample of evidence or on the basis of prior beliefs and theories. (p. 241)

推论统计

inferential statistics Statistical procedures that allow researchers to determine whether the results they obtain support their hypotheses or can be attributed just to chance variation. (p. 43)

信息性影响

informational influence Group effects that arise from individuals' desire to be correct and right and to understand how best to act in a given situation. (p. 526)

知情同意

informed consent The process through which individuals are informed about experimental procedures, risks, and benefits before they provide formal consent to become research participants. (p. 37)

内群体

in-group A group with which people identify as members. (p. 541)

内群体偏向

in-group bias People's tendency to favor members of their own group over members of other groups. (p. 541)

抑制性输入

inhibitory input Information entering a neuron that signals it not to fire. (p. 64)

精神失常

insanity The legal (not clinical) designation for the state of an individual judged to be legally irresponsible or incompetent. (p. 448)

顿悟

insight Circumstances of problem solving in which solutions suddenly come to mind. (p. 253)

领悟疗法

insight therapy A technique by which the therapist guides a patient toward discovering insights between present symptoms and past origins. (p. 488)

失眠症

insomnia The chronic inability to sleep normally; symptoms include difficulty in falling asleep, frequent waking, inability to return to sleep, and early-morning awakening. (p. 141)

本能

instinct Preprogrammed tendency that is essential to a species's survival. (p. 341)

本能漂移

instinctual drift The tendency for learned behavior to drift toward instinctual behavior over time. (p. 183)

工具性攻击

instrumental aggression Cognition-based and goal-directed aggression carried out with premeditated thought, to achieve specific aims. (p. 552)

智力缺陷

intellectual disability Condition in which individuals have IQ scores of 70 to 75 or below and also demonstrate limitations in the ability to bring adaptive skills to bear on life tasks. (p. 277)

智力

intelligence The global capacity to profit from experience and to go beyond given information about the environment. (p. 274)

智商

intelligence quotient (IQ) An index derived from standardized tests of intelligence; originally obtained by dividing an individual's mental age by chronological age and then multiplying by 100; now directly computed as an IQ test score. (p. 275)

互依的自我构念

interdependent construal of self Conceptualization of the self as part of an encompassing social relationship; recognizing that one's behavior is determined, contingent on, and, to a large extent organized by what the actor perceived to be the thoughts, feelings, and actions of others. (p. 432)

内部一致性

internal consistency A measure of reliability; the degree to which a test yields similar scores across its different parts, such as odd versus even items. (p. 272)

内化

internalization According to Vygotsky, the process through which children absorb knowledge from the social context. (p. 308)

中间神经元

interneuron Brain neuron that relays messages from sensory neurons to other interneurons or to motor neurons. (p. 62)

亲密

intimacy The capacity to make a full commitment—sexual, emotional, and moral—to another person. (p. 325)

内省法

introspection Individuals' systematic examination of their own thoughts and feelings. (p. 8)

离子通道

ion channel A portion of neurons' cell membranes that selectively permits certain ions to flow in and out. (p. 65)

詹姆士—兰格情绪理论

James–Lange theory of emotion A peripheral-feedback theory of emotion stating that an eliciting stimulus triggers a behavioral response that sends different sensory and motor feedback to the brain and creates the feeling of a specific emotion. (p. 375)

职业倦怠，也译作工作倦怠或职业枯竭

job burnout The syndrome of emotional exhaustion,

depersonalization, and reduced personal accomplishment, often experienced by workers in high-stress jobs. (p. 404)

判断

judgment The process by which people form opinions, reach conclusions, and make critical evaluations of events and people based on available material; also, the product of the mental activity. (p. 259)

最小可觉差

just noticeable difference (JND) The smallest difference between two sensations that allows them to be discriminated. (p. 91)

动觉

kinesthetic sense The sense concerned with bodily position and movement of the body parts relative to one another. (p. 110)

语言生成能力

language-making capacity The innate guidelines or operating principles that children bring to the task of learning a language. (p. 314)

语言生成

language production What people say, sign, and write, as well as the processes they go through to produce these messages. (p. 234)

潜性梦境

latent content In Freudian dream analysis, the hidden meaning of a dream. (p. 143)

效果律

law of effect A basic law of learning that states that the power of a stimulus to evoke a response is strengthened when the response is followed by a reward and weakened when it is not followed by a reward. (p. 173)

习得性无助

learned helplessness A general pattern of nonresponding in the presence of noxious stimuli that often follows after an organism has previously experienced noncontingent, inescapable aversive stimuli. (p. 461)

学习

learning A process based on experience that results in a relatively permanent change in behavior or behavioral potential. (p. 159)

学习障碍

learning disorder A disorder defined by a large discrepancy between individuals' measured IQ and their actual performance. (p. 278)

学习—行为表现差异

learning-performance distinction The difference between what has been learned and what is expressed in overt behavior. (p. 160)

晶状体

lens The flexible tissue that focuses light on the retina. lesion Injury to or destruction of brain tissue. (p. 93)

损伤

lesion Injury to or destruction of brain tissue. (p. 70)

加工水平理论

levels-of-processing theory A theory that suggests that the deeper the level at which information was processed, the more likely it is to be retained in memory. (p. 205)

力比多

libido The psychic energy that drives individuals toward sensual pleasures of all types, especially sexual ones. (p. 416)

生活变化单位

life-change unit (LCU) In stress research, the measure of the stress levels of different types of changes experienced during a given period. (p. 386)

亮度恒常性

lightness constancy The tendency to perceive the whiteness, grayness, or blackness of objects as constant across changing levels of illuminations. (p. 121)

边缘系统

limbic system The region of the brain that regulates emotional behavior, basic motivational urges, and memory, as well as major physiological functions. (p. 75)

语言相对论

linguistic relativity The hypothesis that the structure of the language an individual speaks has an impact on the way in which that individual thinks about the world. (p. 243)

控制点

locus of control People's general expectancy about the extent to which the rewards they obtain are contingent on their own actions or on environmental factors. (p. 425)

纵向设计

longitudinal design A research design in which the same participants are observed repeatedly, sometimes over many years. (p. 296)

长时记忆

long-term memory (LTM) Memory processes associated with the preservation of information for retrieval at any later time. (p. 200)

响度

loudness A perceptual dimension of sound influenced by the amplitude of a sound wave; sound waves in large amplitudes are generally experienced as loud and those with small amplitudes as soft. (p. 102)

清醒梦

lucid dreaming The theory that conscious awareness of dreaming is a learnable skill that enables dreamers to control the direction and content of their dreams. (p. 145)

磁共振成像

magnetic resonance imaging (MRI) A technique for brain imaging that scans the brain using magnetic fields and radio waves. (p. 72)

抑郁症，也译作重性抑郁障碍

major depressive disorder A mood disorder characterized by intense feelings of depression over an extended time, without the manic high phase of bipolar depression. (p. 458)

躁狂发作

manic episode A component of bipolar disorder characterized by periods of extreme elation, unbounded euphoria without sufficient reason, and grandiose thoughts or feelings about personal abilities. (p. 459)

显性梦境

manifest content In Freudian dream analysis, the surface content of a dream, which is assumed to mask the dream's actual meaning. (p. 143)

成熟

maturation The continuing influence of heredity throughout development, the age-related physical and behavioral changes characteristic of a species. (p. 301)

平均数

mean The arithmetic average of a group of scores; the most commonly used measure of central tendency. (p. 46)

集中量数

measure of central tendency A statistic, such as a mean, median, or mode, that provides one score as representative of a set of observations. (p. 45)

差异量数

measure of variability A statistic, such as a range or standard deviation, that indicates how tightly the scores in a set of observations cluster together. (p. 46)

中数

median The score in a distribution above and below which lie 50 percent of the other scores; a measure of central tendency. (p. 46)

冥想

meditation A form of consciousness alteration designed to enhance self-knowledge and well-being through reduced self-awareness. (p. 149)

延髓

medulla The region of the brain stem that regulates breathing, waking, and heartbeat. (p. 74)

记忆

memory The mental capacity to encode, store, and retrieve information. (p. 190)

月经初潮

menarche The onset of menstruation. (p. 302)

心理年龄

mental age In Binet's measure of intelligence, the age at which a child is performing intellectually, expressed in terms of the average age at which normal children achieve a particular score. (p. 274)

心理定势

mental set The tendency to respond to a new problem in the manner used to respond to a previous problem. (p. 258)

元分析

meta-analysis A statistical technique for evaluating hypotheses by providing a formal mechanism for detecting the general conclusions found in data from many different experiments. (p. 511)

元记忆

metamemory Implicit or explicit knowledge about memory abilities and effective memory strategies; cognition about memory. (p. 210)

镜像神经元

mirror neuron Neuron that responds when an individual observes another individual performing a motor action. (p. 62)

记忆术

mnemonic Strategy or device that uses familiar information during the encoding of new information to enhance subsequent access to the information in memory. (p. 209)

众数

mode The score appearing most frequently in a set of observations; a measure of central tendency. (p. 45)

单眼深度线索

monocular depth cue Depth cue that uses information from only one eye. (p. 118)

心境障碍

mood disorder A mood disturbance such as severe depression or depression alternating with mania. (p. 458)

道德

morality A system of beliefs and values that ensures that individuals will keep their obligations to others in society and will behave in ways that do not interfere with the rights and interests of others. (p. 332)

运动视差

motion parallax A source of information about depth in which the relative distances of objects from a viewer determine the amount and direction of their relative motion in the retinal image. (p. 118)

动机

motivation The process of starting, directing, and maintaining physical and psychological activities; includes mechanisms involved in preferences for one activity over another and the vigor and persistence of responses. (p. 339)

运动皮层

motor cortex The region of the cerebral cortex that controls the action of the body's voluntary muscles. (p. 77)

运动神经元

motor neuron Neuron that carries messages away from the central nervous system toward the muscles and glands. (p. 62)

髓鞘

myelin sheath Insulating material that surrounds axons and increases the speed of neural transmission. (p. 63)

发作性睡病

narcolepsy A sleep disorder characterized by an irresistible compulsion to sleep during the daytime. (p. 142)

自然选择

natural selection Darwin's theory that favorable adaptations to features of the environment allow some members of a species to reproduce more successfully than others. (p. 54)

自然观察

naturalistic observation A research technique in which unobtrusive observations are made of behaviors that occur in natural environments. (p. 35)

成就需要

need for achievement (n Ach) An assumed basic human need to strive for achievement of goals that motivates a wide range of behavior and thinking. (p. 361)

负惩罚

negative punishment A behavior is followed by the removal of an appetitive stimulus, decreasing the probability of that behavior. (p. 175)

负强化

negative reinforcement A behavior is followed by the removal of an aversive stimulus, increasing the probability of that behavior. (p. 175)

神经发生

neurogenesis The creation of new neurons. (p. 82)

神经调质

neuromodulator Any substance that modifies or modulates the activities of the postsynaptic neuron. (p. 68)

神经元

neuron A cell in the nervous system specialized to receive, process, and/or transmit information to other cells. (p. 61)

神经科学

neuroscience The scientific study of the brain and of the links between brain activity and behavior. (p. 61)

神经症性障碍

neurotic disorder Mental disorder in which a person does not have signs of brain abnormalities and does not display grossly irrational thinking or violate basic norms but does experience subjective distress; a category dropped from DSM-Ⅲ. (p. 448)

神经递质

neurotransmitter Chemical messenger released from a neuron that crosses the synapse from one neuron to another, stimulating the postsynaptic neuron. (p. 66)

梦魇

nightmare A frightening dream that usually wakes up the sleeper. (p. 142)

非意识

nonconscious Not typically available to consciousness or memory. (p. 132)

非快速眼动睡眠

non-REM (NREM) sleep The period during which a sleeper does not show rapid eye movement; characterized by less dream activity than during REM sleep. (p. 138)

常模

norm Standard based on measurement of a large group of people; used for comparing the scores of an individual with those of others within a well-defined group. (p. 273)

规范具体化，也译作规范共识性或常模一致性

norm crystallization The convergence of the expectations of a group of individuals into a common perspective as they talk and carry out activities together. (p. 526)

正态曲线

normal curve The symmetrical curve that represents the distribution of scores on many psychological attributes; allows researchers to make judgments of how unusual an observation or result is. (p. 49)

规范性影响

normative influence Group effects that arise from individuals' desire to be liked, accepted, and approved of by others. (p. 526)

常模研究

normative investigation Research effort designed to describe what is characteristic of a specific age or developmental stage. (p. 295)

客体恒常性

object permanence The recognition that objects exist independently of an individual's action or awareness; an important cognitive acquisition of infancy. (p. 305)

观察学习

observational learning The process of learning new responses by watching the behavior of another. (p. 185)

观察者偏差

observer bias The distortion of evidence because of the personal motives and expectations of the viewer. (p. 25)

强迫症

obsessive-compulsive disorder (OCD) A mental disorder characterized by obsessions—recurrent thoughts, images, or impulses that recur or persist despite efforts to suppress them—and compulsions—repetitive, purposeful acts performed according to certain rules or in a ritualized manner. (p. 454)

枕叶

occipital lobe Rearmost region of the brain; contains primary visual cortex. (p. 76)

嗅觉

olfaction The sense of smell. (p. 106)

嗅球

olfactory bulb The center where odor-sensitive receptors send their signals, located just below the frontal lobes of the cortex. (p. 106)

操作

operant Behavior emitted by an organism that can be

characterized in terms of the observable effects it has on the environment. (p. 174)

操作性条件作用

operant conditioning Learning in which the probability of a response is changed by a change in its consequences. (p. 173)

操作性消退

operant extinction When a behavior no longer produces predictable consequences, it returns to the level of occurrence it had before operant conditioning. (p. 175)

操作性定义

operational definition A definition of a variable or condition in terms of the specific operation or procedure used to determine its presence. (p. 26)

拮抗加工理论

opponent-process theory The theory that all color experiences arise from three systems, each of which includes two "opponent" elements (red versus green, blue versus yellow, and black versus white). (p. 100)

视神经

optic nerve The axons of the ganglion cells that carry information from the eye toward the brain. (p. 96)

组织心理学家

organizational psychologist Psychologist who studies various aspects of the human work environment, such as communication among employees, socialization or enculturation of workers, leadership, job satisfaction, stress and burnout, and overall quality of life. (p. 364)

外群体

out-group A group with which people do not identify. (p. 541)

过度规则化

overregularization A grammatical error, usually appearing during early language development, in which rules of the language are applied too widely, resulting in incorrect linguistic forms. (p. 315)

痛觉

pain The body's response to noxious stimuli that are intense enough to cause, or threaten to cause, tissue damage. (p. 110)

惊恐障碍

panic disorder An anxiety disorder in which sufferers experience unexpected, severe panic attacks that begin with a feeling of intense apprehension, fear, or terror. (p. 452)

平行过程

parallel processes Two or more mental processes that are carried out simultaneously. (p. 231)

副交感神经系统

parasympathetic division The subdivision of the autonomic nervous system that monitors the routine operation of the body's internal functions and conserves and restores body energy. (p. 74)

亲代投资

parental investment The time and energy parents must spend raising their offspring. (p. 355)

教养方式

parenting style The manner in which parents rear their children; an authoritative parenting style, which balances demandingness and responsiveness, is seen as the most effective. (p. 321)

顶叶

parietal lobe Region of the brain behind the frontal lobe and above the lateral fissure; contains somatosensory cortex. (p. 76)

部分强化效应

partial reinforcement effect The behavioral principle that states that responses acquired under intermittent reinforcement are more difficult to extinguish than those acquired with continuous reinforcement. (p. 180)

参与式示范

participant modeling A therapeutic technique in which a therapist demonstrates the desired behavior and a client is aided, through supportive encouragement, to imitate the modeled behavior. (p. 495)

宗教咨询师

pastoral counselor A member of a religious order who specializes in the treatment of psychological disorders, often combining spirituality with practical problem solving. (p. 484)

患者

patient The term used by those who take a biomedical approach to the treatment of psychological problems to describe the person being treated. (p. 485)

控制感

perceived control The belief that one has the ability to make a difference in the course of the consequences of some event or experience; often helpful in dealing with stressors. (p. 392)

知觉

perception The processes that organize information in the sensory image and interpret it as having been produced by properties of objects or events in the external, three-dimensional world. (p. 87)

知觉恒常性

perceptual constancy The ability to retain an unchanging percept of an object despite variations in the retinal image. (p. 120)

知觉组织

perceptual organization The processes that put sensory information together to give the perception of a coherent scene over the whole visual field. (p. 87)

外周神经系统

peripheral nervous system (PNS) The part of the nervous system composed of the spinal and cranial nerves that connect the body's sensory receptors to the CNS and the CNS to the muscles and glands. (p. 72)

人格
personality The psychological qualities of an individual that influence a variety of characteristic behavior patterns across difference situations and over time. (p. 408)

人格障碍
personality disorder A chronic, inflexible, maladaptive pattern of perceiving, thinking, and behaving that seriously impairs an individual's ability to function in social or other settings. (p. 474)

人格量表
personality inventory A self-report questionnaire used for personality assessment that includes a series of items about personal thoughts, feelings, and behaviors. (p. 436)

说服
persuasion Deliberate efforts to change attitudes. (p. 535)

表型
phenotype The observable characteristics of an organism, resulting from the interaction between the organism's genotype and its environment. (p. 55)

信息素
pheromone Chemical signal released by an organism to communicate with other members of the species; pheromones often serve as long-distance sexual attractors. (p. 107)

Φ 现象
phi phenomenon The simplest form of apparent motion, the movement illusion in which one or more stationary lights going on and off in succession are perceived as a single moving light. (p. 116)

恐怖症
phobia A persistent and irrational fear of a specific object, activity, or situation that is excessive and unreasonable, given the reality of the threat. (p. 453)

音素
phoneme Minimal unit of speech in any given language that makes a meaningful difference in speech and production and reception; *r* and *r*. (p. 312)

光感受器
photoreceptor Receptor cell in the retina that is sensitive to light. (p. 94)

生理发展
physical development The bodily changes, maturation, and growth that occur in an organism starting with conception and continuing across the life span. (p. 297)

生理依赖
physiological dependence The process by which the body becomes adjusted to or dependent on a drug. (p. 151)

音高
pitch Sound quality of highness or lowness; primarily dependent on the frequency of the sound wave. (p. 102)

脑垂体
pituitary gland Located in the brain, the gland that secretes growth hormone and influences the secretion of hormones by other endocrine glands. (p. 81)

地点说
place theory The theory that different frequency tones produce maximum activation at different locations along the basilar membrane, with the result that pitch can be coded by the place at which activation occurs. (p. 104)

安慰剂控制
placebo control An experimental condition in which treatment is not administered; it is used in cases where a placebo effect might occur. (p. 29)

安慰剂效应
placebo effect A change in behavior in the absence of an experimental manipulation. (p. 28)

安慰剂疗法
placebo therapy A therapy interdependent of any specific clinical procedures that results in client improvement. (p. 511)

可塑性
plasticity Changes in the performance of the brain; may involve the creation of new synapses or changes in the function of existing synapses. (p. 81)

多基因性状
polygenic trait Characteristic that is influenced by more than one gene. (p. 58)

脑桥
pons The region of the brain stem that connects the spinal cord with the brain and links parts of the brain to one another. (p. 75)

总体
population The entire set of individuals to which generalizations will be made based on an experimental sample. (p. 29)

积极心理学
positive psychology A movement within psychology that applies research to provide people with the knowledge and skills that allow them to experience fulfilling lives. (p. 379)

正惩罚
positive punishment A behavior is followed by the presentation of an aversive stimulus, decreasing the probability of that behavior. (p. 175)

正强化
positive reinforcement A behavior is followed by the presentation of an appetitive stimulus, increasing the probability of that behavior. (p. 175)

正电子发射断层扫描术
positron emission tomography (PET) scan Brain image produced by a device that obtains detailed pictures of activity in the living brain by recording the radioactivity emitted by cells during different cognitive or behavioral activities. (p. 72)

创伤后应激障碍
posttraumatic stress disorder (PTSD) An anxiety disorder characterized by the persistent reexperience of traumatic events through distressing recollections, dreams, hallucinations, or

dissociative flashbacks; develops in response to rapes, life-threatening events, severe injury, and natural disasters. (p. 387)

前意识记忆

preconscious memory Memory that is not currently conscious but that can easily be called into consciousness when necessary. (p. 132)

前额叶切断术

prefrontal lobotomy An operation that severs the nerve fibers connecting the frontal lobes of the brain with the diencephalon, especially those fibers in the thalamic and hypothalamic areas; best known form of psychosurgery. (p. 508)

偏见

prejudice A learned attitude toward a target object, involving negative affect (dislike or fear), negative beliefs (stereotypes) that justify the attitude, and a behavioral intention to avoid, control, dominate, or eliminate the target object. (p. 540)

首因效应

primacy effect Improved memory for items at the start of a list. (p. 204)

初级强化物

primary reinforcer Biologically determined reinforcer, such as food and water. (p. 178)

启动

priming In the assessment of implicit memory, the advantage conferred by prior exposure to a word or situation. (p. 206)

前摄干扰

proactive interference Circumstances in which past memories make it more difficult to encode and retrieve new information. (p. 208)

问题解决

problem solving Thinking that is directed toward solving specific problems and that moves from an initial state to a goal state by means of a set of mental operations. (p. 249)

问题空间

problem space The elements that make up a problem: the initial state, the incomplete information or unsatisfactory conditions the person starts with; the goal state, the set of information or state the person wishes to achieve; and the set of operations, the steps the person takes to move from the initial state to the goal state. (p. 249)

程序性记忆

procedural memory Memory for how things get done; the way perceptual, cognitive, and motor skills are acquired, retained, and used. (p. 192)

投射测验

projective test A method of personality assessment in which an individual is presented with a standardized set of ambiguous, abstract stimuli and asked to interpret their meanings; the individual's responses are assumed to reveal inner feelings, motives, and conflicts. (p. 438)

亲社会行为

prosocial behavior Behavior that is carried out with the goal of helping other people. (p. 550)

原型

prototype The most representative example of a category. (p. 216)

近距刺激

proximal stimulus The optical image on the retina; contrasted with the distal stimulus, the physical object in the world. (p. 88)

精神科医生

psychiatrist An individual who has obtained an MD degree and also has completed postdoctoral specialty training in mental and emotional disorders; a psychiatrist may prescribe medications for the treatment of psychological disorders. (p. 485)

精神决定论

psychic determinism The assumption that mental and behavioral reactions are determined by previous experiences. (p. 416)

精神活性药物

psychoactive drug Chemical that affects mental processes and behavior by temporarily changing conscious awareness of reality. (p. 151)

精神分析

psychoanalysis The form of psychodynamic therapy developed by Freud; an intensive prolonged technique for exploring unconscious motivations and conflicts in neurotic, anxiety-ridden individuals. (p. 488)

精神分析师

psychoanalyst An individual who has earned either a PhD or an MD degree and has completed postgraduate training in the Freudian approach to understanding and treating mental disorders. (p. 485)

心理传记

psychobiography The use of psychological (especially personality) theory to describe and explain an individual's course through life. (p. 423)

心理动力学人格理论

psychodynamic personality theory Theory of personality that shares the assumption that personality is shaped by and behavior is motivated by inner forces. (p. 415)

心理动力学观点

psychodynamic perspective A psychological model in which behavior is explained in terms of past experiences and motivational forces; actions are viewed as stemming from inherited instincts, biological drives, and attempts to resolve conflicts between personal needs and social requirements. (p. 11)

心理测量

psychological assessment The use of specified procedures to evaluate the abilities, behaviors, and personal qualities of people. (p. 270)

心理依赖

psychological dependence The psychological need or craving for a drug. (p. 151)

心理诊断

psychological diagnosis The label given to psychological abnormality by classifying and categorizing the observed behavior pattern into an approved diagnostic system. (p. 446)

心理学

psychology The scientific study of the behavior of individuals and their mental processes. (p. 2)

心理测量函数

psychometric function A graph that plots the percentage of detections of a stimulus (on the vertical axis) for each stimulus intensity on the horizontal positions of corresponding images in the two eyes. (p. 90)

心理测量学

psychometrics The field of psychology that specializes in mental testing. (p. 280)

心理神经免疫学

psychoneuroimmunology The research area that investigates interactions between psychological processes, such as responses to stress, and the functions of the immune system. (p. 401)

心理病理功能

psychopathological functioning Disruptions in emotional, behavioral, or thought processes that lead to personal distress or block one's ability to achieve important goals. (p. 443)

精神药理学

psychopharmacology The branch of psychology that investigates the effects of drugs on behavior. (p. 505)

心理物理学

psychophysics The study of the correspondence between physical simulation and psychological experience. (p. 89)

心理社会发展阶段

psychosocial stage Proposed by Erik Erikson, one of the successive developmental stages that focus on an individual's orientation toward the self and others; these stages incorporate both the sexual and social aspects of a person's developmental and the social conflicts that arise from the interaction between the individual and the social environment. (p. 317)

心身障碍

psychosomatic disorder Physical disorder aggravated by or primarily attributable to prolonged emotional stress or other psychological causes. (p. 385)

精神外科手术

psychosurgery A surgical procedure performed on brain tissue to alleviate a psychological disorder. (p. 508)

心理治疗

psychotherapy Any of a group of therapies, used to treat psychological disorders, that focus on changing faulty behaviors, thoughts, perceptions, and emotions that may be associated with specific disorders. (p. 483)

精神病性障碍

psychotic disorder Severe mental disorder in which a person experiences impairments in reality testing manifested through thought, emotional, or perceptual difficulties; no longer used as diagnostic category after DSM-Ⅲ. (p. 448)

青春期

puberty The process through which sexual maturity is attained. (p. 302)

惩罚物

punisher Any stimulus that, when made contingent on a response, decreases the probability of that response. (p. 175)

瞳孔

pupil The opening at the front of the eye through which light passes. (p. 93)

种族歧视

racism Discrimination against people based on their skin color or ethnic heritage. (p. 541)

随机分配

random assignment A procedure by which participants have an equal likelihood of being assigned to any condition within an experiment. (p. 29)

随机取样

random sampling A procedure that ensures that every member of a population has an equal likelihood of participating in an experiment. (p. 29)

全距

range The difference between the highest and the lowest scores in a set of observations; the simplest measure of variability. (p. 46)

快速眼动睡眠

rapid eye movement (REM) A behavioral sign of the phase of sleep during which the sleeper is likely to be experiencing dreamlike mental activity. (p. 138)

理性—情绪疗法

rational-emotive therapy (RET) A comprehensive system of personality change based on changing irrational beliefs that cause undesirable, highly charged emotional reactions such as severe anxiety. (p. 498)

推理

reasoning The process of thinking in which conclusions are drawn from a set of facts; thinking directed toward a given goal or objective. (p. 249)

回忆

recall A method of retrieval in which an individual is required to reproduce the information previously presented. (p. 201)

近因效应

recency effect Improved memory for items at the end of a list. (p. 204)

感受野

receptive field The area of the visual field to which a neuron in the visual system responds. (p. 97)

互惠性利他主义

reciprocal altruism The idea that people perform altruistic behaviors because they expect that others will perform altruistic behaviors for them in turn. (p. 555)

交互决定论

reciprocal determinism A concept of Albert Bandura's social-learning theory that refers to the notion that a complex reciprocal interaction exists among the individual, his or her behavior, and environmental stimuli and that each of these components affects the others. (p. 427)

互惠规范

reciprocity norm Expectation that favors will be returned—if someone does something for another person, that person should do something in return. (p. 539)

再认

recognition A method of retrieval in which an individual is required to identify stimuli as having been experienced before. (p. 201)

重构性记忆

reconstructive memory The process of putting information together based on general types of stored knowledge in the absence of a specific memory representation. (p. 216)

反射

reflex An unlearned response elicited by specific stimuli that have biological relevance for an organism. (p. 163)

不应期

refractory period The period of rest during which a new nerve impulse cannot be activated in a segment of an axon. (p. 65)

强化相倚

reinforcement contingency A consistent relationship between a response and the changes in the environment that it produces. (p. 174)

强化物

reinforcer Any stimulus that, when made contingent on a response, increases the probability of that response. (p. 174)

放松反应

relaxation response A condition in which muscle tension, cortical activity, heart rate, and blood pressure decrease and breathing slows. (p. 400)

信度

reliability The degree to which a test produces similar scores each time it is used; stability or consistency of the scores produced by an instrument. (p. 33)

重复经颅磁刺激

repetitive transcranial magnetic stimulation (rTMS) A technique for producing temporary inactivation of brain areas using repeated pulses of magnetic stimulation. (p. 70)

代表性样本

representative sample A subset of a population that closely matches the overall characteristics of the population with respect to the distribution of males and females, racial and ethnic groups, and so on. (p. 29)

代表性启发式

representativeness heuristic A cognitive strategy that assigns an object to a category on the basis of a few characteristics regarded as representative of that category. (p. 261)

压抑

repression The basic defense mechanism by which painful or guilt-producing thoughts, feelings, or memories are excluded from conscious awareness. (p. 418)

阻抗

resistance The inability or unwillingness of a patient in psychoanalysis to discuss certain ideas, desires, or experiences. (p. 489)

反应偏差

response bias The systematic tendency as a result of nonsensory factors for an observer to favor responding in a particular way. (p. 90)

静息电位

resting potential The polarization of cellular fluid within a neuron, which provides the capability to produce an action potential. (p. 65)

网状结构

reticular formation The region of the brain stem that alerts the cerebral cortex to incoming sensory signals and is responsible for maintaining consciousness and awakening from sleep. (p. 75)

视网膜

retina The layer at the back of the eye that contains photoreceptors and converts light energy to neutral responses. (p. 93)

视网膜像差

retinal disparity The displacement between the horizontal positions of corresponding images in the two eyes. (p. 117)

提取

retrieval The recovery of stored information from memory. (p. 193)

提取线索

retrieval cue Internally or externally generated stimulus available to help with the retrieval of a memory. (p. 200)

倒摄干扰

retroactive interference Circumstances in which the formation of new memories makes it more difficult to recover older memories. (p. 208)

逆行性遗忘症

retrograde amnesia An inability to retrieve memories from the time before physical damage to the brain. (p. 223)

杆体细胞

rod One of the photoreceptors concentrated in the periphery of the retina that is most active in dim illumination; rods do not produce sensation of color. (p. 94)

规则

rule Behavioral guideline for acting in a certain way in a certain situation. (p. 522)

样本

sample A subset of a population selected as participants in an experiment. (p. 29)

饱和度

saturation The dimension of color space that captures the purity and vividness of color sensations. (p. 99)

强化程式

schedule of reinforcement In operant conditioning, a pattern of delivering and withholding reinforcement. (p. 180)

图式

schema General conceptual framework, or cluster of knowledge, regarding objects, people, and situations; knowledge package that encodes generalizations about the structure of the environment. (p. 215)

图式

scheme Piaget's term for a cognitive structure that develops as infants and young children learn to interpret the world and adapt to their environment. (p. 304)

精神分裂症

schizophrenic disorder Severe form of psychopathology characterized by the breakdown of integrated personality functioning, withdrawal from reality, emotional distortions, and disturbed thought processes. (p. 469)

科学方法

scientific method The set of procedures used for gathering and interpreting objective information in a way that minimizes error and yields dependable generalizations. (p. 2)

选择性优化与补偿

selective optimization with compensation A strategy for successful aging in which one makes the most gains while minimizing the impact of losses that accompany normal aging. (p. 335)

自我实现

self-actualization A concept in personality psychology referring to a person's constant striving to realize his or her potential and to develop inherent talents and capabilities. (p. 422)

自我概念

self-concept A person's mental model of his or her abilities and attributes. (p. 422)

自我效能感

self-efficacy The set of beliefs that one can perform adequately in a particular situation. (p. 427)

自尊

self-esteem A generalized evaluative attitude toward the self that influences both moods and behavior and that exerts a powerful effect on a range of personal and social behaviors. (p. 430)

自我实现预言

self-fulfilling prophecy A prediction made about some future behavior or event that modifies interactions so as to produce what is expected. (p. 521)

自我妨碍

self-handicapping The process of developing, in anticipation of failure, behavioral reactions and explanations that minimize ability deficits as possible attributions for the failure. (p. 430)

自我知觉理论

self-perception theory The idea that people observe themselves to figure out the reasons they act as they do; people infer what their internal states are by perceiving how they are acting in a given situation. (p. 538)

自我报告法，也译作自陈法

self-report measure A self-behavior that is identified through a participant's own observations and reports. (p. 34)

自我服务偏差

self-serving bias An attributional bias in which people tend to take credit for their successes and deny responsibility for their failures. (p. 520)

语义记忆

semantic memory Generic, categorical memory, such as the meaning of words and concepts. (p. 202)

感觉

sensation The process by which stimulation of a sensory receptor gives rise to neutral impulses that result in an experience, or awareness, of conditions inside or outside the body. (p. 87)

敏感化

sensitization An increase in behavioral response when a stimulus is presented repeatedly. (p. 160)

感觉适应

sensory adaptation A phenomenon in which receptor cells lose their power to respond after a period of unchanged stimulation; allows a more rapid reaction to new sources of information. (p. 90)

感觉神经元

sensory neuron Neuron that carries messages from sense receptors toward the central nervous system. (p. 62)

感受器

sensory receptor Specialized cell that converts physical signals into cellular signals that are processed by the nervous system. (p. 92)

系列位置效应

serial position effect A characteristic of memory retrieval in which the recall of beginning and end items on a list is often better than recall of items appearing in the middle. (p. 203)

序列过程

serial processes Two or more mental processes that are carried out in order, one after the other. (p. 231)

定势

set A temporary readiness to perceive or react to a stimulus in a particular way. (p. 127)

性染色体

sex chromosome Chromosome that contains the genes that code for the development of male or female characteristics. (p. 58)

性差异

sex difference One of the biologically based characteristics that distinguish males from females. (p. 328)

性别歧视

sexism Discrimination against people because of their sex. (p. 541)

性唤起

sexual arousal The motivational state of excitement and tension brought about by physiological and cognitive reactions to erotic stimuli. (p. 354)

性脚本

sexual script Socially learned program of sexual responsiveness. (p. 357)

形状恒常性

shape constancy The ability to perceive the true shape of an object despite variations in the size of the retinal image. (p. 121)

连续接近塑造法

shaping by successive approximations A behavioral method that reinforces responses that successively approximate and ultimately match the desired response. (p. 181)

短时记忆

short-term memory (STM) Memory processes associated with preservation of recent experiences and with retrieval of information from long-term memory; short-term memory is of limited capacity and stores information for only a short length of time without rehearsal. (p. 196)

信号检测论

signal detection theory A systematic approach to the problem of response bias that allows an experimenter to identify and separate the roles of sensory stimuli and the individual's criterion level in producing the final response. (p. 90)

显著差异

significant difference A difference between experimental groups or conditions that would have occurred by chance less than an accepted criterion; in psychology, the criterion most often used is a probability of less than 5 times out of 100, or $p < 0.05$. (p. 49)

大小恒常性

size constancy The ability to perceive the true size of an object despite variations in the size of its retinal image. (p. 120)

睡眠窒息症

sleep apnea A sleep disorder of the upper respiratory system that causes the person to stop breathing while asleep. (p. 142)

夜惊

sleep terrors Episodes in which sleepers wake up suddenly in an extreme state of arousal and panic. (p. 143)

社会分类

social categorization The process by which people organize the social environment by categorizing themselves and others into groups. (p. 541)

社会认知

social cognition The process by which people select, interpret, and remember social information. (p. 517)

社会性发展

social development The ways in which individuals' social interactions and expectations change across the life span. (p. 316)

社会规范

social norm The expectation a group has for its members regarding acceptable and appropriate attitudes and behaviors. (p. 525)

社会知觉

social perception The process by which a person comes to know or perceive the personal attributes. (p. 518)

社交焦虑障碍

social anxiety disorder A persistent, irrational fear that arises in anticipation of a public situation in which an individual can be observed by others. (p. 453)

社会心理学

social psychology The branch of psychology that studies the effect of social variables on individual behavior, attitudes, perceptions, and motives; also studies group and intergroup phenomena. (p. 517)

社会角色

social role A socially defined pattern of behavior that is expected of a person who is functioning in a given setting or group. (p. 522)

社会支持

social support Resources, including material aid, socioemotional support, and informational aid, provided by others to help a person cope with stress. (p. 393)

社会化

socialization The lifelong process whereby an individual's behavioral patterns, values, standards, skills, attitudes, and motives are shaped to conform to those regarded as desirable in a particular society. (p. 319)

社会学习理论

social-learning theory The learning theory that stresses the role of observation and the imitation of behaviors observed in others. (p. 342)

社会生物学

sociobiology A field of research that focuses on evolutionary explanations for the social behavior and social systems of humans and other animal species. (p. 57)

社会文化观点

sociocultural perspective The psychological perspective that focuses on cross-cultural differences in the causes and consequences of behavior. (p. 14)

胞体

soma The cell body of a neuron, containing the nucleus and cytoplasm. (p. 61)

躯体神经系统

somatic nervous system The subdivision of the peripheral nervous system that connects the central nervous system to the skeletal muscles and skin. (p. 73)

躯体症状障碍

somatic symptom disorder A disorder in which people have physical illnesses or complaints that cannot be fully explained by actual medical conditions. (p. 465)

躯体感觉皮层

somatosensory cortex The region of the parietal lobes that processes sensory input from various body areas. (p. 77)

梦游症

somnambulism A disorder that causes sleepers to leave their beds and wander while still remaining asleep; also known as sleepwalking. (p. 142)

声音定位

sound localization The auditory processes that allow the spatial origins of environmental sounds. (p. 105)

特定恐怖症

specific phobia Phobia that occurs in response to a specific type of object or situation. (p. 453)

自发恢复

spontaneous recovery The reappearance of an extinguished conditioned response after a rest period. (p. 165)

自发缓解效应

spontaneous-remission effect The improvement of some mental patients and clients in psychotherapy without any professional intervention; a baseline criterion against which the effectiveness of therapies must be assessed. (p. 511)

标准差

standard deviation (SD) The average difference of a set of scores from their mean; a measure of variability. (p. 46)

标准化

standardization A set of uniform procedures for treating each participant in a test, interview, or experiment, or for recording data. (p. 26)

刻板印象

stereotype Generalization about a group of people in which the same characteristics are assigned to all members of a group. (p. 542)

刻板印象威胁

stereotype threat The threat associated with being at risk for confirming a negative stereotype of one's group. (p. 289)

污名

stigma The negative reaction of people to an individual or group because of some assumed inferiority or source of difference that is degraded. (p. 478)

兴奋剂

stimulant Drug that causes arousal, increased activity, and euphoria. (p. 155)

刺激辨别

stimulus discrimination A conditioning process in which an organism learns to respond differently to stimuli that differ from the conditioned stimulus on some dimension. (p. 166)

刺激泛化

stimulus generalization The automatic extension of conditioned responding to similar stimuli that have never been paired with the unconditioned stimulus. (p. 165)

刺激驱动注意

stimulus-driven attention A determinant of why people select some parts of sensory input for further processing; occurs when features of stimuli—objects in the environment—automatically capture attention, independent of the local goals of a perceiver. (p. 112)

存储

storage The retention of encoded material over time. (p. 193)

应激

stress The pattern of specific and nonspecific responses an organism makes to stimulus events that disturb its equilibrium and tax or exceed its ability to cope. (p. 382)

压力调节变量

stress moderator variable Variable that changes the impact of a stressor on a given type of stress reaction. (p. 390)

应激源

stressor An internal or external event or stimulus that induces stress. (p. 382)

结构主义

structuralism The study of the structure of mind and behavior; the view that all human mental experience can be understood as a combination of simple elements or events. (p. 8)

主观幸福感

subjective well-being Individuals' overall evaluation of life satisfaction and happiness. (p. 379)

超我

superego The aspect of personality that represents the internalization of society's values, standards, and morals. (p. 417)

交感神经系统

sympathetic division The subdivision of the autonomic nervous system that deals with emergency response and the mobilization of energy. (p. 73)

突触

synapse The gap between one neuron and another. (p. 66)

突触传递

synaptic transmission The relaying information from one

neuron to another across the synaptic gap. (p. 66)

系统脱敏法

systematic desensitization A behavioral therapy technique in which a client is taught to prevent the arousal of anxiety by confronting the feared stimulus while relaxed. (p. 493)

味觉—厌恶学习

taste-aversion learning A biological constraint on learning in which an organism learns in one trial to avoid a food whose ingestion is followed by illness. (p. 170)

气质

temperament A child's biologically based level of emotional and behavioral response to environmental events. (p. 319)

时间区辨性

temporal distinctiveness The extent to which a particular item stands out from or is distinct from other items in time. (p. 204)

颞叶

temporal lobe Region of the brain found below the lateral fissure; contains auditory cortex. (p. 77)

照料和结盟反应

tend-and-befriend response A response to stressors that is hypothesized to be typical for females; stressors prompt females to protect their offspring and join social groups to reduce vulnerability. (p. 383)

致畸物

teratogen Environmental factors such as diseases and drugs that cause structural abnormalities in a developing fetus. (p. 298)

终扣

terminal button A bulblike structure at the branched ending of an axon that contains vesicles filled with neurotransmitters. (p. 61)

恐惧管理理论

terror management theory A theory proposing that self-esteem helps people cope with the inevitability of death. (p. 431)

重测信度

test–retest reliability A measure of the correlation between the scores of the same people on the same test given on two different occasions. (p. 271)

睾酮

testosterone The male sex hormone, secreted by the testes, that stimulates production of sperm and is also responsible for the development of male secondary sex characteristics. (p. 81)

丘脑

thalamus The brain structure that relays sensory impulses to the cerebral cortex. (p. 75)

主题统觉测验

Thematic Apperception Test (TAT) A projective test in which pictures of ambiguous scenes are presented to an individual, who is encouraged to generate stories about them. (p. 361)

理论

theory An organized set of concepts that explains a phenomenon

or set of phenomena. (p. 23)

心理理论

theory of mind The ability to explain and predict other people's behavior based on an understanding of their mental states. (p. 308)

出声思维报告

think-aloud protocol Report made by an experimental participant of the mental processes and strategies he or she uses while working on a task. (p. 251)

三项相倚

three-term contingency The means by which organisms learn that, in the presence of some stimuli but not others, their behavior is likely to have a particular effect on the environment. (p. 176)

音色

timbre The dimension of auditory sensation that reflects the complexity of a sound wave. (p. 103)

耐受性

tolerance A situation that occurs with continued use of a drug in which an individual requires greater dosages to achieve the same effect. (p. 151)

自上而下的加工

top-down processing Perceptual processes in which information from an individual's past experience, knowledge, expectations, motivations, and background influence the way a perceived object is interpreted and classified. (p. 124)

特质

trait Enduring personal quality or attribute that influences behavior across situations. (p. 408)

换能

transduction Transformation of one form of energy into another; for example, light is transformed into neutral impulses. (p. 92)

迁移适宜性加工

transfer-appropriate processing The perspective that suggests that memory is best when the type of processing carried out at encoding matches the processes carried out at retrieval. (p. 205)

移情

transference The process by which a person in psychoanalysis attaches to a therapist feelings formerly held toward some significant person who figured into past emotional conflict. (p. 489)

三原色理论

trichromatic theory The theory that there are three types of color receptors that produce the primary color sensations of red, green, and blue. (p. 100)

情绪的双因素理论

two-factor theory of emotion The theory that emotional experiences arise from autonomic arousal and cognitive appraisal. (p. 376)

A 型行为模式

Type A behavior pattern A complex pattern of behaviors and emotions that includes excessive emphasis on competition, aggression, impatience, and hostility; hostility increases the risk of coronary heart disease. (p. 402)

B 型行为模式

Type B behavior pattern As compared to Type A behavior pattern, a less competitive, less aggressive, less hostile pattern of behavior and emotion. (p. 402)

无条件积极关注

unconditional positive regard Complete love and acceptance of an individual by another person, such as a parent for a child, with no conditions attached. (p. 422)

无条件反应

unconditioned response (UCR) In classical conditioning, the response elicited by an unconditioned stimulus without prior training or learning. (p. 163)

无条件刺激

unconditioned stimulus (UCS) In classical conditioning, the stimulus that elicits an unconditioned response. (p. 163)

无意识

unconscious The domain of the psyche that stores repressed urges and primitive impulses. (p. 416)

效度

validity The extent to which a test measures what it was intended to measure. (p. 33)

变量

variable In an experimental setting, a factor that varies in amount and kind. (p. 26)

不定间隔程式

variable-interval (VI) schedule A schedule of reinforcement in which a reinforcer is delivered for the first response made after a variable period of time whose average is predetermined. (p. 181)

不定比率程式

variable-ratio (VR) schedule A schedule of reinforcement in which a reinforcer is delivered for the first response made after a variable number of responses whose average is predetermined. (p. 181)

前庭觉

vestibular sense The sense that tells how one's own body is oriented in the world with respect to gravity. (p. 109)

视皮层

visual cortex The region of the occipital lobes in which visual information is processed. (p. 78)

齐射原理

volley principle An extension of frequency theory, which proposes that when peaks in a sound wave come too frequently for a single neuron to fire at each peak, several neurons fire as a group at the frequency of the stimulus tone. (p. 105)

韦伯定律

Weber's law An assertion that the size of a difference threshold is proportional to the intensity of the standard stimulus. (p. 91)

身心健康

wellness Optimal health, incorporating the ability to function fully and actively over the physical, intellectual, emotional, spiritual, social, and environmental domains of health. (p. 396)

维尔尼克区

Wernicke's area A region of the brain that allows fluent speech production and comprehension. (p. 77)

智慧

wisdom Expertise in the fundamental pragmatics of life. (p. 310)

被试内设计

within-subjects design A research design that uses each participant as his or her own control; for example, the behavior of an experimental participant before receiving treatment might be compared to his or her behavior after receiving treatment. (p. 29)

工作记忆

working memory A memory resource that is used to accomplish tasks such as reasoning and language comprehension; consists of the phonological loop, visuospatial sketchpad, and central executive. (p. 198)

受精卵

zygote The single cell that results when a sperm fertilizes an egg. (p. 298)

参考文献

Abrahamsen, R., Baad-Hansen, L., Zachariae, R., & Svensson, P. (2011). Effect of hypnosis on pain and blink reflexes in patients with painful temporomandibular disorders. *The Clinical Journal of Pain, 27,* 344–351.

Abramowitz, J. S., & Braddock, A. E. (2011). *Hypochondriasis and health anxiety.* Cambridge, MA: Hogrefe.

Abramson, L. Y., Seligman, M. E. P., & Teasdale, J. D. (1978). Learned helplessness in humans: Critique and reformulation. *Journal of Abnormal Psychology, 87,* 32–48, 49–74.

Adams, J. L. (1986). *Conceptual blockbusting* (3rd ed.). New York: Norton.

Adams, J. S. (1965). Inequity in social exchange. In L. Berkowitz (Ed.), *Advances in experimental social psychology* (Vol. 2, pp. 267–299). New York: Academic Press.

Adams, R. E., & Laursen, B. (2007). The correlates of conflict: Disagreement is not necessarily detrimental. *Journal of Family Psychology, 21,* 445–458.

Adaval, R., & Wyer, R. S., Jr. (2011). Conscious and nonconscious comparisons with price anchors: Effects on willingness to pay for related and unrelated products. *Journal of Marketing Research, 48,* 355–365.

Ader, R., & Cohen, N. (1981). Conditioned immunopharmacological responses. In R. Ader (Ed.), *Psychoneuroimmunology* (pp. 281–319). New York: Academic Press.

Ader, R., & Cohen, N. (1993). Psychoneuroimmunology: Conditioning and stress. *Annual Review of Psychology, 44,* 53–85.

Adler, A. (1929). *The practice and theory of individual psychology.* New York: Harcourt, Brace & World.

Adolph, K. E., Karasik, L. B., & Tamis-LeMonda, C. S. (2010). Motor skill. In M. Bornstein (Ed.), *Handbook of cultural developmental science* (pp. 61–88). New York: Psychology Press.

Adolphs, R., & Damasio, A. R. (2001). The interaction of affect and cognition: A neurobiological perspective. In J. P. Forgas (Ed.), *Handbook of affect and social cognition* (pp. 27–49). Mahwah, NJ: Erlbaum.

Agerström, J., & Rooth, D.-O. (2011). The role of automatic obesity stereotypes in real hiring discrimination. *Journal of Applied Psychology, 96,* 790–805.

Ainsworth, M. D. S., Blehar, M., Waters, E., & Wall, S. (1978). *Patterns of attachment.* Hillsdale, NJ: Erlbaum.

Akechi, T., Okuyama, T., Endo, C., Sagawa, R., Uchida, M., Nakaguchi, T., Sakamoto, M., Komatsu, H., Ueda, R., Wada, M., & Furukawa, T. A. (2010). Anticipatory nausea among ambulatory cancer patients undergoing chemotherapy: Prevalence, associated factors, and impact on quality of life. *Cancer Science, 101,* 2596–2600.

Akinbami, L. J., Liu, X., Pastor, P. N., & Reuben, C. A. (2011). Attention deficit hyperactivity disorder among children aged 5–17 years in the United States, 1998–2009. *NCHS data brief* (no. 70). Hyattsville, MD: National Center for Health Statistics.

Akmajian, A., Demers, R. A., Farmer, A. K., & Harnish, R. M. (1990). *Linguistics.* Cambridge, MA: The MIT Press.

Albarracín, D., Durantini, M. R., Earl, A., Gunnoe, J. B., & Leeper, J. (2008). Beyond the most willing audiences: A meta-intervention to increase exposure to HIV-prevention programs by vulnerable populations. *Health Psychology, 27,* 638–644.

Allan, C. A., Forbes, E. A., Strauss, B. J. G., & McLachlan, R. I. (2008). Testosterone therapy increases sexual desire in ageing men with low-normal testosterone levels and symptoms of androgen deficiency. *International Journal of Impotence Research, 20,* 396–401.

Allen, J. P., Porter, M. R., & McFarland, F. C. (2006). Leaders and followers in adolescent close relationships: Susceptibility to peer influence as a predictor of risky behavior, friendship instability, and depression. *Development and Psychopathology, 18,* 155–172.

Allport, G. W. (1937). *Personality: A psychological interpretation.* New York: Holt, Rinehart & Winston.

Allport, G. W. (1954). *The nature of prejudice.* Cambridge, MA: Addison-Wesley.

Allport, G. W. (1961). *Pattern and growth in personality.* New York: Holt, Rinehart & Winston.

Allport, G. W. (1966). Traits revisited. *American Psychologist, 21,* 1–10.

Allport, G. W., & Odbert, H. S. (1936). Trait-names, a psycholexical study. *Psychological Monographs, 47*(1, Whole No. 211).

Almeida, L. S., Prieto, M. D., Ferreira, A. I., Bermejo, M. R., Ferrando, M., & Ferrándiz, C. (2010). Intelligence assessment: Gardner multiple intelligence theory as an alternative. *Learning and Individual Differences, 20,* 225–230.

Aly, M., Knight, R. T., & Yonelinas, A. P. (2010). Faces are special but not too special: Spared face recognition in amnesia is based on familiarity. *Neuropsychologia, 48,* 3941–3948.

Alzheimer's Association. (2011). *2011 Alzheimer's disease facts and figures.*

Amaral, D. G., Schumann, C. M., & Nordahl, C. W. (2008). Neuroanatomy of autism. *Trends in Neurosciences, 31,* 137–145.

Amato, P. R. (2010). Research on divorce: Continuing trends and new developments. *Journal of Marriage and Family, 72,* 650–666.

American Association on Intellectual and Developmental Disabilities. (2010). *Intellectual disability: Definition, classification, and systems of supports* (11th ed.). Washington, DC: American Association on Intellectual and Developmental Disabilities.

American Psychological Association. (2002). Ethical principles of psychologists and code of conduct. *American Psychologist, 57,* 1060–1073.

American Psychological Association. (2011). Summary report of journal operations, 2010. *American Psychologist, 66,* 405–406.

Anderson, C. A., Shibuya, A., Ihori, N., Swing, E. L., Bushman, B. J., Sakamoto, A., Rothstein, H. R., & Saleem, M. (2010). Violent video game effects on aggression, empathy, and prosocial behavior in Eastern and Western countries. *Psychological Bulletin, 136,* 151–173.

Anderson, S. L., Adams, G., & Plaut, V. C. (2008). The cultural grounding of personal relationship: The importance of attractiveness in everyday life. *Journal of Personality and Social Psychology, 95,* 352–368.

Andrews-Hanna J. R., Mackiewicz Seghete, K. L., Claus, E. D., Burgess, G. C., Ruzic, L., & Banich, M. T. (2011). Cognitive control in adolescence: Neural underpinnings and relation to self-report behaviors. *PLoS ONE, 6,* e21598.

Andreyeva, T., T., Long, M. W., & Brownell, K. D. (2010). The impact of food prices on consumption: A systematic review of research on the price elasticity of demand for food. *American Journal of Public Health, 100,* 216–222.

更多参考文献请扫描二维码。